ASSOCIATION

FRANÇAISE

POUR

L'AVANCEMENT DES SCIENCES

Une table des matières est jointe à chacune des parties du Compte-Rendu de la session de Blois; une table analytique *générale* par ordre alphabétique termine la 2ᵉ partie.

Dans cette table les nombres qui sont placés après l'astérisque se rapportent aux pages de la 2ᵉ partie.

PARIS. — IMPRIMERIE CHAIX (S.-O.). — 27816-4.

ASSOCIATION.

FRANÇAISE

POUR

L'AVANCEMENT DES SCIENCES

COMPTE RENDU DE LA 13ᴇ SESSION

BLOIS

— 1884 —

SECONDE PARTIE

NOTES ET MÉMOIRES

PARIS

AU SECRÉTARIAT DE L'ASSOCIATION

4, RUE ANTOINE-DUBOIS, 4

1885

ASSOCIATION FRANÇAISE

POUR

L'AVANCEMENT DES SCIENCES

NOTES ET MÉMOIRES

M. Edouard COLLIGNON

Ingénieur en chef des Ponts et Chaussées.

PROBLÈME DE MÉCANIQUE

— Séance du 5 septembre 1884 —

Trouver la courbe d'équilibre d'un fil homogène, sollicité par des forces émanant d'un centre fixe, proportionnelles aux masses, et inversement proportionnelles aux carrés des distances à ce centre.

Soit O (fig. 1) le centre d'attraction, BAB' la courbe dessinée par le fil en équilibre..

Cette courbe est plane; en effet, il y a équilibre en tout point M entre les tensions des deux éléments qui se réunissent en ce point, et la force extérieure, dirigée vers le point fixe O. Les tensions étant tangentes au fil, il en résulte que le plan osculateur en un point M quelconque contient la

1*

droite MO et passe par un point fixe. On en déduit facilement que le plan osculateur de la courbe est stationnaire, ce qui revient à dire que la courbe est située tout entière dans un même plan, que nous prendrons pour le plan de la figure.

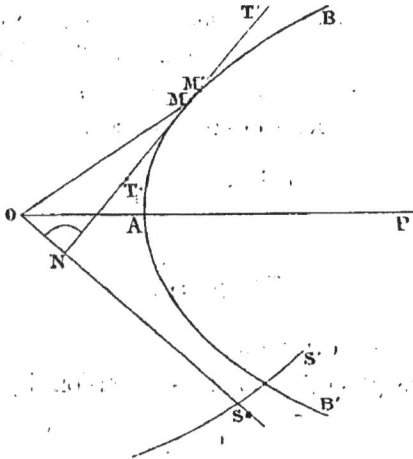

Fig. 1.

Prenons un élément MM′ $= ds$, et soient T et T′ les tensions qui agissent tangentiellement à ses extrémités. On aura T′ $=$ T $+ d$T. La force attractive sera exprimée par la fonction $\dfrac{A\,ds}{r^2}$, en appelant r la distance OM, et A une constante donnée, qui représente l'attraction totale exercée par le point O sur un élément de fil, de longueur égale à l'unité, situé à l'unité de distance du point O.

D'après une proposition connue de la théorie des courbes funiculaires, la différence dT des tensions T et T′ est égale au travail, changé de signe, de la force extérieure rapportée à l'unité de longueur, lorsque son point d'application parcourt l'arc MM′. Or, cette force est égale au quotient $\dfrac{A}{r^2}$, et son travail pour un déplacement MM′ de son point d'application est $-\dfrac{A}{r^2}\,dr$, en observant que ce travail est négatif lorsque r s'accroît, et positif quand r diminue. On aura donc l'équation

$$(1) \qquad d\text{T} = \frac{A\,dr}{r^2} = -d\left(\frac{A}{r}\right),$$

ce qui donne en intégrant

$$(2) \qquad \text{T} = \text{B} - \frac{A}{r},$$

B désignant une constante arbitraire.

Les deux forces T et T' ayant une résultante égale et opposée à l'attraction exercée sur l'élément ds, laquelle passe par le point O, la somme algébrique des moments des trois forces est nulle. Abaissons du point O la perpendiculaire ON sur la tangente MT, et soit $p = $ ON la longueur de cette perpendiculaire. Le moment de T par rapport à O sera le produit $T \times p$; le moment de T' par rapport au même point s'exprimera par la somme $T \times p + d(T \times p)$, et il doit être affecté d'un signe contraire. Enfin le moment de l'attraction est nul. On obtient donc, en égalant à zéro la somme algébrique des moments des trois forces,

$$d(T \times p) = 0,$$

ou bien

(3) $$T \times p = C,$$

C désignant une nouvelle constante.

Entre les équations (2) et (3) éliminons la tension T; il viendra

(4) $$\frac{A}{r} + \frac{C}{p} = B$$

pour l'équation de la courbe cherchée, dans le système particulier de coordonnées qui comprend le rayon vecteur $r = $ OM d'un point de la courbe, et la distance $p = $ ON du pôle à la tangente en ce point.

Cette équation contient trois constantes; la première A est définie par la loi donnée de l'attraction. Pour définir la seconde, considérons le point A de la courbe qui est le plus voisin du point O. En ce point la tangente sera normale au rayon OA, et par suite p et r ont une même valeur r_0. Si l'on appelle T_0 la tension en ce point, on aura, en vertu de la relation (3),

$$T_0 \times r_0 = C;$$

de sorte que C est donné dès qu'on connaît la tension au point de la courbe le plus voisin du centre, et la distance comprise entre ces deux points.

Enfin la constante arbitraire B est déterminée dès qu'on connaît un point de la courbe et la tangente en ce point; car cela revient à donner les valeurs simultanées de p et de r. Par exemple, au point A on a $p = r = r_0$, et la constante B a pour valeur

$$B = \frac{A + C}{r_0}.$$

On peut observer aussi que B est la valeur de la tension T lorsque le rayon vecteur r est infini; ce qui montre que la tension ne croît pas indéfiniment à mesure que la distance r augmente. En même temps que r croît, p décroît et tend vers la limite finie $\dfrac{C}{B}$.

Remarquons encore que ces trois constantes A, B et C représentent des quantités absolues, et qu'elles doivent recevoir des valeurs positives.

Cherchons l'équation de la courbe rapportée à des coordonnées polaires. Le pôle sera placé au point O. L'axe polaire OP sera mené par le point A de la courbe le plus voisin du pôle, et l'angle polaire θ sera l'angle POM. La lettre r continuera à représenter le rayon vecteur.

L'angle $V = OMN$ du rayon vecteur avec la tangente est donné par l'équation

$$\operatorname{tang} V = \frac{r\, d\theta}{dr}.$$

De plus

$$p = r \sin V.$$

Donc

$$p = r \times \frac{r\, d\theta}{\sqrt{r^2 d\theta^2 + dr^2}};$$

substituant cette valeur dans l'équation (4), il vient

(5)
$$\frac{A}{r} + \frac{C\sqrt{r^2 d\theta^2 + dr^2}}{r^2 d\theta} = B,$$

ou bien, en isolant le radical dans un membre et élevant au carré,

$$C^2(r^2 d\theta^2 + dr^2) = (Br - A)^2 r^2 d\theta^2,$$

équation qui, résolue par rapport à $d\theta$, donne

(6)
$$d\theta = \pm \frac{C\, dr}{r\sqrt{(Br - A)^2 - C^2}}.$$

Le signe $+$ correspond à la branche AB pour laquelle r et θ croissent simultanément; le signe $-$ à la branche AB', symétrique de la première par rapport à l'axe OP. Le point A est un sommet de la courbe. Nous ne nous occuperons que de la branche AB, en prenant le radical avec le signe $+$. La fonction à intégrer contient un radical carré portant sur un trinôme en r; elle est donc intégrable en termes finis.

Pour que le radical soit réel, il faut que $Br - A$ soit numériquement supérieur à C. Posons d'abord

$$Br - A = Cz,$$

z étant un nombre variable, qui prend la valeur 1 lorsque r est égal à r_0, et qui croît indéfiniment avec r. On en déduit

$$r = \frac{Cz + A}{B}$$

et
$$dr = \frac{C dz}{B}.$$

La variable z étant au moins égale à l'unité, on peut poser

$$z = \frac{1}{\cos v},$$

v étant un arc variable, qui a la valeur 0 quand $z = 1$; ce qui entraîne les relations

$$r = \frac{\dfrac{C}{\cos v} + A}{B},$$

$$dr = \frac{C \sin v \, dv}{B \cos^2 v},$$

et

$$d\theta = \frac{dr}{r \sqrt{z^2 - 1}} = \frac{\dfrac{C \sin v \, dv}{B \cos^2 v}}{\left(\dfrac{\dfrac{C}{\cos v} + A}{B}\right) \dfrac{\sqrt{1 - \cos^2 v}}{\cos v}} = \frac{C dv}{C + A \cos v}.$$

On rend rationnelle cette dernière fonction en prenant pour nouvelle variable $t = \tang \dfrac{v}{2}$.

Il vient, en effet,

$$dv = \frac{2 dt}{1 + t^2},$$

et
$$\cos v = \frac{1 - t^2}{1 + t^2};$$

on en déduit

$$(7) \qquad d\theta = \frac{2 C dt}{C(1 + t^2) + A(1 - t^2)} = \frac{2 C dt}{(C + A) + (C - A) t^2}.$$

Les limites de t sont $t = 0$ pour $v = 0$ ou $r = r_0$, et $t = 1$ pour $v = \dfrac{\pi}{2}$ et r infini.

L'intégrale à faire conduit à des fonctions différentes, suivant qu'on a $C > A$, $C < A$, $C = A$. De là trois cas à examiner successivement.

1er Cas. $C > A$.

La fraction rationnelle à intégrer peut se mettre sous la forme

$$d\theta = \frac{2 C dt}{(C + A)\left(1 + \dfrac{C - A}{C + A} t^2\right)},$$

et en posant $\dfrac{C - A}{C + A} = \mu^2$, nombre constant et positif, il vient

$$d\theta = \frac{2C}{C + A} \times \frac{dt}{1 + \mu^2 t^2} = \frac{2C}{(C + A)\mu} \times \frac{\mu\, dt}{1 + \mu^2 t^2},$$

ce qui donne en intégrant, et en prenant pour arc tang μt le plus petit arc positif qui réponde à la tangente donnée μt,

$$\theta = \frac{2C}{(C + A)\mu} \text{ arc tang } \mu t,$$

sans ajouter de constante, car $\theta = 0$ correspond à $t = 0$, d'après la position attribuée à l'axe polaire. On en déduit

(8)
$$t = \frac{1}{\mu} \text{tang} \frac{(C + A)\mu\theta}{2C} \cdot$$

Telle est l'intégrale de l'équation (7) dans le cas où C est plus grand que A. La variable r est liée à t par la relation suivante, qui est tout à fait générale :

$$r = \frac{\dfrac{C}{\cos v} + A}{B} = \frac{\dfrac{C(1 + t^2)}{1 - t^2} + A}{B} = \frac{(C + A) + (C - A)t^2}{B(1 - t^2)} \cdot$$

Pour r infini, t est égal à l'unité. A cette valeur correspond une valeur finie de l'angle θ, savoir :

$$\theta_1 = \frac{2C}{(C + A)\mu} \text{ arc tang } \mu = \frac{2C}{\sqrt{C^2 - A^2}} \text{ arc tang } \sqrt{\frac{C - A}{C + A}} \cdot$$

Cet angle particulier définit la direction de l'asymptote de la branche AB ; comme l'équation (4) donne $p = \dfrac{C}{B}$ pour r infini, on connaît la distance de l'asymptote au pôle, et l'on peut la construire.

2º CAS. $C < A$.

L'équation (7) peut s'écrire, en mettant en évidence le signe de $C - A$,

$$d\theta = \frac{2C\, dt}{(A + C) - (A - C)t^2},$$

et l'on posera $\dfrac{A - C}{A + C} = \lambda^2$, nombre positif et moindre que l'unité. La fraction à intégrer devient, quand on la décompose en fractions simples,

$$\frac{2C\, dt}{+ C)(1 - \lambda^2 t^2)} = \frac{2C}{A + C} \left(\frac{\frac{1}{2}\, dt}{1 + \lambda t} + \frac{\frac{1}{2}\, dt}{1 - \lambda t} \right) = \frac{C}{(A + C)\lambda} \left(\frac{\lambda\, dt}{1 + \lambda t} + \frac{\lambda\, dt}{1 - \lambda t} \right),$$

fonction dont l'intégrale est

$$\theta = \frac{C}{(A+C)\lambda}\left(l(1+\lambda t) - l(1-\lambda t) = \frac{C}{(A+C)\lambda}l\left(\frac{1+\lambda t}{1-\lambda t}\right),\right.$$

l désignant les logarithmes népériens. Il n'y a pas de constante à ajouter, puisque $t = 0$ fait aussi $\theta = 0$. Cette équation, résolue par rapport à t, donne

$$(9) \qquad t = \frac{1}{\lambda}\frac{e^{\lambda\theta\frac{A+C}{C}} - 1}{e^{\lambda\theta\frac{A+C}{C}} + 1}.$$

Si l'on fait $t = 1$, valeur à laquelle correspond r infini, on a

$$\theta_1 = \frac{C}{(A+C)\lambda}l\left(\frac{1+\lambda}{1-\lambda}\right)$$

pour le demi-angle des asymptotes. Leur distance au centre O est toujours égale à $\frac{C}{B}$.

3° CAS. Supposons enfin $A = C$. L'équation (7) se réduit alors à

$$d\theta = dt,$$

ce qui donne $t = \theta$, sans constante, puisque t et θ s'annulent en même temps. On a de plus

$$(10) \qquad r = \frac{2A}{B(1 - t^2)} = \frac{2A}{B(1 - \theta^2)},$$

qui est l'équation du lieu. On voit que r devient infini pour $\theta = 1$, de sorte que le demi-angle des asymptotes est celui qui correspond à un arc de cercle égal à son rayon.

L'examen que nous venons de faire du problème nous a conduit à reconnaître trois espèces distinctes de courbes funiculaires dont les éléments subissent, de la part d'un point fixe, l'attraction newtonienne. Suivant que les constantes A et C, dont l'une dépend de l'attraction et l'autre du moment constant de la tension du fil, satisferont aux relations $C > A$, $C < A$, $C = A$, la courbe a pour équation en coordonnées polaires

$$C > A \qquad (8) \qquad t = \frac{1}{\mu}\tan g\frac{(C+A)\mu\theta}{2C}, \text{ avec } \mu^2 = \frac{C-A}{C+A}.$$

$$C < A \qquad (9) \qquad t = \frac{1}{\lambda}\frac{e^{\lambda\theta\frac{A+C}{C}} - 1}{e^{\lambda\theta\frac{A+C}{C}} + 1}, \text{ avec } \lambda^2 = \frac{A-C}{A+C},$$

$$C = A \qquad (10) \qquad t = 0;$$

ces équations étant jointes à l'équation générale

$$(11) \qquad r = \frac{(C + A) + (C - A)t^2}{B(1 - t^2)},$$

qui lie le rayon vecteur r à la variable auxiliaire t; celle-ci ne doit recevoir que les valeurs comprises entre 0 et l'unité.

Il est remarquable que les équations que nous avons eu à intégrer soient identiques à celles qu'on rencontre en dynamique, dans le problème du mouvement d'un point matériel qui parcourt la verticale sous l'action de la pesanteur et de la résistance de l'air, suivant que le mouvement est ascendant ou descendant.

La constante B n'influe que sur l'échelle à laquelle la courbe est construite. Elle ne figure pas dans les équations (8), (9), et (10), et entre seulement dans l'équation (11), où elle multiplie le rayon vecteur r.

La tension en un point M de la courbe est égale à $\frac{C}{p}$ et se déduit par conséquent avec beaucoup de simplicité de l'équation (4). Elle varie entre $T_0 = \frac{C}{r_0}$ au point A, et $B = \frac{A + C}{r_0}$, à l'infini. Supposons que l'on construise le lieu du point N, ou la *podaire* de la courbe funiculaire BAB'. Il suffira de transformer ce lieu par rayons vecteurs réciproques, en prenant le point O pour centre de la transformation, pour avoir une courbe SS' dont les rayons vecteurs OS soient proportionnels aux tensions ; ils seront seulement portés dans des directions ON perpendiculaires à la direction MN de la tension correspondante; d'où résulte qu'il suffira de faire tourner la courbe SS' d'un angle droit pour en faire la courbe auxiliaire dite *courbe de Varignon*, dont les rayons sont parallèles et proportionnels aux tensions de la courbe funiculaire.

L'équation de la podaire se déduit aisément de l'équation (4), en observant que, si l'on appelle α l'angle NOP, on aura $NM = \frac{dp}{d\alpha}$, et

$$r = \sqrt{p^2 + \left(\frac{dp}{d\alpha}\right)^2};$$

on a par suite l'équation

$$(12) \qquad \frac{A}{\sqrt{p^2 + \left(\frac{dp}{d\alpha}\right)^2}} + \frac{C}{p} = B$$

entre les variables p et α, pour définir en coordonnées polaires la courbe lieu des points N. Cette équation, résolue par rapport à $d\alpha$, est intégrable. On a

$$(13) \qquad d\alpha = \pm \frac{(Bp - C)dp}{p\sqrt{A^2 - (Bp - C)^2}}.$$

L'intégration s'effectue comme celle de l'équation (6); elle exige que l'on distingue encore les cas $C > A$, $C < A$, $C = A$.

On posera
$$Bp - C = A \cos \varphi,$$

l'arc φ variant entre zéro, pour $p = r_0$, et $\frac{\pi}{2}$ pour $p = \frac{C}{B}$. Puis on prendra pour nouvelle variable la tangente h de la moitié de l'arc φ, ce qui revient à poser
$$\cos \varphi = \frac{1 - h^2}{1 + h^2}.$$

La variable h variera de $h = 1$ à $h = 0$ quand φ varie de 0 à $\frac{\pi}{2}$. Dans ces conditions, on arrivera aux résultats suivants :

Si $C > A$ (14) $\alpha = \frac{2A}{A+C}\left(\frac{\mu^2 + 1}{\mu(1 - \mu^2)}\operatorname{arc\ tg} \mu h - \frac{2}{1 - \mu^2}\operatorname{arc\ tg} h\right)$, $\mu^2 = \frac{C-A}{C+A}$,

Si $C < A$ (15) $\alpha = \frac{2A}{A+C}\left(\frac{2}{1+\lambda^2}\operatorname{arc\ tg} h - \frac{1}{2}\frac{1-\lambda^2}{\lambda(\lambda^2+1)}l\frac{1+\lambda h}{1-\lambda h}\right)$, $\lambda^2 = \frac{A-C}{A+C}$,

Si $C = A$ (16) $\alpha = 2\operatorname{arc\ tg} h - h$,

p étant lié à la variable auxiliaire h par la relation générale

$$(17) \qquad p = \frac{(A + C) + (C - A)h^2}{B(1 + h^2)}.$$

Connaissant l'équation polaire de la podaire, on pourra aisément trouver l'arc de la courbe funiculaire. Représentons, pour abréger, par $p = f(\alpha)$ l'équation de la courbe. Le rayon de courbure a pour expression

$$\rho = p + \frac{d^2 p}{d\alpha^2},$$

et l'arc élémentaire ds est donné par l'équation

$$ds = p\,d\alpha + \frac{d^2 p}{d\alpha^2}\,d\alpha.$$

Donc l'arc s de la courbe AB, mesuré à partir du point A où l'on a $\frac{dp}{d\alpha} = 0$, a pour valeur

$$s = \int_{\alpha=0}^{\alpha} p\,d\alpha + \frac{dp}{d\alpha}.$$

Or, l'équation (13) donne à la fois

$$\frac{dp}{d\alpha} = \frac{p\sqrt{A^2 - (Bp - C)^2}}{Bp - C}$$

et

$$p\,d\alpha = \frac{(Bp - C)dp}{\sqrt{A^2 - (Bp - C)^2}} = -\frac{1}{B}\,d\sqrt{A^2 - (Bp - C)^2}.$$

Donc enfin

$$s = \frac{p\sqrt{A^2 - (Bp - C)^2}}{Bp - C} - \frac{1}{B}\left[\sqrt{A^2 - (Bp - C)^2}\right]_{p=r_0}^{p} = \frac{p\sqrt{A^2 - (Bp - C)^2}}{Bp - C} - \frac{1}{B}\sqrt{A^2 - (Bp - C)^2} = \frac{C\sqrt{A^2 - (Bp - C)^2}}{B(Bp - C)},$$

en observant que le radical s'annule pour $p = r_0$. L'arc peut être construit avec la règle et le compas. Si l'on veut seulement connaître le rayon de courbure ρ, il est préférable de remarquer qu'on a toujours

$$\rho = \frac{r\,dr}{dp}.$$

Or, l'équation (4) différentiée donne

$$-\frac{A}{r^2}\,dr - \frac{C}{p^2}\,dp = 0.$$

Donc

(19)
$$\rho = -\frac{C}{A}\frac{r^3}{p^2};$$

on peut laisser de côté le signe —, qui provient seulement de ce fait que dr et dp sont de signes contraires.

Au sommet $r = p = r_0$, et $\rho_0 = \frac{C}{A} r_0$. Le rayon de courbure au sommet, suivant qu'il est $> r_0$, $< r_0$, ou $= r_0$, entraîne les relations $C > A$, $C < A$, $C = A$, et définit par conséquent l'espèce de la courbe.

Les trois courbes que nous venons d'obtenir, quand on les prend aux environs du sommet A, se confondent sensiblement avec la chaînette ordinaire; car alors les distances des divers points de la courbe au centre d'attraction varient très peu en direction et en grandeur, et les forces qui sollicitent le fil peuvent être regardées comme parallèles et proportionnelles aux arcs ds. Il en résulte que nos courbes sont ce que devient la chaînette ordinaire, quand on la prolonge assez loin pour qu'il soit nécessaire de tenir compte des variations de la pesanteur. Les constantes A, C et B doivent donc pouvoir se déterminer sur la chaînette elle-même. Soit a le paramètre de la courbe, c'est-à-dire la distance du point le plus bas à l'axe horizontal auquel on la rapporte habituellement, ou encore le rayon de courbure au point le plus bas. Appelons q le poids du fil par unité de longueur, à la surface de la terre. Le centre d'attraction O est le centre même du globe, et r_0 sera par conséquent le rayon de la terre. La tension T_0 au point A sera la tension horizontale de la chaînette ; elle est égale à qa. La force rapportée à l'unité de longueur du fil, aux environs du point A, est à la fois représentée par q et par $\dfrac{A}{r_0^2}$. Donc on a $A = qr_0^2$. La constante C est le produit de T_0 par r_0, et l'on a par conséquent $C = qar_0$. Enfin $B = \dfrac{A}{r_0} + T_0 = (r_0 + a)q$.

En général, les chaînettes que l'on réalise à la surface du globe ont un paramètre a notablement plus petit que le rayon terrestre. Donc A est plus grand que C, et on est dans le second cas examiné tout à l'heure. Le nombre λ qui correspond à ce cas est donné par l'équation

$$\lambda^2 = \frac{A - C}{A + C} = \frac{qr_0^2 - qar_0}{qr_0^2 + qar_0} = \frac{r_0 - a}{r_0 + a},$$

nombre qui sera d'autant plus voisin de l'unité que a sera plus petit par rapport à r_0. La chaînette indéfiniment prolongée dégénère donc en une courbe qui a deux asymptotes, dont le demi-angle est égal à

$$\theta_1 = \frac{qar_0}{qr_0^2 + qar_0} l \left(\frac{1 + \sqrt{\dfrac{r_0 - a}{r_0 + a}}}{1 - \sqrt{\dfrac{r_0 - a}{r_0 + a}}} \right) = \frac{a}{r_0 + a} l \left(\frac{1 + \sqrt{\dfrac{r_0 - a}{r_0 + a}}}{1 - \sqrt{\dfrac{r_0 - a}{r_0 + a}}} \right) = \frac{a}{r_0 + a} l \frac{r_0 + \sqrt{r_0^2 - a^2}}{a};$$

et dont la distance au centre du globe est égale à $\dfrac{C}{B} = \dfrac{qar_0}{q(r_0 + a)} = \dfrac{ar_0}{r_0 + a}$.

On peut vérifier que le rayon de courbure de la courbe au sommet, $\dfrac{C}{A} r_0$, est identique au paramètre a de la chaînette.

M. E. CATALAN

Professeur à l'Université de Liège.

SUR DES FORMULES RELATIVES AUX INTÉGRALES EULÉRIENNES

— Séance du 5 septembre 1884 —

1. *Formule de Gauss* :

$$\frac{\Gamma(\gamma)\,\Gamma(\gamma - \alpha - \beta)}{\Gamma(\gamma - \alpha)\,\Gamma(\gamma - \beta)} = 1 + \frac{\beta}{1}\frac{\alpha}{\gamma} + \frac{\beta(\beta + 1)}{1.2}\frac{\alpha(\alpha + 1)}{\gamma(\gamma + 1)} + \cdots \qquad (A)$$

Dans cette célèbre formule, et dans celles dont nous allons parler, les *arguments* γ, $\gamma - \alpha$, $\gamma - \beta$, $\gamma - \alpha - \beta$ sont *positifs*.

2. *Formule de Binet.* — Ce savant Géomètre l'a donnée sous la forme suivante (*) :

$$\frac{B(p-a,q)}{B(p,q)} = 1 + \frac{aq}{p+q} + \frac{a(a+1)q(q+1)}{2(p+q)(p+q+1)} + \frac{a(a+1)(a+2)q(q+1)(q+2)}{2.3.(p+q)(p+q+1)(p+q+2)} + \cdots$$

Si l'on suppose :

$$q = \alpha, \quad a = \beta, \quad p + q = \gamma,$$

le second membre devient la série de Gauss. Quant au premier membre, il a pour valeur (**)

$$\frac{B(\gamma-\alpha-\beta, \alpha)}{B(\gamma-\alpha, a)} = \frac{B(\gamma-\alpha-\beta, \gamma)}{B(\gamma-\alpha, \gamma-\beta)} = \frac{\Gamma(\gamma)\,\Gamma(\gamma-\alpha-\beta)}{\Gamma(\gamma-\alpha)\,\Gamma(\gamma-\beta)}.$$

Ainsi, *la formule de Binet ne diffère pas de celle de Gauss.*

3. *Autre formule.* — Dans les *Comptes rendus* (1858), et ensuite dans les *Mélanges mathématiques*, j'ai démontré la relation

$$\frac{B(p, m)}{B(q, m)} = 1 - \frac{m}{1}\frac{p-q}{p} + \frac{m(m-1)}{1.2.}\frac{(p-q)(p-q+1)}{p(p+1)} \cdots$$

que l'on peut déduire de la formule de Binet, au moyen du théorème d'Euler (***).

Soient : $m = \alpha$, $q = \gamma - \alpha$, $p = \gamma - \alpha - \beta$. Nous aurons :

$$\frac{\Gamma(\gamma)\,\Gamma(\gamma-\alpha-\beta)}{\Gamma(\gamma-\alpha)\,\Gamma(\gamma-\beta)} = 1 + \frac{\alpha}{1}\frac{\beta}{\gamma-\alpha-\beta} + \frac{\alpha(\alpha-1)}{1.2}\frac{\beta(\beta-1)}{(\gamma-\alpha-\beta)(\gamma-\alpha-\beta+1)} + \cdots \quad (B)$$

4. *Remarque.* — D'après ce que nous venons de rappeler, la formule (B) est une simple transformation de (A). Néanmoins, dans la plupart des cas, elle est préférable à celle-ci. Voici les motifs de cette appréciation :

1° *Si α ou β sont des nombres entiers*, le second membre de (B) est composé d'un *nombre limité de termes*, tandis que le second membre de (A) est une série;

2° *La série* (B) *est plus convergente que la série* (A), *au moins si $\alpha + \beta$ est positif.*

Soient, en effet, u_n, U_n les termes généraux des deux séries; savoir :

$$u_n = \frac{\beta(\beta+1)\cdots(\beta+n-2)}{1.2\cdots(n-1)}\frac{\alpha(\alpha+1)\cdots(\alpha+n-2)}{\gamma(\gamma+1)\cdots(\gamma+n-2)},$$

$$U_n = \frac{\alpha(\alpha-1)\cdots(\alpha-n+2)}{1.2\cdots(n-1)}\frac{\beta(\beta-1)\cdots(\beta-n+2)}{(\gamma-\alpha-\beta)(\gamma-\alpha-\beta+1)\cdots(\gamma-\alpha-\beta+n-2)}.$$

(*) *Journal de l'École polytechnique*, 27ᵉ Cahier; p. 150.
(**) Par un théorème d'Euler.
(***) *Mélanges mathématiques*, p. 151.

De là résultent :

$$\frac{u_{n+1}}{u_n} = \frac{\beta+n-1}{n}\frac{\alpha+n-1}{\gamma+n-1},$$

$$\frac{U_{n+1}}{U_n} = \frac{\alpha+n+1}{n}\frac{\beta-n+1}{\gamma-\alpha-\beta+n-1}.$$

Ces fractions tendent vers l'unité. Donc la proposition énoncée sera établie si nous vérifions que, *à partir d'une certaine valeur* de n, on a *constamment*

$$\frac{U_{n+1}}{U_n} < \frac{u_{n+1}}{u_n}.$$

Or, au moyen d'un calcul fort simple, cette inégalité se transforme en

$$(\alpha+\beta)\left[(n-1)^2+(2\gamma-\alpha-\beta)(n-1)-\alpha\beta\right] > 0.$$

Si donc $\alpha+\beta$ *est positif, la série* (B) *est plus convergente que la série* (A). Le contraire aurait lieu si $\alpha+\beta$ était *négatif*. Et si cette quantité est nulle, les deux développements sont identiques.

5. *Décomposition d'une fraction.* — Si α est un *nombre entier, égal ou inférieur à* β, on a

$$\frac{\Gamma(\gamma)}{\Gamma(\gamma-\alpha)} = (\gamma-1)(\gamma-2)\ldots(\gamma-\alpha),$$

$$\frac{\Gamma(\gamma-\alpha-\beta)}{\Gamma(\gamma-\beta)} = \frac{1}{(\gamma-\beta-1)(\gamma-\beta-2)\ldots(\gamma-\alpha-\beta)};$$

et l'égalité (B) se réduit à :

$$\left.\begin{array}{l}
\dfrac{(\gamma-1)(\gamma-2)\ldots(\gamma-\alpha)}{(\gamma-\beta-1)(\gamma-\beta-2)\ldots(\gamma-\beta-\alpha)} \\[2mm]
\qquad = 1+\dfrac{\alpha}{1}\dfrac{\beta}{\gamma-\alpha-\beta} \\[2mm]
\qquad +\dfrac{\alpha(\alpha-1)}{1.2}\dfrac{\beta(\beta+1)}{(\gamma-\alpha-\beta)(\gamma-\alpha-\beta+1)} \\[2mm]
+\ldots+\dfrac{\alpha(\alpha-1)\ldots1}{1.2\ldots\alpha}\dfrac{\beta(\beta-1)\ldots(\beta-\alpha+1)}{(\gamma-\alpha-\beta)(\gamma-\alpha-\beta+1)\ldots(\gamma-\alpha-1)}.
\end{array}\right\}(C)$$

Ainsi, *la fraction rationnelle formant le premier membre est décomposée en* 1 *plus la somme de* α *fractions rationnelles.*

6. *Décomposition d'un produit.* — Remplaçons γ par x, α par n, et chassons les dénominateurs; nous aurons

$$\left.\begin{aligned}
(x-1)(x-2)\ldots(x-n) &= (x-\beta-1)\ldots(x-\beta-n)\\
&+\frac{n}{1}\beta.(x-\beta-1)\ldots(x-\beta-n+1)\\
&+\frac{n(n-1)}{1.2}\beta(\beta-1).(x-\beta-1)\ldots(x-\beta-n+2)+\ldots\\
&+\beta(\beta-1)\ldots(\beta-n+1).
\end{aligned}\right\} \text{(D)}$$

7. Remarques. — I. Dans cette relation, n *est un nombre entier*, β *est une quantité quelconque.*

II. *Le second membre est indépendant de* β.

III. La formule (D) est analogue à celle du *binôme des factorielles*, mais plus générale.

IV. Si l'on désigne par $f(x)$ le second membre, les racines de $f(x) = 0$ sont 1, 2, 3 ... n.

8. Application. — Soient $n = 5$, $\beta = 6$. On doit trouver :

$$(x-1)(x-2)(x-3)(x-4)(x-5) = (x-7)(x-8)(x-9)(x-10)(x-11)$$
$$+30(x-7)(x-8)(x-9)(x-10)+300(x-7)(x-8)(x-9)$$
$$+1200(x-7)(x-8)+1800(x-7)+720,$$

Le premier membre, développé, devient

$$x^5 - 15x^4 + 85x^3 - 225x^2 + 274x - 120.$$

Si l'on retranche 720, et que l'on supprime le facteur $x - 7$, l'égalité se réduit à :

$$x^4-8x^3+29x^2-22x+120 = (x-8)(x-9)(x-10)(x-11)+30(x-8)(x-9)(x-10)$$
$$+300(x-8)(x-9)+1200(x-8)+1800.$$

Retranchant 1800, et supprimant $x - 8$:

$$x^3+29x+210 = (x-9)(x-10)(x-11)+30(x-9)(x-10)+300(x-9)+1200.$$

Retranchant 1200 et supprimant $x - 9$:

$$x^2+9x+110 = (x-10)(x-11)+30(x-10)+30.$$

Retranchant 300, et supprimant $x - 10$:

$$x+19 = x-11+30.$$

M. Édouard COLLIGNON

Ingénieur en chef des Ponts et Chaussées.

MESURE, SUR UNE CARTE PLANE, DES LIGNES TRACÉES SUR LA SPHÈRE TERRESTRE

— *Séance du 6 septembre 1884* —

§ Ier

L'emploi des cartes géographiques planes donne lieu à un problème pratique important : *Déterminer, par des mesures prises sur la carte, les longueurs des lignes tracées sur la sphère.* La solution dépend du système de cartes dont on fait usage.

Quel que soit ce système, l'égalité rigoureuse pour toutes les directions entre les éléments qui se correspondent est impossible, car si elle était réalisée, il en résulterait le développement sur le plan d'une portion de surface sphérique. Quelques géomètres contemporains, entre autres M. Tchebicheff, ont cherché la solution du problème dans l'emploi des méthodes approximatives, et fait connaître les lois de représentation plane qui entraînent les moindres erreurs dans les mesures de longueurs prises sur la carte et attribuées à la sphère. Le choix du tracé dépend alors de la forme du contour au dedans duquel on doit opérer, et les mesures de longueur qui y sont faites ne comportent plus qu'une erreur relative dont la limite est connue. Mais ces tracés n'ont pas, que nous sachions, pénétré dans la pratique.

Les systèmes de cartes généralement adoptés rentrent dans deux types principaux : les uns conservent les angles, les autres le rapport des surfaces.

Dans le premier type, toute figure infiniment petite, tracée autour d'un point P de la sphère, se transforme sur le plan en une figure semblable. Il suffit donc de connaître le rapport de similitude de ces deux figures pour qu'on puisse obtenir la mesure sphérique d'un élément de longueur infiniment petit *ds* mené dans une direction quelconque à partir du point P, à l'aide de la longueur *ds'* de ce même élément pris sur la carte.

Dans le second type, en chaque point P passent, sur la sphère et sur la carte, deux lignes le long desquelles les longueurs sont conservées, et qu'on appelle *lignes isopérimètres*. Supposons-les construites. Pour évaluer l'élément PQ infiniment petit, il suffira d'achever sur la carte le parallélogramme PMQN formé par les quatre lignes isopérimètres PM et PN, QM et QN, qui passent respectivement par les deux extrémités P et Q de l'élément considéré. L'élément qui correspond sur la sphère à la diagonale PQ de ce parallélogramme, est égal à l'autre diagonale MN ; en d'autres termes, de la sphère à la carte, les diagonales du parallélogramme formé par quatre lignes isopérimètres sont simplement permutées.

On peut imaginer d'autres lois de représentation, et nous commencerons par en examiner deux qui ont l'avantage, au point de vue de la mesure des longueurs, de donner l'une une limite supérieure, l'autre une limite inférieure de la mesure cherchée.

Supposons le rayon de la sphère égal à l'unité.

Nous rapporterons la ligne qu'il s'agit de mesurer à un système polaire de coordonnées sphériques. Par un point arbitraire O, pris sur la surface sphérique, on mènera un arc de grand cercle arbitraire OA, que l'on prendra pour axe polaire. Un point M quelconque sera déterminé par l'angle θ que fait l'arc de grand cercle OM avec le cercle fixe OA, et par la longueur φ de cet arc OM, ou par l'angle au centre correspondant. Nous appellerons θ *l'angle azimutal*, et φ la *distance centrale sphérique* du point M, distance qui joue le rôle de rayon vecteur.

Lorsque le point O est pris au pôle de la sphère terrestre, le cercle OA peut être regardé comme le premier méridien ; alors l'angle θ est la *longitude*, positive ou négative, du point M ; et l'angle φ est le *complément de la latitude*, ou la *colatitude*.

Au point O de la sphère, nous ferons correspondre sur le plan un point O', au cercle OA un axe polaire O'A', et nous supposerons : 1° que tout arc de grand cercle OM passant par le point O se transforme sur la carte en une droite O'M' ; 2° que l'angle θ soit conservé, c'est-à-dire qu'on ait pour tous les points

$$\text{angle MOA} = \text{angle M'O'A'}.$$

Au système des coordonnées sphériques θ et φ correspondra alors sur le plan un système de coordonnées polaires, dans lequel l'angle polaire θ sera égal à l'angle azimutal, tandis que la distance centrale φ sera transformée dans le rayon vecteur r.

Évaluons l'arc infiniment petit ds pris sur la sphère, et l'arc correspondant ds' sur la carte. Il est aisé de voir que l'on aura sur la sphère

$$ds = \sqrt{d\varphi^2 + \sin^2\varphi \, d\theta^2},$$

et sur la carte

$$ds' = \sqrt{dr^2 + r^2 d\theta^2}.$$

Le rapprochement de ces deux formules suffit pour démontrer l'impossibilité du développement de la sphère. Si l'on pouvait appliquer sur le plan une portion finie de surface sphérique prise autour du point O, les arcs de grand cercle OM qui émanent de ce point, étant des lignes géodésiques de la sphère, se transformeraient sur le plan en lignes droites O'M', sans variation de longueur. On aurait donc $r = \varphi$, et par conséquent $dr = d\varphi$. Mais l'égalité des arcs ds et ds' entraînerait l'identité

$$d\varphi^2 + \sin^2\varphi\, d\theta^2 = dr^2 + r^2 d\theta^2,$$

et comme $dr = d\varphi$, il faudrait qu'on eût encore $r = \sin\varphi$. Le développement de la sphère supposerait donc que le rayon vecteur r fût égal à la fois à l'arc φ et au sinus de cet arc : ce qui n'est pas possible rigoureusement, et ce qui ne le devient, à titre d'approximation, que lorsque le sinus et l'arc sont sensiblement égaux, c'est-à-dire pour des valeurs infiniment petites de la distance centrale φ, ou pour une aire infiniment petite prise autour du point O.

Ces préliminaires posés, il est facile d'imaginer des tracés de carte qui fassent connaître deux limites entre lesquelles l'arc cherché ds soit nécessairement compris. Ils sont fournis par l'une ou l'autre des hypothèses contradictoires $r = \varphi$, $r = \sin\varphi$, dont la coexistence, si elle était possible, assurerait l'égalité des arcs ds et ds'.

Si l'on fait d'abord $r = \sin\varphi$, ce qui revient à opérer la projection orthogonale de la sphère sur le plan tangent au point O, il vient

$$ds' = \sqrt{\cos^2\varphi\, d\varphi^2 + \sin^2\varphi\, d\theta^2},$$

et, par suite,

$$ds'^2 - ds^2 = (\cos^2\varphi - 1)d\varphi^2,$$

différence toujours négative. Il en résulte l'inégalité

$$ds' < ds,$$

le signe $<$ n'excluant pas l'égalité, qui a lieu soit pour $\varphi = 0$, au centre du tracé, soit aussi pour $d\varphi = 0$, c'est-à-dire le long d'un parallèle quelconque.

Faisons ensuite $r = \varphi$; cette hypothèse revient à développer suivant les rayons vecteurs les arcs de grand cercle issus du point O. L'arc élémentaire ds'' de la carte devient

$$ds'' = \sqrt{d\varphi^2 + \varphi^2 d\theta^2},$$

et, par conséquent,

$$ds''^2 - ds^2 = (\varphi^2 - \sin^2\varphi)d\theta^2,$$

différence toujours positive, qui entraîne l'inégalité

$$ds < ds'' \; ;$$

cette inégalité devient une égalité pour $\varphi = 0$, et aussi pour $d\theta = 0$, ou le long des méridiens.

L'arc ds est donc compris entre les deux arcs ds' et ds'' qui lui correspondent dans les deux cartes. On remarquera que ces deux cartes ne sont autre chose que le résultat du *lever à la planchette* de la surface sphérique autour du point O, opéré par la *méthode de développement* si l'on fait $r = \varphi$, et par la *méthode de cultellation* si l'on fait $r = \sin \varphi$.

Pour déterminer la longueur exacte d'une ligne de la sphère, il faudrait faire l'intégration de la fonction

$$ds = \sqrt{d\varphi^2 + \sin^2 \varphi \, d\theta^2} = d\varphi \sqrt{1 + \left(\frac{\sin \varphi \, d\theta}{d\varphi}\right)^2},$$

prise le long de la ligne définie par les valeurs successives des coordonnées φ et θ. Cela revient à construire en coordonnées rectangles une courbe dont les abscisses x soient les valeurs de φ, et les ordonnées y soient les valeurs correspondantes du radical $\sqrt{1 + \left(\frac{\sin \varphi \, d\theta}{d\varphi}\right)^2}$. L'aire de cette courbe fera connaître l'arc total $\int ds$, mesuré sur la sphère. Or, la courbe auxiliaire est facile à tracer, en faisant usage du système de cartes centrales dans lequel on a $r = \varphi$.

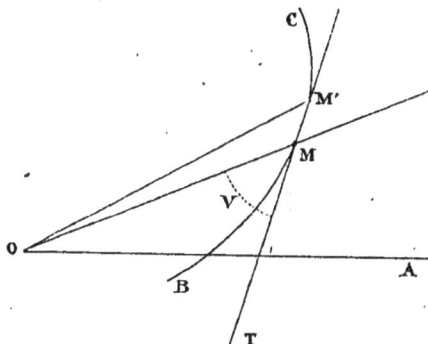

Fig. 2.

Soit O le centre du tracé, OA l'axe polaire pris pour premier méridien;

BC la courbe tracée sur la carte, dont on cherche la vraie grandeur sphérique;

M le point qui a pour coordonnées polaires $\text{MOA} = \theta$, $\text{OM} = \varphi$;

M' un point infiniment voisin, défini par les coordonnées $\theta + d\theta$ et $\varphi + d\varphi$.

La tangente trigonométrique de l'angle OMT que fait la tangente MT à la courbe avec le rayon vecteur, est donnée par la formule

$$\tan V = \frac{\varphi \, d\theta}{d\varphi}.$$

Déterminons une autre tangente, $\tan \mu$, par la relation

$$\tan \mu = \tan V \times \frac{\sin \varphi}{\varphi};$$

on aura

$$\tan \mu = \frac{\sin \varphi \, d\theta}{d\varphi},$$

et l'ordonnée y de la courbe auxiliaire sera égale à

$$y = \sqrt{1 + \tan^2 \mu} = \frac{1}{\cos \mu}.$$

La question est donc ramenée à construire l'angle μ, qui fera connaître immédiatement l'ordonnée y.

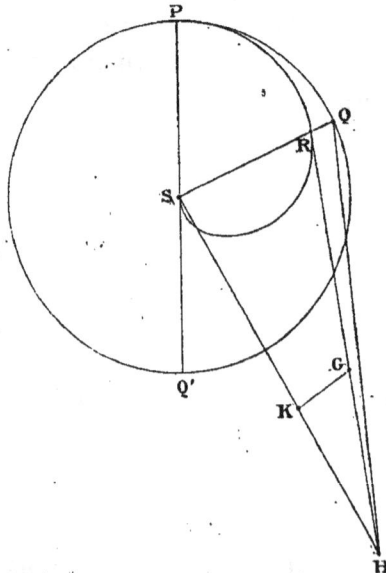

Fig. 3.

D'un point S pris pour centre, avec un rayon égal à l'unité, ou au rayon du globe terrestre, décrivons une circonférence PQP'. Prenons à partir du point P sur cette circonférence un arc PQ égal à la distance centrale φ du point M. Supposons construite la courbe lieu des centres de gravité des arcs de cercle homogènes qui commencent au point P. On sait que, pour un rayon SQ quelconque, le point R étant le centre de gravité de l'arc double de PQ commençant au point·P, on a

$$SR = SQ \times \frac{\sin PSQ}{\text{arc } PQ} = \frac{\sin \varphi}{\varphi},$$

puisque le rayon SQ est pris pour unité: Il suffira donc d'élever en S une perpendiculaire SH à SQ, et de mener la droite QH qui fait avec QS un angle SQH égal au complément de l'angle V, mesuré sur la carte. L'angle SHQ sera égal à V, et on aura tang $V = \frac{SQ}{SH}$. Si l'on joint HR, on voit qu'on aura tang SHR $= \frac{SR}{SH} = $ tang $V \times \frac{SR}{SQ} = $ tang μ.

Pour achever la solution, on prendra HK = 1 sur le côté HS, et on élèvera KG perpendiculaire, jusqu'à la rencontre de HR. On aura

$$HG = \frac{1}{\cos \mu} = y,$$

et ce sera HG qu'il faudra porter comme ordonnée de la courbe auxiliaire, dont la surface fera connaître l'arc cherché. Des constructions connues ramèneront cette surface à un rectangle dont la base soit égale à l'unité ; la hauteur sera égale à l'arc qu'il faut évaluer.

§ II

Proposons-nous actuellement de chercher la mesure des longueurs de lignes tracées sur les cartes existantes, lesquelles sont, pour la plupart, des cartes qui conservent les angles et qui assurent la similitude des figures infiniment petites qu'on peut imaginer autour des différents points.

A tout élément *ds* pris sur la sphère à partir d'un point M donné, correspond sur la carte un élément *ds'*, dont le rapport à *ds* ne dépend que de la position du point M, et est indépendant de l'orientation de l'élément *ds* autour de ce point. Dès qu'on connaît le rapport K des deux éléments, on saura dans quelle proportion il faut amplifier *ds'* pour reproduire *ds;* de l'équation

$$ds = K ds',$$

on déduira par l'intégration

$$s = \int K ds',$$

et cette intégrale peut être ramenée à la quadrature d'une aire plane, en imaginant qu'une droite finie aa', de longueur variable, constamment égale aux valeurs successives du rapport K, se meuve de manière que son milieu parcoure la ligne à mesurer ACB, et que sa direction soit con-

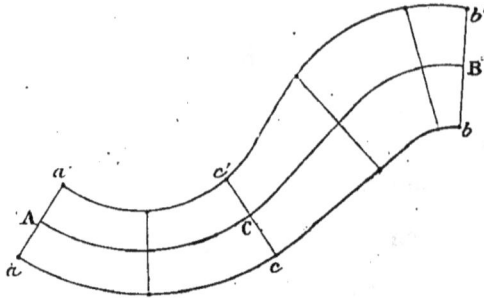

Fig. 4.

stamment normale à cette ligne. Les extrémités a et a' de la droite mobile décrivent deux courbes continues, si la courbe ACB est elle-même continue et n'a pas de points anguleux, et l'aire $aa'b'b$ a pour mesure l'intégrale cherchée, pourvu que les longueurs successives aa', cc', bb', de la droite mobile soient bien égales aux valeurs correspondantes de la fonction K aux points A, C, B. On aura donc à évaluer l'aire fermée $aa'b'b$, ce qu'on pourra faire par des constructions graphiques, ou à l'aide de planimètres, ou par tout autre procédé.

Il n'y a donc en réalité qu'à déterminer la fonction K. Nous le ferons pour les deux tracés les plus usités, savoir : le tracé stéréographique et le tracé de Mercator.

Réseau stéréographique. — Les cartes stéréographiques rentrent dans deux types distincts : ou bien elles ont été faites sur l'horizon du pôle, alors les méridiens deviennent des lignes droites qui passent par le centre du tracé, et les parallèles sont des cercles concentriques qui coupent ces droites à angle droit ; ou bien on a projeté la surface sphérique sur un plan parallèle à l'horizon d'un lieu quelconque. Dans ce cas, les deux pôles du globe sont représentés sur la carte par deux points p et p' ; les méridiens se transforment en des circonférences passant à la fois par ces deux points p et p' ; les parallèles sont d'autres cercles qui coupent orthogonalement les premiers.

Fig. 5.

Le premier type rentre dans le second quand on suppose infinie la distance pp'. On peut aussi le considérer comme le résultat de la transformation du second type par rayons vecteurs réciproques, en prenant le point p' comme centre de la transformation, et en égalant le produit des rayons vecteurs conjugués au carré $\overline{pp'}^2$ de la distance des pôles.

Au point de vue des lignes à tracer, le second type *n'a qu'un seul para-mètre*, savoir : la distance pp' des deux pôles. Cette distance étant donnée, la série des circonférences qui passent à la fois par les deux points p et p' est complètement définie, comme aussi la série des circonférences qui constituent leurs trajectoires orthogonales. *Tous les réseaux stéréogra-phiques sont donc, au point de vue du tracé, géométriquement semblables.* Ils ne diffèrent les uns des autres que par la graduation des diverses circonférences tracées sur la carte. Encore ces différences de graduation ne s'appliquent qu'aux parallèles et non aux méridiens, les angles que ceux-ci font entre eux sur la carte étant respectivement égaux aux angles qu'ils font sur la sphère, et faisant connaître les différences de longitudes des divers méridiens représentés.

Reste à opérer, dans chaque cas particulier, la graduation des parallèles.

Appelons R le rayon de la sphère terrestre ;

l la distance pp' des deux pôles sur la carte ;

a la distance du centre O du tracé au pôle p, qu'on supposera être le pôle nord ;

λ_o la latitude du point du globe qui correspond à ce centre O ;

x la distance Om au centre du tracé, mesurée suivant le méridien cen-tral pp', du point de ce méridien qui a une latitude λ quelconque. Il est facile de voir qu'on a les relations

$$R = \sqrt{a(l-a)},$$

$$\tan\left(\frac{\pi}{4}+\frac{\lambda_o}{2}\right) = \sqrt{\frac{l-a}{a}}.$$

$$x = R \tan \frac{1}{2}(\lambda - \lambda_o),$$

$$l = \frac{2R}{\cos\lambda_o}.$$

Elles permettent de résoudre très simplement toutes les questions rela-tives à la graduation des parallèles, pour une position donnée de la sphère oblique. Le tracé n'a qu'un paramètre l ; mais la graduation des paral-lèles suppose connu un second paramètre a, qui fixe le point pris pour centre du tracé.

Quelle que soit la position de la sphère, si O est le centre du globe, O' le centre du tracé, M un point quelconque, et C le point de vue (fig. 6),

on a, en appelant φ la distance centrale OM, et r le rayon vecteur correspondant Om, le rayon du globe étant égal à l'unité,

$$r = \operatorname{tang} \frac{\varphi}{2},$$

et la fonction K sera donnée sur la figure par le rapport $\dfrac{MM'}{mm}$, rapport égal,

à la limite, au rapport $\dfrac{CM}{Cm} = \dfrac{2\cos\frac{\varphi}{2}}{\dfrac{1}{\cos\frac{\varphi}{2}}} = 2\cos^2\frac{\varphi}{2}.$

On a donc à la fois

$$r = \operatorname{tang} \frac{\varphi}{2},$$

et

$$K = 2\cos^2 \frac{\varphi}{2},$$

d'où l'on déduit

$$K = \frac{2}{1 + r^2}.$$

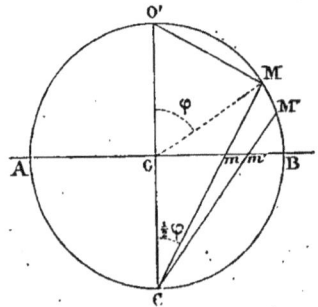

Fig. 6.

Les cartes stéréographiques ne s'appliquent pas ordinairement à plus
d'un hémisphère. Le rayon vecteur r est alors variable entre 0 et 1, et il
est inutile de pousser plus loin la courbe ou le tableau des valeurs
de K. L'épure ci-dessous montre la courbe des valeurs de K en fonction
de r.

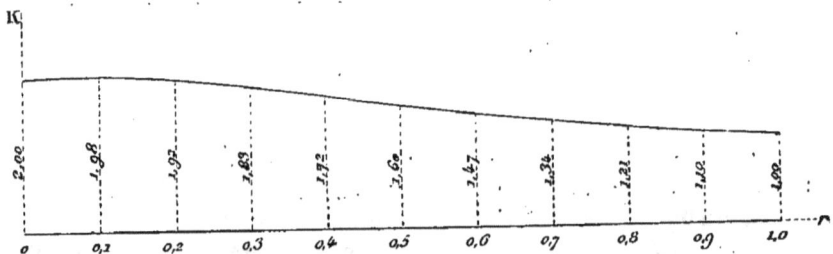

Fig. 7.

Comme vérification, proposons-nous d'évaluer la longueur de l'arc de
grand cercle O'B égal à un quadrant, d'après la mesure du rayon OB = 1,

dans lequel il se transforme sur la carte. On aura à intégrer la fonction Kdr entre les limites $r = 0$ et $r = 1$, ce qui donne

$$s = \int_0^1 K dr = \int_0^1 \frac{2dr}{1+r^2} = 2 \left[\text{arc tg } r \right]_0^1 = \frac{\pi}{2}.$$

Si l'on ne connaissait pas l'intégrale définie $\int_0^1 \frac{dr}{1+r^2}$, on voit que

la géométrie élémentaire suffit pour montrer qu'elle est égale à $\frac{\pi}{4}$.

Tracé de Mercator. — Soient L la longitude, λ la latitude d'un point, x et y l'abscisse et l'ordonnée du point correspondant sur la carte de Mercator. On sait qu'on a les relations

$$x = L, \qquad y = l \tan \left(\frac{\pi}{4} + \frac{\lambda}{2} \right),$$

où l désigne les logarithmes népériens.

Le coefficient K de l'équation $ds = K ds'$ est égal à $\cos \lambda$. Cherchons à l'exprimer au moyen de y.

De l'équation qui donne y en fonction de λ, mise sous la forme

$$\tan \left(\frac{\pi}{4} + \frac{\lambda}{2} \right) = e^y,$$

on déduit

$$\cos \lambda = \frac{2}{e^y + e^{-y}}.$$

L'équation de la courbe des valeurs de K est donc, en définitive,

$$K = \frac{2}{e^y + e^{-y}}.$$

Si on la transforme par ordonnées réciproques, K$'$, correspondantes à une même abscisse y, à l'aide de la relation KK$' = 1$, il vient pour K$'$

$$K' = \frac{e^y + e^{-y}}{2},$$

équation de la chainette dont le paramètre a est égal à l'unité, c'est-à-dire au rayon de la sphère.

Soient OK l'équateur de la carte, que nous prendrons pour axe des ordonnées K et K';

OY un méridien quelconque, ou une parallèle aux méridiens, que nous prendrons pour axe des abscisses y;

OA $= 1$ le rayon de la sphère.

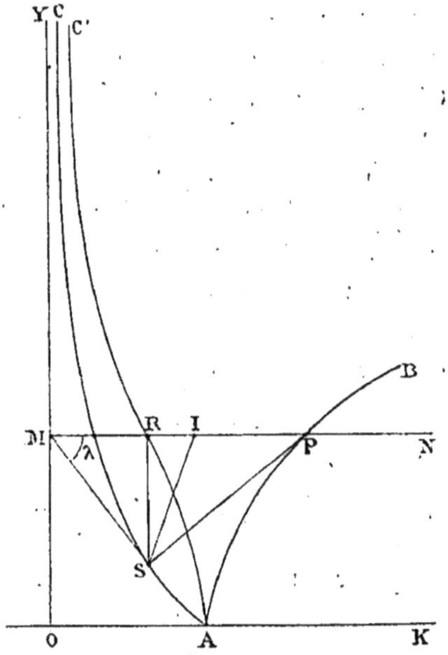

Fig. 8.

Construisons la chaînette AB, qui a pour axe de symétrie la droite OK, et dont le paramètre a soit égal à OA. Si, en un point P de la courbe, on mène l'ordonnée PM, puis la tangente PS, et enfin la droite MS abaissée du pied de l'ordonnée perpendiculairement à la tangente, on aura

$$MP = K'$$

et

$$MS = OA = 1 ;$$

le lieu du point S est une *tractrice* AC, développante de la chaînette à partir de son sommet A. Abaissons la perpendiculaire SR du point S sur MP. Nous aurons dans le triangle rectangle MSP

$$\overline{MS}^2 = MR \times MP ;$$

et, par conséquent, puisque MP $=$ K' et que MS $= 1$, il en résulte que MR $=$ K : la courbe auxiliaire (K, y) s'obtiendra donc en projetant les points S sur les ordonnées correspondantes MP.

On a de plus

$$MR = MS \cos RMS,$$

et cette équation, rapprochée de l'égalité $K = \cos \lambda$, montre que l'angle RMS est égal à la latitude λ du parallèle MN de la carte.

On déduit de cette remarque un procédé très simple pour la graduation des latitudes dans la carte de Mercator.

Il suffit (fig. 8) de construire la tractrice AC, dont les tangentes, terminées à la droite OY, ont une longueur constante et égale au rayon de la sphère. Le pied M de chaque tangente définit la position du parallèle qui correspond à la latitude SMR, ou à la colatitude SMO. Si ensuite on projette le point de contact S sur le parallèle MN, le lieu de la projection R de ce point est une courbe AC', asymptote comme la tractrice elle-même à l'axe OY, et dont les ordonnées MR donnent en chaque point le coefficient $K = \cos \lambda$, par lequel il faut multiplier les éléments mesurés sur la carte à la latitude λ, pour obtenir les éléments correspondants sur la sphère.

Faisons la vérification de la méthode en prenant l'intégrale $\int K\,dy$, entre les limites $y = 0$ et $y = \infty$, ou entre les limites $\lambda = 0$ et $\lambda = \dfrac{\pi}{2}$. Nous devons trouver $\dfrac{\pi}{2}$, longueur du quart du méridien. On doit donc avoir identiquement

$$\frac{\pi}{2} = \int_0^\infty \frac{2dy}{e^y + e^{-y}} = 2 \int_0^\infty \frac{dy}{e^y + e^{-y}}.$$

Si l'on pose, en effet, $e^y = v$, ce qui donne $dy = \dfrac{dv}{v}$ et $e^{-y} = \dfrac{1}{v}$, il vient

$$\frac{dy}{e^y + e^{-y}} = \frac{dv}{1 + v^2} = d\,(\text{arc tang } v).$$

Les limites 0 et ∞ de y donnent pour v les limites 1 et ∞ ; et l'intégrale demandée est la valeur de la fonction arc tang v quand on fait varier la tangente v de l'unité à l'infini ; il vient $\dfrac{\pi}{2} - \dfrac{\pi}{4} = \dfrac{\pi}{4}$, résultat qui doit être doublé, ce qui donne $\dfrac{\pi}{2}$.

L'étude de la description mécanique de la tractrice conduit aux résultats suivants, que nous nous bornons à indiquer.

Supposons qu'un point M parcoure la droite fixe OY avec une vitesse v constante, en entraînant dans son mouvement une droite MS de longueur constante et égale à a, dont l'extrémité M décrit la tractrice AC. Le point P de la chaînette sera le centre instantané de rotation de la droite SM, et en appelant v' la vitesse variable du point S sur sa trajectoire, on aura

$$v' = v\sin\lambda.$$

L'indicatrice des accélérations totales du point S' est donc une circonférence décrite sur la vitesse v comme diamètre; *l'accélération tangentielle* $\dfrac{dv'}{dt}$ est égale à $\dfrac{v^2}{a}\cos^2\lambda$, *l'accélération normale* $\dfrac{v'^2}{\rho}$ est égale à $\dfrac{v^2}{a}\sin\lambda\cos\lambda$, enfin *l'accélération totale* est dirigée suivant la droite SI qui joint le point S au milieu de l'ordonnée MP de la chaînette, et elle a pour valeur $\dfrac{v^2}{2SI}$.

Ces résultats montrent qu'il n'est pas tout à fait exact de dire, comme on le fait quelquefois, que la tractrice est la courbe décrite par un point matériel pesant S, qui serait tiré sur un plan horizontal à l'aide d'un fil inextensible MS, par un point M auquel on fait décrire uniformément la droite OY. Les forces qui agissent sur le point S seraient la tension du fil et le frottement du plan, toutes deux dirigées suivant la droite SM; leur résultante ne pourrait donc être dirigée suivant la droite SI, comme le mouvement du point S l'exige. Pour qu'il en soit ainsi, il faut que le mouvement du point, dans le sens normal à la courbe, rencontre une résistance qu'il ne puisse surmonter. On peut y parvenir en montant le point décrivant sur un système de roues parallèles à SM, qui donneront toute facilité pour le déplacement tangentiel à la courbe, sans permettre le déplacement normal. Il est utile aussi de réduire le plus possible la vitesse v du point M. Par là, on diminue la pression normale, proportionnelle à $\dfrac{v^2}{a}\sin\lambda\cos\lambda$, que le point mobile exerce pour déplacer latéralement le chariot auquel il est attaché. Pour une valeur donnée de v, cette pression normale est sensiblement nulle pour les petites valeurs de λ, qui rendent très petit le facteur $\sin\lambda$, et pour les valeurs de λ très voisines de $\dfrac{\pi}{2}$, qui rendent très petit l'autre facteur $\cos\lambda$; et elle est maximum pour la latitude moyenne $\lambda = \dfrac{\pi}{4}$, qui donne la plus grande valeur au produit $\sin\lambda\cos\lambda$.

On pourrait étudier aussi le mouvement d'un point pesant, qui, partant sans vitesse du point A de la tractrice, la pesanteur étant supposée agir dans la direction AO, glisserait sans frottement sur la courbe. La vitesse u au point S, dont l'ordonnée est égale à MR ou à $a\cos\lambda$, est donnée par l'équation

$$u = \sqrt{2ga(1-\cos\lambda)}.$$

Si l'on appelle s l'arc AS, on a d'ailleurs $ds = \mathrm{PS} \times d\lambda = a \tang \lambda d\lambda$; de sorte que l'équation du mouvement est

$$\frac{a \tang \lambda d\lambda}{dt} = \sqrt{2ga(1 - \cos\lambda)} \cdot$$

On en déduit pour la durée du trajet du point A à un point quelconque défini par une valeur de λ,

$$t = \int_0^\lambda \frac{a \tang \lambda d\lambda}{\sqrt{2ga(1 - \cos\lambda)}} = \sqrt{\frac{a}{2g}} \, l \left(\frac{1 + \sqrt{2\sin\frac{\lambda}{2}}}{1 - \sqrt{2\sin\frac{\lambda}{2}}} \right).$$

La direction de l'accélération totale dans ce second mouvement du point S est définie par l'angle μ qu'elle fait avec la direction SM du mouvement. On trouve cet angle au moyen de l'équation générale

$$\frac{du}{u} = \frac{d\omega}{\tang \mu},$$

dans laquelle $d\omega$ est l'angle de contingence, égal ici à $d\lambda$. De l'équation

$$u = \sqrt{2ga(1 - \cos\lambda)} = \sqrt{ga} \times 2\sin\frac{\lambda}{2},$$

on tire

$$du = \sqrt{ga} \cos\frac{\lambda}{2} \, d\lambda \cdot$$

et

$$\frac{du}{u} = \frac{d\lambda}{2 \tang \frac{\lambda}{2}} \cdot$$

Donc

$$\tang \mu = 2 \tang \frac{\lambda}{2} \cdot$$

L'angle μ s'annule en même temps que λ, et croit avec lui, mais plus lentement; et lorsque λ est égal à $\frac{\pi}{2}$, on a $\tang \mu = 2$, ce qui correspond à un angle μ égal à $63°26'$ environ. On a à peu près $\mu = \lambda$ pour les petites valeurs des deux angles. Connaissant la direction de l'accélération totale et sa composante tangentielle $g \cos\lambda$, il est aisé d'en déduire l'accélération normale, puis la pression du point sur la courbe qu'on l'oblige à décrire.

§ III

Lorsqu'on cherche la distance sphérique de deux points du globe, connaissant leurs latitudes et la différence de leurs longitudes, la question est résolue par l'emploi de la formule fondamentale de la trigonométrie sphérique, sans qu'il soit nécessaire de recourir à la carte. Nous indiquerons ici quelques transformations de cette formule, qui, dans certains cas, peuvent être utiles.

Soient a, b, c les trois côtés d'un triangle sphérique, et A l'angle compris entre les côtés b et c, et opposé au côté a. La *formule fondamentale* donne

$$\cos a = \cos b \cos c + \sin b \sin c \cos A.$$

Remplaçons $\cos b \cos c$ par $\frac{1}{2}\left(\cos(b+c)+\cos(b-c)\right)$ et $\sin b \sin c$ par $\frac{1}{2}\left(\cos(b-c)-\cos(b+c)\right)$, puis faisons subir la même transformation aux produits de la différence des cosinus par $\cos A$; il viendra en définitive, en groupant convenablement les termes,

$$\cos a = \frac{1}{4}\left[\cos(b-c-A)+2\cos(b-c)+\cos(b-c+A)\right.$$
$$\left. -\cos(b+c-A)+2\cos(b+c)-\cos(b+c+A)\right].$$

La formule a, comme on le voit, six termes; la première ligne renferme les trois cosinus de la différence des côtés b et c, et de cette différence augmentée, puis diminuée de l'angle compris A; la seconde renferme les trois cosinus de la somme des deux côtés, et de cette somme augmentée puis diminuée de l'angle A. Comme coefficients, il faut doubler les cosinus de la différence et de la somme des côtés et prendre avec le signe — les cosinus de la seconde ligne qui renferment l'angle A. Le cosinus du côté cherché a est le quart de la somme algébrique des termes ainsi formés.

Cette formule est d'un usage très commode lorsqu'on n'a à sa disposition qu'une table des sinus naturels; car elle n'exige que des opérations simples et rapides : additions et soustractions, multiplications par 2, division par 4. Si on veut l'appliquer à la recherche des distances sphériques, il convient d'observer que le triangle qui a pour sommets le pôle nord du globe et les deux points donnés, a pour côtés les colatitudes de ces deux points ; l'angle compris A est la différence des longitudes. Si donc on pose

$$b = 90° - \lambda, \quad c = 90° - \lambda', \quad A = L, \quad \text{et} \quad a = \varphi,$$

la formule devient

$$\cos\varphi = \frac{1}{4}\Big[\cos(\lambda - \lambda' - L) + 2\cos(\lambda - \lambda') + \cos(\lambda - \lambda' + L)$$

$$+ \cos(\lambda + \lambda' - L) - 2\cos(\lambda + \lambda') + \cos(\lambda + \lambda' + L)\Big],$$

formule qui ne présente qu'une différence de signes avec la première, et pour la seconde ligne seulement.

Elle peut recevoir une interprétation géométrique.

En un point O d'une droite indéfinie OX (fig. 9), faisons un angle AOX = $\lambda - \lambda'$, en supposant que la latitude λ' soit plus petite que λ. Sur cette droite prenons $OB = \frac{1}{2}$, puis $BA = \frac{1}{2}$, de telle sorte que OA soit égale à l'unité.

Au point B faisons l'angle CBA = L, et prenons $BC = \frac{1}{4}$. Puis achevons le triangle isocèle BCD, en prenant CD = CB. La droite BC fera avec OX l'angle $\lambda - \lambda' + L$, et la droite CD l'angle $\lambda - \lambda' - L$. L'abscisse du point D projeté sur la droite OX est donc égale à

$$\frac{1}{4}\cos(\lambda - \lambda' + L) + \frac{1}{2}\cos(\lambda - \lambda') + \frac{1}{4}\cos(\lambda - \lambda' - L),$$

c'est-à-dire au produit par $\frac{1}{4}$ de la première ligne des trois cosinus.

Menons par le point D une droite DF qui fasse avec OX l'angle $\lambda + \lambda'$. Il suffira pour cela de faire au point D l'angle ODF = $2\lambda'$. Nous prendrons sur cette droite à partir de D une longueur $DF = \frac{1}{2}$, puis nous répéterons le triangle BCD en FHG, ce qui revient à prendre FG = BD, ou encore à prendre DG = DA. Les droites FH, HG, égales à $\frac{1}{4}$, font avec OX des angles égaux à $\lambda + \lambda' + L$, et à $\lambda + \lambda' - L$; et par suite l'abscisse Og du point G est égale à

$$\frac{1}{4}\cos(\lambda - \lambda' + L) + \frac{1}{2}\cos(\lambda - \lambda') + \frac{1}{4}\cos(\lambda - \lambda' - L)$$

$$- \frac{1}{2}\cos(\lambda + \lambda') + \frac{1}{4}\cos(\lambda + \lambda' + L) + \frac{1}{4}\cos(\lambda + \lambda' - L),$$

c'est-à-dire à $\cos\varphi$.

Du point O comme centre, avec OA = 1 pour rayon, traçons une circonférence. Elle rencontre en N la droite Gg, perpendiculaire à OX, et l'arc MN est égal à φ, distance cherchée.

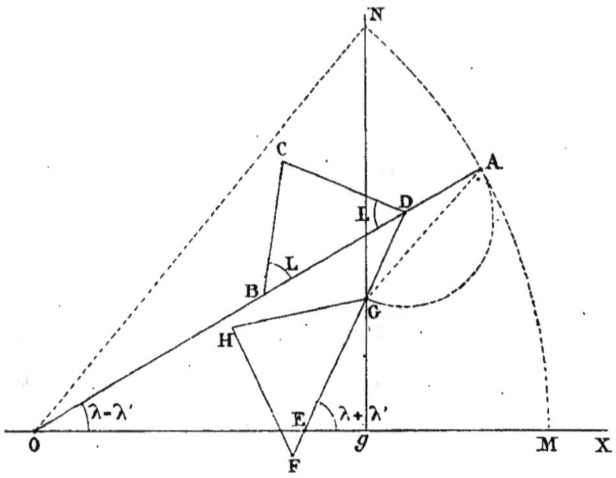

Fig. 9.

Si l'on joint AG, l'angle DAG est la moitié de l'angle ODG ; il est donc égal à λ', la droite AG fait avec OX l'angle λ. L'abscisse Og du point G peut donc encore s'obtenir en projetant sur OX le contour OAG, c'est-à-dire que l'on a

$$\cos\varphi = \cos(\lambda - \lambda') - AG\cos\lambda.$$

Mais

$$AG = 2AD\sin\frac{1}{2}ADG = 2(1 - \cos L)\cos\lambda' \cdot$$

Donc la construction donne

$$\cos\varphi = \cos(\lambda - \lambda') - 2(1 - \cos L)\cos\lambda\cos\lambda' = \sin\lambda\sin\lambda' + \cos\lambda\cos\lambda'\cos L,$$

équation identique à la formule fondamentale. C'est une vérification des transformations opérées.

L'ensemble formé par les droites OBCDFHG peut être réalisé par un polygone articulé en B, C, D, F, H, dans lequel les extrémités D et G des côtés CD, HG seraient assujetties à glisser le long des droites OA, FD, les points B et F étant au contraire des articulations fixes sur ces droites. On obtient donc par notre construction le diagramme d'un appareil qui permettrait de déterminer mécaniquement la distance sphérique de deux points, connaissant leurs latitudes et la différence de leurs longitudes.

Supposons qu'on donne deux côtés *a* et *b* dans un triangle sphérique, et l'angle A opposé au côté a, et qu'on demande de trouver l'angle B opposé à b; on fera usage de la proportion des sinus

$$\frac{\sin B}{\sin b} = \frac{\sin A}{\sin a},$$

qui peut s'écrire de la manière suivante

$$\sin B \sin a = \sin A \sin b,$$

ou encore, au moyen de la transformation employée plus haut,

$$\cos(a - B) - \cos(a + B) = \cos(A - b) - \cos(A + b);$$

cette équation se prête à une construction géométrique.

En un point O d'une droite OP arbitraire, faisons l'angle MOP $= A$; puis menons ON de manière à former l'angle NOM $= b$. Il en résulte que l'angle NOP $= A - b$.

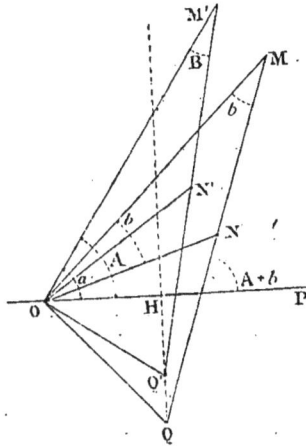

Fig. 10.

Prenons sur ON une longueur ON égale à l'unité; par le point N menons NQ, faisant avec ON l'angle ONQ $= 2b$, de sorte que l'angle de NQ avec QP soit égal à $A + b$. Prenons enfin NQ $=$ ON $= 1$. L'angle QOM sera droit, et la droite QM sera double de NQ, c'est-à-dire égale à deux unités. Enfin, projetons le point Q en H sur la droite OP; nous aurons

$$OH = \cos(A - b) - \cos(A + b).$$

Imaginons le contour analogue correspondant à la différence

$$\cos(a - B) - \cos(a + B);$$

il devra aboutir en un point Q', situé sur la même perpendiculaire QH.

Menons donc une droite OM′ qui fasse avec OP l'angle M′OP = a, et une droite OQ′ perpendiculaire à OM′. Du point Q′ comme centre, avec un rayon Q′M′ égal à deux unités, décrivons un arc de cercle qui coupe en M′ la droite OM′. Joignons Q′M′; prenons le milieu N′ de cette droite, et joignons ON′; l'angle M′ON′ sera l'angle cherché B. On l'a également par l'angle OM′Q′.

On pourrait aussi déterminer le point N′ par l'intersection de l'arc de cercle qui a pour centre le point O et pour rayon la droite ON, avec la perpendiculaire élevée au milieu de OQ′.

L'emploi des contours articulés, tels que BCD (fig. 8) et ONQ (fig. 9), dans lesquels l'angle est variable et les deux côtés égaux et constants, conduit à une solution du problème de la mesure des angles par une opération analogue à la mesure de la longueur d'une droite. On peut, à l'aide de cette opération, mesurer un angle *au pas,* comme on mesure une longueur.

Soit un angle YOX = α, que nous supposerons moindre que l'angle droit (fig. 11).

Prenons une longueur arbitraire O*a* à partir du sommet sur l'un des côtés. Puis portons successivement le segment O*a* de *a* en *b*, de manière à ramener son extrémité sur le second côté, de *b* en *c* sur le premier côté, de *c* en *d* sur le second, de *d* en *e*, de *e* en *f*, et ainsi de suite, *tant que*

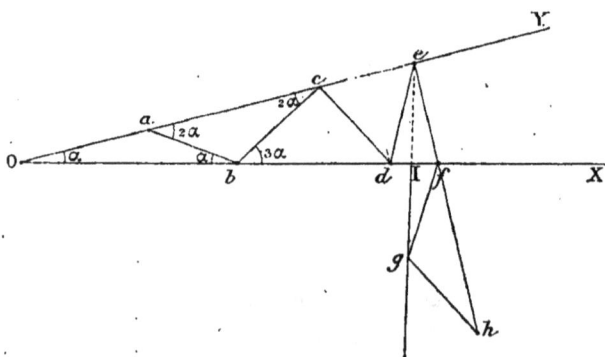

Fig. 11.

cela est possible sans rétrograder sur le côté que la construction atteint. On forme ainsi une série de triangles isoscèles juxtaposés. Le premier, O*ab*, a pour angle à la base l'angle α cherché. L'angle à la base du second *abc*, extérieur au premier, est égal à la somme des angles intérieurs opposés du premier, c'est-à-dire à 2α; l'angle au sommet *b* du même triangle est égal à 2 droits — 4α; ajoutant l'angle *ab*O = α, et retranchant de 2 droits, on a l'angle *cbd*, à la base du troisième triangle, égal à 3α. La loi est manifeste. Si l'on admet que le $(n-1)^{me}$ triangle ait pour angle à la base

3*

$(n-1)\alpha$, et que le n^{me} triangle ait l'angle $n\alpha$, l'angle au sommet du n^{me} triangle sera

$$2 \text{ droits} - 2n\alpha ;$$

la somme de cet angle au sommet et de l'angle à la base du triangle précédent, qui lui est adjacent, sera

$$2 \text{ droits} - 2n\alpha + (n-1)\alpha = 2 \text{ droits} - (n+1)\alpha ;$$

l'angle à la base du triangle suivant, supplément de cette somme, sera donc $(n+1)\alpha$, de sorte que la loi est générale.

On forme par cette construction les multiples successifs de l'angle α, et la construction elle-même se prolongera sans rétrogradation, tant que les multiples obtenus seront aigus, ou moindres qu'un angle droit. Soit n le nombre des triangles isoscèles formés extérieurs l'un à l'autre; le triangle isoscèle qu'on obtiendrait ensuite ne serait plus extérieur, mais reviendrait sur la construction déjà faite. Il en résulte la double inégalité

$$n\alpha < 1 \text{ droit} < (n+1)\alpha,$$

et, par suite, α est compris entre la $(n)^{me}$ partie et la $(n+1)^{me}$ partie de l'angle droit; ce qui donne une première approximation de l'angle demandé.

On peut aller plus loin. Soit def le dernier triangle obtenu, de sorte que les angles à la base d et f soient égaux à $n\alpha$, angle aigu, et l'angle suivant feY, égal à $(n+1)\alpha$, soit obtus. Appelons ε l'angle qu'il faudrait ajouter à $n\alpha$ pour compléter l'angle droit. Cet angle est donné sur la figure par la moitié Ief de l'angle au sommet du dernier triangle, moitié que l'on peut obtenir en abaissant la perpendiculaire eI du sommet sur la base. On aura, par conséquent,

$$n\alpha = 1 \text{ droit} - \varepsilon,$$

ou bien

$$\alpha = \frac{1 \text{ droit}}{n} - \frac{\varepsilon}{n}.$$

Or, l'angle $Ief = \varepsilon$ peut être évalué par la même méthode que l'angle YOX lui-même, en y inscrivant le contour équilatéral $efgh...$, tant que l'opération est possible sans entraîner de mouvement rétrograde. Cette opération fera connaître deux nombres entiers consécutifs n' et $n'+1$, tels que ε soit compris entre les fractions $\frac{1}{n'}$ et $\frac{1}{n'+1}$ de l'angle droit. On aura donc

$$\varepsilon = \frac{1 \text{ droit}}{n'} - \frac{\varepsilon'}{n'},$$

en appelant ε' le demi-angle au sommet du dernier triangle isoscèle obtenu ; on pourra encore opérer sur cet angle de la même manière, ce qui conduira à une nouvelle équation

$$\varepsilon' = \frac{1 \text{ droit}}{n''} - \frac{\varepsilon''}{n''},$$

et ainsi de suite, autant de fois qu'on le jugera nécessaire. Éliminant les erreurs ε, ε',... intermédiaires, et négligeant l'erreur finale, on voit que l'angle α sera donné par une série de la forme

$$\alpha = \frac{1 \text{ droit}}{n} - \frac{1 \text{ droit}}{nn'} + \frac{1 \text{ droit}}{nn'n''} - \cdots,$$

qui en fera connaître la valeur avec autant d'approximation qu'on le voudra, à supposer que les opérations soient faites sans erreur. Lorsque l'angle YOX est une partie aliquote de l'angle droit, la construction le fait connaître en conduisant à un dernier côté du contour polygonal perpendiculaire au côté OY de l'angle donné. Dans ce cas, la construction se termine.

Un autre cas particulier remarquable est celui où le dernier triangle isoscèle obtenu a pour angle au sommet l'angle cherché. Alors, cet angle est un sous-multiple impair de π. La construction du contour $Oabc\ldots$ est celle que l'on fait pour inscrire dans le cercle le polygone régulier de 10 côtés, ou de 34 côtés,...

Si l'angle cherché est droit, la construction s'arrête à son premier pas et ramène immédiatement au point de départ.

Pour deux droites parallèles, qui forment un angle nul, la construction peut être considérée comme se prolongeant indéfiniment.

Les droites successives Oa, ab, bc,... toutes égales entre elles, peuvent être regardées comme formant la route suivie par un rayon de lumière issu du point O dans la direction OY, et qui serait réfléchi aux points a, c, e,... sur des miroirs parallèles à la droite OX, et aux points b, d,... sur des miroirs parallèles à OY.

Les triangles isoscèles Oab, abc, bcd,... ont respectivement pour mesures, en appelant a la longueur Oa commune à leurs côtés,

$$\frac{1}{2}a^2 \sin 2\alpha, \quad \frac{1}{2}a^2 \sin 4\alpha, \quad \frac{1}{2}a^2 \sin 6\alpha \cdots \cdots \frac{1}{2}a^2 \sin 2n\alpha,$$

n étant le nombre total des triangles, nombre défini par la double inégalité

$$2n\alpha < \pi < 2(n+1)\alpha.$$

Le plus grand de ces triangles est celui dont l'angle au sommet est le plus voisin de l'angle droit. Le rang du triangle maximum est donc donné par la valeur entière la plus approchée, par défaut ou par excès, du rapport $\frac{\pi}{4\alpha}$.

La somme de tous les triangles juxtaposés est égale à

$$S = \frac{1}{2} a^2(\sin 2\alpha + \sin 4\alpha + \sin 6\alpha + \cdots + \sin 2n\alpha)$$

$$= \frac{1}{2} a^2 \times \frac{\sin 2n\alpha - \sin 2(n+1)\alpha + \sin 2\alpha}{2(1 - \cos 2\alpha)}$$

$$= \frac{1}{8} a^2 \times \frac{\sin 2n\alpha - \sin 2(n+1)\alpha + \sin 2\alpha}{\sin^2\alpha}.$$

Si, par exemple, $2n\alpha$ est égal à π, ou si l'angle α est une partie aliquote de l'angle droit, on a

$$\sin 2n\alpha = 0, \quad \sin 2(n+1)\alpha = -\sin 2\alpha,$$

et,

$$S = \frac{1}{8} a^2 \frac{2\sin 2\alpha}{\sin^2\alpha} = \frac{1}{4} a^2 \frac{2\sin\alpha\cos\alpha}{\sin^2\alpha} = \frac{1}{2} a^2 \cot\alpha \cdot$$

Dans ce cas, le dernier côté du dernier triangle ef est normal à l'un des côtés OY; si l'on appelle b la somme Of des bases portées sur OX, et c la somme Oe des bases portées bout à bout sur OY, on aura pour la surface S du triangle total Oef,

$$S = \frac{1}{2} Oe \times ef = \frac{1}{2} cb \sin\alpha;$$

mais

$$c = b\cos\alpha.$$

donc

$$S = \frac{1}{2} b^2 \sin\alpha\cos\alpha = \frac{1}{2} a^2 \cot\alpha \cdot$$

On en déduit

$$b = \frac{a}{\sin\alpha}$$

et

$$c = \frac{a}{\tan\alpha} \cdot$$

Ces dernières formules, rigoureuses lorsque α est un sous-multiple de l'angle droit, sont approximatives lorsque α est un très petit angle. On voit que la surface S et les longueurs b et c des côtés Of et Oe, augmentent indéfiniment à mesure que α diminue.

M. C. de POLIGNAC

à Paris.

REMARQUES SUR LA NOTATION D'ÉLÉMENTS LIÉS ENTRE EUX PAR L'UNE OU L'AUTRE DE DEUX RELATIONS RÉCIPROQUES

— Séance du 6 septembre 1884 —

Je considère un nombre quelconque d'éléments.

Entre chaque *couple* d'éléments existera une relation soit de *variation*, soit de *permanence*.

La loi de cette relation reste pour le moment indéterminée et ne présente aucun sens particulier en dehors d'une définition réciproque arbitraire.

Je suppose ces éléments écrits en tableaux de plusieurs colonnes avec la seule restriction que les éléments qui composent une même colonne ne doivent présenter aucune variation. En d'autres termes chaque colonne forme un *cycle* de permanences.

Les éléments 1, 2, 3....n sont écrits dans les différents tableaux, chacun à son tour dans un ordre choisi. Je dirai qu'un élément est *monogène*, *duogène* ou *polygène* selon qu'il possède une, deux ou un plus grand nombre de variations avec les éléments *précédents*.

Soit m le *nombre maximum* d'éléments pouvant former un *cycle de variations* et prenons pour noyau de notre tableau un pareil cycle. Ses éléments ne pourront être écrits que sur une ligne :

$$1 \ 2 \ 3.....m$$

chacun seul dans sa colonne, d'après la condition imposée plus haut.

Supposons que tout élément subséquent forme un cycle de m variations avec $m-1$ des éléments déjà notés. Si nous n'introduisons pas de nouvelle colonne les éléments successifs n'auront qu'une place à leur disposition et nous obtiendrons ainsi un tableau unique de m colonnes.

Au contraire, si nous admettons une colonne de plus, chaque élément suivant aura deux places à sa disposition et nous obtiendrons, avec n éléments, une Table composée de 2^{n-m} tableaux de $m+1$ colonnes, sauf un qui sera écrit en m colonnes.

Une pareille Table possède certaines propriétés. La principale sera donnée plus loin. Observons seulement, comme conséquence immédiate du mode de formation, que *tout cycle de permanences* composera à son tour une colonne.

Il suffit, en effet, de choisir, parmi les éléments du tableau unique en m colonnes, un cycle de permanences quelconque et de le placer dans la $m+1^e$ colonne qui est libre. Cette colonne sera répétée dans la Table suivant une loi trop longue à indiquer.

Pour la commodité du langage je supposerai $m=3$, sans porter préjudice à la généralité.

Dans ce cas la Table se compose de 2^{n-1} tableaux de quatre colonnes, sauf un qui n'en a que trois.

Partageons maintenant la totalité des éléments en deux groupes E, I tellement choisis que chaque élément possède au moins une variation avec un autre élément du même groupe.

Cela fait nous ne conserverons dans la Table que :

1° Le tableau unique en trois colonnes.

2° Les tableaux dans lesquels il se trouve une colonne (ou plus) exclusivement composée d'éléments E.

Cet ensemble formera une Table réduite T dont le tableau-type peut s'écrire symboliquement :

$$E\ E\ E\ E$$
$$I\ I\ I$$

Ainsi qu'il a été dit, E, dans la première colonne, représentera tour à tour *tout* cycle formé d'éléments E. En comprenant par extension le cycle E=o dans cette énumération, nous aurons le tableau de trois colonnes.

Propriété fondamentale de la Table T. — *Tout cycle de permanences E' formé d'éléments E se rencontrera non seulement dans la première colonne, mais encore dans une des trois autres.*

Dans cet énoncé est compris le cycle E'=o.

Symboliquement nous aurons :

$$E\ E\ E'\quad E\ E\ E$$
$$I\ I\ I\quad\ \ I\ I\ I$$

En d'autres termes, la première colonne se trouvera reproduite dans l'ensemble des trois autres. En particulier, il y aura au moins un tableau dans lequel une colonne sera exclusivement formée d'éléments I.

Introduisons maintenant un élément polygène A lui donnant des variations avec tout le groupe I et des permanences avec tout le groupe E. Dans chaque tableau de la Table T, on pourra placer A dans la première colonne.

Adjoignons A au groupe E et subdivisons ce groupe en deux E_1, I_1 soumis à la condition susdite. Numériquement on aura :

$$(E+A) = (E_1 + I_1).$$

et comme précédemment on formera par élimination une nouvelle Table réduite T_1 composée avec l'ensemble des tableaux de T dans lesquels une colonne (ou plusieurs) ne contient que des éléments E_1; symboliquement :

$$\begin{array}{cccc} E_1 & E_1 & E_1 & E_1 \\ & I_1 & I_1 & I_1 \\ & I & I & I \end{array}$$

On démontrera qu'à quelque sous-groupe E_1 ou I_1 que l'élément A soit supposé appartenir, la propriété fondamentale de T subsistera dans T_1, pourvu qu'on convienne de faire abstraction des éléments I, les considérant comme ne pouvant donner que des permanences avec tous les éléments de rang plus élevé que A.

Par exemple, E'_1 étant un cycle de permanences donné, nous trouverons les tableaux :

$$\begin{array}{ccccccc} E_1 & E_1 & E_1 & E'_1 & \quad & E_1 & E_1 & E_1 \\ I_1 & I_1 & I_1 & & \quad & I_1 & I_1 & I_1 \\ I & I & I & & \quad & I & I & I \end{array}$$

qui, en effaçant les I, correspondent aux tableaux symboliques de la Table T.

On pourra alors introduire un nouvel élément polygène A_1, lui donnant pour variations le groupe I_1 et pour permanences les groupes E_1 et I; subdiviser encore et continuer ainsi indéfiniment sans ajouter de nouvelle colonne.

Les applications — même les plus simples — de la méthode indiquée ici, exigeraient des détails considérables. Voici de quoi donner une idée approchée de l'usage qu'on peut en faire.

Traçons sur une surface *multi-connexe* une succession de districts. Deux districts contigus donneront une *variation*; dans le cas contraire, une *permanence*. Certains districts seront entièrement entourés par d'autres et nous aurons ainsi des districts *intérieurs* et *extérieurs*. Soit m le nombre maximum de districts extérieurs susceptibles de former un cycle de variations. Partons d'un pareil cycle et n'ajoutons que des districts extérieurs ayant au moins $m-1$ variations avec les districts précédents. Supposons que la connexité de la surface soit telle que si le nouveau district en touche $m-1+k$ autres, k d'entre eux au moins deviennent intérieurs. Alors les considérations précédentes (augmentées de certains détails) montreront qu'il suffit de $m+1$ colonnes pour noter tous les districts de manière que deux districts contigus n'apparaissent jamais dans la même colonne.

Dans les tableaux symboliques le groupe E représente les districts extérieurs, le groupe I les districts qui deviennent intérieurs après l'addition de A.

Ce problème est identique à celui de la coloration des cartes de géographie avec un minimum de couleurs de telle sorte que deux districts contigus aient toujours des couleurs différentes.

M. Kempe, qui l'a résolu le premier dans le cas du plan (*), a montré qu'il suffit de quatre couleurs.

Dans le plan, en effet, on a $m=4$; sur un cylindre indéfini, $m=5$; sur le tore, $m=6$.

Je terminerai par la remarque suivante:

On peut montrer que, sous certaines conditions, il y a une limite au nombre de variations que peut posséder un élément.

Supposons, comme précédemment, que si un élément possède au début $m-1+k$ variations, k éléments au moins deviennent *intérieurs*.

Soit à un certain moment:

V le nombre total des variations.

μ le nombre des éléments *extérieurs*.

n le nombre total des éléments.

L'addition d'un élément extérieur possédant $m-1+k$ variations donnera pour les augmentations des trois quantités V, μ, n:

$$\delta V = m-1+k,$$
$$\delta \mu = 1-k' \quad (k' \gtreqless k),$$
$$\delta n = 1;$$

d'où nous tirons:

$$\delta V + \delta \mu = m\,\delta n - (k'-k).$$

Si k était négatif nous aurions encore:

$$\delta \mu = 1-k \ (k' \gtreqless o)$$

Dans tous les cas,

$$\delta V + \delta \mu = m\,\delta n - h,$$

où h désigne une quantité positive qui peut être nulle.

Nous tirons de là:

$$\Sigma\delta V + \Sigma\delta\mu = m\Sigma\delta n - \Sigma h;$$

(*) « On the problem of the four colours » (*American Journal of Mathematics and Proceedings of the London Mathematical Society*).

d'où

$$V - V_0 + \mu - \mu_0 = m(n - n_0) - H.$$

Supposons que l'état initial se compose d'un cycle de variations de m éléments extérieurs. On a alors :

$$m = n_0 = \mu_0 \quad V = \frac{m.m - 1(^{*})}{2},$$

et

$$V + \mu = mn - \frac{m(m-1)}{2} - H. \quad (1)$$

Soit V le nombre de variations *minimum* possédé par un certain élément ou par plusieurs ; on aura :

$$V \gtrless \frac{nv}{2};$$

et par suite :

$$\frac{nv}{2} + \mu \lessgtr mn - \frac{m(m-1)}{2} - H,$$

ou

$$v \lessgtr 2m - \frac{m(m-1) + 2(\mu + H)}{n}.$$

Dans tous les cas,

$$v < 2m.$$

En d'autres termes, quelque grand que soit n, il y aura un ou plusieurs éléments ayant moins de $2m$ variations.

Dans le cas particulier des cartes de géographie (tracées sur un plan), on a $m = 3$. Il y aura donc toujours un district avec moins de six frontières. C'est le théorème de M. Kempe, qui en a fait la base de sa solution du « *problème des quatre couleurs* ». Mais cette propriété n'a aucun rapport avec la méthode générale indiquée dans cet aperçu.

Pour $m = 3$ l'équation (1) devient :

$$V + \mu = 3(n - 1) - H.$$

Dans les cartes de géographie convenons d'appeler *points multiples* ceux où plus de deux *lignes-contours* se rencontrent. Soit α le nombre des districts monogènes (par définition ceux qui, au début, ne touchent qu'un des districts déjà tracés).

(*) Comme la relation de variation entre deux éléments est réciproque, il en résulte que le nombre total des variations est égal à la demi-somme des variations de chaque élément. De même pour les permanences.

Si la carte n'a pas de points multiples on aura :

$$H = \alpha.$$

Observons toutefois qu'ici α ne représente que le nombre des districts *monogènes qu'on ne peut éviter d'introduire* dans le tracé de la carte.

Si la carte peut être tracée sans introduction de districts monogènes on a $\alpha = o$, et il reste :

$$V + \mu = 3(n-1),$$

résultat facile à vérifier.

Si la carte possède des points multiples, on peut les éviter d'abord dans le tracé, en empiétant chaque fois sur le district contigu, et les rétablir quand la carte est terminée. On perdra ainsi un certain nombre de variations. Soit β ce nombre ; on aura :

$$H = \alpha + \beta.$$

En général, on a :

$$\beta = \beta_3 + 2\beta_4 + 3\beta_5 + \text{etc.} ;$$

égalité dans laquelle β_k représente un point multiple où k lignes se rencontrent ; mais cette formule est sujette à quelques exceptions.

L'introduction *a posteriori* de points multiples ne peut pas augmenter le nombre des variations et se fera par conséquent sans qu'il soit besoin de modifier la coloration de la carte. La considération de ces points est donc étrangère au problème de la notation.

M. P.-H. SCHOUTE

Professeur à l'Université de Groningue.

QUELQUES THÉORÈMES GÉOMÉTRIQUES

— *Séance du 6 septembre 1884* —

La rédaction d'un mémoire géométrique sur les courbes planes du quatrième ordre à trois points doubles d'inflexion m'a mené aux théorèmes suivants ; j'espère qu'en les parcourant isolés on ne les jugera pas dépourvus d'intérêt.

1. « Il y a deux espèces différentes de transformations quadratiques involutives, une espèce régulière et une espèce irrégulière. Dans l'espèce régulière les éléments opposés du triangle fondamental ABC se correspondent l'un à l'autre ; dans l'espèce irrégulière deux des droites fondamentales AC et BC passent par leurs points fondamentaux A et B, tandis que seulement le troisième côté AB correspond au sommet opposé C. Dans l'espèce régulière à une droite par un des points fondamentaux correspond toujours une droite par le même point fondamental, de manière que les droites par un même point fondamental qui se correspondent l'une à l'autre forment un faisceau en involution ; dans l'espèce irrégulière les droites par A correspondent à des droites par B et réciproquement, tandis que chaque droite par C correspond à soi-même. L'espèce régulière contient quatre points qui correspondent à eux-mêmes, les sommets d'un quadrangle dont les points fondamentaux sont les points d'intersection des trois couples de côtés opposés ; l'espèce irrégulière admet un lieu de points qui correspondent à eux-mêmes, une section conique, qui est touchée par AC en A et par BC en B. Tandis que l'espèce régulière peut toujours être représentée comme la correspondance des points P et P′ conjugués l'un à l'autre par rapport à deux coniques, l'espèce irrégulière peut toujours être envisagée comme la correspondance des points P et P′ d'une même droite par C qui sont conjugués par rapport à une conique. Des deux espèces les représentants les plus simples sont la transformation par droites symétriques et la transformation par rayons vecteurs réciproques. »

2. « Quand trois droites, PQ, RS, TU se meuvent de telle sorte que PQ, RS restent antiparallèles par rapport à l'axe fixe CV, et PQ et TU par rapport à l'axe fixe CW, l'angle formé par RS et TU reste égal au double de l'angle VCW. En particulier, si PQ et RS sont antiparallèles par rapport aux axes et PQ et TU par rapport aux asymptotes d'une hyperbole équilatère, les droites RS et TU sont perpendiculaires l'une à l'autre. »

A l'aide du théorème connu, qui exprime que les quatre points d'intersection d'une circonférence de cercle et d'une conique se trouvent sur trois couples de droites antiparallèles par rapport aux axes de la conique, on trouve :

« Le cercle osculateur d'une hyperbole équilatère en un point P détermine dans cette courbe une corde PQ, qui est perpendiculaire au diamètre CP du point P. »

Ce théorème fait connaître une construction simple du centre de courbure de l'hyperbole équilatère en P, car ce point forme avec le centre de figure C de la courbe deux sommets opposés d'un parallélogramme, dont l'autre couple de sommets consiste de P et du milieu du segment PQ. (*).

(*) Cette construction, que j'ai trouvée il y a longtemps, est publiée pour la première fois par M. A. Milinowski dans son « Elementar-synthetische Geometrie der gleichseitigen Hyperbel », B. G. Teubner, Leipzig, 1883.

Et à son tour cette construction mène à la construction analogue pour la
lemniscate de Bernouilli, si l'on définit cette courbe comme la transformée
par rayons vecteurs réciproques de l'hyperbole équilatère, le centre de
figure de cette courbe étant le centre de la transformation. Cette construction, dont M. Emile Weyr (*) a donné une démonstration analytique, est la suivante. Si la lemniscate est déterminée par le centre C, les axes de symétrie CA et CB et le point P, on mène par P une perpendiculaire au rayon
vecteur CP, qui coupe les bissectrices CX et CY de l'angle ACB en P_x et P_y
et sur cette droite on détermine le point Q de manière que $QP_y = P_xP$.
Ensuite sur le rayon vecteur CQ de ce point on abaisse une perpendiculaire du point P, qui coupe CQ en R. Enfin on mène CS antiparallèle à
CP par rapport à CX et PT antiparallèle à CS par rapport à CP et l'on
construit le cercle par R qui touche PT en P.

3. A côté du théorème connu de l'hyperbole d'Apollonius se place le
théorème suivant :

« Pour un point quelconque P de son plan une hyperbole équilatère
contient quatre points Q où la tangente q est antiparallèle à PQ par rapport
à un diamètre donné CR ; ces points sont les points d'intersection de l'hyperbole et d'une circonférence de cercle, qui passe par le centre C et par P.
Et réciproquement chaque cercle par C coupe l'hyperbole en quatre points
Q pour lesquels les antiparallèles aux tangentes q par rapport à CR passent
par un point déterminé de ce cercle. »

« Les cercles, qui de la manière indiquée correspondent aux points P
du plan, forment un réseau projectif au système des points P. Et cette correspondance ne varie pas quand on multiplie les rayons vecteurs centraux
de l'hyperbole de la même quantité. »

Si l'on désigne l'antiparallèle de la tangente q en Q à l'hyperbole équilatère par rapport à CR comme l'antinormale de la courbe en Q par rapport
à CR, l'enveloppe des antinormales des différents points Q pour CR doit
porter le nom d'antidéveloppée de l'hyperbole équilatère par rapport à
CR. Par rapport à cette courbe on trouve sans peine les théorèmes suivants :

« Quand CX est une des asymptotes de l'hyperbole équilatère, l'antidéveloppée de cette courbe par rapport à CR est l'enveloppe des rayons
vecteurs centraux qu'on a fait subir une rotation autour de leurs extrémités situées sur la courbe d'un angle égal au double de l'angle XCR. »

« L'antidéveloppée par rapport aux axes est la première podaire négative de la courbe par rapport au centre. »

« Les antidéveloppées par rapport aux diamètres différents sont des
courbes semblables et concentriques ; car si CD est l'axe transverse de l'hy-

(*) Abhandlungen der königlichen böhmischen Gesellschaft der Wissenschaften, sechste Folge,
sechster Band 1873 « Die Lemniscate in razionaler Behandlung », Artikel 18.

perbole on obtient l'antidéveloppée par rapport à CR en tournant la première podaire négative, que je viens de mentionner, autour du centre C d'un angle égal au double de l'angle DCR et en multipliant les rayons vecteurs centraux de cette nouvelle courbe par cos 2 ∠ DCR. »

« Quand on représente l'hyperbole équilatère donnée par H et la courbe qu'on obtient en tournant H autour de son centre par l'angle α et en multipliant ses rayons vecteurs centraux par m par le symbole H(α, m), l'antidéveloppée de la courbe H par rapport à CR est la première podaire négative par rapport au centre de la courbe H (2 ∠ DCR, cos 2 ∠ DCR) (*). »

4. Joachimsthal (**) a démontré que le cercle qui passe par le pied de trois des quatres normales à une conique à centre, qui passent par un point donné, la coupe encore en un quatrième point, qui est dans la conique diamétralement opposé au pied de la quatrième normale. En voici une extension :

« Si des quatre points d'intersection d'une conique S à centre et d'une hyperbole équilatère, dont les asymptotes sont parallèles aux axes de S, on remplace un nombre impair par les points diamétralement opposés en S, on obtient quatre points d'un cercle. »

A côté de ce théorème se place le théorème suivant :

« Si des quatre points d'intersection d'une hyperbole équilatère H et d'un cercle on remplace un nombre impair par les points diamétralement opposés en H, on obtient quatre points, dont chacun est le point de rencontre des hauteurs dans le triangle qui a pour sommets les trois autres points. »

5. « La figure polaire réciproque d'une hyperbole équilatère H, par rapport à une autre hyperbole équilatère H_1 concentrique à la première, est encore une hyperbole équilatère H_2 concentrique à H et H_1. L'axe transverse de H_2 est antiparallèle à l'axe transverse de H par rapport aux axes de H_1 et les grandeurs a, a_1, a_2 des trois axes transverses sont liées entre elles par la relation $aa_2 = a_1^2$. Donc, si l'on représente H_1 d'après la notation de l'article 3 par H (α, m), on trouve $H_2 = H_1$ (α, m) = H (2α, m^2). Et quand on déduit H_2 de H au moyen de la rotation 2α autour du centre et de la multiplication des rayons vecteurs centraux par m^2, le point de contact d'une tangente quelconque de H se place précisément au point de H_2, qui est le pôle de cette tangente de H par rapport à H_1. »

« Les trois hyperboles égales et concentriques H, H$\left(\dfrac{\pi}{3}, 1\right)$, H$\left(-\dfrac{\pi}{3}, 1\right)$

(*) L'antidéveloppée de l'hyperbole équilatère est la figure polaire réciproque de la lemniscate par rapport à une hyperbole équilatère concentrique et homothétique à l'hyperbole équilatère donnée ; elle est du sixième ordre, de la quatrième classe, etc.

(**) Journal für reine und angewandte Mathematik von Crelle, Band 26, Seite 172 « Ueber die Normalen der Ellipse und des Ellipsoids ».

jouissent de la propriété remarquable que chacune d'elles est la figure polaire réciproque de chacune des deux autres par rapport à la troisième. En général, trois coniques qui se comportent de la sorte admettent un triangle autopolaire commun, le système de ces trois coniques est déterminé quand on connaît une des trois courbes et le triangle autopolaire commun, et dans ce cas les deux autres coniques sont réelles ou imaginaires, selon que le triangle en question est partiellement ou entièrement réel. »

6. « Quand on entend sous le nom d'éléments correspondants de deux courbes C_1 et C_2, qu'on a déduit d'une même courbe C en la tournant autour d'un point M de son plan d'un angle α dans l'un et l'autre sens, les éléments qui proviennent d'un même élément de la courbe fondamentale C, l'enveloppe des droites qui joignent les points correspondants de C_1 et C_2 est la première podaire négative de C par rapport au point M, dont on a multiplié les rayons vecteurs partant du point M par cos α, et le lieu des points d'intersection des tangentes correspondantes de C_1 et C_2 est la première podaire positive de C par rapport au point M, dont on a divisé les rayons vecteurs partant du point M par cos α. »

« Quand on tourne une courbe donnée C autour d'un point quelconque M de son plan et qu'en même temps on multiplie les rayons vecteurs partant du point M de manière que la courbe mobile passe toujours par un point donné P, un point quelconque Q de cette courbe décrit la courbe qui dans la transformation par rayons vecteurs réciproques à centre M et à puissance MP est la courbe inverse de la position de la courbe mobile où le point Q se trouve en P (*). »

7. Quand une conique S est inscrite dans un triangle autopolaire d'une autre conique S', on sait que S est inscrite dans une infinité de triangles autopolaires de S' et que S' est circonscrite à une infinité de triangles autopolaires de S, et l'on dit que S est harmoniquement inscrite dans S' et que S' est harmoniquement circonscrite à S. De même, quand une conique S est inscrite dans un triangle inscrit dans une autre conique S', on sait que S est inscrite dans une infinité de triangles inscrits dans S' et que S' est donc circonscrite à une infinité de triangles circonscrits à S; dans ce cas j'appelle la conique S triangulairement inscrite dans la conique S' et S' triangulairement circonscrite à S, ce qui me permet de poser le théorème suivant :

« Si A, B, C sont les sommets et a, b, c les côtés opposés d'un triangle et qu'une conique S est touchée par b et c aux points C et B et une conique S' par c et a aux points A et C, les coniques S et S' sont harmoniquement et triangulairement inscrite et circonscrite l'une à l'autre. Et à

,*) Un cas particulier de ce théorème se trouve chez Steiner; on peut comparer « Jacob Steiner's gesammelte Werke », Zweiter Band, Seite 414.

une exception près (*) cette position remarquable de deux coniques l'une par rapport à l'autre se présente aussitôt que deux des quatre relations mentionnées, qui sont indépendantes l'une de l'autre, sont constatées. »

M. Emile LEMOINE

Ancien élève de l'École polytechnique.

NOUVELLE SOLUTION D'UN PROBLÈME D'ARPENTAGE

— *Séance du 8 septembre 1884* —

I. *Déterminer la distance d'un point à un point inaccessible.*

II. *Déterminer la distance de deux points inaccessibles.*

III. *Déterminer les distances réciproques de trois points* A, B, C *dont on ne peut approcher* (fig. 12).

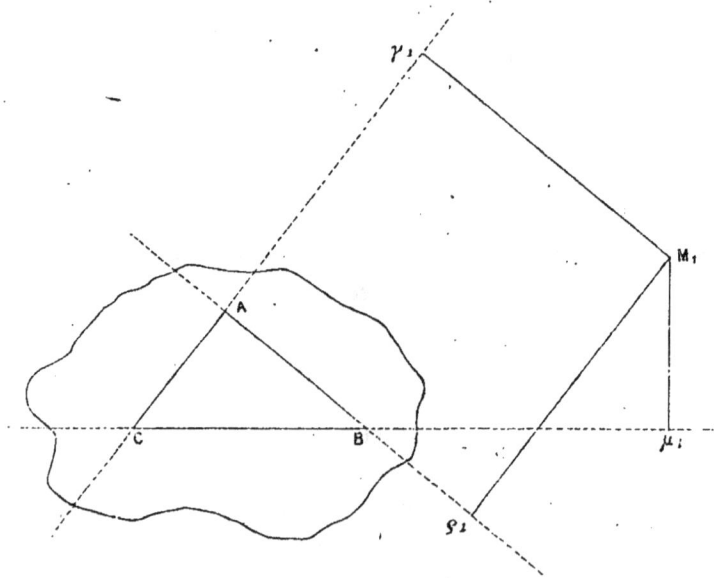

Fig. 12.

Je ne vais m'occuper que de la troisième question, car les deux autres

(*) L'exception peut se présenter quand on a que S est triangulairement inscrite à S' et que S est triangulairement circonscrite à S'. Car dans ce cas il est possible que les tangentes à S et S' en un des points d'intersection de ces courbes coupent S' et S pour la seconde fois aux points de contact de tangentes distinctes de S et S', comme cela est montré par une figure toute simple. Et alors les deux autres relations ne se présentent pas.

se résoudront encore plus simplement qu'elle, si l'on suit une méthode analogue.

Je choisis trois points M_1, M_2, M_3, d'où je puisse abaisser des perpendiculaires sur la direction prolongée des côtés AB, AC, CB.

Et en faisant les conventions ordinaires pour le signe de ces perpendiculaires, j'appelle :

$$\alpha_1, \quad \beta_1, \quad \gamma_1$$
$$\alpha_2, \quad \beta_2, \quad \gamma_2$$
$$\alpha_3, \quad \beta_3, \quad \gamma_3$$

les distances de ces trois points aux côtés BC, AC, AB. Soient $BC = a$, $AC = b$, $AB = c$ les trois longueurs inconnues ; soit S la surface de ABC.

Avec la convention indiquée, on aura dans le cas de la figure 1 :

$$+ M_1 \, \mu_1 = \alpha_1$$
$$+ M_1 \, \nu_1 = \beta_1$$
$$- M_1 \, \rho_1 = \gamma_1.$$

On a :

$$a\alpha_1 + b\beta_1 + c\gamma_1 = 2S$$
$$a\alpha_2 + b\beta_2 + c\gamma_2 = 2S \qquad (1)$$
$$a\alpha_3 + b\beta_3 + c\gamma_3 = 2S.$$

Posons :

$$M = \begin{vmatrix} \alpha_1 & \beta_1 & \gamma_1 \\ \alpha_2 & \beta_2 & \gamma_2 \\ \alpha_3 & \beta_3 & \gamma_3 \end{vmatrix}$$

$$M_\alpha = \begin{vmatrix} 1 & \beta_1 & \gamma_1 \\ 1 & \beta_2 & \gamma_2 \\ 1 & \beta_3 & \gamma_3 \end{vmatrix}$$

$$M_\beta = \begin{vmatrix} \alpha_1 & 1 & \gamma_1 \\ \alpha_2 & 1 & \gamma_2 \\ \alpha_3 & 1 & \gamma_3 \end{vmatrix}$$

$$M_\gamma = \begin{vmatrix} \alpha_1 & \beta_1 & 1 \\ \alpha_2 & \beta_2 & 1 \\ \alpha_3 & \beta_3 & 1 \end{vmatrix}$$

On tire des équations (1) :

$$a = 2S \, \frac{M_\alpha}{M}$$

$$b = 2S \, \frac{M_\beta}{M} \qquad (2)$$

$$c = 2S \cdot \frac{M_\gamma}{M}$$

Mais $16\,S^2 = -a^4 - b^4 - c^4 + 2b^2c^2 + 2a^2c^2 + 2a^2b^2$;
substituant les valeurs de a, b, c et divisant par S^2, on a :

$$M^4 = S^2 \left(-M_\alpha^4 - M_\beta^4 - M_\gamma^4 + 2M_\beta^2 M_\gamma^2 + 2M_\alpha^2 M_\gamma^2 + 2M_\beta^2 M_\alpha^2 \right)$$

$$(3) \qquad M^4 = S^2 \left(M_\alpha + M_\beta + M_\gamma \right) \left(M_\beta + M_\gamma - M_\alpha \right) \left(M_\alpha + M_\gamma - M_\beta \right)$$

$$\left(M_\alpha + M_\beta - M_\gamma \right).$$

De là et des équations (2) on tire, en appelant K^2 le multiplicateur de S^2 dans le second membre de la formule (3) :

$$a = \frac{2M.M_\alpha}{K} \qquad b = \frac{2M.M_\beta}{K} \qquad c = \frac{2M.M_\gamma}{K}.$$

Dans la pratique, pour simplifier les opérations et les calculs, on prendra, lorsque cela sera possible, les points M_1, M_2, M_3 sur les côtés de ABC ou, suivant les cas, de façon que $M_1 M_2$, par exemple, soit perpendiculaire à l'un des côtés ; etc., etc.

M. Émile LEMOINE

Ancien élève de l'École polytechnique.

SUR LES POINTS ASSOCIÉS DU PLAN D'UN TRIANGLE ABC

— *Séance du 8 septembre 1884* —

Je définis *points associés* des points O, O_a, O_b, O_c tels que α, β, γ étant les coordonnées homogènes du point O,

$$-\alpha, \quad \beta, \quad \gamma \quad \text{seront celles du point } O_a$$
$$\alpha, \quad -\beta, \quad \gamma \qquad\qquad\qquad O_b$$
$$\alpha, \quad \beta, \quad -\gamma \qquad\qquad\qquad O_c.$$

On peut toujours supposer que l'un de ces points (et c'est celui-là que nous désignerons ordinairement par O) a ses coordonnées de même signe et que ce signe est positif.

Avec ces conventions, O sera toujours dans l'intérieur du triangle de référence ABC et les coordonnées des points O; O_a, O_b, O_c peuvent être regardées comme proportionnelles (en grandeur et en signe) aux distances de ces points aux trois côtés du triangle.

THÉORÈME I

Les triangles ABC, $O_aO_bO_c$ *sont homologiques et ont* O *pour centre l'homologie.*

Si $\alpha_1, \beta_1, \gamma_1$ *sont les coordonnées de* O, *l'axe d'homologie des deux triangles a pour équation :*

$$\alpha\beta_1\gamma_1 + \beta\alpha_1\gamma_1 + \gamma\alpha_1\beta_1 = 0.$$

THÉORÈME II

Les quatre droites O_bAO_c, AC, AO, AB *forment un faisceau harmonique et par suite* OA *divise* CB *en* A′, O_cAO_b *divise* CB *en* A″, *de façon que :*

$$\frac{A'C}{BA'} = \frac{A''C}{A''B};$$

de même pour les quatre droites :

$$O_cBO_a, \text{ BA, BO, BC}$$

et pour les quatre droites :

$$O_aCO_b, \text{ CB, CO, CA.}$$

Si l'on ne tient pas compte de la convention sur le signe des coordonnées du point O, convention qui n'a raison d'être que pour aider à voir les positions respectives des points associés, on peut dire évidemment que *l'un quelconque des quatre points* O, O_a, O_b, O_c *a pour associés les trois autres.*

Les sommets du triangle de référence n'ont pas d'autres associés qu'eux-mêmes.

Si le point O *est sur l'un des côtés* BC, *par exemple,* O_a *se confond avec* O ; O_b *et* O_c *se confondent aussi et sont sur* BC *au point conjugué harmonique de* O *par rapport à* B *et à* C.

Le théorème II fait prévoir que si la position d'un point O est déterminée par des propriétés géométriques du rapport des segments que OA, OB, OC déterminent sur BC, les points O_a, O_b, O_c auront une détermination analogue, et celles des propriétés de O qui ne dépendront que de ces rapports, donneront lieu à des propriétés analogues des points O_a, O_b, O_c.

Il sera donc intéressant, toutes les fois que l'on étudiera un point remar-

quable O *du triangle, d'examiner ses points associés et de chercher les propriétés analogues à celles de O qu'ils peuvent avoir.*

Voici les associés de quelques points remarquables :

I. Si O est le centre de gravité, O_a, O_b, O_c sont les sommets du triangle obtenu en menant respectivement par A, B, C des parallèles à BC, AC, AB.

II. Si O est le centre du cercle inscrit, O_a, O_b, O_c sont les centres des cercles ex-inscrits et plus généralement : *quatre points associés sont les quatre centres de quatre coniques homothétiques inscrites dans le triangle.*

III. Si O est le centre des médianes antiparallèles *(appelé aussi point de Lemoine)*, les points associés sont les sommets du triangle formé par les tangentes menées au cercle circonscrit aux sommets de ABC.

IV. Si l'on cherche le point O tel que les lignes OA, OB, OC divisent les côtés opposés en parties proportionnelles à une puissance *m (positive, négative, fractionnaire, incommensurable)* des côtés adjacents, ou, ce qui revient au même *(voir Congrès d'Alger,* p. 150 et 151, H. Brocard), le point O tel que les distances du point aux trois côtés soient proportionnelles à une puissance *m'* de ces côtés, ou encore : le point tel *(voir Congrès de la Rochelle,* p. 122 et suivantes, E. Lemoine) que les portions des parallèles menées par O à un côté et comprises entre les deux autres côtés soient proportionnelles à une puissance *m''* de ce côté, ou encore : le point tel *(voir Congrès de la Rochelle,* loc. cit.) que les parallélogrammes formés par deux côtés et les parallèles à ces deux côtés, menées par O, soient proportionnels à une puissance *m'''* du troisième côté et d'autres définitions analogues de O qui se lient les unes aux autres, on trouve *dans chaque question,* en faisant varier les signes des rapports de ces puissances, quatre points O, O_a, O_b, O_c qui sont des *points associés.* Chaque groupe de ces points qui correspond dans une définition de O à une valeur déterminée M de la puissance dont il s'agit dans cette définition, coïncide avec un groupe de points appartenant à chaque autre définition, mais ne correspondant pas à la même valeur de la puissance, de sorte que si dans chaque définition on fait varier M de $+\infty$ à $-\infty$, les points O, O_a, O_b, O_c décrivent le même lieu (ce lieu est une courbe transcendante fort compliquée. *Voir Congrès de la Rochelle,* p. 123)*.

Il suit de là, comme on le voit facilement, que les réciproques de ces propositions sont vraies. Par exemple : *Si les parties des parallèles aux côtés d'un triangle, parties comprises entre deux côtés et menées par un point O, sont proportionnelles à une puissance m'' de ces côtés (le cas de*

$m = 1$ *correspond à la question 20 proposée par M. Neuberg ;* MATHESIS, 1881),
les points associés de O *jouiront de la même propriété.*

V. Par un point I quelconque du plan menons une parallèle à :

BC qui coupe AC en A_c, AB en A_b

CA BA B_a, BC B_c

AB CB C_b, . CA C_a.

Proposons-nous de trouver :

$$I_1 \text{ tel que } I_1 A_c = I_1 B_a = I_1 C_b ,$$

et :

$$I_2 \text{ tel que } I_2 A_b = I_2 B_c = I_2 C_a.$$

MM. Jérabeck et Neuberg se sont occupés de ce problème (*Mathesis*,
p. 191. 1881) et ont donné des propriétés très élégantes de ces points.

Nous ajouterons qu'il y a d'autres solutions que celle qu'ils ont
examinée.

Ces solutions sont les *points associés* de I_1 et les points associés de I_2.

Les coordonnées homogènes de :

I_1 étant b, c, a celles de I_{1a} sont $-b, c, a$, etc.

I_2 c, a, b I_{2a} $-c, a, b$, etc.

Les longueurs communes considérées sont respectivement : pour

$$I_1 \text{ et } I_2 : \frac{abc}{ab + ac + cb},$$

pour

$$I_{1a}, I_{1b}, I_{1c} : \frac{abc}{-ab + ac + bc}, \frac{abc}{ab - bc + ac}, \frac{abc}{ab + bc - ac},$$

pour

$$I_{2a}, I_{2b}, I_{2c} : \frac{abc}{ab - ac + bc}, \frac{abc}{-ab + ac + bc}, \frac{abc}{ab - bc + ac}.$$

Si D, D_{1a}, D_{1b}, D_{1c}, D_{2a}, D_{2b}, D_{2c} désignent ces longueurs, on aura :

$$D_{1a} = D_{2b}$$
$$D_{1b} = D_{2c}$$
$$D_{1c} = D_{2a},$$

et

$$\frac{1}{D} = \frac{1}{D_{1a}} + \frac{1}{D_{1b}} + \frac{1}{D_{1c}}.$$

Si l'un des dénominateurs est nul, par exemple : $-ab + ac + bc = 0$, les points I_{1a}, I_{2b} n'existent pas, c'est-à-dire sont rejetés à l'infini.

L'un des dénominateurs peut être négatif; la convention implicite faite d'après la définition de I_1 et I_2, sur le sens dans lequel il faut compter I_1A_c, etc., I_2A_b, etc., montre sans difficulté dans quelle région se trouvent les points correspondants.

THÉORÈME III

Si par un point O je mène les antiparallèles aux trois côtés d'un triangle et que j'appelle

ξ *la longueur de la partie de* BC *comprise entre les deux antiparallèles à* AC *et à* AB			
η	CA	BA	BC
ζ	AB	CB	CA

et que je considère les points associés O_a, *etc., et les valeurs correspondantes* ξ_a, η_a, ζ_a, *etc., on aura :*

$$\frac{\xi}{\xi_a} = \frac{\eta}{\eta_a} = \frac{\zeta}{\zeta_a}.$$

Remarquons que pour le point dont les coordonnées homogènes sont : tg A, tg B, tg C, et pour ses associés, ces longueurs sont égales entre elles (voir Lemoine, *Bulletin de la Société mathém. de France*, p. 76. 1884).

THÉORÈME IV

En appelant, avec M. de Longchamps (*Nouvelles Annales*, 1866, p. 118) *points réciproques* deux points O et O', tels que les droites qui joignent ces points à un sommet du triangle coupent le côté opposé à ce sommet en deux points symétriques par rapport au milieu de ce côté (*), on a la proposition suivante :

Si O et O' sont deux points réciproques, les associés O_a, O_b, O_c *de O et les associés* O'_a, O'_b, O'_c *de O' sont également réciproques deux à deux.*

THÉORÈME V

Si α, β, γ *représentent les distances d'un point O aux trois côtés du triangle et que l'on cherche le point tel que* $M^2\alpha^2 + N^2\beta^2 + P^2\gamma^2$ *soit un mini-*

(*) M. Neuberg (Mémoire sur le tétraèdre, extrait du tome XXXVII des *Mémoires couronnés et autres mémoires* publiés par l'Académie royale de Belgique, 1884) propose le nom de *conjugués isotomiques*.

mum, M^2, N^2, P^2 étant des quantités données, on trouve un point O dont les coordonnées homogènes sont :

$$\frac{a}{M^2},\ \frac{b}{N^2},\ \frac{c}{P^2}.$$

Si $M^2\alpha^2 + N^2\beta^2 - P^2\gamma^2$ est susceptible d'un minimum, ce qui arrive lorsque :

$$\frac{a^2}{M^2} + \frac{b^2}{N^2} - \frac{c^2}{P^2} < 0,$$

ce minimum aura lieu pour O_c associé de O.

THÉORÈME VI

Si deux points O et O′ sont des conjugués isogonaux (c'est-à-dire sont foyers d'une conique inscrite à ABC. Voir NEUBERG, Mémoire sur le tétraèdre, t. XXXVII des mémoires couronnés par l'Académie de Belgique), les points associés O_a et O'_a, O_b et O'_b, O_c et O'_c, sont aussi deux à deux conjugués isogonaux.

De la définition même des points associés, il résulte que si O décrit une droite, une conique, une courbe de degré n, les points associés O_a, O_b, O_c décriront chacun une droite, une conique, une courbe de degré n; que si O parcourt une droite K qui enveloppe une courbe N de degré n, O_a, O_b, O_c parcourront des droites K_a, K_b, K_c qui engendrent des courbes N_a, N_b, N_c de degré n; que si O est le point de contact de N avec K, O_a, O_b, O_c seront respectivement les points de contact de N_a, N_b, N_c avec K_a, K_b, K_c.

Si l'équation de la courbe que décrit le point O est $\varphi(\alpha,\beta,\gamma) = 0$, celle de la courbe décrite par O_a sera évidemment $\varphi(-\alpha,\beta,\gamma) = 0$.

Il y a donc là un cas particulier de transformation, intéressant à étudier.

Connaissant la tangente au point O de la courbe décrite par O, trouver la tangente à la courbe décrite par un point associé, O_c, par exemple.

On démontre facilement la construction suivante :

La tangente en O à la courbe décrite par O, coupe AB en J; la droite JO_c est la tangente en O_c à la courbe lieu de O_c.

THÉORÈME VII

Si l'on considère le cercle de Brocard (*) et les coniques associées, cercle et coniques que nous désignerons par C, C_a, C_b, C_c; que l'on appelle D′ le pôle

---

(*) Voir Congrès d'Alger, Association française pour l'avancement des sciences p. 138 et suivantes, et Congrès de Rouen, pages 188 et suivantes, etc.

de la droite qui joint les points de Brocard par rapport au cercle de Brocard (c'est le point D' étudié par ce géomètre, loc. cit., et qui a pour coordonnées homogènes a³, b³, c³), et D'$_a$, D'$_b$, D'$_c$ les points associés de D',

C et C$_a$ ont pour cordes communes BC et AD'$_a$

C   C$_b$ CA   BD'$_b$

C   C$_c$ AB   CD'$_c$.

Le théorème se démontre très simplement en partant de la forme élégante que M. Brocard a donnée à l'équation de son cercle :

$$abc(\alpha^2 + \beta^2 + \gamma^2) = a^3\beta\gamma + b^3\alpha\gamma + c^3\beta\gamma.$$

Si α, β, γ sont les coordonnées homogènes d'un point O, il est facile de voir que l'on a, ABC étant le triangle de référence :

$$\overline{CO}^2 = \frac{a^2b^2}{(a\alpha + b\beta + c\gamma)^2}(\alpha^2 + \beta^2 + 2\alpha\gamma\cos c)$$

$$\overline{CO_c}^2 = \frac{a^2b^2}{(a\alpha + b\beta - c\gamma)^2}(\alpha^2 + \beta^2 + 2\alpha\beta\cos c) \cdot$$

Si le point α, β, γ appartient au lieu défini par l'équation :

$$\frac{ab(\alpha^2 + \beta^2 + 2\alpha\beta\cos c)}{(a\alpha + b\beta)^2 - c^2\gamma^2} = \pm K^2,$$

qui, CB étant pris pour axe des x,

CA y,

représente les deux circonférences :

(1) $x^2 + 2xy\cos C + y^2 - K^2(2ay + 2bx - ab) = 0$

(2) $x^2 + 2xy\cos C + y^2 + K^2(2ay + 2bx - ab) = 0,$

on aura évidemment :

$$CO, CO_c = abK^2;$$

donc, si O parcourt soit la circonférence (1), soit la circonférence (2), O$_c$ parcourra soit la circonférence (1), soit la circonférence (2).

La première a pour centre le point dont les coordonnées sont :

$$x = \frac{K^2c}{\sin^2 C}\cos A$$

$$y = \frac{K^2c}{\sin^2 C}\cos B \cdot$$

et pour carré du rayon :

$$4K^2R \frac{K^2Rc - S}{c}.$$

La seconde a pour centre le point symétrique par rapport à C du centre de la première, et le carré de son rayon est :

$$4K^2R \frac{K^2Rc + S}{c}.$$

R, S représentent le rayon du cercle circonscrit à ABC et la surface de ce triangle.

Remarquons :

1° Que la circonférence (1) n'est réelle que si l'on a $K^2 > \dfrac{h_c}{2R}$; (h_c, hauteur partant de C). Si $K^2 = \dfrac{h_c}{2R}$, elle se réduit au point de concours des hauteurs, l'autre circonférence ayant alors pour rayon $h_c \sqrt{2}$ et pour centre le point symétrique par rapport à C, du point de concours des hauteurs ;

2° Que les centres des deux circonférences sont toujours sur la hauteur partant de C ;

3° Que la circonférence (2) est toujours réelle ;

4° Que ces deux circonférences ont pour axe radical la ligne qui joint les milieux des côtés CA, CB.

5° Si l'on considère la circonférence :

$$\alpha^2.a.\cos A + \beta^2.b.\cos B + \gamma^2.c.\cos C = 0.$$

dont le centre est le point de concours des hauteurs de ABC et qui a pour carré du rayon :

$$-4R^2 \cos A \cos B \cos C,$$

et si l'on prend un point O sur cette circonférence, les points associés O_a, O_b, O_c appartiennent aussi à cette circonférence.

C'est un cas particulier du théorème général suivant, qui résulte immédiatement de la définition des points associés.

THÉORÈME VIII

Si $\varphi(\alpha^2, \beta^2, \gamma^2) = 0$ est l'équation de la courbe décrite par le point O, les points associés décriront la même courbe et réciproquement :

Si une courbe est telle que les associés de tous les points se trouvent sur elle-même, la courbe a une équation de la forme $\varphi(\alpha^2, \beta^2, \gamma^2) = 0$.

Le cas particulier de ce théorème que nous venons de signaler, peut s'énoncer ainsi géométriquement :

THÉORÈME IX

Soit H *le point de concours des hauteurs d'un triangle* ABC *qui a un angle obtus; la circonférence qui a pour centre le point* H *et qui coupe orthogonalement les trois circonférences décrites sur les côtés de* ABC *comme diamètres, est telle que l'un quelconque de ses points a ses associés sur elle-même; c'est la seule circonférence du plan qui jouisse de cette propriété.*

Les quelques pages qui précèdent n'ont pas la prétention d'être une étude complète sur les points associés et sur les transformations par points associés; j'ai voulu seulement montrer l'intérêt que l'étude de ces points pouvait avoir pour généraliser ou étendre certaines propriétés se rapportant au triangle.

Je pense aussi qu'il doit y avoir pour le tétraèdre quelque chose d'analogue aux points associés, mais l'extension au tétraèdre des propriétés du triangle n'est pas aisée à faire; la question semble, du reste, un peu à l'ordre du jour : Mémoire de M. Neuberg sur le tétraèdre, divers articles des *Nouvelles Annales*, des Archives de Grunert, etc.; aussi, à propos du tétraèdre équifacial (tétraèdre dont les arêtes opposées sont égales deux à deux (*voir Congrès de Nantes*, p. 173), dans ses analogies avec le triangle équilatéral, je veux citer la proposition suivante, qui, malgré son *excessive simplicité*, ne me semble pas avoir été signalée dans les divers articles sur ce tétraèdre.

La somme des distances d'un point quelconque de l'espace aux quatre faces d'un tétraèdre équifacial est constante. Elle se rapporte à notre étude, en ce que, dans le tétraèdre, les coordonnées homogènes d'un point sont proportionnelles aux distances de ce point aux faces du tétraèdre.

M. Émile LEMOINE

Ancien élève de l'École polytechnique.

DIVERS THÉORÈMES SUR LES PROPRIÉTÉS DE LA SOMME D'UN NOMBRE ET DE CE NOMBRE RENVERSÉ

— *Séance du 8 septembre 1884* —

Soient, dans le système de numération dont la base est x, A, B, C, etc., divers nombres (dont le premier chiffre à gauche n'est pas zéro*) ; soient a, b, c, etc., les nombres respectivement formés par les chiffres de A, de B, de C, etc., lus de droite à gauche, nous appellerons a, b, c, etc., nombres renversés de A, B, C, etc. (les premiers chiffres à gauche de a, b, c, etc., peuvent évidemment être nuls).

Soient N_a, N_b, N_c, etc., les nombres formés par les sommes $A + a$, $B + b$, $C + c$, etc.

THÉORÈME I

La condition nécessaire et suffisante pour que $N_a = N_b$, *si* A *et* B *ont le même nombre de chiffres, est que la somme de deux chiffres à égale distance des extrêmes dans* A *soit égale à la somme des chiffres correspondants dans* B ; *si* A *et* B *ont un nombre impair de chiffres, il faut de plus que le chiffre du milieu soit le même dans* A *et dans* B.

1° Le nombre des chiffres est pair : $2m$.

En appelant a_0, a_1, a_2, etc., les chiffres des unités, des x^{aines}, des carrés des x^{aines}, etc., dans A, on a :

$$A = a_0 + x.a_1 + \cdots x^{m-1}a_{m-1} + x^m a_m + x^{m+1}a_{m+1} + \cdots + x^{2m-1}a_{2m-1}$$
$$a = a_{2m-1} + x.a_{2m-2} + \cdots \qquad \cdots + x^{2m-1}a_0.$$

et par suite :

$$N_a = \left(a_0 + a_{2m-1}\right)\left(1 + x^{2m-1}\right) + \left(a_1 + a_{2m-2}\right)x\left(1 + x^{2m-3}\right) + \ldots + \left(a_{m-1} + a_m\right)x^{m-1}(1+x)$$

ou

$$N_a = \Sigma_{p=0.}^{p=m-1}\left(a_p + a_{2m-p-1}\right)x^p\left(1 + x^{2m-2p-1}\right) ;$$

(*) Nous ferons cette hypothèse dans tout ce mémoire.

de même :

$$N_b = \Sigma_{p=0}^{p=m-1}\left(b_p + b_{2m-p-1}\right)x^p\left(1 + x^{2m-2p-1}\right).$$

D'après cela, il est évident que si l'on a pour toutes les valeurs de p de 0 à $m-1$:

$$a_p + a_{2m-p-1} = b_p + b_{2m-p-1},$$

on aura $N_a = N_b$. La condition est donc suffisante ; pour démontrer qu'elle est nécessaire, c'est-à-dire que (A et B étant deux nombres d'un nombre égal de chiffres) si $N_a = N_b$, on a pour toute valeur de p comprise de 0 à $m-1$:

$$a_p + a_{2m-p-1} = b_p + b_{2m-p-1},$$

nous poserons :

$$a_p + a_{2m-p-1} - b_p - b_{2m-p-1} = k_p ;$$

on a alors :

$$N_a - N_b = k_0\left(1 + x^{2m-1}\right) + k_1 x\left(1 + x^{2m-3}\right) + \ldots k_{m-2} x^{m-2}(1 + x^3) + k_{m-1} x^{m-1}(1 + x) ;$$

ou en désignant par k_j le premier des nombres k_p qui n'est pas nul :

$$N_a - N_b = x^j k_j\left(1 + x^{2m-2j-1}\right) + x^{j+1} k_{j+1}\left(1 + x^{2m-2j-3}\right) + \ldots x^{m-1} k_{m-1}(1 + x) \quad (1)$$

Si $N_a = N_b$, le premier membre est nul, le second doit l'être aussi, donc k_j est un multiple de x ; mais comme les nombres a_j, a_{2m-j-1}, b_j, b_{2m-j-1} qui entrent dans k_j sont des *chiffres* et par suite sont plus petits que x, k_j ne peut, comme multiple de x, être que $+x$ ou $-x$.

Supposons d'abord $k_j = x$.

Divisons par x^j le deuxième membre de l'identité (1) ; elle devient :

$$0 = k_j\left(1 + x^{2m-2j-1}\right) + x k_{j+1}\left(1 + x^{2m-2j-3}\right) + \ldots x^{m-j-1} k_{m-1}(1 + x)$$

puisque $k_j = x$, on a, en désignant par R l'ensemble des termes qui suivent le premier :

$$(2) \qquad x(1 + x^{2m-2j-1}) + R = 0.$$

Or, aucune des quantités k_{j+1}, k_{j+2}, etc., ne peut être plus petite que $-2(x-1)$; on a donc certainement en valeur absolue :

$$R < x.2.(x-1)(1 + x^{2m-2j-3}) + x^2.2.(x-1)(1 + x^{2m-2j-3}) + \ldots x^{m-j-1}2.(x-1)(1 + x)$$

ou, toutes réductions faites,

$$R < 2x(x^{2m-2j-2} - 1).$$

Or, cette quantité est évidemment inférieure à

$$x(1 + x^{2m-2j-1}),$$

dont l'identité (2) est impossible, et k_j ne peut être égal à : $+x$.

On voit par le *même* raisonnement que k_j ne peut non plus être égal à : $-x$.

Aucune des quantités k_0, k_1, $\cdots k_{m-1}$ ne peut être la première qui ne soit pas nulle, elles sont donc toutes nulles et le théorème est démontré.

2° Le nombre des chiffres est impair : $2m + 1$.

Avec des notations analogues aux précédentes on aura :

$$N_a = (a_0 + a_{2m})(1 + x^{2m}) + (a_1 + a_{2m-1})x(1 + x^{2m-2}) + \ldots + (a_{m-1} + a_{m+1})x^{m-1}(1 + x^2) + 2.x^m a_m.$$

Posons $a_p + a_{2m-p} - b_p - b_{2m-p} = k_p$ pour toutes les valeurs de p comprises entre 0 et $m - 1$; k_p ne pourra prendre que les valeurs entières comprises entre $-2(x - 1)$ et $+2(x - 1)$.

Posons encore $a_m - b_m = k_m$; k_m sera compris entre $-(x - 1)$ et $+(x - 1)$.

On aura :

$$N_a - N_b = k_0(1 + x^{2m}) + k_1 x(1 + x^{2m-2}) + \ldots k_{m-1}x^{m-1}(1 + x^2) + k_m x^m(1 + x^0).$$

Il est évident que si toutes les valeurs k_m, k_0, k_1, $\ldots\ldots k_{m-1}$ sont nulles, on aura $N_a = N_b$; ce qui montre que la condition est suffisante. Démontrons maintenant qu'elle est nécessaire.

Soit k_j la première des quantités k qui ne soit pas nulle ; si $N_a = N_b$, on aura :

$$0 = k_j(1 + x^{2m-2j}) + k_{j+1} x(1 + x^{2m-2j-2}) + \ldots k_{m-1}x^{m-j-1}(1 + x^2) + 2.k_m x^{m-j}.$$

k_j doit donc être un multiple de x ; c'est-à-dire, comme précédemment, qu'il doit être $+x$ ou $-x$. Par conséquent, si nous démontrons que, en valeur absolue, on a toujours :

$$x(1 + x^{2m-2j}) > 2(x - 1)x(1 + x^{2m-2j-2}) + 2(x - 1)x^2(1 + x^{2m-2j-4})$$
$$+ \cdots 2(x - 1)x^{m-j-1}(1 + x^2) + 2(x - 1)x^{m-j},$$

il sera établi que l'identité $N_a = N_b$ ne peut avoir lieu que lorsque $k_0 = 0$, $k_1 = 0$, $k_2 = 0$, etc. Or, toutes réductions faites, le second membre de la précédente inégalité devient :

$$2x(x^{2m-2j-1} - 1);$$

ce qui est toujours plus petit que $x(1 + x^{2m-2j})$. La condition est donc nécessaire.

PROBLÈME I

A *étant un nombre de* n *chiffres, trouver combien la somme* $A + a = N_a$ *peut avoir de valeurs différentes lorsque* A *varie de* x^{n-1} *à* $x^n - 1$.

On a :

$$(3) \quad A + a = \left(a_0 + a_{n-1}\right)\left(1 + x^{n-1}\right) + \left(a_1 + a_{n-2}\right)x\left(1 + x^{n-3}\right) + \cdots$$

Si n pair $= 2m$, il y aura m termes dans le deuxième membre.

Si n impair $= 2m + 1$, il y en aura $m + 1$, à cause du terme $2 a_m x^m$.

Pour avoir toutes les valeurs possibles de $A + a$, il suffira de donner dans (3) aux coefficients toutes les valeurs dont ils sont susceptibles et de les combiner de toutes les manières possibles, car chaque combinaison différente donne une valeur différente pour $A + a$, d'après le théorème établi précédemment.

Or, $a_0 + a_{n-1}$ peut prendre toutes les valeurs 1, 2, $\cdots$ $2(x-1)$.

Soit $2(x-1)$ valeurs.

$a_1 + a_{n-2}$, $a_2 + a_{n-3}$, etc., peuvent prendre toutes les valeurs 0, 1, 2, $\cdots$ $2(x-1)$.

Soit $2(x-1) + 1$ valeurs, chacun.

Si n est impair $= 2m + 1$, le chiffre a_m ne pourra avoir que les valeurs 0, 1, 2, $\cdots$ $(x-1)$, soit x valeurs. Le problème a donc sa solution par le théorème suivant :

THÉORÈME II

Le nombre total des valeurs différentes que peut prendre $A + a = N_a$, A *ayant* n *chiffres, est, si* n $= 2m$,

$$2(x-1)(2x-1)^{m-1},$$

ou si n $= 2m + 1$,

$$2(x-1)(2x-1)^{m-1}x.$$

$m > 1$ (si $m = 0$, le nombre de valeurs de $A + a$ est évidemment $x - 1$).

REMARQUE I. — Si n est pair, N_a est toujours divisible par $x + 1$.

REMARQUE II. — Ces formules sont vraies pour tout système de numération, même pour le système binaire.

REMARQUE III. — Si, au lieu de considérer la somme $A + a$, nous con-

sidérons la différence A — a, nous pouvons faire une étude tout à fait analogue qui se déduira du théorème suivant :

THÉORÈME III

*Si A et B ont le même nombre de chiffres et que la différence de deux
chiffres à égale distance des extrêmes dans A soit égale à la différence des
chiffres correspondants dans B, on aura A — a = B — b, et réciproquement ;
si A et B ont un nombre impair de chiffres, il faut de plus que le chiffre du
milieu soit le même dans A et dans B.*

Remarquons, dans le système de numération dont la base est *dix* :

1° La plus petite solution de l'équation indéterminée $A + a = H^2$ est
$A = 29$.

2° La plus petite solution de l'équation indéterminée $A - a = H^2$ est
$A = 10$.

3° On établit assez vite par une vérification raisonnée que pour aucun
nombre A de deux chiffres l'on n'a :

$$A^2 + a^2 = H^2$$

et que 65 est le seul nombre de deux chiffres tel que

$$A^2 - a^2 = H^2 \qquad 65^2 - \overline{56}^2 = \overline{33}^2.$$

Les problèmes plus généraux d'où proviennent ces remarques ne paraissent pas d'une solution facile.

Parmi les nombres écrits dans une même base, il en est pour lesquels
$A = a$.

Il faut et il suffit pour cela que les chiffres à égale distance des extrêmes dans A soient égaux deux à deux ; appelons de tels nombres, *nombres
symétriques.*

PROBLÈME II

Combien y a-t-il de nombres symétriques parmi les nombres de n chiffres ?
1° $n = 2m$.
Les chiffres de A sont :

$$a_0, a_1, \cdots a_{m-1}, a_{m-1}, \cdots a_{m-2}, a_1, a_0,$$

tous ces chiffres pouvant être nuls, sauf a_0.

Il y aura donc autant de valeurs différentes pour A qu'il y aura de
nombres de m chiffres, tous ces chiffres pouvant être nuls, sauf le premier,
c'est-à-dire, comme on le voit facilement :

$$x^{m-1}(x-1).$$

$2°$ $n = 2m + 1$.

Les chiffres de A sont :

$$a_0, \ a_1, \ \cdots a_{m-1}, \ a_m, \ a_{m-1} \cdots a_1, \ a_0,$$

tous ces chiffres pouvant être nuls, sauf a_0.

Comme a_m peut avoir les x valeurs 0, 1, 2, $\cdots (x-1)$, le nombre de nombres symétriques de $2m + 1$ chiffres est donc x fois le nombre de nombres de m chiffres (tous ces chiffres pouvant être nuls, sauf le premier), c'est-à-dire, d'après ce qui précède, $x(x-1)x^{m-1}$ ou $(x-1)x^m$.

Ainsi dans le cas de n pair il y a $(x-1)x^{\frac{n-2}{2}}$ nombres symétriques de n chiffres.

Si n est impair, il y en a : $(x-1).x^{\frac{n-1}{2}}$.

<h2 style="text-align:center">PROBLÈME III</h2>

Trouver combien il y a de nombres symétriques entre 1 et x^n.

En cherchant combien il y a de nombres symétriques de 1, 2, 3, $\cdots n$ chiffres et faisant la somme, l'application des formules précédentes donne pour ce nombre :

Si $n = 2m$,

$$2(x^m - 1);$$

Si $n = 2m - 1$,

$$x^m + x^{m-1} - 2.$$

NOTE. — M. le général Parmentier ayant bien voulu nous faire remarquer une erreur dans notre mémoire du Congrès de Rouen sur un sujet analogue, nous profiterons de l'occasion pour la rectifier.

Page 116, théorème III, il faut supprimer la restriction : *Si* K *et* K' *ont un nombre impair de chiffres, le chiffre du milieu doit, de plus, être le même.*

Il est évident, même par l'examen d'un exemple numérique, que cette restriction est inutile, elle provient de ce que, dans l'équation (4), page 117, *loc. cit.*, j'ai oublié le terme $10^n a'_n$, et dans l'équation (5) le terme $10^n a_n$.

Cette rectification conduit à une modification légère dans le problème I, il n'y a pas à insister.

M. Émile WEST

Ingénieur, ancien Élève de l'École centrale.

INTÉGRATION DES ÉQUATIONS AUX DIFFÉRENCES FINIES LINÉAIRES ET A COEFFICIENTS VARIABLES

— Séance du 8 septembre 1884 —

Pour intégrer les équations différentielles linéaires à coefficients variables, j'emploie une méthode dont j'ai déjà fait usage pour le cas de coefficients constants.

Soit l'équation aux différences finies :

$$(1) \qquad F(x) = y(x)f_0(x) + y(x+\omega)f_1(x) + \cdots$$
$$+ y(x + \overline{\mu-1}\,\omega)f_{\mu-1}(x) + y(x + \mu\omega)f_\mu(x)$$

dans laquelle $y(x)$ est la fonction inconnue, ω l'accroissement de x désigné ordinairement par Δx, et $F(x)$, $f_0(x)$, $f_1(x)$, $\cdots$ des fonctions quelconques de x; je donne à x les accroissements successifs ω, 2ω, 3ω, $\cdots\cdots$, en multipliant respectivement les deux membres de chaque égalité ainsi obtenue par les quantités arbitraires λ_0, λ_1, λ_2, λ_3, $\cdots$ de sorte que l'on ait :

$$\lambda_0 F(x) \quad = \lambda_0 y(x)f_0(x) + \lambda_0 y(x+\omega)f_1(x) \quad + \cdots$$
$$+ \lambda_0 y(x+\mu\omega)f_\mu(x),$$
$$\lambda_1 F(x+\omega) = \qquad\qquad \lambda_1 y(x+\omega)f_0(x+\omega) + \cdots$$
$$+ \lambda_1 y(x+\mu\omega)f_{\mu-1}(x+\omega) + \lambda_1 y(x+\overline{\mu+1}\,\omega)f_\mu(x+\omega),$$
$$\lambda_2 F(x+2\omega) = \qquad\qquad\qquad \cdots$$
$$+ \lambda_2 y(x+\mu\omega)f_{\mu-2}(x+2\omega) + \lambda_2 y(x+\overline{\mu+1}\,\omega)f_{\mu-1}(x+2\omega)$$
$$+ \lambda_2 y(x+\overline{\mu+2}\,\omega)f_\mu(x+2\omega),$$

$$\cdots\cdots\cdots\cdots\cdots\cdots\cdots\cdots\cdots\cdots$$

et faisant la somme d'un nombre indéfini de ces égalités, il vient :

$$\Sigma\lambda_p F(x+p\omega) = \lambda_0 f_0(x)y(x) + [\lambda_0 f_1(x) + \lambda_1 f_0(x+\omega)]y(x+\omega)$$
$$+ \cdots + [\lambda_0 f_{\mu-1}(x) + \lambda_1 f_{\mu-2}(x+\omega) + \cdots + \lambda_{\mu-1}f_0(x+\overline{\mu-1}\,\omega)]y(x+\overline{\mu-1}\,\omega)$$
$$(2) \quad + [\lambda_0 f_\mu(x) + \lambda_1 f_{\mu-1}(x+\omega) + \cdots + \lambda_\mu f_0(x+\mu\omega)]y(x+\mu\omega)$$
$$+ [\lambda_1 f_\mu(x) + \lambda_2 f_{\mu-1}(x+\omega) + \cdots + \lambda_{\mu+1}f_0(x+\mu\omega)](x+\overline{\mu+1}\,\omega) + \cdots$$

Il reste à déterminer tous les systèmes de valeur de λ qui permettront d'obtenir l'inconnue, d'où l'on déduira tous les systèmes d'intégration de l'équation proposée. Pour cela, en égalant à zéro les coefficients de $y(x+p\omega)$, $y(x+\overline{p+1}\omega)$, $\cdots$ on a des relations linéaires qui donneront les quantités λ en fonction de p d'entre elles et celles-ci, qui peuvent généralement prendre plusieurs valeurs, se détermineront directement ; de la sorte l'inconnue $y(x)$ s'obtiendra en dernier lieu par la résolution d'un système d'équations linéaires.

Sans entrer dans tous les détails de ces opérations, ce qui entraînerait trop loin, il suffira de considérer ici les deux systèmes les plus importants.

En premier lieu, en égalant à zéro tous les coefficients à partir de celui de $y(x+\mu\omega)$, on a :

$$\lambda_0 f_\mu(x) \quad + \lambda_1 f_{\mu-1}(x+\omega) + \cdots + \lambda_\mu f_0(x+\mu\omega) \quad = 0,$$

$$(3) \quad \lambda_1 f_\mu(x+\omega) + \lambda_2 f_{\mu-1}(x+2\omega) + \cdots + \lambda_\mu f_0(x+\overline{\mu+1}\omega) = 0,$$

et prolongeant cette suite d'égalités en sens inverse, on a aussi :

$$\lambda_{-1} f_\mu(x-\omega) + \lambda_0 f_{\mu-1}(x) + \cdots + \lambda_{\mu-1} f_0(x+\overline{\mu-1}\omega) = 0,$$

$$\lambda_{-\mu} f_\mu(x-\mu\omega) + \lambda_{-\mu+1} f_{\mu-1}(x-\overline{\mu-1}\omega) + \cdots + \lambda_0 f_0(x) = 0;$$

cette seconde série d'égalités permet d'écrire la relation (2), en ordonnant de suite par rapport aux quantités λ,

$$-\Sigma\lambda_p F(x+p\omega) = \lambda_{-\mu} f_\mu(x-\mu\omega) y(x)$$

$$+ \lambda_{-\mu+1}\big[f_{\mu-1}(x-\overline{\mu-1}\omega) y(x) + f_\mu(x-\overline{\mu-1}\omega) y(x+\omega)\big] + \cdots$$

$$(4) \qquad + \lambda_{-1}\big[f_1(x-\omega) y(x) + f_2(x-\omega) y(x+\omega) + \cdots$$

$$+ f_{\mu-1}(x-\omega) y(x+\overline{\mu-2}\omega) + f_\mu(x-\omega) y(x+\overline{\mu-1}\omega)\big].$$

Maintenant si l'on fait

$$(5) \quad \lambda_0 = \frac{1}{\varphi(x+\omega)^{0|\omega}}, \quad \lambda_1 = \frac{1}{\varphi(x+\omega)^{1|\omega}}, \quad \cdots \quad \lambda_\mu = \frac{1}{\varphi(x+\omega)^{\mu|\omega}}, \cdots,$$

on a encore :

$$\lambda_{-1} = \varphi(x)^{1|\omega}, \quad \lambda_{-2} = \varphi(x-\omega)^{2|\omega}, \quad \cdots\cdots \quad \lambda_{-\mu} = \varphi(x-\overline{\mu-1}\omega)^{\mu|\omega}, \cdots\cdots$$

ou, ce qui est la même chose :

$$\lambda_{-1} = \varphi(x)^{1|-\omega}, \quad \lambda_{-2} = \varphi(x)^{2|-\omega}, \quad \cdots\cdots \quad \lambda_{-\mu} = \varphi(x)^{\mu|-\omega}; \cdots\cdots$$

les fonctions λ sont ainsi des *facultés algorithmiques*, c'est-à-dire un produit de facteurs de la forme

$$\varphi(x)^{\mu|-\omega} = \varphi(x)\varphi(x-\omega)\varphi(x-2\omega)\cdots\varphi\big(x-\overline{\mu-1}\,\omega\big).$$

Les équations de condition se réduisent donc à la seule équation de *faculté* de degré μ

$$(6)\quad \varphi(x)^{\mu|-\omega}f_\mu(x-\mu\omega) + \varphi(x)^{\mu-1|-\omega}f_{\mu-1}\big(x-\overline{\mu-1}\,\omega\big) + \cdots$$
$$+ \varphi(x)^{1|-\omega}f_1(x-\omega) + f_0(x) = 0,$$

et la relation (4), si l'on pose :

$$Z_\mu(x) = f_\mu(x-\mu\omega)y(x),$$
$$(7)\quad Z_{\mu-1}(x) = f_{\mu-1}\big(x-\overline{\mu-1}\,\omega\big)y(x) + f_\mu\big(x-\overline{\mu-1}\,\omega\big)y(x+\omega),$$
$$\cdots \cdots \cdots \cdots \cdots \cdots \cdots$$
$$Z_1(x) = f_1(x-\omega)y(x) + f_2(x-\omega)y(x+\omega) + \ldots + f_\mu(x-\omega)y\big(x+\overline{\mu-1}\,\omega\big),$$

devient :

$$-\Sigma F(x+p\omega)\frac{1}{\varphi(x+\omega)^{p|\omega}} = Z_\mu(x)\varphi(x)^{\mu|-\omega} + Z_{\mu-1}(x)\varphi(x)^{\mu-1|-\omega} + \cdots$$
$$+ Z_1(x)\varphi(x)^{1|-\omega}.$$

Le premier membre peut s'écrire :

$$\varphi(x)^{\frac{x}{\omega}|-\omega}\left[F(x)\frac{1}{\varphi(x)^{\frac{x}{\omega}|-\omega}} + F(x+\omega)\frac{1}{\varphi(x+\omega)^{\frac{x}{\omega}+1|-\omega}}\right.$$
$$\left. + F(x+2\omega)\frac{1}{\varphi(x+2\omega)^{\frac{x}{\omega}+2|-\omega}} + \cdots \right],$$

ce qui donne définitivement :

$$(8)\,\varphi(x)^{\frac{x}{\omega}|-\omega}\sum F(x)\frac{1}{\varphi(x)^{\frac{x}{\omega}|-\omega}} = Z_\mu(x)\varphi(x)^{\mu|-\omega} + Z_{\mu-1}(x)\varphi(x)^{\mu-1|-\omega} + \cdots$$
$$+ Z_1(x)\varphi(x)^{1|-\omega}.$$

Or l'équation (6) a généralement μ racines différentes ; si donc l'on suppose que $\varphi(x)$ prenne μ valeurs, (8) représentera un système d'équations linéaires dont les fonctions Z sont les inconnues; on a par suite pour la première inconnue :

$$f_\mu(x-\mu\omega)y(x)=\frac{D\left[\varphi_1(x)^{1|-\omega}\varphi_2(x)^{2|-\omega}\cdots\varphi_\mu(x)^{\frac{x}{\omega}|}\quad\sum^{\varepsilon}F(x)\dfrac{1}{\varphi_\mu(x)^{\frac{x}{\omega}|-\omega}}\right]}{D\left[\varphi_1(x)^{1|-\omega}\varphi_2(x)^{2|-\omega}\cdots\varphi_\mu x^{\mu|-\omega}\right]}$$

ou en développant le déterminant du numérateur, $N(x)$ représentant celui du dénominateur et $N_1(x)$, $N_2(x)\cdots$ des déterminants mineurs,

$$(9)\qquad f_\mu(x-\mu\omega)y(x)=\frac{N_1(x)}{N(x)}\varphi_1(x)^{\frac{x}{\omega}|-\omega}\sum F(x)\frac{1}{\varphi(x)^{\frac{x}{\omega}|-\omega}}$$

$$-\frac{N_2(x)}{N(x)}\varphi_2(x)^{\frac{x}{\omega}|-\omega}\sum F(x)\frac{1}{\varphi_2(x)^{\frac{x}{\omega}|-\omega}}+\cdots$$

$$+(-1)^{\mu-1}\frac{N_\mu(x)}{N(x)}\varphi_\mu(x)^{\frac{x}{\omega}|-\omega}\sum F(x)\frac{1}{\varphi_\mu(x)^{\frac{x}{\omega}|-\omega}}.$$

Les μ intégrales du deuxième membre contiennent μ constantes périodiques ; quant au premier coefficient f_μ, on peut toujours le supposer égal à l'unité, comme je le supposerai dans ce qui va suivre.

Les fonctions Z sont des fonctions symétriques importantes. Dans le cas où (Fx) est nul, elles jouissent de propriétés particulières ; la constante peut être prise égale à $\varphi(x)^{\sigma|-\omega}$, x indiquant qu'il faut faire $x=0$ après l'opération, et σ étant une quantité arbitraire, de sorte que l'on a, en divisant par

$$\varphi_1(x)\varphi_2(x)\cdots\varphi_\mu(x)$$

$$(10)\ Z_\mu(x)=\frac{D\left[1\varphi_2(x-\omega)^{1|-\omega}\varphi_3(x-\omega)^{2|-\omega}\cdots\varphi_\mu(x-\omega)^{\frac{x}{\omega}+\sigma|-\omega}\right]}{D\left[1\varphi_2(x-\omega)^{1|-\omega}\varphi_3(x-\omega)^{2|-\omega}\cdots\varphi_\mu(x-\omega)^{\mu-1|-\omega}\right]},$$

et généralement :

$$(11)\ Z_\rho(x)=\frac{D\left[1\varphi_2(x-\omega)^{1|-\omega}\cdots\varphi_\rho(x-\omega)^{\frac{x}{\omega}+\sigma|-\omega}\cdots\varphi_\mu(x-\omega)^{\mu-1|-\omega}\right]}{D\left[1\varphi_2(x-\omega)^{1|-\omega}\cdots\varphi_\rho(x-\omega)^{\rho-1|-\omega}\cdots\varphi_\mu(x-\omega)^{\mu-1|-\omega}\right]}.$$

Ces valeurs, lorsque $\dfrac{x}{\omega} + \sigma = \mu$, sont égales aux coefficients de l'équation (6) et de signe contraire, car cette équation donne, en supposant toujours le premier coefficient égal à l'unité,

$$(12)\; -f_{\rho-1}\left(x-\overline{\rho-1}\,\omega\right) = \frac{D\left[1\varphi_2(x)^{1|-\omega}\cdots\varphi_\rho(x)^{\mu|-\omega}\cdots\varphi_\mu(x)^{\mu-1|-\omega}\right]}{D\left[1\varphi_2(x)^{1|-\omega}\cdots\varphi_\rho(x)^{\rho-1|-\omega}\cdots\varphi_\mu(x)^{\mu-1|-\omega}\right]},$$

ce qui conduit à

$$(13)\qquad\qquad Z_\rho(x) + f_{\rho-1}(x - \rho\omega) = 0.$$

Cette propriété donne le moyen de calculer les fonctions Z au moyen des coefficients de l'équation (6); il suffira d'exprimer ces fonctions au moyen de la première d'entre elles d'après (7). En effet, en désignant par

P(1) la fonction $Z_\mu(x)$, pour le cas où $\dfrac{x}{\omega} + \sigma = (\mu - 1) + 1$,

P(2) la même fonction, pour le cas où $\dfrac{x}{\omega} + \sigma = (\mu - 1) + 2$,

et ainsi de suite, on a, d'après (7) et (13) :

P(1) $\quad +f_{\mu-1}(x-\mu\omega)=0,$

P(2) $\quad +\text{P}(1)\quad f_{\mu-1}\left(x-\overline{\mu-1}\,\omega\right)+f_{\mu-2}\left(x-\overline{\mu-1}\,\omega\right)=0,$

P(3) $\quad +\text{P}(2)\quad f_{\mu-1}\left(x-\overline{\mu-2}\,\omega\right)+\text{P}(1)f_{\mu-2}\left(x-\overline{\mu-2}\,\omega\right)+f_{\mu-3}\left(x-\overline{\mu-2}\,\omega\right)=0,$

4)

P(μ) $\quad +\text{P}(\mu-1)f_{\mu-1}(x-\omega)+\text{P}(\mu-2)f_{\mu-2}(x-\omega)+\cdots+\text{P}(1)f_1(x-\omega)+f_0(x-\omega)=0.$

P(μ+1)$+$P(μ) $\quad f_{\mu-1}(x)\quad +\text{P}(\mu-2)f_{\mu-2}(x)\quad+\cdots+\text{P}(2)f_1(x)\quad+\text{P}(1)f_0(x)=0,$

Quel que soit σ, $Z_\mu(x)$ est une solution de l'équation proposée, donc si ρ est une quantité arbitraire, on peut dire que P(ρ) est aussi une solution, F(x) étant nul; par suite, en désignant par M_1, M_2, $\cdots$ M_μ, μ constantes arbitraires, on a :

$$(15)\qquad y(x) = M_1 \text{P}(\rho+1) + M_2 \text{P}(\rho+2) + \cdots + M_\mu \text{P}(\rho+\mu).$$

On pourrait aussi donner une autre forme à la solution au moyen des diverses fonctions Z.

Comme on le voit, ces solutions sont formées de fonctions symétriques de μ racines de l'équation (6). On peut encore en obtenir d'autres formées de fonctions symétriques d'un nombre de racines inférieur à μ; toutes correspondent au cas où, dans la relation (2), on conserverait un nombre de termes inférieur à μ, dans le second membre, on aurait alors, pour p termes conservés, $\lambda_{-1}, \lambda_{-2}, \cdots \lambda_{-p+1}$ égaux à zéro. La marche serait analogue à celle qui est indiquée plus haut.

Sans m'arrêter à ces cas intermédiaires, je signalerai le dernier, celui où l'on a :

$$(16) \qquad \Sigma \lambda_p F(x + p\omega) = \lambda_0 f_0(x) y(x),$$

avec

$$(17) \quad \begin{cases} \lambda_0 f_1(x) + \lambda_1 f_0(x + \omega) = 0, \\ \lambda_0 f_2(x) + \lambda_1 f_1(x + \omega) + \lambda_2 f_2(x + 2\omega) = 0, \\ \cdots \cdots \cdots \cdots \cdots \cdots \cdots \\ \lambda_0 f_\mu(x) + \lambda_1 f_{\mu-1}(x + \omega) + \cdots + \lambda_\mu f_0(x + \mu\omega) = 0, \\ \lambda_1 f_\mu(x) + \lambda_2 f_{\mu-1}(x + \omega) + \cdots + \lambda_{\mu+1} f_0(x + \mu\omega) = 0, \end{cases}$$

$$\cdots \cdots \cdots \cdots \cdots \cdots \cdots$$

on déterminera λ_0 de telle sorte que l'on ait :

$$(18) \qquad \lambda_0 f_0(x) + 1 = 0,$$

et l'on a ainsi, par (16), l'intégrale de l'équation (1); l'intégrale générale s'obtient en joignant à cette solution la solution (15). La somme ou série Σ de (16) est sans constante, mais si l'on considérait comme une intégration l'opération représentée par Σ, il y aurait un changement de signe; c'est ce qui a lieu en passant de (4) à (6); ainsi se trouve déterminé (18).

Il faut remarquer ici que les fonctions λ sont, comme P, des fonctions symétriques des racines de (6); en effet, en admettant, comme je l'ai dit plus haut, que $\lambda_{-1}, \lambda_{-2}, \cdots, \lambda_{-\mu+1}$ soient nuls et $\lambda_{-\mu} = 1$, on a, en plus de (14), les relations :

$$\lambda_{-\mu-1} + f_{\mu-1}(x - \overline{\mu+1}\omega) = 0,$$

$$\lambda_{-\mu-2} + \lambda_{-\mu-1} f_{\mu-1}(x - \overline{\mu+2}\omega) + f_{\mu-2}(x - \overline{\mu+2}\omega) = 0,$$

$$\cdots \cdots \cdots \cdots \cdots \cdots \cdots$$

qui ne sont autres que les relations (14), en changeant x en $x - \omega$.

Les fonctions P et λ sont, dans le cas des coefficients constants, les fonctions que j'ai étudiées sous le nom de fonctions aleph positives et négatives. Dans un complément aux articles que j'ai publiés dans le *Journal de Mathématiques pures et appliquées*, je donne en détail les calculs qui se rapportent aux équations différentielles linéaires à coefficients constants pour tous les systèmes de solutions : les solutions intermédiaires servent plus spécialement pour le cas des racines égales de la caractéristique et la dernière dans le cas des racines imaginaires, et aussi dans tous les cas.

La solution de l'équation proposée dans laquelle on aurait $F(x) = 0$, peut encore prendre une autre, forme dépendant évidemment des précédentes ; il suffit de voir que l'on a encore :

$$(19) \qquad y(x) = M_1 \psi_1(\dot{x})^{\frac{x}{\omega}|\omega} + M_2 \psi_2(\dot{x})^{\frac{x}{\omega}|\omega} + \cdots + M_\mu \psi_\mu(\dot{x})^{\frac{x}{\omega}|\omega}$$

$\dot{x}$ marquant qu'il faut faire $x = 0$ une fois l'opération effectuée, car l'une des fonctions ψ substituée dans l'équation donne l'équation de condition ou équation caractéristique :

$$(20) \quad \psi(x)^{\mu\,\omega} + \psi(x)^{\mu-1|\omega} f_{\mu-1}(x) + \cdots + \psi(x)^{1|\omega} f_1(x) + f_0(x) = 0.$$

Il existe naturellement des relations entre les racines de cette équation (20) et celles de l'équation (6) ; entre autres, pour le second degré, on a :

$$-f_1(x) = \psi(x + \omega) + \varphi(x), \qquad f_0(x) = \psi(x)\varphi(x).$$

Si l'équation proposée était

$$(21) \qquad 0 = yF_0(x) + \Delta y F_1(x) + \cdots + \Delta^{\mu-1} y F_{\mu-1}(x) + \Delta^\mu y,$$

les coefficients $F(x)$ auraient avec les coefficients $f(x)$ de l'équation précédente les relations connues

$$(22) \begin{cases} F_p(x) = f_p(x) + \dfrac{p+1}{1} f_{p+1}(x) + \dfrac{(p+1)(p+2)}{1.2} f_{p+2}(x) + \cdots + \dfrac{(p+1)^{\mu-p}\,1}{1^{\mu-p}|1} \\[2ex] f_p(x) = F_p(x) - \dfrac{p+1}{1} F_{p+1}(x) + \dfrac{(p+1)(p+2)}{1.2} F_{p+2}(x) - \cdots + (-1)^{\mu-p} \dfrac{(p+1)^{\mu-p}|1}{1^{\mu-p}|1} \end{cases}$$

et l'équation caractéristique, identique à (20), est :

$$(23) \quad \left[\psi(x)^{\mu|\omega} - \frac{\mu}{1} \psi(x)^{\mu-1|\omega} + \frac{\mu(\mu-1)}{1.2} \psi(x)^{\mu-2|\omega} - \cdots + (-1)^\mu \right]$$
$$+ \left[\psi(x)^{\mu-1|\omega} - \frac{\mu-1}{1} \psi(x)^{\mu-2|\omega} + \cdots \right] F_{\mu-1}(x) \cdots$$
$$+ [\psi(x)^{2|\omega} - 2\psi(x)^{1|\omega} + 1] F_2(x) + [\psi(x) - 1] F_1(x) + F_0(x) = 0.$$

Les quantités entre crochets sont des fonctions de $\psi(x) - 1$; soit $\theta(x)$ cette différence, l'équation précédente devient :

$$(24) \left[\theta(x)^{\mu|\omega} + \Delta^\mu \theta(x) + \cdots \right] + \left[\theta(x)^{\mu-1|\omega} + \Delta^{\mu-1} \theta(x) + \cdots \right] F_{\mu-1}(x) + \cdots$$
$$+ \left[\theta(x)^{2|\omega} + \Delta\theta x \right] F_2(x) + \theta(x) F_1(x) + F_0(x) = 0,$$

équation qui est en quelque sorte la véritable équation caractéristique ;

mais, d'après ce qui précède, son intégration revient à la résolution de l'équation (20) et l'intégrale générale de l'équation (21) est (19).

Il reste maintenant, pour achever la question, à résoudre l'équation (6) ou (20). Il suffira pour cela de donner la forme d'une racine. Soit donc, pour plus de simplicité, l'équation

$$(25) \qquad \psi(x)^{3|\omega} + f_2(x)\psi(x)^{2|\omega} + f_1(x)\psi(x) + f_0(x) = 0,$$

on en tire :

$$\psi(x) = \frac{-f_0(x)}{f_1(x) + \psi(x+\omega)[f_2(x) + \psi(x+2\omega)]},$$

$$\psi(x+\omega) = \frac{-f_0(x+\omega)}{f_1(x+\omega) + \psi(x+2\omega)[f_2(x+\omega) + \psi(x+3\omega)]}, \text{ etc.}$$

substituant $\psi(x+\omega)$ dans la première égalité et réduisant au même dénominateur, puis substituant $\psi(x+2\omega)$, $\psi(x+3\omega)$, $\cdots$ on trouverait facilement

$$(26)\,\psi(x) = \frac{P_n}{Q_n} = \frac{P_{n-1} + \psi(x+n\omega)\big[P_{\mu-2}\big(f_2(x+\overline{n-1}\omega) + \psi(x-\overline{n+1}\omega)\big) - P_{n-3}f_0(x+\overline{n-1}\omega)\big]}{Q_{n-1} + \psi(x+n\omega)\big[Q_{n-2}\big(f_2(x+\overline{n-1}\omega) + \psi(x+\overline{n+1}\omega)\big) - Q_{n-2}f_0(x+\overline{n-1}\omega)\big]}$$

si l'on pose :

$$(27) \begin{cases} P_0 = -f_0(x), \\ P_1 = P_0 f_1(x+\omega), \\ P_2 = P_1 f_1(x+2\omega) - P_0 f_2(x+\omega)f_0(x+2\omega), \\ P_3 = P_2 f_1(x+3\omega) - P_1 f_2(x+2\omega)f_0(x+3\omega) + P_0 f_0(x+2\omega)f_0(x+3\omega) \\ \cdots \\ Q_0 = f_1(x), \\ Q_1 = Q_0 f_1(x+\omega) - f_2(x)f_0(x+\omega), \\ Q_2 = Q_1 f_1(x+2\omega) - Q_0 f_2(x+\omega)f_0(x+2\omega) + f_0(x+\omega)f_0(x+2\omega), \\ Q_3 = Q_2 f_1(x+3\omega) - Q_1 f_2(x+2\omega)f_0(x+3\omega) + Q_0 f_0(x+2\omega)f_0(x+3\omega), \end{cases}$$

Telle est la forme des racines de l'équation (25), dans le cas des équations (6) ou (20) on aurait une solution semblable, les quantités P et Q étant alors généralement composées de μ termes au lieu de 3 comme dans (27). Les racines sont ici données par des fractions continues *complexes* dont (26) est une réduite, elles deviennent dans le cas du second degré des fractions continues simples ou fractions continues ordinaires ; de ces expressions on en déduirait de nouvelles sous forme de séries.

Il est à remarquer que dans le cas de coefficients constants, ce système de résolution se réduit à la méthode de Daniel Bernouilli, ou d'Euler, au moyen des coefficients de séries récurrentes qui ne sont autres que des fonctions aleph ; cette observation fera comprendre clairement la méthode de calcul indiquée plus haut.

La méthode que je viens de donner est fondamentale; elle permet de passer à l'intégration des équations différentielles (*) et même à celle des équations aux différences ou aux dérivées partielles linéaires à coefficients variables.

Ainsi, soit l'équation aux différences partielles d'ordre μ,

$$(28) \qquad \Sigma\left[y(x_1 + \sigma_1\omega,\ x_2 + \sigma_2\omega_1)f_{\sigma_1,\ \sigma_2\ldots}(x_1,x_2,\cdots)\right] = 0,$$

avec la condition relative aux nombres σ pour former les divers termes de cette somme,

$$(29) \qquad \sigma_1 + \sigma_2 + \cdots = \varpi$$

ϖ prenant les valeurs de zéro à μ, si l'on forme l'équation caractéristique

$$(30)\ B_\mu\psi(x_1+\omega)^{\mu|\omega} + B_{-1}\psi(x_1+\omega)^{\mu-1|\omega} + \cdots + B_1\psi(x_1+\omega) + B_0 = 0,$$

dans laquelle les coefficients sont:

$$(31) \qquad B_{\mu-\nu} = \Sigma\left[p_2^{\sigma_2\omega}p_3^{\sigma_3\omega}\cdots f_{\mu-\nu,\ \sigma_2,\ \sigma_3\ldots}(x_1,\ x_2,\ x_3\cdots)\right] = 0;$$

(p_2, p_3 étant des quantités arbitraires) avec la condition (29) relative aux indices, ou

$$(32) \qquad \sigma_2 + \sigma_3 + \cdots = \varpi - \mu + \nu$$

on aura :

$$(33)\ y(x_1,x_2\cdots) = S\left[p_2^{x_2}p_3^{x_3}\cdots\left(M_1\psi_1(x_1)^{\frac{x_1}{\omega}|-\omega} + M_2\psi_2(x_1)^{\frac{x_1}{\omega}|-\omega} + \cdots + M_\mu\psi_\mu(x_1)^{\frac{x_1}{\omega}|-\omega}\right)\right]$$

S désignant la somme d'autant de termes que l'on voudra en faisant varier p_2, p_3, $\cdots$ et M_1, M_2, $\cdots M_\mu$ étant μ constantes.

En effet, en ne considérant qu'un terme de la somme S et l'un de la somme entre parenthèses, on obtient, en substituant la valeur de y dans l'équation (28):

$$\Sigma\left[p_2^{x_2+\sigma_2\omega}p_3^{x_3+\sigma_3\omega}\cdots M\psi(x_1+\sigma_1\omega)^{\frac{x_1}{\omega}+\sigma_1|-\omega}f_{\sigma_1,\sigma_2,\sigma_3}(x_1,\ x_2,\ x_3\ldots)\right]$$

$$= Mp_2^{x_2}p_3^{x_3}\cdots\psi(x_1)^{\frac{x_1}{\omega}|-\omega}\Sigma\left[\psi(x_1+\omega)^{\sigma_1|\omega}p_2^{\sigma_2\omega}p_3^{\sigma_3\omega}\cdots f_{\sigma_1,\sigma_2,\sigma_3\ldots}(x_1,x_2,x_3\cdots)\right]$$

en tenant compte de la relation des indices (29) ou (32), la somme Σ représente le premier membre de l'équation caractéristique (30), dont la somme des termes est nulle.

De la forme (33) on passerait à l'expression de l'intégrale contenant

---

(*) Toutefois il faut prévenir que la transformation (21) à (24) appliquée aux équations de différences ne convient pas aux équations différentielles; il faut recourir à d'autres transformations ou former des fonctions symétriques analogues aux fonctions Z.

μ fonctions arbitraires; de plus, en formant des fonctions symétriques comme plus haut, avec les racines ψ, et développant ces fonctions par rapport à p_2, p_3, ···, par la formule de Maclaurin, étendue à plusieurs variables, on aurait l'expression achevée de l'intégrale de l'équation (28), c'est-à-dire la seule qui soit réellement calculable. Ces calculs, que j'ai donnés en détail pour le cas des équations linéaires à coefficients constants, s'appliquent ici, il suffira d'y recourir *(Journal de Mathématiques pures et appliquées*, sept. 1883); on peut donc considérer comme résolue complètement cette dernière question.

Dans cet exposé rapide, j'ai dû omettre beaucoup de développements que l'on pourra maintenant compléter, la question étant traitée d'une manière élémentaire; toutefois, les conséquences relatives aux équations différentielles, à cause de leur importance, doivent être l'objet d'un travail spécial.

M. SIEGLER

Ingénieur des Ponts et Chaussées (Compⁱᵉ de l'Est).

EXPÉRIENCES NOUVELLES SUR LA POUSSÉE DES TERRES

— *Séance du 6 septembre 1884* —

Les expériences que nous nous proposons de faire connaître ont eu pour but :

1º De trancher la question, souvent controversée, de la direction qu'affecte la poussée d'un massif de sable sec par rapport au parement intérieur d'un mur de soutènement ;

2º De déterminer d'une manière complète et purement expérimentale les divers éléments qui caractérisent la poussée, c'est-à-dire son point d'application, sa direction et son intensité.

I. EXPÉRIENCES SUR LA DIRECTION DE LA POUSSÉE

Première expérience. — Nous avons repris, en la modifiant, une expérience instituée par M. Gobin, ingénieur en chef des ponts et chaussées. Il considère un panneau vertical en bois traversant, par un évidement ménagé à cet effet, le fond d'une caisse pleine de sable. Si les réactions symétriques exercées par le sable sur les deux faces du panneau sont

inclinées, comme on l'admet généralement, elles doivent donner une résultante verticale, dirigée de haut en bas, égale à la composante verticale
de la poussée totale.

M. Gobin a constaté qu'il faut exercer sur le panneau le même effort
pour le faire descendre que pour le faire monter dans son plan. Il en
conclut que la composante verticale en question est nulle.

Pour mettre cette composante en évidence, nous avons suspendu le
panneau entre deux cordes à violon verticales EA et BK (fig. 13 et 14).

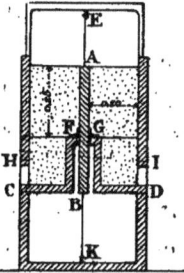

Fig. 13. — Coupe suivant III.   Fig. 14. — Coupe suivant FG.

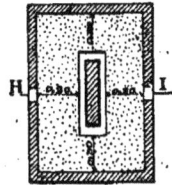

La première est munie d'une clef de réglage E ; la seconde est attachée
à un point fixe K.

La caisse étant vide, la tension des cordes convenablement réglée au
moyen de la clef, nous avons constaté la note donnée par chacune
d'elles.

Nous avons ensuite rempli la caisse de sable fin, séché au four, versé
avec précaution au moyen d'un entonnoir, par couches horizontales.

Après cette opération la corde supérieure donnait une note plus aiguë
que précédemment, la corde inférieure une note plus grave.

La contre-épreuve a prouvé que ce résultat ne tenait pas à quelque erreur
d'expérience. Nous avons laissé le sable s'écouler par des orifices H et I,
ménagés à cet effet. Les cordes ont aussitôt donné les mêmes notes qu'à
l'origine.

Afin de faciliter l'écoulement du sable, nous avons pratiqué l'évidement
nécessaire pour le passage du panneau non dans le fond même CD de la
caisse, mais dans une portion surhaussée de ce fond, formant ajutage FG.
De cette façon, lorsqu'on ouvre les portières des orifices latéraux H et
I, le sable en prenant son talus naturel dégage entièrement le panneau.

On produisait la même modification dans les cordes en chargeant le
panneau à sa partie supérieure avec un poids de 1^{kil},95. Nous ne prétendons pas déduire de cette constatation la grandeur de la composante verticale de la poussée, mais seulement démontrer qu'il s'agit de phénomènes
bien palpables.

Deuxième expérience. — La corde à violon supérieure de l'appareil précédent a été remplacée par un fil de fer rigide fixé au petit bras d'un levier pivotant autour d'un axe fixe. En observant le grand bras de ce levier, cinq fois plus grand que le petit, nous avons pu constater et mesurer le déplacement qu'éprouve le panneau pendant que l'on verse le sable. Ce déplacement était d'un millimètre environ.

Troisième expérience. — On peut varier cette expérience de la manière suivante (fig. 15).

Un tube en bois ABCD est suspendu à une corde à violon *mn*.

Un bloc de bois HI est emboîté dans la partie inférieure du tube sans le toucher. On prend la note de la corde *mn*, on remplit le tube de sable au moyen d'un tube surmonté d'un entonnoir, par couches horizontales et sans choc. On constate que le tube s'abaisse un peu, de 2 à 3 milli-mètres, que la corde se tend et donne une note plus aiguë qu'auparavant.

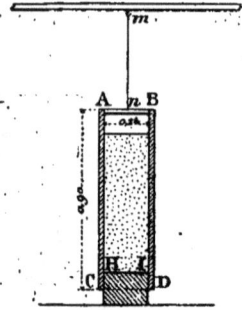

Fig. 15.

Variante. — Le tube vide étant suspendu à la corde, on le cale légère-ment avec des coins sans modifier la tension de la corde ; on verse le sable sans que le tube puisse se déplacer ; puis on retire les cales qui se trouvent fortement pressées par le tube ; la corde se tend alors comme dans l'expérience précédente. Dans ces conditions on ne peut attribuer le déplacement du tube aux chocs produits par le sable.

Voici maintenant comment il faut, selon nous, interpréter ces divers résultats.

Dans l'expérience de M. Gobin, quand on déplace le panneau dans un sens ou dans l'autre, la résistance à vaincre est égale au frottement de glissement du panneau sur le sable ; on doit trouver le même effort quel que soit le sens du mouvement.

Pour déterminer la composante verticale de la poussée, il faudrait que le panneau ne se déplaçât pas ; le moindre mouvement de ce panneau, ou même la tendance au mouvement, suffit pour substituer à la poussée naturelle du sable un frottement au départ.

Dans nos expériences nous n'avons pu réaliser cette condition que fort incomplètement ; les cordes à violon ne peuvent se tendre qu'en s'allon-geant. Le panneau — ou le tube — se déplace, et il n'est pas possible de mesurer ainsi la composante verticale de la poussée ; mais nous avons seulement voulu montrer qu'elle existe.

A nos yeux, voici ce qui se passe dans un massif de sable soutenu par un mur. Les couches de sable tendent à se tasser, c'est-à-dire à se com-primer sous le poids des couches supérieures. Le frottement que le sable éprouve contre la paroi l'empêche de céder autant dans le voisinage du mur qu'en des points plus éloignés. Une partie de la masse reste ainsi suspendue contre le mur.

Il s'agit donc d'une force analogue à celle de frottement, mais soumise à des lois différentes. Ainsi la couche inférieure, au contact du sol, n'a aucune tendance à tasser et ne doit pas donner de composante verticale sensible, tandis que le frottement de glissement serait maximum dans cette couche.

Une partie du massif se trouvant pour ainsi dire suspendue à la paroi, exerce une pression moindre sur le fond horizontal. Cela est d'ailleurs nécessaire à priori, puisque la résultante des forces verticales développées par le massif ne peut être supérieure à son poids.

Quatrième expérience. — La plus curieuse des expériences faites sur la poussée des terres est incontestablement celle d'Ardant. On peut l'expliquer néanmoins, comme l'a fait M. Gobin, par le frottement qui s'exercerait, si le prisme se mettait en mouvement, entre sa paroi et le massif du sable.

Il en est de même d'une expérience citée par M. l'ingénieur en chef Flamant (fig. 16).

Une caisse vide AB peut soutenir un massif de sable assez considérable bien qu'elle n'ait elle-même qu'une masse négligeable. Ici encore on peut

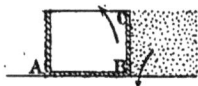

Fig. 16.

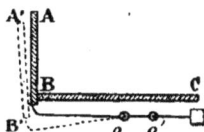

Fig. 17.

soutenir que le basculement est empêché par le frottement qui se développerait sur la face BC si la caisse commençait à pivoter autour de l'arête A.

Mais considérons maintenant une caisse (fig. 17) dont l'un des côtés AB peut tourner autour d'un axe o placé au-dessous du fond de la caisse, et est équilibré autour de cet axe. Si l'on remplit la caisse de sable, le panneau AB tendra à prendre la position A'B', c'est-à-dire à se mouvoir de haut en bas ; le frottement de glissement du sable tendra donc à se développer de bas en haut.

Considérons un deuxième axe o' placé à même hauteur que le premier. La composante horizontale de la poussée aura par rapport à ces deux axes le même moment ; la composante verticale aura au contraire un moment plus grand par rapport à o' qu'à o. Si cette composante était identique au frottement, et par conséquent dirigée de bas en haut, la tendance du panneau à basculer devrait être plus grande pour l'axe o que pour o' et c'est le contraire que l'expérience donne. Plus l'axe est éloigné vers la droite, plus le moment de renversement est grand.

Il faut donc nécessairement que la composante verticale de la poussée soit dirigée de haut en bas, c'est-à-dire dans le même sens que le mouvement élémentaire du panneau. Elle ne constitue donc pas un frottement de glissement, mais une force spéciale.

II. DÉTERMINATION EXPÉRIMENTALE COMPLÈTE DE LA POUSSÉE

Dans la plupart des expériences faites jusqu'ici, on s'est borné à déterminer le moment de la poussée d'un massif de sable par rapport à un axe, autour duquel le panneau mobile, faisant office de mur de soutènement, est assujetti à tourner. De ce moment on déduit la grandeur de la force en faisant des hypothèses sur son point d'application et sur sa direction.

Nous nous sommes proposé de déterminer directement tous les éléments de la poussée, par la méthode suivante.

Méthode des quatre axes. — Nous avons opéré sur un panneau AB, en bois, mobile autour d'un axe horizontal O, et soutenant un massif de sable MNBR. Une traverse CD fixée perpendiculairement au plan du panneau porte en C un plateau dans lequel on place des poids (fig. 18).

La caisse étant vide on fait la tare, c'est-à-dire que l'on équilibre le panneau de manière qu'il s'appuie très légèrement contre les bords de la

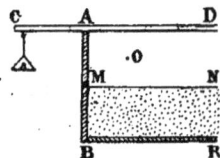

Fig. 18.

caisse. On charge le plateau d'un poids suffisant, on remplit la caisse de sable jusqu'au niveau MN, on décharge enfin le plateau jusqu'au moment où la rupture d'équilibre se produit. Le moment du poids qui reste dans le plateau immédiatement avant que le panneau ne bascule est égal au moment de la poussée du sable, par rapport à l'axe O.

Au lieu d'opérer sur un seul axe O, nous suspendons le panneau successivement à trois axes O_1, O_2, O_3. La poussée de sable reste la même dans les trois expériences. On détermine ainsi le moment de la même force par rapport à trois axes, et on a trois équations permettant de déterminer les trois inconnues qui définissent la poussée. Une quatrième expérience, avec un axe O_4, donne une équation de vérification.

Sans doute d'une expérience à l'autre il se produira de légères différences, tenant au mode de chargement du sable, et à d'autres circonstances accidentelles, mais l'influence de ces différences disparaît si l'on répète l'ensemble des expériences un nombre de fois assez grand, avec le même sable et dans des conditions identiques.

Soient (fig. 19) :

EB $= x$ la hauteur du point d'application de la poussée au-dessus du fond de la caisse BR.

IEP $= \alpha$ l'angle que fait la poussée avec la normale au panneau.

π l'intensité de cette force.

a, b, b' les distances définissant la position de quatre axes.

M_1, M_2,... les moments donnés par l'expérience avec les axes O_1, O_2....

On aura :

$$M_2 = [(b - x) \cos \alpha - a \sin \alpha] \pi.$$

En écrivant et résolvant les quatre équations analogues, on voit facilement que l'on a :

$$x = \frac{b' M_1 - b M_3}{M_1 - M_3}, \qquad \operatorname{tg} \alpha = \frac{(M_1 - M_2)(b - b')}{a(M_1 - M_3)},$$

$$\pi \cos \alpha = \frac{M_1 - M_3}{b - b'}, \qquad \pi \sin \alpha = \frac{M_1 - M_2}{a}.$$

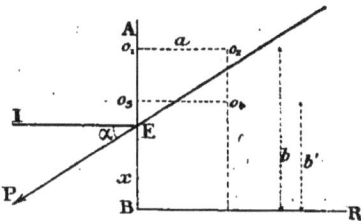
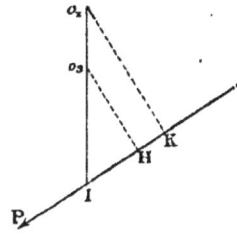

Fig. 19.   Fig. 20.

Enfin on a l'équation de vérification :

$$M_1 - M_3 = M_2 - M_4.$$

On peut aussi déterminer la poussée par une simple construction géométrique.

Considérons par exemple les axes O_1 et O_3 (fig. 20). Les moments de la poussée P par rapport à ces axes sont proportionnels aux bras de levier O_1K et O_3H, et à cause de la similitude des triangles IO_3H et IO_1K on a :

$$\frac{M_1}{M_3} = \frac{O_1I}{O_3I}.$$

Connaissant M_1 et M_3 on peut donc construire le point I. En considérant deux autres axes, O_2 et O_4 par exemple, on trouve de même un deuxième point de la poussée, dont on connaît dès lors le point d'application et la direction. On en déduit sans peine l'intensité en divisant l'un quelconque des moments par le bras de levier correspondant pris sur l'épure.

Axes inférieurs. — Afin de contrôler plus complètement nos résultats, nous avons encore employé d'autres axes 5, 6, 7, 8, placés à la partie inférieure du panneau et se rapprochant ainsi de l'arête inférieure autour de laquelle les murs de soutènement pivotent habituellement quand ils se renversent (fig. 21 et 22).

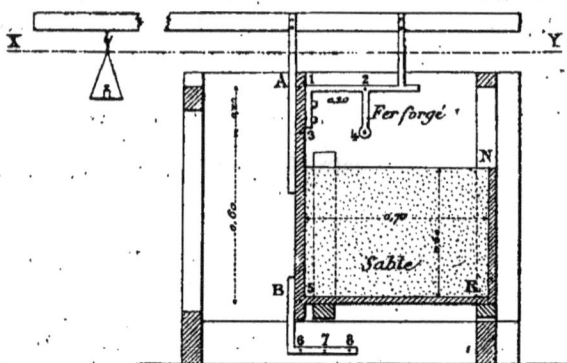

Fig. 21.

Description de l'appareil. — L'appareil dont nous nous sommes servi est représenté par la fig. 21 et 22. La caisse à sable a $0^m,70$ de longueur sur $0^m,65$ de largeur, et $0^m,50$ de hauteur. Les parois NRB sont boulonnées à l'intérieur d'un solide bâti en chêne dont les parois extérieures servent à supporter les axes de rotation. L'ensemble du bâti a $1^m,31$ de long sur $0^m,83$ de large et $1^m,09$ de haut.

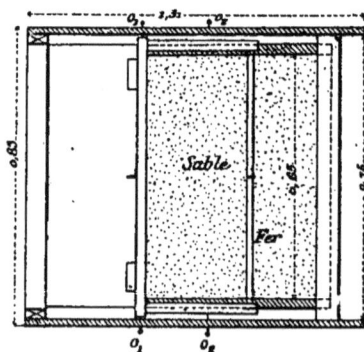

Fig. 22.

Le panneau mobile a $0^m,92$ de hauteur sur $0^m,78$ de largeur et s'applique exactement contre les bords de la caisse. Il est consolidé par deux montants verticaux, et porte sur sa tranche des plaques de fer, encastrées dans le bois, percées de trous dans lesquels s'engagent des chevilles en fer (axes O_1 et O_3).

Ces chevilles de $0^m,01$ de diamètre sont maintenues par deux autres plaques en tôle vissées sur les deux faces de la paroi extérieure du bâti.

Des équerres en fer fixées sur le panneau portent également des trous dans lesquels s'engagent les axes O_2 et O_4. Les chevilles sont mobiles et peuvent servir ainsi successivement pour les différents axes. Enfin, des cornières, boulonnées sur la partie inférieure du panneau, reçoivent les axes 6, 7 et 8.

Une grande barre fixée perpendiculairement au panneau porte le plateau de balance.

La filtration du sable est empêchée par des cornières en papier comme dans les expériences de M. Gobin.

Résultats des expériences. — On a opéré sur du sable moyennement fin et parfaitement sec, pesant 1,530 kilogrammes le mètre cube.

Son talus naturel a été trouvé incliné à 65 0/0.

Placé sur la face intérieure du panneau, le sable commençait à glisser sous un angle de $31°$ (60 0/0).

On a opéré avec des hauteurs de sable de $0^m,40$ et de $0^m,50$. Le nombre des expériences faites a atteint environ 200.

Direction. — La direction trouvée pour la poussée a toujours été trouvée voisine de la direction théorique faisant avec la normale au panneau un angle égal à l'angle de frottement, sable sur sable ou sable sur bois. L'approximation des expériences n'est pas suffisante pour préciser davantage.

Point d'application. — D'après les expériences avec les axes supérieurs 1 à 4 le point d'application de la poussée serait un peu plus élevé que le tiers de la hauteur et varierait entre les 2/5 et la moitié.

Les expériences avec les axes inférieurs donnent au contraire un point d'application placé au tiers ou légèrement plus bas.

Cette différence s'explique en partie par les imperfections des expériences. Il y a notamment une cause d'erreur que nous n'aurions pu éviter sans compliquer et alourdir encore l'appareil ; elle tient à la variabilité de la hauteur du centre de gravité de la partie mobile.

D'autre part, on s'explique facilement que dans les expériences à axes supérieurs le point d'application de la poussée soit réellement plus haut que dans les expériences avec les axes inférieurs. Dans les mouvements très peu sensibles qui précèdent le basculement, le panneau tend à se détacher du massif par le bas dans la première série d'expériences, par le haut dans la seconde. La répartition des pressions doit se ressentir de cette circonstance.

Intensité. — Nous n'avons rien à dire de l'intensité de la poussée ; son moment a depuis longtemps été déterminé par l'expérience.

Notre intention n'est d'ailleurs pas de donner ici des résultats numériques de nos expériences, encore moins d'en déduire les conséquences applicables à la construction des murs de soutènement.

Nous avons seulement eu pour but de faire connaître une méthode qui permet d'étudier la poussée des terres plus complètement qu'on ne l'avait fait jusqu'à présent.

DISCUSSION

M. Hirsch. La communication de M. Siegler semble présenter un intérêt tout spécial; les questions de stabilité des constructions ont fait l'objet de nombreuses recherches; mais jusqu'ici les études théoriques ont devancé de beaucoup les études expérimentales; il y a, pour ainsi dire, défaut d'équilibre; faute de données et d'assises bien établies, le calcul se tient en l'air et manque de solidité. On ne saurait donc trop approuver les chercheurs qui s'efforcent de combler cette lacune.

Parmi les expériences si bien décrites par M. Siegler, il y en a une qui paraît particulièrement remarquable : celle dans laquelle il se sert du son émis par une corde pour évaluer la tension de cette corde; il y a là une tendance qui me semble des plus heureuses. Dans la plupart des cas, les réactions réciproques entre les corps solides donnent lieu à des déformations tellement petites qu'il est impossible de les mesurer; il résulte de cette circonstance une grande obscurité dans nos connaissances, on ignore comment se répartissent les efforts entre les corps solides en contact; ce n'est qu'au moment de la rupture d'équilibre qu'on peut avoir quelque idée de cette répartition; mais alors les réactions sont très loin d'être les mêmes qu'à l'état normal de stabilité, c'est ainsi que, dans certaines expériences sur la poussée des terres, on cherche à mesurer cette poussée au moyen d'une paroi mobile; ce procédé de mesure est suspect, et a besoin d'être interprété; sans cette précaution, on peut confondre la poussée de rupture avec la poussée d'équilibre, ce qui serait tout à fait inexact.

La corde vibrante de M. Siegler constitue un dynamomètre d'une nouvelle espèce, un dynamomètre qui fournit ses indications sans déplacement de ses points d'application; l'instrument peut être critiqué, mais le principe nouveau semble très fécond, et susceptible d'ouvrir une voie nouvelle à nos connaissances sur la stabilité des constructions.

M. Tresca tient à exprimer son opinion sur les expériences de M. Siegler, qu'il trouve fort intéressantes et très rationnellement conduites; particulièrement sa méthode dite des quatre axes pourrait se prêter utilement à beaucoup d'autres applications.

Le sable est une matière très singulière par l'intermédiaire de laquelle on peut transmettre les plus grands efforts, sans donner lieu à des poussées latérales bien considérables, et il serait important d'en faire l'étude à ce point de vue. M. Baudemoulin a su en tirer, comme on sait, de fort grands services dans les décintrements, mais dans les divers essais que M. Tresca a eu l'occasion de tenter avec son concours, il n'a jamais pu obtenir de lui qu'il déterminât quelque mesure numérique.

Au reste, en cette matière délicate, la moindre circonstance vient modifier d'une manière notable les résultats. Ce que M. Siegler a si bien démontré pour une masse de sable de $0^m,50$ de hauteur, serait sans doute très peu applicable pour une hauteur plus grande, ou pour du sable portant une surcharge;

les lois de l'écoulement deviennent alors très différentes ainsi que les poussées d'équilibre, qui sont loin d'être les seules à considérer.

Il importe donc, avec M. Siegler, de ne rien conclure encore pour la poussée des terres, qui, selon qu'elles renfermeront plus ou moins d'argile, et qu'elles auront conservé plus ou moins d'eau, se comporteront, à n'en pas douter, de tout autre manière.

<hr />

M. Albert FOURNIER

A la Rochelle.

UN NOUVEL APPAREIL HYDRAULIQUE PROPRE A ASPIRER ET COMPRIMER LES GAZ

— *Séance du 6 septembre 1884* —

Quand on introduit dans un récipient clos un liquide soumis à une certaine pression, le gaz contenu dans ce récipient y est comprimé dans la partie supérieure ; par contre, l'écoulement et la sortie du liquide provoquent la détente du gaz.

Il est possible de disposer un appareil d'après ce principe, de le rendre automatique au moyen de flotteurs intérieurs ou autrement, et par des soupapes ou des colonnes liquides qui s'opposent à la sortie du gaz en permettant son introduction et réciproquement, faire que ce gaz soit aspiré d'un réservoir pour être comprimé dans un autre.

Un élément ainsi construit, sorte de pompe à air aspirante et foulante, fonctionnant par l'écoulement de l'eau d'une chute, n'est peut-être pas la réalisation d'une idée bien nouvelle, aussi je laisse de côté la description des organes par lesquels j'en ai accompli l'exécution matérielle, pour arriver aux particularités originales de la machine imaginée par moi, dont il est le point de départ.

On sait que le rendement *économique* d'un élément simple fonctionnant d'après le principe ci-dessus, est d'autant moins avantageux que la hauteur de la chute d'eau disponible est plus grande ; en outre, les chutes élevées d'un grand débit sont rares ; enfin, si l'on ne possède qu'une chute de faible hauteur, l'écart entre les pressions d'entrée et de sortie de l'air étant faible, ne peut être utilisé pratiquement que dans des cas très restreints.

Augmenter à volonté, d'une quantité quelconque, l'écart entre ces pressions d'entrée et de sortie de l'air, en utilisant la chute motrice dont on dispose, si faible que soit sa hauteur, tel est le problème que j'ai résolu par une disposition très simple, qui consiste en ceci (fig. 23) :

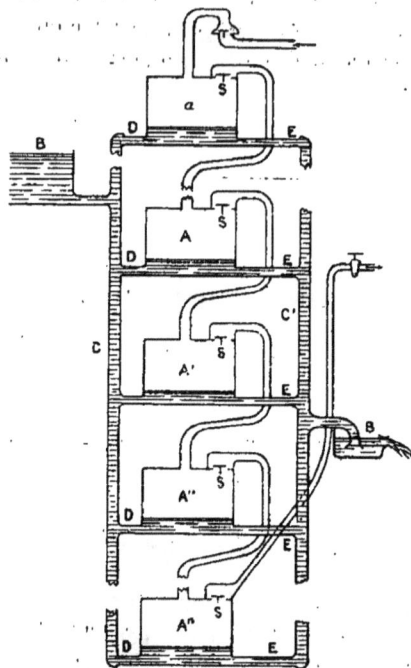

Fig. 23.

1° Superposer des éléments tels que celui ci-dessus décrit, en les séparant deux à deux par des distances qui, mesurées verticalement, soient *plus petites que la hauteur de chute* BB' ;

2° Faire arriver l'eau d'amont à chacun de ces récipients par les embranchements d'un tube commun C;

3° Relier tous les tubes d'écoulement E, E, E, à un même tube C' conduisant au bief d'aval B';

4° Relier par des tubes, munis de soupapes S, chaque récipient à celui qui lui est immédiatement inférieur. (Les récipients extrêmes communiquent par des tubes également munis de soupapes, savoir : le supérieur avec le réservoir où l'on veut puiser le gaz, l'inférieur avec celui où l'on veut l'accumuler, le comprimer.)

Examinons ce qui se passe dans une semblable série, sous l'action de l'eau s'écoulant par son poids. L'un quelconque des récipients A, A', A'', que je désigne par R pour généraliser le raisonnement, reçoit l'eau sous la pression M d'une certaine colonne liquide dont la hauteur est déterminée par le rang dudit récipient dans la série.

Si ce récipient est situé au-dessous de l'amont B et au-dessus de l'aval B', le fonctionnement se comprend sans peine; mais s'il est plus bas que

l'aval B', pour écouler le liquide et le faire remonter en B' il faut vaincre
la même pression M diminuée de la hauteur de chute (les hauteurs de
liquide sont prises ici comme mesures des pressions).

Dans le récipient qui lui est immédiatement inférieur, R', il faut, pour
faire remonter le liquide en B', vaincre la même pression M diminuée de
la hauteur de chute, mais augmentée de la distance verticale G entre R et R',
pression *qui est moindre que M*, puisque cette distance entre deux récipients consécutifs, R et R', est, par la construction même, inférieure à la
hauteur de chute, laquelle peut être alors exprimée par G, augmentée
d'un certain excédent Y ; soit $= G+Y$.

Quand le liquide afflue en R, le gaz qui y est contenu, *agissant comme
piston*, transmet la pression M en R', d'où le liquide refoulé s'échappe
en B' avec un excédent de pression voisin de Y.

Lorsque R' est vide d'eau, les obturateurs qui commandent l'entrée et
la sortie du liquide, changeant de position, il se remplit de nouveau,
chasse le gaz en R'' où il passe à la pression $M+G$.

D'autre part, quand le récipient R est plein, il reçoit le gaz d'un récipient supérieur et se vide en B'.

Ce qui est vrai pour ces récipients quelconques est vrai pour toute la
série ; l'air descendra de récipients en récipients, sera comprimé de plus en
plus, et le dernier récipient A'' de la figure, qui peut être à une profondeur
quelconque au-dessous de l'amont B et de l'aval B', fournira le gaz comprimé à une pression mesurée par la colonne liquide ayant une hauteur
verticale égale à celle qui sépare B de A''.

Pour être précis, il faut remarquer que le niveau du liquide, variant
dans un même récipient, il faut entendre par distance verticale G, entre R
et R' consécutifs, la distance entre le niveau supérieur du liquide en R et
le niveau inférieur en R'. Cette variation du niveau du liquide constitue
une perte de hauteur de chute qu'il faut ajouter à la perte nécessaire pour
provoquer un écoulement suffisamment rapide ; ces deux quantités réunies
forment celle que nous avons désignée par Y. On atténuera leur importance en développant les récipients dans le sens horizontal.

Dans les raisonnements ci-dessus, j'ai évité de tenir compte de la pression atmosphérique ; agissant en B et en B', son action est compensée
sauf une différence négligeable.

Si les éléments successifs A, a, a', a'' sont étagés au-dessus du bief d'aval
B', *et même de la prise d'eau* B, l'appareil aspire le gaz à une pression inférieure à celle de l'atmosphère, qui, théoriquement, n'a pour limite minima
que la tension de la vapeur du liquide employé à la température considérée, quelque faible cependant que soit la hauteur de la chute motrice ;
c'est alors une machine pneumatique.

L'admirable invention de Montgolfier, connue sous le nom de bélier hydraulique, élève automatiquement une portion de l'eau d'une chute à un point supérieur au bief d'amont; mais le bélier ne saurait puiser cette eau ailleurs qu'à la chute, et par conséquent ne peut élever un liquide différent du liquide moteur. Il ne saurait non plus fonctionner, si une large issue n'est librement ouverte au liquide qui doit acquérir une vitesse suffisante pour produire le choc nécessaire.

Mes recherches au sujet de l'appareil que je viens de décrire m'ont conduit à une disposition qui, comme le bélier hydraulique, élève automatiquement un liquide par une chute d'eau à une hauteur quelconque au-dessus de la chute motrice, mais, de plus que le bélier, peut élever un liquide différent de celui de la chute (de l'eau potable, avec une chute d'eau non potable, par exemple), peut puiser ce liquide à une distance verticale quelconque au-dessus ou au-dessous de l'aval (épuisement des mines) et fonctionner alors même que l'écoulement du liquide moteur aurait lieu goutte à goutte (élévation de l'eau des villes aux étages supérieurs des édifices que sa pression d'origine ne lui permettrait pas d'atteindre, et ce par la dépense d'eau faite aux étages inférieurs).

Malheureusement, le rendement économique de cet appareil, inférieur à celui de Montgolfier, et sa construction moins simple, en restreignent l'emploi aux cas où le bélier est inapplicable...

Pour obtenir ces résultats on emploie un seul des éléments susdécrits, qui, sous l'influence de la chute motrice, aspire et refoule l'air par un tube unique sans soupape, effectuant ainsi une sorte de respiration automatique.

Ce tube UT (fig. 24) communique avec des récipients clos étagés,

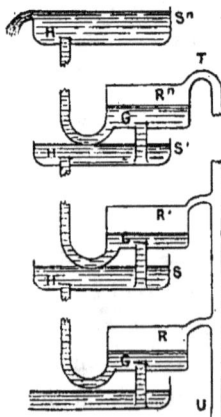

Fig. 24.

R, R',... R", dans lesquels les variations de pression sont ainsi transmises.

Ces récipients sont d'autant plus rapprochés que la chute motrice a moins de hauteur, la distance verticale devant être toujours moindre que cette hauteur.

Lors de la raréfaction de l'air dans leur intérieur, la pression atmosphérique fait rentrer le liquide par les soupapes G, G, G; lorsqu'à l'instant d'après la pression intérieure augmente, le liquide est refoulé dans les tubes que terminent les soupapes H, H, H; et arrive dans les réservoirs ouverts S', S'',…S^n, où les récipients clos supérieurs viendront ensuite le puiser et ainsi de suite.

On voit que les récipients fonctionnent tous en même temps comme des pompes élevant l'eau chacune d'une faible hauteur; l'air agit comme piston, son élasticité est la cause principale du faible rendement de cet appareil.

M. L.-L. VAUTHIER

Ingénieur des Ponts et Chaussées, à Paris.

DE L'ENTRAINEMENT ET DU TRANSPORT PAR LES EAUX COURANTES DES VASES, SABLES ET GRAVIERS

— *Séance du 8 septembre 1884* —

La question de savoir dans quelle mesure et de quelle façon sont entraînées ou transportées par les eaux courantes les matières plus ou moins ténues qu'elles empruntent aux parois de leur lit, présente une importance pratique sur laquelle il ne semble pas qu'il y ait besoin d'insister.

Les torrents accidentels des grandes chaines, ceux permanents des hautes vallées, les ruisseaux des versants inférieurs, les rivières et les fleuves qui leur succèdent, tous ces cours d'eau, de pente, de rapidité et de débit si divers, déplacent et charrient, quand leurs eaux grossissent, des matériaux plus ou moins volumineux, qui s'usent et se broient en chemin, se déposent au fond ou le long des rives quand le débit diminue, et sont repris et déplacés de nouveau par les crues suivantes. De là, dans tous les thalwegs, un mouvement incessant, — avec recrudescences momentanées, — de matières entraînées de l'amont à l'aval.

Ce fait est banal et bien connu. Tout le monde admet même, spontanément, que le volume des éléments charriés varie avec la vitesse du courant qui les actionne. Mais il y a d'autre part une tendance à admettre que l'eau courante possède, à certains moments, la puissance de tenir en suspension et de transporter, comme elle le ferait d'un corps flottant, des matières d'une densité supérieure à la sienne.

Il n'existe pas, à notre connaissance, d'idées bien coordonnées sur la question. Le sujet a toujours conservé un aspect vague, et les conditions du langage courant contribuent elles-mêmes à maintenir les choses en cet état.

Les langues ne peuvent avoir un mot spécial pour chaque nuance de grosseur. Dans la question qui nous occupe, les mots vase, sable, gravier. galet et bloc sont à peu près tous ceux dont la langue française dispose. Avec des affixes comme gros, moyen, fin et très fin, on obtient, sans doute, pour les besoins ordinaires, un grand nombre de nuances. Mais les séries de la nature sont continues; le nombre de leurs termes est indéfini; et, pour les notions précises, les mots usuels constituent une gamme incomplète.

On entend souvent dire : les vases sont entraînées par le plus faible courant; pour le sable, il faut de plus grandes vitesses; et l'on fixe même numériquement les vitesses d'entraînement pour celui-ci et pour celle-là. Il ne peut y avoir là rien de précis. Les matières dont il s'agit ne sont pas spécifiquement différentes; elles proviennent d'éléments minéralogiques analogues; la densité des particules qui les composent ne varie qu'entre des limites étroites. La distinction qu'on établit, les vitesses qu'on assigne ne dépendent donc que du degré plus ou moins grand de ténuité. Pour que les indications ci-dessus fussent justes, il faudrait qu'il y eût, sous ce rapport, entre la vase et le sable, par exemple, une séparation tranchée. ce qui n'est pas.

L'utilité d'introduire dans la question quelques notions précises ne peut donc guère être contestée. Il nous a semblé que, pour y parvenir dans une certaine mesure, il fallait se faire d'abord une idée nette des conditions du mouvement d'un corps descendant dans l'eau sous l'action de la gravité.

Dubuat, l'éminent expérimentateur hydraulique du siècle dernier, auquel il faut si souvent recourir encore pour les notions fondamentales relatives au mouvement de l'eau, a donné la solution analytique du problème. Il a recherché les formules qui expriment la vitesse d'un corps descendant dans l'eau, aussi bien que l'espace parcouru par ce corps dans un temps déterminé, et a obtenu le coefficient de résistance applicable, dans ce cas, à des corps de forme sphérique, en faisant usage d'expériences dues à Newton lui-même.

En nous renfermant, avec Dubuat, dans le cas le plus simple, celui d'un corps sphérique descendant librement, sous l'action de la gravité, dans une eau tranquille ; prenant le mètre pour unité de longueur, la seconde pour unité de temps, et désignant respectivement : par g, la force accélératrice de la gravité, égale à $9^m,8088$, soit 10 mètres en nombre rond ; par t, le temps ; par v, la vitesse ; par e, la base des logarithmes népériens ; par s, l'espace parcouru ; par d, le diamètre du corps sphérique considéré ; par D, la densité de ce corps ; enfin par k, le coefficient de résistance de l'eau au mouvement du corps plongé,—cette résistance considérée, ainsi que le faisait Dubuat et que tout le monde l'admet aujourd'hui, comme proportionnelle au carré de la vitesse de déplacement et à la section ω du corps normale à la direction de la vitesse, le terme exprimant la résistance R étant de la forme $R = k\omega \frac{v^2}{2g}$;— les formules auxquelles on arrive, en posant :

$$2\sqrt{\frac{gd(D-1)}{3k}} = v_1,$$

et

$$\frac{1}{D}\sqrt{\frac{3gk(D-1)}{d}} = N,$$

sont : pour la vitesse,

$$v = v_1 \frac{e^{Nt}-1}{e^{Nt}+1}; \qquad\qquad (A)$$

pour l'espace parcouru,

$$s = -v_1\left[t - \frac{2}{N}\,l.\,\frac{1+e^{Nt}}{2}\right]\;(*),$$

cette dernière pouvant se mettre sous la forme plus claire :

$$s = v_1\left[t - \frac{2l.2}{N} + \frac{2}{N}\,l.\left(1+\frac{e^{Nt}}{1}\right)\right]. \qquad (B)$$

Pour l'obtention de ces formules, on a supposé, conformément à l'hypothèse posée au début, que la vitesse et l'espace parcouru sont nuls pour $t = 0$, le point de départ pouvant être placé d'ailleurs dans l'intérieur du liquide ou à la surface. Il eût été facile de supposer le mobile animé d'une vitesse initiale ; mais cela n'eût fait que compliquer les expressions analytiques, sans avantage marqué quant à l'objet que nous avons en vue.

Notre intention n'est pas d'entrer dans la discussion abstraite de ces formules, que nous voulons appliquer seulement au cas spécial de corps de la densité de la pierre. Toutefois nous devons, avant toutes choses, déterminer la valeur du coefficient k qu'elles contiennent.

_____

(*) Nous désignons, comme d'usage, par $l.$ les logarithmes népériens et par $log.$ les logarithmes vulgaires.

En posant le terme qui exprime la résistance de l'eau sous la forme adoptée ci-dessus :

$$R = k\omega \frac{v^2}{2g},$$

Dubuat a déduit de douze expériences de Newton, — dans lesquelles la densité des corps employés varie de 1.008 à 2.064, les diamètres vont de $21^{mm},9$ à $30^{mm},6$, et la hauteur parcourue dans le liquide, avec une vitesse initiale nulle, passe de $2^m,84$ à $4^m,75$, — une valeur moyenne de $k = 0,523$.

Cette valeur ressort, en négligeant deux expériences évidemment fautives, de valeurs individuelles ne s'écartant pas de la moyenne de plus de 15 0/0 ; et Dubuat estime que, dans un fluide indéfini, — les expériences de Newton étaient faites dans des tubes, — on peut prendre $k = 0,50$.

Les expériences sur la résistance de l'eau au mouvement des corps qui y sont plongés ou flottent à sa surface donnent, suivant qu'il s'agit de plaques minces ou de corps allongés, façonnés à l'avant et à l'arrière de telle ou telle manière, et suivant aussi qu'il s'agit d'une eau courante frappant un corps immobile ou d'un corps déplacé en eau calme, des coefficients de résistance variant de 1.86 à 0.16. Mais, en dehors des expériences calculées par Dubuat, celles des autres expérimentateurs qui présentent avec ces dernières le plus d'analogie ont donné la même valeur 0,50.

C'est donc cette valeur que nous adopterons en faisant observer que, dans les expressions v_1 et N qui constituent, pour une même valeur de d, les constantes des formules (A) et (B), le coefficient k entre sous le radical ; d'où il suit que de légères variations en plus ou en moins de cet élément affecteraient dans une proportion moindre encore les résultats numériques finaux.

Quant à la densité dont nous avons à faire choix, nous remarquerons que celle d'éléments ayant appartenu à la croûte du globe, comme ceux que les eaux courantes empruntent à leur lit, ne peut guère varier qu'entre 1.5 et 2.5.

Dans le terme v_1, la densité entre sous le radical. Si l'on prend : D = 1.5, on a : $\sqrt{D-1} = 0,7064$ environ ; avec D = 2.5, on a : $\sqrt{D-1} = 1.225$. C'est, suivant le cas, une variation dans les valeurs de v_1 allant de 7 à 12 à très peu près.

Quant au terme N, où la densité figure sous cette forme $\frac{\sqrt{D-1}}{D}$, ce facteur converge vers zéro, dans les deux sens, aussi bien quand D s'approche de 1, que quand il devient très grand. Mais l'expression a son maximum pour D = 2, qui donne $\frac{\sqrt{D-1}}{D} = 0,50$, tandis qu'on a respectivement, pour $D = 1.5$ et $D = 2.5$, les valeurs assez rapprochées : 0,471 et 0,489.

Ce sont là autant de raisons pour adopter, en vue de la simplification des calculs, la valeur $D = 2$, qui donnera des résultats moyens différant assez peu de ceux qui correspondraient à des corps dont la densité arriverait aux limites extrêmes 1.5 et 2.5, entre lesquelles sont comprises les substances que nous voulons considérer exclusivement.

Ces valeurs de D et de k fixées, nous avons, en faisant toujours $g = 10$:

$$v_1 = 2 \sqrt{\frac{gd(D-1)}{3k}} = \frac{1}{3} \sqrt{240} . \sqrt{d} = 5.16393 \sqrt{d}$$

$$N = \frac{1}{D} \sqrt{\frac{3gk(D-1)}{d}} = \sqrt{3,75} \frac{1}{\sqrt{d}} = \frac{1.93648}{\sqrt{d}},$$

Lorsque d est très petit, la valeur de N est considérable, et à plus forte raison celle de e^N, qui entre dans les deux formules (A) et (B) ci-dessus.

Par suite, dans la première, la fraction transcendante : $\dfrac{e^{Nt} - 1}{e^{Nt} + 1}$ est, dès la première seconde de temps, pour $t = 1$, très voisine de l'unité, et la formule (A) se réduit très approximativement à $v = v_1$.

Quant à la seconde formule, il est encore plus visible que le terme transcendant

$$\frac{2}{N} l . \left(1 + \frac{1}{e^{Nt}} \right)$$

devient, dans les mêmes conditions, par un double motif, absolument négligeable, le premier facteur étant très petit et le second convergeant rapidement vers zéro.

Toutefois, comme ce qui vient d'être dit reste encore vrai pour des valeurs de d considérables, et qu'il s'agit ici surtout de considérations pratiques, nous allons examiner ce que deviennent le facteur transcendant de (A) et le terme du même genre de (B), pour des sphères de $\frac{1}{10}$ de millimètre, 10 millimètres et 1000 millimètres, ou 1 mètre de diamètre.

Dans le premier cas, pour lequel la vitesse limite $v_1 = 0,05164$, on a $N = 193,65$ et $e^N = 12611 \times 10^{80}$, soit un nombre de 85 chiffres. Inutile de dire qu'avec une telle valeur la fraction transcendante de la première formule est l'unité sans différence appréciable, et que le terme analogue de la seconde ne diffère pas sensiblement de zéro.

Dans le second cas, pour lequel $v_1 = 0,51640$, $N = 19,365$ et $c^N = 25708 \times 10^4$, soit un nombre de 9 chiffres.

Ici encore les facteurs ou termes transcendants diffèrent assez peu : l'un de l'unité, l'autre de zéro, pour qu'il n'y ait pas lieu d'en tenir compte.

Mais, dans le troisième cas, où $v_1 = 5.16397$, on a seulement $N = 1,9365$ et $e^N = 6,9344$, soit à peu près 7.

Ici la fraction transcendante $\dfrac{c^N - 1}{e^N + 1}$ devient approximativement $\dfrac{6}{8}$ ou $\dfrac{3}{4}$, et le terme $\dfrac{2}{N} l. \left(1 + \dfrac{1}{c^N}\right)$ a pour valeur 0,1391 ; d'où il suit que, pour un bloc de 1 mètre de diamètre, à la fin de la première seconde de la chute, la vitesse n'est encore que les $\dfrac{3}{4}$ environ de la vitesse limite et que, dans la mesure de l'espace parcouru, le terme transcendant n'est pas négligeable.

Si, dans ce dernier cas, on fait $t = 2''$, on a $e^{2N} = 48.10$; $\dfrac{e^{2N} - 1}{e^{2N} + 1} = \dfrac{47.1}{49.1}$, soit 0,96 environ, et $\dfrac{2}{N} l. \left(1 + \dfrac{1}{e^{2N}}\right) = 0,0008561$; ce qui montre avec quelle rapidité, même pour de très gros blocs, la vitesse converge vers la vitesse limite, et combien l'influence sur l'espace parcouru du terme transcendant tend rapidement à s'annuler.

Il est d'ailleurs facile de mettre en évidence quelle est, pratiquement, la période de temps pendant laquelle il peut y avoir lieu de s'inquiéter de l'accélération de la vitesse et de l'espace parcouru.

Si nous développons v en série, par simple division, nous aurons :

$$v = v_1 \left[t - \frac{2}{c^{Nt}} + \frac{2}{e^{2Nt}} - \frac{2}{c^{3Nt}} + \text{etc.} \right]$$

e^{Nt} est tellement grand qu'on peut se contenter, sauf pour de très gros blocs, du premier terme. Or, si l'on veut savoir à quel moment la vitesse différera de la vitesse limite de 0,001, par exemple, il suffit de poser : $\dfrac{2}{c^{Nt}} = 0,001$, ou : $c^{Nt} = 2000$; et, en passant aux logarithmes : $Nt. \log. e = \log. 2000$; d'où : $t = \dfrac{3.3010300}{N. \log. e}$.

Appliquant cette relation aux trois grosseurs que nous avons considérées ci-dessus, on aura :

$$\text{Pour } d = 0,0001 \quad t = 0''.0393$$
$$d = 0,01 \quad t = 0''.3925$$
$$d = 1 \quad t = 3''.9251.$$

En ce qui touche le grain de $\frac{1}{10}$ de millimètre de diamètre, la période de vitesse accélérée est si courte qu'elle n'exerce, on le comprend, qu'une différence insignifiante sur l'espace parcouru dans la première seconde de la chute. Cette différence dépasse un peu 0,007 de v_1; elle est en nombre absolu : 0,00037.

Pour le gravier de 10 millimètres de diamètre, cette même différence dépasse un peu 0,07 de v_1 et est, en nombre absolu, 0,037. L'espace parcouru dans la première seconde, au lieu de 0,5164, n'est plus que 0.4794.

Quant au bloc de 1 mètre de diamètre, en tenant compte dans le calcul des trois termes de la formule (B), l'espace qu'il parcourt dans la première seconde est seulement les 0,423 de la vitesse limite.

Il peut donc y avoir quelque intérêt, pour des blocs comme ce dernier, d'étudier plus spécialement la période de vitesse accélérée ; mais, pour les vases, sables et graviers, ce serait un pur exercice analytique.

Le tableau ci-dessous donne, pour des corps sphériques de diamètre variable depuis 0,0001 jusqu'à 1 mètre, avec les valeurs de k et de D que nous avons admises : la vitesse limite ; le temps au-delà duquel la vitesse réelle diffère de la vitesse limite de moins de $\frac{1}{1000}$, et les espaces parcourus dans les quatre premières secondes de la chute.

Le tableau montre que pour les neuf premiers des treize corps considérés, jusqu'au diamètre de 0,05, nous avons pu ne pas pousser le calcul au-delà de la deuxième seconde, ce n'est que pour les quatre derniers que nous avons été jusqu'à la quatrième seconde ; et c'est pour le dernier seulement que l'espace parcouru, dans la troisième, diffère sensiblement de v_1 ; encore l'écart est-il très faible.

Nous donnons d'ailleurs, pour ce dernier corps, les vitesses qu'il possède à la fin de chacune des quatre premières secondes. Ces vitesses sont écrites verticalement.

N°s D'ORDRE	DIAMÈTRE du corps sphérique d	VITESSE limite V_1	TEMPS au-delà duquel la vitesse diffère de V_1 de moins de 1/1000.	ESPACE PARCOURU DANS LA			
				1ʳᵉ SECONDE S_1	2ᵉ SECONDE S_2	3ᵉ SECONDE S_3	4ᵉ SECONDE S_4
1	0,0001	0,0516397	0″.039	0,05127	0,05164	»	»
2	0,0002	0,0730296	0″.055	0,0722903	0,07303	»	»
3	0,0005	0,115476	0″.088	0,113622	0,11547	»	»
4	0,001	0,16329926	0″.124	0,1590025	0,163300	»	»
5	0,002	0,230940	0″.175	0,2235465	0,23094	»	»
6	0,005	0,3651484	0″.277	0,3466644	0,3651483	»	»
7	0,01	0,5163971	0″.393	0,479431	0,5163967	»	»
8	0,02	0,7302965	0″.555	0,656365	0,73029	»	»
9	0,05	1,15476	0″.878	0,972026	1,154544	»	»
10	0,1	1,6329926	1″.241	1,26614	1,63019	1,63299	1,633
11	0,2	2,3094	1″.755	1,592251	2,287465	2,3092	2,3094
12	0,5	3,651484	2″.775	2,004064	3,464766	3,64061	3,65118
13	1,0	5,163971	3″.925	2,18493	4,55587	5,064435	5,157045
Vitesse acquise par la sphère de 1ᵐ à la fin des 4 premières secondes de la chute.				3ᵐ862	4ᵐ054	5ᵐ133	5ᵐ160

Le fait saillant qui se dégage de ce qui vient d'être exposé, c'est la rapidité avec laquelle la vitesse de chute se rapproche d'une vitesse limite qui, théoriquement, n'est jamais atteinte.

Cela se comprend, après réflexion, lorsqu'on voit combien cette vitesse limite diffère, pour les petits corps surtout, de la valeur numérique de la force accélératrice : $g \cdot \dfrac{D-1}{D} = g'$ qui les sollicite et les entraîne au départ, avant que soit née, sous l'influence du mouvement lui-même, la résistance de l'eau qui le ralentit.

Ainsi, lorsque, dans la première seconde de leur chute, ces petits corps parcourent quelques décimètres, ou même quelques centimètres seulement, au lieu des 2ᵐ,50 environ qu'ils parcourraient en tombant librement dans le vide, sous l'action de g', il est évident qu'il faut que la période d'accélération relative marquée soit excessivement courte.

Même pour les corps très volumineux, les vitesses s'écartent très rapidement de ce qu'elles seraient sous l'action libre de g'. Les nombres qui figurent au tableau précédent le montrent, pour la sphère de 1 mètre de diamètre; et, à la fin des quatre premières secondes, les vitesses réelles sont avec les vitesses que donnerait la relation $u = g't$, dans les rapports exprimés par les fractions suivantes :

A la fin de la 1ʳᵉ seconde.   0,77

2ᵉ   0,50

3ᵉ   0,34

4ᵉ   0,26

La vitesse limite, dont la valeur numérique joue un rôle si important dans ce qui précède, pourrait d'ailleurs être obtenue sans aucun appareil analytique.

Son expression est $v_i = 2 \sqrt{\dfrac{gd(D-1)}{3k}}$. En multipliant par $\dfrac{1}{4}\pi d^2$ les deux termes de la fraction sous le radical et élevant au carré, on a :

$$\frac{1}{4}\pi d^2 . k \frac{v_i^2}{2g} = \frac{1}{3}\pi d^3 (D-1).$$

Le premier membre exprime la résistance du liquide au mouvement ; le second est le poids du corps dans l'eau. La vitesse limite correspond à l'égalité de ces deux forces de sens contraire. Cela pourrait être écrit immédiatement. Le seul point utile à savoir, que manifeste l'élaboration analytique, c'est la rapidité avec laquelle le corps tombant tend vers cet état d'équilibre asymptotique qui, dans la plupart des cas, est le seul qu'il y ait lieu de considérer.

Il semble que les lois de la chute d'un corps dans l'eau qui viennent d'être rappelées pourraient donner occasion à des observations utiles. Avec les appareils si parfaits que l'industrie peut aujourd'hui fournir aux observateurs, avec surtout les moyens que l'on possède pour mesurer les fractions infinitésimales du temps, il serait facile d'instituer, d'une façon beaucoup plus précise que Newton et Dubuat n'ont pu le faire, des expériences à ce sujet. Ces expériences pourraient servir, non seulement à fixer d'une façon irréfragable le coefficient de résistance de la sphère, ce qui n'a qu'une utilité limitée, mais à étudier, sur des corps d'une densité moyenne donnée, convenablement disposés pour conserver dans le liquide la situation voulue, l'influence des formes variées de proue et de poupe, et celle de la longueur des corps relativement à leurs dimensions transversales.

Mais revenons aux considérations pratiques que nous avons surtout en vue.

Imaginons qu'un corps de la nature de ceux que nous avons considérés soit abandonné dans une eau courante de vitesse u. Il sera entraîné par elle, mais sera en même temps attiré vers le bas. Et, comme la vitesse verticale qu'il tend à prendre ne diffère pas, sauf pour les corps très gros, dans les premières secondes de la chute, de la vitesse limite v_i, la trajectoire qu'il décrira sera une ligne droite inclinée vers le bas dans le sens du courant et faisant avec la surface de celui-ci un angle dont la tangente est $\dfrac{v_i}{u}$.

Si le corps est abandonné dans le courant à une hauteur h au-dessus du fond, il gagnera ce fond dans un intervalle de temps $t = \dfrac{h}{v_1}$, à une distance d du point de départ qui sera $d = h \cdot \dfrac{u}{v_1}$.

Plus v_1 est faible par rapport à u, plus l'angle de la trajectoire avec la surface devient petit; mais, même pour les corps les plus ténus auxquels nous avons appliqué nos calculs, cet angle est sensible.

Dans une eau courante animée d'une vitesse moyenne de 1 mètre par seconde et ayant une profondeur de 1 mètre, un corpuscule de $\dfrac{1}{10}$ de millimètre de diamètre gagnera le fond en 19″38, à une distance du point de départ égale à 19^m,38. Si le corpuscule est un grain de sable de 1 millimètre de diamètre, les nombres précédents deviendront : quant au temps, 6″12; quant à la distance, 6^m,12.

Pour un gravier de 10 millimètres, ces nombres seraient respectivement 1″94 et 1^m,94.

Ces valeurs numériques peuvent varier légèrement pour des corps naturels suivant la forme et la densité. Mais elles expriment au moins très nettement la physionomie des effets produits.

Disons tout de suite cependant que, pour une eau courante réelle, la trajectoire diffère nécessairement de la ligne droite, eu égard à la variation des vitesses dans une même verticale. Cette trajectoire, au lieu d'être la ligne droite AB, est plutôt une courbe de la forme AmB ci-contre.

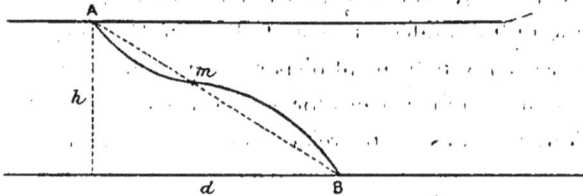

Fig. 25.

Ce sont là des considérations sur lesquelles il n'y a pas lieu pour nous d'insister, mais elles nous amènent à la partie vraiment pratique de notre sujet.

Il est évident que, si un corps tombe dans l'eau avec une vitesse v, il sera retenu en équilibre par un courant vertical ascendant de même vitesse. Or, dans un cours d'eau naturel, il se produit, au contact des parois, et à une distance plus ou moins grande, suivant les aspérités de celle-ci et la vitesse de l'eau, des courants partiels qui s'écartent plus ou moins du parallélisme avec la surface du courant.

Supposons un des corps que nous avons considéré placé dans un de ces courants dirigé vers le haut. Si la composante verticale de la vitesse de ce courant est égale ou supérieure à la vitesse limite v_1 correspondant à ce corps, il y restera suspendu au même niveau ou remontera avec lui tout en s'abaissant relativement de v_1 à chaque seconde. Et, si la vitesse du courant partiel qui entraîne le corps s'affaiblit, il regagnera de nouveau, dans un délai plus ou moins court, le fond d'où il avait été enlevé.

Cette observation semble suffire pour se rendre compte de l'action de l'eau courante sur les éléments qui composent les parois de son lit; et les chiffres que nous avons donnés dans le tableau annexé montrent combien cette action est variable suivant la grosseur de ces éléments.

On trouve, dans Genieys, d'après Dubuat et deux observateurs anglais. une table des vitesses de fond sous lesquelles commencent à être entraînés les divers terrains dans lesquels les canaux sont établis. Les chiffres de cette table concordent assez bien avec les nôtres.

Un fond d'argile brune propre à la poterie commence à être entraîné sous des vitesses de fond de 0,081. Cela donnerait aux particules de cette argile une grosseur de 2/10 de millimètre environ. On sait que les éléments siliceux et alumineux sont, dans l'argile, extrêmement divisés. Pour le sable gros comme un grain d'anis, la table donne une vitesse de 0,108; cela correspond pour nous à une grosseur de 1/2 millimètre. Le gros sable jaune de la Seine exigerait une vitesse de 0,217; cela correspond pour nous à un diamètre de $1^{mm},5$ environ. Le petit galet de mer arrondi de 0,027 de diamètre céderait sous une vitesse de 0,65; la grosseur correspondante serait pour nous de 0,020 environ. Pour une pierre de la grosseur d'un œuf de poule, il faudrait une vitesse de 0,975; la grosseur correspondante serait pour nous de 0,04.

La concordance est assez marquée pour que nous puissions regarder ces résultats d'observations comme confirmant dans une mesure satisfaisante, sinon nos chiffres, du moins la loi de progression de la vitesse avec la grosseur résultant de ce qui précède.

Ce n'est pas qu'il y ait une similitude complète entre le fait d'entraînement de corps donnés parallèlement ou en contact avec les parois du lit sur lequel ils reposent, et la suspension momentanée dans un courant, telle que nous l'avons considérée. Mais il ne nous paraît pas qu'il y ait lieu de poser et d'essayer de résoudre théoriquement le premier problème, eu égard aux effets de la cohésion ou de l'enchevêtrement des éléments qui exerce, dans ce cas, sur les effets produits, une action plus importante que celle résultant de leur poids ou de leur forme.

Il nous semble, d'autre part, que les simples considérations exposées suffisent pour rendre compte des effets de transport d'éléments plus ou moins volumineux effectué par les eaux courantes, normalement ou accidentellement animées de vitesses considérables, sans qu'il y ait lieu de faire intervenir dans la question une *puissance de suspension* spéciale dont l'eau serait douée, ainsi que l'a supposé Dupuit dans ses *études*, d'ailleurs si remarquables, *sur le mouvement des eaux courantes.*

Quand on sait qu'un courant ascendant de 1 mètre de vitesse peut tenir en suspension des cailloux de 0,04 à 0,05 de grosseur; qu'avec 2 mètres, ce courant peut soulever des pierres de la grosseur d'un pavé de grès, et avec 5 mètres d'énormes blocs de 1 mètre de diamètre, on n'a plus à s'étonner de trouver des dépôts de sable et de gravier abandonnés par les eaux débordées sur des terrains situés en contre-haut du lit naturel, mais qui ont momentanément servi de fond aux eaux sorties de ce lit, non plus que de voir des blocs volumineux franchir les brèches que ces eaux ont ouvertes dans les digues destinées à les contenir. Il suffit d'une vitesse de 1 mètre à 2 mètres dans un courant convenablement dirigé pour expliquer les premiers faits; d'une vitesse de 5 mètres à 6 mètres pour rendre possibles les seconds. Or, ces vitesses n'ont rien qui puisse surprendre dans le cas des grandes crues d'un grand cours d'eau.

En dehors de ces cas exceptionnels, les effets produits ont une mesure beaucoup plus restreinte.

Si les eaux courantes brisent, broient et polissent les éléments qu'elles entraînent, si même, lorsque les matières charriées sont d'une grande ténuité, elles en entraînent vers le bas de leurs cours des quantités considérables, les matériaux qui y arrivent avec des grosseurs palpables sont dans un rapport extrêmement faible avec le volume d'eau qui les a déplacés.

M. l'inspecteur général Comoy n'estime pas à plus de 400 000 mètres cubes par an le volume de sable que la Loire fait arriver à Nantes chaque année. Or, le fleuve pendant ce même temps écoule, année moyenne, de 24 à 25 milliards de mètres cubes d'eau. Le débit en sable n'est que le 60 000ᵐᵉ du débit de l'eau. Il faut 60 000 mètres cubes d'eau pour entraîner 1 mètre cube de sable.

Pour la Garonne, dans un travail ancien déjà, M. Baumgarten estime, en poids, à 5 700 000 tonnes environ la quantité de matières alluvionnaires charriées en face Marmande dans le cours d'une année. A la densité de 2, lesdites matières représenteraient 2 850 000 mètres cubes. Or, la Garonne, à cet endroit, débite déjà, d'après le même auteur, 25 milliards annuels de mètres cubes environ. Le rapport serait ici de 9 000 mètres cubes d'eau environ par mètre cube de matières alluvionnaires. L'effet produit dépasse notablement celui constaté pour la Loire; mais aussi les matières charriées sont-elles beaucoup plus ténues.

Sur la Seine, le cube de matières entraînées est plus faible encore que sur la Loire, et pourtant ce fleuve fournit un exemple d'entraînement très remarquable. A l'aval de Rouen, dans la Seine maritime, les endiguements effectués, sur 42 kilomètres de longueur, ont fait disparaître du lit, de 1847 à 1867, un volume de sable plus ou moins ténu qui a été estimé à environ 60 millions de mètres cubes. Le volume moyen d'eau de mer refoulé, par marée, en amont des sables entraînés peut être évalué à environ 30 millions de mètres cubes, et le volume moyen des eaux douces descendantes est de 20 millions dans le même temps. C'est en tout 50 millions de mètres et en 20 ans, pour les 707 marées annuelles, un volume de 707 milliards de mètres cubes. C'est, par mètre cube entraîné, un volume d'eau s'écoulant de 11 800 mètres à peu près ; un peu plus que pour la Garonne ; cinq fois moins que pour la Loire. Il y a lieu de croire que les matériaux entraînés étaient fort ténus. Ils avaient, d'ailleurs, l'avantage, dans l'espèce, d'être, à chaque marée, remaniés par les eaux du flot en sens inverse de l'entraînement vers l'aval.

Quoi qu'il en soit, ce qui ressort de cet examen sommaire de quelques grands faits naturels, et ce qui confirme les vues théoriques émises, c'est qu'il y a une disproportion énorme entre la quantité de mouvement de l'eau qui passe sur des fonds et la quantité de mouvement correspondante communiquée par elle aux matières transportées.

On est souvent disposé à se faire illusion à cet égard, et à ne pas tenir compte surtout du degré de ténuité des matières qu'il s'agit de déplacer. Cela peut être l'écueil de bien des projets où l'on spécule sur la puissance d'entraînement de l'eau, et où l'on veut s'en servir pour agrandir, par exemple, un canal primitivement ouvert à petite section.

Dans les égouts de Paris, où les matières ténues sont charriées en quantité importante, les matériaux de plus gros volume : sables et graviers, quoique ne dépassant guère un cube annuel de 40 000 mètres, causent des difficultés et occasionnent des dépenses considérables de nettoyage. Le débit annuel des égouts est d'environ 120 millions de mètres cubes. Au taux de la Loire, ce débit n'entraînerait que 2 000 mètres cubes de sable ; le vingtième du travail à produire. L'intervention de forces autres que celle de l'eau s'écoulant naturellement est donc indispensable. C'est ce que le fait actuel démontre. On a pensé obtenir des effets favorables de chasses sur les radiers au moyen de réservoirs donnant des lâchures intermittentes. Ces prévisions ont été combattues par nous en vertu des idées ci-dessus exposées ; et, en ce moment, le service municipal a institué des expériences sur grande échelle qui paraissent limiter assez étroitement la puissance de semblables lâchures.

En résumé, il semble résulter de ce qui précède :

Que l'eau ne jouit pas d'une propriété spéciale en vertu de laquelle elle tiendrait en suspension des matières, quelque ténues qu'elles soient, d'une densité supérieure à la sienne ;

Que ces matières tendent toujours à gagner le fond avec une vitesse qui dépend de leur densité, et qui est inverse à 'la racine carrée de leurs dimensions transversales ;

Que, eu égard à la grandeur desdites vitesses, pour des matières d'une densité semblable à celles qui forment les parois des lits des cours d'eau, les effets de déplacement et de transport observés dans les fleuves et rivières s'expliquent très bien par le fait seul des courants permanents ou accidentels qui agissent sur les fonds ;

Que, dans l'appréciation de ces effets, il faut tenir compte, dans une mesure large, du degré de ténuité des matières à entraîner, et que ce qui est vrai pour des matières extrêmement divisées comme celles qui troublent constamment, par exemple, la Garonne à la hauteur de Bordeaux, et tous les cours d'eau petits ou grands pendant leurs crues est absolument faux pour des matières de ténuité moindre.

Ne terminons pas sans rappeler le service qu'on pourrait tirer, pour l'avancement de nos connaissances sur les constantes de la nature, des lois rappelées ci-dessus du mouvement de la chute des graves dans l'eau, lois expérimentalement étudiées par Newton, qui ont occupé dans le siècle dernier divers expérimentateurs, Dubuat, notamment, et qui pourraient être scrutées aujourd'hui au moyen d'appareils beaucoup plus parfaits que ceux employés par nos devanciers.

M. Émile LEMOINE

Ancien Élève de l'École polytechnique.

MOUTURE DU BLÉ PAR LE PROCÉDÉ SAINT-REQUIER

— *Séance du 10 septembre 1884* —

Jusqu'à ces dernières années la mouture française était la plus réputée de l'univers et nous exportions des quantités considérables de farines ; maintenant notre exportation est nulle et l'importation des Hongrois et des Américains est devenue très importante, aussi la meunerie passe par une crise terrible ; un très grand nombre d'industriels se sont ruinés et d'autres ont fermé leurs moulins avant que la faillite les atteigne. Cet état de choses est la résultante de beaucoup de causes, parmi lesquelles la plus puissante est certainement celle-ci : Les meuniers étrangers ont perfectionné leur outillage, le nôtre est resté stationnaire ; nous ne pouvons

essayer de reprendre la lutte qu'avec de nouvelles méthodes plus rationnelles et plus économiques que tout ce qui s'est fait jusqu'ici. C'est pour
cela qu'il y a le plus grand intérêt à examiner les procédés qui paraissent
offrir ces avantages.

Je veux vous signaler le système de mouture de M. Saint-Requier, en
esquissant seulement à grands traits la méthode pour en donner l'esprit,
une description complète étant ici évidemment impossible.

M. Saint-Requier divise l'opération en deux phases distinctes : le nettoyage ou les apprêts et la pulvérisation. Le traitement de la marchandise
se suit de façon à ce qu'on ne fasse jamais un travail inutile (comme le serait,
par exemple, de pulvériser le blé en même temps que des substances qu'il
faudrait enlever ensuite) et de façon à ce que la succession des opérations
soit assez logique pour que l'on n'ait pas besoin de revenir constamment
sur son chemin, comme cela a lieu dans la mouture française.

NETTOYAGE ET APPRÊTS.

Cette phase nécessite cinq genres d'appareils :

Un *aspirateur* à courant d'air ; le blé y est débarrassé des poussières, des
matières légères qu'il contient toujours. Cette première opération facilite le
travail des cribles, des trieurs et empêche que dans les manipulations ultérieures ne se développent dans l'usine ces poussières fines dangereuses et
malsaines, qui de plus se mêlent à la farine en en altérant la qualité.

Un *émotteur-cribleur* dont la fonction est de séparer du blé tout ce qui
en diffère comme volume.

Un *trieur* qui sépare de l'ensemble et une à une toutes les graines
étrangères, qui dans ce qui reste diffèrent du blé comme forme.

Un *peleur-nettoyeur* qui enlève les poussières, les dépôts d'insectes adhérents au blé ou arrêtés dans la touffe qui couronne l'extrémité du grain,
cette touffe elle-même, l'épiderme et l'enveloppe qui est immédiatement au-
dessous de lui, et enfin le germe dont l'introduction dans la farine cause
une fermentation pernicieuse.

Un *finisseur* dont le rôle serait à la rigueur superflu, mais qui exige peu
de force et sert dans le cas où quelques accidents momentanés comme la
chute d'une courroie, l'échauffement d'un palier, auraient paralysé un
instant le bon fonctionnement des autres appareils.

Le blé ainsi préparé donne une amande facile à pulvériser, qui produira
une farine de laquelle les opérations de la deuxième phase élimineront
complètement le son.

PULVÉRISATION.

Cette phase nécessite encore cinq genres d'appareils :

Un *coupeur-granulateur* qui représente le premier degré de la pulvéri-

sation ; il se compose d'un plateau horizontal qui tourne autour de son
centre avec une vitesse de 1600 à 2000 tours par minute ; à quelques centimètres de son axe et sur le plateau s'ouvrent, disposés en rayons,
120 conduits dans lesquels passent, comme dans des canons de fusil, les
grains de blé qui tombent entre l'axe et l'ouverture de ces tubes. A 20 millimètres au-delà de la circonférence de ce plateau, se trouve une couronne
formée de lames d'acier espacées à 0^m,0015 et séparées à leurs extrémités
par des entretoises coniques ; le blé est projeté à sa sortie des conduits sur
le taillant des lames avec une vitesse de 100 à 125^m à la seconde ; il s'y brise
et passe au milieu des espaces libres qu'elles laissent entre elles.

Le résultat de cette opération est un mélange de *granules*, de *gruaux*
plus petits, et enfin de *farine*.

Un *classificateur* qui classe par catégories de grosseur les granules et les
gruaux afin de pouvoir appliquer, à chacun d'eux, seulement la force
nécessaire à sa désagrégation complète.

Un *épurateur* qui a pour mission d'enlever les quelques parcelles de son
léger qui auraient pu échapper aux opérations précédentes.

Un *laminoir* qui remplit les conditions suivantes : 1° la matière ne
passe qu'un instant très court entre les cylindres ; elle ne s'échauffe donc
pas, ce qui empêche l'altération du gluten ; 2° elle tombe en masse régulière
et uniforme, de sorte que tout ce qui en sort a subi la même pression et
forme une matière homogène.

Un *blutoir ;* c'est une sorte de *classificateur* qui tamise la farine et en
sépare le son et les germes. Ceux-ci sont ensuite séparés et isolés pour la
vente par d'autres classificateurs.

Tous ceux des appareils du système Saint-Requier qui ont leurs analogues dans les moulins ordinaires ont été perfectionnés dans des détails
importants ; d'autres, comme le *pulvérisateur*, sont complètement nouveaux
pour la meunerie, car si l'on emploie assez souvent dans divers cas des
broyeurs à force centrifuge, les conduits radiés, qui seuls permettent l'application de grande vitesse à une matière d'une masse aussi faible que
celle d'un grain de blé, n'avaient jamais été essayés ; c'est le seul appareil
dont nous ayons indiqué le principe ; il est d'une extrême importance
dans le système, car un seul de ces *coupeurs-granulateurs* fait l'office d'un
grand nombre de paires de meules des moulins ordinaires.

En résumé, dans le système Saint-Requier on obtient de 72 à 75 0/0
de farine *excellente* avec une économie considérable de force motrice et
une main-d'œuvre presque insignifiante.

Une usine importante employant le système Saint-Requier se termine
en ce moment quai de Javel, à Paris ; elle sera en fonctionnement complet
avant le 1er janvier 1885. C'est la première application qui est faite de
cette nouvelle méthode ; nous verrons donc bientôt si les résultats indus-

triels confirmeront l'excellente opinion que nous en avons prise en étudiant les divers appareils qui fonctionnaient *isolément* à l'usine Cail et qui servaient à une sorte de démonstration pratique du système.

M. Marcellin LANGLOIS

Professeur de chimie, à Vitry-le-François.

NOUVEL HYGROMÈTRE CHIMIQUE A ABSORPTION PAR L'ACIDE SULFURIQUE (1)

— Séance du 5 septembre 1884 —

Cet hygromètre se compose de deux ballons de verre de 250^{cc} environ. Ces deux ballons peuvent se fixer l'un sur l'autre par le goulot, qui est conique et dont les parois sont rodées. L'un d'eux, le ballon à air, est muni d'un robinet de verre à la partie supérieure; le col a son extrémité pourvue d'une cloison de verre percée de deux trous. Ce ballon, rempli d'air, est fixé, le robinet étant fermé, sur l'autre ballon rempli d'acide sulfurique concentré. Ce dernier repose sur un collier muni de deux tiges perpendiculaires à l'axe de l'appareil et mobiles avec lui ; le premier est fixé au moyen d'un autre collier arrêté à la partie supérieure des tiges par des vis de pression. Les deux ballons ainsi réunis, on retourne l'appareil ; le ballon rempli d'acide se vide par l'une des ouvertures de la cloison de verre du ballon à air, pendant que l'air de celui-ci y pénètre bulle à bulle, en barbotant et se desséchant au travers de l'acide. L'opération terminée on retourne une fois encore l'appareil et on ouvre le robinet du ballon à air en communication avec un manomètre à air libre par un tube de caoutchouc.

Le niveau s'élève dans la branche en communication avec l'hygromètre, on le ramène à ce qu'il était auparavant de façon à ce que le volume de l'air sec reste égal à celui de l'air humide. Pour cela, il suffit de laisser écouler par un robinet du liquide contenu dans le manomètre : ce liquide sera du mercure ou de la glycérine.

On lit la différence des deux niveaux et on la ramène à une colonne de mercure à 0°. L'appareil sera protégé contre les radiations solaires par un écran; quant aux variations de la température extérieure, elles sont négligeables, l'expérience ne durant guère que deux minutes.

---

(1) Ce travail a été présenté également à la 7e section (Météorologie et physique du globe) dans la séance du 8 septembre 1884.

Il reste l'erreur due à la condensation de la vapeur par l'acide ; la chaleur dégagée étant employée à réchauffer l'air et l'acide, on trouve que la variation de pression due à cet échauffement n'atteint même pas $\frac{1}{100}$ de millimètre pour de l'air saturé à 0°, à plus forte raison quand il n'est pas saturé. Pour de l'air humide à des températures supérieures les corrections seront faites à l'aide d'une formule qui donne la relation existant entre la tension observée et la tension réelle. Les tables de correction seront jointes à l'appareil.

M. A. CORNU

Membre de l'Institut, Ingénieur en chef des Mines, Professeur à l'École polytechnique.

SUR LES COEFFICIENTS D'ABSORPTION DE L'ATMOSPHÈRE POUR LES RAYONS ULTRA-VIOLETS ET L'INFLUENCE PROBABLE DE L'OZONE SUR LA VARIATION DE CES COEF-FICIENTS

— Séances des 6 et 8 septembre 1884 —

Loi empirique qui lie le coefficient d'absorption à la longueur d'onde. — L'étude de la variation de la limite du spectre solaire ultraviolet, soit avec la hauteur du soleil, soit avec l'altitude, m'a conduit à conclure que le coefficient d'absorption de l'atmosphère pour les radiations ultraviolettes croissait avec une extrême rapidité avec la réfrangibilité : aussi dans une première approximation peut-on représenter le coefficient a_λ comme une exponentielle d'exponentielle de la longueur d'onde λ, du moins dans la région comprise entre $\lambda = 292$ et $\lambda = 320$ millionièmes de millimètre.

Je me suis proposé d'abord d'examiner si cette extrême rapidité dans la loi d'absorption était particulière au mélange gazeux qui constitue l'atmosphère : quelques observations bien simples montrent qu'il n'en est rien et que les substances transparentes pour les radiations visibles et complètement opaques pour les radiations plus réfrangibles présentent, pour les radiations intermédiaires, la même rapidité dans la variation du coefficient d'absorption.

L'emploi de la photographie permet, avec l'aide de la lumière solaire, de donner de ce fait une démonstration en quelque sorte intuitive.

Il suffit de placer sur la fente d'un spectroscope photographique, et perpendiculairement à sa direction, un prisme à angle très aigu formé avec la substance dont on veut étudier la loi d'absorption : un faisceau de lumière solaire projeté sur la fente pénétrera dans l'appareil en subissant une absorption dépendant de l'épaisseur du milieu absorbant traversé. Comme chaque point de la fente produit un spectre spécial, on aura, placés les uns au-dessus des autres, les spectres successifs correspondant à des absorptions croissant depuis zéro (si l'arête du prisme absorbant est sur la fente) jusqu'à l'épaisseur de la base du prisme.

Ces spectres, pour un temps de pose déterminé, sont limités à des radiations de moins en moins réfrangibles à mesure qu'ils correspondent à des épaisseurs de plus en plus grandes du milieu absorbant : on obtient donc ainsi en une fois la série des spectres qu'on obtiendrait en plaçant devant la fente du spectroscope une série de lames à faces parallèles d'épaisseur croissante : la comparabilité des limites est bien plus parfaite, puisque tous les spectres sont contigus, obtenus sur la même plaque et pour une durée rigoureusement égale d'exposition.

Il résulte de cette disposition que le spectre photographique, dont l'éclat est à peu près uniforme dans tous les sens (en faisant abstraction des raies sombres du spectre solaire parallèles à la fente) lorsque le prisme absorbant est enlevé, est au contraire inégalement estompé suivant la hauteur : la courbe suivant laquelle il se termine du côté le plus réfrangible représente la série des limites correspondant aux épaisseurs diverses de l'absorbant. Cette ligne figure précisément la relation qui existe entre la *longueur d'onde limite* et *l'épaisseur du milieu absorbant*, c'est-à-dire la relation analogue à celle que l'on obtient en observant la limite du spectre solaire à diverses hauteurs du soleil.

On juge assez bien, à vue, la forme de cette courbe limite, si on la rapporte aux deux axes rectangulaires formés, l'un $O\lambda$ ou spectre correspondant à l'épaisseur zéro de l'absorbant, l'autre, arbitraire Oy, parallèle à la fente; on reconnaît qu'elle paraît présenter d'un côté une asymptote parallèle à $O\lambda$, tandis que de l'autre elle se relève rapidement.

Le type de ces courbes serait soit l'hyperbole $(y - y_0)\lambda = C$, soit la logarithmique $y = Ae^{-m\lambda}$: l'hyperbole impliquerait une asymptote très rapprochée $y = y_0$ qui serait en contradiction avec l'idée de continuité du pouvoir absorbant ; au contraire la forme logarithmique, qui n'a qu'une seule asymptote, concorde avec cette continuité.

On est donc amené à conclure que la branche de courbe peut être assimilée à un arc de logarithmique : si l'on admet que l'intensité photographique P est proportionnelle à l'intensité I_λ de la radiation de longueur d'onde λ, à une certaine fonction $F(t, \lambda)$ de la durée d'exposition et de λ, on aura, s'il n'y a aucun absorbant :

$$P = I_\lambda F(t, \lambda)$$

et

$$P = I_\lambda F(t, \lambda) a_\lambda^\varepsilon$$

s'il existe un absorbant d'épaisseur ε.

La condition d'uniformité du spectre (dans les limites λ', λ'' où l'on observe) pour une durée t d'exposition donne :

$$C = I_\lambda F(t, \lambda).$$

La condition de limite d'impression W donne :

$$W = I_\lambda F(t, \lambda) a_\lambda^\varepsilon;$$

d'où

$$\frac{W}{C} = a_\lambda^\varepsilon.$$

Mais l'épaisseur ε est proportionnelle à l'ordonnée y de la courbe $\varepsilon = by$

$$a_\lambda^{by} = \frac{W}{C} = C' \ (\text{const}^e)$$

ou

$$a_\lambda = \left(\frac{W}{C}\right)^{\frac{t}{by}}.$$

Or, on a

$$y = A e^{-m\lambda};$$

on en conclut :

$$a_\lambda = \left(\frac{W}{C}\right)^{\frac{1}{bAe^{-m\lambda}}} = \left(\frac{W}{C}\right)^{\frac{e^{m\lambda}}{Ab}};$$

c'est-à-dire une exponentielle d'exponentielle comme le coefficient d'absorption atmosphérique.

Les substances sur lesquelles j'ai opéré sont des verres colorés et le baume de Canada incolore; toutes ont donné le même type de courbes limites et par suite présentent la même loi d'absorption ; les constantes seules diffèrent.

Remarque. — Le mode de raisonnement qui conduit à cette fonction se fonde, dans les deux cas, sur l'hypothèse que l'intensité de l'impression photographique est proportionnelle à l'intensité de la radiation. On vérifie aisément cette hypothèse en photographiant côte à côte une série de spectres avec un diaphragme variable devant l'objectif; si la durée d'exposition est en raison inverse de l'ouverture libre de l'objectif, tous les spectres présentent la même intensité.

Relations empiriques entre la longueur d'onde limite et la durée d'exposition. — Dans l'observation photographique de ces spectres d'absorption, la durée d'exposition qui, au premier abord, semble devoir jouer un rôle exclusif pour la production de la limite du spectre, offre une particularité bien curieuse qui en simplifie singulièrement le rôle : on reconnaît, en effet, que la prolongation de la durée d'exposition recule si peu la limite λ de visibilité de l'impression photographique, qu'il est presque inutile de prolonger l'exposition au-delà de 2 à 3 minutes.

Il semble que la majeure partie de l'effet se fasse dans les premiers instants : cette remarque s'applique aussi bien aux expériences précédentes qu'aux observations spectrales du soleil.

Une étude méthodique de l'influence de la durée t d'exposition sur l'étendue du spectre solaire m'a montré que la loi empirique qui lie ces deux variables est la suivante :

$$\lambda = b + \frac{A}{t^n}$$

n étant très voisin de $\frac{1}{2}$, de sorte qu'on peut écrire :

$$t(\lambda - b)^2 = A^2$$

A et b étant des constantes dépendant de la hauteur du soleil au moment de l'observation.

Cette forme de fonction montre, en effet, l'existence d'une limite b que la prolongation de la durée d'exposition, même jusqu'à $t = \infty$, ne peut dépasser et qui se trouve très vite atteinte, en pratique, pour des valeurs de t relativement faibles.

La découverte de nouvelles mixtures photographiques beaucoup plus sensibles que le collodion humide (que j'employais primitivement) pouvait faire espérer un accroissement notable de la limite du spectre solaire ; l'expérience directe d'accord avec la loi empirique ci-dessus indiquée, montre qu'il n'en est rien et que le gain, même en employant des émulsions à la gélatine, 25 fois plus sensible que le collodion humide, est presque inappréciable.

L'expérience a été répétée un grand nombre de fois dans les belles journées des mois de juin et de juillet 1882 et 1884 aux environs de midi, en prenant des précautions minutieuses pour éviter les reflets qui risquent de voiler le cliché ; je n'ai pu dépasser que de 1 à 2 unités la raie U donnée comme limite extrême avec le collodion humide ; encore les détails des raies nouvelles sont-ils très effacés. Le gélatino-bromure était cependant au moins 20 fois plus'sensible que le collodion humide dont je faisais usage (1).

L'interprétation de ce mot *sensibilité* par la formule empirique

$$\lambda = b + \frac{A}{\sqrt{t}}$$

explique le peu d'influence que l'accroissement de cette sensibilité exerce sur la limite spectrale.

En effet, on dira *pratiquement* qu'une couche photographique est p fois plus sensible qu'une autre si elle produit le même effet dans un temps p fois moindre.

Prenons comme effet l'obtention de la même valeur limite de λ avec deux couches différentes.

Si l'on admet que la même forme de fonction empirique convient dans les deux cas, on aura :

$$\lambda = b + \frac{A}{\sqrt{t}} = b' + \frac{A'}{\sqrt{t : p}}$$

ou

$$b - b' = \frac{A'\sqrt{p} - A}{\sqrt{t}}.$$

Si l'on admet en outre, pour que la *comparabilité* soit parfaite, que l'identité d'effet sera la même, quelles que soient les durées t et pt d'exposition, on aura les deux conditions

$$A' = \frac{A}{\sqrt{p}}$$

et

$$b = b'.$$

La première condition signifie que le coefficient A' est égal à A divisé par la racine carrée du facteur p représentant la *sensibilité relative* ; la seconde, que la limite $b' = b$, c'est-à-dire que la *radiation limite est indépendante de la sensibilité*.

Si l'accroissement de sensibilité ne change pas la limite du spectre, il permet du moins, pour une même durée d'exposition, d'approcher plus près de cette limite

$$\lambda = b + \frac{A}{\sqrt{p}} \times \frac{1}{\sqrt{t}}.$$

_____

(1) La sensibilité relative était estimée par l'inverse de la durée d'exposition nécessaire pour obtenir, toutes choses égales d'ailleurs, des clichés également frappés d'un même paysage.

L'erreur commise sur la limite vraie est

$$\frac{A}{\sqrt{p}}\frac{1}{\sqrt{t}}$$

au lieu de

$$\frac{A}{\sqrt{t}}.$$

On voit que la différence des résultats est bien petite dès que t est un peu grand.

Applications numériques. — La série d'observations méthodiques que j'ai publiées (*Comptes rendus de l'Académie des sciences*, t. LXXXVIII, p. 1105)

Durée d'exposition	Longueurs d'onde limite
1ˢ	$\lambda = 306{,}5$
5	301,0
20	298,5
100	297,5

conduit à la formule

$$\lambda = 296{,}5 + \frac{100}{\sqrt{t}}$$

l'unité de temps étant la seconde, celle de λ le millionième de millimètre.

Si $t = 100^s$, l'erreur commise, $297{,}50 - 296{,}50$, est d'une unité.

Si l'on opère avec une couche 25 fois plus sensible ($p = 25$, $\sqrt{p} = 5$), l'erreur commise est seulement 5 fois moindre, c'est-à-dire 0,2 ; autrement dit la différence entre les deux clichés n'est que de 0,8 ; on s'attendrait évidemment à bien davantage.

Analyse des conditions qui font varier la transparence ultraviolette de l'atmosphère. — La facilité avec laquelle on approche de la limite infranchissable b que semble indiquer la formule empirique (1), même lorsque la durée d'exposition et la sensibilité de la substance photographique varient d'une manière notable, conduit à une conséquence digne d'être poursuivie.

L'observation prouve que la limite du spectre solaire ultraviolet corres-

---

(1) Il ne faudrait pas conclure d'une manière *absolue* que la limite spectrale est indépendante de la nature de la couche sensible ; car la démonstration qui établit cette indépendance est la traduction d'un résultat expérimental probable, mais qui n'est pas établi avec rigueur ; en effet, on suppose 1° l'existence de la formule empirique ; 2° la condition *rigoureuse* que, quelles que soient les durées d'exposition, pourvu qu'elles soient dans le rapport de 1 à p, on a

$$\lambda = b + \frac{A}{\sqrt{t}} = b' + \frac{A'}{\sqrt{pt}}.$$

Or, il se pourrait que p ne fût pas constant et variât un peu avec λ. L'emploi dans toutes ces couches sensibles des mêmes sels d'argent justifie de la rigueur supposée de ces hypothèses.

pondant à une même hauteur de soleil n'est pas absolument fixe ; elle paraît plus étendue en hiver qu'en été.

On est tenté d'abord d'attribuer ces divergences à l'influence de la substance photographique; on vient de voir que cette influence est presque insensible; on peut mettre ensuite en ligne de compte les brumes, les poussières, etc., de l'atmosphère; mais j'ai observé bien des fois qu'en hiver et à Paris, c'est-à-dire au milieu des poussières et du brouillard, la limite atteinte à hauteur égale du soleil était notablement plus élevée que par certains jours d'été en apparence beaucoup plus purs.

La transparence extrême de l'eau liquide pour les radiations ultraviolettes et les observations directes que j'ai faites dans les Alpes (C. R., t. LXXXIX et XC) excluent immédiatement l'influence de la vapeur d'eau.

Je me suis demandé alors si cette variation de limite n'était pas due presque exclusivement à la présence dans l'atmosphère d'un élément absorbant variable en quantité suivant certaines conditions météorologiques et moins abondant en hiver qu'en été.

Comme on n'a aucun motif de mettre en doute la constance de la composition chimique de l'atmosphère, on doit d'abord écarter l'hypothèse de l'arrivée et de la disparition d'un élément nouveau et s'en tenir à la formation de composés particuliers produits par des influences physiques aux dépens des éléments de l'air.

On est donc naturellement conduit à supposer que les grands phénomènes électriques dont l'atmosphère est le siège en été pourraient être la cause de la variation du pouvoir absorbant de l'atmosphère ; on sait que les décharges électriques lentes ou disruptives peuvent, dans un mélange d'oxygène, d'azote et de vapeur d'eau, produire soit de l'ammoniaque, soit des composés nitreux, soit simplement de l'ozone.

Une série d'expériences m'a montré que ni le gaz ammoniac, ni l'acide hypoazotique ne rendent compte de l'absorption atmosphérique des radiations ultraviolettes, et qu'au contraire l'ozone imite d'une manière frappante cette action absorbante de l'atmosphère avec la même loi apparente dans la progression du pouvoir absorbant.

L'expérience est facile à exécuter; il suffit de diriger un large faisceau solaire sur un tube de quelques décimètres de longueur, fermé par deux lames de quartz débordant le tube, à travers lequel on fait circuler le gaz à essayer; on reçoit ce faisceau sur la moitié de la fente du spectroscope photographique, sur l'autre moitié on fait tomber une autre partie du même faisceau solaire, traversant les mêmes lames de quartz. Il résulte de cette disposition qu'on obtient côte à côte deux spectres identiques lorsque le tube est rempli de l'air ambiant et qu'on observe la différence des deux spectres lorsque le tube est rempli d'un gaz absorbant.

On trouve ainsi que de l'air saturé d'ammoniaque par un barbotage lent à travers de l'ammoniaque liquide n'exerce aucune influence appréciable sur le spectre solaire le plus étendu.

Les vapeurs nitreuses, qui exercent une absorption si énergique sur la partie visible du spectre, présentent une propriété bien inattendue ; elles n'absorbent les radiations ultraviolettes du spectre solaire que d'une manière relativement très faible.

Ainsi lorsque la colonne gazeuse présente une coloration jaune un peu brune, coloration qui passerait parmi les photographes comme le type de la lumière inoffensive dans un cabinet photographique, le spectre sillonné de bandes sombres dans le violet jusqu'aux raies HK présente un éclat presque normal depuis L jusqu'à la limite du spectre solaire.

En variant progressivement la quantité de vapeur nitreuse, on reconnaît que pour absorber notablement l'extrémité la plus réfrangible du spectre solaire ultraviolet, il faut obtenir une teinte jaune brun assez foncée pour faire apparaître des cannelures extrêmement sombres dans le spectre visible.

Il est donc impossible d'attribuer aux vapeurs nitreuses une action importante dans l'absorption atmosphérique, puisqu'on ne voit pas dans le spectre solaire même la trace de ces cannelures caractéristiques qui apparaissent longtemps avant l'absorption ultraviolette.

Quant à l'ozone, son action est très nette ; l'absorption qu'il exerce sur les radiations extrêmes du spectre solaire est très énergique et se fait sentir bien avant que la coloration bleue découverte par MM. Chapuis et Hautefeuille devienne appréciable.

Dans mes premières expériences, l'effet a été observé avec un tube de $0^m,70$ seulement, l'emploi d'un tube de deux mètres et d'une étincelle plus énergique dans l'appareil à ozone de M. Berthelot n'a pas beaucoup augmenté l'intensité de l'absorption.

Depuis j'ai pu réduire à 10 centimètres la longueur du tube sans cesser de percevoir une absorption aussi énergique.

Dans ces conditions diverses, l'extrémité ultraviolette du spectre solaire disparaît totalement ; l'affaiblissement s'étend jusqu'à la raie R, mais les radiations moins réfrangibles conservent toute leur intensité.

Il est bon d'ajouter que l'absorption totale du spectre solaire ultraviolet à partir de S ($\lambda = 310$) a lieu avant que la coloration bleue de la colonne gazeuse soit assez sensible pour donner les bandes d'absorption caractéristiques de l'ozone.

Dans la crainte que cette absorption ne pût être attribuée à quelque gaz étranger provenant de réactions secondaires pendant la décomposition du chlorate de potasse, j'ai essayé l'action de l'acide chlorhydrique et celle du chlore ; la première m'a paru inappréciable, la seconde est très énergique dès que la coloration jaune apparaît, elle s'étend non sur l'extrémité, mais sur la totalité du spectre solaire ultraviolet; il y avait donc à craindre l'effet d'une trace de chlore.

L'expérience devient décisive lorsqu'on opère de la manière suivante : on fait passer le courant d'oxygène (déplacé par l'acide sulfurique) alternativement naturel et électrisé; le pouvoir absorbant, nul dans le premier cas, devient énergique dans le second. Un autre genre de contre-épreuve consiste à abandonner à lui-même le tube plein d'ozone, qui perd alors peu à peu son pouvoir absorbant; on suit la diminution de ce pouvoir absorbant par l'extension progressive de la limite du spectre solaire visible.

La variation de la durée d'exposition reproduit avec l'ozone le phénomène qui se présentait avec toutes les substances absorbantes déjà citées et qui dérivent de la progression très rapide du coefficient d'absorption avec la réfrangibilité des radiations.

En résumé, cet ensemble d'expériences tend à montrer que l'ozone doit jouer dans l'absorption atmosphérique des radiations solaires ultraviolettes un rôle appréciable; s'il en était ainsi, l'étude assidue de la limite ultra-violette du spectre solaire prendrait une importance très grande en météorologie, puisqu'elle permettrait d'espérer une espèce de mesure de l'influence électrique sur l'oxygène de l'air; or, ces influences électriques ont une telle relation, non seulement avec la production des orages, mais encore avec tous les grands mouvements de l'atmosphère, qu'on ne saurait prévoir jusqu'où peut conduire une appréciation numérique des forces électriques qui règnent dans des régions inaccessibles à nos moyens d'investigation.

Remarque sur la coloration bleue du ciel. — MM. Chapuis et Hautefeuille ont émis l'idée que la coloration bleue du ciel était due au moins en partie à l'ozone. Les expériences que je viens de rapporter et les observations spectrales que je poursuis depuis longtemps sur le bleu du ciel ne sont pas favorables à cette manière de voir.

D'abord, le spectre visible du bleu du ciel ne présente nullement les bandes d'absorption caractéristiques de l'ozone, qui devraient au contraire exister avec une intensité remarquable. On y voit les raies sombres de la lumière solaire sur un champ dont l'intensité va en croissant du rouge au violet.

La même progression s'étend dans le spectre ultraviolet jusqu'à la limite du spectre de la lumière solaire; au-delà du violet, l'éclat photographique devient si vif, qu'il n'y a bientôt plus de différence appréciable entre le spectre du bleu du ciel et celui d'un nuage blanc éclatant; cette expérience comparative est particulièrement facile à faire; il suffit de projeter sur la fente d'un spectroscope photographique convenablement mobile, l'image d'un nuage blanc se découpant sur le ciel bleu. En maintenant le bleu sur l'une des moitiés de la fente et le blanc sur l'autre, on obtient les deux spectres contigus où les différences d'intensité sont faciles à saisir.

On y reconnait, malgré le faible éclat relatif de ces sources de lumière, en opérant avec l'émulsion à la gélatine, les raies S, T, et même *t*, par conséquent des raies dans la région que l'ozone absorbe lorsqu'il existe en grande quantité ; or, comme la coloration bleue intense du ciel est due à une absorption énergique des rayons rouges, l'absorption corrélative des rayons ultraviolets devrait être encore plus énergique et par suite effacer toute l'extrémité ultraviolette du spectre ; il est donc fort improbable que l'ozone entre pour une part importante dans la coloration bleue du ciel.

M. G. CHAPERON

Ingénieur civil des Mines, à Paris.

SUR UN ÉLECTRO-DYNAMOMÈTRE

— Séance du 6 septembre 1884 —

L'électro-dynamomètre présenté à la section est un instrument de résistance relativement grande (de 1,500 à 6,000 O. selon les jonctions) ; il est destiné à la mesure des différences de potentiel moyennes entre des points où cette fonction varie périodiquement.

On a cherché en conséquence à rendre le coefficient de self-induction propre à l'appareil aussi faible que possible par rapport à sa résistance. Pour cela, la partie fixe se compose de deux bobines plates A_1, A_2, très

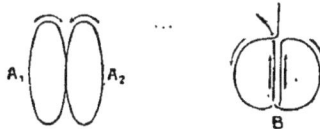

Fig. 26.

rapprochées l'une de l'autre et que le courant traverse dans des sens opposés (fig. 26).

Entre ces deux bobines est suspendue une troisième très légère B, formée d'un petit nombre de tours, et dont l'enroulement est tel que l'action que les deux bobines fixes exercent sur elle se réduit à un couple directeur. Les déviations de cette bobine mobile sont observées, selon la méthode ordinaire, en y fixant un petit miroir sphérique.

La possibilité de négliger le coefficient de self-induction de cet ensemble vis-à-vis de sa résistance, et d'employer alors l'appareil à comparer, sous le rapport de l'amplitude, des variations de potentiel de périodes différentes, a été particulièrement vérifiée.

On a utilisé pour cela la méthode connue qui permet de mesurer le coefficient de self-induction d'une bobine (ou le rapport de cette grandeur à la résistance) par comparaison avec la capacité d'un condensateur étalonné (1) ajouté à l'un des bras d'un pont de Wheatstone où la résistance de la bobine a été préalablement équilibrée.

On a pu constater ainsi que pour des variations de potentiel dont la période n'est pas plus petite que $\frac{1}{100}$ de seconde, le terme introduit par la self-induction dans l'intensité qui traverse l'appareil, n'atteignait pas plus de $\frac{3}{1000}$ à $\frac{4}{1000}$ de la grandeur principale.

Dans l'appareil exécuté la bobine mobile était soutenue par une suspension bifilaire en fil de cocon, la prise de courant étant faite par deux fils de cuivre qui plongent dans des godets pleins de dissolution de sulfate de cuivre. Ces godets doivent alors être très larges ; on peut également employer les autres modes de suspension usités dans la boussole de Weber, le galvanomètre Deprez-d'Arsonval, etc.

L'appareil est, bien entendu, absolument astatique ; il n'est influencé ni par le champ terrestre, ni par l'action même variable des appareils auprès desquels on pourrait le placer.

M. DUFET

Professeur au Lycée Saint-Louis, à Paris.

VARIATIONS DE L'INDICE DE RÉFRACTION SOUS L'INFLUENCE DE LA CHALEUR

— Séance du 6 septembre 1884 —

M. Dufet a étudié la variation d'indice de quelques corps solides ou liquides, sous l'influence de la chaleur, à l'aide du déplacement des franges

(1) Voir Clark-Maxwell, *Treatise on Electricity and Magnetism*, t. II, p. 377.

d'interférence qu'on appelle franges de Talbot. Ces franges s'obtiennent en plaçant sur le trajet du faisceau de rayons parallèles, qui, sorti d'un collimateur réglé sur l'infini, vient rencontrer un prisme, une lame mince à faces parallèles. Si la lame est plongée dans un liquide, on voit sous l'influence d'un changement de température un déplacement des franges d'où l'on peut déduire la variation de la différence des indices du solide et du liquide. En connaissant la variation par la chaleur de l'un des deux indices, on peut en déduire celle de l'autre.

Comme indices types, M. Dufet a choisi ceux du quartz et de l'eau. La variation par la chaleur des indices du quartz a été déterminée par le déplacement des franges de Talbot produites entre un quartz chauffé de 14^{mm} d'épaisseur et un quartz de compensation d'épaisseur presque égale. Cette étude a été confirmée par la détermination de la variation de double réfraction, au moyen du déplacement des franges dites de Fizeau et Foucault.

Les dérivés par rapport à la température des deux indices extraordinaire et ordinaire du quartz sont :

$$\frac{dE}{dt} = -\,0{,}000007223 - 0{,}0000000037\,t$$

$$\frac{dO}{dt} = -\,0{,}000006248 - 0{,}0000000005\,t$$

Pour l'eau, M. Dufet a fait plusieurs séries d'expériences. Il a employé d'abord la méthode du prisme, soit avec un prisme de 90° placé dans la position de la déviation minima, soit avec un prisme de 45° recevant les rayons incidents normalement à sa face d'entrée ; dans les deux cas, de la variation de la déviation, on peut déduire la variation de l'indice. Dans d'autres expériences, il a utilisé les franges de Talbot, d'abord avec une lame de quartz dont la variation d'indice est donnée par les expériences précédentes, ensuite avec une lame de verre de Saint-Gobain, dont, comme on sait, l'indice varie extrêmement peu avec la température.

En remplaçant la lame de quartz par une lame de fluorine ou de béryl, plongeant dans l'eau, on a pu déterminer la variation d'indice de ces corps. Pour la fluorine, qui avait été étudiée par différents expérimentateurs, le nombre trouvé pour la variation de l'indice pour 1° se rapproche beaucoup du nombre connu. M. Dufet trouve — 0,0000134. Dans le béryl, les deux indices augmentent avec la température, et l'indice ordinaire, qui est le plus grand, augmente un peu plus vite que l'autre, d'où il suit que la double réfraction augmente avec la température. Vers 20° on a :

$$\frac{dO}{dt} = -\,0{,}0000120, \quad \frac{dE}{dt} = -\,0{,}0000111.$$

Les liquides étudiés l'ont été par la méthode des franges de Talbot à l'aide d'une lame de quartz. On a trouvé ainsi pour la raie D :

$$\frac{dn}{dt}$$

Sulfure de carbone	— 0,000820
Naphtaline monobromée	— 0,000455
Alcool	— 0,000418
Térébenthène	— 0,000511

M. G. CABANELLAS

Ancien Officier de marine à Nanteuil-le-Haudoin.

LE TRANSPORT ÉLECTRIQUE DE L'ÉNERGIE EN VUE DE LA DISTRIBUTION AUTOMATIQUE. BASES SCIENTIFIQUES DE LA QUESTION, SON ÉTAT ET SON AVENIR

— *Séance du 8 septembre 1884* —

Nous constatons avec respect, avec admiration que c'est au génie des philosophes anciens que nous devons la belle conception de l'unité de la force et de l'unité de la matière. Nos sciences physiques modernes, après des détours longs et fructueux, confirment les vues intuitives des ancêtres, avec une autorité d'autant plus grande que nos connaissances particularistes deviennent plus profondes.

Cette dualité *force et matière* n'est même peut-être pas la limite de la marche unitaire; des penseurs audacieux, qui cependant ont aussi leurs devanciers, sont frappés des liens indissolubles qui rivent la force à la matière, et dans ces deux unités, ils voudraient voir une même essence, un même être à deux degrés de hiérarchie, la manifestation matérielle, le subordonné, condamné au rôle inférieur de substratum suivant une certaine fonction du temps. La mesure unique serait donc *l'unité d'existence cosmique, l'unité de vie.* Actuellement nous avons encore le droit de distinguer dans la nature l'Énergie et son substratum matériel.

L'Énergie, indestructible comme la matière, existe sous des *formes* sans doute très nombreuses; quelques-unes nous sont connues, à des degrés divers. C'est d'après le témoignage de nos sens et par interpolations assez grossières, que nous avons dénommé les *formes* d'énergie que l'observation nous signalait : *action mécanique, odeur, saveur, son, chaleur, lumière.* La *forme électricité* n'intéressant directement aucun de nos sens, devait être connue plus tard, comme par la suite d'autres formes pourront l'être encore, mais elle est une forme de l'Énergie au même titre que les autres, aucune lacune des sens de l'observateur ne pouvant modifier une existence objective.

Nous observons l'Énergie sous deux *modes*, l'*actuel* et le *différé*, le *mode actuel* comprend toutes les manifestations actives, c'est la satisfaction actuelle de la tendance générale vers l'équilibre, vers l'égalisation de potentiels inégaux ; par exemple : potentiels de chaleur ou températures, potentiels d'électricité ou tensions, potentiels chimiques ou degrés d'affinité.... Le *mode est différé* lorsque le potentiel, d'un ordre quelconque, n'est pas aisé libre de s'équilibrer avec un potentiel de même ordre : masse soutenue malgré l'effort de gravité, ressort bandé, énergie solaire emmagasinée dans les végétaux, élément voltaïque à circuit ouvert, condensateur, chaudière isolée, autant d'exemples plus ou moins imparfaits du *mode différé*. Le mode différé peut être considéré comme une réserve, le *volant du dynamisme naturel*, paramètre important dans l'équation de l'ensemble d'un problème dont les données élémentaires fonctionnent toutes par acoups, selon la profonde remarque de Pascal.

Soit que nous utilisions directement le mode actuel, soit que nous partions du mode différé, le problème est toujours d'endiguer dans un *substratum*, dans un cycle *utilisable*, une chute de potentiel de la forme déterminée par le besoin qu'il faut satisfaire. Dans une même forme toute grandeur d'énergie peut être déplacée sous des valeurs quelconques de chutes de potentiel, sans cesser d'être égale à elle-même, pourvu que soit conservée la grandeur du produit de la chute du potentiel par la quantité formelle spéciale qu'elle actionne.

Nous voyons une grandeur donnée d'énergie passer d'une forme en une ou plusieurs autres formes, par des causes et selon des mécanismes encore tout à fait ignorés ; mais l'observation attentive, la classification et la mesure des effets commencent à nous permettre de discerner selon quelles lois secondes, dans quelle proportion d'équivalence ont lieu ces transformations formelles. Les premiers pas dans cette voie sont : l'équivalent mécanique de la chaleur et les lois de Faraday et de Joule, expressions de l'équivalence chimique et calorique de l'électricité.

Une telle science, bien modeste en comparaison de ce que nous voudrions connaître, n'en est pas moins d'une importance capitale pour nous, puisqu'elle nous donne le pouvoir d'organiser les phénomènes naturels au profit de nos besoins. En raison de la complexité de constitution mécanique intime des *substrata* matériels les plus simples, tout déplacement d'énergie, en partant d'une forme, entraîne nécessairement certains déplacements dans plusieurs autres formes, et, lorsque l'une des formes est notre objectif, notre préoccupation doit être de combiner nos *substrata* : 1º de façon à réduire au minimum les manifestations des autres formes, qui sont alors pour nous des formes parasites ; 2° de façon que la forme en vue manifeste, s'il est possible, toutes ses chutes élémentaires de potentiel, dans le ou les circuits prévus par nous pour la mise en mouvement de sa quantité formelle spéciale, évitant ainsi également les pertes, les transformations inutilisées et parasites de la forme visée.

La forme mécanique est celle qui répond au plus grand nombre de nos besoins industriels, c'est la forme que nous cherchons le plus souvent à réaliser.

Le Transport de l'Énergie est une nécessité d'ordre général ; nous sommes loin d'y échapper en brûlant du charbon dans chaque foyer, puisque cette combinaison suppose implicitement le transport du substratum matériel (mode différé), et les meilleures machines nous permettent à peine l'appropriation du 10 pour 100 de l'Énergie transportée. Sans doute une meilleure utilisation pourrait être obtenue en ne transportant qu'un gaz permanent canalisé sous forte pression et dont l'usine serait la mine de houille.

Déjà l'expérience a prononcé, le transport (mode actuel) est irréalisable, à grande distance sous les formes mécanique ou calorique. En tout cas, des conditions générales s'imposent quelle que puisse être la forme d'Énergie du Transport.

1° Les potentiels doivent être très élevés, sans quoi le substratum du chemin ne pourrait être spécifiquement restreint, tout en pouvant et devant au contraire être d'une très grande capacité absolue pour une grande Énergie transmise à une distance grande ou petite ;

2° La permanence de l'organisation exige que le substratum de chemin puisse, sans changement d'état, supporter les très hauts potentiels.

3° L'économie de l'Organisation nécessite que les diffusions d'Énergie, le long de la route, soient restreintes, malgré ces très hauts potentiels.

Cette *plate-forme* à priori ne laisse aucune indécision dans le mode actuel : la forme électrique s'impose, ou du moins, s'il existe une solution économique, l'électricité seule peut la donner. Pour savoir si la solution électrique existe, nous avons abordé cette étude d'électricité dynamique ; elle répond affirmativement.

La raison d'être du *Transport* est surtout la *Distribution*. J'espère qu'un avenir prochain montrera toute l'importance de l'électricité dans cette seconde et principale face du problème. Je considère la forme électrique comme la forme de beaucoup supérieure pour la Distribution de l'Énergie, elle seule permet de répondre aux besoins les plus exigeants, de résoudre les difficultés les plus complexes, de rendre les compensations et régulations automatiques et pratiquement instantanées (1).

---

(1) Communication du 1er octobre 1881 au Congrès International d'Électricité : *Organisation automatique du Transport et de la Distribution de l'Énergie* (Imprimerie Nationale, MDCCCLXXXI).

Nous avons eu l'honneur, le premier, de nous convaincre scientifique-
ment de ces possibilités rationnelles, et de proposer, avec une organisation à l'appui, la solution électrique pour le Transport et la Distribution de
l'Énergie. L'opinion générale, même technique, n'a accueilli sans résistance ni la pensée ni le terme, mais les idées et les faits ont fini par s'imposer, et récemment la Société Internationale des Électriciens a pris pour
titre de l'une des sections de ses travaux notre expression *Transport et
Distribution électriques de l'Énergie*, aujourd'hui universellement acceptée
et employée.

D'abord le problème du Transport électrique se présente sous un aspect
assurément très complexe, avec son appareil générateur et son appareil
récepteur reliés par un canal ou ligne. Que de variables et de possibilités
diverses de combinaisons! Cette complexité excuse en partie les doctrines
erronées qui ont été produites. Hâtons-nous de dire que, grâce à une
méthode d'analyse, simple et féconde, mentionnée plus bas, il nous est possible de condenser toute la question dans les trois propositions dominantes
ci-dessous, exprimées sans un seul terme d'électricité :

1° La *Distance* d'un Transport est toujours un élément efficacement nui-
sible; une plus grande distance à même Énergie disponible au départ,
affaiblit forcément l'utilisation spécifique des matériaux du Transport
(poids, prix du cuivre et fer par unité d'énergie Transportée).

2° La *Grandeur*, l'importance de l'Énergie à mettre en œuvre au point de
départ, est toujours un élément efficacement avantageux : à même distance, une plus grande Énergie disponible augmente forcément l'utilisation
spécifique des matériaux.

3° Par conséquent, les plus grandes *Distances de Transport* admettent
les meilleures utilisations spécifiques, pourvu que la *Grandeur* disponible
ait une valeur assez considérable. Ces influences opposées sont, dans les
limites de nos besoins, réciproquement proportionnelles l'une à l'autre.

Remarquons de suite que, cette obligation quantitative étant la condition
sine qua non d'existence d'une *Industrie de Transport de l'Énergie*, il en
résulte la plus heureuse concordance des nécessités et des *desiderata* d'économie technique et industrielle.

Nous voici bien loin, sinon comme temps, du moins comme marche
des idées, de l'époque qui laissait dire et publier, même par le secrétaire
perpétuel de l'Académie des sciences (M. J. Bertrand, *Lumière Électrique*,
et *Revue des Deux Mondes*.), que le *rendement est indépendant de la distance*, que le *secret du Transport économique à grande distance est l'emploi
du fil aussi fin que possible*, etc. Il est aujourd'hui évident pour chacun que
le *rendement n'est jamais indépendant de la distance*, seulement qu'il est possible de compenser la diminution de rendement, qui résulte nécessairement de l'accroissement de distance, par l'accroissement qui résulte nécessai-

rement de l'augmèntation d'Énergie mise en œuvre. Quant au fil le plus fin possible pour les machines à collecteur, il est maintenant condamné comme il aurait dû l'être depuis que M. Gramme l'avait essayé en 1869; il est abandonné de fait même par M. Deprez, son second promoteur; on peut dire, au contraire, que *le secret du Transport économique à grande distance c'est l'emploi du fil le moins fin possible*, autant que le permet la grandeur d'énergie disponible au départ, le rendement individuel des machines à gros fil étant très supérieur par rapport aux machines à fil fin, comme j'ai pu le faire constater sur les mesures officielles prises à l'exposition de 1881, en vue d'autres recherches, par MM. Tresca, Potier, Leblanc, Joubert.

L'état actuel de clarté de la doctrine était bien nécessaire, mais paraissait imprévu, quand on se rappelle le Rapport académique, de date si récente, qui parmi les difficultés d'un Transport plaçait la grandeur d'Énergie au même titre que le rendement et la distance (Rapport de la commission de l'Académie des sciences sur les expériences de la gare du Nord, 9 avril 1883).

On trouvera dans les documents justificatifs dont je donne la liste en note (1) toutes les démonstrations théoriques, les preuves expérimentales, les réfutations détaillées des erreurs dont je viens de parler. Mes communications du 7 mai 1883 à l'Académie, 2 avril 1884 à la Société internationale des Électriciens, 4 juillet 1884 à la Société de Physique, développent la filiation instructive des principes erronés et des conséquences logiques qui ont conduit le Rapporteur de l'Académie à douter de

---

(1) Indication des travaux de M. G. Cabanellas à consulter comme documents justificatifs des démonstrations qui ont dû être tronquées ou supprimées dans cet exposé très sommaire. — Revues : « la Lumière électrique » (pseudonyme Gessé, puis G. Cabanellas), « l'Électricité », le « Cosmos », « l'Électricien », *nombreuses notes*. — Tomes XC, XCI et suivants des « Comptes Rendus des séances de l'Académie des sciences, » *une trentaine de communications*. — Imprimerie Nationale, 1881. Communication orale au Congrès officiel international : *Organisation automatique du Transport et de la Distribution de l'Énergie.* — Imprimerie Lahure, 1881. « Comptes rendus sténographiques des séances du Congrès libre international », *diverses communications et discussions*. — Éditeur Masson, 1882. Ministère des postes et télégraphes, Congrès International des Électriciens de 1881, *diverses communications et discussions*. — Séances de la Société Française de Physique, volume juillet-décembre 1882. Communication orale. *Transport de l'Énergie par les machines dynamo-électriques. Importance des réactions négligées dans les formules usuelles. Applications. Conclusions.* Mémoires et comptes rendus des séances de la Société des Ingénieurs civils. Séances des 16 février, 2 mars, 16 mars, 20 avril 1883. Communication orale. *Transport électrique de la puissance mécanique. Lois usuelles, Lois réelles. Applications;* accompagnée du certificat délivré à M. Deprez par le comité électro-technique de l'exposition de Munich et *communication manuscrite*, en réponse à la communication orale de M. Boistel, Directeur de la maison Siemens à Paris (théories de M. le docteur Frœlich). — Communication à l'Académie des sciences, 7 mai 1883. *Sur un point fondamental de théorie du Rapport présenté par M. Cornu.* — Revue : l' « Électricien », notes de polémique de MM. Cornu et Cabanellas (4 notes), en particulier numéro du 15 juin 1883. *Sur un point fondamental de théorie. Réponse de M. Cabanellas à M. Cornu.*—Revue « l'Électricité », novembre 1883. *Le Passé et l'Avenir du Transport de l'Énergie,* note accompagnée des conclusions du Rapport de la Commission de Grenoble, sur les expériences du Transport de Vizille à Grenoble. — Lecture à l'Académie des sciences, 28 janvier 1884. *Les Bases doctrinales et l'Avenir du Transport de l'Énergie,* insérée dans le nº du 16 février 1884 de la revue « l'Électricité ». — Tome I, nº 4, du Bulletin de la Société Internationale des Électriciens, séance du 2 avril 1884. Communication orale. *Transport de l'Énergie. Les vérités acquises.* — Société française de physique, séance du 4 juillet 1884. Communication orale. *Contributions complémentaires à la théorie des dynamos et du Transport électrique de l'Énergie. Preuves expérimentales.*

la plus certaine de toutes les certitudes en mécanique générale : la proportionnalité du travail aux quantités formelles respectives et aux chutes de potentiel qui les actionnent. On verra avec étonnement que le Rapporteur proposait alors une formule à trois facteurs pour exprimer le rendement électro-mécanique d'un Transport. Le premier facteur était le rapport des chutes de potentiel électro-mécanique de réception et d'émission, les deux autres facteurs des coefficients réducteurs qu'il croyait fonction des mérites de transformation d'Énergie des deux machines. Dans ces documents j'ai prouvé que ces deux coefficients étaient toujours rigoureusement égaux à l'unité, pour les plus mauvaises machines comme pour les meilleures et que les expériences elles-mêmes, bases du Rapport, confirment cette vérité nécessaire : que le premier facteur seul exprime toujours rigoureusement le rendement électromécanique, à la condition, bien entendu, qu'on évite les erreurs commises par le Rapport dans le calcul des chutes de potentiel électromécaniques. Ces graves malentendus, cette erreur si fondamentale auraient été impossibles avec une ferme conviction que l'électricité, bien quelle soit une science nouvelle, doit obéir nécessairement aux lois de la mécanique générale et non pas à des principes nouveaux ; M. Deprez avait même essayé de prouver que l'électricité ne serait pas une des formes de l'Énergie ! Au contraire, nous avons toujours affirmé que tous les faits nouveaux, ne pourront que rendre plus imposante encore la superbe unité qui domine le monde physique.

Dans l'étude du Transport, notre méthode analytique, qui nous a été suggérée par les meilleurs exemples de la science classique, consiste à s'attacher à la série naturelle en l'espèce, d'une façon assez adéquate pour être en mesure de décomposer la solution d'une question complexe en le nombre convenable des difficultés simples qu'elle comporte essentiellement, c'est la réduction à l'*unité-difficulté*; ainsi, selon nous :

Le Transport comprend trois organes successifs transformateurs d'Énergie : 1° le Générateur; 2° le Canal ou Ligne; 3° le Récepteur. La grandeur transportée est le produit du rendement et de la grandeur d'Énergie disponible au départ. Le rendement du Transport, c'est le produit des rendements individuels des trois organes. La note (1) donne sommairement les

(1) Désignant par F le symbole de la fraction *rendement*, l'indice TGLR exprimant qu'il s'agit du rendement du Transport, du Générateur, de la Ligne, du Récepteur, on a : $F_T = F_G \times F_L \times F_R$; les trois organes interviennent donc à égalité proportionnelle d'influence. Les valeurs respectives individuelles sont $F_G = \dfrac{EI - RI^2}{EI}$, $F_L = \dfrac{\varepsilon I - \rho I^2}{\varepsilon I}$, $F_R = \dfrac{eI}{eI + rI^2}$; I, E, R, e, r sont les éléments électriques des deux machines, ρ la résistance de la ligne, ε la différence de potentiel à la sortie du générateur et à l'entrée de la ligne.

Posons $\dfrac{EI}{RI^2} = m$, $\dfrac{eI}{rI^2} = m'$, $\dfrac{\varepsilon I}{\rho I^2} = m''$, on a : (α) $F_T = \dfrac{m-1}{m} \times \dfrac{m'}{m'+1} \times \dfrac{m''-1}{m''}$.

La question est ramenée à l'étude de la forme *déterminante* $m = \dfrac{E}{RI}$ (voir dans mes deux dernières communications (note 1, page 117) les raisons pour lesquelles il est préférable de considérer les valeurs :

formules qui ramènent du composé au simple,' à la forme *déterminante;* cette dernière étude se trouvera en détail dans mes travaux précités. Les forces électromotrices et les résistances des formules sont, dans les deux organes extrêmes, la force électromotrice *réelle* et la résistance intérieure *effective* de la machine. Mes travaux cités donnent les moyens rigoureux de trouver dans tous les cas les valeurs toujours absolument déterminées de ces deux quantités. La résistance n'est donc pas la résistance *statique* ou mesurée au repos, mais la résistance *dynamique* en.tenant compte des réactions d'induction en marche. On nous a longtemps contesté la réalité de l'accroissement résistant intérieur pendant la marche, il se manifeste par le *déficit* de travail des machines à collecteur. Le fait est aujourd'hui classique en France depuis les mesures officielles de M. Tresca à la gare du Nord, et en Angleterre depuis les confirmations de MM. Ayrton et Perry. Nous avons aussi eu l'honneur de découvrir et de signaler le premier la réaction importante qui modifie pendant la marche le champ magnétique des machines, par suite du mouvement du champ électrique ou ensemble des courants qui sillonnent le fil induit enroulé sur l'armature. Nous avons donc pu déterminer ainsi les deux vraies coordonnées de toute machine, force électromotrice et résistance intérieure, les deux seuls couples de coordonnées pouvant relier les machines pour chaque régime allure-courant, à tous circuits extérieurs, en satisfaisant rigoureusement aux lois usuelles de Ohm et de Joule, un couple pour chacune des deux fonctions génératrice et réceptrice. La réaction sur le champ magnétique tend, pour tout régime *allure-courant,* à augmenter la force électromotrice d'un générateur, et à diminuer la force électromotrice d'un récepteur, à moins qu'on ne dépense la quantité d'énergie convenable et convenablement placée pour *compenser* les machines et fixer réciproquement, dans certaines limites de vitesse, les valeurs correspondantes du courant et de l'effort électromécanique fonction des valeurs des deux champs, c'est-à-dire déterminé par les grandeurs : du courant de l'armature et du magnétisme effectif. A ce sujet, il s'est présenté cette particularité que

brutes de c et E et de tenir compte, en outre des rendements électromécaniques des deux machines, de leurs rendements mécaniques purs, de sorte que les déterminantes purement mécaniques du générateur et du récepteur étant n et n' (α) deviendrait, pour le rendement mécanique net de dynamomètre à frein $\frac{n}{n+1} \times \frac{m-1}{m} \times \frac{m''-1}{m''} \times \frac{m'}{m'+1} \times \frac{n'-1}{n'}$ en fonction de la déterminante électrique de la ligne qui seule remplit une unique fonction qui est électrique, et des deux déterminantes de chaque machine qui remplit une fonction électromécanique et une fonction mécanique pure, ces deux fonctions étant distinctes et essentiellement indépendantes l'une de l'autre. Les principales conclusions d'après la déterminante sont résumées en 26 propositions dans notre communication à la Société Internationale des Électriciens. Il s'agit ici du transport de la force contre-électromotrice c; cette donnée comprend le transport *mécanique* et le transport *chimique* ou *électrolytique.* Quant au transport *électrocalorique,* l'utilisation porterait sur la totalité de la différence de potentiel c' rendue par la ligne à l'entrée du récepteur ; on aurait donc $F_R = 1$. Au Congrès officiel, et au Congrès libre en 1881 [voir les volumes respectifs (Masson et Lahure)], j'ai montré que dans nombre de cas le Transport électrique du calorique atteindra un rendement industriel. La *Distribution* électrocalorique ne comporte aucune perte par division.

M. Deprez, cherchant à contester cette vérité après Munich, s'est trouvé
conduit à défendre, plus que nous-même, notre *théorème sur la conservation réciproque des courants de deux machines compensées, cinématique-
ment conjuguées*, théorème qui est l'âme de nos appareils transformateurs
connus sous le nom de *Robinets électriques*. Le second ordre de faits est
non moins certain que le premier; il a été aussi très contesté, il m'a forcé
à ramener de 68 à 14 le pour 100 du Transport d'un demi-cheval dans
l'expérience de M. Deprez, de Miesbach à Munich, avec deux dynamos
Gramme d'atelier renforcées. Jusqu'à ce que j'aie signalé et prouvé cette
réaction, le monde savant avait admis que les magnétismes de deux machines identiques, en marche sur le même courant, ne pouvaient être
qu'identiques, d'où l'on avait conclu cette règle classique, que le rendement rigoureux était donné par le rapport des vitesses des deux machines
dont on croyait les couples mécaniques nécessairement égaux. On voit
donc que dans ce cas, pour être dans le vrai, il faut multiplier le rapport
des vitesses par le rapport des magnétismes, et, pour Munich, le magnétisme récepteur était environ *le tiers* du magnétisme générateur. Pour la
théorie et la discussion de ces deux ordres d'effets qui peuvent être si importants, je renvoie à mes travaux spéciaux (1), page 117; mes deux dernières communications comprennent un tableau du plus grand intérêt;
il est dressé d'après des résultats d'expériences publiés par M. Deprez;
j'ai choisi cette origine afin qu'elle ne fût pas discutable pour les con-
tradicteurs, et ces chiffres sont la démonstration la plus convaincante
de ma doctrine.

On sait que MM. Hopkinson et Frœlich, et ensuite M. Deprez, ont col-
lationné les résultats expérimentaux des dynamos sur des représentations graphiques dites courbes de magnétisme ou caractéristiques des

---

(1) Mes deux dernières communications (note 4, page 117) donnent la démonstration de l'impossibilité de la machine hypothétique sur laquelle M. Deprez a basé ses conclusions; la force électromotrice
devant y varier proportionnellement au courant, tout changement infinitésimal de régime rendrait
immédiatement infinis ou nuls le courant et l'effort mécanique. Telle est d'ailleurs l'explication du
désamorcement des dynamos ; ce phénomène se produit, ainsi que je l'ai montré, quand le magnétisme est proportionnel au courant, à très faible densité magnétique ; la brutalité de l'action réflexe
inverse, près du point d'amorçage, est l'effet de la même cause. Je prouve aussi que le raisonnement de M. Thompson, sur une dynamo agrandie dans la proportion n, repose sur des bases inaccep-
tables; si les dimensions linéaires d'une couronne cylindrique sont multipliées par n l'effet centrifuge total $\int_{r'}^{r'+E} \frac{v^2 dm}{r}$ est multiplié par n^2 à même vitesse linéaire; la pression N de la formule
de résistance des matériaux reste donc la même par unité de surface. $E = \frac{6Nr}{T} + 0,07$, v vitesse
linéaire de l'élément de masse dm, dont la distance à l'axe est r', E épaisseur d'une couronne cylindrique tournant autour de son axe, ou soumise à la pression intérieure de N atmosphères; T résistance
en kilogrammes par centimètre de section, E, r en centimètres. Les deux machines supposées
exemptes d'excentricité, la grande sera donc à peine dans d'égales conditions de sécurité mécanique,
d'autant plus que T diminue quand r augmente; il ne peut donc pas être admis que la grande machine tournera au même nombre de tours que la petite. La conclusion est la même pour des cou-
ronnes résistantes formées d'enroulements dans des volumes homologues.

machines. Ces courbes étaient tracées point par point avec les deux coordonnées, courant et force électromotrice, et, jusqu'à mes travaux, les forces électromotrices étaient ou observées en circuit induit ouvert, le champ magnétique excité par une source spéciale, ou calculées par le produit du courant et de la résistance totale, ce qui était également inexact, puisque dans cette résistance totale entrait la valeur *statique* de la résistance intérieure de la machine. Du reste, de pareilles représentations graphiques peuvent seulement, comme de simples tableaux de chiffres, rendre fidèlement ce qu'on leur a confié, elles n'ont en elles-mêmes aucune fécondité, les faits l'ont bien prouvé; elles ne peuvent même pas déceler les erreurs d'ensemble qui auraient présidé à leur formation. Cependant, quelques personnes ont voulu tirer des *explications* théoriques de leur examen géométrique. M. Deprez, qui a employé l'expression *théorie graphique*, a cru expliquer le désamorcement des dynamos, au-delà d'une certaine résistance de circuit, par ce fait géométrique que pour cette résistance une certaine sécante, dont la tangente d'inclinaison sur l'axe des x représente la résistance du circuit, n'a plus de second point commun avec la courbe; mais cette sécante ne devient une tangente que par la seule raison qu'il y a désamorcement, et le fait graphique n'est que l'inscription servile du fait d'expérience. (Nous donnons plus bas l'explication du phénomène de désamorcement des dynamos.)

Grâce à la simplicité de notre instrument d'analyse, nous avons pu (note 1, page 120) déterminer non seulement les meilleures conditions d'emploi des appareils, mais encore les améliorations dont ils sont susceptibles, et les faits sont venus ultérieurement confirmer nos déductions à priori.

Nous avons fait connaître dans nos deux dernières communications et deux notes de l'Académie une méthode expérimentale directe permettant de fixer numériquement les valeurs des deux composantes *statiques* et de la composante *dynamique* du champ magnétique; cette méthode conduit à la synthèse des meilleures proportions d'électro et d'armature des dynamos. Également, nous avons combiné et indiqué une méthode directe permettant de déterminer, pour toute machine, quel est l'ordre de cause de son *déficit*, si ce déficit a son siège dans le circuit prévu de la machine, comme nous le pensons, ou hors du circuit prévu d'après la théorie du docteur Frœlich, et enfin dans quelle proportion numérique les deux influences se partagent le déficit si l'appareil les comportait toutes deux.

MM. Thompson en Angleterre et Deprez en France ont écrit, paraissant chacun revendiquer la priorité de cette affirmation, que si l'on multiplie par un nombre quelconque n toutes les dimensions d'une dynamo, son rendement est multiplié par n, et son pouvoir est multiplié par n^3. Tout en étant partisan des grandes machines (note 1, page 117), j'ai prouvé que ces théories de similitude sont fausses en principe comme en fait. Je suis arrivé à cette loi tout à fait générale de mécanique : *Une entité géométrique étant donnée, si on concrétise cette entité de proportions avec une ou plusieurs mêmes matières, nécessairement, pour des forces élémentaires réciproques concourantes, il existe une valeur absolue, des dimensions de l'entité, qui rend maximum la certaine utilisation spécifique des matériaux en vue de laquelle la machine a été constituée.* Il en résulte que les meilleures grandes machines de l'avenir seront nécessairement différentes des meilleures machines actuelles de faible puissance (1).

Les expériences de transport connues, inspirées souvent par une tout autre théorie, confirment de tout point notre doctrine.

Notre méthode d'analyse (note 1, page 117) permet de prouver mathématiquement que les influences toujours nuisibles de la *distance*, toujours avantageuses de la *grandeur* d'Énergie à transporter, sont indépendantes des mérites des appareils d'émission et de réception, de ceux qui existent ou de ceux qui pourront exister dans l'avenir. D'ailleurs, tous les Transports, électriques ou autres, se trouvent en face des mêmes nécessités d'ordre général que la nature nous impose toujours dès qu'il nous faut endiguer l'Énergie dans un substratum matériel; toujours il nous faut payer l'impôt en nature, pourvoir à l'alimentation personnelle de chaque *ouvrier matière* qui nous prête son concours, charge d'autant plus coûteuse que nous avons besoin de l'aide d'un plus grand nombre de porteurs successifs, dépense d'autant moins grande qu'ils peuvent se transmettre un fardeau plus pesant, d'un plus haut potentiel. Quand la nature veut vaincre la distance sans déperdition appréciable, elle est obligée de se passer de substratum matériel, ou du moins, de l'utiliser sous ce quatrième état si peu sujet aux vicissitudes de la matière, qu'on désigne sous

(1) A Munich, à 57 kilomètres, deux machines Gramme, capables de transporter normalement 3 chevaux à 50 pour 100, n'ont, avec leurs inducteurs renforcés et des vitesses extrêmes, transporté que 1/2 cheval à un rendement de 14 pour 100. A la gare du Nord, 4 à 5 chevaux ont été portés à 8 k, 5 à environ 50 pour 100. L'accroissement de rendement, par rapport à Munich, est dû aux causes suivantes : l'Énergie est plus grande, la distance 7 fois plus petite, le générateur comprend deux anneaux en tension sur le même bâti, la carcasse présente certaines des améliorations signalées, la longueur du fil fin par paire de balais (fil de 1 *m/m*) est vingt fois plus petite. La puissance du générateur est considérable : il est capable de 50 chevaux et travaille en-dessous de sa puissance ; le récepteur est une Gramme compensée, tandis qu'à Munich le récepteur, identique à tort à son générateur, avait son champ magnétique dans des conditions défectueuses. Grenoble est la répétition de la Gare du Nord, avec le même matériel en meilleur état; la distance de 14 kil. au lieu de 8 k, 5 est comblée par un fil de même résistance totale. Une expérience de Transport avec 200 à 250 chevaux au point de départ, est en préparation de Creil à Paris (gare du Nord). La distance est d'une cinquantaine de kilomètres, mais la ligne (bronze siliceux de 5 mm de diamètre) sera en réalité *moins résistante* que les 8 ou 14 kilomètres des expériences précédentes. Quant au fil des machines, son diamètre doublé constitue une section quadruple. Les électros sont alimentés par une machine excitatrice auxiliaire, et il est à remarquer qu'en fait, M. Deprez abandonne aussi ses théories de similitude, puisqu'au lieu de multiplier par *n* toutes les dimensions linéaires de sa précédente machine Gramme à deux anneaux, il constitue le champ magnétique des deux anneaux par *8 électro-aimants* se partageant la circonférence de l'anneau. Cette expérience paraît donc être dans de très bonnes conditions générales de succès, plus favorables que les précédentes. Cependant, les armatures des anneaux seraient formées de morceaux distincts de lames et de lamelles de fer, d'un onzième de circonférence, entrecroisées; un tel anneau est médiocre comme principe de construction magnétique, l'ensemble peut être bon ou mauvais suivant la qualité des contacts successifs, ajustage et serrage mais la construction est faite dans les ateliers de Fives-Lille, ce qui est une garantie de sérieuse exécution. La machine génératrice à deux anneaux pèsera de 40000 à 5000 kilogrammes.

l'appellation d'*éther*. C'est le cas des Transports d'Énergie qui sillonnent les espaces interplanétaires entre les atmosphères des soleils et les globes dépendant de chaque système stellaire. Mais, tout en admirant la perfection idéale du mécanisme de ces transports, nous devons observer cependant que ce ne sont pas des exemples de canalisation dans le sens qui nous intéresse, car l'Énergie disponible, au point de départ, n'est pas endiguée dans une direction spéciale, elle est envoyée des soleils indirectement dans toutes les directions rayonnantes.

En résumé, pour réaliser économiquement les Transports à grande distance, la théorie prouve et la pratique confirme que les hauts potentiels d'émission sont nécessaires. La plupart des électriciens les admettent; nos plus anciens calculs, antérieurs au Congrès de 1881, partent d'un minimum de 10,000 volts, à titre de première base, par boucle d'un canal général d'alimentation de Paris. Ce que l'expérience a condamné, c'est la concentration de grandes différences de potentiel dans un volume conducteur restreint; mais ce qu'il est logique de poursuivre, c'est l'emploi de petites différences de potentiel, dans ces mêmes volumes, avec de très hauts potentiels absolus. Je pense qu'alors il y aura lieu de maintenir chargées au potentiel moyen les masses métalliques isolées qui, dans la machine, sont à proximité de son circuit, précaution qui rappellera, avec une lointaine analogie, le réchauffement des enveloppes des machines à vapeur.

En machines à vapeur, on n'est pratiquement limité, dans l'emploi des hautes tensions, que par l'élévation parallèle de températures incompatibles avec un bon service des organes. En électricité, notre devoir est de ne rien perdre de l'avantage précieux de cette forme d'Énergie, qui permet à la matière de supporter les plus hauts potentiels sans changement d'état; la limite pratique n'est pas connue, il faut la déterminer par une suite de recherches, prudentes comme exécution, audacieuses comme portée graduelle. Les dangers disruptifs extérieurs restant seuls à conjurer, les difficultés que l'on peut pressentir paraissent moins grandes que dans les autres formes de déplacement de l'Énergie. Quant aux accidents de personnes, il faut les prévoir pour les rendre impossibles; nous pensons donc que dans une grande *Organisation de Transport et Distribution de l'Énergie*, les très hauts potentiels utiles seront transformés hors de la portée du public, de telle sorte que des tensions inoffensives soient seules mises entre les mains de tous.

En principe, renonçant au fil fin, employant les très hauts potentiels absolus, peu de différence par espace restreint, l'avenir est assuré même avec les seuls éléments dont nous disposons aujourd'hui.

Loin de nous déconseiller un plan ambitieux, la théorie l'approuve; elle nous prévient même qu'elle ne nous accorde son concours décisif, qu'à la condition de nous voir viser la grandeur des résultats, et créer, sur une autre vaste échelle, *l'Industrie du Transport de l'Énergie.*

M. Marcellin LANGLOIS

Professeur de chimie, à Vitry-le-François.

·THÉORIE NOUVELLE DU MOUVEMENT ATOMIQUE ET MOLÉCULAIRE.[1]

— Séance du 8 septembre 1884 —

Dans la théorie des gaz généralement adoptée, on admet que l'élasticité de la matière gazeuse est due aux chocs de molécule à molécule et de ces molécules contre les parois des enveloppes. Je me suis demandé, pour ma part, s'il ne serait pas plus naturel de placer l'élasticité *dans* les molécules elles-mêmes, toutes ces molécules, qui sont simplement le lieu du mouvement des atomes, étant en contact les unes avec les autres et se limitant réciproquement.

C'est en partant de ces considérations que je suis arrivé à concevoir le mouvement dans les conditions suivantes :

Les molécules sont des sphères, — ou à très peu de chose près, — de matière éthérée, et les atomes se meuvent à leur surface suivant une circonférence de grand cercle.

En désignant maintenant par M la masse moléculaire ou plutôt celle des atomes, qui composent la molécule, par v la vitesse de translation à la surface pour une température donnée, par ρ le rayon de la molécule, P la pression extérieure par unité de surface, g l'intensité de la pesanteur, j'arrive à la formule suivante du mouvement :

$$M\frac{v^2}{2} = \frac{4}{3}\varpi\rho^3 Pg. \qquad (\alpha)$$

En prenant une molécule biatomique, comme celle de l'hydrogène, par exemple, la masse atomique étant égale à m ou $\frac{M}{2}$, l'équation (α) peut s'écrire :

$$m\frac{v^2}{\rho} = \frac{4}{3}\varpi\rho^2 Pg.$$

(1) *Du Mouvement atomique,* 2 vol., Gauthier-Villars.

$m\dfrac{v^2}{\rho}$ représente ici une force appliquée à l'atome et dirigée vers le centre. Comme l'autre atome doit, pour l'équilibre, être diamétralement opposé, il subit par le fait une répulsion égale à $m\dfrac{v^2}{4\rho}$ si on applique la loi du carré des distances. Il reste donc soumis lui-même à une force

$$m\frac{v^2}{\rho} - m\frac{v^2}{4\rho} = 3m\frac{v^2}{4\rho}.$$

Comme l'autre se trouve dans le même cas, on a pour résultante des forces atomiques

$$3m\frac{v^2}{2\rho} = 2\varpi\rho^2 Pg.$$

La tension superficielle moléculaire $4\varpi\rho^2 Pg$ étant dirigée en sens contraire, il vient pour résultante des forces moléculaires

$$2\varpi\rho^2 Pg.$$

D'où, pour le travail effectué dans une variation

$$\frac{2}{3}\varpi(\rho'^3 - \rho^3)Pg.$$

En déterminant le mode de groupement des molécules élastiques, on arrive à trouver pour valeur des volumes moléculaires par rapport au volume enveloppe V du gaz

$$\sum \frac{4}{3}\varpi\rho^3 = 2\frac{V\varpi}{9}$$

et par suite

$$\sum \frac{2}{3}\varpi(\rho'^3 - \rho^3)Pg = \frac{(V' - V)\varpi Pg}{9}.$$

En supposant une variation d'un degré, une masse d'un kilogramme de gaz, il vient :

$$V' = V(1 + \alpha) \qquad \alpha = \frac{1}{273} \qquad \text{et} \qquad \frac{T}{E} = \frac{V\alpha\varpi Pg}{9E},$$

E étant l'équivalent mécanique de la chaleur, $\dfrac{T}{E}$ représente la chaleur spécifique du gaz sous pression constante. Je retrouve ainsi les nombres d'expérience pour les gaz biatomiques, ce qu'on n'a jamais fait jusqu'ici.

Pour le chlore, la vapeur de brome, je retrouve également les nombres d'expérience, mais en supposant la molécule monoatomique et de volume moitié moindre que celle d'hydrogène, par exemple, dans les mêmes conditions. Cependant, comme cette exception à la loi des volumes n'est guère probable, je crois qu'il vaut mieux admettre pour le chlore et le brome une constitution analogue à celle des gaz biatomiques avec un coefficient de dilatation d'un quart environ plus fort.

Si nous passons maintenant aux chaleurs spécifiques à volume constant, il nous faut considérer plus attentivement les circonstances qui accompagnent la modification apportée dans l'état calorifique du gaz.

Soit v la vitesse de translation atomique pour les atomes du gaz à $0°$ par exemple, v' cette vitesse à $1°$. L'atome passe d'une position à la position diamétralement opposée dans un temps

$$t = \frac{\varpi\rho}{v}.$$

En admettant qu'il parcoure le diamètre 2ρ dans ce même temps, d'un mouvement uniforme, il vient pour sa vitesse :

$$\frac{2\rho}{\varpi\rho}v = \frac{2v}{\varpi}.$$

Ce sera pour nous la vitesse moyenne de translation ou plutôt la composante moyenne de translation parallèlement à un diamètre.

Dans ce cas, si le gaz éprouve un changement de température, reçoit de la chaleur, par exemple, les atomes de chaque molécule ne subissent pas simultanément la variation de force vive correspondante : ce sont d'abord ceux qui sont au contact de la paroi chaude qui l'éprouvent, et leur vitesse, de v, devient v'. De là pour les deux une différence dans la force vive de choc

$$\frac{4m(v'^2 - v^2)}{\varpi^2}.$$

Il en résulte une oscillation du centre moléculaire, oscillation qui donne lieu à un dégagement de chaleur. Cette chaleur est dépensée si le gaz se dilate ; alors elle constitue une portion de celle qui est absorbée par le gaz pour sa transformation.

Soit, par exemple, c la chaleur absorbée pour produire la variation

$$\frac{1}{E} \sum \frac{m(v''^2 - v^2)}{2}. \tag{1}$$

En outre de cette chaleur, prise en quelque sorte par le gaz, il y aura un dégagement égal à

$$\frac{1}{E} \sum \frac{4m(v''^2 - v^2)}{2\varpi^2}. \tag{2}$$

La somme de ces deux quantités de chaleur sera employée aux travaux moléculaires dont l'équivalent calorifique $\frac{T}{E} = C$ est, nous le savons, la chaleur spécifique sous pression constante. Nous avons par conséquent :

$$C = c + \frac{4}{\varpi^2} \qquad c = (1 + 0,405) \qquad c = 1,405\,c\,;$$

d'où

$$\frac{C}{c} = 1,405,$$

nombre trouvé pour les gaz biatomiques.

Ma théorie me permet encore de trouver immédiatement la vitesse du son dans un gaz. En effet, nous avons vu que les composantes de la vitesse de translation parallèlement à un diamètre pouvaient être remplacées par une vitesse uniforme $\frac{2v}{\varpi}$ de translation suivant ce diamètre.

Quand un des atomes vient rencontrer la paroi xy, par exemple, celle-ci réagit sur lui et la réaction est égale à

$$m \cdot \frac{2v}{\varpi}.$$

Appliquée au centre moléculaire O de masse $2m$, elle peut, s'il est susceptible de déplacement, lui communiquer une vitesse

$$\frac{m \cdot \dfrac{2v}{\varpi}}{2m} = \frac{v}{\varpi},$$

ce qui arrive quand la paroi $x'y'$ vient en $x'''y''$. En déterminant la valeur de v d'après l'équation

$$\sum mv^2 = \sum \frac{4}{3}\pi\rho^3 Pg = \frac{2V\varpi Pg}{9} = \frac{v^2}{2g}.$$

il vient, pour valeur de $\frac{v}{\varpi}$, un nombre qui est précisément la vitesse de propagation du son dans le gaz considéré

$$\frac{v}{\varpi} = \frac{2g}{3}\sqrt{\frac{VP}{\varpi}}.$$

Gaz triatomiques. — Pour ces gaz : acide carbonique CO_2, vapeur d'eau H_2O, acide sulfureux SO_2, etc., la formule des chaleurs spécifiques tirée de l'évaluation des travaux moléculaires subit une modification et devient :

$$C = \frac{1}{E} \cdot \frac{4}{3} \frac{V\varpi Pg\alpha}{9}, \tag{1}$$

α étant le coefficient de dilatation du gaz.

Quand α subit de grandes variations, comme c'est le cas pour la vapeur d'eau, il est préférable d'user de la formule

$$C = \frac{1}{E} \cdot \frac{4}{3t} \cdot \frac{(V' - V)\,\varpi P g}{9},$$

C désignant la chaleur spécifique moyenne entre deux températures distantes de t^o et pour lesquelles le volume de 1 kilogramme de vapeur est V' pour la plus élevée, V pour la plus basse.

J'ai ainsi retrouvé encore les nombres d'expérience. Je passe sous silence les autres aperçus nombreux qui découlent de ma théorie; cela rendrait ce résumé trop long.

Je terminerai en ajoutant quelques réflexions qui découlent de mes dernières recherches non encore publiées, recherches relatives à la vapeur d'eau, à l'eau et à la glace. Dans la seconde partie de mon travail, j'avais étudié ces corps, mais en recourant parfois à des hypothèses parasites; ces variations, explicables dans un sujet aussi difficile, disparaîtront dans une publication ultérieure.

Les changements d'état paraissent être plus particulièrement le fait de la matière atomique, qui semble, dans de certaines conditions, subir elle-même des modifications analogues à celles que nous voyons se produire dans les corps visibles. Les choses se passent, en un mot, comme si les atomes étaient de petites planètes entourées d'une atmosphère formée d'*éléments divers* susceptibles de condensation dans des conditions déterminées et par suite d'un dégagement de leur énergie interne.

Dans le cas de la condensation de la vapeur d'eau, on trouve par exemple, avec ma théorie, que la vitesse de translation atomique est moindre pour la molécule gazeuse que pour la molécule liquide à la même température.

Comment se fait-il que cette augmentation de force vive ne se fasse point sentir au thermomètre? Ayant pu constater par mes calculs que la force qui sollicite les atomes vers le centre obéit, pendant la condensation, à la loi du carré des distances, et qu'il y a attraction entre les molécules *au contact*, j'ai été amené à penser que cette augmentation de force vive résultait d'une dépense de l'énergie interne des atomes, qui subissent à leur surface une sorte de condensation, attirent ceux des molécules voisines au contact et transforment cette énergie interne en énergie d'agrégation qui ne peut passer au thermomètre, de même que celle de l'eau d'un étang ne peut agir sur la roue d'un moulin quand la vanne est baissée.

M. H. DESLANDRES

à Paris.

USAGE DES SPECTRES D'ABSORPTION DANS LA RECHERCHE DU CORPS RÉSULTANT DE L'ACTION DE L'OZONE SUR LA PARAFFINE

— *Séance du 8 septembre 1884* —

Le corps résultant de l'action de l'ozone sur la paraffine a été décelé par son spectre d'absorption, de même que l'acide pernitrique découvert par MM. Hautefeuille et Chappuis. J'ai reconnu l'existence de ce corps en répétant les expériences de M. Cornu sur le spectre d'absorption de l'ozone, expériences décrites dans une communication précédente. Le tube, long de $0^m,50$, qui sert à l'étude de l'absorption, est réuni à l'appareil à effluves de Berthelot par un joint que l'on peut fermer avec de l'acide sulfurique ou avec de la paraffine. Lorsque l'on emploie l'acide sulfurique, ainsi que l'a fait M. Cornu, on constate que l'oxygène soumis à l'effluve absorbe complètement la partie la plus réfrangible du spectre des étincelles d'induction à partir de $\lambda = 300$ environ. C'est l'absorption due à l'ozone seul. Mais lorsque le joint est fermé à l'aide de la paraffine, le spectre présente, outre l'absorption générale causée par l'ozone, une série de bandes d'absorption au nombre de 12, depuis $\lambda = 334.6$ jusqu'à $\lambda = 295$ environ. Ces bandes annoncent un autre corps qui n'est pas l'ozone. L'oxygène employé n'était pas pur et surtout n'était pas exempt d'azote, et ces bandes pouvaient provenir d'un oxyde d'azote. Mais les oxydes d'azote connus, et en particulier l'acide hypoazotique, essayés successivement, ont fourni un spectre d'absorption tout différent. L'acide pernitrique, d'autre part, n'était pas possible dans les conditions de l'expérience, les gaz étant légèrement humides, et toute autre impureté de l'oxygène ne pouvait être invoquée, car ces bandes apparaissent avec l'air ordinaire. Enfin, l'air chargé de vapeur d'eau oxygénée fut essayé, mais sans résultat.

Mais lorsque la paraffine fut enlevée et remplacée par l'acide sulfurique, les bandes disparurent; elles se montrèrent de nouveau lorsqu'un morceau de paraffine fut placé en un point quelconque de l'appareil. Il en résulte que le corps producteur de ces bandes est dû à l'action de l'ozone sur la paraffine. Le corps, d'ailleurs, n'est ni l'acide carbonique, ni l'oxyde de carbone, ni la vapeur d'eau, qui dans les conditions de l'expérience ont une transparence absolue. Ce corps est probablement un corps nouveau; peut-être est-il un acide percarbonique. De toute façon, ces recherches établissent que l'ozone attaque la paraffine, regardée comme inattaquable par les agents ordinaires.

Le spectre d'absorption, quelle que soit la nature du corps, est par lui-même intéressant. Les bandes qui le composent sont identiques, et, à première vue, semblent à peu près équidistantes ; ce qui leur donne l'aspect de franges d'interférence. Leurs intervalles, calculés en longueurs d'onde, sont légèrement décroissants à partir de l'extrémité la moins réfrangible ; mais, calculés en inverses de longueur d'onde, ou en nombre de vibrations, ils sont à peu près égaux. Cette même relation simple a été signalée dans le spectre d'absorption de l'acide chlorochromique, et dans le spectre d'absorption de l'oxygène découvert récemment par M. Cornu au milieu des raies telluriques du spectre solaire.

Ce travail est incomplet à certains points de vue ; il a paru cependant digne d'être présenté ; car il montre une fois de plus combien les spectres d'absorption peuvent être utiles dans l'étude des corps gazeux.

M. Georges WITZ

Vice-Président de la Société industrielle, à Rouen.

TABLES DE CORRESPONDANCE DES DEGRÉS ARÉOMÉTRIQUES AVEC LES DENSITÉS ENTRE 1.000 ET 2.000

— Séance du 11 septembre 1884 —

L'année dernière, au Congrès de Rouen (1), les membres de la section de chimie ont examiné notre proposition de régulariser l'échelle aréométrique entre les densités 1 et 2, et ils se sont prononcés unanimement pour l'adoption d'une échelle uniforme et invariable constituée par 72 degrés. représentant des volumes égaux, compris entre ces densités.

En même temps, ils ont adopté l'usage de la température de 15° c. pour les évaluations (l'eau distillée étant prise à 15° pour la D 1.000 ou *zéro* de l'aréomètre). Puis, ils se sont associés à notre demande de vérification officielle, contrôle ou correction des instruments aréométriques par les soins du Bureau international des poids et mesures ; ainsi qu'au vœu d'interdiction de mise en vente d'instruments défectueux (au-delà de certaines limites de tolérance fixées administrativement).

Aujourd'hui nous avons l'honneur de présenter à la section de physique les tables numériques et graphiques (fig. 27) dressées sur les bases susdites.

(1) Voir année 1883, p. 355-361

Elles comprennent : 1° Pour chaque *degré aréométrique*, la densité correspondante, ou plus strictement le *poids* en grammes de 1 litre à la température normale de 15° c., ainsi que le *volume* en centimètres cubes de 1 kilogramme ;

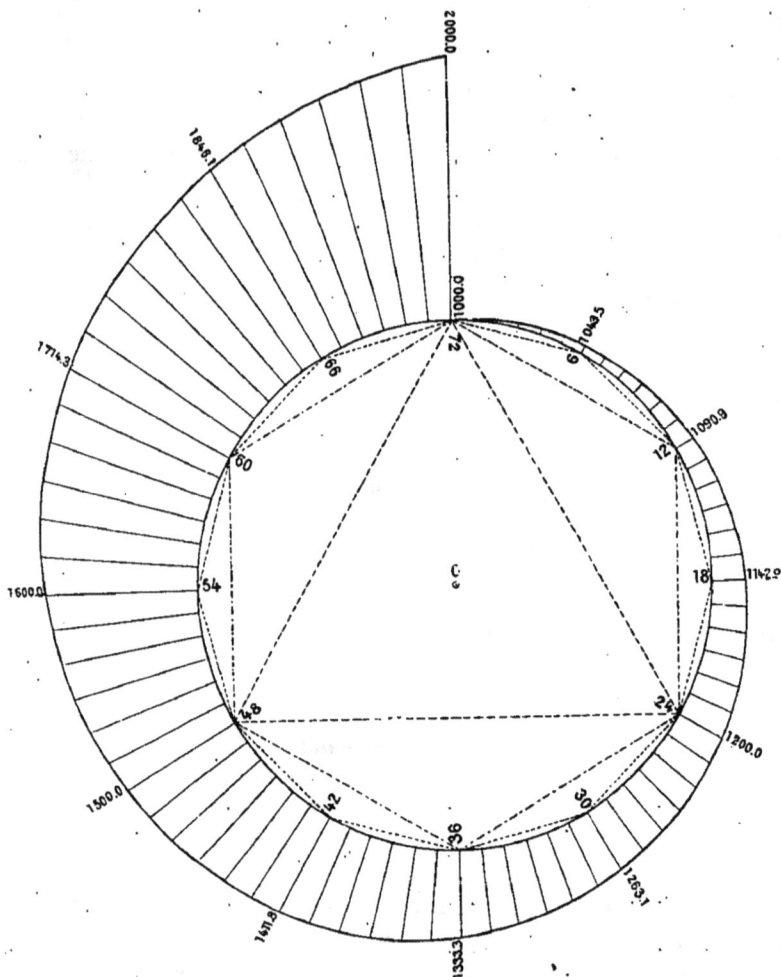

Fig. 27.

2° Dans l'intervalle des degrés aréométriques la *différence de poids* en grammes sur 1 litre est inscrite, afin de faciliter le calcul des *dixièmes de degré*; c'est à peu près la limite de la sensibilité que les observations avec les aréomètres peuvent atteindre; toutefois, dans les bas degrés, le 1/4 de dixième peut être déterminé avec des instruments spéciaux.

La *différence de volume* en centimètres cubes sur 1 kilogramme est au contraire constante; elle équivaut, entre deux degrés aréométriques consécutifs, à 6cc,95 (soit, alternativement, sur le tableau = 6cc,9 et 7cc,0).

Nous le répétons, cette table de correspondance unifie et régularise

irrévocablement celles qui l'ont précédée ; elle repose sur une interprétation fort simple, qui a dû être admise peu à peu, plus ou moins complètement, par différents auteurs et constructeurs. Elle n'a été choisie
qu'après avoir consulté un grand nombre de documents ; elle est pratiquée
depuis bien des années et a été adoptée par la Société industrielle de Rouen.
Enfin, tout en représentant une sorte de terme moyen entre les tables dites
de Baumé, qui ont été publiées, son principe facilite et règle la transformation réciproque des degrés aréométriques et des poids spécifiques.

Sans nul doute, l'*Association française pour l'avancement des sciences*,
en accordant son puissant patronage à nos propositions, facilitera l'adoption d'une manière générale de l'*aréomètre uniforme français* et elle
rendra ainsi un service signalé à toutes les industries chimiques.

Si l'on désigne par d la densité d'un liquide donné, et par n son degré
aréométrique, on a :

$$d = \frac{144}{144 - n}$$

$$144 - n = \frac{144}{d}$$

$$(144 - n)d = 144.$$

TABLES DE CORRESPONDANCE DES DEGRÉS ARÉOMÉTRIQUES FRANÇAIS
AVEC LES DENSITÉS.

DEGRÉS.	POIDS DE 1 LITRE.	DIFFÉRENCE PAR DEGRÉ.	VOLUME DE 1 KILOGR.	DEGRÉS.	POIDS DE 1 LITRE.	DIFFÉRENCE PAR DEGRÉ.	VOLUME DE 1 KILOGR.
	gr.	gr.	cc.		gr.	gr.	cc.
0	1000.0		1000.0	13	1099.2		909.7
		7.0				8.5	
1	1007.0		993.0	14	1107.7		902.7
		7.1				8.6	
2	1014.1		986.0	15	1116.3		895.8
		7.2				8.7	
3	1021.3		979.1	16	1125.0		888.8
		7.3				8.8	
4	1028.6		972.2	17	1133.8		881.9
		7.4				9.1	
5	1036.0		965.2	18	1142.9		874.9
		7.5				9.1	
6	1043.5		958.3	19	1152.0		868.0
		7.6				9.3	
7	1051.1		951.4	20	1161.3		861.1
		7.7				9.4	
8	1058.8		944.4	21	1170.7		854.2
		7.9				9.6	
9	1066.7		937.5	22	1180.3		847.2
		7.9				9.8	
10	1074.6		930.6	23	1190.1		840.2
		8.1				9.9	
11	1082.7		923.6	24	1200.0		833.4
		8.2				10.1	
12	1090.9		916.6	25	1210.1		826.3
		8.3				10.2	

DEGRÉS.	POIDS DE 1 LITRE.	DIFFÉRENCE PAR DEGRÉ.	VOLUME DE 1 KILOGR.	DEGRÉS.	POIDS DE 1 LITRE.	DIFFÉRENCE PAR DEGRÉ.	VOLUME DE 1 KILOGR.
	gr.	gr.	cc.		gr.	gr.	cc.
26	1220.3		819.4	54	1600.0		625.0
		10.5				18.0	
27	1230.8		812.4	55	1618.0		618.0
		10.6				18.4	
28	1241.4		805.5	56	1636.4		611.0
		10.8				18.8	
29	1252.2		798.6	57	1655.2		604.1
		10.9				19.2	
30	1263.1		791.7	58	1674.4		597.2
		11.2				19.7	
31	1274.3		784.7	59	1694.1		590.2
		11.4				20.2	
32	1285.7		777.7	60	1714.3		583.3
		11.6				20.6	
33	1297.3		770.8	61	1734.9		576.4
		11.8				21.3	
34	1309.1		763.8	62	1756.2		569.4
		12.0				21.6	
35	1321.1		756.9	63	1777.8		562.4
		12.2				22.2	
36	1333.3		750.0	64	1800.0		555.5
		12.5				22.8	
37	1345.8		743.0	65	1822.8		548.6
		12.7				23.3	
38	1358.5		736.1	66	1846.1		541.6
		12.9				24.0	
39	1371.4		729.1	67	1870.1		534.7
		13.2				24.6	
40	1384.6		722.2	68	1894.7		527.7
		13.4				25.3	
41	1398.0		715.3	69	1920.0		520.8
		13.8				25.9	
42	1411.8		708.3	70	1945.9		513.9
		13.9				26.7	
43	1425.7		701.4	71	1972.6		506.9
		14.3				27.4	
44	1440.0		694.4	72	2000.0		500.0
		14.5				28.2	
45	1454.5		687.5	73	2028.2		493.0
		14.9				28.9	
46	1469.4		680.5	74	2057.1		486.1
		15.1				29.8	
47	1484.5		673.6	75	2086.9		479.1
		15.5				30.7	
48	1500.0		666.6	76	2117.6		472.2
		15.8				31.6	
49	1515.8		659.7	77	2149.2		465.2
		16.1				32.6	
50	1531.9		652.7	78	2181.8		458.3
		16.5				33.6	
51	1548.4		645.8	79	2215.4		451.3
		16.8				34.6	
52	1565.2		638.8	80	2250.0		444.4
		17.2				35.7	
53	1582.4		631.9	81	2285.7		437.5
		17.6					

M. LORIN

Préparateur à l'École centrale.

NOTE SUR UNE APPLICATION INDUSTRIELLE DE L'ACIDE FORMIQUE

— Séance du 6 septembre 1884 —

1. Le premier des acides gras, précédant l'acide acétique, peut le remplacer dans quelques-unes de ses applications, en particulier comme succédané du vinaigre. Peu de produits sont aussi usités que le vinaigre pour les usages comestibles, et sont aussi impurs.

Le vinaigre *à l'acide formique* peut être employé aussi incolore que l'eau distillée, et partant non susceptible de nombreuses falsifications. On se rend compte de la facile production industrielle de l'acide formique en consultant l'*Association française pour l'avancement des sciences* (LA ROCHELLE, 1882), et la Note de MM. Lorin et Sticht *(Soc. d'encouragement,* 1868). Une distillation de l'acide brut obtenu permettrait de l'avoir absolument pur.

Tel, et à 4 ou 5 pour 100 de richesse, il a une odeur assez marquée, spéciale et complexe, rappelant à la fois celle de l'acide acétique et celle des fourmis. Sa force est suffisante pour remplacer le vinaigre dans ses applications. Son prix deviendrait notablement inférieur à celui du vinaigre.

2. En ces temps de choléra, l'attention s'est portée sur l'acide formique. M. Schnetzler a publié (*Ann.*, Genève) un Mémoire sur les propriétés antiseptiques de cet acide. Il a constaté « qu'il suffit d'en ajouter une goutte au millième pour tuer des milliers de bactéries, et instantanément la bactérie du foin, l'un des microbes les plus résistants, puisqu'il survit après avoir été soumis pendant une heure à l'action de l'eau bouillante. » Je rappelle que, d'après M. List, l'acide formique existe normalement dans le rhum *(Chemiker Zeitung);* et que M. Jodin a indiqué autrefois sa propriété antiseptique *(Soc. ch.,* 1866).

3. Un brevet anglais *(Soc. ch.,* 1882) « sur la fabrication d'un acide destiné à améliorer le vinaigre et même à le remplacer » a déterminé à publier l'application proposée. Il ne paraît pas douteux qu'à ce point de vue, l'acide formique ne jouisse des mêmes propriétés que l'acide phosphorique de M. Cooper. Une petite quantité pourrait être utile dans la fabrication du vinaigre de vin.

La préparation industrielle de l'acide formique deviendrait une annexe de celle de l'acide oxalique (cet acide sulfurique de la chimie organique), etc.

MM. C. FRIEDEL et J.-M. CRAFTS

ACTION DÉCOMPOSANTE EXERCÉE PAR LE CHLORURE D'ALUMINIUM SUR CERTAINS HYDROCARBURES

— *Séance du 6 septembre 1884* —

Le chlorure d'aluminium anhydre agit sur la plupart des hydrocarbures en les décomposant, qu'ils appartiennent à la série grasse ou à la série aromatique. Les produits de décomposition très complexes que fournissent les carbures saturés de la série grasse, les hydrocarbures de pétrole, par exemple, n'ont pas encore été étudiés d'une manière complète. On a seulement constaté que les uns sont gazeux, non absorbables par le brome et que les autres bouillent à des températures croissantes dépassant de beaucoup celle du produit primitif. Parmi les carbures aromatiques, on a soumis à l'action du chlorure d'aluminium : le *triphénylméthane*, qui, fondu en présence du réactif, fournit de la benzine, — ou, chauffé en présence d'un dissolvant à une douce température, se transforme en diphénylméthane; l'*hexaméthylbenzine*, qui est converti avec dégagement gazeux en pentaméthylbenzine et durol; le *durol*, qui donne des carbures méthylés inférieurs ; la *naphtaline*, qui, bouillie avec le chlorure d'aluminium, fournit de la benzine et des hydrures de naphtaline et qui, chauffée doucement avec lui, donne, au lieu de ces produits, de l'isodinaphtyle et des liquides bouillant à une température élevée qui paraissent être des hydrures du même composé ; la *benzine*, qui, chauffée à 200°, est attaquée avec formation de toluène, d'éthylbenzine et de diphényle.

L'explication la plus rationnelle de toutes ces décompositions semble être d'admettre, comme pour les synthèses, la formation de combinaisons organo-métalliques de l'aluminium, que la chaleur détruirait ensuite. Pour la benzine, par exemple, le composé $C^6H^5Al^2Cl^5$ se décomposerait en diphényle $(C^6H^5)^2$ et en un sous-chlorure d'aluminium $(Al^2Cl^5)^2$, qui, se trouvant en présence d'acide chlorhydrique, régénérerait le chlorure d'aluminium et agirait comme un réducteur énergique par l'hydrogène mis en liberté. Ainsi s'expliquerait le dédoublement de la molécule benzine avec formation des groupes méthyle et éthyle, qui, se fixant sur des groupes phényle, fournissent le toluène et l'éthylbenzine.

M. le Docteur ISTRATI

De Bucharest (Roumanie).

SUR LES ÉTHYLBENZINES CHLORÉES. SUR LES PRODUITS DE DÉCOMPOSITION DE L'HEXACHLORURE DE BENZINE PAR LA POTASSE

— *Séance du 8 septembre 1884* —

En faisant réagir sur le chlorure de phényl, en présence du chlorure d'aluminium, l'éthylène parfaitement pure et sèche, sous une pression de 10 centimètres de mercure, et à une température qui monte peu à peu de 80° centigrades à 112° centigrades, l'éthylène est absorbée presque complètement. Les proportions qui réussissent le mieux sont les suivantes : 500 grammes de chlorure de phényl + 100 grammes de chlorure d'aluminium, plus l'éthylène produite par 8 fois le mélange de 150 grammes d'alcool + 750 grammes d'acide sulfurique du commerce. La réaction dure quatre jours. On reprend par l'eau, qu'on sépare par un entonnoir à robinet, et on distille plusieurs fois dans un appareil à 6 boules. On obtient ainsi les mono-éthyl-chlorobenzines (1), qui passent entre 179-182° ctg., les diéthyl-chlorobenzines, qui passent à 216-217° ctg. et les triéthyl-chlorobenzines, qui passent entre 240-250° ctg. Toutes sont liquides, odeur un peu aromatique, très volatils.

En oxydant la première, on a obtenu les trois acides chlorobenziques dans les proportions suivantes : le dérivé ortho, 39 0/0 ; le méta, 50 0/0, et le para, 11 0/0. On a obtenu en même temps avec le même corps cinq dérivés sulfonés.

Avec la diéthyl-chlorobenzine, on a obtenu deux acides phtaliques chlorés.

Avec la triéthyl-chlorobenzine, on a obtenu un acide tricarbonique chloré très soluble dans l'eau.

Presque dans les mêmes conditions, seulement en partant de la benzine

(1) *Bulletin de la Société chimique de Paris*, juillet 1884.

trichlorée 1.2.4, en chauffant à 130° et même sans le secours de la pression mercurielle, on a obtenu l'éthylbenzine trichlorée, bouillant à 244°. C'est un mélange des trois isomères ; par la température basse on voit apparaître dans la masse liquide de petits cristaux.

En préparant la benzine trichlorée 1.2.4. par la réduction de l'hexachlorure de benzine (telle qu'on l'obtient par l'action du chlore sur la benzine en présence du soleil) par la potasse, on a obtenu en dehors de ce corps, les corps suivants: sur 1911 grammes de produits et après 21 distillations :

1015 gr. $C^6H^3Cl^3$ 1.2.4.
479 gr. $C^6H^2Cl^4$ le dérivé 1.3.4.5.
116 gr. C^6HCl^5
 80 gr. C^6Cl^6

1790 gr.

La différence de 121 est constituée par des mélanges intermédiaires.

Pour expliquer la présence de ces corps, on doit admettre qu'en dehors de la présence de $C^6H^6Cl^6$, par l'action plus avancée du chlore sur la benzine au soleil, il se produit des substitutions, et par conséquent les corps : C^4H^5Cl, Cl^6, $C^6H^4Cl^2Cl^6$, $C^6H^3Cl^3Cl^6$ admis par M. Jungfleisch, et qui par la potasse alcoolique nous donnent les trois corps trouvés dans cette préparation.

M. Louis HENRŸ

Professeur de chimie, à l'Université de Louvain, Belgique.

SUR LA SOLIDARITÉ FONCTIONNELLE DANS LES COMPOSÉS ORGANIQUES

— *Séance du 8 septembre 1884* —

Sous le nom de *Solidarité fonctionnelle*, M. Louis HENRŸ désigne l'influence réciproque qui s'exerce, au sein des molécules organiques, entre l'hydrogène fixé sur le carbone et les radicaux fonctionnels X, entre ces radicaux fonctionnels eux-mêmes.

Sous le nom de *radicaux fonctionnels*, il désigne les radicaux X, simples ou composés, substitués à de l'hydrogène dans les hydrocarbures C_nH_m regardés comme les composés organiques primordiaux.

Le temps faisant défaut pour développer cette vaste question, M. Henrÿ restreint l'objet de sa communication à l'examen de l'influence réciproque exercée par deux radicaux seulement, l'oxygène et le chlore. Il expose à ce sujet ses recherches personnelles.

D'abord en ce qui concerne l'influence exercée par l'*oxygène* sur le *chlore*, cette influence se traduit (*a*) dans la molécule totale :

1° Au point de vue physique, par une augmentation dans la volatilité, par rapport à d'autres composés correspondants ;

2° Au point de vue physiologique, par la propriété d'affecter fortement · les muqueuses et l'épiderme (odeur forte, excitant le larmoiement, corrosivité, etc.).

(*b*) En ce qui concerne l'énergie chimique du chlore, par une recrudescence dans son aptitude réactionnelle vis-à-vis des composés hydrogénés et métalliques (eau, ammoniaque, alcalis, etc.).

M. Henry cite des exemples à l'appui de ces faits généraux, exemples tirés des composés C_1, C_2, C_3, etc., les plus simples dans l'échelle de carburation et les mieux connus.

D'après M. Henrÿ, cette influence est d'autant plus puissante que l'oxygène agit sur le chlore par une masse atomique plus considérable et dans un voisinage plus immédiat. Elle est à son maximum alors que les deux éléments se trouvent fixés sur le même atome de carbone, comme dans

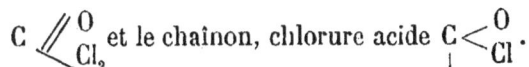

$$C \diagdown\!\!\!\diagdown {}^O_{Cl_2} \text{ et le chaînon, chlorure acide } C {<}^O_{Cl} \cdot$$

M. Henrÿ fait voir par des faits que cette influence s'exerce encore alors que les radicaux O et Cl sont fixés sur des atomes de carbone distincts, mais immédiatement unis l'un à l'autre ; il cite particulièrement à ce sujet les dérivés haloïdes de l'acide acétique $XCH_2 - CO\ OH$, ceux de l'acétone $XH_2C - CO - CH_3$ etc. ; il fait connaître les réactions curieuses qu'il a réalisées à l'aide de *l'acétate d'éthyle bichloré biprimaire* $^{Cl\ CH_2 - CO}_{Cl\ CH_2 - CH_2} {>} O$, composé qui renferme les deux chaînons Cl, CH₂, très différents de propriétés, par suite de la différence des éléments voisins.

M. Henrÿ fait voir par l'étude des dérivés *primaires* $XCH_2 - CH_2 - CO$ (OH) de l'acide propionique que cette influence de l'oxygène sur Cl, sous tous les rapports, a disparu *totalement ou presque totalement*, alors que l'*oxygène* et le *chlore* se trouvent fixés sur deux atomes de carbone différents, séparés par un chaînon hydrocarboné CH_2. M. Henrÿ a repris à cette occasion l'étude de l'acide β chloropropionique $Cl\ CH_2 - CH_2 - CO\ OH$. Il en fait connaître le chlorure Cl CH$_2$ — CH$_2$ — CO Cl, qu'il compare au chlorure d'acétyle monochloré Cl CH$_2$ — CO Cl, divers éthers, et notamment

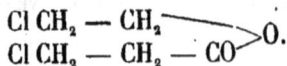

$$\left. \begin{array}{l} \text{Cl CH}_2 - \text{CH}_2 \\ \text{Cl CH}_2 - \text{CH}_2 - \text{CO} \end{array} \right\rangle \text{O}.$$

En ce qui concerne l'influence exercée, au point de vue chimique, par le chlore sur l'oxygène, M. Henrÿ la fait consister principalement dans la difficulté ou l'inaptitude de cet élément à subir l'action du pentachlorure de phosphore Ph Cl$_5$, Cl$_2$ remplaçant O ; il signale la différence que manifestent sous l'action de Ph Cl$_5$ les chaînons — C$\ll^O_H$ et — C$\ll^O_{Cl}$. L'acétone bichlorée dissymétrique CH$_3$ — CO — CH Cl$_2$, si rebelle à l'action de PhCl$_5$, lui permet de conclure que la masse du chlore peut suppléer à son éloignement vis-à-vis de l'oxygène.

M. Ed.-F. HONNORAT

à Digne.

SUR UNE VARIÉTÉ DE CRISTAUX DE CHLORURE DE SODIUM

— Séance du 8 septembre 1884 —

M. Ed.-F. Honnorat a observé des cristaux produits par évaporation lente, parallélipipédiques, et présentant, à la place d'une des faces du solide, une pyramide quadrangulaire rentrante. Un cristal dont la base, un carré parfait, avait 8 millimètres de côté et 3 millimètres seulement de hauteur, présentait une pyramide rentrante dont le sommet était à 1 millimètre au-dessous de la ligne d'intersection des diagonales de la base. Ce

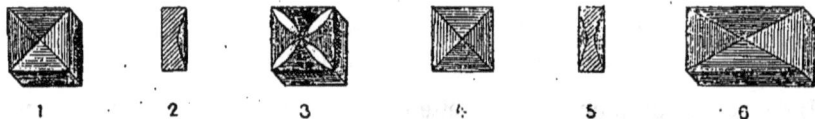

Fig. 28. — Cristaux de chlorure de sodium.

cristal, que l'on avait laissé se couvrir d'eau hygrométrique, fut porté dans un lieu sec. Là sa dessiccation fit soulever sur la face précédemment carrée une pyramide correspondant exactement, comme dimensions, à la pyramide rentrante de la face opposée. Le cristal présentait donc sur ses deux faces quadrangulaires deux pyramides rentrantes symétriques. M. Honnorat pensait que cette modification cristalline était due aux matières tenues en dissolution dans l'eau de salaison au milieu de laquelle ces cristaux s'étaient produits.

M. le Docteur BLAREZ

Professeur agrégé de la Faculté de médecine de Bordeaux.

OBSERVATIONS SUR L'ANALYSE DES VINS. — RECHERCHE DU PLATRAGE; RECHERCHE ET DOSAGE DE L'ACIDE SALICYLIQUE. — MATIÈRES COLORANTES ARTIFICIELLES

— *Séance du 10 septembre 1884* —

I. *Recherche du plâtrage.*

D'après les nombreuses expériences faites sur les vins naturels de différentes régions, on peut fixer comme un maximum, pour l'acide sulfurique, un poids correspondant à $0^{gr},75$ de sulfate de potasse par litre.

Jusqu'à ce jour, et malgré les inconvénients qu'elle présente, la solution de chlorure de baryum était seule employée. Voici la réaction qualitative que propose le docteur BLAREZ pour reconnaître, sans dosage d'acide sulfurique, si un vin renferme plus ou moins de $0^{gr},75$ de sulfate de potasse :

1° On prend 10 centimètres cubes de vin à essayer, que l'on place dans un tube à essai ;

2° On ajoute 2 gouttes d'acide chlorhydrique pur et on agite ;

3° On verse dans le tube 10 gouttes d'une solution saturée de chlorure de calcium et on agite de nouveau ;

4° On verse dans le tube 10 centimètres cubes d'alcool pur à 92° ou 93°. On retourne plusieurs fois le tube sur lui-même et on le laisse au repos pendant une minute.

Si au bout de ce temps le mélange est resté complètement limpide, c'est que le vin n'est pas plâtré.

Si, au contraire, le mélange est trouble, ou s'il se forme un précipité, c'est que le vin est plâtré ou additionné de vin plâtré.

II. *Recherche de l'acide salicylique* (1).

Dans un tube à essai de 70 centimètres cubes on verse 40 centimètres cubes de vin et 6 gouttes d'acide chlorhydrique concentré. Après agitation on ajoute 4 centimètres cubes d'alcool méthylique ; on agite et verse quelques gouttes d'alcool, puis 15 centimètres cubes de benzine cristallisable et l'on agite encore pour diviser la benzine. On ajoute 5 centimètres cubes d'alcool et l'on retourne plusieurs fois le tube sur lui-même, l'alcool détruit l'émulsion de la benzine.

On décante cette benzine dans un tube renfermant 3 à 4 centimètres cubes d'eau distillée, et l'on y verse 1 ou 2 gouttes d'une solution de perchlorure de fer, renfermant pour 100 centimètres cubes d'eau 2 gouttes de la solution officinale de chlorure ferrique.

Après une vive agitation, la couche d'eau qui retombe au fond du tube est colorée en jaune verdâtre très faible avec les vins non salicylés, et nettement en violet avec des vins renfermant des traces d'acide salicylique.

Il est très important d'employer une solution de perchlorure de fer très étendue et récemment préparée.

III. *Dosage de l'acide salicylique.*

Dans ce nouveau procédé le Dr Blarez compare l'intensité colorante du salicylate de fer à une lame de verre ayant la même teinte que cette solution et dont on connaît la valeur par un titrage spécial.

Pour chaque dosage d'acide salicylique, il faut un poids déterminé de sel ferrique, si l'on veut obtenir le maximum de coloration, en même temps que la plus grande netteté dans la nuance violette. En employant une solution à 1 0/0 de perchlorure de fer anhydre ou de sulfate double de fer et de potasse, on peut, d'après l'essai qualitatif, savoir si le vin est peu, moyennement ou fortement salicylé, c'est-à-dire contenant de 0^{gr},01 à 0^{gr},05 ; de 0^{gr},05 à 0^{gr},12 ou de 0^{gr},12 à 0^{gr},40 d'acide salicylique. C'est pourquoi il est bon d'avoir trois doses de perchlorure de fer ou mieux d'alun de fer.

Avec ces données M. Blarez a pu établir exactement le titrage des lames de verre colorées en violet qui remplacent avantageusement les solutions de salicylate de fer à titre connu que l'on comparait dans le colorimètre au salicylate obtenu à l'aide du vin essayé.

L'instabilité des solutions titrées de perchlorure de fer et d'acide salicylique ne permet pas d'obtenir des salicylates de même valeur.

(1) En collaboration avec M. Th. Lys.

D'autre part, M. Blarez a calculé que, dans les conditions où il opère, la benzine retirait exactement les neuf dixièmes de l'acide salicylique contenu dans le vin.

Voici le mode opératoire qu'il recommande :

1° Dans un tube à essai de 70 centimètres cubes on verse 25 centimètres cubes de vin ;

2° On fait tomber dans le tube 2 gouttes d'acide sulfurique sans agiter ;

3° On verse dans le tube 25 centimètres cubes de benzine cristallisable ;

4° On bouche le tube du doigt et le retourne plusieurs fois sur lui-même ; s'il se produit une émulsion on la détruit au moyen de 1 centimètre cube d'alcool ;

5° On agite violemment, de façon à produire quatre cents secousses environ, on laisse reposer le tube dans une position inclinée ;

6° On décante la benzine ;

7° On prépare la solution de salicylate ferrique définitive de la façon suivante :

	VINS SALICYLÉS		
	faiblement	modérément	fortement
Solution d'alun de fer à 1 0/0	1^{cc}	1^{cc},5	1^{cc},5
Eau distillée	9	8,5	8,5
Benzine provenant de l'épuisement	20	10	5

8° On agite vivement le mélange précédent, on décante la solution aqueuse et l'on regarde (au colorimètre) sous quelle épaisseur son intensité colorante est la même que celle de la lame de verre titrée. Dans le premier cas multiplier par 2 cette épaisseur ; la diviser par 2 dans le troisième ;

9° On calcule la quantité d'acide salicylique contenue dans un litre de liquide, en divisant la valeur de la lame colorée exprimée en dixièmes de millimètre par l'épaisseur du liquide exprimée en centièmes de millimètre ;

10° Pour connaître ensuite la quantité d'acide salicylique existant réellement dans le liquide analysé, on ajoute au nombre précédemment trouvé le dixième de sa valeur.

IV. *Recherche, dans les vins, des colorants artificiels dérivés de la houille et verdissant par l'ammoniaque* (1).

Les rouges actuellement vendus dans le commerce sont de deux sortes :
1° Les ponceaux et analogues colorant fortement la soie et la laine en

___
(1) En collaboration avec M. Th. Lys.

rouge foncé et ne changeant pas sous l'influence de l'ammoniaque ou devenant franchement violets.

2° Le deuxième groupe de substances colorantes, dont la vente est en train de se substituer à celle des précédentes (dont la recherche est devenue des plus faciles), comprend une série de produits très variés et dont la nature chimique n'est pas absolument la même, vendus sous les noms de « nouveau rouge verdissant à l'ammoniaque » ou « nouveau colorant introuvable à l'analyse, » etc. Ce sont tous des dérivés sulfoconjugués renfermant les éléments de la vapeur nitreuse. Au point de vue analytique tous ces produits : 1° verdissent par l'ammoniaque ; 2° prennent une coloration jaune rougeâtre sous l'influence de l'acide sulfurique.

Pour retrouver ces matières colorantes qui échappent aux réactions indiquées par M. Ch. Girard, M. Blarez propose le moyen suivant :

On agitera 20 centimètres cubes de vin avec 5 grammes d'oxyde puce de plomb pendant une ou deux minutes ; si après filtration on obtient un liquide rouge ou rose, on pourra déclarer le vin coloré avec un de ces produits azoïques et sulfoconjugués qui ont le goudron de houille pour origine et qui verdissent sous l'action de l'ammoniaque.

M. Georges WITZ

Vice-Président de la Société industrielle, à Rouen.

SUR L'OXYDATION LENTE DE LA CELLULOSE

— *Séance du 11 septembre 1884* —

Des recherches techniques entreprises à l'occasion de certaines altérations accidentelles du coton dans le blanchiment, m'ont conduit à étudier de nouveaux dérivés de la cellulose, principe dont les propriétés chimiques et tinctoriales se trouvent singulièrement modifiées par suite de l'oxydation.

A de longs intervalles j'ai été à même d'observer, dans des calicots blanchis pour l'impression, des trous très fins, coupant la chaîne et la trame, répartis par groupes irréguliers ou parfois isolés, sur une petite proportion de la marchandise traitée. On en découvrait jusque dans les pièces terminées dans divers genres de fabrication.

Les bords paraissaient avoir été coupés assez nettement, à l'état humide, mais sans affaiblissement du tissu dans les parties voisines. Chose singulière, le vaporisage provoquait, sur le contour des trous, une auréole brunâtre, mince et comme brûlée.

Les nombreuses causes mécaniques qui pouvaient déterminer des accidents de ce genre se trouvant écartées, il me fallut revenir à l'examen des causes chimiques en employant sur le tissu des réactifs très sensibles soit avant, soit après le vaporisage. Et d'abord j'eus recours à une solution étendue au 1/1000 de violet de méthylaniline (violet de Paris nº 145), réactif que j'ai indiqué dès 1873 pour caractériser de petites proportions des acides minéraux énergiques, en présence même des acides organiques. Je vis bientôt que, sans altération de la nuance, les bords des taches absorbaient le violet plus fortement que le restant du tissu; à froid et en quelques heures, cette coloration locale atteignait le pourpre le plus intense; elle ne s'affaiblissait ensuite que fort lentement au contact de l'eau pure.

Des essais de contrôle direct m'apprirent que de divers produits projetés en gouttelettes sur du calicot et vaporisés, puis lavés et soumis à l'action du réactif violet, le *chlorure de chaux* seul donnait au coton la faculté d'absorption si puissante que j'avais observée. Les trous, fort élargis, produits par les acides ne se coloraient pas sur les bords.

De là à concevoir que ce n'était pas un liquide, mais bien du chlorure de chaux *en poudre* qui avait dû s'attacher accidentellement sur nos piles de pièces humides, il n'y avait guère à hésiter. Cette dernière expérience, répétée directement, fut extrêmement concluante : on vit chaque parcelle d'hypochlorite communiquer rapidement au coton la faculté d'attirer le violet que j'avais aperçue; en douze heures le tissu devenait en outre assez friable pour se trouer nettement lors du battage; enfin, au vaporisage, les contours rongés brunissaient en s'affaiblissant.

Une enquête confirma en effet que des poussières de chlorure de chaux, lors d'un transvasement, avaient été entraînées sur des lots de pièces battues après le lessivage en chaux; elles y avaient agi pendant une nuit de manière à produire finalement, sur les plis à l'air, des places constellées de trous et de piqûres à jour.

L'accident ne pouvait guère être remarqué qu'au bout de quelques jours, après la vérification des pièces blanchies et sèches, ce qui contribuait à le rendre plus difficile à découvrir.

L'observation précédente me conduisit ensuite à reconnaître, par certaines analogies de propriétés, la véritable cause d'un accident de fabrication bien autrement grave et fort commun depuis longtemps. Nombre d'établissements d'impression, dans tous les pays, ont subi par ce fait des pertes relativement considérables.

Je veux parler des larges places plus ou moins roussâtres, inégales de teintes et en même temps proportionnellement attendries ou brûlées qui se développent, exclusivement au vaporisage et en grand nombre, dans des pièces dont la beauté du blanc ne laissait rien soupçonner avant cette opération.

Déjà, en 1868, M. Ch. Lauth, dans l'article *Blanchiment* du Dictionnaire de Wurtz, décrivait précisément ainsi les mêmes faits :

« Un autre genre d'accident est celui que l'on observe dans les cir-
» constances suivantes : un tissu blanchi, imprimé et soumis au vapo-
» risage, se colore en fauve; on attribue cette coloration à une faute
» commise dans le blanchiment, mais on n'a pu jusqu'ici ni l'éviter ni
» s'en rendre compte. »

Je suis arrivé à démontrer aisément, grâce au *réactif violet*, que les larges taches brunâtres en question, exclusivement, se teignaient en violet foncé; qu'on pouvait ensuite les décolorer, les blanchir par un chlorage modéré et qu'invariablement, aux mêmes places, le coton conservait les propriétés d'attirer encore le violet de méthylaniline, de brunir et de s'affaiblir au vaporisage, — et ainsi jusqu'à la destruction complète du tissu.

En général, lorsqu'on remarquait des places jaunâtres au vaporisage l'idée prédominante était d'augmenter la force de chlorages jugés insuffisants dans le blanchiment, parce que des produits colorés apparaissaient sur les pièces : peu de temps après, les mêmes défauts augmentaient!

Après avoir découvert la cause véritable, j'ai étudié les diverses conditions où cet accident grave se produit d'ordinaire, ainsi que les remèdes très simples qui permettent de l'éviter. Il suffit, comme nous allons le voir, d'employer des bains de chlorure de chaux beaucoup plus faibles que ceux usités habituellement, le terme de 0°,5 B étant un maximum qu'il ne faut jamais dépasser pour peu que le contact se prolonge plusieurs heures; il faut, en outre, éviter la lumière directe du soleil lors du chlorage et *surtout* empêcher l'accès prolongé de l'air sur les tissus imprégnés d'hypochlorites, même étendus; cela se conçoit, car les traces d'acide carbonique qui existent dans l'atmosphère mettent en liberté de l'acide hypochloreux qui agit infailliblement, d'une façon locale, en attaquant, puis en brûlant la cellulose.

Nous touchons là à des questions chimiques qui ont été longuement controversées. Je me bornerai à citer, à ce sujet, l'opinion de M. Schützenberger, rapporteur du Jury international (classe 48) de l'Exposition universelle de 1878, — sur les procédés chimiques de blanchiment :

« Généralement aujourd'hui, on emploie le chlorure de chaux comme
» oxydant et non comme source de chlore; en d'autres termes, la décolo-
» ration s'effectue par l'hypochlorite de chaux *sans le concours d'un*
» *acide mettant l'acide hypochloreux en liberté....* L'oxygène se porte sur
» la matière colorante. »

D'après nos expériences, lorsque le chlorure de chaux est en solution d'une concentration supérieure à 0°,5 B [= 0°,6 à 0°, 7 chlorom. Gay-Lussac] et, particulièrement, lorsqu'il reste longuement en contact avec le coton, son action directe est indiscutable. Mais on possède maintenant la preuve qu'en présence de l'air la moindre trace d'acide carbonique le rend *infiniment plus actif*. Si donc l'atmosphère se trouvait totalement dépourvue de cet acide, le chlorure de chaux ne produirait ni son action décolorante dans certains modes de blanchiment du coton, ni les inconvénients accidentels dont nous parlons.

Malgré sa dilution extrême, sa faible solubilité et son peu d'énergie chimique, l'acide carbonique agit cependant immédiatement, aussi instantanément qu'on peut le concevoir et sans relâche sur toute surface de solution de chlorure de chaux exposée à l'air; il se forme du carbonate de chaux insoluble et l'acide hypochloreux devient libre : son odeur spéciale ne peut être confondue avec celle du chlore.

Voici l'expérience fondamentale qui m'a servi de type : une bande sèche de calicot blanchi normalement pour l'impression (c'est-à-dire peu chloré), sans aucun apprêt, est suspendue au-dessus d'un vase contenant une solution limpide de chlorure de chaux à 4° B et, par la partie inférieure, elle y plonge de quelques centimètres. Le tout étant abandonné dans l'air en repos, le liquide grimpe par capillarité, en couches liquides dont l'épaisseur ne représente que de faibles fractions du millimètre. L'acide hypochloreux déplacé s'accumule alors à la surface des fibres et, en présence de molécules organiques dont la porosité est extrême, cet agent essentiellement oxydant et instable déshydrogène en partie ces matières, modifie leur constitution et les transforme en de nouveaux produits. Les acides engendrés augmentent eux-mêmes sans cesse le cycle de ces réactions progressivement croissantes, tant qu'il y a afflux d'hypochlorite par la capillarité, de telle façon que la combustion totale de la matière organique peut être le terme final, au bout de quelques heures.

Mais si l'on arrête l'expérience après une heure environ, en lavant aussitôt et en purifiant par telle méthode qu'on voudra, avec des bains acides, du bisulfite de soude, etc., et des lavages répétés, on remarque ensuite que cinq à dix minutes de contact, à froid, avec une solution à 1/1000 ou 1/2000 de violet de méthylaniline, suffisent pour développer une couleur pourprée presque noire à l'endroit correspondant au niveau du bain et s'étendant en une zone fondue magnifique, parfois jusqu'à vingt centimètres au-dessus. On lave fortement à l'eau froide et l'on éponge entre des linges avant de sécher à l'air. C'est ainsi que nous avons obtenu les bandes employées dans nos essais.

La modification de la cellulose par l'action propre de l'air atmosphérique sur l'hypochlorite de chaux ne se produit qu'aux places où le liquide afflue en quantité *à peine suffisante* pour imprégner le tissu ; la dilution de l'acide hypochloreux dans un excès de bain ou le moindre excès de chaux en solution entrave la réaction oxydante.

Lorsqu'on répète l'expérience ci-dessus dans une éprouvette d'un litre, garnie d'un obturateur graissé, où l'on a agité au préalable un peu de lait de chaux au 1/20, on n'obtient qu'une coloration uniforme à peine plus marquée que sur un témoin du même tissu, non chloré : l'acide carbonique a fait défaut.

On peut suivre directement les effets de la réaction oxydante en opérant comparativement, dans les deux cas, avec des bandelettes de calicot teint en rouge turc, par exemple, puis dégraissé à l'éther afin de ne pas retarder la marche de la capillarité ; la décoloration commence immédiatement au-dessus du niveau du bain placé à l'air libre ; elle n'a lieu ni dans l'air privé de ses 3/10000 d'acide carbonique ni dans le bain d'hypochlorite où plonge le rouge turc.

Avec une bandelette d'étoffe teinte en bleu d'indigo, imprégnée légèrement de chlorure de chaux à 1° B et disposée vivement dans une éprouvette fermée dont l'air a été purifié d'acide, il suffit d'introduire avec un tube un peu d'air provenant des poumons pour obtenir la décoloration *en une minute.* — C'est une excellente démonstration de l'effet de la présence de l'acide carbonique.

En opérant à plein bain la chaleur suffit pour augmenter progressivement l'action oxydante des hypochlorites, surtout au-dessus de 65°, sur le coton.

Le calicot humide suspendu pendant une heure dans le gaz chlore ne subit qu'une faible modification. Disons, en passant, que lorsqu'il est légèrement imprégné de soude ou de potasse caustique entre 16° et 14° B environ, il suffit alors d'un quart de minute pour porter son oxydation au maximum.

Quelles que soient les méthodes de purification employées, le coton, une fois modifié, conserve d'une façon permanente ses nouvelles propriétés.

On conçoit dès lors que l'emploi des *antichlores*, tels que l'hyposulfite de soude et l'ammoniaque, ne puisse mettre à l'abri des inconvénients attribués depuis longtemps à des lavages insuffisants. Lorsque les blanchisseuses *détachent* le linge de ménage à l'aide des hypochlorites, elles le brûlent par places et il n'y a là nul remède. Dans toutes les circonstances on remarque que le chlorure de chaux est à la fois beaucoup plus actif et plus destructif que l'hypochlorite de soude, lequel étant moins économique est aussi moins employé.

Ce qu'il faut éviter, dans le blanchiment comme dans le blanchissage, c'est donc de faire réagir *trop* d'hypochlorite sur la cellulose, car elle est irrémédiablement transformée, et plus tard, à l'air ou sous l'influence des liqueurs alcalines chaudes notamment, les fibres perdent en partie leur ténacité. La même cause produit spontanément le jaunissage et l'altération des papiers qui ont été trop chlorés, ce qui est le cas habituel.

Les chimistes peuvent désormais mettre à profit les connaissances que nous venons d'acquérir, pour enregistrer aisément et mesurer l'intensité des réactions oxydantes, au moyen de la *coloration finale*, en se servant de témoins constitués par la cellulose des fibres végétales telles que le coton.

En fait, vérifié industriellement de divers côtés, nos principales indications ont produit immédiatement une économie considérable de chlorure de chaux dans le blanchiment et une perfection exceptionnelle des produits dans les genres imprimés traités par le vaporisage.

Un grand nombre de matières colorantes artificielles, en solutions froides ou tièdes, mais faibles, sont attirées par le coton oxydé avec une énergie, pour ainsi dire, sans limites. Entre toutes, j'ai choisi pour mes essais le bleu méthylène, qui est un colorant intense, bien défini et stable; je l'emploie en solution aqueuse au 1/2000; cinq à quinze minutes suffisent pour la teinture. Les nuances obtenues sont d'autant plus foncées que l'altération de la cellulose a été plus profonde.

Les safranines, les fuchsines, les violets au chromate, violets de Paris, violets méthyle, violets Hofmann, les verts lumière, verts acides, verts malachite, verts brillants, les bruns Bismarck, les phosphines, l'auramine, en solutions aqueuses au 1/1000, teignent le coton oxydé comme le fait le bleu méthylène. Les mélanges de ces solutions donnent des colorations mixtes où certaines de ces matières cependant ont une tendance à prédominer.

Remarque essentielle, toutes les matières colorantes susdites sont de nature *basique;* leur contact charge déjà un peu le coton ordinaire blanchi, malgré les lavages subséquents.

Au contraire, lorsque les mêmes essais sont répétés avec des matières colorantes de nature *acide* (qui teignent les mordants ordinaires), avec des matières sulfoconjuguées ou des phénols, on observe que le coton oxydé ne se teint pas; on voit même une zone blanche apparaître alors sur un fond uniforme faiblement teinté.

Il en est ainsi des érythrosines, primeroses, roccellines, phloxines, éosines, lutéciennes, bordeaux, ponceaux de xylidine, tropéolines, orangés azoïques, jaunes S et E (Poirrier), jaunes d'or, de naphtol, de naphthylamine, acide picrique, indulines, noir bleu de Coupier, bleus alcalins, bleus de diphénylamine, violet solide (gallocyanine), substitut d'orseille (Poirrier), violet d'anthracène; des fuchsines, verts, violets, etc., sulfoconjugués; des carmins d'indigo; des alizarines, purpurines, nitroalizarines, bleu d'alizarine; des graines de Perse, de l'orseille, de la cochenille, du rocou, des cachous, des tannins, etc. Les matières colorantes des vins sont dans cette classe

Comme types des matières colorantes *acides*, j'ai adopté pour mes essais le bleu de diphénylamine et le ponceau de xylidine en solutions aqueuses au 1/1000.

Les bandes oxydées en une heure, comme dans l'expérience fondamentale, ont été employées couramment.

Examinons maintenant les modifications intimes produites sur le coton par l'oxydation.

A sec, les fils ont un toucher moins rugueux ; à l'état humide, leur blanc paraît plus opaque. Les fibres ont subi une contraction. Au microscope, leur cassure par traction semble présenter moins de fibrilles divisées; on remarque aussi des brisures transversales, souvent nombreuses.

M. Marcel Vétillart et M. le Dr G. Pennetier ont bien voulu entreprendre à ce sujet de longues et intéressantes études micrographiques et microchimiques auxquelles il est nécessaire de se reporter (1).

L'hypothèse chimique d'une *chlorocellulose*, susceptible de dégager de l'acide chlorhydrique au vaporisage en laissant un hydrate de cellulose, jaunâtre, friable, n'est nullement justifiée par les faits. Des expériences délicates m'ont prouvé que le coton oxydé par les hypochlorites et convenablement purifié ne conserve pas trace de chlore.

La partie la plus transformée constitue une poudre qui traverse les tamis et se masse par la dessiccation en grumeaux légers d'un beau blanc, rappelant un peu l'aspect de l'amidon; dans le vide à 100° il n'y a ni altération ni coloration.

M. A. Rosenstiehl et M. le Dr Nœlting ont eu l'obligeance de se charger de l'analyse élémentaire de nos produits diversement purifiés. On trouve constamment plus de carbone et moins d'hydrogène que dans la cellullose; la formule $C^{24}H^{20}O^{21}$ semble traduire les résultats obtenus.

J'ai fait un grand nombre d'expériences en immergeant, à froid, les fibres oxydées dans des solutions de sels métalliques, puis en révélant la présence de ceux-ci, après le lavage, au moyen de réactions colorées appropriées. Invariablement les *bases* sont attirées énergiquement, probablement à l'état de *sels basiques*, tandis que le coton normal ne se charge que très faiblement.

Les sels ferreux, le chlorure ferrique concentré ou dilué dans plus de 25000 parties d'eau, les sels chromiques, les aluns, les chlorures stanneux et stannique, l'émétique, les sels de cuivre, de cadmium, de zinc, de cobalt, de nickel, de plomb, de baryum, d'urane, le chlorure hypovanadique, ont fourni des résultats nettement tranchés.

Avec le chlorure mercurique à 5 0/0, par exemple, puis, après lavages,

(1) Voir *Bulletin de la Soc. industrielle de Rouen*, année 1883, p. 233.

immersion de la bande oxydée dans une solution à 10 0/0 du sel double que forme l'iodure mercurique avec l'iodure de potassium, on obtient immédiatement un orangé rouge vif en zone régulièrement fondue sur une quinzaine de centimètres qui se détache sur un tissu entièrement blanc.

En transposant ces deux solutions, dans une expérience semblable, le coton ne s'est pas coloré.

Mais les résultats les plus extraordinaires, au point de vue de l'extrême sensibilité de l'absorption des sels par le coton oxydé, sont certainement ceux obtenus avec les dérivés du vanadium. Toutefois ils tiennent moins encore à quelque propriété spéciale à la nature de cet élément qu'à une réaction colorée extrêmement puissante, que j'ai étudiée autrefois et dont j'ai tiré profit pour en déceler des traces infinitésimales : je veux parler du développement du noir d'aniline aux chlorates.

Lorsqu'on affaiblit à dessein une pâte préparée normalement pour l'impression, par addition de son volume d'épaississant, on remarque, lors de l'aérage à tiède, que le coton oxydé *nuit* par sa nature spéciale à la formation du noir tout autant que le font la soie et la laine.

Par contre, lorsque le calicot oxydé est immergé d'abord à froid, plusieurs heures, dans une solution de chlorure hypovanadique à 1/100000 de métal ; puis, après lavages et séchages, lorsqu'on l'imprime avec une préparation pour noir au chlorate, sans aucune addition métallique, on constate très rapidement le développement de la couleur en large fondu *sur la zone oxydée*. Le vanadium est le seul corps qui puisse agir aussi énergiquement dans de semblables conditions.

Que l'on répète l'expérience avec des solutions 10 fois, 100 fois, 1000 fois plus faibles, on retrouve toujours une absorption métallique beaucoup plus forte sur la partie oxydée que sur le coton blanchi normalement. De nombreuses expériences, que je ne puis détailler ici, m'ont conduit jusqu'à caractériser de cette façon le vanadium dilué dans 10,000,000,000 parties d'eau.

En étendant cette dernière dilution, infinitésimale cependant, de *cent fois son volume d'eau* et en faisant circuler le liquide lentement sur des échantillons *faiblement* oxydés, je suis parvenu à une sensibilité fabuleuse : *un trillionième* de vanadium ! Aussi suis-je arrivé, par une méthode analogue, à retrouver cet élément dans diverses eaux de sources naturelles où sa présence n'avait jamais été soupçonnée.

Terminons ce qui a trait à l'absorption des bases métalliques par le coton oxydé en signalant des sels, constitués différemment, qui semblent au contraire être *repoussés*, au moins pour leurs principes acides : les permanganates, aluminates, cyanoferrures, cyaniferrures, sulfocyanures, sulfures alcalins, etc.

Toutes les réactions du coton oxydé dans la teinture avec les matières colorantes artificielles ou avec les sels métalliques peuvent être répétées indéfiniment sur les mêmes échantillons, si l'on a le soin de faire disparaître ces substances par un traitement acide convenable ou par de nombreux lavages à l'eau bouillante afin de les teindre dans de nouveaux bains. — Voici d'autres propriétés caractéristiques qui ne peuvent être mises en évidence qu'une seule fois.

Lorsqu'on plonge lentement du coton plus ou moins oxydé dans une solution alcaline portée à l'ébullition : eau de chaux, hydrates ou carbonates alcalins en liqueurs étendues, savons, etc., il se développe aussitôt une coloration jaune vif et intense qui se dissout dans le liquide et brunit par l'action de l'air. Les fibres oxydées s'affaiblissent dans ces traitements. — L'ammoniaque à l'ébullition n'a pas d'action ; c'est un fait à remarquer.

De même, dans une solution alcaline bouillante de tartrate de cuivre, toutes les places oxydées se recouvrent rapidement de protoxyde de cuivre orangé qui y reste adhérent.

Après purification et lavages les réactions susdites ne se reproduisent plus ; toutefois le coton oxydé ainsi traité reste encore parfaitement apte à absorber les matières basiques, colorées ou non!

C'est qu'en réalité la cellulose, lorsqu'on l'oxyde dans un milieu neutre ou acide, forme à la fois *deux* oxycelluloses qui paraissent avoir la même composition élémentaire.

L'une, *l'oxycellulose* proprement dite, est insoluble même dans les alcalis et n'est pas réductrice.

L'autre est lentement et faiblement soluble à froid dans les solutions alcalines *étendues* et la solution brunit par la chaleur ; elle réduit le tartrate de cuivre ; je l'ai désignée provisoirement, à cause de ses propriétés, sous le nom de *celluloglucose ;* elle est insoluble dans les acides, l'eau bouillante, l'alcool, l'éther, etc.

Avec les *chlorites*, l'oxydation de la cellulose se produit non moins aisément qu'avec les hypochlorites. J'ai étudié spécialement la formation de ces sels sous l'influence de la lumière agissant spontanément sur les solutions de chlorure de chaux ; l'acide chloreux est également mis en liberté par l'acide carbonique de l'atmosphère et il modifie la cellulose comme le fait l'acide hypochloreux.

L'acide chlorique est plus stable, mais si l'on provoque sa décomposition par la chaleur soit en présence de traces de vanadium, soit en chauffant les chlorates de sesquioxydes, le chlorate d'aluminium par exemple, les produits chlorés engendrés réalisent sur place l'oxydation de la cellulose ; on obtient ainsi d'excellentes impressions sur coton en mordant d'oxycellulose, qui peut ensuite être teint en toutes nuances. On peut aussi, sur papier, se servir du chlorate d'aluminium, comme l'a fait M. H. Schmid, en guise d'encre sympathique qui devient réellement indélébile à l'aide d'un chauffage modéré : les caractères sont incolores et ils apparaissent à volonté, en peu de minutes, au contact des solutions étendues de matières colorantes basiques.

En dehors des composés chlorés — lorsque la chaleur concentre les solutions d'acide chromique ou d'acide permanganique sur les fibres végétales, leur oxydation a lieu rapidement.

Vers la même époque, MM. Cross et Bevan avaient obtenu de leur côté, en traitant la cellulose par l'acide nitrique à 60 0/0 et à l'ébullition, une matière gélatineuse, insoluble, la β oxycellulose. Celle-ci possède beaucoup d'analogies chimiques avec notre *celluloglucose*, mais j'ai trouvé qu'elle en diffère en ce qu'elle est légèrement soluble dans l'eau ammoniacale.

Quoi qu'il en soit, les propriétés constatées sur le coton oxydé nous obligent à recommander aux chimistes de n'employer qu'avec réserve la méthode de filtration des précipités très ténus conseillée par M. Lecoq de Boisbaudran; on sait qu'elle consiste à préparer une pulpe spéciale de papier traité par ébullition avec l'eau régale; or les bases métalliques des solutions étendues et faiblement acides doivent infailliblement être attirées par la cellulose ainsi modifiée.

L'oxydation lente du fer ou des composés ferreux, les acétates notamment, en présence de l'air et des fibres végétales, détermine leur affaiblissement en même temps que leur transformation en dérivés oxydés semblables à ceux que nous avons décrits.

Avec les sels ferriques, l'oxyde ferrique ou le bioxyde de manganèse, la lumière possède en outre une influence oxydante particulière qui est considérable sur la cellulose. La lumière agit encore de même avec les sels cuivriques, — et cette observation a de l'importance pour les tisseurs qui emploient certains parements: un affaiblissement des fils de chaîne peut se produire lors du traitement des écrus par des bains de chaux à l'ébullition.

Les tissus végétaux et les papiers s'altèrent spontanément aussi *par oxydation sous la seule influence de la lumière*, même lorsqu'ils ne sont pas exposés à l'air libre; ces faits ont été mis en évidence dans des conditions très variées : tous les effets obtenus sont semblables à ceux produits rapidement par l'acide hypochloreux. L'action atteint son maximum vers les rayons violets; elle est très faible dans le rouge et l'orangé.

D'ailleurs, aucune oxydation ne se produit sur coton par l'humidité et l'air, ou même la vapeur d'eau à 100°, en dehors de la lumière.

L'eau oxygénée n'agit sur la cellulose qu'à une assez forte concentration.

Au contraire, l'ozone dilué dans le gaz oxygène ne tarde pas à oxyder les fibres végétales.

Enfin, la simple électrolyse de l'eau détermine à la longue les mêmes phénomènes.

Il m'est impossible de détailler ici les nombreux cas d'oxydation de la cellulose constatés sous l'influence simultanée des alcalis, même les plus faibles, de l'air et de la chaleur. Bornons-nous à dire qu'une coloration jaune brunâtre les accompagne, par suite de l'altération de la cellulo-glucose formée, tandis que l'oxycellulose constitue principalement les fibres qui sont alors affaiblies plus ou moins fortement.

Nos diverses expériences d'oxydation accomplies sur le coton ont été répétées avec les mêmes résultats sur les fibres de lin, de china-grass et sur la plupart des matières textiles végétales. Toutefois, avec les fibres ligneuses purifiées, dont le jute, le chanvre, le phormium, l'agave, le bois de sapin, peuvent être cités comme types, on obtient déjà directement des colorations permanentes plus ou moins intenses au simple contact des solutions de matières colorantes basiques. Cela tient à ce que la cellulose de ces matières a subi *naturellement* une oxydation assez profonde, peut-être même sous l'influence prolongée des rayons solaires pendant la croissance des feuilles et des tiges.

Quoi qu'il en soit, l'existence de l'oxycellulose ou de produits analogues, à l'état naturel, est démontrée et il doit être tenu compte désormais de ces nouvelles données dans les recherches chimiques et physiologiques du domaine du règne végétal. Sans nul doute, ces principes jouent un rôle important dans l'absorption des matières basiques en solution dans les liquides qui traversent les plantes ; ainsi, avec le concours de la lumière, les oxydes de fer et de manganèse, par exemple, une fois assimilés, créent à leur tour des réactions oxydantes qui se renouvellent et se succèdent au sein de ces laboratoires mystérieux.

Un fait non moins remarquable, c'est que la molécule de *cellulose* —quel que soit son état de condensation — n'est pas le seul principe chimique qui puisse être modifié par les oxydations ménagées. Tous ses dérivés insolubles se transforment eux-mêmes en de nouveaux produits, caracté-risés aisément par leurs réactions et les curieuses propriétés tinctoriales qu'ils acquièrent; il en est ainsi de l'hydrocellulose, qui ne se teint pas en bleu méthylène avant d'avoir été oxydée, et des diverses nitrocelluloses.

Les amidons et les fécules se comportent par l'oxydation comme la cellulose et ils jouissent alors des mêmes facultés.

Il y a plus : les matières animales, la laine, les cheveux, la soie, la peau, la corne, les plumes, l'albumine coagulée, etc., se modifient chi-miquement beaucoup plus rapidement encore que la cellulose par toutes les actions oxydantes, naturelles ou artificielles, étudiées précédemment. Elles jaunissent, en général, sans changer de formes, et invariablement leur affinité pour les matières colorantes basiques est alors considérablement augmentée, tandis que cette affinité devient presque nulle pour les matières colorantes acides.

La composition élémentaire des fibres textiles, azotée ou non, n'a donc pas, dans la teinture, l'importance que jusqu'à ce moment on a cru devoir lui attribuer. En outre, on entrevoit là diverses séries de nouveaux produits oxydés, ainsi que de fécondes applications.

Comme conclusion de nos recherches, je crois pouvoir résumer brièvement les principaux résultats obtenus, sous la forme de lois fondamentales :

1° Toute oxydation ménagée modifie les matières ORGANISÉES en *acidifiant* ces matières sans altérer sensiblement leur forme.

2° Dans la plupart des cas, et notamment avec les *matières acides insolubles*, la TEINTURE est un phénomène essentiellement chimique, soumis aux règles qui président aux combinaisons des substances insolubles avec des principes d'autre nature chimique en solutions étendues. L'oxycellulose nous en a fourni des démonstrations évidentes.

Beaucoup d'expériences à l'appui de cette dernière loi ont été faites en partant de substances minérales naturelles, ou préparées artificiellement, à réactions acides ou basiques bien connues, telles que la silice, la magnésie, l'oxyde de zinc, les carbonates, silicates, phosphates et autres sels métalliques, soit pulvérulentes, soit fixées sur coton, par la *teinture* avec les diverses espèces de matières colorantes artificielles.

On peut donc espérer teindre ou fixer les matières colorantes sur les fibres textiles suivant des principes plus rationnels et par des méthodes plus simples que celles établies empiriquement.

Comme dernière conséquence, les solutions étendues des matières colorantes acides étant mélangées elles-mêmes aux solutions des matières colorantes basiques, m'ont permis d'obtenir ainsi des précipités ou *laques véritablement doubles* dont l'intensité colorante se trouve portée au maximum.

Au moyen de l'oxycellulose et de ses réactions tinctoriales il devient facile de caractériser, en quelques instants, la nature *acide ou basique* des innombrables matières colorantes créées chaque jour.

Comme applications chimiques pratiques, on arrivera encore à concentrer sur les tissus oxydés les composés métalliques basiques existant dans les solutions étendues, les eaux naturelles, etc.

Enfin, avec les matières organisées convenablement choisies servant de témoins, on mesurera l'intensité des actions oxydantes, quelles qu'elles soient, à l'aide de leur coloration par certaines substances tinctoriales.

Actuellement nous pouvons jeter un regard sur le chemin déjà parcouru :

depuis le minime accident de pièces trouées par une cause qui était inconnue, toute une série de transformations naturelles ou artificielles des matières textiles a été découverte; des points obscurs dans les industries du blanchiment, de la teinture, de l'impression, des apprêts et même du tissage et de la fabrication des papiers se sont largement éclairés; de nouvelles réactions et d'intéressantes applications ont été trouvées, et nous sommes arrivés finalement à formuler plusieurs lois chimiques importantes qui serviront de précieux guides à de nouveaux chercheurs.

La première partie de la tâche a exigé de laborieux efforts et elle n'a été accomplie qu'avec le concours de savants auxquels nous témoignerons toujours notre sincère reconnaissance. Toutefois, en terminant, nous avons conscience que l'avenir réserve plus encore à ceux qui dirigeront résolument leurs études dans les voies que nous avons ouvertes.

MM. E. NŒLTING et Félix BINDER

à Mulhouse.

ÉTUDES SUR LES DÉRIVÉS DIAZOAMIDO

— *Séance du 11 septembre 1884* —

ACTION DE L'HYDROGÈNE NAISSANT, DU BROME, DES AMINES PRIMAIRES ET TERTIAIRES, DES PHÉNOLS ET DES ACIDES SUR CES DÉRIVÉS.

I

Produit de réaction du chlorure de diazobenzol sur la p-toluidine et du chlorure de p-diazotoluol sur l'aniline.

Diazoamidobenzoltoluol.

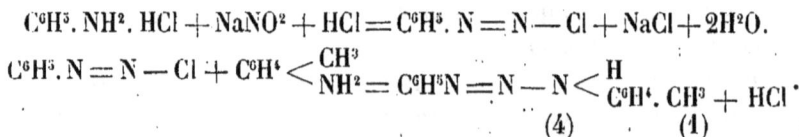

$$C^6H^5 . NH^2 . HCl + NaNO^2 + HCl = C^6H^5 . N = N - Cl + NaCl + 2H^2O.$$

$$C^6H^5 . N = N - Cl + C^6H^4 < ^{CH^3}_{NH^2} = C^6H^5 N = N - N < ^{H}_{C^6H^4 . CH^3} + HCl$$

(4)   (1)

Pour la seconde réaction, il suffit d'intervertir les amines.

La copulation s'effectue en présence d'acétate de sodium pour neutraliser l'acide chlorhydrique mis en liberté.

Les produits des deux réactions cristallisent de la ligroïne, de l'éther ou de l'alcool. Ils offrent des caractères identiques et se décomposent de la même façon par les procédés que nous allons énumérer.

A. *Action de* H *naissant.*

Produits : phénylhydrazine et tolylhydrazine, aniline et p-toluidine.

En introduisant peu à peu la solution alcoolique de l'un ou de l'autre diazoamido dans une solution chlorhydrique dosée de chlorure stanneux et en opérant à froid, la réduction a lieu suivant l'équation type :

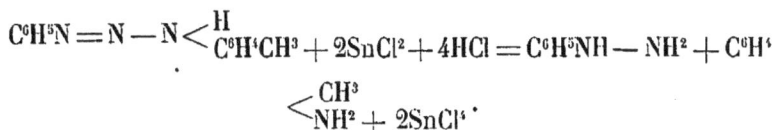

$$C^6H^5N = N - N < \begin{matrix} H \\ C^6H^4CH^3 \end{matrix} + 2SnCl^2 + 4HCl = C^6H^5NH - NH^2 + C^6H^4$$

$$< \begin{matrix} CH^3 \\ NH^2 \end{matrix} + 2SnCl^4 \cdot$$

Comme il y a un grand excès d'acide chlorhydrique dans la solution, il cristallise au bout de douze heures de repos un mélange de chlorhydrates.

Ces sels, décomposés par NaOH et distillés à la vapeur d'eau, fournissent un distillat dont les premières portions renferment les amines. Il est facile d'y déceler la présence de la p-toluidine par son oxalate acide à peu près insoluble à chaud, tandis que l'oxalate d'aniline reste dans les eaux mères ; la base se caractérise aisément par la réaction des hypochlorites.

Les dernières portions du distillat donnent les hydrazines. Il suffit d'extraire ces bases à l'éther et de traiter la solution éthérique par le sulfure de carbone ; il se forme un précipité blanc cristallisé, qui, fractionné par dissolution dans l'éther, fournit le phénylthiocarbazinate de phénylhydrazine,

$$C^6H^5 . NH . NH . CS . SH . C^6H^4 . NH . NH^2$$

fondant à 97° avec décomposition et la combinaison toluylique analogue fondant à 105°, point de fusion vérifié avec la substance préparée au moyen de p-tolylhydrazine et de sulfure de carbone purs.

D'après ces faits, deux formules sont possibles pour le diazoamido :

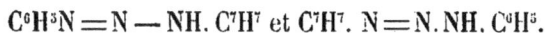

$$C^6H^5N = N - NH . C^7H^7 \text{ et } C^7H^7 . N = N . NH . C^6H^5.$$

B. *Action du brome.*

Produits : bromure de p-diazotoluol et tribromaniline.
Nous opérons en solution benzénique.

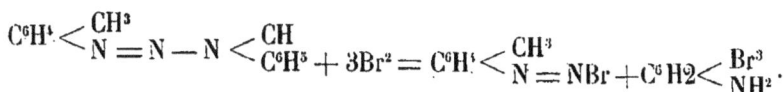

$$C^6H^4 < \begin{matrix} CH^3 \\ N \end{matrix} = N - N < \begin{matrix} CH \\ C^6H^5 \end{matrix} + 3Br^2 = C^6H^4 < \begin{matrix} CH^3 \\ N \end{matrix} = NBr + C^6H2 < \begin{matrix} Br^3 \\ NH^2 \end{matrix} \cdot$$

La tribromaniline reste en solution, pendant que le bromure de p-diazotoluol se précipite. On filtre et on dissout ce bromure dans de l'eau refroidie pour le copuler avec de la diméthylaniline ; il se forme instan-

tanément du diméthylamidoazobenzoltoluol $C^6H^4 < {}^{CH^3}_{N}=N-C^6H^4N<{}^{CH^3}_{CH^3}$
fondant à 166° après cristallisation de l'alcool.

Cette scission répond à la formule $C^6H^4 < {}^{CH^3}_{N}=N-N<{}^{H}_{C^6H^5}$.

C. *Transposition avec l'aniline.*

Produits : amidoazobenzol et p-toluidine.

Nous mélangeons le diazoamido avec de l'aniline et du chlorhydrate
d'aniline. Au bout de quelques heures à 60°, il s'élimine de la p-toluidine
et il reste de l'amidoazobenzol :

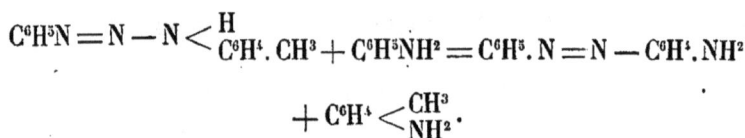

$$C^6H^5N=N-N<{}^{H}_{C^6H^4.CH^3}+C^6H^5NH^2=C^6H^5.N=N-C^6H^4.NH^2$$
$$+C^6H^4<{}^{CH^3}_{NH^2}.$$

En versant le produit brut dans HCl chaud, moyennement étendu, le
chlorhydrate d'amidoazo cristallise par refroidissement. Nous aboutissons
ici à la formule

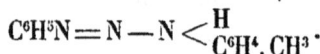

$$C^6H^5N=N-N<{}^{H}_{C^6H^4.CH^3}.$$

D. *Transposition avec la diméthylaniline.*

Produits : diméthylamidoazobenzoltoluol et aniline.

Ici, au contraire, c'est l'aniline qui est éliminée, car la réaction se passe
suivant :

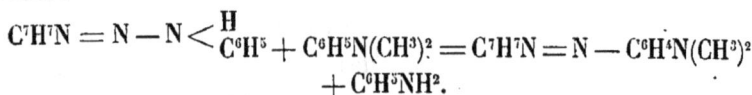

$$C^7H^7N=N-N<{}^{H}_{C^6H^5}+C^6H^5N(CH^3)^2=C^7H^7N=N-C^6H^4N(CH^3)^2$$
$$+C^6H^5NH^2.$$

E. *Transposition avec le phénol.*

Produits : oxyazobenzol et p-toluidine.
Le phénol agit comme l'aniline :

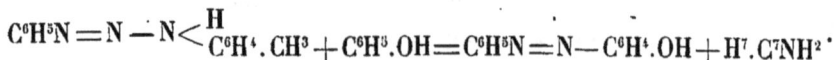

$$C^6H^5N=N-N<{}^{H}_{C^6H^4.CH^3}+C^6H^5.OH=C^6H^5N=N-C^6H^4.OH+H^7.C^7NH^2.$$

L'opération s'effectue au bain-marie, en présence de soude caustique
solide. On enlève la toluidine par un courant de vapeur d'eau, elle cristallise. La solution alcaline acidulée précipite l'oxyazobenzol et le phénol
volatilisable par ébullition. L'oxyazo reste et se retire de l'eau par agitation
avec l'éther acétique. Pour le purifier, il faut le dissoudre plusieurs fois
dans la soude et le reprécipiter par HCl; il fond alors à 148°.

F. *Scission par* SO^4H^2 *dilué.*

Produits : phénol, p-crésylol, aniline, p-toluidine.

En distillant en solution sulfurique diluée avec un courant de vapeur d'eau, le distillat abandonne les phénols à l'éther et celui-ci les cède à la soude caustique. En décomposant de nouveau la solution alcaline par HCl et extrayant à l'éther, on obtient les phénols à l'état pur. Distillés, ils donnent deux fractions, l'une de 185-190°, la seconde de 190-194°.

Chacune de ces portions est mise en solution alcaline et combinée avec du chlorure de diazobenzol.

L'oxyazobenzol, $C^6H^5N = N — C^6H^4 . OH$, forme un sel de soude stable et soluble, c'est ce qui arrive pour la portion 185-190°. L'oxyazobenzol isolé fond à 148-149°.

Le p-oxytoluolazobenzol, $C^6H^5N = N — C^6H^3 < {CH^3 \atop OH}$, au contraire, forme un sel de soude peu stable; il est donc contenu dans le précipité. On l'en purifie par cristallisation de l'éther acétique ou de la benzine; il fond à 108° (Mazzara).

Les eaux sulfuriques renferment les amines. On alcalise et chasse à la vapeur. En extrayant le distillat à l'éther et distillant cette solution, on sépare les huiles de 183-185°, elles offrent toutes les réactions de l'aniline; les huiles de 185-195° restent liquides pendant des heures, tandis que celles de 195-200° cristallisent au bout de peu de temps et consistent en p-toluidine, pf. 45°.

La scission par SO^4H^2 ne s'explique qu'en donnant au diazoamido les deux formules :

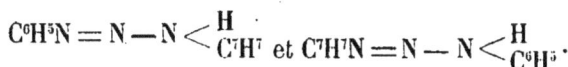

$$C^6H^5N = N — N < {H \atop C^7H^7} \text{ et } C^7H^7N = N — N < {H \atop C^6H^5} .$$

II

Bromodiazoamidobenzol.

S'obtient en faisant agir du p-diazobromobenzol sur de l'aniline ou du diazobenzol sur de la p-bromaniline, pf. 63° :

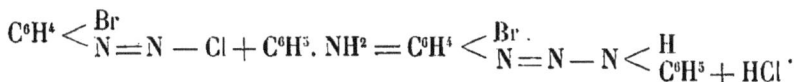

$$C^6H^4 < {Br \atop N} = N — Cl + C^6H^5 . NH^2 = C^6H^4 < {Br \atop N} = N — N < {H \atop C^6H^5} + HCl .$$

Le diazoamido obtenu de l'une ou de l'autre façon cristallise de l'alcool absolu et surtout de l'éther en masses brunes veloutées, fondant à 91° avec dégagement d'azote.

Scission par SO^4H^2 *dilué.*

Produits : p-bromaniline et phénol.

Le phénol se trouve dans le distillat. Il cristallise de la solution éthérique desséchée et fournit l'oxyazobenzol, pf. 148°.

Le liquide acide, évaporé et décomposé par l'ammoniaque, donne un précipité qui, extrait à l'eau bouillante, laisse déposer à froid des feuillets blancs ramifiés de p-bromaniline, pf. 63°.

Il convient, d'après cette scission, d'admettre pour le diazoamido la formule

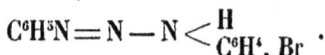

$$C^6H^5N=N-N<{H \atop C^6H^4.Br}.$$

III

P-Nitrodiazoamidobenzol.

En copulant le p-nitrodiazobenzol avec l'aniline :

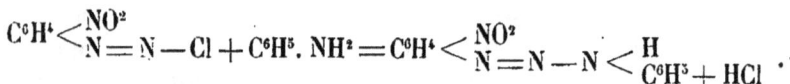

$$C^6H^4<{NO^2 \atop N=N-Cl}+C^6H^5.NH^2=C^6H^4<{NO^2 \atop N=N-N<{H \atop C^6H^5}}+HCl.$$

Nous diazotons la p-nitraniline en solution chlorhydrique concentrée et la combinons avec l'aniline en présence d'un excès d'acétate de sodium.

Chose curieuse, aucun des procédés en usage ne nous a permis de combiner le chlorure de diazobenzol avec la p-nitraniline.

Le diazoamido nitré cristallise de la benzine en houppes jaunes soyeuses, fondant à 148° avec dégagement d'azote. Il est en général beaucoup plus soluble à chaud qu'à froid dans l'alcool et la benzine.

A. *Scission par* SO^4H^2 *dilué.*

Produits : phénol et p-nitraniline, le phénol caractérisé par l'oxyazobenzol et la p-nitraniline par son point de fusion 146°.

Nous n'avons pu découvrir aucun autre produit dans cette décomposition. Ce fait exige la formule $C^6H^5N=N-N<{H \atop C^6H^4.NO^2}$, quoiqu'elle ne s'accorde nullement avec la synthèse de ce corps.

B. *Scission par le brome.*

Produits : Bromonitraniline et bromure de diazobenzol.

La scission s'effectue en solution benzénique suivant l'équation :

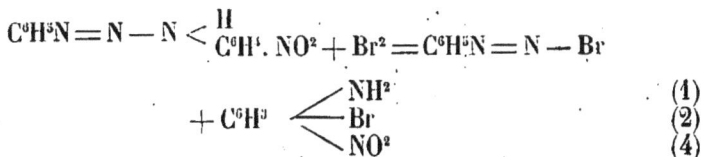

$$C^6H^5N=N-N<{^H_{C^6H^4.\,NO^2}}+Br^2=C^6H^5N=N-Br$$

$$+C^6H^3<{^{NH^2}_{Br}_{NO^2}}\qquad\qquad\begin{matrix}(1)\\(2)\\(4)\end{matrix}$$

On emploie le brome en excès ; une fois qu'il a agi, la benzine ne contient plus que quelques goudrons, de la bromopicrine, de l'acide bromhydrique.

En lavant le précipité à l'eau glacée, il se dissout un bromure de diazo, qui, combiné à la diméthylaniline, fournit le diméthylamidoazobenzol $C^6H^5N=N-C^6H^4N(CH^3)^2$, cristallisant de l'alcool avec le point de fusion 110°.

Le restant du précipité, bouilli avec de l'eau et filtré, dépose des aiguilles à froid ; recristallisées de l'acide acétique glacial, elles fondent à 104° et sont, par conséquent, de la monobromonitraniline

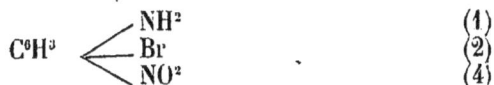

$$C^6H^3<{^{NH^2}_{Br}_{NO^2}}\qquad\qquad\begin{matrix}(1)\\(2)\\(4)\end{matrix}$$

La scission par Br mène donc encore à la formule

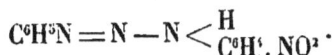

$$C^6H^5N=N-N<{^H_{C^6H^4.\,NO^2}}\cdot$$

C. *Transposition avec l'aniline.*

S'effectue dans les deux sens :

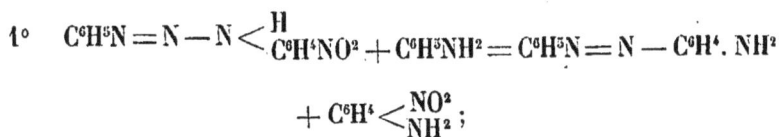

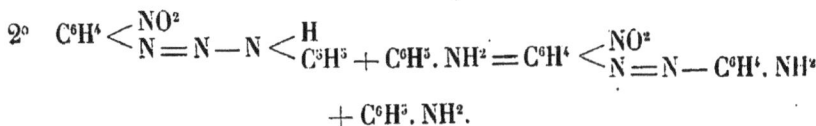

$$1°\quad C^6H^5N=N-N<{^H_{C^6H^4NO^2}}+C^6H^5NH^2=C^6H^5N=N-C^6H^4.\,NH^2$$

$$+C^6H^4<{^{NO^2}_{NH^2}};$$

$$2°\quad C^6H^4<{^{NO^2}_{N}}=N-N<{^H_{C^6H^5}}+C^6H^5.\,NH^2=C^6H^4<{^{NO^2}_{N}}=N-C^6H^4.\,NH^2$$

$$+C^6H^5.\,NH^2.$$

Cependant le nitroamidoazobenzol se forme en minorité.

Cette transposition se fait à la longue quand on chauffe le diazoamido avec de l'aniline et un peu de chlorhydrate d'aniline à 60°.

En versant le produit de réaction dans HCl chaud, les chlorhydrates d'amidoazo cristallisent par le refroidissement, pendant que la p-nitraniline éliminée reste dissoute. On lave le précipité à l'acide moyennement concentré, on le décompose par l'ammoniaque et on sépare les amidoazo l'un de l'autre par cristallisation de l'alcool. Le nitroamidoazobenzol est très peu soluble dans l'alcool froid, il fond à 203-205°, tandis que l'amidoazobenzol fond à 123°.

Le nitroamidoazo fournit par réduction avec le sulfhydrate d'ammoniaque le prototype des azylines $C^6H^4 <^{NH^2}_{N\,=\,N\,-\,C^6H^4.NH^2}$, obtenues déjà par MM. Mixter et Nietzky. Il fond à 241°. — Nous devons donc admettre pour le diazoamido en question les deux formules :

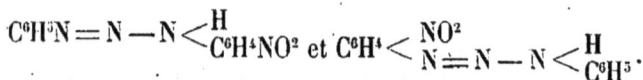

$$C^6H^5N = N - N <^H_{C^6H^4NO^2} \text{ et } C^6H^4 <^{NO^2}_{N\,=\,N\,-\,N} <^H_{C^6H^5}.$$

D. *Transposition avec le phénol.*

Produits : oxyazobenzol et p-nitraniline.

Se fait au bain-marie, en présence de soude caustique solide. La p-nitraniline cristallise dans la solution alcaline étendue d'eau. Pour isoler les autres produits, il suffit d'aciduler et de chasser le phénol à la vapeur d'eau. L'oxyazobenzol reste dans le ballon, on l'en retire par agitation avec l'éther acétique. Il ne devient pur qu'après plusieurs dissolutions dans la soude et remise en liberté par HCl.

L'équation est :

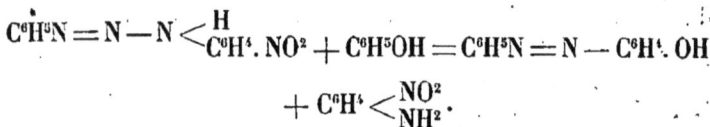

$$C^6H^5N = N - N <^H_{C^6H^4}. NO^2 + C^6H^5OH = C^6H^5N = N - C^6H^4. OH$$
$$+ C^6H^4 <^{NO^2}_{NH^2}.$$

IV

P-Nitrobenzoldiazoamidotoluol.

En copulant $C^6H^4 <^{NO^2}_{N\,=\,N\,-\,Cl}$ avec l'orthotoluidine.

Le corps $C^6H^4 <^{NO^2}_{N\,=\,N\,-\,N} <^H_{C^6H^4. CH^3}$ se précipite en flocons rouges et cristallise de C^6H^6 avec le point de fusion 139-140°.

Transposition avec l'orthotoluidine.

Produits : p-nitraniline, nitroamidoazotoluol et amidoazotoluol.

La transposition s'effectue comme celle du nitrodiazoamidobenzol dans les deux sens, mais avec formation d'une quantité peu grande de nitroamidoazo.

On a les équations :

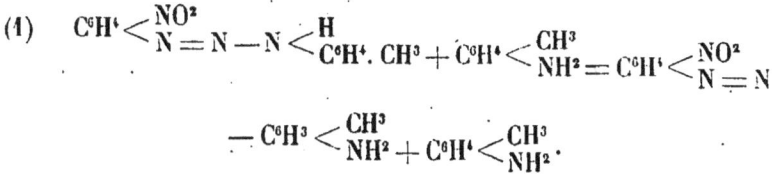

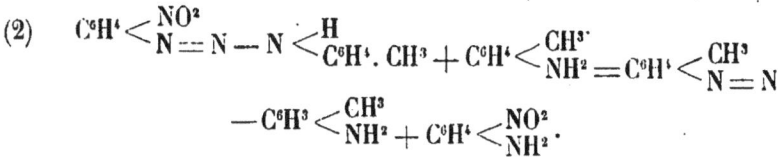

(1) $C^6H^4 <^{NO^2}_{N=N-N} <^{H}_{C^6H^4}$. $CH^3 + C^6H^4 <^{CH^3}_{NH^2} = C^6H^4 <^{NO^2}_{N=N}$

$$- C^6H^3 <^{CH^3}_{NH^2} + C^6H^4 <^{CH^3}_{NH^2}.$$

(2) $C^6H^4 <^{NO^2}_{N=N-N} <^{H}_{C^6H^4}$. $CH^3 + C^6H^4 <^{CH^3}_{NH^2} = C^6H^4 <^{CH^3}_{N=N}$

$$- C^6H^3 <^{CH^3}_{NH^2} + C^6H^4 <^{NO^2}_{NH^2}.$$

Le p-amidotoluolazonitrobenzol est peu soluble dans l'alcool absolu froid. Il s'en précipite en une poudre cristalline brune fondant à 198°.

Par réduction, il fournit une azyline de la formule

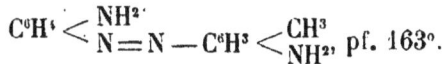

$$C^6H^4 <^{NH^2}_{N=N} -C^6H^3 <^{CH^3}_{NH^2}, \text{ pf. } 163°.$$

L'amidoazotoluol formé en majeure partie fondait à 98°.

V

Dinitrodiazoamidobenzol.

En diazotant 2 mol. de p-nitraniline en solution acétique avec une mol. de $NaNO^2$ et 1 mol. de HCl :

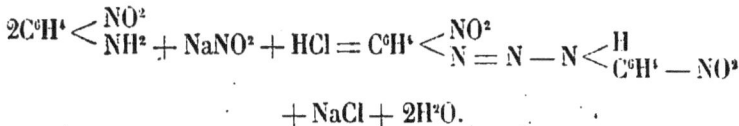

$$2C^6H^4 <^{NO^2}_{NH^2} + NaNO^2 + HCl = C^6H^4 <^{NO^2}_{N=N} -N <^{H}_{C^6H^4} - NO^2$$

$$+ NaCl + 2H^2O.$$

Le diazoamido constitue une poudre jaune clair, très peu soluble dans C^6H^6, l'éther, CS^2. Cristallisé, il fond à 224°.

Transposition avec l'aniline.

Produits : nitroamidoazobenzol et p-nitraniline.

Ce corps se transpose assez difficilement; il faut un grand excès d'aniline et de chlorhydrate d'aniline :

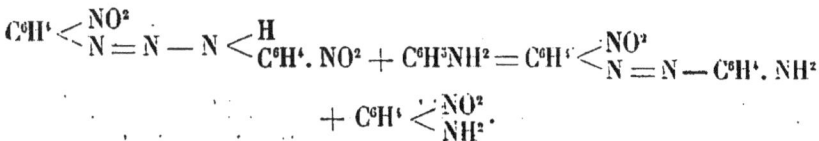

$$C^6H^4 <^{NO^2}_{N=N} -N <^{H}_{C^6H^4}. NO^2 + C^6H^5NH^2 = C^6H^4 <^{NO^2}_{N=N} - C^6H^4. NH^2$$

$$+ C^6H^4 <^{NO^2}_{NH^2}.$$

Le nitroamidoazobenzol fond à 203-205° et fournit par réduction le prototype des azylines, pf. 241°.

VI

M-Nitrodiazoamidobenzol.

Se prépare comme le dérivé para déjà décrit. Il se présente sous un aspect un peu plus rouge que le para et cristallise moins bien.

Nous n'avons pas réussi non plus à copuler le diazobenzol avec la m-nitraniline.

Transposition avec l'aniline.

Nous n'avons pu découvrir qu'une formation d'amidoazobenzol avec élimination de m-nitraniline :

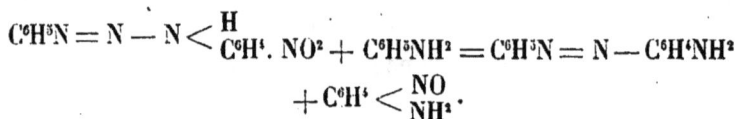

$$C^6H^5N = N - N <^H_{C^6H^4}. NO^2 + C^6H^5NH^2 = C^6H^5N = N - C^6H^4NH^2$$
$$+ C^6H^4 <^{NO}_{NH^2}.$$

VII

Aniline et B-Naphtylamine.

En copulant le diazobenzol avec la β-naphtylamine, nous n'avons jamais réussi à isoler un diazoamido intermédiaire ; il se forme immédiatement l'amidoazo $C^6H^5N = N - C^{10}H^6. NH^2$, pf. 97°.

En diazotant la β-naphtylamine et la faisant réagir sur l'aniline, il se forme un diazoamido en flocons jaune clair ; cristallisé de C^6H^6 ou mieux de l'alcool ordinaire, il fond à 150° et a pour formule

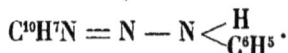

$$C^{10}H^7N = N - N <^H_{C^6H^5}.$$

Il faut diazoter la β-naphtylamine en présence d'un assez grand excès de HCl, si l'on veut éviter la formation de la diazoamidonaphtaline $C^{10}H^7N = N - N <^H_{C^{10}H^7}.$

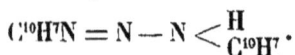

A. Transposition avec l'aniline.

Fournit de l'amidoazobenzol et de la β-naphtylamine éliminée :

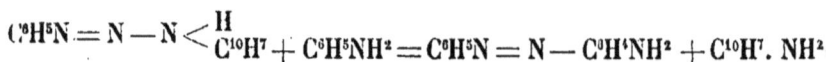

$$C^6H^5N = N - N <^H_{C^{10}H^7} + C^6H^5NH^2 = C^6H^5N = N - C^6H^4NH^2 + C^{10}H^7. NH^2$$

ce qui est en contradiction avec la synthèse du corps.

B. Transposition avec le phénol.

Élimine aussi la naphtylamine et forme de l'oxyazobenzol ; les conclusions sont encore les mêmes que précédemment.

VIII

Aniline et pipéridine.

Sous l'action du chlorure de diazobenzol sur la pipéridine, il se forme de la phényldiazopipéride :

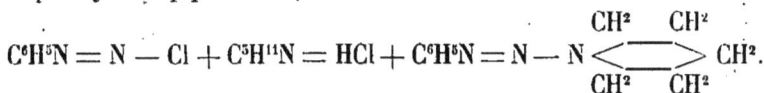

$$C^6H^5N = N - Cl + C^5H^{11}N = HCl + C^6H^5N = N - N \underset{CH^2\quad CH^2}{\overset{CH^2\quad CH^2}{\Big\langle\underline{\quad}\Big\rangle}} CH^2.$$

Ce diazoamido se précipite en petits cristaux blancs. Repris à l'éther, ils forment de grosses agglomérations cristallines fondant à 41° et supportant sans altération visible une température de 200°.

A. *Scission par* SO^4H^2.

Elle est très nette et rend du phénol et de la pipéridine, celle-ci caractérisée par la combinaison qu'elle forme directement avec CS^2 : $N(C^5H^{10})CS. S. NH^2(C^5H^{10})$, pipéridylthiocarbaminate de pipéridine, pf. 165°.

B. *Réduction par* $SnCl^2$.

Le diazoamido se décompose en phénylhydrazine, donnant la combinaison connue avec CS^2 et en pipéridine reconnaissable à son odeur ou par sa combinaison sulfocarbonique. Nous avons encore préparé le dérivé qu'elle donne avec l'essence phénylique de moutarde, C^6H^5NCS, c'est une phénylpipérylthiourée $C = S \dfrac{NH. C^6H^5}{N(C^5H^{10})}$, pf. 95-97°.

(Tous ces essais ont été comparés avec d'autres, exécutés au moyen de pipéridine pure.)

IX

Aniline et tétrahydroquinoléine.

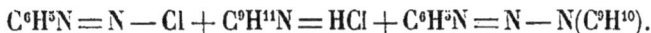

$$C^6H^5N = N - Cl + C^9H^{11}N = HCl + C^6H^5N = N - N(C^9H^{10}).$$

Au moment de la copulation, le liquide se colore en jaune serin, et après quelque repos il se précipite des gouttes huileuses. Le meilleur procédé consiste à extraire à l'éther. En lavant cette solution à HCl dilué, cet acide se colore en rouge, preuve qu'il se forme en partie un amidoazo par transposition ; en même temps, l'excès de tétrahydro se trouve enlevé. L'éther abandonne après évaporation une huile jaune épaisse, ne cristallisant pas dans les mélanges réfrigérants. Elle constitue le diazoamido.

Scission à SO^4H^2 *dilué.*

Produits : tétrahydroquinoléine et phénol.

X

Aniline et monométhylaniline.

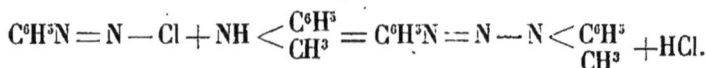

$$C^6H^5N = N - Cl + NH < \frac{C^6H^5}{CH^3} = C^6H^5N = N - N < \frac{C^6H^5}{CH^3} + HCl.$$

Il se forme un trouble jaune vif, se prenant à la longue en une huile surnageante. Elle s'extrait aisément à l'éther; en lavant cette solution à HCl, celui-ci se colore en rouge; il reste après évaporation de l'éther une huile brunâtre ne cristallisant pas à — 12°.

A. *Scission par* SO^4H^2,

Produits : phénol et monométhylaniline.

B. *Réduction par* $SnCl^2$.

Nous avons observé cette réaction bien attentivement, pour ne pas laisser échapper une phénylhydrazine méthylée asymétrique, qui aurait pu prendre naissance.

Le chlorhydrate d'hydrazine se sépare aisément du chlorhydrate de la monométhylaniline éliminée, ce dernier sel ne cristallisant pas.

L'hydrazine, traitée par CS^2, donne intégralement le thiocarbazinate fondant juste à 97°. D'autre part, l'hydrazine fournit aussi avec l'essence phénylique de moutarde la diphénylthiosemicarbazide $C^6H^5N^2H^2$. CS. NH. C^6H^5, pf. 176° (E. Fischer, 177°).

XI

P-Nitraniline et monométhylaniline.

Il se produit instantanément un amidoazo. Nous n'avons pas pu saisir un diazoamido intermédiaire.

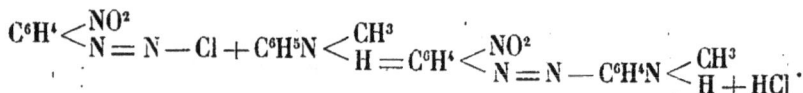

$$C^6H^4 < \frac{NO^2}{N} = N - Cl + C^6H^5N < \frac{CH^3}{H} = C^6H^4 < \frac{NO^2}{N} = N - C^6H^4N < \frac{CH^3}{H} + HCl.$$

Le corps nouveau se précipite et cristallise de l'alcool bouillant en aiguilles orangées fondant à 133°.

XII

Aniline et monoéthylaniline, aniline et monobutylaniline.

Ces deux réactions produisent des diazoamido huileux, nous n'avons pas réussi à les faire cristalliser.

L'acide sulfurique dilué bouillant les scinde en phénol et amine secondaire.

XIII

P-Toluidine et monoéthylaniline, aniline et monoéthyle-p-toluidine.

Ces deux réactions fournissent des produits complètement différents; la première donne un diazoamido huileux $C^6H^4 < \frac{CH^3}{N=N-N} < \frac{C^2H^3}{C^6H^3}$.

Nous n'avons pu le faire cristalliser par le froid.

A. *Scission par* SO^4H^2 *dilué.*

Produits : monoéthylaniline et p-crésylol, qui forme avec le diazobenzol l'oxyazo $C^6H^3N = N - C^6H^3 < \frac{CH^3}{OH}$ se précipitant à l'état libre, même en présence de soude caustique; il fond à 108-109°.

B. *Réduction par* $SnCl^2$.

Produits : monoéthylaniline et p-tolylhydrazine dont la combinaison sulfocarbonique fond à 105°.

Le produit de réaction de l'aniline diazotée sur la monoéthyltoluidine fut étudié par M. Gastiger. En opérant avec des solutions bien refroidies, il obtint le diazoamido $C^6H^5N = N - N < \frac{C^7H^7}{C^2H^3}$ en un précipité solide, cristallisant de l'éther en grains rouges fondant à 38-39°. Les acides le scindent en phénol $C^6H^5.OH$ et monoéthyle-p-toluidine, les réducteurs en phénylhydrazine et monoéthyle-p-toluidine.

XIV

Nous avons préparé aussi la diazobenzoldiméthylamine $C^6H^5N = N - N < \frac{CH^3}{CH^3}$. Ce corps est connu. Nous l'obtînmes en huile jaune clair, décomposable par les acides en phénol et diméthylamine.

Nous espérions encore pouvoir combiner le diazobenzol avec le carbazol, en vue du corps $C^6H^5N = N - N < \frac{C^6H^4}{C^6H^4}$; la copulation n'eut pas lieu.

Nous ne pûmes non plus combiner le diazobenzol avec la pyridine; ce résultat était à prévoir.

MM. E. NŒLTING et S. FOREL

à Mulhouse.

SUR LES XYLIDINES

— Séance du 11 septembre 1884 —

La théorie fait prévoir pour les trois xylènes isomères six xylidines isomériques, à savoir :

L'orthoxylène donne deux orthoxylidines.

Le métaxylène donne trois métaxylidines.

Le paraxylène ne donne qu'une seule paraxylidine.

Divers travaux ont déjà été publiés sur·ces bases ; nous avons entrepris de les préparer toutes les six à l'état de pureté afin d'étudier l'influence de leur isomérie dans la formation des matières colorantes.

ORTHOXYLIDINES

L'orthoxylène dont on s'est servi provient de la fabrique de MM. Lengfeld et Reuter, près de Rostock ; il peut être considéré comme chimiquement pur.

La *nitration de l'orthoxylène* a réussi le mieux de la façon suivante :

Dans 300 grammes d'orthoxylène maintenus à une température voisine de 0°, on laisse couler très lentement et en remuant constamment un mélange d'une molécule d'acide nitrique ordinaire et de deux parties d'acide sulfurique à 66° B. Le nitro, après avoir été lavé à l'eau et à la soude étendue, est distillé à la vapeur et rectifié.

Ébullition :

à 180° =	11 gr.	} 27 grammes léger.
180-225° =	16	
225-232° =	4	
232-243° =·	7	
243-245° =	38	
245-247° =	146	
247-251° =	44	
251-255° =	30	
Reste	60	

347 grammes nitro.

Les portions distillant de 247° et au-dessus cristallisent par refroidissement dans la glace. Ce nitro solide filtré à froid et lavé avec de l'alcool froid fond de 29-30° et est le même que celui qu'a obtenu M. Jacobsen, en nitrant l'orthoxylène avec l'acide nitrique seul *(Berichte der deutschen chemischen Gesellschaft, 1884, t. XVII, p. 159).*

Les portions inférieures soumises à deux fractionnements, avec un appareil de MM. Lebel et Henninger, ont montré un point de distillation constant de 245-247°.

Ce nitro reste liquide à une température de — 15° et est différent de celui de Jacobsen, lequel est solide et bout à 258° d'après le même auteur. L'analyse a montré que c'était un mononitroxylène. Le nitro de M. Jacobsen a pour constitution :

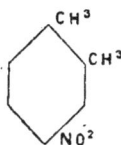

Le nouveau nitro doit avoir la constitution suivante :

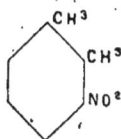

La nitration de l'orthoxylène réussit très bien avec l'acide nitrique et sulfurique; fort peu de produits secondaires, tels que binitroxylène ou acide toluique, nitrotoluique, etc., se sont formés. Le rendement en mononitro est de 87 0/0 de la théorie en décomptant le léger.

Avec l'acide nitrique seul on a obtenu un rendement en mononitro beaucoup plus faible.

50 grammes xylène sont ajoutés à 450 grammes acide nitrique fumant et froid. Le nitro lavé et distillé à la vapeur montre les points d'ébullition suivants :

à	249° =	2 gr.
	249-251° =	5
	251-254° =	9,5
	254-259° =	10,5
	Reste	8

35 grammes nitro, soit 49 0/0 de la théorie.

Ce nitro distille différemment de celui obtenu avec l'acide nitrique et sulfurique.

Le premier contient davantage de nitro voisin 1.2.3. liquide que le second fait avec l'acide nitrique seul.

Dans ce dernier, tout ne s'est pas pris en masse par le refroidissement et on a pu constater aussi la présence du nitro voisin 1.2.3. liquide qui ne se forme qu'en très petite quantité, il est vrai.

Donc, à la nitration de l'orthoxylène, on a obtenu :

1° Un *nitro liquide* distillant à 250° à la pression de 739 mm. therm. dans la vapeur. Densité à 15° = 1.147.

2° Un *nitro solide* fondant de 29-30° et distillant à 256, press. 739 therm. dans la vapeur.

Le nitroxylène liquide n'est probablement pas du nitro voisin 1.2.3. chimiquement pur, car après deux ou trois fractionnements la séparation des deux nitro, dont les points d'ébullition ne diffèrent que peu, ne doit pas être complète, et ainsi que l'a démontré l'étude du produit de réduction, la xylidine 1.2.3. liquide obtenue contient encore une petite quantité de l'isomère solide.

Réduction de l'orthonitroxylène liquide.

La réduction a été effectuée au moyen du zinc et l'acide acétique (le bichlorure d'étain n'a pas pu être employé, car il donne des produits chlorés).

La base distillée à la vapeur d'eau est rectifiée. Elle passe de 219-220° à la pression barométrique de 740 mm. (non corrigé).

Acétorthoxylidine. — Pour s'assurer de sa pureté, on la transforme en dérivé acétylé, lequel cristallisé une fois dans la benzine fond de 128-130°; après trois cristallisations le point de fusion reste constant à 134°. Il est pur. Saponifié, il donne une base, laquelle bout à 223°, à 739 mm. therm. dans la vapeur.

La densité à 15° $= 0,991$.

Cette xylidine donne un chlorhydrate qui cristallise avec une molécule d'eau. Le sulfate est peu soluble dans l'eau.

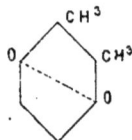

Orthoxyloquinone. — Avec le bichromate de potasse et l'acide sulfurique (d'après le procédé décrit par M. Nietzki, *Berliner Berichte*, t. XIII. p. 472), cette xylidine donne une xyloquinone qui sublime en longues aiguilles jaunes et fond à 55°.

L'*orthohydroxyloquinone*, obtenue en réduisant la quinone par l'acide sulfureux, cristallise de l'eau en forme de croûtes et sublime en longues aiguilles blanches, fondant avec partielle décomposition à 221°.

Le *xylénol* obtenu en faisant bouillir le chlorure de diazoxylol avec l'eau est solide; il cristallise de l'eau en aiguilles blanches, sublime très bien en aiguilles et fond à 73°.

L'orthoxylidine 1.2.3. ne donne pas de fuchsine, si on l'oxyde en présence de paratoluidine par l'acide arsénique.

Réduction du nitrorthoxylène solide.

La réduction se fait très bien au moyen du bichlorure d'étain. La base obtenue est en tous points semblable à celle qu'a obtenue Jacobsen. Elle fond à 49° et distille à 224° à la pression de 739 mm., thermomètre dans la vapeur.

L'orthoxylidine 1.2.4. ne donne pas de fuchsine, si on l'oxyde en présence d'aniline par l'acide arsénique.

MÉTAXYLIDINES

Le métaxylène qu'on a eu entre les mains et qui provenait, comme l'orthoxylène et comme le paraxylène, dont on parlera plus loin, de la fabrique de MM. Lengfeld et Reuter, n'était pas du métaxylène chimiquement pur. Cela a été constaté à l'oxydation du xylène par le permanganate de potasse en solution alcaline ; il s'est formé à côté de beaucoup d'acide isophtalique un peu d'acide phtalique provenant de l'orthoxylène. En outre, la xylidine obtenue en nitrant le même xylène donne, à l'oxydation au bichromate, en très faible quantité de la paraxyloquinone fondant à 122-123°. Ce xylène contenait donc un peu de l'ortho et du paradérivé.

Pour avoir du métaxylène tout à fait pur, on a employé la méthode de Fittig, en prenant les proportions que M. Levinstein a indiquées dans : *The Journal of the Society of Chemical Industry*, 1884 :

$$1600 \ cc^3 \ \text{de métaxylène,}$$
$$640 \ cc^3 \ HNO^3 \ 41 \ B.,$$
$$960 \ cc^3 \ H^2O,$$

sont chauffés à l'ébullition pendant quatre à cinq heures, en remuant constamment.

Le produit a été ensuite lavé à la soude avec soin.

On a obtenu 1425 cc^3 de xylène sec, contenant un peu de nitro. La perte a été de 175 cc^3, soit 11 0/0. Ce xylène est du métaxylène pur.

NITRATION DU MÉTAXYLÈNE

La nitration s'effectue comme celle de l'orthoxylène. Toutefois, on a remarqué qu'il est difficile au laboratoire de nitrer de trop grandes quantités d'un seul coup et qu'on a les meilleurs rendements en opérant sur 100 grammes seulement de matière à la fois.

1350 grammes de métaxylène chimiquement pur ont été nitrés avec 1250 g. HNO^3 à 43° B. et 1920 g. H^{2}SO^4 à 66° B. On a obtenu :

MÉTANITROXYLÈNE BRUT

à   215° =   20 gr. (léger).
    215-230° =   74
    230-233° = 100
    233-236° = 198
    236-239° = 297
    239-241° = 257
             ─────
             926 gr. nitro.

En outre, il s'est formé beaucoup de binitro qui s'est décomposé à la rectification.

Le rendement dans cette opération a été mauvais ; dans d'autres essais antérieurs, sur de plus petites quantités, les rendements ont été supérieurs.

Nitro isomères. — Le nitrométaxylène peut contenir les trois isomères : deux, le nitro asymétrique 134, bouillant à 239°, et le symétrique 135, fusible à 74-75° et bouillant à 263, sont connus.

Les parties bouillant bas (voir le tableau précédent), de 215-235°, doivent contenir un isomère.

Ces parties sont fractionnées huit fois avec un appareil de MM. Lebel et Henninger, et l'on obtient, en fin de compte :

à   215° = 23 gr.
    215-220° = 37
    220-224° = 61   } n° 1.
    224-227° = 15
    227-230° = 19
    230-233° = 18   } n° 2.
    233-235° = 20

Reste mononitro, 744 grammes.

L'analyse des portions n⁰ˢ 1 et 2 donne des chiffres correspondant à un xylène mononitré.

L'isomère cherché doit être contenu dans les portions distillant entre 215-224°.

Ce *nitro* 1 (98 grammes) est réduit au moyen du fer et l'acide acétique. La base distille de 209-212°. Elle est liquide.

Acétoxylidine. —Elle est transformée en dérivé acétylé, lequel, après

$CH^3. CH^3. NHC^2H^3O$
 1.   3.   2.

trois cristallisations dans la benzine, fond constamment à 176°,5. Ce dérivé est pur ; il cristallise très bien de la benzine en longues aiguilles.

La saponification de cet acétoxylidine n'a pas réussi au moyen de HCl concentré, ni même de H^2SO^4 concentré au bain-marie ou de la soude caustique. On a dù le chauffer en tubes scellés, de 150-200° pendant quatre heures, avec l'acide chlorhydrique concentré.

La base obtenue est pure et distille à 214°,5 à la pression barométrique de 739 mm., thermomètre dans la vapeur.

C'est une nouvelle métaxylidine qui ne peut avoir que la constitution

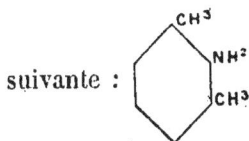

suivante :

Elle forme des sels bien cristallisés. Par oxydation, elle donne de la métaxyloquinone (voir la xylidine symétrique).

Le *métanitroxylol symétrique* solide et distillant à 255° (d'après Wroblevsky) n'a pu être trouvé dans les produits de la nitration du métaxylène.

Donc, dans la nitration du métaxylène il se forme, en majeure partie,

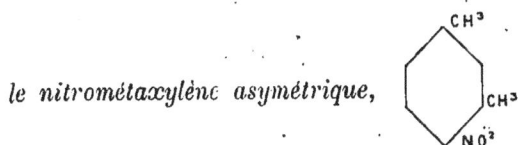

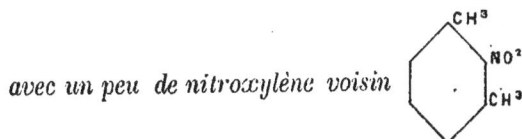

le nitrométaxylène asymétrique,

avec un peu de nitroxylène voisin

Autre mode de préparation de la métaxylidine voisine.

La métaxylidine voisine 1.2.3. a été préparée en même temps, par voie détournée, par M. Grevingk, à Mulhouse.

Il a obtenu le *nitroxylol voisin* distillant à 225°, sous la pression barométrique de 739 mm. therm. dans la vapeur. Sa densité = 1,112 à 15°.

La *xylidine* distille de même que la précédente à 214°,5, à la pression de 739 mm. et therm. dans la vapeur. Sa densité n'a pas été prise par manque de substance.

Le *dérivé acétylé* fond à 176°,5.

Ces deux xylidines sont identiques.

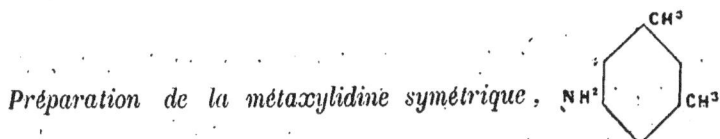

Préparation de la métaxylidine symétrique ,

D'après M. Wroblevsky, *Annalen der Chemie,* t. CCVII, p. 95.

La matière première a été la métaxylidine asymétrique, qu'on a obtenue par deux ou trois cristallisations du chlorhydrate de la xylidine commerciale et transformation en dérivé acétylé, lequel fond à 128-129°. La métaxylidine asymétrique bout à 214 3/4 à la pression de 739 therm. dans la vapeur. Sa densité = 0,978 à 15°.

L'acétoxylidine est nitré avec 3-4 parties d'acide nitrique fumant. Il se

forme exclusivement la nitracétoxylidine,

qui fond à 176.

Après saponification au moyen de H_2SO_4, étendu de son volume d'eau et purification du produit par cristallisation dans l'alcool, on obtient une orthonitrométaxylidine fondant vers 74° (identique avec celle de Hoffmann et Wroblevsky). Par désacétylisation, on obtient une nitroxylidine fusible à 77°.

L'*élimination du groupe amide* se fait au moyen du nitrite d'éthyle en solution alcoolique et le nitroxylol solide qu'on obtient est lavé soigneusement à la soude et à l'acide chlorhydrique à chaud, pour le purifier ; puis, il est distillé à la vapeur et cristallisé dans l'alcool ; il fond de 74-75° et est pur.

Wroblevsky indique 67° comme point de fusion ; il est probable que son produit n'était pas très pur.

Ce nitroxylol bout à 263°, à 739 mm. therm. dans la vapeur. Réduit par le bichlorure d'étain, ce nitroxylol donne une xylidine qui bout à 220°, à la pression de 739 mm. therm. dans la vapeur. Sa densité = 0,972 à 15°.

Le *dérivé acétylé* pur et cristallisé plusieurs fois dans l'eau, dans l'alcool, dans la benzine, dans l'acétone, fond constamment à 140°,5. Wroblevsky indique 144°,5.

La *métaxyloquinone* a été obtenue comme l'orthoxyloquinone. Elle fond à 73°.

L'*hydroquinone* fond à 149°.

Le *métaxylénol symétrique* est assez facilement soluble dans l'eau ; il fond à 68°. Le dérivé tribromé fond à 166°.

Nitration de la métaxylidine symétrique. — 5 grammes xylidine sont dissous dans 50 g. H_2SO_4.

On ajoute une molécule de HNO_3 fumant, mélangés à deux parties de H_2SO_4. La nitroxylidine obtenue distille facilement à la vapeur et cristallise de l'eau et de l'alcool en aiguilles, qui fondent à 54°.

A la réduction, cette nitroxylidine donne une *orthodiamine*, la même que celle obtenue en réduisant la nitroxylidine décrite précédemment et fusible à 77°.

Donc la constitution de cette nitroxylidine est :

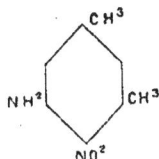

Le fait que le nitro est allé se placer en ortho vis-à-vis du groupe amide quand la position para est libre, est fort curieux.

La formation d'un isomère n'a pas pu être constatée.

PARAXYLIDINE

Nitration du paraxylène. — Le paraxylène a été nitré comme ses isomères.

Le nitroparanitroxylène obtenu bout à 238°3/4, à la pression de 739 mm. therm. dans la vapeur.

Sa densité = 1.132 à 15°.

Par réduction, il donne de la paraxylidine.

La paraxylidine oxydée par l'acide arsénique, en présence de paratoluidine, ne fournit pas de fuchsine.

AMIDOAZO DÉRIVÉS DES TROIS XYLÈNES

La préparation des six amidoazoxylols est pour tous la même. On a opéré de la façon suivante :

1 *molécule xylidine* et 1 *molécule chlorhydrate de xylidine* sont mélangés et à froid on y laisse couler, en remuant constamment, 1 *molécule de nitrite de sodium* en solution aqueuse concentrée.

Le diazoamido se sépare parfois huileux, parfois solide. Dans le premier cas, on l'extrait à l'éther et l'on évapore rapidement l'éther à froid; dans le second cas, on peut le filtrer. En tout cas, il est nécessaire de le transposer rapidement en amidoazo pour éviter sa décomposition. La transposition a lieu avec 1 molécule de base et un peu de chlorhydrate, en chauffant plusieurs heures à 50° environ. On sépare l'amidoazo de la xylidine qui a servi à la transposition par l'insolubilité du chlorhydrate de l'amidoazo dans HCl étendu. Le chlorhydrate d'amidoazo est purifié par cristallisation dans l'alcool et lavages répétés à l'alcool et l'éther. Si l'on a entre les mains un amidoazo dans lequel les groupes *amide* sont en *para* vis-à-vis l'un de l'autre, le chlorhydrate est *rouge* et il se dissout en *rouge vif* dans le phénol; si les groupes *amide* sont en *ortho*, le chlorhydrate est *jaunâtre* et se dissout en *vert* dans le phénol. Pour mettre la base en liberté, le mieux est de dissoudre le chlorhydrate dans l'alcool, de sursaturer par l'ammoniaque et de laisser cristalliser la base qu'on purifie par cristallisations dans l'alcool, la benzine, la ligroïne, etc.

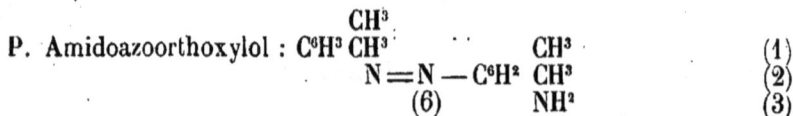

$$\text{P. Amidoazoorthoxylol : } C^6H^3 \, \overset{CH^3}{\underset{(6)}{\overset{CH^3}{N=N-C^6H^2}}} \quad \begin{matrix} CH^3 \\ CH^3 \\ NH^2 \end{matrix} \quad \begin{matrix} (1) \\ (2) \\ (3) \end{matrix}$$

Préparé avec l'orthoxylidine voisine 1.2.3., il cristallise de l'alcool en paillettes jaunes brillantes, fusibles à 110°,5.

A la réduction, il donne une paradiamine.

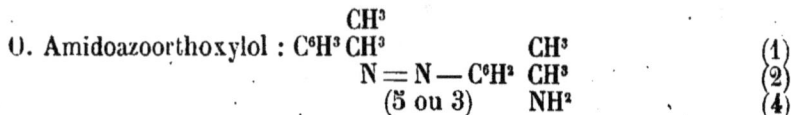

$$\text{U. Amidoazoorthoxylol : } C^6H^3 \, \overset{CH^3}{\underset{(5\ ou\ 3)}{\overset{CH^3}{N=N-C^6H^2}}} \quad \begin{matrix} CH^3 \\ CH^3 \\ NH^2 \end{matrix} \quad \begin{matrix} (1) \\ (2) \\ (4) \end{matrix}$$

Préparé avec l'orthoxylidine solide 1.2.4., il est peu soluble dans l'alcool, duquel il cristallise très facilement en paillettes jaunes, fusibles à 179°.

A la réduction, il donne une orthodiamine (coloration rouge avec Fe^2Cl^6 et aucune formation de quinone).

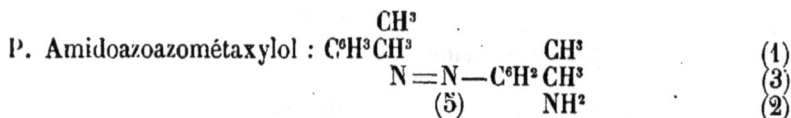

$$\text{P. Amidoazoazométaxylol : } C^6H^3 \, \overset{CH^3}{\underset{(5)}{\overset{CH^3}{N=N-C^6H^2}}} \quad \begin{matrix} CH^3 \\ CH^3 \\ NH^2 \end{matrix} \quad \begin{matrix} (1) \\ (3) \\ (2) \end{matrix}$$

Préparé avec la métaxylidine voisine 1.3.2., il cristallise le mieux de l'alcool étendu en petites paillettes jaune vif, fusibles à 77°,5.

C'est un paraamidoazo; il ne peut, du reste, se former que celui-là, car les positions ortho sont prises et la formation d'un amidoazo dérivé, dans lequel le groupe $N=N$ se trouve en méta vis-à-vis de l'amide, n'a jamais pu être observée.

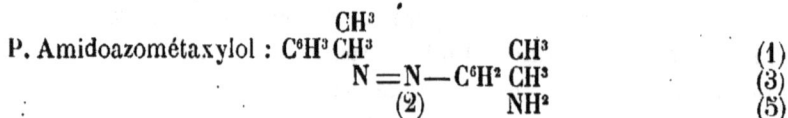

$$\text{P. Amidoazométaxylol : } C^6H^3 \, \overset{CH^3}{\underset{(2)}{\overset{CH^3}{N=N-C^6H^2}}} \quad \begin{matrix} CH^3 \\ CH^3 \\ NH^2 \end{matrix} \quad \begin{matrix} (1) \\ (3) \\ (5) \end{matrix}$$

Préparé avec la métaxylidine symétrique 1.3.5., il cristallise bien de l'alcool et fond à 95°.

A la réduction, il donne une paradiamine (la même que le précédent); le manque de substance n'a pas permis d'isoler la diamine à l'état de pureté, mais on a obtenu en l'oxydant la quinone, fusible à 73° (voir la métaxylidine symétrique).

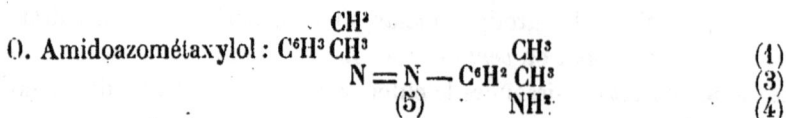

$$\text{O. Amidoazométaxylol : } C^6H^3 \, \overset{CH^2}{\underset{(5)}{\overset{CH^3}{N=N-C^6H^2}}} \quad \begin{matrix} CH^3 \\ CH^3 \\ NH^2 \end{matrix} \quad \begin{matrix} (1) \\ (3) \\ (4) \end{matrix}$$

Préparé avec la métaxylidine asymétrique 1.3.4., il cristallise de la benzine en paillettes jaune clair, fusibles à 78°.

A la réduction, il donne une orthodiamine, que l'on sépare le mieux de la base primaire par distillation ; la diamine distille vers 260–270° ; elle se prend de suite en masse blanche, qui cristallise de la benzine en aiguilles tout à fait blanches, fusibles de 77-78°. Elle a toutes les propriétés d'une orthodiamine et est identique avec celle décrite par Hoffmann.

P. Amidoazoparaxylol : $C^6H^3CH^3$

$$\begin{array}{ll} \text{CH}^3 & (1) \\ \text{N}=\text{N}-\text{C}^6\text{H}^2\,\text{CH}^3 & (4) \\ (5) \qquad \text{NH}^2 & (2) \end{array}$$

Préparé avec la paraxylidine, il est fusible à 150°. Par réduction, il donne une paradiamine fusible à 146°,5-147°, la même que celle obtenue en réduisant la nitroparaxylidine. Cette paradiamine donne par oxydation la paraxyloquinone, fusible à 123°.

M. Nietzki a décrit, dans les *Berichte der deuts. chem. Gesellschaft*, B. XII, p. 471, un amidoazoxylol, fusible à 115°, préparé au moyen de la xylidine commerciale, riche en métaxylidine ordinaire et donnant par réduction une paradiamine.

Nous avons obtenu ce même amidoazo en diazotant :

1 molécule métaxylidine asymétrique et 1 molécule chlorhydrate de paraxylidine.

Le diazoamido a été transposé avec la paraxylidine. L'amidoazo fond après plusieurs cristallisations de 110-111°. La paradiamine qu'il donne à la réduction, fond de 145°,5-147° ; c'est la même que celle obtenue plus haut. L'amidoazo décrit par M. Nietzki est donc un amidoazo mixte, et cela est fort compréhensible, car il n'a pas eu entre les mains une métaxylidine pure, mais un mélange de méta et de paraxylidine.

M. LORIN

Préparateur à l'École centrale.

SUR UN CAS PARTICULIER D'ACTION CATALYTIQUE

— *Séance du 11 septembre 1884* —

1. Dans une Note (*C. R.*, juin 1881) sur la préparation industrielle de l'acide formique cristallisable, j'ai indiqué que l'acide formique n'atteignait

jamais un titre supérieur à 98,5, l'acide oxalique n'étant jamais absolu-
lument sec et décomposant partiellement l'acide formique produit, et que
la formine résultante était une triformine. J'ajoutais que la simplicité des
causes qui déterminent les réactions n'est qu'apparente ; c'était refuser à
cette formine le rôle principal dans ce genre de phénomènes.

2. M. Van Romburgh (C. R., 1881) s'est occupé spécialement de la diformine glycérique que j'avais rencontrée forcément pendant la saturation de
la glycérine. Il était naturel d'admettre pour elle des propriétés analogues
à celles qui ont conduit Henninger et M. Tollens au mode de préparation
de l'alcool allylique ; aussi ne m'y suis-je pas arrêté.

Je relève dans cette Note deux assertions auxquelles je ne saurais sous-
crire. La première, c'est le prétendu rôle capital que j'ai fait jouer à la
monoformine comme terme de saturation. Dans le mémoire inséré aux
Annales (4e série, t. XXIX), n'opérant plus avec les proportions du
mémoire de 1865, j'ai indiqué que je n'avais pas rencontré de formines
supérieures. De plus, j'avais obtenu la diformine du glycol avec l'acide
ordinaire ; et, enfin, la diformine et la triformine glycériques (1881).

On ne peut objecter que la diformine provenait de l'acide oxalique sec
et non de l'acide ordinaire, puisque ce dernier commence par se déshy-
drater, fait que j'ai indiqué (C. R., 1881) et qui avait échappé à M. Van
Romburgh, ainsi que les conditions dans lesquelles se produit la
diformine.

3. Le deuxième point a une importance capitale au point de vue de
l'éthérification. M. Van Romburgh dit que c'est non la monoformine, mais
la diformine qui explique la formation de l'acide formique : cette assertion
est *singulière*, quand on remarque que les trois formines sont obtenues
avec la glycérine.

Enfin, M. Van Romburgh termine ainsi : « Chauffée avec de l'acide
» oxalique déshydraté, la diformine n'est pas changée en triformine ; il se
» dégage de l'acide carbonique, et j'obtiens un rendement d'acide for-
» mique correspondant à la quantité d'acide oxalique employé. »

Que la quantité d'acide formique ait été telle que l'indique l'habile
chimiste de Liège, ce fait ne prouve rien ; cette quantité aurait été plus
grande en chauffant plus longtemps. La vérité est que la saturation de la
glycérine est progressive jusqu'à une triformine.

J'ai repris ces expériences avec le plus grand soin, opérant au bain-
marie, et avec des proportions considérables, sans isoler spécialement la
diformine, et je suis arrivé aux mêmes résultats qu'autrefois. Le titre de la
diformine s'élève toujours, et de 62,16 finit par atteindre le titre de 75 en
acide formique latent, titre qui oscille ensuite sans atteindre jamais 78,4,
qui est celui de la triformine.

4. Je rappelle que j'ai éliminé l'influence des acides formique et oxalique

en montrant que ce dernier acide se décompose normalement par l'action seule de la chaleur. En présence d'un alcool multivalent, on a d'abord une oxaline, puis une oxaloformine et enfin une formine.

La solution de ce problème si complexe d'éthérification n'a pas été avancée par le travail de M. Van Romburgh. Ainsi que je l'ai prouvé, le rôle exagéré de la diformine s'efface, et alors le travail de l'habile chimiste de Liège prend sa valeur.

M. LORIN

Préparateur à l'École centrale.

NOTE PRÉLIMINAIRE SUR LES OXALINES, CLASSE D'ÉTHERS DONT LES PROPRIÉTÉS CARACTÉRISTIQUES NE PARAISSENT PAS IDENTIQUES A CELLES DES ÉTHERS ORDINAIRES

— Séance du 11 septembre 1881 —

1. C'est en vérifiant le caractère classique donné par Dumas et Boullay pour les éthers que j'ai indiqué l'existence des *formines* (*C. R.*, 1865).

L'impossibilité d'expliquer la génération de l'acide formique, naissant de l'acide oxalique, par les alcools multivalents, m'a fait indiquer l'existence des *oxalines*, autre classe d'éthers de ces alcools, existence fondée sur la propriété du composé résultant de fournir de l'oxamide avec l'ammoniaque aqueuse (*C. R.*, 1873).

2. Voici des faits nouveaux. Immédiatement et à froid, l'acide oxalique se combine avec les alcools multivalents : d'abord, abaissement de température, puis chaleur dégagée. Avec équivalents égaux d'acide sec et de glycérine préalablement chauffée, la température s'abaisse de 7 degrés, puis remonte de 21 degrés, et le mélange se prend en masse d'un seul coup ; avec 33 grammes de glycol de Wurtz et 46 d'acide, la température s'abaisse de 6 degrés et remonte de 26 degrés, etc. Le mélange, opéré dans un verre, devient si dur, qu'il est impossible d'en extraire la baguette de verre. *Cette expérience de cours* prouve, à l'évidence, la combinaison de l'acide oxalique avec les alcools multivalents. On constate également un dégagement de chaleur avec la monoformine glycérique et l'acide oxalique sec.

3. Caractériser de tels éthers si faciles à produire paraît simple ; il n'en est rien, leur formation n'étant pas accompagnée d'élimination d'eau

équivalente. On est, en effet, dans des conditions spéciales : l'acide oxalique sec est très avide d'eau et la retient avec force, et d'ailleurs le
composé formé en absorbe facilement d'un jour à l'autre. Cependant, en
opérant dans les limites de température de 60 à 70 degrés et pendant
plusieurs semaines consécutives, respectant ainsi l'oxaline partiellement
formée, et aussi l'oxaline qui se forme encore successivement et progressivement, j'ai pu constater une certaine élimination d'eau, la décomposition normale en acide carbonique et en acide formique étant à peine
sensible. L'existence d'une limite, à la combinaison, se révèle par le dosage
de l'oxamide, dosage approximatif variant par diverses causes, spécialement avec le volume de l'ammoniaque.

L'oxaline se forme aussi bien avec l'acide oxalique ordinaire dans les
conditions précitées ; et, dans la préparation de l'acide formique, sa présence se manifeste jusqu'à la fin avec une persistance singulière.

4. Puisque l'élimination d'eau équivalente est un caractère qui fait
défaut pour les oxalines, la propriété de donner de l'oxamide peut seule
servir, au moins d'une manière nette et facile, pour définir la fonction
chimique des alcools, et pour permettre, de plus, de les distinguer en
uni et multivalents, la décomposition normale de l'acide oxalique, avant
100 degrés, n'ayant lieu qu'en présence des multivalents.

5. Le gaz acide chlorhydrique accélère la combinaison de l'acide oxalique avec le glycol, la glycérine, etc. Les phénomènes de production
d'oxaline et de dégagement de chaleur sont plus accentués.

La formochlorhydrine, premier terme d'une série d'éthers analogues,
s'obtient facilement.

6. Ainsi, l'acide oxalique se combine partiellement au glycol, par
exemple, et l'eau éliminée se porte sur la portion de l'acide restée libre.
Peut-être les divers corps en présence forment un tout. La chaleur met
ces corps en réaction ; l'eau en réserve, agissant sur l'oxaline, régénère
de l'acide oxalique. De l'acide formique naît, dont plus ou moins se
combine. Quoi qu'il en soit, ce sujet exige de nouvelles recherches, qui
m'occupent actuellement.

M. B. SOUCHÉ

Instituteur, à Pamproux (Deux-Sèvres).

BAN DES VENDANGES DANS LA COMMUNE DE PAMPROUX

— Séance du 6 septembre 1884 —

Le dépouillement des archives de la commune de Pamproux m'a fourni les quelques renseignements suivants concernant la météorologie.

En 1809, le 18 septembre, des commissaires sont nommés pour examiner la récolte des « vignes ». Il est donc certain que, cette année-là, les vendanges n'ont eu lieu que dans la dernière quinzaine du mois de septembre. Les dix années suivantes ne m'ont rien fourni. Le « Ban des vendanges » est publié pour la première fois en 1819 et la date fixée est le 1er octobre. Il y est dit aussi que, cette même année, la récolte fut presque entièrement détruite par la grêle.

Voici, par année, l'époque désignée pour les vendanges ; lorsque deux ou plusieurs dates sont indiquées, elles se rapportent à deux ou plusieurs catégories de fiefs.

1819	1 octobre.	
1820 . . 2, 3, 4, 6, 7, 9, 10	id.	
1821	15 id.	
1822	30 août.	
1823	Rien trouvé.	
1824	15 octobre.	
1825	9 septembre.	
1826	25 id.	
1827	24 id.	
1828	2 octobre.	
1829	12 id.	
1830	4 id.	
1831	28 septembre.	
1832	4 octobre.	
1833	30 septembre.	
1834	23 id.	
1835	Rien trouvé.	
1836	3 octobre.	
1837	Rien trouvé.	
1838	15 octobre.	
1839	7 id.	
1840 . . . . . . 23 et 28 septembre.	
1841 . . . . . . 6 et 8 octobre.	
1842 . . . . . . 16 et 23 septembre.	
1843	25 octobre.	
1844 . . . . . . 19 et 24 septembre.	
1845	21 octobre.	
1846	19 septembre.	
1847	8 octobre.	
1848	3 id.	
1849	25 septembre.	
1850	8 octobre	
1851	13 id.	
1852	6 id.	
1853	24 id.	
1854	2 id.	
1855	10 id.	
1856	3 id.	
1857	28 septembre.	
1858	27 id.	
1859	26 id.	
1860 . . . . . . 25 et 29 octobre.	
1861	26 septembre.	
1862 . . . . . 26 et 29 id.	
1863	28 id.	
1864	26 id.	
1865	13 id.	

En jetant les yeux sur ce tableau on voit que, dans cette période d'un demi-siècle presque, les vendanges ont eu lieu :

Dans le mois d'août, 1 fois, en 1822.

Dans la deuxième semaine de septembre, 2 fois, en 1825 et 1865.

Dans la troisième semaine de septembre, 3 fois, en 1842, 1844 et 1846.

Dans la dernière semaine de septembre, 14 fois : en 1826, 1827, 1831, 1833, 1834, 1840, 1849, 1857, 1858, 1859, 1861, 1862, 1863, 1864.

Dans la première semaine d'octobre, 12 fois : en 1819, 1820, 1828, 1830, 1832, 1836, 1839, 1841, 1848, 1852, 1854, 1856.

Dans la seconde semaine d'octobre, 5 fois : en 1829, 1847, 1850, 1851 et 1855.

Et enfin, dans la dernière quinzaine d'octobre, 7 fois : 1821, 1824, 1838, le 15 octobre; 1843, 1845, 1853 après le 20 octobre.

Entre les deux *maxima* 1822 et 1825, il y a un *minimum*, 1824 ;

Entre les deux *maxima* 1825 et 1865, il y a une série d'autres *maxima*, 1842, 1844, 1846, séparés par deux *minima* très accentués, 1843 et 1845.

Il y a une période de températures égales, 1856 à 1864, avec un *minimum* assez bas, 1860.

Les grands *minima* ne paraissent donc se succéder qu'à d'assez longs intervalles, et toujours après d'assez forts *maxima*.

M. B. SOUCHÉ

Instituteur, à Pamproux (Deux-Sèvres).

OBSERVATIONS THERMOMÉTRIQUES ET PLUVIOMÉTRIQUES. — ORAGES

— *Séance du 6 septembre 1884* —

La Commission météorologique des Deux-Sèvres, dont j'ai l'honneur de faire partie, confie aux observateurs de bonne volonté :

1º Un pluviomètre ;

2º Un thermomètre à *maxima*, de Negretti ;

3º Un thermomètre à *minima*, de Rutherford, et plus rarement un baromètre, etc.

Les diverses observations, centralisées à la préfecture, sont résumées depuis plus d'un an dans un *tableau* mensuel tiré à une centaine d'exemplaires.

D'après les instructions que nous avons reçues du bureau de la Commission, le pluviomètre doit être placé à une distance d'au moins 15 ou 20 mètres de toute maison et de tout bouquet d'arbres considérable, et les relevés faits à *neuf heures du matin*.

« Les thermomètres doivent être placés au nord — je cite textuellement — de manière à être le plus possible exposés aux mouvements de l'atmosphère, et en même temps à n'être jamais frappés par les rayons du soleil. — Cette installation peut généralement être faite dans une fenêtre ou le long d'un mur exposé au nord. Dans ce dernier cas, il convient que les instruments en soient éloignés d'une vingtaine de centimètres, etc. »

Pour que les observations d'un même département d'abord soient comparables entre elles, il faut, selon nous, que les instruments soient installés d'une manière uniforme et que les relevés soient faits à la même heure. Pour obtenir ce résultat, la Commission devrait déléguer l'un des membres du bureau pour faire une inspection annuelle des différents observatoires, faisant remarquer ici où le pluviomètre aurait dû être placé, là où les thermomètres pourraient fournir la température du lieu la plus vraie. Un autre avantage serait celui-ci : les travailleurs consciencieux n'étant plus abandonnés à eux-mêmes, se sentiraient encouragés au grand profit de la météorologie.

Dans le tableau résumé, sorte de journal que nous soumettons à la section, il n'est pas fait mention de l'heure à laquelle la pluie a été relevée, et, à notre avis, c'est une grande lacune.

Comme nous l'avons dit en commençant, c'est à neuf heures du matin qu'on mesure la pluie tombée dans les vingt-quatre heures précédentes. Le service des ponts et chaussées fait exception. Ses cantonniers, après leur journée finie, — jamais à la même heure deux jours de suite, — relèvent la pluie tombée depuis la veille au soir ; le tableau résumé qui contient les deux sortes d'observations n'en fait qu'un tout. — Passons.

Du 1ᵉʳ mars au 31 décembre 1883, nous avons recueilli, à 160 mètres d'altitude, commune de Pamproux (Deux-Sèvres), et à neuf heures du matin, 714ᵐᵐ,1 de pluie.

La moyenne de température, jour et nuit, nous a donné :

2º,9 en mars ;	19º,7 en août ;
9º,4 en avril ;	16º,0 en septembre ;
13º,9 en mai ;	11º,3 en octobre ;
17º,3 en juin ;	8º,0 en novembre ;
17º,7 en juillet ;	3º,4 en décembre.

La figure 29 représente le résumé des observations.

ORAGES.

Les bulletins d'orages dont nous avons l'honneur de présenter un spécimen à la section, sont divisés en onze colonnes.

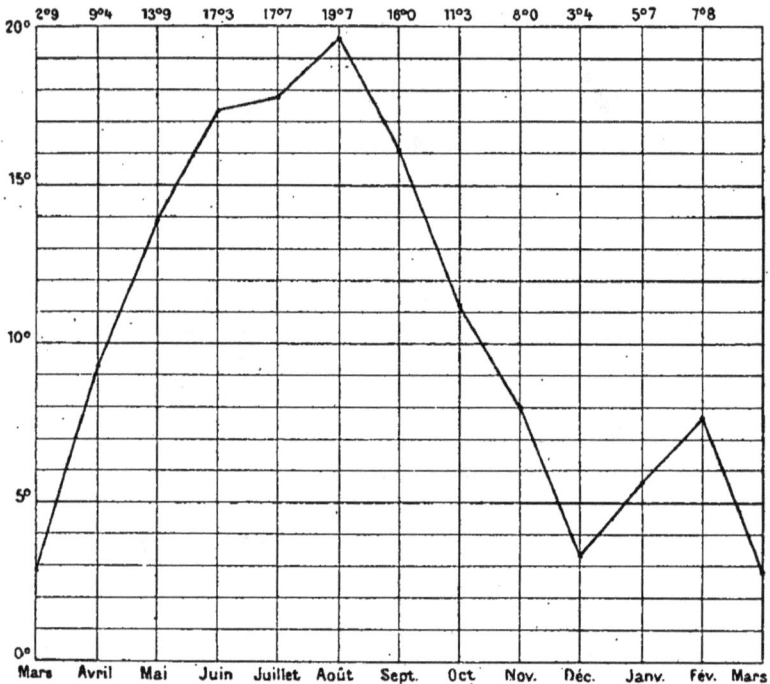

Fig. 29. Variation mensuelle de la température moyenne à Pamproux (Deux-Sèvres).

Il est difficile, croyons-nous, que deux observateurs, situés même à une
faible distance l'un de l'autre, portent les mêmes heures : pour le *début*,
pour le plus *fort*, pour la *fin* de l'orage ; car tout dépend des occupations
auxquelles on se livre et de l'endroit où l'on se trouve.

Du 1er janvier 1883 au 31 décembre de la même année, quarante-deux
(42) orages ont paru à l'horizon de Pamproux : 1 en mars, 3 en avril,
2 en mai, 16 en juin, 11 en juillet, 4 en août, 4 en septembre et 1 en
octobre.

Le 25 août 1884, nous en avions 40 d'enregistrés pour l'année courante.

MM. RICHARD Frères

Constructeurs d'instruments de physique, à Paris.

NOTICE SUR LE THERMOMÈTRE SOUS-MARIN

— *Séance du 6 septembre 1884.* —

Le thermomètre sous-marin représenté par la figure 30 a été commandé par M. Pouchet, directeur du laboratoire maritime de Concar-

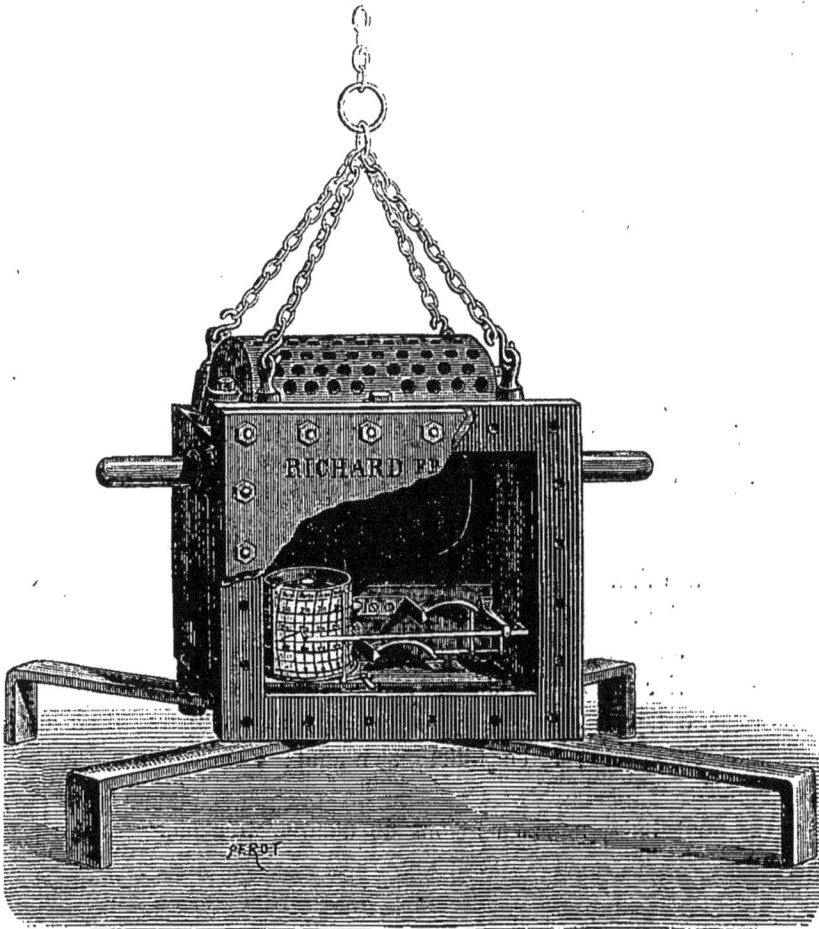

Fig. 30.

neau, au nom de l'Association française. Il est immergé à un mille de la côte, par 40 mètres de profondeur, et tous les quinze jours il est relevé pour la manipulation de l'enregistreur, c'est-à-dire le changement de papier et la remise d'une petite quantité d'encre dans la plume.

Il repose sur le principe général suivant :

Un récepteur thermométrique placé dans un milieu isolé doit transmettre les indications qu'il reçoit, de manière à commander à distance le système enregistreur chargé d'inscrire le diagramme de la température de ce milieu.

A cet effet, un réservoir métallique ou ampoule placé dans le milieu dont on veut connaître la température, communique par un tube filiforme avec un tube à parois flexibles et l'ensemble est rempli d'un liquide dilatable. La température du milieu où est placée l'ampoule venant à changer, à s'élever, par exemple, le liquide qu'elle contient se dilate et se rend dans le tube flexible, dont il change la courbure. Ce dernier tube commandant le style habituel portant la plume, la dilatation du liquide de l'ampoule, et par suite la température, est inscrite sur le papier porté par le cylindre.

Mais l'instrument ainsi construit aurait un grave inconvénient; en effet, le tube chargé de transmettre au style la température de l'ampoule forme thermomètre ; il est donc évident que si la température de l'endroit où est l'enregistreur proprement dit vient à changer, le tube ayant une certaine marche par lui-même, viendra altérer le diagramme de la température de l'ampoule. Il est donc nécessaire d'ajouter à l'instrument un dispositif qui annule exactement la marche du tube thermométrique sous l'influence de la température ambiante.

MM. Richard frères sont arrivés à ce résultat au moyen d'un deuxième tube qui détruit les effets du premier et compense exactement son action.

Voici la théorie de cette fonction : .

Soit le tube A (fig. 31) relié à l'ampoule réceptrice de la température du

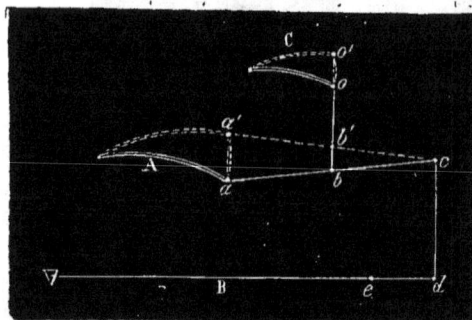

Fig. 31.

milieu isolé ; fixé par une de ses extrémités, il commande par son autre extrémité libre a le style B portant la plume, au moyen du levier abc mobile autour de l'axe b, de la bielle cd et du levier de.

Pour que le diagramme donné soit réellement et exactement celui de la température de l'ampoule, il est nécessaire que la plume et le style restent immobiles, quels que soient les mouvements que prenne le tube A sous l'influence de la température ambiante de l'endroit où le système enregistreur proprement dit est placé. Supposons donc que cette température s'élève et fasse venir l'extrémité mobile a en a' ; pour que la plume ne change pas de place, il faut et il suffit que l'ensemble cde, c'est-à-dire le point c, reste immobile. Il faut donc que la température qui a amené le point a en a' amène l'axe d'oscillation b en b'.

Nous obtiendrons ce résultat en plaçant un second tube C dont le mouvement thermométrique sera tel, qu'il amènera toujours l'axe d'oscillation au point voulu pour annuler l'effet du tube A. Il suffit pour cela que la marche du tube C soit à celle du tube A comme $\dfrac{bb'}{aa'}$, c'est-à-dire comme $\dfrac{bc}{ac}$. En pratique, ce résultat s'obtient d'une façon parfaite.

Ce principe établi, la description du thermomètre sous-marin est facile à comprendre.

Il se compose d'une caisse en fonte reposant sur le sol sous-marin au moyen de quatre pieds. La partie antérieure est un plateau qui se monte sur la caisse au moyen de boulons, en faisant serrage sur un cadre de caoutchouc, pour obtenir une obturation parfaite.

Sur la caisse est fixée une grille qui empêche le récepteur de température placé entre cette grille et la caisse de fonte d'être endommagé par les chaines qui servent à relever l'appareil.

Le récepteur de température est un cylindre creux de laiton argenté, mesurant 0^m,140 de long, et 0^m,009 de diamètre. N'ayant que trois dixièmes de millimètre d'épaisseur, il prend très facilement la température de l'eau de mer, avec laquelle il est en contact immédiat et communique avec un tube à parois flexibles placé, ainsi que tout le système enregistreur, dans l'intérieur de la caisse, au moyen d'un tube filiforme qui y pénètre par une ouverture munie d'un presse-étoupe.

Le cylindre sur lequel s'inscrivent les diagrammes est disposé pour faire sa rotation en quinze jours ; cette disposition, qui n'est point gênante pour la lecture, puisque les variations de la température sous-marine s'effectuent très lentement, permet de ne relever l'instrument que deux fois par mois.

M. NOUEL

Professeur de physique, au Lycée de Vendôme.

SUR UN JOURNAL MÉTÉOROLOGIQUE TENU A PARIS DE 1698 A 1716 [1]

— *Séance du 6 septembre 1884* —

M. Nouel s'occupe, depuis longtemps déjà, de réunir les matériaux d'une histoire du climat de Paris et des régions voisines depuis les temps les plus reculés jusqu'à nos jours, afin de pouvoir donner une base sérieuse à la recherche des lois qui régissent les variations si compliquées des saisons dans nos pays.

Il a été assez heureux pour mettre la main, il y a un an déjà, sur un magnifique manuscrit contenant un journal météorologique tenu à Paris, de 1698 à 1716, par un nommé Bertrand, qui a intitulé son travail : *Journal d'un cours lunaire ou nombre d'or, de dix-neuf années consécutives, commencé le premier janvier 1698 et fini le dernier décembre 1716*, dédié au Roy.

L'auteur croyait certainement que les mêmes phases lunaires ramenaient le même temps et qu'il suffirait dès lors d'observer jour par jour pendant une période de dix-neuf années pour connaître le temps à venir.

Après avoir montré, par des exemples, l'inanité de ce mode de prédiction, M. Nouel fait quelques citations du manuscrit qui, outre le journal quotidien, renferme nombre de notes très curieuses sur les événements météorologiques remarquables : orages, tempêtes, crues de la Seine, débâcles, grandes gelées, grandes chaleurs, etc.

Il indique ensuite comment, avec des observations aussi complètes, quoique faites sans instruments de mesure, il a pu reconstituer l'*année moyenne* de ces dix-neuf années pour la comparer avec l'époque actuelle.

M. Nouel résume enfin rapidement les principales périodes remarquables de ce laps de temps, comme la série des *sept étés chauds*, de 1701-1707, suivie d'une série froide, 1709-1716 (sauf 1712). Il signale encore les deux grands hivers de 1709 et de 1716, et termine par le récit de la débâcle terrible de la Loire, des 5 et 6 février 1716, qui emporta le pont de Blois.

[1] Le travail de M. Nouel sera publié *in extenso* dans l'*Annuaire de la Soc. météor. de Fr.*

M. J. MAISTRE

à Villeneuvette (Hérault).

à Villeneuvette (Hérault).

DE LA NÉCESSITÉ DE S'OCCUPER PLUS COMPLÈTEMENT DE LA MÉTÉOROLOGIE DANS SES RAPPORTS AVEC L'AGRICULTURE

— *Séance du 8 septembre 1884* —

La météorologie, très bien étudiée en elle-même de nos jours, ne l'est pas assez dans ses rapports avec l'agriculture.

On devrait attacher une importance capitale aux deux questions suivantes :

Quelle est l'influence de la végétation qui couvre un sol, sur la quantité de pluie qui y tombe?

Quelle est l'influence de la même végétation sur la manière dont cette eau est conservée dans le sol ou évaporée?

On note, sans doute, au point de vue météorologique, dans un grand nombre de localités ou de stations, la quantité de pluie qui tombe, mais pour résoudre la première question il faudrait encore savoir, au moyen d'observations plus complètes et réitérées, comment se répartit la pluie, suivant le genre de culture qui couvre le sol, dans une même localité.

De même, on tient compte de la température, du degré hygrométrique de l'air à différentes hauteurs, mais pour répondre à la deuxième question, il faudrait faire des observations suivies sur la température du sol à différentes profondeurs, sur la proportion d'humidité qu'il renferme, suivant les différentes cultures qui le recouvrent et même sur la température et le degré hygrométrique des couches d'air avoisinantes.

L'étude et l'examen de ces deux questions nous démontreraient l'importance de l'influence des cultures sur le climat d'un pays.

Ainsi, par de nombreux essais, nous avons pu nous assurer que la température est toujours beaucoup plus élevée dans un sol découvert, comme un champ ou une vigne, que dans une prairie ou une forêt, et que la proportion d'humidité suit naturellement l'ordre inverse ; ainsi, à 40 centimètres de profondeur, cette proportion ne s'élève pas pour un sol planté en vigne à plus de 4 0/0 pendant plusieurs mois de l'année, et il est facile de prouver que cette humidité, déjà trop faible pour faire prospérer la vigne, ne peut que diminuer de plus en plus, car le sol étant découvert pendant la plus grande partie de l'année, l'évaporation est très active à la surface et l'eau évaporée va se condenser la nuit sur des surfaces mieux couvertes de végétation, fait bien constant et prouvé par la production abondante de la rosée en ces endroits.

Si les questions signalées plus haut étaient mieux étudiées et leurs
conclusions mises mieux en pratique, on se rendrait compte du danger
qu'il y a à se livrer exclusivement à certains genres de culture, et en
particulier dans l'exemple de la vigne que nous venons de donner, parce
qu'il intéresse particulièrement notre région, on reconnaîtrait que sa
culture exclusive dans le Midi a beaucoup contribué à aggraver la
sécheresse.

M. L. TEISSERENC DE BORT

Chef de service au Bureau central météorologique, à Paris.

SUR LA RÉDUCTION DU BAROMÈTRE AU NIVEAU DE LA MER

— Séance du 8 septembre 1884 —

M. Léon TEISSERENC DE BORT expose les principes de la théorie de la
réduction du baromètre au niveau de la mer et fait remarquer que l'on
semble s'être jusqu'ici presque exclusivement préoccupé d'améliorer la
formule qui permet de calculer le poids d'une colonne d'air d'une longueur donnée en fonction de la température moyenne et de la pression à
l'une des bases de la colonne, sans chercher à quoi correspondent en
réalité les nombres obtenus par la réduction au niveau de la mer.

La théorie des surfaces d'égale pression qu'il étudie depuis plusieurs
années l'a conduit (voir Compte rendu du Comité météorologique permanent, tenu à Copenhague en 1882) à établir sur des bases plus précises
la théorie de la réduction du baromètre au niveau de la mer.

Pour que les résultats de cette opération aient un sens mécaniquement
déterminé, il faut que l'on fasse l'hypothèse suivante : que le décroissement
de la température au-dessus de la région voisine de celle dont on réduit
les observations a exactement la valeur qu'on emploie pour réduire le
baromètre au niveau de la mer, parce qu'alors l'inclinaison des surfaces
d'égale pression ne dépend plus que de la pression.

Quand on trouve, par la réduction, une pression inférieure à celle des
points voisins situés près du niveau de la mer, on en conclut alors que
les surfaces sont inclinées de ces points vers celui qui a la basse pression,
ce qui fournit une indication précieuse pour l'étude des mouvements
généraux de l'atmosphère, mais il ne faut pas oublier que l'hypothèse
précédente sert de base au résultat.

En second lieu, M. Teisserenc de Bort montre que le calcul des gradients
entre des points situés à des niveaux différents peut être rendu plus précis
par un moyen simple.

Si on considère, en effet, le mouvement de l'air le long d'un plan incliné, le gradient horizontal se compose de la somme des gradients horizontaux élémentaires, qui agissent sur l'air à toutes les hauteurs qu'il atteint successivement; la somme de ces gradients élémentaires n'est pas égale au gradient total qui existerait dans le plan de la mer entre les observations ramenées à ce plan, mais se rapproche généralement beaucoup de la demi-somme des gradients calculés, pour le plan du niveau de la mer et celui qui passe par la station étudiée.

Néanmoins, on ne peut pas tenir compte des effets dynamiques, et il est probable que l'on en arrivera à étudier l'inclinaison même des surfaces d'égale pression, ce qui peut être fait à l'aide d'observations prises à des hauteurs peu différentes : on connaîtrait ainsi la pente et la distance consécutive des surfaces d'égale pression, c'est-à-dire les éléments principaux qui déterminent la direction et la vitesse du vent.

M. ZENGER

Professeur à l'École polytechnique de Prague.

L'HÉLIOPHOTOGRAPHIE ET LA PRÉVISION DU TEMPS.

— Séance du 10 septembre 1881 —

I

J'ai montré que toutes les grandes perturbations de l'atmosphère et du noyau de notre planète, les mouvements séismiques, montrent la même périodicité de 10 à 13 jours, comme les chutes des aérolithes et le passage des essaims météoriques par notre atmosphère. Cette périodicité se retrouve, d'ailleurs, dans les recherches photographiques du soleil, faites depuis 1874 chaque jour où le soleil est visible.

Or, chaque 10 à 13 jours, le disque solaire apparaît entouré de zones blanchâtres ou de blanc de neige, affectant la forme de cercles ou des ellipses, des ovales ou des stries prolongées, ressemblant aux queues de comètes. En grossissant 6-10 fois les photographies du soleil, on voit que ces courbes ne sont ailleurs que de plusieurs contours de spirales circulaires ou elliptiques, nettement dessinées autour du disque, parfois entrant même dans le disque du soleil en leur donnant l'apparence de taches blanchâtres, recouvrant parfois moitié du disque. J'en conclus que ce sont des images du cône giratoire des cyclones, passant devant le disque du soleil, qui leur fait fond lumineux.

Les tranches, plus ou moins inclinées sur l'axe du cyclone, affectent la forme du cercle, de l'ellipse ou de la parabole ; mais les couches intérieures, contenant différentes quantités de vapeur d'eau raréfiée et condensante par la dépression de température, absorbent plus ou moins de la lumière actinique, et c'est ainsi que se représentent les mouvements giratoires dans le cyclone par la graduation de l'absorption, qui se trahit par la couleur blanc de neige, tombant graduellement au blanchâtre et au grisâtre, et qui est représentée par les traces spiraloïdes visibles dans les zones d'absorption entourant l'image du soleil.

C'est ainsi que se représentent sur la plaque sensible les couches spiraloïdes du cyclone de différente humidité, comme des ombres actiniques, plus ou moins fortes.

En supposant que les grands mouvements de l'atmosphère planétaire et de l'intérieur dépendent également de l'action périodique du soleil, on doit poser l'action principale dans les couches supérieures de notre atmosphère. Or, les radiations de l'énergie thermique et électro-magnétique provenant directement du soleil, doivent changer la vitesse de rotation des couches supérieures de l'atmosphère et produire ainsi le mouvement tourbillonnant, à cause de la différence de vitesses des couches supérieures et inférieures, d'où prennent origine les cyclones et anti-cyclones.

On peut de là, par la photographie, attraper la formation commençante de cyclones encore très éloignés de la superficie de la terre, et, en général, on peut compter de 12 à 24 heures avant que l'axe du cône, dans son mouvement descendant, touche à la surface de la terre.

C'est ainsi que je pus constater cette formation en été, avant des énormes orages de grêle, 4 à 8 heures avant que l'orage éclatât sur un ciel tout à fait clair et par un temps du plus beau calme.

On voit toute l'importance des observations héliophotographiques, en temps de moisson pour l'agriculteur et pour la navigation pendant toute l'année, pour signaler d'une manière plus sûre que ne le pourrait jamais le baromètre l'arrivée des tempêtes.

Mais les cyclones montrent un mouvement progressif de leur axe très lent, de manière que le cyclone américain et le typhon de la mer indo-chinoise mettent 4 à 6 jours pour accomplir leur parcours sur la superficie terrestre, dont la trace, à cause du mouvement progressif de la terre et de l'axe du cyclone et de la rotation terrestre, affecte la forme d'une courbe parabolique.

On voit que le temps d'arrivée d'un cyclone sur un lieu déterminé d'observation dépend de ce mouvement progressif de l'axe, et que les jours d'orages ou tempêtes ne peuvent que montrer une approximation à la période indiquée.

Or, c'est ce que montre la table jointe à cette note, donnant tous les orages, tempêtes, cyclones et typhons observés dans l'année 1883, et les grandes éruptions volcaniques et mouvements séismiques en Europe et en Amérique.

On voit que les dates de ces mouvements grandioses s'approchent à peu de jours aux dates qui sont distantes l'une de l'autre de 12 à 13 jours : la période solaire étant de 12,6 jours.

Mais les jours sont encore indéterminés, et pour avoir un point de départ pour les jours des perturbations maxima, j'ai recours aux jours de l'année où les grands essaims de météorites passent notre atmosphère. Un coup d'œil sur la table suivante montre combien ces jours s'approchent de ladite périodicité.

II. — TABLE DES PASSAGES DE GRANDS ESSAIMS MÉTÉORIQUES.

	Passage.	Différence jours.		Passage.	Différence jours.
Janvier	1-3		Juillet	17	$27 = 2 \times 13,5$
»	15-19	12-14	»	29	12
Février	10	$24 = 2 \times 12$	Août	9-11	11-15
»	19	9	Septembre	10	$30 = 3 \times 10$
Mars	1-4	10-13	Octobre	1-6	$26 = 2 \times 13$
»	16	15-12	»	18	17-12
Avril	3-4	18-19	Novembre	12-15	$24 = 2 \times 12$
»	11	8-7	»	28-30	16-15
»	19-21	8-10	Décembre	11	13-11
»	26-30	7-11	»	24	13
Mai	18	$22 = 2 \times 11$			
Juin	6	19			
»	20	14			

Moyenne : $\dfrac{274,5}{22} = 12,48$ jours.

On voit que le nombre énorme et la vitesse planétaire de ces corps peuvent compenser leurs petites masses, et d'après leur mouvement direct ou rétrograde, ils peuvent, perdant leur vitesse énorme, accélérer ou retarder le mouvement de couches supérieures de l'atmosphère et devenir l'autre cause de formation de tourbillons. Un coup d'œil sur la table p. 201 montre aux jours connus d'août et de novembre une tendance prononcée à la formation des orages électriques, des tempêtes et des mouvements séismiques. En tous cas, les essaims étant liés à la même période de 13 jours, à peu près, que tous les mouvements planétaires de notre système solaire, peuvent additionner leur action à l'action directe du soleil et produire une action plus forte, causant des marées atmosphériques régulières. De la même manière, leur attraction peut agir à cause de leur peu de distance sur le noyau fluide de la terre et produire des marées souterraines analogues, dont l'effet, en se combinant avec l'action directe du soleil, produisent des effets volcaniques et séismiques dans la même période de 13 jours.

La table III suivante montre pour cinq siècles les dates des plus grandes éruptions volcaniques en Italie méridionale, d'après Süss :

III. — TABLE DES PLUS GRANDS MOUVEMENTS SÉISMIQUES EN ITALIE MÉRIDIONALE DE 1349 A 1873.

	Dates.	Moyenne.	Différence jours.
Janvier	1831	2	2
»	1836	9	9	7
»	1826	9	
»	1842	19-22	20	11
»	1873	19	
»	1780	28	30	10
»	1831	28	
»	1826	32		13
Février	1739	13	13
»	1781	13	
»	1783	5-7	
»	1827	11	
»	1831(1)	10	
»	1854(4)	12		10
»	1832(2)	16	
»	1844(3)	15	
»	1626	22	23
»	1724	18	
»	1818	20-25		12
»	1826	28	
Mars	1786	9	6
»	1808	3	
»	1823	5		12
»	1832	8	
»	1780	18	18
»	1835	24	26	12
»	1842	24	
»	1683	27	
»	1783	26		17
»	1823	26	
»	1846	28	
Avril	1731	17	12
»	1780	9	
»	1783	8	
»	1817	16	
»	1822	10		13
»	1825	11	
»	1837	12	
»	1731	25	25
»	1836	24		9
Mai	1739	4	4
»	1781	4	
»	1812	2		12
»	1845	3	

	Dates.	Moyenne.	Différence jours.
Mai	1718	17	16
»	1837	14		15
»	1783	25	31 (mai)
Juin	1783	3	
»	1826	4		15
»	1843	13	15
»	1845	18		13
»	1825	27	28
»	1827	29		13
Juillet	1767	14	11
»	1823	13	
»	1827	5		13
»	1841	10	
»	1609	20	24
	1654	23	
»	1625	30	
Août	1827	14	14
»	1851	14		11
»	1319	27	28
»	1559	27	
»	1631	25		15
»	1826	31	
Septembre	1349	9	12
»	1720	12	
»	1780	14		24 = 2×12
Octobre	1821	6	
»	1835	12	
»	1846	4		26 = 2×13
»	1870	4	
Novembre	1662	6	11
»	1825	15	
»	1827	11		9
»	1807	18	20
»	1822	22		13
Décembre	1790	3	3
»	1857	16	16	13
»	1835	25	25	9
»	1842	25	

Différence moyenne : 12.7

La table III montre que la différence moyenne de groupes de dates est de 12,7 jours et que les grands mouvements tombent souvent exactement aux mêmes jours dans les différents siècles ; ainsi, par exemple, le 28 janvier 1780 et 1831. L'année terrestre contenant exactement 29 périodes de 12,6 jours, la loi supposée existant réellement dans la nature, le retour de ces événements doit être lié sensiblement aux mêmes jours de l'année. En effet, dans ce groupement, il n'y a de différence plus grande que le nombre de jours que les cyclones mettent pour le parcours de leur orbite à la surface terrestre, c'est-à-dire 4 à 6 jours. Le jour du plus grand désastre séismique a été observé à Java en 1883 Août, 26-28.

D'ailleurs, la table p. 201 nous montre que les jours de dépression maxima barométriques sensiblement tombent sur les jours périodiques comptés du 1er janvier 1883, jour de passage d'un des plus grands essaims périodiques météorites par notre atmosphère, et séparés par l'intervalle de la demi-rotation du soleil, savoir : 12.5935 jours. C'est ainsi que j'ai formé une espèce de calendrier perpétuel des jours orageux pour chaque année.

IV. — TABLE-CALENDRIER PERPÉTUEL DES JOURS ORAGEUX COMPARÉS AUX BAISSES BAROMÉTRIQUES DE L'ANNÉE 1883.

Jour.		Baisses bar. 1883.	Différence jours.	Jour.		Baisses bar. 1883.	Différence jours.
Janvier	1	3		Août	2	1	
			+2				−1
»	13	13		»	15	15	
			0				0
»	25	26		»	27	29	
			+1				+2
Février	7	7		Septembre	9	9	
			0				0
»	19	19		»	22	22	
			0				0
Mars	5	7		Octobre	4	4	
			+2				0
»	17	16		»	17	18	
			−1				+1
»	30	26		»	30	27	
			−4				−3
Avril	11	10,14		Novembre	11	6,12	
			+1				−2
»	24	24,25		»	24	25	
			+0,5				+1
Mai	5	5,9		Décembre	6	4	
			+2				−2
»	18	19		»	19	17,19	
			+1				−1
»	31	32,33					
			+1,5				
Juin	13	11,16					
			+0,5				
»	25	23					
			−2				
Juillet	7	6					
			−1				
»	19	21					
			+2				

Différence moyenne de la période. . . . $\dfrac{+0,5}{29} = +0,057$ jours.

C'est une différence insignifiante qu'on trouve entre les dates des dépressions de l'année 1883 et entre les dates du calendrier perpétuel des ours orageux, et on voit que cette année, comme celle de 1879, que j'ai publiée dans les Annales du Bureau central météorologique de France, établissent très bien le fait d'une marée périodique de 12,6 jours, produit par des causes cosmiques dans notre atmosphère. Les dates de mouvements séismiques de l'année 1883 sont également très rapprochées des jours du calendrier des orages, et la marée cosmique est ainsi établie à la surface et à l'intérieur de notre planète.

Enfin, la table V nous donne les résultats des observations héliophotographiques de l'année 1883 pour les comparer aux dates des orages et mouvements séismiques observés.

Les dimensions des zones d'absorption observées sont données en diamètres de l'image du soleil et la table décrit la couleur plus ou moins blanche ou gris foncé. En note, on trouve leur forme plus ou moins circulaire, elliptique ou parabolique ou en forme de queue de comète.

V. — TABLE. L'HÉLIOPHOTOGRAPHIE EN 1883.

		Diam. ⊙		Notes.
Janvier	3	1 h. 3 m.	2-3	Très étroites, circulaires, blanches.
»	4	10 35	4	Blanchâtres, elliptiques.
»	5	12 40	4	Grisâtres.
»	6	9 20	1	Gris mal défini, halo.
»	7	11 25		Halo très foncé.
»	8	2. 10	3-4	Blanchâtres, coniques, halo.
»	9	12 25	2	Blanchâtres.
»	10	10 35	3	Paraboliques blanchâtres.
»	11	10 30	4	Paraboliques grisâtres.
»	12	10 30	2-5	Coniques, blanc de neige, halos très foncés (orage approchant).
»	13			Ciel couvert. Tempête à Prague.
»	14	2 15	1-5	
»	15	11 . 15		Halo fort.
»	16-17			Ciel couvert.
»	18	10	4	Grisâtres.
»	19			Couvert.
»	20		rien	Halo assez fort.
»	21-24			Couvert.
»	24	11 5	4	Blanchâtres.
»	25	10	rien	Halo déchiré.
»	26	10		Halo très foncé.
»	27	2	4	Blanc de neige, coniques doubles, tempête à Prague.
»	28	10 30	3	Paraboliques, halos très forts, tempête à 2 heures après midi.
»	29-31			Couvert, pluie.
Février	1er	2	rien	Halo fort.
»	2-6			Couvert.
»	7	11	rien	Halo fort.
»	8			Couvert.
»	9	10 5	2	Coniques, blanchâtres.
»	10-18			Couvert.

				Diam. ⊙	
				—	Notes.
Février	19	10	15	1,25	Circulaires, mal définies.
»	20-22				Couvert.
»	23	9	50	1,25	Circulaires, blanches.
»	24				Couvert.
»	25	10	55	1,25	Circulaires, tempête.
»	26	{ 10	5	5-6	Paraboliques, blanches, orageux.
		{ 1	10	1,25	Halos très foncés, blanchâtres.
»	27				Couvert.
»	28	1	30	1,25	Blanchâtres, vent très fort.
Mars	1er	2		1,25	Faibles, mal définies.
»	2	1	36		Traces d'absorption.
»	3				Couvert.
»	4	11	15	2	Blanches, circulaires.
»	5	{ 12		2,5	Blanches.
		{ 12	15	4	Blanc de neige, tempête.
»	6				Couvert, orage à neige.
»	7				Orage à neige.
»	8	12		4	Coniques, blanchâtres, halo fort.
»	9-10				Neige.
»	11	{ 9	50	3	Coniques, blanchâtres, halo fort.
		{ 9	57	2	Circulaires, blanchâtres, halo fort.
»	13-14				Neige.
»	15	1	10	5-6	Paraboliques, blanc de neige.
»	16	8	50	1,7-2	Circulaires, blanches, baisse énorme barom.
»	17	11	20	1,5	Circulaires, très nettes et blanches.
»	18-21				Couvert.
»	22	11	45		Traces d'absorption.
»	23	10	15		Id.
»	24	11	10		Id.
»	25	10	15	rien	Halo fort.
»	26	{ 9	50	8	Absorption énorme, blanches et couvrant en partie le disque ⊙.
		{ 9	55	4	Paraboliques, blanches, halo fort.
		{ 10	5	6	Trois grandes taches solaires.
»	27	{ 10	10	.	Zones d'abs. mal définies, mais très étendues.
		{ 2	20	6	Coniques, blanches, baisse barométrique énorme, grandes oscillations barométriques.
»	28	2	35	4	Orage à neige.
»	29	{ 9	30	2-3	Blanches, circulaires, halo fort.
		{ 12		2	Double conique entourant le disque ⊙.
»	30		20	2	Elliptiques, blanches.
»	31				Couvert.
Avril	1er	11	5	4	Très nettes, circulaires, le disque blanc au lieu de noir, absorption des plus énergiques.
»	2			4	Très blanches, elliptiques, halo fort, disque ⊙ blanchâtre.
»	3-10				Couvert.
»	11	{ 2	35	2	Blanches comme la neige, circulaires, halo fort,
		{ 2	50	10	Enormes, paraboliques, blanchâtres, halo faible. grande baisse barom. et oscillations fortes.
»	12	3	15		Traces, halo faible.
»	13			1,5	Faibles, mal définies, halo faible.
»	14				Couvert.

				Diam. ⊙	Notes.
Avril	15	1	35	rien	Halo faible.
»	16-17				Couvert.
»	18	1	25	rien	Halo faible.
»	19	2	25	rien	Halo très faible.
»	20	8	30		Ni halo, ni zones d'absorption.
»	21				Couvert.
»	22	11	30	2	Circulaires, blanchâtres, halo assez fort.
»	23				Couvert.
»	24	8	15	2-5	Blanches, elliptiques.
		12	30	4-5	Paraboliques, blanchâtres, vent fort, changeant plusieurs fois de direction.
		2	30	5	
»	25-26				Couvert.
»	27	2	15	2-3	Temps orageux.
»	28	10	25	1.5-2	Temps orageux.
»	29-30				Couvert, pluie.
Mai	1er				Couvert.
»	2	8	15	0-5	Très nette, circulaire.
»	3				Couvert.
»	4	2	15	2	Très blanches.
»	5	10	30	2	Très blanches, à 5 heures premier orage et ondée.
»	6	9		2-5	Blanches, elliptiques.
		1	30	4	Blanches, elliptiques, temps orageux.
»	7	8	15	2-3	Paraboliques.
»	8-12				Couvert.
»	13-20				Absent de Prague, non photogr.
»	21-29				Couvert.
»	30-31				Très chaude.
Juin	1-5				Ciel clair.
»	6			rien	
»	7-9			rien	
»	10	10		2	Circulaires, blanchâtres, orage du soir.
»	11	8	30	2-5	Circulaires, très blanches.
		3	20	2	Circulaires, blanches, halo fort.
»	12-13				Couvert, pluie, vent très fort.
»	14	3	10	2	Très blanches, circulaires, très nettes.
»	15	8	15	4	—
»	16	9	15		Très mal définies.
»	17-20				Pluie énorme, incessante.
»	21	8		rien	Halo faible.
»	22	1	35		Ondée et orage à grêle.
»	23				Couvert.
»	24-26				Couvert.
»	27	8	30	2	Circulaires, grisâtres.
»	28	8	30	rien	—
»	29	8	5	1,5	Blanches comme la neige.
		8	15	5	Blanches, coniques.
		8	35	2	Blanches, elliptiques.
»	30	9	20	rien	Halo très grand.
Juillet	1	8	5	1,5	Faibles, grises.
»	2	9	45	rien	—
»	3	8	10	2,5	Blanches, circulaires.
»	4	8	15	rien	—

				Diam. ⊙	Notes.
Juillet	5	7	45	1,5	Elliptiques, halo très sombre et spiraloïdes.
»	6	{ 8	5	3	—
		{ 8	15	3,5	Orage et pluie torrentielle.
»	7	8	40	2,5	Coniques, halo énorme.
»	8	8	45	rien	Halo faible.
»	9	7	30	1.5	Circulaires, blanches.
»	10	10		5	Paraboliques et spiraloïdes, orage à pluie torentielle.
»	10	7	45	2	Très blanches.
»	11	7	35	rien	Halo assez fort.
»	12	7	45	rien	—
»	13	7	30	rien	—
»	14				Couvert, pluie torrentielle.
»	15	4	15	2	Nettes, blanches, circulaires.
»	13-24				Pluie et orages.
»	25	9	45	rien	Halo fort.
»	26				Couvert.
»	27	9	30	1,5	Circulaires, blanches.
»	28				Parti pour la France, rentré à Prague en octobre.
Octobre	1er	12	40	rien	Ni zones, ni halo.
»	2-4				Couvert, pluie.
»	5-7				Couvert.
»	9	{ 9	30	8	Zones énormes, mais mal définies, grises.
		{ 10		4	—
»	10	9		1,5	Circulaires, nettes, blanches.
»	11-12				Couvert.
»	13	10		3	Très blanches, elliptiques.
»	14	9			Mal définies.
»	15	10	30	3	Elliptiques, très blanches.
»	16-17				Couvert, orageux.
»	19	9	30	3	Grises, circulaires.
»	20-26				Couvert.
»	27	{ 10	10	7	Zones énormes, blanchâtres.
		{ 10	25	5	Circulaires.
»	28				Couvert.
»	29	10	45	2,5	Elliptiques, déchirées, très blanches.
»	30	12	40	2	Le disque ⊙ blanc.
Novembre	1er				Couvert.
»	2	11	5	rien	—
»	3-5				Couvert.
»	6	11	30	4	Grises, circulaires.
»	7-10				Couvert.
»	11	10			Disque ⊙ blanc.
»	12				Couvert.
»	13	11	30	rien	—
»	14-18				Couvert.
»	19	11	35	2	Zones circulaires, grises.
»	20	9	50		Disque ⊙ blanc, halo fort.
»	21-22				Couvert, masses de neige.
»	23	9		1,5	Nettes, blanches, circulaires.
»	24-29				Couvert.
»	30	11	30	rien	Halo fort.
Décembre	1er	9	55	2	Très blanches, circulaires.

Diam. ☉   .   Notes.

	Diam. ☉	Notes.
Décembre 3-5		Couvert, orage de neige.
» 6-10		Couvert.
» 11	2 4	Blanches coniques.
» 17-31		Couvert. Des masses énormes de neige bloquent les chemins de fer.

On voit que les orages sont indiqués jusqu'à 48 heures en avant, et que souvent le baromètre ne commence à tomber que pendant la tempête même. Chaque 10 à 13 jours les zones d'absorption s'agrandissent.

TABLE COMPARATIVE DES OBSERVATIONS HÉLIOPHOTOGRAPHIQUES ET DES PERTURBATIONS ATMOSPHÉRIQUES ET SÉISMIQUES

I. — *Période du 1er janvier 1883.*

Pression barométrique minima à Prague.	Perturbations atmosphériques.	Perturbations volcaniques et séismiques.
1882 Déc. 31 749mm,24 1883 Janv. 1er 744 55 » 2 741 21 » 3 736 93 » 4 744 30	Décembre 27. Tempête sur le lac de Constance, naufrages, crue énorme du lac. 29. Ouragan en Angleterre. Janvier 1er. Ouragan à Cologne et à Worms, crue du Rhin à 8m,91. 2. Ouragan à Mannheim. 3. Écroulement du mont Steinberg, près de Wurzbourg, à cause de la pluie énorme. 4. Crue du Danube à 5m,50. 4. Ouragan dans la partie N. de l'Atlantique, naufrages.	Janvier 3. Choc assez fort, effondrement de deux maisons et d'une cave à Rodisfort, près de Carlsbad. Au commencement du mois, tremblement effroyable en Chine du Nord (Peking). 5. Écroulement de rochers sur la ligne Genève-Lyon à Collonges-Bellegarde sur 200 mètres.

II. — *Période du 13 janvier 1883.*

Pression barométrique minima à Prague.	Perturbations atmosphériques.	Perturbations volcaniques et séismiques.
Janvier 11 744mm,56 » 12 740 87 » 13 737 15 » 14 737 41 » 15 738 18 » 16 747 50	Janvier 12. Orage à neige sur la ligne Milan-Como, désastre, plusieurs personnes tuées ; écroulement des rochers en Bohême, à Pfaffendorf. 13. Orage à neige aux Alpes autrichiennes (Fœhn), éclairs fréquents ; crue de la Raab et inondations en Hongrie depuis le 9/1-12/1. 14. Orages et tombée énorme de neige en Amérique, à Dakota, Minnesota, Iowa et Wisconsin. 11. Orage à Sukhumkale (mer Noire). 17. Tempête (bora) à Trieste jusqu'au 19/1.	Janvier 13. 7 h. 12 matin, tremblement violent, trois secousses successives à Sarajevo, Bosnie. 16. A 11 heures avant midi, secousses assez fortes à Archena, Murcia et Alcantarilla. 17. Orage à neige et tremblement de 4 secondes avec bruit de tonnerre à Travnik, en Herzégovine.

III. — *Période du 26 janvier 1883.*

Pression barométrique minima à Prague.

Janvier	24	754mm,37	
»	25	740	85
»	26	733	21
»	27	736	75
»	28	737	96
»	29	744	71

Perturbations atmosphériques.

Janvier 25. Ouragan effroyable en Angleterre, pertes énormes de vies et de navires, durant jusqu'au 26.

26. Tempête à Prague, en Transylvanie et Roumanie, jusqu'au 27/1.

25. Bora très fort à l'Adriatique.

Perturbations volcaniques et séismiques.

Janvier 27. Tremblement continu dans la province de Murcia.

31/1. A Trautenau et Braunau, en Bohême; secousse très forte à 2 h. 45 après midi, avec bruit de tonnerre.

IV. — *Période du 7 février 1883.*

Pression barométrique minima à Prague.

Février	5	750mm,80	
»	6	750	35
»	7	748	55
»	8	750	56
»	9	749	81

Perturbations atmosphériques.

Février 8. Crue énorme des eaux et inondations désastreuses à Cincinnati, Hindsdale (nord Hampshire), Virginie, Pensylvanie et Illinois.

9/2. Ouragan épouvantable en Angleterre, beaucoup de naufrages.

Perturbations volcaniques et séismiques.

Février 7. La côte de la mer Caspienne, entre Baku et cap Bail, s'élevait de 1 à 2 pieds tout à coup.

5/2. Tremblement à Bazias, Orszova, Anina et Nagyszan à 4 h. 50 m. du matin, avec bruit de tonnerre.

11/2. Tremblement de 4 secondes à Szigeth à 9 h. 50 m.; près de l'île Santa-Maura, dans la mer Ionienne, éruption du volcan sous-marin; secousses très fortes à Bosanska-Krupa, à 9 h. 40 m. du matin (Bosnie).

V. — *Période du 19 février 1883.*

Pression barométrique minima à Prague.

Février	18	751mm,41	
»	19	748	69
»	20	751	31
	21	755	50

Perturbations atmosphériques.

Février 22. Ouragan au port de Kilia (Constantinople); naufrage.

25. Tempête à Leipa, en Bohême.

21. Typhon à Hong-Kong.

22. Tempête à Prague.

Perturbations volcaniques et séismiques.

Février 16. Grand bolide de 50 kgr. à Alfianello.

18. Éruption commençante de l'Etna et tremblement de terre à Catania et Reggio; le volcan vomit torrents de lave.

19. A Trautenau, en Bohême, à 3 h. 16 m., secousse assez forte, direction S.-O. au N.-E.

23. Écroulement du terrain sur le chemin de fer Lienz-Abfaltersbach, 40 mètres long et 3 mètres large.

19. Écroulement du mont Schalksburg, près de Hechingen.

VI. — *Période du 5 mars 1883.*

Pression barométrique minima à Prague.			Perturbations atmosphériques.	Perturbations volcaniques et séismiques.

Pression barométrique minima à Prague.

Mars	3	760mm,52
»	4	756	40
»	5	751	43
»	6	732	67
»	7	727	14
»	8	733	56
»	9	739	14

Perturbations atmosphériques.

Mars 2 et 3. A Vienne et en Styrie ouragan, beaucoup de neige tombée (40 centimètres).

3. Ouragan en Angleterre, 44 naufrages.

5 au 6. Baisse de 25 millimètres à Prague, ouragan à Aussig.

6. Orage à neige en Bosnie et en Herzégovine.

7. Ouragan en Hollande et sur le Zuyderzée, 15 naufrages.

10. Orage formidable en Allemagne, 11 soldats tués et blessés par le même coup de foudre.

10. Cyclone à Havannah, le théâtre démoli, 150 blessés, 40 morts.

Perturbations volcaniques et séismiques.

Mars 6 au 9. Grande éruption de l'Etna, vue grandiose de Catania, trombes gigantesques de lave et torrents de lave, orage continuel.

5. A Limasol, Larnacca et Nicosie (île Chypre), secousses violentes du matin.

5. A 8 h. 9 m. du soir, bolide très lumineux observé à Karlsruhe.

VII. — *Période du 17 mars 1883.*

Pression barométrique minima à Prague.

Mars	14	735mm,52
»	15	734	27
»	16	730	87
»	17	739	73
»	18	741	74
»	19	741	15

Perturbations atmosphériques.

15. Orage à neige en Allemagne, désastre de Hugstetten.

17. Ouragan en Angleterre, Wales et en Écosse, masses énormes de neiges tombées, les chemins de fer bloqués et beaucoup de naufrages, ouragan dans le Quarnero.

19 au 20. Dépression énorme de la température jusqu'à —16°,0 c.

Perturbations volcaniques et séismiques.

Mars 19. Éruption soudaine de l'Etna, tremblement violent à Catania, les collines commencent à s'écrouler.

17. Tremblement très fort à Amsterdam.

Mars 13. Grand bolide à 7 h. 20 m., visible pendant 6 secondes.

VIII. — *Période du 30 mars 1883.*

Pression barométrique minima à Prague.

Mars	25	737mm,47
»	26	723	84
»	27	727	00
»	28	736	13
»	29	747	08
»	30	747	13

Perturbations atmosphériques.

Mars 30. Ouragan en Écosse, sévissant depuis le 30, beaucoup de dommages dans les villes (Aberdeen) et naufrages nombreux.

31. Inondations en Russie (Poltava). Charkov isolé par les eaux pendant 4 jours.

30 au 31. A la nuit, marée énorme au canal la Manche, beaucoup de naufrages par le choc énorme et soudain. Avalanches énormes aux Alpes tyroliennes.

Perturbations volcaniques et séismiques.

Mars 28. Recrudescence de l'activité de l'Etna, chocs renouvelés à 10 h. 45 m. du matin, à 3 h. 30 m. après midi; au nord du cratère vomissant, après un choc très violent, dans le mont s'ouvrait une crevasse de 1 mètre de largeur.

27. A Miskolcz, en Hongrie, à 9 h. 30 m., trois secousses violentes; panique au théâtre de la ville.

31. Pluie de cendres à Drontheim, en masses énormes, par une éruption violente de l'Etna, en Islande.

IX. — *Période du 11 avril 1883.*

Pression barométrique minima à Prague.	Perturbations atmosphériques.	Perturbations volcaniques et séismiques.

Avril 8 : 754mm,18
» 9 : 749 94
» 10 : 742 47
» 11 : 745 41
» 12 : 742 91
» 13 : 740 23
» 14 : 739 62

Avril 8. Orage violent à Tarvis, la foudre tombant brûlait trois maisons.

7. Une marée énorme a détruit les digues près de Dantzig, les habitants sont enfouis sous les ruines.

11. Masses énormes de pluie et de neige tombaient aux Alpes autrichiennes; à Vienne, 11 millimètres; à Pesth, 8 millimètres.

10. Ouragan en Amérique (Arkansas), grands dégâts, plusieurs villages ont disparu.

Avril 8. Tremblement avec bruit de tonnerre à 7 h. 12 m. à Vorau, en Styrie.

14. Dans la province de Valencia, en plusieurs endroits, tremblement violent, et en Finlande, très violent; à Nykerleby, un bruit très fort accompagnait les secousses; le même à Wasa, Ytlerjeppo et Baek.

X. — *Période du 24 avril 1883.*

Avril 21 : 744mm,64
» 22 : 740 60
» 23 : 738 59
» 24 : 734 25
» 25 : 734 48
» 26 : 742 26

Avril 24. Cyclone sur l'Autriche, différences de pression énormes; masses de neige et de pluie tombaient aux Alpes autrichiennes.

23. Cyclone effroyable en Amérique (Mississipi). La ville de Beauregard détruite, 113 hommes tués et blessés.

23. Orage à neige au Siebengebirge (Rhin) et au Harz; le même dans l'Erzgebirge, en Bohême.

26. Orage à grêle et coup de foudre à Caslau, en Bohême.

25. Orage à neige formidable en Italie supérieure, de Turin à Milan le pays est couvert de neige.

Avril 27. Tremblement énorme à Nicolosi, le sol se meut comme une faible couche de glace; beaucoup de maisons s'écroulent.

XI. — *Période du 5 mai 1883.*

Mai 4 : 736mm,55
» 5 : 735 80
» 6 : 737 06
» 7 : 728 68
» 8 : 736 10
» 9 : 732 44

Mai 5. Tempête en Bohême (N.-E.) et (N.-O.) dans l'Erzgebirge et Riesengebirge.

4. Orage, la foudre tombait sur deux maisons à Sobeslav, en Bohême (S.); le même jour, ouragan et plusieurs coups de foudre à Temésvar, en Hongrie; Weiszkirchen, en Banat; grêle énorme et des arbres déracinés; à Prague, orage très court; à Nyiregyhaza, le 6 mai, orage effroyable, 5 hommes tués et blessés par un coup de foudre.

7. Inondations à Novotscherkask par le Don; Kiew inondée par le Dnieper.

Mai 1er. Taebris, en Perse, en partie détruite par un tremblement violent, plusieurs centaines d'hommes périrent.

9. Grand bolide, diamètre de la lune, observé à Straschitz, en Bohême.

XII. — *Période du 18 mai 1883.*

Pression barométrique
minima à Prague.

Perturbations atmosphériques.
—

Perturbations volcaniques
et séismiques.

Mai 17	745mm,53	
» 18	743 51	
» 19	736 75	
» 20	740 00	
» 21	743 63	

Mai 17. Orage énorme en Moravie, avec grêle causant des pertes énormes, tout détruit sur les champs et les arbres fruitiers gravement endommagés ; le même en Galicie.

18. L'arrondissement de Bechyn, en Bohême, dévasté par la grêle, formant couche épaisse de 10 centimètres.

19 et 20. Orage très violent en Bohême, beaucoup d'incendies et pertes de vie par la foudre.

19. Ouragan à Berlin.

20 et 21. Orage à neige en Bosnie ; les arbres fruitiers endommagés.

20. A Moscou (Russie), orage très fort et coup de foudre, ondées.

20. Orage à neige dans l'Erzgebirge.

19. Ouragan en Amérique, à Racine (Wisconsin), 150 maisons détruites et 120 hommes tués et blessés.

19. Inondation énorme en Dacota et averses énormes qui ont causé des pertes nombreuses de vie, et 1,700,000 dollars de dommages.

20. Inondations en Hongrie ; les digues étaient détruites par le Temes.

19. Toutes les eaux de la Bessarabie en crue énorme ; la ville d'Orchan inondée et 78 maisons s'écroulèrent.

Mai 16. Tremblement formidable à Insbruck, à 5 heures du matin.

XIII. — *Période du 31 mai 1883.*

Pression barométrique
minima à Prague.

Perturbations atmosphériques.

Perturbations volcaniques
et séismiques.

Mai 28	745mm,98	
» 29	746 56	
» 30	745 62	
» 31	744 25	
Juin 1er	743 61	
» 2	743 76	

Mai 31. A Bregenz, ondée énorme (106 millimètres), et orages aux Alpes autrichiennes ; à Felegyhaza, même jour, ondée, la ville inondée ; les eaux dans les rues atteignirent 1 mètre de hauteur, les maisons fortement endommagées ; à Budapest, la grêle était grosse comme un œuf de pigeon.

29. Cyclone effroyable en Amérique (Indiana et Illinois) ; à Clay-City, plusieurs maisons détruites et 33 hommes tués et blessés.

Juin 3. Grand bolide vu à Prague à 9 heures du soir ; vu aussi à Mödling, près de Vienne.

5. Secousses violentes à Monteruni, près de Naples.

4. Grand bolide observé à Hofgastein, diamètre de lune, 3 secondes d'illumination comme à la lumière électrique.

Perturbations atmosphériques.

Juin 1er. Pluie à Gleichenberg,
29 millimètres; à Agram, 24 millimètres; en Autriche, ondées sur
plusieurs endroits.

2. Explosion de gaz aux houillères
de Bochum, 11 mineurs tués.

2. Orage effroyable en Tyrol; le
chemin de fer d'Arlberg détruit en
partie.

1er. Parhélie double et arc-en-ciel
vu à 8 heures du matin sur le ciel
légèrement voilé; en Zips, en Hongrie, le même jour, incendies détrui-
sirent 147 maisons.

2. Dans l'arrondissement de Kœni-
ginhof, en Bohême, sept incendies
(cause inconnue), plus de 40 maisons
brûlées en différents endroits; de
même dans l'arrondissement Neustadt,
sur la Mettau, 30 maisons en divers
villages brûlées le même jour.

2. Ondée énorme aux environs
d'Ollmütz; orage effroyable aux environs de Cologne, sur Rhin, coups
de foudre; pluie énorme en Russie.

Pluie énorme depuis le 31 mai en
Tyrol, inondations et siroco très
fort.

XIV. — *Période du 13 juin 1883.*

Pression barométrique minima à Prague.

Juin		mm	
Juin	11	742	,33
»	12	744	17
»	13	747	37
»	14	749	34
»	15	745	05
	16	737	55
	17	742	66

Perturbations atmosphériques.

Juin 11. Orage à grêle dévastant
plusieurs comitats en Hongrie; le
même jour, écroulement de rochers
à Kuczumare, près de Cernovitz,
20 maisons détruites, 80 endommagées;
le même jour, orages et pluies torrentielles en Bohême et en Moravie; le
même en Roumanie et en Servie.

12. Tempête à Rosegg, en Carin-
thie, et le village brûlé en partie,
30 maisons détruites; le même jour,
orage effroyable à Scutari, la pou-
drière a sauté par la foudre, 150 tués,
53 blessés.

13. Orage au Riesengebirge, beaucoup d'incendies et de tués; en
Angleterre, même jour, orages effroyables avec grêle énorme et coups de
de foudre fréquents; «fata morgana»
vue en Mecklembourg.

Perturbations volcaniques et séismiques.

Juin 14. Tremblement
violent à Villanueva (Espagne), plusieurs maisons
s'écroulèrent.

13. Tremblement de
terre violent à 2 heures
après midi, à Vorsewan-
gen; en Norwège, se-
cousses très fortes et bruit
souterrain.

19. L'île Omrepec, dans
le lac de Nicaragua, tout
à fait couverte par une
éruption volcanique de
couches de lave.

Perturbations atmosphériques.

13. Orages effroyables aux Alpes autrichiennes; à Vienne, orage très fort, coups de foudre et 11 millimètres de pluie le 15/6 ; ondées énormes en Autriche supérieure le 13/6. Depuis le 17/6, crue des eaux de la Bohême, à cause des pluies torrentielles; l'Inn, l'Isar et le Danube en crue rapide ; le même en Moravie, par la Zittava, Schwartzava et la March.

En Amérique, 17-20. Inondations par le Missouri et le Mississipi, crue de 15 mètres. Crue de l'Elbe à $3^m,28$ à 8 heures du soir; à 8 h. 55, à $3^m,54$; la Moldau, $1^m,25$, à Prague, le 21/6. Crue de l'Oder.

XV. — Période du 25 juin 1883.

Perturbations atmosphériques.

Pression barométrique minima à Prague.		
Juin 23	743mm	06
» 24	743	47
» 25	743	67
» 26	743	68
» 27	746	09
» 28	746	78

Juin 26. Tempête et incendie énorme à Saint-Péterbourg.

30. Orages effroyables à grêle de grosseur extraordinaire, en forme de parallélépipèdes, durant de 3 h. 10 m. jusqu'à 4 heures.

25. En Angleterre, orages fréquents, beaucoup de tués par la foudre sur plusieurs endroits.

28. Explosion de gaz aux houillères à Ladovic.

Perturbations volcaniques et siésmiques.

Juin 25. En Cornwall et Devonshire, secousses violentes.

XVI. — Période du 7 juillet 1883.

Perturbations atmosphériques.

Pression barométrique minima à Prague.		
Juillet 4	742mm	76
» 5	742	11
» 6	737	71
» 7	741	04
» 8	743	85
» 9	741	74

Juillet 7. Oscillations énormes de pression en Europe centrale, beaucoup d'orages et de pluie en Autriche (W.).

5. Orage très fort aux environs de Trautenau (Bohême), plusieurs personnes atteintes par la foudre; même jour, trombe atmosphérique énorme en Russie, gouvernement Tambow, et ondée causant un bruit effroyable dans l'air.

10. Orages sévères en Bohême; commençant le 6/7, ils causèrent beaucoup d'incendies et des pertes de vie. Température énormément élevée en Autriche, en Amérique ; le 10, à New-York, succombèrent 672 enfants et 20 hommes au coup de soleil.

8. Un seul coup de foudre tue 5 hommes sur-le-champ à Kolin (Bohême).

Perturbations volcaniques et séismiques.

Juillet 4. Activité nouvelle du Vésuve, flammes gigantesques visibles à la nuit.

6. Tremblement violent à Constantinople, à 3 h. 30 matin; durée, 4 secondes.

Perturbations atmosphériques.

—

10. Cyclone en Tyrol d'une force inouïe, les bois et les fruitiers dévastés ; à Horeschau, en Bohême, grêle énorme, détruit tout à fait fruitiers et champs.

3. Cyclone en Amérique, détruisant la ville de Cromwell, en Connecticut, 24 hommes tués et beaucoup blessés.

7. Marée énorme en Inde orientale. Beaucoup de villages disparurent, la ville de Surate détruite dans le golfe de Bombay, 6,000 maisons s'écroulèrent. Pertes énormes de vie.

4. Orages violents, beaucoup d'incendies par la foudre à Londres ; beaucoup d'arbres, d'arbrisseaux, de feuillages étaient comme brûlés et le linge comme repassé au carreau.

Le 6 et 7/7. Orage en Bohême entière, sévissant avec une force extraordinaire ; grêlons énormes.

XVII. — *Période du 19 juillet 1883*

Pression barométrique minima à Prague.		
Juillet 17	743mm,15	
» 18	742	50
» 19	739	13
» 20	739	79
» 21	738	58
» 22	740	05

Perturbations atmosphériques.

Juillet 15 au 16. Orages incessants à grêle énorme et bourrasques violentes, 20 hommes tués en divers endroits, milliers de carreaux fracassés ; ondée à Prague.

17. A 4 heures après midi, à Krosnoje-Selo (Russie), orage avec foudre tombant, tuant 16 chevaux à la fois, et ondée énorme ; même jour, trombe gigantesque sur la rivière de Sampier (Gênes), haute de 17 mètres, avec bruit assourdissant, marée très haute et très forte.

16/7. Ondées et orages dévastant en Missouri ; beaucoup de dommages.

19. Fœhn effroyable de 5 à 6 heures du soir sur le lac de Lucerne. Le quai démoli près de Meggenhorn ; le pont des vapeurs démoli et chassé au lac.

20. Éclair à boule pendant un orage violent à Kummern, près de Dux (en Bohême), 12 pins écorcés dans toute leur longueur, le sol montre des enfonçures et des crevasses à plusieurs centaines de mètres tout autour des

Perturbations atmosphériques.

—

arbres. La partie du bois dévastée ainsi est de 4 à 5 hectares, et les arbres détruits sont de 40 à 50 mètres distants les uns des autres. Sur un rocher, près du lieu, plusieurs ouvriers étaient assourdis par influence électrique.

21. Bourrasque et naufrages sur le lac de Lugano, 7 hommes noyés et 9 sauvés.

25. Des orages généraux en Bohême du Nord sévissent, ondées et coups de foudre, écroulement des talus de chemins de fer à Reichenberg, flots énormes descendants, à cause des averses des flancs du mont Jeschken.

23. Cyclone effroyable en Minnesota et Wisconsin, 60 hommes tués, 100 blessés, un train détruit et 43 voyageurs grièvement blessés. Groupe énorme de taches solaires, dont le diamètre a plus de 5,000 milles. Crue des lacs en Suisse; inondations du Rhône.

XVIII. — *Période du 2 août 1883.*

Pression barométrique minima à Prague.

Juillet	30	746mm	01
»	31	741	50
Août	1er	741	00
»	2	746	20
»	3	747	21

Perturbations atmosphériques.

Juillet 31. Orage à Bœhmisch-Kamnitz, avec ondée, beaucoup de dommages dans les arrondissements de Reichenau.

Août 1er. Orage formidable à Prague, à deux reprises; bourrasques, inondation de caves, murailles renversées et lignes téléphoniques détruites.

Perturbations volcaniques et séismiques.

Août 3. Tremblement violent à Stassfourt, à 11 heures matin.

Juillet 28, 9 h. 45. Catastrophe d'Ischia, 2,000 vies perdues sous les ruines d'Ischia et Casamicciola.

Août 2. Les secousses renouvelées à Ischia.

Juillet 31. Tremblement à Oporto (Portugal) et en Californie.

Août 6. Tremblement à Szanad, comitat de Torontal, en Hongrie, à 11 h. 45 m. du soir, durée: 10 secondes; et à Stassfourt, 12 h. 25, à la nuit.

XIX. — *Période du 15 août 1883.*

Pression barométrique minima à Prague.	Perturbations atmosphériques.	Perturbations volcaniques et séismiques.
Août 13 749mm,01	Août 15 et 16. Orages en Bohême	Août 13 au 14. En Italie
» 14 747 12	entière, beaucoup d'hommes tués en	et en Bosnie, secousses
» 15 742 75	divers endroits par la foudre; le	violentes.
» 16 743 10	même jour, en Tyrol, un train atteint,	12. A Ischia, secousse
» 17 746 51.	plusieurs personnes foudroyées.	légère.
		15. Secousse à Anna- berg, en Saxonie.

XX. — *Période du 27 août 1883.*

Pression barométrique minima à Prague.	Perturbations atmosphériques.	Perturbations volcaniques et séismiques.
Août 26 751mm,12	Août 26. Orages très répandus en	Août 26 au 27. Catas-
» 27 747 85	Bohême, plusieurs incendies et pertes	trophe de Java par l'érup-
» 28 744 05	de vie.	tion du Cracatoa, 75,000
» 29 742 10	23. Orage très fort à Prague,	hommes périrent, et le
» 30 744 50	ondée.	détroit de la Sonde tout à
	22. Explosion de gaz à Freorky	fait bouleversé. L'onde
	(Wales), 30 mineurs tués.	arrive à Prague le 28 et le
	Septembre 3. Ouragan à Vienne.	29 par deux reprises mar-
	2. Tempête en Angleterre; le	quées sur le barographe.
	même jour, aux côtes françaises; à	Plusieurs nouvelles îles
	Paris, beaucoup d'arbres brisés.	formées. L'île Dwars in de
		Weeg déchirée et divisée
		en cinq parties.
		Août 29. A Agram, 3 h.
		49 m., secousse assez forte,
		avec bruit souterrain.
		26-30. Secousses et ma-
		rées réitérées en Aus-
		tralie.
		Septembre 2. Deux mai-
		sons à Grusnevano, près
		de Naples, s'écroulèrent
		par des secousses vio-
		lentes; 11 personnes tuées
		à Pomigliano, 6 maisons
		détruites; grandes ondées
		en Italie méridionale.

Période du 9 septembre 1883.

Pression barométrique minima à Prague.	Perturbations atmosphériques.	Perturbations volcaniques et séismiques.
Sept. 8 744mm,85	Septembre 5. Ouragan avec beau-	Septembre 3. Secousse
» 9 742 25	coup de naufrages sur les côtes de	assez forte à Frascati, près
» 10 747 52	New-England, 30 bateaux manquent.	de Rome, panique.
» 11 749 02	7. Explosion de gaz à Chattanuga,	4. Tremblement de terre
» 12 732 17	en Amérique, 50 mineurs tués.	à Dusseldorf, avec bruit
	9. Crue énorme des eaux et inon-	souterrain.
	dations en Servie, grands dommages.	
	9. A Kolin, en Bohême, 6 per-	
	sonnes tuées par la foudre.	
	13. Ondée énorme et cyclone à Ta-	
	rente et Ischia.	

XXII. — *Période du 22 septembre 1883.*

Pression barométrique minima à Prague.	Perturbations atmosphériques.	Perturbations volcaniques et séismiques.
Sept. 19 749mm,51	Septembre 22. Ouragan à Reval,	Septembre 23. Deux
» 20 745 08	détruisant beaucoup de maisons et	fortes secousses à Casa-
» 21 740 05	déracinant plusieurs centaines d'ar-	micciolo, la température
» 22 738 01	bres; à Kronstadt, deux torpedo dé-	des eaux thermales s'éle-
» 23 741 15	truits.	vait à 56° cent.
» 27 748 11	24. Ouragan à Eger, en Bohême.	29 au 30. En différents
		endroits, en Bavière, se-
		cousses et bruit souter-
		rain.

XXIII. — *Période du 4 octobre 1883.*

Pression barométrique minima à Prague.	Perturbations atmosphériques.	Perturbations volcaniques et séismiques.
Octobre 3 739mm,68	Octobre 4. Orage à neige dans	Octobre 8. Grand bo-
» 4 732 97	l'Erzgebirge, en Bohême; orage à	lide observé à Teplitz
» 5 736 69	Trieste; Fœhn à Breganz; grande	(Bohême), à 9 h. 15 m. du
» 6 738 38	différence de pression en Autriche	soir.
» 7 750 90	du 4-5.	Octobre 10. A 11 heures
	6. A Stassfourt, 40 mètres carrés	avant midi, secousse vio-
	du sol s'enfoncèrent à 50 mètres de	lente de 3 secondes à Cilli,
	profondeur.	en Styrie.
	3. Parhélies observés à Southampton.	
	8. Masses de neiges tombées en	
	Galicie, de même en Tyrol.	
	4. Le Giessbach-Hôtel, en Suisse,	
	brûlé par la foudre.	

XXIV. — *Période du 17 octobre 1883.*

Pression barométrique minima à Prague.	Perturbations atmosphériques.	Perturbations volcaniques et séismiques.
Octobre 15 745mm,95	Octobre 17 au 18. Ouragan aux	Octobre 15. Désastre de
» 16 746 52	côtes d'Angleterre et d'Allemagne,	Chio, tremblement vio-
» 17 740 01	200 pêcheurs noyés. Le même en	lent pendant 8-15 minutes,
» 18 735 23	Russie, Norwège et Suède. Dépres-	aux environs plusieurs
» 19 745 91	sion énorme à l'ouest de l'Europe	maisons s'écroulèrent; le
	centrale.	même à Syra, Smyrne et
	18. A Soest, cyclone effroyable de	Aivalik, plusieurs per-
	2 à 3 heures après midi.	sonnes tuées.
	20. Stralsund, orage violent.	22. Secousses très fortes
	19-20. Orages et ondées énormes	à Belluno.
	en Angleterre, en Espagne, en Italie	20. A Altenbourg, Zeitz,
	et en France méridionale.	Gora et Leipzig, tremble-
		ment assez fort.

XXV. — *Période du 30 octobre 1883.*

Pression barométrique minima à Prague.			Perturbations atmosphériques.	Perturbations volcaniques et séismiques.
Octobre	27	742mm,50		
»	28	748 64		
»	29	750 99		
»	30	752 61		
»	31	752 94		

Perturbations atmosphériques.

Octobre 30. Bora violent à Trieste. 31. Naufrages et ouragan au canal d'Irlande.

30. Inondations énormes en Grèce, à cause des ondées du 28 octobre; à Larisse, 300 maisons s'écroulèrent: le même à Volo, le chemin de fer Larisse-Volo détruit.

Novembre 1. Ondées et ouragans en Ohio, Louisiane et Missouri.

Perturbations volcaniques et séismiques.

Octobre 25. Tremblement à Agram, à 11 h. 15 de la nuit, avec bruit souterrain.

Novembre 1er. Presqu'île d'Erythrée, à Klozomène, 4,410 maisons détruites par les secousses violentes, 72 morts, 207 blessés.

Octobre 28 au 29. Fréquents et grands bolides observés à Brünn et Dresde.

XXVI. — *Période du 11 novembre 1883.*

Pression barométrique minima à Prague.		
Nov.	6	730mm,93
»	7	737 41
»	8	739 91
»	9	742 25
»	10	736 31
»	11	736 11
»	12	735 53
»	13	737 47
»	14	740 22

Perturbations atmosphériques.

Novembre 15. Inondation en Krain (Autriche), par la Laibach et la Save, siroco très fort; le même en Croatie, les digues sont détruites et la Posavina entière est inondée.

8. A Fiume, ondées et inondations par la Fiumara.

11. Ouragan aux côtes de l'Atlantique, beaucoup de naufrages et de pertes de vie; le même sur les lacs de l'Amérique occidentale.

6. En Écosse, orage à neige avec beaucoup de coups de foudre.

7. Explosion de gaz' à Konkfield. 62 morts, 50 blessés.

Perturbations volcaniques et séismiques.

Novembre 14. Secousses violentes à Patras, en Péloponèse.

15. A Travnik (Bosnie), à 9 h. 45 m., tremblement très fort ondulant du N.-O. au S.-E., avec bruit souterrain.

16. A Trifail, écroulement de rochers, 300 mètres longueur et 110 largeur.

XXVII. — *Période du 24 novembre 1883.*

Pression barométrique minima à Prague.		
Nov.	22	747mm,78
»	23	745 08
»	24	744 10
»	25	741 44
»	26	742 47

Perturbations atmosphériques.

Novembre 26. Inondations par le Main.

23. Tempête et naufrages sur le lac Léman.

26. Baisse soudaine et énorme en Europe centrale, en Angleterre, 772 millimètres; le 23, tempête à Londres.

27. A Paris, 28-29 à Prague, aurores (rouge, du soir) brillantes.

XXVIII. — *Période du 6 décembre 1883.*

Pression barométrique minima à Prague.			Perturbations atmosphériques.
Déc.	4	**719**mm,78	Le minimum minimorum de l'année
»	5	730 10	arrivait le 4/12, avec une pression
»	6	739 50	barométrique de 720 millimètres à
»	7	750 78	Prague.

Décembre 5. Ouragan à Stettin ; le même à Barcelonne ; aux côtes orientales d'Amérique, un ouragan affreux a causé des dommages énormes. Ouragan à Munich ; le 4/12, coups de foudre.

11. Ouragan désastreux en Angleterre, grands dommages et beaucoup d'hommes tués par les constructions tombantes. 10/12, ouragan sur le lac Huron, en Amérique. Tempête et incendie énorme le 6/12 à Constantinople, 700 maisons brûlées. Tempête énorme de neige en Bohème et à Adalia (mer Noire), 21 bateaux naufragés.

XXIX. — *Période du 19 décembre 1883.*

Pression barométrique minima à Prague.			Perturbations atmosphériques.	Perturbations volcaniques et séismiques.
Déc.	17	731mm,20	Décembre 17. Crues des eaux en	Décembre 20. Secousses
»	18	746 63	Bohème, débàcle de la Tepla et de la	très fortes à 9 h. 21 m., à
»	19	737 12	Moldau.	Fünfkirchen, en Hongrie.
»	20	740 46	20. Masses énormes de neige blo-	et à Barcs, ondulant et
»	21	739 22	quent en Styrie tous les chemins de	avec bruit de tonnerre.
»	22	743 41	fer ; crue énorme du Rhin à Cologne,	du S. au N. pendant 3
»	23	746 82	5m,7 sur le normal ; crue du Main	secondes.
»	24	753 55	signalée.	19. A 9 h. 13 du soir.

26. Crue soudaine des eaux thermales à Tœplitz ; orages à neige aux Alpes autrichiennes ; à Aussée, la couche de neige est de 2 mètres. La foudre tombait le même jour à Salzbourg pendant l'orage à neige et démolit l'orgue dans l'église de Maxglan ; dépression énorme par les orages à neige en Amérique, aux États-Unis et au Canada.

23. Tempête et incendie à Bruxelles.

secousses assez fortes à Agram.

22. A Saalfelden, à 11 h. 45 à la nuit, secousses violentes avec bruit de tonnerre.

Le même jour, à Lisbonne, secousse à 9 heures du matin ; à 11 heures, deuxième secousse très forte, avec bruit souterrain.

En résumé, la comparaison des dates de dépressions maxima à Prague (prenant pour chaque jour de l'année la pression minima observée chaque jour en 1883), des orages et des mouvements séismiques très forts de cette année, montre le lien intime de ces phénomènes observés et leur périodicité de 13 jours à peu près. Ce résultat apparaît confirmé par les prévisions du temps orageux au moyen de l'héliophotographie et par la coïncidence des dates de passage des grands essaims périodiques par notre atmosphère.

Enfin, cette périodicité est singulièrement confirmée par les grands mouvements séismiques observés en Italie méridionale pendant cinq siècles. Les révolutions souterraines se repètent pour ainsi dire aux mêmes jours de l'année..

On peut tirer de cette périodicité des orages une espèce de calendrier perpétuel, donnant les jours des perturbations énormes à la surface et à l'intérieur de notre planète, tandis que les jours intermédiaires sont alors ceux qui doivent être les plus propices pour les buts de l'agriculture et de la navigation par leur calme relatif.

JOURS DES TEMPS ORAGEUX ET DES CALMES DE L'ANNÉE TERRESTRE.

TEMPS				TEMPS			
orageux.		calmes.		orageux.		calmes.	
Janvier	1er			Juillet	7		
»	13	Janvier	7	»	19	Juillet	13
»	25	»	19	Août	2	»	26
Février	7	»	31	»	15	Août	9
»	19	Février	13	»	27	»	21
Mars	5	»	26	Septembre	9	Septembre	2
»	17	Mars	11	»	22	»	15
»	30	»	24	Octobre	4	»	28
Avril	11	Avril	6	»	17	Octobre	11
»	24	»	18	»	30	»	24
Mai	5	»	30	Novembre	11	Novembre	5
»	18	Mai	12	»	24	»	18
»	31	»	25	Décembre	6	»	30
Juin	13	Juin	7	»	19	Décembre	13
»	25	»	19	»	31	»	26
		Juillet	1er				

On peut de là prévoir, pour l'année entière, avec la plus grande vraisemblance, les jours orageux et les jours de calme, et il est clair quelles sommes énormes, par des récoltes sauvées à l'aide de cette prévision, peuvent être gardées chaque année par les agriculteurs.

La même utilité se prête pour la navigation par la prévision et signalisation télégraphique des orages approchant de nous 24 à 48 heures avant que le baromètre en indique trace; et l'héliophotographie sert à marquer avec plus de précision les jours orageux d'avance pour le lieu d'observation.

———

M. QUÉNAULT

Membre de la Société Linnéenne de Normandie et de l'Académie de Caen, à Montmartin-sur-Mer. (Manche).

———

MOUVEMENTS LENTS DU SOL ET DE LA MER

———

— Séance du 5 septembre 1884 —

Peu de savants, en France, se sont occupés des oscillations lentes du sol, de la cause, de l'importance, de la portée de ces phénomènes qui se manifestent partout. Ici la mer gagne lentement du terrain sur le continent, là elle en perd. Est-ce le niveau de la mer qui s'élève ou s'abaisse ici ou là, est-ce celui du sol? ces phénomènes ont-ils une marche régulière? On ne le sait pas encore. On a à peine quelques données en des points fort rares du globe sur la mesure séculaire de ces soulèvements ou de ces affaissements; quelques auteurs français ont donné des observations locales, manquant presque toujours de précision, mais aucun n'a examiné ces phénomènes d'un point de vue général.

Pour la première fois un savant Italien, bien connu de l'Académie des sciences, qui lui a décerné un prix en 1872 pour un travail sur les coquilles du golfe de Suez, M. Arthur Issel, professeur à l'Université de Gênes, a publié un livre dans lequel il traite ce sujet d'une manière générale; m'ayant demandé avant sa publication des renseignements, il me l'a envoyé. Comprenant l'importance d'une pareille publication, je l'ai traduite en français.

M. Issel donne à son ouvrage le titre général d'*Essai de géologie historique*. Ce titre est bien choisi; en effet, l'étude de la phase géologique actuelle, appréciable souvent par les documents historiques et archéologiques, est en grande partie contenue dans l'examen approfondi, minutieux, microscopique de ces phénomènes de dénivellement du sol.

L'ouvrage de M. Issel est fort bien conçu, il a demandé et obtenu dans le monde entier des renseignements sur les observations qui ont été faites jusqu'ici, et il a publié une carte générale des soulèvements et des dépressions du sol. Tout ce qui a été dit et fait jusqu'ici sur ces phénomènes y est résumé.

Presque tout l'ancien continent, dit M. Issel, est compris dans une grande aire de soulèvement; la Scandinavie et les côtes de la Sibérie se font remarquer par l'intensité de ce phénomène.

A l'occident cette aire est interrompue par une zone de dépression qui embrasse une partie de la Germanie, les Pays-Bas, la France et l'Angleterre, traverse une certaine partie de l'Europe, du nord-ouest au sud-est, atteint la presqu'île Italienne et s'étend après à travers la Méditerranée jusqu'aux côtes de Barbarie, de la Syrie et de l'Egypte.

Dans le voisinage de l'ancien continent, la dépression règne sur une grande partie de l'océan Indien entre l'équateur et le tropique du Capricorne.

Le sud-ouest, Madagascar et presque toute la côte africaine n'obéissent pas à ce mouvement; mais, au contraire, s'élèvent progressivement au-dessus de la mer.

Aux Seychelles règne un soulèvement qui est indiqué au moyen de la teinte sombre.

Au sud-est de l'Asie un autre champ de dépression se rencontre dans la mer de Chine et s'étend d'un côté jusqu'au Jung-ti-Liang et d'un autre côté jusqu'aux rivages de Bornéo et des Philippines.

Dans les régions australiennes et polynésiennes, la carte est ombrée d'une immense aire de dépression qui se manifeste le long de la côte nord-est de l'Australie; à l'extrémité méridionale de la Papousie, sur le rivage oriental de la Nouvelle-Zélande, et dans des myriades d'îles qui s'étendent au nord-est jusqu'aux basses Piskaien et autres.

Tout ce qui a été fait et écrit sur ces phénomènes est parfaitement résumé dans le livre et la carte de M. Issel.

Mais que résulte-t-il de tous ces travaux? Combien avons-nous dans la terre entière de points de repère certains et d'observations précises pour calculer le dénivellement par année et par siècle des contrées où il se manifeste?

On en compte quelques-uns en Suède pour l'exhaussement du sol.

A Wetter Boston, trois points de repère donnent $1^m,10$, pour le soulèvement séculaire aux environs de Stockholm, 5 donnent $1^m,17$ à Nygaping, 3 donnent 62, à Bohar, 2 donnent 77. Quant aux dépressions, je n'en vois que bien peu de constatées avec précision.

A Jersey et à Guernesey, M. Peacock, ingénieur, a établi, au moyen de l'invasion par la mer, de forêts où on faisait pâturer les bestiaux en 1340, ainsi que ce fait est constaté par des chartes authentiques, que la mer couvrait aujourd'hui le sol de ces forêts de 15 mètres d'eau.

La dépression est de 3 mètres par siècle.

La découverte faite par moi à Caen d'objets tels que fers de flèches et de lances, canots appartenant au xvᵉ siècle, sur un sol végétal à 10 mètres au-dessous des plus basses mers d'équinoxe, constate un affaissement d'environ 2 mètres par siècle.

Les observations si précises de M. Delforterie au phare de Cordouan attestent une dépression de 3 mètres par siècle en cet endroit.

Les observations faites avec un grand soin par M. Issel dans la Vénétie constatent une dépression d'environ 13 centimètres par siècle.

Voilà tout ce que je reconnais de précis dans les observations faites jusqu'à ce jour.

C'est, comme nous l'avons dit M. Issel et moi, plutôt un programme d'études que des études sérieuses que nous avons aujourd'hui pour établir les lois de dénivellement du sol.

Il faut que les observations soient multipliées et faites partout avec un soin extrême, sur toutes les côtes, pour donner à cette branche de la science géologique ce qui lui manque et ce qui lui manquera encore longtemps, des observations générales, universelles même, pour pouvoir atteindre son but, qui est de connaître les lois des phénomènes qu'elle étudie, si les grandes compagnies savantes et si les gouvernements ne se mettent pas à la tête des travaux pour y parvenir.

Le gouvernement suédois a déjà pris l'initiative à ce sujet. En 1830 on a placé par son ordre des signaux, au nombre de 27, qui ont été visités depuis, et on a reconnu qu'il y avait dans cette contrée un soulèvement du sol.

L'Académie de Hollande a, en 1853, nommé une commission pour étudier ces phénomènes, et elle publia alors un programme pour des observations à faire.

Après le congrès de l'Association géologique Italienne qui a eu lieu à Turin en 1880, la direction des Scavi di Antichita envoya une circulaire à tous ses agents et à beaucoup d'autres personnes, dans laquelle on formula 9 demandes concernant la distance existant entre certains monuments maritimes anciens et la mer, et sur leur situation relative à son niveau.

Vous le voyez, Messieurs, le gouvernement suédois, l'Académie hollandaise, les compagnies savantes de l'Italie et son gouvernement ont donné un exemple qu'il serait d'autant plus urgent de suivre en France que le mouvement général du sol constaté en France est la dépression et qu'on a à se défendre presque sur tous ses rivages contre les envahissements de la mer.

J'en citerai un exemple dans le département de la Manche, que j'habite et dont je suis conseiller général.

Voici ce que je lis dans le dernier rapport de M. l'Ingénieur en chef des ponts et chaussées au conseil général sur les syndicats pour la défense des côtes contre les invasions de la mer :

« Le syndicat de Ravenoville, Fontenay, Quinéville, à Saint-Marcou font de grandes dépenses, tant pour la construction des digues de défense des terrains compris dans son périmètre que pour l'assainissement de ces terrains. Cette association, qui est puissamment organisée, vient de soumettre à M. le Préfet un projet utile consistant à établir, sur 420 mètres de longueur, un parapet destiné à empêcher la partie de la digue la plus menacée, d'être prise à revers par la mer, laquelle écrête les dunes, les prend à revers et pénètre dans les terrains situés en arrière. »

Si la mer écrête les dunes, si on a besoin d'un parapet pour exhausser les digues, c'est qu'elles ont été établies, quand elles ont été construites, au-dessous du niveau des plus grandes marées, il y a environ 50 ans, ce qui n'est pas vraisemblable, les hautes marées laissant sur le rivage des traces que les constructeurs des digues ont dû reconnaître, ou plutôt, ce qui semble évident, c'est que depuis leur construction le sol s'est affaissé.

Voici le rapport de M. le comte de Pontgibaut sur les propositions de l'ingénieur :

« Votre commission, après avoir pris connaissance de la situation relative de ces syndicats, vous propose d'appeler de nouveau la protection de l'État sur ces intérêts qui ne peuvent être sauvegardés que par des travaux importants, qui nécessitent des sacrifices d'autant plus considérables que l'imprévu, fécond en désastres, vient souvent faire des brèches à ces digues, et par conséquent aux réserves ayant pour but de soutenir la lutte contre cet adversaire puissant qui vient tantôt comme un bélier furieux fracasser les clôtures les plus fortement cimentées, et tantôt comme un lion rugissant fouiller au pied des digues et les ébranler jusque dans leurs fondements, pour prendre ensuite à revers ces fortifications chèrement édifiées et si difficilement défendues à force d'argent et à grands renforts de bras et de matériaux. »

On peut en dire autant des environs de Carentan, de la baie du Mont-Saint-Michel et de tout le littoral sablonneux de Granville à Carteret.

Vous reconnaitrez dans cet exposé l'urgence de connaître exactement la mesure annuelle et séculaire de cette dépression pour se défendre contre les désastres qu'elle peut entraîner.

M. Issel cite souvent M. Bouquet de la Grye, dans son ouvrage. Page 93, dit-il, M. Bouquet de la Grye attribue à la mer qui baigne la côte de l'Amérique méridionale un niveau plus haut de 4 mètres que celui de l'océan Atlantique dans le voisinage du cap Vert.

Il y aurait aussi, d'après lui, une différence de niveau entre la cote, 0, 00 à Marseille, qui est, je crois, la cote Bourdaloue, et le niveau moyen de la mer à Brest, de $1^m, 22$.

Au congrès du club Alpin-Italien, dit M. Issel, page 411, dans une splendide lecture au sujet du mouvement de rotation des pôles sur la superficie du globe faite par M. Schiaparelli en 1882, il reprit l'ancienne hypothèse suivant laquelle l'axe de rotation du globe subirait des changements continuels dans sa position, et il donna à l'appui un fait de grande importance sur lequel il réclama l'attention des savants ; les professeurs Fergala à Naples et Nyron à Pulkova, en comparant les observations faites dans les différents observatoires de l'Europe pour en déterminer la latitude, ont trouvé que toutes ces latitudes sont venues à diminuer lentement dans ces derniers temps. La perfection des instruments employés, la sagacité des observateurs, exclut le doute de graves erreurs ; n'étant pas supposable, dit Schiaparelli, que les observatoires et toute l'Europe aient glissé sur la surface de la terre, on est obligé de conclure que le pôle arctique s'éloigne de nous d'une longueur qu'on peut évaluer de 30 à 40 minutes par siècle. Puis il ajoute, après beaucoup d'autres considérations, que si la terre était absolument rigide et avait résisté à la déformation que tend à lui donner la force centrifuge par l'effet du déplacement de l'axe, toute augmentation de 30 minutes dans la distance du pôle arctique à nous aurait pour conséquence une élévation de 5 centimètres dans le niveau de nos mers. L'auteur termine sa conférence en présentant un système général d'observations sur le niveau moyen de la mer, afin de s'assurer si ces changements avaient réellement lieu.

Vous le voyez, Messieurs, on doit aussi faire des observations sur le niveau moyen des mers pour étudier les mouvements lents de la mer et du sol. On pourrait donner des instructions à ce sujet aux officiers de marine.

Au point de vue des travaux de défense à exécuter à la mer, ce n'est pas son niveau moyen, mais son élévation au moment des marées d'équinoxe qu'il est nécessaire de connaître.

Il faudrait non seulement vérifier la cote de Marseille pour savoir si les rapports de niveau entre la mer sont les mêmes que quand elle a été prise, mais il faudrait aussi avoir une autre cote, celle de la hauteur de la mer aux plus grandes marées d'équinoxe dans les ports de l'Océan, de la Manche et de la Méditerranée.

Pour vérifier si le sol s'est soulevé ou abaissé depuis les sondages de Beautems-Baupré, en 1830 et 1831, il faudrait faire des sondages nouveaux dans le voisinage des phares, sur les basses à fond de roche, voir si la portée lumineuse des phares a augmenté ou diminué depuis leur construction.

M. Issel vient de m'envoyer un questionnaire à adresser aux agents de l'État et aux sociétés savantes que je vous communique. Il est fort bien entendu, comme il pouvait et devait l'être, dressé par un homme qui a fait personnellement une foule d'observations en Italie, en France, en

Égypte, dans les îles de la Méditerranée, en Tunisie et en Syrie. Il en a rendu compte dans son ouvrage et elles peuvent servir de modèle.

Vous pourriez adresser ce programme à toutes les sociétés savantes et à tous les gouvernements civilisés ; une pareille démarche serait bien dans votre mission : l'avancement des sciences en bien ! Savez-vous d'où vous tirerez peut-être le plus de lumière? c'est de la Chine.

Il y a plus de 4000 ans qu'on fait de la statistique dans ce pays et qu'on en conserve les résultats dans les archives de l'empire. D'ailleurs cette immense contrée est assise sur deux grandes aires de dénivellement. l'une de soulèvement à l'ouest, au centre et au nord, l'autre de dépression à l'est. Mais le gouvernement voudra-t-il que l'on fasse de telles communications aux barbares ? Nous avons lieu de l'espérer, puisqu'il leur envoie des ambassadeurs et qu'un de ses grands fonctionnaires est rédacteur de la *Revue des Deux Mondes*. N'est-ce pas plus que vous ne lui demanderiez?

Je termine en apportant des observations récentes faites à Granville, à Regnéville, dans la baie du Mont-Saint-Michel et dans la mer de la Manche, qui peuvent donner quelques lumières sur la mesure séculaire du dénivellement du sol dans ces parages.

La première est due à M. Le Griffon, ingénieur des ponts et chaussées. chargé du service hydraulique à Granville, à la haute mer du 17 octobre 1883 au matin.

Ce jour-là la mer, suivant l'Annuaire de la marine, devait atteindre 14^m,05 à Granville, elle est montée à 14^m,75 ; différence, 70. Les circonstances de vent ne suffisaient pas pour expliquer une pareille divergence. Le vent. qui venait du sud-ouest, soufflait à grande brise à basse mer; mais il a diminué d'intensité pendant le montant de la marée, la différence de 70 ne provenait certainement pas du vent. Les sondages sur lesquels ont été basés les calculs des marées à Granville sont de 1830, il y aurait donc une dépression du sol en cet endroit, depuis 53 ans, de 70 centimètres.

A la marée du 28 mars 1884 (qui était de 109) M. Duval, patron de la patache de la Douane, a fait un sondage à Regnéville à l'entrée du ruisseau Passevin, dont le fond, suivant la carte de marine de Beautems-Baupré, est de 7^m,50 au-dessus des plus basses mers d'équinoxe ; la hauteur de la pleine mer, dans une grande marée d'équinoxe, n'est pas indiquée sur la carte ; mais M. Thévenet, ancien ingénieur des ponts et chaussées à Granville, et M. Le Griffon estiment qu'elle doit être de 13^m,80. Le sondage de M. Duval aurait dû, pour que ce chiffre fût atteint, être de 6^m,30.

La profondeur d'eau trouvée par lui a été de 8^m,85, qui, ajoutée à 7^m,50. donnent 15^m,35 ; ce qui constituerait une différence de 1^m,55 entre la hauteur d'eau à une grande marée d'équinoxe au ruisseau Passevin en

1830, époque où ont eu lieu les sondages qui ont servi à la carte marine, et aujourd'hui.

Le temps était très calme et le vent était d'est à la marée du 28 mars 1884.

Ces observations devront, pour être admises comme précises, être corroborées au moyen d'observations nouvelles aux marées d'équinoxe, des causes accidentelles, telles qu'un raz de marée, des ondes anormales venant de loin, des flots de fond ayant pu donner un niveau anormal à ces deux hautes mers. Cela n'est pas probable, mais c'est possible.

Voici une dernière observation qui résulte de la comparaison d'un sondage de la mer de la Manche, exécuté en 1737 par Philippe Bouacre, de l'Académie des sciences, avec celui qui a été opéré récemment à l'occasion du projet du tunnel sous la Manche.

Cette carte hydrographique avait été publiée par Desmarest à l'appui de son mémoire qui avait remporté un prix à l'Académie d'Amiens, mémoire dans lequel il avait examiné si l'Angleterre avait fait autrefois partie du continent des Gaules et où il s'était déclaré pour la jonction de cette île à la terre ferme.

Cette dissertation est pleine de faits et de déductions logiques de ces faits. Cette carte a été reproduite par M. Stanislas Meunier.

Il décrit avec une grande vérité d'observation comment l'action combinée des eaux de source qui filtrent dans les falaises avec celles des flots parvient à les précipiter dans la mer. Il a exactement décrit l'action physique, chimique et mécanique qui a fait tant de fois tomber des falaises dans la mer; mais l'auteur ne s'occupe pas des oscillations du sol et du concours qu'elles peuvent donner à la mer pour la faire s'avancer sur la terre.

Il n'en est pas de même de M. Issel quand il fait la description de ces phénomènes.

Quand la mer, dit-il, page 50 de son livre, bat une côte escarpée, elle cause des érosions à la base, la démolit, et il en résulte la chute dans les flots des parties qui sont en surplomb; alors ils se forme en avant de la falaise un amas de détritus, qui, à la longue, devient un plan incliné. Dans de telles conditions le rivage reste défendu par une plage dont les éléments deviennent de plus en plus ténus. Les flots atteignent encore la falaise dans les grandes marées; mais, peu à peu, le battant de la mer s'en éloigne. Parvenue à un tel état, la côte peut être assimilée à une plage qui se trouve assez vite dans une situation régulière. Cette succession de faits a lieu quand il n'y a aucun changement du sol. S'il se déprime lentement, la défense que les détritus opposent à la mer diminue à mesure qu'elle se forme, et l'œuvre de destruction par la mer continue avec une rapidité quelquefois prodigieuse. Ainsi le cap de la Hève, près du

Havre, a perdu, de 1100 à ce jour, au moins 1400 mètres, soit 2 mètres par an, et recule continuellement.

Quand, au contraire, le terrain se soulève, la petite plage formée par les détritus prend rapidement de l'étendue, le choc des marées contre le rivage ne s'exerce que de temps en temps, à des intervalles de plus en plus longs, puis vient à cesser. Le rivage, désormais éloigné du battant de la mer, sera toutefois reconnaissable par les érosions plus ou moins profondes, par les perforations des lithophages, et quand il a été en grande partie détruit, ses restes se manifestent par leurs formes bizarres.

Si Desmarest n'a pas connu les oscillations du sol, nous trouvons dans la carte qu'il a publiée à la suite de son mémoire et dans laquelle sont indiqués les sondages exécutés en 1737 dans le canal de la Manche, un point de repère très précieux pour établir l'affaissement du sol dans ce canal et sa mesure séculaire en comparant ces sondages avec les plus récents qui ont été opérés et publiés. Le plus récent est celui qui a été exécuté à l'occasion du tunnel sous la Manche.

Le sondage de 1737 donne comme maximum de profondeur 67 brasses à l'entrée du détroit de la Manche entre les îles Sorlingues et celles d'Ouessant, 39 entre l'île de Wight et Cherbourg, 29 entre Douvres et Calais.

Je n'ai, des nouveaux sondages, à ma disposition qu'une seule cote, celle qui a été donnée dans l'*Année scientifique* de 1876 par M. Figuier, c'est celle du maximum de profondeur entre Douvres et Calais ; elle est de 53 mètres. Le maximum étant, en 1737, de 29 brasses, soit 145 pieds, celui de 1876 étant de 53 mètres, soit 159 pieds, il y aurait eu un dénivellement de 14 pieds depuis 1737, soit 4^m,65. Ce serait à peu près la proportion constatée au phare de Cordouan, 3 mètres pour 90 ans, ce qui donnerait 4^m,50 pour 139 ans ; à 15 centimètres près, l'abaissement du sol aurait été le même dans le canal de la Manche et dans le golfe de Gascogne.

Ceux qui fréquentent nos côtes, les pêcheurs, les mariniers et les officiers de marine, reconnaissent que, depuis un demi-siècle que la carte de Beautems-Baupré a été publiée, des rochers qui découvraient à marée basse n'émergent plus et qu'ils sont couverts, dans les grandes mers, d'environ 2 mètres d'eau.

Les sondages opérés par la Compagnie de l'Ouest pour l'établissement du chemin de fer de Lison à Lamballe, relevés dans un mémoire publié par M. Médéric de Lage, professeur au lycée de Rennes, ont établi qu'on a découvert au passage des rivières de la Selune, de la Sée et du Couesnon, des couches de tourbe à 13 mètres au-dessous des basses mers actuelles ; ce qui constate une dépression considérable du sol. Mais comme nous ignorons l'époque précise de l'immersion, nous ne pouvons dire quelle a été la mesure séculaire de ce dénivellement. Nous pouvons toute-

fois constater une dépression graduelle autour des sols normand et bre-
ton. Depuis quatre ans la mer continue son action destructive sur les
dunes du littoral situées entre Regnéville et Granville.

Les grandes marées de 1881 et 1883 ont fait reculer les dunes de plus
de 10 mètres.

Celles de 1884 n'ont pas encore fait de ravages, elles étaient moins
fortes et n'étaient pas secondées par des tempêtes.

Notre honorable président M. Bouquet de la Grye a inventé un instrument appelé le *sismographe*, multiplicateur qui indique les mouvements les plus légers du sol; il s'en est servi à Puebla, où il a obtenu
d'excellents résultats; on pourra, avec cet instrument, contrôler les observations qui se feront sur les rivages par des nivellements ou par les sondages.

Si le gouvernement accepte de diriger les observations, on pourrait
placer dans tous les établissements publics où résident des fonctionnaires ces instruments, dont on vérifierait souvent les oscillations.

ENQUÊTE POUR L'ÉTUDE DES OSCILLATIONS LENTES DU SOL

DEMANDES À FAIRE AUX AGENTS DU GOUVERNEMENT

Est-ce qu'on a signalé quelque changement dans les rapports de niveau de
la mer et du sol sur la côte, dans la localité que vous habitez?

Quelles sont les preuves de ce changement là où il se produit?

Est-ce que la mer s'avance?

Depuis quand et dans quelle mesure?

Est-ce que la mer se retire?

Depuis quand et dans quelle mesure?

Est-ce qu'on a tenu compte des marées, des vents dominants, des courants
pour admettre l'hypothèse du soulèvement ou de l'affaissement du sol?

Est-ce que le littoral est élevé ou plat?

Quelles sont les conditions topographiques et hydrographiques de la côte?

Est-ce que quelque fleuve, rivière, torrent ou ruisseau a son embouchure
dans le voisinage?

Quelle est la forme et le régime de cette embouchure?

Y a-t-il un delta, des marais, des lagunes?

Quelle est la forme et l'étendue de la plage?

Est-elle sablonneuse ou vaseuse?

Est-ce qu'il s'agit d'atterrissements récents?

Est-ce qu'il existe à une certaine distance du rivage des cordons littoraux
contenant des coquilles marines et autres fossiles récents?

Quelle est l'étendue, l'épaisseur et la hauteur, sur le niveau moyen de la
mer, de ces cordons?

Quels sont les fossiles qu'ils contiennent?

Est-ce qu'il existe plus ou moins loin du bord de la mer des traces d'huîtres
à sec?

A quelle hauteur sur le niveau moyen de la mer et à quelle distance du rivage se trouvent-elles?

Est-ce qu'il n'est pas possible que ces huîtres aient été apportées par l'homme?

Est-ce qu'on trouve dans la terre, plus ou moins loin de la mer, des morceaux de bois flottés, des restes d'embarcations, des ancres et autres débris abandonnés par la mer?

A quelle distance du rivage arrivent les plus hautes marées favorisées par les vents du large?

Est-ce qu'on trouve à la marée basse, dans la vase de la plage, des débris d'arbres ayant végété sur place?

Est-ce qu'on trouve le long du littoral des anciennes constructions submergées par la mer?

Quel était leur usage?

A quelle époque remontent-elles?

Quelle était leur position primitive par rapport à la ligne du rivage et au niveau moyen de la mer?

Est-ce que l'on voit d'anciens chemins aboutissant à la mer et se continuant dans les bas-fonds?

Est-ce que l'affaissement, qui est indiqué par la submersion d'anciens édifices, est un fait général dans le pays?

Quels sont les documents historiques qui prouvent cet affaissement?

Où peut-on consulter ces documents?

Y a-t-il depuis les temps historiques, le long du littoral, des péninsules qui sont devenues des îles, des îles qui ont été envahies par les flots, des rochers, des îlots, des bas-fonds disparus?

Est-ce que les passes, les détroits, les golfes sont devenus plus larges et plus profonds?

Avez-vous consulté, pour vous en assurer, les anciennes cartes hydrographiques de ces parages?

Est-ce qu'il existe dans le voisinage un maréographe?

De quel système s'agit-il?

Depuis quand et dans quelle condition est-il installé?

Est-ce que les observations sont faites régulièrement?

A-t-on vérifié depuis l'établissement du maréographe un déplacement dans le jeu de l'appareil?

Est-ce un déplacement lent et continu ou instantané?

La côte étant rocheuse, est-ce qu'elle présente des falaises plus ou moins élevées?

Y a-t-il une plage devant la falaise?

Quelle est sa largeur et sa forme à marée basse et à marée haute?

Est-ce que la côte présente des cavernes creusées par les vagues, à sa base ou à une certaine hauteur au-dessus du niveau moyen de la mer?

Quelle est la nature des terrains qui forment la côte?

S'agit-il d'alluvions, de terrains stratifiés plus ou moins anciens, de roches cristallines?

Les couches sont-elles horizontales, verticales, inclinées ou contournées?

Est-ce qu'on trouve d'anciennes lignes de rivage et des terrasses littorales plus ou moins éloignées de la mer, le long de la côte?

Combien de terrasses peut-on compter?

A quelle hauteur sont-elles échelonnées?

Quelles sont leurs dimensions ?

Sont-elles horizontales et régulières?

Est-ce qu'on trouve, à une certaine distance de la mer, des bancs de galets?

Quelle est la hauteur, l'étendue et l'épaisseur de ces bancs?

S'est-il vérifié quelque changement notable dans l'étendue du champ visuel que l'on aperçoit d'un point déterminé?

Est-ce qu'on aperçoit une partie plus ou moins grande de tel clocher, de telle maison ?

Depuis quand le changement a-t-il été constaté?

Est-on certain qu'il ne dépend point de circonstances artificielles, comme déboisement, culture, etc. ?

Quelle est la nature du terrain dans la localité où le changement a été remarqué?

Est-ce qu'il n'existe pas dans le pays des couches de tourbes, des amas de gypses, des bancs d'argile mouvante?

Est-ce que les anciennes églises de la ville que vous habitez n'ont pas, au-dessous du parvis actuel, plusieurs sols superposés?

A quelle époque remontent-ils?

A quelle profondeur sont-ils placés?

Est-ce qu'on trouve d'anciens pavés sous le niveau des voies actuelles?

Est-ce qu'on ne découvre pas, de temps en temps, sous le niveau actuel de la ville, des ruines d'anciens monuments?

Quelle est la date de ces ruines?

A quelle profondeur se trouvait le sol primitif par rapport au sol actuel?

Est-ce qu'on trouve des sédiments d'eau douce au-dessous du niveau de la mer?

Est-ce que ces sédiments contiennent des coquilles, des ossements, de la tourbe, du bois carbonisé, des armes ou des ustensiles soit préhistoriques, soit moins anciens?

Veuillez donner la coupe des tranchées, fossés, ou puits creusés dans le voisinage, en indiquant la nature et l'épaisseur des couches traversées, ainsi que les objets observés dans chaque couche.

Connaît-on des dépôts superficiels récents formés par la mer loin du rivage actuel ?

Est-qu'on observe sur les roches des perforations de mollusques lithophages (*pholas, lithodomus, petricosi*)?

Jusqu'à quelle hauteur sur le niveau moyen de la mer trouve-t-on ces perforations?

Est-ce qu'elles forment une seule zone ou plusieurs?

La zone ou les zones sont-elles bien définies à leurs limites supérieure et inférieure?

Est-ce qu'on ne trouve point de lignes de niveau creusées par les vagues sur les roches (observer à ce sujet les localités bien abritées : comme petites baies, détroits, passes, grottes)?

Quelle est la hauteur de ces lignes par rapport aux niveaux des plus hautes et des plus basses marées?

A-t-on observé des quais, des jetées, des anciens anneaux d'amarrage plus élevés qu'autrefois sur le niveau de la mer ?

Sur quel témoignage admettez-vous le changement de niveau de ces points par rapport à celui de la mer?

A-t-on observé quelque différence dans la hauteur relative des points de repère choisis pour les anciens relevés trigonométriques et topographiques?

Quelle est la disposition des couches et la nature des terrains dans les points où l'on a remarqué de telles différences?

A-t-on observé dans le pays, depuis les temps historiques, quelque changement naturel dans le cours des fleuves et des torrents?

Est-ce que les lacs, les marais, les lagunes qui se trouvent dans votre territoire n'ont point subi naturellement des modifications sensibles depuis les temps historiques?

Est-ce qu'il n'y a pas eu de rétrécissement et d'agrandissement notables?

Est-ce qu'on ne connaît point dans le pays des sources d'eau douce devenue saumâtre et réciproquement?

Est-ce que le niveau des voies ferrées n'a point subi d'altération depuis qu'elles ont été construites?

N'a-t-on point constaté des affaissements ou des soulèvements sur certaines parties des lignes dont il s'agit?

Quelle est la nature du terrain là où un tel phénomène s'est produit?

M. Félix LEFORT

à Nevers.

RECHERCHES SUR L'AGE RELATIF DES DIFFÉRENTS SYSTÈMES DE FAILLES DU MORVAN

— *Séance du 5 septembre 1884* —

EXPOSÉ

Dans une brochure précédente (1), j'ai déduit, de nombreuses observations et de la détermination d'environ mille fossiles, que la théorie des créations successives, émise pour la première fois par Alcide d'Orbigny, se présente naturellement en géologie à un observateur non prévenu. Pour s'en rendre compte, il suffit de vérifier ce fait important : à savoir qu'entre chacun des étages géologiques il existe une couche *transitoire* formée par l'érosion des strates inférieures et renfermant seule les faunes mélangées des deux horizons superposés. En dehors de cette couche, soit en haut, soit en bas, les animaux et les plantes appartiennent à des espèces bien tranchées et bien différentes. Quelquefois, dans cette zone de passage et à

(1) *Observations géologiques sur les failles du département de la Nièvre,* par F. Lefort. — Chez Mazeron, libraire. Nevers.

côté les uns des autres, les fossiles de l'étage inférieur sont seuls roulés et accusent un remaniement par les vagues, tandis que les coquilles appartenant à la faune nouvelle sont bien conservées et témoignent une chute tranquille au milieu des vases du fond de l'Océan. Le fait du cantonnement des faunes est d'une généralité absolue et sans exception; je l'ai signalé dans les vingt étages sédimentaires dont le côté occidental du Morvan permet d'étudier les affleurements.

J'ai également appelé l'attention sur cet autre phénomène, que, parmi les dislocations du sol, lesquelles se croisent et s'entre-croisent en grand nombre, on pouvait grouper ensemble celles dont l'orientation est exactement la même et constituer ce que j'ai appelé des systèmes de failles. Chacun de ces systèmes est attribuable à une force puissante dont l'énergie se manifestait par des ondulations parallèles et comparables aux vagues de l'Océan. Quelquefois, l'élasticité du terrain permettait le plissement des strates; plus souvent la dureté des roches occasionnait des brisures dont les directions étaient alignées suivant les génératrices des ondes.

En mesurant dans plus de cent excavations les angles avec le méridien des fentes observées au milieu des carrières, je me suis assuré que les filières étaient toujours parallèles aux failles voisines, en sorte que les joints verticaux des pierres sont la conséquence de ces dislocations. Les filons des terrains granitiques sont également en prolongement des fractures constatées dans les assises calcaires des alentours. Le nombre en est immense. Le changement d'aspect pétrographique que présente successivement la roche cristalline accuse une décomposition postérieure par des sources minérales émises à travers les crevasses. De la même façon les pierres calcaires de niveaux identiques ont un *facies* distinct suivant les systèmes de fractures qui affectent la région. Pour n'en citer qu'un exemple entre mille, je signale la dissemblance du calcaire à entroques de Saint-Honoré et de celui des bords de la Loire; des dalles du corn-brash de Pryc et des mêmes bancs de Nevers ou de Chaulgnes.

Les failles séparant les massifs éruptifs n'ont pas généralement une grande importance. Ce sont même les cassures délimitatives des granits qui accusent souvent les plus faibles rejets des lèvres en pénétrant dans les terrains sédimentaires.

Les ondulations peuvent être reconstituées dans tous les systèmes de fractures; elles ont eu une orientation différente pour chaque cataclysme. De là corrélation entre l'apparition d'un système de failles et le renouvellement d'une faune. L'évolution de notre planète et son refroidissement graduel apparaissent désormais comme une conjecture séduisante, mais nullement nécessaire. Aussi bien, du reste, cette dernière théorie ne m'a jamais donné la solution à l'objection suivante.

On m'accordera, j'espère, que l'énergie nécessaire pour produire le seul mouvement diurne de la terre n'est pas une force négligeable. Pourtant je veux bien croire qu'elle se perde dans l'immensité des espaces planétaires sans y produire plus d'effet qu'une goutte de rosée dans l'Océan. Mais après la congélation de la terre aura lieu la perte de chaleur des autres planètes. Le soleil, étoile minuscule de la nébuleuse qu'on appelle voie lactée, se refroidira également. Toutes les autres étoiles verseront dans ces mêmes espaces planétaires des énergies calorifiques en quantités prodigieuses. Or, la chaleur est une force, et une force se transforme, mais ne s'annule jamais. La gravitation sera donc, en ce temps-là, tout autre qu'aujourd'hui. Ajoutons que le phénomène a dû commencer depuis l'origine des temps. Les lois actuelles de l'astronomie sont-elles donc variables et appuyées sur l'instabilité d'un état de choses qu'on regarde comme permanent? En tout cas, que fait-on de la chaleur perdue?

Je divise mon mémoire en cinq parties :

1° Description des failles délimitatives de la partie occidentale du Morvan.

2° Description des failles constituant le grand îlot porphyrique de Saint-Saulge.

3° Description du massif granitique de Neuville-les-Decize.

4° Relation des grandes failles reconnues dans la Nièvre à travers les terrains sédimentaires avec les fractures séparatives des terrains cristallins.

5° Conclusions et profils des ondes terrestres dans chacun des systèmes de failles.

Avant d'entrer en matière, je signale les vérités suivantes dont la démonstration ressortira de chacune des pages de ce travail, et dont la connaissance est indispensable au lecteur.

Chaque étage géologique est la période de temps pendant lequel une même faune a vécu sans avoir été renouvelée. Un cataclysme sépare chaque création. Les bouleversements étaient produits par un frémissement de la surface terrestre. Les oscillations, en se propageant, forçaient les strates solides à se courber et les demi-cylindres des ondes se brisaient en donnant naissance aux failles.

Les gaz, les eaux minérales, la chaleur énorme développée par ces pressions, modifiaient parfois le caractère minéralogique des roches.

Un nouvel ordre de choses s'installait sur l'ancien pour aboutir plus tard à un résultat semblable.

A partir du jour où la terre fut tirée du néant, des phénomènes identiques se sont reproduits jusqu'à l'origine de la période dite pliocène, au commencement de laquelle l'homme est apparu.

Notre contrée ne présente aucuns porphyres ou granits éruptifs. Le Morvan fut toujours exondé, au moins y eut-il toujours des surfaces importantes émergeant du sein des océans. Les parties successivement affaissées dans lesquelles les eaux pénétraient coïncident avec les courbes concaves des ondulations. La falaise occidentale de ce rocher, unique au monde peut-être sous le rapport géologique, a constamment présenté un joint de rupture. Un rivage marin dont chaque cataclysme découpait les bords comme à l'emporte-pièce, a toujours baigné le pied de ses escarpements. Les mers de chacun des âges géologiques y ont accumulé successivement leurs dépôts les uns au-dessus des autres. Les révolutions successives et le changement de direction des ondes terrestres à chaque création nouvelle, ont permis les affleurements de tous les horizons. Cette particularité, essentiellement favorable à l'étude, explique la représentation dans la Nièvre et sur 40 kilomètres à peine, de presque tous les niveaux fossilifères ou pétrographiques.

PREMIÈRE PARTIE

DESCRIPTION DES FAILLES DÉLIMITATIVES DE LA PARTIE OCCIDENTALE DU MORVAN

Ce travail a déjà été tenté. Le Bulletin de la Société géologique de France (t. VII, 1879, 3e série) contient le mémoire et la carte publiés à ce sujet par MM. Michel Lévy et Vélain. Je suis obligé de dire que je ne puis utiliser leurs recherches. Mes profils et les plans joints à cette notice (pl. V) feront ressortir mieux que je ne saurais l'écrire la différence entre leurs constatations et les miennes.

Je prends la lisière du Morvan dès l'origine nord du département de la Nièvre et je la suis en me dirigeant jusqu'à l'extrémité méridionale. Je n'ai pas étudié en dehors de ces limites.

Tout à fait à la partie septentrionale, vers Bazoches, des gneiss gris buttent contre les calcaires de l'étage liasien dont on suit facilement les strates jusqu'au pied de l'escarpement qui forme les talus du Mont-Vigne. Les argiles toarciennes, coupées de bancs bleuâtres d'une pierre baumard, s'étagent au-dessus du lias moyen. Elles sont à leur tour surmontées par les bancs à entroques de l'étage bajocien qui portent les strates de la partie

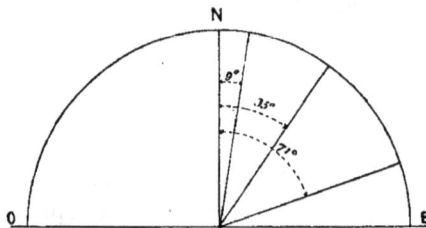

Fig. 32.

la plus inférieure du bathonien, à laquelle on donne le nom de terre à foulon. Le sommet de la montagne est couronné par des dépôts diluviens.

Entre la base occidentale de la montagne et les dalles bleues sinemuriennes
de Pouques se trouve une faille d'un autre système ; son orientation est
N. 35° E., tandis que la cassure longitudinale et déliminative des gneiss
s'aligne N. 9° E.

Les gneiss sont appelés par certains géologues les dépôts sédimentaires
d'un étage auquel on donne le nom de Laurentien. Je considère simplement
ces roches feuilletées comme constitutives de l'écorce primitive, alors que
la vie n'existait pas sur la terre, et présentant une manière d'être spéciale
des terrains cristallins de granit ou de porphyre. De Bazoches à Pouques,
on pourrait découvrir d'autres gerçures transversales, car le nombre des
cassures est prodigieux, comme je l'ai dit plus haut. Je me borne à signaler les fractures importantes. Je tomberais dans la prolixité et même l'erreur en voulant voir autre chose que les grandes lignes. Je n'ai besoin, du
reste, que de ces constatations pour le but auquel je vise.

Entre Pouques et Cervon, la lèvre occidentale de la limite des terrains
azoïques est d'un bout à l'autre l'étage sinemurien caractérisé d'abord par
un petit affleurement d'infralias que recouvrent presque aussitôt les calcaires compacts à gryphées arquées. Les strates plongent toutes sur l'ouest
et très faiblement vers le sud. Plusieurs cassures transversales sont cause
de la continuité des affleurements du sinemurien supérieur.

A Cervon même, entre la ferme du Tillot et la bifurcation des routes de
Dijon et d'Avallon, une carrière d'arène signale bien la faille longitudinale
suivie en ligne droite depuis Bazoches.

Le bornage du Morvan affecte une nouvelle direction entre Cervon et
Précy. Il suit une faille transversale dont l'orientation est de 71° E. et se
retrouve très accusée aux alentours de Nevers et de Saint-Pierre-le-Mou-
tier. Au domaine de la Chaume, l'apparition des marnes blanches et des
pierres castinières de la couche transitoire entre le sinemurien et le lias
moyen succède subitement au terrain cristallin. Le porphyre est de nouveau arrêté suivant une autre ligne jusqu'au bois des Quatre-Vents, au
sud d'Épiry. Cette troisième limite des roches azoïques est orientée

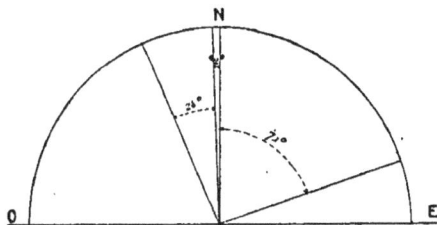

Fig. 33.

N. 2° O. Elle présente constamment l'horizon supérieur du lias à gryphées
arquées sur la lèvre qui porte les calcaires. Son prolongement au nord,

quoique manifestement visible entre les calcaires à *Ostrea arcuata*, de Viry et de Doussas, ne présente qu'un rejet insignifiant des deux lèvres. Son atténuation est évidente ou plutôt accuse le peu de profondeur du porphyre sous les calcaires dans cette région, ainsi qu'on l'a vérifié dans Cervon même, à la bifurcation de la route d'Avallon.

Cette dernière particularité explique également les nombreux pointements de terrains porphyriques dont ceux de Port-Brûlé paraissent les plus importants. Dans ces parages, l'émergement du terrain azoïque avait lieu pendant toutes les époques antérieures au sinemurien. Le sol s'affaissait graduellement du sud vers le nord à chaque cataclysme. C'est ainsi qu'on voit le silurien ne pas dépasser Saint-Léon, le dévonien s'avancer au-delà de Bourbon-Lancy et le carbonifère s'étaler régulièrement par-dessus les couches plus anciennes. Je ne veux pas passer sous silence, à propos des porphyres, la diversité des teintes de la roche et surtout le fait suivant : on trouve souvent le porphyre rouge au milieu des blocs de porphyre bleu, tandis que le contraire n'a jamais lieu. La couleur bleue de la pâte feldspathique doit être en conséquence le résultat d'altérations postérieures.

Près de la ferme du Plotot, une dislocation longitudinale d'un nouveau système arrête les terrains cristallins par Frasnay, Niault et Dun-sur-Grand-Ry. Sa direction est N. 24° O. Ce nouveau système donne un cachet particulier aux environs de Corbigny. Entre les alignements des fractures exactement parallèles, on voit successivement et brusquement paraître le granit porphyroïde du moulin de l'Étang et le sinemurien à gryphées arquées de la forêt voisine, puis, de l'autre côté de l'Yonne, les arènes porphyriques du Bouquin et de Chaumot, à côté des calcaires infraliasiques.

Le granit est cantonné au milieu des porphyres authentiques, à Corbigny, près la gare, de même qu'à Bonnay, au sud d'Avril-sur-Loire. Les porphyres, au contraire, constituent la presque totalité des montagnes du Morvan, et couvrent des espaces immenses. Des rochers de cailloux sont souvent associés aux terrains azoïques, sur lesquels ils reposent directement. Comme eux, les calcaires sinemuriens, au contact des nombreuses dislocations, sont pétris de cristaux de galène, ainsi qu'on le peut observer aux environs de Sardy.

MM. Michel Lévy et Vélain, qui n'ont pas étudié les crevasses, ont figuré à tort des bandes de terrain keupérien. Les quartzites qu'ils classent dans les marnes irisées ne sauraient être rangés dans les dépôts sédimentaires. Aucun fossile ne justifie leur assertion. La stratigraphie et la pétrographie s'opposent absolument à leur manière de voir.

D'abord, près de Corbigny, les silex d'épanchement de Chitry et de la Garenne sont dans les ouvertures béantes de plusieurs failles. Un peu plus au nord sont des sables quaternaires surmontés de silex roulés avec fossiles de l'étage sénonien.

Les rochers de quartzites n'ont aucune ressemblance avec les cailloux jurassiques ou crétacés. La roche, quelquefois translucide comme au Méru, près d'Épiry, est généralement noirâtre. Des veinules de métaux divers s'y rencontrent souvent : le cuivre, le plomb et la barytine sont assez communs. La galène argentifère a même fait l'objet d'une exploitation à Chitry. De nombreux délits existent dans la masse, absolument comme dans les porphyres, avec lesquels les quartz sont en contact latéralement et inférieurement. Toutes les excavations ou les talus montrant les quartzites et le porphyre mettent en évidence ces caractères. L'abondance des concrétions a quelquefois couvert de grands espaces, ainsi que le prouve l'ensemble des rochers constituant le sol des forêts entre Fussy, Blin et Aunay.

On ne saurait trouver, dans la série variée des sédiments anciens, pourtant bien développés autour de la Machine, quelque chose de semblable aux quartzites dont je parle, pas même dans les arkoses infraliasiques formant la couche transitoire entre l'infralias et le keuper, et dont le facies s'en rapproche le plus en certains endroits.

Ces arkoses, subordonnées à toute la série des dalles infraliasiques, sont siliceuses dans le nord du département, tandis que dans le sud elles sont calcaires et constituent les sablons kaoliniques lorsqu'elles ont été décomposées par l'acide carbonique des eaux gazeuses dont les fontaines de Saint-Parize, Fourchambault et Pougues permettent de déterminer le cours souterrain (1).

Dans mes publications précédentes, je confondais, moi aussi, sous le nom général de trias, les innombrables alternances de grès de différentes espèces qu'on observe entre l'infralias et le terrain carbonifère authentique. Heureusement, la découverte de fossiles permiens par M. Busquet, directeur des mines de la Machine, m'a permis de déterminer un niveau certain au milieu de ces masses puissantes. J'ai retrouvé un second horizon dans des grès identiques, quoique provenant de localités éloignées de plusieurs lieues. Enfin, une dalle chargée d'empreintes végétales et surtout d'écailles de poissons, a achevé de me faire connaître ces couches, dont l'épaisseur est considérable.

Je donne ci-après la coupe des terrains de la Nièvre :

1° L'infralias débute par une arkose à gros grains vers Moussy, mais sableuse à Saint-Parize, où elle contient la première zone à *Ostrea sublamellosa*. Cet horizon est suivi d'un massif puissant de dalles blanches dolomitiques et associées à des roches caverneuses avec marnes vertes, puis de calcaires pénétrés de nombreux grains de quartz et quelquefois passant à des grès absolument siliceux, comme on le voit à Crux-la-Ville,

(1) Voir ma note sur les sablons kaoliniques de la Nièvre (*Journal de la Nièvre* du 7 mars 1884).

à·Champallement et à Saint-Révérien. La série se termine toujours par des marnes rouges identiques à celles du keuper, mais colorant et tachant beaucoup moins les doigts.

2º La vraie arkose infraliasique succède. Elle constitue un grès très feldspathique bien différent des grès supérieurs de Moussy. Le ciment est grenu lorsqu'il est calcaire, mais il a l'aspect d'une pâte fine et homogène lorsqu'il est siliceux. Dans ce dernier cas, la roche présente souvent des zones de quartz pur alternant avec le grès feldspathique, comme on le voit à Jailly, près Saint-Saulge.

Cette même arkose est formée, à Champallement, de gros morceaux de porphyres et de calcaires et constitue dans cet état une véritable brèche. La pierre est toujours en bancs très régulièrement stratifiés et séparés par des couches d'argile rubigineuse.

3º Le véritable keuper commence après cette formation transitoire. Il débute par des grès divers, de couleur très brune, à Fleury-sur-Loire et au Pont-du-Veurdre. A ce même niveau, ou plus bas probablement, se placent les grès blancs et fins de Saint-Léger-des-Vignes, sous lesquels s'étagent des lits d'argile rouge entremêlés tantôt de bancs d'une pierre blanche, cristalline et dolomitique, tantôt d'argilolithes, avec grès couverts d'écailles de poissons ou pétris de cavités noircies par une couleur d'origine végétale. J'ai remarqué, en effet, que cette couleur, qui résiste à tous les lavages, est brûlée facilement au feu du chalumeau. Les couches de gypse amorphe viennent à leur tour; elles reposent sur de nouveaux bancs quartzeux dont les cavités permettent l'absorption des eaux des galeries des mines. Les ouvriers nomment *griffes* ces dalles faciles à reconnaître à leur aspect extérieur. La pierre à plâtre n'existe pas partout. Elle semble constituer le remplissage de creux ou poches alignés sur les rives de la Loire. Lorsque sa présence n'est pas constatée, on trouve entre les calcaires cristallins dolomitiques et les grès permiens plusieurs cordons de silex calcédonieux et de calcaire jaune très ferrugineux. Ce contact est très facile à observer aux Pierres, près la Machine. Les grès du keuper, toujours micacés, sont faciles à distinguer des grès infraliasiques, chez lesquels ce caractère n'existe jamais.

4º L'étage permo-carbonifère se présente enfin à son tour. Je le décrirai en détail lorsque j'étudierai les porphyres de Saint-Saulge et les terrains avoisinants de Saint-Révérien et de la Machine.

Or, dans cette nomenclature, rien n'est comparable aux quartzites de Blin ou de Chitry. Au contraire, l'absence de toute stratification dans ces dernières roches, leur fissilité dans tous les sens, l'association constante avec les porphyres engagent à les rattacher à ces derniers. Tout au plus, à mon humble avis, peut-on voir dans ces rochers les résultats de concrétions que des eaux provenant des crevasses primitives ont déposées à l'époque archaïque. On conçoit que les dislocations qui ont affecté seulement les roches azoïques se soient produites au moment du premier cataclysme, alors que la faune la plus ancienne a été créée et que les sédiments ont commencé à se déposer. J'ajoute que de semblables quartzites sont nombreux dans le Morvan, sur les fentes des failles, au milieu des terrains cristallins, et qu'ils sont indifféremment en contact, soit avec les granits, soit avec les porphyroïdes de toute nature.

La superposition immédiate des quartzites aux roches cristallines se fait même d'une façon assez intime pour que le même caillou soit porphyre sur une face et silex sur l'autre. Cette particularité a été constatée non seulement entre Sardy et la Collancelle, mais dans le creusement d'un puits au château d'Ougny, et surtout dans le sondage de Sardy, où, après avoir traversé l'étage infraliasique, on a perforé 50 mètres environ de ces quartzites pour amener au jour le porphyre rouge authentique à 130 mètres de profondeur. Depuis longtemps j'avais déclaré que la recherche de la houille à Sardy était un défi jeté à la science stratigraphique. L'insuccès complet des efforts tentés a justifié cette appréciation.

Cette digression un peu longue aura son utilité dans la suite, lorsque je serai appelé à démontrer d'une façon péremptoire que d'immenses concrétions quartzeuses ont eu lieu à toutes les époques et que les fentes des dislocations, particulièrement, permettent de voir, au milieu de cailloux des couches transitoires, les nombreux fossiles de l'étage inférieur roulés et empâtés dans la masse siliceuse.

La faille délimitative du Morvan, qui passe à Niault et à Dun-sur-Grand-Ry, longe l'étang de la tuilerie de Montauté. Le porphyre est en présence de couches à gryphées arquées. Ces derniers bancs calcaires se suivent jusqu'au hameau de Champcharmont, vers lequel apparaissent les roches siliceuses dont les blocs saillissent en maints endroits dans le village d'Égreuil. Le sinemurien supérieur réapparaît au château de la Baume, dans la tranchée du chemin de fer. De nombreuses carrières sont ouvertes jusqu'au hameau de Crieur, le long de la voie ferrée. Les mêmes dalles sont encore visibles dans les champs, autour de Frasnay, mais à peu de distance, par suite d'une crevasse qui se dirige vers Ougny, les bancs supérieurs du lias moyen font place aux couches que caractérise l'*Ostrea arcuata*.

A Niault, la partie supérieure de l'étage liasien est exploitée pour le four à chaux voisin. Les strates à *Ostrea gigantea* disparaissent par la pente naturelle des lits sous les argiles toarciennes, près de Monchougny, et les lumachelles à *Astarte subtetragona* de la partie supérieure de ce dernier étage, touchent directement à l'arène dans la tranchée de la route nationale, près de Courty. La stratification est régulière ; les gros blocs bajociens à entroques rendent le terrain raboteux à Champy, mais en avant de ce dernier village les massifs de cailloux de Solières et le changement de direction suivie par la bordure de l'arène feldspathique indiquent une complication. La faille longitudinale de Niault pénètre dans les roches azoïques en donnant lieu à des traînées de quartzites, et une nouvelle faille la remplace comme limite du Morvan. Nous retrouvons ici la même orientation déjà signalée à Précy et à la ferme du Plotot ; toutefois il y a lieu d'observer que les dislocations parallèles à la cassure de Niault et déjà observées à l'Huis-au-Roy et à Tavenay manifestent constamment leur importance à l'ouest de Maux. Vers le moulin de Seigne, sur la rive gauche de la rivière le Garat, une d'elles, en pénétrant dans le granit, fait apparaître subitement la pierre bleue à gryphées arquées, dont les bancs rugueux constitueront désormais la bordure occidentale du Morvan jusqu'à Moulins-Engilbert. A cet endroit, la limite des roches azoïques change encore de direction pour s'aligner suivant une transversale orientée N. 64° O. du système des failles qui affectent le plus le terrain houiller de la Machine. Une bande de quartzites jalonne cette fracture du côté du nord, tandis que la lèvre calcaire montre constamment les dalles bleues à gryphées arquées. De nombreuses carrières sont échelonnées sur la route qui monte à la Lieutemer ; la pente des bancs est très variable, quoique toujours dans la même direction. A la tuilerie de la Lieutemer, le calcaire à gryphées disparaît subitement, et l'arène de la Villa avec son filon de barytine atteste qu'une fois de plus le bornage du Morvan subit une autre loi. Du côté de la Maladrerie, l'argile toarcienne, sur laquelle on voit reposer le

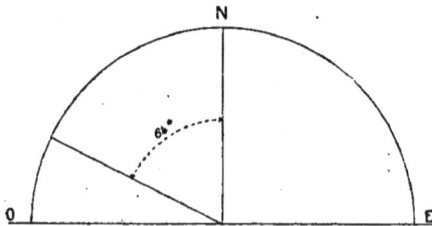

Fig. 34.

calcaire à entroques, constitue le sol jusque sous les premières maisons de Moulins-Engilbert. La pierre bleue est cantonnée entre deux cassures parallèles, et le petit lac de la Lieutemer, que les indigènes appellent un cratère volcanique, est tout simplement l'ouverture encore béante de la crevasse séparative entre le sinemurien et le toarcien. Je dois signaler cette particularité intéressante, à savoir : que la faille délimitative des porphyres est bien moins importante que l'autre, dont on peut suivre la trace à travers tout le département jusqu'à Charenton, près Pouilly.

La fracture transversale de Moulins-Engilbert a reculé vers l'est l'arène feldspathique, mais n'a pas changé l'orientation de la bordure du Morvan.

La faille qui part de la Villa passe à Saint-Honoré-les-Bains et se perd sous un épais manteau de pliocène, au-delà des sources sulfureuses qui jaillissent des profondeurs de sa crevasse. Entre ces deux points, le calcaire à entroques, surmonté de l'oolithe ferrugineuse à *Ammonites garantianus* et de la terre à foulon, constitue la lèvre calcaire de la faille sur tout le parcours. La pente des strates est nulle du sud au nord; elle n'est sensible que sur l'ouest.

MM. Michel Lévy et Vélain ont indiqué autour de Moulins-Engilbert une intercalation variée de terrains dévoniens, d'infralias et d'autres roches anciennes. Je n'ai rien vu de ce qu'ils ont figuré. A l'est des porphyres, trois étages calcaires très fossilifères et très faciles à observer sont seuls en présence, comme je l'ai dit plus haut : la pierre bleue entre Moulins et la Lieutemer, et depuis la rivière jusqu'à James et aux Chaumes de Mary, le toarcien, régulièrement recouvert par les bancs inférieurs du calcaire à entroques. Une couche peu étendue de terrain de transport couvre les champs entre les houillères et le bois de Vilaine; le pliocène est reconnaissable à la couleur jaune de l'argile et aux nombreux silex pyromaques de la craie senonienne.

Le terrain diluvien couvre d'immenses espaces au sud de Saint-Honoré et son épaisseur y devient considérable. Un puits creusé à la Verrerie accuse toujours les mêmes matériaux diluviens jusqu'à 15 mètres de profondeur. Les calcaires tertiaires de Fours et Verneuil à *Helix Ramondi* sortent sous ces couches argileuses près du moulin de Coddes. La limite du terrain azoïque est perdue momentanément. Le granit cependant n'a pas cessé de côtoyer le pliocène, et on le constate encore à Semelay et au Mont, près la gare de Remilly. Une nouvelle étude recommence sur les rives de la rivière l'Alène.

Rien n'offre une idée du nombre des filons, et par conséquent des failles qui traversent les granits, comme la diversité des roches feldspathiques dont on peut étudier les variétés curieuses entre Remilly et Savigny-Poil-Fol ou Avrée. Le granit authentique est exploité au Mont; des quartzites noirâtres

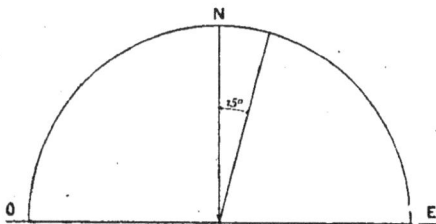

Fig. 35.

lui sont associés et forment la partie supérieure de l'escarpement de la rivière. Des porphyroïdes bleu de ciel du groupe des hyalophyres succèdent au sommet du bois de Remilly, tandis que le long du chemin qui conduit au Bas-Charnay, des quartzites stéatiteux d'une blancheur éclatante sont à proximité du porphyre rouge, à travers lequel coule un petit ruisseau. Les carrières de la Grande-Vigne et la côte de Lanty montrent des phorphyres d'un rose clair entrecoupés de roches feldspathiques grises, lesquelles contiennent des noyaux de matière étrangère à la manière des grès. De nouveaux quartzites encaissent l'orthophyre authentique à mica noir du bois Diou, puis on retrouve encore le porphyre rouge, lequel, cette fois, heurte des schistes argileux verdâtres, remplis d'articles d'Encrines, d'Orthis et de débris de poissons. La délimitation du porphyre et des schistes est facile à suivre par la Vauvrille près Avrée, et la Grande-Brosse. Sa direction bien rectiligne est orientée N. 15° E. La même orientation se retrouve à Fléty pour une autre faille séparant de nouveau les schistes du granit de Luzy. La formation des schistes fossilifères est donc enclavée entre les roches azoïques et forme une bande d'environ 3 kilomètres de largeur qu'on retrouve à Chiddes et à Mary. Les restes d'animalisation ne laissent aucun doute sur l'horizon qu'ils occupent dans la série des étages zoologiques. J'y ai ramassé *Helcion sinuosa* (Koninck), *Chonetes variolata* (id.), *Orthis resupinata* (id.), *Michelini* (id.) *crenistria* (id.), *Spirifer hystericus* (id.); *glaber* (Sow.), et en outre des Productus, des Avicules non déterminés, des Cidaris, des Crustacés des genres Cypris et Phillipsia, le *Spirorbis carbonarius* et des débris de poissons. On est en présence du niveau inférieur de Tournay, en Belgique, et de l'étage carbonifère le plus authentique.

Nous avons, au pied du Morvan, les terrains dévonien et même cambrien, mais sous le rapport pétrographique, pas plus qu'au point de vue stratigraphique, on ne saurait établir aucune relation entre ces horizons archaïques et les schistes d'Avrée. La paléontologie confirme cette appréciation.

Près de Savigny-Poil-Fol, à Hiry, on voit, contre toute attente, réapparaître l'étage sinemurien exploité dans plusieurs carrières sur le bord du ruisseau. Au-delà de Ternant, on retrouve les schistes carbonifères de Saint-Seine, où, m'a-t-on assuré, le charbon combustible a été extrait de l'excavation d'un puits entre le village et l'Air. Si on parcourt la contrée recouverte par les dalles calcaires, on ne tarde pas à se rendre compte de ce changement dans les affleurements. L'étage sinemurien est à son tour enclavé dans le terrain carbonifère de la même manière que celui-ci est placé au milieu des granits. Seulement les failles qui mettent le calcaire en présence des schistes ont une orientation différente. Leur alignement court N. 2° O., comme les failles longitudinales que nous avons vu délimiter le Morvan à Moulins-Engilbert. Bien plus, en examinant le contact de la pierre bleue du four Malakoff et de l'infralias à *Mitylus psilonoti* que montrent les talus de la route de Saint-Seine, immédiatement au bord du ruisseau, en observant aussi l'apparition inattendue des marnes rouges aux Plantes, on retrouve facilement la faille longitudinale perdue à Saint-Honoré sous le pliocène et jalonnant sa crevasse par les carrières du sable qui en remplit l'ouverture sur une distance de près de 2 kilomètres. Cette particularité a donné lieu à l'appellation d'un hameau important qui porte le nom des Sablons.

. Dès maintenant, ces pénétrations de deux étages l'un dans l'autre suivant des directions bien géométriques, prouvent que les failles limitatives du terrain carbonifère ne sont pas du même âge que les fractures bordant le sinemurien de Ternant. En outre, celles-ci ayant coupé les premières qui disparaissent sous les calcaires, on suppose immédiatement qu'elles sont les dernières venues. La conclusion naturelle est que le système des failles orientées N. 2° O. est postérieur au système des failles ayant la direction N. 15° O.

C'est par des comparaisons analogues que j'espère trouver l'antériorité de chaque cataclysme par rapport aux autres bouleversements.

Je termine ce premier chapitre en appelant l'attention sur la simplicité du tracé géométrique qui forme la lisière occidentale du Morvan. Le terrain granitique est renfermé dans un polygone dont les côtés sont parfaitement rectilignes. Le périmètre des roches azoïques ne présente en aucune façon ces échancrures capricieuses et ces avancements imprévus que lui ont ajoutés MM. Michel Lévy et Vélain. Des résultats grandioses avec des moyens élémentaires ont toujours été la règle de la volonté Toute-Puissante qui préside aux révolutions successives de l'Univers. La matière n'est pas éternelle. Elle obéit et se meut à l'ordre de son Créateur. Les générations sont détruites. De nouvelles terres et des faunes nouvelles les remplacent. Dieu opère continuellement.

M. G. COTTEAU

Ancien Président de la Société géologique de France.

SUR LES ÉCHINIDES DES CALCAIRES DE STRAMBERG

— Séance du 5 septembre 1884 —

Un travail important, comprenant la description des fossiles que renferment les calcaires de Stramberg, dans les monts Karpathes (Poméranie).

paraît depuis plusieurs années à Munich (1), sous la direction de M. Zittel, professeur à l'Université. Les Céphalopodes, les Gastéropodes, les Acéphales ont été successivement publiés. La description des Échinides m'a été confiée par M. Zittel, et cette note est le résumé de mon travail, en ce moment sous presse.

Des matériaux très nombreux, recueillis dans des fouilles spéciales et appartenant soit au Musée de Munich, soit au « Geologische Reichsanstalt » de Vienne, soit à la collection de M. Hébert, m'ont été communiqués, et j'ai déterminé les vingt-huit espèces suivantes :

> Metaporhinus convexus (Catullo), Cotteau.
> Collyrites carinata, Des Moulins.
> Pachyclypeus semiglobus (Goldfuss), Desor.
> Pseudodesorella Orbignyi (Cotteau), Etallon.
> Holectypus corallinus, d'Orbigny.
>   —   orificiatus (Schlotheim), de Loriol.
> Pyrina icaunensis (Cotteau), de Loriol.
> Pygaster Gresslyi, Desor.
> Cidaris glandifera, Goldfuss.
>   —   carinifera, Agassiz.
>   —   Blumenbachi, Munster.
>   —   strambergensis, Cotteau.
>   —   propinqua, Munster.
>   —   gibbosa, Cotteau.
>   —   marginata, Goldfuss.
>   —   subpunctata, Cotteau.
>   —   Sturi, Cotteau.
> Rhabdocidaris maxima (Munster), Moesch.
> Diplocidaris Etalloni, de Loriol.
> Hemicidaris Agassizi (Rœmer), Dames.
>   —   crenularis (Lamarck), Agassiz.
>   —   Zitteli, Cotteau.
> Acrocidaris nobilis, Agassiz.
> Pseudodiadema pseudodiadema (Lamarck), Cotteau.
>   —   florescens (Agassiz), de Loriol.
>   —   subangulare (Goldfuss), Cotteau.
> Pedina sublœvis, Agassiz.
> Stomechinus perlatus (Desmarets), Desor.

Ces vingt-huit espèces sont réparties en quinze genres, appartenant à sept familles distinctes. Dix genres : *Metaporhinus, Collyrites, Pachyclypeus, Pseudodesorella, Pyrina, Pygaster, Rhabdocidaris, Acrocidaris, Pedina* et *Stomechinus*, ne sont représentés que par une seule espèce. Les plus nombreux en espèces sont les *Cidaris*, qui en renferment neuf, les *Hemicidaris* et les *Pseudodiadema*, qui en contiennent chacun trois. Cette

---

(1) *Palœontologische Mittheilungen aus dem Museum des Kœnigl. Bayer. Staates.*

abondance relative des genres imprime une variété remarquable à la faune échinitique des calcaires de Stramberg.

Sur les vingt-huit espèces que j'ai déterminées, cinq seulement sont nouvelles et signalées pour la première fois : *Cidaris Schlumbergeri, C. gibbosa, C. subpunctata, C. Sturi* et *Hemicidaris Zitteli.* Cette dernière se retrouve, en France, dans le terrain jurassique supérieur, à un niveau probablement identique.

Vingt-trois espèces étaient déjà connues et avaient été indiquées, en Europe ou en Algérie, dans d'autres gisements.

Neuf espèces, en y comprenant l'*Hemicidaris Zitteli,* se trouvent dans les couches supérieures du terrain jurassique, à un niveau qui paraît correspondre à celui des calcaires de Stramberg : *Metaporhinus convexus, Pachyclypeus semiglobus, Collyrites carinata, Holectypus orificiatus, Cidaris glandifera, C. carinifera, Rhabdocidaris maxima, Acrocidaris nobilis.* Trois de ces espèces seulement : *Metaporhinus convexus, Pachyclypeus semiglobus* et *Hemicidaris Zitteli,* ne descendent pas plus bas ; les six autres s'étaient déjà montrées à des époques antérieures.

L'étage corallien, en y comprenant la zone inférieure (calcaire à Chailles et glypticien) et la zone supérieure (étage séquanien), renferme, soit en Europe, soit en Algérie, dix-huit espèces que nous avons rencontrées dans les calcaires de Stramberg. Les échantillons que nous avons étudiés sont souvent frustes, incomplets, à l'état de moule intérieur ; ils sont cependant suffisamment conservés pour que nous n'éprouvions aucune hésitation sur l'identité des espèces suivantes : *Pseudodesorella Orbignyi, Holectypus corallinus, H. orificiatus, Pyrina icaunensis, Pygaster Gresslyi, Cidaris Blumenbachi, C. propinqua, C. marginata, Rhabdocidaris maxima, Diplocidaris Etalloni, Hemicidaris Agassizi, H. crenularis, Acrocidaris nobilis, Pseudodiadema pseudodiadema, P. florescens, P. subangulare, Pedina sublœvis, Stomechinus perlatus,* et quelques-unes de ces espèces sont assurément les plus communes et les plus caractéristiques de l'étage corallien considéré dans son ensemble ; il suffit de citer les *Cidaris Blumenbachi, propinqua* et *marginata,* les *Hemicidaris Agassizi* et *crenularis,* l'*Acrocidaris nobilis,* le *Pedina sublœvis,* le *Stomechinus perlatus,* pour établir combien sont étroits les rapports qui unissent les couches de Stramberg avec les dépôts coralliens même les plus inférieurs. C'est un fait à noter que presque toutes les espèces coralliennes les plus répandues à Stramberg sont précisément celles qui ont eu le plus de durée et aussi d'expansion dans les âges précédents. Le *Pedina sublœvis,* par exemple, dont le « Geologische Reichsanstalt », de Vienne, possède une si nombreuse série, provenant de Stramberg, commence à se montrer, en France, dans les couches oxfordiennes et même calloviennes ; il abonde dans les calcaires à Chailles, dans le corallien inférieur, et ne se retrouve à

Stramberg qu'après s'être developpé avec profusion dans l'étage kimméridgien de la France et de la Suisse. Il en est de même de l'*Holectypus corallinus*, de l'*Acrocidaris nobilis*, de l'*Hemicidaris crenularis*, du *Stomechinus lineatus*, qui apparaissent à la base de l'étage corallien et parcourent la série des couches intermédiaires, avant d'arriver dans les calcaires de Stramberg.

Plusieurs des espèces de Stramberg méritent de fixer l'attention : le *Pseudodesorella Orbignyi* est une des plus intéressantes. C'est une espèce très rare encore dans les collections et que j'ai signalée pour la première fois, en 1859, dans les *Échinides fossiles du département de l'Yonne*, type remarquable par sa forme générale sensiblement plus large que longue, un peu arrondie en avant, subanguleuse en arrière, par sa face inférieure très fortement pulvinée, par son périprocte allongé, aigu, piriforme, placé dans un sillon profond. Le *Pseudodesorella Orbignyi* est commun à Stramberg et représenté par des échantillons de tout âge, bien conservés et absolument identiques aux exemplaires de France et de Suisse.

Le *Pyrina icaunensis*, espèce encore plus rare, en France et en Suisse, est commun également dans les calcaires de Stramberg ; nous avons pu étudier un assez grand nombre d'exemplaires de différents âges ; quelques-uns sont de taille plus forte que ceux de France ou de Suisse, mais ils en présentent parfaitement les caractères et ne sauraient en être distingués.

Le *Cidaris glandifera* nous a offert plusieurs tests et de très nombreux radioles, variables dans leur forme, mais cependant toujours reconnaissables à l'ensemble de leurs caractères.

Les auteurs ont longtemps confondu les radioles du *Cidaris glandifera*, qui sont essentiellement jurassiques, avec ceux que l'on rencontre en Palestine, provenant de l'étage cénomanien, et auxquels M. Fraas a restitué avec raison le nom très ancien de *glandaria*.

Le *Cidaris carinifera* est partout d'une extrême rareté en dehors des calcaires de Stramberg, où il est assez commun. Les exemplaires de Stramberg diffèrent un peu du type par leur grande taille, par leur tige très renflée, fortement acuminée au sommet, ornée de côtes nombreuses et serrées. Il ne nous a pas paru cependant possible de les en séparer.

Nous avons été heureux de retrouver à Stramberg le *Rhabdocidaris maxima*, l'un des plus beaux types du genre *Rhabdocidaris*, remarquable par sa grande taille, par ses aires ambulacraires planes, par ses tubercules interambulacraires écartés, superficiels, largement développés, par sa zone miliaire très étendue, couverte de granules fins, peu serrés, homogènes.

Citons encore le *Stomechinus perlatus*, l'un des Oursins les plus abondants du calcaire à Chailles et du corallien inférieur; il est également très

16*

fréquent à Stramberg, où il se montre avec ses diverses variétés, hémisphérique, déprimée, ou globuleuse. Sa taille, quelquefois énorme, dépasse celle
de nos plus grands exemplaires de France.

M. V. GAUTHIER

Professeur au Lycée de Vanves.

RECHERCHES SUR LE GENRE MICRASTER EN ALGÉRIE

-- *Séance du 6 septembre 1884* --

Depuis quelques années, l'attention des géologues s'est assez souvent
portée sur les différentes espèces du genre *Micraster*. Les auteurs anciens
s'en étaient médiocrement occupés ; d'Orbigny en France, Forbes en Angleterre, après avoir comparé d'une manière rapide et superficielle les nombreuses variétés qu'on trouve dans ce genre, n'y avaient vu que des
différences locales, et avaient conclu que les *Micraster* de la craie supérieure pouvaient à peu près se réduire à une seule espèce, qui changeait
de physionomie et de forme selon les endroits où les individus avaient
vécu. Mais, depuis, des études plus complètes sur la craie ont facilement
démontré que toutes ces variétés du genre *Micraster* n'appartiennent pas
au même niveau, que souvent chacune d'elles caractérise une des couches
de la craie supérieure ; on a été amené ainsi à voir dans les variations
dont je viens de parler, non plus des accidents locaux, mais des espèces
véritables. On a dès lors distingué spécifiquement les *Micraster brevis,
turonensis, cor-testudinarium, cor-anguinum, gibbus, glyphus, Brongniarti*,
que d'Orbigny réunissait.

Toutes ces espèces sont abondantes en France à leur niveau propre, de
sorte que le genre *Micraster* est un des plus répandus dans les collections.
Ce n'est donc pas sans quelque étonnement qu'en décrivant les Échinides
fossiles de l'Algérie, mes collaborateurs, MM. Cotteau et Peron, et moi,
nous n'avons trouvé d'abord, dans ce pays si riche en Échinides, qu'une
espèce du genre qui nous occupe, et même assez rare, le *M. Peini*, Coquand.
D'autres espèces ont été recueillies récemment, et c'est le sujet de la note
que je dépose aujourd'hui sur le bureau de la section de Géologie ; mais les
individus restent toujours rares, de sorte qu'il faut bien conclure que le
genre *Micraster* est loin d'être aussi abondant en Algérie qu'en France.

Je passerai d'abord en revue les espèces qui ont été décrites avant notre ouvrage ou en dehors de lui.

Le premier *Micraster* cité en Algérie a été le *M. Renouxii*, Deshayes, que M. Desor a inscrit dans le *Catalogue raisonné* (1847), et qu'il a assimilé avec doute au *M. Michelini*. Il provenait du Chettabah, près de Constantine ; et c'est probablement la présence de quelques Hippurites dans les rochers voisins qui l'avait fait rapporter à l'étage turonien, et assimiler au *M. Michelini*. Nous verrons plus tard ce qu'il faut en penser.

Coquand, en 1862, a cité le *M. gibbus* à Tebessa, sans en donner aucune description, et sa collection n'en a jamais possédé aucun exemplaire de provenance africaine ; il y a donc quelque lieu de croire que cette citation ne repose sur rien de certain.

En 1870, Nicaise a indiqué la présence du *M. cor-anguinum* à Kef-ben-Alia ; mais ce n'est sans doute que le *M. Peini*, espèce particulière à l'Algérie, et qui se trouve dans cette localité.

En 1880, Coquand a décrit, mais non figuré, un *M. incisus*; et l'exemplaire unique ainsi désigné a, selon l'auteur, la partie postérieure écrasée, de sorte qu'il n'est pas possible de constater la présence ou l'absence du fasciole caractéristique. Il est donc difficile d'admettre pour le moment cette espèce dans la nomenclature. Nous ne parlerons pas de ce que Coquand, dans le même ouvrage, avait appelé *M. Laforeti*, le même exemplaire ayant été décrit, à quelques pages de distance, dans le genre *Hemiaster*. Nous avons pu examiner l'original ; il est déformé, mal conservé, et il eût peut-être été plus sage de ne pas le décrire du tout que de le décrire deux fois.

Voici maintenant la liste que nous pouvons dresser en ce moment, d'après les matériaux que nous avons étudiés :

1° *Micraster Peini*, Coquand. Il est assez rare, mais tous les exemplaires reproduisent fidèlement un type assez constant, et différent de tout ce qu'on recueille en Europe. Il a été recueilli au sud de Kef-ben-Alia, près de la route de Boghari à Laghouat, à Aumale, près de l'abattoir, aux environs de Berouaguiah, à R'fana ? et enfin sur la route de Constantine à Batna.

2° *Micraster brevis*, Desor. On rencontre cette espèce au Chettabah, près de Constantine. MM. Heinz et Le Mesle, notamment, en ont recueilli de bons exemplaires. C'est bien le vrai type du *M. brevis*, c'est-à-dire celui qu'on trouve aux bains de Rennes et dans différentes localités de l'Ariège. Ses ambulacres longs et presque superficiels, son périprocte placé assez bas, sa granulation saillante et serrée, ne laissent aucun doute. De plus, il est accompagné, en Algérie, des fossiles caractéristiques qui l'accompagnent également en France, tels que *Ammonites Pailletteanus*, assez commun à Rennes, et *Inoceramus digitatus*, dont on a recueilli de si beaux exemplaires au Beausset.

Les couches du Chettabah renferment des individus jeunes, très renflés, qu'on trouve également au Beausset et dans l'Ariège; et c'est probablement un de ces exemplaires jeunes qui aura été désigné sous le nom de *M. Renouxii*. Cette espèce nous paraît donc devoir être supprimée, et M. Desor avait raison de ne l'assimiler qu'avec doute au *M. Michelini*, si toutefois ce qu'on nomme ainsi est bien un *Micraster*.

Je vais mettre maintenant sous les yeux de mes honorables collègues deux exemplaires que je considère comme représentant chacun une espèce nouvelle.

1° *Micraster Heinzi*. Recueilli par M. Heinz au nord de deux petits lacs qui se trouvent sur la route de Batna à Constantine. C'est du *M. breviporus* que cet individu semble se rapprocher; mais la largeur des aires ambulacraires, la profondeur des sillons qui les contiennent, le rétrécissement postérieur du test, sa physionomie épaisse, quoique médiocrement élevée, en font un type spécifique bien facile à distinguer. Nous en connaissons quatre exemplaires.

2° *Micraster aïchensis*. Recueilli par une personne dont le nom nous est inconnu à Guettar-el-Aïch. Il se distingue facilement du précédent par sa forme plus arrondie au pourtour, subconique à la partie supérieure, par ses sillons ambulacraires relativement étroits et profonds. Les ambulacres postérieurs sont très rapprochés et forment entre eux un angle aigu; la granulation est serrée et accentuée. J'en connais six exemplaires, dont quelques-uns de plus grande taille que celui que j'ai l'honneur de présenter à la Section.

Pour me résumer je connais aujourd'hui en Algérie quatre espèces appartenant au genre *Micraster* :

M. Peini, qu'on a rencontré dans le département d'Alger et dans celui de Constantine;

M. brevis, spécial, jusqu'ici, aux couches du Chettabah, près de Constantine ;

M. Heinzi, recueilli entre Constantine et Batna ;

M. aïchensis, provenant de Guettar-el-Aïch, département de Constantine.

Les différents niveaux qu'ils occupent nous sont moins connus. Sauf le *M. brevis*, qui est accompagné des mêmes fossiles qu'en France, la place des trois autres dans le sénonien est un peu vague pour nous. Néanmoins, nous pensons qu'ils appartiennent à la partie inférieure de l'étage, c'est-à-dire au santonien, les grands gisements du campanien et du dordonien ne nous ayant jamais donné aucune trace de *Micraster*.

DESCRIPTION DES ESPÈCES.

Micraster Heinzi, Gauthier, 1884. Planche VI, fig. 1-5.

Longueur, 39ᵐᵐ — Largeur, 39ᵐᵐ — Hauteur, 28ᵐᵐ.

Espèce cordiforme, aussi large que longue, épaisse, élargie en avant, rétrécie et tronquée en arrière, ayant son point culminant en arrière du sommet. Face supérieure médiocrement déclive en avant, carénée à la suture de l'aire impaire postérieure. Pourtour partout arrondi. Face inférieure renflée au plastron, à peine déprimée autour du péristome. Sommet central.

Appareil apical médiocrement développé, peu visible dans nos exemplaires. Ambulacre antérieur impair logé dans un sillon assez creux près du sommet, s'évasant de plus en plus et n'échancrant que légèrement le bord, tout en restant bien marqué jusqu'au péristome. Zones porifères étroites, formées de pores peu allongés, égaux, disposés en chevrons et séparés, dans chaque paire, par un granule. L'espace interzonaire est couvert d'une granulation serrée et régulière, au milieu de laquelle émergent quelques granules plus gros que les autres.

Ambulacres pairs antérieurs droits, assez longs, placés dans des sillons bien limités, larges et profonds. Zones porifères égales, composées de pores égaux, allongés, et dont les paires sont séparées par un bourrelet garni de petits granules. L'espace interzonaire, d'apparence lisse, est presque aussi large que l'une des zones.

Ambulacres postérieurs moins longs que les antérieurs, présentant pour les autres détails la même disposition.

Péristome peu éloigné du bord, presque à fleur de test, labié postérieurement.

Périprocte piriforme, placé au sommet d'une aire verticale bien dessinée et limitée par des protubérances qui se rejoignent et forment saillie à l'extrémité postérieure du plastron.

Granulation serrée, tubercules petits et nombreux, à peine plus gros autour du péristome; l'intervalle qui les sépare est garni de granules fins et homogènes très serrés. Le fasciole subanal est large, et offre la disposition ordinaire au genre.

RAPPORTS ET DIFFÉRENCES. — Le *M. Heinzi*, si l'on considère sa forme rétrécie en arrière, se rapproche des individus épais du *M. breviporus*; mais il s'en distingue complètement par ses ambulacres larges et développés. Il s'éloigne encore plus de toutes les autres espèces européennes. Parmi les types algériens, l'espèce la plus voisine est le *M. Peini*: le nôtre est plus allongé, plus acuminé postérieurement; la face supérieure est moins gibbeuse et moins déclive, les ambulacres sont plus larges et moins longs et le sommet plus central.

LOCALITÉ. — Route de Constantine à Batna, au nord des deux lacs. — Étage santonien ?,

Collections Heinz, Gauthier.

EXPLICATION DES FIGURES.— Pl. VI, fig. 1, *Micraster Heinzi*, de la collection de M. Gauthier, vu de profil; fig. 2, face supérieure; fig. 3, face inférieure; fig. 4, ambulacres grossis: fig. 5, partie postérieure grossie.

Micraster aïchensis, Gauthier, 1884. Planche VI, fig. 6-8.

Longueur, 34^{mm} — Largeur, 34^{mm} — Hauteur, 24^{mm}.
Autre exemplaire   —   40   —   —   40   —   —   27

Espèce de taille moyenne, subconique à la partie supérieure, à base presque circulaire, sauf une étroite troncature à l'arrière et une échancrure profonde à l'avant. Face inférieure à peu près plate, avec un médiocre renflement du plastron. Sommet central coïncidant avec le point culminant du test.

Ambulacre antérieur logé dans un sillon étroit, peu creusé d'abord près du sommet, échancrant très sensiblement le bord et se prolongeant jusqu'au péristome. Zones porifères très étroites et peu prolongées. Pores petits, subarrondis, renfermés par paires dans de petites fossettes, où ils sont séparés par un renflement granuliforme. Espace interzonaire étroit, couvert d'une granulation dense et homogène.

Ambulacres pairs antérieurs très divergents, médiocrement allongés, logés dans des sillons étroits, profonds, bien limités. Zones porifères égales, pores peu allongés, les internes encore plus courts que les externes et presque arrondis. Les paires sont séparées par un bourrelet saillant, orné de petits granules très serrés; la suture médiane est nettement découverte.

Ambulacres postérieurs très rapprochés, aussi longs que les antérieurs et placés dans des sillons analogues. Le détail des pores est aussi le même.

Péristome assez éloigné du bord, petit, ovale, avec lèvre postérieure très saillante.

Périprocte placé au sommet de la troncature postérieure, qui ne s'élève pas au-dessus de la moitié de la hauteur totale.

Tubercules disséminés sur toute la surface du test, un peu plus gros en dessous; les intervalles sont remplis par une granulation très fine. Le fasciole subanal est assez large et occupe la place ordinaire.

RAPPORTS ET DIFFÉRENCES. — Nous ne connaissons aucune espèce du genre *Micraster*, ni en Europe, ni en Algérie, qui ne se distingue immédiatement du *M. aïchensis*. Sa forme conique, sa base subarrondie rappellent deux des caractères du *M. gibbus*; mais il s'en éloigne beaucoup par ses ambulacres plus profonds, moins longs, par son sillon antérieur échancrant plus fortement le bord, par la position plus élevée de son périprocte. Nous en avons pu étudier six exemplaires. Celui que nous faisons figurer n'est pas le plus grand; mais c'est le seul qui soit à notre disposition en ce moment.

LOCALITÉ. — Guettar-el-Aïch, département de Constantine. — Étage santonien ?

Collections Heinz, Gauthier.

EXPLICATION DES FIGURES. — Pl. VI, fig. 6, *Micraster aïchensis*, de la collection de M. Gauthier, vu de profil; fig. 7, le même, face supérieure; fig. 8, face inférieure.

M. P. de LORIOL

à Crassier (Vaud), Suisse.

SUR LE GENRE MILLERICRINUS

— *Séance du 6 septembre 1884* —

Il y a deux ans, au Congrès de la Rochelle, j'ai présenté à la section de Géologie les types des diverses espèces d'*Apiocrinus*, et j'ai ajouté quelques renseignements sur ce genre si intéressant. Depuis lors, mon travail monographique sur les Crinoïdes jurassiques de la France, que publie la *Paléontologie française*, a suivi son cours, et j'ai l'espoir de le voir bientôt terminé. J'ai, en particulier, décrit toutes les espèces du genre *Millericrinus*, et je voudrais dire quelques mots à son sujet, car il est non moins remarquable que le genre *Apiocrinus*, parmi les Crinoïdes de l'époque secondaire, et il compte beaucoup plus d'espèces.

Les *Millericrinus* ressemblaient beaucoup aux *Apiocrinus*. C'étaient aussi des Crinoïdes dont les dimensions pouvaient devenir considérables; leur tige, presque toujours solidement fixée aux corps sous-marins par de nombreuses radicelles, supportait un calice de forme variée, plus ou moins piriforme ou cratériforme, ou bien presque globuleux. Ce calice, comme celui des *Apiocrinus*, était composé de cinq pièces basales et de cinq séries de trois pièces radiales, dont la dernière, axillaire, portait les bras. La différence consiste essentiellement en ceci : dans les *Apiocrinus*, les pièces radiales sont unies par des synostoses, et le calice forme un tout compact et très solide, mais, dans les *Millericrinus*, les premières radiales sont unies aux secondes radiales par une véritable articulation, de sorte que les deuxièmes et troisièmes radiales, de même que les bras, possédaient une bien plus grande liberté de mouvement. Il devait en résulter, suivant toute probabilité, des différences dans l'organisation de l'animal qui nous échappent complètement. L'union, par une articulation, des secondes radiales aux premières, leur permettait de se détacher très facilement après la mort de l'animal ; de là vient que l'on ne connait, d'une manière complète, qu'un petit nombre d'espèces de *Millericrinus*. La plupart du temps les calices que l'on recueille n'ont que l'article basal, les pièces basales, et les premières pièces radiales ; ces dernières présentent une facette articulaire compliquée, avec des impressions profondes pour les muscles et les ligaments. Les bras des espèces dont on connait le sommet sont, en général, grèles et peu divisés.

Il est probable qu'une espèce de l'étage bathonien, le *Mill. Pratti*, n'avait pas de racine. Par contre, il en est qui en avaient d'énormes et qui s'attachaient aux corps sous-marins par une infinité de radicelles épaisses et des empâtements calcaires plus ou moins étendus ; l'ensemble forme des masses volumineuses que l'on rencontre assez souvent, surtout dans le terrain à Chailles, et qu'il n'est pas toujours facile de rapporter à leurs espèces respectives. Je signalerai encore les singulières déformations causées par les attaques de certains parasites, ayant peut-être des rapports avec les *Myzostoma*, qui, en perforant d'excavations en entonnoir la tige, et même les calices, étaient la cause de la formation de bourrelets calcaires irréguliers et parfois très développés.

Le nombre des espèces de *Millericrinus* recueillies jusqu'ici dans les couches jurassiques de la France et décrites dans la *Paléontologie française*, est relativement très considérable, car il se monte à soixante-quatre, entre lesquelles vingt-six sont nouvelles pour la science. Parmi les espèces connues d'ailleurs, quatre seulement n'ont pas encore été trouvées en France. Une douzaine d'espèces ne sont malheureusement connues que par leur tige et n'ont par conséquent qu'un caractère tout à fait provisoire ; il n'est pas même absolument certain qu'elles appartiennent au genre *Millericrinus*. J'ai été aussi sobre que possible dans l'admission de ces espèces incomplètement connues, et je suis bien certain que celles que j'ai nommées moi-même, ou que j'ai conservées, sont parfaitement distinctes. La découverte de leurs calices respectifs est cependant indispensable pour leur donner une réelle valeur. La plupart de ces espèces connues seulement par leur tige ont joué un rôle important dans la faune des gisements qui les renferment, et elles contribuent à les caractériser ; c'est pourquoi j'ai cru devoir en tenir compte. On rencontre souvent les fragments de tiges en quantité ; mais, par une fatalité bien extraordinaire, on n'a jamais trouvé leurs calices. Je citerai, en particulier, le *Millericrinus horridus*, dont les tiges, armées d'aiguillons, se trouvent avec une extrême abondance dans les gisements ferrugineux de l'oxfordien supérieur de Neuvisy, de Launoy, etc., dans les Ardennes, et dans bien d'autres localités encore, et dont on n'a jamais pu trouver un seul calice. Or, il ne peut y avoir de méprise, car, à ma connaissance du moins, on n'a pas encore rencontré un seul calice de Crinoïde dans ces gisements des Ardennes, et j'ai eu des fragments de tiges par centaines (1).

Une autre espèce, le *Mill. goupilianus* d'Orb., connue seulement par ses tiges couvertes de petites côtes et de granules bizarrement disposés et figurant comme des hiéroglyphes, abonde dans certains gisements de l'oxfordien inférieur, sert à les caractériser, et présente des caractères très spéciaux par son ornementation, mais le calice auquel elles appartiennent n'a point encore été découvert.

Il y a de l'importance à conserver ces espèces et d'autres encore, même provisoirement, parce qu'elles se reconnaîtront toujours, mais quant aux tiges cylindriques et lisses, ne présentant aucun caractère spécial sur leur facette articulaire, il est absolument impossible de les déterminer et il est sans intérêt de les recueillir.

Suivant toute probabilité, les *Millericrinus* ont existé dès l'époque du lias. Les couches à *Leptœna* du Calvados, qui appartiennent au niveau supérieur du lias moyen, renferment abondamment des fragments de tiges qui ne peuvent guère avoir appartenu qu'à un *Millericrinus*, mais dont le calice respectif est encore inconnu, de sorte que leur classement ne peut être qu'approximatif.

C'est dans l'étage bathonien qu'apparaissent les premières espèces certaines de *Millericrinus*, et celles-là sont connues d'une manière complète. Je citerai entre autres le *Mill. Morierei*, P. de L., dont plusieurs exemplaires, avec leur sommet complet et une partie de leur tige, se trouvent sur une plaque recueillie à Aunou-le-Faucon (Calvados), en compagnie de plusieurs individus de l'*Apiocrinus Parkinsoni*, également complets. Une autre espèce bathonienne fort curieuse est le *Mill. Pratti (obconicus* d'Orb.), qui n'a pas encore été recueilli en France et qui paraît spécial à un petit nombre de gisements près de Bath. M. Herbert Carpenter l'a fait connaître récemment d'une manière très complète. Il paraît à peu près certain que, à l'encontre des autres, ce *Millericrinus* n'était pas fixé par la base de sa tige, mais flottait librement comme certains *Pentacrinus*. Six autres espèces complètent la liste des espèces de *Millericrinus* de l'étage bathonien ; elles ont été fournies surtout par les gisements du Calvados, puis

---

(1) J'ai vu à Blois, pendant le Congrès, dans la collection de M. Le Mesle, un calice recueilli par lui dans l'oxfordien supérieur de Launoy ; avec les tiges du *Mill. horridus*. C'est incontestablement celui de cette espèce et le premier connu. M. Le Mesle s'est empressé de me le communiquer pour le faire figurer dans la *Paléontologie française*.

par celui de Ferrières, dans l'Yonne, où, indépendamment de deux espèces bien caractérisées par leur calice, la présence de très nombreuses tiges, avec des caractères particuliers, indique qu'il y en avait encore d'autres.

Dans les gisements calloviens de Chanaz (Savoie) et de Pougues (Nièvre) on rencontre une espèce intéressante, dont le calice, de forme variable, n'a qu'une cavité interne fort petite; ses pièces présentent des variations singulières dans leur forme et leurs proportions.

Dans les couches oxfordiennes, on compte neuf espèces de *Millericrinus*, dont quelques-unes, malheureusement, ne sont connues que par leurs tiges, entre autres le *Mill. goupilianus* déjà mentionné, qui abonde dans l'oxfordien inférieur, de même que le *Mill. horridus* se multipliait dans l'oxfordien supérieur. Une de ces espèces, le *Mill. regularis*, d'Orb., n'était connue que par sa tige; il y a peu d'années, un collectionneur zélé, M. Jarry, que la science a perdu tout récemment, en trouva deux magnifiques exemplaires complets, avec la tige, le calice et les bras, à marée basse, sur la plage de Trouville.

Les gisements du niveau supérieur, le terrain à chailles ou corallien proprement dit, n'ont pas fourni moins de vingt-cinq espèces, toutes connues par leur calice, sauf trois. C'est pendant cette époque que le genre *Millericrinus* est à son apogée, tant par la grande taille que par le nombre et la variété des espèces. Parmi les gisements du terrain à Chailles qui en ont fourni le plus, je citerai ceux des environs de Besançon et celui de Champlitte. Une des espèces les plus remarquables est le *Mill. Milleri*, dont le calice, de grande taille, évasé, déprimé, avec de grandes basales repliées, a une forme insolite au premier abord, très élégante, qui l'a fait envisager comme type d'un nouveau genre, le genre *Ceriocrinus*, lequel ne présente point des caractères suffisants pour pouvoir être maintenu. Le *Mill. Goldfussi* présente une particularité fort remarquable qui tend à former un passage avec les *Apiocrinus*; la facette articulaire des premières radiales est tout à fait celle des *Millericrinus*, mais on remarque, entre les secondes et les troisièmes radiales de deux rayons adjacents, trois petites pièces interradiales qui forment une série verticale, donnant ainsi plus de cohésion aux pièces du calice, mais annulant la liberté de mouvement plus grande procurée par l'articulation complète des secondes radiales sur les premières. C'est là une anomalie qui m'a obligé à modifier un peu la caractéristique du genre, dont, au reste, trop peu d'espèces sont connues d'une manière complète pour qu'il soit possible d'affirmer que ce caractère n'est pas plus général qu'on ne peut le préjuger maintenant.

Dans le terrain à chailles du Jura, on a rencontré dernièrement un *Millericrinus* qui constitue un type non moins aberrant que le *Mill. Milleri*, c'est le *Mill. Charpyi*, dont l'article basal, très élevé et bursiforme, sup-

portait des pièces basales presque à angle droit avec son plan vertical.
C'est une forme très insolite.

Les gisements coralligènes de l'étage séquanien ne sont guère moins riches
et ont fourni dix-neuf espèces, toutes connues par leur calice et plusieurs
même par des exemplaires complets. Quelques-unes d'entre elles sont fort
remarquables. Je citerai, en particulier, le *Mill. fleuriausanus*, dont le
type, décrit par d'Orbigny, provenait de la Rochelle ; un second exemplaire
a été recueilli à Valfin. Par son calice, très volumineux, très renflé, il
appartient à un groupe que l'on a voulu ériger en genre sous le nom de
Pomatocrinus. Au premier abord, il est vrai, lorsqu'on le place à côté des
autres espèces, et surtout des extrêmes, telles que le *Mill. Milleri*, on est
frappé de la différence extérieure ; toutefois, un examen un peu attentif
fait découvrir tous les passages, les caractères généraux sont identiques et
rien, au fond, ne peut autoriser une séparation générique.

Je mentionne encore le *Mill. Gauthieri* et le *Mill. Peroni* du gisement si
remarquable de Makta-Liamoun en Algérie, puis les belles espèces d'An-
goulins, près la Rochelle, dont on connaît des exemplaires complets ; le
Mill. polydactylus, le *Mill. simplex*, le *Mill. Orbignyi*, le *Mill. gracilis*, le
Mill. Basseti. Dans ces espèces, le calice est relativement fort petit, les bras
longs, la tige grêle. Dans deux de ces espèces, le *Mill. polydactylus* et le
Mill. Orbignyi, j'ai observé une particularité fort curieuse, c'est la présence
de cinq pièces *infrabasales* extrêmement petites, rudimentaires, mais
cependant bien distinctes, cachées autour du canal central, entre l'article
basal et les pièces basales. Ces pièces, que l'on rencontre souvent dans
les Crinoïdes de l'époque paléozoïque, sont fort rares, au contraire, dans
les Crinoïdes de l'époque mésozoïque, on les voit en particulier dans les
Encrines. On ne connaissait point encore leur présence dans des espèces
du genre *Millericrinus*, mais il faut observer que c'est grâce à des circonstances particulières dans la disjonction des pièces de quelques exemplaires
de la collection de d'Orbigny que j'ai pu les découvrir. Voilà encore une
anomalie dans le genre *Millericrinus*, car les autres caractères génériques
sont exactement ceux des autres espèces. Aussi, bien que le fait de posséder des pièces infrabasales soit fort important, j'hésite beaucoup à créer
un nouveau genre pour ces deux espèces.

Au-dessus des gisements coralligènes de l'étage séquanien, dans lesquels, comme nous venons de le voir, ils constituent une partie importante
de la faune, les *Millericrinus* semblent disparaître à peu près complètement. A ma connaissance du moins, aucun calice appartenant à ce genre
n'a encore été trouvé dans des couches supérieures. Quelques fragments
de tiges recueillis dans les couches crétacées inférieures, en particulier
dans le valangien, et aussi dans le néocomien, permettent de supposer
que quelques espèces du genre existaient encore à cette époque, mais il

est impossible de l'affirmer. Dans tous les cas, les espèces sont devenues fort rares après le séquanien, et on sait, dès maintenant, que ce genre est entré subitement, dès lors, en pleine décroissance, s'avançant rapidement vers l'anéantissement.

Dans la nature actuelle, on ne connaît aucune espèce de Crinoïde qui rappelle les *Millericrinus*, et le fait de la disparition presque certaine du genre, et même de la famille à laquelle il appartient, à une époque déjà bien ancienne, indique qu'il n'y a pas lieu d'espérer que les explorations des grandes profondeurs nous en fassent jamais connaître.

Au surplus, depuis trois ou quatre ans, le nombre des espèces de Crinoïdes fixés, c'est-à-dire autres que ceux qui appartiennent à la famille des Comatulidées, connues dans les mers actuelles, ne paraîtrait pas s'être beaucoup accru, si l'on en jugeait seulement par ce qui a été publié. En effet, je ne trouve à citer qu'une nouvelle espèce de *Pentacrinus* provenant des Antilles. M. Perrier avait décrit sous le nom de *Democrinus Parfaiti* une espèce draguée par le *Travailleur*; il a été reconnu depuis que c'est le *Rhizocrinus Rawsoni* des mers des Antilles. Il importe d'ajouter que les Crinoïdes rapportés par l'expédition du *Challenger* n'ont pas encore été publiés. Il s'y trouve, d'après M. Herbert Carpenter, qui a été chargé de les faire connaître, plusieurs espèces d'un genre fort curieux, voisin des *Pentacrinus*, dans lequel les cinq séries de pièces radiales en ont chacune quatre ou cinq au lieu de trois; Wywille Thomson l'avait nommé *Metacrinus*. On sait encore que l'expédition de *la Vega* a rapporté des Crinoïdes fixés, mais rien n'a encore été publié à leur sujet. On peut donc compter que, dans peu de temps, on pourra ajouter quelques nouvelles espèces à la liste encore bien courte de celles qui ont été décrites jusqu'ici.

Le nombre des espèces de Comatulidées que recèlent les mers actuelles s'accroît, par contre, toujours rapidement. Je n'ai pas à m'en occuper ici, je citerai seulement la découverte récente du nouveau genre *Thaumacrinus*, H. Carpenter, dans lequel les premières radiales sont séparées chacune par une interradiale dont l'une, du côté anal, porte une sorte de petit bras articulé. Il y a dans cette structure une réminiscence paléozoïque des plus remarquables.

M. le Marquis de SAPORTA

Correspondant de l'Institut, à Aix (Bouches-du-Rhône).

SUR UN NOUVEAU GISEMENT DE PLANTES FOSSILES CORALLIENNES

— *Séance du 6 septembre 1884* —

Les plantes fossiles dont je viens entretenir la section de Géologie ont été découvertes par M. Changarnier auprès de Beaune (Côte-d'Or); elles m'ont été communiquées par ce géologue, qui a bien voulu me fournir des renseignements au sujet du gisement dont elles proviennent.

La roche qui les contient est un calcaire à pâte fine, d'un grain compact, et parsemé de petites vacuoles diversement groupées et disséminées. Le dépôt de cette roche, d'après M. Changarnier, a dû s'effectuer dans une mer calme, à une très faible distance de l'ancienne plage bathonienne, récemment émergée, et qui se trouve située à une distance d'environ 1,800 mètres, à Saint-Romain; l'oolithe inférieure ou bajocien se rencontre un peu plus loin sur une étendue de 25 à 30 kilomètres. C'est de cette région que provenaient les plantes dont il a été recueilli de si nombreuses empreintes, et qui certainement ont été enfouies sur un point que les flots de la mer corallienne pouvaient atteindre, puisque diverses coquilles et des fragments d'oursins, déterminés par M. Cotteau, se trouvent associés aux végétaux. Ceux-ci, dont la conservation est fort belle, n'ont rien de commun avec les espèces de la flore d'Étrochey, près de Châtillon-sur-Seine, qui appartiennent soit à la partie la plus élevée de la grande oolithe ou cornbrash, soit à la base de l'oxfordien.

On n'observe plus, à Beaune, ni le *Brachyphyllum Desnoyersi*, ni les Cupressinées gigantesques *(Palæocyparis burgundiaca)* qui font l'ornement de ce dépôt, et se joignent à des *Otozamites* caractéristiques. A Beaune, on observe le *Brachyphyllum Moreaui* et, en fait de Fougères, des formes de *Scleropteris* et de *Stachypheris* identiques à celles du corallien de la Meuse. Les empreintes de Beaune sont tellement nettes qu'elles permettront l'étude des organes reproducteurs de ces types curieux, encore imparfaitement connus à cet égard. Les Cycadées, à Beaune, sont représentées par de nombreux exemplaires d'un *Zamites* qui paraît très voisin du *Zamites Feneonis*, espèce bien connue et répandue dans toute la France, sur l'horizon du corallien et du kimméridien inférieur.

Il n'y a donc pas de doute à concevoir sur le niveau, et la stratigraphie confirme pleinement les données tirées soit des animaux marins, soit des plantes fossiles.

Cette flore corallienne aux formes de Filicinées grêles, menues, petites et plusieurs fois découpées, aux Cycadées presque naines, aux Conifères réduites à de faibles proportions, est une des plus singulières et en même temps des plus pauvres de la série; elle n'en est que plus curieuse, puisqu'elle fixe la physionomie de la végétation contemporaine. On aurait pu croire que celle du corallien de la Meuse était purement locale, mais en retrouvant à Beaune une association entièrement identique à la première, il faut bien convenir que le tapis végétal était alors à la fois indigent, chétif et uniforme sur une bonne partie de l'Europe centrale. En dehors des Conifères, qui pouvaient atteindre une assez grande taille, tout en restant trapues, incapables de s'étaler ni de projeter une ombre tant soit peu épaisse, on n'observait au pied de ces arbres que des groupes de Cycadées à peine hautes de quelques pieds, couronnées d'un bouquet de très petites feuilles et, tout auprès, des Fougères dont les frondes grêles, subdivisées en segments menus et linéaires, rappellent de loin certaines plantes saxatiles de cette famille qu'on observe maintenant dans les régions sèches et chaudes du continent africain.

Parmi les empreintes si nombreuses recueillies par M. Changarnier, j'ai remarqué des traces de feuilles lacérées, déchirées en lambeaux et parcourues par de nombreuses nervures longitudinales. Ces fragments seraient insignifiants par eux-mêmes s'ils ne présentaient des perforations pratiquées entre les nervures, et disposées sans ordre. Il m'a été impossible jusqu'à présent de rapprocher ces restes de quelque partie connue d'un végétal actuel. Si je réussis à déterminer les caractères de ce type, assurément nouveau, je serai heureux de lui donner le nom du géologue de Beaune à qui la découverte en aura été due; mais je ne puis me prononcer encore au sujet de débris aussi peu entiers, et j'attends avec confiance le résultat des explorations que M. Changarnier compte poursuivre et compléter.

MM. DOUVILLÉ et Le MESLE

CARTE GÉOLOGIQUE DES ENVIRONS DE BLOIS

— Séance du 8 septembre 1884 —

M. Le Mesle présente, au nom de M. Douvillé et au sien, la carte géologique des environs de Blois au $\frac{1}{80000^e}$, qui a été publiée au commencement de cette année par le service de la carte géologique de France. Une notice explicative jointe à cette carte donne les principaux caractères des formations qui ont été distinguées.

Les premiers éléments de ce travail avaient déjà été réunis depuis plusieurs années par M. Le Mesle et par le regretté abbé Bourgeois ; et les explorations proprement dites ont été exécutées de 1878 à 1882.

Une grande partie de la feuille est occupée par les sables de la Sologne, qui y présentent leurs caractères habituels et y sont toujours dépourvus de fossiles. Entre Cheverny, Contres et Pontlevoy, ces sables arrivent au contact d'autres formations sableuses célèbres depuis longtemps par leurs fossiles, les Faluns de la Touraine et les sables de l'Orléanais. Quelles étaient les relations mutuelles de ces dépôts ? C'était là une première question à éclaircir, et elle a fait l'objet d'une note présentée par l'un de nous à l'Association française au Congrès de Paris, en 1878.

Les sables de l'Orléanais viennent se placer régulièrement au-dessous des sables de la Sologne, avec lesquels ils sont en concordance de stratification ; ils en sont presque toujours séparés par une couche peu épaisse de Marnes qui forment un bon repère stratigraphique. La suite des explorations a montré que ces Marnes étaient quelquefois remplacées par un banc de calcaire solide, comme entre Chitenay et Chévenelles.

Quant aux sables des Faluns, leur position stratigraphique est tout autre : ils reposent indistinctement et toujours en discordance de stratification sur tous les autres termes de la série tertiaire, argile à silex, calcaire de Beauce, sables de l'Orléanais et sables de la Sologne. Cette discordance, établie d'abord sur quelques points de contact spéciaux, a été confirmée et mise en évidence par le tracé des contours de ces diverses formations, comme on peut s'en assurer en jetant un coup d'œil sur la carte.

Nous signalerons encore le prolongement des sables de l'Orléanais fossilifères sur la rive droite de la Loire, entre Mesland et Santenay, prolonge-

ment qui semble indiquer le déversement vers l'ouest des eaux dans lesquelles ce dépôt s'est formé ; leur point de départ vers l'est peut être placé
dans un lac qui s'étendait au nord-est de la forêt d'Orléans ; de là elles suivaient le cours de la Loire par Beaugency jusqu'à Suèvres, passaient alors
sur la rive gauche et formaient une sorte de coude très étalé en contournant au sud le massif de la forêt de Blois, par Cheverny, Contres et Pontlevoy; elles remontaient ensuite au nord pour atteindre les nouveaux
gisements de la rive droite.

Le calcaire de Beauce présente ses deux divisions habituelles : le
calcaire inférieur, fréquemment siliceux, se montre à peu près seul sur la
rive gauche de la Loire. Il présente fréquemment à sa partie supérieure
un niveau de Marnes blanches remarquable par les beaux rognons de
silex ménilite qu'elles renferment. Ce niveau n'est pas constant, et sur
bien des points, comme par exemple aux environs immédiats de Blois, les
calcaires supérieurs avec leur teinte très légèrement brunâtre reposent
directement sur les calcaires inférieurs siliceux et légèrement jaunâtres.

L'argile à silex constitue le fond et les rivages du lac dans lequel le
calcaire de Beauce s'est déposé; elle forme en outre deux îlots qui devaient
faire saillie au milieu du lac tertiaire et qui correspondent à des soulèvements de la masse crayeuse sous-jacente. Le premier de ces îlots est celui de
la forêt de Blois, qui se prolonge d'un côté jusqu'à Herbault et qui entame
la forêt de Russy sur la rive droite de la Loire. Le centre du soulèvement paraît être à Orchaise, où il fait apparaître la craie de Villedieu. Le
deuxième îlot est celui de la Grande-Brosse, au sud-est de Contres, qui
correspond à un affleurement anormal de la craie tuffau.

La craie avait été tout particulièrement étudiée par l'abbé Bourgeois; la
feuille de Blois renferme les premiers affleurements vers l'est de la craie
de Villedieu à *Micraster turonensis*, au Moulin de Roland, dans le vallon de
Thenay. Ce niveau affleure sur la rive droite de la Loire, dans les carrières
bien connues de Cangey, immédiatement à la limite de la feuille de Blois,
et peut se reconnaître, sur les deux rives de la Loire, jusqu'à Blois ; elle se
retrouve dans la vallée de la Cisse, à Bury, Orchaise et au delà.

Les points fossilifères les plus intéressants à signaler sont les suivants :

1° Les sables à Amphiope et à *Ostrea crassissima*, au sommet des Faluns,
dans les carrières du Signal de la Martinière, au sud-ouest de Contres ;
c'est un des points les plus élevés atteints par les Faluns.

2° Les divers gisements fossilifères des environs de Pontlevoy, situés
tout à fait à la base des Faluns, au contact des calcaires de Beauce.

3° Les Marnes de Suèvres, visibles seulement dans la tranchée du chemin de fer à la gare de ce nom; c'est le seul point où les Marnes de
l'Orléanais sont fossilifères ; on peut voir dans la collection de l'abbé Bourgeois, à Pontlevoy, les fossiles qu'il y a recueillis.

4° Les sables de l'Orléanais sont presque partout fossilifères et riches en ossements ; les plus belles collections de ces vertèbres sont celles de l'abbé Bourgeois, à Pontlevoy, et du marquis de Vibraye, à Cheverny.

5° On peut voir dans les mêmes collections et à l'École des mines de Paris, des séries d'ossements trouvés dans le calcaire de Beauce inférieur à Selles-sur-Cher, un peu au sud de la limite de la feuille de Blois.

6° Dans le terrain crétacé, les points les plus intéressants sont le Moulin de Roland et Cangey pour la craie de Villedieu, et les célèbres carrières de Bourré pour la craie tuffau. Les belles séries de fossiles recueillies par M. Le Mesle donnent une idée bien complète de l'ensemble de ces faunes.

En ce qui concerne les silex taillés signalés par l'abbé Bourgeois à Thenay, leur gisement est incontestablement au-dessous du calcaire de Beauce, et dans une couche superficielle de l'argile à silex. Cette couche, qui se distingue facilement de l'argile à silex sous-jacente, paraît le résultat des actions atmosphériques et des remaniements superficiels qui ont affecté la surface de l'argile à silex pendant le temps de son émersion, depuis l'éocène inférieur jusqu'au dépôt du calcaire de Beauce. Ce qui nous a frappé, c'est que tous les silex de cette couche présentent une apparence analogue : ils sont patinés, éclatés, souvent craquelés, et il nous a semblé impossible d'établir une ligne de démarcation nette entre ceux que l'on a prétendu être taillés et ceux qui ne le sont pas. Nous croyons donc qu'on doit considérer comme *ludus naturæ* ceux qui présentent une forme pseudo-régulière ; jamais nous n'avons observé une taille vraiment intentionnelle, analogue à celle que l'on observe souvent, même sur les silex simplement ébauchés. Du reste, sur cette question, le dernier mot doit rester aux archéologues.

Après la lecture de la note de M. Douvillé, M. Le Mesle présente les observations suivantes :

Depuis le dépôt marin le plus supérieur de la craie dite *de Blois*, si bien caractérisée à Chaumont, où elle peut nous servir de type, les terrains du Blésois ont été exondés ; c'est à l'influence seule, ou presque seule, des agents atmosphériques que l'on doit les couches d'altérations, dites d'argile à silex, très variables comme puissance, comme faciès ; elles ont quelquefois subi sur place des remaniements considérables qui les rendent souvent difficiles à distinguer des dépôts diluviens.

Sur ces couches, et limités par elles, se sont déposés les calcaires lacustres de Beauce, dans de petits bassins isolés, parfois à des niveaux un peu différents ; c'est ce qui explique les quelques variations de leur puissance et de leur composition.

A leur base, mais rien qu'à leur base suivant moi, on observe presque toujours une couche argileuse, contenant des nodules marneux, des lits

17*

plus ou moins sableux, des silex fragmentés; leur épaisseur est assez faible.

A quel étage rapporter ce banc argileux? Notre hésitation, à M. Douvillé et à moi, a été assez grande, et si, au point de vue du coloriage de la carte, nous l'avons réuni à l'argile plastique sous-jacente, c'est uniquement par suite de l'impossibilité matérielle où l'on se trouve presque toujours de l'en séparer. Du reste, la notice explicative qui accompagne la carte mentionne expressément que la formation de cette couche est *postérieure* au dépôt des argiles à silex (1).

Pour ma part, j'incline plutôt à en faire la base du calcaire de Beauce, car, sur bien des points, à Santenay, entre autres, ce lit argileux est à peu près nul, et se relie intimement au calcaire supérieur, qui contient alors lui-même de nombreux fragments d'un silex noirâtre assimilables à ceux de Thenay. La question, somme toute, est de peu d'importance, maintenant qu'il est admis par tous, je pense, que les couches précitées se trouvent immédiatement sous le calcaire de Beauce et sont, par conséquent, incontestablement tertiaires.

M. V. GAUTHIER

Professeur au Lycée de Vanves.

SUR QUELQUES ÉCHINIDES MONSTRUEUX, APPARTENANT AU GENRE HEMIASTER

— Séance du 10 septembre 1881 —

Il n'est pas sans intérêt de constater que, parmi les espèces fossiles, quelques individus présentent des altérations d'organes qui, sans les empêcher de vivre, ont eu néanmoins une influence sensible sur d'autres organes voisins. On peut en tirer certaines conclusions sur les rapports des organes entre eux, et, dans un sens plus général, sur les conditions biologiques des espèces éteintes.

Notre honorable président, M. Cotteau, a déjà décrit, dans différents ouvrages, des faits analogues à ceux que je vais soumettre aux membres

(1) Nous croyons devoir citer le passage correspondant de la notice : « Une lacune importante sépare ce calcaire (de Beauce) de l'argile à silex; pendant l'intervalle de temps correspondant, la surface de l'argile à silex a été soumise aux influences atmosphériques et à des remaniements plus ou moins considérables : c'est dans cette couche superficielle que l'abbé Bourgeois a recueilli des silex éclatés et craquelés, dans lesquels il a cru reconnaître une taille intentionnelle..... »

de la section de Géologie. Dans la *Paléontologie française*, il cite un *Discoidea cylindrica*, déjà signalé par Desor, chez qui manque l'ambulacre antérieur (Terrains crétacés, t. VII, p. 31, pl. MXI). Dans ses *Échinides nouveaux ou peu connus*, il représente, en 1862 (p. 66, pl. IX), un *Echinobrissus orbicularis*, dont l'ambulacre antérieur est complètement atrophié ;

En 1867, un *Pyrina ovulum* (p. 133, pl. XVIII) privé de l'ambulacre postérieur de droite ;

En 1869, un *Hemiaster batnensis* (p. 150, pl. XX) qui a six ambulacres. L'ambulacre antérieur de droite se trouve double.

Les cinq exemplaires que nous allons examiner successivement appartiennent tous au genre *Hemiaster*, et proviennent de la province de Constantine, en Algérie.

1° *Hemiaster batnensis*, recueilli à Batna par M. Le Mesle. Il ne présente qu'une simple atrophie. L'ambulacre postérieur de gauche n'existe pas ; la place où devrait finir le sillon ambulacraire est seulement marquée par une légère dépression presque ronde, au-delà de laquelle apparaissent quelques paires de pores arrondis, qui continuent l'aire ambulacraire de l'autre côté du fasciole. Le fasciole n'est pas altéré ; le test n'est pas difforme ; cependant la suture médiane de l'interambulacre postérieur dévie un peu de la ligne droite, et le pore ocellaire correspondant à l'aire atrophiée semble faire défaut. L'animal n'a pas atteint tout le développement dont l'espèce est susceptible ; tel qu'il est, néanmoins, il représente une taille qu'un très grand nombre d'individus bien constitués ne dépassent pas.

2° *Hemiaster africanus*, recueilli par M. Heinz dans l'Aurès. — Au premier aspect, cet individu semble normalement constitué. Cependant, les deux ambulacres postérieurs ont à peine la moitié de la longueur habituelle à l'espèce. Ces ambulacres incomplets sont régulièrement fermés. Le fasciole passe à sa place ordinaire, par conséquent à une distance relativement considérable de la partie pétaliforme, du moins du côté droit. Du côté gauche, il paraît avoir subi le contre-coup de l'atrophie de l'ambulacre, et il est oblitéré en face de cet organe. Le reste du test n'a éprouvé aucune altération et l'animal a atteint tout le développement que comporte l'espèce.

3° *Hemiaster batnensis*. C'est un exemplaire jeune, recueilli par M. Le Mesle au Djebel-bou-Iche, près de Batna. Il n'a que quatre ambulacres : l'antérieur pair de droite manque, et il n'en existe sur le test aucune trace, sauf une légère dépression à l'endroit où il devrait finir, près du fasciole. Le sillon de l'ambulacre impair dévie légèrement ; l'appareil apical n'a, du côté atrophié, ni pore ocellaire, ni pore génital ; l'animal n'a pas atteint tout son développement ; mais nous ne saurions dire si cette particularité doit être attribuée à la privation d'un ambulacre, puisque beaucoup d'autres exemplaires normalement constitués ne dépassent pas cette taille.

4º Un petit *Hemiaster*, d'espèce incertaine, recueilli par M. Heinz dans l'étage cénomanien d'El-Mahder. Comme le précédent, il n'a que quatre ambulacres ; c'est l'antérieur pair de gauche qui manque, et sans avoir laissé la moindre trace. L'ambulacre impair dévie sensiblement de la direction habituelle ; par suite, l'oursin est tout difforme ; la bouche n'est point dans l'axe antéro-postérieur ; le fasciole cesse à l'endroit où devrait aboutir l'ambulacre disparu ; l'appareil apical ne compte que quatre pores ocellaires, ce qui se comprend facilement, et trois pores génitaux. Il est à remarquer que le pore génital qui manque n'est pas le pore antérieur, c'est-à-dire celui qui semble correspondre à la partie atrophiée, mais le pore génital postérieur. L'animal ne paraît pas avoir atteint tout son développement, ce qui ne prouve pas, d'ailleurs, qu'il n'ait pas autant vécu que d'autres mieux conformés.

5º *Hemiaster latigrunda*, un magnifique exemplaire recueilli par M. Le Mesle, à R'fana, à 8 kilomètres de Tebessa. Cet exemplaire a six ambulacres : l'ambulacre postérieur de droite est double. M. Cotteau a déjà signalé un cas semblable dans l'*Hemiaster batnensis*. J'ai pu examiner cet Échinide, qui est dans la collection de M. Péron. L'ambulacre double est l'antérieur de droite ; les pores sont régulièrement disposés, un peu dérangés vers l'extrémité ; les deux parties jumelles se touchent, et il ne reste aucun intervalle entre elles. Dans notre exemplaire, les pores ne sont pas altérés, les zones porifères sont complètes, et les deux parties sont séparées par une aire interambulacraire, étroite et réduite, sans doute, mais existant réellement, avec tubercules et granules, comme sur le reste du test. Il en résulte que cet Échinide a non seulement six ambulacres, mais également six aires interambulacraires ; l'appareil apical compte six pores ocellaires ; mais les pores génitaux n'ont subi aucun dérangement : la sixième aire interambulacraire ne montre point de plaque perforée, pas plus que la cinquième. L'animal ainsi constitué a atteint tout le développement dont l'espèce est susceptible.

EXPLICATION DE LA PLANCHE VII

Fig. 1, *Hemiaster batnensis*; fig. 2. *Hem. africanus*, à ambulacres postérieurs écourtés; fig. 2 *bis*, *H. africanus*, normal; fig. 3, autre *H. batnensis*; fig. 4, *Hemiaster* sp.? du cénomanien d'El-Mahder; fig. 4 *bis*, le même grossi; fig. 5, *H. latigrunda*, à six ambulacres; fig. 5 *bis*, ambulacre double grossi.

Tous ces exemplaires font partie de la collection Gauthier.

M. le Docteur Charles BARROIS

De Lille.

ÉPONGES HEXACTINELLIDES DU TERRAIN DÉVONIEN DU NORD DE LA FRANCE

— Séance du 10 septembre 1884 —

M. Morin, directeur des carrières de grès de la Société anonyme de Jeumont (Nord), a découvert dans les grès qu'il exploite et qui dépendent du terrain dévonien (Psammites du Condros), un banc entièrement formé de très remarquables fossiles.

Ce sont des formes tubuleuses de 0,10 à 0,20, plus ou moins allongées, coniques, droites ou recourbées, à section cylindrique ou anguleuse, et à surface plano-convexe ou chargée de nodosités alignées, réunies par des rides longitudinales. Malgré la variété de leur forme générale, toutes les espèces sont caractérisées par la structure propre de leurs parois treillisées ; elles présentent toujours extérieurement des mailles rectangulaires, dues au croisement de fibres longitudinales et de fibres transversales. Des fibres plus fines limitent de nouvelles mailles à l'intérieur des premières.

Ces types remarquables n'ont pas encore été signalés en Europe ; ils ne présentent que de lointaines analogies avec les *Mortiera* du calcaire carbonifère de Belgique, et les *Tetragonis* du silurien de Russie. Ils présentent, au contraire, une identité presque absolue avec des fossiles connus sous le nom de *Dictyophyton* aux États-Unis, où ils forment un lit dans le Chemung-group.

Ils fournissent ainsi un rapport de plus entre les faunes déjà si voisines du Chemung-group et des Psammites du Condros.

Ces Dictyophyton, d'abord rangés aux États-Unis parmi les Algues, sont aujourd'hui rapportés par MM. James Hall, Whitfield, Dawson, Walcott aux Spongiaires : ces savants, en effet, y ont reconnu les spicules caractéristiques de cette classe. M. James Hall a pu distinguer parmi ces fossiles un certain nombre de genres nouveaux, qu'il réunit en une famille naturelle nouvelle, celle des *Dictyospongidæ* : elle appartient au sous-ordre des *Dictyonina* de M. Zittel.

Les formes trouvées dans les Psammites de Jeumont sont très variées ; nous croyons devoir y distinguer seulement deux espèces principales : *Dictyophyton morini* et *Dictyophyton tuberosum*, si voisin du type américain.

M. le Docteur Charles BARROIS

De Lille.

COUCHES A NERCITES DU BOURG-D'OUEIL (HAUTE-GARONNE

— *Séance du 10 septembre 1884* —

La rareté des fossiles dans les terrains primaires des Pyrénées est une des causes qui retardent le plus le progrès de nos connaissances sur la stratigraphie des parties centrales de cette chaîne de montagnes. Aussi devons-nous reconnaître que la géologie des terrains paléozoïques pyrénéens est assez peu avancée ; de sérieux efforts, d'importantes découvertes ont été cependant faits dans cette voie pendant ces dernières années.

Les découvertes de M. Maurice Gourdon méritent une attention spéciale. Déjà M. Gourdon a reconnu aux environs de Luchon l'existence de la faune seconde silurienne (*Trinucleus ornatus*), ainsi que des preuves de l'existence d'un niveau du silurien supérieur (*Phacops fecundus, Dalmanites Gourdoni*, etc.). Récemment, M. Gourdon a bien voulu me communiquer une série de très curieuses traces, trouvées par lui dans les ardoisières du Bourg-d'Oueil.

Ces fossiles, assez nombreux et de formes variées, étaient encore inconnus en France ; ils rappellent, toutefois, d'une façon frappante, des formes connues en Angleterre, en Thuringe, en Portugal, sous le nom de *Nercites, Myrianites*. Leur ressemblance est telle, qu'on peut considérer comme très vraisemblable que les ardoises de Bourg-d'Oueil appartiennent, comme les couches des autres régions où ces fossiles ont été signalés, au terrain silurien supérieur.

Nous avons ici un indice de plus du développement du silurien supérieur dans la Haute-Garonne ; il parait plus complet en cette région qu'en aucun autre point connu des Pyrénées.

M. le Docteur Charles BARROIS

De Lille.

ROCHES MÉTAMORPHIQUES DU MORBIHAN

— Séance du 10 septembre 1884 —

Le département du Morbihan est riche en roches cristallines variées, il en est un certain nombre de très remarquables, dont les particularités les plus frappantes sont dues à une action métamorphique de contact.

Tels sont, par exemple, les schistes chargés de biotite et d'andalousite de Rochefort-en-Terre; ces schistes forment une couche régulièrement interstratifiée, que l'on peut suivre vers l'Est, dans le département d'Ille-et-Vilaine. A mesure qu'on s'éloigne du voisinage des roches granitiques, on constate que les schistes perdent leurs caractères cristallins; à Sainte-Marie-de-Redon, ils présentent les caractères lithologiques, la faune, et la position stratigraphique des ardoises d'Angers.

Tels sont encore les grès métamorphiques du massif granitique du Guéméné. Ces grès, d'âge silurien et connus dans le système sous le nom de *grès à scolithes*, sont très répandus en Bretagne, où ils conservent des caractères assez constants. Au voisinage de la masse granitique du Guéméné, ces grès se présentent sous quatre états différents, qui sont, à mesure qu'on s'approche du granite :

1° *Grès clastique*, fossilifère, composé de grains brisés de quartz, cimentés par du mica blanc ou des matières argilo-ferrugineuses, amorphes.

2° *Quartzite micacé*, où les grains brisés de quartz se transforment en granules arrondis ou hexagonaux ; il se développe en même temps dans la roche un réseau de mica noir, qui cimente les grains de quartz.

3° *Quartzite sillimanitisé*, plus près du granite, la sillimanite et la cordiérite s'ajoutent aux éléments précédents.

4° *Quartzite feldspathisé*, l'injection des éléments du granite en filonnets discontinus charge la roche au contact des éléments du granite (feldspaths, quartz, micas). Les inclusions réciproques du feldspath et du quartz font penser que l'injection des éléments du granite et la recristallisation du grès ont dû ici s'opérer en même temps.

On peut donc suivre ici la transformation graduelle d'un grès fossilifère, formé essentiellement de quartz avec un peu d'argile, en une roche schisto-cristalline, présentant parfois tous les éléments cristallins suivants :

zircon, apatite, quartz, mica noir, sillimanite, cordiérite, fer oxydulé, rutile, orthose, oligoclase, microcline, mica blanc.

Les poudingues qui forment dans la région la base du terrain silurien, présentent au contact du granite des modifications comparables ; on en trouve des exemples à Langonnet, où ces poudingues deviennent plus cohérents, brunâtres ; les galets, il est vrai, ne sont pas modifiés, mais ils se séparent plus difficilement de la pâte. Celle-ci se montre composée de grains de quartz plus nettement limités, arrondis ou hexagonaux, et en partie recristallisés ; le mica blanc est peu répandu et les grains de quartz sont cimentés par des lamelles de mica noir, identiques à celles des grès micacés.

Des schistes et des grès dévoniens présentent des modifications de même nature dans les départements voisins du Finistère et des Côtes-du-Nord. Ainsi, des schistes dévoniens sont chargés de biotite, au voisinage du granite, dans le canton de Briec (Finistère) ; des grès argileux deviennent micacés et grenatifères dans le canton de Rostrenen (Côtes-du-Nord).

Ces modifications de roches sédimentaires connues, transformées au contact du granite en des roches cristallines, rappelant à certains égards les roches des terrains primitifs, nous mettent sur la trace de l'origine encore si problématique de ces terrains anciens. Nous nous gardons bien cependant de proposer ici une explication générale : il convient d'abord d'étudier plus en détail et à fond les roches anciennes, cristallophylliennes, de la France. Les gneiss et les micaschistes, qui forment essentiellement ce terrain dans l'Ouest, présentent d'innombrables variétés, qui peuvent autant s'éloigner les unes des autres par leur origine que par leurs caractères lithologiques.

L'étude attentive de ces variétés donne dès à présent lieu à des découvertes inattendues ; c'est ainsi que mes courses m'ont montré que les roches de la presqu'île de Rhuis, de la région qui s'étend de l'île de Groix à l'embouchure de la Vilaine, contenaient comme minéraux constituants un certain nombre d'espèces rares : chloritoïde, glaucophane, épidote, rutile, dont j'ai décrit les caractères optiques, les inclusions et le mode d'assemblage (1).

Ces minéraux forment quelques roches particulières comparables à des types de Syra, des Alpes et du Taunus. Les principales sont des *schistes à chloritoïde micacés ou graphiteux, des micaschistes à chloritoïde avec ou sans grenats, des amphibolites à glaucophane avec ou sans grenats, des micaschistes riches en séricite et en tourmaline*, etc.

Ces diverses roches sont d'origine sédimentaire, mais ont été postérieurement modifiées, métamorphisées, et présentent plusieurs stades de

(1) *Annales de la Société géologique du Nord*, t. XI, 1883-84, p. 18-71, 103-140.

consolidation. Nous manquons de données précises sur l'état du dépôt originel, contenant : carbone, fer, chaux, alumine, silice. On peut, au contraire, distinguer les stades suivants de consolidation pour les éléments anthigènes :

I. Graphite, grenat, fer oxydulé, rutile, zircon, sphène.

II. *a.* Amphibole, glaucophane, épidote, chloritoïde.

    b. Mica noir, orthose, plagioclase, quartz, mica blanc, tourmaline.

III. Amphibole secondaire, chlorite, calcite, limonite.

Les éléments du stade II sont en relation d'origine avec des filons primaires granulitiques, à feldspath orthose, albite, tourmaline, quartz, chloritoïde, ripidolithe, mica blanc, sphène, rutile, crichtonite, fer titané, fer oxydulé, dolomie, sidérose. Ces filonnets coupent transversalement les strates précédemment décrites, ils représentent pour nous la voie par laquelle diverses substances y ont été amenées.

Postérieurement à cette action métamorphique de contact, des pressions engendrées par les mouvements du sol ont déformé, clivé, certains minéraux de ces roches schisto-cristallines. Elles ont fait traîner dans la masse de la roche même, les minéraux anciens du stade I ; elles ont déterminé de plus la structure feuilletée de ces roches, ainsi qu'une apparente stratification torrentielle, qu'on y observe parfois.

M. BLEICHER

Professeur à l'École supérieure de Pharmacie de Nancy.

LE LIAS DE LORRAINE AU POINT DE VUE PALÉONTOLOGIQUE

— Séance du 10 septembre 1884 —

Le lias de Lorraine, considéré comme groupe de couches à séparer de l'ensemble des formations jurassiques, doit être étudié au point de vue de ses limites inférieure et supérieure et de sa composition.

La limite inférieure du lias est marquée par le *rhétien* ou *infrà lias,* qui affleure dans le département de Meurthe-et-Moselle sur une longueur d'environ 40 kilomètres. Pour M. Bleicher, le rhétien forme une zone de transition entre la partie supérieure de marnes irisées à *Lingula tenuissima* et le jurassique à *Ammonites angulatus.* Il y a constaté un très grand nombre de fossiles non indiqués jusqu'ici en Lorraine, mais il est d'avis que le genre *Cardinia*, avec ses nombreuses espèces, établit un lien de parenté entre ces deux formations. Quant à la limite supérieure du lias, elle est marquée dans le *minerai de fer* de Lorraine, non par un plan de séparation bien net, mais plutôt par l'apparition brusque d'un certain nombre de formes animales, échinides, brachiopodes, gastropodes, qui n'existent pas dans les couches de minerai de fer dit liasique, caractérisé par *Trigonia navis*. Ces formes surgissent au moment où se montre l'*A. Murchisonæ*, qui caractérise le minerai de fer bajocien ou oolithique inférieur. M. Bleicher fait remarquer que si aucun Céphalopode ne passe d'un étage à l'autre, il n'en est pas de même des Bivalves, qui montent en assez grande abondance de la zone liasique de la *Trigonia navis* à la zone oolithique de l'*A. Murchisonæ*.

Il étudie ensuite les différents étages du lias en le faisant commencer à la zone de l'*A. angulatus*, qui n'est pas précédée en Lorraine par celle de l'*A. planorbis*, que M. Bleicher n'a jamais retrouvée. Cette zone de l'*A. angulatus* elle-même est très mince et passe immédiatement à celle de la gryphée arquée. Pour le même étage du lias inférieur, il s'élève contre la dénomination de *marnes à Hippopodium*, qui a été imposée à sa partie supérieure. Il fait remarquer que ce fossile est extrêmement rare dans les marnes qui portent son nom, et qu'il se trouve dans le calcaire ocreux qui leur est superposé, avec une faune appartenant au lias moyen. Dans ce dernier étage, il signale le fossile problématique, commun en Bourgogne et aux environs de Lyon, qu'on a appelé provisoirement *Tisoa syphonalis*. Il est intéressant de le retrouver à la partie supérieure de la zone de l'*A. margaritatus* dans des régions aussi éloignées.

Pour le lias supérieur, il insiste sur la difficulté qu'il y a de l'étudier, à cause de sa nature marneuse, mais signale vers la partie supérieure des marnes un horizon fossilifère caractérisé par un fossile qui ne se trouve guère qu'en Allemagne, la *Lucina plana*. Il termine sa communication en rappelant les caractères du minerai de fer liasique à *Trigonia navis*, dont il a été fait mention plus haut, et émet l'opinion qu'avec les Ammonites du lias, et en leur absence avec les Brachiopodes, il est toujours possible de se reconnaître au milieu des dépôts vaseux si puissants du lias de ces contrées.

M. G. ROLLAND

Ingénieur au Corps des mines.

TERRAINS DE TRANSPORT ET TERRAINS LACUSTRES DU BASSIN DU CHOTT MELRIR

— *Séance du 11 septembre 1884* —

Il y a quatre ans, au Congrès de Reims, j'ai présenté, devant l'Association française, un exposé rapide de mon exploration géologique au Sahara, lors de la mission Choisy, en 1879-1880.

Dans cette communication, j'ai résumé mes observations sur les trois sortes de formations qu'on rencontre dans le Sahara algérien, savoir : les *terrains crétacés, les terrains dits quaternaires* ou *atterrissements sahariens,* et les *grandes dunes de sable* de l'époque actuelle, formations bien différentes par leur nature, car elles sont respectivement d'origine marine, diluvienne et aérienne.

Depuis lors, j'ai publié avec plus de développement mes travaux sur les terrains crétacés du Sahara septentrional, d'une part (1), et sur les grandes dunes de sable, d'autre part (2).

Quant aux atterrissements sahariens, je me réservais de continuer mes recherches à leur sujet, ce que j'ai fait au cours de deux voyages ultérieurs en 1882 et 1884. Mes observations ont surtout porté sur les atterrissements du bassin du chott Melrir, dont j'ai pu suivre l'étude en profondeur à l'aide des coupes des puits et des sondages artésiens exécutés dans l'Oued-Rir', ainsi qu'à Ouargla, au sud, et dans les Zibans, au nord.

Les terrains en question ont été généralement décrits sous la désignation de terrains quaternaires, et l'on a beaucoup discuté pour savoir s'ils étaient d'origine marine ou non.

Parmi les géologues qui ont le plus contribué à dissiper les illusions d'une mer saharienne à l'époque quaternaire, il faut citer au premier rang M. Pomel, dont on connaît l'ouvrage sur le Sahara (1872). Pour ce qui est en particulier des terrains dits quaternaires, cet auteur a montré que rien ne forçait à les considérer comme les sédiments d'une mer, dont aucun gisement de fossiles probants n'est, d'ailleurs, venu confirmer l'existence, mais qu'ils sont bien plutôt comparables à des atterrissements d'origine continentale, déposés par des eaux diluviennes, dans les

---

(1) *Bulletin de la Société géologique de France,* 3ᵐᵉ série, tome IX, 1881.

(2) *La Nature,* 3 juin et 8 juillet 1882.

mêmes conditions, sauf l'échelle, que certaines formations diluviennes de l'Europe.

Aucun terrain postérieur à la série des couches crétacées n'a été constaté et n'existe sans doute dans le Sahara algérien et tripolitain jusqu'à cette grande formation d'atterrissement. On peut admettre que ces vastes régions étaient déjà émergées pendant les époques nummulitique et miocène, alors que les eaux de la mer occupaient encore en grande partie l'emplacement de l'Atlas algérien et tunisien. Le système des ridements de l'Atlas, ainsi de l'esquisse de la partie occidentale du bassin méditerranéen, datent de la fin du nummulitique ; quant à l'émersion définitive de ce massif montagneux, elle n'eut lieu que vers la fin du miocène, après le dépôt des molasses marines à *Ostrea crassissima*. Dès lors, la mer se trouva rejetée au pied nord de l'Atlas, auquel des mouvements ultérieurs et successifs d'exhaussement achevèrent de donner son relief; on ne trouve plus, en effet, de formation marine postérieure que sur le revers nord du massif montagneux, tandis que les hauts-plateaux et le versant saharien ne présentent plus ensuite que des atterrissements continentaux, lesquels se relient aux atterrissements de même nature du Sahara.

Bien que ces atterrissements présentent une série fort complexe de dépôts successifs, on peut y faire d'abord deux grandes divisions. La première comprend le groupe le plus important, celui des atterrissements *anciens*, auxquels M. Pomel a donné aussi le nom de *terrain subatlantique*, et que, pour ma part, je considère plutôt comme pliocènes que comme quaternaires, ainsi que je le dirai plus loin. La seconde comprend la série des atterrissements postérieurs ou *quaternaires* proprement dits.

Les atterrissements sahariens recouvrent des surfaces immenses qui apparaissent sur ma carte géologique du Sahara au 1/5.000.000 (1) ; rien que dans le bassin du chott Melrir, ils s'étendent sur une longueur de près de 700 kilomètres, du nord au sud, et sur une largeur d'environ moitié de l'est à l'ouest. Leur puissance, qui n'est pas entièrement connue, est le plus souvent très grande, et dépasse peut-être 300 mètres dans certaines régions. Un tel cube implique comme agents d'ablation, de transport et d'alluvionnement, des quantités d'eaux vraiment énormes, et, par suite, des précipitations atmosphériques d'une extrême abondance : un climat très humide régnait alors au Sahara, aujourd'hui la partie la plus sèche du globe.

La même carte indique la répartition de ces atterrissements entre l'Atlas et le Ahaggar, et entre le Maroc et la Tripolitaine. On voit qu'il est vrai de dire, en grand, qu'ils sont distribués conformément aux divisions hydrographiques actuelles. Aussi, malgré leur extension et leur puissance, peut-on expliquer rationnellement leur formation par des phénomènes

---

(1) *Bulletin de la Société géologique de France*, 3ᵐᵉ série, tome IX.

purement diluviens : il suffit d'admettre à cette époque, au Sahara, une grande abondance de précipitations_ atmosphériques, dont il serait sans doute difficile de trouver l'équivalent dans les phénomènes actuels, mais dont les chutes de pluies torrentielles qui ont encore lieu dans certaines régions tropicales, peuvent donner une idée.

D'ailleurs, la circulation de masses d'eaux puissantes à la surface est prouvée par les dénudations gigantesques que subirent alors les formations antérieures, et dont le Sahara et l'Atlas portent les empreintes. D'énormes quantités de matériaux détritiques, où dominaient les sables quartzeux, furent ainsi livrées aux eaux courantes, qui opérèrent leur charriage et leur dispersion, les déposèrent sur les pentes et les accumulèrent dans les dépressions.

Sur le versant du Sahara central, les atterrissements occupent précisément les zones allongées et déprimées qui séparent les reliefs crétacés, dévoniens et cristallins, et ils sont limités par les mêmes lignes orographiques qui marquent les limites des dénudations, dont il est évident ici qu'ils résultent. Dans le Sahara algérien, il est vrai que les atterrissements recouvrent des bassins tellement vastes, celui du chott Melrir, à l'est, celui du Gourara, à l'ouest, que leur immensité et aussi leur uniformité rappellent plutôt, au premier abord, les sédiments de grandes mers. Mais, outre que les dépôts de ces bassins se relient à ceux des vallées de l'Atlas et sont identiques à ceux des hauts-plateaux, leur étude détaillée ne confirme nullement l'hypothèse d'une origine marine, et permet de les expliquer par des causes uniquement continentales, en leur attribuant une origine soit fluviatile, soit lacustre.

Je vais maintenant envisager spécialement le bassin d'atterrissement du chott Melrir, dont on trouvera la coupe générale nord-sud (fig. 35 *bis*).

Considérons d'abord les atterrissements anciens. J'y ai distingué deux catégories de dépôts, savoir : les terrains constitués par des sables quartzeux roulés, que je considère comme des dépôts fluviatiles de *transport*, et les terrains comprenant des marnes et argiles, avec travertins, que je considère également comme des dépôts d'eau douce, mais *lacustres*.

Ces terrains de transport et lacustres se sont déposés dans la grande cuvette crétacée que j'ai décrite dans la partie orientale du Sahara algérien, et qui figurait, dès cette époque, un bassin continental et fermé, en pente douce vers le nord, avec son point le plus bas non loin du pied méridional de l'Atlas.

Les eaux courantes répandirent d'abord à sa surface un manteau épais de terrains de transport, dont les matériaux furent empruntés en majeure partie à la formation des grès dévoniens et au massif des gneiss et micaschistes du Sahara central : le *premier étage de transport* que nous distinguons ainsi, est constitué par des sables quartzeux arrondis, avec cail-

ante au Nord de Tahir-Rashou.

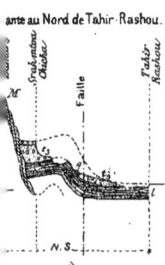

COUPE GÉOLOGIQUE GÉNÉRALE DE BISKRA A OUARGLA.

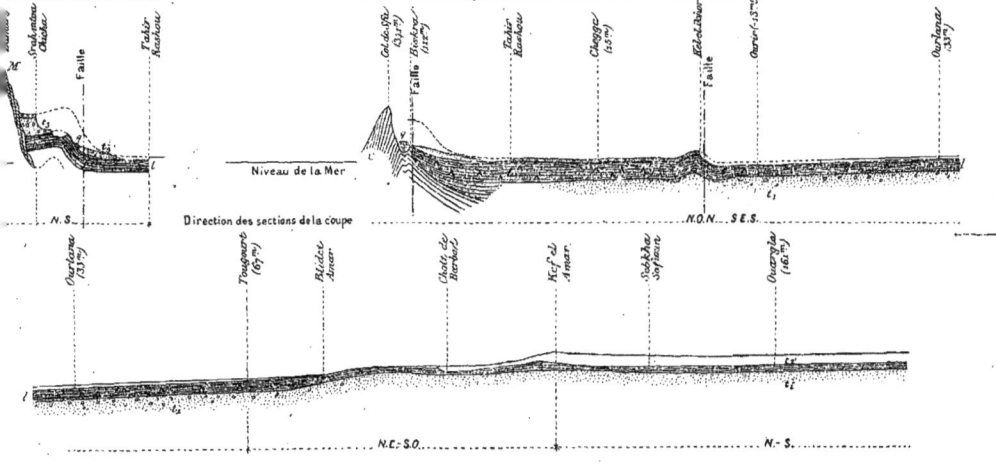

Sreb-cut-ou
Oulakon

M

Faille

Tahir-
Rashou

Col-du-Sfa
(311m)

Faille "Biskra"
(112m)

Tahir
Rashou

Chegga
(15m)

Kef-el-Dour

Faille

Doria(-13m)

Ourlanas
(33m)

Niveau de la Mer

Direction des sections de la coupe

N. S.

N. O. N.   S. E. S.

Ourlanas
(33m)

Tougourt
(63m)

Blidet
Amar

Chott de
Berberi

Kef-el-
Amar

Stabkha
Sofioure

Ouargla
(161m)

N. E.- S. O.

N.- S.

☐ q Poudingue quaternaire   ☐ t₃ 3ᵐᵉ étage de transport ancien   ☐ l Étage lacustre ancien   ☐ t₂ 2ᵐᵉ étage de transport ancien

☐ t₁ 1ᵉʳ étage de transport ancien   ☐ M Terrain miocène   ☐ C Terrain crétacé

Échelle des longueurs $\frac{1}{1.600.000}$.   Échelle des hauteurs $\frac{7}{32.000}$

Fig. 35 bis.

loux roulés ; il a été constaté tant à Ouargla que dans l'Oued-Rir', grâce aux puits et aux sondages artésiens. Il présente une pente moyenne voisine de 1 millimètre par mètre du sud au nord, jusqu'à la région du chott Melrir, c'est-à-dire jusqu'à plus de 600 kilomètres de la limite méridionale du bassin d'atterrissement ; plus au nord, il devient horizontal. Les sondages ont presque tous pénétré dans cet étage inférieur, mais aucun ne l'a traversé de part en part ; la plus grande épaisseur reconnue est de 70 mètres à Sidi-Khelil, dans l'Oued-Rir'. On n'y a rencontré qu'un moule d'*helix* et un *planorbe*.

Les dépressions que présentaient ce premier manteau d'atterrissement furent ensuite occupées par des eaux relativement tranquilles, où se déposèrent des sédiments ténus et argileux. D'après l'emplacement de ces sédiments argileux, on est conduit à admettre l'existence d'un grand lac qui baignait le pied méridional de l'Atlas et recouvrait l'emplacement actuel des chotts Melrir, Rharsa et Djerid, ainsi que de tout l'Oued-Rir', et peut-être aussi d'une partie de la région du Souf. L'existence d'un autre lac, beaucoup moins important, est indiquée dans la région de Ouargla par une assise d'argile ou de marne de quelques mètres ; mais celui-ci fut bientôt comblé par une nouvelle série de dépôts de transport, venus du sud, comme les précédents.

En effet, un *second étage de transport*, constitué par des sables et grès quartzeux, s'observe dans les régions de l'Oued-Mya, de l'Oued-Igharghar et de Ouargla. Il est également en pente du sud au nord. Sa puissance atteint 100 mètres à Ouargla, où il est séparé de l'étage inférieur par l'assise argileuse, dont je viens de parler et qui correspond à une époque intermédiaire de calme. Dans ce manteau supérieur d'atterrissement, les grains de quartz sont d'assez petite dimension et sont mêlés d'un peu d'argile ; la masse est homogène, et sa couleur générale est rouille ; des gypses et des calcaires concrétionnés s'y trouvent disséminés, et leur concentration à certains niveaux simule une stratification grossière. Les dépôts en question sont dus à des eaux d'assez faible vitesse et semblent s'être faits à l'air libre ou à peu près : il est probable qu'ils se sont formés sous l'action directe de pluies torrentielles, ayant donné lieu à d'abondants ruissellements sur les pentes. Quelques gastéropodes d'eau douce ont été trouvés dans cet étage.

Le second étage de transport diminue d'épaisseur sur le seuil séparatif des anciennes dépressions d'Ouargla et de l'Oued-Rir'. En même temps, il présente un changement latéral de facies et passe à un terrain lacustre, lequel recouvre, dans tout l'Oued-Rir', l'étage de transport inférieur, et représente les sédiments du grand lac signalé dans cette région. Les éléments ténus, argiles et marnes, dominent dans cet étage lacustre ; on y rencontre cependant des intercalations et des mélanges de sables, et quelquefois de graviers : ce qui prouve que les phénomènes de transport se poursuivaient encore et se faisaient sentir à une certaine distance des rivages. Le gypse et les calcaires d'eau douce sont abondamment répandus dans les terrains lacustres, où ils forment parfois des couches épaisses et compactes, par exemple, à la base de l'étage, dans les régions centrale et méridionale de l'Oued-Rir'. De plus, le chlorure de sodium imprègne plus ou moins tous ces terrains.

Les dépôts lacustres possèdent une stratification assez nette et généralement lenticulaire, la régularité des couches augmentant vers l'intérieur du bassin. Ils se sont modelés sur le fond de l'ancien lac, dont ils ont épousé les principaux reliefs : ainsi l'ondulation qu'ils dessinent suivant la chaîne transversale de Nza-ben-Rzig, coïncide avec un relief souterrain des sables de transport inférieurs, lesquels formaient en ce point une barre sous les eaux du lac. Au sud, l'étage lacustre se relève en s'amincissant sur l'ancien rivage, à Blidet-Amar.

Il faut enfin noter, à la partie supérieure de l'étage lacustre, un dernier manteau de transport peu épais, dont la surface présente un poudingue de cailloux roulés, cimenté par une croûte concrétionnée de calcaire gypseux.

La puissance moyenne de l'étage lacustre est de 85 mètres le long de la zone des bas-fonds de l'Oued-Rir', sur 120 kilomètres. Elle augmente beaucoup vers le chott Melrir, au nord duquel, à El-Fayd, un sondage a pénétré de 150 mètres dans le système des couches marno-lacustres, sans que leur base ait été atteinte.

La faune des terrains lacustres de l'Oued-Rir' est assez pauvre ; elle ne comprend que des coquilles d'eau douce et d'eau saumâtre, appartenant aux genres *Succinœa* (genre amphibie), *Planorbis, Limnœa, Paludina, Bithynia, Hydrobia, Paludestrina, Amnicola, Melania, Melanopsis*, etc. De plus, il semble que le *Cardium edule* fossile se trouve déjà dans les niveaux supérieurs du terrain lacustre ancien ; tel doit être le cas pour les *Cardium* que Ville a indiqués sur les flancs de certaines collines du Kef-el-Dohor, au nord de l'Oued-Rir' (1), et pour ceux dont M. H. Le Châtelier a signalé un niveau à mi-hauteur de petits gour, à l'ouest et au nord du chott Melrir (2).

La même formation se poursuit, en se relevant doucement, sur 100 kilomètres au nord de l'Oued-Rir', jusqu'à la lisière nord du Sahara, et je ne vois aucune raison, ni stratigraphique, ni minéralogique, pour la distinguer de la formation tout à fait semblable qui se retrouve au pied méridional de l'Aurès, où elle se redresse brusquement, et qui a été décrite sous le nom de *terrain lacustre de Biskra*. Les géologues qui ont successi-

(1) G. Ville, *Exploration du bassin du Hodna et du Sahara*, 1868.
(2) H. Le Châtelier, La Mer Saharienne (*Revue scientifique*, janvier 1877).

vement étudié ce terrain, MM. Coquand (1), Ville, Pomel, Tissot (2), etc., ont tous reconnu que c'était une formation d'eau douce ; on y a recueilli des *helix*, ainsi que des *mélanies, mélanopsides* et *paludines*. Ce terrain est généralement considéré comme d'âge pliocène.

Le terrain d'eau douce de Biskra comprend lui-même deux étages principaux. A la base, se trouve un étage lacustre proprement dit, sans doute très puissant, qui correspond exactement à notre étage lacustre de l'Oued-Rir' ; les marnes gypseuses y dominent, avec quelques intercalations de grès et aussi de poudingues ; les couches lacustres offrent ici un plus grand développement de travertins, et renferment parfois de la calcédoine. L'étage superposé est formé de grès et de sables, qui présentent des lits de cailloux roulés, et sont couronnés par un poudingue gypso-calcaire à gros éléments : c'est là un *troisième étage de transport* dont la puissance est d'environ 120 mètres près de Biskra, et qui mérite d'être distingué à la lisière nord du Sahara ; il descend en pente vers le sud, où il diminue rapidement d'importance.

Plus au nord, le terrain d'eau douce de Biskra pousse des promontoires dans les vallées mêmes de l'Atlas, et se relie à des formations correspondantes sur les hauts-plateaux.

D'autre part, vers l'est, la même formation règne tout le long de la zone des chotts Melrir, Rharsa et Djerid, jusqu'au seuil de Gabès. On sait que l'étude de cette barre n'a révélé, ni à M. Fuchs, ni à M. Pomel, aucune trace d'un bras de mer disparu. Le seuil de Gabès est constitué par un terrain identique aux atterrissements anciens du Sahara, lequel se prolonge sous les eaux actuelles de la Méditerranée dans le golfe de la petite Syrte, où M. Pomel conclut non à un exhaussement, mais à un affaissement récent. Les travaux plus récents de M. Roudaire sur la région des chotts tunisiens, résumés par M. Dru pour la partie géologique (3), n'ont pas infirmé ces conclusions. Il a été vérifié qu'à l'aplomb de la barre de Gabès existe un relief du même terrain crétacé qui encadre le seuil ; au col, les atterrissements superposés sont réduits à une épaisseur de 33^m,10. Leur coupe, en ce point, présente, de bas en haut : une couche de poudingue, puis, un groupe de couches argilo-sableuses, gypseuses et salifères, lequel répond à notre étage lacustre de l'Oued-Rir', et, au-dessus, une assise gypso-limoneuse, laquelle n'est autre que notre étage supérieur de transport du nord du Sahara.

La formation lacustre occupe à peu près la moitié inférieure de cette coupe ; elle augmente d'épaisseur de part et d'autre du seuil ; elle se pour-

(1) H. Coquand, *Géologie et Paléontologie de la province de Constantine*, 1862.

(2) J. Tissot, Texte explicatif de la carte géologique provisoire au $\frac{1}{800.000}$ de la province de Constantine.

(3) E. Roudaire, Rapport à M. le Ministre de l'Instruction publique sur la dernière expédition des chotts. — 1881.

18*

suit en pente vers l'ouest sous les chotts Fejej, Djerid et Rharsa, où elle devient sans doute très puissante. L'étage supérieur de transport se poursuit également, mais il est plus ou moins dénudé; c'est lui qui constitue le seuil séparatif des chotts Djerid et Rharsa; au col de Mouïat Sultan, son épaisseur visible dépasse 40 mètres. Le seuil en question est également, d'ailleurs, en relation avec un relief préexistant du terrain crétacé, ainsi qu'il a été vérifié au col de Kriz.

En général, les atterrissements anciens sont restés dans des positions voisines de celles où ils se sont déposés. On rencontre couramment, il est vrai, des bombements, où les couches sont nettement ployées, et souvent même ces ploiements ont été accompagnés de rupture : un des exemples les plus nets, sinon des plus accentués, se trouve, dans l'Oued-Rir', au Chria Ayata. Mais les bombements considérés n'occupent que des étendues restreintes et sont indépendants les uns des autres : il ne s'agit là que de mouvements locaux du sol, que j'attribue à des affaissements et à des glissements, faciles à expliquer dans ces formations, si l'on remarque que les eaux ascendantes ou jaillissantes d'un grand bassin artésien circulent dans leur sein, et si l'on considère la composition des terrains imbibés. A l'appui de cette explication, je signalerai, entre Ouargla et Tougourt, le behar Ramada, petite source sans écoulement, occupant un bassin circulaire, et située au fond d'un entonnoir naturel, lequel est dû à un effondrement brusque, ayant eu lieu il y a seulement une dizaine d'années; de même, d'après M. F. Fourreau, l'entonnoir de l'Aïn Taïba, au sud de Ouargla, a été formé par un effondrement survenu de mémoire d'homme.

En outre, on observe, dans certaines régions, des plongements et des ploiements d'un caractère beaucoup plus étendu. Il est certain, en effet, que, depuis leur dépôt, les atterrissements anciens ont subi des mouvements d'ensemble, en relation avec les oscillations du nord du continent africain, et ces mouvements, malgré leurs faibles amplitudes relatives, ont dû suffire pour développer des pressions latérales et ployer légèrement les couches, ou pour faire jouer des lignes de cassures préexistantes des terrains crétacés sous-jacents. Ainsi, c'est à un petit soulèvement ayant déterminé un jeu de cette nature, que j'attribue, au nord de l'Oued-Rir', la ligne de relief du Kef-el-Dohor, longue de 30 kilomètres, et parallèle aux plissements de l'Atlas, suivant laquelle on peut se convaincre que les couches lacustres présentent deux ondulations conjuguées et inverses de faible courbure. La part à attribuer à ces phénomènes mécaniques dans la configuration des reliefs surbaissés de la plaine saharienne, parait devenir plus importante vers le nord, aux approches de l'Atlas. Quant au redressement que les terrains lacustres et de transport présentent, à la lisière nord du Sahara, à l'est de Biskra, il s'explique par un soulèvement du même ordre, ayant donné lieu à un exhaussement du massif montagneux par rapport à la plaine, le long de la zone de moindre résistance devant exister à leur contact.

A une époque ultérieure, survint une nouvelle série de grandes érosions, qui s'exercèrent sur les atterrissements anciens eux-mêmes, ainsi que sur les formations antérieures, et qui creusèrent graduellement les vallées actuelles de l'Atlas et du Sahara. Une nouvelle série de terrains de transport et de terrains lacustres correspond à cette seconde époque de dénudation.

A la lisière nord du Sahara, en particulier, ces phénomènes d'érosion se manifestèrent sur une échelle aussi grandiose qu'à l'époque précédente, et furent opérées par des masses d'eaux descendant de l'Atlas.

Le long du pied méridional de l'Aurès, le terrain d'eau douce de Biskra fut largement entaillé, et présente aujourd'hui une terrasse démantelée, en relief de 40 à 50 mètres au-dessus des plaines environnantes; en aval, la dénudation fut générale jusqu'au chott Melrir. Cette dénudation fut accompagnée du dépôt d'un dernier manteau de transport à gros éléments, épais seulement de 4 à 5 mètres, qui repose en discordance sur les tranches des couches redressées des atterrissements anciens. Le creusement des vallées actuelles, sortes de gouttières qui descendent de l'Aurès vers le Melrir, fut postérieur, car il entailla tout cet ensemble; il eut lieu progressivement, et fut accompagné du dépôt d'une succession de terrasses étagées de poudingues, de graviers et de sables. Des cônes de déjection se formèrent au débouché des vallées dans la plaine dénudée, et sur toute la surface de celle-ci, les ruissellements étalèrent un limon fin et argilo-sableux, brun clair, de plus de 10 mètres d'épaisseur, lequel règne uniformément jusqu'au chott.

D'autre part, de grandes gouttières d'érosion, descendant de l'ouest et du sud, Oued-Djeddi, Oued-Mya, Oued-Igharghar et Oued-Rir' (Oued-Souf), aboutissent à la cuvette du chott Melrir.

Le creusement des chotts actuels du Sahara et de l'Atlas eut lieu également pendant cette seconde époque, à l'emplacement des grandes dépressions que présentaient encore les atterrissements anciens et que les nouveaux apports détritiques n'avaient pas suffi à combler. La coupe géologique de M. Dru, par le seuil séparatif des chotts Djerid et Rharsa, montre que l'atterrissement ancien a été dénudé de part et d'autre, et que ce sont ces dénudations latérales qui ont donné au seuil son relief définitif au-dessus des chotts voisins.

La manière dont les eaux opérèrent pour creuser les cuvettes des chotts du Sahara et de l'Atlas, qui sont parfois entièrement fermées, ne laisse pas, d'ailleurs, que d'être assez difficile à expliquer. Il est probable que le travail fut commencé par les eaux courantes, et achevé sous l'action des eaux mêmes des lacs qui occupèrent longtemps encore ces bassins et qui,

rongeant graduellement leurs bords, tracèrent les lignes de falaises naturelles qu'on observe en maint endroit de leurs anciens rivages.

Au sein des lacs de la seconde époque se déposèrent de nouveaux sédiments marneux et vaseux, gypsifères et salifères.

La faune de cette seconde série de terrains de transport et de terrains
lacustres comprend des coquilles terrestres des genres *Helix*, *Bulinus*, etc.
des coquilles d'eaux douce et saumâtre des genres *Melania*, *Melanopsis*, etc.,
et enfin le *Cardium edule*, lequel vécut en abondance, d'abord associé à des
espèces d'eau douce, puis d'eau saumàtre, et enfin seul, dans ces lacs du
Sahara, et dont les coquilles subfossiles jonchent par places le sol des
chotts, des sebkha et des daya, aujourd'hui desséchés. Les *Cardium* du
Sahara ne sont pas marins, mais prouvent simplement l'existence d'eaux
salées et saumàtres, telles que devaient être et surtout telles que devaient
devenir, par évaporation et par concentration, les eaux ayant circulé dans
des terrains chargés de sels, comme les atterrissements du Sahara.

On semble d'accord pour regarder comme quaternaires ces alluvions
des grandes dépressions, des vallées et des chotts. Mais quel est l'àge de
la grande formation des atterrissements anciens? La plupart des géologues les ont aussi considérés comme quaternaires.

Malheureusement, la démonstration de l'àge exact des atterrissements
anciens n'a pu être faite jusqu'à ce jour par aucune preuve directe et
incontestable. Nulle part on n'y a encore trouvé d'ossement fossile. Le
littoral méditerranéen présente, il est vrai, une série de dépôts marins,
postérieurs à l'émersion de l'Atlas (dépôts sahéliens, pliocènes et quaternaires de M. Pomel), mais en aucun point on n'a pu établir nettement de
relation stratigraphique entre tel dépôt littoral d'un àge certain et les
atterrissements anciens des hauts-plateaux (1).

D'autre part, si l'on considère que les dépôts quaternaires du littoral
méditerranéen ne se trouvent généralement qu'à de faibles altitudes au-
dessus du niveau de la mer, il ne semble pas que les oscillations du nord
du continent africain, depuis l'époque quaternaire, aient suffi pour déterminer les soulèvements et les ploiements auxquels nous avons constaté
que les atterrissements anciens du Melrir ont été soumis, même dans la
région saharienne, et encore moins le redressement énergique que présente, à la lisière nord, le terrain d'eau douce de Biskra, dont l'étage inférieur est pour nous l'équivalent du terrain lacustre ancien de l'Oued-Rir'.

(1) Sur la côte orientale de Tunisie, M. Pomel a signalé des couches marines lui paraissant pliocènes, qui plongent au sud-est sous l'atterrissement gypso-limoneux de la région. Mais, outre que
ce géologue n'est pas affirmatif, quant à l'àge des couches marines considérées, l'atterrissement
qui les recouvre ne représente que notre troisième et dernier étage de transport ancien de la lisière
nord du Sahara. Bien que postérieur aux couches marines indiquées plus haut, ce dernier étage de
transport pourrait, à la rigueur, être encore pliocène. Fût-il déjà quaternaire, rien n'empêcherait
d'admettre que les étages antérieurs, savoir : l'étage lacustre de l'Oued-Rir' et les deux premiers
étages de transport anciens du sud du bassin du Melrir, soient pliocènes ; dans ce cas, l'époque des
atterrissements anciens du Sahara chevaucherait sur le pliocène et le quaternaire.

Si l'on admet avec nous cette équivalence, on remarquera, de plus, que dans l'Aurès le terrain d'eau douce de Biskra repose en discordance de stratification sur les molasses marines à *O. crassissima*. Or, le principal soulèvement de l'Atlas ayant eu lieu après le dépôt de ces molasses, est contemporain de celui des Alpes, lequel a ouvert la période pliocène en Europe : il nous semble donc naturel, revenant à l'opinion de M. Coquand, d'attribuer également un âge pliocène aux terrains de transport et lacustres qui se formèrent ensuite au nord de l'Afrique. Poursuivant l'analogie, on devrait regarder la période pliocène comme se prolongeant jusqu'à la fin du creusement des vallées.

Toutefois, en l'absence de certitudes paléontologiques et stratigraphiques, le mieux serait sans doute de désigner les atterrissements anciens sous un nom spécial, qui n'engageât pas la question de leur âge exact, tout en les distinguant des dépôts suivants, auxquels on réserverait la qualification proprement dite de *quaternaires*. La dénomination de *terrain saharien*, déjà proposée par Ville, et récemment adoptée par M. Péron (1), nous paraît s'appliquer parfaitement à une formation qui présente un tel développement au Sahara, et nous proposons de nouveau de l'adopter.

M. L. QUÉLET

Lauréat de l'Institut, à Hérimoncourt (Doubs).

QUELQUES ESPÈCES CRITIQUES OU NOUVELLES DE LA FLORE MYCOLOGIQUE DE FRANCE (2)

— *Séance du 5 septembre 1884* —

LEPIOTA FORQUIGNONI (3) Q. Stipe grêle, fistuleux, tapissé de filaments soyeux à l'intérieur, bulbilleux, fragile, *floconneux, blanc*, puis paille. Chapeau campanulé (0m,02-3), mince, pointillé furfuracé, excorié au bord, *crème grisâtre* avec un mamelon *olivâtre*, d'abord *hérissé* de *fines mèches aiguës*. Chair *blanche, rose incarnat* à l'air, sapide, odorante. Lamelles libres, serrées, blanc-crème à reflet incarnat. Spore pruniforme (0mm,006-7), blanche. (*Pl. VIII, fig. 1.*)

Printemps-été. — Dans les forêts arénacées, sous des cèdres. Gironde (Forquignon). Affine à *castanea*.

(1) A. Péron, *Essai d'une description géologique de l'Algérie,* 1883.
(2) Ce mémoire peut être considéré comme le treizième supplément de l'ouvrage : *Les Champignons du Jura et des Vosges.*
(3) Dédié à mon ami L. Forquignon, maître de conférences à la Faculté des sciences de Bordeaux, l'habile et infatigable explorateur de la flore mycologique du sud-ouest de la France.

TRICHOLOMA GEMINUM Paul. Stipe ovoïde rapiforme, très épais ($0^m,02$-3), compacte, fibrillo-floconneux, blanc ou roussâtre. Chapeau convexe ($0^m,06$-8), bosselé, festonné, glabre (finement velouté à la loupe), puis finement *gercé* ou *granulé*, brun ou roux avec des taches gris argenté; marge fortement enroulée, *pubescente* et blanchâtre. Chair très compacte, blanche, douce, amarescente, à odeur de farine. Lamelles sinuées émarginées, blanc-crème, puis ponctuées de fauve. Spore ovoïde sphérique ($0^{mm},006$-7), finement grenelée et hyaline.

Automne. — Groupé dans les clairières et au bord des chemins des bois sablonneux. Environs de Paris, Vosges arénacées, Saint-Dié (R. Ferry). Affine à *colossum*, à *acerbum* et à *pessundatum*. *Comestible.*

OMPHALIA BRUNNEOLA Q. Stipe filiforme, *plein*, bistre, *pointillé* de *flocons bruns*, *dilaté*, à la base, en *membrane soyeuse* et *fauve*. Chapeau convexe ombiliqué, puis cyathiforme (5-8^{mm}), membraneux, *fibrillo-strié*, finement furfuracé et *brun-marron*. Lamelles arquées-décurrentes, espacées, larges, souvent ramifiées, *blanches*. Spore ovoïde-pruniforme ($0^{mm},01$), finement grenelée, blanche.

Été. — Groupé sur les souches, saule. Environs de Blaye, Gironde. (*Pl. VIII, fig. 2.*) (N. Merlet). Affine à *picta*.

MYCENA LASIOSPERMA Bres. t. 37. f. 1. Stipe fluet, tubuleux, radicant, *pruineux*, blanchâtre, fauvâtre et laineux à la base. Chapeau campanulé ($0^m,01$-2), membraneux, strié, *pruineux*, *gris bistré* avec *mamelon bistre*. Odeur de farine. Lamelles oncinées-adnées, ventrues, blanc grisonnant. Spore sphérique ($0^{mm},008$), finement *tuberculeuse.*

Printemps. — Au bord des sentiers dans les bois. Environs de Bordeaux (Forquignon). Il ressemble à *galopus.*

MYCENA PLICOSA Fr. Stipe fistuleux, arhize, raide, fragile, *strié*, gris clair renflé cotonneux et blanc à la base. Chapeau campanulé ($0^m,02$-3), membraneux avec un *mamelon épais* et *obtus*, profondément *sillonné*, fissile, gris olive, puis gris pâle. Lamelles oncinées-adnées, *espacées*, grisâtres, puis blanches. Spore ovoïde pruniforme ($0^{mm},01$), finement pointillée et hyaline.

Été. — Groupé près des troncs dans les forêts de conifères ombragées du Jura. Affine à *ammoniaca.*

PLEUROTUS ACERINUS Fr. D'un *blanc très pur.* Stipe grêle, difforme, villeux, naissant d'un mycelium soyeux, submembraneux et blanc. Chapeau excentrique, latéral, réniforme, lobé ($0^m,025$), *membraneux*, pruineux, translucide. Chair tendre et blanche. Lamelles décurrentes, minces, ondulées, *blanches*, puis *crème.* Spore pruniforme allongée ($0^{mm},01$-12), finement aculéolée et blanche.

Automne. — Groupé sur les souches, charme. Jura. Affine à *lignatilis.*

PLEUROTUS CORNUCOPIÆ Paul. t. 28, f. 1-3. Stipe spongieux, tenace, excentrique ou sublatéral, *cannelé*, cotonneux à la base, blanc-crème. Chapeau cyathiforme ou conchoïde ($0^m,05$-8), ombiliqué, *mince*, festonné, translucide, glabre, *crème bistré* ou *noisette*, souvent *teinté* de *lilacin*. Chair fragile, blanche, sapide. Lamelles décurrentes jusqu'à la base du stipe, espacées, blanc-crème, puis, nankin pâle. Spore ovoïde allongée ($0^{mm},01$-12), d'un beau rose lilacin.

Automne-printemps. — Cespiteux sur les souches aux environs de Paris (Boudier). Variété d'*ostreatus* très voisine de *colombinus*, dont il diffère par le stipe cannelé et la chair mince.

Pluteus phlebophorus, var. *marginatus* Q. Stipe fluet, *strié*, glabre, translucide, *blanc*, bulbilleux à la base. Chapeau globuleux, puis convexe (0ᵐ,01), mince, *ridé*, *grenelé*, strié au bord, d'un beau *brun*. Lamelles écartées du stipe, larges, semi-circulaires, blanches, puis rosées, avec un fin *liséré* crenelé et *bistre*. Spore ellipsoïde sphérique (0ᵐᵐ,008), guttulée, rosée. (*Pl.* VIII, *fig.* 4.)

Printemps. — Au bord des chemins herbeux. Littoral de la Gironde (Forquignon). Affine à *glaucopus* et à *phlebophorus*, moins à *nanus* et à *melanodon*.

Entoloma erophilum Fr. Var. *pyrenaïcum* Q. Stipe fibrocharnu, grêle, aminci en bas, *blanc argenté*, finemènt fibrillo-strié de bistre. Chapeau campanulé (0ᵐ,025), mince, avec la marge incurvée et festonnée, *soyeux*, finement *rayé* et *gris clair*. Chair tendre, blanche, inodore. Lamelles sinuées ou libres, un peu espacées, *grises*, puis gris purpurin. Spore oblongue, anguleuse (0ᵐᵐ,012), 1-2 ocellée, incarnate. (*Pl.* VIII, *fig.* 5.)

Printemps. — Dans les pelouses sèches des montagnes. Pyrénées-Orientales à Amélie-les-Bains (Forquignon). Affine à *ameides*, auquel il ressemble.

Clitopilus cretatus Berk. Stipe excentrique, flexueux, plein, dilaté au sommet, grêle, court (5-10ᵐᵐ), pruineux, villeux et blanc, naissant d'un mycelium floconneux et blanc. Chapeau mince, convexe ombiliqué (0ᵐ,01-2), flexueux, glabre, d'un *blanc brillant*. Chair tendre, blanche et douce. Lamelles décurrentes, *amincies en filet*, blanches, puis incarnates. Spore pruniforme allongée (0ᵐᵐ,01-12), finement grenelée, 2-3 guttulée, hyaline, à peine rosée.

Automne. — Groupé sur l'humus des bois de pins de la Champagne pouilleuse (major Briard). Affine à *orcella* et ressemble à *omphalia scyphoïdes*.

Leptonia Forquignoni Q. Stipe fistuleux, *courbé* et épaissi à la base, striolé, satiné, translucide et *olivâtre*. Chapeau convexe (0ᵐ,02), ombiliqué, membraneux, festonné avec la marginelle incurvée, hygrophane, *ridé-strié*, *bistre olive*, diaphane, *gris* et brillant par le sec, *pointillé*, surtout au milieu, de *papilles bistre olive*. Lamelles sinuées-adnées, ténues, ondulées, *grisâtres* puis incarnates. Spore oblongue (0ᵐᵐ,011), anguleuse, ocellée et rosée. (*Pl.* VIII, *fig.* 6.) ·

Automne. — Cespiteux sur les souches de sapin. Vosges (L. Forquignon).

Inocybe Merletii (1) Q. Stipe fibrocharnu, *blanchâtre*, couvert de fibrilles bistrées et d'un *bourrelet* aranéeux et *blanc*. Chapeau *convexe* (0ᵐ,03-5), *grisâtre*, rayé de fibrilles d'un gris bistré. Chair ferme, *blanche*, légèrement *rosée* à l'air, inodore. Lamelles sinuées, crème grisàtre, puis brunes. Spore pruniforme allongée (0ᵐᵐ,011-14), bistre. (*Pl.* VIII, *fig.* 7.)

Printemps. — Dans les pelouses, sous des peupliers. Littoral de la Gironde (Forquignon). Affine à *mutica*, auquel il ressemble. ·

Inocybe tenebrosa Q. Stipe grêle, fibro-charnu, fibrillo-strié, *bistre* noirâtre ou olivâtre, blanchâtre au sommet et à la base. Chapeau campanulé (0ᵐ,02-3), finement excorié, grivelé, *brun bistre*, plus foncé au sommet. Chair ferme, paille, spiritueuse. Lamelles étroites, amincies, adnées, ocracées, puis brunes, avec un fin liséré blanc. Spore pruniforme ou en forme de rein (0ᵐᵐ,007-8), fauve. (*Pl.* VIII, *fig.* 8.) ·   ·

---

(1) Dédié amicalement à M. N. Merlet, préparateur d'histoire naturelle à la Faculté de médecine de Bordeaux, dont les recherches assidues contribuent à faire connaître la flore mycologique des bords de l'Océan.

Printemps. — Dans les bois arénacés du littoral de Bordeaux (Forquignon). Très affine à *brunnea*.

GALERA TENUISSIMA Weinm. Stipe filiforme bulbilleux, fistuleux, pruineux, crème bistré. Chapeau campanulé (3ᵐᵐ), obtus, membraneux, translucide, glabre, *ocre grisâtre* ou *olivâtre, bistre* par le sec. Lamelles adnées, serrées, brunes avec un fin liséré blanc. Spore pruniforme oblongue (0ᵐᵐ,01-13), jaune fauve.

Printemps. — Dans les pelouses et au bord des chemins. Littoral girondin (L. Forquignon). Affine à *siliginea*, dont il semble être une miniature ; il ressemble aussi à *vittæformis*.

CREPIDOTUS PETEAUXII (1) Q. Chapeau cupulaire, puis réniforme (0ᵐ,02-4), flexueux, mince, *fragile*, finement tomenteux et blanc de neige. Lamelles *libres*, sinuées, *blanc-crème*, puis *ocre incarnat*, irradiant autour d'un mamelon atténué en *stipe fluet* et court (2-3ᵐᵐ), tomenteux et blanc. Spore pruniforme ovoïde (0ᵐᵐ,007), ocre pâle. (*Pl.* VIII, *fig.* 9.)

Automne. — Écorce des souches (robinier) et champignons subéreux (Trametes gibbosa). Environs de Lyon (J. Péteaux). Affine à *variabilis*.

PSALLIOTA SILVATICA Schæf. Var. *amethystina.* Stipe subbulbeux, à moelle soyeuse, fragile, glabre et *blanc*, avec anneau mince et satiné. Chapeau convexe plan (0ᵐ,03-4), bossu, finement fibrilleux, *blanc*, élégamment peluché, surtout au milieu, de *rose améthyste* ou *lilacin*. Chair mince, blanche, sapide, parfumée. Lamelles écartées, serrées, ventrues, blanches ou grisâtres, puis bai brun. Spore ovoïde oblongue (0ᵐᵐ,006-7), 1-2 ocellée, brun purpurin.

Automne. — Dans les bois arénacés de la plaine. Aunis (G. Bernard). Cette jolie variété diffère peu de *rusiophylla* Lasch (dont *rubella* Gill est une forme) et se rapproche de *comtula* Fr. comme les grandes variétés *hemorhoïdaria* Kalch. et *setigera* Paul, de *augusta* Fr. et de *villatica* Brond.

COPRINUS NYCTHEMERUS Fr. Var. *Patouillardii* Q. (Pat., tab. nº 238). Stipe subfiliforme, fistuleux, fragile, glabre, blanc hyalin. Chapeau campanulé conique, puis retroussé (0ᵐ,01-2), membraneux, translucide, rayé, de haut en bas, de *plis fourchus*, cendré, avec le sommet pulvérulent-floconneux, fauve roux. Lamelles *étroites, libres* autour d'un *petit disque*, blanchâtres, puis grises et bistres. Spore ovoïde *triangulaire* (0ᵐᵐ,008?), parfois *pentagonale*, noir violacé.

Été. — En groupes sur le marc de raisin pourrissant. Jura (Patouillard). Affine à *velaris*.

RUSSULA LEPIDA Fr. Var. *alba.* Stipe ferme, farineux-floconneux, *blanc de neige.* Chapeau convexe plan (0ᵐ,05-8), *dur*, pruineux, *blanc de lait*, parfois taché de rose incarnat. Chair ferme, blanche, douce. Lamelles ramifiées, serrées, blanc d'ivoire ou de lait.

Été. — Dans les forêts argilo-sableuses, hêtre et chêne. Peut être pris pour *lactea*, auquel il ressemble beaucoup.

LENTINUS GALLICUS Q. Stipe subsubéreux, radicant, cannelé au sommet, *pubescent*, blanc-crème, puis *excorié* par des *écailles retroussées* et fauves. Chapeau convexe, régulier (0ᵐ,05-8), aminci et incurvé au bord, couvert d'une pruine

(1) Dédié à M. le professeur J. Péteaux, de l'École vétérinaire de Lyon, à qui la flore de France doit déjà deux très intéressantes découvertes : le *leucangium ophtalmosporum* et le *pleurodon pudorinum*.

fugace, *blanc d'ivoire*, puis luisant, *pointillé* ou *tacheté* de *fauve lilacin*. Chair élastique, blanche, à la fin *dorée* ou *safranée* comme tout le champignon, *douce*, odeur de miel fermenté (Merlet). Lamelles décurrentes en filet, finement denticulées, blanc-crème. Spore ellipsoïde cylindrique (0^{mm},01-12), blanche. (*Pl.* VIII, *fig.* 10.)

Printemps-été. — Cespiteux sur les souches de pin. Littoral de Bordeaux et Vosges (Forquignon). Il ressemble à *lepideus* et à *variabilis.*

BOLETUS ARMENIACUS Q. Stipe grêle, flexueux, subradicant, pruineux-tomenteux, *incarnat rosé* avec le sommet *crème* et la base *souci*. Chapeau convexe (0^m,03-7), *pubescent tomenteux*, puis *gercé*, avec le bord *excorié*, *jonquille* nuancé *d'incarnat*, *d'améthyste* ou de *rose groseille*, puis couleur *abricot*. Chair ferme, crème citrin, *azurée* ou *rosée* à l'air, *abricot* dans le stipe (souvent pointillée d'orangé), sapide, douce et parfumée. Tubes sinués, citrin pâle ; pores chiffonnés, dentés, puis arrondis, *crème citrin*, bleuissant au toucher, puis vert bouteille. Spore ellipsoïde cylindrique (0^{mm},011-13), guttulée, olive. (*Pl.* VIII, *fig.* 11).

Été. — Dans les bois arénacés (chêne, châtaignier et pin maritime. Gironde (Forquignon). Affine à *chrysenteron.*

BOLETUS RUBESCENS Trog. Stipe grêle, ferme, finement tomenteux, chamois, puis *purpuracé*. Chapeau convexe (0^m,03-5), aminci et incurvé au bord, visqueux, olivâtre, jaunissant et *rougissant*. Chair tendre, douce, crème ou jonquille, bleuissant ou verdoyant, *rougissant* à l'air. Tubes très courts, rétiformes, décurrents, festonnés denticulés, oblongs (1-2^{mm}), *crème citrin*, verdissant au toucher, puis *olive*. Spore ellipsoïde (0^{mm},006-7), subsphérique, ocellée, olivâtre.

Été. — Dans les bois humides et arénacés. Il n'est qu'une forme de *lividus.*

TRAMETES SERIALIS Fr. Chapeau dimidié (0^m,06-8), épais, bossu, glabre et *blanc ;* marge plissée, ridée, villeuse, *gaufrée, zonée* de *jonquille* et de *brun fauve*. Chair fibreuse, feutrée, *coriace*, zonée, blanc-crème, tardivement amère. Odeur fine et fugace. Tubes fins, longs (0^m,01) ; pores inégaux, anguleux, dentelés-fimbriés, *blancs*, puis crème-jonquille. Spore ellipsoïde cylindrique (0^{mm},01-12), 2-3 guttulée ; hyaline.

Été. — Sur le pin maritime. Littoral de Bordeaux (Forquignon). Il ressemble à *odora.*

POLYPORUS FORQUIGNONI Q. Stipe aminci en bas, tenace, hérissé de poils et d'écailles palmées, *blanc de lait.* Chapeau cyathiforme (0^m,05-8), soyeux à la loupe, *blanc-crème, parsemé d'aiguillons fasciculés, mous et hyalins.* Chair tendre, fragile, élastique dans le stipe, douce et blanche, à odeur de mousseron. Pores décurrents, *alvéolaires* (1-1,5^{mm}), bordés d'une jolie *frange dentelée* et *blanc de neige.* Spore pruniforme (0^{mm},011), finement guttulée, hyaline. (*Pl.* VIII, *fig.* 12.)

Été. — Sur les branches mortes (chêne, hêtre). Environs de Bordeaux (Forquignon), Champagne (Briard), Touraine, Jura. Il a les pores de *hirtus* et paraît affine à *inflexus.* Schulz. fig. inédite.

POLYPORUS OSSEUS Kalchb. Stipe le plus souvent rameux, aminci en bas, *dur*, tenace, glabre et *blanc.* Chapeau convexe, puis festonné (0^m,05), orbiculaire ou spatuliforme, glabre, *blanc,* puis crème ocré. Chair très compacte, très dure, sèche, blanc de neige, *amère* et à odeur de rance. Pores décurrents, courts (1^{mm}), minces, *dentelés,* blanc de neige. Spore ovoïde ou ellipsoïde (0^{mm},005), hyaline.

Été. — Cespiteux sur le bois pourrissant de sapin. Alpes maritimes (Barla). Il peut être pris, lorsqu'il est jeune, pour *stipticus,* ayant même couleur et même goût.

POLYPORUS FRAGILIS Fr. *Blanc,* se tachant de *brun.* Dimidié (0^{m},03-6), con-choïde ou réniforme, coriace et *mou,* épais, bordé d'une marge *scarieuse,* étroite et *diaphane,* couvert de *poils effilés fimbriés,* mous et à *pointe transpa-rente.* Chair cotonneuse, humide, acidule. Pores cellulaires (1^{mm}), arrondis, puis labyrinthés, épais, tenaces, pubescents, *blanc glaucescent.* Spore ellipsoïde (0^{mm},008), hyaline.

Hiver-printemps. — Sur les souches du pin maritime. Ile d'Oléron (G. Ber-nard). Il ressemble à *Trametes hispida.* Il est affine à *lacteus.*

POLYPORUS ROSEUS A. S. Dimidié (0^{m},05-7), épais, sillonné zoné, dur; croûte ténue, pruineuse, *rosée,* puis *brune.* Chair floconneuse, subéreuse, *rosée* ou *violetée.* Pores courts, petits, stratifiés, d'un beau *rose améthyste.* Spore ovoïde (0^{mm},006), subtilement aculéolée, jaunâtre.

Été. — Sur les troncs de sapin des forêts montagneuses. Alpes de Suisse et de Savoie, Tyrol méridional (Brésadola). *Rufo-pallidus* Trog. Fr. Ic. sel., t. 186, f. 1, ne me paraît pas une espèce distincte.

POLYPORUS SUBSPADICEUS Fr. Chapeau mince (1-2^{mm}), étalé (0^{m},1-2), ocracé, sur un mycelium épais, jaune indien et bordé d'un bourrelet, pubescent et *blanc.* Tubes longs (0^{m},01), fins, inégaux, parfois stratifiés, *brun-cannelle; pores* petits, pubescents, *blanc-crème* grisâtre, puis *brun chatoyant.* Spore ovoïde-sphérique (0^{mm},004-5), fauve.

Hiver-printemps. — Sur le bois pourri, dans les caves, etc., chêne.

PLEURODON PUDORINUM Fr. (*dichroum* P.). Chapeau dimidié et étalé (0^{m},01-15), conchoïde, mince, coriace, souvent zoné, *tomenteux, blanc* ou taché d'incarnat purpurin. Aiguillons courts (1-2^{mm}), assez serrés, un peu aplatis, bifurqués ou rameux, pubescents, hérissés de fines soies au sommet, *blancs,* puis *incarnats,* chatoyants, à reflet orangé. Spore ovoïde (0^{mm},005), pointillée et blanche. (*Pl.* VIII, *fig.* 13.)

Automne. — Imbriqué ou conné sur l'écorce des souches (charme), forêt de la Pape, à Lyon (J. Péteaux). Affine à *ochraceum* et à *pusillum.*

ODONTIA HYALINA Q. Crustacé maculiforme (0^{m},02-3), ténu, céracé, pruineux, *hyalin* ou *grisâtre,* avec une *bordure* byssoïde et *blanche.* Aiguillons papilli-formes, hyalin-crème, libres, surmontés de 1-3 *fines soies divariquées* et *blanches.* Spore pruniforme (0^{mm},011-15), oblongue, guttulée, verdâtre.

Printemps. — Sur le bois pourrissant, chêne. Jura. Affine à *subtilis* et à *junquillea.* Peut-être n'est-il pas spécifiquement distinct de *pruni* Lasch. « Alba pallescens, ambitu byssino; verrucis minutis rotundatis, apice *peni-cillatis.* »

THELEPHORA DIFFUSA Fr. Ic. sel., t. 196, f. 4. Très ramifié, *brun bistre.* Rameaux *aplatis,* dressés, *imbriqués,* étroits, coriaces, mous, pruineux-villeux, *gris-violacé,* puis *bistres.* Odeur fétide. Spore sphérique (0^{mm},008) ou ovoïde, for-tement aculéolée et fauve.

Été-automne. — Dans les forêts de conifères. Ce n'est qu'une variété de *palmata.*

STEREUM FUSCUM Schrad. *Bicolor* P. Fr. Ic. sel, t. 197, f. 2. Conchoïde (0^m,02), étalé réfléchi, membraneux, mince, finement *tomenteux* et *frisé,* satiné et zoné au bord, d'un beau *brun-fauve.* Hymenium glabre, *blanc-crème,* puis ocracé. Spore sphérique (0^{mm},01), grenelée et fauve.

Automne. — Sur les branches sèches, hêtre. Jura neuchâtelois, forêt de Fontainebleau. Affine à *ferrugineum* et à *complicatum,* auquel il ressemble.

CORTICIUM RUTILANS Fr. Étalé (0^m,1), peu adhérent, membraneux, coriace-spongieux, incarnat briqueté, fimbrié et plus pâle au bord. Hymenium ridé, pruineux, *incarnat violacé.* Spore pruniforme (0^{mm},015-18), incurvée, hyaline.

Hiver-printemps. — A la base d'arbustes vivants, putier. Alsace. Analogue au *Thelephora biennis,* auquel il ressemble.

TYPHULA BRUNAUDII Q. Clavule capillaire, courte (1-2^{mm}), sans stipe distinct, flexueuse, puis circinée, *veloutée, blanc de neige.* Baside 1-2 spore ; spore ovoïde-fusiforme (0^{mm},01), *aculéolée,* hyaline. (*Pl.* VIII, *fig.* 14.)

Été. — Sur les feuilles sèches du maïs. Saintonge (P. Brunaud). Affine à *gracilis* Berk.

GLOBARIA PLUMBEA P. Var. *ammophila.* Lev. An. s. nat. 1848, t. 9, f. 5. Globuleux ou turbiné (0^m,03), plissé à la base et muni d'une *longue racine fragile.* Voile épais, céracé, glabre ou finement villeux, puis aréolé, caduc, *blanc, jonquille* au toucher. Peridium membraneux, mince, olivâtre, puis *gris argenté,* et enfin *ardoise* ou *bistre.* Glèbe olivâtre, puis brune, odeur de chèvrefeuille. Spore sphérique (0^{mm},0045), ocellée, fauve. *Spicule long.*

Printemps. — Dans les pelouses sablonneuses du littoral de Bordeaux (Forquignon).

GLOBARIA DERMOXANTHA Vitt., t. 2, f. 1. Globuleux (0^m,02-025), avec une *racine filiforme.* Voile *ténu,* persistant, céracé, *blanc,* puis *jaune jonquille,* granuleux ou *floconneux,* puis *aréolé.* Peridium membraneux, mince, blanchâtre, puis olivâtre et brun. Glèbe molle, blanche, puis jaune et bistre olive. Spore sphérique (0^{mm},0045-5), ocre olivâtre, sur un *spicule court.*

Printemps-été. — Dans les prairies sablonneuses de l'Ouest, aux environs de Bordeaux (N. Merlet). Il ressemble au précédent.

MELANOGASTER AMBIGUUS Vitt., t. 4, f. 7 ; Tul., t. 2, f. 5. Peridium globuleux ou oblong (0^m,02-5), blanc, puis brun, couvert d'un voile finement feutré et *olive* et de quelques cordonnets appliqués de même couleur. Glèbe compacte, *blanc-crème, pointillée* de *noir* par les cellules sphériques (1-2^{mm} au centre, 0^{mm},5 au bord) et entourée d'une ligne *hyaline.* Odeur d'ail et de muguet de mai. Spore obovoïde (0^{mm},016-18), *mamelonnée* au sommet, ocellée, brun bistré.

Printemps. — Dans les bois de chênes des collines du Jura. Se distingue du *variegatus* par la spore et l'odeur, et surtout par la glèbe pointillée.

DACRYOBOLUS INCARNATUS Q. Peridium ovoïde globuleux (1^{mm}), puis urcéolé, céracé, *incarnat,* couvert d'une *villosité blanche.* Péridiole globuleux (0^{mm},5), *liquescent,* pruineux, *incarnat-rosé* ou aurore. Spore ovoïde sphérique (0^{mm},003), hyaline. (*Pl.* VIII, *fig.* 15.)

Automne-printemps. — Épars sur les branches sèches, chêne, acacia. Saintonge (P. Brunaud), Gironde (Forquignon).

Arcyria lilacina Q. Peridium cylindrique, ténu, court (1^{mm},5), très fugace, *gris lilacin.* Stipe fin, court (0^{mm},5), *strié*, violet foncé, luisant, dilaté sur un mycelium argenté. Capillin formé d'un réseau *grenelé* et *ridé, gris lilacin.* Spore sphérique (0^{mm},006), subtilement chagrinée et opaline. (*Pl.* VIII, *fig.* 16.)

Été. — Cespiteux ou groupé sur le bois pourrissant. Gironde et Vosges (Forquignon). Affine à *cinerea.*

Cribraria mutabilis Q. Stipe fluet, aminci en haut, court (1^{mm}), *citrin-paille,* puis *gris-perle.* Peridium globuleux (0^{mm},5), penché, fugace, *olivâtre*, puis *opalin* ou *gris-perle,* avec la *base irisée.* Capillin formant un fin réseau, *grenelé,* tordu ou tressé, *lilacin.* Spore sphérique (0^{mm},01-11), opaline ou lilacine. (*Pl.* VIII, *fig.* 17.)

Été. — Épars sur les troncs pourrissants. Littoral de Bordeaux (Forquignon).

Vibrissea Guernisaci Crouan. An. sc. nat. 1857, t. 4, f. 24-26. Cupule lenticulaire (1-2^{mm}), gélatineuse, épaisse, *olive* ou *bistrée.* Hymenium convexe plan, glutineux, jaune-paille ou olivâtre. Spore capillaire (0^{mm},025-30), guttulée en chapelet, hyaline.

Printemps. — Sur les branches sèches et arrosées, saule, aune. Environs de Paris (Boudier), Vosges.

Peziza bufonia P. Cupule cyathiforme (0^{m},02), céracée, tendre, épaisse, *paille* ou *bistrée,* couverte de *verrues coniques* et *translucides.* Stipe court (2-3^{mm}), épais, radicant, cannelé, blanchâtre ou bistré. Hymenium creux, *brun pâle.* Spore ellipsoïde (0^{mm},018-02).

Printemps. — Sur les décombres, sur les crottins de cheval. Paraît être une variété du *vesiculosa.*

Peziza carbonaria A. S. décrite sous le nom de *maialis* Fr. Champignons du Jura et des Vosges, 2, p. 390 et fig. pl. V, f. 2.

Peziza maialis Fr. Cupule globuleuse, puis campanulée (0^{m},012), sessile ou brièvement stipitée, céracée, mince, pruineuse, *jonquille,* avec une bordure *crénelée, pubescente* et *blanche.* Hymenium *jaune-d'or.* Spore ellipsoïde (0^{mm},015-17), hyaline. (*Pl.* VIII, *fig.* 18.)

Printemps-été. — Dans les forêts montagneuses du Jura.

Peziza anemone O. Cupule globuleuse (0^{m},01), puis hémisphérique, avec la marge réfléchie et fendue en lobes étoilés, *mince, fragile, rosée,* couverte de longs filaments aranéeux et hyalins. Hymenium concave, d'un beau *rouge-orangé.* Spore naviculaire (0^{mm},024-28), biocellée. (*Pl.* VIII, *fig.* 19.)

Été. — Dans les sables des dunes. La Rochelle (Bernard).

Humaria miniata Crouan. Cupule *plane* (3-4^{mm}), épaisse, incarnate, avec une *bordure membraneuse,* amincie, laciniée, *jonquille.* Hymenium plan convexe, *vermillon.* Spore sphérique (0^{mm},013-14), ornée d'un *réseau à mailles hexagonales.*

Hiver-printemps. — Parmi les petites mousses sur le sable siliceux. Environs de Montmorency (Boudier).

Humaria calospora Q. Cupule plane (1-2^{mm}), céracée, épaisse, marginée, glabre, d'un *rouge sanguin*, *lilacine* par le sec. Hymenium à peine concave, *sanguin*, puis *violacé*. Spore ellipsoïde sphérique (0^{mm},018), élégamment *alvéolée*, hyaline. (*Pl.* VIII, *fig.* 20.)

Printemps. — Dans les bruyères arénacées aux environs de Paris (Boudier).

ERINELLA PUBERULA Q. Cupule cyathiforme (0^{mm},1-2), brièvement stipitée, céracée, *jonquille*, veloutée et *ciliée* de *fins poils blancs*. Hymenium plan, *sulfurin*. Spore fusiforme aciculaire (0^{mm},005?), guttulée, hyaline. (*Pl.* VIII, *fig.* 21.)

Printemps. — Sur les aiguilles pourrissantes du pin maritime. Saintonge (P. Brunaud). Ressemble à *eurotioïdes* Karst et paraît très affine à *galbula* Karst, de grandeur triple et entièrement jaune.

MOLLISIA INCARNATINA Q. Cupule hémisphérique (0^{mm},2-3), puis concave, céracée, *pubérulente* au bord, incarnat rosé très pâle. Hymenium *rosé*. Spore naviculaire (0^{mm},01), subfusiforme, 3 guttulée, hyaline. (*Pl.* VIII, *fig.* 22.)

Printemps. — Sur les tiges des grandes plantes (cirse maraicher), région de Paris (Boudier). Jura. Ressemble à *roseola*, qui est beaucoup plus grand et dont la spore est très différente.

HELOTIUM ALBOLILACINUM Pat. Tab. n° 289. Cyathiforme, *blanc*, puis *violeté*. Cupule peu concave (0^{mm},5-1,5), céracée, mince, glabre, blanche ou teintée de violet. Stipe fluet, court (0^{mm},2-04), aminci en bas, glabre, blanc ou violet. Spore ellipsoïde fusiforme (0^{mm},01-15), 1-2 guttulée. (*Pl.* VIII, *fig.* 23.)

Automne. — Groupé sur les tiges d'hyèble qu'il *colore* en *violet*. Jura (Patouillard). Paraît très voisin de *cruentatum* Karst.

PATELLARIA DISCOLOR Mont. Cupule (1^{mm}), coriace, concave, puis plane, farineuse, *bistre*, *noir*. Hymenium *couleur de cire*. Spore fusiforme (0^{mm},009-0,011), arquée, hyaline.

Été. — Sur les cônes de pin sylvestre. Champagne (Briard). Très affine à *melaleuca*.

CENANGIUM SPHÆRIOIDES Roth. in Usteri an. bot. I, t. 1, f. 6. *versiformis*. A. S., t. 9, f. 3. Cupule globuleuse, puis urcéolée (1^{mm}), épaisse, gélatineuse, pulvérulente, *cendré-noirâtre*; marge contractée, crispée, labiée par compression. Chair olivâtre. Hymenium plan, pulvérulent, *bistre-olive*, bai noir par le sec. Spore ellipsoïde oblongue (0^{mm},02-025), 2 guttulée.

Printemps. — Cespiteux et aligné sur les rameaux, tremble, peuplier. Champagne (Briard).

PHACIDIUM MINUTISSIMUM Auerw. Périthèce punctiforme (0^{mm},5), lenticulaire, membraneux, *gris noir*, luisant, s'ouvrant en trois lambeaux. Hymenium *glauque*, puis cendré. Spore ellipsoïde-fusiforme (0^{mm},008-0,011), 3 guttulée, hyaline.

Hiver-printemps. — Sur les glands. Jura. Il a l'aspect d'un petit sphæria.

PHACIDIUM LATEBROSUM Q. Périthèce punctiforme, discoïde (0^{mm},2-3), membraneux, *olive*, *bistré*, *dentelé* et *blanc au bord*. Hymenium finement grenelé, *glauque*, noircissant par le sec. Spore fusiforme (0^{mm},01), faiblement arquée, hyaline.

Printemps. — Sur le pétiole des feuilles de sorbier à larges feuilles. Jura.

SPHÆRIA SCABELLA Q. Périthèce corné, *lenticulaire* (0^{mm},4-5), *mammiforme*, grenelé ou brièvement *épineux*, noir mat. Ostiole conique, ombiliqué et peu saillant. Spore lancéolée (0^{mm},03), septée, biocellée, olive. (*Pl.* VIII, *fig.* 24.)

Printemps. — Épars sur les branches dénudées et pourrissantes, hêtre. Jura. C'est une miniature du *mammiformis*.

TABLE DES ESPÈCES

Les espèces nouvelles sont marquées d'un astérisque.

EXPLICATION DE LA PLANCHE VIII

M. B. SOUCHÉ

Instituteur à Pamproux (Deux-Sèvres).

NOTE SUR QUELQUES PLANTES SPONTANÉES DES ENVIRONS DE PAMPROUX

— Séance du 5 septembre 1884 —

Papaver Rhœas (L.).

Parmi les nombreuses formes du *Papaver Rhœas* (L.), j'en ai signalé une dans le *Journal d'Histoire naturelle de Bordeaux*. Je ne l'ai rencontrée qu'une seule fois, et c'est dans les ruines du Balnéaire de Sanxay (Vienne). Les pétales, moins élargis que dans le type, sont d'une couleur lie de vin, exactement semblables à ceux du *Papaver hybridum* (L.).

Anagallis arvensis (L.).

Cette espèce a chez nous trois formes :

1° Corolle bleue, rarement blanche, à lobes *ordinairement* non ciliés-glanduleux ; 8 à 10 stries à la capsule..... *A. cœrulea* (Schreb.) ;

2° Corolle rouge, à lobes *ordinairement* ciliés-glanduleux ; 3 à 5 stries à la capsule..... *A. phœnicea* (Lam.) ;

3° Corolle rose, comme dans *A. tenella* (L.).

Cette dernière forme, signalée par Boreau, Lloyd et Dr Guillaud, est commune à Pamproux.

Les caractères qui séparent ces différentes formes sont peu constants. La *couleur* de la corolle, dans l'*A. cœrulea*, peut être blanche (Boreau, II, p. 442), et de même dans l'*A. phœnicea* (Lam.). Les *nervures* des feuilles sont plus ou moins nombreuses, selon la vigueur de l'échantillon. Les *poils glanduleux* eux-mêmes sont-ils un caractère certain, puisque GG., II, 467, disent : *ordinairement* cilié-glanduleux, ou bien : *ordinairement* non cilié-glanduleux ?

La capsule de l'*A. cœrulea* paraît bien avoir toujours de 8 à 10 stries, et celle de l'*A. phœnicea*, de 3 à 5.

Draba muralis (L.), *forma abortiva.*

J'ai récolté dans la commune d'Exoudun et dans celle de Pamproux (Deux-Sèvres) un *Draba muralis* qui diffère du type comme *Capsella gracilis* (Grenier), (Exsicc., Société Rochelaise, n° 195), diffère de *Capsella bursa-pastoris* (L.).

C'est une forme qui mérite, je crois, d'être signalée aux botanistes. Elle est assez commune ici, et cependant *Grenier et Godron, Boreau Lloyd, Gillet et Magne, Sauzé et Maillard*, etc., n'en parlent pas.

Viola Maillardi.

Il y a une vingtaine d'années, mon regretté maître, M. Maillard, l'un des auteurs de la *Flore des Deux-Sèvres*, récoltait, dans une de ses herborisations, un *Viola* sans stolons, très voisin de *V. hirta*, mais s'en distinguant à première vue par ses fleurs beaucoup plus pâles, *blanches* dans le bouton.

Cultivée pendant quinze ans par celui qui l'avait découverte, cette violette n'a pas varié. M. Maillard la désignait sous le nom de *Violette* de *Fontblanche*, du nom d'un hameau, commune d'Exoudun (Deux-Sèvres), où il l'avait trouvée.

J'ai rencontré la même plante dans les communes de Soudan et de Pamproux ; elle est assez fréquente dans le nord de la dernière. Tous les pédoncules sont *très glabres*, même dans leur plus tendre jeunesse, et la fleur, toujours plus pâle que celle de *V. hirta*, est d'un blanc jaunâtre dans le bouton.

Je l'ai désignée, dans mes herbiers, sous le nom de *Viola Maillardi*, la dédiant ainsi au botaniste qui l'avait signalée le premier dans notre département.

M. Ernest OLIVIER

De Moulins.

DÉCOUVERTE DE PLANTES NOUVELLES POUR LE DÉPARTEMENT DE L'ALLIER

— Séance du 6 septembre 1884 —

M. Ern. OLIVIER signale la découverte, dans le département de l'Allier, de deux marais d'eau salée dans lesquels vit toute une série de plantes des bords de la mer. C'est même la découverte de ces plantes qui engagea un botaniste des environs, M. H. du Buysson, à s'occuper de la composition de l'eau, dans laquelle une très forte proportion de chlorure de sodium fut aisément reconnue. L'un de ces marais est situé près de Jenzat, sur les bords de la Sioule, petite rivière affluent de l'Allier, et l'autre, à peu de distance, près du village de Fourilles. On y rencontre la plupart des plantes que l'on trouve dans le département du Puy-de-Dôme, aux environs des eaux minérales et qui, en dehors des bords de la mer, n'avaient encore été signalées en France qu'en Auvergne et en Lorraine. Je citerai seulement les plus caractéristiques, qui sont nouvelles pour la flore du département, telles que *Glyceria distans* L., *Juncus Gerardi* Lois., *Glaux maritima* L., *Trifolium maritimum* Huds., *Lotus tenuis* Kit., et une muscinée, *Pottia Heymii* Bry. Eur. C'est là un fait important, en ce qui concerne la région, tant au point de vue botanique que sous le rapport géologique.

M. BOUDIER

Correspondant de l'Académie de Médecine, à Montmorency.

SUR LA NATURE ET LA PRODUCTION DE LA MIELLÉE

— *Séance du 6 septembre 1884* —

Pendant les grandes chaleurs qui sont survenues du 20 juin au 15 juillet de cette année et la sécheresse qui en a été la conséquence, on a pu observer d'une manière remarquable le phénomène de la miellée. Dans certains endroits, elle était en si grande abondance, que les feuilles des arbres sur lesquels on la remarquait étaient non seulement couvertes d'un enduit poisseux, comme on le voit le plus souvent, mais encore cet enduit se réunissait en gouttes à la partie la plus déclive de la feuille et ne tardait pas, sous l'influence d'une évaporation rapide, à cristalliser en forme de plaques ou de larmes jaunâtres imitant assez bien une manne, mais à cassure cristalline.

Ayant été à même d'étudier de près ce phénomène qui se produit tous les ans avec plus ou moins d'intensité, mais passe souvent inaperçu, j'ai pensé utile de faire connaître les observations que j'ai pu faire, d'autant plus que l'origine de cette production est encore controversée. En effet, si l'on consulte les différents ouvrages ou mémoires qui traitent de cette matière, on voit que depuis longtemps déjà elle est attribuée tantôt à des pucerons, tantôt à une sécrétion des feuilles. C'est même à cette dernière opinion que se rattachent les auteurs les plus récents et les plus recommandables, et cependant je ne suis pas de cet avis.

Loin de moi la pensée de nier la production de matières sucrées par les plantes. Indépendamment des nectaires, que tout le monde connaît et qui, dans certaines fleurs, celles des cactées, par exemple, donnent une si grande quantité de liquide sucré, que ce dernier coule par gouttes nombreuses et inonde souvent les tiges d'un véritable sirop pouvant imiter la miellée, il peut exister chez d'autres plantes des parties saccharigènes à la base des pétioles, sur les stipules ou autres endroits, qui bien que beaucoup moins productives, fournissent de même un véritable nectar tout aussi recherché des abeilles et autres insectes mélittophiles. Mais je crois que ce serait commettre la même erreur d'assimiler ces matières sucrées au véritable miellat que de regarder, comme identiques à la rosée, ces gouttelettes si belles et si brillantes, provenant de l'exsudation des feuilles, que l'on remarque si souvent de bon matin, à l'extrémité ou sur les bords des feuilles d'un certain nombre de plantes, celles des graminées de nos gazons par exemple. Cette exsudation ne se produit que la nuit; le jour, l'évaporation étant trop abondante pour la permettre. Le miellat, au contraire, s'observe tout aussi bien et même surtout pendant le jour, par les plus grandes chaleurs.

A certaines époques de l'année, au commencement de juillet surtout, si l'on se tient par une journée chaude et par un beau soleil sous un couvert de verdure, de tilleul principalement, on peut remarquer, dans des endroits correspondant à un rayon de soleil qui filtre à travers le feuillage, comme on le fait pour les poussières de l'atmosphère dans une chambre fermée, on peut remarquer, dis-je, des milliers de petites gouttelettes brillantes, qui tombent sans interruption comme une pluie de la plus grande finesse. Toutes les fois que vous observerez ce phénomène, vous trouverez des pucerons en abondance sous les feuilles du couvert, car ce fait ne pourrait se produire s'il était dû à une exsudation de leur partie supérieure. Les gouttes alors seraient rares et grosses, car elles résulteraient forcément de la réunion de la sécrétion à la partie la plus basse de la feuille.

Les pucerons sont souvent adultes, mais souvent aussi très jeunes, alors très petits et visibles seulement à la loupe. Il ne faut pas les confondre dans ce cas avec de petits acariens de même couleur qui envahissent souvent aussi ces végétaux, mais qui, plus tardifs, se montrent en plus grand nombre à la fin de l'été et en automne, alors que les pucerons ont disparu; et continuant à vivre aux dépens du même feuillage, le font tomber prématurément. Les pucerons du tilleul, généralement petits et de couleur verdâtre, échappent souvent à un examen superficiel.

Cette petite pluie de miellat explique le pourquoi tous les objets qui se trouvent sous le couvert de verdure et y séjournent, comme les bancs et les sièges de jardins, se couvrent de cette matière sucrée, et si l'on reste soi-même quelque temps, on peut déjà en observer des traces très évidentes au toucher, soit sur les mains, soit sur les habits, soit sur tous les objets que vous aurez apportés.

La chaleur intense des jours ensoleillés à cette époque, n'aurait pas permis l'exsudation et le phénomène ne se percevrait pas. De plus, si l'on examine la surface des feuilles supérieures des arbres, celles qui n'en ont aucune au-dessus d'elles, et il est facile de le faire sur les arbres qui ont subi la taille comme on en voit dans les jardins, on n'y remarque pas de miellée alors qu'elles sont habitées en dessous par les pucerons; par contre, toutes les feuilles inférieures en sont couvertes. Cette pluie sirupeuse explique aussi le pourquoi le miellat ne se rencontre que sur la partie supérieure des feuilles et des branches, le dessous ne le présentant que lorsque, par une cause ou par une autre, ces organes se sont trouvés retournés.

Si la température est élevée et le temps très sec, les gouttelettes se concentrent déjà en tombant, et l'on peut alors, si l'on se tient immobile, si le temps est tout à fait calme, si l'on n'entend pas le moindre bruit, comme il arrive souvent à la campagne, et si les feuilles sont à portée, l'on peut percevoir un léger crépitement, bien faible il est vrai, mais perceptible, dû aux petites parcelles de miellat qui tombent. Si l'on examine alors les feuilles, surtout celles des arbrisseaux à feuilles lisses, on les trouve couvertes de petites gouttelettes limpides que leur réunion rend de grosseurs diverses, quelquefois solides et opaques par cristallisation dans les extrêmes chaleurs et n'attachant plus alors aux doigts. Mais, le plus souvent, la rosée du matin ou l'humidité de l'atmosphère les dissout, et l'on n'observe alors que l'enduit uniforme et sirupeux sous lequel le phénomène est ordinairement observé, quand la pluie ne vient pas tout enlever.

J'ai vu la miellée sur une foule d'arbres, d'arbrisseaux et même de plantes que je crois inutile d'énumérer ici. La plus grande partie de ces végétaux était attaquée par des pucerons de différents genres et espèces. Tous ceux sur lesquels je n'ai pas observé ces petits insectes, quoique miellés, se trouvaient sous le couvert d'autres arbres envahis. Mais les arbres qui m'ont été le plus favorables pour mes observations ont été des *Cytisus Laburnum* ou faux-ébéniers.

J'ai dans mon jardin plusieurs de ces arbres, dont trois surtout, plantés à quelques mètres de distance les uns des autres, dans des massifs de lilas et autres arbustes, sont placés dans des conditions identiques d'exposition et de terrain.

L'un de ces arbres n'avait pas de pucerons, au moins d'une manière sensible; pas un des arbustes qui étaient en dessous ne m'a offert de miellat. Le second, au contraire, en était envahi sur toutes ses branches, et ces petits animaux étaient même si nombreux, que les pédoncules des grappes fructifères, sur lesquels ils se tenaient de préférence, en étaient noirs et chargés au point que, n'ayant pas de place pour se tenir à l'aise, ces petits hémiptères étaient obligés de redresser la partie postérieure, pressés les uns contre les autres, le rostre seul implanté dans les cellules végétales. Çà et là, seulement sur les feuilles et les branches, quelques individus errants. Toutes les feuilles de ce *cytisus* qui se trouvaient sous des parties envahies étaient, comme on le pense, poissées, mais celles qui tenaient à des branches étendues hors du couvert des autres n'avaient rien. Ces mêmes branches à feuilles non contaminées, mais à pédoncules fructifères pendants et couverts de pucerons, donnaient la miellée aux arbustes placés sous elles. De sorte que les lilas, seringats, *symphoricarpus* et autres arbustes situés sous le couvert de cet arbre, quoique non aphidifères, étaient enduits de sirop, mais d'une manière si intense, que les feuilles littéralement gouttaient.

Pour me rendre plus compte encore de l'action de la présence des pucerons dans ces circonstances, j'ai redressé et fixé une des branches du faux-ébénier qui s'étendait en dehors de son couvert, et j'ai lavé quelques-unes des feuilles d'un lilas qui se trouvaient en dessous. Ces feuilles, les deux jours suivants, ne m'ont pas offert de miellat. Ce dernier, au contraire, a reparu quelques heures après avoir remis la branche en son premier état. J'ai lavé aussi des feuilles du même arbuste sans toucher aux branches du faux-ébénier qui étaient au dessus; quelques heures après, on pouvait déjà apercevoir à la loupe de nombreuses gouttelettes sirupeuses.

Le troisième arbre avait bien moins de pucerons et la miellée y était aussi bien moins abondante.

Quant aux arbrisseaux divers composant le massif et placés en dehors du couvert des *cytisus*, aucun n'a présenté de miellat, à l'exclusion d'une touffe de noisetiers, qui était elle-même habitée par ces petits hémiptères.

Il devient donc de plus en plus évident qu'il y a une relation manifeste entre la présence des pucerons et la production de la matière sucrée. D'un autre côté, si l'on examine avec soin au microscope une parcelle du limbe des feuilles sur lesquelles on la remarque, on peut voir que les gouttelettes encore très petites, celles que l'on pourrait croire commençantes, se trouvent tout aussi bien sur des parties privées de stomates que sur celles qui en possèdent, qu'elles se trouvent indifféremment sur des feuilles modifiées par la piqûre des aphidiens comme sur celles qui sont absolument saines, et que les cellules de la membrane épidermique même n'offrent pas de traces de fentes ou ouvertures quelconques. Il faudrait donc, pour y voir une sécrétion, admettre une exosmose; mais, outre que dans ces circonstances la pluie sucrée que l'on observe ne pourrait avoir lieu, puisque, comme l'on sait, le sucre ne se montre que sur la partie supérieure et ne pourrait, comme je l'ai déjà dit, que s'écouler par gouttes suivant la déclivité des feuilles, de plus encore, l'examen chimique démontre dans le miellat la présence de substances colloïdes, qui ne pourraient facilement, dans ces circonstances, se prêter à la dialyse, puisqu'il faudrait qu'elles traversassent les membranes mêmes des cellules épidermiques.

Il est donc difficile d'admettre une exsudation quelconque provenant des feuilles et les rapports des pucerons avec la présence du miellat sont si évidents, qu'il ne me reste plus qu'à présenter diverses observations sur ces insectes pour que la certitude soit évidente.

On sait universellement que les pucerons se nourrissent essentiellement du suc des végétaux, qu'ils ne vont pas butiner, comme beaucoup d'autres insectes, les liqueurs sucrées des plantes, mais qu'ils passent les diverses phases de leur vie active leur rostre enfoncé dans les tissus végétaux, y puisant pour leur existence la sève, modifiée peut-être déjà par l'irritation incontestable qu'ils leur font éprouver et qui se manifeste par des boursouflures, contournements et autres altérations. L'on connaît aussi le nombre immense de ces petits êtres réunis au même point. Si donc l'on examine avec soin, à la loupe, une branche ou une feuille abondamment garnie de ces insectes, on peut fréquemment voir sortir de leur extrémité abdominale une petite gouttelette arrondie, incolore, d'une limpidité parfaite, réfringeant fortement la lumière et déjà, à l'aspect, ne différant en rien de celle du miellat.

Ce liquide, véritable déjection excrémentitielle qu'ils rejettent généralement en soulevant légèrement leur abdomen, est la véritable cause de la petite pluie que j'ai signalée. L'on sait aussi qu'il est avidement recherché des fourmis, ce qui explique la présence de ces dernières si fréquente parmi eux. Elles les caressent de leurs antennes pour provoquer la sortie de la liqueur désirée sans jamais leur faire le moindre mal. Les rapports des pucerons avec les fourmis sont trop connus pour que je m'y étende ici, et je ne les indique que parce que le goût indiscutable de ces dernières pour les matières sucrées est déjà une preuve de cette qualité dans ces déjections, et de plus il indique le pourquoi certains végétaux envahis donnent peu de miellée, tandis que d'autres en fournissent en abondance. La présence ou l'absence des fourmis en est la cause.

Je ne me suis pas tenu à ces simples remarques, j'ai fait plus. Ayant introduit plusieurs fois avec précaution dans une éprouvette bien sèche que j'avais fixée à une branche, une grappe de fruit du faux-ébénier dont le pédoncule était bien garni de pucerons, mais sans la détacher de l'arbre, j'ai pu observer après deux jours des quantités de petites gouttelettes semblables à celles du miellat, et qui étaient évidemment dues aux déjections de ces petits animaux, puisque j'avais bouché l'orifice de l'éprouvette avec un peu de coton et que le suc des feuilles n'aurait pu y pénétrer. Ces gouttelettes, qui offraient déjà au goût et au toucher les caractères d'un sirop, dissoutes dans quelques gouttes d'eau distillée, m'ont offert, après y avoir ajouté un peu de levure, les mêmes caractères de fermentation que le miellat lui-même. Elles étaient donc sucrées!

Il me semble donc impossible, d'après ces observations, de ne pas admettre leur identité, et vu le nombre immense des insectes qui les produisent, l'on ne doit pas être étonné de l'abondance du phénomène.

Le miellat desséché naturellement en plaques ou en larmes a tout à fait l'aspect d'une manne, et je crois que plus d'une fois ce nom lui a été donné, si, comme on le pense, les produits connus sous le nom de *Manne du Sinaï*, de *Manne Alhagi*, et peut-être de plusieurs autres mannes orientales, sont identiques ou analogues. Mais le nom de manne leur est impropre, car les sucres de pucerons ne contiennent pas de mannite et que les mannes résultent d'incisions ou de blessures quelconques, tandis que les miellats sont une véritable matière excrémentitielle.

Il est bon de faire remarquer en outre que les pucerons ne sont pas les seuls insectes à déjections sucrées. Indépendamment des coccides leurs proches parents, quelques espèces d'hémiptères homoptères, voisins des tettigoniens, présentent ce caractère et sont tout aussi recherchées des fourmis, comme j'ai pu le constater. Mais, dans ce cas, ces insectes sont en nombre relativement si peu considérable, quelques douzaines au plus réunis en famille sur de jeunes pousses, que la miellée est peu visible, si elle n'est pas complètement enlevée par les fourmis.

Il ne faudrait pas non plus assimiler au miellat les sucres particuliers qui pourraient être produits par les blessures que plusieurs espèces de coléoptères ou autres insectes font aux arbres ou aux plantes. Dans certains cas, il y a production de matières sucrées, de tréhalose, par exemple, comme pour le *Larinus nidificans*, et peut-être certaines mannes étudiées par M. Ludwig *(Journal de Pharm. et de Chim.*, 1873), qui ne paraissent pas présenter les mêmes sucres que ceux de la miellée, ont-elles une origine analogue.

Dans son état naturel, le miellat le plus pur est certainement celui que l'on récolte en plaques ou en larmes. Il est alors finement granuleux extérieurement et d'un jaune couleur de miel. Son goût est fortement sucré et il se dissout aussi facilement dans l'eau que le sucre de canne. Il se casse aisément et sa cassure présente à la loupe une multitude de petits cristaux tout à fait semblables à lui. Généralement, il n'est que peu souillé par quelques poussières ou par des dépouilles de pucerons. Celui que l'on obtient de la surface des feuilles en raclant la matière sucrée est bien plus impur. Il contient le plus souvent, outre les impuretés de toutes sortes, beaucoup de filaments et spores de mucédinées. Le mieux, si l'on en veut obtenir une certaine quantité, est le lavage des feuilles au moyen d'un pinceau de blaireau et d'un peu d'eau distillée. On filtre et, par évaporation, on obtient un liquide sirupeux brunâtre, qui cristallise comme le miellat en larmes. Il est nécessaire, avant de le faire cristalliser, de filtrer à nouveau, car il y a coagulation et précipitation d'une petite quantité de matières albumineuses par la chaleur.

Ce sucre, dissous dans une quantité convenable d'eau et mêlé à un peu de levure de bière, ne tarde pas à fermenter. Une demi-heure après l'addition de levure, les premières bulles se dégagent et la fermentation se continue activement jusqu'à destruction complète des sucres, à l'air libre tout aussi bien que sur le mercure si la température est à 25°, comme était la moyenne des journées pendant lesquelles j'ai fait mes expériences. Il y a dégagement abondant d'acide carbonique et production d'alcool, comme je m'en suis assuré. La liqueur fermentée filtrée, évaporée, donne un résidu solide, d'un goût sensiblement salin, non sucré, et formé de dextrine, de matières mucilagineuses ou extractives et de sels.

Le résultat de mes analyses m'a donné en moyenne, pour cent parties :

Sucre de canne 57.25
Sucre interverti 16.25
Dextrine, matières mucilagineuses extractives,
    albumineuses et sels 26.50
                                         100 »

Je n'ai pas trouvé de mannite.

M. Boussingault, dans un mémoire publié en 1872 dans le *Journal de Pharmacie et de Chimie*, a déjà donné des analyses qui se rapprochent beaucoup des miennes. Le sucre de canne y est un peu moins abondant et, par contre, le sucre interverti en plus grande quantité. Mais ces différences peuvent très bien tenir aux provenances du miellat. Les pucerons qui le fournissent ne sont pas toujours des mêmes genres et des mêmes espèces; de plus, les arbres sur lesquels ils vivent ne sont pas identiques. Il est donc naturel que les sucs que ces insectes y puisent, qu'ils élaborent et modifient nécessairement, ne soient pas tout à fait semblables. M. Boussingault a expérimenté le miellat du tilleul, le mien provenait des pucerons du faux-ébénier. L'on sait que les bois et racines de certaines légumineuses arborescentes sont déjà plus sucrés que ceux d'autres végétaux. Le réglisse, la glycine, l'acacia en sont la preuve. Il n'est donc pas étonnant que les déjections des pucerons parasites de ces végétaux s'en ressentent. Il est possible aussi que les poids des sucres varient suivant l'humidité plus ou moins grande de l'atmosphère qui, aidant au développement des mucédinées sur le miellat, en modifie la nature en transformant en partie le sucre de canne en sucre interverti. Nous avons vu que la récolte de la matière sucrée contenait le plus souvent une certaine quantité de ces petits champignons. Les moisissures ne tardent pas en effet à envahir la miellée si le temps devient humide. Une grande pluie l'enlève complètement. Si donc le temps n'est pas sec et chaud, les parties couvertes montrent bientôt de nombreuses taches pulvérulentes d'un vert noirâtre, dues au développement de cryptogames divers appartenant principalement au genre *Cladosporium* et à des genres voisins, tous connus et décrits souvent collectivement sous le nom de *Fumago*. Cette végétation envahit de plus en plus les feuilles et les recouvre d'un enduit noirâtre semblable à du noir de fumée. Le temps si fréquemment humide des étés de notre pays fait que bien des fois c'est par cette teinte noire que l'on constate seulement la miellée. Alors elle est déjà altérée ou même détruite, car l'état primitif de cette production ne dure ordinairement que quelques jours et disparaît, tant par l'émigration des pucerons que par le fait des insectes mellivores et par le développement des moisissures qui la détruisent rapidement, n'en laissant pour toute trace que la présence de cette poussière noire si désagréable à la vue, qui ne disparaît guère qu'avec la chute des feuilles.

On peut donc conclure de ces observations : que le phénomène de la miellée, qui est aussi connu sous le nom de miellure, est dû à la production par les pucerons du miellat, qui devrait plutôt prendre le nom de sucre de pucerons, car c'est plutôt un sucre qu'un miel ou une manne ;

Que ce sucre ne sortant ni par les stomates des feuilles ou des tiges, ni par toute autre ouverture, ne peut exsuder par exosmose des cellules épidermiques, puisqu'il contient des substances colloïdes qui ne s'y prêteraient pas, et qu'il ne peut donc être assimilé aux sécrétions végétales, dont il diffère aussi par sa composition chimique, mais bien regardé comme une déjection excrémentitielle.

Que, de plus, on ne doit pas le confondre avec les matières sucrées provenant de nectaires divers. Celles-ci, véritables exsudations des plantes, sont toujours produites par des parties spéciales, tandis que le miellat se trouve indistinctement sur les feuilles, les branches, comme sur tous les objets placés sous des colonies d'aphidiens.

M. G. DUTAILLY

Docteur ès sciences naturelles.

DES CAUSES QUI DÉTERMINENT L'IRRÉGULARITÉ DE L'ANDROCÉE-TYPE DES CUCURBITACÉES

— Séance du 8 septembre 1884 —

Nous ne voulons point revenir ici sur la vieille querelle touchant le nombre des étamines des Cucurbitacées. Nous pensons qu'après les recherches organogéniques et organographiques de Payer et de M. Baillon, il est démontré, de la plus irréfutable manière, que, si l'on met de côté quelques très rares exceptions, comme, par exemple, l'*Anguria* et le *Cyclanthera*, les Cucurbitacées ont cinq étamines uniloculaires. Nous ne discuterons donc point cette notion, que nous jugeons définitivement acquise. Mieux que cela, elle servira de point de départ à notre très bref mémoire.

Les cinq étamines des Cucurbitacées ont, entre elles, on le sait, des rapports assez variables lors de l'épanouissement de la fleur. Dans les Nhandirobées, elles sont distinctes les unes des autres et équidistantes; dans l'*Actinostemma*, elles sont pareillement indépendantes; mais quatre d'entre elles sont un peu rapprochées par paires les unes des autres. Dans les *Cucurbita*, les quatre étamines rapprochées par paires se réunissent latéralement deux à deux et apparaissent comme connées à l'état adulte.

Les rapports des étamines avec les organes voisins, pétales et sépales, varient pareillement à l'état adulte. Dans les Nhandirobées, les cinq étamines sont superposées aux sépales et en alternance parfaite avec les pétales, comme l'indique le diagramme (pl. IX, fig. 1). Dans les *Cucurbita* et les *Actinostemma*, au contraire, une seule étamine est superposée à un sépale et alternipétale. Les quatre autres constituent deux groupes binaires en face de deux pétales, comme on le voit sur le diagramme (pl. IX, fig. 2).

Mais, quelles que soient, à l'état adulte, les relations des étamines entre elles ou avec les organes voisins, ces relations au début, alors qu'apparaissaient les mamelons staminaux, ont été partout les mêmes.

Dans les *Cucurbita*, dans le *Thladiantha*, dans l'*Actinostemma*, à la première période de l'évolution florale, les cinq étamines se montrent superposées aux sépales et alternes avec les pétales, comme elles le sont dans les Nhandirobées à l'état adulte. Similitude parfaite au début; modifi-

cations consécutives dans la plupart des genres : voilà ce qui a été
constaté par tous les organogénistes. D'où viennent donc ces variations
secondaires ; sous quelles influences se produisent-elles ; quelles sont, en
d'autres termes, les causes qui déterminent l'irrégularité de l'androcée-
type des Cucurbitacées? C'est ce que l'on ne sait point encore d'une
manière positive. On peut même dire que jusqu'ici, sur cette question, on
s'est borné à de simples hypothèses, qui n'ont même pas été discutées.
On a avancé, il est vrai, que les quatre étamines, groupées par paires, des
Cucurbita, des *Thladiantha*, des *Actinostemma*, étaient plus ou moins
entraînées l'une vers l'autre, dans un plan horizontal. Mais quelle est la
nature même de cet entraînement, pourquoi se produit-il à des degrés
divers, pourquoi fait-il défaut dans les Nhandirobées, c'est ce que
personne n'a encore sérieusement essayé d'expliquer.

Nous ne prétendons point, il s'en faut, apporter dans ce travail une
réponse à toutes ces questions. A notre avis, la famille des Cucurbitacées,
telle qu'elle se présente aujourd'hui, est l'une de celles qui, pour être bien
comprises, nécessiteraient le plus l'étude des types originaires antérieurs,
aujourd'hui disparus, que, sans doute, les recherches géologiques ne
pourront jamais nous rendre. Mais nous savons aussi que cette famille est
l'une de celles où les espèces sont le plus polymorphes à l'époque actuelle,
et nous n'oublions point qu'en Botanique, comme en Zoologie, les
monstruosités et les anomalies reproduisent souvent des états antérieurs et
peuvent, par conséquent, être parfois utilisées avec fruit pour élucider les
questions de morphologie. Or, parmi les Cucurbitacées les plus variables,
il n'en est point qui le soit autant que le Patisson, l'une des formes du
Cucurbita Pepo. Tous ceux qui ont cultivé le « Bonnet d'électeur » connaissent ses vrilles si étranges, qui souvent repassent à l'état de rameaux
foliifères et même florifères, et nous révèlent ainsi la véritable nature de
ces organes. Les variations de ses fleurs mâles et femelles sont moins
connues ou même, croyons-nous, totalement ignorées. C'est d'elles seules
que maintenant nous allons nous occuper, et l'on verra que si elles ne
nous disent point le tout des choses, ce qu'il serait puéril et même ridicule
de chercher, elles nous apportent du moins quelques probabilités pour
une solution nette et précise ; et nous croyons qu'en pareille matière c'est
à peu près tout ce que l'on peut espérer.

I

FLEUR MALE DU PATISSON

Nous énumérions tout à l'heure les variations de l'androcée dans les
divers genres de Cucurbitacées. On peut dire que toutes ces modifications,
et quelques autres encore, se rencontrent dans les fleurs mâles du Patisson.

Il suffira, pour s'en rendre compte, de consulter les figures 3, 5, 6, 7, 8, 9, 10, 11, 13 de la planche IX. La figure 13 montre les cinq étamines réunies par leur base, mais nettement distinctes par leur filet à partir d'un certain niveau. L'une de ces étamines est demeurée connée avec le périanthe, qui l'a légèrement tirée en dehors du groupe staminal. Si nous avons reproduit cette anomalie, c'est qu'elle nous a paru fort instructive, en ce qu'elle fait toucher du doigt, en quelque sorte, l'influence que peuvent exercer les uns sur les autres, au point de vue du déplacement, les divers organes lorsqu'ils deviennent connés. La figure 10 n'est que le diagramme de la même fleur mâle. La figure 6 représente un androcée de cinq étamines, dont trois sont indépendantes les unes des autres dans la plus grande partie de leur longueur, tandis que deux restent unies dans toute la longueur de leurs filets.

La figure 11 reproduit un androcée dans lequel les filets de trois étamines sont unis jusqu'en haut, tandis que les deux autres étamines restent indépendantes dans leurs deux tiers supérieurs.

La figure 8 montre quatre étamines soudées par leurs filets et une seule restée libre dans sa plus grande longueur. 6 *bis* est le diagramme de cet androcée.

La figure 9 représente un androcée dans lequel les cinq étamines sont connées et adhérentes l'une à l'autre par leurs deux bords, sauf deux, qui restent séparées l'une de l'autre suivant l'un de leurs bords.

Enfin, la figure 3 représente, moins les anthères, un androcée normal de *Cucurbita*, tel qu'on le rencontrait, mais non le plus fréquemment, sur les pieds du Patisson que nous avons étudié en 1884.

En somme, à côté d'étamines régulièrement espacées et qui ne diffèrent, à cet égard, de celles des Nhandirobées qu'en ce que celles-ci sont libres jusqu'à leur point d'insertion, on rencontre sur le Patisson des androcées normaux de *Cucurbita* et, entre ces deux types, il existe toutes sortes de formes transitoires. On verra plus loin quel est le but de la description que nous venons d'en faire.

II

FLEUR FEMELLE DU PATISSON

On sait que le nombre des feuilles carpellaires et celui des placentas varient dans la famille des Cucurbitacées. Le nombre normal est trois ; mais il n'est pas rare, dans les *Cucurbita*, par exemple (le fait a été signalé), d'en constater quatre ou cinq. Tantôt tous les placentas portent des ovules, tantôt deux placentas sur trois restent stériles : c'est ce qui se voit, par exemple, dans le *Cyclanthera*, où l'unique placenta fertile porte plusieurs ovules, et dans les *Sechium* et les *Sicyos*, où il n'existe qu'un seul ovule. Nous appelons l'attention du lecteur sur cette atrophie normale de deux placentas dans certains genres. On comprendra plus loin pourquoi.

Dans le Patisson (tout au moins sur les pieds que nous avons examinés), il peut exister trois (fig. 18), quatre (fig. 20), cinq (fig. 19) placentas fertiles. Parfois, on rencontre trois placentas fertiles et un placenta très rudimentaire, stérile. D'autres fois, il y a quatre placentas fertiles, accompagnés d'un placenta stérile très réduit et que l'on n'aperçoit souvent, entre deux placentas normaux, qu'avec une certaine attention (fig. 17). Il peut arriver, enfin, que l'on rencontre quatre placentas normaux accompagnés d'un cinquième plus petit, mais également fertile (fig. 21), ou encore trois placentas ordinaires accompagnés de deux autres plus petits, mais pareillement garnis d'ovules (fig. 23).

III

CARPELLES AVORTÉS DANS LES FLEURS MALES

On parle souvent, dans les traités de Botanique descriptive, d'une sorte de tissu glandulaire qui garnit le fond de la fleur mâle des Cucurbitacées. Dans certaines espèces, ce tissu prend forme et figure, et Payer a reconnu, en faisant l'étude organogénique de la fleur mâle de l'*Ecbalium elaterium*, qu'il y avait là, en réalité, les rudiments du gynécée de la fleur femelle. On voit même très bien, dans l'*Ecbalium*, qu'il s'agit de trois feuilles carpellaires, bientôt arrêtées dans leur croissance et qui s'évasent en formant une sorte de coupe.

En étudiant les fleurs mâles du Patisson, nous avons retrouvé cette coupe et nous avons maintes fois constaté que les feuilles carpellaires et les placentas qui les séparent y étaient facilement reconnaissables : c'est ce que traduisent très clairement nos figures 12 et 4 : la première, qui représente une section longitudinale d'une fleur mâle ; la seconde, qui montre par en haut les cinq carpelles avortés, réunis en forme de coupe très évasée et alternant avec un nombre égal de placentas stériles.

Ajoutons qu'il peut exister seulement trois ou quatre de ces carpelles et de ces placentas, comme dans la fleur femelle.

IV

ÉTAMINES AVORTÉES DANS LES FLEURS FEMELLES

C'est principalement sur l'androcée avorté de la fleur femelle du Patisson que nous appelons l'attention. Payer avait constaté, dans la fleur femelle de l'*Ecbalium*, cinq étamines rudimentaires, d'abord également espacées, et dont quatre se rapprochent bientôt deux à deux. Cela revenait à dire que les cinq étamines de la fleur femelle se conduisaient, en somme, comme celles de la fleur mâle. A cette observation, M. Baillon en avait ajouté une autre, également intéressante. Il avait vu que, dans la fleur femelle de la Bryone, les étamines stériles, en se rapprochant deux à deux, ne se rejoignent pas complètement, comme dans la fleur mâle, mais constituent cinq languettes distinctes à l'âge adulte.

Nous connaissions ces faits et nous examinions les fleurs femelles adultes d'un Patisson pour y étudier les languettes staminales en question, quand nous nous aperçûmes que le mode de distribution de ces appendices, d'ailleurs très reconnaissables, était assez variable. Sur certaines fleurs femelles, on pouvait observer cinq étamines avortées, très régulièrement espacées, connées à leur base, où elles formaient une sorte de collerette cupuliforme et libres à leur extrémité supérieure, où elles se manifestaient sous l'apparence de dents plus ou moins aiguës, comme les représente la figure 16. La figure 22 nous montre, sur une coupe longitudinale de la fleur femelle, la situation exacte de ce verticille staminal, en O. Il se trouve là, en dehors du disque stylaire, dont la nature a été contestée, disons-le en passant, mais qui appartient bien réellement au style, puisque, comme le montre la figure 14, il peut porter un style R et un stigmate monstrueux, séparés de la colonne stylaire normale.

A côté de ces fleurs femelles à androcée rudimentaire, régulier comme celui d'une Nhandirobée, nous en trouvâmes d'autres (fig. 15) où les cinq étamines avortées avaient entre elles les mêmes relations que dans la fleur femelle de Bryone, décrite par M. Baillon : une dent était isolée et les quatre autres étaient rapprochées deux à deux les unes des autres.

Dans d'autres fleurs, les dents réunies par paires étaient presque confondues. En examinant plus attentivement toutes ces fleurs, nous remarquâmes que les cinq dents staminales, régulièrement espacées, couronnaient *constamment* un ovaire à cinq placentas égaux et que, lorsque les dents affectaient la distribution reproduite par la figure 15, on trouvait *toujours* au-dessous un ovaire à trois feuilles carpellaires. Quand les cinq dents présentaient un mode de distribution intermédiaire entre le type régulier (fig. 16) et celui de la figure 15, on constatait dans l'intérieur de la baie quatre placentas fertiles, ou trois placentas fertiles et un stérile avorté, ou bien quatre placentas fertiles et un rudimentaire, ou, enfin, trois placentas fertiles et deux plus ou moins avortés. On comprendra que nous fûmes amené, par suite, à concevoir une corrélation entre ces deux ordres de faits et que nous nous demandâmes pourquoi, à un gynécée à cinq placentas égaux, correspondaient cinq étamines équidistantes et pourquoi, dès que le nombre des placentas allait s'amoindrissant, on voyait apparaître l'irrégularité dans la couronne staminale immédiatement super-posée.

Jetons les yeux, pour répondre à cette question, sur le diagramme représenté par la figure 19, et qui traduit les relations des sépales, pétales, étamines avortées et placentas, d'une fleur femelle de Patisson régulière à cinq placentas. L'alternance est parfaite, de dehors en dedans, entre ces divers organes. Examinons maintenant comparativement le diagramme représenté par la figure 24. Nous y voyons qu'une des cinq feuilles carpellaires a disparu ; mais il existe encore cinq étamines, seulement deux d'entre elles, auparavant séparées par une feuille carpellaire, se trouvent forcément rapprochées, puisque cette feuille carpellaire ne s'interpose plus entre elles.

Considérons, enfin, un troisième diagramme, que nous montre la figure 25. Il n'y a plus que trois feuilles carpellaires. Deux sur cinq ont avorté ; mais les cinq étamines persistent. D'où il résulte forcément que quatre étamines se trouvent rapprochées par paires, et que ces paires d'étamines apparaissent comme superposées à un pétale, tandis que l'étamine isolée garde sa superposition exacte par rapport à un sépale. On remarquera encore, en consultant les diagrammes 19, 24 et 25, que nous venons d'examiner, que les étamines isolées ou réunies par paires, répondent à l'intervalle compris entre deux feuilles carpellaires, c'est-à-dire à un placenta, qu'il y ait cinq placentas ou qu'il n'en existe que trois ou quatre. C'est précisément ainsi que les choses se passent dans la nature.

A mon sens, toute la diversité d'organisation des fleurs femelles du Patisson trouve son interprétation rationnelle dans les faits et les considérations qui précèdent et ne saurait s'expliquer autrement. Ces fleurs sont construites fondamentalement sur le type cinq ; elles ont cinq sépales, cinq pétales, cinq étamines et cinq carpelles. Quand un ou deux carpelles avortent, ils entraînent, par leur disparition, des modifications dans les rapports des autres parties et principalement des étamines avec lesquelles ils sont en contact plus intime qu'avec les pièces du périanthe.

Voilà pour la fleur femelle. Est-il nécessaire d'ajouter que tout ce que nous venons de dire d'elle s'applique à la fleur mâle du Patisson, qui contient, elle aussi, à un état rudimentaire, il est vrai, mais peu importe, un gynécée à trois, quatre ou cinq parties, comme la fleur femelle ? Toutes les modifications de l'androcée de la fleur mâle, représentées dans la planche (fig. 3, 5, 6, 8, 9, 11, 13), s'expliquent aussi facilement que celles de l'androcée avorté de la fleur femelle. Quand les cinq étamines ont leurs filets dissociés, comme cela se voit sur la figure 13, la fleur mâle correspond à une fleur femelle à cinq placentas égaux et fertiles. Et, de fait, dans une semblable fleur mâle, nous avons toujours trouvé les rudiments de l'ovaire plus développés que dans toutes les autres fleurs., Si, au contraire, les cinq étamines ont les filets entièrement connés, l'ovaire avorté est très petit, souvent à peine reconnaissable, et les cinq carpelles qui le constituent ne se traduisent plus que par une petite cupule à cinq crénelures imparfaitement indiquées.

Une fleur mâle, telle que la représente la figure 3 correspond à une fleur femelle à trois placentas. Les cinq étamines y sont, en effet, groupées comme dans une fleur femelle tri-carpellée, et, en effet, quand on ouvre cette fleur mâle pour examiner les rudiments de pistil qu'elle renferme, on y trouve la trace de trois feuilles carpellaires.

Nous pourrions nous livrer à des considérations analogues à propos des figures 6, 8, 9, 11, qui correspondent à des fleurs femelles, à placentas plus ou moins réduits ou avortés.

Il va de soi que, si les hypothèses que nous venons d'émettre sont plausibles à propos des fleurs mâles et femelles du Patisson, elles doivent s'appliquer avec autant de raison à toutes les autres Cucurbitacées. L'avortement des feuilles carpellaires et des placentas exerce sur leur androcée une influence variable, très considérable chez les *Cucurbita*, moindre chez l'*Actinostemma* et le *Thladiantha*, nulle chez les Nhandirobées, dont les étamines sont libres et équidistantes, bien que ces plantes aient trois carpelles. Cela tient probablement à ce que l'arrangement des étamines, dans les Nhandirobées, est plutôt sous la dépendance des verticilles extérieurs (corolle et calice) que du verticille intérieur (carpelles).

On nous demandera peut-être, en terminant, comment il faut entendre, dans la question des Cucurbitacées, la théorie de l'entraînement des organes. La réponse nous paraît très facile à faire. Quand les cinq mamelons staminaux apparaissent simultanément dans le bouton d'une Cucurbitacée quelconque, ils sont situés à une distance extrêmement petite les uns des autres. Plus tard, lors de la floraison d'une Nhandirobée, par exemple, les étamines sont infiniment plus espacées que les mamelons qui en ont été le début. A quoi cela tient-il? Y a-t-il eu entraînement? Point. Mais les cellules qui séparaient les bases d'implantation de deux étamines adjacentes se sont élargies et peut-être même multipliées par cloisonnement. Les tissus intercalés entre les deux étamines se sont par suite développés et celles-ci se sont progressivement écartées.

Revenons maintenant au Patisson. Quand les cinq carpelles existent, ils agissent en s'accroissant, comme autant de coins, sur les tissus extérieurs adjacents et éloignent ainsi les unes des autres, à des distances égales, les bases d'implantation des cinq étamines insérées à leur pourtour. Si un carpelle avorte, les deux étamines entre lesquelles il était placé ne sont plus comme violemment sollicitées à se séparer l'une de l'autre. Il ne faut pas dire qu'elles se rapprochent l'une de l'autre à mesure que la fleur grandit, non ; elles demeurent à la distance infiniment petite à laquelle elles se trouvaient à leur apparition. Les éléments interposés ne s'étendent point, voilà tout. Elles sont, d'ailleurs, peu à peu soulevées par la segmentation de leur zone intercalaire inférieure et s'allongent en restant comme accolées l'une à l'autre. Elles ne sont pas soudées ; elles sont connées, et si elles se trouvent en apparence entraînées l'une vers l'autre, c'est que l'organe carpellaire qui devait provoquer leur dissociation a disparu.

EXPLICATION DE LA PLANCHE IX

FLEURS MALES

Fig. 1. — Diagramme d'une fleur mâle adulte de Nhandirobée ou d'une fleur mâle très jeune d'une Cucurbitacée quelconque, au moment de l'apparition des cinq mamelons staminaux équidistants.

Fig. 2. — Diagramme d'une fleur mâle de *Cucurbita*, à l'âge adulte, avec quatre étamines rapprochées deux à deux.

Fig. 3. — Fleur mâle dont quatre étamines ont deux à deux leurs filets connés jusqu'aux anthères qui sont enlevées.

Fig. 4. — Fleur mâle dont le périanthe et l'androcée ont été enlevés pour laisser voir les cinq carpelles avortés et ouverts précisément comme ils le sont au début organogénique de la fleur femelle. Les cinq placentas sont nettement visibles.

Fig. 5. — Fleur mâle dont les anthères ont été enlevées et dont les cinq filets égaux sont connés.

Fig. 6. — Fleur mâle dont les anthères ont été enlevées. Les cinq filets sont connés et deux de ces filets sont plus intimement unis que les trois autres.

Fig. 7. — Diagramme de l'androcée de la fleur mâle représentée par la figure 8.

Fig. 8. — Androcée dont quatre étamines ont les filets connés dans toute leur longueur, tandis que le filet de la cinquième devient libre presque dès son point d'insertion.

Fig. 9. — Androcée dont les cinq étamines sont connées. Seulement, le cône qu'elles forment est fendu latéralement entre deux filets adjacents.

Fig. 10. — Diagramme de l'androcée représenté par la figure 13.

Fig. 11. — Fleur mâle dont trois étamines sont connées d'un côté, tandis que, de l'autre, on voit deux étamines connées par en bas et libres en haut.

Fig. 12. — Section longitudinale de l'androcée d'une fleur à cinq étamines toutes connées, pour montrer les carpelles avortés, adhérents par leur base à la coupe que forment les étamines et le périanthe.

Fig. 13. — Fleur mâle à cinq étamines libres dans la plus grande partie de leur longueur et dont une, comme tirée en dehors du cercle staminal, est adhérente (connée) au périanthe.

FLEURS FEMELLES

Fig. 14. — Portion supérieure d'une fleur femelle monstrueuse, débarrassée des enveloppes florales et de ses étamines avortées. Un des cinq styles est resté en dehors de la colonne stylaire, et on le voit, en *r*, inséré sur le disque d'origine carpellaire, situé à ce niveau.

Fig. 15. — Partie supérieure d'une fleur femelle, dépouillée de ses enveloppes florales et montrant les étamines avortées sous forme de dents membraneuses, dont quatre sont unies deux à deux. L'ovaire a trois placentas.

Fig. 16. — Partie supérieure d'une fleur femelle dont l'ovaire à cinq placentas. L'androcée avorté est représenté par cinq languettes égales et équidistantes.

Fig. 17. — Section transversale de l'ovaire de la fleur représentée par la figure 14. Il y a quatre placentas normaux, entre deux desquels on en aperçoit un cinquième avorté.

Fig. 18.— Section transversale de l'ovaire de la fleur représentée par la figure 15. Trois placentas égaux.

Fig. 19.— Diagramme de la fleur femelle représentée par la figure 16. Cinq placentas, cinq étamines alternes avec les feuilles carpellaires et, par conséquent, superposées aux placentas.

Fig. 20. — Section d'un ovaire à quatre placentas.

Fig. 21. — Section d'un ovaire à cinq placentas, dont un plus petit, mais fertile.

Fig. 22. — Section longitudinale d'une fleur femelle à cinq placentas égaux et à cinq étamines à l'état de languettes équidistantes, qui forment par leur réunion une sorte de collerette o. Plus intérieurement, on voit le disque stylaire, simple expansion latérale du style.

Fig. 23. — Section transversale d'un ovaire à cinq placentas, dont deux plus petits.

Fig. 24. — Diagramme pour montrer comment l'avortement d'une des cinq feuilles carpellaires produirait le rapprochement de deux des cinq étamines qui se superposent à un pétale, tandis que les trois autres étamines restent alternes avec trois pétales.

Fig. 25. — Diagramme d'une fleur à trois placentas dans laquelle, à la suite de l'avortement de deux placentas, quatre étamines se sont rapprochées par paires.

M. J. POISSON

Aide-Naturaliste au Muséum.

SUR LE LINALOE (BURSERA DELPECHIANA) (SP. NOV.)

— Séance du 10 septembre 1884 —

L'identification des produits d'origine végétale, avec les plantes qui les fournissent, est souvent entourée d'obscurité peu facile à dissiper, hérissée de difficultés qu'on a peine à vaincre. Les matériaux les plus employés par l'industrie : tels sont les bois de teinture ou d'ébénisterie ; la plupart des médicaments tirés des régions chaudes du globe, n'ont été rapportés aux végétaux qui les produisent que fort longtemps après la connaissance des produits eux-mêmes.

Les personnes qui s'occupent de botanique appliquée savent qu'il y a peu d'années qu'on connaît l'arbre qui donne le bois de Palissandre. On n'a pu jusqu'ici découvrir l'origine de la Sarcocolle; le Sagapenum, le Galbanum sont issus de végétaux théoriquement connus; la Gutta-percha, si demandée par l'industrie, est encore l'objet des recherches les plus actives.

On a des aperçus, à l'heure présente, sur les espèces botaniques qui doivent la fournir, mais pas encore de certitude. On pourrait dresser une longue liste des desiderata dans cet ordre de choses.

Cette lacune semble tenir à plusieurs causes : la première, c'est que les indigènes qui firent connaître aux Européens les matières d'échanges, qui arrivent maintenant aux comptoirs installés dans les régions lointaines et peu explorées, cachèrent soigneusement les sources de leurs richesses, et ce sentiment est essentiellement humain, dans la crainte d'en être dépouillés. La seconde consiste souvent dans la difficulté pour le négociant de pénétrer jusqu'au centre de production. Et enfin, l'indifférence que le voyageur professe d'ordinaire pour les choses qu'il suppose, *a priori*, devoir être suffisamment connues parce qu'il les trouve en abondance et n'en apprécie pas toujours la valeur scientifique.

On possède depuis longtemps déjà, dans les collections de matières médicales ou industrielles, des échantillons de bois plus ou moins odorants, et qui portent les noms de bois d'Aigle, bois d'Agalloche, bois de Garo, bois d'Aloès, etc. Les ouvrages spéciaux les plus récents qui traitent de ces bois ne donnent que des renseignements incomplets, et qui cependant sont exposés avec soin, particulièrement dans l'*Histoire des Drogues simples* de Guibourt (3ᵉ édit.). Les efforts dont ce savant naturaliste donne le témoignage dans ses publications, pour arriver à la détermination des produits qu'il énumère, sont une garantie de la conscience avec laquelle il étudiait les questions qu'il abordait.

. Guibourt place, d'après son Histoire des drogues simples, tous les bois nommés bois d'Aloès dans les Légumineuses, sans affirmation cependant et surtout d'après l'opinion des auteurs anciens qu'il a soigneusement analysés. Mais ces données sont absolument insuffisantes pour la connaissance de ces matières. Il y aurait là certainement d'intéressantes études à faire pour arriver à débrouiller un point de la matière médicale ancienne, encore fort obscure.

Dans un autre chapitre de son livre (III, 538), le savant précité signale un bois de *Citron du Mexique*, nom qui lui a été donné, vraisemblablement, quand ce bois est arrivé pour la première fois en France, quelques années avant la publication de la troisième édition du livre de Guibourt.

« Ce bois, dit-il, a été attribué à un *Amyris*, » et il cite à cette occasion un petit volume fort rare, imprimé à Puebla en 1832, *Ensayo para la materia medica mexicana*, qui, en effet, considère le bois odorant qui porte au Mexique le nom de Lignoaloe ou Linanué comme pouvant être rapporté à ce genre.

Cette publication, rédigée par une commission anonyme de l'Académie médico-chirurgicale de Mexico, s'inspire des autorités médicales et botaniques qui brillèrent dans la république mexicaine : V. Cervantes,

J. M. Moçino, Luis Montana, etc. Elle s'exprime ainsi au sujet du Linaloe :

« Se produce con abundancia en la Misteca y rumbo de Matamoros. Por las noticias que han podido adquirirse de esta planta, y algunas semillas que se recibieron, hay mucha probabilidad que pertenezca al genero referido. » *(Amyris ?)*

« Su leno est ligero, de un color amarillo, con vetas en lo interior mas o menos subidas de este mismo color, de un olor muy aromatico, especialmente cuando se escofina o reduce a astillas, semejante al del leno rodino, por el cual suele sustituirse en las boticas. Su aceite volatil es de un olor bastante agradable, y por lo mismo se gasta para perfumes. »

Nulle part ailleurs on ne trouve de trace du produit dont il s'agit, à moins que ça ne soit dans quelques publications locales qui ne parviennent guère en Europe (1). Cependant il était connu dès longtemps au Mexique, et il est exploité depuis plusieurs années pour l'essence parfumée qu'on en retire.

L'exposition universelle de 1878 m'a fourni l'occasion de m'occuper du Linaloe.

Dans la section mexicaine, dont l'exposition était fort belle, se trouvaient des spécimens de ce bois avec un échantillon de l'essence qu'on en extrait. Cette essence est d'une limpidité parfaite et d'une odeur suave rappelant un mélange de citron et de jasmin, ce qui l'a fait employer dans la confection des parfums.

La maison Ollivier et Rousseau, de Paris, qui a des relations commerciales suivies avec le Mexique, exposait ce Linaloe au nom d'un de leurs correspondants au Mexique, M. Delpech, un compatriote, qui est établi dans ce pays depuis plusieurs années et qui en exploite les produits naturels. Sur la recommandation de MM. Ollivier et Rousseau, je fus mis en rapport avec leur correspondant et je pus obtenir de M. Delpech non seulement des échantillons de Linaloe fort beaux, pour les collections du Muséum de Paris, mais encore des fleurs et des fruits de l'arbre lui-même.

Ces matériaux permirent d'étudier la plante soigneusement et de la comparer avec les espèces déjà connues se rapportant au même genre.

Ce qui était certainement inattendu, pour un végétal signalé déjà par un ouvrage de matière médicale mexicaine dès 1832, c'est que l'espèce fut nouvelle, c'est-à-dire n'existant dans aucune collection botanique en Europe.

Je fus heureux, en cette circonstance, de pouvoir attacher à cette espèce nouvelle le nom de M. Delpech, auquel je devais de si précieux renseigne-

_____

(1) Un Dictionnaire des noms populaires des plantes, publié à Londres, en 1882, par J. Smith, consacre quelques lignes, cependant, au Linaloe et ne dit rien de nouveau, si ce n'est qu'il nous apprend que le bois est importé du Mexique pour l'extraction de son essence, ce que je n'avais pu savoir par des correspondants anglais. Puis, il ajoute : « It is used in the country where produced for veneering small fancy articles. It has been known in Mexico for at least fifty years. » Etc., etc

ments sur un végétal qu'il exploitait depuis plusieurs années et qui devra désormais s'appeler *Bursera Delpechiana*.

Bursera Delpechiana +; foliis apice ramulorum congestis, tenuibus novellis utrinque, imprimis subtus, costis et nervis tenuiter pilosis, 3-jugis, foliolis ellipticis, utrinque acutis, crenato-serratis; interstitiis inter juga anguste alatis; paniculis folia æquantibus, breviter pilosis, compositis, laxifloris, bracteolis angustissime linearibus; pedicellis tenuissimis; calycis lobis brevibus deltoideis atque petalis oblongis 5-plo longioribus sparse et longe pilosis, staminibus quam petala paullo brevioribus; filamentis quam antheræ oblongo-ovatæ 4-plo longioribus; drupis ovoideis, glabris.

Folia 5-6 cent. longa, interstitiis interjugalibus 7-8 mill. longis, 1-1.5 mill. latis; foliola 1,5-2 cent. longa, 8-10 mill. lata, nervis lateralibus 1,5-2 mill. distantibus. Paniculæ (e cymis compositæ), axillares numerosæ 5-7 cent. longæ, ramulis secundariis 1,5-2 cent. longis, pedicellis 3-4 mill. æquantibus, bracteolis tenuissimis 2-4 mill. longis. Calycis lobi vix 1 mill. longi. Petala (æstivatione valvata) 4 mill. longa, 1 mill. lata. Staminum filamenta 3 mill. longa, antheræ vix 1 mill. æquantes. Drupæ fere 1 cent. longæ.

Hæc species calycis lobis brevibus valde excellit. (Ex Engler.)

Mexico, circa urb. dict. « Cuautla Morelos ». Communicavit Delpech.

Cette espèce est caractérisée surtout par l'excessive brièveté du calice, dont les lobes sont à peine marqués.

La synonymie des espèces de *Bursera* est souvent fort compliquée. Les études successives dont elles ont été l'objet les ont fait placer alternativement dans les genres *Amyris*, puis *Protium, Icica, Marignia, Elaphrium*, noms abandonnés par la plupart des monographes récents, ou conservés à titre de sections du genre *Bursera*.

Le *B. Delpechiana* doit être rangé près des espèces propres au Mexique, à côté des *B. Alœxylon* Engl., *B. penicillata* Engl., etc., espèces publiées déjà sous le nom générique d'*Elaphrium*, par Schlechtendal, dans le *Linnæa* (années 1842-1843), avec plusieurs autres de cette région, puis rapprochées par Engler dans sa récente monographie des Burséracées.

Le nom de *Linaloe* doit, vraisemblablement, s'appliquer à d'autres espèces. D'abord le *B. Alœxylon*, son nom l'indique suffisamment, et d'autre part M. Delpech a constaté que d'autres variétés que celle qu'il exploite existaient au Mexique. Il n'est pas douteux que les indigènes qui extraient eux-mêmes l'essence de Linaloe ne s'attaquent à d'autres sortes que ces deux espèces et qui, peut-être, manquent à nos collections (1).

(1) Le nom de bois d'Aloès, sur lequel nous reviendrons dans un travail ultérieur sur ce sujet, a tout d'abord été employé pour des bois odorants de l'ancien monde. Ce n'est, selon toute probabilité, que par les Espagnols qu'il est entré en usage au Mexique. La plupart des Burséracées (et même d'autres plantes) qui fournissent une résine odorante qui s'écoule des arbres et se solidifie à la façon des Tacamaques, portent au Mexique le nom de *Copal*, auquel vient ordinairement s'ad-

Le Linaloe est un arbre de moyenne taille dont le tronc peut atteindre cependant 0,50 à 0,70 centimètres de diamètre. A l'état frais et sain, le bois ne donne absolument aucune odeur et ne contient pas d'essence, dit M. Delpech. Ce sont principalement l'écorce et les fruits qui, étant froissés, sont odorants. Dans ces conditions, ce bois est blanc, spongieux, et ne se fend qu'avec beaucoup de difficulté, chassant les coins sous le marteau. C'est d'ailleurs un mauvais combustible laissant beaucoup de cendres et qu'on évite d'employer comme bois de chauffage.

Mais qu'une ou plusieurs branches, de forte dimension surtout, viennent à se rompre, qu'une blessure soit faite au moyen d'un outil, ou qu'un insecte y creuse ses galeries, alors bientôt la teinte du bois change et l'huile odorante le pénètre de toute part là où il y a eu lésion et dans le voisinage. La nécrose gagne de proche en proche avec d'autant plus d'intensité que la blessure était profonde. La quantité d'essence augmente avec les progrès de la maladie et de vieux troncs morts peuvent en contenir jusqu'à 10 et 12 pour 100 du poids brut du bois, ce qui, vraisemblablement, doit dépasser en proportions toute autre matière analogue.

Les Indiens du Mexique, qui fournissaient le bois de Linaloe à M. Delpech, n'avaient pas conscience du phénomène qui se produisait dans ce bois, et ils abattaient sans discernement tous les arbres qui se trouvaient sous leurs mains, sacrifiant ainsi ceux qui ne recélaient pas d'essence comme ceux qui en contenaient. De là la disparition presque complète du Linaloe aux environs de Cuautla Morelos, où il était très abondant il y a quelques années. En attendant que de jeunes pieds arrivent à une taille suffisante, il faudra désormais aller à de grandes distances pour s'en procurer, et chaque jour il devient de plus en plus rare.

De même que pour le Quinquina, il faudrait faire des élevages de Linaloe pour en maintenir la source, ce qui n'est pas chose facile peut-être dans un pays livré aux Indiens, et auxquels il faudrait faire comprendre les avantages d'une culture raisonnée et lucrative. M. Delpech nous apprend que les indigènes ont pris pour leur compte, espérant en tirer plus de profit, l'exploitation de l'essence de Linaloe, qu'ils extraient d'une manière sauvage et à feu nu au milieu de la montagne, et en vendent les produits de mauvaise qualité à bas prix aux droguistes de Mexico. Ceux-ci, à leur tour, les expédient à leurs confrères d'Europe, qui, naturellement, ne peuvent recevoir qu'une essence inférieure.

La maison Ollivier et Rousseau, de Paris, recevait de M. Delpech une

joindre un adjectif suivant l'espèce qu'on désigne. Exemple : *Copalliquahuitl, Cuitlacopalli*, etc. Pour les personnes qui s'intéresseraient à cette question, voir : Clusius — *Exoticorum*, etc., p. 172 et 297. Hernandez — *Virtutes de las plantas*, etc., *en la Nueva Espana* (1615) et *Thesaurus rerum medic. Nov. Hispan.* (1651). Schlechtendal — *Linnæa* (1842, p. 530). Guibourt — *Hist. des Drog. simples*, 3e édit., v. III, p. 455).

Nous ne savons pas, à ce jour, si ce nom de *Copal* servait aussi aux naturels à désigner anciennement le Linaloe, avant l'introduction de ce dernier nom au Mexique.

essence obtenue à la vapeur et d'une grande pureté dont le prix était coté 20 à 25 francs le kilogramme. Les prix sont plus bas naturellement pour les produits d'origine indienne.

Un des inconvénients auxquels il faut obvier, c'est la difficulté de défendre le bois de Linaloe contre les insectes, qui pullulent dans ces contrées tropicales et qui souvent ont dévoré les arbres avant qu'on ait pu les mettre en exploitation. L'exemplaire que possède actuellement le Muséum est un des plus beaux qu'on puisse trouver et il est d'une parfaite conservation.

L'anatomie superficielle du bois adulte et sec dont on extrait l'essence de Linaloe présente les caractères suivants :

Léger et homogène, ce bois, de couleur jaunâtre, marbré de brun, est composé : 1° De fibres d'une médiocre longueur, à parois peu épaisses ; chacune d'elles est divisée transversalement par de nombreuses et minces cloisons, ce qui constitue du parenchyme ligneux dont la totalité du bois serait formée. Ces fibres sont, sur la coupe transversale, presque partout d'une égale épaisseur ; en sorte qu'il est peu facile de distinguer les zones d'accroissement du bois ; 2° De vaisseaux d'un grand diamètre, traversés par de nombreux trabécules sur la coupe transversale ; mais sur la coupe longitudinale on constate que ce sont des vaisseaux utriculeux. Ils sont tapissés de ponctuations accentuées, aréolées et à fente lenticulaire, invariablement orientées transversalement ; 3° De rayons médullaires fins et à parois minces, composés en moyenne de deux à quatre assises de cellules en épaisseur.

C'est dans ces éléments, mais principalement les fibres et les rayons médullaires, que la matière odorante, quasi solide, se trouve emprisonnée. Cette matière jaune et d'un aspect résinoïde, sous le microscope, emplit totalement ou partiellement les fibres et les cellules des rayons médullaires. Cependant toutes les fibres n'en contiennent pas ; les portions dominantes et jaunes du bois sont les moins riches, mais là où le bois est parcouru par des veines brunes, c'est l'indication que la matière est plus particulièrement localisée en ces points foncés. D'où il faut conclure que plus le bois est veiné de brun et plus il doit contenir d'essence (1).

Quand on fait agir sur la préparation, observée au microscope, de l'alcool absolu ou de l'éther, on voit les fibres et les cellules se vider rapidement de leur contenu coloré et le tissu prendre une parfaite transparence, comme il devait être avant la formation de la matière résineuse.

On se rappellera ce qui a été dit précédemment, que le bois vert et sain

(1) Schlechtendal a examiné le bois du *Bursera (Elaphrium) glabrifolia* H. B. K. sur une tige de quatre ans ; il a constaté, entre autres remarques, que les couches concentriques n'étaient pas appréciables. Puis, en parlant des fibres du bois, il dit : « Cellulæ elongatæ interdum farctæ videntur corporibus oblongis hyalinis nec jodo colorem mutantibus, an vasa? » (*Linnœa*, 1843, p. 250.) Ces corps oblongs sont bien des grains d'amidon d'une forme spéciale et se colorant parfaitement en bleu par l'iode.

ne contenait pas trace d'essence, mais que, à cet état, l'écorce et les fruits étaient les seules parties de l'arbre qui dégageaient de l'odeur par le frottement. Il est très probable que les feuilles doivent participer, dans de faibles proportions, à cette propriété.

D'autre part, quand on se rapporte à l'intéressant Mémoire de M. Léon Marchand sur l'*Organisation des Burséracées*, on est frappé de voir que les figures des planches qui accompagnent ce travail montrent que la matière résineuse et parfumée du *Balsamodendron Myrrha*, du *B. africanum* et du *Protium obtusifolium* serait localisée quelque peu dans la moelle des jeunes rameaux, mais surtout dans l'écorce et le péricarpe des fruits de ces Burséracées, c'est-à-dire exactement ce que nous apprend M. Delpech pour le Linaloe.

Sur des coupes pratiquées sur un rameau d'herbier de *Bursera*, on retrouve les mêmes caractères que ceux du Mémoire précité.

La dissémination de l'huile essentielle dans toute la masse du végétal, jointe à sa formation sous l'influence d'une blessure, m'ont semblé des faits assez intéressants pour mériter une étude spéciale, à l'aide de matériaux nouveaux, et notamment le bois frais et non altéré du Linaloe. D'autre part, lorsque l'étude chimique de l'essence, dont M. Verneuil, préparateur de chimie au Muséum, a bien voulu se charger, sera plus avancée qu'elle ne l'est actuellement, elle jettera, sans doute, quelque lumière qui viendra concourir à l'explication du premier phénomène observé. C'est une étude que M. Verneuil et moi nous réservons.

Les premiers résultats auxquels mon savant collaborateur est arrivé sont les suivants : Le bois de Linaloe, divisé en copeaux, se prête facilement à l'extraction de son essence par distillation avec la vapeur d'eau. Il a obtenu 7, 9 pour cent d'essence dans ces conditions, et le bois desséché n'a plus sensiblement d'odeur.

Cette essence, après dessiccation sur le chlorure de calcium, distille presque entièrement entre 189—192°. Il reste dans l'alambic une petite quantité d'un corps résineux beaucoup moins volatil.

Cette essence est oxygénée. Elle répond à la formule $2[C^{20}H^{16}]5\,HO$ comme le montre l'analyse suivante :

Trouvé	Calculé pour $2[C^{20}H^{16}]5\,HO$
C = 75,64	75,73
H = 11,68	11,67
O = 12,68	12,61

Cette formule $2[C^{20}H^{16}]5\,HO$ répond à un hydrate de térébenthène ou d'un isomère.

Ce corps absorbe lentement l'oxygène en se résinifiant. Il ne se combine pas au bisulfite de soude. La coloration rouge-brun, qu'il prend sous l'influence de l'acide sulfurique concentré, est tout à fait analogue à celle que produit le térébenthène avec le même acide.

EXPLICATION DE LA PLANCHE X

1. Rameau de fleurs mâles (*grand. naturelle*).
2. Bouton (*grossi*).
3. Fleur mâle (*coupe, grossie*).
4. Fruit (*grossi 1 fois*).
5. Diagramme de la fleur mâle.

M. Édouard CHEVREUX

Directeur adjoint du laboratoire de Pen-Château.

SUITE D'UNE LISTE DES CRUSTACÉS AMPHIPODES ET ISOPODES DES ENVIRONS DU CROISIC

— *Séance du 5 septembre 1884* —

J'ai présenté, l'année dernière, à la section de Zoologie du Congrès de Rouen, une liste fort incomplète des Crustacés Amphipodes et Isopodes des environs du Croisic, c'est-à-dire de la partie de la côte comprise entre l'embouchure de la Loire et la presqu'île de Quiberon ; cette liste comprenait soixante-quatorze espèces ; depuis cette époque, j'ai continué mes recherches sans interruption, et grâce à des procédés de dragage plus perfectionnés, j'ai réussi à recueillir cinquante-deux nouvelles espèces, ce qui forme un total de quatre-vingt-quatre Amphipodes et quarante-deux Isopodes.

J'ai désigné sous la rubrique *species* les espèces dont je n'ai pu trouver la description dans les ouvrages de Bate et Westwood, Costa, Lilljeborg, Norman, que j'ai consultés.

AMPHIPODES

1. *Nicea* sp. — Assez commune le long de la jetée et des quais du Croisic et sur les roches de Belle-Ile, dans le *Fucus serratus*.

Cette espèce, très voisine de *Nicea Lubbockiana*, en diffère par la forme du prolongement du métacarpe du deuxième gnathopode, et par la forme du doigt de la première paire de pattes thoraciques.

2. *Nicea* sp. — J'ai trouvé cette espèce le long de la jetée du Croisic, côté ouest, et sur les roches de la côte sud, dans les alvéoles vides de *Balanus sulcatus*; elle est moins commune que la précédente, et la vivacité des sauts qu'elle exécute ne permet que difficilement de s'en emparer ; en voici la description :

Yeux ronds et noirs ; antennes supérieures un peu plus longues que le pédoncule des inférieures, égalant en longueur la tête et les deux premiers anneaux du thorax ; fouet aussi long que le pédoncule ; antennes inférieures ayant un peu plus du tiers de la longueur de l'animal, fouet de la longueur du pédoncule et composé de douze articles. Métacarpe de la première paire de gnathopodes presque aussi large que long ; bord antérieur arrondi, garni de quelques poils et d'une dent à l'extrémité postérieure ; métacarpe de la deuxième paire de gnathopodes beaucoup plus grand que celui de la première, mais à peu près de même forme ; bord antérieur droit ; pattes thoraciques courtes et robustes ; dernière paire d'uropodes très courte et simple ; telson profondément fendu.

Chez la femelle, les antennes sont plus courtes et la deuxième paire de gnathopodes beaucoup plus petite.

Couleur jaune verdâtre ; longueur : mâle, 13^{mm} ; femelle, 10^{mm}.

3. *Montagua monoculoïdes* S. Bate. — Peu commune dans les *Corallina officinalis* à Saint-Goustan, et sur les Algues draguées dans le pool du trait du Croisic.

4. *Lysianassa atlantica* M.-Edwards. — Draguée en rade du Croisic, sable, 10^m. — Très rare.

5. *Anonyx Edwardsii* Kroyer. — Un spécimen trouvé sur un *Echinus melo* dragué dans le sud de Belle-Ile, 60^m.

6. *Haploops tubicola* Lilljeborg. — Je n'ai dragué ces Amphipodes qu'à l'accore du Four et de Basse-Hikerie, par 15^m, sable vaseux ; je les ai toujours trouvés dans des tubes de vase agglutinée, ouverts aux deux extrémités, de la grosseur d'un tuyau de plume, et de 0^m,08 à 0^m,10 de long.

Norman, *On Crustacea Amphipoda new to science or to Britain*, donne une description très exacte et très détaillée de cette espèce rare ; j'y ajouterai que les yeux sont d'un rouge vif, le thorax et l'abdomen rose transparent, et que le coxa du premier gnathopode, qui est dirigé en avant et dépasse un peu la tête, est jaune soufre, ainsi que le bord antérieur des gnathopodes.

7. *Haploops* sp. — Cette espèce extrêmement rare habite dans des tubes semblables à ceux de la précédente ; je n'en ai dragué qu'un spécimen, en même temps que plusieurs *Tubicola*, sur Basse-Hikerie ; il diffère du type *Tubicola* en ce que la tête porte un petit rostre, et en ce que la dernière paire d'uropodes est garnie de longs cils plumeux, ainsi que toutes les pattes thoraciques.

8. *Kroyera* sp. — Assez commune en rade du Croisic, gravier, 10^m, et dans le nord-ouest de Basse-Hergo, sable, 8^m.

Cette espèce diffère de *Kroyera altamarina* S. Bate en ce que les antennes sont très courtes et sous-égales, et en ce que, dans le deuxième gnathopode, ce n'est pas un prolongement du carpe qui s'étend jusqu'à l'extrémité du doigt, mais bien une sorte de doigt supplémentaire, articulé sur le métacarpe au tiers inférieur de sa longueur.

Une variété, dont je n'ai trouvé qu'un spécimen contre une cinquantaine de la précédente, en diffère en ce que les antennes inférieures sont deux fois plus longues que les supérieures.

9. *Amphilochus manudens* S. Bate. — Un spécimen dragué à Basse-Hergo, gravier, 6^m. Il diffère du type de S. Bate en ce que le prolongement du carpe du premier gnathopode est aussi long que le métacarpe ; à part cela, il est en tout conforme à la description de Bate et Westwood ; cette description ayant été faite d'après un spécimen unique n'ayant que deux vingtièmes de pouce de longueur, tandis que celui que j'ai trouvé atteint une taille plus que double, la petite différence que je signale n'est peut-être due qu'à une question d'âge ou de sexe.

10. *Urothoe marinus* S. Bate. — Dragué dans le nord-ouest de Basse-Hergo, sable coquillier, 6^m, et trouvé rarement dans le sable du banc de la Barre.

11. *Urothoe elegans* S. Bate. — Dragué avec le précédent. — Très rare.

12. *Lilljeborgia shetlantica* Bate et Westwood. — Un spécimen dragué à Basse-Hergo, sable coquillier, 5^m. Il diffère du type d'Angleterre en ce que les trois dernières paires de pattes thoraciques ne sont pas dentelées à la partie postérieure.

13. *Dexamine tenuicornis* Rathke. — Très commune au printemps dans des *Schizonema*, au bas de la jetée du Croisic ; je ne l'ai jamais trouvée ailleurs.

14. *Atylus gibbosus* S. Bate. — Dragué près Basse-Hergo, 8ᵐ, sur des Algues. — Rare.

15. *Leucothoe furina* Savigny. — Draguée dans l'anse de la Turballe, sable fin, 7ᵐ. — Très rare.

16. *Microdeutopus anomalus* S. Bate. — Très commun dans le pool du trait du Croisic et dans les réservoirs des marais salants, sur des Algues.

17. *Microdeutopus versiculatus* S. Bate. — Dragué à Basse-Hikerie ; très rare. Les antennes inférieures et la dernière paire de pattes thoraciques, qui manquaient au spécimen décrit par Bate et Westwood, ressemblent aux organes correspondants du *M. gryllotalpa*.

18. *Protomedeia hirsutimana* S. Bate. — Draguée dans le sud-ouest de Basse-Hikerie, sable vaseux, 15ᵐ. — Très rare.

19. *Bathyporeia pilosa* Lindström. — Draguée dans l'anse de la Turballe, et trouvée dans le sable fin de la baie Chelet.

La taille, beaucoup plus grande que celle du spécimen unique décrit par S. Bate, atteint 10ᵐᵐ; les yeux sont bien distincts et ovales.

20. *Gammarella brevicaudata* S. Bate. — Espèce très commune sous les pierres, sur toute la côte du Croisic.

21. *Melita proxima* S. Bate. — Draguée en baie de la Turballe, 10ᵐ, sable. — Très rare.

22. *Eurystheus erythroptalmus* S. Bate. — Trouvé fréquemment sur la carapace des *Maia squinado* dragués dans le sud de Belle-Ile, 60ᵐ; dragué au Four et dans le pool du trait du Croisic, ainsi que sur les Zostères du chenal; assez commun.

Le telson, au lieu d'être cylindrique comme dans le type anglais, est squamiforme.

23. *Megamœra Othonis* S. Bate. — Un spécimen dragué en rade du Croisic, gravier, 10ᵐ. D'après Norman, *On Crustacea Amphipoda new to science or to Britain*, cet Amphipode ne serait pas une espèce distincte, mais la forme femelle de *Megamœra longimana*.

24. *Megamœra Alderi* S. Bate. — Draguée en rade du Croisic, et trouvée sur la carapace des *Maia squinado* dragués dans le sud de Belle-Ile, 60ᵐ. Assez rare. D'après Norman, ce Crustacé serait la forme femelle de *Melita obtusata*.

25. *Eiscladus longicaudatus* ? Bate et Westwood. — Assez abondant sur les *Maia squinado* dragués au large par 60 à 80ᵐ; dragué rarement en rade du Croisic et entre le Four et Basse-Hikerie, par 15ᵐ, sable vaseux. — Chez les spécimens que j'ai recueillis, la dernière paire d'appendices abdominaux est beaucoup moins longue que sur la figure de Bate et Westwood; peut-être faudrait-il les rapporter à l'*Eiscladus brevicaudatus* dont parle Norman, *Reports of deep sea dredging on the coasts Northumberland and Durham*, 1864, et qu'il cite comme une espèce nouvelle sans en donner la description.

26. *Amphitoe* sp. — Très commune dans la *Corallina officinalis*, principalement au bout de la jetée du Croisic ; draguée sur le plateau du Four, et dans le pool du trait du Croisic.

Cette espèce ressemble beaucoup à l'*Amphitoe rubricata* Leach ; elle n'en diffère que par la forme du métacarpe du deuxième gnathopode, le bord antérieur, au lieu d'être presque continu avec l'inférieur, étant séparé de lui par une pointe aiguë. Les spécimens adultes sont d'un beau rouge brun ; les jeunes sont d'un rouge plus clair. J'ai dragué dans le pool du trait du Croisic des types de couleur verte pointillée de noir, qui se rapportent parfaitement à l'espèce décrite par M. Yves Delage, dans son catalogue des Crustacés des environs de Roscoff. Ils ne diffèrent des types rouges que par la taille, qui est un peu moins forte.

27. *Sunamphitoe Hamulus* S. Bate. — Trouvée à Saint-Goustan dans la *Corallina officinalis*, et draguée dans le pool du trait, sur des Algues. — Assez rare.

28. — *Podocerus variegatus* Leach. — Dans la *Corallina officinalis*, et les racines de *Laminaria bulbosa*, le long de la jetée du Croisic. — Assez rare.

29. *Podocerus ocius* S. Bate. — Au bas de la jetée du Croisic, au printemps, dans des *Schizonema*. — Très rare.

30. — *Cerapus difformis* M.-Edwards. — Dans le chenal de Pen-Bron, sur *Laminaria bulbosa*. — Très rare.

31. — *Dercothoe punctatus* M.-Edwards. — Un spécimen femelle dragué sur Basse-Bezon, 6ᵐ.

. 32. *Siphonœcetes typicus* Kroyer. — Dragué en rade du Croisic, sur des Algues; très rare. — La tête est armée d'un petit rostre très aigu qui n'est pas signalé dans la description de Bate et Westwood.

33. *Siphonœcetes Whitei* Gosse. — Un spécimen dragué en rade du Croisic, 10ᵐ, sable. J'ai cru devoir rapporter cette espèce à *S. Whitei*, bien qu'elle diffère de la figure de Bate et Westwood par la longueur de l'antenne supérieure, qui atteint les deux tiers de la longueur de l'inférieure, le fouet ne paraissant pas articulé; elle se rapproche par conséquent du type décrit par Gosse sous le même nom, dont l'antenne supérieure est plus longue que la moitié de l'animal. La forme du métacarpe du second gnathopode caractérise, du reste, suffisamment cette espèce.

34. *Nœnia tuberculosa* S. Bate. — Sur la carapace d'un *Maia squinado*. — Très rare.

35. *Cyrtophium* sp. — Il ressemble au *C. Darwinii* S. Bate comme aspect général, le thorax et l'abdomen paraissant imbriqués, la tête et l'abdomen ayant la même forme; mais les antennes supérieures possèdent un petit appendice uniarticulé, et un fouet composé de sept articulations, et le bord inférieur du métacarpe du second gnathopode est lisse au lieu d'être crénelé. — L'animal est d'un beau rouge foncé.

Trouvé à Saint-Goustan dans les *Corallina officinalis*. — Assez rare.

36. *Dryope irrorata* S. Bate. — Un spécimen dragué à l'accore de Basse-Hikerie; un autre dragué dans le sud de l'Inconnu, sable vaseux, 16ᵐ.

37. *Dryope crenatipalmata* S. Bate. — Un spécimen dragué en rade du Croisic, 10ᵐ.

38. *Corophium Bonelli* M.-Edwards. — Dragué en hiver dans le pool du trait du Croisic. — Très rare.

39. *Corophium crassicorne* Bruzelius. — Dragué avec le précédent. — Très rare.

40. *Lestrigonus* sp. — Assez commun sur les *Rhizostoma* et les *Aurelia*. — Ce *Lestrigonus* a déjà été signalé par M. Yves Delage dans son catalogue des Crustacés des environs de Roscoff; il diffère de l'*Exulans* en ce que le métacarpe des gnathopodes n'est pas dentelé, non plus que la paire postérieure d'uropodes; enfin les antennes supérieures sont un peu plus courtes que les inférieures.

41. *Lestrigonus* sp. — Avec le précédent, mais plus rare. Il a été aussi signalé par M. Yves Delage; il diffère du *Kinahani* S. Bate en ce que les uropodes postérieurs ne sont pas dentelés.

42. *Proto pedata* Fleming. — Espèce rare, draguée dans le pool du trait du Croisic, sur des Algues, et en baie de Quiberon.

43. *Proto Goodsirii* S. Bate. — Dragué avec le précédent. — Rare.

44. *Protella phasma* S. Bate. — Draguée avec les précédents. — Très commune.

45. *Caprella Hystrix* Kroyer — Draguée avec les précédents. — Assez rare.

ISOPODES

46. *Anceus Halidaii* Bate et Westwood. — Un spécimen mâle trouvé dans un tube vide de Serpule fixé sur une coquille de Buccin draguée en baie du Croisic, 10ᵐ.

47. *Arcturus longicornis* Westwood. — Deux spécimens dragués dans le pool du trait du Croisic, sur des Algues.

48. *Cymodocea emarginata* Leach. — Rocher du Treillis, dans *Corallina officinalis*. — Rare.

49. *Nœsa bidentata* Leach. — Commune partout dans les alvéoles vides de *Balanus sulcatus*.

50. *Campecopea hirsuta* Leach. — Très commune dans les alvéoles vides de *Balanus balanoïdes*.

51. *Campecopea Cranchii* Leach. — Très commune avec la précédente.

52. *Platyarthrus Hoffmannseggii* Brandt. — Dans les fourmilières, sur la pointe de Pen-Château. — Rare.

M. Édouard CHEVREUX

Directeur adjoint du laboratoire de Pen-Château.

LE PAGURUS PRIDEAUXII ET SES COMMENSAUX

— Séance du 6 septembre 1884 —

Je n'ai dragué le *Pagurus Prideauxii*, associé avec l'*Adamsia palliata*, que dans le sud de Belle-Ile, sur des fonds de gravier, par 50 à 60 mètres de profondeur; dans ces parages, ils habitent toujours des coquilles de *Natica* de petite taille, ou plus rarement de *Trochus*, et jamais les grandes coquilles de *Buccinum undatum*, si communes pourtant sur les mêmes fonds. On peut en conclure que le *P. Prideauxii*, associé avec l'Actinie, ne change pas de coquille en grossissant, comme font les autres Crustacés du genre; la membrane cornée sécrétée par l'*A. palliata*, et qui a été si bien décrite par Gosse, sert pour ainsi dire de prolongement à la coquille, et enveloppe l'abdomen du Pagure, tout en supportant l'Actinie. J'ai conservé en captivité des *P. Prideauxii* de grande taille, mesurant 7 à 8 centimètres de long de la tête à l'extrémité de l'abdomen, habitant des coquilles de *Natica intricata;* l'extrémité seule de l'abdomen était contenue dans la coquille, le reste étant protégé par la membrane cornée de l'*A. palliata;* de très jeunes spécimens, au contraire, habitaient des coquilles semblables, plutôt trop grandes pour eux, et bordées tout le long du péristome par une jeune *A. palliata*.

La *Nereilepas fucata*, commensale habituelle du *P. Bernhardus* dans les coquilles de *B. undatum*, se trouve souvent associée avec le *P. Prideauxii* et l'*A. palliata;* la petite coquille de *Natica* ne peut évidemment contenir cette Annélide de grande taille, non plus que l'abdomen du Pagure; c'est donc la membrane cornée sécrétée par l'*A. palliata* qui lui sert aussi d'abri.

Bien qu'il soit assez difficile de conserver longtemps ces animaux en captivité, j'avais réussi à garder pendant près de trois mois un *P. Prideauxii* avec son *A. palliata* en bonne santé. Un matin, par suite d'un accident arrivé au cristallisoir qui les contenait, je trouvai mes animaux à sec depuis plusieurs heures; le Pagure était mort, et l'Actinie ne valait guère mieux; replacée dans l'eau, elle ne donnait pas signe de vie; j'avais dans un autre aquarium un *P. Prideauxii* veuf depuis longtemps déjà de son *Adamsia*, et à qui j'avais offert comme logis une coquille de *N. monilifera* de grande taille; j'eus l'idée de mettre ces animaux en présence; à peine le Pagure eut-il aperçu l'Actinie qu'il s'élança vers elle, la saisit entre ses pinces et s'enfuit dans un coin, comme s'il eût trouvé une proie appétissante; j'observai avec attention ce qui allait se passer, tout en craignant fort que la brutalité des mouvements du Pagure n'achevât l'Actinie. Au bout de quelques instants, il plongea une de ses pinces dans la cavité formée par la membrane cornée de l'*Adamsia* et parut y chercher quelque chose en tàtonnant; à ma grande surprise, une *N. fucata*, qui y était cachée, en sortit vivement et se précipita dans l'espace vide de la coquille de *Natica* habitée par le Pagure, que celui-ci lui offrait en sortant à moitié de son abri; notre Crustacé, paraissant satisfait, serra fortement l'Actinie entre ses pinces et ne bougea plus. Un peu plus tard, et d'heure en heure, je retournai visiter mon Pagure; il tenait toujours l'Actinie dans ses pinces, la tournant et la retournant fréquemment, et la pinçant légèrement de côté et d'autre à plusieurs reprises; j'essayai sans succès de la lui faire lâcher un instant, mais même en le forçant à ouvrir une de ses pinces et en le sortant de l'eau, il continuait à la serrer fortement contre lui avec la pince restée libre; d'autre part, l'*Adamsia* revenait peu à peu à la vie et commençait à déployer ses tentacules.

Le soir, la situation n'avait pas changé; mais le lendemain matin, lorsque je retournai visiter mon aquarium, le *P. Prideauxii* avait abandonné la coquille de *Natica* et s'était introduit, au lieu et place de son prédécesseur, dans la cavité formée par la membrane cornée de l'*A. palliata*; bien entendu l'Annélide l'y avait suivi.

Pendant quarante-huit heures, je n'observai rien de particulier; le Pagure paraissait satisfait de son nouveau logement et l'*Adamsia*, pleine de vie, épanouissait largement ses tentacules; la grande coquille de *Natica* était restée dans un coin de l'aquarium; le troisième jour, ma surprise fut grande en y trouvant installés non seulement le Pagure, mais l'Actinie, qui, ayant abandonné sa membrane cornée ainsi que la petite coquille de *N. intricata*, dont cette membrane formait le prolongement, se trouvait fixée sur la grande coquille, qu'elle enveloppait presque en entier; ce déménagement s'était opéré pendant la nuit, et je regrettai vivement de n'avoir pu surprendre les agissements de ces animaux; il est, en effet, assez difficile de s'expliquer par quel procédé le Pagure a pu décider l'Actinie à changer de domicile.

M. le Docteur LEMOINE

Professeur à l'École de Médecine de Reims.

SUR LE DÉVELOPPEMENT DES ŒUFS DU PHYLLOXERA DU CHÊNE A FLEURS SESSILES PHYLLOXERA PUNCTATA

— *Séance du 6 septembre 1884* —

J'ai observé le développement complet de l'œuf de la forme aptère, de la forme ailée et ses premières phases dans l'œuf pondu par la femelle (œuf d'hiver).

Chaque sac ovarien jeune est constitué par un amas de petits noyaux occupant son pôle inférieur et paraissant être le point de départ des éléments cellulaires situés à sa partie supérieure, et dont le développement est d'autant plus considérable que l'on se rapproche du pôle supérieur.

La masse de noyaux donne passage à un moment donné à un ovule dont le pédicule semble se relier à une loge vide correspondant à un des éléments précédemment indiqués. Cette masse servirait-elle à la nutrition de l'ovule en même temps qu'à la formation des noyaux qui doivent le constituer?

La ponte est effectuée, chez la femelle de la première génération, sous un repli du bord de la feuille; plus tard, les femelles pondent constamment sur la face inférieure même de la feuille : elles tournent sur elles-mêmes de telle façon que leur extrémité postérieure, décrivant une circonférence, dépose les œufs suivant un ou deux cercles concentriques.

La femelle de la première génération pond de 160 à 200 œufs, la seconde génération de 60 à 80 œufs, les dernières générations ne pondent plus que 12, 10 et même 4 et 3 œufs.

Les œufs de la forme aptère sont fixés solidement à l'aide de fils courts et épais.

La forme ailée dépose un nombre limité d'œufs mâles ou femelles sous un lacis filamenteux.

La femelle proprement dite ne pond qu'un seul œuf, caractérisé par un prolongement pédiculé, que nous avons trouvé le plus souvent contourné sur lui-même et qui nous semble destiné à la pénétration des spermatozoïdes.

L'œuf, aussitôt la ponte, est composé d'une zone périphérique granuleuse et d'une masse centrale vitelline. Cette masse centrale subit une segmentation superficielle, d'où la production d'une série de noyaux qui, pénétrant dans la zone périphérique, constituent, à l'aide des éléments de cette zone, la couche blastodermique.

Le blastoderme s'épaissit au pôle supérieur, qui prend l'apparence d'un véritable cumulus, semblant plus tard devoir donner naissance à la crête de suspension de l'embryon et au pôle inférieur où va se développer l'embryon lui-même.

L'épaississement inférieur du blastoderme se replie et s'invagine de plus en plus dans la masse vitelline centrale. Celle-ci, jusque-là lisse et unie sur son contour, subit une segmentation secondaire et totale, d'où la formation d'une masse de globules vitellins, dans laquelle s'insinue la bandelette embryonnaire. Celle-ci se contourne de façon à constituer en dernier lieu une région caudale repliée sur la région céphalo-thoracique. Les membres se développent successivement de la région céphalique à la région abdominale. L'embryon subit alors une sorte de concentration suivant son axe longitudinal; cette concentration contribue déjà à redresser ses différentes parties; aussitôt se produit le mouvement de retournement, qui dure de une heure un quart à une heure et demie et qui s'effectue en deux temps. La région nucale de la tête de l'embryon remonte effectivement tout d'abord en arrière, de telle sorte qu'elle vient se mettre en contact avec l'extrémité anale demeurée immobile; alors celle-ci effectue son mouvement de descente et l'embryon se trouve occuper la situation qu'il conservera jusqu'à l'éclosion de l'œuf.

Nous avons suivi le mode de développement des membres des diverses parties du système nerveux et du tube digestif. Bientôt apparaissent les yeux, puis la crête denticulée noirâtre qui relie le sac d'enveloppe de l'embryon au pôle supérieur de la coquille de l'œuf et semble par conséquent jouer le même rôle que la vésicule amniotique que nous avons décrite chez les Podurelles. Cette crête de suspension paraît plus tard contribuer à l'ouverture de l'œuf par la désagrégation des parties sur lesquelles elle se fixe.

L'éclosion de l'œuf s'effectue par la rupture de la coque, puis du sac qui contient l'embryon. Celui-ci, quand il est destiné à donner naissance à la forme aptère, se met aussitôt en mouvement. S'il s'agit d'œufs issus de la première génération, les divers embryons se parquent, pour ainsi dire, en se maintenant à une distance suffisante les uns des autres pour pouvoir effectuer leur ponte consécutive.

Pour les générations suivantes, les jeunes Phylloxeras quittent le plus souvent la feuille déjà entamée pour gagner les feuilles voisines complètement saines. Ils nous ont paru, dans ce cas, gagner, à l'aide des nervures secondaires, la nervure principale, et par suite le pétiole de la feuille.

Pour les œufs mâles et femelles, les choses ne se passent pas tout à fait de même. Il y a exfoliation successive, d'abord de la coque de l'œuf, puis du sac embryonnaire denticulé. Le jeune Phylloxera continuant à rester immobile subirait une et peut-être deux mues, et ce serait alors seulement qu'il se mettrait en mouvement pour effectuer l'acte physiologique auquel il est destiné.

M. le Docteur LEMOINE

Professeur à l'Ecole de Médecine de Reims.

SUR L'ORGANISATION DU PHYLLOXERA DU CHÊNE A FLEURS SESSILES PHYLLOXERA PUNCTATA

— *Séance du 8 septembre 1884* —

J'ai observé à la fois le Phylloxera du chêne à fleurs sessiles de nos environs, qui paraît bien correspondre au *Phylloxera punctata* et un Phylloxera peut-être nouveau comme espèce, caractérisé par son apparence cordiforme, due à une légère échancrure du centre de sa région frontale et par les véritables éminences épineuses qui garnissent la surface du corps de l'adulte. Il présente une teinte jaunâtre générale assez foncée et l'on ne distingue plus ces masses rougeâtres si caractéristiques du *Phylloxera punctata*.

Si nous envisageons tout d'abord le Phylloxera punctata à ses différents âges, nous voyons pour la forme aptère des modifications se produire, non seulement dans la disposition générale du corps, qui tend à la fois à s'accroître et à s'élargir, mais encore dans sa coloration générale sur laquelle tranchent de plus en plus les glandes rouges, et surtout les glandes cutanées externes qui, d'abord saillantes et fortement élargies sur leur contour périphérique, tendent à s'atténuer de plus en plus.

La forme aptère de la première génération de l'année est plus élargie à son extrémité antérieure, où la tête est plus confondue avec le thorax.

Les âges successifs de la forme aptère sont séparés par des mues, pendant lesquelles la peau se fend le long de la région dorsale suivant les deux tiers de sa longueur. L'animal sort alors sa tête et son thorax de l'enveloppe générale, qui se plisse et se retire le long de la région abdominale. Celle-ci finit par se dégager à l'aide de mouvements de contraction qui rejettent la pellicule cuticulaire vers l'extrémité anale. Les deux dernières mues se rencontrent constamment à côté de chaque Phylloxera qui

pond, et la dernière mue est vis-à-vis du premier œuf pondu. J'ai pu
observer les modifications subies par la nymphe, chez laquelle s'allongent
les pattes et les antennes, à la suite d'une sorte de ramollissement de la
partie périphérique du membre. L'organe cupulaire de l'extrémité de
l'antenne s'allonge, un second organe analogue apparaît près de la partie
basilaire. Le thorax présente le développement de deux sortes de petits
sacs sur les points où vont se former les ailes. Le corps, jusque-là resté
jaune, devient rougeâtre par suite de l'apparition d'une série de granula-
tions provenant sans doute d'un travail régressif qui va donner naissance
aux masses de formation des ailes. Celles-ci, apparues d'abord sous la
forme de petits mamelons repliés en éventail, s'allongent de plus en plus.
La masse musculaire qui doit les animer forme un petit disque qui se
constitue du pourtour au centre de l'animal, et l'on assiste au développement des divers muscles bien remarquables par la richesse de leur lacis
trachéal. La peau de la nymphe se sépare de plus en plus du corps de la
forme ailée qu'elle contient, et l'on voit comment les trois ocelles de la
nymphe correspondent bien aux yeux latéraux si développés de la forme
ailée. De nouveaux yeux se développent sur les côtés et au sommet du
vertex. Les antennes et les pattes plissées sont manifestement plus longues que l'étui qui les contient encore. La peau de la nymphe se fendant
d'avant en arrière descend peu à peu pour s'accumuler à l'extrémité anale
de la forme ailée qui vient d'en sortir. Celle-ci a tout d'abord une transparence des téguments telle que l'on peut facilement étudier l'ensemble de son
organisation interne ; puis les téguments durcissent et prennent une teinte
violacée, notamment au niveau de la tête et du thorax. Les ailes, tout
d'abord plissées et recroquevillées, se déplient et s'étendent de façon à
prendre la forme et le volume nécessaires à leur acte physiologique. Ce
déploiement des ailes se produit sous l'influence de la pénétration du
liquide de la cavité du corps. Ce liquide semble se coaguler de façon à
réunir solidement les deux parois de l'aile. Effectivement, les trachées
jusque-là mobiles dans l'intérieur de l'aile se fixent. Cette année, sous
l'influence d'une température exceptionnellement chaude, les formes
ailées se sont développées beaucoup plus tôt et en beaucoup plus grand
nombre ; mais, fait bien curieux, à côté de formes normales ayant quatre
ailes, nous avons trouvé d'autres formes chez lesquelles il y avait eu avortement d'une, deux, trois, et même de la totalité de ces appendices. Dans
ce dernier cas, la nymphe avait conservé sa teinte jaunâtre primitive ;
néanmoins, les muscles des ailes existaient.

On sait que la dernière forme aptère de l'année pond des œufs mâles et
femelles aussi bien que la forme ailée. Les mâles et les femelles issus des
œufs pondus par la mère aptère nous ont paru plus grands, plus allongés
que les individus issus de la forme ailée. Ils se rapprochaient plus du

type normal, à la fois par leur forme générale et par leur organisation interne. En effet, l'ovaire de la femelle nous a paru moins atrophiée dans ses diverses parties, parfois même nous avons vu deux et trois œufs en voie de développement. Le tube digestif, bien que privé d'orifice supérieur, offre également un développement relatif à la fois chez la femelle et chez le mâle. Chez les individus sexués issus de la forme ailée, le tube digestif ne semble plus représenté que par une petite masse jaunâtre, résultant sans doute de l'accumulation de produits d'excrétion.

Si nous passons rapidement en revue les divers organes du Phylloxera à ses différents âges, nous ne pouvons que signaler l'étude que nous avons faite du système tégumentaire et de ses glandes, du système musculaire que nous avons pu envisager, tant au niveau du tronc, où il constitue des sortes de longues bandelettes longitudinales, reliées par des bandelettes transversales, que des membres, où existe un système très complet de muscles extenseurs et surtout fléchisseurs. La striation des fibres musculaires est très nette ainsi que leur mode de fixation aux tendons chitineux.

La masse nerveuse sus-œsophagienne, assez volumineuse, se subdivise en masses secondaires, en même nombre que les nerfs qui en partent. La masse nerveuse sous-œsophagienne est concentrée en une masse multilobée.

L'appareil digestif consiste en une série de dilatations plus pâles au voisinage de la dilatation stomacale ; un contournement sous forme d'anse existe au niveau de l'intestin, qui se trouve surmonté de petits sacs périphériques jouant sans doute le rôle des tubes de Malpighi absents ; en effet, des cristaux se rencontrent dans le point correspondant de l'intestin. Les extrémités œsophagienne et rectale sont relativement étroites. Les glandes salivaires sont volumineuses et il existe sur toute la longueur du corps des glandes rougeâtres arrondies, à noyau central bien défini.

Le cœur, dans sa partie postérieure, est relativement large et aplati, et masque plus ou moins la portion correspondante de l'intestin. Ses mouvements sont bien appréciables, ainsi que le jeu de ses valvules. Son extrémité terminale est reliée à l'extrémité anale du corps par une bride musculaire. Nous n'insisterons pas sur la description du système trachéal et de ses orifices, déjà si complètement faite sur le Phylloxera de la vigne.

Les organes génitaux ont été étudiés d'une façon spéciale par M. Balbiani. Ils consistent en deux ovaires qui se confondent en un conduit unique sur lequel se trouvent fixées deux glandes latérales auxquelles font suite des sacs pédiculés.

Un gros sac impair formant une dilatation supérieure considérable à laquelle fait suite une dilatation plus petite, striée transversalement,

puis un long pédicule, a été considéré comme l'analogue de l'organe copulateur de la femelle fécondable. Nous aurions de la tendance à envisager
cette sorte de réservoir comme ayant plutôt de l'analogie avec deux sacs
de même forme que nous avons étudiés chez l'Aspidiotus du laurier-rose,
et qui s'ouvrent manifestement de chaque côté de l'anus. Les organes
génitaux de la femelle fécondable offrent la plus grande analogie, comme
description, sauf la présence d'une poche copulatrice interposée entre les
deux glandes latérales.

Chez le mâle, les organes génitaux consistent en deux masses testicu-
laires relativement simples et pâles, venant s'ouvrir dans un réservoir
commun, auquel aboutissent également deux organes multilobés.

Le réservoir commun est susceptible de faire saillie au dehors en constituant un véritable organe copulateur qui franchit un orifice limité inférieurement par deux petites pièces allongées, et supérieurement par un
petit mamelon à pointes chitineuses, que l'on doit considérer comme les
analogues des pièces décrites par M. Balbiani chez le Puceron.

M. le Docteur LEMOINE

Professeur à l'École de Médecine de Reims.

DE LA SECTION SPONTANÉE ET ARTIFICIELLE DE L'ENCHYTRŒUS ALBIDUS

— *Séance du 8 septembre 1884* —

La reproduction chez l'Enchytrœus s'effectuant uniquement à l'aide
d'œufs pondus, les sections spontanées observées chez cet Annélide sont
par suite essentiellement différentes du sectionnement déjà si souvent et
si complètement décrit chez d'autres types de la même classe et qui a
comme résultat la séparation, aux dépens d'un individu souche, d'un certain nombre de nouveaux individus. Il n'y a guère que dans les faits
signalés par MM. de Quatrefages et Perrier que l'on trouve indiqués des
phénomènes analogues.

Le sectionnement spontané observé chez l'*Enchytrœus albidus* vers la fin
de l'automne a comme résultat l'élimination de la partie postérieure du
corps mortifiée. Quelquefois, mais beaucoup plus rarement, la mortification
se produit au niveau de la partie antérieure, mais alors il persiste plus ou
moins longtemps un tube cuticulaire, car l'élimination est beaucoup plus

lente à se produire. Parfois la section spontanée a lieu chez un individu complètement sain; elle met alors plusieurs jours à s'effectuer. Il se produit tout d'abord un sillon de séparation vers la partie moyenne du corps entre les segments antérieurs et les segments postérieurs. Ce sillon est limité aux parties extérieures et la cavité du corps est d'abord complètement conservée ainsi que le prouvent les mouvements de l'intestin et le passage des grégarines. Durant une section de ce genre dont nous avons pu suivre les différentes phases le lendemain il s'était produit un véritable pédicule entre les parties qui devaient se séparer, et toute communication était interrompue entre la cavité des deux segments. Le jour suivant le pédicule s'était déchiré sur une partie de son contour. Le quatrième jour enfin, le pédicule était complètement rompu et ses bords rétractés entouraient l'orifice, correspondant à chacun des segments. Beaucoup plus tard, en saison, on rencontre des segments isolés complètement clos aux deux extrémités et chez lesquels la partie antérieure de la chaîne ganglionnaire présente une dilatation.

Pour suivre ces modifications pas à pas, nous avons eu recours à des sections artificielles qui ont généralement bien réussi sur la forme automnale. Nous avons pu ainsi conserver vivants pendant cinq et six semaines des segments artificiels qui, observés à des intervalles plus ou moins rapprochés, ont pu, grâce à la transparence des téguments, nous permettre de nous rendre compte des modifications survenues dans les différents organes. Les sections transversales pratiquées dans ce cas étaient au nombre de deux, ce qui nous permettait d'obtenir un segment céphalique, un segment anal et un segment médian. Le segment céphalique, à la suite de la section, prenait une activité de locomotion nouvelle et le plus souvent même s'échappait de dessous la lamelle de verre. Quand nous le conservions entre des feuilles imprégnées d'eau, nous voyions plus tard l'extrémité postérieure du tube digestif oblitérée, puis une ou deux parties annulaires surajoutées qui, par suite de leur forme et de leur apparence, indiquaient de nouveaux anneaux en voie de production. Dans la substance simplement granuleuse de ces anneaux venait se perdre l'extrémité du tube digestif et de la chaîne ganglionnaire. Il n'y avait aucune modification appréciable dans les divers viscères.

Le segment anal, aussitôt après la section, continuait le plus souvent à progresser suivant sa direction première, puis il s'immobilisait. Son extrémité antérieure se refermait, et la partie correspondante de la chaîne ganglionnaire subissait une hypertrophie de plus en plus accentuée. Si nous envisageons le segment médian, il était immédiatement immobilisé, au moins au point de vue de la progression, car il ne présentait plus que de légers mouvements en arc de cercle de ses deux extrémités. Il roulait sur lui-même de façon à tourner en haut indifféremment sa face ventrale ou sa face dorsale. Ses spicules présentaient de légers mouvements, mais sans coordination aucune. Par suite de la constriction des fibres musculaires, il y avait occlusion des deux extrémités du corps surmontées chacune d'une sorte de manchette cuticulaire contenant des débris glandulaires. Ces différentes parties étaient à peu près complètement éliminées au bout de douze à quinze jours. A la même époque, l'occlusion, jusque-là purement momentanée et qui cessait sous la pression d'une lamelle de verre, était devenue définitive par suite de l'épanchement d'une substance qui devenait de plus en plus consistante. Au bout de trois semaines il n'y avait plus qu'un simple pertuis tant à l'extrémité antérieure qu'à l'extrémité postérieure. Au bout de quatre semaines l'occlusion était complète. Une semaine plus tard l'extrémité antérieure présentait une partie dépressible, véritable cupule artificielle due à l'adhérence de la partie correspondante du tégument aux tissus profonds. L'extrémité postérieure offrait un léger prolongement, première trace de la formation d'un nouvel anneau. Au bout de six ou sept semaines, la cupule antérieure présentait quelques mamelons, doués d'une sensibilité qui paraissait très réelle, par suite de l'inclusion de parties hypertrophiées du système nerveux.

L'extrémité opposée se prolongeait en un nouvel anneau rudimentaire, toujours imparfait comme constitution, car il contenait simplement une substance demi-granuleuse.

Le tube digestif se trouvait donc réduit à un appareil complètement clos. Dans cette cavité finissaient par apparaître des globules rougeâtres que l'on peut sans doute considérer comme des produits d'excrétion non éliminés. L'animal, au point de vue de la nutrition, ne pouvait donc emprunter ses aliments qu'aux parties précédemment incluses dans le tube digestif ou au liquide extérieur dans lequel il continuait à vivre.

Si nous considérons le système nerveux, son extrémité antérieure subissait un travail hypertrophique qui avait comme résultat de constituer une masse ovalaire déjà très appréciable au bout de quinze jours. Cette masse ovalaire se mamelonnait à sa surface et présentait un dédoublement antérieur au bout de trois semaines. Ce dédoublement antérieur offrait un prolongement d'abord grêle et lisse, qui au bout de cinq semaines était devenu une troisième masse mamelonnée ; celle-ci, continuant toujours à se développer, pénétrait dans les mamelons de la ventouse artificielle et jouait le rôle d'un véritable organe sensitif. En même temps que se produisaient ces modifications de la chaîne ganglionnaire en tant qu'éléments anatomiques, les fonctions physiologiques revenaient peu à peu. Au bout de quinze jours l'animal roulait encore sur lui-même et présentait quelques changements de forme, quelques contractions, mais pas de reptation réelle dans un sens déterminé. Les spicules sortaient et rentraient pour ainsi dire passivement. Au bout de trois semaines, la station était redevenue

normale, on observait une tendance à la progression en avant. Les spicules
présentaient des mouvements plus réguliers mais pas encore en rame.
Quatre semaines après la section, l'animal progressait d'une façon très
nette dans le sens antérieur. Au bout de cinq semaines il nous a paru
s'arcbouter sur son extrémité postérieure dirigeant en avant son extrémité
antérieure. Durant cette longue période, nous n'avons pas observé de modification dans les glandes de l'intestin ni dans les organes segmentaires.
Les contractions du vaisseau dorsal continuaient. Les éléments de l'hypo-
derme subissaient près des deux extrémités une hyperthrophie tout à fait
comparable à celle qui produit normalement les éléments de la ceinture.
Nous avons tenté de répéter ces sections sur la forme printanière; mais
alors l'animal, sans doute sous l'influence de la douleur, détruisait très
rapidement ses anneaux. En supprimant tout d'abord l'extrémité céphalique, nous avons pu retarder cette destruction, qui toujours avait lieu dans
l'espace de cinq à six jours, et alors on observait une désorganisation des
anneaux d'autant plus complète qu'il s'agissait de segments plus postérieurs.

M. le Docteur LEMOINE

Professeur à l'École de Médecine de Reims.

SUR TROIS LARVES D'INSECTES QUI DÉTRUISENT LE PHYLLOXERA PUNCTATA

— *Séance du 8 septembre 1881* —

L'étude des causes de destruction naturelles du Phylloxera pouvant offrir
un véritable intérêt pratique, j'ai recherché quels étaient les insectes des-
tructeurs du Phylloxera du chêne à fleurs sessiles (P. Punctata). J'ai reconnu que trois larves d'insectes s'attaquaient spécialement à ce parasite.
La première de ces larves peut être caractérisée par ses longues antennes,
composées d'un très grand nombre de petits articles et terminées par un
filament; par ses mâchoires et ses mandibules développées et par l'intercalation entre sa paire de griffes d'un poil gros et court terminé par une
partie renflée. Cette larve, qui paraît appartenir au groupe des Hemero-
bidæ, saisit le Phylloxera à l'aide de ses mâchoires, le soulève et le pétrit
pour ainsi dire, de façon à absorber le liquide qu'il contient. Souvent elle

le maintient fixé à une de ses mâchoires; elle presse ensuite entre ces deux appendices l'insecte ; une fois vide elle le rejette.

La deuxième larve a les articles thoraciques et abdominaux surmontés de mamelons noirs au nombre de trois sur chaque segment de l'abdomen et sur les deux derniers segments du thorax.

Le premier segment thoracique présente deux plaques semi-ovalaires parsemées chacune de points noirâtres. Le corps est hérissé de longs poils terminés par une sorte de bouton.

Les mandibules sont courtes, denticulées. Les mâchoires, longues, pluri-articulées, servent à saisir le Phylloxera et à le maintenir pendant que les mandibules produisent la plaie par laquelle le liquide sera extrait du corps.

Les antennes sont fort courtes et terminées par un poil effilé. Les yeux simples, au nombre de trois. L'extrémité des pattes est terminée par deux griffes et par deux poils munis d'une sorte de cupule.

Cette larve opère assez rapidement la succion du Phylloxera.

Nous n'avons pas pu connaître les métamorphoses de ces deux larves ni nous rendre compte de la forme de ces insectes à l'état parfait, mais il n'en a pas été de même pour la troisième larve, dont nous avons pu suivre les métamorphoses d'une façon complète. Cette larve, dans son jeune âge, a le corps rougeâtre et surmonté de faisceaux de poils blancs, au nombre de cinq sur les quatre premiers segments dorsaux du corps et de quatre sur les segments suivants. Les pattes sont fortes, munies d'ongles crochus et de poils à cupules. La tête est recouverte de plaques noirâtres formant au niveau de la région frontale deux appendices crochus. Les yeux sont petits, au nombre de trois; les antennes courtes, terminées par deux poils; les mandibules petites, les mâchoires volumineuses. La larve, en se déve-loppant, présente un élargissement de plus en plus prononcé des faisceaux de poils blancs, qui finissent par masquer la couleur rougeâtre du corps. Ces poils blancs ne sont, à proprement parler, que de petites productions, comme vermicellées, sécrétées par des glandes sous-jacentes. Ces produc-tions, détruites et enlevées, réapparaissent avec la plus grande rapidité. Cette larve s'attaque de préférence aux jeunes Phylloxeras, qu'elle détruit d'une façon tout à fait méthodique, saisissant les individus voisins les uns des autres. Aussi la feuille ne tarde-t-elle pas à être recouverte de Phylloxeras à corps desséché et comme ratatiné. La succion d'un Phyl-loxera dure en moyenne de 8 à 10 minutes. Le corps de l'insecte se dé-gonfle sous les yeux de l'observateur. A un moment donné il se distend et devient rougeâtre sous l'influence manifeste d'une poussée de liquide provenant du tube digestif de la larve. Ce liquide étant aspiré, le corps de l'insecte redevient blanc et plus petit pour se gonfler à nouveau à plusieurs reprises. Il semble bien que la larve ait comme but d'enlever du corps du Phylloxera toutes les particules alimentaires. Ce corps, complètement dégonflé, est abandonné par la larve, qui souvent revient à plusieurs reprises le serrer entre ses mandibules.

J'ai vu une larve de la même espèce s'attaquer à un Phylloxera arrivé presque à son complet développement. Le repas n'a pas duré moins de une heure et demie et j'ai pu suivre de quart d'heure en quart d'heure la diminution du volume du Phylloxera, qui a un moment donné s'est dilaté et a pris la couleur rougeâtre caractéristique de l'introduction du liquide de la larve. Celle-ci, de plus en plus dilatée et alourdie, a fini par quitter sa proie, qui présentait encore des contractions des pattes alors qu'elle était presque complètement vidée. Un nombre restreint de larves amène rapidement la destruction des nombreux Phylloxeras qui recouvrent une feuille de chêne, et il n'y a aucun doute que des ennemis analogues comme fonctionnement amèneraient assez facilement la diminution du nombre des Phylloxeras agglomérés à la surface d'une racine de vigne.

La forme et les caractères de la larve que nous venons de décrire indiquent bien qu'il s'agit d'un scymnus, fort petit coléoptère du groupe des Coccinelles. Nous avons vu, du reste, la larve adulte laisser échapper un liquide anal qui la fixait alors qu'elle allait se transformer en nymphe. Nous avons suivi les modifications de forme de la nymphe et nous avons assisté à l'éclosion de l'insecte parfait.

M. BOSTEAUX

Maire de Cernay-lès-Reims.

ÉTUDE SUR L'ORIGINE DES GROTTES SOUTERRAINES CREUSÉES DANS LA CRAIE AUX ENVIRONS DE REIMS

— Séance du 5 septembre 1881 —

Au Congrès de Rouen, j'avais signalé à la section d'Anthropologie l'existence, à Cernay-lès-Reims, de souterrains ou grottes creusés dans la craie tendre qui forme le sous-sol des environs de Reims. D'après la description exacte que j'en avais donnée, je terminais mon rapport par la conclusion suivante : « Ce qu'il y a de curieux à remarquer dans ce genre d'excavations souterraines, c'est la grande analogie qui existe entre

les dolmens à pierre trouée, et ces chambres et couloirs à lucarnes ; les uns
sont à la surface du sol, tandis que les autres sont à l'intérieur. »

Depuis l'année dernière, j'ai retrouvé de pareilles excavations dans des
localités voisines et dans les champs situés entre Cernay et Vitry-lès-
Reims. De semblables encore existent dans l'intérieur de cette commune,
ainsi qu'à Fresnes : on les a découvertes en creusant des citernes. Celles
des remparts de Berru sont désignées sous le nom de la *Bouve des
Loups*.

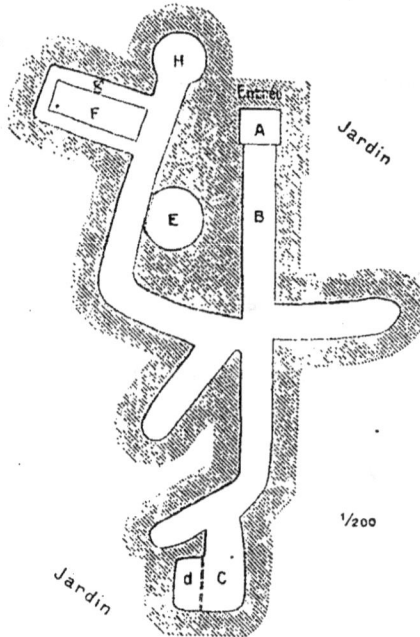

Fig. 36. — Excavation souterraine dans la propriété Gallice à Mailly (Marne). — A. Regard en
maçonnerie construit pour faciliter la descente et consolider l'entrée des galeries. — B. Point
où prend le nivellement des galeries à la profondeur moyenne de 4 mètres. — C. Chambre dans
laquelle est ménagée une plate-forme *d*. — E. Chambre ronde dont le sol est de 0^m,80 plus bas que
celui des galeries. — F. Chambre longue avec pourtour latéral *g*. La partie intérieure F est
creusée à 0^m,35 au-dessous du niveau des galeries. — H. Chambre ronde.

Parmi celles que j'ai visitées dernièrement, qui sont les plus curieuses à
étudier, il faut citer les grottes de Mailly (canton de Verzy, Marne), dans la
propriété de MM. Perrier et Gallice. Ces grottes ont été mises à découvert
en opérant des travaux de terrassement en 1863. Voici la description
de deux de ces grottes, avec plan levé par M. E. Lefranc (fig. 36 et 37) :

Les grottes de Mailly, comme celles de Cernay, sont creusées à une
moyenne de 4 mètres en dessous du sol ; on y pénètre par une descente
ou couloir en pente douce. Ces couloirs ont tous environ 1^m,70 de hauteur
sur 0^m,80 à 0^m,90 de largeur. La voûte est taillée en ogive irrégulière,

c'est-à-dire avec courbure plus prononcée à droite qu'à gauche; sur le parcours du couloir principal aboutissent d'autres galeries qui donnent accès à des chambres (fig. 36 et 37) ayant la même hauteur, avec une largeur variant de 1m,60 à 2 mètres, sur 2 ou 3 mètres de longueur. Le plafond des différentes chambres est horizontal. Dans les grottes (fig. 36 et 37) sont des chambres avec pourtour latéral formant banquette; ce vide entre lesdites banquettes forme la place nécessaire à contenir une personne (fig. 36, lettre F, et fig. 37, lettres H et F). La chambre H est d'environ 0m,80 en contre-bas de la chambre F. Une entrée, intention-

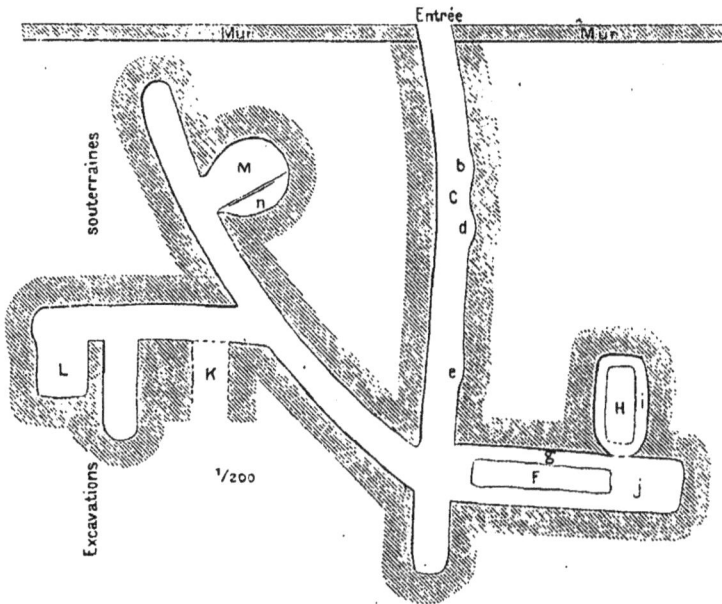

Fig. 37. — Celliers de la maison Gallice. — A. Entrée des galeries; b, d, e tracés pour l'emplacement d'allées. — C. Point où prend le nivellement des galeries. — F. Chambre longue avec pourtour latéral g, incomplètement achevée. — H. Chambre dont le sol est de 0m,80 au-dessous du niveau des galeries. L'entrée est formée d'un trou rond; i pourtour latéral. — J. Point où est restée une partie des décombres de la chambre. — K. Allée remplie pour éviter un éboulement.— L., M. Chambres, cette dernière ronde avec plate-forme n.

nellement ronde, mais dont les parois sont éboulées en partie, met en communication les deux chambres. Dans la pièce H, on remarque aussi le même vide entouré de ses banquettes. Deux autres chambres (fig. 36, chambre dC, et fig. 37, Mn) n'ont pas de pourtours latéraux, mais sur l'une des parois se trouve taillée dans la craie une espèce de plate-forme de 0m,60 de hauteur, garnie d'un rebord et formant une espèce de lit, de manière à pouvoir y placer une personne.

Ces grottes ont été taillées avec des instruments dont le tranchant était très arqué et de très forte épaisseur de panne; on y voit nettement le coup donné par des haches de pierre de fortes dimensions. Les individus qui ont creusé ces grottes devaient avoir une forte tendance à la gauche, car les couloirs des grottes de Mailly, comme celle de Cernay, sont mieux évidés sur le flanc droit que sur le flanc gauche.

Dans ces souterrains on n'a jamais fait de feu, car il n'existe aucune trace de fumée aux parois ; ce qui déconcerte le plus, c'est que l'on n'y rencontre aucun objet laissé par les races humaines qui ont creusé ces grottes.

Selon toute vraisemblance, elles ont dû être disposées de la sorte pour servir de sépultures ; il est incontestable qu'elles ont beaucoup d'analogie avec les dolmens, et il doit en exister aussi bien en plaine que dans l'intérieur des villages, où l'on en découvre souvent parce que les constructions obligent à remuer le sol.

Ces grottes, telles qu'elles sont creusées, ont été très faciles à dissimuler ; car le trou qui donnait issue à la surface du sol étant très étroit, la terre, en bouchant l'orifice, nous en cache l'existence.

Dans la même propriété existent deux autres grottes : l'une, aujourd'hui, par suite de travaux, est impraticable ; je n'ai pas visité l'autre, qui, paraît-il, a peu d'importance.

M. BOSTEAUX

Maire de Cernay-lès-Reims.

DERNIERS VESTIGES DE MONUMENTS MÉGALITHIQUES AUX ENVIRONS DE LA VILLE DE REIMS

— Séance du 5 septembre 1884 —

Les objets divers de l'époque néolithique que j'ai recueillis, m'ont conduit à la recherche de monuments mégalithiques, quoique les environs de Reims ne semblent pas riches en monuments de ce genre.

Par les noms de lieuxdits, par quelques traditions, et les derniers vestiges existant encore, nous avons pu reconstituer, à force d'attention et de recherches, quelques souvenirs précieux de cette époque dans notre région.

Ainsi, dans la partie Est de l'arrondissement de Reims, j'ai reconnu jusqu'ici les vestiges et les emplacements suivants : 1° sur le territoire de la ville de Reims (partie Est), l'emplacement du dolmen au lieudit le

Champ-Dolent ; 2° à Beine, chef-lieu de canton, dans l'intérieur même du
village, la pierre plate ou la table d'un dolmen ; cette pierre s'appelle la
Pierre de Nauroy ; 3° à Pontfaverger (canton de Beine), l'emplacement
d'un dolmen appelé la *Pierre-Poiret;* 4° à Auménancourt-le-Petit (canton
de Bourgogne), le menhir appelé la *Pierre-Lange.*

LE DOLMEN DU CHAMP-DOLENT

Au lieudit le Champ-Dolent, il n'existe plus rien de ce dolmen depuis la
fin du xive siècle, mais le témoignage suivant nous a aidé à en reconnaître
l'emplacement, ainsi que des fouilles que j'y ai pratiquées.

Ce témoignage, datant du 1er avril 1432, est une reconnaissance de
seigneurie de l'abbaye de Saint-Remi de Reims, dont voici le texte :

« Adfin de scavoir comment la justice et seigneurie desdit religieux se
extent et va hors d'icelle ville, comme feu Colin Coyart, de la ville de
Sarnay, oagié de quatre-vingts ans, comme il disoit, et d'autres dont ne se
recorde des noms quant à présent ; et a oy dire audit Coyart que lui estant
jeusne enfant et gardant les bestes, il fut prins par ung qui lors estoit
messier et garde des terres estant audit grand ban, et assez près de ladicte
vigne de Champ-Dolent, à l'endroit d'une bonde, comme il disoit y avoir
veu une pierre plate et haulte, et fut mené prisonnier par ledit messier
dever le mayeur dudit Saint-Remy, n'est recors du nom du messier,
laquelle pierre ledit Coyart ne savoit dont elle servoit ; mais il disoit que
feu monseigneur l'abbé de Saint-Nicaise, derrien trépassé, l'avoit fait
mectre en un tumerel et mener en son église, etc. » (1).

Cette pierre qui était haute et plate n'a pu rien être autre chose qu'un
dolmen, car si elle avait servi de limite de seigneurie, un abbé de Saint-
Nicaise, qui n'avait aucun droit dans cette contrée, ne l'aurait pas fait
enlever sur une propriété qui ne lui appartenait pas.

Des fouilles que j'ai faites en cet endroit m'ont permis facilement d'en
reconnaître l'emplacement au sommet de la colline de Champ-Dolent,
proche de l'ancien chemin de Beine à Reims.

Dans ces fouilles, j'ai trouvé de la poterie noire très grossière et des
débris d'ossements.

Parmi les lieuxdits avoisinants, il y a le Rond-Pilliet, la Carcasse, la
Petite-Husse, la Grande-Husse, et la dernière colline, plus près de Reims,
le moulin de la Housse. Nous retrouverons plus loin le lieudit « les Husses
à Pontfaverger », qui forme le sommet de la colline où se trouve la
Pierre-Poiret, et en même temps un lieudit appelé aussi le Champ-Dolent,
tout près de là.

(1) Varin, Archives législatives.

LA PIERRE DE NAUROY

Dans le village de Beine existe encore une pierre connue dans le pays sous le nom de Pierre de Nauroy et adossée à une encoignure de maison, à l'embranchement des rues de Nauroy et de Sillery.

Elle se trouve enterrée en partie et mesure 1ᵐ,50 au plus de longueur, sur 1ᵐ,50 de largeur et 0ᵐ,50 d'épaisseur. Elle devait être plus longue qu'actuellement et aura sans doute été brisée pour en faciliter le transport.

Cette pierre a été conduite en cet endroit il y a plus d'un siècle. Elle était en pleine terre entre Nauroy et Bétheniville. Cette pierre, de nature siliceuse, a dû être extraite dans l'antiquité dans les carrières de Verzy.

Sur le territoire de Beine, plusieurs endroits ont dû posséder, à l'époque néolithique, plusieurs monuments de ce genre. D'après le cadastre, nous y voyons figurer les noms tels que la Grosse-Pierre ; ce lieudit est une colline crayeuse et inculte, à la limite du territoire de Beine et de Selles, et non loin de là se trouve encore une compagne de la Pierre-Poiret, sans compter celles que le sol recouvre encore de quelques pieds de terre.

Le village de Beine possède encore comme lieuxdits les désignations telles que la Grosse-Borne, le Fossé-Damné, le cimetière Jean-Laude, le Mont-Isiot, les Sorts, le Fond des Cris, le Descendant des Cris, les Petits-Cris, les Souhaits, la Grande-Charme et la Petite-Charme. Ces huit derniers lieuxdits forment une contrée d'où sort, au pied de cette colline, le ruisseau appelé la *Conge*, qui traverse la mare d'Époye pour aller ensuite se jeter dans la Suippe.

LA PIERRE-POIRET

Sur le territoire de la commune de Pontfaverger (canton de Beine), à deux kilomètres et demi de ce bourg, vers le sud, se trouve un mont aride, couvert de plantations de sapins. Ce mont, qui a une altitude de 162 mètres, se nomme les Husses, et son versant ouest, creusé de ravins nombreux, s'appelle la *Pierre-Poiret*, du nom d'une pierre énorme que l'on a exploitée en 1818. Cette pierre, au dire de personnes de Pontfaverger qui l'ont vue, était plate et creuse dans le milieu, et par le fait conservait l'eau de la pluie ; les bergers y allaient faire boire leurs troupeaux. Ne croirait-on pas voir, dans le nom de Pierre-Poiret, *la poire pour la soif*, dénomination concordant avec l'aridité de ces terrains ; elle était posée de niveau et le sol se trouvant fort en pente à la partie inférieure, elle était conséquemment disposée en dolmen, l'intérieur formant chambre, d'après le témoignage de personnes dignes de foi. En 1814 et en 1815 des familles de Pontfaverger, pour fuir l'invasion, sont allées s'y réfugier.

Cette pierre, de nature siliceuse, a été cassée et sa défaite a produit 60 mètres cubes, ce qui représentait un poids d'environ 160,000 kilogrammes.

D'autres, mises à jour depuis, mais de moindres dimensions, rayonnaient autour en forme de cromlechs.

A 100 mètres de la première s'en trouve encore une actuellement, que nous avons reconnue le 3 août dernier. Elle mesure 3ᵐ,95 de longueur. sur 3ᵐ,40 de largeur et 0ᵐ,60 d'épaisseur, ou 8ᵐᶜ,058.

De tous temps, les habitants de la contrée croyaient que ces pierres étaient naturelles au sol, parce qu'elles étaient enterrées de quelques pieds. Un commencement de fouille que j'ai pratiquée sur le côté et en dessous de cette pierre, m'a permis de constater qu'elles ont été conduites et déposées de main d'homme dans ces endroits déserts ; une cuvette leur a été creusée dans la craie, et la pierre repose sur un lit de terre noire. mélangée de cendre ; la suite des fouilles nous dira si elle recouvre quelque sépulture.

Ces pierres proviennent des carrières de Verzy ou du mont de Berru. c'est-à-dire à une distance de 10 ou 14 kilomètres du lieu où elles ont été posées.

Ces collines arides de craie forment la limite de plusieurs communes du canton de Beine ; d'un côté, vers l'est, sur la Suippe, sont les communes de Selles, Pontfaverger et Bétheniville ; et, vers l'ouest, Beine et Nauroy. Sur le versant ouest, ces pierres étaient très nombreuses, et si ces monuments n'ont pas contenu de sépulture. ils ont dû probablement servir de lieu de réunion à nos anciennes races.

LA PIERRE-LANGE

Entre la commune de Bourgogne (chef-lieu de canton) et Auménancourt-le-Petit, et sur le territoire de cette commune, se trouve, sur une petite colline formée par des terrains d'alluvion de la Suippe, un menhir qui s'aperçoit de très loin. Cette pierre est en grès dur et mesure 1ᵐ,70 de hauteur au-dessus du sol, 1ᵐ,20 de largeur et 0ᵐ,80 d'épaisseur ; elle est orientée, suivant le sens de sa largeur, de l'ouest à l'est, et inclinée vers ce dernier point ; son pied est à 1 mètre dans le sol.

Voici la légende qui s'y rattache : « Gargantua, revenant du mont de Brimont, qui est à 4 kilomètres de là, ayant une pierre dans ses chaussures, s'est assis sur ce monticule pour se reposer. Ayant retiré cette pierre, qui le gênait, il l'a plantée à l'endroit où il se trouvait. »

Cette pierre ne sert nullement de limite, car elle est dans une propriété où l'on cultive tout autour ; une fouille que nous avons faite au pied de ce menhir, nous a fait remarquer des débris de toutes les époques.

En résumé, le département de la Marne et les environs de Reims ont été habités aussi bien par les peuples des dolmens que par les races gauloises (1).

M. le Docteur POMMEROL

à Gerzat (Puy-de-Dôme).

LES MURAILLES VITRIFIÉES DE CHATEAUNEUF (PUY-DE-DOME)

— *Séance du 5 septembre 1884* —

Les anciennes constructions dont les matériaux sont reliés par une substance fondue attirent depuis longtemps l'attention des savants. On leur a donné des noms divers, tous en rapport avec le mode de cimentation. On les appelle des *sites*, des *massifs*, des *murailles*, des *enceintes*, des *forts* vitrifiés. On les désigne encore vulgairement sous les noms de *tour fondue, pierres brûlées*.

Dans la séance du 4 juillet dernier de la Société d'émulation de Clermont-Ferrand (2), M. Vimont présenta un bloc fondu, trouvé par M. Gonod dans les environs de Châteauneuf-les-Bains. J'annonçai, dans la discussion qui suivit cette présentation, qu'il serait nécessaire de chercher l'emplacement des murailles auxquelles devait appartenir ce bloc isolé, et M. Vimont voulut bien me donner tous les renseignements qu'il possédait pour me faciliter les recherches.

A Châteauneuf, je trouvai des indications précises auprès de mon confrère M. le D' Boudet, inspecteur de la station thermale, et auprès de M. Ursat, directeur des travaux de mines de plomb argentifère. Le site cherché se trouve au point culminant de la montagne de Villars, sur la rive gauche de la Sioule, en face de l'établissement de Bains. Le sommet est constitué par un plateau de granit porphyroïde au travers duquel se sont fait jour de nombreux filons d'un trapp noir très compact. Pour établir la culture, le paysan a enlevé les pierres de la surface des champs et les a disposées çà et là en petites agglomérations. Une agglomération plus large, plus élevée

(1) Voir discussions aux *Pr. verb.*, p. 196.
(2) *Revue d'Auvergne*, nº 1, 1884, p. 68.

que les autres, frappe aussitôt la vue et présente la forme d'un tumulus entouré d'un mur en pierres sèches. Elle est constituée par un mélange accumulé de terre et de blocs de porphyre, et a quinze mètres de long, sept de large et quatre de haut. Elle est orientée dans la direction du nord-sud. Les pierres chauffées et vitrifiées ne se trouvent pas dans le mur de revêtement, qui est moderne, mais dans l'intérieur même du monticule. Quelques-unes sont dispersées dans les champs voisins, mais proviennent sûrement de l'agglomération principale.

Nous vous présentons deux blocs trouvés par nous sur ce monticule. L'un est constitué par de petits fragments de porphyre dont les surfaces en fusion ont adhéré fortement. La fusion a déterminé la formation de véritables scories noires et brunes, et l'apparition d'un verre grossier, opaque, laiteux, qui a coulé en fortes gouttes. Parfois le verre est de couleur brune. Dans l'intérieur des fragments, on trouve des vides, des vacuoles déterminées par le retrait de la roche et tapissées d'un verre noir comme certaines obsidiennes d'Auvergne. La surface du porphyre est boursouflée, scorifiée. Le second bloc est formé de très petits fragments cimentés par de l'argile : la chaleur, au lieu de déterminer la formation d'un verre, a transformé simplement l'argile en brique rougeâtre. Il existait donc deux genres de construction : l'un à pierres sèches, l'autre avec pierres et argile.

Ce n'est que rarement que l'on trouve, comme à Châteauneuf, des blocs vitrifiés, disséminés dans la masse terreuse d'un monticule. Ils sont presque toujours disposés en murailles résistantes dont l'épaisseur peut varier de deux à quatre mètres, et la hauteur aller, comme à Châteauvieux, jusqu'à deux mètres d'élévation. Elles affectent le plus souvent la disposition d'enceintes d'étendue variable, et quelquefois la forme d'une tour peu élevée. L'enceinte peut être simple ou comprendre plusieurs murs concentriques, comme à Craig-Phadrick et au puy Gaudy. Ces constructions sont généralement situées au sommet des montagnes granitiques. Il est parfois très difficile de déterminer leur forme et leur étendue, parce que, ruinées depuis longtemps, elles sont recouvertes par la végétation.

Quelques explorateurs ont fait des fouilles sur ces emplacements. Dans l'enceinte de Craig-Phadrick, G. Mackensie a trouvé des fragments de bois brûlé, des ossements de chevreuil, de cerf, de daim, un tibia humain et une pierre tranchante, aiguisée. A Thauron, le Dr Caucalon a découvert des cendres, des charbons, de nombreux ossements calcinés, des poteries et des tuiles romaines, comme dans les tumulus de la Tour Saint-Austrille (1). Ajoutons que dans la Creuse on rencontre souvent des débris gallo-romains dans les environs des enceintes vitrifiées.

(1) *Mémoires lus à la Sorbonne*, 1866, pp. 227-234.

Quel était l'usage de ces enceintes, de ces forts vitrifiés? En Angleterre, on les considère comme des refuges ayant servi aux Calédoniens, aux Pictes et plus tard aux Scandinaves. En France, quelques auteurs les prennent pour des oppides gaulois ou des retranchements romains. Dans l'enceinte de Thauron on a découvert des cavités voûtées, des fours véritables, qui porteraient à croire qu'ils servaient à l'incinération des cadavres. Une enceinte en terre brûlée, signalée par Lubbock, dans le Wisconsin (1), avait autrefois une véritable destination funéraire. La date de ces constructions paraît osciller entre l'époque gallo-romaine et le moyen âge, mais elle pourrait aussi remonter jusqu'aux temps préhistoriques des tumulus.

La tradition voit dans les débris vitrifiés de Châteauneuf les restes d'un ancien four pour la réduction des minerais d'argent, mais on n'observe dans le voisinage aucune trace de scories ou de laitiers, et il est tout aussi impossible de les rattacher à un fort ou à une enceinte vitrifiée. Dernièrement, un des ouvriers de M. Ursat, après une fouille superficielle, crut apercevoir une espèce de voûte. Il existerait peut-être à Châteauneuf quelque chose d'analogue aux réduits voûtés de Thauron. Le monticule du sommet de Villars a, du reste, toutes les apparences d'un tumulus, d'un monument funéraire. On voit qu'il règne encore beaucoup d'incertitude et d'obscurité au sujet des murailles vitrifiées. On ne connaît exactement ni leur destination, ni leur date, ni leur mode précis de construction. Il serait à désirer que des fouilles sérieuses, entreprises en divers points, vinssent porter un peu de lumière sur cette question intéressante.

M. B. SOUCHÉ

Instituteur à Pamproux.

LA SÉPULTURE DE CHIRON-BLANC, COMMUNE DE SALLES (DEUX-SÈVRES)

— Séance du 6 septembre 1884 —

Si, du bourg de Salles, on suit l'étroit vallon qui se dirige vers le nord-ouest, en traversant la voie ferrée, on a bientôt à sa gauche la plaine du *Doignon*, et à droite le lieu dit *Chiron-Blanc*.

(1) *L'Homme avant l'Histoire*, p. 213.

Le *Doignon* m'a fourni un mobilier funéraire riche et bien conservé, remontant à l'époque néolithique.

Chiron-Blanc, autre sépulture violée il y a une trentaine d'années, parait devoir son nom aux épines *(Prunus spinosa* L.) qui, jadis, le couvraient tout entier, et dont les fleurs, au printemps, semblaient un tapis de neige.

Le propriétaire du terrain, M. Jouineau, boucher à Salles, fit, vers 1850, enlever et les épines et les pierres. Ses ouvriers trouvèrent, au ras du sol, un *squelette entier*. Tout ce qu'il pouvait y avoir de mobilier funéraire a été perdu pour la science, à l'exception d'une charmante *fibule*, en fil de métal tressé, affectant la forme d'un serpent : elle fait aujourd'hui partie de mes collections.

Fig. 38.

La longueur réelle de cette fibule (prise au curvimètre) est de 18 centimètres ; sa grosseur est celle d'un brin de paille. L'ouvrier l'a repliée sous forme de ∞, ayant 43 millimètres de long sur 23 de large. Deux rubis forment les yeux, et des morceaux d'ivoire (?) et de jais (?), incrustés alternativement, représentent les écailles. Cette parure était dorée.

Avec l'autorisation du propriétaire, j'ai, ces jours-ci, fouillé méthodiquement *Chiron-Blanc*. A 1^m,20 de profondeur, j'ai rencontré le sous-sol. La terre provenant de la couche archéologique a été criblée avec soin. Je n'y ai trouvé que quelques ossements humains, sans valeur aucune, vu leur mauvais état de conservation, et des fragments de poteries néolithiques, à pâte micacée et noire à l'intérieur, comme au *Doignon*.

Une chose m'a vivement frappé : c'est de trouver entassés, dans un sol essentiellement calcaire, des blocs de silex assez volumineux et propres à être éclatés, soit pour la fabrication des lances, soit pour celle des haches, etc., absolument comme si c'eût été là un atelier des âges de la pierre.

La fibule, d'après l'éminent archéologue des fouilles de Sanxay, serait *mérovingienne*.

Je déclare hautement qu'il y a là pour moi un problème insoluble.

M. B. SOUCHÉ

Instituteur à Pamproux.

———

LES SOUTERRAINS-REFUGES

———

— Séance du 6 septembre 1884 —

A Pamproux même, et dans les environs, existent, comme dans un grand nombre de localités, une foule d'excavations, plus ou moins considérables, que l'on désigne généralement sous le nom de *souterrains-refuges*.

Certains archéologues, et entre autres M. le Dr Noulet (*Matériaux*, 1870-1871 et 1872), y voient des « cryptes d'approvisionnement ».

Nous n'avons pas la prétention de trancher d'un seul coup une question si controversée. Nous venons simplement apporter les renseignements que nous avons recueillis.

Les « souterrains » ou « cryptes » que nous avons visités sont creusés dans les calcaires de la grande oolithe ou dans l'étage inférieur de l'oolithe moyenne.

1° SOUTERRAIN DE BEDJAU

Ce souterrain, situé au village de Loubigné, commune d'Exoudun (Deux-Sèvres), a été découvert en 1869, le 17 décembre. Présentement, l'habitation la plus rapprochée en est distante de plus de 200 mètres.

L'entrée, qui était assurément dissimulée, se trouve au point *a* du plan. L'étroit couloir qui y fait suite est maçonné, puis voûté au moyen de pierres arc-boutées, cela sur une longueur de 2 mètres. La largeur, qui augmente graduellement, varie de 0^m,65 à 1^m,20. Il en est ainsi pour la hauteur, qui va de 1^m,30 à près de 2 mètres. Le couloir, à partir du point où il est simplement creusé dans le roc, est sensiblement de niveau et en ligne droite. La partie maçonnée est fortement en rampe et forme, par sa projection, un angle aigu avec l'autre portion (fig. 39 et 40).

A l'extrémité de ce couloir (A), à gauche, se trouve une salle (B) de 4 mètres sur 2 mètres, avec une hauteur de près de 2 mètres. On a trouvé au fond quelques ossements d'un petit ruminant, probablement d'une chèvre.

Du sommet de la voûte à la surface du sol il y a une épaisseur de 1ᵐ,50 environ.

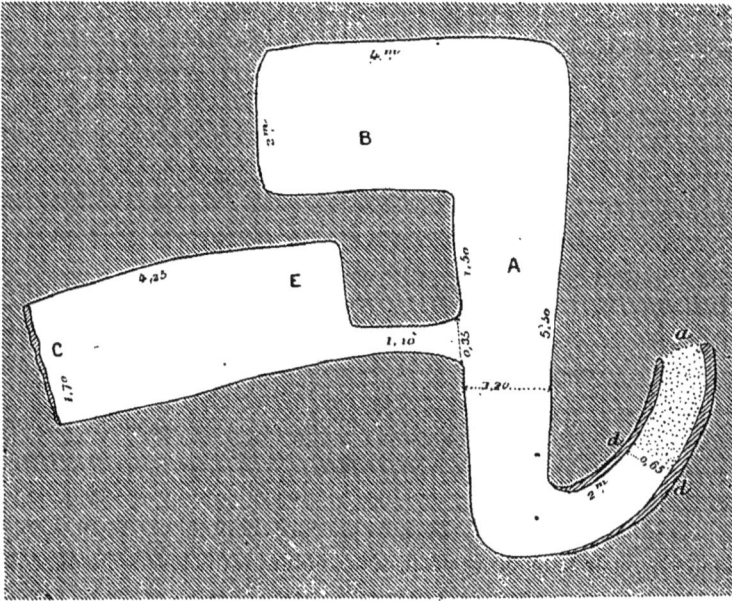

Fig. 39. — Plan du souterrain du Bedjau.

Si l'on se dirige de la chambre B vers la sortie *a*, le long de la paroi droite, au niveau du sol, on aperçoit une étroite ouverture ménagée dans le roc (35 centimètres au carré) : c'est un passage en *gueule de four*, qui

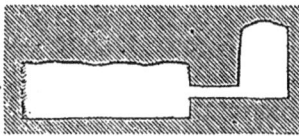

Fig. 40. — Coupe du souterrain du Bedjau dans le sens du passage en *gueule de four*.

mesure 1ᵐ,10 de longueur. Ce passage franchi, on se trouve dans une autre salle, E, dont le sol est de 50 centimètres en contre-bas; à peine si l'on y tient debout. Au fond de cette nouvelle chambre, — 4ᵐ,25 sur 1ᵐ,70, — des moellons superposés s'élèvent jusqu'à la voûte et dérobent probablement aux regards une autre portion de ce souterrain. Nous n'avons pu nous en rendre compte, car nous ne nous trouvions pas assez en sûreté pour enlever ce mur, surtout au moment d'un dégel.

L'entrée principale est actuellement bouchée.

2° SOUTERRAIN DES VIGNETTES

En 1879, dans le même village, — Loubigné, commune d'Exoudun, — un ouvrier, qui arrachait des pierres dans une carrière profonde de 3ᵐ,50, sentit le sol céder sous ses pieds : la voûte d'une galerie creusée de main d'homme venait d'être enfoncée.

J'ai visité ce souterrain le 10 avril 1879, après en avoir déblayé la partie éventrée — en A — qui avait déjà été bouchée. J'y ai recueilli des tessons de poteries qui ne paraissent pas remonter à une époque très éloignée, et des ossements d'animaux (fig. 41).

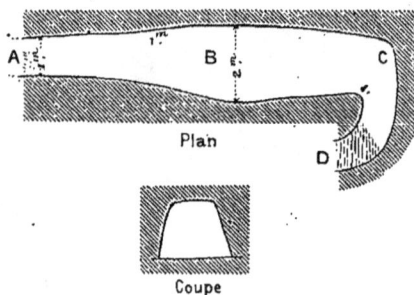

Fig. 41. — Plan du souterrain des Vignettes.

Le tronçon que j'ai mesuré a une longueur de 10 mètres, avec une hauteur moyenne de 1 mètre et une largeur qui varie de 1 à 2 mètres. A l'extrémité C, une rampe rapide se dirige vers la surface du sol, en obliquant subitement à droite : c'était ou l'entrée principale ou un soupirail. A l'extrémité opposée — au point A — le souterrain se continue dans la direction du village. Actuellement, un chemin et une distance de 30 mètres séparent d'anciens bâtiments d'habitation de l'entrée présumée de cette galerie.

3° SOUTERRAIN DE LA ROCHE-DU-BOIS

Le souterrain de la *Roche-du-Bois*, situé à Pamproux (Deux-Sèvres), n'est que la limite extrême d'un réseau des galeries souterraines partant du village de Saint-Martin, ancienne paroisse, maintenant annexée à Pamproux (fig. 42).

L'entrée actuelle, qui est à ciel ouvert depuis de longues années, est due à un affaissement d'une partie de la voûte : celle-ci n'est qu'à 0ᵐ,60 de la surface du sol et est supportée en son milieu par un pilier *b* ménagé dans le roc. Ce qu'il en reste mérite encore d'être visité. On n'y voit cependant ni passages en *gueule de four*, ni voûtes étroites, mais de vastes couloirs aboutissant à une grande salle.

Le plan ci-joint fera mieux comprendre les détails qu'une longue description.

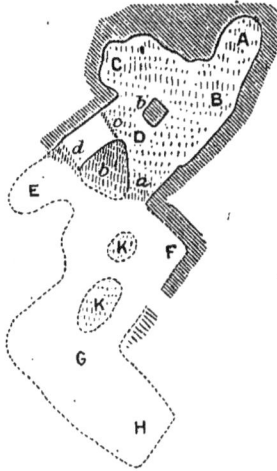

Fig. 42. — **Plan du souterrain de la Roche-du-Bois.**

a. Entrée actuelle.
b. Pilier.
b'. Autre pilier ne paraissant qu'une portion.
c. Éboulement laissant apercevoir jusqu'en *d.*
d. Éboulement définitif.
A. Fond du refuge où il paraît y avoir une petite issue.
BCD. Vaste chambre.
EFGH. Éboulements anciens et considérables.
K et K'. Piliers supportant la voûte détruite.

CONCLUSION

A l'exception des *Vignettes*, je n'ai nulle part trouvé de traces d'habitation dans ces trois souterrains. Pour ceux-là, du moins, on peut donc dire, avec M. le D' Noulet, que c'étaient des « cryptes d'approvisionnement », qui ont pu servir de « refuges » au besoin.

Nota. Un jour, je m'entretenais avec un ancien soldat de ces « choses du temps passé » et je lui fis le croquis du souterrain du *Bedjau* — n° 1 — pour rendre mon explication plus claire. « Quand j'étais en Afrique, me dit-il, j'ai vu beaucoup de souterrains à peu près semblables et tous servaient à mettre des provisions, mais surtout du blé : c'étaient des *silos.* »

M. le Docteur MAGITOT

A Paris.

SUR LA STATION PRÉHISTORIQUE DE COMBPÉRET (PUY-DE-DOME)

— *Séance du 6 septembre 1884* —

Messieurs,

Pendant un séjour que je fis dernièrement en Auvergne, j'eus la bonne fortune de trouver pour guide, dans diverses excursions, mon ami le Dr A. Tardieu, du Mont-Dore, enfant du pays, et très compétent sur toutes les questions d'histoire et d'archéologie du Puy-de-Dôme. Cherchant de préférence les endroits les moins connus, les plus inexplorés et aussi les plus sauvages d'aspect et de caractère, nous nous trouvâmes entraînés un jour dans une région où l'on avait, disait-on, reconnu les vestiges de nombreuses habitations humaines. C'était dans le voisinage du lac Servières et presque au sommet des puys de Servières et de Combperet.

Le lac, au premier aspect, ne nous a paru recéler aucun vestige d'habitation lacustre. Il est, comme les autres lacs du pays, représenté par un fond de cratère, et sa pente est si douce, que dans une étendue de 40 à 50 mètres des bords on observe toutes les dispositions du sol. En outre, ce lac n'a aucun ruisseau afférent ni aucun cours d'eau émergent. Il est le résultat d'infiltrations et se maintient à un niveau à peu près constant. On ajoute dans le pays que ce lac ne contient pas de poissons, si ce n'est quelques truites qu'on y a apportées récemment.

Au voisinage de ce lac, à une cinquantaine de mètres du rivage, on constate l'existence d'un tumulus, signalé par divers auteurs, mais n'ayant été l'objet d'aucune fouille. Au pied de ce tumulus et dans un espace ovalaire, limité par une grande enceinte en pierres sèches, on rencontre un nombre considérable de petites éminences quadrilatères, de 3 mètres environ de longueur sur 1 mètre à 1m,50 de largeur. Ce sont des sépultures évidentes. Toutefois, si le tumulus est connu, l'enceinte sépulcrale paraît avoir échappé à tous les observateurs.

Ces deux points reconnus, nous continuâmes notre exploration, et en contournant le lac Servières, à travers un semis de pins, nous arrivâmes sur le versant sud-est du puy de Combperet. Là, nous fûmes saisis d'une grande impression d'intérêt et de surprise : nous nous trouvions au centre d'un vaste emplacement, couvert d'un nombre considérable de vestiges d'habitations humaines.

C'étaient des fosses quadrilatères disposées par séries de 6, quelquefois 7, plus rarement davantage, et alignées d'une façon tout à fait régulière.

Chaque fosse avait environ 5 à 6 mètres dans sa longueur sur 4 à 5 mètres de largeur ; elle était donc quadrilatère, bien que le temps et l'envahissement de la prairie qui recouvre toute la cité aient arrondi les angles et transformé ces fosses en une simple dépression en forme de cuvette. Ces fosses sont séparées l'une de l'autre par une saillie de terrain, sorte de mur mitoyen en terre, d'où émergent par places quelques pierres sèches.

Sur un des côtés de chacune des fosses, on reconnaît la trace d'une gouttière, vestige d'une allée ou corridor, dont quelques pierres sèches marquent encore la longueur et la disposition.

Les fosses forment, ainsi que nous l'avons dit, des séries composées de cases identiques, disposées parallèlement entre elles et orientées d'une manière uniforme.

Parfois, sur le front d'une série de 7 cases ou davantage, on observe une fosse beaucoup plus grande, comme serait, par exemple, la case d'un chef. Celle-ci a, comme dimensions, de 6 à 8 mètres dans le grand côté, pour 4 à 5 mètres sur l'autre. Une allée y accédait aussi sur le côté, et, en outre, au voisinage de l'entrée, on remarque une accumulation de pierres sèches, soit disposées circulairement en forme de *cromlech* ou ayant une forme ovalaire.

Les séries parallèles de fosses ainsi disposées se présentent, en outre, par groupes de 6, 8 ou 10 séries parallèles entre elles ; puis, un autre groupe de fosses, présentant sur les précédentes une légère inclinaison, se rencontre à côté et ainsi de suite, de manière à former une agglomération d'habitats à peu près également distants les uns des autres.

Quoi qu'il en soit, ces séries de fosses, précédées ou non d'une fosse isolée, sont répandues sur la montagne avec une profusion telle, que leur ensemble recouvre une surface approximative de 3 à 4 kilomètres carrés. Les séries de cases sont parfois plus serrées les unes près des autres, d'autres fois plus espacées, mais sans perdre leur parallélisme, disposition qui est constante dans chaque groupe.

L'ensemble de ces habitats est orienté vers le sud-sud-est, mais cette disposition générale n'empêche pas les séries de fosses et les groupes de séries d'affecter une autre direction. Elles sont, en effet, orientées vers un vaste emplacement, complètement nu, d'une étendue de 6 à 8 hectares et sans trace d'aucun travail humain : c'est une sorte de place publique.

En parcourant cette place, nous trouvons cependant un point à noter : c'est l'existence d'une série de 12 tombes, rangées parallèlement au bord supérieur de la place et reconnaissables à leur forme de monticule allongé, couvert de pierres sèches et un peu déprimé au milieu.

Tout l'ensemble de cette accumulation de fosses, formant le plus saisissant spectacle, est recouvert d'un manteau uniforme de gazon, sans
aucune autre trace de végétation, et compose ainsi un vaste pacage; peu
ou pas de bruyères, excepté sur un point dont nous parlerons tout à
l'heure.

La station préhistorique de Combperet est ainsi enfouie et conservée
sous la prairie qui la recouvre, et de mémoire d'homme aucun travail de
culture quelconque n'a été entrepris dans cette région désolée et sauvage.
Toutefois, sur un point voisin du grand emplacement central, où avaient
poussé quelques bruyères et où les pluies avaient un peu lavé le sol, nous
avons pu ramasser, sans fouille ni grattage d'aucune sorte, de nombreux
échantillons de silex en forme de grattoirs, des couteaux et même quelques pointes de flèche. Or, dans cette région de terrains volcaniques, on
ne saurait rencontrer que des silex importés, et ceux que nous avons
recueillis sont sous les yeux du Congrès. Ce sont des silex des rives de
l'Allier, évidemment importés à Combperet. Le nombre considérable des
éclats, la variété des formes, semblent prouver qu'il a existé en cet
endroit un vaste atelier. A ces objets d'industrie primitive, nous pouvons
ajouter divers débris de poterie non vernissée et présentant parfois un
commencement d'ornementation.

Ainsi qu'on le voit, nous nous sommes borné à fournir sur la station
préhistorique de Combperet des renseignements généraux, un plan topographique indiquant la disposition des habitats et de leurs accessoires.
Nous n'avons entrepris aucune fouille, aucun travail de recherche. C'est
qu'en effet, notre but est tout d'abord de présenter au Congrès la station
en question, de provoquer quelque discussion et d'ajourner en définitive
une solution jusqu'au jour où, muni de l'autorisation du propriétaire,
nous pourrons effectuer des fouilles.

Mais, chose singulière, la cité de Combperet est restée à peu près
inconnue, et, en tous cas, nullement signalée ni décrite, et cependant
l'on sait à combien de travaux importants ont donné lieu les monuments
de l'Auvergne. Il convient, toutefois, d'ajouter que si la station de Combperet est restée sans histoire, il en existe quelques autres, analogues ou
comparables à elle et qui ont été sinon décrites, du moins indiquées. Ceci
nous conduit à tracer en terminant, mais très sommairement, l'historique
de la question.

Les historiographes les plus accrédités de l'Auvergne, ceux qui ont
traité des monuments celtiques, romains et autres, MM. Bouillet et
Mathieu, par exemple, sont muets sur la station humaine de Combperet (1). Toutefois, en 1876, au Congrès de l'Association française de

_____

(1) Bouillet, *Description archéologique des monuments celtiques, romains et du moyen âge du
département du Puy-de-Dôme*, in-8°, 1874, Clermont. — Le même, *Tablettes historiques de l'Au-*

Clermont (1), M. le Dr Pommerol, dans une importante communication, fit connaître, sous le nom de *cités mégalithiques des régions montagneuses du Puy-de-Dôme*, plusieurs stations qui offrent quelque analogie avec celle dont nous nous occupons. C'est ainsi qu'il rappelle l'existence d'une *cité à Saint-Nectaire* ; une autre dite *cité des Chasaloux*, déjà indiquée par M. Mathieu ; la *cité de Villars* et quelques autres. Il ajoute que des dispositions analogues ont été retrouvées aux environs du Mont-Dore, ce que M. Bouillet, dans les *Tablettes historiques*, avait mentionné aussi. Ce sont les seules mentions que nous ayons relevées dans les auteurs. M. Pommerol cherche à reconstituer, avec beaucoup d'art et de vraisemblance, l'existence des hommes dans ces habitations, et il conclut qu'elles doivent correspondre à l'époque de la pierre polie, opinion que M. de Mortillet s'efforce de combattre, alléguant qu'on y a trouvé du fer, des poteries et jusqu'à une petite image de la Vierge.

Si nous rapprochons de la description de M. Pommerol l'aspect de la cité de Combperet, nous y trouvons évidemment des analogies considérables. Aussi serions-nous tenté de les réunir, les unes et les autres, sous la même désignation. Mais cette désignation varie elle-même. Ainsi, tandis que M. Pommerol l'appelle cité *mégalithique*, M. Mathieu, dans le même Congrès de Clermont, les désigne sous le terme de *cités vulcaniennes* de l'Auvergne (2) et leur assigne aussi comme époque l'âge de la pierre polie.

Seul, M. de Mortillet pense qu'on pourrait les rapporter à la fin de la domination romaine, à l'époque des grandes invasions qui envahirent et désolèrent les Gaules (3). Elles représenteraient pour lui des produits de l'industrie champdolienne, c'est-à-dire de la fin de l'occupation romaine en Gaule.

Il y avait donc complet désaccord, et M. Pommerol, dans le but de résoudre la question, entreprit des fouilles régulières et méthodiques. Ces fouilles furent pratiquées dans la station de Villars et dans celle de Chignor, qu'avait découverte M. Planat (4). Les objets trouvés furent des poteries émaillées, des fibules de bronze, des tuiles avec des boutons d'arrêt, du fer. Ainsi se trouvait confirmée l'hypothèse de M. de Mortillet.

Et, cependant, ne devons-nous pas à notre tour émettre de nouveaux doutes sur la contemporanéité de la station de Combperet avec les précédentes? Le terme de cité *mégalithique* ne nous paraît pas tout d'abord convenir à la station de Combperet. Les pierres y sont fort rares, si ce

vergne, 8 vol. avec planches. Clermont, 1840-1847. — Mathieu, *l'Auvergne antéhistorique*, Clermont, 1873.
(1) Comptes rendus de l'Assoc. française, 1876, Clermont, p. 571.
(2) Comptes rendus de l'Assoc. française, p. 579.
(3) *Eod. loc.*, p. 587.
(4) Comptes rendus de l'Assoc. française, Congrès de Paris, 1878, p. 830.

n'est sur les sépultures et dans ces amas à forme circulaire ou ovalaire, analogue aux *cromlechs*. A Combperet, les cases étaient surtout faites en terre et probablement en branchages aujourd'hui disparus. Les murs en pierres sèches, dont on retrouve quelques traces, sont extrêmement grossiers, sans aucune retaille ni aucun ornement, qui ne manqueraient pas de se rencontrer dans un appareil de l'époque mérovingienne. Enfin, la présence de silex très nombreux et très caractéristiques nous semble reporter cette station à une époque plus éloignée.

Quoi qu'il en soit, nous aboutissons à une conclusion forcée, c'est qu'il faut entreprendre des fouilles qui devront porter sur les sépultures qui environnent le tumulus, sur celui-ci même et sur divers points de la vaste cité. Ici, nous devrons explorer plusieurs cases parmi les mieux conservées et y rechercher les traces des foyers, des débris de repas, etc.; puis, les autres sépultures qui occupent le front du grand emplacement central, et enfin les cromlechs circulaires ou ovalaires.

Ces recherches, nous nous proposons de les entreprendre au printemps de l'année prochaine. Nous sommes déjà assuré du concours de notre excellent ami le Dr Tardieu, et avec l'autorisation du propriétaire des terrains de pacage qu'occupe cette cité, M. Pradat de Saint-Amand Tallende, nous espérons mener à bonne fin notre entreprise.

Nous porterons les résultats à la prochaine session du Congrès de l'Association française, à Grenoble, en 1885 (1).

<hr/>

M. ZABOROWSKI

à Thiais (Seine).

LES CHIENS DOMESTIQUES DE L'ANCIENNE ÉGYPTE

— Séance du 6 septembre 1884 —

La grande ancienneté de la civilisation égyptienne peut peut-être nous faire toucher de près au point de départ de la domestication même du chien. Des chiens sont figurés sur les plus anciens monuments égyptiens; mais il n'est pas toujours aisé de les déterminer et l'on rencontre à ce sujet bien des contradictions, notamment entre les égyptologues et les naturalistes. Champollion avait reconnu 14 espèces de chiens égyptiens; Darwin, 4 principales; Lenormand, 7. L'on sait que le plus ancien d'entre

(1) Voir la discussion, *Proc.-verb.*, p. 199.

eux, le chien gardien de la maison, le *dieu Anubis*, est un chien-renard ou chien-loup, que les anciens et les Égyptiens eux-mêmes ont tour à tour confondu avec leur loup (Canis Lupaster) et leur chacal. Les lévriers sont le plus fréquemment représentés parce qu'ils servaient à la chasse. Les naturalistes les regardent comme les descendants soit du Cabéru, soit des Slouguis, soit du lévrier du Kordofan. Ces animaux n'habitent plus toutefois la vallée du Nil. Le *Canis Lupaster* et le *C. Sabbar*, loup et chacal, qui l'habitent encore, sont donc les représentants les plus certains de la souche des chiens domestiques des anciens Égyptiens. Leurs lévriers, dont aucun ne semble remonter aussi haut que le chien gardien de la maison, peuvent en partie avoir une origine étrangère. Il en est aussi d'indigènes, et ceux-ci ne sont pas les seuls de la faune africaine que les anciens Égyptiens aient domestiqués pour la chasse. Ils se sont servis en outre du chien-hyène et du guépard, animaux assez féroces qui ont été depuis abandonnés.

Ces faits sont pleinement confirmatifs de la proposition que M. Zaborowski a cru devoir formuler au début de ses études, à savoir que les chiens se sont disséminés pour la plupart d'eux-mêmes comme les chacals, les loups et les renards, à une époque où ils ne se distinguaient pas facilement de ces espèces.

MM. les Docteurs DOUTREBENTE et MANOUVRIER

NOTES SUR TROIS CRANES D'IDIOTS ET UNE VOUTE CRANIENNE (1)

— Séance du 6 septembre 1884 —

I

Crâne de Paul P., idiot né dans le Loir-et-Cher, mort à l'hospice de Blois, où il est resté dix-huit ans. Age : vingt-huit ans. Taille : 1^m,70. Père alcoolique. Un frère idiot.

Cet individu n'a jamais parlé. Pendant tout son séjour à l'asile de Blois, il n'a jamais marché. Il gardait la position accroupie. Lorsque deux gardiens le soulevaient pour essayer de le faire marcher, ses jambes s'entrechoquaient. S'il voulait essayer de se lever ou de manger, ses bras exécutaient de grands mouvements en ailes de moulin. En un mot, il était

(1) Ces quatre pièces ont été données par M. le Dr Doutrebente au Musée Broca.

incapable de coordonner ses mouvements. A cette incoordination se joignait un certain degré de paralysie.

Poids de l'encéphale avec ses enveloppes = 1 207 grammes.

Poids du cervelet avec le bulbe et la protubérance	91gr,5
— de l'hémisphère droit	555
— de l'hémisphère gauche	551
— de la sérosité des ventricules	50

Dimensions du cerveau : diamètre antéro-postérieur = 190 millimètres.

Distance du tubercule mamillaire au sommet du lobule ovalaire=97 millimètres.

Notons en passant que le diamètre antéro-postérieur du cerveau dépasse de 23^mm,5 le même diamètre du crâne mesuré intérieurement (166.5).Ce fait est dû à l'allongement que subit le cerveau extrait de la cavité crânienne, par suite de son aplatissement. Il n'est pas sans intérêt d'avoir un chiffre à ce sujet.

Mais un fait beaucoup plus important, c'est la petitesse extraordinaire du cervelet chez un idiot présentant des phénomènes d'incoordination motrice.

Le poids moyen du cervelet chez les hommes d'une taille moyenne de 1^m,67 = 142 grammes. Le poids moyen du cervelet, du bulbe et de la protubérance réunis = 168 grammes d'après le registre de Broca. En admettant que le cervelet de l'idiot P. pesait 75 grammes, chiffre très voisin de la vérité, ce poids était un peu supérieur à la moitié du poids cérébelleux moyen. Il s'agissait ici non pas d'une atrophie, mais d'un arrêt de développement du cervelet, car les fosses cérébelleuses du crâne, dont une atrophie n'aurait pu modifier les dimensions, sont remarquablement petites. On peut donc voir une relation entre l'insuffisance cérébelleuse de P. et l'impotence, l'incoordination motrice que cet idiot a présentées pendant toute sa vie. Nous ne possédons que son crâne, dont les principaux diamètres ont les dimensions suivantes :

Diamètre antéro-postérieur maximum		187^mm
— — métopique		183
— transverse maximum		130
— vertical basio-bregmatique		138
Frontal minimum		98
Bizygomatique		134

L'indice céphalique = 69.5.

Cette dolichocéphalie très prononcée peut être un caractère de race. Le crâne de P. présente en effet le type germanique grossier. Région temporale aplatie ; glabelle et bosses sourcilières très proéminentes. Orbites arrondies, nez leptorhinien, mandibule forte, carrée ; menton proéminent, dents très belles et au complet. Crêtes temporales fortement marquées et peu distantes de la ligne médiane (37 millimètres au minimum). Crêtes occipitales très fortes. La partie sous-iniaque de l'occipital aplatie. Apophyses et styloïdes mastoïdes très fortes. Crêtes sus-mastoïdiennes très saillantes. Front étroit, bas et fuyant.

Les sutures coronales, sagittale et lambdoïde sont compliquées. Synostose précoce (28 ans) de la partie inférieure de la coronale gauche, de la moitié postérieure de la sagittale. Synostose partielle de la lambdoïde, partie supérieure.

La voûte crânienne est peu épaisse, très amincie et transparente au niveau des corpuscules de Pacchioni et au niveau des fosses temporales, où les empreintes des circonvolutions sont très profondes. Ces empreintes sont très fortement marquées dans toutes les régions de l'endocrâne, sauf la région du vertex.

Comme autres particularités intéressantes, nous citerons la petitesse des fosses cérébelleuses et la saillie considérable que forment les éminences situées au-dessus des trous condyliens. Ces éminences ne laissent entre elles, sur la partie médiane de la surface basilaire interne, qu'un espace très réduit, qu'une sorte de gouttière dont la largeur n'est que de 12 millimètres. Ce fait permet de supposer que le développement du bulbe et de la protubérance était resté incomplet aussi bien que celui du cervelet. Il n'y a point de fossette vermienne.

Les sinus frontaux sont très développés. Faible prognathisme.

La capacité crânienne est de 1405 centimètres cubes.

Le poids de l'encéphale étant de 1207 grammes, l'indice ou équivalent pondéral de la capacité ou rapport du poids de l'encéphale à la capacité crânienne = 100 est 0.858, chiffre très voisin de la moyenne normale (1).

Le poids du crâne est de 680 grammes. Le rapport du poids du crâne à la capacité crânienne = 100, en indice cranio-cérébral (2), est 48.3. L'indice cranio-cérébral moyen est beaucoup moins élevé chez les Parisiens (41.3) et chez les Européens en général. L'indice de P. est à peu près égal à l'indice moyen des nègres ouolofs et des Néo-Calédoniens (48.2). Mais il faut tenir compte de l'influence de la masse squelettique sur cet indice, car il s'élève à 48.9 en moyenne dans une série de sept squelettes européens de très forte taille. Or, P. avait une taille de 1ᵐ,70 et était assez bien musclé, de sorte que l'élévation de son indice cranio-cérébral est en partie imputable à sa haute stature.

Le poids de la mandibule est de 113 grammes. C'est à peu près la moyenne des Néo-Calédoniens (114.6).

(1) L. Manouvrier, *Mémoire sur l'interprétation de la quantité dans l'encéphale et du poids du cerveau en particulier* (*Mémoires de la Société d'anthropologie de Paris*, 1884).

(2) L. Manouvrier, *Sur le développement quantitatif comparé de l'encéphale et de diverses parties du squelette* (*Bull. de la Société zoologique de France*, 1882).

L'indice cranio-mandibulaire ou rapport du poids de la mandibule au poids du crâne = 100 est 16.61. Il est à peu près égal à l'indice moyen des nègres du Darfour (16.79) et des Néo-Calédoniens (16.68). C'est là un caractère inférieur, car la taille n'influe que très peu sur l'indice cranio-mandibulaire. Cet indice est 13.4 en moyenne chez les Parisiens, et s'élève à 13.6 seulement dans une série de sept squelettes européens de forte taille (voir le mémoire cité plus haut). Par son indice cranio-mandibulaire, l'idiot P. se rapproche des idiots microcéphales, dont l'indice atteint 22.6 et 25.0.

II

Crâne d'Adeline R., idiote âgée de trente-trois ans, née dans le Loir-et-Cher.

Adeline R... avait une taille de 1^m,53. Elle était fortement constituée, mais marchait difficilement à cause de son fort embonpoint. Cheveux noirs. Oreilles bien conformées. Strabisme convergent.

L'observation médicale de cette femme contient les renseignements suivants, fournis par son père :

« J'ai eu huit enfants, et Adeline est la seule qui soit faible d'esprit. Sur ces huit enfants, cinq sont encore vivants et plusieurs ont de la famille. Adeline n'a jamais eu de maladie cérébrale ; c'est de naissance qu'elle est idiote. Elle n'est pas méchante, mais elle court souvent et elle est *encore jeune.*

« Il est impossible de lui faire tenir la moindre conversation. Elle ne sait dire que son nom. Lorsqu'on lui parle, elle sourit sans aucun motif et possède l'air satisfait des faibles d'esprit. »

Entrée à l'hospice de Blois un an environ avant sa mort, elle avait un excellent appétit et un embonpoint remarquable. Elle a continué pendant quelque temps à se bien porter. — Mort par pneumonie.

Encéphale. — La dure-mère est épaissie, violacée : les veines sont gorgées de sang fluide. Adhérences à l'endocrâne nombreuses et anciennes. Pie-mère rouge, friable, injectée, adhérente sur un grand nombre de points à la substance corticale dont il a été difficile de la séparer. Congestion du cerveau. Substance cérébrale profondément ramollie.

Les ventricules latéraux, moyen et quatrième, contenaient environ un demi-verre de sérosité citrine.

Poids de l'hémisphère gauche............:	519^{gr}
— — droit.....................	515
— du cervelet, du bulbe et de l'isthme........	175
— total de l'encéphale.....................	1209

Crâne. — Plusieurs caractères extérieurs masculins : saillie considérable des crêtes temporales et des crêtes occipitales des apophyses mastoïdes et styloïdes. Saillie assez accentuée des bosses sourcilières et des bords orbitaires. Le front présente également une inclinaison et une courbure masculines. Le vertex est arrondi. Les sinus frontaux sont très développés. L'épaisseur et la dureté des os de la voûte sont exceptionnelles. Nous reviendrons plus loin sur ces derniers caractères.

La face a conservé, au contraire, plusieurs caractères féminins : les arcades zygomatiques sont minces, ainsi que les apophyses orbitaires externes. La mâchoire supérieure est petite. Le volume des dents est médiocre.

Celles-ci sont en outre très mal implantées et renversées en dedans du côté gauche, aux deux mâchoires, ainsi que les bords alvéolaires correspondants. Point de trace de la dent de sagesse en haut et à droite. A gauche, cette dent est sortie, faute de place, à plus d'un centimètre au-dessus du bord alvéolaire. A la mâchoire inférieure, qui est assez massive et tombante en avant, la dent de sagesse existe du côté gauche. A droite, les deux dernières molaires n'existent plus et leurs alvéoles ont disparu également. Plusieurs dents sont profondément cariées. Une seule apophyse géni très saillante. Surfaces d'insertion des muscles masticateurs très rugueuses. Il a été constaté, à l'autopsie, que le muscle temporal gauche était beaucoup plus épais que le droit. Ce fait ne se traduit par aucun caractère crânien. Le menton est fort et proéminent.

Nous avons signalé la dureté et l'épaisseur exceptionnelles de la voûte crânienne. L'épaisseur atteint son maximum (12 millimètres) à la partie antérieure du frontal et n'est pas moindre au niveau de la région ptérique, ordinairement très mince. Cet épaississement de la voûte crânienne est évidemment le résultat d'un processus pathologique dont la surface endo-crânienne présente des traces non équivoques.

Ainsi la gouttière optique n'existe plus. Elle a été comblée par le rapprochement, le boursouflement de son bord antérieur et de son bord postérieur à un tel point qu'elle n'admettrait pas même un cheveu. Les apophyses clinoïdes antérieures sont soudées aux postérieures. Les petites ailes du sphénoïde, très larges et épaisses, sont confondues avec le frontal. Plusieurs gouttières sont profondément creusées, celles des sinus pétreux et celle du sinus latéral droit particulièrement.

La région de l'endinion est criblée de petits trous veineux ainsi que la région frontale antérieure à l'endocrâne et celle du lambda. Toutes les sutures sont complètement synostosées intérieurement. Les sutures ptérique et écailleuse ne sont plus visibles même à l'extérieur. Les autres le sont encore, leur complication était assez grande et régulière. Il nous paraît légitime de croire que le processus pathologique dont nous voyons les traces sur le crâne ne doit pas être sans liaison avec celui qui a déterminé l'idiotie d'Adeline. Il est certain, tout au moins, qu'il ne s'agit pas ici d'une idiotie par insuffisance cérébrale quantitative.

Le poids du crâne atteint 810 grammes; celui de la mandibule, 86 grammes. Les indices cranio-cérébral et cranio-mandibulaire n'ont point d'intérêt dans un cas semblable, à cause de l'hyperostose crânienne.

La capacité du crâne égale 1 412 centimètres cubes. Le poids de l'encéphale étant de 1 209, l'indice ou équivalent pondéral de la capacité crânienne $= 0.856$, chiffre voisin de la moyenne normale et presque identique à celui que nous a présenté l'idiot décrit plus haut.

Rien d'extraordinaire dans la forme générale et les dimensions de la boîte crânienne.

III

Crâne de Joseph P, idiot âgé de quatorze ans, né dans le Loir-et-Cher, entré à l'asile de Blois à l'âge de dix ans.

Les parents de cet enfant ne pouvaient le retenir à la maison; il errait dans les rues, poussait des cris, faisait des grimaces et des contorsions, enfin se découvrait les parties sexuelles et se livrait à la masturbation au milieu de la rue et devant les autres enfants.

Il était muet, non épileptique, non méchant, il criait un peu la nuit. Sa nutrition était imparfaite. Il mangeait difficilement les aliments solides et avait du dégoût pour tous les mets autres que la soupe. Atteint de scorbut, il mourut des suites de cette maladie.

Encéphale. — Poids total $= 1 205$ grammes.

Hémisphère droit......................	525 gr.
— gauche.....................	534
Cervelet, isthme et bulbe................	146

Les ventricules sont gorgés de liquide; le cinquième ventricule lui-même en contient, et on peut séparer les deux parois de la cloison sans les endommager.

Le canal rachidien est complètement rempli de liquide et l'aqueduc de Sylvius fortement distendu.

Il y a, dans la scissure interhémisphérique de telles adhérences, qu'il semble que les circonvolutions des hémisphères se prolongent d'un côté à l'autre.

La substance blanche est entièrement décolorée, les circonvolutions sont larges, plates, étalées, peu sinueuses.

Crâne. — Les régions ptérique et temporale sont assez renflées pour faire songer à un certain degré d'hydrocéphalie même en l'absence des renseignements qui précèdent. Un indice de même genre serait fourni par l'équivalent pondéral de la capacité crânienne, qui est trop faible (0.820), c'est-à-dire que le poids du cerveau était faible relativement à la capacité du crâne. Celle-ci = 1468 centimètres cubes.

Il ne s'agit pas encore là d'un idiot par microcéphalie. Cependant son crâne présente, comme celui des microcéphales, un prognathisme énorme. Les dents, au nombre de vingt-huit, sont très volumineuses et bien plantées.

La mandibule est forte, pour l'âge de quatorze ans. Son poids = 70 grammes. Le poids du crâne = 525 grammes. L'indice cranio-mandibulaire = 13.3 : il atteint déjà la moyenne des adultes.

Les empreintes des circonvolutions sont très profondes dans les fosses temporales, bien marquées sur le plancher de l'étage frontal. L'hydrocéphalie ventriculaire semble avoir refoulé le cerveau vers les parties latérales et inférieures du crâne. L'apophyse basilaire est très dressée.

I V

Voùte crânienne d'un homme adulte faible d'esprit.

Cette pièce présente deux particularités très intéressantes : 1° une hyperostose diffuse des bosses pariétales; 2° une déformation plagiocéphalique appartenant à la variété dite réniforme (1).

Cette pièce est décrite dans les *Bulletins de la Société d'anthropologie de Paris*, 1884 (2).

M. le Docteur E. PINEAU

Du Château-d'Oleron.

DÉCOUVERTE ET FOUILLES DU DOLMEN D'ORS, ILE D'OLERON (CHARENTE-INFÉRIEURE

— Séance du 6 septembre 1881 —

J'ai fait connaître, dans les *Matériaux pour l'histoire primitive de l'Homme*, année 1876, une riche et belle station néolithique, répandue sur une langue de plage de quelques centaines de mètres de longueur, sur la côte de l'île d'Oleron qui regarde le continent.

Vers le milieu de cette plage, enfoui par une de ses extrémités dans la digue côtière, enterré par l'autre dans un petit pré, émergeant par la troi-

---

(1) L. Manouvrier, *Étude craniométrique sur la plagiocéphalie (Bull. Soc. d'anthr. de Paris*, 1883).
(2) Voir discussion aux *Proc. Verb.*, p. 202.

sième, un monolithe, autant qu'on pouvait le deviner, de forme triangulaire, jalonnait cette station. Partie au-dessus, partie au-dessous du sol, légèrement incliné, de dimensions incertaines, sans traces apparentes de substruction, je le pris pendant longtemps pour un petit menhir sans importance.

Cependant, ce pouvait être un dolmen, ou tout au moins un menhir de proportions plus imposantes qu'on ne pouvait le croire d'après la partie émergée.

Décidé à éclairer ce problème, en janvier de cette année j'y fis pratiquer des fouilles, et voici ce que je constatai :

Monolithe de 16 mètres de circuit sur 80 centimètres d'épaisseur moyenne, pierre calcaire étrangère aux carrières du pays, rappelant comme masse, épaisseur, aspect, l'assise presque à fleur de gazon longuement répandue sur la route de Gémozac à Saintes, non loin de Thenac, et par conséquent du camp du Peu-Richard, avec l'industrie duquel cette station a les plus nombreuses et les plus étroites analogies ; quatre piliers supportant cette table, trois se touchant dont l'un ne monte pas tout à fait jusqu'au plafond, le quatrième seul opposé aux trois autres et incliné vers l'intérieur de la chambre, d'où l'inclinaison de la table ; les deux vides laissés par ces deux groupes de piliers sont fermés, l'un incomplètement par un gros bloc irrégulièrement sphérique, le second par une muraille en galets et pierre sèche ; les piliers sont de pierres du pays, l'édifice entier repose sur un lit de sable de mer.

Cette belle table a été fendue dans toute sa longueur par une explosion de mine qu'un de ses propriétaires y avait posée dans la pensée de la débiter pour en utiliser les morceaux.

Dernière remarque, des traces de constructions entourent cette pierre, qu'elles longent sur un bord ; dans les fondations a été trouvé, en ma présence, un sou anglais de la fin du dernier siècle ; c'était sans doute quelque petit fortin pour la défense des côtes, ou un poste de douaniers auquel la table du dolmen servait évidemment de plancher. Enfin, au voisinage, se rencontrent des tuiles romaines.

Voici, rapidement, le résultat des fouilles :

Extérieurement aux piliers, terres rapportées, à moitié profondeur desquelles je rencontre un pavage grossier en gros moellons plats, qui, appuyé aux piliers auxquels il sert évidemment de soutien, de contrefort, s'étend jusqu'à un mètre ou un mètre et demi d'eux.

Les piliers sont formés de longues dalles brutes, grossièrement rectangulaires, l'une à bord supérieur très aminci ; une autre, cassée à 40 centimètres du plafond, a pu servir de porte pour pénétrer sous le dolmen.

Un coup d'œil jeté par cette ouverture laisse voir la cella comblée par des apports très hétérogènes jusqu'à 10 ou 15 centimètres du plafond.

Dans les parties supérieures de ces déblais, je trouve jusqu'à des coquilles d'huîtres portugaises importées dans nos eaux il y a à peine une dizaine d'années, preuve, d'ailleurs attestée par de nombreux témoins, que, par les grandes marées poussées par des coups de vent, la pierre a été maintes fois submergée par la mer. Il y a quatre ans encore, un marin me disait avoir passé par-dessus avec son bateau.

Mais, avant de pénétrer dans la cella, voyons ce que l'extérieur nous réserve.

En dehors du pilier C, porte présumée du dolmen, et sous trois larges moellons superposés depuis 50 centimètres de la surface jusqu'à 1ᵐ,50 de profondeur, je trouve tout un ossuaire : phalanges de la main et du pied, côtes d'enfant du premier âge, épiphyse fémorale d'un autre plus âgé, puis côtes d'adultes, mâchoire inférieure dans un excellent état de conservation, un autre maxillaire d'un sujet plus âgé et beaucoup plus grand, des diaphyses d'os longs, et, tout au fond, appuyé contre le pilier et reposant sur la dernière pierre plate, un beau crâne dolichocéphale à sutures non encore ossifiées, auquel tenaient encore quelques vertèbres, à moitié plein lui-même de divers petits os d'enfants et d'un coccyx d'adulte ayant pénétré par un enfoncement d'un pariétal. Ce crâne, complètement dégagé, mais alourdi par l'argile qui l'emplissait, s'émietta dans mes mains quand je voulus le soulever. Bref, des débris de quatre squelettes au moins, dont deux d'enfants.

Deux ou trois grattoirs ou éclats de silex, quelques fragments de poteries, une sorte de large brique brûlée, de nombreuses coquilles d'*Ostrea edulis*, accompagnaient ces restes pêle-mêle.

Faut-il considérer chaque plan d'ossements, séparé par une large pierre de celui qui précède et qui suit, comme le résultat d'une exhumation distincte, ou n'y a-t-il eu qu'une seule exhumation avec des catégories dans la disposition des os retirés de la chambre? Question insoluble.

Je fais déplacer le pilier C afin de pénétrer dans la chambre, qui doit être déblayée entièrement. La première couche sur 30 centimètres d'épaisseur représente des apports récents par la mer; j'y trouve une moitié de hache polie, des ossements de lapins qui avaient établi de temps immémorial leurs galeries sous cette pierre. Nous verrons bientôt que ces mêmes os se rencontrent à toutes les profondeurs.

Cette couche enlevée, j'arrive sur un mince lit de charbon qui repose sur une couche d'alluvion marine déposée lentement pendant une longue période où la presqu'île occupa, par rapport à la mer, un niveau encore inférieur à celui qu'elle occupe aujourd'hui. Ce lit de charbon, épais à peine d'un centimètre en moyenne, est continu dans toute l'étendue de la chambre et à un pied à peine de son plafond; il est légèrement incliné de l'est à l'ouest.

A 20 centimètres environ plus bas un second lit de charbon un peu plus épais, renfermant des morceaux gros comme le bout du doigt, incliné et continu comme le précédent, mélangé de terre et de pierres, laisse apparaître un certain nombre d'ossements épars et de jolis fragments de la poterie caractéristique des dolmens : fonds en forme de calotte crânienne, bords droits ou déjetés, lignes en creux et en relief, cannelures multiples, parallèles, festons, pâte mince, allant du gris au noir en passant par les divers rouges qui indiquent le degré de cuisson; pas trace de tour, surface comme vernissée, tant l'argile de quelques-unes est fine et bien polie. Une seule anse d'une poterie de grande taille et grossière.

Des coquilles d'huîtres à jeter à la pelle; quelques-unes de moules, d'énormes patelles, des palourdes, des pétoncles contribuent, dans une forte proportion, à combler le réduit. De ces coquilles d'huîtres plusieurs sont intactes, les deux valves exactement emboîtées, une seule est calcinée, les

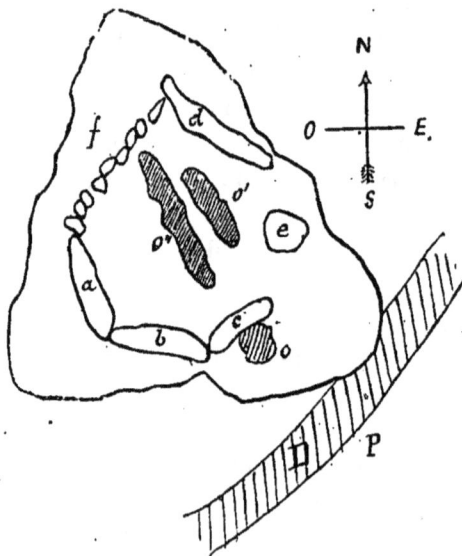

Fig. 42 *bis*. Le domaine d'Ors, île d'Oléron (Charente-Inférieure).

a, b, c, d, piliers. — *e,* gros bloc soutenant la table. — *f,* mur à pierres sèches fermant le fond de la chambre. — *o,* l'ossuaire extérieur à la cella. — *o' o",* les deux principaux gîtes à ossements, poteries, etc. — D, digue littorale. — P, plage.

autres petits bivalves et les patelles présentent fréquemment des ébréchures, même de véritables entailles très nettes, qu'y firent les lames de silex avec lesquelles elles furent ouvertes, ou détachées des rochers.

De silex, à peine quelques rares éclats ou grattoirs de peu de valeur.

Pour augmenter la clarté de ce récit, je crois devoir donner ici la coupe en plan de ce dolmen (Fig. 42 *bis*).

C'est donc au-dessous de ce second lit de charbon, mélangé de terre, de pierres et de cendre, et sur les points indiqués par les rayures que se trouvent disposées les deux plus grandes agglomérations d'os. A l'est, sur un plan un peu supérieur, quelques ossements ayant dù appartenir à une femme; c'est là que se trouvent les débris de vases les plus ornés et une perle d'or formée sans doute par l'enroulement sans soudure d'une pépite préalablement amincie par le battage : elle a la forme d'un petit morceau de paille de blé long de 12 millimètres sur 3 ou 4 de diamètre; ces trouvailles d'or dans les dolmens ne sont pas si fréquentes qu'on ne doive y insister.

Un joli tranchet de silex, de petite dimension, était peu éloigné.

Plus riche était la sépulture centrale, où j'ai trouvé épars, brisés, ramollis outre mesure par les infiltrations constantes de la mer, — on se trouve en effet à ce niveau au-dessous des marées moyennes de syzygies, — des restes de cinq ou six squelettes, dont deux d'enfants de 8 à 12 ans.

Au-dessous de ces restes, je rencontre encore profondément une troisième couche de charbon; mais celle-ci paraît avoir été remaniée, piétinée; elle n'occupe, du reste, que le milieu de la chambre en allant vers le fond. J'y trouve trois ou quatre fragments de diaphyses, quelques vertèbres, un rebord d'os iliaque, une poignée de sternum, des os du pied et de la main, un fragment de maxillaire supérieur indiquant un prognathisme considérable, etc.

Quelques fragments de vases analogues aux précédents s'y trouvent mêlés et le tout s'enfonce jusqu'au lit de sable qui supporte le monument.

Une dent, une vertèbre et un humérus de grand herbivore, quelques os d'oiseau dont un tibia de coq(?) muni encore de son ergot ossifié, et un bel éclat-racloir de silex très usé, complètent les trouvailles de cette journée.

Le troisième jour, sous la troisième couche de charbon, on rencontre quelques os pêle-mêle qui semblent provenir des squelettes émiettés au-dessus; les os d'enfants semblent plus particulièrement placés à la droite des adultes, à la gauche desquels seraient les poteries.

Au milieu, deux ou trois larges pierres aplaties, à des niveaux un peu différents, posées dans le lit de cendre et de charbon, entourées d'os de toutes parts, et qui, si j'en crois la situation respective de divers os (clavicule posée sur le sol sa face postérieure en haut, côtes croisant des débris de fémur, métacarpiens et métatarsiens confondus, etc...), auraient servi à asseoir les cadavres au milieu de la cella.

J'ai parlé de la forme, de la couleur, des dessins des vases; je veux revenir sur quelques points : l'un présente près du rebord, entre deux rangées de cannelures, un trou fait évidemment après la cuisson, sans nul doute pour remplacer une anse brisée; un autre, en forme, par le bas, de calotte crânienne, ou mieux de gourde, présente des dessins à écartement si sensiblement parallèle, qu'il sembla un moment à M. Cartailhac avoir été fait au tour. Dernière remarque, les débris de ces vases se trouvent à un niveau qui m'a paru généralement inférieur de quelques centimètres au plan occupé par les ossements; je n'en vois qu'une seule raison: c'est le temps que les cadavres ont mis à se décharner et à tomber sur le sol, temps pendant lequel, par les interstices des piliers, le mouvement d'exhaussement du sol, de comblement de la cella avait déjà commencé.

La quatrième journée me donne une corne de chevrette, tout au fond de la chambre; tout auprès une pendeloque rectangulaire en grès blanc tendre, ou en ponce, longue de 5 centimètres, large de 25 millimètres, percée d'un trou de suspension. L'une de ses faces, comme du reste un grand nombre de pierres, est incrustée d'une épaisse couche d'oxyde de fer, comme si elle eût été en contact pendant un long laps de temps avec une infiltration ferrugineuse que je n'ai pas rencontrée. Enfin, deux ou trois grattoirs, le tout semé dans les mêmes couches à coquilles et à ossements.

Pendant la cinquième et dernière journée, je termine et régularise la vaste excavation que j'ai pratiquée et qui ne comprend pas moins d'une dizaine de mètres cubes. Je suis arrivé d'un côté dans la digue littorale, de l'autre en dehors de la ligne des piliers, près du bord extérieur de la table, et je ne rencontre plus que de loin en loin ici un os isolé, là un fragment de poterie.

Bien qu'à peu près négatif, le résultat de cette journée me confirme dans la manière de voir que j'ai déjà exprimée: aucun cadavre n'a été adossé aux piliers.

Je ne terminerai pas cette description sans indiquer qu'à différents niveaux, mais principalement un peu au-dessus du second lit de charbon, la mer, à la suite de bouleversements du fait de l'homme, des animaux ou par elle-même, la mer, dis-je, durant des périodes longues et calmes, entrait sous le monument et y déposait en couches régulières du sable ou du limon.

Pour être complet, je dois dire qu'à différentes hauteurs j'ai rencontré:

1° Une vingtaine de débris de vases de grès d'un blanc bleuâtre, manifestement faits au tour, à rebords très ourlés, à fonds nets et ronds et qui, présentés à la section d'Anthropologie du Congrès, ont été unanimement regardés comme récents, sans qu'une date exacte ait pu leur être assignée;

2° Deux morceaux de verre, l'un épais, l'autre mince et plus blanc, aussi postérieurs;

3° Enfin, une petite boule, comme une noisette, de poterie recouverte

d'un émail verdâtre, rappelant la couverte à la litharge dont on revêt
notre poterie commune; ce bouton présente la fracture indiquant qu'il
tenait à quelque vase et je n'en aurais pas parlé si je n'avais lu que le
Dr Prunières a trouvé de petites boules analogues dans quelques dolmens
de la Lozère.

Je me hâte de dire que les piétinements, sans lesquels n'ont pu aller
les exhumations préhistoriques, que l'irruption et les affouillements de la
mer, que le fouissement des lapins surtout, pendant une longue période
de siècles, sont des raisons plus que suffisantes du désordre qui régnait
dans cette sépulture et de la dispersion à tous les niveaux des objets plus
récents (verre, grès), qui ont pu être jetés sous la pierre par l'entrebâille-
ment des piliers alors qu'était habité le corps de garde ou la cabane dont
j'ai parlé en commençant.

En résumé, dolmen vierge, je crois, du fait de l'homme, mais sapé par
la mer, submergé par elle, à la suite d'un affaissement de cette pointe de
terre, qui tend maintenant à se relever, pénétration des alluvions de sable
et de vase jusque sous la dalle, rasement du tumulus par les eaux, comblement de la cella par des matériaux venus du dehors et bouleversement
des ossements et du mobilier funéraire par les causes diverses que je viens
d'indiquer.

Cependant, dominant ce désordre, diverses couches stratifiées, indiquant de longues périodes de calme, lits de sable et de vase, de cendres
et de charbons, ces derniers allumés par qui? Et entre eux, le pêle-mêle
dont j'ai essayé de donner une idée et que je résumerai en deux lignes :

Ossuaire extérieur par exhumation ;

Inhumations centrales avec squelettes accroupis.

Je terminerai en donnant les dimensions suivantes :

	Hauteur.	Largeur.	Épaisseur.
Pilier *a* :	1^m,50	0^m,75	0^m,20
— *b* :	1 ,50	0 ,90	0 ,20
— *c* ·	1 ,00	0 ,65	0 ,20
— *d* :	1 ,50 ( )	1 ,00	0 ,30

La table a 16 mètres de circonférence.

Enfin, la chambre sépulcrale à 3 mètres de diamètre sud-nord, 2^m,50
de diamètre est-ouest, 1^m,20 à 1^m,30 d'élévation et 10^m de périmètre (1).

(1) Voir discussion aux *Proc. Verb.*, p. 204

M. E. CHANTRE

Sous-Directeur du Muséum de Lyon.

LES NÉCROPOLES HALLSTATTIENNES DU CAUCASE

— Séance du 6 septembre 1884 —

M. Ernest Chantre, présentant les planches de son ouvrage sur le point de paraître, *les Nécropoles du Caucase*, s'attache à faire ressortir les caractères hallstattiens des mobiliers funéraires d'un grand nombre d'entre elles. Ces caractères sont évidents sur certains objets, tels que fibules, brassards, ceintures, pendeloques, puis sur les poignards en fer et surtout sur ces motifs d'ornementation, swastika, spirale, méandre, etc.

La plupart de ces formes sont identiques à celles que l'on rencontre dans toutes les sépultures de cette époque, disséminées depuis la mer Noire jusqu'aux Pyrénées.

Cependant quelques types d'armes, d'ustensiles ou d'objets de toilette ainsi qu'une partie des motifs dont ils sont décorés sont absolument spéciaux au Caucase et même à la nécropole de Koban, qui peut être comparée à celle de Hallstatt et comme développement et comme importance au point de vue de l'étude de la civilisation intermédiaire entre celle du bronze et celle du fer proprement dite.

Les mobiliers funéraires des nécropoles de Kazbek et de Gori, aussi bien que ceux de Koban, sont nettement hallstattiens dans toutes les sépultures non remaniées.

Il est impossible d'admettre ces superpositions multiples de civilisations d'origines si diverses et d'âges si différents, qui ont été invoquées pour expliquer certains mélanges que l'on a constatés dans plusieurs collections.

On a dit que la présence dans les séries d'objets rapportés de Koban de quelques boucles et fibules en bronze, ainsi que de certaines perles en verre de l'époque romaine, montre qu'il y a à Koban des tombeaux d'époques très diverses juxtaposés et même mélangés.

Il y a là une erreur d'observation, ou plutôt absence sans doute d'observation ou de fouilles méthodiques.

Il existe à Koban, dans la partie supérieure du champ de Kanoukof, quelques tombeaux renfermant des objets incontestablement romains et, sur certains points où se sont produits des éboulements, il a pu se faire des mélanges, de loin en loin.

Quant aux divers étages que l'on a signalés à Koban et qui pourraient indiquer des phases successives de civilisation, M. Chantre ne les a pas vus. Il a trouvé plusieurs fois des tombeaux superposés et même des traces d'inhumation secondaire dans le même tombeau, mais alors les mobiliers funéraires présentaient les mêmes caractères.

Ces confusions sont dues en partie à l'inexpérience des montagnards qui ont recueilli les objets envoyés en Europe; ceux-ci ont dû réunir des objets fort divers provenant de localités différentes fouillées en l'absence des détenteurs de ces collections, car bien peu d'archéologues ont exploré eux-mêmes ces nécropoles. Ceux qui y sont allés n'y ont pas consacré un laps de temps suffisant pour bien se rendre compte de la position des mobiliers funéraires dans les tombeaux.

M. Chantre, qui a fouillé avec le plus grand soin Koban pendant plusieurs semaines, n'a jamais vu *en place* les mélanges en question, mais il a trouvé plusieurs objets romains dans la collection qu'il a acquise de Kanoukof et qui n'aurait aucune valeur scientifique s'il n'avait lui-même découvert en place des exemplaires de la plupart des objets composant cette série considérable.

Pour bien faire ressortir les différences énormes qui existent entre les mobiliers funéraires des nécropoles hallstattiennes et ceux des nécropoles romaines, M. Chantre montre une série de photographies peintes et d'aquarelles représentant des objets provenant des localités appartenant à l'époque romaine, telles que Komounta, Kambylte, Tschmi, etc.

On remarque surtout dans ces dessins des objets en fer, des pendeloques en or et en bronze, des fibules, des boucles, puis des perles de verre, et notamment des émaux qui n'ont jamais été trouvés à Koban dans les sépultures hallstattiennes.

M. Théophile HABERT

De Troyes.

DÉCOUVERTES DE POTERIES LACUSTRES A POUAN (AUBE) EN 1882-1884 ORIGINE DE POUAN

— Séance du 6 septembre 1885 —

Le village de Pouan est situé à 6 kilomètres ouest d'Arcis-sur-Aube; son origine remonte très loin.

A l'époque gallo-romaine, son territoire se trouvait compris dans le *Pagus Arciacensis;* mais les études que je poursuis vont au delà de cette date.

Je veux déterminer d'une façon aussi précise que possible l'antiquité des lieux en m'appuyant sur des découvertes faites dans l'étendue du territoire de Pouan, en y ajoutant mes propres découvertes et mes observations personnelles.

Pouan semble avoir été bâti sur l'emplacement d'un vaste marais, ou plutôt, au milieu de nombreux marais dont une dizaine existent encore aujourd'hui; les autres ont été envahis et comblés par des alluvions anciennes. Tous ces marais étaient alimentés par les eaux de la Barbuise, petite rivière qui traverse le village, et celles de l'Aube, qui le protège au nord et à l'est.

Pouan tire évidemment son nom des émanations putrides que répandaient les marais qui l'entouraient à son origine. Placé sous le vent du midi et de l'ouest de ces marais insuffisamment alimentés, le lieu habité le plus rapproché ne devait-il pas, pour cette cause purement naturelle, porter le nom de *Putens?*

Selon M. Peigné-Delacourt (1) le nom de *Putens* aurait pris son origine de la putréfaction de milliers de cadavres abandonnés sur le sol après une immense bataille.

Sans discuter le fait d'un ou de plusieurs combats; pour admettre cette hypothèse, il faudrait qu'on eût découvert sous le sol une certaine quantité d'ossements humains accompagnés d'armes, ce qui n'a jamais été constaté. Au contraire, à l'exception de deux sépultures, toutes celles trouvées sur le territoire de Pouan, plus de trente en ce siècle, soit réunies, soit isolées, n'en contenaient aucune. Les inhumations, qui avaient été faites dans les conditions ordinaires, n'ont fourni, pour tout mobilier, qu'un petit pot en terre rouge et un vase en verre; ce qui indique évidemment que ces nécropoles de l'époque gallo-romaine, sans doute, appartenaient à une population paisible.

PÉRIODE PALÉOLITHIQUE QUATERNAIRE.

NÉOLITHIQUE. — ROBENHAUSIENNE- — 1ᵉ LACUSTRE.

Pierre ouvrée, poterie.

Le petit Musée de Pouan renferme des silex travaillés, dont quelques-uns semblent remonter à la *période paléolithique quaternaire* et d'autres à la *période néolithique robenhausienne*. Ils ont été recueillis sur le territoire de cette commune et même dans le village, lieu dit le Champ Millot,

---

(1) *Recherches sur le lieu de la bataille d'Attila.* Paris, Claye, 1861.

Section B, n° 1891 bis, tenant du levant à *la Voie Creuse*, où d'autres découvertes d'une date postérieure ont également été faites.

En 1882-1883, des tireurs de grève trouvèrent au lieu dit le Martray, tout près du village de Villette, *Section B*, 2, du Cadastre, à 2ᵐ,50 environ de la surface du sol, *sous les graviers d'alluvion dans une terre vaseuse tenace*, quatre fragments de poterie fabriquée à la main, de la plus grossière et de la plus primitive. Son état (elle n'a pas été roulée), la nature du sol, l'étage sur lequel elle gisait, prouvent qu'on en a fait usage sur place.

Deux de ces fragments, en terre grise, appartiennent au même vase ; il était de forme sphéroïdale à fond très étroit et mesurait: hauteur, 60 millimètres; plus grand diamètre. 110 millimètre ; ouverture, 90 millimètres ; base, 35 millimètres.

Les deux autres, en terre noirâtre, sont des vases différents et de plus grande dimension. L'un porte à sa surface une légère couche de terre de couleur *ocre rouge* très bien conservée et absolument semblable à celle qui recouvre certaine poterie lacustre que je possède, recueillie dans les premiers dépôts, sous les graviers, de Bourguignons, Virey-sous-Bar, Fouchères ; et dans les marais de Troyes, rue des Gayettes et bas de Chicherey.

D'autres fragments de poterie lacustre découverts sur le territoire de Pouan, lieu dit *Bardy, Section F*, donnés par M. Lambert, sont au Musée local.

La période gauloise est constatée plus particulièrement par des sépultures et des monnaies découvertes en divers endroits du village; par l'*œnochœ* en bronze doré du Musée de Troyes, trouvée en 1843 dans le village, *Section B*, n° 1958, tenant *à la Voie Creuse;* et par des fragments de divers vases en terre fabriqués à la main, dont j'ai un spécimen dans ma collection qui mesure 60 millimètres de hauteur, 80 millimètres d'ouverture et 20 millimètres de base; lequel a été trouvé aussi au Champ Millot.

Les périodes gallo-romaine et mérovingienne sont représentées par des découvertes diverses : cimetières, sépultures isolées, monnaies, armes et bijoux divers en or, argent, bronze et fer, en poterie, etc. La plupart des objets de ces époques sont au Musée de Troyes ou au Musée local.

En juin 1883 je visitai les endroits sur lesquels des découvertes avaient été faites, les contrées dites les *Hauts de la Pierre*, ou *Hauts des Grès*, le *Champ Dolent*, bordant le Vieux Chemin de Méry à Arcis et occupant un terrain élevé, légèrement incliné au levant.

Pour arriver à ce chemin, malgré la sécheresse de la saison, je fus obligé de franchir, sur une large planche, la partie nord du *Gué de la Folie*, que cette voie traversait. Le sol, récemment labouré, ne présentait à sa surface aucun débris de poterie, de tuile ou de scories annonçant l'existence de substructions quelconques. Je sondai avec ma canne la légère couche de terre végétale dont le sol est recouvert, contrée du Champ Dolent près du chemin de déblave de Bessy, et crus ressentir à 30 centimètres un corps dur et sonore comme de la pierre.

De l'autre côté, au midi du Chemin de Méry, en face des nécropoles antiques, contrée dite *des Cacas*, je vis deux taupinières distantes de moins de 2 mètres dont l'une révélait la terre blanche-jaunâtre du sol inférieur, alors que l'autre était de terre grise presque noire. Ce fait parut m'indiquer qu'il y avait là ou un cimetière à ustion ou des ruines souterraines d'habitations détruites par le feu.

Tout était pour moi sujet à investigation. J'observai ce *vieux chemin de Méry à Arcis*, abandonné depuis de longues années. Il est encore complet aujourd'hui dans cette partie. Sa largeur est de 16 mètres, son élévation d'un mètre au-dessus des terres riveraines; il longe les cimetières.

J'y ai fait pratiquer une fouille pour connaître les éléments de sa construction; mais je me suis aperçu que tous les matériaux dont il avait été composé avaient été extraits; ainsi que l'état bouleversé de sa surface l'indiquait d'ailleurs.

Dans un fossé de 2 mètres sur 50 centimètres et 1 mètre de profondeur, je n'ai trouvé qu'un seul fragment de scorie de fer.

La situation de ce vieux chemin, ses proportions, son état, son passage sur le *Gué de la Folie* et sur le *Gué Geoffroy*, qui, paraît-il, sont pavés, du moins ce dernier, tout ne porte-t-il pas à établir qu'on est en présence d'une *ancienne voie romaine*?

Si l'on consulte la carte de l'État-Major, cette voie semble être la continuation de ce que l'on appelle sur Nozay le *Chemin de Troyes*, chemin qui suit la Barbuise à sa droite et qui la traverse à Pouan au *Gué Geoffroy*.

Cette voie n'apparaît plus guère, à l'endroit qui nous intéresse en ce moment, que sur une longueur de 400 à 500 mètres à partir du *Marais de la Folie*, en remontant vers l'ouest. Au delà, elle est d'abord convertie en chemin de contrée, puis disparaît complètement, sur Bessy, envahie par la culture.

Je me transportai ensuite sur les contrées du Martray et de Marisy, où je pus recueillir à la surface du sol des fragments de tuiles dites grand courant, et des poteries de divers vases de l'époque gallo-romaine, des silex calcinés par le feu, d'autres taillés de la période paléolithique et deux ayant servi de briquets. J'appris d'ailleurs que sur ces contrées il avait été découvert des substructions remontant à cette époque (1).

_____

(1) C'est au lieu dit le *Haut de Marisy*, Section B, dite du *Martray*, nos 2216 à 2219, au 1/4 nord d'une pièce de terre coupée par le Chemin du Martray, appartenant au Sr Claude Naquemouche, que le 22 juillet 1842 furent découvertes les armes du chef guerrier HEVA.

J'ajoute que MM. l'abbé Bardin et E. Villenet me firent remarquer près d'un contrefort de l'église, au bord de la rivière et sur le chemin où existait jadis un gué, un énorme grès erratique enfoui sous la terre, sur lequel, paraît-il, il existe des traces d'usure par frottement semblables à celles d'un polissoir.

Le dernier mot est loin d'être dit sur les monuments historiques renfermés sous le sol du territoire de Pouan; et il est à désirer que des fouilles intelligentes y soient bientôt pratiquées.

_____

Noms de contrées et de rues présentant un intérêt pour l'étude archéologique.

Section B. 1, la Juge, Fossé Guillaume, les Cloîtres; 2, Gué de la Chappe, le Petit Écrou, le Grand Écrou, Marisy, le Martray; 3, Haut de Marisy, Voie Creuse, Chemin du Cloître, Rue d'Arcis. — *Section C.* Le Champ Dorieux, Dessus du Martrois, le Crot Divot. — *Section D.* Val du Mesnil, Chaussées Rouges. — *Section E.* Marais Bourotte, Marais de la Crosse, Marais de la Sèche Place, Marais Seuyon, Marais Hugues, Marais Vilain, Marais des Saules Fougeot, Fontaine des Ruées. — *Section F.* La Sainte Fontaine, Marais de la Sainte Fontaine, Bardy. — *Section G.* 1, les Hauts de la Pierre, le Champ Dolent, les Cacas, la Folie (marais), le Gué Geoffroy, Vieux Chemin de Méry à Arcis; 2, Rue Bourbière, Rue du Veveux.

_____

M. BOSTEAUX

Maire de Cernay-lès-Reims.

_____

CIMETIÈRES GAULOIS DE LA MARNE
RÉSULTAT DES FOUILLES PENDANT LES ANNÉES 1883 ET 1884

_____

— Séance du 6 septembre 1884 —

TERRITOIRE DE CERNAY-LES-REIMS

Le cimetière de Barmonts nous a encore donné six tombes gauloises.

La première de ces tombes nous a fourni les objets suivants : une épée et une lance en fer, deux vases en terre noire, ornés tous deux de petits losanges en relief.

Deuxième tombe : un petit vase en terre noire orné de griffes faites à l'ébauchoir.

Troisième tombe : un torque en bronze uni ayant pour toute décoration quelques petits disques gravés en creux avec un point au centre. Une fibule en bronze. Un grain de verroterie. Une grande urne en terre noire ornée de losanges et une urne de forme élancée en terre noire.

Quatrième tombe : un vase en terre jaune peint à l'oxyde de fer.

Cinquième tombe : une coupe en terre noire.

Sixième tombe : un bracelet en bronze, un bracelet en lignite brune.

TERRITOIRE DE PUISIEULX

Au lieudit la Pompelle, la fouille d'une tombe gauloise m'a donné deux fibules en bronze, dont une est ciselée et l'autre avait une rosace en pâte émaillée, plus deux hanaps en terre jaune peints en partie à l'oxyde de fer.

TERRITOIRE DE VITRY-LES-REIMS

Nous y avons fait la fouille de deux tombes gauloises. La première, au lieudit la Voie Carlat, possédait une ceinture d'anneaux, en métal creux d'un côté, et une fibule en bronze à rosace en pâte émaillée. Cette tombe contenait plusieurs vases qui étaient écrasés.

L'autre tombe, au lieudit la Voie du Haut-Chemin, contenait les débris d'une épée en fer, un grand vase en terre noire en forme de gland de chêne et orné de petits quadrillés. Une autre grande coupe en terre noire ornée aussi de stries faites à l'ébauchoir; plus une assiette plate.

Au lieudit la Riste, j'ai trouvé un vase en terre noire très grossière dans un foyer.

TERRITOIRE DE BERRU

Au lieudit les Closiaux, j'ai recueilli une hache en silex poli. Au même lieudit, j'ai trouvé, dans des foyers gaulois creusés dans un sol quaternaire, des débris de vases, et des pesons de métiers à tisser faits en terre cuite. Et une faux en fer semblable à celles trouvées dans les habitations lacustres de la Suisse.

L'époque romaine et mérovingienne sera l'objet d'une étude spéciale l'année prochaine.

M. B. SOUCHÉ

Instituteur à Pamproux (Deux-Sèvres).

LA SÉPULTURE DES VINETTES, COMMUNE DE SALLES (DEUX-SÈVRES)

— *Séance du 6 septembre 1884* —

A 1,200 mètres au nord du petit bourg de Salles, canton de la Mothe-Saint-Héray, et à droite de la route qui conduit à Soudan, se trouve une plaine nommée les *Vinettes*.

M. Armand Giraud, propriétaire d'une portion de ce lieudit, voulut, en 1883, enlever un amas de pierres qui se trouvait au sud de son champ, et à 200 mètres au nord du chemin de fer. Une fosse de 80 centimètres de large fut trouvée, elle était limitée par deux pierres debout, mesurant plus d'un mètre de hauteur, et contenait des ossements qui furent bouleversés et brisés. On trouva aussi une superbe pointe de flèche en silex et un petit anneau de bronze.

Prévenu trop tard, M. Souché n'a pu que reprendre ces fouilles et il a constaté :

1° Que la fosse occupait le centre du tertre et était orientée *est-ouest* ;

2° Que six personnes au moins y avaient été enterrées, parmi lesquelles un vieillard ; une vieille femme dont le maxillaire inférieur a une tache d'oxyde de cuivre, intérieurement, du côté gauche ; deux adultes, un adolescent et un tout jeune enfant ;

3° Les tessons de poterie, très nombreux, sont de deux époques distinctes ; les plus abondants sont ceux qui remontent à la pierre polie. On y voit figurer les anses perforées, comme à la sépulture du *Doignon*, située de l'autre côté de la vallée, à un kilomètre vers le sud-ouest. Deux fragments ont une ornementation plus soignée, quoique assez primitive, et un autre une double gorge, sans trace de tour ;

4° Dans une portion non remaniée du tertre funéraire des *Vinettes*, M. Souché a rencontré, sous 50 centimètres de terre, le sommet scié horizontalement d'un poteau en bois de chêne ; il mesure 45 centimètres de long, 19 de large et 9 d'épaisseur et a été équarri. Il était bien consolidé avec de grosses pierres. Ne serait-ce pas là le pied d'une croix ? On connaît plusieurs exemples de ce genre.

Le fait le plus important, unique dans le département jusqu'à ce jour, est la présence d'un anneau de bronze dans la sépulture des *Vinettes*. Il mesure 16 centimètres de diamètre extérieur, 10 centimètres de diamètre intérieur et 4 millimètres d'épaisseur.

Outre la pointe de flèche, M. Souché a recueilli deux grattoirs, une pointe de lance de 9 centimètres et la partie inférieure d'une autre d'un travail soigné, le tout en silex.

Il y a donc eu aux *Vinettes*, dans le même tertre, deux sépultures successives, une à l'époque néolithique, l'autre à l'époque du bronze.

M. B. SOUCHÉ

Instituteur à Pamproux (Deux-Sèvres).

L'AGE DU BRONZE DANS LE DÉPARTEMENT DES DEUX-SÈVRES.
LES PALAFITTES DU LAC VAUCLAIR

— Séance du 6 septembre 1884 —

Les découvertes de l'âge du bronze dans les Deux-Sèvres sont peu nombreuses et n'ont point encore été publiées. Il y a quatre ans, à Reims, j'en signalais quelques-unes; aujourd'hui j'ai de nouveaux documents à communiquer à la Section.

Une cachette de fondeur contenant une quinzaine de haches s'est rencontrée en 1812 dans la commune de Pamproux. A l'exception de deux d'entre elles — en ma possession — tout le reste est dispersé depuis cinquante ans. Elles sont à talon, de deux moules différents; l'une est complètement neuve, l'autre a été utilisée.

En 1860, à 1 kilomètre au nord du bourg de Pamproux, en enlevant un gros tas de pierres, des ouvriers trouvèrent, liés ensemble avec un fil de fer, 25 à 30 bracelets en bronze. J'en ai sauvé huit de la destruction. Ils sont à tige pleine non fermés, et de deux grandeurs différentes; les plus petits portent de fines ciselures.

Dans une précédente communication j'ai dit qu'une sépulture préhistorique avait fourni un anneau de bronze, cas unique dans le département.

La vallée de la *Sèvre Niortaise*, barrée autrefois vers Saint-Maixent, formait en amont de cette localité un lac, le lac *Vauclair*.

La découverte au lieu dit les *Vieilles-Fosses*, commune d'Exoudun, au bord de cette vallée, de cinq haches et un bracelet en bronze et une hache en silex — tous ces objets trouvés séparément, disséminés dans cinq ou

6 hectares — fait supposer à M. Souché qu'il devait exister des palafittes dans le lac *Vauclair*. Il fait passer sous les yeux de la Section les différents objets ci-dessus mentionnés. Les haches des *Vieilles-Fosses* sont à talon, excepté une, qui est à bords droits; le bracelet est à tige pleine, grosse, avec des ciselures.

Le Musée de Niort possède, trouvées dans les Deux-Sèvres, prétend-on, trois haches en bronze dont une provenant d'Amuré, une autre de Marigny, une autre de Rom.

En résumé, le département compte, en fait de bronze préhistorique:

> 3 haches de trouvailles isolées ;
> 2 — de cachette de fondeur ;
> 5 — de station, probablement habitation lacustre ;
> 1 bracelet de même provenance ;
> 8 bracelets provenant d'une cachette ;
> 1 anneau trouvé dans une sépulture ;

en tout, 20 objets.

Sur ces 20 objets, 2 sont de l'arrondissement de Niort; les 18 autres de l'arrondissement de Melle, et, parmi ces derniers, 17 appartiennent au canton de la Mothe-Saint-Héray.

DISCUSSION SUR LE GISEMENT DE THENAY[1]

— Séance du 8 septembre 1884 —

M. Ernest Chantre. — Je remercie les membres de la section de Géologie d'avoir bien voulu prêter aux anthropologistes le concours de leur savoir pour élucider le grand problème de l'Homme tertiaire.

Cette séance devait se tenir au collège de Pontlevoy, si longtemps dirigé par l'abbé Bourgeois, mais des considérations particulières n'ont pas permis au dernier moment de se réunir dans cet établissement, et c'est pour cela que « nous siégeons dans une modeste salle d'auberge qui ne s'attendait guère à cet honneur. »

Je n'ai pas besoin de faire ressortir toute l'importance de la discussion qui va s'engager ; elle sera libre et complète, digne de l'assemblée. Vous me permettrez d'exprimer tout le regret que j'éprouve de ne pas voir parmi nous M. G. de Mortillet, qui s'est depuis si longtemps occupé de la question de l'Homme tertiaire.

---

[1] Séance tenue à Pontlevoy sous la présidence de M. Ernest Chantre, président de la section d'Anthropologie.

J'adresse enfin au nom des membres des deux sections de chaleureux remerciements à MM. d'Ault-Dumesnil et Daleau, qui ont bien voulu préparer toutes les coupes géologiques que l'on a pu explorer aujourd'hui (1).

M. LE PRÉSIDENT présente la photographie de l'abbé Bourgeo's. Elle vient de lui être confiée, il la fera reproduire pour ceux qui la désireront.

M. LE PRÉSIDENT. — La parole est à M. d'Ault-Dumesnil pour nous décrire les coupes géologiques qu'il avait préparées.

M. D'AULT-DUMESNIL. — Messieurs, nous avons été chargés, M. Daleau et moi, de préparer les coupes géologiques que vous venez de visiter.

La première tranchée (n° 1) a été ouverte à côté du puits creusé par l'abbé Bourgeois et visité par de nombreux géologues et archéologues. A plusieurs reprises déjà des fouilles ont été pratiquées en cet endroit. En ce point vous avez pu exploiter la couche d'argiles vertes à silex, au-dessus de laquelle sont disposées les couches du calcaire de Beauce, plus ou moins altérées par l'action des eaux, la couche des alluvions quaternaires et la terre arable.

Cette première coupe ne nous donnait pas toute la série des couches géologiques de la région; au port Rateau vous avez pu voir superposés au calcaire de Beauce les sables de l'Orléanais et les Faluns. Les silex bruns de la couche d'argiles vertes ne lui sont pas spéciaux; on les retrouve dans toutes les autres assises, mais en moins grand nombre. Enfin, ces silex sont craquelés et certains d'entre eux sont disloqués par des infiltrations de dépôts calcaires.

M. FUCHS. — Une première conclusion, aussi importante qu'absolue, se dégage des faits observés par les membres du Congrès : c'est que le terrain dans lequel se rencontrent les silex noirs éclatés ou craquelés de Thenay est parfaitement en place et ne peut, à aucun titre, être rangé dans les formations alluvionnelles ou superficielles dont le remaniement eût pu s'effectuer à une époque récente.

Les silex de Thenay sont empâtés dans une argile sableuse brun verdâtre et concentrés principalement à la partie supérieure de cette argile. Cette dernière est surmontée par 12 à 15 centimètres de sable argileux brun, lui-même recouvert par le *calcaire de Beauce*; elle repose, au contraire, sur des marnes blanches, au-dessous desquelles se trouve la *craie blanche à Micraster*.

L'intercalation de l'argile avec les silex dans la série sédimentaire ne peut donc faire l'objet d'aucun doute, mais la détermination de son âge est plus délicate. M. l'abbé Bourgeois, et bon nombre de géologues après lui, l'ont comprise, ainsi que les marnes sous-jacentes, dans le *calcaire de Beauce*.

Nous ne partageons pas cette manière de voir : en effet, l'argile de Thenay se relie, à l'ouest et au nord-ouest, à la grande formation argileuse des départements de l'Eure et de l'Eure-et-Loir. Or, cette dernière est franchement *éocène*, comme l'ont montré les travaux de MM. Douvillé et Potier, et se retrouve, dans les mêmes conditions et avec les mêmes caractères, sur tout le pourtour du bassin parisien. Seulement elle est tantôt recouverte par la série tertiaire tout entière, tantôt, comme dans le Blaisois, par le miocène inférieur, tantôt, comme dans le nord, par le *Bief à silex* seulement.

(1) Le nombre des membres du Congrès qui ont pris part à l'excursion était de 46. Ont assisté à la séance : MM. Ernest Chantre, président; Cartailhac, Chauvet, Dr Testut, Ph. Salmon, de Chasteigner, Guignard, L. Coutreau, de Serre, Dr Delisle, Boisselier, Lottin, Marcellin Boule, Doumerc, Souverbie, Daleau, d'Ault-Dumesnil, Dr Bleicher, Colteau, président de la section de Géologie; Fuchs, ingénieur en chef des mines ; Teullé, Loisnel, de St-Venant, Le Mesle, O'Reilly, professeur au Collège Royal de Dublin (Irlande), et de Loriol, de Genève.

Comme le fait excellemment remarquer M. Douvillé, dans la notice explicative qui accompagne la feuille de Blois dont il a été chargé pour le service de la carte géologique détaillée de la France, « une lacune importante sépare le calcaire de Beauce de l'argile à silex; pendant l'intervalle du temps correspondant, la surface de cette dernière a été soumise aux influences atmosphériques et à des remaniements plus ou moins considérables... »; et plus loin : « Sur certains points elle est traversée par des masses minérales qui affectent l'allure de filons. »

En un mot, l'argile à silex a été soumise, postérieurement à son dépôt, à une double série de phénomènes : les uns, atmosphériques, dont le principal effet a été de concentrer les silex dans la partie supérieure de la formation par suite du délayage et de l'enlèvement de l'argile et de donner à ceux qui étaient exposés à l'air cette altération superficielle provenant de la déshydratation partielle des parties périphériques; les autres, d'origine éruptive, auxquels nous pensons qu'il faut attribuer les apparences si variées que présentent les silex.

M. D'AULT-DUMESNIL. — Il n'y a pas d'indice qui permette de leur donner une place absolument précise, puisque nous n'avons pas trouvé de fossiles ; cependant il y a de l'analogie entre les marnes de Thenay et celles que M. Fuchs vient de signaler et que j'ai eu l'occasion d'étudier personnellement.

M. LE MESLE. — Il est impossible de les différencier ; tous les calcaires de Beauce renferment de petits silex noirs et rouges et agglomérés en poudings à la base.

M. COTTEAU. — Ce qui me frappe, c'est que, au-dessus et au-dessous de cette couche d'argile à silex, il n'y a pas trace de remaniements, il n'y a aucune poche. Le gisement des silex de l'abbé Bourgeois est tout au moins miocène inférieur.

M. FUCHS. — Il n'y a pas, il est vrai, de trace de remaniements, pas de poches, mais nous ne rencontrons que des silex de petites dimensions.

M. D'AULT-DUMESNIL. — Il faudrait faire des fouilles plus profondes et qui donneraient des silex volumineux.

M. COTTEAU. — Une autre question pourrait être rattachée à celle-là, elle est aussi du ressort de la géologie. Comment ces silex sont-ils arrivés dans la couche d'argile que nous avons exploitée ? Ils viennent de la craie, cela n'est pas douteux, les fossiles qu'ils renferment ne laissent pas d'incertitude à cet égard. Est-ce l'homme qui les a apportés ? Il est presque impossible d'admettre une pareille hypothèse, vu leur distribution dans toute l'épaisseur de la couche d'argile et dans les dépôts supérieurs.

M. O'REILLY. — En examinant la section du terrain tel qu'il a été présenté aux membres du Congrès par les travaux exécutés sous la direction de M. d'Ault-Dumesnil, je suis frappé par la relation qui existe entre les couches relativement à leur perméabilité. Ainsi le Diluvium est essentiellement perméable, et par suite des fissures et de la nature du sol, aussi bien que par l'action des plantes dont les racines ont évidemment pénétré partout jusqu'à la couche inférieure. Celle-ci, calcaire de Beauce, est également perméable au plus haut point, et les deux couches sous-jacentes, l'une brun café, l'autre jaune brun, le sont également d'une manière très évidente. Mais la couche des argiles grises vertes ne l'est pas, fait très important. Ainsi les eaux de filtration traverseraient toutes ces couches et seraient retenues par cette argile, où nécessairement elles se trouveraient être au maximum de leur concentration et pourraient agir sur les couches sous-jacentes.

De plus, la stratification présente une pente vers l'ouest, et dès lors la facilité, pour les eaux de pénétration, de s'écouler continuellement de ce côté. Or ces eaux viennent chargées d'acide carbonique et d'acides organiques, sans parler d'autres principes, et rencontrent d'abord le calcaire de Beauce rempli de parties siliceuses, agissent pour le désagréger, amènent la formation de parties marneuses, dégagent des parties siliceuses, et, continuant leur action sur les couches inférieures, viennent finalement rencontrer l'argile verte grise. Si la surface de celle-ci présente des cavités, les eaux qu'elles retiennent donnent lieu à des réactions répétées avec des alternances de précipitation et de concentration.

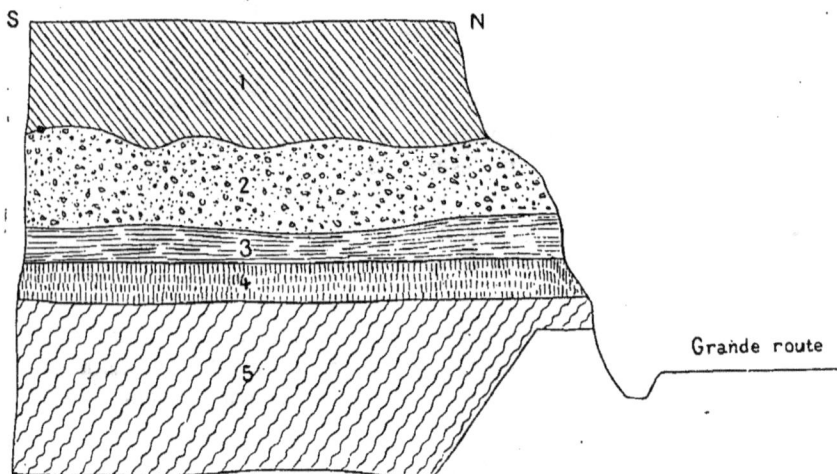

Fig. 43. — Coupe N. S. de la tranchée ouverte à Thenay.

1 Diluvium. — 2 Calcaire de Beauce. — 3 Argile brune. — 4 Argile jaune brun *à silex*. — 5 Argile grise verte sans fossiles.

Les couches de calcaire ne sont pas dans leur état normal ; on peut le reconnaître à leur structure disjointe et les intercalations de marne et les strates de ce calcaire doivent normalement présenter des variations de constitution en silice et en calcaire. Or il est reconnu que faute de fossiles il est impossible, dès à présent, de fixer l'âge des argiles vertes et de dire qu'elles appartiennent plutôt au miocène qu'à l'éocène ; dès lors il est possible d'admettre la séparation des deux formations à la partie supérieure de cette couche.

Si donc elle formait un fond de lac dans lequel vint se déposer le calcaire de Beauce, ce lac dut ou put recevoir les détritus enlevés aux hauteurs environnantes, et, comme les hauteurs pourraient être de la craie à silex, il est également admissible que des silex dégagés de la craie furent amenés à se déposer au fond du lac, c'est-à-dire sur les argiles vertes. Mais les silex furent englobés dans une couche inférieure du calcaire, d'autres se formèrent par dessus jusqu'à complexion de cette formation. Quand vint la formation des sables d'Orléans, ces couches de calcaire à silex subirent des pressions considérables, et il en résulta *nécessairement* des changements moléculaires dans les silex; il en fut de même lors de la formation des faluns et l'on peut présumer des charges d'eau de mer tellement considérables, que les silex furent remplis d'eau à haute pression. Vint ensuite l'émergence du pays, diminution de cette charge d'eau, action intérieure des eaux, des cellules ou des pores, et état instable du silex ou, comme l'on pourrait dire, tendresse de la pierre.

L'émergence étant complète et le lavage commençant à s'établir, dès que les nodules siliceux furent dégagés ils ne se trouvèrent plus en équilibre de pression, soit intérieurement, soit extérieurement. Dès lors ils purent et durent subir des pressions de la part des uns sur les autres, et, aux points de contact, les choses se passèrent comme si ces nodules avaient été exposés à des coups suffisamment violents pour vaincre leur état de résistance. Le lavage continuant toujours, les noyaux ainsi formés furent de nouveau broyés sous les pressions latérales, et finalement il en résulta une couche avec nodules ou noyaux présentant toutes les formes possibles pouvant résulter de pressions intérieures et de chocs extérieurs.

De plus, la conséquence nécessaire d'un tel lavage fut l'altération de l'équilibre des couches. Les points de support étant compromis, de petits tassements ou mouvements dans le sens de la déclivité se produisirent et l'usure des arêtes des noyaux en fut la conséquence, simulant ainsi le fini d'un silex taillé.

La couleur noire des nodules semble s'expliquer par l'action des eaux contenant des quantités considérables de matières organiques, qui, par réduction subséquente, laissent du carbone à l'état extrême de division. Il y a d'ailleurs un procédé industriel pour la coloration des agates fondé sur cette réaction et parfaitement connu.

M. le Dr BLEICHER. — Je ne pense pas que la couche d'argiles à silex soit éocène d'une façon absolue.

M. FUCHS. — Ces dépôts sont à n'en pas douter tertiaires, et, vu leur nature, ils se rapprochent de ceux que l'on peut observer vers Montdidier, Senlis (sables éruptifs du département de l'Eure); c'est le nom donné à un mélange d'argile souvent kaolineuse, et de sable souvent granitique et quelquefois franchement quartzeux, qui recouvrent nettement la craie. Dans l'Eure, ils sont disposés en véritables filons. Ils ont été étudiés par MM. Potier et Douvillé, et les membres du Congrès de Paris les ont visités à Vernon en 1878. Ces dépôts portent manifestement les traces d'un transport.

M. CARTAILHAC. — Il n'est point indifférent pour la question anthropologique, j'allais dire zoologique, que le gisement soit miocène ou éocène. Les géologues comprendront, sans que l'on ait besoin d'insister : il s'agit de reculer dans une époque où les genres actuels en général ne sont plus représentés. Ceux qui pensent qu'il est déjà grave de faire travailler la pierre et allumer le feu à un être miocène ne seraient peut-être pas disposés à accepter l'hypothèse pour l'éocène.

Toutefois, sans contredire les éminents géologues que la réunion possède, il est permis de se demander si l'abbé Bourgeois, qui avait tant et si longuement étudié le pays, n'avait pas quelques raisons positives d'attribuer la couche en question au miocène. Or, dans deux de ses mémoires, l'un de 1872, l'autre de 1877, on trouve l'affirmation suivante : « Le calcaire de Beauce se divise en deux assises; l'une inférieure, présentant d'abord des lits de marne et d'argile, puis des lits de marne avec nodules de calcaires; l'autre supérieure, composée de calcaire compact. La faune de ce terrain comprend, etc. »; suit la liste. On peut se demander si un savant aussi consciencieux et aussi expert que l'abbé Bourgeois aurait écrit ce passage, qui paraît indiquer la découverte des espèces caractéristiques dans l'étage entier, s'il ne les avait pas eues entre les mains. Les ingénieurs du Ministère des travaux publics sont peut-être quelquefois enclins à ne pas tenir un compte suffisant des raisons invoquées par les géologues des pays qu'ils traversent.

M. Fuchs. — Il y a là une question évidemment très délicate. Ces argiles ont été autrefois reconnues comme miocènes, plus tard on a dû en général les vieillir et les rapporter à l'éocène. A cette occasion, je crois qu'il serait bon de rappeler ici l'opinion d'Élie de Beaumont, qui pensait que la dépression de la craie s'était effectuée très lentement, et que par suite les dépôts abandonnés sur elle pouvaient être d'âge différent au bord et au centre du bassin, l'affaissement ayant eu lieu du centre aux extrémités; les conglomérats du centre seraient les plus anciens.

Toutefois il est utile de faire observer que cette explication ne s'appliquerait qu'aux argiles, qui ont un caractère exclusivement sédimentaire. S'il était démontré qu'il en fut ainsi pour Thenay, on pourrait se demander si le dépôt de ces argiles n'a pas été séparé par un long intervalle du calcaire de Beauce.

M. Daleau. — Du côté de l'est la couche à silex est plus basse que partout ailleurs.

M. Cartailhac. — La couche à silex qui nous occupe est-elle ou non un dépôt de rivage?

M. Cotteau. — Ce n'est pas absolument un rivage, mais elle n'est pas très éloignée de la falaise du calcaire de Beauce de Thenay.

M. d'Ault-Dumesnil. — Je suis porté à croire que la couche à silex serait éloignée d'environ quatre kilomètres du rivage de l'ancien lac.

MM. Fuchs et Bleicher croient aussi que cette couche ne constituait pas tout à fait un rivage.

M. de Chasteigner. — La teinte noire superficielle présentée par un bon nombre de ces silex n'indique-t-elle rien au point de vue de l'origine du gisement?

M. Fuchs. — Je n'ai pas vu sur les échantillons de Thenay la patine noire signalée; qu'on examine la falaise d'Étretat, on pourra y étudier admirablement le silex. Il est noir dans les couches supérieures, plus bas translucide, au-dessous jusqu'au Turonien blond. Les couleurs diverses viendraient du niveau qu'ils occupaient dans la craie, c'est là qu'ils ont pris leurs teintes.

M. d'Ault-Dumesnil. — Sur toute la hauteur de la coupe les silex sont tous semblables et ce sont des silex à Spongiaires.

M. E. Chantre. — Mais parmi les échantillons recueillis aujourd'hui et précédemment, j'en ai vu de blonds qu'on ne trouve pas dans notre fouille n° 1.

M. Chauvet. — Les silex que j'ai recueillis dans la grande tranchée ouverte par MM. d'Ault-Dumesnil et Daleau sont tous noirs ou de teinte foncée. Ceux recueillis au lieu dit de la Bernarderie ou le pont Rateau, dans une tranchée située derrière une habitation, sont tous blonds ou de teinte claire.

M. Fuchs. — On a trouvé dans la tranchée n° 1 les trois espèces de silex colorés.

Le Président ouvre la discussion sur le craquelage des silex.

M. d'Ault-Dumesnil se borne à dire qu'il a trouvé des silex craquelés sur toute la hauteur des tranchées.

M. Cartailhac. — Il ne faudrait pourtant pas faire ici table rase de toutes les observations de M. Bourgeois et de M. G. de Mortillet, de toutes leurs expériences répétées par un bon nombre de personnes et vraiment concluantes. Il faut bien s'imaginer que ce n'est pas sans des raisons sérieuses que l'on a attribué au feu le craquelage des silex des couches argilo-marneuses de Thenay. Que le feu ait été allumé par l'homme pour faire éclater le silex, comme le croit M. G. de Mortillet, ou qu'il ait été le résultat d'une action naturelle, il est certain qu'on obtient en chauffant le silex, et le refroidissant, tous les caractères qui ont été remarqués sur ceux de Thenay.

M. O'Reilly. — Cette action présumée du feu (action qui en somme n'est autre qu'une action de dilatation et de contraction amenées par des causes extraordinaires et inexpliquées jusqu'à ce jour), cette action n'est pas admissible avant que l'examen chimique, physique et lithologique des couches et des silex ait démontré qu'aucune autre solution n'est acceptable. Or, aucun examen sérieux de cette nature n'a été fait jusqu'à présent et il semblerait même que l'intervention de l'homme dans ce cas a été présumée de prime abord et sans examen scientifique du gisement et des nodules.

Il est peut-être utile de rappeler ici combien fréquemment on rencontre dans la nature des formes tellement frappantes et tellement bizarres, que tout porte à faire supposer l'action d'un être intelligent; ainsi, châteaux, ponts, formes d'animaux, dessins, etc., se rencontrent continuellement et se trouvent représentés dans les musées. Mais jamais jusqu'à présent de telles formes n'ont fait présumer l'action de l'homme et leur explication est donnée par l'étude des conditions dans lesquelles se trouvait, à des périodes successives, la matière donnant lieu à ces formes.

M. Cartailhac. — Pour M. G. de Mortillet l'action du feu est prouvée par la décoloration de nombreux silex à Thenay, les décolorés sont les plus altérés par le craquelage. Il y a aussi des calcaires calcinés dans les mêmes couches. Aux silex brûlés sont mêlés des silex taillés, très rudimentaires comme il convient aux premiers débuts de l'industrie; l'éclatement du silex ne se faisait pas comme plus tard par percussion, mais bien par l'étonnement au feu. Les silex contenant leur eau de carrière étaient brusquement chauffés et brusquement refroidis, ce qui les faisaient éclater; les éclats étaient irréguliers et à cassures esquilleuses. Après l'action du feu la retouche fait reconnaître l'œuvre intentionnelle.

M. de Chasteigner. — Il faut examiner les silex au microscope afin d'élucider ce point de la discussion. Pour les géologues il y a du fer dans les silex et ce fer apparaît lorsque le silex a été brûlé. Non seulement le changement de température provoque dans la masse du silex un état de division qui peut aller à l'extrême et le réduire en poussière, mais la teinte du silex passe au rouge, et si quelquefois l'oxydation ne paraît pas à première vue, on n'a qu'à examiner à la loupe les esquilles et les craquelures produites par le feu et on apercevra la teinte rosée des bords. La même observation s'applique aux silex de teintes foncées, mais dans ce cas l'observation est plus difficile.

M. O'REILLY. — Il a dû, en effet, résulter de l'action du feu un changement dans les conditions physiques du silex, un changement de densité, toutes modifications en rapport avec les propriétés de la silice.

M. FUCHS. — Une simple question avant d'aller plus loin : Qu'entend-on par action du feu? Comment la comprend-on?

M. DE CHASTEIGNER. — On entend par là un effet analogue à l'action de la foudre qui fend les roches, les silex, comme le feu d'un foyer; après cela ils sont repris pour être travaillés, pour subir une taille. Dans ce cas l'action du feu n'est qu'un moyen d'étonnement, de division.

M. CARTAILHAC. — L'action de la foudre est-elle bien la même que celle d'un feu de foyer?

Dr DELISLE. — L'action du feu, dans ce cas, agirait seulement pour changer l'état moléculaire du silex. Mais il y a lieu de tenir grand compte des autres causes physiques signalées au cours de la discussion pour expliquer la production des craquelures des silex et particulièrement des dépôts de particules calcaires signalés par M. d'Ault-Dumesnil sur certaines pièces recueillies au cours des fouilles.

M. Philippe SALMON fait passer sous les yeux de l'Assemblée une lame de silex recueillie par lui dans un foyer de berger; elle présente le craquelage des silex de Thenay et la coloration rougeâtre; cette lame a été détachée du rognon de silex par le feu et elle pourrait très bien servir d'instrument.

M. FUCHS. — Je demanderai une définition claire du craquelage tel qu'on l'observe sur les silex.

M. DE CHASTEIGNER. — Un silex craquelé présente à la simple inspection tout un enchevêtrement de lignes correspondant à des fentes plus ou moins profondes. Un silex craquelé ne se cassera plus de la même façon que celui qui ne l'est pas : si on le frappe sur un point de sa surface avec un percuteur, l'éclat ne se détachera pas seulement dans le sens du choc produit, mais dans une direction quelconque, toujours concordante avec celle des craquelures.

M. CARTAILHAC. — J'ai eu entre les mains de nombreux silex venant d'Égypte. Le soleil de ce pays a une intensité suffisante pour faire éclater le silex, mais l'effritement de ces silex ne ressemble pas à celui de ceux de Thenay et je n'ai jamais rencontré le craquelage.

M. le Dr BLEICHER. — La réflexion du soleil dans l'eau a une intensité considérable et peut provoquer des effets de craquelage très remarquables. J'ai vu à Strasbourg les vitres d'un logement donnant sur la rivière qui réfléchissait les rayons solaires absolument craquelées et couvertes d'un réseau de fissures.

M. DE CHASTEIGNER. — On peut citer un exemple qui offre de grandes analogies avec le craquelage du silex. Les ustensiles de cuisine émaillés se craquèlent à la façon des silex sous l'action du feu. A travers les craquelures s'infiltrent des produits divers qui finissent par détacher des parcelles plus ou moins considérables d'émail. Il se produit là quelque chose d'analogue à ce que nous voyons dans un certain nombre d'échantillons, l'infiltration de dépôts.

calcaires qui ont provoqué la désagrégation des blocs. Ces faits viennent appuyer la théorie de M. d'Ault-Dumesnil.

M. SOUVERBIE. — La différence de dilatation de l'émail et du fer est la seule cause des craquelures des vases auxquels M. de Chasteigner vient de faire allusion.

M. Marcellin BOULE. — Toutes les causes possibles d'altération du silex viennent d'être invoquées, mais sans résultat précis. A ce point de vue, la question n'avancera guère si on ne fait que des suppositions. Il faut maintenant recourir à l'expérience. C'est dans le laboratoire qu'il faut étudier les moyens divers que la nature aurait pu employer pour produire les craquelures.

On vient d'invoquer l'action du feu; c'est possible; je ne veux rien préjuger; mais il peut exister d'autres causes pouvant produire des craquelures. En dernière analyse, l'action du feu est une action de dilatation et de changements moléculaires. On peut obtenir de pareilles altérations par des moyens nombreux. Les actions chimiques n'y sont peut-être pas étrangères. Je rappellerai les belles expériences de M. Daubrée sur la pression et la torsion, s'exerçant sur des matières solides et amenant des accidents de surface ou même de profondeur bien analogues aux craquelures des silex. Je le répète, je ne veux rien préjuger; je ne dis pas que telle ou telle cause doit être adoptée de préférence à une autre; je crois simplement qu'on fera bien d'étudier maintenant au point de vue expérimental, si l'on veut se faire une opinion raisonnée sur la cause des craquelures des silex de Thenay.

M. CARTAILHAC. — Il ne faut pas oublier que des expériences ont été faites sinon avec l'ampleur indiquée par M. Boule, du moins déjà variées et utiles. Ainsi M. Damour, de l'Institut, a publié une note sur les silex de Thenay, M. G. de Mortillet a pris soin de la combattre et sa réponse est également publiée. Ce qui est grave, c'est de discuter une question sans connaître tout ce qui a été publié ou fait à son sujet.

M. GUIGNARD. — J'appelle l'attention de l'assemblée sur un passage de l'histoire du Dunois, par l'abbé Bordas (1), d'après lequel, aux environs de Châteaudun, des eaux bouillantes se mirent à jaillir. Ce fait ne serait-il pas bon à noter si l'étude des silex prouve que l'eau bouillante peut les faire craqueler?

M. FUCHS. — Je suis convaincu que les craquelures ont pu être produites par la chaleur, mais il y a lieu de penser que d'autres actions mécaniques ont agi dans le même sens.

M. BOULE. — On n'observe pas de craquelures sur les silex de Lisbonne et d'Aurillac. Je demanderai à M. O'Reilly comment il comprendrait l'altération de la densité.

M. O'REILLY. — Elle se produit à une température très élevée.

M. BOULE. — Il faudrait au moins 1,500°, ce qui est énorme.

M. FUCHS. — Les expériences de M. Friedel montrent que les silex de la craie renferment une quantité d'eau variable suivant leur état. Ceux qui sont noirs ont 2 ou 3 0/0 d'eau dans les parties intactes, tandis que lorsqu'ils ont été patinés la quantité d'eau est très faible. Les silex blancs sont déshydratés.

---

(1) *Hist. du Dunois*, par l'abbé Bordas. — Le moine Aymoïn, l. III, chap. LXXXVI, p. 284. — Grégoire de Tours. — Duchesne, *Antiquités et Recherches des villes de France*, Paris, Petitpas, 1624, p. 273. — Dom Bouquet, t. III, p. 109, etc.

M. E. Chantre. — Messieurs, avant de lever la séance, j'émets le vœu, et l'assemblée tout entière partagera mon sentiment, que des expériences soient entreprises dans un laboratoire pour éclairer certains points de la question qui a fait l'objet de cette longue discussion. Je remercie M. Marcellin Boule, qui veut bien se charger de cette mission.

La suite de la discussion est renvoyée à la séance de mercredi soir 10 septembre.

— *Séance du 10 septembre 1884* (1) —

M. Chantre, président, prie M. d'Ault-Dumesnil de faire sommairement l'exposé des fouilles géologiques exécutées à Thenay afin que les membres du Congrès qui n'ont pas pris part à l'excursion de lundi puissent suivre la discussion qui va reprendre.

M. d'Ault-Dumesnil. — La couche la plus inférieure rencontrée par les fouilles est celle de la marne grise. C'est une marne d'un gris jaunâtre avec nodules calcaires reposant directement sur l'argile à silex ou sur de la craie. Son épaisseur est très faible.

Malheureusement, la paléontologie n'apporte aucun renseignement nous permettant de la dater.

Une assise d'argile verdâtre succède au banc de marne et peut se diviser en trois lits : à la base, un lit de 0^m,50 d'argile plastique verte avec rognons de silex rares; ensuite, 0^m,30 d'argile verdâtre empâtant de nombreux silex noirs (principal gisement des silex taillés de l'abbé Bourgeois); puis 0^m,20 d'argile sableuse brune et jaune renfermant beaucoup de silex à sa partie inférieure.

Nous reconnaissons avec M. Douvillé « qu'une lacune importante sépare le calcaire de Beauce de l'argile à silex. »

C'est durant cette longue période d'émersion représentant tout l'éocène et une partie du miocène que les argiles à silex et la craie ont été exposées aux attaques des agents atmosphériques et que de grands remaniements se sont opérés. Il n'est pas douteux que l'argile verte n'ait été formée à cette époque, et aux dépens de l'argile à silex.

De profondes altérations ont été constatées sur les silex empâtés dans l'argile verdâtre, dont quelques-uns sont éclatés et fendillés. Des éclats de silex se montrent souvent séparés des rognons et donnent naissance à des fragments anguleux.

Non seulement ces couches ont été puissamment attaquées par les agents atmosphériques pendant le temps qu'elles sont restées sans protection, mais une fois recouvertes, elles n'échappaient pas aux altérations. Les eaux météoriques chargées d'acide carbonique et saturées du carbonate de chaux dissout par elles, traversaient la marne supérieure et s'infiltraient dans le dépôt argileux. Le calcaire ainsi entraîné pénétrait partout, et on le retrouve, sous différentes formes, tapissant les fissures de l'argile et les fentes des silex.

La dissolution complète des éléments calcaires a nécessairement amené la disparition de tout débris organique.

Ces lits apportent donc des preuves indéniables d'un dépôt longuement exposé aux actions atmosphériques.

Une assise de marne grise avec nodules calcaires disposés en lits couronne les argiles.

(1) Cette discussion a eu lieu à Blois.

Ce banc est traversé en tous sens par des veines d'argile brune et jaune et doit être réuni au calcaire solide dont il dépend.

Le calcaire de Beauce est superposé à la marne et se compose d'une assise de calcaire dur divisé en plaquettes par des lits d'argile brune et rougeâtre. Ces deux derniers niveaux sont paléontologiquement caractérisés par le *Tapirus Poirrieri* et l'*Acerotherium*.

L'alluvion ancienne recouvre le calcaire de Beauce et est constituée par une argile sableuse rougeâtre provenant du remaniement des sables tertiaires.

De nombreuses petites poches d'altération pénètrent partout dans la marne.

Vers la gauche de la coupe, on remarquait une grande poche d'altération remplie d'un résidu sableux rougeâtre résultant de la dissolution du calcaire dans lequel cet entonnoir est creusé.

En résumé, la présence dans l'alluvion quaternaire de silex taillés du type acheuléen permet de préciser son âge.

Le calcaire de Beauce et la marne qui en dépend appartiennent incontestablement à l'aquitanien.

Mais les deux couches d'argile verte et de marne grise inférieure, par la la position superficielle qu'elles occupent au-dessus de l'argile à silex, peuvent être éocènes ou miocènes.

Comme le fait si judicieusement observer M. Douvillé dans la notice explicative de la feuille de Blois (carte géologique détaillée de la France), « une lacune importante sépare le calcaire de Beauce de l'argile à silex; pendant l'intervalle de temps correspondant, la surface de l'argile à silex a été soumise aux influences atmosphériques et à des remaniements plus ou moins considérables. »

M. Douvillé n'assigne donc aucun âge déterminé à ces lits d'argile; ils se sont formés « pendant l'intervalle de temps correspondant à la lacune. » Et nous venons de voir que cette lacune représente tout l'éocène et une partie du miocène.

L'abbé Bourgeois, MM. G. de Mortillet, Le Mesle et quelques autres géologues rattachent, comme nous, la marne inférieure et les argiles vertes au miocène inférieur.

MM. Fuchs et Cotteau considèrent ces deux dépôts comme éocènes.

Cette première coupe ne donnant pas la série complète des assises miocènes de la région, nous avons cru utile de faire ouvrir une ou deux autres tranchées.

C'est ainsi que vous avez pu voir à la sortie du village de Thenay, près de la route de Contres, la coupe suivante prise de bas en haut :

Aquitanien	{ 1 marne grise.
	{ 2 calcaire solide de Beauce.
Mayencien	{ 3 sables de l'Orléanais.
Helvétien	{ 4 sables et grès des Faluns.

L'assise sableuse des Faluns montre vers sa base deux ou trois lits caillouteux dans lesquels nous avons recueilli une assez grande quantité de silex éclatés et craquelés identiques à ceux trouvés dans l'argile verte.

Il résulte de toutes ces observations que les lits d'argile de Thenay contenant les silex éclatés et craquelés de l'abbé Bourgeois sont certainement en place et n'ont subi aucun remaniement récent.

La question géologique est donc résolue. L'âge du dépôt argileux est au moins aquitanien inférieur.

M. Cotteau. — La question stratigraphique n'est pas douteuse. Dans l'excursion de Thenay, les membres du Congrès, parfaitement guidés par M. d'Ault-Dumesnil, ont constaté d'une manière très-nette la position tertiaire des couches renfermant les silex signalés par l'abbé Bourgeois. Grâce à d'anciennes carrières, grâce surtout aux fouilles récemment pratiquées par les soins de la section d'Anthropologie, on a pu reconnaître, au-dessous de la terre végétale, les Faluns avec leurs nombreuses coquilles marines, les sables de l'Orléanais, les calcaires de Beauce, dont les bancs supérieurs sont perforés par les Pholades et qui, sur une épaisseur de plusieurs mètres, présentent des alternances de marne et de calcaire, et enfin à la base une couche argileuse de 80 centimètres environ, renfermant, disséminés dans l'argile, des silex en général de petite taille, brisés, éclatés, anguleux, dont quelques-uns de couleur blonde, mais pour la plupart noirs et brillants, provenant tous de la craie ainsi que le démontrent les débris d'Échinides qu'ils renferment encore. Cette couche se trouve-t-elle à la base du terrain miocène, ainsi que le pensait l'abbé Bourgeois, et comme on l'admettait jusqu'ici, ou bien est-elle éocène, suivant l'opinion de M. Douvillé, qui la place à la partie supérieure de l'argile à silex, et qui base son opinion sur l'examen géologique de toute la contrée qu'il vient d'étudier pour le service de la carte géologique de France. S'il en était ainsi, comme cela me paraît probable, il faudrait faire remonter l'origine de l'homme encore plus profondément dans le passé et admettre son existence à l'époque éocène, avant les premiers dépôts du calcaire de Beauce. Je vous avoue que l'examen du terrain et surtout de la couche à silex, que les fouilles exécutées ont mise à découvert, ne me permet pas d'admettre cette origine reculée. Tant qu'on ne me présentera que les quelques silex que je connais, si rares encore dans les collections, sans usage défini, manquant du bulbe de percussion, n'offrant comme indice du travail de l'homme que quelques retouches inégales, irrégulières et dues peut-être au hasard, je ne pourrai croire que l'homme ait vécu dans ces contrées à une époque aussi éloignée de nous, avant le dépôt des calcaires de Beauce si puissants sur certains points, avant que les *Dinotherium* gigantesques dont on rencontre les débris dans les sables de l'Orléanais, aient vécu dans la région, avant que la mer ait envahi la contrée, en ait changé la configuration et ait déposé ces myriades de coquilles qui constituent les Faluns de la Touraine. Tous ces animaux qui se sont multipliés aux différentes phases de l'époque tertiaire ont disparu : pourquoi l'homme, qui était plus ancien encore, aurait-il seul survécu? Je comprendrais qu'on trouvât l'homme dans les couches supérieures de l'époque tertiaire, dans les dépôts pliocènes par exemple. Mais le faire remonter tout d'abord dans l'étage le plus inférieur du terrain tertiaire, je ne l'admettrai que lorsqu'on aura découvert des preuves plus convaincantes que les petits silex si vaguement taillés de Thenay.

M. de Nadaillac. — Je demanderai si le craquelage des silex n'aurait pu être causé par l'action de la rosée et du soleil; il a été assuré qu'on le rencontrait provoqué par ces causes naturelles. D'après mes souvenirs, j'ai rencontré dans mes voyages en Orient des silex que la chaleur du soleil, succédant à la fraîcheur des nuits, faisait éclater bruyamment.

M. Cotteau. — Je suis forcé de reconnaître mon incompétence relativement au craquelage des silex; cependant je ne pourrai jamais me baser sur l'existence de silex craquelés dans un dépôt pour en conclure que le craquelage est dû *nécessairement* à l'action de l'homme. C'est, il est vrai, le feu qui produit le plus généralement cet aspect des silex, mais n'a-t-il pu se rencontrer dans la

nature des causes physiques demeurées inconnues et qui ont donné lieu à ce
même résultat ?

Ne pourrait-on l'attribuer à un phénomène de compression et de dilatation,
à des actions thermales et chimiques qui se sont manifestées soit au moment
où la couche s'est formée, soit postérieurement à son dépôt? J'admets parfaitement l'opinion de M. de Nadaillac et ne vois rien d'impossible à ce que, dans
le désert d'Afrique, des silex couverts de rosée et exposés ensuite à un soleil
ardent aient pu se craqueler sous la double influence de l'humidité et d'une
chaleur intense. Un fait analogue et plus énergique encore a pu se produire
aux époques géologiques. Dans cette question du craquelage des silex manquent, ainsi qu'on l'a fait observer dans la séance de lundi, les expériences
multipliées et comparées du laboratoire, expériences qui pourraient apporter
un élément précieux de décision.

M. Cartailhac. — Je demanderai aux géologues s'ils croient que la pression
peut ou non décolorer ou colorer les silex? Je n'hésite pas à dire que ces
changements d'état peuvent être dus à l'intervention du feu ordinaire.

M. A. de Mortillet. — Je répondrai seulement à quelques points touchés
par M. Cotteau. Les silex démontrant le feu sont en petit nombre; le feu a
produit sur eux des actions très inégales. Il y a des silex simplement décorti-
qués et éclatés, d'autres craquelés grossièrement, d'autres finement, quelques-
uns même sont partiellement effrités.

Ce qui porte à croire qu'il faut attribuer ces divers états des silex à l'action
du feu, c'est qu'on en observe à toutes les époques de semblables, produits
d'une manière certaine par le fer.

Les silex retouchés ont été toujours fort rares à Thenay; ce n'est nullement
une objection. La proportion des pièces travaillées dans les alluvions de la
Somme est encore plus petite.

M. Cotteau. — Si quelques silex sont roulés et ont leurs angles usés et
polis par le frottement, ils sont l'exception. La plupart sont brisés et anguleux; ils ont été ainsi éclatés antérieurement à leur dépôt, sans doute pendant
leur transport, par suite de l'agitation des eaux. Ce qui le démontre, c'est que
les fragments sont isolés, éloignés les uns des autres et disséminés dans l'argile qui les empâte; bien rarement les éclats appartenant à un même silex
sont réunis et se touchent encore. Revenant sur la question du craquelage des
silex, je déclare qu'il me paraît bien difficile d'admettre que ces silex aient été
soumis par l'homme à l'action du feu. Dans tout fait intentionnel il faut voir le
but; or dans quel but l'homme aurait-il brûlé les silex de Thenay? Pour les faire
éclater et les tailler plus facilement, ce n'est guère probable; l'action du feu
était de nature à les rendre moins résistants, et d'ailleurs pourquoi faire éclater
des silex déjà très petits et qu'il était bien inutile de subdiviser encore? Ce
n'est pas seulement dans la couche de Thenay qu'on a rencontré des silex
craquelés. Pendant l'excursion on a constaté également leur présence à un
niveau relativement beaucoup plus élevé, au-dessus du calcaire de Beauce, à
la base de la formation des Faluns, et à cette époque la mer avait déjà envahi
la contrée, puisque les bancs du calcaire de Beauce, sur lesquels reposent ces
silex, sont perforés par les Pholades.

M. Rabourdin. — Je répondrai en quelques mots à la question posée par
M. de Nadaillac sur la forme des pierres éclatées sous l'influence de causes
purement météorologiques.

Dans le Sahara central la différence de température entre le jour et la nuit est souvent de 30° degrés et parfois même de 40° environ. On conçoit que par l'action mécanique de cette différence notable de température des éclatements de silex se produisent dans certaines roches du Grand-Désert, et c'est ce que j'ai constaté dans mon exploration de la partie nord-est du massif rocheux des Touâreg-Ahaggàr.

J'ai vu dans l'extrême sud de l'Ouâd Igharghar, c'est-à-dire depuis et y compris l'ouâd-Fendarh jusqu'au Gouiret-Antar, des roches en grès siliceux, en grès ferrugineux et en basalte magnétique, éclatées et brisées sous l'influence de cette seule cause de l'énorme différence entre la température du jour et celle de la nuit, mais je déclare que ces éclats, souvent assez gros, n'avaient aucune ressemblance, ni comme forme, ni comme couleur, avec les silex de Thenay, et qu'il était absolument impossible de confondre ces éclats de roches avec des pierres taillées par une force non plus aveugle, mais intelligente comme ces instruments chelléens d'un type si net, d'une forme si parfaite que j'ai recueillis cependant dans le même lieu et que l'on peut voir au Musée de Saint-Germain-en-Laye.

M. Fuchs. — Les silex de Thenay offrent une série de particularités qui dérivent toutes d'un caractère initial. Ils sont fendus et en quelque sorte fissurés dans tous les sens. Tantôt la séparation des fragments est complète, soit que ceux-ci restent juxtaposés conservant au silex son apparence première, soit qu'ils aient déjà été disjoints et qu'une quantité plus ou moins grande d'argile se soit interposée entre eux ; tantôt elle est simplement latente, c'est-à-dire que les silex sont simplement prédisposés à la fissuration, et offrent, dans tous les sens, des surfaces de facile séparation qui permettent de les fragmenter à l'aide de pressions souvent insignifiantes. Tantôt ces fissures ont lieu par absorption capillaire des liquides calcaires saturés par leur passage à travers les calcaires de Beauce, de manière à former un craquelé, et même, si l'on peut employer cette expression, un « cloisonné » d'une grande variété et souvent d'une extrême finesse. Tantôt enfin l'action est plus complète : les silex sont complètement désagrégés ; ils n'ont plus que l'enveloppe extérieure de leur structure primitive ; la simple pression de la main suffit pour les transformer en un sable fragmentaire souvent très menu.

Or, toutes ces apparences se retrouvent dans les quartz des filons qui ont subi une réouverture et ont été à nouveau parcourus par des émanations hydrothermales ; les quartz cariés, fragmentés, « cloisonnés », sont bien connus de tous les mineurs, et l'origine de leur altération ne fait pour eux l'objet d'aucun doute.

Si maintenant nous rappelons que pendant la période qui sépare le dépôt de l'argile de son recouvrement par le calcaire de Beauce, cette argile a été le théâtre de phénomènes filoniens nombreux se rapportant tantôt, comme le fait remarquer M. Douvillé, à l'époque sidérolithique, on a l'explication toute simple de l'origine de la chaleur qui a produit les diverses modifications caractéristiques des silex de Thenay, sans qu'il soit nécessaire de recourir à l'intervention d'un être problématique, qui aurait sciemment et sur des surfaces immenses provoqué ces modifications à l'aide d'un feu allumé intentionnellement.

Quant aux traces d'oxydation que présentent certains de ces silex, elles s'expliquent tout naturellement par leur séjour éventuel à l'air avant le dépôt du calcaire de Beauce et elles ne sont que la première phase de cette action atmosphérique dont l'influence prolongée leur a donné ultérieurement cette couleur laiteuse qu'ils affectent quand on les retrouve dans les sables de l'Orléanais ou dans les Faluns qui les surmontent.

Enfin, aucun des échantillons recueillis pendant la visite de Thenay ne portant de traces qui puissent être attribuées à une taille intentionnelle, nous ne nous croyons pas autorisé de discuter sur l'origine de cette dernière et sur l'existence de l'être hypothétique qui l'aurait exécutée.

Dr POMMEROL. — Je suis heureux de constater dans cette discussion que l'authenticité du gisement de Thenay n'est pas l'objet d'une sérieuse contestation. Les silex sont en place, ils sont contemporains des terrains qui les recèlent, ils sont donc tertiaires. L'étude des couches mises à nu par les fouilles de MM. d'Ault-Dumesnil et Daleau indique trois phases dans la succession des phénomènes géologiques qui ont eu lieu, aux temps miocènes, soit dans le fond, soit sur les bords de l'ancien lac de Beauce. Dans la partie inférieure de la coupe nous constatons une couche argileuse qui n'a pu se déposer que dans des eaux tranquilles et profondes. Vient ensuite une seconde couche formée d'un mélange de sables, de petits graviers et d'argile: le courant était donc plus fort et les eaux moins profondes. Sur ces deux couches repose le calcaire de Beauce; les eaux sont redevenues paisibles et profondes. Puis le terrain reste exondé durant la période pliocène. Les eaux quaternaires viennent à leur tour recouvrir toute la formation et laissent déposer une puissante couche de limon rougeâtre.

Le problème géologique étant résolu, une question de première importance se pose aussitôt: les silex trouvés dans la couche argileuse ont-ils été taillés par un être intelligent, ou leurs formes sont-elles le résultat des forces mêmes de la nature? En entrant dans cette discussion, je suis étonné de ne pas trouver le corps même du débat, les silex nombreux que les fouilles de MM. d'Ault-Dumesnil et Daleau ont dû mettre à découvert. Il est vrai qu'on les a remplacés par d'autres échantillons recueillis autrefois par l'abbé Delaunay et provenant de la collection du collège de Pontlevoy. Ces derniers présentent des traces indiscutables de travail intentionnel; mais on vient de me dire, leur provenance tertiaire n'étant pas certaine, que nous devons les écarter de la discussion.

Il ne me reste donc, comme seuls documents à invoquer, qu'une dizaine d'échantillons que j'ai recueillis moi-même, lundi dernier, dans la fouille de Thenay. Vous constaterez d'abord qu'aucun de ces silex n'est roulé. Ils viennent cependant des terrains secondaires de la craie. Comment ont-ils été apportés sur les bords du lac de Beauce? Si ce sont les eaux d'une rivière ou d'un ruisseau qui les ont transportés en les roulant, pourquoi les angles et les arêtes ne sont-ils pas émoussés? Voici, comme terme de comparaison, un éclat de silex que j'ai trouvé dans les sables actuels de la Loire. Il a été roulé et toutes ses aspérités ont disparu. Vous voyez qu'aucun rapprochement ne peut être établi entre cet éclat et les silex de Thenay. Le mouvement des flots sur un rivage use et polit les cailloux, et ce phénomène est surtout remarquable sur les bords de la mer. Mais cette cause agit comme la précédente, elle ne respecte aucun angle, aucune ligne; elle use les cailloux d'une manière uniforme.

Tous ces silex sont recouverts d'un vernis plus ou moins brillant; un seul échantillon présente des traces d'une patine blanchâtre prouvant qu'il est resté exposé à l'air un certain temps. La plupart sont entourés de facettes plus ou moins planes ou curvilignes, semblables à celles que l'on trouve sur les silex taillés quaternaires. Un seul spécimen présente un bulbe de percussion accompagné de zones concentriques, caractère considéré comme la marque certaine du travail intentionnel. Ici, il est vrai, le bulbe est un peu moins apparent, moins détaché que sur les silex quaternaires. Il existe cependant : on ne peut le nier, à moins de ne plus s'entendre sur ce qu'on appelle le bulbe ou le conchoïde de percussion.

Je ne constate pas sur les échantillons qui sont en ma possession les retouches unilatérales ou symétriques signalées par l'abbé Bourgeois, mais je découvre un autre caractère que je crois être d'une grande valeur, je veux dire les marques d'usure. Si, sur le même échantillon, les marques se trouvaient uniformément sur toutes les arêtes, il faudrait en inférer qu'elles sont sans doute le résultat de chocs naturels produits entre les silex, pendant que les eaux les entraînaient. Mais il est loin d'en être ainsi. Certaines arêtes, certains bords seulement sont ébréchés, dentelés, pendant que les autres sont intacts. L'usure a même produit sur un spécimen une petite dépression circulaire caractéristique. Ces traces d'usure manifestes sur certaines parties du même silex et manquant sur les autres parties ne sont pas l'effet d'une force naturelle, d'un agent aveugle, inconscient, qui n'aurait respecté aucune arête, aucune ligne saillante. Elles sont le résultat nécessaire, évident d'un raclage intentionnel, d'un travail rudimentaire fait par un ouvrier primitif.

Abordons maintenant la seconde question, l'état craquelé des silex. Sur les dix spécimens que j'ai présentés, je remarque d'abord que quatre d'entre eux ne présentent pas de craquelures. Quelle est donc la cause de ces craquelures? le feu évidemment. On a invoqué l'action de la foudre, l'incendie des forêts, l'apparition de sources d'eau bouillante. La foudre tombant sur le sol calcine et vitrifie les terrains sur un espace très restreint; rien de semblable ne se remarque dans les couches tertiaires d'argile à silex. Une forêt incendiée peut brûler le sol et les silex qu'il contient, mais un tel phénomène ne ferait pas un choix spécial, il brûlerait indistinctement et par larges zones tous les silex de la surface du sol. Nous voyons, au contraire, dans le gisement de Thenay un silex craquelé reposant à côté d'un silex non craquelé. Des sources d'eau bouillante pourraient-elles donner aux silex cette apparence? Comme l'incendie, elles auraient agi d'une manière générale. Elles n'auraient fait aucune exception, épargné aucun silex. Les sources thermales accompagnent toujours des phénomènes volcaniques importants, phénomènes dont on ne constate aucune trace sur le rivage tertiaire du lac de la Beauce. Surgissant dans un grand lac ou à la surface du sol, les sources à haute température perdent du reste rapidement leur calorique, et à une faible distance de leur point d'émission leurs effets ne sont plus sensibles. Le silex se comporte comme le verre ; si on l'échauffe vivement et brusquement, il se fend et éclate. On sait aussi qu'un verre chauffé lentement résiste à une forte chaleur. L'effet des sources thermales ne pouvant pas être instantané sur une vaste étendue doit donc être rejeté pour l'explication de l'état craquelé des silex.

Aucune cause naturelle ne peut donc expliquer d'une manière satisfaisante, non seulement la forme, mais encore les craquelures des silex de Thenay. Un être intelligent seul a pu produire de pareils résultats. La taille est grossière, il est vrai, elle est faite plutôt par écrasement, mais que l'on songe au temps énorme qui sépare l'époque miocène de Thenay des silex quaternaires de Saint Acheul ou de Chelles. Cet être, homme ou dryopithèque, habitait de préférence le bord des lacs, comme ses descendants quaternaires fréquenteront plus tard les berges des rivières et des fleuves. Il devait se livrer à la chasse et à la pêche. Il connaissait le feu, et c'est sans doute les nombreux foyers qu'il allumait sur la rive qui craquelaient les silex dont il se servait et qu'il abandonnait bientôt à la surface du sol.

M. Cotteau. — Je ne peux admettre l'opinion de M. Pommerol sur l'origine des silex de Thenay; il ne me paraît pas possible qu'ils aient été taillés et craquelés sur place. La couche qui les renferme a été formée sous les eaux, plus ou moins loin du rivage, mais dans l'intérieur du lac de Beauce; la hauteur de la couche varie entre 70 et 80 centimètres; les petits silex, bien que plus abondants à la partie supérieure, ainsi qu'on a pu le constater, existent dans toute l'épaisseur du dépôt; ils sont mélangés à une argile grisâtre, verdâtre, et constituent un véritable magma dû à l'action de l'eau. Comment y voir un rivage sur lequel l'homme aurait habité? Même en admettant que la couche supérieure ait été pendant un certain temps découverte et exposée aux influences atmosphériques, il me paraît évident que l'ensemble du dépôt, avec les silex qu'il renferme, a été apporté par des cours d'eau et formé dans un lac, comme l'ont été plus tard les calcaires de Beauce. La belle coupe que nous avons pu étudier nous a montré la couche à silex et les marnes grises du calcaire de Beauce en stratification concordante déposées dans les mêmes conditions, sous des influences identiques, et si le point qui sépare les deux formations avait été découvert assez longtemps pour que l'homme vînt s'y installer, l'habiter, y allumer du feu, y craqueler et y tailler des silex, ces silex ne se rencontreraient qu'à la surface, et la ligne de démarcation serait indiquée autrement que par cette petite couche rougeâtre, haute de quelques centimètres, qui paraît séparer les deux dépôts. Je vois près de moi M. Bleicher qui approuve mes conclusions. Cette opinion, du reste, a été, je n'en doute pas, celle de tous les géologues qui ont examiné cette coupe intéressante.

D'autre part, quand on songe à la quantité considérable de silex qui se trouve dans les couches, il n'est pas possible de s'imaginer que l'homme en aurait transporté de telles masses pour en utiliser si peu.

M. de Nadaillac. — Sur nombre de silex éclatés par les causes auxquelles il vient d'être fait allusion, il y a eu dans certains cas production de bulbes de percussion.

M. Cartailhac. — Je remercie M. Rabourdin de ce qu'il vient de dire au sujet des silex d'Algérie, mais aucun des silex qu'il a vus à Thenay ne rappelle l'aspect des silex de la partie de l'Afrique visitée par notre collègue.

Je ne puis me rendre aux raisons de M. le Dr Pommerol, et je conteste même absolument plusieurs de ses observations; d'abord il n'y a pas un seul cône de percussion parmi les silex présentés; on a confondu les faces conchoïdales en relief ou en creux avec le cône ou bulbe qui seul révèle le choc. Dans tous les gisements où l'on trouve des silex naturellement brisés, les conchoïdes abondent, les cônes sont très rares. Parmi les silex de la couche de Thenay, il en est de positivement roulés; bon nombre ont une surface altérée, corrodée, comme s'ils avaient subi des actions chimiques; les autres, ceux qu'on a surtout recueillis, remués par l'eau, se sont fragmentés chemin faisant; ainsi s'explique la présence sur le même bloc d'arêtes vives et d'arêtes adoucies plus ou moins; celles-ci correspondent à un fractionnement plus ancien.

M. A. de Mortillet. — Je ne suis pas de l'avis de M. Cartailhac au sujet du roulage des silex, bien que je reconnaisse que, parmi les silex de la couche, il en est dont les arrêtes sont émoussées.

Quant aux silex du Sahara, ils n'ont rien de commun avec ceux de Thenay.

M. Marcellin BOULE. — La patine est généralement indépendante de l'action du feu. Il ne s'agit ici que d'un phénomène chimique. Les craquelures, au contraire, sont des effets purement physiques et mécaniques. Les silex à patine rouge de Thenay, dont vient de nous parler M. Cartailhac, sont bien loin d'être rares dans des gisements où les craquelures font absolument défaut, et on n'a jamais songé à chercher ni le travail d'un être intelligent, ni une action ignée quelconque. Cette partie rouge des silex craquelés de Thenay peut donc être absolument indépendante de l'action du feu.

M. Pommerol vient de nous dire que dans l'hypothèse d'eaux chaudes comme causes de craquelures la nature ne peut fournir *assez rapidement* la quantité de chaleur nécessaire pour amener ces craquelures des silex. M. Pommerol a cité l'exemple d'un verre qui est brisé lorsqu'on verse brusquement une liqueur très chaude, et qu'il suffit, au contraire, de chauffer lentement pour éviter tout accident.

Je ferai remarquer que, pour arriver au même résultat, on peut se servir de la marche inverse, qui a l'avantage d'être plus naturelle.

Si, pour prendre le même exemple, après avoir porté *lentement* un verre à une température élevée, nous laissons tomber quelques gouttes d'eau froide sur la surface, le verre sera infailliblement brisé. Cette manière de faire est plus conforme à ce qui pourrait se passer, par exemple, au voisinage d'une source bouillante surgissant dans un lac au milieu de couches froides.

Je me garderai bien de dire que cela a dû se passer ainsi. Je ne veux rien préjuger, encore moins affirmer. Je ne me sers de cet exemple que pour montrer la possibilité du phénomène. Mais je répéterai ici ce que j'ai dit à la séance de Pontlevoy : il faut recourir à l'expérimentation si on veut asseoir ses hypothèses sur une base solide.

M. le Dr MAGITOT. — Ceux qui, comme moi, ont pris part au Congrès de Lisbonne, en 1878, se souviennent que M. G. de Mortillet, dans la remarquable conférence qu'il nous fit au sujet des silex tertiaires du Portugal, insistait avec un soin particulier sur la nécessité, pour caractériser un silex taillé, d'y trouver un caractère considéré par lui comme fondamental : Il faut, disait-il, qu'un silex taillé présente son *cône de percussion*, aussi appelé *bulbe de percussion*, c'est-à-dire l'endroit d'où partent les éclats successifs. Or, cette condition se retrouve-t-elle sur un quelconque des silex de Thenay ? Il nous semble que non.

D'autre part, n'y aurait-il pas grand intérêt à pratiquer des expériences nouvelles en projetant des silex les uns sur les autres, imitant ainsi les accidents naturels, et ensuite observer les résultats ? Mais, du reste, à défaut d'expériences, les accidents ordinaires ne nous en fournissent-ils pas de toutes préparées ? Ainsi, dans les éboulis de nos montagnes, dans les roulements des glaciers et des torrents, ne voit-on pas des fragments de basalte, de granit, de lave, prendre à peu près les formes et les cassures que nous offrent les silex de Thenay ?

Si je devais exprimer mes sentiments sur cette question, je serais conduit à toutes les réserves, tous les doutes si bien exprimés tout à l'heure par M. Cotteau.

Permettez-moi de rappeler que ce n'est pas seulement sur la trouvaille des silex prétendus taillés dans les terrains miocènes qu'est fondée l'hypothèse de l'existence de l'homme aux temps tertiaires. On a invoqué une série d'argu-

ments d'un autre ordre. Je fais allusion ici à ces ossements de *Balœnotus* tertiaires portant des incisions ou entailles attribuées par le professeur Capellini,
de Bologne, à l'homme armé de silex, dépeçant et détachant du squelette les
chairs de ces animaux pour en faire sa nourriture. Cette hypothèse, défendue
avec un grand talent et une grande conviction par le professeur de Bologne,
s'est trouvée infirmée par d'autres explications : c'est ainsi que, dans des
expériences que nous avons instituées il y a quelques années, nous avons réalisé
par le choc et les rencontres de rostres de certains squales les entailles attribuées
aux silex humains, tandis que ce même silex était incapable de les reproduire.
D'autres incisions, également constatées sur les ossements d'autres animaux
tertiaires, ont été reconnues comme attribuables à l'action de dents pectinées
de certains rongeurs du genre Sargus, par exemple.

Or, si les arguments tirés des incisions ou entailles des ossements d'animaux
tertiaires sont sans valeur, on voit qu'il ne reste pour soutien de l'hypothèse
de l'Homme tertiaire que les silex supposés taillés, puisque jusqu'à ce jour on
n'a rencontré dans les mêmes gisements aucune trace du squelette humain
proprement dit ni du squelette du précurseur.

M. CHAUVET. — Il existe au Musée de Bordeaux un éclat de silex qui offre
un cône de percussion produit par le passage d'une roue de charrette sur un
rognon de silex recueilli à Pons (Charente-Inférieure), don de M. Maufras. J'ai
ramassé à Thenay un échantillon semblable.

M. le Dr DELISLE. — On vient de parler des os de Balœnotus décrits par
M. Capellini : j'ai pu examiner sur les moulages déposés au laboratoire d'anthropologie du Muséum de Paris les fameuses incisions qui seraient attribuables
à l'homme. Je suis porté à penser que ces os peuvent avoir été entaillés avec
autre chose qu'avec du silex. Les entailles sont les unes rectilignes, les autres
curvilignes. Il y aurait lieu de se demander si, à cette époque, les hommes ne
se servaient pas, comme les Fuégiens de nos jours, d'instruments en coquilles
pour dépouiller des parties molles les os des animaux capturés à la chasse ou
à la pêche.

Quand on s'occupe des populations les plus anciennes de notre globe, il faut
rechercher s'il n'y a pas intérêt à les comparer à celles qui, à l'époque actuelle,
paraissent dans une situation physique et matérielle plus ou moins semblable.
Il y a là un enseignement précieux qu'il ne faut pas négliger.

M. BOULE. — Le cadre de la discussion s'élargit ; on vient de parler des silex
de Lisbonne. Un troisième gisement a été passé sous silence, celui de Puy-
Courny, sur lequel je me permettrai de vous dire quelques mots.

La colline qui porte le nom de Puy-Courny est située aux portes d'Aurillac
et constitue, de ce côté, une des dernières digitations du volcan du Cantal. La
monographie vient d'en être publiée par M. Rames dans les *Matériaux pour
l'histoire primitive et naturelle de l'Homme.*

Le Puy-Courny est formé jusqu'à mi-côte par des dépôts tertiaires d'eau
douce. C'est d'abord une argile rouge ou bariolée et des marnes vertes ton-
griennes. Au dessus se trouvent des assises de calcaire aquitanien à fossiles
caractéristiques : *Planorbis cornu, Lymnea pachygaster, Helix arvernensis,* une
espèce voisine de l'*Helix Ramondi* du calcaire de Beauce. De nombreux bancs
de silex de toutes variétés (corné, pyromaque, jaspoïde, résinite, ménilite, etc.)
sont intercalés dans les couches calcaires. L'Aquitanien est surmonté au Puy-
Courny par d'épaisses coulées de basalte. C'est sur ce basalte, dans ses anfrac-

.tuosités et autour de ses proéminences que se trouvent des alluvions blanchâtres, quartzeuses, ne renfermant absolument que du quartz et des silex. Quand le basalte manque, ces alluvions reposent directement sur le calcaire aquitanien. L'âge de ce dépôt est parfaitement fixé. Les ossements qu'on y a trouvés ont été déterminés, d'abord par Cuvier, puis par M. Gaudry, qui a reconnu *Dinotherium giganteum*, *Mastodon arvernense*, *Hipparion gracile*, *Gazella deperdita*, etc.

On a parlé au Congrès des dernières observations faites à la réunion extraordinaire de la Société géologique de France à Aurillac. Elles n'ont aucune importance au point de vue qui nous occupe. MM. Potier et Bertrand ont constaté, aux environs d'Aurillac, l'intercalation du dépôt tortonien dans le tuf ponceux. C'est un point de stratigraphie locale intéressant à élucider dans l'étude du volcan, qui peut reculer l'âge du tuf ponceux, mais qui ne change pas l'âge des alluvions à silex, lequel nous est fourni par les débris de mammifères que je viens de citer. Nous avons donc bien affaire au miocène supérieur, à l'étage tortonien.

La partie supérieure du Puy-Courny est constituée par le tuf ponceux ou brèche andésitique inférieure, immédiatement superposée aux alluvions.

Examinons maintenant la question des silex. Le fleuve qui a déposé ces alluvions coulait sur le terrain primitif, le calcaire à silex et le basalte. Cependant, les dépôts ne renferment ni cailloux basaltiques, ni cailloux calcaires. Les silex appartiennent à deux seules variétés, alors que le cours d'eau coulant sur les assises à silex aurait dû rouler des échantillons de toutes sortes. Cette sélection est bien curieuse et paraît inexplicable si on ne fait pas intervenir une action intelligente. De plus, ces silex, à Aurillac, sont bien moins nombreux qu'à Thenay ; on peut fouiller longtemps sans en rencontrer, et il est des gisements qui n'en ont jamais fourni. C'est bien différent dans l'argile de Thenay, qui en est littéralement pétrie. Certains de ces silex offrent tous les caractères *classiques* de la taille intentionnelle. Celui que j'ai entre les mains et qui appartient à M. A. de Mortillet ne serait discuté par personne s'il provenait d'un gisement quaternaire. Cela doit-il suffire pour nous convaincre que nous possédons des instruments taillés par un être intelligent vivant à l'époque tertiaire ? Oui, si nous sommes sûrs d'avoir un criterium absolu de la taille intentionnelle, ce qui est très difficile à admettre. Mais si on rapproche cette perfection de la taille, intentionnelle ou non, des silex du Puy-Courny, du fait de leur rareté dans le gisement, et de cet autre fait que la roche semble avoir été choisie, à l'exclusion de beaucoup d'autres appartenant aux mêmes gisements, j'avoue qu'on peut être ébranlé. En tout cas, je considère le gisement de Puy-Courny comme étant le plus favorable à la thèse des silex taillés tertiaires, et c'est la raison qui m'a fait vous donner ces quelques renseignements.

M. le Comte DE CHASTEIGNER. — Le cône de percussion intentionnel a ses ondes de propagation toujours dans la même direction et ce n'est pas avec un instrument pointu que l'on produit ce cône.

M. A. DE MORTILLET. — Sur quoi se base M. Cartailhac pour éliminer certaines pièces qui ont été recueillies à Thenay ?

M. CARTAILHAC. — L'échantillon de Thenay que nous a présenté il y a un instant M. Chauvet offre d'une façon très manifeste des faces conchoïdales, mais non un cône de percussion.

Le cône est le résultat d'un choc brusque, et dès lors il est évident qu'un choc peut se produire naturellement ; mais les conditions qui sont nécessaires pour que le choc ait lieu et détermine la formation d'un éclat avec le cône en relief laissant un cône en creux dans le bloc matrice, doivent se rencontrer bien rarement dans la nature. On a cherché le cône parmi les silex du rivage de la mer et des rivières, on ne l'a pas trouvé.

Quant au Puy-Courny, dont il vient d'être dit un mot, il n'y a pas de doute qu'il ait fourni des cônes de percussion avec plan de frappe, etc. Mais dans les collections de M. Rames on trouve toutes les transitions entre ces pièces et le simple conchoïde.

M. Adrien DE MORTILLET. — Le silex de M. Chauvet est décortiqué par le feu et non taillé par percussion.

M. BOULE. — La question n'a pas fait un pas et ne pourra avancer tant qu'on n'aura pas d'autres éléments. Il faut, par des expériences, élucider certains points de la discussion.

M. DALEAU. — Il peut vous paraître surprenant que je ne prenne pas la parole au sujet des fouilles de Thenay, dont j'ai eu l'honneur d'être chargé avec notre collègue M. d'Ault-Dumesnil, mais il ne m'appartient pas de me prononcer dans cette question si délicate et si difficile avant d'avoir longuement étudié les nombreux et intéressants silex que j'ai recueillis dans les argiles vertes de Thenay, dont l'origine tertiaire est aujourd'hui parfaitement reconnue.

M. D'AULT-DUMESNIL. — On a trouvé un silex taillé dans les argiles à silex.

M. RABOURDIN. — Je crois, Messieurs, qu'il serait désirable, utile, de résumer maintenant tout ce que nous venons d'entendre sur les silex de Thenay et d'aboutir à une conclusion.

C'est, si vous le permettez, ce que je vais faire en quelques mots en vous exposant sous quel aspect la question se présente à moi.

J'avais cru, jusqu'à présent, qu'il existait à Thenay des traces de foyers isolés les uns des autres, foyers qui auraient servi à l'être intelligent d'alors à faire éclater les silex par le feu pour choisir ensuite et retoucher les plus favorables à ses besoins. Or, l'excursion de Thenay a montré, au contraire, des silex brûlés sur une telle étendue et avec une telle continuité, que certains invoquent maintenant une cause géologique jusqu'à présent indéterminée (jets d'eau bouillante, pression énorme, etc.) qui urait brûlé ou brisé ces silex.

Mais ce nouveau fait ne serait pas moins favorable à l'existence d'un être intelligent tertiaire, que la conception des foyers isolés et allumés intention-nellement. Ces silex de Thenay, éclatés, brisés par une cause naturelle, et, par suite, dégrossis et demandant moins de travail pour être rendus coupants quand ils ne l'étaient pas par le fait de leur brisure naturelle, auraient alors formé une véritable mine de silex plus favorables que tous les autres, dans laquelle l'Homme ou l'Anthropoïde tertiaire serait venu avec intention, avec intelligence choisir les pièces utiles.

Ainsi donc cette nouvelle hypothèse de l'éclatement des silex de Thenay, par des causes naturelles géologiques, n'infirme en rien l'existence d'un être intelligent vivant à l'époque tertiaire.

Maintenant, si nous passons aux silex de Thenay qui viennent de nous être soumis, je vous avoue qu'après les avoir examinés avec soin, je déclare, en toute conscience, qu'ils ne me paraissent porter aucun des caractères d'une taille intentionnelle.

Et cela, Messieurs, je crains d'autant moins de le dire que, d'une part, je crois à l'existence de l'Homme tertiaire, d'abord parce que tout rendait déjà possible son existence à cette époque, puis pour d'autres raisons encore que je n'ai point à développer ici, et que, d'autre part, ce rejet que je n'hésite pas à faire de ces silex qui nous sont présentés, ne prouve nullement qu'il n'existe pas à Thenay des silex taillés qu'un séjour plus long aurait permis de trouver.

Les recherches qui ont été faites par la Section à Thenay ont été rapides et superficielles : c'eût été donc un véritable hasard si nous avions rapporté de cette excursion des pièces absolument probantes, alors que, de l'avis de tous, les silex portant des retouches manifestes sont en grande minorité à Thenay.

En résumé, nous n'avons donc aucune donnée nouvelle infirmant l'existence d'un être intelligent à l'époque tertiaire et la question des silex de Thenay reste entièrement ouverte.

M. le Marquis DE NADAILLAC. — De toute cette discussion il ressort un seul fait, c'est que l'âge des terrains est tertiaire et, au point de vue géologique, la question est définitivement éclaircie. Mais quant à la question archéologique, elle est encore ouverte.

M. Adrien DE MORTILLET. — Cependant, l'abbé Bourgeois n'a pas à la légère affirmé que l'homme seul avait pu tailler les silex de Thenay ; pour que l'abbé Bourgeois, que l'on connaissait si timide et si modeste, ait formulé une telle opinion, il fallait qu'il fût plus que convaincu.

M. O'REILLY. — M. Cartailhac admet-il que le cône de percussion dévoile positivement et toujours l'action d'un être intelligent?

M. CARTAILHAC. — Je ne crois pas qu'on puisse hésiter à répondre non. On trouve des cônes de percussion là où l'homme n'a pas passé.

M. CHANTRE, Président. — Messieurs, malgré toutes les recherches que nous avons pu faire, nous n'avons pu arriver à résoudre ce grand problème de l'Homme tertiaire de Thenay. Ainsi que vient de le faire remarquer notre collègue M. le marquis de Nadaillac, la question reste ouverte.

Avant de nous séparer, je vous proposerai de renouveler nos remerciements à MM. d'Ault-Dumesnil et Daleau, qui avaient bien voulu se charger de diriger les fouilles.

M. le Docteur MAGITOT

A Paris.

PRÉSENTATION D'UN BUSTE DE MICROCÉPHALE

— Séance du 10 septembre 1884 —

Messieurs, le buste que j'ai l'honneur de présenter au Congrès est peut-être le plus remarquable exemple connu comme microcéphalie. Je le dois à l'extrême obligeance de MM. les docteurs Labitte, de Clermont, où cet individu vivant a été remarquablement modelé par M. Loreau, mouleur de la Faculté de médecine.

C'est une femme nommée Octavie Varé, pensionnaire de l'asile de Clermont depuis 1860.

Elle est née le 22 juillet 1843 à Amiens (Somme).

Aucun renseignement sur ses ascendants.

Voici les mensurations qui ont été prises.

Taille, 1^m,33
Poids net, 35 kilogrammes.

Diamètre antéro-postérieur du crâne.		0, 13^{cm}
Id.	transversal	0, 12
Longueur de la main de l'éminence Thénar au médius		0, 15
Id.	du bras et de la main ouverte	0, 53
Id.	du pied	0, 24
Largeur des épaules		0, 37
Id.	de la poitrine.	0, 26
Hauteur de la symphyse pubienne au talon.		0, 48

Pas d'asymétrie. — Pas de difformités. — N'a jamais été réglée. Au point de vue psychique nous remarquons chez cette malade une notion appréciable des relations ; elle dit « bonjour, » distingue les individus de sexe différent, dira de préférence « *bonjour, la petite fille,* » mais dit sans hésitation *monsieur* ou *madame*, si elle est sollicitée de le faire.

Elle affectionne et reconnaît les six infirmières de son service, les appelle par leur nom, sans commettre d'erreur ; elle a cependant une préférence marquée pour l'une d'elles. Elle prévoit et annonce également sans erreur les divers événements de la journée, tels que la visite du médecin, les différentes corvées, linge, buanderie, etc. On la voit souvent faire des amas de provisions, de pain, qu'elle tient dans ses poches dans un état de propreté relativement convenable.

Pas de manifestations, ni de perversion de l'instinct génital.

M. François DALEAU

LES ATELIERS ROBENHAUSIENS DE CREYSSE ET DE LANQUAIS (DORDOGNE)

— Séance du 10 septembre 1884 —

M. François Daleau signale des ateliers de taille de la période néolithique qu'il a découverts dans l'arrondissement de Bergerac (Dordogne).

La découverte de l'atelier de Bertranoux, commune de Creysse, remonte au mois de février 1882; ceux de la Maison-Blanche, des Berris et de Peyrague, commune de Lanquais, ont été découverts dans le courant du mois de juillet dernier.

Ces ateliers reposent sur une mince couche de terre végétale au-dessous de laquelle on rencontre un épais dépôt de craie marneuse contenant de magnifiques rognons de silex de couleurs claires, qui servaient de matière première aux indigènes pour la confection des haches.

La majeure partie des spécimens recueillis sur ces ateliers sont des ébauches très grossières de haches taillées à grands éclats devant presque toujours être considérés comme rebuts, car la plupart présentent des éclats défectueux. On y a trouvé aussi des haches finement et régulièrement taillées, ayant subi par ce fait une seconde taille, mais dont un grand nombre étaient aussi des rebuts abandonnés presque toujours à cause d'un mauvais éclat détruisant, le plus souvent, une partie du tranchant.

Ces fabriques spécialement affectées à la taille des haches renfermaient et renferment encore de grandes quantités d'ébauches robenhausiennes. M. Daleau et ses collègues MM. de Boisse, Coutereau et Noguey y ont recueilli près de trois cents échantillons. M. Daleau a trouvé dans ces ateliers quelques lames et quelques éclats présentant des retouches par usure. Mais il a constaté avec surprise la rareté des percuteurs, car il n'a trouvé que trois marteaux en silex de forme sphérique, présentant quelques traces de percussion.

Dans certains cas le polissage devait se faire aux environs des ateliers; plusieurs haches présentant un commencement de polissage, d'autres complètement polies y ont été ramassées. On y a constaté la présence de nombreux blocs de grès et de quelques polissoirs fixes.

Les tailleurs de haches devaient se diviser le travail. Certains ébauchaient et dégrossissaient; d'autres, plus habiles, retaillaient à petits éclats, et enfin dans bien des cas les haches devaient être achevées ou polies par les acheteurs.

Ces ouvriers exportant les produits de leur industrie, viennent une fois de plus confirmer les données que nous avions sur la civilisation des hommes de cette époque reculée.

A en juger par leurs formes, par leurs dimensions et surtout par la nature du silex, presque tous les beaux instruments néolithiques recueillis dans le département de la Gironde doivent provenir des ateliers de taille de l'arrondissement de Bergerac.

M. Daleau a eu entre les mains un grand nombre d'outils recueillis sur divers points de ce département, et il a ramassé une de ces belles haches dans la commune d'Anglade (Gironde), point distant de 140 kilomètres du lieu de fabrication.

Une des plus grandes *ébauches grossières* mesure $0^{mm},330$ et pèse $3^k,320$, tandis qu'une ébauche retouchée mesurant $0^{mm},248$ ne pèse que $1^k,560$.

M. le Docteur E. MAUREL

Médecin de première classe de la Marine, à Cherbourg.

DE L'INFLUENCE COMPARÉE DU PÈRE ET DE LA MÈRE SUR LES ENFANTS DANS LES RACES RAPPROCHÉES

— *Séance du 10 septembre 1884* —

Déjà, dans un travail que j'ai communiqué l'année dernière au Congrès de Rouen, j'ai cherché à établir que, d'une manière générale, les métis des races éloignées, et tout particulièrement des noirs et des européens, se rapprochaient toujours plus près du père que de la mère ; et cela, soit qu'il s'agisse des caractères extérieurs, tels que le teint, la forme et la couleur des cheveux, soit que l'on prit comme terme de comparaison des caractères plus scientifiques, tels que l'indice céphalique, l'angle facial, etc. Mais, comme je l'avais fait remarquer dès cette époque, mes observations ne portant que sur des métis de races éloignées, mes conclusions n'étaient applicables qu'à eux. La question des croisements entre races rapprochées restait donc encore intacte. Dans cette grande question du métissage et du croisement, je ne crois pas, en effet, que jusqu'à présent on soit autorisé à conclure par analogie d'un fait à un autre. Il faut, avant de s'élever à une loi générale, étudier chaque cas particulier, et ce ne sera qu'ensuite qu'il nous sera permis de hasarder une hypothèse générale.

Cependant, je dois le dire, dès l'année dernière, les quelques recherches que j'avais faites sur les races rapprochées semblaient déjà me conduire aux mêmes lois, au moins au point de vue auquel je les avais étudiées, celui de la couleur du teint.

Il résulte, en effet, des recherches que je vais exposer, que de même que pour les croisements de races éloignées, pour ceux de races rapprochées, c'est l'influence du père qui l'emporte d'une manière sensible ; c'est-à-dire que les enfants, d'une manière générale, se rapprochent plus souvent du père que de la mère. C'est là le premier point que je vais chercher à établir ; mais ce n'est pas le seul. Deux autres, tout aussi intéressants, ressortent de mes recherches : le premier, c'est que si, d'une manière générale, tous les enfants, sans tenir compte du sexe, sont plus influencés par le père, cette influence présente des proportions bien différentes quand on l'étudie séparément chez les garçons et chez les filles. La prépondérance du père, très marquée pour les garçons, faiblit, au contraire, quand il s'agit des filles. Pour elles, la mère semble reprendre une partie de ses droits, sans que, cependant, elle arrive jamais à marcher avec le père sur le pied de l'égalité.

Enfin, la dernière conséquence de mes recherches, sur laquelle je veux appeler votre intention, est l'influence comparée des blonds et des bruns. D'une manière manifeste, ce sont ces derniers qui sont inférieurs, c'est-à-dire que, des parents blonds et bruns, étant mis en nombre égal en présence les uns des autres, ce sont les enfants blonds qui seraient les plus nombreux.

Ce sont là les trois conclusions auxquelles je suis arrivé. Mais, je tiens à le rappeler, mes recherches n'ont porté que sur un caractère, celui du teint, et l'on ne saurait, sans s'exposer à des erreurs, vouloir les généraliser.

Voici quelle est la méthode que j'ai suivie dans mes recherches :

J'ai réparti toutes les teintes si variables que présente notre population dans cinq groupes, auxquels j'ai donné les numéros suivants :

1. *Très blonds,* — 2. *Blonds,* — 3. *Châtains ou intermédiaires,* — 4. *Bruns,* — 5. *Très bruns.*

Cette convention établie, j'ai déterminé d'abord le teint du père et celui de la mère, puis successivement celui de tous les enfants, en les prenant par ordre de naissance et en m'arrêtant à ceux qui ont 20 ans. Les autres, vu le changement de couleur que subissent les cheveux et le teint sous l'influence de l'âge, auraient donné lieu à des résultats forcément erronés.

Tous les enfants ont été ainsi répartis dans cinq catégories, ainsi que l'indique le tableau : 1° *plus près du père que de la mère;* 2° *plus près de la mère que du père;* 3° *aussi rapproché ou aussi éloigné du père que de la mère;* 4° *père exagéré;* 5° *mère exagérée.*

Un exemple va faire comprendre la manière dont j'ai procédé et le sens que j'ai accordé à chacune de ces expressions.

Supposons une famille composée du père, de la mère, correspondant le premier au n° 4, la seconde au n° 2, et de cinq enfants représentant la gamme chromatique complète avec les cinq teintes 1.2.3.4 et 5. — Le premier devra être placé dans la colonne : *mère exagérée;* le deuxième dans celle : *plus près de la mère que du père;* le troisième sera *intermédiaire* aux deux; le quatrième dans la colonne : *plus près du père que de la mère;* et, enfin, le cinquième correspondra au *père exagéré.*

Dans ce cas, on le voit, le doute ne pourrait être permis. Tous correspondent avec précision et nettement à une des cinq divisions que j'ai admises. Mais un autre cas peut se présenter. Supposons que le père et la mère aient la teinte 3, par exemple, et que leurs cinq enfants correspondent aux mêmes teintes que précédemment 1.2.3.4 et 5. Dans ce cas, il est évident que, quelle que soit leur teinte, chacun des enfants pris isolément s'éloigne et se rapproche de ses parents d'une quantité égale. Aussi, les ai-je toujours placés dans la troisième colonne, c'est-à-dire celle qui comprend les enfants intermédiaires aux deux parents, et ceux qui ne sont pas plus influencés par l'un que par l'autre. Il en résulte donc que quand aucune indication spéciale n'est faite, cette colonne, n° 3, comprend deux catégories distinctes d'enfants : 1° ceux qui sont réellement intermédiaires; et 2° ceux qui, les parents étant semblables, ou bien ont la même teinte qu'eux ou bien une teinte différente.

C'est en suivant cette méthode, qui m'a toujours permis d'apprécier d'une manière très suffisante la teinte des parents et des enfants, au moins d'une manière relative, ce qui est le plus important, que j'ai recueilli les renseignements sur 200 familles prises au hasard. Je suis heureux de remercier ici un jeune confrère, il y a peu de temps encore interne à l'hôpital civil de Toulon, le Dr Pouty, qui a bien voulu m'en fournir un grand nombre. J'en suis d'autant plus heureux que ses observations recueillies sans parti pris, et dont il m'a remis le relevé, sans qu'il ait cherché à se rendre compte lui-même des résultats, confirment pleinement les miennes.

Ces 200 familles, en suivant l'ordre dans lequel elles ont été observées, ont été réparties en 8 groupes de 25. Or, fait important pour chacun de ces groupes, les résultats isolés ont été les mêmes, de sorte que tous, pris séparément, conduisent aux mêmes conclusions.

Ces conclusions ne sauraient donc être considérées comme le résultat d'une simple moyenne, moyenne dont le sens pourrait être modifié si l'on augmentait ou diminuait le nombre d'observations. Non, à la condition que le nombre de familles ne soit pas trop restreint, et 25 suffisent largement, la conclusion sera toujours la même, et c'est pourquoi j'ai cru inutile de les multiplier davantage. Pour chacun de mes 8 groupes, je le répète, le résultat a été constant.

Telle est la méthode que j'ai suivie. Quoique son exposé nous ait pris quelque temps, j'ai cru indispensable de le faire connaître. D'abord, parce que seule, sa connaissance pourra inspirer les critiques que l'on serait disposé à lui adresser, et ensuite parce qu'elle pourra servir de guide à ceux qui, après moi, voudraient se livrer aux mêmes études.

Ceci dit, j'aborde les diverses propositions que j'ai formulées dès le début ; leur exposition sera maintenant courte et facile.

1° J'ai dit tout d'abord que *l'influence du père s'exerçait plus fréquemment que celle de la mère*. Or, pour s'en convaincre, il suffit de jeter un coup d'œil sur le tableau suivant, donnant le résumé des huit séries étudiées séparément et le total général.

NUMÉROS de la série	PLUS PRÈS DU PÈRE que de la mère	PLUS PRÈS DE LA MÈRE que du père	AUTANT DU PÈRE que de la mère	PÈRE exagéré	MÈRE exagérée	TOTAL
1	35	17	29	10	7	98
2	17	11	35	1	3	67
3	26	15	18	14	16	89
4	24	16	44	8	2	94
5	22	9	45	5	6	87
6	18	12	41	4	1	76
7	16	13	37	15	6	87
8	29	18	15	5	4	71
	187	111	264	62	45	669

On le voit donc, le résultat pour chaque série est toujours le même ; le nombre d'enfants plus rapprochés du père est toujours supérieur. Nous avons 35 contre 17, 17 contre 11, 26 contre 15, etc., et pour total 187 contre 111 seulement, c'est-à-dire plus d'un tiers. Or, cette différence se maintient si à chacune des colonnes 1 et 2 nous ajoutons respectivement les colonnes 4 et 5 représentant les parents exagérés, ce qui est évidemment une autre manière de manifester leur influence. En totalisant ces colonnes, nous avons 249 représentant l'influence du père et 156 seulement pour l'influence de la mère. Il me paraît donc difficile de conserver des doutes.

Si maintenant nous cherchons à apprécier quelle est l'influence de chacun de deux parents relativement au nombre total des enfants, nous verrons que sur 669 enfants 249 se rapprochent plus du père, 156 plus de la mère, et que 264 ou bien sont influencés d'une manière égale ou ne le sont pas du tout. Si l'on cherchait à exprimer en chiffres faciles à retenir chacune de ces influences, on pourrait dire qu'un quart environ des enfants est influencé par la mère et que les autres trois quarts sont partagés presque à proportion égale entre ceux qui sont influencés par le père et ceux qui constituent le troisième groupe.

Quant à ce troisième groupe, il est constitué par trois catégories d'enfants : les *intermédiaires*, les *égaux*, les *dissemblables*. Le nombre de chacun est le suivant : les intermédiaires 50, les égaux 127 et les dissemblables 98. Il résulte donc que lorsque sur ce nombre de 669 enfants, 249 sont influencés par le père et 156 par la mère, 50 seulement leur sont intermédiaires, subissant ainsi de chacun d'eux une influence égale, et l'on voit combien ce nombre est faible. 127 sont restés égaux à leurs parents; enfin, 98 ne rappellent aucun d'eux et l'on voit, au contraire, combien ce nombre est relativement considérable.

Ainsi donc se trouve établie la proposition que je formulais dès le début et que je résume ainsi: *Dans les croisements de parents rapprochés comme dans ceux entre parents de races éloignées, l'influence du père l'emporte sur celle de la mère.*

J'ajouterai de plus : 1° *que les enfants réellement intermédiaires sont peu nombreux et les dissemblables, au contraire, relativement à ce que l'on pourrait croire, beaucoup.*

2° La seconde proposition est relative à l'*influence du père et de la mère sur les garçons et les filles étudiés séparément.* Or, s'il est vrai que l'influence du père se maintienne sur les enfants des deux sexes, nous trouvons cependant ici, dans une certaine mesure, la justification d'une opinion assez répandue, que les garçons sont plus influencés par le père et les filles par la mère. C'est qu'en effet, tandis que pour les garçons la prépondérance du père est considérable, elle s'abaisse et devient à peine sensible quand il s'agit des filles.

C'est ce qui ressort des tableaux suivants :

GARÇONS

NUMÉROS des séries	PLUS PRÈS DU PÈRE que de la mère	PLUS PRÈS DE LA MÈRE que du père	AUTANT DU PÈRE que de la mère	PÈRE exagéré	MÈRE exagérée	TOTAL
1	25	6	14	6	2	53
2	6	4	14	0	2	26
3	15	5	12	7	6	45
4	15	7	24	5	1	52
5	13	3	21	2	1	40
6	13	4	29	4	1	51
7	11	10	19	7	4	51
8	21	12	9	3	3	48
	119	51	142	34	20	366

FILLES

1	10	11	15	4	5	45
2	11	7	21	1	1	41
3	11	10	6	7	10	44
4	9	9	20	3	1	42
5	9	6	24	3	5	47
6	5	7	13	0	0	25
7	5	3	18	8	2	36
8	8	6	6	2	1	23
	68	50	123	28	25	303

Comme on le voit, quand il s'agit des garçons, le nombre de ceux qui sont plus rapprochés du père dépasse de plus du double ceux qui le sont davantage de la mère ; nous avons 119 pour les premiers et 51 seulement pour les autres. Cette prépondérance reste tout aussi manifeste si à chacun de ces chiffres on ajoute les *pères* et *mères exagérés*. Nous obtenons ainsi un total de 153 pour les premiers et de 71 seulement pour les seconds.

Pour les filles, au contraire, les proportions sont loin d'être les mêmes. L'influence du père se chiffre par 68 et celle de la mère par 59, et en confondant les *pères* et *mères exagérés* à ces totaux, 96 pour les premiers et seulement 84 pour les seconds. Et comme précédemment, je tiens à le faire remarquer, cette moyenne n'est pas le résultat de chiffres disparates finissant par s'équilibrer dans une moyenne générale ; l'étude du tableau fera ressortir combien les résultats pour chaque groupe se rapprochent du résultat général.

Ce second fait me paraît donc ainsi bien établi : *que si la prépondérance du père se manifeste pour les filles comme pour les garçons, elle se fait sentir dans des proportions bien différentes ; étant considérable quand il s'agit des garçons et presque nulle quand il s'agit des filles.*

3° J'aborde maintenant la troisième question, celle qui est relative à la résistance comparée des blonds et des bruns. Cette question peut se poser ainsi : *Si nous supposons que l'on mette en présence un même nombre de pères blonds et de pères bruns et un nombre égal de mères brunes et de mères blondes, quelle sera la proportion des enfants blonds et celle des enfants bruns ?*

Cette hypothèse peut se figurer ainsi :

$$\left. \begin{array}{l} 25 \text{ mères blondes} + 25 \text{ pères bruns} = 50 \\ 25 \text{ mères brunes } + 25 \text{ pères blonds} = 50 \end{array} \right\} = 100.$$

Si, dans ces conditions, nous supposons que les deux races, que l'on me permette de me servir de cette expression, à laquelle, du reste, je n'accorde rien de scientifique, sont égales l'une en face de l'autre, le nombre d'enfants des deux teintes restera à peu près le même, c'est-à-dire que si chaque union donne 2 enfants, nous devrons avoir environ 100 blonds et 100 bruns. Or, voyons ce que disent les faits. J'ai groupé dans le tableau suivant les pères et les mères selon les cinq teintes :

PÈRES

NUMÉROS des séries	N° 1	N° 2	N° 3	N° 4	N° 5
1	0	5	11	5	4
2	3	0	4	6	12
3	1	5	6	7	6
4	2	2	5	10	6
5	3	3	10	2	7
6	1	3	7	13	1
7	0	1	7	5	12
8	0	5	6	8	6
	10	24	56	56	54

MÈRES

	N° 1	N° 2	N° 3	N° 4	N° 5
1	0	5	9	7	4
2	1	3	3	4	14
3	1	3	10	6	5
4	0	4	4	6	11
5	1	5	8	5	6
6	1	4	9	8	3
7	0	1	7	5	12
8	4	4	4	6	7
	8	29	54	47	62

Les totaux sont les suivants : sur un total de 200 pères, 34 sont blonds, 110 bruns et 56 intermédiaires. Les bruns l'emportent donc de plus du double sur les blonds. Pour les mères, nous avons seulement 37 blondes, 109 brunes et 54 intermédiaires ; ces nombres, on le voit, se rapprochent sensiblement des précédents et la prépondérance des bruns est aussi manifeste. Or, voyons ce qu'il en est de leurs enfants.

Le nombre total des enfants de ces 200 unions s'élève à 665, c'est-à-dire à un peu plus de 3 enfants par union (1). La proportion pour les 67 blonds et blondes, soit 33 unions, devrait donc être de 100 enfants blonds. Or, le relevé pour les enfants nous donne pour les nᵒ 1 et 2, 104 garçons et 94 filles, soit un total de 198 enfants au lieu de 100.

Passons maintenant aux bruns. Le nombre des pères, 4 et 5, est de 110 et celui des mères de mêmes teintes 109, nous l'avons vu ; c'est donc en

RÉPARTITION DES ENFANTS

GARÇONS

NUMÉROS de la série	Nº 1	Nº 2	Nº 3	Nº 4	Nº 5	TOTAUX
1	1	17	21	9	5	53
2	2	4	8	3	9	26
3	5	15	11	7	7	45
4	0	8	18	15	11	52
5	1	6	17	5	11	40
6	4	11	15	17	3	50
7	2	8	13	7	20	50
8	2	18	13	9	6	48
	17	87	116	72	72	364

FILLES

	Nº 1	Nº 2	Nº 3	Nº 4	Nº 5	TOTAUX
1	7	13	8	8	7	43
2	6	4	10	9	12	41
3	5	11	17	6	5	44
4	3	6	14	10	9	42
5	5	8	14	6	14	47
6	1	8	9	6	1	25
7	1	4	7	9	15	36
8	3	9	6	1	4	23
	31	63	85	55	67	301

tout environ 110 unions devant donner environ 330 enfants. Or, le chiffre total des garçons des mêmes teintes n'est que 144 et celui des filles

(1) Je rappelle ici que je n'ai pas compté les enfants au-dessous de 20 ans.

de 122, soit un total de 266, très sensiblement inférieur à ce qu'il devait être pour que la même proportion fût conservée. Quant aux n°s 3, les intermédiaires, ceux qui correspondent aux châtains, comme pour les blonds, leur nombre s'est également accru. 56 pères n° 3 et 54 mères de la même teinte, soit un total de 55 unions devant donner un peu plus de 150 enfants, en ont fourni 206.

Seuls donc, les bruns ont perdu au bénéfice des blonds et des châtains. *Il me paraît donc résulter de ce qui précède qu'il y a de grandes probabilités pour que, les blonds et les bruns mis en présence et en nombre égal, les teintes blondes finissent par l'emporter dans un temps relativement restreint.* Il est évident, en effet, que si les mêmes proportions se reproduisaient dans les générations suivantes, quelques-unes suffiraient pour mettre presque à néant le groupe des bruns.

Quelle peut être la cause du nombre moindre d'enfants bruns? On ne peut l'expliquer que de deux manières : ou bien les parents blonds sont plus prolifiques, ou bien les bruns donnent naissance à des blonds. Voyons, de ces deux hypothèses, quelle est celle qui est le plus probable.

J'ai réparti toutes les unions dans trois groupes : les blonds, les bruns et les intermédiaires, comprenant chacun les unions représentées par les numéros suivants :

SÉRIES BRUNES				SÉRIES INTERMÉDIAIRES				SÉRIES BLONDES			
pères	mères	pères	mères	pères	mères	pères	mères	pères	mères	pères	mères
5	5			5	2	2	5	1	1		
5	4	4	5	5	1	1	5	1	2	2	1
5	3	3	5	4	1	1	4	1	3	3	1
4	4			4	2	2	4	2	2		
4	3	3	4	3	3			2	3	3	2

Les séries brunes, nous le voyons, contiennent 8 combinaisons, les intermédiaires 9 et les blondes 8.

Parmi les 200 familles que j'ai examinées, c'est à la série brune qu'appartiennent les plus nombreuses. Les 8 combinaisons réunies en comprenaient à elles seules 114.

Or, ces 114 ménages ont donné 375 enfants, soit une proportion de 3,29.

Les séries intermédiaires, comprenant 9 combinaisons, n'ont fourni que 57 mariages et 208 enfants : c'est une proportion de 3,66.

Enfin, les séries blondes comprenant, comme les brunes, 8 combinaisons, n'ont donné dans mes observations que 25 ménages et 75 enfants, soit une proportion de 3 seulement.

Comme on le voit, ces chiffres s'écartent peu les uns des autres, et, s'il y a une différence, elle est en faveur des intermédiaires et des bruns plutôt qu'en faveur des blonds. On ne saurait donc admettre que les blonds soient plus prolifiques que les autres; ils le seraient, tout au contraire, plutôt moins. Si donc, le nombre des enfants blonds l'emporte, on ne peut admettre qu'une hypothèse : *c'est qu'il y a une tendance naturelle des bruns à voir leur teint se rapprocher de celui des blonds.* Notre population s'acheminerait donc fatalement vers les teintes blondes.

SÉRIES	NOMBRE DE MARIAGES	NOMBRE D'ENFANTS	PROPORTIONS
Séries brunes	114	375	3.29
Séries intermédiaires. .	57	208	3.66
Séries blondes.	25	75	3.00

Telles sont les trois questions que je m'étais promis de traiter; mais, avant de terminer, il en reste une dernière sur laquelle je veux appeler votre attention : *c'est celle qui a trait à l'influence de la différence ou de la similitude des teintes sur la fécondité. Quelles sont les unions les plus productives ? Sont-ce celles qui ont lieu entre parents de teintes éloignées ou de teintes semblables?*

Pour m'en rendre compte, j'ai réuni, d'une part, les mariages de mêmes teintés, correspondant aux cinq numéros que j'ai admis; et, d'autre part, les unions entre parents les plus éloignés possible. Or, l'écart entre la moyenne des enfants de ces deux groupes est si léger, qu'on peut le négliger en pratique. Comme on le voit par les tableaux suivants, cette proportion est de 3,54 pour les parents de même teinte et 3,43 pour ceux de teintes opposées. *Il me paraît donc logique de conclure que dans l'état actuel de notre population, il n'y a pas de différence au point de vue du nombre d'enfants entre les unions de parents de teintes éloignées ou ceux de teintes semblables.*

PÈRES ET MÈRES DE MÊMES TEINTES					PÈRES ET MÈRES DE TEINTES DIFFÉRENTES				
pères	mères	nombre de mariages	nombre d'enfants	pro-portion	pères	mères	nombre de mariages	nombre d'enfants	pro-portion
5	5	29	99		1	5	3	9	
4	4	13	38		5	1	5	19	
3	3	16	70	3.54	1	4	2	9	
2	2	3	9		4	1	2	3	3.43
1	1	0	0		5	2	6	21	
					2	5	5	18	
		61	216				23	79	

Telles sont les considérations que j'avais à présenter sur ce sujet intéressant ; je vais les résumer dans les quelques propositions suivantes que j'ai déjà énoncées en commençant. Mais avant, je tiens à rappeler que mes recherches ne portent que sur le teint et la couleur des cheveux et que, par conséquent, il serait dangereux de donner à leurs conclusions un sens peu étendu.

Je terminerai donc en disant qu'*au point de vue du teint et des cheveux* :

1º *Dans les croisements entre peuples d'origines à peu près semblables comme l'est la population de la France, l'influence du père est prépondérante et cela d'une manière sensible ;*

2º *Que cette influence est encore plus considérable si l'on ne considère que les garçons et qu'elle s'efface presque quand il s'agit des filles ;*

3º *Que dans la lutte qui paraît s'établir entre les blonds et les bruns, entre lesquels notre population est partagée, le triomphe définitif semble devoir appartenir aux blonds ;*

4º *Que cet avantage ne tient pas à la fécondité plus grande des unions entre blonds, cette fécondité étant à peu près la même qu'entre les bruns et les intermédiaires ;*

5º *Enfin, que la fécondité semble être également la même entre parents de teintes identiques et de teintes éloignées.*

M DELORT
Professeur, au Collège, à Auxerre.

INVENTAIRE DES MONUMENTS MÉGALITHIQUES ET AUTRES OBSERVÉS DANS LE CANTAL

— Séance du 10 septembre 1884 —

NOMS DE LIEUX ARROND. DE SAINT-FLOUR	DOLMENS	MENHIRS	TUMULI	HACHES en PIERRE	HACHES en BRONZE	GRANDES épées EN FER	PIERRES A BASSINS et pierres branlantes	HUTTES ou CASES
Andelat............			Plusieurs	Plusieurs				1
Alleuze............				id.				
Anglars............		1	1					
Brezons............								Nombreuses
Cezens............								id.
Coren ...._.....			Plusieurs	id.				id
Coltines	3	+	id.	id.				
Clavières								id.
Cussac............	1*		id.					
Celoux			1					
Chazaloux.........								id.
Saint-Flour	2		Plusieurs	id.				id.
Saint-Georges.......	1		id.	id.	Brassards et Bracelets	Plusieurs		
Saint-Just.........							Plusieurs	
Loubaresse		1						
Lavastrie..........	1*		id.		1			id.
Lastic								id.
La Trinitat.........			1					
Les Ternes........	3							id.
Leyvaux..........				id.				id.
Malbo					1			id.
Monchamp.........					1			
Saint-Marc........							P. àbas, 1 br.	
Saint-Mary-le-Plain...			Nombreuses					Plusieurs
Oradour...........								id.
Paulhenc..........				id.				
Paulhac	1*							Nombreuses
Pierrefort.........				id.				
Poncy (Saint-).......			1					
Roffiac............	4 dont 2*	1	Plusieurs	id.				id.
Rezentières........								
Rageades					1			
Ruines............	1*			Plusieurs				
Requistat..........	1 faux		1					
Soulages..........								id.
Serriers...........		2						
Talizat............		1	Plusieurs	id.				id.
Tanavelle..........	1*							id.
Villedieu.........			id.		1			
Valuéjols								id.
Vabres............								
Vieillespèce........		1	id.	Plusieurs				id.

(*) Les chiffres marqués d'un astérisque indiquent des dolmens en ruines. Quant à celui de Requistat, signalé par plusieurs auteurs sous le nom de *Caverne de Saint-Pierre*, nous n'y avons vu qu'un amoncellement de blocs granitiques, jeu de la nature, formant, il est vrai, une sorte d'antre, vraie tanière de fauve où gisaient encore les traces de ses déprédations. En y comprenant ceux d'Anglars et de Recoules, cela porte à 20 le total des dolmens des trois arrondissements. Sur ce nombre, 12 ont été signalés pour la première fois par nos soins.

ARRONDISSEMENT DE MURAT

Dans l'arrondissement de Murat, nous ne connaissons jusqu'à présent qu'un seul dolmen, le premier signalé, au sud de Recoules; entre ce village et Joursac sont de nombreuses tombelles. Recoules a fourni, du reste, un joli brunissoir de l'époque du bronze et de nombreuses haches en silex et en fibrolithe.

MURAT. Dans les fouilles de la gare de cette ville, en 1866, il fut trouvé une jolie pointe de flèche en bronze fortement patiné, et barbelée, en tout semblable à celle qui a été trouvée dans une station de l'âge du bronze, à Vilhonneur (Charente). (Voir *Matériaux pour l'histoire*, juillet et août 1878.) Les mêmes fouilles donnèrent aussi un petit fer de lance en fer.

Non loin de Murat, dans les pâturages communaux du village de Cheylanes, on remarque deux groupes de huttes ou cases; l'un des groupes, dissimulé au fond d'un petit vallon est comme gardé par deux fortes mottes et porte un nom à retenir : *la Glisouna* (la petite église), ce qui porte à croire qu'à une certaine époque des sectaires auraient pu s'y réfugier.

Ces traces d'antiques habitations, reconnues aujourd'hui comme préhistoriques, sont innombrables dans le Cantal. Je les ai rencontrées partout dans les verts pâturages des montagnes de Murat jusqu'à Mauriac. (Voir *Matériaux pour l'histoire*, avril 1884.)

Innombrables sont aussi les tombelles avoisinant ces huttes.

NEUSSARGUES. Qui n'a vu en passant les pittoresques grottes au nord-ouest de cette station de chemin de fer? Ce sont les premiers abris sous roche, fouillés dans le Cantal, ayant fourni des silex magdaléniens et des débris de crânes brûlés.

COMBEROBERT. Si l'on monte jusqu'à cet obscur village perdu au milieu des pins, on remarque sur le coteau en face des sépultures formées de pierres fichées en terre et où le mort en est à peine recouvert. Ce village m'a donné une hache en silex.

CHALINARGUES. Non loin du chef-lieu de cette commune étaient des sépultures gauloises mises à découvert lors de l'aménagement de son nouveau cimetière (1881). Les urnes funéraires qu'elles recélaient sont de la période larnaudienne.

PRADIERS (Allanche). Il y a environ trente ans, dit Durif, page 423 du *Guide*, qu'on a trouvé près de Courbières une hache en serpentine portant une figure humaine gravée sur sa partie haute. Elle devint la propriété du capitaine Duque, ainsi que deux monnaies celtiques en billon, petites et renflées, ayant un bouc informe au revers.

ARRONDISSEMENT DE MAURIAC

Cet arrondissement ne paraît pas plus riche que celui de Murat en monuments mégalithiques. Jusqu'ici, on n'y connaît qu'un dolmen et quelques pierres levées. Il est vrai que ces deux arrondissements n'ont pu encore être étudiés comme celui de Saint-Flour, au point de vue préhistorique.

Nous savons toutefois qu'il y a là un vaste champ d'exploration que deux ou trois voyages nous ont permis seulement d'entrevoir. Il y a trois ans qu'on avait bien voulu nous honorer d'une délégation officielle; déjà, plume, pioche et pelle étaient prêtes pour aller étudier ces jolis parages lorsque le mauvais temps nous a arrêtés. Nous espérons que, malgré notre éloignement, ce ne sera que partie remise.

En attendant, signalons ce que pour nous ont fait connaître nos devanciers et ce que nous avons découvert depuis.

ANGLARS. Et hâtons-nous de dire que M. Tournadre, ancien maire de cette commune, a fait preuve de dévouement à la science en mettant tous ses soins à faire réédifier au sein même du chef-lieu de cette commune un dolmen fortement menacé. Un bon point à ce maire intelligent.

On cite encore, près du hameau de Mentérolles, un peulvan dit *Peyre-Rouniade*, ou Croix des batailles.

ARCHES aurait aussi un menhir connu sous le nom de *Pierre de la Pendule*. M. E. Amé en cite un autre à CRESSENSAC, commune de Mauriac.

CHAUSSENAC. Enfin, non loin de ce lieu, seraient deux pierres énormes appelées *Pierres des Géants*. Durif les taxe de Lichavens, nous ne voyons pas pour quelle raison, car le mégalithe de ce nom suppose, en général, un groupe de pierres alignées ou en cercle, et réunies deux à deux par une sorte de linteau ou architrave.

Nous n'avons rencontré dans le Cantal qu'un seul monument de ce genre, au sommet de la *Barte de Starliçou* (Malbo), encore est-il en ruines.

En fait d'alignement, E. Amé cite celui de Faillitou, commune de Thiézac.

Le même E. Amé cite encore :

1° Des cromlechs aux environs de Conrut (Vigean) sur le bord de la route de Mauriac à Murat, et non loin d'une ancienne voie romaine.

2° Les tumuli allongés en ellipse à Albo, commune de Mauriac, et ceux de la *Pendule à Arches*.

3° Les galgals d'Aymons, commune de Chalvignac.

En fait de haches celtiques de Mauriac, nous n'en connaissons qu'une seule, trouvée à Moussage par l'abbé Peythieu.

Quant aux spécimens de l'âge du bronze, ils n'y sont pas rares, témoin les trouvailles de M. Déribier. Les trois épées trouvées à Allies (Menet), et enfin celle qu'a trouvée tout récemment une honorable famille occupée à écobuer sur le communal de la Libbada au village de Lexmialots (Collandre).

L'arrondissement d'Aurillac a été trop bien étudié par notre ami Rames pour qu'il soit besoin d'en parler ici.

MM. les Docteurs DOUTREBENTE et MANOUVRIER

NOTES SUR QUELQUES IDIOTS OU IMBÉCILES RECUEILLIES À L'ASILE PUBLIC DE BLOIS

— Séance du 10 septembre 1884 —

Ces notes ont été prises pendant le Congrès de Blois. Bien qu'elles soient très incomplètes, elles n'en constituent pas moins des documents utiles.

I. Marie Loq..., née à Paris en 1860, âgée de 24 ans.

Cette fille, microcéphale, jouit d'une bonne santé. Son appétit est bon, son sommeil régulier, mais son intelligence est très rudimentaire.

Elle a été à l'école de la Salpêtrière, où on a vainement essayé de lui apprendre à lire et à coudre. Elle ne connaît pas même les lettres de l'alphabet. Tout au plus comprend-elle les questions les plus simples qu'on lui adresse. Elle connaît son nom, mais elle ne peut dire quel est son âge. Elle rit chaque fois qu'on lui adresse la parole, répond parfois oui ou non, mais sans beaucoup de conviction. Elle va jusqu'à raconter qu'à l'hospice de la Salpêtrière il n'y a pas de religieuses, et qu'il y en a à l'hospice de Blois, mais il faut le lui faire dire, et il est douteux que cette remarque ait été faite par elle. Elle ne sait ni se peigner, ni se laver; va seule, cependant, aux cabinets d'aisances; mais, la nuit, fait ses besoins au pied de son lit.

Elle aime la toilette, mais ne peut dire quelles sont les couleurs qu'elle préfère. Si on lui montre des échantillons, elle ne sait pas indiquer quel est celui qui lui convient le mieux.

Elle reconnaît les objets qui lui sont familiers : une chaise, un lit, un porte-monnaie, un sou; mais elle ne connaît pas la valeur des différentes monnaies.

Elle reconnaît parfaitement les personnes qui l'entourent; manifeste des préférences pour celles qui la soignent et particulièrement pour une camarade chargée de l'habiller. Elle préfère certains aliments à d'autres; par exemple, le vin à l'eau, les gâteaux au pain. Elle n'est point peureuse, ni jalouse et partage volontiers les bonbons qu'on lui donne avec sa camarade. Elle est susceptible de colère, mais sans méchanceté.

Toujours contente (bien qu'elle pleure si on la contrarie); gaie et satisfaite d'elle-même, la modestie lui est inconnue aussi bien que la pudeur. C'est sans la moindre hésitation et sans rougeur qu'elle se déshabille et ôte sa chemise devant nous.

Jamais elle n'a été menstruée : elle n'en manifeste pas moins un goût prononcé pour les hommes; elle aime à les voir et à rester avec eux. Ses seins sont normalement développés; elle a du poil au pubis et aux aisselles. Ses cheveux sont bruns. Elle est bien proportionnée, mais fortement cambrée, assez maigre et sans mollets. La colonne vertébrale n'est pas déviée.

Suivent quelques observations anthropométriques :

Taille	1m,402
Grande envergure.	1 426
Distance du sol au trou auditif.	1 284
— à l'acromion.	1 142
— à la fourchette sternale.	1 156
— au mamelon.	1 041

Distance du sol à l'ombilic (très large)	0m,850
— au bord supérieur du pubis.	0 688
— au périnée.	0 637
— à l'épine iliaque antérieure et supérieure .	0 763
— à l'interligne articulaire du genou.	0 353
Distance de l'acromion à l'épicondyle (mesurée au ruban
métrique).	0 251
— de l'épicondyle à l'apophyse styloïde du radius
(idem).	0 212
— de l'apophyse styloïde du radius à l'extrémité du
doigt-médius (idem)	0 158
— de l'extrémité du médius à l'interligne articulaire
du genou, le membre supérieur étant allongé le
long de la cuisse (idem)	0 159
— bihumérale	0 325
— biacromiale	0 292
— bimamelonnaire	0 167
— biiliaque.	0 218
— bitrochantérienne.	0 286

Mesures de la tête :

Diamètre antéro-postérieur maximum.	0m,150
— — métopique.	148
— transverse maximum.	126
— auriculo-bregmatique.	108
— frontal minimum.	96
— bizygomatique.	118
Indice céphalique.	84.0
Nez { hauteur.	48
{ largeur.	29
Largeur de la bouche (intercommissurale).	44
Distance bicaronculaire	31
Yeux gris-bleuâtre.
Distance entre les angles externes des yeux	0,90
Oreilles { hauteur maxima.	48
{ largeur maxima.	29
Circonférence du cou	284

Force de serrement des mains. (Dynamomètre de Mathieu, corrigé.)

Main droite, 25 kil.; gauche, 25 kil.

La mâchoire inférieure est relativement forte. La dentition est régulière, ainsi que la voûte palatine. Les quatre dents de sagesse sont sorties. Un léger duvet à la lèvre supérieure. Facies microcéphalique, c'est-à-dire se rapprochant un peu de celui des Aztèques. Prognathisme total de la face assez prononcé. Prognathisme alvéolaire faible.

II. Char., adulte imbécile.

Son père était alcoolique.

Il a aussi un air très satisfait et chante volontiers une romance sentimentale, dont la musique n'est pas sans difficulté. Il le fait assez correctement, d'une voix juste, mais d'un timbre désagréable. C'est là, du reste, tout son savoir : il n'a pu apprendre à lire, ne sait pas quel est son âge, dit qu'il a sept ans, ne connaît pas la valeur des pièces de monnaie, qu'il désigne toutes sous le nom de « cent sous ». Il jouit d'une bonne santé, bien que scrofuleux, mange et dort bien. Il reconnaît les personnes et n'est point méchant.

Il se livre à la masturbation.

Mesures de la tête :

Diamètre antéro-postérieur maximum.		172
— — métopique		168
— transverse maximum.		136
— auriculo-bregmatique.		136
— bizygomatique.		124
— frontal minimum		93
Indice céphalique.		79.0

Taille, 1ᵐ,55. Colonne vertébrale régulière. 32 dents. Voûté palatine ogivale. Oreilles normalement conformées.
Nez gros et aquilin.

Force de serrement des mains. (Dynamomètre de Mathieu, corrigé.)

Main droite, 15 kil.; gauche, 15 kil.

III. Pauline Nɪc..., femme complètement imbécile, âgée d'environ 50 ans.

Taille, 1ᵐ,360.

Hauteur du trou auditif au-dessus du sol		1ᵐ,242
— de l'acromion		1 106
— de la fourchette sternale.		1 115

Mesures prises au ruban métrique :

Distance de l'acromion à l'épicondyle.		240ᵐᵐ
— de l'épicondyl à l'apophyse styloïde du radius.		200
— de l'apophyse styloïde à l'extrémité du médius.		165

Mesures de la tête :

Diamètre antéro-postérieur maximum		156
— transverse maximum		126
— auriculo-bregmatique		111
— bizygomatique		118
Indice céphalique		80.7

Observations. — Cette femme n'a plus une seule dent et les infirmières prétendent qu'elle n'en a jamais eu. Ses gencives forment une arcade saillante et lisse comme celle d'un jeune enfant. Le menton et le nez ne sont point rapprochés comme ils le sont d'ordinaire chez les personnes qui ont perdu toutes leurs dents depuis longtemps.

Ses seins sont très petits, mais les mamelons sont très gros et très longs. L'un mesure 13 millimètres de longueur et l'autre 10.

Les oreilles présentent cette particularité : que le pavillon ne s'élève pas au-dessus de son point d'attache supérieur. Il se dirige horizontalement à partir de ce point.

Le nez est fort et aquilin.

IV. Man., faible d'esprit.

Cet homme, âgé de 53 ans, né à Paris, possède encore assez d'intelligence pour remplir, tant bien que mal, les fonctions de domestique. Il a toujours été dans le même état intellectuel et n'est à l'hospice qu'à ce titre.

Sa taille est de 1ᵐ,50 à peu près.

Mesures de la tête :

Diamètre antéro-postérieur maximum 180
— transverse maximum. 146
— auriculo-bregmatique 129
Indice céphalique. 81.1

Force de serrement des mains mesurée avec le dynanomètre de Mathieu, corrigé (1) :

Main droite, 25 kil.; main gauche, 22 kil.

V. B., faible d'esprit.

Cet homme, âgé de 41 ans, originaire du Perche, a pu exercer la profession d'expéditionnaire. Il a des accès d'agitation maniaque. Ses diamètres céphaliques sont assez considérables :

Diamètre antéro-postérieur maximum. 194
— — métopique. 192
— transverse maximum 150
— auriculo-bregmatique. 140

Il s'agit ici d'un malade plutôt que d'un imbécile proprement dit. — Ses oreilles sont longues, étroites et bien ourlées.

VI. Coc., imbécile.

Les diamètres céphaliques de cet homme sont faibles :

Diamètre antéro-postérieur maximum 178
— — métopique 178
— transverse maximum 146
— auriculo-bregmatique. 123
Indice céphalique. 82.0

---

(1) V. L. Manouvrier, *Sur quelques erreurs dynamométriques*, in *Bulletins de la Soc. d'Anthr. de Paris*, 1884.

M. le Docteur PRUNIÈRES,

De Marvéjols.

LE DOLMEN DES DÉVÈZES. CRANE A LÉSIONS PATHOLOGIQUES MULTIPLES ET RONDELLES CRANIENNES.

— *Séance du 10 septembre 1884* —

On appelle *Dévèzes*, en Lozère, de vastes territoires qui sont et furent toujours livrés à la vaine pâture.

Le dolmen qui fait le sujet de cette communication est situé à l'union des Dévèzes d'Inos, de Bombes et de Recoules, commune du Massegros. De là, son nom. Ce dolmen avait échappé jusqu'ici à toute exploration parce qu'il se présentait extérieurement dans de mauvaises conditions. Au centre d'un tumulus écrasé, on ne voyait que deux longs fragments d'une dalle reposant sur la pierraille. La fouille devait démontrer que ces blocs appartenaient à la table d'un dolmen dont la gelée et le temps avaient détruit les supports.

Un de mes meilleurs amis, M. l'abbé Pourcher, curé d'Inos, m'avait signalé ce monument dont l'exploration a eu lieu à la fin de juillet, et en août de cette année, c'est-à-dire à un moment où les manœuvres, occupés aux récoltes, sont introuvables sur le causse. Je dus, dès lors, faire appel au concours de mes amis et de mes clients ; et j'ai eu pour aides M. le curé Pourcher, M. Vors, Justin, qui porte un nom des plus honorables du canton du Massegros, et Maury, Achille, d'Inos.

La fouille a été longue. Elle a démontré que le dolmen avait reçu successivement la dépouille au moins de quinze sujets de tout âge.

Comme objets d'industrie ce monument a finalement donné :

1° Une quinzaine de beaux dards, en silex de toutes couleurs ; et une belle lance en silex exotique recueillie par M. Pourcher, avec le plus beau dard de la fouille, dans les terres du tumulus, à 2 mètres de la cella.

2° Huit poinçons en os de diverses formes.

3° Quatre dents de sangliers polies, travaillées, et plusieurs dents percées.

4° Des pendeloques en schiste et en coquillages, découpées en forme de dents, etc.

5° De nombreux grains de collier en jais, os, pierre, etc., et deux en bronze.

6° Un granit plat, roulé, du Tarn. De nombreux tessons de poterie, etc.

La cella ne contenait guère que de la pierraille blanche. La terre, qui est ici très rare et rougeâtre, n'existait que dans les anfractuosités et dans le fond. Au milieu de cette pierraille, les os étaient plus fragmentés ici qu'ailleurs, à cause probablement de l'effondrement du mégalithe.

Le 29 juillet, j'avais fouillé tout le jour, avec mes trois aides. Dans la soirée, M. Pourcher dut me quitter et il fut suivi par Achille Maury. Je restai seul avec Vors. La fouille portait alors sur l'angle sud-ouest de la cella, que recouvrait, posé sur la pierraille et masqué par des pierres rapportées, un gros fragment de la table méconnu jusqu'alors. Mon aide, agenouillé sur le fond, recueillait de la main tout ce qui se montrait sous ce bloc ; et il m'annonça tout à coup qu'il apercevait des indices de trois crânes, sur trois points distincts.

Mes petits paniers étant déjà pleins, je formai derrière Vors, sur le sol, avec des cailloux en bordure, trois petits parcs pour déposer, sans les mêler, les fragments de chaque crâne. Quand Vors fut arrivé au dernier, je fus vivement intéressé par les diverses pièces qu'il me passait une à une: C'étaient tantôt des fragments d'un crâne pathologique qui devait intéresser le médecin, tantôt d'autres fragments sciés sur les bords et couverts de fines stries sur la face externe.

Mais à chaque caillou nouveau enlevé, le moellon menaçait de faire la culbute. Je pris le parti d'essayer à deux de déplacer ce bloc si gênant. Le moellon était lourd, et au milieu de nos efforts, Vors ayant dû reculer un de ses pieds, la fatalité dirigea ce pied sur le petit parc renfermant mes précieuses reliques. Tout ce qu'il toucha fut réduit en poudre, et le mal était irréparable.

Le lendemain, tous les cailloux et terres de l'angle sud-ouest, tout ce qui restait dans l'endroit foulé, fut précieusement ramassé. C'est dans ces déblais que M. le curé Pourcher cueillit une des deux moitiés de la rondelle que j'ai envoyée recollée à Blois ; et un fragment triangulaire blanc, avec un bord cicatrisé et couvert de fines stries, etc.

Un soir, en revenant de la fouille, je me hâtai d'envoyer quelques-unes de ces pièces au Congrès de Blois, qui en était déjà à sa troisième ou quatrième journée.

Les fragments envoyés sont :

1° Pariétal gauche, recollé, du crâne pathologique. Cet os permet de juger de la forme de chacun des os de cette voûte crânienne. Tous ces os, épais au centre, vont en s'amincissant, et se terminent par des bords en lames de rasoir.

2° Deux fragments, un rouge et un blanc, du pariétal droit : mêmes caractères.

3° Une partie importante du frontal : toujours mêmes caractères. Les deux arcades orbitaires ont longuement suppuré.

4° L'occipital avec mêmes bords. La protubérance occipitale interne a longuement suppuré.

5° Une partie de la face composée des deux maxillaires supérieurs et d'un os malaire.

6° Un fragment de tibia éminemment rachitique, déformé, tordu, éburné, etc.

J'ai envoyé, en même temps, une rondelle et deux fragments de rondelle :

1° La rondelle, rectangulaire, est formée de deux fragments recollés : un bord est scié ; un autre poli avec soin ; le troisième articulaire, et le quatrième cassé de vieux. La surface externe est couverte de stries faites par le silex et semblables aux barbes d'une plume.

2° Une languette de pariétal large de 1 centimètre, longue de 6, sciée sur un bord long, cassée de vieux sur les autres, et couverte de mêmes stries.

3° La partie centrale d'un occipital, pièce carrée, sciée sur le bord droit, peut être aussi sur un tiers du bord inférieur, cassée sur les autres bords.

Les pièces restées ici, avec les objets d'industrie, sont :

1° Le fragment triangulaire blanc, recueilli par M. Pourcher, et présentant un bord *cicatrisé*, un bord cassé de vieux et un bord articulaire. La surface externe est couverte de stries et rayée.

2° Une rondelle irrégulièrement arrondie, le bord inférieur étant articulaire, *découpée autour d'une petite perforation cicatrisée* sur la suture lambdoïde. Cette pièce, recueillie hors de la cella, dans la terre du tumulus, a plus souffert que les autres de l'usure moléculaire..

3° Un fragment triangulaire, avec un bord articulaire et deux bords cassés de vieux, présentant deux sillons parallèles creusés dans le tissu compact de la surface externe.

4° Un fragment régulièrement ovale, échancré sur la partie épaisse, paraissant détaché de l'arcade orbitaire, mais qui pourrait bien plutôt avoir été découpé sur l'apophyse mastoïde. Au lieu et place de cette pièce, j'avais envoyé, par distraction, au Congrès, un os de même dimension, mais de la face et qui n'était ni scié ni cicatricé.

Toutes ces pièces sont cassées de vieux ; il en est de même du crâne pathologique ; et d'ailleurs en général de l'immense majorité des os des dolmens. Elles sont incomplètes, j'en ai donné une raison péremptoire ici ; mais sont incomplètes de même beaucoup de pièces que j'ai recueillies un peu partout.

Je conserve à ces pièces, malgré leur forme, le nom de *rondelles* pour les motifs que j'invoquais à Lille. « La pièce crânienne que je montrai à Lyon a la forme arrondie, et je l'appelai *rondelle*. Les autres pièces sont un peu de toutes les formes, carrées, longuettes, etc. Tout bien considéré, je m'en tiens au nom de *rondelle*, qui a l'avantage de ne rien préjuger, etc. (1). » Broca disait de même, trois ans plus tard, à Pesth : « Nous conservons ce nom de *rondelle* par une convention de langage qui exige une certaine complaisance (2). »

La couleur blanche de certains os du dolmen des Dévèzes à côté d'autres os plus ou moins rouges, pourrait peut-être surprendre au loin. Dès lors, il me parait bon d'expliquer ces faits une fois pour toutes, pour ceux de mes collègues qui ne fouillent pas dans des terrains analogues. C'est d'autant mieux indiqué, que d'aucuns seraient heureux de pouvoir donner tort aux absents.

Or, je connaissais, et réservais pour les fouiller avec des amis compétents, encore cinq dolmens dans la même région. Après le Congrès de Blois, j'ai dû les explorer ; et je me suis entouré de six collaborateurs, partant de six témoins : M. Pourcher, curé d'Inos ; M. Bernon, curé de Novis ; MM. Vors et Maury, de la fouille des Dévèzes ; enfin deux de mes plus anciens fouilleurs, Julian et Lescure de Saint-Georges.

A chaque dolmen, quand nous arrivions aux os, je priais mes aides de bien voir et de se souvenir : 1° que sous les dalles recouvrant là couche ossifère, la terre a souvent disparu ; qu'il ne reste plus que des cailloux blancs qui ne peuvent colorer les os ; 2° qu'il n'existe un peu de terre qu'au fond, où les os sont colorés par cette terre ; 3° que les os un peu considérables sont ainsi parfois blancs d'un bout, et rouges à l'autre extrémité.

La blancheur des os est ici due à la même cause qui nous a conservé si blancs les os de la caverne de l'Homme-Mort : des deux côtés, ce sont des cailloux ne différant que par le volume.

Sur cette partie du causse, la terre, légère comme de la farine, n'a que quelques centimètres d'épaisseur là où le sol est vierge ; et elle est emportée par l'eau des pluies dès qu'elle a été grattée. La pierre, qui affleure partout, est blanche comme neige. Les champs des Sotts, ou bas-fonds, paraissent semés de cailloux blancs, qui ne laissent entrevoir quelque peu de terre que par leurs interstices. De là, ainsi que je le disais à Clermont(3), cette pierraille blanche des tumuli des causses, et aussi des couches superficielles des dolmens non couverts, surtout quand la cella est en contrebas et que l'eau des orages s'y précipite.

Mes cinq derniers dolmens ont donné le mobilier ordinaire de mes dolmens, en silex et en divers objets d'industrie : dans quatre, il a été trouvé des grains de collier en jayet, longs de 4 à 5 centimètres, comme je n'en avais pas encore vu. Deux ont donné une hachette polie des plus

(1) Compte rendu du Congrès de Lille, *Sur les crânes perforés*, etc., p. 608.
(2) Broca, *Sur les trépanations du crâne*, etc., in *Revue d'anthr.*, année 1877, p. 44.
(3) Compte rendu du Congrès de Clermont, p. 632.

.petites. A la surface du troisième, un squelette à demi assis était·accom-
pagné de nombreux fragments de toutes petites poteries samiennes de
la plus grande finesse ; et il a été recueilli, dans les couches superficielles
de la cella du cinquième, avec des os brûlés mêlés à des os inhumés, un
beau bracelet en fer entier; la moitié d'un deuxième bracelet semblable
rongé par la rouille, et de nombreux débris d'une plaque de fer laminé,
percée de petits trous à 5 millimètres parfois les uns des autres.

Cependant les rondelles et fragments cicatrisés, réunis dans un coin du
dolmen des Dévèzes, avaient dû me rappeler toutes mes nombreuses pièces
de la même espèce. J'ai voulu revoir cette collection, et je voudrais la publier. Pour aujourd'hui, je me bornerai à donner un résumé de faits qui,
disséminés dans divers mémoires, peuvent s'oublier. Ma collection contient
probablement la plus grande partie des pièces recueillies en France, et
peut-être en Europe; et il peut être bon d'en tenir compte quand on voudra
établir des statistiques uniquement dans l'intérêt de la science.

1° J'ai dit à la Rochelle (1) que les crânes et fragments de crânes avec
bords de perforation cicatrisée, attribués par Broca à la trépanation chirurgicale, et que les rondelles et fragments de rondelles étaient au nombre de
160 ou de 165 dans mes collections. Je laisse d'ailleurs de côté des pièces
parfois fort belles, mais dont l'usure moléculaire ne permet pas la conviction; de même, plusieurs cas de ces perforations incomplètes, ou trépanation *par abrasion*, que Broca attribuait aux esprits forts de l'époque (2).

Après ces triages, il n'est resté 167 pièces. Toutefois, je laisse encore
de côté cinq ou six rondelles, trop rondes, minces, avec un ou deux trous
au centre, qui ne me paraissent pas appartenir au crâne humain. Telle est
la rondelle de Cauquenas (3). Ces dernières rondelles, de même que les
cinq si remarquables rondelles de Beaumes-Chaudes prises sur la meule
d'un bois de cerf, *sont peut-être aux rondelles humaines, comme sont aux
dents naturelles percées, ces simulacres de dents des dolmens que j'ai
montrées à Nantes, et qui sont en schiste, en jayet, en coquillage, en
pierre verte, en bronze*, etc. (4).

Sur ces 167 pièces, 115 proviennent des cavernes et 52 seulement des
dolmens. Or, je n'ai fouillé que 11 cavernes sépulcrales, tandis que j'ai
fouillé 126 dolmens vierges, et refouillé de nombreux dolmens dont·
on n'avait pas pris les os, et qui m'ont encore donné quelques pièces
intéressantes. C'est d'après ces chiffres que j'ai cru pouvoir dire, à
diverses reprises, que ces pièces sont bien plus nombreuses dans les
cavernes des autochtones que dans les dolmens des nouveaux venus.

(1) Compte rendu du Congrès de la Rochelle, p. 643.
(2) Broca, *Amulettes crâniennes* (Congrès de Pesth), p. 62 et 63.
(3) Compte rendu du Congrès du Havre, p. 682.
(4) Compte rendu du Congrès de Nantes, p. 902.

Mes 52 pièces des dolmens se divisent en :

1° Crânes perforés, ou fragments crâniens avec bords seulement cicatrisés..... 30
   Id.   Id.   mixtes, ou avec bords cicatrisés et bords sciés. 3
   Id.   Id.   avec bords seulement sciés................ 7
   Id.   Id.   incomplets avec bords sciés et bords cassés.. 2
2° Rondelles mixtes, comme celle du crâne à trois arcs........................ 7
   Id.   seulement sciées, ou polies comme celle de Lyon................ 3

                              52

Les 115 pièces des cavernes se divisent en :

1° Crânes ou fragments de crânes avec bords uniquement cicatrisés.......... 84
2° Id. et rondelles à bords mixtes...... 12
3° Id.   Id.   sciés seulement. 15
4° Id.   Id.   Id. burinés.................................... 4

                            115

N. B. J'appelle *burinées* des pièces qui se présentent comme le fragment crânien à cercles gravés intérieurement de Boujassac (1), ou autres fragments présentés à la Rochelle (2).

Il me paraît extrêmement important d'ailleurs de rappeler que les perforations seulement cicatrisées sont presque toujours incomplètes; que la partie manquant pourrait avoir été sciée, ce qui les aurait alors transformées en perforations mixtes comme celle du crâne à trois arcs, ou comme celle du n° 19 de l'Homme-Mort. La même observation s'applique aux rondelles incomplètes dont nous n'avons qu'un bord scié comme celles des Dévèzes. Complètes, elles seraient peut-être mixtes, semblables à celle du crâne à trois arcs, etc. Ce qui nous manque est perdu, et ces lacunes ne seront jamais comblées.

Il résulte néanmoins de ces pièces telles qu'elles se présentent :

A. Que, les pièces à bords seulement cicatrisés sont aux autres :: 136 : 31.

B. Que, sur les pièces cicatrisées, il y en a 22 qui sont mixtes.

2° J'ai dit dès le début, à Lille, et depuis à la Rochelle, etc., que les dimensions des perforations varient à l'infini, comme leur forme : certaines avec des biseaux variables ont moins d'un centimètre de diamètre; et j'ai une perforation des cavernes plus vaste encore que la célèbre perforation du crâne à trois arcs. Celle-ci n'a que 11 centimètres, et la nouvelle en a 14. Or, ici la perforation est partout cicatrisée, et remplace tout le côté gauche du crâne, de l'arcade orbitaire qu'elle absorbe à l'occipital. Elle décrit deux arcs réguliers soustendus par des cordes de 7 à 8 centimètres. Le premier sur le frontal et le quart du pariétal; le deuxième, sur ce dernier os. La suture sagittale, qu'elle touche, est déviée comme sur le crâne à trois arcs. Le bord inférieur manque.

3° Quant au siège, les perforations se montrent sur tous les os de la

(1) Compte rendu du Congrès du Havre, p. 681 et 682.
(2) Compte rendu du Congrès de la Rochelle, p. 646 et 647.

voûte crânienne, même sur le frontal, ainsi que je le disais à la Rochelle (1),
ce dont j'avais du reste pu instruire Broca avant sa mort. Je possède onze
cas de perforations du frontal dont deux des dolmens et neuf des cavernes.
Certaines sont au milieu du front ; d'autres intéressent en outre les pariétaux et aussi le sphénoïde dans la fosse temporale. Toutes sont cicatrisées ;
mais une rondelle a été détachée, au niveau de la fontanelle antérieure, sur
le frontal et les pariétaux. Sur le crâne de Lizières, de M. Souché, quatre
incisions posthumes sur cinq intéressent aussi le frontal.

4° Quant à l'âge des sujets, si certaines perforations cicatrisées paraissent remonter à la première enfance, d'autres suppuraient encore au
moment de la mort à un âge avancé : telle est celle de mon crâne du
dolmen de Pessades. Le crâne du vieillard de Lizières était malade.

5° J'ai décrit à Lille (2), et Broca a reproduit à Pesth, deux de mes rondelles mixtes préparées pour la suspension. Je viens de dire que le dolmen
des Dévèzes m'avait donné une pièce découpée autour d'une perforation
cicatrisée. Cette nouvelle pièce présente à peu près les dimensions d'une de
celles de M. de Baye. Et si j'en jugeais par un moulage, la pièce de la
Marne serait, comme celle de la Lozère, découpée autour d'une perforation
aussi cicatrisée.

Après ce résumé de la question des perforations et rondelles crâniennes,
il me reste à dire quelques mots sur le crâne, *cette fois uniquement pathologique*, des Dévèzes. Et d'abord, il s'agit ici d'un sujet éminemment
rachitique : la Section a vu une moitié de tibia. De plus, les os du crâne
suppuraient en trois points. Enfin, ce malheureux n'était-il pas encore
grandement hydrocéphale ? Il est bien évident que les bords si tranchants
de la voûte ne pouvaient pas s'articuler ; tout au plus pouvaient-ils
s'affronter. Peut-être même percevait-on de la fluctuation à travers
leurs sutures disjointes. Et s'il en était ainsi, n'aurait-on pas pu vouloir
essayer des amulettes crâniennes *sur ces pseudo-perforations sous-cutanées*,
pour essayer de faire vivre un sujet qui dut arriver peu à peu au dernier
degré de faiblesse physique et morale?

Quoi qu'il en soit, jamais je n'ai trouvé un crâne avec autant de lésions,
ni autant de rondelles avec un seul crâne ou même dans un seul dolmen.
Ces pièces si nombreuses étaient-elles ici destinées à guérir des lésions
non moins nombreuses ?

Peut-être la fouille de mes cinq derniers dolmens pourrait-elle être
invoquée en faveur de cette hypothèse. En effet, dans aucun de ces
dolmens, point de rondelles, mais aussi point de crânes malades, ou à
perforations cicatrisées. Comme celui des Dévèzes, le dolmen de la plaine
de l'Aumède avait donné jadis de nombreuses rondelles et simultané-

(1) Compte rendu du Congrès de la Rochelle, p. 646.
(2) Compte rendu du Congrès de Lille, p. 612, fig. 53 et 54.

ment des crânes avec perforations cicatrisées ; et encore des crânes pathologiques, entre autres ce beau crâne brachycéphale avec grosse exostose,
qui souleva devant la Société d'Anthropologie la question de la syphilis
préhistorique (1). La rondelle de Lyon fut trouvée dans un crâne à
grande perforation cicatrisée. Ce jour-là, il me sembla que cette rondelle
incluse était une relique qui avait pu faire vivre son possesseur. Le
célèbre crâne à trois arcs que j'ai donné au musée Broca avait aussi sa
rondelle incluse (2). La pièce encore unique de Boujassac avait été déplacée
et mise à l'entrée des dolmens avec des crânes perforés. Je pourrais multiplier ces citations. Celles-là suffiront. Pour aujourd'hui, je me hâte de
conclure, en disant qu'à mes yeux du moins, les trouvailles des Dévèzes
viennent apporter un nouvel argument à l'hypothèse des rondelles-
amulettes telle que je la formulai à Lyon, en présentant à mes collègues
cette première rondelle qui fit tant de sensation, et qui est restée connue
dans la science sous le nom de Rondelle de Lyon.

M. E. CHANTRE

Sous-Directeur du Muséum, de Lyon.

SUR LES CHARS VOTIFS HALLSTATTIENS

— *Séance du 11 septembre 1884* —

M. Ernest CHANTRE présente une série de dessins représentant des petits
chars découverts depuis quelques années dans les sépultures hallstattiennes de diverses contrées de l'Europe, sur lesquels il a déjà appelé
l'attention en 1875.

M. Chantre n'a pas l'intention de décrire de nouveau ces petits véhi-
cules construits de façon à être traînés sur un plan uni, une table, par
exemple ; il désire seulement faire remarquer la constance de certaines
dispositions que l'on y observe, l'intérêt qu'ils présentent par leur distribution géographique et, par suite, leur importance pour l'étude des
origines de la métallurgie en Occident.

---

(1) *Bulletins de la Soc. d'Anthr. de Paris*, année 1874.
(2) Broca, *De la trépanation du crâne*, etc. Congrès de Pesth, in *Revue d'Anthr.*, année 1877,
p. 2 et 3.

La plupart de ces petits chars sont constitués par quatre roues ayant rarement plus de 5 à 6 centimètres de diamètre ; celles-ci sont reliées par des traverses supportant soit un bassin isolé, comme ceux de Pecatel, d'Ystad et celui de Transylvanie, ou porté par un personnage accompagné de bonshommes et d'animaux, comme celui de Klein-Glein (Styrie), — soit des oiseaux formant le récipient, tels que ceux de Corneto, d'Este (Italie) et de Glasinac (Bosnie).

D'autres, qui n'ont quelquefois que deux roues, sont recouverts simplement de personnages ou d'animaux, comme ceux de Bourg-de-Sprée, d'Obertreth, de Cortona et plusieurs autres provenant de l'Italie méridionale.

Il y a peu de temps encore, la plupart des pièces de ce genre qui avaient été signalées, n'avaient pas d'origine bien connue. Presque toutes, telles que celles d'Ystad, de Francfort-sur-l'Oder, de Bourg-de-Sprée, d'Obertreth et de l'Italie méridionale, étaient conservées dans des collections publiques et privées, sans que l'on sût exactement dans quelles conditions elles avaient été trouvées, dans quel milieu et quelquefois même dans quelle localité.

Depuis quelques années, des fouilles méthodiques se sont multipliées, notamment en Italie, et les découvertes des chars de Corneto, d'Este et de Glasinac sont venues confirmer ce que l'on avait supposé d'abord sur l'âge relatif de ces objets et sur leur attribution.

Dans ces localités, comme à Klein-Glein et à Pecatel, ces petits chars ont été découverts, dans des sépultures, associés à des mobiliers funéraires présentant tous les caractères de la civilisation hallstattienne, et soit la constance de leur forme ou de leur disposition, soit celle du milieu où on les a trouvés, tout semble leur assigner une destination plus ou moins religieuse.

En ce qui concerne leur origine, l'aire géographique dans laquelle ils sont répandus et le cortège des éléments artistiques qui les accompagnent peuvent guider quelque peu.

Si l'on considère que l'on a toujours trouvé ces petits chars dans des milieux où abondent les motifs d'ornementation d'origine orientale qui caractérisent si bien la civilisation hallstattienne, on n'hésitera pas à leur attribuer la même provenance.

Il en sera de même si l'on tient compte des caractères des représentations animales dont ces objets sont décorés : on y retrouve les mêmes sentiments artistiques que ceux que l'on peut constater au Caucase, en Bosnie, en Étrurie, en Suisse, dans le Salzbourg, en Styrie, en Carniole, en Allemagne et dans le Nord.

... La dissémination enfin de ces monuments depuis la Baltique scandinave et allemande, dans toute l'Europe centrale jusqu'à la Méditerranée et à la mer Noire, semble pouvoir confirmer, par sa concordance avec celle de la civilisation hallstattienne, leur contemporanéité en même temps que leur communauté d'origine.

M. Auguste NICAISE

A Châlons-sur-Marne.

LES SÉPULTURES A CHAR DE SEPT-SAULX ET DU CIMETIÈRE GAULOIS DES VARILLES (MARNE)

— Séance du 11 septembre 1884 —

Parmi les belles découvertes archéologiques faites dans le département de la Marne, on doit ranger les nombreuses sépultures à char que cette région féconde a données depuis une vingtaine d'années ; car plus de 60 gisements de ce genre ont été découverts dans cette période.

Ces sépultures ont été malheureusement presque toutes violées, à une époque lointaine probablement, par les nombreux envahisseurs barbares qui ont ravagé la Gaule du ive au vie siècle de notre ère.

Ces sépultures étaient d'autant mieux désignées à l'avidité des violateurs, qu'elles portaient probablement un signe extérieur, fossé ou tumulus, disparus depuis longtemps sous les intempéries, la pioche ou le soc de la charrue.

Quelques-unes d'entre elles ont montré encore le fossé circulaire dans le périmètre duquel elles étaient placées. On donne à ce cercle un sens mystique. Le cercle est ce qui n'a ni commencement ni fin.

Deux des chars gaulois découverts intacts dans le département de la Marne ont dû cette conservation à la présence d'une autre inhumation placée au-dessus du char. Les violateurs ont ignoré qu'au-dessous de cette inhumation était située la sépulture à char, qui leur aurait livré des objets d'une certaine valeur par la matière et par la forme qui ont présidé à leur confection et à leur ornementation.

Nous pensons que l'individu inhumé au-dessus de ces sépultures à char était le cocher ou conducteur, qui guidait *l'Essedum* ou char de guerre gaulois, attelé de deux chevaux, tandis que le guerrier combattait ; mode usité dans la civilisation gréco-asiatique la plus reculée, notamment au temps d'Homère.

Dans le combat, la tactique de l'adversaire était souvent de tuer d'abord le conducteur du char, pour avoir plus facilement raison du guerrier qui l'accompagnait, en rendant ainsi la direction du char impossible.

Il n'est point étonnant qu'on ait inhumé parfois ce fidèle auxiliaire au-dessus de la sépulture du maître du char.

En 1883, il a été découvert à Sept-Saulx, au lieu dit la Prise d'Eau, une sépulture à char au-dessus de laquelle avait été inhumé un autre individu.

Elle a donné les objets suivants :

1° Les restes d'un char sur lequel un personnage avait été inhumé. Ce char, probablement en osier ou en bois léger, était doublé dans sa partie inférieure d'un plancher ou blindage en fonte de fer, composé de plaques portant de profondes rainures parallèles sur chacune des faces et faites, à l'aide d'un moule ou modèle en bois, selon le procédé usité aujourd'hui pour cette sorte de travail. Cette armature en fer donnait plus de stabilité au char, et empêchait le guerrier et le conducteur de glisser en combattant et en conduisant l'attelage.

2° En face des pieds de l'inhumé était placé un mors en fer, du type appelé mors de filet, formé de deux tiges de fer articulées au milieu par une double boucle et ayant, à chaque extrémité, un large anneau auquel la rêne était attachée.

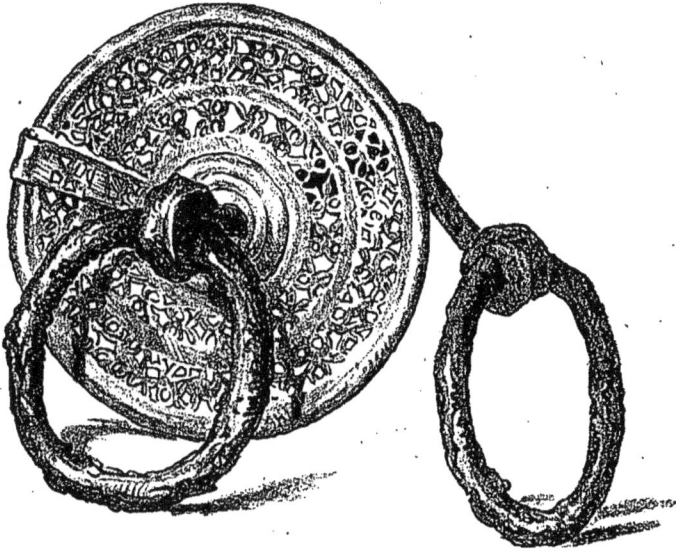

Fig. 44, 1/2 grandeur.

D'un côté du mors, près de l'anneau, il existe une belle phalère en bronze découpé à jour par un élégant dessin. Elle mesure 12 centimètres de diamètre et 37 de tour environ.

Cet ornement reçoit à son centre la tige du mors, qui y accède par l'enlèvement d'un secteur mobile (fig. 44).

3° En avant du char, sur son côté droit, et ayant fait sans doute partie de son ornementation, était une belle rosace-applique composée de 8 lambrequins en fer forgé, la pointe du lambrequin dirigée vers le centre. Chaque lambrequin est orné de clous cabochons en bronze, appliqués sur le fer et disposés en triangle (fig. 45).

Au centre de cette rosace, il existe un bouton en bronze avec umbo saillant en forme de coupe; au fond de cette partie concave un cabochon de corail est retenu par une tige de bronze. Cette rosace mesure 46 centimètres de tour.

4° A la tête de l'inhumé et à droite était placé un casque dont il ne reste que des fragments. Les débris de cette coiffure montrent qu'elle était formée

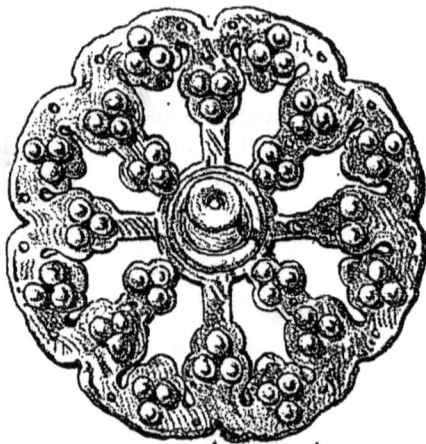

Fig. 45, 1/3 grandeur.

de feuilles de bronze estampées et ornées de chevrons, de doubles cercles ponctués au centre et de cordons parallèles. Tous ces ornements faits au repoussé.

5° Au-devant du casque était placé un bouton ou cocarde d'un diamètre de 2 centimètres et demi avec cabochon de corail au centre. Cet objet, découpé à jour comme la plus fine dentelle, est l'ornement le plus délicat en ce genre que nous ait encore offert la civilisation gauloise de la Marne (fig. 46).

Fig. 46, grandeur naturelle.

6° Non loin de cette cocarde étaient deux boutons en bronze de 2 centimètres de diamètre placés au point où s'attachait la jugulaire du casque au moyen de deux crochets mobiles. L'extrémité de chacun de ces crochets est ornée d'un cabochon de corail.

7° A droite, et placé entre le fossé de la roue du char et la paroi de la sépulture, était une œnochoé en bronze, à bec trèflé, avec anse se rattachant à la paroi du vase par une palmette à onze rayons. Ce vase mesure 32 centimètres de hauteur et 52 de circonférence (fig. 47).

Fig. 47, 2/9 de grandeur.

Ces vases appartiennent à la civilisation de la haute Italie. On les considère comme un butin de guerre lorsqu'ils sont placés au milieu d'objets apparte-nant à la civilisation gauloise, ou tout au moins comme une preuve des rap-ports ayant existé entre les Gaulois de notre région et les populations italiennes du Nord.

8° En avant de la roue droite du char avait été placé le corps d'un sanglier, sans doute sacrifié pour la circonstance, car un long coutelas ou couteau montrait encore sa lame passée entre les côtes de l'animal dont il avait causé la mort (fig. 48).

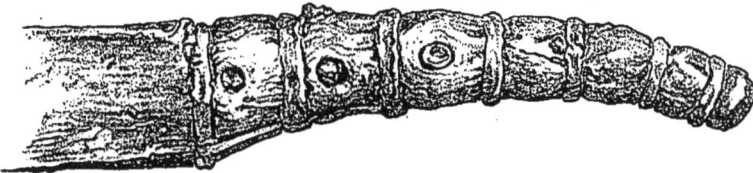

Fig. 48, 1/2 grandeur.

Cette arme mesure 48 centimètres de longueur; la lame, large de 4 centi-mètres, est longue de 33 et la poignée de 15.

Cette poignée est en os sculpté, en forme de fuseau légèrement recourbé à son extrémité, qui s'amincit en pointe. Elle est ornée de sept cordons annelés en relief; le manche se termine par un bouton.

Le porc était l'animal voué à l'expiation dans le monde antique, et immolé dans les rites lustraux; les dents de porc ou de sanglier, portées comme amulettes, passaient pour guérir ou préserver de la folie et des maladies mentales.

Depuis l'époque de la pierre polie jusqu'à nos jours, cette superstition a traversé de nombreux milliers de siècles.

Le cimetière gaulois des Varilles a donné plusieurs sépultures à char violées.

Dans l'une d'elles a été découvert un mors de cheval, différent des autres objets de même nature trouvés dans les mêmes gisements. Au lieu d'être terminé de chaque côté par un large anneau, ce mors présente à son extrémité une branche montante terminée par un bouton en fer qui maintenait la rêne. Dans la même sépulture étaient quatre phalères ou cocardes en fer, munies d'un bouton central servant à les fixer dans le cuir du harnachement. Elles mesurent 9 centimètres de diamètre.

L'autre sépulture à char a donné deux cercles de roues d'un diamètre de 96 centimètres, c'est-à-dire de la même dimension que celles signalées par Troyon comme découvertes dans les palafittes de la Suisse.

Cette sépulture était formée de deux fosses juxtaposées, l'une de 2 mètres sur 2, où était placé le char, l'autre de 1m,30 sur 90 centimètres de largeur. Elle renfermait le timon du char; trois squelettes avaient été inhumés sur ce char, un homme entre deux enfants.

Fig. 49, 2/9 de grandeur.

Plusieurs sépultures à char ont été découvertes en 1883 et 1884 sur le territoire de la Cheppe. L'une d'elles, placée au lieu dit le Buisson de Suippes, mesure 4m,60 de longueur sur 2m,30 de largeur et 1m,25 de profondeur. Elle m'a donné les débris de dix vases, pour la plupart de grande dimension et ornés de peintures; deux mors de cheval à larges anneaux, un couteau en fer; cinq boutons plats en bronze avec ornements représentant des croissants entrelacés; cinq autres boutons en forme de gland terminés par un cabochon de corail.

Parmi les vases brisés figurait un beau vase en terre brune lustrée, en forme de cornet et de grande dimension; il est orné sur son pourtour de griffons peints en rouge violacé et en forme d'S adossés, disposés sur deux zones séparées par des cordons parallèles incisés (fig. 49).

Cette ornementation est découverte pour la première fois sur un vase donné par un gisement gaulois de la Marne. L'influence gréco-asiatique, venue par la Grèce et l'Italie, y est évidente.

M. Edmond CHAUMIER

Au Grand-Pressigny (Indre-et-Loire).

DE LA NATURE ÉPIDÉMIQUE ET CONTAGIEUSE DE LA PNEUMONIE FRANCHE ET DE SON TRAITEMENT PAR LES BAINS FROIDS

— Séance du 5 septembre 1884 —

I

La marche cyclique de la pneumonie avait déjà fait croire à un certain nombre d'auteurs à sa nature spécifique. La découverte d'un microbe capable de reproduire cette maladie chez des animaux la fait maintenant ranger parmi les maladies infectieuses; mais tout le monde n'est pas encore converti, et il est bon de noter tous les faits qui contribuent à asseoir cette doctrine.

On a déjà décrit des épidémies de pneumonie, mais les médecins qui ont étudié ce sujet ne sont arrivés qu'à faire penser qu'il y a peut-être une pneumonie épidémique : on a continué à admettre que la pneumonie ordinaire est une maladie *a frigore*.

J'espère démontrer par ce travail que la pneumonie est toujours épidémique, parfois contagieuse, et tous les médecins, surtout ceux des petites localités, pourront facilement contrôler mes observations.

Depuis cinq ans, j'ai soigné 101 pneumoniques, et je n'ai eu affaire qu'à des épidémies laissant entre elles un ou plusieurs mois d'intervalle; jamais je n'ai observé de cas isolés. Mes malades peuvent être divisés en 12 séries; je ne citerai que les deux dernières.

La onzième série commence le 13 mars 1883, après un intervalle de deux mois, pendant lesquels il n'y a pas eu dans la contrée un seul cas de pneumonie.

13 mars. S., à Crotet, commune de la Celle, enfant. Guérison.

13 mars. M., à la Tremblais, commune de la Celle, enfant. Guérison.

17 mars. C., à la Celle, enfant. Guérison.

20 mars. M., à la Celle, enfant. Guérison.

23 mars. N., à la Celle, enfant. Guérison.

31 mars. J., à la Bernardière, commune de la Celle, adulte. Mort.

12 avril. B., au Grand-Pressigny, adulte. Guérison.

17 avril. M., à la Celle, adulte. Guérison.

17 avril. B., à la Celle, adulte. Guérison.

17 avril. M., à la Prade, commune de Chaumussay, près le Grand-Pressigny, 17 ans. Guérison.

21 avril. C., aux Sautinières, commune du Grand-Pressigny, enfant. Guérison.

22 avril. B., à la Groitière, commune du Grand-Pressigny, adulte. Guérison.

22 avril. D., à la Liée, commune du Grand-Pressigny, vieillard, affection cardiaque, etc. Mort.

29 avril. D., aux Limornières, commune du Grand-Pressigny, adulte. Guérison.

9 mai. P., au Grand-Pressigny, enfant. Guérison.

17 mai. P., au Grand-Pressigny, enfant. Guérison.

24 mai. B., à la Guignoire, commune du Grand-Pressigny, adulte. Guérison.

7 juin. L., à Étableau, commune du Grand-Pressigny, vieillard. Mort.

La douzième série commence le 26 janvier 1884 ; depuis la dernière épidémie, il s'est écoulé 7 mois et 19 jours, pendant lesquels pas un seul cas de pneumonie ne s'est montré dans la contrée.

26 janvier. B., garçon, 12 ans, à la Celle. Guérison.

5 février. B., garçon, 2 ans, à la Ville-Plate, commune de la Guerche. Guérison.

9 février. V., garçon, 6 ans, au Petit-Carroir, commune d'Abilly. Guérison.

12 février. P., 87 ans, à Bouferré, commune du Grand-Pressigny. Guérison.

15 février. M., garçon, 8 ans, à Abilly. Guérison.

15 février. M., homme, 50 ans, à la Celle. Guérison.

5 mars. M., à la Borde, commune du Grand-Pressigny, garçon, 6 ans 1/2. Guérison.

7 mars. D., au Rivau, commune du Grand-Pressigny, garçon, 1 an. Guérison.

12 mars. G., aux Boutinières, commune du Grand-Pressigny, fille, 14 mois 1/2. Guérison.

12 mars. B., à Étableau, commune du Grand-Pressigny, garçon, 2 ans. Guérison.

18 mars. R., fille, 3 ans et 3 mois, à la Joubardière, commune du Grand-Pressigny. Guérison.

18 mars. B., garçon, 8 mois, au Grand-Pressigny. Guérison.

19 mars. A., fille, 10 mois, à la Celle. Guérison.

20 mars. R., garçon, 2 ans, à la Celle. Guérison.

21 mars. D., fille, 28 mois, au Grand-Préssigny. Guérison.

23 mars. M., à la Grouaie, commune du Grand-Pressigny, garçon, 8 mois. Guérison.

29 mars. P., homme, 65 ans, au Grand-Pressigny. Guérison.

30 mars. L., homme, 47 ans, à Abilly. Mort.

31 mars. P., femme, 60 ans, au Grand-Pressigny. Mort.

2 avril. B., à la Marche, commune d'Abilly, 2 ans et 2 mois. Guérison.

3 avril. M., homme, 35 ans, au Grand-Pressigny. Guérison.

6 avril. M., fille, 8 ans, à Abilly. Guérison.

8 avril. M., fille, 11 ans, à la Celle. Guérison.

9 avril. V., garçon, 8 ans, à la Canonière, commune du Grand-Pressigny. Guérison.

11 avril. B., garçon, 2 ans et 3 mois, au Grand-Pressigny. Guérison.

24 avril. B., au Pin, commune du Grand-Pressigny, garçon, 16 mois. Guérison.

7 mai. G., homme, 27 ans, à la Brémaudière, commune du Grand-Pressigny. Guérison.

9 mai. G., garçon, 12 ans, à Étableau, commune du Grand-Pressigny. Guérison.

13 mai. Homme, 20 ans, à la Berge, commune d'Abilly. Guérison.

18 mai. B., garçon, 12 ans, à la Groitière, commune du Grand-Pressigny. Guérison.

21 mai. D., femme, 65 ans, au Grand-Pressigny. Guérison.

24 mai. D., homme, 78 ans, à Abilly. Guérison.

2 juin. B., garçon, 7 ans 1/2, aux Imbertières, commune du Grand-Pressigny. Guérison.

Je ferai remarquer que dans ces deux épidémies la maladie commence par frapper des enfants avant de s'étendre sur les adultes ; dans l'une, les enfants figurent pour moitié, et dans l'autre ils sont bien plus nombreux encore (23 enfants sur 33 malades). C'est là un fait assez rare, mais qui vient à l'appui de la nature infectieuse de la maladie ; car, si la pneumonie était causée par le refroidissement, comment pourrait-on expliquer que des enfants, et surtout des enfants au berceau, aient été, en aussi grand nombre, les victimes du froid, alors que les adultes, qui par leurs travaux sont bien plus exposés, ont été relativement épargnés. Tandis que si l'on considère la pneumonie comme une maladie épidémique, sans chercher l'explication du phénomène, on rapprochera cette maladie des autres maladies infectieuses, qui frappent de préférence tantôt un âge, tantôt un autre.

Ce qui n'est pas moins digne d'attention, c'est que la première épidémie s'est limitée à deux communes de ma région (la Celle et le Grand-Pressigny), et qu'elle finissait dans l'une alors qu'elle commençait dans l'autre ; tandis que la deuxième s'est étendue à trois communes.

Dans la première, il y avait, sur 18 cas :

8 à la Celle,
9 au Grand-Pressigny,
1 à Chaumussay (près le Grand-Pressigny).

Dans la deuxième, sur 33 malades :

20 au Grand-Pressigny,
5 à la Celle,
7 à Abilly,
1 dans la commune de la Guerche (près Abilly).

Cette différence dans le nombre des pneumonies et leur répartition suivant les années, est une preuve de plus en faveur de l'épidémicité.

Je noterai encore que le premier cas de la commune du Grand-Pressigny, dans l'épidémie de 1883, s'est montré chez un homme qui avait déjà eu une pneumonie en octobre 1881. Si l'on admet que la pneumonie est due à des microbes, on peut parfaitement admettre aussi que les germes ont été conservés dans la chambre du malade jusqu'à ce qu'ils aient trouvé les conditions favorables à leur développement.

On peut faire la même réflexion au sujet du second malade de la même commune, l'enfant Chauvreau. En janvier 1881, le père avait eu une pneumonie, et l'année d'avant, en juin 1880, la femme du fermier précédent avait également eu une pneumonie. Les trois malades ont habité non seulement la même maison, mais la même chambre.

Ce fait de la conservation des germes s'observe également dans la diphthérie ; très souvent on voit débuter une épidémie de cette maladie dans des maisons qui avaient contenu des malades antérieurement.

On expliquera de la même manière les cas suivants, empruntés à l'épidémie de 1884 :

Le 15 février, Marichau, homme de 50 ans, avait une pneumonie ; or, l'an dernier son enfant, âgé de 4 ans, a eu une pneumonie.

Le 6 avril, une petite fille, Maignan, âgée de 8 ans, a une pneumonie ; son père a eu plusieurs pneumonies antérieurement.

Le 8 avril, une autre petite fille de 11 ans, Michault, à la Celle, est atteinte de pneumonie ; l'an dernier, son père a eu la même maladie.

Le 18 mai, Basile, à la Groitière, a une pneumonie ; son père en a eu une il y a un an.

Enfin, l'enfant Bonnereau, âgé de 2 ans, a une pneumonie le 5 février et une le 2 avril. Un fait semblable s'était rencontré en 1883 chez un autre enfant, l'enfant Nonet, âgé de 16 mois, qui eut une pneumonie le 23 avril, alors qu'il en avait déjà eu une en janvier.

Les faits bien évidents de contagion directe sont rares : dans une maison j'ai soigné, en avril 1882, en même temps une femme et un domestique ; en juillet, le mari est atteint à son tour. Le 29 mars 1884, M. Pagé, au Grand-Pressigny, se met au lit avec une pneumonie ; le 31, sa femme, qui souffrait depuis une huitaine de dyspnée asthmatique, prend une pneumonie et succombe en trois jours. Son état maladif antérieur l'avait rendue probablement plus apte à être contagionnée ; car la veille de sa pneumonie, un autre organisme inférieur, le muguet, s'était développé chez elle.

Plusieurs fois j'ai observé en même temps des pneumonies chez des voisins ; mais il est difficile de dire s'ils ont gagné la maladie l'un de l'autre ou si les germes existaient préalablement dans leurs habitations.

J'ajouterai que chez aucun de mes malades je n'ai noté comme cause un véritable refroidissement. On sait que très souvent la pneumonie débute par un frisson ou au moins une sensation de froid ; c'est là l'origine de l'erreur commise depuis si longtemps dans l'étiologie de cette maladie.

II

Puisque la pneumonie est une maladie infectieuse, une maladie causée par l'entrée d'un poison (microbe) dans l'organisme, il ne faut pas la traiter comme une inflammation simple ; il ne faut pas surtout donner du poison à un empoisonné ; car, de cette manière, si le premier poison ne suffit pas à tuer le malade, le second pourra le faire.

Les statistiques sont là, du reste, pour prouver que la pneumonie abandonnée à elle-même tend vers la guérison, et que la mortalité est d'autant plus grande que la médication semble plus active (saignées, vésicatoires, émétique, digitale, etc.).

Tant que le médecin n'aura pas à sa disposition un remède spécifique, il devra s'abstenir, comme il doit le faire pour la variole, la scarlatine, la rougeole, la fièvre typhoïde, etc.

Mais s'il ne peut soigner la maladie, il devra soigner le malade, s'efforcer de le soulager et d'écarter les chances de mort.

Plusieurs auteurs ont essayé de diminuer la fièvre des pneumoniques à l'aide de bains froids, et ils ont prouvé qu'on obtenait par cette méthode de bons résultats ; c'est ainsi que Mayer a vu, grâce aux bains froids, la mortalité tomber de 24 0/0 à 8,8 0/0.

Ce qui a empêché ce traitement de se propager en France, c'est cette opinion erronée qui veut que la pneumonie soit causée par le froid.

C'est, du reste, la principale objection que l'on faisait à l'Académie de médecine, il y a peu de temps encore, à l'emploi des bains froids dans la fièvre typhoïde. « Mais, disait-on, vous allez donner des pneumonies à vos malades ! »

Comme le froid n'est pour rien dans la genèse de cette maladie, et comme il est prouvé que les bains froids sont encore ce qu'il y a de plus efficace dans le traitement des autres maladies infectieuses, il est tout naturel de les employer dans la pneumonie.

Je n'ai jamais compris qu'on abreuve d'eau chaude les personnes qui ont la fièvre — je sais par moi-même le supplice que l'on endure en pareil cas — et je ne comprends pas mieux qu'on ne les soulage pas extérieurement par le froid.

J'ai inauguré ce traitement pendant l'épidémie de 1884. Je n'ai pas pu baigner tous mes malades : d'abord, je n'aurais jamais persuadé aux familles que c'était là un bon moyen thérapeutique ; mes prédécesseurs saignaient, émétisaient, mettaient des vésicatoires ; lorsque j'ai débuté, il m'a fallu subir les vieux errements, sous peine de passer pour un ignare ; mais peu à peu j'en suis venu à supprimer cela.

Une autre difficulté, c'est la rareté des baignoires à la campagne. Les bains se prennent dans des cuves à lessive et le malade n'y est pas tout à fait à l'aise. Pour cette dernière raison, je ne pouvais baigner que des enfants.

Mes observations portent sur 14 enfants et un jeune homme de 20 ans.

Ce ne sont pas des bains très froids que j'ai fait prendre à mes jeunes malades. Je recommandais que l'eau fût à peine tiède, qu'en introduisant la main on sentît plutôt du froid que du chaud. La température variait de 28° à 32° centigrades ; mais un bain de 28° à 32° est très froid pour un malade qui a 40° ou 41°.

Les bains duraient de 5 à 10 minutes et étaient répétés 2 ou 3 fois par jour.

Des malades ont continué sans inconvénients leurs bains après la chute de la fièvre.

Généralement, les enfants étaient plus calmes après le bain, plusieurs s'endormaient ; ils pouvaient mieux prendre de la nourriture et avaient moins soif. La dyspnée disparaissait, les respirations et les pulsations diminuaient de nombre. — J'ai noté une baisse thermométrique de 2 à 17 dixièmes de degré ; une diminution de 6 à 14 respirations, de 10 à 36 pulsations. Chez un enfant, un bruit de souffle qui existait au cœur avant le bain ne pouvait plus se retrouver après.

La chute de la température était surtout remarquable au moment où elle tendait spontanément à diminuer, comme par exemple à la fin de la maladie, ou à la fin d'une poussée pneumonique. De sorte que la baisse thermométrique, plus ou moins grande à la suite d'un bain, peut avoir une certaine valeur pronostique.

En jetant les yeux sur le tableau qui résume mes observations, on se rendra facilement compte de tout cela.

La diminution de la dyspnée prouve que ce ne sont pas seulement les troubles circulatoires du poumon qui gênent la respiration, mais que la fièvre joue là un rôle important, et qu'il s'agit de ce qu'on a appelé la dyspnée thermique.

Dans certaines maladies, la pleurésie, la tuberculose avec cavernes de grandes dimensions, il y a parfois la plus grande partie d'un poumon ou même des deux poumons qui ne respire pas, et malgré cela, s'il n'y a pas de fièvre, la dyspnée est bien moins grande que dans la plupart des pneumonies.

L'amélioration produite par le bain durait de 2 à 3 heures.

La maladie a toujours suivi son évolution normale et guéri dans les délais habituels. La guérison s'est montrée dans tous les cas. Tous les auteurs s'accordent à dire que la pneumonie guérit presque toujours chez les enfants au-dessus de deux ans ; mais ils ajoutent qu'ils meurent presque tous au-dessous de cet âge. Or, sur mes 15 malades, 4 avaient moins de 2 ans et 4 à peu près 2 ans ; 6 avaient de 3 à 12 et 1 avait 20 ans.

Voici deux de mes observations, qui se ressemblent beaucoup les unes aux autres :

OBSERVATION 1. — 12 mars. Gagnepain, 14 mois. Hier elle a grissé, a crié, a eu la fièvre et quelques mouvements convulsifs. Elle en a eu aussi quelques-uns ce matin. P., 180-190 ; T. R., 39°,9. Pouls régulier. Le ventre n'est pas déprimé. Tache cérébrale. Cri plaintif. A toujours été nerveuse. Rien à l'auscultation ; rien de particulier du côté des pupilles. — Prendra 3 bains tièdes.

13 mars. T. R., 37°. Pas de symptômes nerveux, pas de dyspnée ; tousse ; souffle dans une petite étendue à gauche, au milieu, en arrière. — 3 bains.

14 mars. A été reprise de fièvre, mouvements convulsifs, etc. A pris un bain le matin.

16 mars. Fièvre forte ; souffle à gauche et dans les deux tiers inférieurs à droite, en arrière. Pas de mouvements convulsifs.

17 mars, matin. Souffle à gauche et à droite. T. R., 41°,1. Respiration calme, 102 ; agitée et expiratrice, 58. Pas de battements des ailes du nez. On recommence les bains, qui avaient été supprimés.

18 mars, matin. Souffle à droite, quelques râles muqueux à gauche. A crié la nuit et a eu la diarrhée ; ventre tendu. Bain, 10 minutes. R. calme, 98 ; expiratrice, 60 (pendant le bain). T. R. avant le bain, 41°,4 ; après, 40°,8. L'enfant se trouvait très bien dans son bain hier soir.

19 mars. Moins de dyspnée. Après chaque bain a reposé environ 2 heures. Langue humide ; a pris du lait, de la confiture délayée. Le bain d'hier soir a duré 3 minutes ; l'enfant était pâle et les parents effrayés. A gauche, pas de

râles ; respiration rude, un peu soufflante. A droite, souffle ; en un point en dedans de la pointe de l'omoplate le cri est très retentissant. R., 68, expiratrice. Ailes du nez moins agitées. Bain, 10 minutes. T. R. avant le bain, 40°,9 ; après, 40°,7. Enfant calme après le bain.

20 mars. Hier soir bain, 8 minutes. Cette nuit, soif et agitation. Ce matin a dormi 2 heures. T. R., 37°,9. Pas de bain.

21 mars. La fièvre a repris hier soir. T. R., 39°,6. Ailes du nez un peu agitées ; une bouffée de râles fins à gauche où était le souffle ; souffle à droite. — 2 bains.

22 mars. T. R., 39°,1. Un peu d'agitation des ailes du nez ; matité à droite et souffle. La poitrine a un centimètre de plus à droite. Encore quelques râles à gauche.

24 mars. L'enfant n'a plus d'essoufflement. T. R., 36°,7. Hier, elle n'avait pas eu de fièvre. Rien à gauche, râles de différentes grosseurs à droite.

26 mars. Pas de fièvre ; mange ; ne tousse presque plus. Pas de souffle. Dans les grandes inspirations assez gros râles à gauche, quelques petits à droite. On n'entend rien dans la respiration normale.

OBSERVATION II. — 11 avril, 4 heures soir, Barrault, garçon, 2 ans et 3 mois. Hier, a vomi et a eu la fièvre cette nuit. P., 180 ; T. R., 41°,4. Très peu d'agitation des ailes du nez ; tousse un peu. La respiration est un peu soufflante à l'épaule gauche en arrière. — L'enfant prendra un bain tiède ce soir, un demain matin.

12 avril, 2 heures. Respiration très soufflante aux deux temps, à droite, en arrière, surtout en haut ; un peu soufflante, surtout l'expiration à l'épaule gauche. Très peu d'agitation des ailes du nez. Toux grasse. A pris hier un bain de 8 minutes, un ce matin. Il en prend un autre de 10 minutes. Avant le bain, P., 168 ; R., 60 ; T. R., 40°,3. 15 minutes après le bain, P., 144 ; R., 48 ; T. R., 39°,8. Il a pris un peu de nourriture. Très soif la nuit dernière, moins ce matin. — Continuer 3 bains par jour.

13 avril, 2 heures. A droite, au sommet, respiration soufflante en avant et surtout en arrière, et aussi au milieu, près de la colonne vertébrale. A gauche, la respiration est très peu soufflante en haut ; au milieu quelques râles fins. Soif vive ; agitation des ailes du nez. Pas de respiration expiratrice. Tousse toujours. Très abattu. Avant le bain, P., 152 ; R., 52 ; T. R., 41°,1 ; après le bain, P., 120 ; R., 60 ; T. R., 40°,1.

14 avril, 2 heures. Respiration expiratrice lorsque l'enfant est excité ; agitation des ailes du nez. En arrière, souffle assez intense à gauche, au sommet ; quelques râles fins en bas ; quelques-uns à droite. La respiration est très peu soufflante à droite. Rien en avant ; assez abattu. Mange 2 biscuits en sortant du bain ; langue sale. Bain, 10 minutes. Avant le bain, R., 46 ; P., 156 ; T. R., 41°,2 ; après le bain, R., 32 ; P., 120 ; T. R., 40°,3.

15 avril, 8 h. 1/2 soir. Bain de 10 minutes, presque froid. Avant le bain, P., 140 ; R., 64 ; T. R., 40°,2 ; après le bain, T. R., 39°,1. En arrière, à droite, respiration un peu soufflante ; à gauche, à la pointe de l'omoplate, un peu de souffle, pas de râles. Respiration à tonalité élevée ; rien en avant. Après le bain, il mange 4 biscuits et boit à peine. Il a bien dormi aujourd'hui, surtout après ses bains.

16 avril. L'enfant est plus calme, a moins bu. Souffle au sommet droit. Respiration soufflante au sommet gauche. Bain, 10 minutes, assez froid. Avant

le bain, R., 56; P., 132; T. R., 40°,8 ; après le bain, P., 120; T.R., 39° 1. Après son bain, l'enfant mange, sans boire, 2 biscuits et une tartine.

17 avril, 2 heures. T. R., 36°,8. Bain, 3 minutes. T. R., 35°,6.

18 avril, 8 heures, soir. T. R., 35°,3. Respiration soufflante aux deux sommets, en arrière. Pas de râles.

RÉSUMÉ DES OBSERVATIONS

NOM	SEXE	AGE	DATE — 1884	DURÉE des BAINS	AVANT LE BAIN			APRÈS LE BAIN			DIFFÉRENCE après le bain			Nombre de bains pendant la maladie	RÉSULTAT
					T.R.	P.	R.	T.R.	P.	R.	T.R.	P.	R.		
Gagnepain....	F.	14 mois	18 mars	10 min.	41°4			40°8			0°6			15	
			19 »	10 »	40°9			40°7			0°2				
Ridet........	G.	2 ans	20 »	5 »	40°45			40°5			0°4			8	
			22 »	5 »	39°6			39°2			0°4				
Destouches...	F.	28 mois	24 »	10 »	39°2			40°7			1°5*			17	
Villain.......	G.	8 ans	11 avril	6 min.	39°9			39°2			0°7			12	
			12 »	6 »	40°2			39°7			0°5				
			13 »	6 »	40°1	116	38	39°35	106	30	0°75	10	8		
			14 »	7 »	38°8	98	32	38°3	82	26	0°5	16	6		
			15 »		39°1		32 40								
Michot.......	F.	11 ans	9 avril	3 à 4 m'n.	39°9			39°6			0°3			4	
Bonnereau...	G.	2 ans	6 »	7 »	40°8			39°3			1°5			16	
Barrault.....	G.	2 a. 3 m.	12 »	10 »	40°3	108	60	39°8	144	48	0°5	24	12	18	
			13 »	10 »	41°1	152	52	40°1	120	60	1°	32	8		
			14 »	10 »	41°2	156	46	40°3	120	32	0°9	36	14		
			15 avril	10 min.	40°2	140	64	39°1			1°1				
			16 »	10 »	40°8	132	56	39°1	120		1°7	12			
			17 »	3 »	36°8			35°6			1°2				
Boué........	G.	7 a. 1/2	3 juin	10 »	40°8	136	**44 48	39°1	110	34	1°7	26	10	5	
Migault......	G.	8 mois												9	
Robin........	F.	3 a. 3 m.												7	
Galland,.....	G.	12 ans												7	
Dom. Moury..	G.	20 ans												13	
Maignan.....	F.	8 a. 5 m.												6	
Berton.......	G.	16 mois												11	Guérison
Arnault......	F.	10 »												1	

* L'enfant avait 39°,2 à 3 heures du soir; elle prit son bain à 4 heures, et à 5 heures 1/2, 1 heure 1/2 après le bain, elle avait 40°,7 ; il s'agissait d'une nouvelle poussée.

** Après 4 minutes de bain, 48 respirations; après 10 minutes dans le bain, 44 ; 8 minutes après le bain, 34.

CONCLUSIONS

De tout ce qui précède, je tirerai les conclusions suivantes :

1° La pneumonie est toujours épidémique ; on observe, mais rarement, la contagion directe ;

2° Les germes doivent se conserver dans les habitations en attendant les conditions favorables à leur développement ;

3° Les épidémies de pneumonie sévissent parfois avec une certaine prédilection sur certaines catégories d'individus ; tantôt de préférence sur les adultes, tantôt sur les enfants ;

4° On devra traiter la pneumonie comme les autres maladies infectieuses ; — et surtout par les bains froids, qui ne présentent aucun danger ; qui diminuent la température, la fréquence du pouls et de la respiration, font disparaître les bruits de souffle cardiaques causés par la fièvre ; qui calment la soif et permettent une alimentation plus abondante (1).

M. MORICE

Ex-Int. Lauréat des Hôp. de Bordeaux, M. corresp. de la Soc. clinique de Paris, à Blois.

SUR QUELQUES APPLICATIONS DE LA MÉTHODE HYPODERMIQUE

— Séance du 5 septembre 1884 —

Les réflexions que nous allons porter devant vous sont le fruit d'une série d'épreuves commencées à l'hôpital Saint-André, de Bordeaux, et continuées dans notre pratique. Elles tendent à démontrer que dans une foule de cas la méthode des injections sous-cutanées est de beaucoup préférable aux autres modes de traitement pour deux raisons :

1° Rapidité d'action ;

2° Curabilité plus certaine.

L'histoire de cette méthode est suffisamment connue. Nous citerons les noms de Rynd, de Wood (1845-1853), de Behier, de Hérard et de Trousseau, qui en furent les plus ardents promoteurs ; enfin, ceux d'Eulenbourg et de Luton (1867-1875), qui lui donnèrent une forme pratique. Toutes leurs conclusions sont le résultat d'une clinique sage et mûrement raisonnée.

(1) Cette communication a été suivie d'une discussion. Voir *Proc.-verb.*, p. 223.

1° *Application au point de vue de la rapidité de la méthode.*

De toutes les voies d'absorption pour les médicaments, sauf la muqueuse respiratoire, le tissu cellulaire sous-cutané est une des plus sûres et des plus promptes. De plus, les injections hypodermiques, rapprochées du point sur lequel on a intérêt à agir, ont souvent, par cela même, une supériorité sur l'absorption gastrique ou rectale, et se passant à la rigueur de l'intervention du client, elles sont toujours possibles, alors que les autres voies offrent souvent des empêchements ou des difficultés réelles. Le cas de fièvres pernicieuses, apoplectique ou comateuse, de fièvres avec état gastrique, d'intolérance de l'estomac pour la quinine, montre tout ce que cette ressource a de précieux.

Dans le cas de fièvre intermittente plus ou moins grave, quel médecin n'a vu souvent son traitement échouer? Tantôt le sulfate de quinine est le coupable, tantôt la dose est mal administrée par la garde-malade ; d'autres fois il est retrouvé en nature dans les selles (comme j'avais occasion de le lire, il y a quelques mois, dans une Revue de médecine), soit en pilules, soit en cachets. La cause à tout cela, peu nous importe pour l'instant ; le remède, au contraire, nous l'avons sous la main... Un temps précieux a été perdu, et tel malade qui aura pris chaque jour, sans succès, 80 centigrammes, 1 gramme d'un sel de quinine, verra ses accès disparaître, comme par enchantement, après une ou deux injections sous-cutanées d'un sel de quinine. — Maintenant, à quel sel et à quelle dose doit-on recourir?

Le *bisulfate de quinine* étant plus soluble que le sulfate, a été employé à la dose de 10 à 20 centigrammes dissous dans 1 gramme d'eau distillée ou d'éther (Otto). La douleur est assez vive, mais tout aussi supportable qu'une injection d'éther ou de chloroforme pur. Quelquefois de petits abcès, souvent une simple fluxion. Pour ma part, je ne l'emploie que rarement ; plutôt, je me sers du sulfovinate ou du bromhydrate de quinine, témoin les quelques observations suivantes :

Observation I. — Hôpital Saint-André, de Bordeaux, salle 12, lit 37. — X..., 31 ans, terrassier, entre le 6 février 1879. A été prisonnier pendant sept mois (guerre de 1870). État très anémique.

En juillet 1878, fièvres intermittentes tierces, coupées par le sulfate de quinine. En octobre 1878, rechute ; traitement aux sels de quinine et de cinchonine, guérison le 4 décembre. Il sort de l'hôpital avec une cachexie très avancée. Enfin, le 6 février 1879, il revient avec fièvres datant du 1er janvier. De quartes, elles étaient devenues quotidiennes.

6 février. 80 centigrammes de sulfovinate de quinine.

Jusqu'au 15 février, même état.

Le 18 février, injection de 20 centigrammes de sulfovinate de quinine au niveau de l'hypochondre gauche, avec l'autorisation de mon chef de service, M. le professeur Armand de Fleury. — Piqûre indolore.

Le 19 février, l'accès revient, mais retardé et atténué. Nouvelle injection de 20 centigrammes, vers 7 heures du soir.

Le lendemain et jours suivants, point d'accès. Diarrhée sans importance. — Après 8 jours de médication tonique, le malade sort. Un an après, nous revoyons notre malade encore anémique ; mais il n'a pas eu d'accès.

Observation II. — Salle 12, lit 11. — X..., terrassier, 36 ans, entre le 1er février 1879. Vient des docks de Bordeaux.

Depuis 15 jours, accès tierces, douleurs à l'hypochondre gauche, rate hyper-. trophiée.

Le sulfate de quinine est rejeté en poudre, en cachets, en pilules. Les lavements ne peuvent être gardés.

Le 16 février, injection sous-cutanée de 20 centigrammes de sulfovinate de quinine.

17 février. Pas d'accès. Mais comme c'est le jour habituel de la pyrexie, nouvelle injection vers le soir de 20 centigrammes de sulfovinate de quinine.

18 février. N'a pas eu d'accès. Médication stimulante. Diarrhée légère.

Le 28 février, le malade sort guéri et plein d'entrain.

Observation III. — Salle 12, lit 26. — X..., de Bayonne, 24 ans, cordonnier, entre le 23 février 1879 pour fièvres intermittentes datant de 15 jours. Il a eu les fièvres d'Afrique. A l'heure présente, la fièvre débute à 9 heures du matin et finit à 3 heures du soir.

24 février. 8 heures du matin, le malade est déjà pris de la céphalalgie congestive des fièvres et de quelques frissons. Malgré cela, je lui fis une injection de bromhydrate de quinine (1 gramme d'une solution au 10e. Piqûre un peu douloureuse pendant 45 secondes.

25 février. L'accès d'hier a été conjuré. Quelques frissons cependant pendant la nuit, mais pas suivis d'accès. Nouvelle injection de bromhydrate de quinine.

26 février. Pas d'accès. Diarrhée catarrhale.

28 février. La diarrhée a disparu.

6 mars. Le malade sort guéri.

La supériorité de la méthode hypodermique se montre ici dans toute sa plénitude. Elle est rapide et sans dangers. Notons cependant chez nos trois malades une petite diarrhée qui devient comme la crise finale de la fièvre. La méthode est surtout utile dans les pays à fièvre palustre. Le client est souvent éloigné du médecin et du pharmacien ; alors même que l'état de ses voies digestives ne nécessite pas un éméto-cathartique, l'injection sous-cutanée aura produit son résultat avant que toute autre préparation ait eu le temps d'agir. Tout médecin ne peut-il, en effet, dans ces pays à fièvre, emporter avec lui une seringue de Pravaz et une solution d'un sel quinique?

Les observations que j'eus l'occasion de faire dans le département des Landes sont concluantes à cet égard. Je ne puis que les signaler. Voici un fait tout récent que je me permettrai encore de vous citer :

Observation IV. — X..., célibataire, 28 ans, demeurant à Marolles (Loir-et-Cher), me fait appeler le 14 juillet dernier.

Je constate : langue saburrale et bilieuse, fièvre intermittente biquotidienne, anémie profonde. Les accès durent déjà depuis 8 à 10 jours. Sulfate de quinine. 80 centigrammes en poudre.

15 juillet. Même dose, sans effet. Potion au quinquina.

16 juillet. L'accès du matin a été retardé, celui du soir persiste.

17 juillet. État plus grave, le malade vomit. Tartre stibié, 5 centigrammes.

18 juillet. Double accès quotidien.

20 juillet. Enfin, séance tenante, dans la période apyrétique, 4 heures du soir, je fis dans la région de l'hypocondre droit une injection de 20 centigrammes de bromhydrate de quinine. Potion tonique.

21 juillet. L'accès du matin n'est pas venu, à la grande joie du malade : le soir, frissons et sueurs profuses pendant une heure et demie.

22 juillet et jours suivants, apyrexie complète; le malade demande à manger.

Ces observations nous montrent, Messieurs, que l'injection hypodermique, dans les fièvres, est victorieuse presque partout; qu'on use du bisulfate, du bromhydrate ou du sulfovinate de quinine, voire même du borate de quinoïdine, dont la solubilité et l'alcalinité, récemment mises en lumière par M. de Vrij de la Haye, lui donnent une supériorité d'action incontestable, témoin les expériences récentes du D͏ʳ Hermanidès, de Hollande.

Après les sels quiniques, d'autres médicaments administrés de la même façon revendiquent la même rapidité d'action.

Qui ne sait, en effet, combien les injections sous-cutanées d'ergotine, d'ergotinine, sont supérieures à l'absorption stomacale de l'ergotine ou même de la poudre d'ergot? De plus, une dose de 20 à 25 centigrammes suffit sous la peau, tandis que 1 à 3 grammes font souvent attendre leur action par d'autres voies. A ce sujet, laissez-moi vous dire que je préfère à *l'extrait d'ergot*, souvent mal préparé ou trop ancien, la *teinture alcoolique d'ergot* au 5ᵉ. Avec 1 gramme de teinture, soit avec l'équivalent de 20 centigrammes de poudre, les résultats sont presque immédiats dans les hémorrhagies, hématuries ou même paralysies de vessie. A l'appui de ces faits, contrôlés par mes propres expériences, je citerai les nombreuses observations que Luton a faites à l'hôpital de Reims.

Après l'ergot, c'est l'*éther* qui tire les mourants d'un coma mortel ; c'est la *morphine* qui instantanément apaise l'élément douleur ; c'est déjà et ce sera bientôt, peut-être, d'une façon plus connue, le *fer et ses dérivés*, dont les effets immédiats sont comparables à ceux d'un diffusible de premier ordre et dont l'efficacité est déjà reconnue comme des plus sérieuses et des plus rapides, alors que, donnés d'après les moyens actuels, ces mêmes produits restent souvent sans résultats.

2° *Application au point de vue de l'efficacité plus grande et d'une curabilité plus certaine.*

Tandis que dans les applications précédentes on se préoccupe au plus haut point d'éviter les effets locaux des injections hypodermiques, instantanément absorbables et diffusibles, ici nous provoquons une action localisée dont nous tirons le succès.

Cette action n'est, au fond, qu'un mode de révulsion qui ne le cède en rien aux exutoires les plus puissants, tels que le cautère, le moxa, le séton, etc. C'est l'inflammation dont on ne peut à volonté graduer les effets avec une précision mathématique; en un mot, tantôt c'est le phlegmon circonscrit dont l'action héroïque est sans égale, tantôt c'est la transformation d'un tissu étranger, transformation que l'on pourrait appeler *digestion*, d'après les travaux du Dᴿ Bouchut. Dans ce dernier ordre de faits, qui de nous ne connaît les applications de l'*acide acétique*, de la teinture d'iode, de l'alcool, du chlorure de zinc, injectés soit au sein des néoplasmes, soit dans des kystes d'origines diverses (goîtres, loupes, synoviales fongueuses), par Barclay, Broadbent d'abord, puis par le Dᴿ Luton, par le Dᴿ Walcher, de Colmar (1877), par Geiss, en 1878, par Nélaton, Anger, par le Dᴿ Panas, dans un cas de grenouillette (chlorure de zinc); et, enfin, en 1879, par le professeur Le Fort, qui obtenait du sulfate de zinc et de l'alcool plusieurs guérisons dans des synovites fongueuses, après suppuration circonscrite, et à l'aide de 8 à 10 gouttes d'une solution au 20ᵉ?

En dehors d'applications où le liquide injecté produit une transformation de tissu ou une substitution complète par suppuration, il existe une série de faits justiciables de la même méthode: nous voulons parler des points douloureux névralgiques, rhumatismaux ou symptomatiques, bien localisés... Tantôt c'est l'eau salée à saturation, tantôt l'alcool; d'autres fois, le nitrate d'argent, quand il faut une révulsion plus complète, que nous employons.

Pour les points rhumatismaux ou symptomatiques, points épigastralgiques dorsaux, apophysaires, l'eau salée à la dose de 1 à 2 grammes nous a toujours suffi quand le sinapisme ou le vésicatoire étaient restés sans effet.

Pour les points névralgiques, en particulier la sciatique, c'est là le vrai triomphe de la méthode. La névralgie sciatique, en effet, se prête admirablement à ce genre de traitement et nous a donné des succès vraiment étonnants, même dans les formes les plus anciennes et les plus rebelles.

Parfois la simple substitution suffit..., le plus souvent il faut aller jusqu'à l'abcès, obtenu avec l'injection de 1 gramme d'une solution de nitrate d'argent au 5ᵉ ou au 10ᵉ, suivant les régions. Ainsi, j'ai remarqué que plus on était éloigné des centres nerveux, plus l'injection devait être faible. Pour la sciatique, par exemple, à la région fessière, il faudra 1 gramme d'une solution de nitrate d'argent au 5e pour produire un petit abcès, tandis qu'à la région péronéenne ou jambière, il suffirait d'une solution au 10e.

Ici le liquide injecté produit une vive douleur, qui, il est vrai, a son importance thérapeutique, mais que l'on peut épargner au malade au moyen du Richardson.

Observation I. — Müller, 33 ans, marin; le 15 août 1878, par un froid humide, douleur vive à la région lombo-sacrée droite, 10 sangsues (sans effet), vésicatoire; douleur moindre, mais du point primitif elle s'étend au segment inférieur : sciatique confirmée. 4 vésicatoires en 6 semaines. Le 2 janvier 1879, médication nouvelle, injection de morphine, bains de vapeur, salicylate, quinine, pointes de feu. Le 30 janvier 1879, peu d'amélioration.

Injection de 10 gouttes d'une solution de nitrate d'argent au 10e au point d'émergence.

2 février. Rougeur locale, tuméfaction. Cataplasmes.

Jours suivants. Induration augmente avec un point de fluctuation. Coup de bistouri. Pus phlegmoneux.

25 février. Sort de la salle et devient infirmier.

Observation II. — X..., 59 ans, charretier. Antécédents arthritiques.

3 janvier 1879. Sciatique confirmée.

Le traitement ordinaire échoue complètement.

15 janvier. Injection de nitrate d'argent au point sacrolombaire, qui amène abcès phlegmoneux.

5 février. Le malade fait une longue course sans la moindre douleur.

Notons que la cicatrisation est rapide.

Observation III. — X..., 48 ans, sciatique confirmée. Jusqu'au 1er avril 1883, traitements sans effet. Ce jour-là, injection de nitrate d'argent. Abcès. Le 26 avril, le malade retourne chez son père, à 5 kilomètres de Blois. Pas de récidive un an après.

Observation IV. — X..., 52 ans. Arthritique, névralgie crurale. Injection d'eau salée à saturation de 1 gramme dans la cuisse sous le tissu cellulaire. Pas d'abcès, forte fluxion. Résolution le 10 avril, 10 jours après l'opération. Le 20 avril, guérison complète.

Citons, en outre :

1° Les 24 cas de sciatique signalés en 1863 et en 1867 dans les *Arch. générales de médecine*, par Luton, de Reims;

2° Les 9 cas recueillis par Bertin en 1868 dans l'*Union médicale;*

3° Les 4 cas, mentionnés par Ruppaur, de Boston, en 1865, dans un Mémoire sur la méthode hypodermique.

CONCLUSIONS

1° Le tissu cellulaire sous-cutané constitue un moyen des plus rapides et des plus sûrs pour l'administration de certains médicaments;

2° Que les médicaments soient injectés sous la peau, administrés par la bouche ou le rectum, les effets sont les mêmes, mais d'une intensité bien différente ;

3° Quand on introduit par la voie hypodermique des médicaments destinés à être absorbés immédiatement, il ne faut employer que des solutions neutres et ne se servir que d'instruments parfaitement nettoyés ;

4° Les avantages de cette méthode sont : la rapidité et la certitude de l'action, l'intensité de l'effet, la dose moindre du médicament employé ; enfin, dans des cas donnés, l'administration facile et non subordonnée à la volonté du malade ;

5° Enfin, quand on introduit sous la peau des médicaments ou solutions caustiques destinés à produire un effet local dont nous avons enregistré les succès, on réalise le dualisme thérapeutique, « établi, comme dit Luton, entre le remède et le mal localisé » (1).

M. BESSETTE

Chirurgien de l'Hôpital d'Angoulème.

GANGRÈNE DU PIED CHEZ UN ALCOOLO-DIABÉTIQUE, TRAITÉE ET GUÉRIE PAR LE THERMO-CAUTÈRE ET LES PANSEMENTS ANTISEPTIQUES

OBSERVATIONS.— M. B., 54 ans, mangeant bien d'ordinaire et buvant trop bien, paraît-il, portait au cinquième orteil gauche une plaie saignante, très douloureuse, datant de trois semaines, et consécutive à la section d'un cor. Les douleurs avaient été en augmentant, s'exaspérant la nuit sous l'influence de la chaleur du lit; insomnie, appétit conservé.

Le 17 octobre 1883, M. le Dr Mercier-Vallenton voit le malade et constate un ulcère arrondi, d'un demi-centimètre de diamètre environ, au niveau de l'articulation de la deuxième et de la troisième phalange; les bords en sont décollés, le fond grisâtre et sanieux ; la pression exagère sensiblement les douleurs. — Pansement avec la poudre de quinquina; une pilule de 5 centigrammes d'extrait thébaïque la nuit.

Le 4 novembre, les douleurs devenant intolérables, les docteurs Mercier et Amiaud pratiquent l'amputation du cinquième orteil. Les douleurs s'apaisent, mais le 7 elles deviennent plus vives que jamais, les lambeaux prennent une

(1) Cette communication a été suivie d'une discussion. Voir *Proc.-verb.*, p. 220.

teinte ardoisée caractéristique. Potion tonique avec 8 grammes d'extrait de quinquina ; tisane vineuse.

Le mal progressant, je suis appelé en consultation le 10 novembre. A ce moment, la gangrène avait dépassé les lambeaux et gagné le quatrième orteil. Mes confrères attribuent cette gangrène à l'alcoolisme ; j'exprime des doutes à ce sujet, mais comme le cas est pressant, nous remettons au lendemain l'examen des urines, et, séance tenante, nous appliquons avec le thermo-cautère, après chloroformisation, des pointes de feu sur la région malade, comme je l'avais vu faire avec tant de succès l'année dernière par M. le professeur Verneuil, chez un malade de M. le Dr Leclerc, de Rouillac (1).

Le thermo-cautère étant maintenu au rouge cerise pour éviter les hémorrhagies nuisibles à l'opéré, j'applique de nombreuses et profondes pointes de feu au-delà du mal et le long des tendons fléchisseurs et extenseurs des cinquième, quatrième et troisième orteils ; je termine en traçant sur les parties saines une ligne de feu allant du deuxième orteil au bord externe du pied et se prolongeant à la région plantaire. Pansement avec la charpie imbibée d'une solution phéniquée à 5 0/0 ; bain de pied matin et soir avec la même solution ; on continue les toniques et le quinquina, et au cas où l'analyse de l'urine révélera la présence du sucre, on ajoutera au traitement de l'eau de Vals ou de Vichy. — La glucose fut trouvée le lendemain. — Les jours suivants, amélioration ; la gangrène se limite et une inflammation franche commence à se montrer.

Mais le 19, à la partie interne du troisième orteil, compris dans la zone cautérisée, apparaît une tache ardoisée de la largeur d'une lentille. Pouls à 84, langue saburrale ; journées bonnes, nuits mauvaises ; agitation, subdelirium. Un verre d'eau de Sedlitz ; puis sulfate de quinine ; opiacés ; bromure de potassium, quinquina, quassia.

Le 29 novembre, la gangrène progresse ; sur le bord externe du pied, elle atteint l'articulation métatarso-phalangienne ; le quatrième orteil est pris ; le troisième offre une teinte ardoisée ; je trouve pourtant aux tissus environnants un aspect de vitalité qui me fait persister dans mon espoir de sauver le malade. Avec le thermo-cautère, j'enlève le quatrième orteil, le quatrième et le cinquième métatarsien. Le même traitement interne et externe est continué jusqu'au 16 décembre.

A ce moment, après des alternatives de mieux et de pire, les trois derniers orteils sont détruits ; suppuration très abondante et très fétide ; rougeur et gonflement remontant au tiers inférieur de la jambe ; au bord interne du pied, au niveau du tarse, fistule livrant passage à un pus de couleur chocolat et très fétide, malgré l'acide phénique et l'alcool camphré ; tache ardoisée au niveau de la malléole externe. Les urines ne contiennent plus que des traces de sucre et d'albumine, mais en revanche elles sont purulentes. L'affaiblissement a fait de grands progrès et depuis quelques jours le malade est assoupi ; intelligence intacte ; pouls à 100 ; M. Mercier-Vallenton et la famille croient la mort prochaine.

Cependant, le 21 décembre, on me prie de revoir le malade avec mes confrères et amis les docteurs Amiaud et Mercier-Vallenton.

La plaie est baignée d'un pus infect, sanieux, qui s'écoule de toutes parts ; malgré cela les bourgeons qui émergent çà et là ont un aspect vermeil. Les os sous-jacents sont nécrosés, friables. Nous sommes d'avis que l'état des os

---

(1) Voir *Congrès de la Rochelle*, 1882, page 768.

cause cette suppuration infecte qui empoisonne le malade, et celui-ci, chloro-formé, je pratique avec le thermo-cautère la désarticulation médio-tarsienne ou de Chopart ; j'enlève os nécrosés et lambeaux mortifiés, je taille un lambeau plantaire, je débride largement les fistules péri-articulaires ; je mets de pro-fondes pointes de feu sur les côtés du tendon d'Achille ; je lave toutes les parties avec une solution phénique, à 10 0/0 et je relève le lambeau plantaire qui recouvre exactement les surfaces désarticulées. Pansement avec la charpie imbibée d'alcool pur. Régime tonique et alcalin.

Cette fois la gangrène s'arrêta. Le 10 février, M. Mercier-Vallenton m'écrivit que les douleurs avaient cessé ; que l'état général s'améliorait ; la plaie se couvrait de bourgeons charnus de bonne nature ; l'exfoliation du calcanéum et de l'astragale s'effectuait. Urines normales ; pas de sucre, pas d'albumine.

Vers le mois de juillet, notre malade vint me voir à Angoulême. La cicatri-sation du lambeau plantaire est linéaire et parfaite ; il existe encore deux fis-tules insignifiantes, tenant à l'exfoliation incomplète d'un point de l'astragale. Le pied s'appuie d'aplomb et n'est pas rétracté par le tendon d'Achille. L'état général est des plus satisfaisants.

Cette observation m'a paru très intéressante parce que l'association de deux moyens très simples, le thermo-cautère et les pansements antisepti-ques, mise à exécution suivant les préceptes de M. Verneuil, est parvenue à amener la guérison d'une gangrène diabétique, comme il y a deux ans elle avait enrayé et guéri une gangrène d'origine athéromateuse. La rareté de la guérison en pareils cas fait ressortir plus encore l'efficacité de ce mode de traitement, dont tout l'honneur revient à l'ingénieux et savant professeur Verneuil (1).

M. DUPLOUY

Chirurgien en chef de l'Hôpital militaire de Rochefort.

DU TRAITEMENT DES KYSTES HORDÉIFORMES DU POIGNET ET DE LA PAUME DE LA MAIN PAR L'ÉVACUATION DE LA POCHE, LE LAVAGE ANTISEPTIQUE ET L'IGNIPUNC-TURE PROFONDE.

— Séance du 5 septembre 1884 —

J'emploie depuis plus de dix ans l'ignipuncture précédée de l'évacuation de la poche contre ces tumeurs, et les faits, relativement nombreux, que j'ai observés m'ont encouragé à persévérer dans cette voie ; j'y ai toutefois apporté depuis deux ans des modifications que je crois assez importantes pour fixer l'attention de la Section.

(1) Cette communication a été suivie d'une discussion. Voir *Proc.-verb.*, p. 222.

Sans entrer ici dans tous les détails de ma pratique antérieure que j'ai fait connaître minutieusement dans le *Bulletin de thérapeutique* en 1874 et qui, l'année suivante, a fait l'objet d'un mémoire de M. le Dr Jousset, de Lille, mon ancien chef de clinique, je me bornerai à dire que je pratiquais avec un bistouri étroit sur le renflement inférieur de la poche à la région palmaire une incision suffisante, pour me permettre d'exprimer les grains hordéiformes ; puis je faisais, en nombre variable, des points d'ignipuncture profonde, de 12 à 15, selon le volume de la tumeur, et je maintenais le membre dans un pansement ouaté dont les couches profondes avaient été imprégnées d'huile phéniquée ; les petites eschares se détachaient sans inflammation trop vive ; quelques points laissaient sourdre pendant plusieurs jours un liquide filant, sirupeux, exsudatif, puis la cicatrisation de chacune des petites ouvertures se faisait sans que j'eusse à combattre d'accidents sérieux : je ne saurais dire au juste si l'action favorable du cautère actuel est due à une simple modification de la poche, ou si chaque pointe de feu laisse ultérieurement dans son trajet une cicatrice filiforme, rétractile, une sorte de *suture caustique*. Quoi qu'il en soit, j'ai plusieurs fois répété l'ignipuncture après cicatrisation, lorsque la poche paraissait vouloir se remplir de nouveau en tout ou en partie et, grâce à cette pratique aussi simple qu'inoffensive, je n'ai pas vu reparaître le kyste chez les sujets que j'ai pu suivre.

Je n'étais pas cependant pleinement satisfait ; car je remarquais (et je ne dois pas être le seul à l'avoir observé) que, chez certains sujets, soit que l'ancienneté de la maladie eût entraîné du côté des tendons ou des gaines des désordres irrémédiables, soit qu'il se fût produit des adhérences trop prononcées, il restait souvent un certain degré de rétraction des doigts, et cela en dépit des mouvements d'assouplissement exécutés de bonne heure et des secousses brusques et réitérées que j'avais soin d'imprimer aux tendons par la faradisation des faisceaux musculaires pour en prévenir la soudure. Poursuivant toujours mes recherches dans ce sens, j'ai depuis deux ans apporté dans ma pratique des modifications qui m'ont donné des résultats infiniment plus favorables ; la manœuvre n'est pas très compliquée et elle est rendue tout à fait inoffensive par le lavage antiseptique de la poche.

Je fais à chacune des bosselures extrêmes de la poche une incision et, par l'une des ouvertures, je pousse, à l'aide d'une seringue à hydrocèle, une injection phéniquée à 2.50 pour 100, qui entraîne violemment les grains hordéiformes et les projette au dehors comme une véritable pluie de grêlons.

Le kyste une fois évacué, j'applique l'ignipuncture comme je l'ai indiqué au commencement de cette description, puis je fais un pansement listérien très exact.

J'ai conduit de la sorte l'opération chez deux malades de la maison de santé de Rochefort et je n'ai pas vu se reformer le kyste, bien que ces opérations datent de deux ans ; l'un de ces opérés, dont le kyste ne datait que de six mois, a recouvré tous ses mouvements ; l'autre, plus ancien, a conservé une flexion permanente des trois derniers doigts. Les chances de guérison sont, en effet, d'autant plus grandes que la maladie est moins ancienne ; je viens d'obtenir un résultat presque inespéré chez un jeune ouvrier de l'arsenal, dont le kyste très volumineux ne datait que de dix-huit mois : la tumeur avait débuté par l'index droit et s'était rapidement développée ; elle offrait à son entrée la forme d'un gros bissac étranglé au niveau du ligament annulaire, remontant à deux travers de doigt au-dessus du pli du poignet et étendu vers la main jusqu'à l'articulation des deux premières phalanges, pour ce qui était de l'index et jusqu'aux articulations métacarpo-phalangiennes pour les autres doigts ; l'index et le médius étaient à demi fléchis, mais on pouvait leur imprimer des mouvements que limitait seul le volume de la tumeur; grains hordéiformes très nombreux ; frémissement caractéristique.

Après avoir lavé la main et l'avant-bras à l'eau phéniquée, j'appliquai la bande d'Esmarch et je ponctionnai la partie inférieure de la tumeur avec un bistouri étroit au niveau du pli palmaire inférieur; une seconde ponction fut faite au-dessus du poignet et en dehors de l'artère visiblement soulevée par le kyste ; je nettoyai la poche et chassai les grains par l'injection phéniquée et j'appliquai les pointes de feu, dont 9 à la main, 4 au niveau du ligament annulaire et 6 au dessus, à une profondeur d'un centimètre et demi.

Il n'y eut pas la moindre complication ; quelques points avaient suinté dans le pansement de Lister, que je laissai en place pendant vingt-cinq jours, et tout était cicatrisé au moment de son enlèvement.

Nous l'avons retenu pendant deux mois à l'hôpital de la Marine pour assouplir les doigts et faradiser les muscles, puis nous l'avons fait revenir de mois en mois à la clinique pour suivre attentivement les résultats consécutifs : la main est parfaite; le creux palmaire est très déprimé et les mouvements des doigts ne laissent rien à désirer.

En résumé, la combinaison de ces moyens nous paraît le meilleur mode de traitement de ces kystes qui ont soulevé tant de travaux et de discussions, à la condition toutefois que les tumeurs ne soient pas trop anciennes ; car cette méthode, comme les autres, ne saurait donner, au point de vue du rétablissement des mouvements, qu'un résultat incomplet si les désordres profonds sont devenus incurables et, dans ce cas, il faudrait se contenter, ce qui est déjà beaucoup, de la disparition de la poche (1).

_____

(1) Cette communication a été suivie d'une discussion. Voir *Proc.-verb.*, p. 223.

446

M. Ch. LETOURNEAU

à Paris.

NATURE ET TRAITEMENT DE L'ŒDÈME DES NOUVEAU-NÉS

— Séance du 5 septembre 1884 --

L'œdème des nouveau-nés, le véritable œdème, qui n'a rien de commun avec le sclérème, n'est guère connu que des médecins ayant, à un titre quelconque, fréquenté pendant longtemps les grands services d'accouchement ou d'enfants assistés. Malgré les travaux assez nombreux dont il a été l'objet, c'est encore une maladie énigmatique. Il y a lieu de s'en étonner, car le mystère ne tient pas devant l'étude des symptômes et de l'anatomie pathologique. Cette étude raisonnée ne permet guère de méconnaître la cause de l'œdème des nouveau-nés, indiquée d'ailleurs depuis longtemps par un médecin milanais, Paletta ; or, de l'étiologie découle rigoureusement le traitement, que je crois avoir été le premier à indiquer et qui, si l'on veut bien le pratiquer, doit presque sûrement guérir les petits malades, jusqu'ici voués à une mort à peu près certaine.

Pour être bien compris, je dois tout d'abord énumérer les principaux symptômes de l'œdème des nouveau-nés. D'ordinaire les nouveau-nés atteints sont des avortons, le plus souvent nés au huitième mois de la grossesse, parfois des jumeaux chétifs. Par le poids, par la taille, les uns et les autres sont inférieurs d'un tiers environ au nouveau-né normal. La maladie, la soi-disant maladie plutôt, débute aussitôt après la naissance. Le nouveau-né, destiné à mourir œdématié, est dans un état de torpeur; il ne prend pas le sein, pousse de petits cris plaintifs, *sans reprise*. Les premiers symptômes sont la coloration violacée des extrémités et de la face, l'absence ou l'extrême faiblesse du pouls. A l'auscultation, on perçoit peu ou point le bruit de déplissement vésiculaire; l'expiration est lente et silencieuse. Il y a souvent de la matité ou submatité à la base des poumons. Enfin, et c'est un symptôme pathognomonique, la température, dès le début inférieure à la normale, s'abaisse graduellement dans des proportions extraordinaires, à tel point qu'une fois, un peu avant la mort, j'ai vu le thermomètre, placé sous l'aisselle, ne marquer que 20°. Auparavant la couleur violacée envahit peu à peu tout le corps et coïncide avec un œdème assez dur ayant la même marche progressive. Au bout des deux ou trois jours, le petit malade s'éteint sans secousse.

A l'autopsie, on trouve tous les tissus, tous les organes gorgés de sang veineux. Mais c'est surtout l'état des organes respiratoires qui est révélateur. Toujours une portion plus ou moins grande des poumons, le plus souvent des lobes inférieurs, est violacée et complètement hépatisée. Souvent la portion vermeille, non hépatisée, est maculée de taches violacées correspondant à des lobules hépatisés. Des fragments de tissu pulmonaire, détachés des portions hépatisées, *coulent dans l'eau,* quand on les y plonge. Le tissu pulmonaire hépatisé diffère d'ailleurs totalement du tissu pneumonisé. Pas la moindre trace d'inflammation. Et en effet, si, au lieu d'inciser et de morceler les poumons, on les insuffle par la trachée-artère; l'hépatisation, la couleur violacée disparaissent comme par enchantement; le sac pulmonaire se développe normalement et prend une belle teinte vermeille.

La conclusion à tirer de ces faits est simple : elle s'impose. L'œdème des nouveau-nés n'est pas une maladie, tout mortel qu'il est. C'est simplement de l'asphyxie lente, et la cause en a été révélée, il y a longtemps, le 7 août 1823, dans un mémoire lu à l'Institut de Milan par le Dr Paletta. Selon Paletta et selon l'observation, la cause de l'œdème des nouveau-nés est simplement le déplissement incomplet du sac pulmonaire. Le nouveau-né, presque toujours avorton, n'a pas la force de faire de suffisantes inspirations et une portion plus ou moins grande des organes respiratoires conserve l'état fœtal.

J'ai jadis appuyé cette théorie, si incontestablement d'accord avec les faits, en pesant les poumons de huit nouveau-nés morts d'œdème. Six de ces sujets avaient de leur vivant le même poids : 2 kilogrammes. Or, le poids moyen de leurs poumons dégagés des grosses bronches et de la trachée était seulement de 35 grammes. Des deux autres sujets, l'un, dont le corps pesait 1 900 grammes, avait des poumons pesant ensemble 36 grammes. Le huitième, qui pesait seulement 1 600 grammes, n'avait que 29 grammes de poumons.

Il est presque inutile de rappeler à des confrères, sûrement familiers avec la docimasie pulmonaire du nouveau-né, que, lors des premières inspirations du nouveau-né, l'afflux du sang dans les organes respiratoires double au moins le poids de ces organes. C'est un fait que la médecine légale utilise de temps immémorial.

Le faible poids des poumons chez les œdématiés est donc pleinement d'accord avec la théorie. Il y faut faire pourtant une correction, en déterminant non seulement le poids absolu des poumons, mais leur poids relativement au reste du corps.

Or, les poumons du nouveau-né normal pèsent en moyenne 70 grammes et représentent en moyenne la *quarante-troisième partie* du poids du corps. Chez mes six œdématiés d'un poids de 2 kilogrammes, le poids moyen des poumons (35 grammes) représente seulement la *cinquante-septième partie* du poids du corps. Il en représentait la cinquante-deuxième partie $\left(\frac{1}{52}\right)$ chez le sujet pesant 1900 grammes et la cinquante-cinquième$\left(\frac{1}{55}\right)$chez l'avorton pesant 1600 grammes.

Ces chiffres parlent d'eux-mêmes. Je n'y insiste pas et j'arrive au but de cette communication.

L'œdème des nouveau-nés n'est pas une maladie ; c'est une asphyxie lente, due au déplissement imparfait du sac pulmonaire.

Cela établi, le traitement s'impose ; il est d'une extrême simplicité, c'est l'insufflation pulmonaire, telle qu'elle se pratique chez les nouveau-nés en état de mort apparente.

J'espère que la grande publicité acquise aux communications faites ici fera enfin entrer ce traitement dans la pratique.

Jusqu'alors je n'ai pas réussi à vaincre sur ce point l'apathie de plusieurs médecins, fort distingués d'ailleurs, et admirablement placés cependant pour faire un essai si simple, si inoffensif, si rationnel. Après, comme avant mes instances, même après des autopsies faites en commun et où nous avions, comme dans les cas ci-dessus, fait disparaître l'hépatisation pulmonaire par une simple insufflation, ces confrères ont continué à assister en simples spectateurs au refroidissement graduel et à la mort de leurs petits patients.

M. DELTHIL

A Nogent-sur-Marne.

EXPOSÉ PRATIQUE DU TRAITEMENT DE LA DIPHTHÉRIE PAR LES HYDROCARBURES

— Séance du 6 septembre 1884 —

Je viens communiquer au Congrès le résultat de la méthode de traitement curatif et prophylactique contre la diphthérie que j'expérimente depuis plusieurs mois.

Les succès que j'ai obtenus m'autorisent à vous en présenter aujourd'hui l'exposé pratique.

1° Si un contact suspect peut faire redouter l'apparition d'une angine maligne, on peut, au point de vue prophylactique, soumettre l'individu à des évaporations d'essence de térébenthine, soit en lui faisant respirer de temps en temps cette essence, soit en imprégnant la literie sur laquelle il devra reposer.

2° Si les accidents diphthéritiques se manifestent, et si le cas ne paraît pas tout d'abord avoir un caractère de gravité, se contenter de faire dans la chambre du malade des évaporations d'essence de térébenthine au bain-marie en plongeant un vase contenant un verre d'essence de térébenthine dans un bain-marie maintenu à une température de 60°. L'essence doit être brute et non rectifiée comme celle dont on se sert d'ordinaire en pharmacie. Naturellement, la quantité de térébenthine à évaporer doit être en rapport avec l'étendue de la pièce et la hauteur du plafond ; dans une chambre très grande, il faudrait multiplier les foyers d'évaporation. La vaporisation de ces carbures suffit dans la plupart des cas à enrayer une angine diphthéritique prise au début.

3° Si, après ces premiers soins, les accidents semblent quand même augmenter d'intensité et vouloir prendre un caractère toxique, pratiquer des fumigations au moyen de la combustion d'un mélange de goudron de gaz et d'essence de térébenthine.

Voici le procédé :

Verser 40 grammes de *goudron de gaz*, plus 30 grammes d'*essence de térébenthine brute* dans un vase en métal ou en terre réfractaire; ce vase est lui-même placé sur un plateau métallique pour éviter les accidents de combustion en cas de rupture du premier récipient.

Allumer le mélange au milieu de la pièce et sur le sol; il suffit pour cela de tenir un instant sur la flamme d'une bougie la cuillère qui sert à verser l'essence, puis de la plonger incandescente dans le mélange.

Faire les fumigations de deux en heures, et les espacer ensuite quand l'amélioration se produit.

Choisir de préférence une petite pièce (cabinet de toilette ou salle de bains) dont on bouchera avec soin toutes les issues (cheminées, etc.).

Le malade est porté dans cette pièce, où il restera environ une demi-heure, puis il est ramené dans sa chambre, où les évaporations de térébenthine sont continuées d'une façon permanente.

Si l'odeur de la térébenthine paraît trop pénétrante, on peut la modifier en l'additionnant d'un peu d'essence de lavande ou de citron.

En applications locales, faire de très fréquents badigeonnages à l'eau de chaux ou au jus de citron, toutes les heures au minimum jour et nuit; on peut aussi badigeonner avec un mélange d'huile d'amandes douces et d'essence de térébenthine à parties égales, ou bien encore avec une émulsion d'essence de térébenthine, de citron ou lavande dans un jaune d'œuf avec du sirop de gomme et enfin avec de la benzine.

NOMS (Initiales) ET DOMICILES	DATE — 1884	SEXE	AGE — JOURS	VARIÉTÉ DE LA DIPHTHÉRIE			TRAITEMENT GÉNÉRAL			
				Pharyngien	Croup du larynx	Diverses	Évacuation de fausses membranes	Fumigations	Trachéotomie	Sortie des fumigations
D. et P.	Nogent	17 mars	M	4	1	1	bronchique et cutanée	1	1	1	»
M.	Paris	4 avril	M	3	1	1	cutanée	1	1	1	15
D.	Nogent	d°	M	3 1/2	1	1	»	1	1	*	22
B.	d°	12 avril	M	13	1	1	»	1	1	»	10
G.	d°	23 d°	M	9	1	1	»	1	1	»	8
S.	Paris	27 d°	M	3 1/2	1	1	»	1	1	*	15
F.	d°	28 d°	M	3	1	1	»	»	1	*	18
U.	d°	29 d°	F	56	1	1	»	1	1	»	13
V.	Nogent	30 d°	F	3	1	1	»	1	1	*	12
D.	d°	d°	M	2 1/2	1	»	»	1	1	»	8
D.	d°	8 mai	M	3	1	»	»	1	1	»	9
D.	Lyon	d°	F	8	1	1	»	1	1	*	12
D.	Nogent	4 mai	F	3 1/2	1	1	cutanée	1	1	»	12
G.	d°	12 d°	M	7	1	»	»	1	1	»	8
R.	d°	21 d°	F	6	1	»	bronchique nasale vaginale	»	1	*	12
D.	Paris	23 d°	M		1	1	»	1	1	»	»
G.	Nogent	24 d°	F	9	1	»	»	1	1	»	12
R.	New-York	3 juin	F	10	1	1	»	1	1	»	inconnu
R.	Nogent	24 d°	M	61	1	»	»	»	1	»	00
B.	Paris	27 d°	M	6	1	1	»	1	1	*	7
M.	Nogent	28 d°	M	60	1	»	»	1	1	»	17
H.	d°	29 d°	M	3	1	»	»	1	1	»	12
H. nourrice	d°	d°	F	30	1	»	»	1	1	»	12
V.	d°	1er juillet	F	9	1	»	nasale	1	1	»	22
d°	d°	1er août	M	3	1	»	»	1	1	»	10
d. enfant	d°	9 d°	F	4 1/2	1	»	nasale	1	1	*	22
d. mère	d°	d°	F	»	1	1	»	1	1	»	8
C.	d°	13 d°	M	5	1	1	»	1	1	»	19
C.	d°	16 d°	M	30	1	»	»	1	1	»	18

— Au traitement général, dans la colonne trachéotomie, les * indiquent les cas où l'opé- tant indiqué), elle a pu ne pas être pratiquée. — les malades ont été traités par M. le Dr Delthil, sauf les n°s 7, 16, 18, qui ont été traités respec-

TRAITEMENT LOCAL	COMPLICATIONS				ACCIDENTS de la CONVALESCENCE	NOMBRE DE LITS ASSISTANTS	MÉDECINS assistants ou consultants
	Albuminurie	Hémorragies	Dysphagies	débit. ganglions			
Eau de chaux, citron, coaltar.	1	»	»	1	Paralysie du voile du palais et de l'épiglotte. — Rejet des boissons alimentaires par le plaie trachéale.	12	Dre Collardot, Le Blond, Thélonel, prof. Verneuil.
d°	»	1	1	»	d°	22	Dre Le Blond, Lefané, Huiler attenant à la pièce.
d°	»	1	1	1	Paralysie du voile du palais.	5	
d°	»	»	»	1		4	
d° et eau phénix.	1	»	1	»		5	Dr Huchard.
d° soll. de calc. glyc., térèb., chl. de potasse.	»	»	»	1	Pas de notes.	5	Dr Vigouroux*.
Eau de chaux, eau oxygénée, citron, bromure de potassium.	»	1	1	»		8	Profre Laboulbène, Damaschino, Ferréol, Boclos, Brissaud, Collines.
Citron, eau de chaux.	1	»	1	1	Nasillement.	7	
d°	»	»	»	»		6 (3 œuf.)	
Copahu, chl. de potasse, coaltar.	»	»	»	1		3	
Citron, eau de chaux, t. d'iode.	»	»	»	1		4	
d°	»	»	»	1		7	
d°	1	1	»	»	Rétention d'urine, coxalgie, diphthérie rectale et vaginale, expulsion par le rectum de débris membraneux.	6	Dr Collardot.
	»	»	»	»			Dr Dusaussay* et Dr Cadet de Gassicourt.
Citron, t. d'iode, eau de chaux.	1	1	»	»		9	
Inconnu.	rien	rien	rien	rien	Inconnu.	»	Nichols*.
Citron, iode, eau de chaux, pulv. benzine.	»	»	1	1		4	
Citron, eau de chaux, perchlor. de fer.	»	»	»	1		7	Dr Perrier.
Citron, eau de chaux, borax, benzine.	»	»	»	1	Dysphagie.	5	
Citron, borax, eau de chaux.	»	»	»	»		7	
d°	»	»	»	»		7	
Citron, eau de chaux, t. d'iode.	1	1	1	»	Amaurose, paralysie du voile du palais et de l'épiglotte. Rejet des aliments par le nez.	8	
d°	1	»	»	1		7	
Citron, eau phéniquée, eau de chaux, teinture d'iode, coaltar.	1	1	»	1	Paral. du voile du palais et de l'épiglotte. Rejet des aliments par le nez. Expuls. des débris membraneux par le rectum.	14	Dre J. Simon, Duperrié, Bar- chené, Morel, Beivel.
Térébenthine.	»	»	»	1	Paralysie du voile du palais.	»	
Térèb., eau de chaux, citron.	1	1	1	1	Expulsion par le rectum des débris membraneux.	6	Dr Lallement.
Térèb., eau de chaux, citron, benzine, borax.	»	»	1	1		»	

tivement par MM. les Drs Vigouroux, Dusaussay et Nichols, marqués d'un * dans la dernière colonne.
Le n° 3 venait d'avoir la rougeole, les n°s 22 et 23 ont été pris simultanément et le n° 34 seul a donné lieu à un cas bénin de contagion.

Donner, à l'occasion, des vomitifs quand la toux catarrhale très prononcée indique qu'il faut favoriser l'expulsion des matières diphthéritiques dissociées qui encombrent les bronches; l'ipéca paraît devoir mériter la préférence parce qu'il ne déprime pas autant le malade que le sulfate de cuivre et l'émétique, qui s'opposent à l'alimentation ultérieure; et enfin ne pas hésiter à pratiquer la *trachéotomie* quand elle devient indispensable, tout en continuant d'employer les moyens indiqués.

La durée de ce traitement est ordinairement de 12 à 15 jours, pendant lesquels on peut pratiquer les fumigations sans danger, même chez des enfants de quelques mois.

Le sulfate de quinine doit être donné fréquemment dans les cas d'intoxication généralisée.

Maintenir dans la pièce une température très élevée (1).

M. E. LEUDET

Directeur de l'École de médecine de Rouen, Associé national de l'Académie de médecine.

CURABILITÉ DE L'ARTÉRITE SYPHILITIQUE

— Séance du 6 septembre 1884 —

OBSERVATION.— X..., âgé de 53 ans, d'une taille élevée, muscles développés, exerçant une profession qui nécessite une activité musculaire considérable, a joui antérieurement d'une bonne santé. Vers la fin de 1877 il a été atteint d'une blennorrhagie et d'une petite ulcération sans gravité du prépuce. Pour cette affection, X... consulta un médecin et prit une liqueur et une tisane dont il a oublié le nom. La guérison fut rapide.

Le 1er mai 1878, X... me consulta pour un panaris sous-dermique sans gravité, ouvert par moi et qui ne présenta aucun caractère particulier. Le 11 du même mois, après la guérison du panaris, X... vint me consulter pour des douleurs dans les membres supérieurs et inférieurs, douleurs à recrudescence nocturne. Quelques jours après ces douleurs, apparition sur les membres supérieurs et inférieurs de taches nombreuses de *psoriasis guttata*, d'une couleur brunâtre, cuivreuse, sans prurit; simultanément douleur localisée, dans la partie moyenne de la face interne du tibia gauche, avec sensibilité marquée à la pression, et saillie légère limitée du périoste. Céphalée diffuse. Pas de ganglions cervicaux supérieurs, ni de pléiade inguinale (2 cuillerées à soupe de sirop de Gibert dans de la tisane de salsepareille). Amélioration rapide des douleurs dans les membres. Pendant le mois de juin, X... prend journellement 2 centigrammes de bichlorure d'hydrargyre en pilules.

(1) Cette communication a été suivie d'une discussion. Voir *Proc.-verb.*, p. 225.

La disparition graduelle de la dermatose, la cessation des douleurs périphériques ou crâniennes lui font considérer la guérison comme absolue, et à la fin de juin il supprime tout traitement.

La santé reste parfaite depuis juin 1878 jusqu'à la fin de janvier 1882.

De février à la fin de juin 1882, X... remarque un changement dans son caractère ; une tristesse sans cause appréciable a succédé à sa bonne humeur habituelle ; la mémoire semble même beaucoup moins fidèle ; les membres supérieurs et inférieurs sont le siège de douleurs obtusés vagues, erratiques. Malgré cet état, X... n'interrompt pas sa profession. Il me consulte de nouveau au début de juillet 1882. X... accusait alors les symptômes que je viens d'énumérer. L'examen me permit de constater l'absence complète de douleurs fulgurantes, d'hyperesthésie ou d'anesthésie générale ou locale. Intégrité absolue des réflexes. Douleurs de tête, surtout frontales (iodure de sodium et d'ammonium).

Le 18 août 1882, pas de changement dans les symptômes nerveux, crâniens ou périphériques, sensibilité spontanée et surtout à la pression de la voûte osseuse du nez, dans les os propres, comme dans les deux branches ascendantes des maxillaires supérieurs (iodure de potassium à doses progressives de 2 à 5 grammes par jour).

Dans les premiers jours d'octobre, les douleurs vers les membres et le crâne ne présentent qu'une très légère diminution. X... accuse des douleurs comme lancinantes vers la tempe gauche ; vertiges, bluettes et mouches volantes des deux yeux, sans diminution de l'acuité visuelle.

Le 10 octobre 1882, X... présente au niveau de la tempe gauche, dans le point qui était depuis quelques jours le siège de douleurs lancinantes, une augmentation marquée de volume et de consistance de la branche frontale antérieure de l'artère temporale superficielle gauche. Au dire du malade, cette altération locale aurait été remarquée depuis quatre jours. Elle apparaît sous forme d'un cordon de 25 millimètres environ de longueur, transversale. Le cordon, d'une consistance partout uniforme, se termine brusquement de chaque côté et se continue avec les parties saines de l'artère, que l'on ne reconnaît guère qu'à leur battement et à une légère saillie. Le volume du tube vasculaire est doublé. Les battements vasculaires, dans toute la longueur du point induré, sont notablement affaiblis, et vers le 20 octobre ils n'étaient plus perceptibles. Les autres branches de l'artère temporale superficielle ne présentaient aucun épaississement, ou athérome; quelques branches étaient légèrement flexueuses. Intégrité absolue des carotides, de l'aorte, dont les bruits sont à peine plus durs que dans l'état normal. Aucun signe morbide au cœur. (On continue l'iodure de potassium à haute dose.)

Depuis le mois d'octobre 1882 jusqu'à fin de février 1883, l'état de la branche oblitérée de l'artère temporale superficielle reste presque stationnaire, même dureté du vaisseau, suppression des battements dans toute l'étendue de l'induration. Augmentation des douleurs dans la tête, le col; gêne dans les mouvements de rotation de la tête; vertiges au point que X..., qui n'interrompt pas ses occupations, remarque qu'il se rapproche des murs quand il suit une rue, dans la crainte de tomber. Jamais, du reste, il n'a fait de chute. Pendant ce temps on est obligé plusieurs fois de diminuer la dose journalière d'iodure de potassium, à cause de l'apparition d'accidents gênants d'iodisme, il faut même plusieurs fois remplacer l'iodure de potassium par de l'iodure de sodium et d'ammonium.

Au commencement d'avril 1883, la branche antérieure frontale de l'artère temporale superficielle gauche demeurait dure sans battements, le siège de douleurs spontanées et augmentées par la pression. A cette époque, X..., accuse dans la région temporale droite des douleurs analogues à celles qui ont été ressenties sept mois auparavant dans la tempe gauche. Une branche frontale antérieure de l'artère temporale superficielle droite, se dirigeant tranversalement, devient le siège d'une induration uniforme dans une étendue de 3 centimètres. Cette artère présentait alors des battements beaucoup plus faibles que les autres branches superficielles du même vaisseau. Vers la fin du mois d'avril 1883, la branche de l'artère temporale superficielle droite était oblitérée comme la gauche et les deux vaisseaux également privés de battements. Intégrité absolue des deux carotides. Les deux artères radiales au-dessus du poignet n'ont jamais présenté d'indurations. Le pouls était régulier, fort et synchrone des deux côtés. Les douleurs restent vives dans la tête, le col; un peu de dysphagie, sans rien de notable à l'arrière-gorge. Les douleurs périphériques dans les tibias, le nez diminuent graduellement. Moins de vertiges. (Même traitement par l'iodure de potassium à doses alternativement croissantes et décroissantes.)

Vers la fin d'août, la dureté de la branche frontale de la temporale superficielle droite diminue graduellement; dans les premiers jours de septembre, on perçoit dans une partie de son trajet des battements profonds. (Même traitement.)

Pendant le mois d'octobre 1883, l'induration diminue parallèlement dans la branche frontale de l'artère temporale superficielle gauche.

La guérison marche alors simultanément dans les vaisseaux symétriques. L'induration diminue rapidement dans toute l'étendue de l'artère oblitérée; on ne constate aucun noyau partiel.

Le 18 décembre 1883, l'induration a complètement disparu dans les deux vaisseaux, dont les tuniques offrent la même souplesse et les mêmes battements que les branches voisines de la même artère.

Pendant le dernier trimestre 1883, X... accuse une amélioration constamment progressive des douleurs dans la tête, les membres. Marche normale.

Le 15 mars 1884, X... me consulte de nouveau pour des douleurs dans le nez, de la sensibilité de la voûte osseuse nasale. (Sirop Gibert.) L'amélioration de ce symptôme se produit rapidement.

Le 26 juillet 1884, X... ne présente aucun symptôme morbide et cesse tout traitement.

Je résume brièvement l'histoire de ce malade.

X... âgé de 52 ans, contracte dans les derniers mois de 1878 une blennorrhagie et un chancre. On ignore le traitement auquel il fut soumis. En mai 1878, douleurs erratiques dans les membres et peu après *psoriasis guttata*. Guérison par le bichlorure de mercure et iodure de potassium. La santé reste bonne depuis juin 1878 jusqu'au commencement de 1882, p. c. pendant trois ans et demi. En février 1882, douleurs dans la tête, les membres, les os du nez; vertiges, tristesse, amnésie légère. En octobre 1882, c'est-à-dire neuf mois après la recrudescence des accidents, artérite de la branche frontale antérieure de l'artère temporale superficielle gauche, et six mois après de la branche correspondante de l'artère temporale droite. Recrudescence des accidents cérébraux (traitement par l'iodure de potassium à haute dose). L'artère des deux branches temporales guérit au bout d'un an et deux mois de traitement. En même temps les accidents cérébraux présentent une amélioration correspondante. Toute l'évolution morbide a duré plus de six années.

Ce fait fort rare, dont j'ai suivi la marche avec la plus grande attention, m'a permis d'assister aux phases d'une maladie qui a fait l'objet de nombreux travaux depuis une dizaine d'années. J'ai moi-même, dans un autre travail (*Clinique médicale de l'Hôtel-Dieu*, 1874), exposé le rôle des artérites syphilitiques dans la genèse des accidents et lésions cérébrales. Aujourd'hui, je n'envisage qu'un seul point de la question, l'évolution et surtout la terminaison par guérison de l'artérite.

X... *était-il réellement syphilitique ?* La question est facile à résoudre par l'affirmative. L'accident initial n'a pas été affirmé; l'existence d'un chancre est douteuse, celle d'une blennorrhagie certaine. L'apparition cinq ou six mois après l'accident initial d'un *psoriasis guttata*, sans prurit, peut à elle seule lever tous les doutes. Ajoutons que la dermatose syphilitique coïncidait avec des douleurs dans la tête, les os du nez, etc. Le traitement antisyphilitique est alors institué. Les accidents disparaissent et la santé reste parfaite pendant trois ans et demi. Après cette suspension des accidents de la syphilis, on voit se manifester une recrudescence de douleurs osseuses, les lésions artérielles. Ces divers accidents disparaissent lentement sous l'influence de l'administration prolongée des iodures de potassium, de sodium et d'ammonium. X... était donc bien syphilitique.

Les accidents du côté du système nerveux ont paru presque en même temps que le psoriasis; comme la dermatose, ils ont disparu rapidement après la cure hydrargyrique et iodée. Je signalerai le caractère de ces accidents; ils appartenaient à ce groupe de symptômes produits souvent par les lésions diffuses du système nerveux. Jamais X... n'a présenté d'altération ou de perte de la sensibilité ou de la motilité sur un membre ou un côté du corps. Les douleurs atteignaient tantôt une région, tantôt une autre; de préférence la surface d'un os, du crâne, du tibia, du nez. Les troubles psychiques apparaissent en même temps : tels sont la tristesse, une amnésie légère, les vertiges et surtout la terreur du vide.

Tous ces symptômes se retrouvent dans les faits de syphilis cérébrale, et l'on pourra en lire des exemples dans l'ouvrage de Fournier sur la syphilis cérébrale.

L'artérite syphilitique se manifeste à la suite de tous ces accidents de syphilis cérébrale, quatre ans après le moment de l'infection; elle siège d'abord sur une branche limitée de la temporale superficielle gauche, et cinq mois plus tard sur la droite.

L'artérite, telle que je viens de l'observer chez X..., diffère-t-elle de la description des auteurs modernes de l'inflammation syphilitique des artères?

On sait que cette lésion, indiquée d'abord par S. Wilks, Bristowe

(*Transact. of the Patholog. Soc. of London*, vol. XVI, 1864), fut plus tard étudiée par Passavant, Clifford-Albutt, Heubner (*Archiv. de Heilk.*, 1870, et *Luetische Erkrankung der Hirn arterien*, Leipzig, 1874), Lancereaux, etc. J'ai moi-même (*Clinique médicale de l'Hôtel-Dieu*, 1874, p. 324) insisté sur le rôle de ces artérites comme cause des lésions de la syphilis céré-brale. Depuis cette époque Baumgarten (Virchow's *Archiv.*, vol. LXXIII et LXXXVI), Gower, W. S. Greenfield, Lancereaux, Sharkey, etc., ont précisé les caractères de cette inflammation artérielle.

Existe-t-il une lésion artérielle qui mérite le nom de syphilitique? On est presque unanime pour répondre affirmativement. Comme pour les autres lésions de la syphilis, on aurait tort de demander un caractère propre à ces altérations. Le microscope ne nous fournit pas plus de caractère propre que la clinique. Le syphilôme de Wagner appartient à l'histoire, comme le follicule tuberculeux. Le criterium de la nature de la lésion réside dans la disposition de la lésion, dans son évolution, dans sa place au rang des accidents d'évolution syphilitique.

Les caractères empruntés à l'histologie pathologique ont fait ranger l'artérite syphilitique dans la classe des *artérites oblitérantes*, non pas, comme le dit Lancereaux, que toutes les formes oblitérantes de l'artérite doivent être rapportées à la syphilis, mais parce que l'oblitération du canal vasculaire est un de ses caractères principaux et habituels. La lésion artérielle de X... répond parfaitement à ce caractère; l'induration du vais-seau est suivie de la suppression absolue des pulsations dans les branches frontales de l'artère temporale superficielle de chaque côté.

Cette oblitération est le plus souvent consécutive à une altération des tuniques du vaisseau commençant par l'externe et se propageant dans les tuniques moyennes et internes. Cette prolifération cellulaire peut être considérable et boucher la lumière au vaisseau. Baumgarten en a repré-senté plusieurs exemples dans les planches de ses derniers travaux. Dans un travail récent (*Revue de médecine*, août 1884), F. Balzer, en étudiant les gommes de la peau, écrit que ces lésions périphériques aux foyers caséeux portent principalement sur le système *vasculaire*, qui est évidemment leur *siège primitif et leur point de départ*. Les éléments des vaisseaux ont pro-liféré, formant des couches concentriques de cellules fusiformes qui ont fini par oblitérer complètement la lumière du vaisseau. Cette évolution peut se suivre dans certains vaisseaux qu'on voit entourés par un *manchon plus ou moins épais de cellules embryonnaires* contribuant à oblitérer, par compression, leur lumière. Heubner avait prétendu que l'évolution mor-bide débutait par la membrane interne du vaisseau. Cette opinion ne compte guère de partisans aujourd'hui.

L'absence d'athérome a été signalée chez X... sur toutes les artères super-ficielles; c'est également ce qui a lieu dans le plus grand nombre des malades. L'athérome n'appartient pas en propre à la syphilis, au moins est-il différent de l'artérite syphilitique. On peut le rencontrer chez des syphilitiques, et Huber a publié deux exemples. Je ne reproduirai pas la discussion fort juste du travail de Huber par P. Baumgarten.

L'artère était malade sur une petite étendue et malade des deux côtés sur des branches symétriques. Ces deux caractères appartiennent encore à l'artérite syphilitique. Tous les auteurs ont indiqué la localisation la plus habituelle de cette forme d'inflammation artérielle dans les carotides et les artères du cerveau. Ces dernières sont de toutes les plus fréquentes. W. S. Greenfield (*Lond. Pathol. Transact.,* vol. XXVIII, p. 249, 1877) a trouvé dans l'espace de deux ans des lésions de syphilis viscérale chez vingt-deux cadavres autopsiés à l'hôpital Saint-Thomas. De ces vingt-deux sujets, dix avaient moins de 40 ans. Trois de ces dix malades succombèrent aux suites d'une lésion des artères cérébrales. Ainsi l'artérite syphilitique est assez fréquente, surtout sur les artères cérébrales. Chez le malade qui fait le sujet de mon observation, la lésion avait frappé une branche de la carotide externe.

L'artérite syphilitique était *circonscrite.* J'ai dit que la lésion était *symétrique.* Quelquefois, écrit Lancereaux (*Archiv. gén. de méd.,* 1877), deux artères *symétriques* ont leurs parois épaissies dans un point circonscrit ; X... a présenté successivement l'inflammation des deux branches opposées de l'artère temporale superficielle.

Sous le rapport de la localisation (délimitation circonscrite ; lésion symétrique), ce fait n'ajoute rien aux données actuelles de la science.

L'observation de X... m'a permis de recueillir quelques nouveaux détails cliniques sur les symptômes de l'artérite. Je n'ai pas la prétention de tracer d'après un seul fait la séméiologie de l'artérite syphilitique. Je tiens uniquement à signaler les signes recueillis chez un individu dont la localisation exceptionnelle de l'artérite rendait l'examen facile et éloignait beaucoup de causes d'erreur.

La syphilis artérielle, au dire de Heubner, si on la compare à l'artérite chronique, aux athéromes ordinaires, peut presque être considérée comme une artérite aiguë. Je crois cette opinion vraie, avec cette légère modification que je la nommerais une *artérite subaiguë.*

Le début de la lésion de la branche artérielle a été marqué par une douleur assez vive, douleur localisée sur le point malade, spontanée et augmentant par la pression. Le vaisseau devenait rapidement le siège d'une induration partout uniforme, ayant d'un côté une étendue de 25 millimètres et de l'autre de 3 millimètres d'une consistance uniforme, sans changement de couleur à la peau. Lors du premier examen que je fis du malade, l'artérite avait déjà l'étendue qu'elle conserva pendant tout le cours de la maladie. Jamais je n'ai pu constater de point plus dur, plus saillant dans un point que dans l'autre. Les limites de l'induration à ses deux extrémités étaient nettement tranchées, et ne se continuaient pas par une gradation insensible avec les tissus sains.

Les battements de l'artère diminuèrent dès les premiers temps de l'artérite et disparurent des deux côtés au bout d'une dizaine de jours. Cette disparition lente et graduelle des battements ne permet pas d'admettre l'existence d'une embolie, mais je n'ose me prononcer sur la question de savoir si l'artérite s'est accompagnée, à l'une de ses périodes, d'une coagulation sanguine d'une thrombose. La plupart des auteurs actuels admettent l'oblitération du vaisseau sans thrombose, par lésion des tuniques, comme le processus d'oblitération le plus habituel. Ainsi F. Balzer écrit (*loc. cit.*, p. 615) : « Les vaisseaux ne s'oblitèrent que progressivement par prolifération des cellules de la couche interne. » D'autres, et Lancereaux en particulier, écrivent que l'épaississement des tuniques a pour effet habituel de rétrécir le calibre du vaisseau, et d'en produire l'obstruction par la formation d'un caillot fibrineux. Sans pouvoir déterminer exactement la part d'une thrombose dans l'artérite de X..., on peut dire que l'épaississement des tuniques artérielles a constitué la plus grande partie de l'induration cylindrique constatée sur le trajet du vaisseau.

La lésion de l'artère a donc atteint rapidement sa période d'état, et elle a donc évolué, comme le disaient Heubner et P. Baumgarten, sous une forme aiguë. Ce processus a été identique dans les deux branches artérielles symétriques.

La douleur spontanée a disparu pendant la période d'état de la lésion.

L'observation que je rapporte éclaire encore une autre question : l'artérite syphilitique peut guérir alors même qu'elle est parvenue à la période d'oblitération.

Le travail de résolution s'est accompli presque en même temps dans les deux artères, avec cette différence, que son évolution a été plus rapide dans l'artère atteinte la dernière.

La durée du travail de résolution des artères a duré cinq mois.

Les symptômes ont été les mêmes que ceux de la période de développement, mais en sens inverse.

La première amélioration a été signalée par le retour des battements dans le vaisseau. Ces battements, d'abord très faibles, n'ont repris leur force normale qu'après l'achèvement de la résolution de la phlegmasie vasculaire.

La guérison a été entière et rien depuis lors ne pourrait faire reconnaître le point primitivement atteint.

Le traitement a été exclusivement interne : l'iodure de potassium aux doses de 2-5 grammes par jour. Plusieurs fois ce médicament a dû être interrompu à cause de l'apparition d'accidents d'iodisme. Pendant ce temps on avait toujours recours à des doses élevées d'iodure de sodium et d'ammonium.

M. le Docteur E. BREMOND fils

Médecin du Lycée Condorcet, à Paris.

L'OZONE DANS LE TRAITEMENT PAR LES BAINS DE VAPEURS TÉRÉBENTHINÉES

— Séance du 6 septembre 1884 —

Dans le cours de travaux antérieurs (1) nous avons exposé des procédés nouveaux et décrit des appareils qui nous avaient permis de faire pénétrer à travers l'enveloppe cutanée certains médicaments. Au point de vue clinique, c'est l'essence de térébenthine que nous avons employée le plus souvent, à cause de ses propriétés curatives et aussi à cause des troubles que produit son ingestion par les voies digestives. Suivant les traditions les plus anciennes de la thérapeutique, nous avons employé ce médicament pour combattre certaines maladies de l'appareil génito-urinaire, les nombreuses manifestations du rhumatisme chronique (2), quel qu'en soit le siège, enfin des états pathologiques, dénommés maladies par ralentissement de nutrition, qui, outre la forme arthritique, se révèlent par des dysménorrhées ou des leucorrhées idiopathiques (3). Les résultats obtenus par ce traitement nous ont conduit à rechercher quel était l'agent chimique qui produit les effets observés. On a démontré que ces maladies étaient produites par des oxydations incomplètes ; il arrive, dit M. le professeur Bouchard, une quantité suffisante d'oxygène aux tissus, mais ils n'en consomment qu'une faible partie. Pour les opérations si importantes de la nutrition intime, l'oxygène devient donc insuffisant. Les indications fournies par les travaux de Schönbein, qui avait ozonisé l'oxygène de l'air par l'agitation de l'essence de térébenthine, nous ont conduit à rechercher si l'ozone se dégageait dans nos appareils. A la fin de la journée, nous avons suspendu dans la caisse où se produisent les vapeurs térébenthinées, à l'abri de toute vibration, même celles de la lumière, dans un milieu

---

(1) *Absorption cutanée. Expériences physiologiques et applications thérapeutiques.* In-8°. J.-B. Baillière et fils, Paris, 1873.

(2) *Bains térébenthinés, leur emploi dans le traitement des rhumatismes.* In-8°. J.-B. Baillière et fils, Paris, 1877.

(3) *Bulletins de la Société de Thérapeutique*, 1884.

sec, des papiers réactifs de Schönbein de Houzeau, des papiers imbibés de teinture alcoolique de racine de gaïac ; ces papiers portaient le lendemain matin la coloration révélatrice de l'ozone ; cependant des papiers témoins, placés dans la même pièce, n'avaient pas varié. Ces faits sont en concordance avec les observations antérieures. Angus Schmitt, dans sa classification des huiles essentielles, d'après la quantité d'ozone qu'elles peuvent former, donne le second rang à la térébenthine.

Le passage de cette essence dans l'organisme, au cours du traitement, est affirmé par son expulsion au moyen des exutoires naturels, en premier lieu, le rein.

Pendant le séjour de la térébenthine dans le sang, elle peut transformer en ozone l'oxygène qui y est contenu et donner une plus grande puissance à l'agent chargé de parfaire des oxydations retardantes.

Du reste, la présence de l'ozone a été signalée dans le sang à l'état normal ; M. le professeur Duclaux l'a constaté, il montre le globule sanguin qui absorbe l'oxygène, exalte son action ; en parlant de l'hémoglobine, qu'il nomme le grenier de l'oxygène, il lui départit la propriété d'exalter les affinités chimiques, de façon, dit-il, à lui donner les fonctions de l'ozone. Après avoir enregistré ces phénomènes, observés à l'état normal, on peut supposer que la cause des maladies par ralentissement de nutrition réside dans une faiblesse de l'agent oxydateur et que la térébenthine, en provoquant la formation de l'ozone, supplée à cette impuissance.

Grâce à cet aide, les oxydations intracellulaires se rétablissent, l'urée reprend ses doses normales, l'acide urique diminue et l'on observe les effets que nous avons signalés dans le traitement de la lithiase urique (1). Tous les produits de combustion incomplète peuvent être atteints par ce même agent, ainsi peut disparaître le sucre qui, suivant M. le professeur Bouchard, résulte d'un défaut ou d'une insuffisance des actes de l'assimilation, de la consommation du sucre dans les éléments anatomiques. L'ozone facilite la combustion respiratoire et devient un puissant adjuvant, quand il était survenu une diminution dans la faculté des échanges qui constituent la fonction fondamentale de l'hématose.

Pour emprunter un appui à l'un des savants les plus autorisés, nous rappellerons les travaux sur l'ozone de M. le professeur Berthelot. A la suite d'expériences sur l'absorption de l'azote par les végétaux sous l'influence de l'ozone (2), il ajoutait, pour montrer la puissance d'oxydation de ce gaz : Si de faibles tensions électriques déterminaient la formation considérable d'ozone, toutes les matières organiques oxydables, répandues à la surface de la terre, seraient détruites.

(1) *Bulletins de la Société de thérapeutique.*
(2) *Comptes rendus de l'Académie des sciences,* 1877.

M. VERNEUIL

Membre de l'Académie de médecine, Professeur à la Faculté de médecine de Paris.

DES PÉRIOSTITES RHUMATISMALES ÉPHÉMÈRES

— *Séance du 8 septembre 1884* —

Cette affection a été observée chez deux malades manifestement arthritiques.

La première, âgée de 44 ans, a eu plusieurs attaques de rhumatisme articulaire aigu, une dyspepsie à retours fréquents, un zona, des névralgies, une dermatose très rebelle; enfin elle présente un néoplasme dépendant de l'arthritisme, un fibrome utérin. L'année dernière, névralgie occipitale accompagnée de fièvre intermittente; le sulfate de quinine guérit la fièvre, mais non la névralgie. Au commencement de 1884, violente névralgie thoraco-brachiale avec douleurs vives du sein et rétraction du mamelon qui firent penser à un cancer au début; cette névralgie disparut à l'aide d'antiphlogistiques. Bientôt apparut à la partie moyenne de la face externe du bras droit une tuméfaction douloureuse, très dure, sans changement de coloration à la peau, adhérente à l'os, ovalaire, ayant environ 7 centimètres sur 5 transversalement. Trois semaines après, autre tuméfaction très douloureuse, ayant les mêmes caractères, à la tempe droite, ayant 4 centimètres d'étendue et 4 ou 5 millimètres de saillie. Quelques jours après, autre tuméfaction de la moitié droite du corps du maxillaire inférieur, suivie bientôt d'un gonflement superficiel au niveau de la face interne du tibia droit. Celle de la tempe se ramollit, fluctua et parut vouloir s'ouvrir; mais il n'en fut rien; les autres restèrent à peu près stationnaires. La malade n'étant pas syphilitique, on ne put incriminer que le rhumatisme et on prescrivit du salicylate de soude, qui soulagea les douleurs, mais qu'on fut obligé de cesser à cause de l'intolérance de l'estomac.

Bientôt de nouvelles périostites se manifestèrent près de l'épine nasale, au niveau de la tête du sourcil, et vers la partie moyenne de l'occiput.

La seconde malade, âgée de 46 ans, atteinte de cancer avancé et inopérable du col de l'utérus, compte parmi ses ascendants des goutteux, des cancéreux, des asthmatiques. Elle fut prise subitement d'une tuméfaction du bord externe de l'avant-bras, d'une étendue de 6 centimètres et qui n'était autre qu'une périostite du radius. A l'autre bras et au cou apparurent deux autres nodosités rhumatismales qui, après huit jours, entrè-

rent en voie de résolution. Il y a quinze jours, la périostite du radius et les
nodosités avaient disparu, mais il s'était produit une petite saillie périosti-
que sur le bord libre de la mâchoire inférieure. De plus, le fémur devint
douloureux à la pression en un point très circonscrit, ce qui permit de
croire à une périostite, malgré l'impossibilité de constater la tuméfaction.

Dans ce dernier cas, les tuméfactions osseuses soulevaient une question
intéressante de diagnostic, car on crut un moment à des cancers secondaires des os.

En résumé, les deux malades ont été prises de tuméfactions périosti-
ques multiples, sans fièvre, sans rougeur de la peau ; ce qui confirma l'opinion de leur nature rhumatismale, c'est que l'une des malades, s'étant
exposée à un courant d'air froid, vit subitement les douleurs reparaître
et la tuméfaction temporale augmenter de volume.

Les auteurs n'ont pas encore décrit cette affection. M. Besnier, dans
l'article RHUMATISME du *Dictionnaire encyclopédique*, parle de la possibilité
de congestions subites du périoste. Depuis M. Meynet, de Lyon, en 1875,
on a décrit des nodosités rhumatismales éphémères, variant du volume
d'une lentille à une petite noisette, paraissant siéger dans le périoste ;
mais elles ne ressemblent pas à ces périostites étendues, observées chez
les deux malades précédentes (1).

M. SOULEZ

De Romorantin.

DÉPLACEMENTS DE LA RATE HYPERTROPHIÉE

— *Séance du 8 septembre 1884* —

Le diagnostic des tumeurs abdominales a acquis dans ces dernières
années une remarquable précision, et cette précision résulte des nombreux travaux qui sont publiés presque chaque jour, et aussi de la publication des résultats heureux ou malheureux des opérations hardies pratiquées en observant les règles de la méthode antiseptique.

Mon intention, Messieurs, est de vous faire un rapide exposé de quelques cas rares de ma pratique médicale. En exerçant dans une contrée où

(1) Cette communication a été suivie d'une discussion qui est résumée au procès-verbal. (Voir
1ʳᵉ partie, p. 232.)

l'impaludisme aigu et chronique est d'une observation en quelque sorte
journalière, j'ai eu l'occasion d'observer une variété singulière de tumeur
intra-abdominale constituée par la rate, dont le poids avait été tellement
augmenté par une énorme hypertrophie, qu'elle avait quitté l'hypochondre
gauche pour apparaître dans des points fort différents de la cavité abdominale.

Obs. I. — Ma première observation date de 1868. Valérie, âgée de trente-
deux ans, présentait tous les signes d'une cachexie paludéenne. Elle avait eu
ses premiers accès de fièvre à l'âge de trois ans ; depuis ce moment elle était
restée toujours faible ; à dix-sept ans elle s'était mariée et a eu trois accouche-
ments heureux. Le dernier remontait à six ans. A part tous les signes de cette
cachexie, elle se plaignait de douleurs abdominales et était sujette à des
règles extrêmement copieuses. Elle portait dans l'abdomen, au-dessous de
l'ombilic, une tumeur transversale, dure, peu douloureuse au toucher, et qui
s'étendait au moment de mon examen d'un flanc à l'autre. Son grand diamètre
mesurait 23 centimètres ; son petit diamètre, 12 centimètres. Cette femme me
racontait que cette tumeur pouvait se fixer à droite, à gauche, en haut et en
bas, suivant les différentes positions du tronc. En effet, cette tumeur, malgré
son volume, était d'une mobilité extrême ; je pouvais, en effet, par des pressions
méthodiques, la porter dans les différentes régions de l'abdomen et même dans
l'hypochondre gauche ; mais sitôt qu'on cessait la pression, elle reprenait sa
place au-dessous de l'ombilic. Quelquefois il arrivait à cette singulière tumeur
de se placer de champ, sa face antérieure devenant alors supérieure. Valérie
éprouvait alors des coliques atroces accompagnées de refroidissement, de tendance à la lipothymie, des vomissements. Elle était obligée de se coucher et,
par des pressions sur la grosseur, elle finissait par la faire changer de place,
ce qui amenait un soulagement immédiat.

Je crus reconnaître une rate flottante et je soumis la malade au sulfate de
quinine, aux toniques. Au bout de six mois la tumeur avait notablement
diminué de volume et occupait l'hypochondre et une partie du flanc gauche. Le
traitement fut continué pendant deux ans. Tous les signes de la cachexie
disparurent, la santé devint florissante. Toute tumeur avait disparu, et la
percussion nous démontra qu'elle était rentrée sous les côtes dans sa loge
habituelle.

Obs. II. — En 1872, je fus consulté par une femme Rudeau de Veillenis, âgée
de cinquante-deux ans.

Cette femme, depuis trois ans, avait très souvent de petits accès de fièvre.
Elle était pâle, amaigrie, le facies cachectique, et vomissait depuis un mois
presque tous ses aliments. Je trouvai une énorme tumeur qui occupait la
partie inférieure de l'abdomen, s'étendant d'une fosse iliaque à l'autre et
remontant jusqu'à l'hypochondre droit.

Le toucher vaginal ne permettait pas de sentir la tumeur, la matrice avait
conservé la mobilité et les culs-de-sac étaient parfaitement normaux. Cette
tumeur était mobile ; une pression un peu forte, jointe au décubitus latéral
gauche, permettait de ce côté un déplacement ; par une inversion du tronc,
on pouvait la faire remonter jusqu'au niveau de l'épigastre.

Cette tumeur n'était pas sensible, si ce n'est quand la malade avait eu un accès de fièvre, le moindre attouchement devenait fort douloureux en ce moment, le contact des draps même ne pouvait être supporté.

Soumise au sulfate de cinchonidine, au fer et au quinquina, la tumeur diminua de volume. En 1882 j'ai eu l'occasion de revoir cette femme. Elle jouit d'une bonne santé et se livre à ses occupations. La rate est encore hypertrophiée, elle dépasse les fausses côtes de 7 centimètres; elle est encore mobile dans le sens transversal.

Obs. III. — Femme Pleuvard, de Millançay, âgée de vingt-deux ans, contracte les fièvres en 1882. Depuis ce moment elle ne peut s'en débarrasser, malgré de nombreuses doses de sulfate de quinine. Cette femme, cachectique au plus haut degré avec œdème périmalléolaire, bouffissure du visage sans albuminurie, porte une tumeur étendue de l'hypochondre droit à la fosse iliaque gauche et remplissant la presque totalité du ventre. Son grand diamètre mesure 38 centimètres et le petit 16. Cette tumeur est mobile, dure, non douloureuse au toucher.

Après deux mois de traitement par le sulfate de cinchonidine, son grand diamètre descend à 22 et la tumeur se rapproche de la ligne médiane.

Au mois de juillet 1883, la tumeur est retrouvée dans l'hypochondre et le flanc gauche. L'état général est meilleur.

Elle devient enceinte et accouche heureusement le 18 juin 1884. Quatre jours après l'accouchement elle est prise de vomissements, hoquets, petitesse du pouls. La tumeur, qui débordait les fausses côtes, était extrêmement douloureuse. Il s'agissait d'une inflammation du péritoine avec périsplénite qui disparut avec les moyens ordinaires, glace, opium, etc. Revue le 16 août dernier, la rate est dure, bosselée, adhérente, immobile à sa place ordinaire. La santé est bonne, mais, par précaution, la femme Pleuvard prend par intervalles du sulfate de cinchonidine.

Obs. IV. — Ma quatrième et dernière observation se rapporte à une rate adhérente couchée sur le pubis, très volumineuse et présentant peu de mobilité. Je l'ai trouvée chez une femme Pidlen, de Mur, âgée de quarante-six ans.

Elle fait remonter cette tumeur à dix-huit ans; je l'ai découverte par hasard, cette femme ne s'en plaignant nullement.

C'est à dessein que j'ai oublié de vous parler, dans le récit de ces observations, des signes qui permettent de reconnaître que la tumeur abdominale est formée par la rate déplacée et flottante dans cette cavité. Mais avant d'entreprendre cette étude, il serait intéressant de connaître l'état du pédicule splénique, qui, par son élongation, a permis le déplacement de l'organe. Or, le mécanisme de la guérison et l'élévation progressive de la rate dans ce que je peux appeler le département qui lui est destiné, outre la conservation du volume de la rate flottante, nous permettent de supposer que la circulation du sang dans l'organe n'est pas atteinte et que les artères et les veines, malgré l'énorme distension, ont conservé leur perméabilité. Du reste, dans les observations d'ablation de rate flottante qui ont été publiées, nous trouvons que la ligature a porté sur des artères et des veines notablement accrues dans leurs diamètres.

Cette distension du pédicule splénique a été, du reste, progressive. Depuis la simple mobilité que possèdent toutes les rates hypertrophiées et dépourvues d'adhérences jusqu'à la migration totale de l'organe, il s'écoule un temps plus ou moins long pendant lequel les artères et les veines peuvent s'habituer à ce tiraillement continuel et augmenter même de calibre, ainsi que le prouvent les splénectomies pratiquées.

Comment peut-on reconnaître que la tumeur examinée est constituée par la rate hypertrophiée?

Dans les cas que nous avons eu l'occasion d'examiner, la rate, seulement hypertrophiée, avait conservé la forme ellipsoïdale ; de plus, par la palpation, on arrive facilement à découvrir le bord antérieur de l'organe épais s'amincissant pour représenter sur tout son contour un biseau aigu. Enfin j'ai toujours constaté la présence d'une ou plusieurs scissures pathognomoniques.

L'étendue des mouvements qu'elle peut exécuter dans tous les sens, la possibilité de la ramener dans l'hypochondre et le flanc gauche, seront des signes précieux, si surtout on a présent à l'esprit, dans l'exploration d'une tumeur abdominale, qu'elle peut être constituée par un déplacement de la rate.

Il n'est pas jusqu'au traitement qui, dans les cas d'hypertrophie paludéenne, en modifiant l'état général, modifie également les dimensions de l'organe et devient par conséquent un élément de diagnostic important. Nous ajouterons également l'étude des antécédents, qui pourra nous faire connaître si la patiente a habité une contrée où sévit l'impaludisme, ou si elle-même en a eu quelque manifestation.

Pour tous nos malades le diagnostic ne pourrait être douteux. L'administration du sulfate de quinine et, mieux, du sulfate de cinchonidine, continuée pendant longtemps, a suffi, en amenant le retrait de la rate et, par conséquent, la diminution de son poids, pour contrôler ce que les autres signes nous avaient appris.

L'opération de la splénectomie est-elle indiquée dans les cas de rate flottante par suite d'hypertrophie paludéenne? Non, Messieurs. Si l'opération de la splénectomie pour rate mobile, faite quatre fois jusqu'à ce jour, a donné des résultats plus heureux que pour les opérations d'hypertrophie ou de dégénérescence kystique ou autre, il faut dire que le plus souvent l'opération n'a été pratiquée qu'à la suite d'une erreur de diagnostic.

Péan, dans la relation de sa deuxième opération de splénectomie suivie de succès, resta dans le doute sur la tumeur qu'il enlevait jusqu'à l'apparition de la tumeur dans le champ opératoire.

Alonzo croyait enlever une tumeur de l'utérus.

Seul, Martin, de Berlin, reconnut avant toute intervention chirurgicale que la tumeur abdominale appartenait à une rate hypertrophiée et flottante. L'opération, du reste, eut un plein succès.

Les détails de l'opération de Urbino di Cassano nous manquent pour savoir si le diagnostic avant l'opération avait été fait. Nous savons seulement que son opérée mourut le troisième jour d'une péritonite généralisée.

A quoi servirait, du reste, l'ablation d'un organe comme la rate dans le cas de cachexie paludéenne, affection *totius substantiæ* et qui disparaît le plus ordinairement par un changement de climat, état contre lequel nous sommes, du reste, si puissamment armés ? Les résultats déplorables d'opérations entreprises dans ces cas sont là pour empêcher toute intervention chirurgicale. En enlevant la rate, on ne détruit pas la maladie et l'on s'expose à ces hémorrhagies qui ont été le plus souvent la cause de la mort; hémorrhagies liées à un état dyscrasique du sang sur lesquelles mon maître et ami le professeur Verneuil a attiré l'attention des chirurgiens.

M. Auguste VOISIN

Médecin de la Salpêtrière.

DE L'HYPNOTISME EMPLOYÉ COMME MOYEN DE TRAITEMENT DE L'ALIÉNATION MENTALE ET DES NÉVROSES ET COMME AGENT MORALISATEUR

— *Séance du 8 septembre 1884* —

J'ai reçu il y a quelques mois, dans mon service de la Salpêtrière, une nommée Schaff..., âgée de 23 ans, pour laquelle j'avais été, peu de temps avant, commis par un juge d'instruction et que j'avais déclarée irresponsable de vols et d'abus de confiance dont elle était accusée. Cette fille avait été antérieurement condamnée à plusieurs reprises pour des actes de même nature.

En dehors des troubles nervoso-mentaux hystériques qu'elle présentait, c'est-à-dire des hallucinations, de l'agitation et des attaques de nerfs, cette fille était perverse, débauchée au plus haut degré, grossière dans sa tenue et dans son langage et paresseuse ; elle se refusait à toute espèce de travail de couture et à toute occupation qui nécessitait qu'elle fût assise et tranquille. Elle ne se prêtait à aucune discipline, elle désobéissait à toutes les injonctions et à tous les règlements, et elle répondait à toutes mes recommandations et à mes questions par les expressions les plus ordurières.

J'ai pensé d'abord à utiliser le sommeil hypnotique pour calmer la surexcitation mentale et sensorielle, et, dans ce but, je l'ai endormie tout les jours ou tous les deux jours (1).

Le premier essai d'hypnotisme eut lieu le 31 mai dernier, pendant un état d'excitation maniaque des plus intenses. Je pus endormir cette femme en dix minutes à peu près. Un sommeil profond suivit aussitôt l'agitation et dura trois heures et demie.

Depuis ce moment, le traitement a été continué sans interruption ; le sommeil a été maintenu dix à douze heures en moyenne, une fois pendant vingt-trois heures, au moyen de la méthode suggestive, c'est-à-dire en enjoignant à l'endormie de se réveiller à telle heure.

Je fus profondément étonné de constater que la malade se calmait progressivement et que les hallucinations diminuaient, puis cessaient.

A plusieurs reprises, je suis arrivé dans mon service sans y être attendu, et j'ai trouvé la malade dans une agitation aussi furieuse et aussi effrayante qu'on peut se l'imaginer, et l'hypnotisme l'a fait cesser immédiatement. C'est un spectacle des plus émouvants de voir tomber dans le sommeil le plus calme et dans l'insensibilité absolue une malade qui, une minute auparavant, gesticulait, frappait et vociférait. Cette puissance de l'hypnotisme impressionne à un haut degré.

Mais Schaff... restait insoumise dès qu'elle était éveillée, et son langage et sa tenue étaient aussi déplorables.

J'eus alors l'idée de lui suggérer, pendant son sommeil hypnotique, des idées d'obéissance, de soumission et de convenance avec les employées et avec nous, et de lui enjoindre de ne plus parler un langage ordurier et injurieux, de ne plus se livrer à la colère et d'exécuter tel ou tel travail, à telle heure. Mes injonctions, ainsi que celles de M. Gamet, interne de mon service, ont été ponctuellement exécutées, et je suis arrivé à la faire coudre pendant une heure à deux par jour dans la salle de travail des malades tranquilles de mon service.

Elle nous répond souvent pendant son sommeil qu'elle n'obéira pas, mais en insistant nous obtenons sa promesse d'exécuter la suggestion et elle le fait avec une ponctualité et une précision étonnantes.

‹ Elle est devenue obéissante, soumise au règlement, elle n'emploie plus de mots inconvenants ; elle se tient proprement et même avec une certaine recherche.

En présence du résultat obtenu, j'eus l'idée de lui enjoindre d'apprendre des passages d'un livre de morale et de venir me les réciter trois ou quatre jours après, à une heure indiquée. Elle l'a fait, et elle a montré en récitant les

---

(1) L'hypnotisme a été obtenu soit par l'action du regard, soit en faisant fixer par la malade un doigt tenu près la base du nez, soit par l'influence de la lumière au magnésium sur les deux yeux ou sur un seul œil. Le strabisme convergent double interne et supérieur n'est pas nécessaire, comme l'avait dit Braid. La malade a toujours résisté à l'hypnotisme, ce qui infirme encore l'opinion de Braid.

passages une notable mémoire, d'autant plus grande que ces pages se composent d'une suite de sentences détachées et que cette fille n'avait pas lu une ligne depuis plusieurs années.

Je lui ai suggéré de venir réciter des chapitres de morale devant les auditeurs de mon cours, elle a exécuté mon injonction.

Je lui ai encore tout récemment donné l'idée d'apprendre six pages de l'Évangile selon saint Mathieu en allemand et de me les réciter quelques jours après, à une heure déterminée. Elle l'a fait sans aucune faute, sa diction a été excessivement nette et son récit très rapide ; elle ne le suspendait qu'à la fin des chapitres. Elle a montré dans cette épreuve une mémoire évidemment développée ; je crois peu de personnes capables d'en faire autant.

J'ai pensé, en outre, à faire revivre ses sentiments affectifs absolument éteints.

Elle me parlait avec haine de ses sœurs, elle menaçait de les tuer et elle se refusait à les voir.

Je lui ai enjoint pendant un de ses sommeils de m'écrire une lettre dans laquelle elle me promettrait de se conduire en fille honnête comme ses sœurs et de bien les accueillir. Elle a écrit la lettre à l'heure fixée et le lendemain elle a reçu ses sœurs avec affection. Sa tenue avec elles ne s'est pas démentie depuis ce jour.

Ainsi que l'avait bien observé Braid, ma malade n'a aucun souvenir de ce qui se passe pendant son sommeil hypnotique, aussi elle ne peut me dire pourquoi elle exécute tel ou tel acte, ni pourquoi elle me récite des pages entières ; elle dit le faire d'elle-même, sans avoir conscience qu'elle exécute une suggestion.

Ces jours-ci, mon interne lui a suggéré l'idée de m'écrire une lettre à l'occasion de ma fête, de m'y témoigner sa reconnaissance et ses promesses de se conduire honnêtement.

Cette lettre m'est parvenue le 28 août. Je ne résiste pas à vous en lire quelques lignes.

Je continue chez cette malade d'employer le même moyen, mais j'ai pensé que le résultat acquis aujourd'hui, m'autorisait à vous communiquer un fait qui montre le parti qu'on peut tirer de l'hypnotisme pour le traitement des troubles nervoso-mentaux, tels que les hallucinations et l'agitation même furieuse, et pour le redressement des sentiments affectifs, du caractère, des penchants inférieurs, en suggérant aux hypnotisés une direction morale et des idées déterminées.

L'hypnotisme peut donc alors devenir un agent moralisateur (1).

_____

(1) Cette communication a été suivie d'une discussion qui est résumée au procès-verbal. (Voir 1re partie, p. 233.)

M. HAYEM

Professeur à la Faculté de médecine de Paris.

DE L'EXAMEN DU SANG AU POINT DE VUE DU DIAGNOSTIC DES MALADIES AIGUES

— *Séance du 8 septembre 1884* —

L'examen du sang doit être pratiqué à l'aide d'une cellule spéciale (cellule à rigole) qui met le sang à l'abri de tout traumatisme et du contact de l'air.

Dans une lame de verre un peu épaisse on a creusé une rainure circulaire d'environ 2 millimètres de large qui isole un petit disque de verre de 3 millimètres de diamètre. Sur le bord externe de la rainure on étend une mince couche de vaseline, puis on dépose avec un agitateur de verre de petit diamètre une très petite gouttelette de sang sur le disque. On recouvre immédiatement le sang avec une lamelle bien plane, suffisamment mince, et on appuie légèrement sur les quatre coins de cette lamelle, de manière à la faire adhérer uniformément à la couche de vaseline sur tout le pourtour de la rigole. On obtient ainsi sur le petit disque central une mince lame de sang d'une épaisseur convenable et partout la même.

Les préparations de sang pur faites par ce procédé permettent d'étudier l'état anatomique des éléments et d'apprécier approximativement le nombre des globules rouges et celui des blancs. Elles servent plus particulièrement à l'étude du processus de coagulation et peuvent à cet égard remplacer le dosage de la fibrine.

Parmi les faits cliniques qui sont révélés par l'examen du sang pur, M. Hayem attire surtout l'attention sur la possibilité de différencier dès le début une phlegmasie d'une pyrexie.

Dans les maladies inflammatoires on aperçoit un réticulum à fibrilles nombreuses et épaissies, tandis que dans les pyrexies le réticulum fibrineux reste presque totalement invisible. Il y a quelques rares exceptions à cette règle générale. Ainsi, dans certains cas de pneumonie, le sang se comporte comme dans les pyrexies ; ces cas se rapportent à la forme clinique particulière qui a été désignée sous le nom de pneumonie typhoïde. Il existe donc un caractère différentiel très important entre la pneumonie lobaire ordinaire et la pneumonie lobaire typhoïde, bien que la première soit considérée aujourd'hui comme une maladie infectieuse. La pneumonie typhoïde présente d'ailleurs des caractères anatomo-pathologiques particuliers.

M. Hayem insiste également sur la possibilité de distinguer, par l'examen du sang, l'embarras gastrique fébrile de la fièvre typhoïde, la première maladie rendant le sang fibrineux, la seconde ne déterminant pas d'augmentation de la fibrine. Il a constaté, de plus, que dans la fièvre rhumatismale sans manifestations articulaires la fibrine est augmentée, et qu'il en est de même dans la goutte aiguë.

Il ajoute que la constatation des caractères fibrineux du sang facilite souvent le diagnostic des complications inflammatoires survenant dans le cours des maladies infectieuses pyrétiques, et il montre, à l'aide de ces exemples, que l'examen clinique du sang pur fournit des documents à l'aide desquels on peut constituer un important chapitre de séméiologie générale.

M. Henri HENROT

Professeur à l'École de médecine de Reims.

DE L'HÉMOGLOBINURIE

— *Séance du 8 septembre 1884* —

Messieurs, j'ai l'honneur de vous communiquer deux faits d'hémoglobinurie.

Obs. I. — *Hémoglobinurie.* — *Tuberculose pulmonaire.* — *Néphrite chronique.* — *Mort.* — *Autopsie.* — *Néphrite colloïde.* — *Dépôts d'hémoglobine entre les pyramides de Malpighi.*

Je résume ici la première partie de l'observation publiée en 1881.

S..., 32 ans, menuisier, a eu la syphilis à l'âge de 17 ans; il a eu plus tard d'autres accidents vénériens qui n'ont pas laissé de traces.

Il dit être malade depuis dix ans, mais il y a seulement deux ans qu'il a dû interrompre son travail; à cette époque, il est entré à plusieurs reprises à l'Hôtel-Dieu dans différents services; il se plaignait d'une grande faiblesse, accusait des phénomènes bizarres : tantôt il rendait de l'urine normale, tantôt de l'urine rouge-acajou foncé. Cette urine ne contenait pas de sang. Le malade, accusé de supercherie, fut renvoyé.

Il entra dans mon service le 15 décembre 1880, atteint d'une chloro-anémie profonde, avec une teinte jaunâtre de la peau, rappelant celle des gens qui ont quelque cancer latent. L'examen attentif de tous les organes révéla de la bronchite, de l'emphysème, et probablement un noyau caséeux cicatrisé du sommet du poumon droit; le cœur, le foie, la rate, les voies digestives ne présentaient rien de pathologique.

Le malade disait avoir tous les matins un accès de fièvre à la suite duquel les urines qu'il émettait, au lieu d'avoir leur coloration normale, étaient d'un rouge foncé; celles-ci donnaient par l'alcool, l'acide acétique et le réactif de Valser, un dépôt que M. le professeur Lajoux nous dit être probablement de la métalbumine.

Nous avions alors désigné cette maladie, que nous croyions nouvelle, sous le nom de métalbuminurie, et plus tard d'hématinurie, quand M. Lajoux nous signala la présence de l'hématine dans ces urines extraordinaires.

Au commencement de janvier 1881, je voulus savoir d'une façon positive si véritablement cette urine n'était pas colorée artificiellement; je fis uriner le malade devant moi et je constatai qu'à certains moments il rendait de l'urine claire, tandis que dans d'autres circonstances l'urine rendue était rouge acajou foncé; elle avait cette teinte, soit à la suite d'un accès de fièvre qui se produisait le plus souvent vers quatre ou cinq heures du matin, soit après une promenade de quelques instants dans la cour (en janvier), soit après un exercice musculaire un peu actif, comme l'action de cirer le parquet.

L'urine jaune, limpide, rendue habituellement par le malade, ne donnait aucun précipité ni par la chaleur, ni par la chaleur et l'acide azotique, ni par l'acide azotique à froid; il n'y avait ni albumine, ni sucre; par l'acide azotique à froid, il se formait un anneau hémaphéique manifeste.

Dans l'urine rouge foncé, recueillie après une promenade au froid, je constatai un dépôt albumineux très manifeste; l'albumine, dosée par l'appareil d'Esbach avec le liquide acéto-picrique, existait dans la proportion considérable de 9 grammes par litre.

L'examen microscopique de cette urine, fait avec le plus grand soin, ne nous permit de constater la présence ni de globules rouges, ni de gaines ou de cellules épithéliales; cette constatation a son importance parce qu'elle prouve que la coloration de l'urine ne tenait pas à la présence des éléments figurés du sang.

Je ne savais comment expliquer ces albuminuries intermittentes, lorsque la communication de M. Mesnet à l'Académie de médecine en mars 1881 vint m'apprendre qu'il y avait dans la science des faits analogues à celui que je venais d'observer, que l'on désignait sous le nom d'hémoglobinurie.

J'eus de nouveau recours à l'obligeance de mon distingué collègue de l'École, le professeur Lajoux, pharmacien en chef de l'Hôtel-Dieu, qui voulut bien faire de ces urines rouges une analyse de la plus haute importance dont voici les résultats :

« Cette urine était remarquable par sa couleur acajou; on avait d'abord pensé à une supercherie de la part du malade, mais nous n'eûmes pas de peine à reconnaître que celle-ci, qui était albumineuse, devait sa teinte particulière à la matière colorante du sang altéré.

» Elle ne contenait pas de globules sanguins; examinée directement au spectroscope, elle ne présentait rien de particulier, mais, évaporée au bain-marie en consistance sirupeuse, puis chauffée avec quelques gouttes d'acide acétique, reprise par une petite quantité d'eau et portée devant la fente du spectroscope, on observait dans le spectre la bande d'absorption de l'hématine. Une parcelle du résidu de l'évaporation de l'urine, convenablement traitée, nous fournit aussi au microscope des cristaux d'hémine ou de chlorhydrate d'hématine.

» Nous avions ainsi décelé dans l'urine la matière colorante du sang; nous aurions voulu rechercher si elle y existait à l'état d'hémoglobine, comme dans le sang lui-même, ou à celui d'hématine, qui est le produit de l'altération de l'hémoglobine, altération que nos opérations avaient bien pu produire; malheureusement le malade n'émettait qu'à des époques irrégulières de petites quantités de cette urine remarquable et bientôt il quittait l'Hôtel-Dieu. »

En mars 1881, mon malade présenta des symptômes nouveaux : des crachements de sang et des ecchymoses phlycténoïdes sur la grande courbure des oreilles; les urines à ce moment devinrent beaucoup plus foncées, elles prirent une teinte noire, elles renfermaient alors quelques hématies faciles à voir au microscope.

L'urine est soumise à un nouvel examen de M. Lajoux :

« Elle est franchement sanguinolente; le dépôt qu'elle abandonne contient des globules sanguins; sa couleur est d'un rouge plus ou moins vif, mais jamais acajou ou café noir comme la première fois; la réaction est très peu acide, quelquefois presque neutre.

La densité...... 1.018 inférieure à celle de 1.020 pour l'urine normale.
Résidu fixe..... 49ᵍ   au lieu de 50ᵍ ou 60ᵍ   —
Sels minéraux.. 4ᵍ,20   —   10ᵍ   —
Urée.......... 15ᵍ à 18ᵍ —   30ᵍ   —
Acide urique... 1ᵍ supérieure à 0ᵍ,50   —
Albumine...... 5ᵍ   —

» Examinée au spectroscope, elle fournit les deux bandes d'absorption de l'hémoglobine oxygénée. »

Le sang est très appauvri, il contient seulement 3 millions de globules rouges par millimètre cube, plus un assez grand nombre de globules blancs, sans que cependant on puisse dire qu'il y ait leucémie.

Pendant toute l'année 1882, S... n'a pas quitté l'Hôtel-Dieu; la pâleur de la face et des téguments est toujours très marquée, l'appétit se perd, les forces diminuent, les signes de tuberculose pulmonaire s'accentuent chaque jour davantage; nous constatons de vastes cavernes dans le sommet des poumons.

Les urines, après avoir été sanguinolentes, sont redevenues claires; elles conservent constamment cette teinte. Au lieu d'être albumineuses seulement au moment des accès, elles renferment maintenant d'une façon constante des quantités considérables d'albumine.

Au point de vue spécial des fonctions rénales, notre malade a donc présenté trois périodes distinctes :

Dans la première période, correspondant à celle dans laquelle il y avait des accès d'hémoglobinurie, l'urine, dans l'intervalle des accès, était claire, limpide, non albumineuse; elle devenait rouge-acajou, et contenait une quantité considérable d'albumine pendant et un peu après les accès. Il est plusieurs fois arrivé que dans le courant de la même journée, le malade rendait successivement ces deux espèces d'urine, si différentes comme aspect et comme composition chimique.

Il est probable que, pendant toute cette période, le rein ne portait pas de lésions anatomiques durables, il ne se produisait que des troubles fonctionnels passagers comme les accès d'hémoglobinurie.

La seconde période, qui n'a duré que peu de temps et qui a coïncidé avec l'apparition de petites ecchymoses aux chevilles et sur la grande courbure des oreilles, est caractérisée par l'émission d'urines foncées renfermant du sang en nature; jamais dans l'urine hémoglobinurique nous n'avions trouvé d'hématies, tandis que durant cette période qui coïncide, selon nous, avec le début de la néphrite, les urines étaient tout à fait sanguinolentes. L'inflammation du rein reconnaît-elle pour cause une congestion de cet organe, un trouble de l'innervation vaso-motrice, ou une tension exagérée dans le système artériel rénal? Nous ne le pensons pas; la marche de l'affection nous fait plutôt supposer que cette néphrite reconnaît une cause dyscrasique, et que c'est le passage d'un sang chargé d'acides biliaires en excès qui aura déterminé cette dégénérescence colloïde, tout à fait particulière de la substance corticale.

La troisième période est caractérisée par la persistance de l'albumine dans l'urine et par les signes de cachexie produite par l'altération des poumons et par la dégénérescence rénale.

Dans les derniers temps de l'existence, l'urine, qui était rendue en très petite quantité, contenait plus de 25 grammes d'albumine par litre; les dosages ont été plusieurs fois répétés, il fallait étendre l'urine avec moitié eau pour lire les divisions de l'albuminimètre.

Bientôt le malade, complètement épuisé, fatigué par la toux et par une expectoration considérable, n'ayant plus d'appétit, ne se soutint qu'avec quelques cueillerées de lait et des injections de morphine, qu'il nous a souvent supplié de lui faire donner deux fois et quelquefois trois fois par jour.

Quelques jours avant sa mort, la face était d'une pâleur terreuse effrayante, le bout du nez était cyanosé et froid; l'œdème des membres inférieurs était peu considérable. S... est mort, pour ainsi dire, exsangue; nous avions plusieurs fois songé à lui faire une transfusion, mais l'état avancé de tuberculose pulmonaire nous a arrêté; il est bien certain que, dans ces conditions, l'opération ne pouvait donner que des résultats absolument incomplets et passagers.

Autopsie. — Le parenchyme pulmonaire est profondément altéré : de vastes cavernes occupent les deux sommets; dans le reste des poumons, on trouve à la fois de l'infiltration tuberculeuse et à la périphérie des cavernes un épaississement fibreux considérable.

Le myocarde présente une teinte un peu jaunâtre.

Le foie a un volume supérieur au volume normal; à la coupe, on constate une tendance à la dégénérescence graisseuse.

Les reins présentent un aspect tout à fait particulier; les pyramides ayant conservé leur forme normale et fortement colorées en rouge, semblent incrustées dans une masse colloïde uniformément jaune, résistante et dépourvue de vaisseaux.

Les autres organes ne présentent rien de particulier.

L'examen microscopique fut fait par M. le Dr Gueillot:

« Les lésions observées sont celles d'une néphrite interstitielle avancée dans son évolution, comme le prouvent l'épaisseur des travées, la présence de faisceaux ondulés, l'absence absolue de cellules embryonnaires et l'altération des tubes. Il s'est fait, dans le tissu conjonctif, une exsudation de matière colorante du sang : celle-ci se montre sous l'aspect de grains d'hématosine (hématine de certains auteurs), comme toutes les fois que le sang a séjourné dans les tissus. Ces petits amas pigmentaires n'ont guère été signalés que dans les néphrites d'origine cardiaque, alors que le rein est le siège de congestions répétées. »

En résumé, la maladie a présenté chez ce malade trois périodes bien distinctes :

La première, ou période prodromique, a une longue durée; elle est, du reste, assez mal caractérisée; la face et les muqueuses offrent une pâleur toute particulière; les forces diminuent sans que l'on puisse constater de lésion organique appréciable.

La seconde, ou période d'état, est caractérisée par des accès spéciaux que l'on peut résumer ainsi: Le malade éprouve du malaise, il a le plus souvent un frisson et un accès de fièvre, à la suite desquels il rend des urines albumineuses d'un rouge acajou. A la suite de cette crise dont la durée ne dépasse pas quelques heures, il y a constamment une sorte d'anéantissement qui se prolonge plusieurs jours, Chez notre malade, cette période a duré deux années, de 1879 à 1881.

La troisième, ou période néphrétique ou cachectique, est caractérisée par la permanence de l'albumine dans l'urine et par la dégénérescence de la substance corticale du rein. Chez S..., cette période a duré un peu moins de deux années. Dans le fait qui nous occupe, on pourrait supposer que la dégénérescence rénale était une complication de la tuberculose; nous ne le pensons pas; nous avons fait beaucoup d'autopsies de tuberculeux, nous n'avons jamais rencontré cette forme particulière de dégénérescence colloïde; il nous semble plus rationnel d'admettre que cette altération est la conséquence d'une irritation spéciale déterminée dans les glomérules et les *tubuli contorti* par le passage dans le rein d'une substance agissant à la façon d'un poison; en un mot, chez notre malade, la néphrite colloïde serait complètement indépendante de la tuberculose, ce serait une manifestation secondaire, consécutive à l'altération du sang. Le début de la période néphrétique a, du reste, été caractérisé par une véritable hématurie qui a duré une quinzaine de jours.

A propos de ce fait qui est complet, puisque l'autopsie fait suite à l'observation, nous pouvons rechercher la pathogénie de cette bizarre maladie. La fonte du globule rouge se fait-elle dans la vessie, dans le rein ou dans la masse du sang?

Il est peu probable que, comme plusieurs cliniciens l'ont supposé, la fonte du globule se fasse dans la vessie à la faveur d'un excès d'acide oxalique; il ne faut pas confondre l'hémoglobinurie avec l'hématurie; dans la première on constate au spectroscope de l'hémoglobine, et au microscope, l'absence d'hématies; tandis que dans l'hématurie on trouve des globules rouges intacts et non de l'hémoglobine en dissolution. Les calculs d'acide oxalique qui présentent des aspérités très aiguës peuvent blesser la vessie et déterminer une petite hémorrhagie, sans pour cela déterminer la fonte globulaire caractéristique de la maladie qui nous occupe.

La dissolution de l'hématie dans le rein n'est guère plus probable; dans les albuminuries toxiques, c'est évidemment le poison contenu dans le sang qui, en passant dans le glomérule, détermine l'inflammation; les néphrites saturnines, par exemple, ne sont pas des maladies primitives, mais secondaires; elles ne se produiraient pas si le sang ne renfermait pas des principes étrangers dont il cherche à se débarrasser. L'hémoglobihémie doit toujours, selon nous, précéder l'hémoglobinurie.

Quelle est la cause de cette hémoglobihémie? Ici encore les avis sont partagés; on sait cependant qu'à la suite de transfusions faites avec du sang défibriné, il n'est pas rare de constater de l'hémoglobine dans l'urine; le sang injecté agit sur le sang de la personne transfusée comme le ferait un poison. On sait aussi qu'en injectant dans le système veineux une solution aqueuse d'acides biliaires ou de différents éléments constituant de la bile, on détermine expérimentalement sur les animaux de l'hémoglobinurie; il est donc avéré que la présence dans le sang de certaines substances détermine dans l'intérieur même de ce liquide la fonte d'un certain nombre de globules rouges; ceux-ci sont éliminés par les reins, aussitôt qu'ils ont subi cette action spéciale, et que de globules vivants, ils sont devenus des globules morts.

Il y a donc, entre l'hémoglobinurie expérimentale et l'hémoglobinurie pathologique, des analogies frappantes; il resterait maintenant à démontrer que, chez les malades atteints d'hémoglobinurie, il existe un excès d'acides ou de pigments biliaires dans le sang.

Nous n'avons pas constaté directement dans le sang la présence de ces éléments, mais nous les avons retrouvés dans l'urine; chez le malade qui fait l'objet de notre première observation, nous avons constaté de l'hémaphéine; chez le malade dont l'observation va suivre il y avait de l'urobiline.

Il y aurait dans notre pensée une relation de cause à effet entre la production dans le foie d'un excès d'éléments biliaires, et la fonte globulaire dans le torrent circulatoire: l'hémoglobinurie serait la conséquence de la modification et de la destruction du globule sanguin.

Cette interprétation de l'hémoglobinurie nous conduit à recommander un traitement rationnel de cette maladie, consistant à brûler dans le torrent circulatoire ces éléments étrangers qui proviennent soit d'une activité trop grande des glandes chargées de la sécrétion de la bile, soit de l'insuffisance de l'élimination des matériaux résultant de la nutrition interstitielle. Les inhalations d'oxygène, tout en ne présentant aucun inconvénient, rempliraient ce but. Tout le monde sait que dans la chloro-anémie elles sont souvent plus actives que le fer; nous avons tout dernièrement, dans un cas de chlorose grave qui avait résisté aux préparations ferru-

gineuses les plus variées, obtenu des résultats très rapides et très satisfaisants. Comme il y a chez tous les hémoglobinuriques un degré très
marqué d'anémie, cette médication ne peut présenter que des avantages.

Dans des cas plus sérieux, et en l'absence de lésions organiques graves,
nous pensons que le médecin serait autorisé à faire de petites transfusions
avec du sang non défibriné ; nous avons ailleurs cité un fait ou une seule
transfusion de 30 grammes de sang a immédiatement arrêté, chez un malade atteint de leucocythémie splénique, des exsudations sanguinolentes
des bronches, du péritoine et des reins.

Nous ne faisons pour le moment que rappeler ce fait, qui autorise parfaitement cette opération dans les cas où les inhalations d'oxygène et les
autres moyens auraient échoué.

Obs. II. — Hémoglobinurie à frigore paroxystique.

D..., 35 ans, caviste, ne présente rien de particulier au point de vue de ses antécédents personnels ou de ses antécédents de famille. Il est resté quatre ans en
Afrique comme soldat; de 1873 à 1877 ; il n'a jamais été malade, il n'a eu ni
accès de fièvre ni diarrhée; pendant son séjour à Biskra, il a seulement éprouvé
quelques frissons passagers au moment du coucher du soleil. Il n'a pas eu
la syphilis.

Depuis 1877, il travaille aux caves, ou dans une maison où les ouvriers ont
du vin rouge à discrétion, il estime à 3 litres la quantité qu'il prend chaque
jour. Le vin rouge est donné avec abondance pour que les ouvriers ne soient
pas tentés de prendre du vin de Champagne, dont le prix est très élevé.

D... affirme ne prendre jamais d'eau-de-vie, il ne présente aucun signe
d'alcoolisme : ni tremblement des doigts et de la langue, ni cauchemars, ni
pituites. Son travail est régulier, il a dû l'interrompre l'année passée pendant
quatre semaines pour des douleurs qu'il avait dans les articulations des cous-
de-pied et des genoux. Le docteur qui le soignait à cette époque lui a fait faire
des badigeonnages de teinture d'iode et de l'emmaillotement dans de la ouate.
Les autres articulations, les hanches, les épaules n'ont jamais été atteintes :
les douleurs n'ont pas dépassé les genoux, elles ont été aussi vives à droite
qu'à gauche.

Depuis ce moment, il n'a rien ressenti de particulier, il n'a pas perdu une
seule journée de travail. Il se trouvait dans les meilleures conditions de santé,
mangeant et dormant bien, lorsque dans le mois de septembre 1883, sans cause
connue, il a remarqué qu'il avait de temps à autre des malaises et de petits
accès de fièvre ; ces accidents étaient passagers et ne l'empêchaient pas de
travailler comme d'habitude.

Le 22 janvier 1884, il entre pour la première fois à l'Hôtel-Dieu, il est placé
dans mon service salle Saint-Thomas ; il a éprouvé la veille de son entrée un
accès de fièvre à la suite duquel il a rendu des urines acajou foncé.

Cet homme, vigoureusement musclé, présente toutes les apparences de la
santé, il mange bien, il dort paisiblement; les urines qu'il rend depuis son
entrée sont claires, ambrées; traitées par l'acide azotique à froid, elles ne donnent aucun dépôt.

Tous les organes, examinés avec le plus grand soin, ne présentent aucune
altération.

D... séjourne dans les salles sans éprouver de nouvel accès jusqu'au 3 février, époque à laquelle il demande sa sortie.

Nous lui prescrivons quelques toniques, et l'engageons à nous envoyer de ses urines s'il était pris d'un nouvel accès.

Le 1er mars le malade rentre à l'Hôtel-Dieu (Saint-Thomas, 46); il nous dit avoir eu un accès le 4 février, le lendemain de sa sortie, et avoir rendu des urines couleur de jus de pruneaux.

Le 27 février, il a un troisième accès, à quatre heures du matin.

Le 28 février, quatrième accès, de huit heures du matin à deux heures de l'après-midi.

Les urines rendues à la suite de ces crises sont couleur acajou foncé, celles du deuxième accès sont envoyées à M. le professeur Lajoux; celles du quatrième accès sont examinées par nous, en même temps que les urines claires, rendues le 29 février au matin.

Les urines jaune clair ne renferment ni albumine, ni sucre, ni anneau hémaphéique, ni urates.

Les urines couleur acajou qui ont été rendues pendant l'accès renferment une quantité considérable d'albumine; par la chaleur et l'acide azotique, on obtient un dépôt épais d'un rouge vineux; elles ne renferment pas de sucre.

Il résulte de cet examen que l'urine, dans l'intervalle des accès, ne présente absolument rien de pathologique, tandis que l'urine rendue pendant et immédiatement après l'accès, est d'un rouge foncé, variant de la couleur acajou foncé à la couleur jus de pruneaux et qu'elle contient une quantité considérable d'albumine.

Les analyses, faites par M. le professeur Lajoux, soit par le spectroscope, soit par les réactifs chimiques, permettent de contrôler les raies caractéristiques de l'hémoglobine et de l'hématine, et une quantité notable de sérine et d'urobiline. L'examen microscopique ne révèle la présence d'aucune hématie.

Voici, du reste, la note remise par M. le professeur Lajoux:

« Au point de vue de l'examen chimique et microscopique, nous n'avons rien à ajouter à ce que nous avons constaté antérieurement. Ces urines contenaient de l'albumine du sang (sérine) et très souvent de la globuline caractérisée par sa précipitation par un courant d'acide carbonique et par la production, dans ces conditions, d'une mousse abondante. Il est à remarquer que la globuline se rencontre toujours dans les urines contenant l'hématine, ce qui semble montrer que cette matière albuminoïde provient du dédoublement de l'hémoglobine, ainsi que le pensait Berzélius.

» L'examen spectroscopique de l'urine est particulièrement intéressant.

» Cette urine, de couleur acajou, avait une teinte si foncée, qu'il était impossible de l'observer directement au spectroscope; pour procéder à son examen, il était nécessaire de l'étendre de trois ou quatre fois son volume d'eau.

» Cette urine présentait:

» 1° Les deux bandes d'absorption de l'oxyhémoglobine, situées entre les raies D et F du spectre;

» 2° La bande de l'hématine en solution acide, près de la raie C;

» 3° Une bande très prononcée couvrant une partie de la région verte et de la région bleue du spectre, entre les lignes C et F; cette bande caractérise l'urobiline ou hydro-bilirubine.

» Il importe de noter que la veille du jour où nous fîmes cet examen, le malade avait émis une urine d'un jaune foncé et non pas rouge, qui offrait seulement la bande d'absorption de l'urobiline.

» C'est la première fois que dans une urine sanglante nous constatons l'urobiline, dont la présence ne doit pas cependant étonner. On sait, en effet, que cette matière colorante se rencontre souvent dans l'urine des fébricitants, et nous avons vu que l'urine rouge était émise à la suite d'accès de fièvre. Mais c'est surtout dans l'urine ictérique que l'on rencontre l'urobiline. Ce principe dérive de la bilirubine, un des principes colorants de la bile les plus importants, par hydrogénation et réduction; d'un autre côté, M. Hoppe-Seyler a trouvé la matière colorante même de la bile dans presque toutes les urines renfermant de la métahémoglobine (hémoglobine partiellement désoxygénée).

» Ces faits, joints à cet autre que les solutions d'acides biliaires injectées dans le sang déterminent la dissolution des globules, pourront peut-être éclairer l'étiologie de quelques hématuries. »

Le malade a quitté l'Hôtel-Dieu le 13 mars sans avoir présenté de nouvel accès.

En resumé, voici un fait bien net d'hémoglobinurie à frigore paroxystique à son début; le malade a eu seulement quatre accès, il est probable qu'avec les froids, nous aurons occasion de le revoir: nous en profiterons pour faire l'examen du sang (1).

On peut conclure de ces deux observations:

1° Que deux causes déterminent les accès d'hémoglobinurie : l'action du froid et la fatigue musculaire.

2° Que la clinique et l'expérimentation physiologique semblent démontrer que la présence dans l'économie d'excès d'éléments biliaires (hémaphéine et urobiline) favorise la dissolution de l'hémoglobine dans le sérum du sang (2).

M. RÉGIS

Ancien Chef de clinique des maladies mentales à la Faculté de médecine de Paris,
à Bouscat (Gironde).

DE L'HÉRÉDITÉ DANS LA PARALYSIE GÉNÉRALE
APPLICATIONS A LA PRATIQUE MÉDICALE

—Séance du 8 septembre 1884—

Lorsqu'on jette un coup d'œil d'ensemble sur les nombreux travaux dont la paralysie générale a été l'objet dans ces dernières années, on ne

(1) Nous avons revu le malade fin novembre 1884; nous avons observé et provoqué de nouveaux accès; l'examen du sang nous a permis de constater la présence d'une grande quantité d'hémoglobine dissoute dans le sérum. L'hémoglobihémie existant d'une façon permanente même en dehors des accès la maladie serait plus justement appelée hémoglobihémie. (*Note ajoutée pendant l'impression.*)

(2) Cette communication a été suivie d'une discussion. Voir *Proc.-verb.*, p. 235.

tarde pas à s'apercevoir qu'il s'en dégage une tendance de plus en plus marquée vers la séparation de cette affection et de la folie proprement dite, ou vésanie.

C'est d'abord l'*anatomie pathologique* qui en arrrive à déterminer d'une façon chaque jour plus précise les lésions cérébrales et cérébro-spinales de la paralysie générale, tandis qu'elle continue à rester absolument muette en face de la folie pure, établissant ainsi qu'entre les deux existe la différence qui sépare une maladie organique, nettement caractérisée d'un trouble purement fonctionnel ou dynamique.

C'est ensuite la *Clinique*, représentée surtout par les travaux de M. Baillarger, qui est venue battre en brèche l'unité symptomatique de la paralysie générale et de la folie, proposée par Bayle et acceptée par la plupart des aliénistes, en démontrant successivement : 1° que la paralysie générale existe fréquemment sans folie ; 2° que lorsque la paralysie générale s'accompagne de folie, c'est d'une façon purement accessoire, au même titre, par exemple, que les autres affections du cerveau ; 3° que lorsque la paralysie générale et la folie coexistent, on peut voir celle-ci s'amender, disparaitre, se reproduire à nouveau sous une forme identique ou opposée, guérir même complètement, tandis que la paralysie générale, elle, conserve une physionomie et une allure à peu près immuables ; en sorte qu'on assiste très souvent, chez le même individu, à la dissociation symptomatique et à l'indépendance d'évolution des deux maladies.

C'est enfin l'étude de l'*étiologie*, qui, mieux comprise et mieux poursuivie, vient établir à son tour que la paralysie générale et la folie n'appartiennent pas à la même famille nosologique, en ce qu'elles n'ont ni la même origine, ni les mêmes conséquences héréditaires.

Ainsi, anatomie pathologique, clinique, étiologie, tout ici est d'accord, et par des voies différentes, tend à séparer de plus en plus la paralysie générale de la folie.

Laissant de côté les deux premiers points de la question, je m'attacherai exclusivement aux considérations tirées de l'étiologie, et je vous demande la permission de les exposer sommairement devant vous, avec les principales conséquences qui en découlent au point de vue de la pratique médicale.

On a longtemps confondu, sous le nom générique d'aliénation mentale, la paralysie générale et la folie proprement dite, et on a admis sans conteste que ces deux affections étaient héréditaires de la même façon et s'engendraient réciproquement en passant des ascendants aux descendants. Encore aujourd'hui, un certain nombre d'aliénistes professent la même opinion à cet égard.

Notre éminent collègue M. Lunier est le premier, en 1849, qui ait appelé l'attention sur la fréquence des affections cérébrales organiques chez les ascendants des paralytiques généraux, et en ait conclu qu'il y avait là une direction morbide spéciale qui, sous le nom d'hérédité des tendances congestives, prédisposait parfois les descendants à la paralysie générale.

Mais on n'en persista pas moins dans les idées premières auxquelles Marcé vint encore donner un appoint d'autorité, en affirmant, en 1862, dans son Traité des maladies mentales, que la paralysie générale et la folie « sont bien deux rameaux d'une même famille, car parmi les parents de paralytiques, on rencontre indifféremment non seulement des paralytiques, mais encore des mélancoliques, des monomaniaques ou des épileptiques qui se succèdent d'une génération à l'autre en se transmettant des aptitudes au fond identiques. »

Ce n'est qu'en 1870, dans sa thèse inaugurale, que mon excellent ami M. Doutrebente revint sur la question. Sous l'influence de son maître Morel, qui a tant fait pour l'étude de l'hérédité dans les maladies mentales, il s'occupa de la transmission héréditaire de la paralysie générale; et différencia nettement l'hérédité vésanique, spéciale à la folie, de l'hérédité des tendances congestives, propre à la paralysie générale, en s'appuyant sur l'étude complète de vingt-cinq familles d'aliénés dans lesquelles il n'avait trouvé aucun cas de paralysie générale.

Depuis, quelques rares travaux ont paru sur la matière, avec des divergences d'opinion plus ou moins grandes, et parmi ceux-ci je citerai particulièrement ceux de M. J. Falret et de son élève M. Lionnet.

En somme, il n'est pas douteux qu'il y a tendance, à l'heure actuelle, à admettre que la paralysie générale et la folie ne reconnaissent pas la même hérédité. Toutefois, cette tendance reste encore assez limitée, faute de preuves suffisantes.

Ces preuves, basées sur les faits, nous avons essayé, M. le professeur Ball et moi, de les constituer, et si les résultats obtenus ne paraissent pas à tous définitivement probants, je crois qu'ils doivent être considérés tout au moins comme un pas de plus en avant vers la solution de la question.

Placés à Sainte-Anne dans un service de clinique où foisonnent les paralytiques généraux, nous avons, dans l'espace de trois ans, observé 318 de ces malades, et chez 100 d'entre eux nous avons pu reconstituer la famille tout entière, dans quatre générations successives, au quadruple point de vue de la longévité, de la natalité, de la vitalité et de la morbidité pour chacun de ses membres. De plus, pour rendre cette étude vraiment concluante, nous avons comparé successivement ces 100 familles de paralytiques à 100 familles d'individus normaux et à 100 familles d'aliénés pris dans les mêmes conditions. Je n'ai pas besoin de vous dire quelle somme de travail représentent ces recherches.

Laissant de côté tous les détails de cette étude, qu'on peut trouver consignés, du reste, dans les numéros de 1883 du journal l'Encéphale, je me bornerai à dire que sur 1565 individus appartenant à ces 100 familles de paralytiques généraux, nous n'avons trouvé, abstraction faite des inconnus, que 13 aliénés, tandis qu'il y existait 243 cérébraux.

Il résulte évidemment de ces faits que dans les familles de paralytiques généraux la folie proprement dite est aussi rare que dans les familles normales, tandis que les affections cérébrales y sont à ce point fréquentes qu'elles constituent, sans aucun doute, la caractéristique de la morbidité : ce qui revient à dire que l'hérédité, dans la paralysie générale n'est pas l'hérédité vésanique, mais bien, comme l'ont dit M. Lunier et M. Doutrebente, l'hérédité des tendances congestives, ou, ce qui revient au même, l'*hérédité cérébrale*.

Et ce n'est pas seulement dans l'ascendance des sujets que se manifeste la différence de la morbidité, entre la paralysie générale et la folie, c'est aussi, et surtout, dans la descendance.

Tandis, en effet, que la descendance d'une famille d'aliénés est presque fatalement vouée, à moins de croisements heureux, à la folie et à la dégénérescence, la descendance des paralytiques généraux, après s'être débarrassée dans le bas âge de son contingent le plus mauvais par l'intervention d'affections cérébrales diverses, redevient pour ainsi dire normale, et si certains de ses membres restent exposés aux affections cérébrales de l'âge mûr, en revanche, ils ne sont nullement prédisposés, par le fait de leur origine, à la folie et à la dégénérescence.

Nous nous heurtons chaque jour, dans le monde, à des descendants plus ou moins ignorés d'aliénés et de paralytiques généraux. Mais tandis que les premiers attirent sur eux l'attention et se font remarquer, pour la plupart, soit par une déséquilibration intellectuelle et morale, soit par des excentricités, des tendances impulsives, soit encore par des stigmates de dégénérescence intellectuelle et physique, les descendants de paralytiques généraux, eux, paraissent, en général, normalement organisés, et, s'ils se font remarquer par quelque particularité, c'est bien plutôt par une intelligence supérieure que par une infériorité intellectuelle et morale. Il semble que le résultat de leur origine soit une excitation cérébrale prolongée qui imprime une activité anormale au fonctionnement de leurs facultés.

En résumé, l'étude comparative de l'hérédité dans la paralysie générale et dans la folie nous montre, contrairement à l'opinion de Marcé, que ces deux affections ne sont pas des rameaux d'une même famille et qu'elles sont incapables de s'engendrer réciproquement.

Les conséquences pratiques qui découlent de ce fait sont des plus importantes. Je me bornerai à citer seulement les deux principales.

La paralysie générale ne naissant pas de la folie et n'engendrant point la folie, il en résulte que les enfants des paralytiques échappent à l'hérédité vésanique et que, s'ils sont voués à une classe de maladies spéciales, en raison de la paralysie générale de leur père ou de leur mère, ce n'est évidemment pas à la folie, mais aux affections cérébrales de tout ordre.

De sorte que, consulté — ce qui arrive aujourd'hui journellement — sur l'avenir réservé à l'enfant d'un paralytique général, le médecin pourra répondre juste le contraire de ce que répondent en général les praticiens et même les spécialistes le plus au courant de ces questions, à savoir que l'enfant d'un paralytique n'est nullement prédisposé, par ce fait, à devenir fou, qu'il n'a à craindre, par prédisposition, que les affections cérébrales, et que, par conséquent, les deux périodes critiques de la vie chez lui sont le bas âge, en raison de la tendance aux accidents cérébraux infantiles à ce moment, et l'âge mûr, époque des paralysies cérébrales et de la paralysie générale elle-même.

D'autre part, si l'on est consulté au sujet d'une union à contracter *par* ou *avec* un descendant de paralytique général, on peut hardiment donner à cette union son approbation médicale et scientifique, en affirmant que la paralysie générale est uniquement une maladie cérébrale, et qu'à ce titre, elle ne prédispose en rien les descendants à la folie.

Et s'il me fallait, pour finir, résumer d'un mot typique les conséquences pratiques de l'étude étiologique que nous venons de faire, je dirais :

Si l'on veut épargner à sa descendance le triste héritage de la folie, on peut impunément, je crois, entrer dans la famille d'un paralytique général, mais il est toujours dangereux, dans ce cas, d'épouser la fille d'un fou.

M. DELTHIL

de Nogent-sur-Marne.

SUR LE TRAITEMENT DE LA CYSTOCÈLE VAGINALE

— *Séance du 10 septembre 1884* —

Je viens vous communiquer deux cas de cystocèle vaginale (hernie de la vessie) traitée et guérie en un mois et demi par l'emploi simultané de la sonde de Sims dans la vessie et d'un ballon à air dans le vagin.

La première description de cette maladie date seulement du siècle dernier, et le traitement n'a jamais été régulièrement institué.

Je passe tout ce qui a trait à l'étiologie, au diagnostic et à la symptoma-
tologie pour aborder de suite la question du traitement.

TRAITEMENT

Le traitement devait nécessairement se ressentir de cette disette d'observations ; aussi voit-on les propositions les plus singulières, les plus
aventureuses et les plus redoutables au point de vue des dangers de mort
qu'ils font courir aux malades.

J'énumérerai rapidement ces moyens en commençant par les procédés
chirurgicaux.

On propose la ponction de la tumeur, l'incision ;

Jobert de Lamballe conseille de détruire une portion de la partie
antérieure du vagin à l'aide de cautérisations au nitrate d'argent faites
transversalement, puis d'aviver les bords de la plaie avec le bistouri et
de les réunir à l'aide d'une suture entortillée.

Churchill enlève un lambeau triangulaire de la muqueuse vaginale et
fait également une suture, escomptant la rétraction cicatricielle.

Brown détache un lambeau longitudinal de la muqueuse et réunit.

Valette conseille la cautérisation et avec les pinces caustiques dont les
branches sont creusées d'une cuvette profonde pour loger une lamelle de
chlorure de zinc, ces branches saisissent et étranglent une certaine étendue
de la muqueuse ; il s'établit une eschare et des adhérences.

Huguier va saisir la muqueuse vaginale à travers le canal de l'urèthre,
la soulève avec un harpon et tranche à l'aide de l'écraseur une portion
plus ou moins considérable de cette membrane.

Comme vous le voyez, ces propositions sont risquées, cruelles, peuvent
exposer le malade à la mort et, dans tous les cas, ces pratiques peuvent
détruire la cloison vésico-vaginale ; le statu quo, faute de mieux, me
semblerait donc préférable.

Le traitement palliatif comprenait les moyens suivants :

L'application d'une pelote creuse, le cathétérisme intermittent, les
injections vaginales astringentes, la pelote en gomme élastique, le pessaire,
la ceinture hypogastrique pour soutenir la masse intestinale.

On préconisa l'emploi de l'éponge introduite dans le vagin et soutenue
par un bandage en T. Demarquay s'est servi d'un pessaire à air soutenu
par une ceinture périnéale.

L'emploi de ces moyens n'avait donné aucun résultat définitif, et cela
tient à ce que l'on n'avait pas combiné l'action de deux moyens employés
isolément et qui doivent être la règle du traitement.

Soutenir le bas-fond de la vessie d'une part, et d'autre part maintenir cet
organe constamment vide pendant la durée du traitement.

J'ajouterai que si parfois des calculs volumineux se forment dans la partie herniée de la vessie, la lithotomie est absolument justifiée, à moins qu'ils ne puissent rentrer dans la cavité principale pour y être broyés.

Il semblera peut-être téméraire de vouloir déduire un mode de traitement de deux observations ; mais je ferai remarquer que les deux données qui constituent le traitement que je propose, satisfont l'esprit par leur simplicité et rentrent dans le courant d'opinion qui s'impose en chirurgie.

Subordonner le traumatisme chirurgical à la nécessité absolue.

Ce traitement pourrait peut-être s'appliquer avec succès à l'incontinence d'urine et je l'ai employé également dans des cas de fistules vésico-vaginales.

OBSERVATION. — Mme X..., multipare (7 enfants), âgée de 62 ans, me fit appeler le 25 mars 1881. Je reconnus une cystocèle vaginale qu'elle portait depuis 12 ans.

Je vidai la vessie et la tumeur s'affaissa. J'introduisis alors dans la vessie une certaine quantité d'eau tiède et la tumeur se reproduisit dans des conditions identiques (le volume d'un œuf de dinde).

Cette malade était très émaciée, amaigrie par le fait de la fermentation permanente de l'urine; elle était réduite à un point qu'elle ne pouvait dépasser sans atteindre la consomption.

Je la fis mettre au lit pendant un mois et demi.

J'introduisis un ballon à air assez volumineux dans le vagin et fis pratiquer deux fois par jour des injections avec une solution tannique.

D'autre part, je plaçai la sonde de Sims à double courbure dans la vessie, laquelle était nettoyée deux fois par jour.

Je fis pratiquer chaque jour une injection d'eau boratée pour laver la cavité vésicale; les derniers quinze jours j'employai l'eau froide.

Ces pratiques ont été parfaitement supportées par la malade, que j'eus l'occasion de faire voir à mon confrère et ami le D^r Le Blond, médecin de Saint-Lazare, qui m'engagea à publier cette observation.

Sous l'influence de ce traitement la malade reprit de l'appétit et de l'embonpoint. Elle s'est levée au bout de 45 jours, et depuis cette tumeur n'a plus reparu.

C'est une des propriétés les plus remarquables de l'application permanente de la sonde de Sims d'amener la rétraction de la vessie, laquelle, je crois, pourrait aller assez loin pour ne plus permettre la dilatation de l'organe, si l'emploi en était trop prolongé.

J'ai relevé une seconde observation de 1884 chez une dame X..., 7, rue des Jardins, à Nogent-sur-Marne.

Ce serait s'exposer à des redites que de vous la citer, car elle est absolument calquée sur mon premier cas.

Le résultat fut aussi heureux après 45 jours de traitement.

M. Edmond CHAUMIER

Au Grand-Pressigny (Indre-et-Loire).

UNE MALADIE A MANIFESTATIONS MULTIPLES

— Séance du 10 septembre 1884 —

En 1876 et 1877, je suivais assez fréquemment les consultations du samedi du Dr Jules Simon, à l'hôpital des Enfants. Plusieurs fois j'entendis ce maître soutenir que l'impétigo était contagieux. Souvent, disait-il, il le rencontrait en même temps chez la mère et chez l'enfant ou chez plusieurs enfants d'une même famille.

On m'avait toujours enseigné que l'impétigo était une affection diathésique, scrofuleuse ou herpétique, et cela me paraissait tellement vrai, que je n'ajoutai guère foi aux assertions de Jules Simon.

Dans la clientèle, on ne voit guère l'impétigo. Les mères de famille sont persuadées — et un grand nombre de médecins avec elles — que les gourmes sont la santé des enfants, et que chercher à guérir ce mal c'est vouloir altérer cette santé.

Il y a trois ans, cependant, il y eut tellement d'impétigo au Grand-Pressigny, que j'apercevais tous les jours un certain nombre de malades. Il s'agissait d'une véritable épidémie, et, me rappelant les leçons de Jules Simon, je commençai à croire qu'il y avait un impétigo contagieux ; mais comme on ne me consultait pas plus il y a trois ans que les années précédentes, je ne pus me rendre compte de ce qu'était cet impétigo, et arriver à le différencier de l'impétigo vulgaire, que je persistais à ranger à côté de l'eczéma.

Au commencement de 1883, ayant eu l'occasion de lire la relation d'une épidémie de la maladie qui nous occupe, je résolus d'étudier l'impétigo sur le malade. C'était assez difficile, car il fallait chercher les cas, et je regrettais bien mon épidémie, que je n'avais fait qu'apercevoir.

Je me mis donc en quête des impétigineux. Chaque fois que je voyais une croûte ou une tache rouge sur la face d'un enfant, j'examinais, je m'informais. — Je pus ainsi voir un grand nombre de cas, surprendre de véritables épidémies qui auraient passé inaperçues, prendre beaucoup d'observations, suivre des malades au jour le jour, si bien que l'étude que je vous apporte aujourd'hui repose sur plus de 300 cas.

Pour être plus sûr de la contagion de la maladie, contagion qui me

paraissait très évidente d'après les faits que j'observais, je me fis une ino-
culation au bras et je vis se développer plusieurs croûtes.

Bientôt, j'ai pu me convaincre que l'impetigo contagiosa, l'impétigo
vulgaire, l'eczéma impétigineux, l'impétigo granulata même, que les
auteurs mettent sur le compte des poux, et qui existe parfaitement chez
des enfants qui n'ont jamais eu de ces parasites, ne sont que des formes
d'une seule maladie.

Poussant plus loin mon étude, j'ai vu que la maladie contagieuse et
épidémique, dont l'impétigo est une manifestation, présente d'autres
formes non moins intéressantes.

Bien des fois j'avais entendu dire à des malades : « D'habitude, je ne
pourris jamais ; je ne sais pas pourquoi cette année à la moindre écor-
chure je pourris ; » et les malades me présentaient des blessures superficielles, coupures, égratignures, etc., dont le centre était couvert d'une
croûte et qui présentaient sur les bords un décollement de l'épiderme par
un liquide qui paraissait purulent. L'épiderme se décollait de plus en
plus et la croûte grandissait. Les malades avaient toujours été en rapport
avec d'autres qui avaient de l'impétigo.

Un jour je fus consulté pour une femme qui avait une tourniole, c'est-
à-dire un décollement d'une certaine partie de l'épiderme d'un doigt par
un liquide, décollement qui va grandissant de jour en jour, et qui, s'il
siège à l'extrémité du doigt, soulève souvent l'ongle et le fait tomber.
L'enfant de la maison avait de l'impétigo de la face, la grand'mère une
croûte sur le poignet.

Je ne crus pas tout d'abord à une relation entre la tourniole et l'impétigo ; mais, quelques jours plus tard, je trouvai une autre tourniole, et
elle existait chez une petite fille atteinte d'impétigo ; un autre enfant de la
même maison avait également des croûtes. Dès lors, je ne pensai plus à une
simple coïncidence, d'autant plus que chez ma petite malade je trouvai
également sur les mains de grandes vésicules pemphigoïdes, véritables
intermédiaires entre la vésicule primitive de l'impétigo et la tourniole.

Pour être plus sûr du fait, je me mis à chercher les tournioles comme
je cherchais l'impétigo, et souvent il m'est arrivé en pleine rue d'examiner
des doigts malades presque malgré les gens ; car on ne consulte pas plus
le médecin pour la tourniole et le panaris que pour l'impétigo : les
médecins n'y entendent rien, tandis qu'il y a des gens qui savent guérir
cela *par secret*.

J'arrivai ainsi à voir bien plus de tournioles que je ne l'espérais tout
d'abord, et je vis en même temps un certain nombre de panaris profonds
qui avaient certainement la même origine.

Ce qui se passa chez moi pour la tourniole et le panaris, se passa de la
même façon pour le furoncle.

J'avais rencontré une tourniole chez un homme qui venait d'avoir successivement un certain nombre de furoncles. Je ne fis guère attention aux furoncles, je cherchai l'impétigo parent de la tourniole : je trouvai chez un voisin six personnes atteintes; puis la nièce du malade, une toute petite fille, avait des croûtes à la face, et elle venait d'avoir, elle-même, deux tournioles aux doigts, un ongle était tombé.

Peu après, je fus consulté pour un jeune homme de 17 ans. Il portait au menton une petite croûte d'impétigo ; sur les mains il avait également quelques traces. A côté de ces lésions existait un gros furoncle. Je le considérai encore comme une pure coïncidence ; mais, par la suite, je rencontrai un certain nombre de fois cette affection chez des gens qui avaient des panaris ou de l'impétigo, et j'en suis venu à chercher les furoncles chez les impétigineux et l'impétigo chez ceux qui avaient des furoncles.

Aujourd'hui, je suis sûr que le furoncle, l'impétigo et le panaris sont frères.

J'ai également rencontré la pustule de la conjonctive et de la cornée chez des impétigineux, et après avoir passé par les mêmes hésitations, je suis venu à la ranger à côté des affections précédentes.

Je crois donc pouvoir affirmer qu'il existe une maladie — maladie qui n'a point de nom jusqu'à présent — une maladie contagieuse, inoculable, épidémique, dont les manifestations sont si différentes les unes des autres, qu'on les a prises, jusqu'aujourd'hui, pour autant de maladies ; que l'impétigo avec toutes ses formes, que la tourniole et le panaris, que le furoncle, que la pustule conjonctivale, que cette complication des plaies que le public appelle *pourrissure*, sont les principales expressions de cette maladie.

Je dis les *principales expressions*, parce qu'il en existe d'autres encore :

Ceux qui croient que l'impétigo est de nature eczémateuse, et qui emploient couramment le mot *eczéma impétigineux*, s'appuient, pour prouver leur assertion, sur ce que, dans beaucoup de cas, il y a, à côté des croûtes, une éruption de petites vésicules isolées ou réunies par groupes, vésicules qu'ils regardent comme de l'eczéma ; sur ce que derrière les oreilles de beaucoup de petits malades, il y a une surface rouge suintante, qui ne diffère en rien d'une surface eczémateuse.

Tout cela existe, en effet, dans l'impétigo. Pour ce qui est de la surface suintante, l'explication en est simple; l'oreille, reposant sur la région mastoïdienne, fait l'effet de la toile de caoutchouc ou du taffetas gommé : elle s'oppose à la formation des croûtes.

Quant aux petites vésicules, certaines d'entre elles grandissent; il se développe une petite croûte au milieu; puis l'épiderme des bords se laisse soulever par un liquide transparent, la croûte augmente : il s'agit d'une croûte d'impétigo.

Mais la plupart des vésicules avortent, sèchent et se desquamment par pellicules fort petites.

La desquamation de l'épiderme se montre encore autour des croûtes, dans la zone inflammatoire qui les entoure, et à la place de ces croûtes lorsqu'elles sont tombées. Il s'agit là d'une desquamation très fine ; mais il y a des cas où elle est si intense, qu'elle peut être regardée comme une forme spéciale de la maladie. — J'ai vu des enfants qui présentaient une véritable exfoliation de l'épiderme, qui se détachait dès qu'il était formé. Je me souviens un bras qui portait des pellicules de 1 à 2 centimètres de diamètre ; ces pellicules n'adhéraient guère que d'un côté, et cela avait un singulier aspect. On eût dit une multitude de petits papiers collés au bras par un de leurs bords et flottant tout autour. Chaque jour, il tombait une grande quantité de ces pellicules.

Chez beaucoup d'enfants, le cuir chevelu est couvert d'une sorte de calotte d'un blanc sale ; il s'agit encore d'une production exagérée d'épiderme.

J'ai assisté plusieurs fois à la formation de cette calotte : il y a eu des vésicules, des croûtes, du suintement ; souvent une odeur détestable : — je ne parle pas des poux, ils ne sont pas obligatoires ; — un beau jour tout cela sèche, les croûtes tombent, il n'y a plus de suintement, on croit l'enfant guéri. Mais on voit bientôt apparaître comme une crasse légère qui s'épaissit tous les jours et arrive à former une couche quelquefois parcheminée : la calotte en question.

Si on soulève un lambeau de cette production épidermique, la peau paraît saine dessous ; mais cette peau sécrète de nouvelles couches d'épiderme qui viennent grossir celles qui existent déjà, jusqu'à ce que le tout se détache par lambeaux, ou bien qu'il survienne un nouveau suintement.

J'ai déjà parlé d'un enfant qui avait des vésicules pemphigoïdes en même temps qu'une tourniole. Cette lésion est assez fréquente dans la maladie que je décris ; très souvent il survient aux mains et aux pieds des bulles — ce que les gens appellent des *poulettes* ou des *bouilloles* — et très souvent, si vous interrogez les parents sur le début de la maladie, ils répondent : « *Cela a commencé par des bouilloles, comme des bouilloles de brûlure.* »

Chez un petit nombre d'enfants j'ai observé une semblable éruption généralisée.

Pour être complet, je dois noter des taches hémorrhagiques qui se sont montrées sur les pieds et sur le cuir chevelu d'un de mes petits malades, à plusieurs reprises. Quelques taches étaient surmontées de petites vésicules; le tout sécha assez rapidement et fut suivi de desquamation.

A un endroit, cependant, la peau se mortifia et il se forma une croûte et une cicatrice déprimée. Chez le même malade, il survint également aux pieds des poussées plus profondes occupant la peau et même le tissu cellulaire sous-cutané et formant quelque chose qui ressemblait de très loin à l'érythème noueux.

Une particularité de cette maladie — et que je dois signaler — c'est que, semblable à l'érysipèle, elle débute souvent par une solution de continuité de la peau, qu'on ait affaire à l'impétigo, au panaris ou au furoncle. C'est ainsi qu'elle se montre à la suite de piqûres, d'écorchures, de brûlures, de vésicatoires, à la suite des pustules de vaccine ou des vésicules de varicelle. Si c'est l'impétigo qui doit se développer, on voit les bords de la plaie se décoller, soulevés par un liquide, comme je l'ai déjà dit.

Je dois ajouter que la maladie peut se transmettre par la vaccination' et qu'il existe un impétigo vaccinal de même qu'une syphilis vaccinale.

La durée est très variable; l'impétigo de la face ne dure parfois que quinze jours ou trois semaines; mais c'est l'exception. Il met le plus souvent de un à deux mois à guérir. C'est celui du cuir chevelu qui est le plus tenace.

Je ne parle pas de la durée de la tourniole, du panaris, du furoncle et de la pustule de la conjonctive : ce sont des lésions trop connues.

Parfois la maladie se prolonge six mois, un an et même davantage; les lésions guérissant à un endroit, revenant à un autre, et revêtant sur le même sujet les diverses formes que j'ai décrites. Quelquefois elles se passent et reviennent au bout de quelque temps, soit que l'infection ne soit pas complètement épuisée, bien que les manifestations extérieures aient disparu, soit que le sujet ait été contagionné à nouveau.

Ce qui est vrai, c'est qu'une atteinte ne préserve pas d'une seconde. Cela ne doit pas étonner, car il y a d'autres maladies épidémiques, diphthérie, érysipèle, pneumonie, etc., qui peuvent atteindre plusieurs fois le même individu.

Je ne sais quel nom donner à cette maladie; on ne peut pourtant l'appeler impétigo, panaris ou furoncle; pas plus qu'on peut appeler la syphilis plaque muqueuse, roséole ou gomme; mais il me suffit de proclamer son existence, d'autres se chargeront de la baptiser.

M. MEUSNIER

A Blois.

DES NODOSITÉS RHUMATISMALES SOUS-CUTANÉES

— Séance du 10 septembre 1884 —

OBSERVATION. — Ce fait remonte à quelques années. Il s'agit d'une dame âgée de 72 ans, d'une constitution essentiellement arthritique, très dyspeptique, n'ayant jamais eu d'attaque de rhumatisme articulaire aigu. Les premières atteintes de rhumatisme se sont montrées dès l'âge de 20 ans; fugitives au début, elles se sont depuis longtemps assez rapprochées pour ne la laisser presque jamais indemne de douleurs rhumatismales. Quand je la vis, elle était au début d'une poussée de rhumatisme qui, chez elle, accompagne presque toujours le commencement de l'hiver. L'articulation du genou gauche était un peu gonflée et assez douloureuse pour l'obliger à garder le repos. Les muscles de la cuisse correspondants étaient sensibles au toucher. En même temps le pouce de la main gauche était gonflé et très douloureux; les autres doigts n'étaient pas atteints. Il y avait seulement quelques gonflements des articulations des phalanges, mais d'ancienne date, et sans la déformation des doigts qui accompagne le rhumatisme noueux. Ce qui attirait le plus l'attention de la malade et la mienne aussi, c'étaient deux petites tumeurs, occupant le creux poplité du côté gauche, globuleuses, très saillantes, très nettement circonscrites, du volume d'un noyau de cerise; la peau n'y adhérait point et glissait sur elles; elle avait conservé sa coloration normale. Indolentes spontanément, elles ne l'étaient pas à la pression. Au premier abord, elles me parurent développées sur le trajet du poplité interne, et ma première impression fut que j'avais affaire à deux petits névromes dont l'existence, remontant probablement à un temps assez long, ne s'était révélée à la malade que par l'attention qu'elle apportait à sa jambe depuis sa poussée rhumatismale. Les jours suivants, ces deux nodosités conservèrent le même caractère sans augmenter de volume; mais bientôt il en apparut sur tout le membre inférieur, et il fallut renoncer à les compter, tant elles s'étaient multipliées. Elles ne restèrent pas localisées au membre inférieur gauche; le bras et l'avant-bras du même côté en furent couverts. La malade les comparait tout à fait à des noyaux de cerise. Elles étaient d'une consistance dure, les unes assez mobiles sous la peau, les autres ressemblant au contraire à des exostoses et paraissant avoir des rapports avec le périoste. Elles étaient toutes sous-cutanées.

Je me trouvai fort embarrassé pour expliquer cette génération rapide et si multiple. Mes souvenirs ne me fournissaient rien d'analogue. Je ne connaissais que la description, faite par le professeur Jaccoud, de nodosités éphémères apparaissant dans le cours d'un rhumatisme articulaire aigu; mais siégeant presque toujours sur le cuir chevelu, elles disparaissent du

matin au soir sans laisser de traces. Le travail de M. Besnier n'avait pas
encore été publié dans le *Dictionnaire des sciences médicales*. La malade
avait le souvenir d'une poussée semblable qui s'était produite chez elle
trente ans auparavant et dont la durée, assez longue, l'avait engagée à aller
consulter à Paris. Les divers consultants qu'elle avait vus avaient été
d'opinions divergentes, les uns faisant de ces grosseurs de petites tumeurs
variqueuses, les autres des exostoses. La poussée à laquelle j'assistai fut
d'une durée d'environ six semaines; les noyaux du creux poplité, quoique
les premiers venus, furent les derniers à disparaître. Je n'en constatai
aucun sur le cuir chevelu. L'apparition simultanée de cette éruption et de
la poussée rhumatismale, et sa production exclusive sur les membres
douloureux, me décida à en faire une manifestation de la diathèse rhumatismale. Mais il n'en restait pas moins dans mon esprit plus d'un doute,
tant sur la nature de ces nodosités que sur le tissu dans lequel elles
s'étaient développées. Étaient-elles de nature fibreuse ou cartilagineuse?
Siégeaient-elles dans le tissu cellulaire, à la surface du périoste, ou bien,
ce qui me paraissait plus probable, s'étaient-elles développées sur une
surface aponévrotique? Ces questions restèrent pour moi pendant longtemps à l'état d'interrogation, quand la discussion récente de la Société
des Hôpitaux est intervenue.

Cette discussion m'a paru reposer sur deux sortes de faits absolument
dissemblables. La description faite par M. Féréol ne s'adresse point à
l'éruption à laquelle j'ai assisté. Les tumeurs qu'il a décrites sont essentiellement fugitives, si bien qu'il les a dénommées *nodosités cutanées
éphémères chez les arthritiques;* apparues le matin, elles n'existent plus le
soir. Elles sont situées dans l'épaisseur de la peau du front et du cuir
chevelu; aucune ne siège sur les membres. Elles sont peu nombreuses,
deux ou trois à la fois; elles ont un contour un peu vague, par suite de leur
adhérence avec la peau. Elles lui paraissent, par leur siège dans les couches
profondes de la peau, avoir quelque analogie avec un érythème noueux
qui serait resté incolore et indolent. Les tumeurs décrites par M. Troisier
n'ont plus le même caractère que les nodosités décrites par M. Féréol, bien
qu'il propose de les désigner par le même nom. Elles n'ont d'analogue que
leur apparition dans le cours d'un rhumatisme articulaire aigu, leur naissance soudaine et leur disparition de même, l'absence de douleur et de
coloration à la peau. Pour le reste, elles diffèrent totalement. Saillantes et
bien circonscrites, d'une consistance dure, elles ressemblent à des tophus
plutôt qu'à des gommes. Elles sont développées en grand nombre, tant
sur les membres, au voisinage des articulations, que sur le cuir chevelu.
Quelques-unes ont une adhérence manifeste au périoste ou aux gaines
tendineuses; elles glissent sous la peau. Enfin, quoique apparues brusquement, elles ont eu pour la plupart une durée assez longue; quelques-unes

même ont persisté six ou sept semaines. Elles ont leur siège dans le tissu fibreux ; leur structure est conjonctive et fibreuse, si bien qu'on peut les considérer comme une hyperplasie du tissu fibreux.

Malgré les dissemblances que je trouve entre la description de M. Troisier et l'éruption dont j'ai été témoin, bien que j'aie constaté ces nodosités en dehors d'un accès de rhumatisme articulaire 'aigu, je n'hésite pas à les faire rentrer dans le même cadre que celles qu'il a décrites. Mais la désignation de nodosités éphémères me paraît inapplicable dans l'espèce. Comment appeler éphémères des nodosités qui durent cinq à six semaines et qui, après être apparues soudainement, sont lentes à se résoudre? Quant à leur nature et à leur siège, je pense, comme lui, qu'elles sont de nature fibreuse et qu'elles sont le résultat d'une hyperplasie du tissu fibreux. En outre, je crois qu'elles se développent sur une surface aponévrotique.

M. MEUSNIER

A Blois.

DES ÉPANCHEMENTS PLEURAUX CONSÉCUTIFS AUX CANCERS DU SEIN

— Séance du 10 septembre 1884 —

Cette question a été mise à l'ordre du jour par la communication récente que M. le professeur Verneuil a faite à l'Académie de médecine. Mais, bien que s'appliquant au même objet, les faits que je veux citer ne se sont pas produits exactement dans les mêmes conditions. Ils ont trait à des épanchements pleuraux qui se sont produits en dehors de toute opération chirurgicale et par le fait seul du voisinage d'un cancer, tandis que le professeur Verneuil en a observé à la suite de l'opération de ces tumeurs. Dans la seconde observation, il est vrai, une opération avait été pratiquée, mais à une distance telle, du moment où l'épanchement a apparu, qu'il est impossible d'y voir aucun rapport avec l'opération.

Le premier fait que j'ai eu sous les yeux remonte à plusieurs années. C'est celui d'une femme de 45 ans, atteinte depuis longtemps d'un cancer en cuirasse qui avait été l'occasion de souffrances atroces. Le sein gauche avait subi une atrophie totale et avait été remplacé par une induration générale, avec adhérence de la peau, qui était devenue rigide et inextensible. Cette tension de la peau sans rougeur se continuait sous l'aisselle. En outre des douleurs atroces qu'elle éprouvait, la malade était tourmentée par des crises de suffocation que j'attribuai tout d'abord à la nature de son affection, qui a été dénommée *cancer suffocant*. Mais devant la persistance de l'oppression, et par suite de l'apparition de la fièvre, mon attention fut attirée du côté de la cavité pleurale, que je trouvai occupée dans les deux tiers de son étendue, du côté du cancer, par un énorme épanchement. Une ponction dans la plèvre me parut contre-indiquée, parce que j'attribuai cet épanchement à la production de noyaux cancéreux developpés dans la plèvre. Je décidai la malade à entrer à l'hôpital, avec la pensée qu'une autopsie prochaine me permettrait de juger quel rapport il fallait établir entre les deux lésions. Je n'eus pas longtemps à attendre. L'augmentation de l'épanchement ne tarda pas à amener de l'asphyxie. L'autopsie fut contraire à mes prévisions. La glande mammaire avait complètement disparu ; la peau avait subi une induration qui la rendait adhérente aux côtes, dont plusieurs étaient cariées sur une assez grande étendue. La cavité pleurale contenait environ deux litres de liquide ; mais la surface de la plèvre ne présentait aucune production cancéreuse ; il y avait seulement des fausses membranes. Le liquide était citrin et ne paraissait pas mélangé de sang. Le poumon était fortement déplacé par l'épanchement et maintenu par des adhérences ; mais en aucun point de son tissu on ne trouvait de noyaux cancéreux. Aucun autre organe ne contenait de cancer. Je ne trouvais là rien qui expliquât l'apparition de cet épanchement, dont la naissance n'avait été annoncée par aucun symptôme d'ordre inflammatoire, tel que frisson, vomissements, douleur de côté. Les noyaux cancéreux de la plèvre ou du poumon que j'avais soupçonnés, faisaient également défaut et n'étaient pour rien dans la production de l'épanchement. Les urines n'ont pas été examinées.

Un second fait analogue à celui-là s'est présenté à moi à une époque tout à fait récente. Il m'a été fourni par une sœur attachée à l'Hôtel-Dieu, âgée de 55 ans. Elle avait été opérée au mois d'octobre 1881 pour un squirrhe du sein droit. A la suite de cette opération, elle avait repris son service d'hôpital comme auparavant, et pendant deux ans avait joui d'une santé relativement bonne. Au mois de novembre 1883, les douleurs reparurent dans le sein opéré aussi violentes qu'avant l'opération ; les cicatrices s'indurèrent et formèrent un cordon très dur qui gagnait l'aisselle. La récidive, qui s'était fait attendre deux ans, n'était pas douteuse. En même temps apparut un peu de gêne respiratoire et de l'essoufflement pendant la marche. L'apparition de ces deux symptômes suggéra l'idée d'examiner l'état de la plèvre. On trouva du côté droit un vaste épanchement pleural qui occupait la moitié de son étendue ; il resta stationnaire à ce niveau pendant plusieurs semaines, jusqu'à l'apparition simultanée des vomis-

sements et de la fièvre. A ce moment, je proposai la thoracentèse à la
malade, qui refusa toute opération, en disant que cette pleurésie, étant la
conséquence de son cancer, n'avait par conséquent aucune chance de
disparaître. L'épanchement occupa bientôt les deux tiers de la plèvre ;
l'oppression fit de nouveaux progrès et le délire ne tarda pas à paraître. La
mort fut le résultat non douteux de l'abondance du liquide. Malheureusement, l'autopsie ne put pas être faite, et je ne fus pas complètement
éclairé sur la cause qui avait amené cette complication. Ici, non plus, il
ne m'est pas possible d'attribuer à l'épanchement une origine *a frigore*.
Il n'y avait eu aucun des symptômes généraux qui accompagnent la pleurésie aiguë. L'apparition de l'oppression remontait à peu près à la même
époque que les retours des douleurs dans la cicatrice, lesquelles annon-
çaient la récidive ; les deux faits avaient dû être contemporains. Quant à
l'extension du cancer aux organes thoraciques, rien n'est venu établir
qu'elle n'existât pas ; le fait précédent seul permet de penser qu'il ne
s'était formé de néoplasme ni dans la plèvre ni dans le poumon. Y avait-il
là une simple affaire de voisinage, quoiqu'il n'y eût ni rougeur ni ulcération de la peau ? C'est l'explication qui me paraît la plus plausible et il
résulte pour moi, de ces deux faits analogues, la conclusion que j'ai eu
affaire à la propagation d'une inflammation de voisinage sous l'influence
d'une intoxication diathésique.

M. LEROUX

A Corbeny (Aisne).

DE L'INVAGINATION INTESTINALE ET DE SON TRAITEMENT AU MOYEN DE LIQUIDES GAZOGÈNES

— Séance du 10 septembre 1884 —

A partir de 1870, ayant obtenu plusieurs succès dans des cas véritablement désespérés d'invagination intestinale par l'emploi successif de
deux liquides gazogènes, je m'étonnais de lire encore la relation de
nouveaux insuccès.

Je me livrai alors à une espèce d'enquête près de mes confrères civils
et près des confrères militaires que les changements de garnison et les
grandes manœuvres me donnaient comme hôtes passagers dans notre gîte
d'étape.

Je constatai que tous, suivant les procédés indiqués dans nos livres les plus récents, se contentaient d'injecter dans l'intestin obstrué de l'eau de Seltz, prise dans les siphons.

Ce *modus faciendi* défectueux me donna l'explication de ces insuccès, et persuadé qu'en face d'une telle maladie, on ne saurait trop répandre parmi les médecins un procédé auquel le raisonnement et l'expérience donnent plus de certitude dans l'effet à obtenir, je viens, Messieurs, profitant de la notoriété de l'Association française pour l'avancement des sciences, réclamer la publicité de son compte rendu.

De mes observations antérieures, du résultat indiscutable des expériences qui les ont suivies, et que j'ai tout au long développées dans mon mémoire, j'ai tiré les conclusions suivantes, basées aussi sur les opinions de confrères mieux renseignés.

1º Dans toute occlusion intestinale, quelle qu'en soit la cause et sous quelque nom qu'elle soit indiquée (volvulus, iléus, intussusception, hernie, accumulation de fèces ou d'autres matières), on doit, à l'époque la plus rapprochée du début des accidents, avoir recours à la dilatation forcée des intestins. Ce moyen peut encore par son effet localisé diriger le diagnostic ; il peut aussi, employé concurremment avec le taxis, le massage, etc., leur venir utilement en aide ;

2º Le meilleur procédé pour obtenir cette dilatation, c'est d'introduire à une assez grande profondeur de l'intestin : 1º une solution de 10 grammes d'acide tartrique dans 120 à 130 grammes d'eau ; 2º un second quart de lavement, tenant, cette fois, en dissolution, 20 grammes de bicarbonate de soude ;

3º Puis d'appliquer un tampon sur l'anus, qui, s'opposant à la sortie trop rapide du gaz, et sous l'influence de la dilatation obtenue, permettrait à la partie invaginée de se soustraire aux contractions du bout inférieur.

Cette compression de l'anus peut se faire sans crainte de rupture de l'intestin, si elle est pratiquée avant le dixième jour.

Si j'insiste sur l'intervention prompte et active du médecin, c'est que quelques chirurgiens, à la suite d'opérations sanglantes contre la maladie qui nous occupe, ont fixé le quinzième jour comme fatal, et le Compte rendu de la session d'Alger cite une laparotomie pratiquée le treizième jour, qui permit de remettre en place les parties enflammées, mais non encore gangrenées.

M. E. PINEAU

Au Château-d'Oleron (Charente-Inférieure).

EXOSTOSE SOUS-UNGUÉALE CONSÉCUTIVE A UN TRAUMATISME

— *Séance du 11 septembre 1884* —

Observation. — Le 22 mars 1880, un grand et vigoureux scieur de long a
le pied pris sous un madrier de chêne que six hommes avaient de la peine à
déplacer. Dégagé aussitôt et conduit chez moi sur une charrette, je ne constate
qu'une forte contusion de l'avant-pied, qui est déjà tuméfié et bleuâtre ; pas
de fracture ; guérison obtenue en huit jours par l'eau froide, le repos et la compression.

Cet accident était depuis longtemps oublié quand, en juillet 1883, soit plus
de trois ans après, il voit une petite excroissance soulever, vers son angle
interne, l'ongle de ce gros orteil anciennement contusionné.

Quelques jours encore et il perce avec une épingle une petite poche pleine
de sérosité roussâtre.

Après un court repos, il reprend son travail, se croyant guéri ; mais quelques
jours sont à peine écoulés qu'il survient de l'endolorissement dans tout le
membre, des ganglions dans l'aine et, à la place de la petite phlyctène, un
bourgeon rougeâtre, indolent, du volume d'un pois.

C'est à ce moment qu'il vient me consulter.

Avec la lime et les ciseaux combinés, j'échancre l'ongle le plus possible et
je découvre une petite tumeur logée sous l'ongle qu'elle soulève, se creusant
par l'autre face une petite loge exactement sphérique dans le derme sous-
unguéal refoulé. La forme en est ovoïde, la grosse extrémité dépasse d'un
demi-centimètre le bord libre ; la petite se dirige obliquement vers son angle
interne. Son volume est celui d'un petit haricot, ses bords nets, sa surface
lisse, couleur rosée, consistance ferme, sensibilité nulle.

Avec les pâtes de Vienne et de Canquoin, je détruis de mon mieux la petite
tumeur et recommande au malade le repos.

Malheureusement, il n'en fait rien, et l'ablation ayant sans doute été incomplète et la fatigue aidant, je le vois revenir au bout de quinze jours : la tumeur
s'est reproduite, même un peu plus volumineuse qu'avant et recouverte d'une
sorte de couenne grisâtre, faiblement adhérente et saignant facilement.

A l'œil nu, la tumeur reformée a le même aspect : elle est rosée, presque
exsangue, crie sous le scalpel et est d'autant plus dure qu'on s'approche davantage de son point d'implantation ; là, près de la phalangette, c'est de l'os pour
la dureté et je dois détacher avec la sonde cannelée trois ou quatre petits
chicots réunis par un tissu mou et fibreux. Je termine en cautérisant fortement avec un crayon Filhos.

Depuis cette époque, — six mois, — la moitié interne de l'ongle, qui a été
détruite avec sa matrice par le caustique, n'a pas repoussé ; mais rien ne paraît
devoir récidiver.

M. Bonnafy, professeur d'anatomie à l'École de médecine navale de Rochefort, a bien voulu examiner un fragment de la tumeur, et c'est lui qui a pu affirmer le diagnostic : ostéôme spongieux, exostose sous-unguéale.

Malheureusement, l'examen de M. Bonnafy a porté sur la partie la plus profonde de la tumeur, la plus riche en éléments osseux, et n'a pu comprendre ni les couches supérieures plus fibreuses, ni cette membrane, détruites par le caustique, qui, étant les parties les plus jeunes de la tumeur, l'auraient montrée à une seconde phase de son développement. Sur une coupe, pratiquée dans la partie la plus ferme, on voit, entre les travées calcaires, quatre lacunes comblées de fibres et de cellules, et je suis persuadé que si l'on avait pu porter sous le microscope les couches superficielles de la tumeur, on y aurait vu prédominer les éléments fibro-cellulaires, peut-être même fibro-plastiques et à myéloplaxes.

L'aspect, la couleur, la consistance, le développement rapide, la repullulation sont, en effet, en faveur de cette opinion qu'il s'agissait moins d'un ostéôme simple que de ce sarcôme ossifiant auquel Cornil et Ranvier rattachent presque toutes les épulis et les exostoses sous-unguéales indistinctement.

Je cite : « On pourrait se demander si ces épulis sont des ostéômes ou des sarcômes : elles tiennent de l'ostéôme par la propriété qu'elles ont d'engendrer de l'os ; mais il n'y a jamais d'ossification complète et permanente dans ces épulis ; elles offrent simplement une tendance à l'ossification, et c'est à cause de ces caractères que nous les rangeons dans les sarcômes.

» Les petites tumeurs appelées exostoses sous-unguéales répondent exactement à la même description et sont de la même nature. Il serait impossible de reconnaître l'une de l'autre deux préparations faites l'une avec une épulis, l'autre avec une exostose sous-unguéale. » (*Manuel d'hist. path.*, I, 130.)

Voilà donc un diagnostic anatomique bien établi : ostéo-sarcôme; mais, cliniquement, d'une appréciation difficile : tumeur à texture suspecte, à développement rapide, se reproduisant en quinze jours avec un volume supérieur à celui qu'elle avait mis une année à atteindre; tumeur bénigne très probablement, mais dont on ne saurait garantir l'innocuité définitive, car telle épulis est de bonne nature, telle autre spécialement tenace, maligne et récidivante.

J'émets ici un regret, c'est que la phlyctène qui survint avant que je visse le malade m'ait empêché de discerner si l'engorgement ganglionnaire de l'aine fut simplement inflammatoire ou le fait de l'infection néoplastique de l'orteil.

Comme prédisposition, je ne trouve rien de net : le père vit encore;

il aurait eu du mal à un pied (?) pendant longtemps; la mère a eu des
éruptions cutanées et est morte de pneumonie; le sujet de notre observation n'a jamais été malade, il est grand et fort, mais mou, sans énergie... c'est peut-être pousser un peu loin la recherche de l'arthritisme;
enfin, j'ai voulu témoigner de la sincérité de l'examen auquel je me suis
livré, mais je laisse à d'autres de conclure.

Quand on associe ces deux mots : *traumatisme* et *néoplasme* (2ᵉ Thèse
de Leclerc, 1883), l'esprit se reporte immédiatement aux tumeurs de mauvaise nature; j'ai voulu montrer, par cet exemple, que des productions
relativement bénignes pouvaient reconnaître les mêmes causes.

L'influence de la contusion, dans ce cas, me paraît d'autant mieux
établie (et c'est par ce seul point que cette observation, outre la rareté
de ces petites tumeurs, sort de la banalité) que, d'après le professeur
Gosselin, — *Leçons de clin. chir.*, I, 76, — sur un total de 23 exostoses
sous-unguéales que comprennent toute la pratique de Dupuytren, de
Legoupil et la sienne propre, 19 cas se rapportent au sexe féminin et
22 à des adolescents.

M. DELTHIL

A Nogent-sur-Marne.

ULCÉRATION DIPHTHÉROIDE DE LA COQUELUCHE

— Séance du 11 septembre 1884 —

Quelques auteurs mentionnent, sans y attacher une grande importance,
une ulcération dans la coqueluche; ils affirment que le siège en est
constant sur le frein de la langue, et tous sont d'accord pour en attribuer
la formation à une cause mécanique, c'est-à-dire au frottement du frein de
la langue sur les dents pendant les quintes. En un mot, cette ulcération a
été regardée comme un simple phénomène *incident;* quant à moi, je lui
crois une importance *capitale;* je l'ai appelée *diphthéroïde* à cause de son
aspect nacré et des microbes pathogènes qu'elle contient, et je lui attribue
une valeur spécifique.

TABLEAU ANALYTIQUE DES OBSERVATIONS

NUMÉROS DES OBSERVATIONS	ANNÉES	AGE DU MALADE	ÉPOQUE DE L'APPARITION de la plaque à partir du contact suspect (Jours)	DURÉE DE L'ULCÉRATION (Jours)	GRAVITÉ DU CAS	NOMBRE DE PLAQUES	SIÈGE	SES RAPPORTS avec la dentition	ASPECT
1	1874	4 mois (1)	12	9	Compliqué par pleurésie	1	Plancher de la bouche à gauche	Avant	Grisâtre
2	1874	4 ans	12	4	Moyenne	1	Frein (milieu)	Après	Grisâtre
3	1875	2 ans 1/2 (2)	12 à 15 (8)	18	Très grave (broncho)	1	Lèvre inférieure au milieu	Après	Grisâtre
4	1875	2 ans	14	6	Moyenne	1	Frein (milieu)	Après	Nacré
5	1875	2 ans 1/2	15	15	Très grave	1	Plancher de la bouche à gauche	Après	Grisâtre
6	1875	42 ans (f.)	16	6	Longue	1	Plancher à gauche	Après	Grisâtre
7	1875	3 ans	13	6	Moyenne	1	Frein (milieu)	Après	Nacré
8	1875	10 mois	12	3	Moyenne	1	Frein (busc)	1 dent	Nacré
9	1875	4 ans	13	16	Très grave (broncho)	1	Plancher à droite	Après	Gris blanc
10	1875	2 ans 1/2 (3)	12	3	Bénigne	1	Sommet du frein	Après	Grisâtre
11	1875	2 ans	13	15	Très grave (bronchite)	1	Haut du frein	Après	Nacré
12	1875	2 ans	12	4	Moyenne	1	Frein (milieu)	Après	Nacré
13	1875	18 mois	12	5	Moyenne	1	Frein (milieu)	Après	Grisâtre
14	1875	5 ans	13	6	Longue	1	Frein (sommet)	Après	Nacré
15	1876	4 ans	12	5	Moyenne	1	Frein (milieu)	Après	Nacré
16	1876	13 mois	12	4	Moyenne	1	Frein (busc)	3 dents	Gris jaunâtre
17	1876	18 ans		6	Moyenne	1	Frein (milieu)	Après	Nacré
18	1876	39 ans	15	12	Grave, avec pleurésie	3	Plancher autour du frein	Après	Gris jaunâtre pustuleux
19	1876	3 mois 1/2	12	7	Assez grave	1	Frein (milieu)	Avant	Gris blanc
20	1876	8 mois	14	4	Moyenne	1	Frein (sommet)	Avant	Nacré
21	1876	3 ans	12	6	Moyenne	1	Frein (sommet)	Après	Nacré
22	1877	6 ans (4)	12	4	Peu grave	1	Milieu du frein	Après	Grisâtre
23	1877	22 mois (5)	12	12	Assez grave	1	Sommet du frein	Après	Très nacré
24	1877	18 mois (6)	13	8	Moyenne	1	Busc du frein	Après	Nacré
25	1877	2 ans 1/2	12	3	Très légère	1	Frein (milieu)	Après	Grisâtre
26	1877	15 mois	12	5	Bénigne	1	Frein (milieu)	2 dents	Gris blanc
27	1877	4 ans (7)	12	3	Moyenne	1	Frein	Après	Grisâtre

(1) Enfant vu avec le Dr Pons, de Neuilly.
(2) Fils du Dr Isard, de Vincennes, vu par M. Triboulet.
(3) Frère du précédent, atteint 12 jours après le retour de sa sœur.
(4) C'est mon fils, vu par moi et le Dr Barborin, de Joinville.
(5) Cousine de mon fils, contact avec lui, vu par moi et le Dr Barborin.
(6) Vu aussi par le Dr Barborin.
(7) Observation du Dr Isard.
(8) Environ.

Elle ne peut avoir pour origine unique le frottement de la langue sur les dents :

1° Parce qu'elle précède quelquefois la dentition ;

2° Parce qu'elle apparaît avant les quintes férines et qu'elle s'efface avant leur disparition ;

3° Enfin, parce que nous devrions la trouver aussi dans les affections catarrhales, où le mécanisme de la toux a beaucoup d'analogie, telles que la grippe, l'emphysème, la phtisie, etc.

Le siège n'est pas constant : on la rencontre sur le plancher de la bouche, sur la langue et même sur la lèvre inférieure ; la plupart du temps unique, elle peut cependant être multiple.

La durée de ces ulcérations est en moyenne de trois à dix-huit jours ; leur étendue paraît être en rapport avec la gravité de l'affection ; elles apparaissent du dixième au douzième jour après un contact suspect.

Je me crois autorisé à considérer cette plaque comme la manifestation apparente d'une affection spécifique ; le crachat puriforme expulsé par l'enfant ne serait-il pas alors le produit sécrété par des ulcérations analogues situées dans les voies aériennes ?

Les crevasses trouvées dans les bronches et les infiltrations des ganglions bronchiques remarquées dans les nécropsies de coqueluchards permettent de le penser.

M. Edmond CHAUMIER

Au Grand-Pressigny (Indre-et-Loire).

L'ASTHME CHEZ LES JEUNES ENFANTS

— *Séance du 11 septembre 1884* —

Contrairement à ce que l'on enseigne, l'asthme est assez fréquent chez les enfants ; et il est étonnant que beaucoup de médecins, qui se livrent spécialement à l'étude des maladies de l'enfance, se refusent à admettre cette maladie.

Depuis cinq ans, j'ai été appelé à donner des soins à six jeunes asthmatiques.

Je citerai les deux observations suivantes :

OBSERVATION I. — Billard, garçon, 10 ans 1/2. Étouffe depuis l'âge de 18 à 20 mois. Poitrine très contrefaite, bombée en avant et en arrière. Les accès durent quinze jours ou trois semaines ; rarement plus, rarement moins. Il y a un an, pendant la moisson, il glanait, et est résté trois mois sans étouffer. Il reste habituellement de une à trois semaines.

Depuis huit jours il n'étouffe pas ; mais depuis hier il a des sifflements perçus à distance. Il a des sibilances dans la poitrine, rien au cœur. Lorsqu'il étouffe il est violacé, bouffi et a des râles nombreux, sibilants, ronflants, muqueux de toutes grosseurs. Il a quelquefois un peu de fièvre dans les accès violents. En ce moment, il a bon appétit, mange bien, dort bien. Il a des sifflets dans le sommeil depuis deux jours.

OBSERVATION II. — Brault, garçon, né le 31 mars 1881. Une tante est asthmatique ; une sœur, actuellement âgée de 9 ans 1/2, a eu des accès d'asthme, revenant de temps en temps, jusqu'à l'âge de 5 ans.

Le premier accès du jeune garçon a débuté à la fin d'octobre 1881 ; il n'avait pas sept mois. L'attaque dura de quinze à vingt jours ; certains jours les étouffements étaient très prononcés ; d'autres, ils n'existaient pour ainsi dire pas ; on entendait dans la poitrine des râles sibilants et muqueux.

Je vis successivement cet enfant dans les premiers jours de février 1882 ; dans les premiers jours de mars ; à la fin de mars et à la fin de juillet. En décembre, nouvelle attaque.

27 décembre. Il étouffe depuis quelques jours. Quelques râles sibilants ; respiration très rude. Il fait beaucoup de bruit en respirant ; tousse de temps en temps ; pas de fièvre. Il aurait demandé à boire ces jours derniers. — L'enfant respirera de l'iodure d'éthyle et prendra 0gr, 50 d'iodure de potassium (potion avec 2 grammes pour 4 jours).

28 décembre, 8 h. 1/2 soir. Respiration très rude, dyspnée forte, pouls fréquent.

29 décembre, 9 heures matin. La mère lui a fait prendre de l'ipéca hier ; n'a pas vomi, mais a la diarrhée. R., 96 ; P., 180-200. Respiration rude, quelques sibilances. N'a pas toussé la nuit ; très suffoqué, parfois se raidit et crie davantage. Bleuâtre, bouffi ; a très peu tété. Il a pris de sa potion et respiré de l'iodure d'éthyle. La mère le tient presque debout par terre, par les bras. Oxygène, 20 litres (on ouvre le robinet d'un ballon près de son nez). R., 92. Soir, moins essoufflé. La mère a mis un deuxième vésicatoire. R., 76. Oxygène, 10 litres. R., 80. Il se défend, pendant qu'on lui fait respirer l'oxygène, plus que ce matin ; il se débattait cependant beaucoup.

30 décembre. R., 44 ; P., 100. Pas de fièvre. A un peu dormi, a eu un peu de diarrhée cette nuit ; n'était pas allé hier. Il est un peu abattu. Oxygène : il crie, se défend. A tété plusieurs fois. On continue la potion. Oxygène, 8 litres environ. A 2 heures, le reste du ballon de 20 litres, pendant la tetée. A 4 h. 1/2, P., 112 ; R., 80 ; T. R., 39°,6. Sibilances, râles muqueux fins des deux côtés.

31 décembre, 8 h. 1/2 soir. A dormi plusieurs fois aujourd'hui ; a moins étouffé. N'étouffe pas étant éveillé. Il a respiré hier soir, cette nuit et ce matin 25 litres d'oxygène. Il a bu cette nuit et a tété plusieurs fois. Pendant le sommeil, R., 60 ; P., 120-130 ; T. R., 38°,2. Gros râles.

1er janvier 1883, 5 heures soir. N'étouffe pas depuis hier. P., 132 ; R., 40 ; T. R., 38°,2. A demandé un peu à boire tantôt, et plusieurs fois à manger aujourd'hui. N'a fini qu'aujourd'hui sa potion à l'iodure de potassium. Il a respiré une fois de l'iodure d'éthyle. Ce matin a respiré un peu d'oxygène, en respirera un peu ce soir (environ 2 litres 1/2), autant demain matin. Il a toussé davantage ; est soulagé lorsqu'il tousse. A gauche, quelques gros râles ; à droite, gros râles en assez grand nombre. N'a pas de diarrhée, ventre souple, peau fraîche, lèvres rosées. N'a presque pas dormi aujourd'hui. Paraît plus fort. A causé un peu.

5 janvier, 1 heure. N'a plus étouffé, tette bien et mange ; tousse. Encore quelques gros râles muqueux. Lorsqu'il tette, on entend encore sa respiration. N'a pas respiré d'oxygène depuis le 2 au matin. Il prend sa potion à l'iodure.

4 février. Depuis le 5 janvier n'a plus étouffé. En ce moment il étouffe un peu. Pas de fièvre. Bonne mine. La mère dit qu'il *rhomme* (respiration bruyante) un peu depuis trois jours. Potion, 3 grammes d'iodure de potassium pour 6 jours.

9 février. Je l'ai rencontré il y a deux jours au cou de sa mère, il ne paraissait pas étouffer. Aujourd'hui, sa mère le tient à la main ; il a bonne mine, n'étouffe pas. Il a l'air enrhumé du cerveau ; son nez goutte ; un mucus épais coule des deux côtés, il n'en a pas l'air incommodé. La mère dit qu'il tousse et qu'il *rhomme* un peu parfois. Il prend sa potion.

16 mai. Il *rhomme* un peu depuis dimanche. La nuit dernière, vers onze heures, il étouffait beaucoup, toussait sans cesse. Cela a duré presque toute la nuit. La mère l'a fait vomir deux fois depuis dimanche. Ce matin, à 8 h. 1/2, il n'étouffe pas. Il tousse une fois devant moi ; toux grasse. Râles sonores à la base. Respiration très rude partout ailleurs. Pas de fièvre (iodure de potassium, 5 grammes ; eau de laurier-cerise, 50, pour 5 jours).

17 mai, 8 heures soir. Fièvre, peau très chaude, pouls fréquent, toux, étouffement. Respiration très rude, pas de râles. Diarrhée liquide depuis le matin. Soif vive et étouffements la nuit dernière. Oxygène. La mère veut mettre un vésicatoire.

19 mai, 8 h. 1/2 matin. P., 132 ; R., 75. Peau chaude ; a beaucoup bu cette nuit ; ne voulait boire que des liquides froids, du vin surtout, étouffait et toussait beaucoup. Râles sonores entendus à distance. A l'auscultation, respiration très rude et râles sonores ; certains ont l'air de venir du larynx. Il a encore la diarrhée liquide, jaune : hier, 4 fois ; cette nuit, 1 fois. Vomit quelquefois son sirop d'iodure. Il respire de l'oxygène depuis avant-hier (30 litres).

21 mai. N'étouffe plus. R., 50 ; P., 150. Soif vive. Presque pas de râles. Respiration rude, soufflante aux deux bases, surtout à gauche. Ne prend presque rien, tette.

24 mai. On me l'apporte chez moi. Il étouffe toujours. Râles sonores. Fièvre. Prend toujours de l'iodure. Toux grasse, quinteuse.

27 mai. Étouffe, *rhomme*. Toux grasse de temps en temps, moins de fièvre ; mais a la peau toujours chaude ; langue blanchâtre. Ne prend que ce qu'il tette. On fait brûler une poudre antiasthmatique pendant qu'il tette, il n'a pas l'air d'aimer cela ; il veut écarter l'assiette où elle brûle avec sa main. Il étouffe autant après. Cependant, la mère dit que les cigarettes (belladone, datura, etc.), fumées près de lui, ont l'air de le calmer un peu.

L'étouffement dure encore quelques jours et se calme définitivement. Aucun accès n'est revenu depuis lors (mars 1885).

Ces deux observations, et les autres que je pourrais citer, prouvent non seulement l'existence de l'asthme chez les jeunes enfants, mais montrent également que cette maladie ne revêt pas chez eux la forme classique que l'on rencontre, du reste, très rarement chez l'adulte.

Cette forme catarrhale de l'asthme fait faire souvent des erreurs de diagnostic; car, pour quelqu'un qui n'est pas prévenu, il s'agit d'une bronchite suffocante d'aspect grave. Bien des fois la mère du petit malade, dont j'ai rapporté l'histoire en détail, bien qu'elle l'ait déjà vu plusieurs fois en cet état, l'a cru près de mourir.

Il est donc bon de savoir — et j'insiste à dessein sur ce point — que l'asthme chez les enfants peut être accompagné de symptômes de bronchite, de fièvre, etc.; que les paroxysmes nocturnes font la plupart du temps défaut, et que la dyspnée existe aussi bien le jour que la nuit.

Un autre point sur lequel je dois m'arrêter, c'est que la dyspnée des jeunes enfants que j'ai observés, ne tenait ni à une maladie de cœur, ni à une bronchite chronique, ni à la tuberculose des ganglions péribronchiques. Plusieurs de mes petits malades sont guéris depuis longtemps et ne présentent aucune lésion des organes intrathoraciques.

Celui qui fait le sujet de ma première observation a la poitrine très contrefaite, est très emphysémateux ; mais ces lésions sont le résultat de l'asthme.

J'ai pu m'assurer, en examinant ce jeune garçon en dehors de ses accès, qu'il ne présentait aucune trace de tuberculose ou de maladie organique du cœur.

La maladie, dans tous les cas que j'ai vus, a débuté dans la première enfance.

Comme traitement, j'ai essayé à peu près tout ce qu'on emploie chez l'adulte, iodure de potassium, iodure d'éthyle, oxygène, fumigations diverses. L'iodure d'éthyle est peut être ce qui calme le mieux la dyspnée ; mais il ne la calme pas complètement, surtout s'il y a de la fièvre.

Je n'ai pas essayé la morphine en injections sous-cutanés, qui produit quelquefois des effets merveilleux chez les adultes.

L'asthme disparaît souvent de lui-même à un certain âge : on devra donc faire en sorte que l'enfant atteigne cette époque avec une poitrine saine. Pour cela, on devra essayer de tous les moyens pour diminuer l'intensité et la longueur des attaques. Autrement, l'emphysème se développera comme chez le jeune garçon dont j'ai parlé en commençant, et qui n'a jamais été soigné régulièrement.

Dans ce cas, les lésions sont irrémédiables, et en admettant que la maladie cède complètement à un moment donné, cet enfant restera toujours un peu dyspnéique de par son emphysème.

M. A. LADUREAU

Directeur de la station agronomique du Nord.

SUR L'ÉQUIVALENCE AGRICOLE DES DIVERS PHOSPHATES

— *Séance du 5 septembre 1884* —

L'acide phosphorique soluble dans l'eau à l'état libre ou à l'état de phosphate monobasique de chaux, tel qu'il existe dans les produits désignés dans le commerce sous le nom de superphosphates, a-t-il une valeur supérieure à celle du même corps insoluble dans l'eau, mais soluble dans le citrate d'ammoniaque alcalin, tel qu'il se trouve dans les matières vendues sous le nom de phosphate précipité, sous la forme de phosphate bibasique de chaux et de phosphates de fer et d'alumine?

Telle est la question qui a été posée et longuement discutée au sein du Congrès des Directeurs de Stations agronomiques, réunis à Versailles par la Société nationale d'encouragement à l'agriculture en juin 1881.

En présence des opinions contradictoires émises sur ce point par plusieurs des savants qui assistaient à cette réunion, on convint de ne point trancher la question et de prier les membres du Congrès de faire, chacun de leur côté, des expériences ayant pour but de résoudre ce problème scientifique et agronomique.

C'est dans cet ordre d'idées que nous avons établi les expériences dont nous allons rendre compte.

Ces expériences ont été faites sur les terres de l'Institut industriel et agronomique du nord de la France, où je professe les cours d'agriculture et d'économie rurale.

Nous avons pris une terre assez homogène, qui a été soumise à un assez grand nombre de prises d'échantillons, jusqu'à 35 centimètres de profondeur, puis analysée.

Cette terre renfermait 640 milligrammes d'acide phosphorique par kilogramme, dont 125 milligrammes étaient solubles dans l'acide acétique. Or, l'acide acétique ne dissout que les phosphates de protoxydes, qui sont également solubles dans l'eau chargée d'acide carbonique. Ces 125 milligrammes par kilogramme représentent donc la quantité d'acide phosphorique immédiatement disponible et assimilable par les plantes.

Les conditions requises pour que notre expérience eût toute la portée désirable se trouvaient donc réunies ; car on sait, par les études de MM. Dehérain, Corenwinder et autres agronomes, que les phosphates ne produisent d'accroissement de récoltes que dans un sol contenant moins de 1 gramme d'acide phosphorique par kilogramme. Quand cette proportion est atteinte ou dépassée, on ne voit guère l'effet de l'emploi des engrais phosphatés. C'est ce que nous avons reconnu, du reste, également à diverses reprises dans les terres très fertiles du Nord.

Nous avons donc partagé notre champ en un certain nombre de parcelles d'un are chacune, sur lesquelles nous avons répandu, quelques jours avant les semailles, des quantités connues et soigneusement pesées de superphosphate et de phosphate précipité, qui avaient été mis à notre disposition par la Compagnie des Usines et Manufactures de produits chimiques du Nord (ancienne maison Kuhlmann et Cie).

Nous avions préalablement analysé ces produits, qui renfermaient les quantités suivantes d'acide phosphorique :

Superphosphate : 17,25 0/0. d'acide, en grande partie soluble dans l'eau.

Phosphate précipité : 31,64 0/0 d'acide phosphorique dont la presque totalité soluble dans le citrate d'ammoniaque, par conséquent sous forme de phosphate bicalcique.

Nous avons employé des quantités de chaque produit correspondant à 100, 200, 300 et 400 kilogrammes d'acide phosphorique par hectare.

Puis on ensemença en betteraves, qui reçurent exactement les mêmes soins de culture. La terre avait reçu avant l'hiver une fumure assez faible au fumier de ferme, aussi les rendements en betteraves à l'arrachage ont-ils été assez médiocres.

Des piquets de bois furent plantés pour séparer chaque carré du voisin, de manière que l'on pût peser séparément les racines de chaque parcelle.

Nous comptions également, au moyen de ces piquets, que nous fîmes conserver au moment des labours, reconnaître l'effet produit sur le blé qui suivit la betterave, par les phosphates non utilisés par cette racine ; mais, par suite de la négligence du chef de culture, cette seconde partie de notre expérimentation a été manquée : au lieu de faire moissonner et récolter à part le blé de chaque parcelle, comme nous le lui avions prescrit, cet agent laissa tout mélanger, et il fut impossible de s'y reconnaître, ce que nous ne pouvons que regretter vivement, cette deuxième expérience devant compléter nécessairement la première.

Quoi qu'il en soit, voici les résultats que nous avons obtenus la première année sur les betteraves, variété blanche à collet vert et à peau lisse, qui avait servi à nos essais :

N° d'ordre	ENGRAIS employé	QUANTITÉ de PhO¹ par hectare	RENDEMENT en betteraves	DENSITÉ du jus	SUCRE p. 100	SELS p. 100	COEFFICIENT salin	SUCRE produit à l'hectare
1	Rien	0	45.475 kil.	1052	10.70	0.71	15.4	4.579 kil.
2	Phosphate précipité	100 kil.	51.485	1050	9.79	0.76	12.8	5.040
3	Id.	200	53.644	1051	9.87	0.74	13.3	5.294
4	Id.	300	55.857	1051	10.00	0.81	12.3	5.585
5	Id.	400	54.025	1050	9.90	0.86	11.5	5.348
6	Superphosphate	100	52.253	1052	10.24	0.77	13.2	5.350
7	Id.	200	56.374	1055	11.04	0.80	13.8	6.223
8	Id.	300	54.552	1053	10.50	0.81	13	5.741
9	Id.	400	56.089	1050	9.60	0.90	10.6	5.380

Les conclusions que l'on peut déduire de l'examen des chiffres de ce tableau sont les suivantes :

1° L'acide phosphorique paraît avoir exercé sensiblement le même effet sur la betterave sous la forme de phosphate monobasique soluble dans l'eau ou sous celle de phosphate bibasique soluble dans le citrate d'ammoniaque ;

2° Dans un sol, comme celui où nous avons opéré, dans lequel sa proportion n'atteint pas 1 gramme par kilogramme de terre sèche, l'emploi de l'acide phosphorique sous ces deux formes est marqué par un excédent notable de récolte. Dans notre expérience, cet excédent a atteint 6,000 kilogrammes avec le phosphate précipité et près de 7,000 kilogrammes avec le superphosphate. Ces excédents couvrent largement les frais occasionnés par l'achat des 100 kilogrammes d'acide phosphorique qui les ont produits. En effet, cet acide vaut en moyenne 60 centimes le kilogramme aujourd'hui, à l'état soluble et assimilable : la dépense est donc de 60 francs. Or, en comptant les betteraves au prix moyen des dernières années, soit 20 francs les 1,000 kilogrammes, on a, dans le premier cas, une plus-value de 120 francs ; et, dans le deuxième cas, une augmentation de 140 francs ;

3° Les différences entre les résultats produits par l'emploi du phosphate précipité et du superphosphate sont trop faibles pour qu'il soit possible de conclure à la supériorité de l'un de ces produits sur l'autre. Le sol dans lequel nous avons opéré renferme une proportion de calcaire assez élevée pour qu'il soit permis de croire que l'acide phosphorique soluble des derniers a dû passer assez rapidement à l'état de phosphate bibasique ou même tribasique insoluble dans l'eau ;

4° Il paraît inutile d'ajouter à un sol renfermant plus d'un demi-gramme (500 milligrammes) d'acide phosphorique au nombre de ses éléments, une quantité de ce corps supérieure à 100 kilogrammes. En effet, l'augmentation de récolte est trop faible si l'on exagère cette dose pour couvrir l'excédent de dépense. C'est donc une avance qu'on fait au sol presque en pure perte. Nos cultivateurs, qui doivent plus que jamais compter de près aujourd'hui, et éviter toute dépense inutile, devraient bien s'imprégner de cette vérité : ils éviteraient ainsi bien des mécomptes !

Tout ce que nous venons de dire s'applique à une culture normale au fumier, tourteaux, guano et autres engrais, mais non à une de ces cultures, comme on en rencontre malheureusement trop aujourd'hui, où l'on abuse des engrais uniquement azotés, tels que le nitrate de soude et le sulfate d'ammoniaque. Il est certain que, dans ce cas, il ne faut pas craindre de donner au sol 200 kilogrammes et quelquefois même davantage d'acide phosphorique. Ce corps est en quelque sorte le contre-poison des nitrates ; en l'employant largement, l'appauvrissement en sucre des betteraves, produit par l'exagération de la récolte, est moins sensible. On peut ainsi obtenir des poids très élevés de racines et une richesse moyenne suffisante pour qu'elles soient acceptées par les fabricants ; tandis que, sans l'effet de cet engrais, les betteraves, forcées au nitrate ou au sulfate d'ammoniaque, sont généralement de si mauvaise qualité, si pauvres en sucre, qu'il n'y a aucun profit à les travailler. On évite en outre, en opérant ainsi, l'appauvrissement du sol en phosphates et la verse des céréales qui en est la conséquence, ainsi que nous l'avons établi ailleurs.

M. A. de VERNEUIL

Ancien Capitaine d'état-major, Membre du Comice agricole de l'arrondissement de Blois, à Meusnes, par Selles-sur-Cher (Loir-et-Cher).

TRAITEMENT DES SAPINIÈRES GELÉES PENDANT L'HIVER 1879-80

Au moment de l'hiver 1879-1880, j'étais possesseur de semis de pins maritimes nombreux et de presque tous les âges. J'en avais notamment de 1, 2, 3, 4, 5, 6, 7 et 8 ans.

Le froid a sévi chez moi avec une intensité sans pareille, et tous mes pins maritimes, quelque âge qu'ils eussent, ont été littéralement grillés par la gelée. Des sujets de 40 ans même, excessivement vigoureux, n'ont pas été épargnés, et il n'en est pas resté debout plus d'une quinzaine dans toute ma propriété.

L'aspect de mes sapinières était lamentable. Les arbustes grillés étaient rouge-feu : les genêts qui parsèment les semis, calcinés par le froid, étaient noirs comme charbon et faisaient l'effet, au milieu des sapins roussis, d'affreux démons dans une fournaise ardente.

Mon désespoir fut grand, d'autant plus grand que, vu la nature du sol, composé de sable pur, je n'avais pas d'autre essence que du pin maritime. Tous mes semis étaient perdus, sauf celui de un an, qui, couvert par la neige, était indemne. Je n'ai pas besoin de vous dire, Messieurs, avec quelle peine, et surtout avec quelles pertes, je parvins à me débarrasser de mes arbres gros et moyens. Ce fut une liquidation désastreuse : quant à mes jeunes semis de 2 à 8 ans, je n'avais qu'une chose à faire, au dire de tout le monde, les arracher, en débarrasser le terrain le plus promptement possible, labourer, ressemer et attendre. C'est ce qu'ont fait, je crois, la plupart des propriétaires de la Sologne. Je n'adoptai pas cette manière d'opérer.

Une étude attentive de mes semis gelés me fit découvrir qu'au pied de presque chaque arbuste de 2, 3, 4, 5, 6, 7 et 8 ans, se trouvait une ou plusieurs branchettes, moitié branches, moitié racines, grêles, menues, délicates, se traînant péniblement à la surface du sol. Ces branchettes, de la grosseur au plus d'une aiguille à tricoter, s'étaient trouvées cachées sous la neige et semblaient avoir été épargnées par la gelée, car elles avaient encore une apparence de verdeur. Tandis que le tronc de l'arbuste et ses branches étaient absolument morts, ces branchettes semblaient avoir conservé un reste de vie ainsi que la racine. Je me raccrochai à cet espoir, et au lieu de faire arracher mes semis, je les fis couper par le pied, en recommandant bien aux ouvriers chargés de ce travail, de couper l'arbuste un peu au-dessus des branchettes rasant le sol et de les ménager avec le plus grand soin (fig. 50).

Mon raisonnement était celui-ci. La racine de l'arbuste n'est pas gelée, puisque elle est en terre et que la terre était couverte de neige. Si les branchettes qui rasent le sol et sont fixées à cette racine ne sont pas mortes, elles vont puiser de la vie et de la force dans les racines ; et comme le sapin cherche toujours la verticale, d'horizontales qu'elles sont, elles se redresseront peut-être.

Je ne vous cacherai pas, Messieurs, que tous ceux qui me virent opérer ainsi, blâmèrent ma manière de faire. Persuadés qu'il n'y avait rien de bon à attendre de ce procédé, et que les branchettes que je respectais avec un soin jaloux ne pouvaient jamais arriver à faire des arbres (puisque le pin maritime ne repousse pas du pied), ils estimaient que je doublais à plaisir mes frais de main-d'œuvre ; car, après avoir coupé les arbustes par le pied, il faudrait plus tard arracher ce pied pour labourer le champ et le ressemer à nouveau.

'Pour moi, je vous l'avouerai, je n'avais qu'une confiance médiocre dans mon procédé, que je considérais comme un essai un peu hasardeux ; et pendant toute l'année qui a suivi l'opération du recepage, j'ai attendu avec une véritable anxiété quel allait en être le résultat. Cette opération du recepage, je l'ai faite dans tous mes jeunes semis, tous ceux qui présentaient encore, vu leur jeune âge, des branchettes basses qui avaient été cachées par la neige. Ma foi, dans mon système, n'étant pas absolue, je me suis laissé entraîner à arracher quelques hectares de semis, et je le regrette bien vivement, car aujourd'hui ils font tache dans mes sapinières renouvelées.

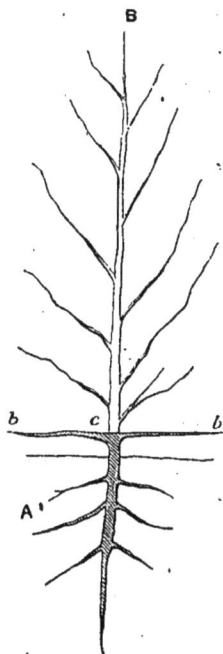

Fig. 50. — A, partie de l'arbuste en terre ou sous la neige, encore en vie. — B, arbuste mort. — b, b, branchettes vivantes. — c, point où l'arbuste a été coupé.

L'opération du recepage eut lieu dans le courant de 1880 : dès le printemps de 1881, je constatais qu'à tous les pieds d'arbustes coupés, les branchettes vivaces s'étaient fortifiées, relevées ; et qu'elles étaient d'autant plus grosses, qu'elles avaient puisé la vie à des racines plus fortes (fig. 51). Chaque pied alors formait une véritable souche, composée d'un nombre variable de branchettes redressées ; et l'on aurait dit que le sapin, depuis l'hiver 1880, jouissait de la faculté qu'a le chêne de *drageonner*.

Ce premier résultat était déjà satisfaisant, et je commençais à espérer que je n'avais pas fait fausse route. Malheureusement, la *maladie ronde* envahissait mes pépinières, et les branchettes, qui ne demandaient qu'à renaître à la vie et à se relever, étaient écrasées par le moucheron rongeur,

qui leur brisait la tête. Malgré ce contre-temps, dès l'automne 1881 je fis
une première élimination de branchettes. Chaque pied renouvelé portait
généralement 3, 4, 5 ou 6 branchettes, qui, toutes, avaient repris de la
vie et redevenaient verticales. Je fis éliminer un certain nombre de branchettes à chaque pied, les plus faibles, de façon à éviter l'éparpillement
des forces végétales de la racine et à les concentrer sur les deux ou trois
plus fortes branches. Le résultat de cette opération fut merveilleux, et,
dès le printemps de 1882, je constatais que les branches restantes, malgré
les assauts de la maladie ronde, avaient pris un développement remarquable ; et je me voyais ainsi amené à faire sans retard une nouvelle
ablation de branches, qui, toutes, partaient du pied. Donc, dans le
courant de l'automne et de l'hiver dernier (1882), les ouvriers furent
remis à l'œuvre et eurent ordre de ne laisser à chaque pied qu'une seule
branche.

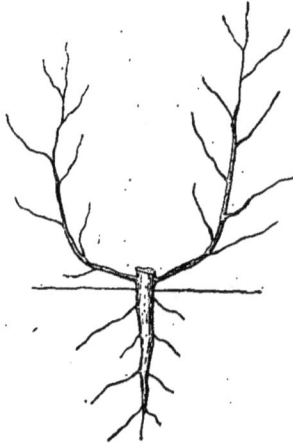

Fig. 51. — L'arbuste coupé après 8 ou 10 mois.

Voilà bientôt un an que cette opération est terminée et on peut en
admirer le résultat. Mes sapinières sont reconstituées, elles présentent
actuellement le même aspect que lorsque le désastre de 1879-1880 est venu
les frapper : les arbustes ont la même taille qu'à cette époque. Chose bien
singulière, les branchettes ont repoussé avec une force d'autant plus
grande que les racines où elles puisaient la vie étaient plus vieilles ; et,
quoique l'opération ait été faite en même temps pour toutes les sapinières,
on voit la différence d'âge de chacune d'elles comme on la voyait en 1879,
à la différence de hauteur des sujets. Seulement, l'arbuste reconstitué,
formé d'une branche latérale au tronc primitif, présente encore à sa base
un coude qui disparaîtra dans quelques années, à mesure que le sujet
grossira (fig. 52.)

Une remarque à faire, c'est que le corps de ces arbustes est beaucoup

plus gros que ne le comporte leur hauteur. Cela tient-il à l'exubérance de
sève produite par une racine vieille et déjà forte, ou est-ce l'effet de la
maladie ronde, qui, ayant sévi deux ans de suite contre ces arbustes, a
gêné leur développement en hauteur et entraîné le développement exagéré
du tronc? C'est ce que je ne saurais décider. Dans tous les cas, la maladie
ronde a complètement disparu de mes sapinières cette année, et j'ai
l'espoir que je vais voir le développement de mes semis suivre maintenant
une marche normale.

L'opération que j'ai pratiquée a donc eu pour résultat, Messieurs, de
me donner une très grande avance pour la reconstitution de mes semis ;

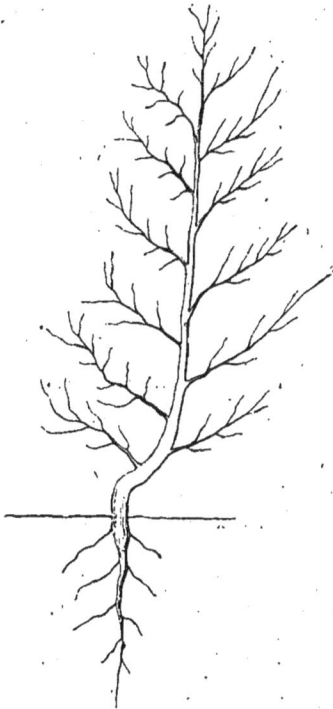

Fig. 52. — État actuel de l'arbuste.

car, en trois ans, ils ont acquis le développement qu'ils n'auraient eu
qu'au bout de 4, 5, 6, 7 ou 8 ans. Il est certain que mes semis, surtout
les plus vieux, sont moins serrés qu'autrefois, car tous les arbustes n'ont
pas pu fournir de branchettes vivaces et il y en a eu forcément d'éliminés :
mais je ne regrette pas beaucoup ces éclaircies forcées ; il aurait toujours
fallu arriver à les faire, et le développement de mes arbres sera d'autant
plus rapide, qu'ils auront plus d'air et plus d'espace. J'ai eu, de plus, une
notable économie, puisque j'ai évité les frais de labourage et d'ensemen-
cement à nouveau. L'opération du recepage n'a pu porter sur les semis

âgés de plus de 8 ans : ceux-là ne présentaient plus de branchettes à fleur de terre, et je n'ai eu d'autre ressource que de les arracher.

Les semis sur lesquels j'ai opéré présentaient une surface d'environ 25 hectares. Le travail auquel je me suis livré ne m'a rien coûté. J'habite un pays fort peuplé : on y plante beaucoup de vignes ; les bourrées de sapin sont utilisées pour mettre dans les rigoles, et j'ai pu faire faire le recepage et l'ébranchage en abandonnant le bois qui en provenait.

Comme conclusion de ce travail, je dirai aux sylviculteurs solognols, mes collègues : Si jamais désastre pareil à celui de 1879-1880 nous frappe encore, gardez-vous d'arracher vos jeunes semis ; recepez-les, en conservant précieusement les branchettes basses cachées sous la neige.

En terminant, Messieurs, me permettrez-vous d'exprimer un vœu : ce serait que votre Bureau voulût bien faire des démarches auprès de l'Administration forestière pour que les plants de pins sylvestres qu'elle nous délivre fussent plus âgés d'un an : la reprise en serait plus certaine. Il serait à désirer qu'on mît aussi à notre disposition, à prix réduit, des plants de chêne de 2 et 3 ans ; car, pour moi, les semis de sapin ne sont que les précurseurs des bois de chêne.

M. A. LADUREAU

Directeur de la Station agronomique du Nord.

EXPÉRIENCES SUR LA CULTURE DU LIN A L'AIDE DES ENGRAIS CHIMIQUES

— *Séance du 6 septembre 1884* —

La culture du lin, dont nous étudions depuis quelques années les conditions les plus favorables, est une de celles pour lesquelles l'expérimentation est le plus difficile.

La réussite de cette culture est en effet subordonnée à des phénomènes atmosphériques très variables et dont elle souffre parfois d'une manière extrêmement fâcheuse, malgré la brièveté du temps nécessaire à son complet développement. Si, d'un côté, le temps sec et chaud arrête et paralyse même en partie sa croissance, d'autre part, elle redoute bien plus encore les intempéries; les froids tardifs, les longues périodes de pluies et les orages si fréquents dans notre pays, qui l'assaillent souvent au mois de juin, lorsque le moment de la récolte approche et qu'il a atteint toute sa taille.

Il arrive fréquemment, sous l'empire de ces accidents météorologiques, que les champs de lin qui avaient présenté jusque-là la plus belle apparence sont versés, leur maturité se fait mal, les tiges s'étiolent, jaunissent, pourrissent même, et la belle récolte sur laquelle on comptait s'évanouit, ne laissant au cultivateur que des déceptions et une perte d'argent.

C'est malheureusement ce qui s'est passé dans le Nord depuis quelques années, et ce qui a plusieurs fois compromis le succès de nos recherches sur les meilleurs engrais applicables à cette culture.

Quoique nous ayons eu beaucoup à nous plaindre de ce fâcheux état de choses, par suite de l'humidité excessive du dernier printemps, cependant les résultats obtenus sur nos champs d'études de Wervick et d'Houplines (Nord), nous paraissent assez intéressants pour devoir être publiés, sous réserve de ces observations.

Deux champs, comprenant chacun plus d'un hectare et demi, ont été ensemencés en lin, l'un sur les terres de M. Hellin, cultivateur, vice-président du Comice agricole de Lille, à Houplines ; l'autre, sur celles de M. J.-B. Bonduel, membre du Comice, à Wervick (Nord), c'est-à-dire dans les contrées voisines de la Lys, où l'on se livre le plus, et avec le plus de succès, à cette belle et lucrative production.

Dans l'un et l'autre de ces deux champs nous avons expérimenté l'influence d'un certain nombre d'engrais divers, naturels et artificiels, dont nous avions préalablement déterminé exactement la composition chimique.

En voici la liste :

N°ˢ D'ORDRE	NATURE DE L'ENGRAIS	POIDS EMPLOYÉ A L'HECTARE
1	Tourteaux de lin	1.000 kil.
2	— de chanvre	1.000
3	— d'arachides décortiquées	1.000
4	— de colza échauffé	1.000
5	Sulfate d'ammoniaque	500
6	Nitrate de soude	600
7	— de potasse	800
8	Guano	600
9	Superphosphate	1.000
10	— et sulfate d'ammoniaque	500 kil. de chaque.
11	Kaïnit pur (sel potassique et magnésien)	1.300 kil.
12	Kaïnit pur et sulfate d'ammoniaque	500 kil. de chaque.
13	— et superphosphate	500
14	— et sulfate d'ammoniaque et superphosphate	500 —
15	Engrais mixte complet	1.000 kil.
16	— de vinasses (système Méhay)	1.000
17	— flamand (purin liquide)	.....
18	Sans engrais, comme terme de comparaison	

Voici maintenant la richesse en éléments fertilisants de ces divers engrais :

Nos D'ORDRE	NATURE DE L'ENGRAIS	AZOTE p. 100	ACIDE phosphorique	POTASSE
1	Tourteaux de lin	5.31	1.28	0
2	— do chanvre.	5.12	2.37	0.63
3	— d'arachides	7.48	1.34	0
4	— de colza échauffé	5.20	2.43	0
5	Sulfate d'ammoniaque.	20.17	0	0
6	Nitrate de soude	15.79	0	0
7	— de potasse.	13.29	0	45.60
8	Guano	10.20	15.38	0
9	Superphosphate.	0.53	12.83	0
10	— et sulfate d'ammoniaque.	10.08	6.40	0
11	Kaïnit	0	0	11.57
12	— et sulfate d'ammoniaque	10.08	0	5.75
13	— et superphosphate.	0	6.40	5.75
14	— sulfate et superphosphate	10.08	6.40	5.75
15	Engrais complet.	4.77	4.85	24.60
16	Engrais de vinasses	2.10	0.32	5.50

Tous ces engrais furent déposés en terre bien uniformément peu de temps avant les semailles, qui eurent lieu vers la fin du mois de mars.

A diverses époques, l'état de chacune des parcelles composant le champ d'expériences fut examiné et relevé avec soin.

Voici les résultats généraux de cet examen :

Les quatre parcelles aux tourteaux ont toutes laissé à désirer au début, le lin y leva assez péniblement et parut maigre ; mais, vers le 15 mai, toutes avaient pris une bonne apparence et paraissaient vigoureuses ; la parcelle au tourteau d'arachides était même trop verte, sa végétation était trop forte, trop luxuriante.

Le sulfate d'ammoniaque, languissant au début, acquit bientôt une belle végétation, puis devint trop vert, trop développé et finit par verser partiellement.

Le nitrate de soude, ainsi que le nitrate de potasse, se comportèrent à peu près comme le précédent.

Le guano marcha d'une manière régulière et satisfaisante depuis le début de la plante jusqu'au moment de la récolte. Les parties versées par le vent et la pluie se relevèrent et la récolte se fit dans de bonnes conditions.

Le superphosphate, le kaïnit seul et la parcelle sans engrais, eurent un début déplorable, ils restèrent maigres, jaunes, paraissant souffrir, et ne durent qu'à la persistance des pluies de produire une récolte médiocre. Par un temps ordinaire, ils n'auraient rien donné. Bien que nous ayons prévu ces résultats avant de commencer l'expérience, nous avons voulu cependant essayer ces produits isolément, afin de reconnaître l'effet de l'acide phosphorique soluble, de la potasse et de la magnésie sur le lin, dans un sol où ces éléments existent déjà d'une manière normale et suffisante.

On verra plus loin, dans le tableau des résultats, que si l'action de l'acide phosphorique s'est fait sentir, quoique d'une manière très faible, il n'en a pas été de même du kaïnit employé seul ; malgré la quantité assez élevée de potasse et de magnésie que renferme ce sel, il n'y a guère de différence entre la parcelle qui en a reçu et celle cultivée sans engrais. Cependant, quand on l'a ajouté à des produits azotés et phosphatés, de manière à produire ainsi un engrais complet, il a augmenté notablement le poids de la récolte.

Le mélange de kaïnit et de superphosphate n'a produit que de très médiocres résultats, ce qui démontre que, même dans des sols arables fertiles, comme ceux qui ont servi à nos études, il est nécessaire d'employer des éléments azotés à la culture qui nous occupe.

Les trois parcelles, 10, 12 et 14, fumées avec des mélanges de sulfate d'ammoniaque, avec du kaïnit et du superphosphate, ont eu, dès le début, toutes les apparences d'une belle et vigoureuse végétation ; mais le lin y eut, durant toute sa croissance, une couleur gros vert de mauvais augure. Il se développa rapidement, devint extrêmement touffu, et versa en totalité ou en partie dans chacune des parcelles sans pouvoir se relever, par suite de l'exubérance de sa végétation.

Il paraît néanmoins certain que, dans une année plus sèche, moins pluvieuse, ces trois parcelles auraient donné des résultats satisfaisants : telle est, du moins, l'opinion des cultivateurs que nous avons consultés.

Seuls, les engrais complets, tels que le guano (carré 8), engrais chimique (carré 15), engrais de vinasses (carré 16) et le purin, engrais humain (carré 17), renfermant tous une quantité assez élevée d'azote, de potasse, d'acide phosphorique et de magnésie, ont donné complète satisfaction durant tout le cours de leur croissance. Ils produisirent une récolte abondante et de bonne qualité moyenne. Ceci démontre que le lin á besoin, pour réussir, d'un engrais composé de matières fertilisantes actives pour favoriser sa végétation à son début, et d'autres substances moins rapidement assimilables pour la suite de sa croissance ; il peut ainsi prendre un développement satisfaisant, demeurer raide et résister à la verse.

L'expérience a démontré, en outre, que certains engrais qui donnent d'assez bons résultats dans une année très humide, très pluvieuse, comme celle pendant laquelle a eu lieu notre expérimentation, ne donneraient rien de bon dans une année sèche.

En résumé, je crois que le meilleur engrais pour le lin est celui qui

contient son azote sous les trois formes : organique, ammoniacale et
nitrique, qui renferme, en outre, de l'acide phosphorique soluble ou facilement assimilable et un peu de potasse et de magnésie.

Voici une composition que j'ai déjà conseillée à divers cultivateurs qui
l'ont employée avec succès ; elle réalise ces diverses conditions et ne coûte
pas trop cher :

10 kil.	sang desséché, renfermant 12 0/0 azote, ci.	1,20 azote	}	4,60 0/0 azote.
10	sulf. d'ammon.,	—	20,50	—	2,50 —
10	nitr. de potasse,	—	13,50	—	1,35 — .
		—	et 46 0/0 de potasse,	4,6	. } 8,20 0/0
30	kaïnit,		12	—	3,6 } potasse.
40	Superphosphate titrant	12 0/0 acide phos-			
		phorique,	4,8 0/0 acide phosph.		

——————
100 kil.

Aux prix actuels des matières premières, voici quel est le coût de cet
engrais :

10 kil.	sang desséché, à 24 fr. les 100 kil.	2 fr. 40
10	sulf. d'ammon., à 36 fr. —	3	60
10	nitr. de potasse, à 65 fr. —	6	50
30	kaïnit, à 7 fr. —	2	10
40	superphosphate, à 10 fr. —	4	00

Total . . 18 fr. 60
Main-d'œuvre pour le mélange   1   40

Soit, en tout, pour 100 kil. d'engrais . . . . 20 fr. 00

L'emploi de 1000 kilogrammes à l'hectare de cet engrais, ce qui occasionne une dépense de 200 francs, produit généralement une excellente
récolte, et j'engage tous les agriculteurs qui cultivent le lin à en faire
l'essai.

Voici maintenant les chiffres représentant les résultats que nous avons
obtenus dans nos deux champs d'expériences.

Chaque carré a été arraché à part et pesé séparément. Pour le champ
d'Houplines, nous avons fait battre, puis rouir et teiller séparément aussi
les bottes recueillies sur chacun des carrés d'essais ; mais ce travail ayant
occasionné une dépense très élevée, par suite de la main-d'œuvre considérable qu'il nécessite, nous n'avons pas pu le faire exécuter également
pour le champ de Wervick, mais nous avons fait estimer le lin de chaque
parcelle par un expert, et l'on trouvera dans le tableau ci-après les
résultats de cet examen :

N° DES PARCELLES	ENGRAIS EMPLOYÉS	CHAMP D'HOUPLINES					CHAMP DE WERVICK		
		REN-DEMENT à l'hectare	POIDS des tiges	POIDS des graines	POIDS du lin roui	POIDS du lin teillé	REN-DEMENT à l'hectare	VALEUR des 100 kil. de lin brut	VALEUR de la récolte
		kil.	kil.	kil.	kil.	kil.	kil.	fr.	fr.
1	Tourteaux de lin	2.683	2.333	350	490	73,500	2.710	8	216 80
2	— de chanvre . .	3.296	2.866	430	623	94,600	3.780	15	567 00
3	— d'arachides. .	3.120	2.660	460	588	75,600	3.740	15	561 00
4	— de colza échauffé .	2.846	2.438	408	518	73,200	1.700	15	255 00
5	Sulfate d'ammoniaque. .	2.599	2.209	390	468	50,700	2.150	7	150 50
6	Nitrate de soude.	2.733	2.323	410	454	53,300	2.000	7	140 00
7	— de potasse. . . .	3.006	2.596	410	533	55,800	3.150	16	504 00
8	Guano	2.926	2.433	493	547	73,000	4.670	12	560 40
9	Superphosphate.	2.332	1.866	466	410	64,400	2.500	17	425 00
10	— et sulfate d'ammoniaque.	2.933	2.446	487	506	57,200	3.550	10	355 00
11	Kaïnit	2.205	1.896	309	441	69.300	1.650	17	280 50
12	— et sulfate d'ammoniaque. . . .	3.213	2.910	303	606	87,900	3.600	10	360 00
13	— et superphosphate.	2.582	2.170	412	465	69,750	2.100	17	357 00
14	— et — et sulfate d'ammoniaque. . . .	3.166	2.665	501	550	65,000	4.250	11	467 50
15	Engrais complet.	3.907	3.385	522	682	96.300	4.800	16	768 00
16	Engrais de vinasses . . .	»	»	»	»	»	4.770	16	738 00
17	Purin liquide	»	»	»	»	»	4.700	15	705 00
18	Rien	2.166	1.854	312	»	»	1.833	17	311 60

Dans le champ de Wervick, on n'a obtenu un poids suffisant de bonnes graines que sur les parcelles 7, 8, 15, 16 et 17. Toutes les autres ont donné des poids très médiocres et de mauvais produits.

La comparaison des chiffres du tableau ci-dessus, en ce qui concerne l'emploi des tourteaux et celui des engrais chimiques complets, montre bien que ce sont ces derniers qui conviennent surtout à la culture du lin, et que les divers tourteaux qu'on y consacre presque exclusivement dans beaucoup d'endroits, seraient plus utilement employés à d'autres productions.

La verse que nous avons constatée sur les carrés d'essais, où le lin était devenu trop fort par suite de l'emploi d'une dose trop élevée d'azote, démontre une fois de plus qu'il est non seulement inutile, mais même dangereux d'abuser des engrais exclusivement azotés. Les nitrates en particulier, et surtout le nitrate de soude, semblent exercer sur le lin une influence des plus fâcheuses. C'est, du reste, ce que nous avions déjà observé dans nos essais précédents.

Nos cultivateurs devraient donc renoncer, pour le lin, du moins, à l'emploi des nitrates de soude, dont ils sont toujours tentés d'abuser, sachant quelle influence il exerce sur le développement extraordinaire des récoltes, et ne consacrer à cette culture que des engrais chimiques complets, ou bien des engrais qui, comme le guano, et surtout le guano dissous, renferment de l'azote sous différentes formes et en outre de la chaux, de la magnésie, de la potasse et de l'acide phosphorique en grande partie solubles, et facilement assimilables par la plante.

En suivant ces conseils, ils auront beaucoup plus de chances de produire des lins de belle et bonne qualité, d'échapper à la verse qu'occasionnent les vents et les pluies du printemps, et, en outre, d'éviter les maladies qui assaillent souvent cette culture délicate, quand elle n'est pas très vigoureuse dans les premiers temps de sa végétation. L'expérience a, du reste, confirmé en partie déjà nos assertions; car, à mesure que l'emploi des bons engrais chimiques se vulgarise dans les campagnes, on remarque une diminution correspondante des phénomènes de brûlure et autres maladies du lin.

M. Gustave CHAUVET

Notaire à Ruffec.

PISCICULTURE PRATIQUE. — L'ACCLIMATATION DU SAUMON D'AMÉRIQUE

— *Séance du 6 septembre 1884* —

Au congrès de la Rochelle, j'ai communiqué le résultat de mes expériences sur l'élevage de la truite et, sur ma demande, l'Association française a bien voulu accorder une subvention à l'établissement de pisciculture de Nanteuil-en-Vallée (Charente), dirigé par M. Deux-Després.

Cette subvention devait être consacrée à l'acclimatation du *salmo-fontinalis*.

Je viens, en quelques mots, vous faire connaître le résultat de nos nouvelles expériences.

Depuis 1882, l'établissement de Nanteuil a reçu, chaque année, de la Société d'acclimatation un envoi de 1,000 œufs du saumon d'Amérique. L'envoi de 1884 n'a pas réussi : les œufs provenaient probablement de fécondations tardives, et, comme il arrive toujours en pareil cas, les éclosions se sont mal faites, le résultat a été nul.

Il n'en a pas été de même en 1882 et 1883, les éclosions ont parfaitement réussi : pendant la période de vingt-cinq à trente jours nécessaire pour faire disparaître chez les embryons la vésicule ombilicale, la mortalité n'a été que de 10 0/0.

Le résultat a été d'environ 80 alevins sur 100 œufs.

Comme je vous le disais en 1882, en parlant de la truite ordinaire, la période critique pour les saumons comprend les deux mois qui suivent la résorption de la vésicule, période pendant laquelle l'alevin ne se nourrit que de proies flottantes.

Pendant cette période, à Nanteuil, les petits poissons ont été traités de deux façons :

Les uns ont été mis dans de petits bassins en pierre, traversés par un courant d'eau de fontaine ; ils ont été nourris artificiellement avec des cervelles hachées et des substances animales pulvérisées.

Mais les aliments étaient répandus dans un espace trop restreint : les alevins nageaient souvent au milieu d'un nuage de poussière alimentaire ; dans ce cas, il se forme au fond des bassins un dépôt de matières putrescibles qui corrompt l'eau ; les branchies des jeunes poissons s'engorgent, se salissent, se couvrent d'une sorte de mousse blanche, et les bassins sont dépeuplés en peu de jours.

Cet inconvénient peut être évité en parquant les sujets dans des bassins de forme oblongue, étroits et traversés par un courant d'eau vive, dans lequel on jette la nourriture fréquemment, mais en petite quantité. Je répète ici ce que je vous disais en 1882, tout le problème de l'élevage consiste à trouver un *animalcule aquatique* pouvant servir de nourriture aux jeunes alevins et dont la multiplication soit facile.

M. Lugrin, pisciculteur à Gremat (Ain), a résolu la question : il a trouvé le moyen de multiplier en quantité prodigieuse, et à peu de frais, la *daphnia pulex*, avec laquelle il fait facilement traverser à ses jeunes poissons l'époque critique ; malheureusement, je crois qu'il n'a pas rendu publique sa façon de procéder.

Les essais d'élevage avec la nourriture artificielle n'ont pas réussi à Nanteuil pour les causes que je viens d'exposer.

Mais une expérience était faite en même temps dans d'autres bassins beaucoup plus grands, plantés d'herbes aquatiques sur lesquelles s'étaient développés des infusoires destinés à servir de nourriture naturelle.

Voici ce que m'écrit M. Després à ce sujet :

« Je me suis décidé, depuis deux ans, à répandre mes alevins, après la résorption de la vésicule, dans des bassins à grandes dimensions, meublés de plantes aquatiques, et à laisser à la nature le soin de les nourrir elle-même, mais je ne crois pas qu'ils y aient rencontré, dans les premiers jours, une nourriture assez abondante. Je n'ai point constaté de mortalité par suite de l'obstruction des branchies, mais j'ai constaté que les alevins dépérissaient ; leur corps, au lieu de se développer en épaisseur, devient mince ; leurs mouvements sont lents, et ils se tiennent même presque toujours au fond de l'eau, sans bouger ; ils prennent enfin une couleur noirâtre et finissent par succomber *dans le premier mois*. Ceux qui peuvent traverser cette période sont généralement sauvés ; le développement qu'ils ont pris leur permet de saisir désormais les proies qu'ils rencontrent dans nos eaux. Parmi ces proies, je signale tout spécialement la crevette de ruisseau, qui y croît en quantités innombrables. Ils rencontrent encore des petits vers blancs et rouges qui séjournent sur les plantes aquatiques.

» Cette alimentation naturelle est tellement copieuse et propice, que les jeunes alevins qui ont pu franchir la première période, après la résorption de leur vésicule, croissent avec rapidité et présentent souvent un développement de 8 à 10 centimètres à l'âge d'un an.

» C'est dans ces conditions que j'ai élevé mes *salmo-fontinalis*. Je n'en ai obtenu qu'un nombre relativement faible par les causes sus-indiquées ; mais ceux qui existent sont de toute beauté. J'ai des sujets, provenant des œufs de 1882, qui présentent une longueur variant entre 20 et 25 centimètres ; ceux de 1883 présentent la moitié de cette longueur. Vous n'ignorez pas que, pendant les années qui vont suivre, ils prendront moins de développement en longueur, mais gagneront beaucoup plus en épaisseur. »

J'espère qu'il me sera possible, l'hiver prochain, d'opérer des fécondations artificielles sur les sujets nés au commencement de l'année 1882, et de multiplier dans nos eaux cette précieuse espèce.

J'ai cru, Messieurs, que vous seriez bien aises de savoir que la subvention accordée par l'Association française à l'établissement de Nanteuil n'a pas été inutile.

Elle a permis de faire faire un pas à l'acclimatation du saumon d'Amérique, et si cette espèce n'a pas besoin, comme le saumon ordinaire, d'effectuer une migration à la mer vers sa troisième année, je crois qu'on peut considérer son acclimatation comme résolue.

Nous serons fixés définitivement en 1885.

MM. A. ANDOUARD et V. DÉZAUNAY

De Nantes.

INFLUENCE DE LA PULPE DE DIFFUSION SUR LE LAIT DE VACHE

— Séance du 8 septembre 1884 —

Dans une première communication à l'Académie des sciences (séance du 8 septembre 1883), nous avons élevé des doutes sur la valeur de la pulpe de betterave obtenue par diffusion, considérée comme agent améliorant du lait de vache.

Les recherches résumées dans cette note, n'ayant pu être faites que sur un seul animal, ne nous permettaient pas d'affirmation catégorique. Nous les avons multipliées cette année, et les conclusions que nous en pouvons déduire aujourd'hui présentent, nous l'espérons, un plus grand degré de certitude.

Douze vaches ont été successivement mises en expérience. Sur ce nombre, cinq ont obstinément refusé la pulpe. Les autres ont été tenues en stabulation permanente, afin d'assurer la régularité de leur alimentation. Leur nourriture a été pesée avec exactitude et le lait, soigneusement mesuré chaque jour, a été analysé peu d'heures après son émission.

L'alimentation comportait, avec la pulpe et le foin nécessaires, une certaine quantité de son, de trèfle, de jarosse et de rutabaga. En outre, nous nous sommes efforcés de conserver jusqu'à la fin la même valeur nutritive à la ration quotidienne.

Après analyse des produits employés, nous avons admis le remplacement de la pulpe par les fourrages verts précités et par le rutabaga, à poids égal, comme expression approchée de la vérité, pour simplifier les soins donnés aux animaux.

Première série. — Une seule vache, de race nantaise, âgée de sept ans et saillie le 23 novembre 1883, forme cette série.

La pulpe dont elle a été nourrie était de fabrication récente. Elle a été donnée à doses comprises entre 15 kilogr. et 63 kilogr. par jour, pendant trois mois consécutifs, concurremment avec du rutabaga, du son et du foin de bonne qualité.

Sous son influence, le rendement en lait a augmenté des 34/100 du rendement initial; la proportion du beurre a monté de 6,74 pour 100 du poids primitif; celle du sucre, de 11,86 pour 100 du même poids.

La caséine et l'acide phosphorique n'ont pas sensiblement varié ; mais l'animal pesait, à la fin de l'expérience, 18 kilogr. de plus qu'au commencement, soit un gain d'environ 5 pour 100 de son poids primitif.

Comme revers à ces avantages, nous constatons que le lait avait une saveur peu agréable et qu'il présentait une grande tendance à la coagulation spontanée.

Deuxième série. — Trois vaches de race nantaise, âgées de six et douze ans, saillies toutes trois au cours de l'expérience, reçoivent chaque jour, en outre du foin et du son donnés à la précédente, un poids de pulpe croissant de 15 kilogr. à 45 kilogr., plus la quantité de jarosse nécessaire pour compléter ce dernier poids, quand il n'est pas atteint par la pulpe.

Le tableau ci-après résume les résultats obtenus :

MOYENNES DES EXPÉRIENCES DE LA DEUXIÈME SÉRIE.

	PULPE	TRAITES moyennes	ACIDE phosphorique.	BEURRE	CASÉINE	SUCRE
Vache n° 1.						
1re semaine	0 kil.	6 litr. 68	0.252	3 87	3.26	5.17
2e	15 —	7 — 86	0.258	5.81	3.19	4.80
3e	30 —	8 — 10	0.244	5.22	3.12	4.92
4e	45 —	7 — 96	0.255	5.52	3.22	4.82
5e	0 —	8 — 39	0.252	6.70	3.25	4.90
Vache n° 2.						
1re semaine	0 —	7 — 08	0.266	4.66	2.99	5.11
2e	15 —	8 — 18	0.235	4.56	2.88	4.74
3e	30 —	8 — 03	0.236	4.37	2.78	4.65
4e	45 —	8 — 14	0.236	4.70	2.80	4.64
5e	0 —	8 — 21	0.226	5.07	3.02	4.73
Vache n° 3.						
1re semaine	0 —	4 — 43	0.274	5.32	3.82	5.03
2e	15 —	4 — 52	0.278	5.24	3.50	4.96
3e	30 —	5 — 61	0.260	5.29	3.23	4.74
4e	45 —	4 — 96	0.261	5.33	3.84	4.74
5e	0 —	4 — 96	0.263	6.43	3.77	4.83

Comparées dans leurs plus grands écarts, les traites moyennes ont augmenté :

Pour cent.

Pour le n° 1, de . . . . 32,78 de la traite primitive.
Pour le n° 2, de . . . . 13,93 —
Pour le n° 3, de . . . . 26,63 —

La proportion du beurre s'est accrue :

Pour cent.

Pour le n° 1, de. . . . .   37,58 du poids initial.
Pour le n° 2, de. . . . . ,   8,79   —
Pour le n° 3, de.   20,86   —

La caséine et l'acide phosphorique ont faiblement oscillé autour du chiffre de la première semaine, avec une légère tendance à la baisse.

Quant au sucre, il a diminué dans la mesure suivante :

Pour cent.

Pour le n° 1, de. . . . .   7,70 du poids initial.
Pour le n° 2, de.   10,13   —
Pour le n° 3, de.   6,11   —

La saveur du lait est toujours défectueuse ; mais ce défaut est peut-être un peu moins prononcé que dans le premier cas.

La discussion des résultats constatés nous conduit aux conclusions suivantes :

1° La pulpe de betterave obtenue par diffusion et conservée en silo augmente la sécrétion lactée des vaches dans une proportion généralement élevée qui varie avec les aptitudes des sujets et avec la nourriture complémentaire qui leur est donnée ;

2° Elle augmente également la quantité du beurre contenu dans le lait, sans paraître nuire beaucoup à sa qualité ;

3° Mais elle a le double inconvénient d'altérer la saveur et d'accélérer la coagulation spontanée du lait, lorsqu'elle est administrée à haute dose et sans un correctif tel que celui des fourrages verts ;

4° Toutes les substances alimentaires facilement fermentescibles présentent vraisemblablement les mêmes défauts et doivent être écartées le plus possible du régime des vaches laitières, lorsque le lait est destiné à être consommé en nature ;

5° Elles sont, au contraire, avantageuses pour l'engraissement du bétail et pour l'industrie du beurre de deuxième choix (1).

(1) Cette communication a été suivie d'une discussion. — Voir *Proc.-verb.*, p. 249.

M. E. A. THOUAR

A Saint-Martin-de-Ré.

ÉTUDE SUR LE SYSTÈME FLUVIAL DE L'AMAZONE

— Séance du 6 septembre 1884 —

Ce fleuve, un des plus grands du monde, reçoit les eaux des six nations suivantes :

Venezuela, Colombie, Équateur, Pérou, Bolivie et Brésil.

Nous nous occuperons plus spécialement des affluents boliviens et péruviens.

Les principaux affluents de l'Équateur, Colombie et Venezuela, sont : le Napo, Pastaza, Moronà, Tigre, Rio-Negro, Putumayo, Itaya et Potro.

AFFLUENTS PÉRUVIENS.

Deux principaux, qui sont :

Le Marañon et l'Ucayali.

Le premier prend sa source au lac Lauricocha, dans la province de Huamalies, département de Huánuco. Il court du sud au nord, en sortant du lac, puis, prenant un cours tortueux, il traverse les départements de la Libertad ou Trujillo, Cajamarca, et Amazonas. De là il se dirige dans le nord-est, en formant plusieurs lagunes, dont la plus importante est celle de « Manceriche ».

Le second, l'«Ucayali », se compose de quatre rios principaux, qui sont :

1° L'«*Urubamba* » ou « *Santa Anna* », qui sort de la poste d'«Agua caliente », province de Sicuani, département du Cuzco.

2° Le « *Paucartambo* » ou « *Mapocho* », qui sort des versants de la cordillère de Carabaya, province de Puno ; il descend par Ocongati, traverse le village de ce nom, ainsi que la vallée de « Laco », et se jette, *selon les uns*, dans l'«Ucayali » ; *selon les autres*, il forme l'origine du « Purus » ou rio de « Azara », en se dirigeant à l'est par les pampas du « Sacramento ».

3° « El Tambo » ou « Apurimac », qui a pour affluents le « Perene » et l'« Ene ». Il descend de la cordillère de Vilcanota, département de Puno.

4° Le « Pachitea », qui reçoit les eaux de trois affluents : le « Mauro », le « Pozuso » et le « Palcaso », se jette dans l'«Ucayali », qui s'unit lui-même au Marañon, en face du pueblo de «Nanta», d'où ces deux grands fleuves forment celui de l'Amazone.

Le rio « *Camisea* » est, selon l'opinion de quelques voyageurs, le rio « *Yanatilde* », qui prend sa source dans la vallée de « Lares », province de « Calca », passant entre les rios de « *Paucartambo* » et « *Urubamba* », pour aller se jeter dans l'«Ucayali ».

Les autres affluents principaux qui vont s'unir à l'Amazone, avec direction plus ou moins régulière du sud-ouest au nord-est, sont dans l'ordre respectif suivant :

1° Le « *Huallaga* », qui sort des versants de « Pucayacu », dans les environs de Cerro de Pasco, département de Junin, et qui baigne les provinces de Jauja, Tarma et Guancayo, ainsi que celles des départements plus au nord, d'où, à son passage, il reçoit quelques autres petits rios avant d'aller se jeter dans l'Amazone.

2° Le « *Yavari* », dont l'origine n'est pas encore bien connue. Il court à l'est, établissant la limite entre le Brésil et le Pérou, et se jette dans l'Amazone en face de « Tabatinga ».

3° Les rios « Yutay », « Yurua », « Teffe » et « Coary », qui courent parallèlement entre eux avant de se jeter dans l'Amazone.

Après les six rios ci-dessus, vient le grand rio « *Purus* » ou « *Azara* », dont l'origine est également inconnue. On croit que ses sources se forment dans les parties déclives orientales de la dernière cordillère des Andes péruviennes.

Après avoir baigné toute la région cisandine de la République péruvienne et traversé la partie septentrionale des territoires bolivien et brésilien, recueillant, à son passage, un grand nombre de petits rios de deuxième et troisième ordre, il va se jeter dans l'Amazone un peu plus haut que Manaos, à 4° et quelques minutes de latitude sud.

Les principaux affluents du *Purus* sont :

L'«*Acuary* », qui est son bras le plus méridional et par l'intermédiaire duquel on cherche la communication du rio « *Madre de Dios* » avec lui. L'Acuary, avant de se jeter dans le « *Purus* », reçoit le rio « Pontes » vers les 11°30′ latitude sud.

Sur sa rive droite, le « Purus » reçoit les rios Inacú, Aracá, Richala et Caspaba.

AFFLUENTS BOLIVIENS.

Les principaux affluents Boliviens de l'Amazone sont :

1° Le fleuve *Beni*, qui reçoit une grande quantité d'affluents depuis sa source jusqu'à son confluent avec le Mamore ou Madeira, dont voici les principaux :

1° Le rio de la « *Paz* » ou Chuquiapu, qui descend du pic de Chacaltaya, traverse la ville de la Paz et reçoit dans son cours les petits rios de Calacoto, Chuquiaguillo, Chulumani, Sapahaqui, et va se jeter dans le rio Miguilla.

2° Le rio de « *Miguilla* » descend de la province de Inquisivi, grossi des eaux du Colquiri et Sacambaya, et s'unit avec le Chuquiapu au point appelé « las Juntas ».

Il reçoit aussi les petits rios secondaires de Iquirongo, Chunosamayo et Ucunrarini provenant de Irupana.

3° Le rio « *Tamanpaya* », formé de la réunion des rios « Taquesi » et « Unduavi », qui descendent de Yanacachi, Chirca, Chupe... et d'autres petits rios provenant de Coripata.

4° Le rio « *Solacama* », formé par les rios de Chumba, Yasopampa et Taresa. Il s'unit au rio *Jamanpaya*, en passant par la région des *Mosetenes*, dont ils prennent le nom tous les deux.

5° Le « *Challana* » ou « *Milliguayas* », qui descend de la cordillère de *Songo* et se forme des rios *Condorpata, San Cristobal, Challasuyo* et autres peu importants.

6° Le « *Coroïco* », qui a pour affluents principaux les rios *Yolosa, San Jose* et *Miraflores*.

7° Le « *Mapiri* » ou rio de « *Sorata* », qui reçoit les eaux de ce canton et celles qui descendent de *Combaya* et *Ancuma*, et va se réunir, ainsi que le précédent, au *Mosetenes*.

8° Le « *Cotacajes* », le « *Cânamina* » et le « *Suri* », qui, plus en avant, portent leurs eaux au rio de la Paz ou de Chuquiapu.

9° Le « *Tequeje* », le « *Eden* », le « *Tuichi* », le « *Aten* » et le « *Madidi* », de plus grand volume d'eau que les autres.

Enrichi par tant d'affluents, le Beni va se réunir au Mamore en bas de la « Cachuela » de Lajas, à 16°20′ latitude sud.

2° Un autre des grands affluents de l'Amazone par le « Mamore », et d'égale importance que le Beni pour la navigation, c'est le « *Guapay* » ou « *Rio Grande* », qui descend des versants orientaux de la cordillère principale, auprès de laquelle se trouve « Cochabamba », et qui a pour affluents :

1° Le rio « *Sacaba* », qui entoure une partie de la ville de « Cochabamba », prend le nom de « *Rocha* » et reçoit les eaux des petits ruisseaux « Chimboco », « Molino blanco », « Lavalava », « Corihuma » et « Loromayu ».

2° Le rio de la « *Tamborada* », qui reçoit les eaux du Cliza, Punata, Torata et Toco. Il prend le nom de Putina dans la seconde moitié de son cours et a pour affluents l'« *Amiraya* » ou « *Sipesipe* », composé des rios

» Wiloma », « Pancoruma », « Chullpas », « Tiquipaya » et Chocaya ou rio del Paso.

3° Le rio « *Ocuchi* », formé par celui de « Tacapari » et des ruisseaux « Chobama », « Semanamayu », « Guateca », « Tres Cruces », « Colquiri », « Toncohuma » et « Ayoma ».

4° Le rio « *Calanta* », formé de la réunion des rios « Arque » et « Ocuchi » et des affluents « Colcha »; « Tacopaya », « Sayari », « Sicaya », « Caraza », « Condormayu » et « Gerereca », qui lui apportent les eaux du « Moscari » et de « San Pedro », de la province de Potosi de Chayanta.

5° Le rio « *Grande de Mizque* », dont les principaux affluents sont : « Tintin », « Chillon », « Chaluani », « Chinguri », « Molinero », « Pulquina », « Maibato » et « Macoleta ».

Le troisième affluent principal de l'«Amazone » est le fleuve « Chapare » ou « San Mateo ».

Ses affluents de première ligne sont : « El Colami » et le « Paracti ».

Le premier est formé par les rios secondaires de « Toncoli », de « Cucuñamayo », et de « Chochomoco ».

Le deuxième, par les rios de « Goacani », « las Tablas », « Halca », et « Marca ».

Ces deux affluents reçoivent chacun une multitude de ruisseaux qui les grossit considérablement avant leur union, pour former le « Chapare » ou « San Mateo ».

Le quatrième affluent de l'Amazone, par l'intermédiaire du « *Beni* », est le « *Cotacajes* », formé des deux fleuves « Ayapaya » et « Santa Rosa ».

Le premier a pour tributaires les rios de « Caymali », « Sanipaya » et « Pallada », qui reçoivent les rios secondaires de la « Tranca », « Agua del Diablo », « Molino-Mayo », « Coto-Mayo », « Vilacota » et autres.

Le second est grossi des eaux du « Lambaya », « Durazni », « Incaracay » et « Tocorani », recevant les eaux des torrents de « Morochata », « Calchani », « Palca Grande », « Charapaya », « Penâs » et « Franca-Mayo ».

Enrichi par tant d'affluents, le « *Cotacajes* », changeant son nom pour celui de « *Mosetenes* », s'unit au Beni vers les 14° latitude sud.

Les fleuves jusqu'ici décrits serviront principalement à ouvrir par l'Amazone le commerce des départements de la Paz, de Cochabamba y de Suere ou Chuquisaea.

A propos de ce dernier département, la navigation doit s'y faire par le « Rio Grande » ou « Guapay » au moyen de son principal tributaire, le puissant « Azero », qui descend de la province de ce nom, pour s'unir à lui, en sortant de la cordillère orientale, grossi des eaux du Guancarama, du Segura, du Pyraymini, de l'Uliuli, Say Antonio, Pilipili, Rodeo et du

Dorado, provenant des cantons de « Sauces », « Pomabamba », « Villar » et « Laguna ».

A part ces fleuves, le « Rio Grande » reçoit du département de Chuquisaca le tribut de beaucoup d'autres rios de second ordre, comme le « Catalla », « Pocpo », « Guampaya », « Socabamba », « Poroma », Cucuri, Milluny, Humalmalso, Mojotoro, Tablas et Saucimayo.

Le « Rio Grande », après avoir formé la limite des départements de « Chuquisaca » et de « Cochabamba », en courant de l'ouest à l'est, arrive à « Arrapó », dans la province de Gutievez, département de « Santa Cruz », se dirige ensuite dans le nord, et, passant enfin à l'est de Santa Cruz, va se jeter dans le « Mamoré ».

AUTRES AFFLUENTS DE L'AMAZONE.

Nous terminerons cette étude en passant en revue les rios navigables des provinces de Santa Cruz et du Beni. Le tronc principal de cette section est, comme on le sait, le fleuve « Mamore », qui est formé de la réunion du « Guapay » et du « Chapare », vers le 16° latitude sud.

Le cours de ce grand rio « Mamore » s'effectue à travers la vaste région de « Mojos ». Vers 11°55′ latitude sud, il se grossit des eaux du « Guapore », qui descend de la province brésilienne de « Matto Grosso », et prend le nom de « Iteñez » en entrant dans le territoire bolivien. C'est la principale artère, par laquelle communiquent, avec l'Amazone, par le « Mamore » et le « Beni » réunis, qui forment le « Madeira », tous les affluents dont nous allons nous occuper.

1° Le fleuve « Barbados », qui s'unit avec l'« Alegre » et les torrents qui viennent des districts de « Ramadas », « San Lorenzo », « San Joaquim » et « San Miguel », se jette à l'Iteñez vers 15° latitude sud.

2° Le fleuve « Verde », qui, enrichi des eaux du « Guni-Para » et « Itacuatira », descendant de la cordillère de « San Carlos », se déverse dans l'Iteñez vers 13°45′ latitude sud.

3° Le « Paragua » ou « Serre », qui, sortant de la lagune Paragua et baignant les territoires de « Guarayos » et « Mojos », se jette dans l'Iteñez à environ un degré au-dessous du confluent du rio « Verde ».

4° Le « Rio Blanco » ou « Baures » prend ses sources dans le district de « Concepcion » de « Chiquitos », court parallèlement au « Paragua », à travers le territoire de « Guarayos » et de « Mojos », pour aller se déverser dans l'Iteñez, en face de la frontière brésilienne du « Principe de Beira ».

5° Enfin le puissant « San Miguel » ou « Itonama », qui descend des lacs « Izozoc » et « Guanacos », se grossit ensuite des torrents de Zoziguis, Quicere, San Boya, Limones et autres, avant d'entrer dans l'Iteñez.

De la partie de « Santa Cruz de la Sierra », le même « Mamore » reçoit aussi, par le « Guapay », les eaux des rios Sara, Piray, Zapacani, enrichis

de leurs tributaires « Ramada », « Pampa Grande », Quirusillas »,
« Potrero », « Negritos », « Don Jorge », « Guanda » et « Azubi », qui
s'unissent au « Guapay », dix lieues au sud de son confluent avec le
« Chapare ».

NOTES SUR LE « *Purus* » OU « *Azara* ».

Williams Chandles a remonté l'«Acuari », bras méridional du Purus, à
la recherche du rio « Madre de Dios », jusque 10°52′ latitude sud et 72°16′
longitude ouest de Greenwich. Il ne parvint pas à trouver le Madre de
Dios, mais il rencontra un ruisseau, à cinq lieues de son exploration par
terre, qui courait dans le sud-est. On estime que ce ruisseau sert d'origine
aux rios « Merumbé » et « Tuyu », affluents du « Madre de Dios ».

Le « Purus » est navigable. Ses eaux sont profondes et abondantes. Le
lit est large et ne possède pas d'obstacles semblables à ceux du « Madeira ».

Azrael Piper a exploré deux fois le Purus : la première fois, en 1871,
depuis l'embouchure de ses affluents Jhxi ; la deuxième fois, en 1874, où
il a colonisé ses rives sur une extension de plus de 300 milles. Ce voyageur dit que le « Madre de Dios » ne communique pas avec le « Purus »,
mais que ces deux fleuves courent, très près l'un de l'autre, dans des
directions formant un K renversé : ⋈. Cette opinion est également commune au P. Armentia, qui a exploré en 1883 cette contrée et avec lequel
j'eus de longs entretiens à la Paz. — D'après lui le Madre de Dios se jette-
rait dans le Beni.

NOTES SUR LE « *Beni* ».

Ce fleuve a été exploré, en 1880, par l'Américain « Eduardo R. Hath ».
Il est navigable depuis la mission de « Santa Anna » jusqu'à son confluent
avec le « Mamore », d'où commence la série des dix-sept rapides qui constituent des obstacles insurmontables pour la navigation ; mais jusqu'au
port de « San Buenaventura de Reyes », son cours est propre et n'offre
aucune difficulté. Le volume de ses eaux varie entre 1,500 et 12,000 mètres
cubes par heure. Sa profondeur, depuis 10 jusqu'à 20 mètres. La vitesse
du courant est d'environ 180 mètres par minute. Le rio Beni offre pour la
navigation à vapeur les mêmes avantages que le « Purus », dont le cours
est parallèle au sien dans la direction du sud-ouest au nord-est.

NOTES SUR LE « *Madre de Dios* ».

Ce fleuve, affluent du Beni, paraît-il, a son confluent vers 10°45′ latitude
sud et 66° environ longitude ouest de Greenwich.

Plusieurs voyageurs ont cherché à l'explorer. Le plus en renom est
Gibbon, qui le remonta jusque 12°30′ latitude sud et 70°26′ longitude
ouest de Greenwich.

Après Gibbon vinrent Marahan, Goherin et Bautista. Ce dernier atteignit jusque 11°30′ latitude sud et 70° longitude ouest de Greenwich, point où ce fleuve reçoit les eaux de ses tributaires « Piñipiñi » et « Inambari».

Tous affirment que ce fleuve est aussi puissant et facile à naviguer que le Purus et le Beni.

Le 2 juin 1883, en passant à la Paz, je vis le Père « Nicolas Armentia », missionnaire des Récollets, qui explora le Beni en 1882 et 1883, ainsi que le « Madre de Dios », dont il fut assez heureux de reconnaître le cours entier, qu'il leva à la boussole. Ce fleuve est bien un affluent du Beni.

Je vais recevoir prochainement communication des notes de ce voyageur.

CONSIDÉRATIONS GÉNÉRALES.

On pourrait unir le « Beni » au « Purus » et naviguer le rio « Madre de Dios ». Pour cela, il serait intéressant de relever exactement ce dernier fleuve et d'entreprendre par terre une exploration des deux fleuves « Madre de Dios » et « Acuari », afin de déterminer la distance *minimum* qui les sépare, en étudiant en même temps la topographie et l'hydrographie de la contrée, dont la connaissance exacte du terrain permettra d'être fixé sur la viabilité d'une route carrossable.

Le *Purus* pourrait ainsi devenir la voie naturelle entre l'Amazone et les départements suivants :

1° Celui de la Paz, au moyen du Beni ;
2° Celui de Chuquisaca, par le Guapay ou « Rio Grande » ;
3° Celui de Cochabamba, par le Guapay et le Chapare ;
4° Celui de Santa Cruz et du Beni, par l'Itenez ou Guapore.

Les grandes et riches productions de Yungas, Larecaja, Caupolican, des vallées de Cochabamba, de Guarayos, de Mojos et Chiquitos, si importantes en café, cacao, vanille, coca, tabac, indigo, cochenille, mani, riz, caoutchouc, coton, bois de toute essence, etc., trouveraient là un écoulement facile, sans compter l'exploitation des richesses minérales d'or, d'argent, de fer et autres métaux.

De même pour le Pérou, dont le courant commercial des départements du centre et du midi se dirige sur l'Amazone. Les riches produits des provinces de Jauja, Tarma, Guancayo, Junin, Angaraes, Castro, Vireina de Guancavelica, Huanta, Lucanas, Parinacochas de Ayacucho, Paucartambo, Acomayo, Urubamba, Paruro, et le surplus du riche département du Cuzco, ainsi que de celles de Abancay, Antabamba, Calca et Anda-Huailas, du département de Apurimac, de Lampa, Azangare, Carabaya et Sandia, du département de Puno, auraient la même voie de débouché par l'Ucayali, le Huallaga, le Yurua, le Paucartambo et l'Apurimac.

Les ports fluviaux destinés au commerce par l'Amazone sont, dans le Pérou : 1° Nauta, San Regis, Urarinas et Tigre, sur le Marânon, Sarayaco, sur l'Ucayali, Tingo-Maria, Rumi, Callarina, Yurimaguas, sur le Huallaga, Maïro, Pozuso et Palcaso, sur les rios du même nom.

Et Pebas, Iquivos et San Antonio, sur le haut Amazone.

Pour la Bolivie, les ports de Reyes, Rurenabeque, Muchanis et Magdalena, sur le Beni. Ceux de Guanay et Coroico, sur le rio de ce nom, et le Mapiri, affluents de l'intérieur. Ceux de Chimore, Asunta et Cohoni, sur les rios de ce nom et le Chapare, Cuatro, Ojos, sur le Piray, et Exaltacion, Trinidad et Loreto, sur le « Mamore ».

M. Germain BAPST

A Paris.

L'ARMÉNIE RUSSE

— *Séance du 8 septembre 1884* —

Les récentes conquêtes des Russes ont eu pour résultat de mettre à l'ordre du jour plusieurs questions, dont l'une des plus importantes est l'étude de leur mode de gouvernement en Asie. Ce point est encore peu connu ; il faut en effet, pour apprécier avec justesse l'action des Russes au-delà de la Caspienne, avoir des notions exactes sur la configuration des pays situés entre la Russie, la Sibérie, la Chine, l'Inde et la Perse, notions qu'on ne peut acquérir que par une connaissance personnelle des lieux. Même après avoir parcouru ces territoires immenses, on ne connaîtra encore qu'imparfaitement toutes ces populations différentes de langages et de mœurs, les unes nomades, les autres sédentaires.

Nous autres Français ignorons jusqu'au climat de l'Asie russe, climat qui varie de 40 à 45 degrés Réaumur de chaleur et d'un même nombre de degrés de froid, ce qui fait un écart de plus de 80 degrés.

Un climat fort rude, des rivières fort larges, des déserts, des montagnes, des populations nomades, pillardes, sauvages et jusqu'ici indomptées, tels sont les principaux traits des pays soumis au gouvernement russe.

Quand on saura que c'est avec moins de 35,000 hommes de garnison qu'est gouverné et administré au nom d'Alexandre III cet immense empire, on fera de singulières réflexions sur l'administration civile en Algérie.

Nous nous proposons d'exposer ici les moyens de domination qu'emploient les Russes pour la conquête et la civilisation de tous ces pays musulmans.

Qu'on ne sourie pas à ce mot de civilisation; il peut paraître extraordinaire, mais quiconque a vu les Russes à l'œuvre a pu constater à chaque pas les bienfaits apportés par la conquête aux populations barbares.

Contrairement à l'Angleterre, la Russie, par son extension, a servi la grande cause de l'humanité. C'est là le secret de l'influence exercée par les Russes sur les musulmans.

Nous ne pouvons traiter complètement cette question ; il faudrait avoir visité chaque district, chaque tribu, pour connaître en détail tous les moyens employés à transformer ces hommes barbares et pillards en pionniers de la civilisation dans les steppes lointaines.

Tout ce que nous indiquerons et signalerons ici aura été vu par nous, et toutes les réflexions, que nous pourrons émettre, auront été faites avec le sentiment inspiré par la connaissance des choses.

Il convient d'abord de comparer le caractère des peuples slaves avec celui des musulmans asiatiques.

Presque oriental lui-même, le Russe s'est habitué de longue date à vivre en ami avec les Tartares qui occupent une grande partie de l'empire, sur les bords de la Volga. Il possède le trait distinctif des peuples d'Orient : la passivité. S'il n'a pas une énergie morale considérable, il est doué d'une force d'inertie dont rien ne saurait triompher. C'est certainement la qualité la plus puissante qu'il ait à mettre en œuvre pour arriver à soumettre les peuplades barbares de l'Asie, surtout les populations musulmanes.

Il est aimable et fait bien souvent pardonner par un instant de bonhomie la grossièreté et la brutalité que, en sa qualité de peuple incomplètement policé, il possède à un haut degré. Cette grossièreté, du reste, est peu de chose pour les peuples de l'Orient.

Les troupes russes, — il est inutile de le dire, — sont toujours restées ce qu'elles étaient au temps de Frédéric II et de Napoléon. « Il ne suffit pas, on l'a dit depuis longtemps, de tuer un soldat russe, il faut le pousser après, pour qu'il tombe. »

Par la difficulté qu'ont nos troupes à s'acclimater en Algérie, on comprendra que le Russe est le seul soldat européen capable d'occuper ces lointaines solitudes.

Pour qu'un détachement se rende de l'extrémité de la Russie, où s'arrête la ligne des chemins de fer, jusqu'à Taschkent, chef-lieu du gouvernement de l'Asie, il faut quatre mois et demi de marches continuelles à travers des déserts où l'on ne trouve presque pas d'eau.

Un jour, un conseiller d'État actuel nous racontait à Tiflis que, le soir de l'un des combats qui ont été livrés aux environs d'Askabat, des régiments russes, éprouvés par la soif et la lutte de la journée, ne pouvaient plus avancer. Skobeleff ordonna alors à un régiment de Cosaques d'Orembourg de partir au galop jusqu'à une source située à plusieurs verstes, d'y puiser de l'eau dans leurs bottes et de la rapporter à leurs camarades.

Le principal conquérant de l'Asie dans l'armée russe est le Cosaque, que l'on ne connait en France que sous les traits d'un « mangeur de chandelle », souvenir peu exact de 1815.

Le Cosaque est, en général, d'origine petite-russienne, descendant de ces fameux Zaporogues de l'Oukraine et du Dnieper. Il n'est jamais devenu serf, et s'il est entré au service du Tzar, il n'a jamais abandonné sa liberté. Aujourd'hui, comme toujours, tous les Cosaques sont égaux, en dehors des grades. Ils ne sont pas soumis au recrutement militaire, mais font tous leur service, quand l'âge en est arrivé, dans les régiments correspondant à leur région. Rentré dans sa stanitza ou village, le Cosaque cultive les terres communes du hameau, et reprend son fusil en cas de guerre. Exempt d'impôt, il s'équipe et s'habille à ses frais et ne reçoit de l'État que sa solde et sa nourriture. Tout le territoire du bas Don, ayant comme centre Novo-Tcherkasch, est peuplé par les Cosaques du Don, dont les régiments sont aujourd'hui complètement assimilés à des régiments de dragons.

Nous nous occuperons principalement des Cosaques du Caucase, divisés en deux atamanneries : du Terek, avec des épaulettes bleues, de la Kouban, avec les épaulettes rouges.

Probablement exilés là par quelque ukase de la grande Catherine, ils se sont mêlés soit aux montagnards du Caucase, soit aux Tartares du Turkestan, sait aux Finnois de la Sibérie, ont pris les habitudes de ces populations et ont conservé même au Caucase le costume national.

Nous avons été à même de voir les Cosaques en Arménie, au Kurdistan, au Daghestan et sur les bords de la Caspienne et de constater une fois de plus quels puissants auxiliaires le gouvernement russe trouve dans ces hommes au courage indomptable et à l'intelligence vive, avec une bonhomie qui leur a valu souvent plus de conquêtes que leurs armes.

A côté du Cosaque, dans tous les pays soumis, le gouvernement russe a su lever, parmi les populations les plus belliqueuses, des volontaires qui portent, suivant les pays, les noms de Chappars, Noukers, etc. Le gouvernement s'est ainsi attaché de la façon la plus simple des hommes qui n'avaient d'autres métiers que les armes ou le brigandage. Chaque cavalier, s'engageant à servir pendant un temps déterminé, fournit sa monture, son équipement, ses armes, sa nourriture et même son logement ; il doit être prêt à la moindre réquisition. Leurs chefs sont les hommes les plus considérables du pays, souvent les mêmes qui ont commandé contre les

Russes, aujourd'hui à leur service, moyennant une allocation minime.

Pendant plus d'un mois, dans le Daghestan, nous avons voyagé, escorté par des cavaliers de cette milice, et nous avons pu apprécier l'excellence de leur organisation.

Le pays étant ainsi soumis et le service pouvant, dans les garnisons, être facilement fait par des cavaliers, la présence des troupes russes devient inutile, sauf sur les points importants ou dans les grandes villes, occupés par de l'infanterie.

Les Russes et les musulmans, dans les nombreux combats qu'ils se sont livrés, ont appris à juger de leur valeur respective. Les premiers savent qu'ils peuvent lutter un contre vingt; les seconds reconnaissent la supériorité de leurs conquérants et s'inclinent devant eux.

Quant à la politique et à l'administration des Russes, leur principe constant est de rendre légère, presque insensible pour le vaincu, la transition à une civilisation supérieure. On laisse à l'indigène ses lois religieuses et civiles, ainsi que son organisation ; on l'impose à peine. Le vainqueur ne se montre que sous l'uniforme; il a su transformer ses anciens adversaires en agents de colonisation. Il exerce une sorte de protectorat sur les khanats restés indépendants. Les populations sédentaires préfèrent l'administration régulière des fonctionnaires russes, quels qu'en puissent être les abus, aux violences, aux pillages et aux guerres dont elles souffraient.

Grâce aux Russes, le trafic d'esclaves disparaîtra prochainement du centre de l'Asie. En un mot et toute considération de politique mesquine mise de côté, il faut reconnaître les services que la Russie rend à la grande cause de l'humanité (1).

Les conquérants ont compris que les musulmans sont avant tout partisans de la forme; ils la leur ont laissée et ont pris pour eux le fond. Dans les moindres circonstances, ils ont distribué aux cavaliers indigènes des décorations ; à des personnes influentes de villages, sans aucun caractère guerrier, ils ont donné des grades, — sans commandement bien entendu, — et le droit par conséquent de porter l'épaulette.

Les tribus musulmanes les plus indomptables ont l'habitude de dire : « Au moment où nous avons fait la paix avec les Russes », mais jamais « au moment de la conquête ». Les Russes acceptent ces termes : que leur importe ? Les faits sont là. Ils célèbrent volontiers la valeur de leurs adversaires et ne rappellent jamais la défaite des vaincus.

Dans les districts conquis, toutes les places correspondant aux grades jusqu'à celui de colonel sont occupées par les vaincus de la veille. On n'y met des Russes qu'à défaut d'hommes du pays d'une instruction ou d'une valeur suffisante, ou de militaires d'un peuple voisin dont la civilisation

(1) M. le vicomte de Vogüé, article de la *Revue des Deux Mondes* du 1er mars. — Notes de M. le commandant Niox, du Cours de géographie à l'École de guerre, p. 96.

se rapproche davantage de celle des Russes. Les places d'employés subalternes sont la plupart du temps conservées aux titulaires d'avant la conquête ; les noms restent les mêmes, les Russes en font des dignités superbes, et le musulman, qui n'est pas l'homme des transformations, ne s'aperçoit pas de la différence.

Le molla, dans tout ce qui offre un caractère religieux, est naturellement sous la protection spéciale du gouvernement impérial. L'islamisme est protégé, et l'on a, comme en Algérie, donné aux populations juives de ces contrées une supériorité sur les musulmans. La justice est rendue, comme avant la conquête, tantôt par le molla, selon le Coran, tantôt par des juges qu'a choisis la population, jamais le gouvernement.

On craint en haut lieu que, grâce aux avantages accordés aux musulmans, quelques populations orthodoxes ne se convertissent au mahométisme. Il s'est même formé à Tiflis une association dite : la Propagation de la Foi, qui se propose d'empêcher ces conversions, en protégeant les populations chrétiennes enclavées dans les centres musulmans.

Avec la conquête est venue pour les populations musulmanes l'ère de la tranquillité et du bonheur relatif, la suppression des exactions sans nombre auxquelles se livraient les émirs, les princes et les khans, avec une indifférence tout orientale pour les malheurs de leurs subordonnés.

Une anecdote entre mille fera connaître un de ces traits avec lesquels on a su flatter ces peuplades :

A la suite de la guerre de 1877, les Noukers et les Chappars avaient vu l'effet prodigieux des fusils à tir rapide ; très grands amateurs d'armes, ils demandaient sans cesse à posséder des fusils semblables. Le gouvernement russe, profitant de tous les fusils qui avaient été pris dans les places fortes turques, et de tous ceux qui avaient été réformés, en fit une distribution considérable, mais il se garda bien d'en donner les cartouches à douilles, en sorte qu'il est impossible de s'en servir ; les musulmans n'en sont pas moins enchantés de posséder des armes si terribles.

Ces courtes observations suffiront à éclairer d'un nouveau jour ce qui se passe en Asie. Les deux ouvrages que nous avons cités pourront, du reste, instruire plus complètement ceux qui désireraient connaître la transformation opérée dans l'ancien monde par la marche progressive de la conquête russe.

M. F. PERRIER

Colonel, Membre de l'Institut.

LA CARTE D'AFRIQUE AU !1/2.000.000

— Séance du 8 septembre 1884 —

M. le colonel Perrier offre à l'Association, au nom du Ministre de la guerre, les vingt-trois premières feuilles de la carte d'Afrique au 1/2 000 000, dont le Service géographique de l'armée a entrepris la publication en 1881, ainsi que les trois premières livraisons des Notices correspondant à dix-huit de ces feuilles, et adresse la note suivante :

« Cette carte est due à l'initiative d'un officier du génie, le capitaine de Lannoy de Bissy, qui en a conçu le projet dès la fin de l'année 1874.

» Livingstone venait de mourir, et les honneurs exceptionnels que l'Angleterre avait rendus à sa dépouille mortelle, rapportée du lac Bangouéolo par les soins de ses fidèles serviteurs, avaient attiré l'attention universelle sur le mystérieux continent africain.

» En parcourant le récit si attachant des vingt années d'exploration et des merveilleuses découvertes de l'illustre voyageur, on était frappé de n'y trouver, sous la forme de croquis à petite échelle, qu'une image imparfaite des territoires déjà explorés de l'Afrique australe ; les cartes d'Afrique existantes, même celle de Keith Johnston, dressée à l'échelle de 1/6 000 000, étaient trop petites pour contenir le détail des itinéraires.

» Il manquait donc une bonne carte générale de cette partie du monde, établie à une échelle qui permît de figurer avec quelque détail les voyages déjà accomplis et qui pût servir de cadre à ceux qui seraient entrepris dans l'avenir.

» C'est cette lacune que M. de Lannoy a cherché à combler par la confection d'une carte à l'échelle de 1/2 000 000, rapprochant et coordonnant entre elles toutes les cartes ou itinéraires renfermés aussi bien dans les relations de voyage que dans les recueils géographiques de France et de l'étranger.

» La carte complète aura une hauteur de $4^m,20$ sur une largeur de 4 mètres. Elle a été divisée en 62 feuilles de $0^m,50$ de base sur $0^m,40$ de hauteur, représentant une superficie rectangulaire de 1,000 kilomètres sur 800 kilomètres de côté.

» Elle est établie sur une projection orthographique méridienne ; les longitudes sont comptées, dans les deux sens est et ouest, à partir du méridien de Paris, considéré comme méridien initial ; le méridien central est celui de 10° de longitude à l'est, qui semble mieux répartir les déformations sur les parties extrêmes, le Sénégal et l'Abyssinie.

» Les feuilles-minutes de la carte, établies à l'échelle de 1/2 000 000, agrandies ensuite au 1/1 000 000, afin de faciliter les écritures et de donner plus de précision au dessin, puis ramenées à 1/2 000 000, sont reportées enfin sur zinc par les procédés ordinaires de la photo-zincographie.

» Une première édition, qui n'est que provisoire, est publiée avec la planimétrie seulement, et sera bientôt suivie d'une deuxième édition, qui portera l'orographie dessinée en couleur au crayon lithographique. De cette dernière édition, douze feuilles ont déjà paru.

» Chaque feuille est l'objet d'une notice spéciale ; cette notice a pour but d'éveiller l'attention du lecteur par la description des contrées et l'histoire succincte des peuples qui l'habitent. Elle donne le catalogue des cartes et ouvrages consultés, afin de permettre au lecteur de se reporter aux sources originales ; enfin, elle contient aussi la discussion du mode de rédaction de la carte, d'où ressort bien nettement la mesure du degré de confiance qu'on peut lui attribuer.

» Les vingt-trois feuilles que j'ai l'honneur de présenter à la section de Géographie embrassent : les unes, toute la région arrosée par le Sénégal et le Niger (Santa-Cruz-de-Ténérife, Bir-el-Abbas, In Sàlah, Saint-Louis, Timbouktou, Free-Town, Segou-Sikoro, etc.); les autres, l'extrémité de l'Afrique australe, du Zambèse à la colonie du Cap (Mossamédès Linyanti, Barmen, Kourouman, Prétoria, le Cap et Pietermaritzbourg); et, entre elles, les rivages de la Guinée, où débouchent dans l'océan Atlantique le Niger, l'Ogôoué, le Congo et le Rio-Couanza (Benin, Libreville, San-Salvador et Saint-Paul-de-Loanda).

» La nouvelle carte contient des modifications et des additions importantes, parmi lesquelles il est utile de signaler :

• » Dans la feuille de Bir-el-Abbas, une nouvelle interprétation d'une partie du récit du voyage accompli en 1861, de Saint-Louis du Sénégal à Mogador, par le cadi Bou el Moghdad ; la figuration d'une partie de la route du Dr Lenz, en 1879, du Maroc à Timbouktou, et le tracé détaillé de l'itinéraire de Caillié, des puits de Telyg à l'Oued-Drâa ;

» Dans la feuille d'In Sàlah, la représentation de l'oasis du Touat, d'après le voyage de G. Rohlfs et les renseignements recueillis par des voyageurs français; en prenant pour origine la position d'In Sàlah, déterminée astronomiquement en 1825 par le major Laing ;

» Sur la feuille de Saint-Louis, le tracé du nouveau chemin de fer en construction, de Saint-Louis à Dakar, ainsi que le voyage de Caillié, en 1824, chez les Maures Brakna, voyage qui n'était jusqu'alors porté sur aucune carte d'Afrique ;

» Sur la feuille de Segou-Sikoro, toutes les reconnaissances accomplies, dans ces dernières années, par les colonnes expéditionnaires du haut Sénégal, Galiéni, Derrien, Borgnis-Desbordes, et même la route de Bammoko à Mourdia, du Dr Bayol, en 1883 ;

» Sur celle de Free-Town, l'intéressant voyage du Dr Bayol ; les altitudes de 101 positions de cette région occidentale de l'Afrique ont été calculées par M. de Lannoy ; d'après ses calculs, les sources de la Gambie et du Rio-Grande sont situées respectivement à 1,133 mètres et 1,145 mètres d'altitude au-dessus du niveau de la mer ;

» Sur celle de Sokoto, le tracé des derniers voyages de M. Flegel, auquel on doit en particulier la reconnaissance détaillée du Niger, entre Rabba et Gomba. Le cours de cet immense fleuve ne contient plus qu'une partie encore inexplorée, comprise entre Gomba et Say, ville commerçante, que traversa deux fois le Dr Barth, dans les années 1853 et 1854 ;

» Dans l'Afrique australe, sur les cartes de Kourouman, Prétoria et Pietermaritzbourg, les divisions politiques dernières des royaumes nègres gouvernés par Khuma, Sécheli, Montsoua et Mankourouané ; les renseignements les plus récents sur la géographie du Transwaal, une partie du royaume de Gaza, gouverné par Oumzila ; un nouveau tracé du cours inférieur du Limpopo, d'après les travaux d'Erskine. Le pays des Zoulous est dessiné à l'aide des reconnaissances faites par les officiers anglais pendant la guerre contre Cettiwayo. Quant au Griqua-land-East et aux territoires encore indépendants de la Cafrerie propre, ils ont été extraits des sources anglaises les plus récentes.

» Pour la côte de Guinée, les dernières informations sur les contrées voisines des bouches du Niger et du Gabon ; dans la province de Loanda, le tracé qui doit relier la capitale de cette colonie portugaise à la ville d'Ambaca, à l'intérieur.

» Une mention spéciale doit être faite de la feuille de San-Salvador, la dernière parue, sur laquelle est représenté tout le cours de l'Ogôoué et la partie inférieure du fleuve Congo. Le vaste champ d'explorations que parcourent d'un côté, sous l'égide de la France, de Brazza ; de l'autre, Stanley, sous le patronage de l'Association internationale belge, était, il y a dix ans, à peu près inconnu. En moins de six ans, une foule de stations européennes ont jailli de terre pour ainsi dire ; en ne citant que les plus connues, nous rappellerons Lambaréné, Franceville et Brazzaville, fondées par la France ; Vivi, Noki, Léopoldville, par la Société internationale belge. Depuis 1882 surtout, la reconnaissance des régions du Congo et de l'Ogôoué a été poursuivie vaillamment. Après la première reconnaissance exécutée sur le Niari, en 1882, par de Brazza, les Belges ont exploré la région comprise entre le Congo inférieur et la rive gauche du Kouillou. Un lieutenant de vaisseau de notre marine, M. Mizon, nous a fait connaître, il y a quelques mois à peine, tous les affluents de la rive droite de cette rivière, ainsi qu'une partie du cours du Louété (Louisa des Portugais); il nous a donné aussi un levé de l'Ogôoué au 1/100 000, entre la rivière Dilo et Franceville, ainsi que les positions de Franceville et du poste de l'Alima. M. Dutreuil de Rhins, un Français aussi, a fait un levé intéressant de l'Ogôoué, entre Lambaréné et la rivière Dilo. Tous ces renseignements, à peine connus encore des géographes, sont déjà portés sur la feuille de San-Salvador.

» Avant la fin de l'année courante, les feuilles si intéressantes de la région des grands lacs de l'Afrique australe, de Madagascar et de Bourbon seront publiées, et j'estime que la carte entière aura paru, avec des notices, vers la fin de l'année 1887.

» Le prix en est très modéré. Chaque feuille, avec montagnes, est vendue au prix de 0ʳ,50 ; sans montagnes, 0ʳ,30. La notice, qui accompagne chaque livraison de six feuilles, coûte 0ʳ,30 seulement.

» Grâce à l'emploi du zinc, il sera facile de réviser chaque feuille, en effaçant ou ajoutant au fur et à mesure sur la planche-mère, de manière à obtenir, pour chaque tirage, des exemplaires tout à fait au courant des découvertes nouvelles.

» Quelques feuilles, notamment celles du Sénégal et du Niger, celles du Congo et de l'Ogôoué, ont déjà rendu de véritables services, en faisant ressortir la grandeur du rôle réservé à la France dans ces contrées lointaines.

» La carte de l'Afrique est, je le répète, l'œuvre personnelle du capitaine de Lannoy. Elle dénote chez son auteur des connaissances géographiques très étendues, une grande perspicacité dans l'appréciation des textes et des cartes des voyageurs, ainsi qu'une véritable habileté d'artiste.

» C'est un travail de bénédictin qui fait le plus grand honneur à cet officier et au Dépôt de la guerre, qui a la bonne fortune de le compter au nombre de ses collaborateurs. »

M. F. PERRIER

Colonel, Membre de l'Institut.

LA NOUVELLE CARTE DE LA TUNISIE, A L'ÉCHELLE DE 1/200.000

— *Séance du 8 septembre 1884* —

M. le colonel Perrier adresse à l'Association, au nom du Ministre de la guerre, les premières feuilles parues de la nouvelle carte de la Tunisie, accompagnées de la note suivante :

« La carte de Falbe et Pricot de Sainte-Marie, gravée en 1857 au Dépôt de la guerre, était jusqu'en ces derniers temps le seul document géographique sérieux que nous possédions sur la régence de Tunis.

» Falbe était capitaine de frégate de la marine danoise et consul général des puissances du Nord à Tunis ; il venait de prendre part avec nos troupes à la première expédition de Constantine, où il avait vu opérer nos topographes militaires, lorsque, rentré à son poste, il songea à exécuter la reconnaissance topographique de la Tunisie.

» Après avoir mesuré une base de 5,000 mètres dans les environs de Carthage, déterminé la latitude, ainsi que l'altitude, au-dessus du niveau moyen de la mer à la Goulette, du consulat de France à Tunis, il se mit en route pourvu d'un matériel bien modeste, mais suffisant : un sextant, un petit théodolite, une montre de poche, deux thermomètres et un baromètre Fortin.

» C'est ainsi qu'il explora, en 1837 et 1838, toute la région comprise entre la mer au nord et à l'est, Kairouan, Gilma, le Kef, Teboursouk et Mateur, exécutant, chemin faisant, des levés et des itinéraires, triangulant les sommets remarquables pour raccorder ses levés entre eux et s'arrêtant, quand il le pouvait, dans les stations intéressantes, pour y prendre une latitude et un azimut.

» De cette pérégrination, qui dura huit mois et ne fut pas toujours sans péril, Falbe rapporta tous les éléments nécessaires à l'établissement d'un canevas de triangles et à l'assemblage des levés de détail.

» Mais ces levés, outre qu'ils s'étendaient à peine sur le quart du territoire de la régence, laissaient encore entre eux des espaces inexplorés.

» Aussi, dès l'année 1843, le Dépôt de la guerre, soucieux de combler ces lacunes, chargea le capitaine d'état-major Pricot de Sainte-Marie de lever les régions de l'ouest, où Falbe n'avait pas pu pénétrer, et, en s'appuyant sur les travaux de Falbe, de poursuivre la reconnaissance vers le sud jusqu'aux chotts du Djérid.

» Le travail de cet officier dura plusieurs années (de 1843 à 1849).: il comprend une vingtaine de positions astronomiques directes, des itinéraires bien orientés, s'étendant sur de larges bandes de terrain, ainsi qu'un nivellement exécuté d'abord avec un baromètre de Fortin, puis avec le baromètre anéroïde, qui venait de faire son apparition dans le monde.

» C'est en combinant les travaux de Sainte-Marie avec ceux de Falbe que le Dépôt de la guerre a pu publier la carte à l'échelle de 1/400 000, qui porte le nom des deux géographes, carte qui contient encore bien des vides, notamment vers le nord-ouest (pays des Kroumirs) et dans les massifs montagneux qu'on a été réduit à contourner, mais qui n'en constitue pas moins une première approximation bien précieuse, notamment pour les voies suivies et les chemins praticables.

» Si je signale ces travaux déjà anciens, c'est qu'ils nous ont été fort utiles dans l'établissement de la nouvelle carte, et je suis heureux de rappeler à l'Association les noms de ces deux vaillants explorateurs.

» Dans ces dernières années, la Tunisie a été l'objet de plusieurs travaux importants.

» En 1876, les officiers italiens reliaient la Tunisie avec la Sicile au moyen des îles intermédiaires, Maritimo et Pantellaria, et y déterminaient un grand triangle formé par les trois sommets de Bou-Saïd, Bou-Rukbah et cap Bon, d'où ils recoupaient tous les sommets visibles jusqu'au Djebel-Zaghouan.

» Deux ans après, en 1878, vers le mois de février, j'allais m'installer à Carthage, déjà considérée comme la station naturelle orientale du parallèle algérien, et j'y déterminais la latitude, la longitude *télégraphiquement* (1) et un azimut, en même temps que je reliais le pilier méridien avec la triangulation italienne.

» La même année et l'année suivante, avec l'autorisation gracieuse de S. A. Mohammed es Sadock, bey de Tunis, j'exécutais, secondé par quelques topographes habiles, des levés intéressants qui furent publiés bientôt après par le Dépôt de la guerre et que je place sous les yeux de la Section : Environs de Tunis et de Carthage, à l'échelle de 1/40 000 ; plan de Bizerte et de ses environs, à 1/20 000 ; itinéraire de Carthage à Constantine, par le Kef et Sidi Youssef, 4 feuilles à l'échelle de 1/100 000. Le tout gravé sur pierre en trois couleurs.

» Vers le sud, nous possédions les levés récents du commandant Roudaire, les itinéraires déjà anciens de M. Duveyrier et une reconnaissance, par M. Chevarrier, de la région au sud des chotts.

_____

(1) Le capitaine Defforges occupait la station conjuguée d'Alger, déjà reliée par un fil télégraphique avec le poste de Carthage.

» J'avais aussi exploré la vallée de la Medjerda et la presqu'île d'Hammamet; mais que de lacunes encore à combler !

. » Lorsque nos troupes pénétraient en Kroumirie, au printemps de 1881, nous n'avions encore que des renseignements très vagues sur cette province, réputée impénétrable, si voisine pourtant du territoire algérien : l'occasion parut propice pour en faire la carte.

» Sur ma demande, des topographes furent attachés à chacune des colonnes expéditionnaires et, en même temps que ceux-ci levaient le pays occupé ou simplement parcouru, deux géodésiens en faisaient la triangulation rapide, reliée à l'ouest avec nos triangles algériens et au sud avec les anciens triangles de Falbe. C'est dans cette première campagne, où j'avais l'honneur de diriger le service géographique de l'armée, que j'ai fait appliquer avec succès la pâte et le papier chromographique à la reproduction immédiate, à trente ou quarante exemplaires, en deux et même trois couleurs, suffisamment nets, des levés ou itinéraires exécutés dans la journée même ; ces tirages étaient distribués dans la soirée aux états-majors et aux corps de troupes.

» Je présente à la section de Géographie les feuilles de Tabarca et Fernana, publiées par le Dépôt de la guerre à la fin de cette campagne (échelle de 1/100 000).

» A l'automne suivant, des brigades de topographes furent encore attachées aux colonnes qui, partant de Tunis et de Tebessa, convergèrent vers Kairouan. Une étendue considérable de terrain fut parcourue et levée dans cette campagne; mais les massifs montagneux, contournés ou évités par les colonnes, restaient encore à peine effleurés.

» Tous ces levés, et d'autres encore, entrepris par des colonnes parties du Kef, de Gabès ou de Gafsa, étaient aussitôt reproduits par des procédés rapides au Dépôt de la guerre, sous le titre de carte provisoire ou de carte jaune, qui rendit de véritables services et nous permit de délimiter nettement les vides où devait désormais se porter l'activité des topographes pour obtenir enfin une carte couvrant sans interruption le sol tunisien.

Le moment n'était pas éloigné, du reste, où nos levés allaient être complétés d'une manière systématique. Dès les premiers mois de l'année 1882, sur la demande du général Forgemol, le Dépôt de la guerre organisait en Tunisie cinq brigades de topographes, placées sous la direction du commandant Peigné, soit 25 officiers, non plus pour y opérer à la suite des colonnes, mais pour y prendre pacifiquement possession du sol au point de vue topographique.

Au mois de novembre suivant, le nombre des brigades fut porté à sept, comprenant 37 officiers; et, en ce moment même, 30 officiers, répartis en six brigades, opèrent dans l'extrême sud de la Tunisie, sous la direction du commandant Lachouque, entre Gafsa, Gabès, la frontière de la Tripolitaine et la région des chotts.

» La méthode adoptée dans l'exécution du travail est la suivante : chaque chef de brigade mesure, sur le terrain qui lui est dévolu, une base de quelques kilomètres, à la chaîne ou même au pas, et, sur cette base, détermine ensuite un petit réseau de triangles, pendant que ses officiers font les levés à la boussole. Un officier indépendant des brigades est spécialement chargé, sous la direction du chef de la mission, de réunir entre elles les triangulations partielles par une triangulation générale, rattachée elle-même à la triangulation antérieure. C'est ainsi que la Tunisie a été couverte d'un réseau continu de triangles reliés avec l'ancienne triangulation de Falbe, figurés ensuite graphiquement sur une feuille générale de projections qui donne la véritable échelle des levés partiels et les ramène à une échelle commune.

» Nous avons pris comme élément de départ de toute cette triangulation : pour les positions géographiques, les valeurs de la latitude, de la longitude et de l'azimut que j'ai obtenues à Carthage ; pour les longueurs des côtés, la valeur donnée par les Italiens pour le côté Bou-Saïd Bou-Rukbah. Le nivellement des points principaux est fait au théodolite ou à la boussole-éclimètre et, dans les levés de proche en proche, à l'aide du baromètre anéroïde. C'est le plan du niveau moyen de la mer à la Goulette qui a été adopté comme plan de comparaison des altitudes.

Les levés sur le terrain sont exécutés à l'échelle de 1/100 000 ; telle est l'échelle des remarquables minutes que je présente à la Section et qu'il eût été certainement très désirable de pouvoir reproduire en véritable grandeur. Mais la carte aurait ainsi compris un nombre considérable (80) de feuilles, et il nous a paru qu'elle aurait supposé à nos levés plus de précision qu'ils n'en comportent. L'échelle du 1/200 000, au contraire, semble mieux convenir à la nature de ce pays, dont la planimétrie est peu chargée ; elle limite à 20 le nombre des feuilles, ce qui permet une publication plus prompte, et elle a en outre le précieux avantage d'être établie d'après les mêmes principes et dans le même système de projection que la carte de l'Algérie au 1/200 000, dont elle est comme le prolongement naturel. C'est pourquoi nous l'avons adoptée pour la publication de la carte de la Tunisie.

» La carte entière comprendra vingt ou vingt et une feuilles : les six feuilles du nord seulement sont déjà reproduites par les procédés rapides de la photozincographie en deux couleurs. Ce n'est là, du reste, qu'une édition provisoire, destinée à satisfaire aux besoins les plus pressants des services publics ; la carte sera gravée plus tard sur zinc, tirée en six couleurs, comme la carte d'Algérie, et ne laissera rien à désirer au point de vue de l'exécution.

» Les six feuilles du centre sont levées sur le terrain et seront publiées dans quelques jours.

» Quant aux dernières feuilles, celles du sud, le levé est terminé aussi ; la publication en sera faite au mois de janvier 1885.

» Ainsi, dans l'espace de quatre années, grâce à l'organisation systématique de nos brigades, grâce au dévouement de nos officiers, l'exploration topographique de la Tunisie a pu être menée à bonne fin. La carte nouvelle constitue, pour tous les services publics, un document précieux, et sera très utilement consultée, en attendant que nous puissions, la carte d'Algérie terminée, effectuer un levé précis de la Régence, à l'échelle de 1/50 000. »

Note. — Depuis la communication ci-dessus, onze feuilles nouvelles ont été publiées ; il ne reste plus à tirer que la région située au sud du Chott-Djerid.   F. P.

M. E. HANSEN-BLANGSTED

A Paris.

LA QUESTION DES ATLANTES

— *Séance du 8 septembre 1884* —

Les savants qui s'occupent spécialement des études des époques reculées (1) s'égarent facilement, parce qu'en général ils étudient ces périodes avec l'esprit et les vues d'aujourd'hui. On trouve très rarement des ouvrages qui traitent des peuples anciens, en se plaçant au point de vue d'esprit et de conception de ces peuples, seul moyen cependant de dénouer les questions difficiles de ces époques. On aime mieux les juger avec l'intelligence développée de nos jours.

La question des Atlantes n'est pas encore arrivée à une solution satisfaisante, parce que ceux qui en font leur étude spéciale placent une carte géographique, la plus récente, sous leurs yeux. Tous directement prennent la route par le détroit de Gibraltar pour arriver dans l'Atlantique, et c'est bien au large qu'ils jettent les regards de tous côtés, espérant de pouvoir encore rencontrer des débris d'un continent disparu.

(1) Je propose de remplacer le mot *Histoire préhistorique* par le mot *Histoire reculée ;* car il y a maintenant tant d'ouvrages qui s'occupent de cette période, qui appartient parfaitement à l'histoire et nullement à une époque antérieure.

Si, avant de s'exposer à tant de fatigues, ils jetaient simplement un coup d'œil autour d'eux, que de temps serait ménagé! On part pour la conquête des Atlantes avec la vapeur, sans bien se rendre compte que les distances sont diminuées, par le fait même, de plus de cent fois. On se figure, et on le trouve tout naturel, que les anciens sont allés aussi vite que nous, et avec une connaissance géographique également développée.

Chaque jour amène des transformations sur notre globe, tantôt c'est une rivière qui change son cours, tantôt un lac qui disparait, quelquefois des îles, des montagnes, des plages. Il ne faut pas perdre de vue que la forme de nos continents d'aujourd'hui est d'une date très récente, et que *c'est le principal point à retenir,* lorsqu'on veut s'occuper des temps reculés.

Sur les cartes les plus anciennes qui nous sont transmises par nos devanciers, on voit la terre connue, la Lybie et l'Asie entourées par le fleuve Océan. On se permet en général de hausser les épaules en voyant ces cartes, et pourtant ceux qui les ont tracées n'étaient pas absolument dans l'erreur.

Il n'y a pas 12,000 ans que le courant du Gulfstream avait une tout autre direction qu'aujourd'hui. Il n'allait pas alors pour ainsi dire dans une direction verticale, du *sud* au *nord*, mais bien au contraire dans une direction horizontale, c'est-à-dire de l'*ouest* à l'*est*. Après avoir traversé la mer, qui, aujourd'hui, porte le nom d'Océan Atlantique, le Gulfstream prenait le chemin des déserts du Sahara, de l'Arabie, de la Perse, etc.

Nous voulons toujours trouver des imperfections chez les Anciens, apprenons donc à les comprendre avant de les juger.

On place ordinairement le continent disparu, les Atlantes, dans l'Océan Atlantique; n'oublions pas que cette mer est la plus ancienne du globe, que les cartes, même les plus perfectionnées, lui donnent des profondeurs absolument fausses. Les récentes expéditions françaises l'ont prouvé. Les côtes de cet Océan ont subi de grandes modifications, mais dans la mer Atlantique même il n'y a jamais eu un continent disparu.

Il ne faut pas perdre de vue que les Anciens donnaient le nom de mer Atlantique à la partie de la mer Méditerranée située au nord de la Tunisie, de l'Algérie et du Maroc et qu'on appelait Océan Universel ce qui est de nos jours devenu Océan Atlantique.

On se sert également de la dénomination *Colonnes d'Hercule* pour donner la situation du pays des Atlantes. Mais il y a eu plusieurs Colonnes d'Hercule, et cette expression n'a jamais été un nom propre; au contraire, c'était un nom commun, employé aussi bien pour des défilés que pour des détroits. Quant au détroit de Gibraltar, il porta, bien avant le nom de Colonnes d'Hercule, la dénomination de Colonnes de *Saturne.*

Lorsque le Gulfstream changea son cours, il laissa certainement, pour longtemps, des traces de son passage, et on comprend parfaitement que le Nil, désigné sur les cartes avec son cours allant de l'ouest à l'est dans le Sahara, était la dernière trace du Gulfstream. Puis-je ajouter que le mot de Nil n'est pas plus que celui de Colonnes d'Hercule un nom propre, mais un nom commun, et le mot de Nil signifie « grand fleuve »?

Que les savants qui s'occupent spécialement de la question des Atlantes cherchent la solution du problème sur les bords de la Méditerranée, leur peine sera largement récompensée.

L'*Europe* doit sinon tout, au moins presque tout, aux catastrophes qui ont produit les Andes. On peut classer en trois parties les événements qui ont eu une influence prédominante sur notre continent :

I. La formation de la mer Méditerranée, de la mer Baltique et de la mer du Nord par suite directe ou indirecte de l'éruption des Andes. La formation de ces mers a facilité la marche de la civilisation au profit de notre continent.

II. Le changement de direction du Gulfstream et, par suite de cet événement, la température tempérée de l'Europe et les modifications qui en résultent.

III. Enfin, la naissance de la religion chrétienne, car les mouvements produits dans les mers par les éruptions des Andes ont occasionné le déluge chrétien, qui peut être regardé comme le fondement de la religion chrétienne. Par cette religion et son influence sur les esprits et les mœurs l'aspect de l'Europe est entièrement transformé.

M. A. LETOURNEUX

Conseiller honoraire à la Cour d'Alger, Membre de la Mission des explorations scientifiques en Tunisie.

SUR LE PROJET DE MER INTÉRIEURE

— *Séance du 11 septembre 1884* —

Toutes les oasis du Djerid, à l'exception d'El-Hamma, sont situées sur la pente est-sud-est de l'extrémité du Djebel Cherb ou de l'isthme qui lui fait suite et qui sépare le Chot-El-Djerid (altitude de $+ 20$ à $+ 15$ mètres au-dessus du niveau de la mer) du Chot-El-Gharsa (altitude de $- 10$ à $- 20$ mètres). El-Hamma occupe le versant occidental de cet isthme à sa naissance. Toutes ces oasis doivent leur existence et leur prospérité à des nappes d'eau douce qui coulent au bas des dernières couches rocheuses du Djebel Cherb ou dans l'intérieur de l'isthme, avec une légère pente entre 40 et 44 mètres au-dessus du niveau de la mer. Il est évident que ces nappes viennent du nord-est ou du nord, car elles ne sauraient remonter du sud-est dans l'isthme, qui s'abaisse considérablement dans la direction du Çouf et dont les couches disparaissent de ce côté sous des terrains ou des sables alluvionnaires. Une de ces nappes a été constatée, lors des sondages qui ont précédé le dernier projet Roudaire, à 20 mètres à peu près au-dessous de la dépression de l'isthme que doit couper le canal, ce qui concorde parfaitement avec le fait que nous venons d'exposer. Quant aux sources thermales dont la température est plus élevée de 10 degrés au moins, elles ne sourdent, à Kriz et à El-Hamma, que beaucoup plus bas, sur la pente.

Il en résulte que le canal qui doit traverser l'isthme du Draâ du Djerid et l'entailler dans toute sa largeur jusqu'à plus de trois mètres au-dessous du niveau moyen de la marée au golfe de Gabès, constituera une énorme coupure, un hiatus béant de plus de 65 mètres de profondeur, au fond duquel les nappes aquifères iront s'engouffrer avec une chute de plus de 40 mètres (1), pour se perdre, en suivant la pente, dans le Chot-El-Gharsa.

(1) La figure suivante, représentant, en coupe, la tranchée à pratiquer à travers le Draâ du Djerid, donne une idée exacte de la véritable cascade que formeraient les eaux de la nappe coupée par le canal :

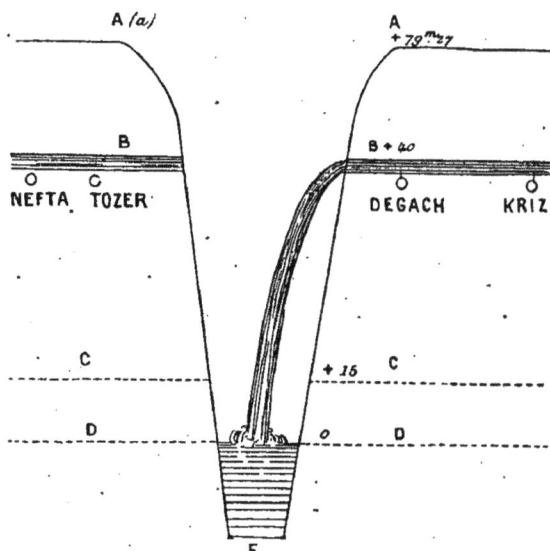

Fig. 53.

AA. Sommet des berges du canal.
BB. Nappe aquifère qui alimente les oasis.
CC. Niveau de la surface du Chot-El-Djerid.
DD. Niveau du golfe de Gabès.
E. Fond du canal.

Que deviendront, dès lors, les deux grandes et belles oasis de Nefta et de Tozer? Le canal une fois creusé, il ne leur parviendrait pas une goutte de cette rivière souterraine qui est la condition nécessaire de leur vie.

L'exécution du projet Roudaire serait pour ces deux villes, pour leurs 35,000 habitants, pour les 700,000 palmiers et les superbes jardins qui en font la richesse, la mort certaine et immédiate.

Comment se fait-il que cette conséquence fatale n'ait pas inquiété les ingénieurs, qui n'ont fait aucune étude sérieuse à cet égard, ni alarmé l'administration tunisienne, que la ruine de ces oasis priverait d'un million de revenus ?

Un fait qui n'a point été indiqué, mais qui a été constaté par des officiers, témoins des sondages opérés dans le lit du Chot-El-Djerid, c'est que le *magma* boueux qui compose la grande masse des matières de remplissage, se conduisant comme un liquide véritable et obéissant aux pressions latérales, tend sans cesse à conserver ou à reprendre son niveau et remonte dans les tubes de sondage. Il faut donc en conclure que les excavations y rencontreraient une série de véritables *lises* toujours prêtes à combler les vides qui se produiraient sous la pression de millions de mètres cubes qui comblent l'immense lit du Chot, jusqu'aux profondeurs que la sonde du lieutenant-colonel n'a pu atteindre, et qui ne pourraient jamais être desséchées au-dessous du niveau des marées, le canal devant leur amener de la mer les eaux qu'il leur enlèverait dans sa partie inférieure pour les jeter dans le Chot-El-Gharsa.

Un mot enfin, à propos de l'influence délétère du climat marin à l'égard des dattes, influence attestée par M. Cosson et contestée par M. de Lesseps. En présence du fait *indéniable* que les dattes de Gabès, de Djerba et de Zarzis n'ont aucune valeur vénale et ne servent qu'à la nourriture des animaux ou de la partie la plus misérable de la population, l'illustre perceur d'isthmes a allégué que la mauvaise qualité des dattes de ces oasis devait être attribuée uniquement au mauvais choix des variétés cultivées. A priori, il serait bien extraordinaire que les habitants du littoral, qui ont dans leur voisinage, et pour ainsi dire sous la main, les rejetons des meilleurs Dattiers du monde, eussent persisté depuis des siècles dans la culture exclusive des plus mauvaises races. En fait, de nombreux essais de transplantation des meilleures sortes du Djerid ont été faits, mais sans succès, et notamment des plants de *Deglet Nour* ont été importés à Djerba. Aujourd'hui on cultive *sur le littoral, comme à Tozer ou au Nefzaoua*, les variétés dites *Matata, Aguïoua, Gerba, Khadhouri, Kenta, Arechti, Ammari*, qui produisent dans l'intérieur des récoltes précieuses et recherchées, tandis qu'au bord de la mer, leurs fruits, sans sucre et sans saveur, sont, comme nous l'avons dit, presque exclusivement abandonnés aux animaux. D'après la déclaration des gens de Djerba, c'est uniquement parce que *toutes les variétés de Dattiers* donnent chez eux des produits *également défectueux* qu'ils ont restreint leur culture à celles qui, à défaut de la qualité, leur procurent au moins la quantité.

La règle absolue est que la saveur de la datte est en raison directe moins de la chaleur du climat que de la sécheresse de l'atmosphère. La valeur d'un pied de dattier, qui varie de 15 à 20 francs à Gabès ou à Djerba, de 20 à 30 au Nefzaoua, qui atteint 100 francs dans le Djerid et dépasse 300 francs au Çouf et à Ouargla, est, à coup sûr, le meilleur criterium.

Dans l'Égypte, dont a parlé M. de Lesseps, les seules dattes estimées sont celles du Saïd et de la Nubie, tandis que celles de Ramlé, sur le littoral, ne se conservent pas et sont tenues en médiocre faveur par les indigènes.

Les assertions de M. de Lesseps sont donc en contradiction avec la réalité des faits.

En résumé, nous croyons du devoir strict des gouvernements français et tunisien de s'opposer à une entreprise qui, en la supposant réalisable, ne saurait apporter à la région des oasis que la mort ou la ruine.

NOTE AJOUTÉE PENDANT L'IMPRESSION

Toute concession de terrains dans la région saharienne est impossible, tant que l'application du sénatus-consulte impérial de 1854 n'aura pas été terminée, que les droits respectifs de l'État, des propriétaires actuels, des possesseurs et des tribus investies du privilège de parcours n'auront pas été régulièrement et définitivement établis. Or, les premières opérations n'ont pas encore été commencées, et la constitution de la propriété, qui sera effectuée sous l'empire de la loi encore en discussion devant les Chambres, ne sera pas achevée avant une période d'au moins vingt-cinq ans. Alors l'État pourra disposer seulement des territoires sur lesquels ses droits ont été reconnus fondés.

Dans l'Aurès, les droits de l'État sur les forêts, bien qu'incontestables en principe, ne seront déterminés qu'après une reconnaissance préalable, suivie de la solution, par la juridiction compétente, des contestations qui naîtront au sujet des limites, des enclaves et des servitudes de dépaissance et de parcours.

Dans ces conditions, l'administration ne peut accorder ni la concession qui forme le *pivot financier* de l'affaire de la mer intérieure, ni les réserves que sollicite le lieutenant-colonel Roudaire, et son devoir est, au contraire, de sauvegarder les droits acquis des particuliers et des tribus, non seulement sur les territoires qui devraient border la mer projetée, mais encore sur les espaces qu'elle devrait couvrir.

M. A. CHAIX

Administrateur-Directeur de l'Imprimerie et de la Librairie centrales des Chemins de fer
(Imprimerie Chaix).

LA PARTICIPATION AUX BÉNÉFICES

— Séance du 5 septembre 1884 —

MESSIEURS,

Ce n'est pas la première fois que la question de la participation aux bénéfices est traitée devant les membres de votre association. Déjà l'année dernière, au congrès de Rouen, le chef d'un grand établissement industriel, M. Besselièvre, vous a fait une communication intéressante, où il a exposé le mode adopté dans la fabrique d'indiennes de Maromme pour associer le personnel aux profits de l'entreprise. Si je viens à mon tour vous entretenir du même sujet, c'est que ce mode de rémunération du travail, dont on parlait à peine il y a vingt ans, est maintenant partout à l'ordre du jour : beaucoup de ceux qui recherchent une solution pacifique aux difficultés de notre état social en font un objet d'étude et d'expérimentation.

I

C'est en France, il est bon de le constater, qu'ont été faits les premiers essais de ce système. Dès 1842, M. Leclaire, entrepreneur de peinture, à Paris, créait dans sa maison la participation aux bénéfices ; l'année suivante, M. Laroche-Joubert, fabricant de papiers à Angoulême, suivait cet exemple ; en 1844, sur l'initiative de M. François Bartholony, la Compagnie du chemin de fer d'Orléans inscrivait dans ses statuts une disposition analogue. Après la révolution de Février, la question fut vivement agitée dans les réunions politiques et surtout dans les conférences que tenait au Luxembourg la *Commission de gouvernement pour les travailleurs*, présidée par M. Louis Blanc. Mon père, M. Napoléon Chaix, qui suivait les travaux de la commission, était très disposé à essayer de ce moyen de conciliation du travail avec le capital ; il avait décidé que dix pour cent de ses bénéfices seraient attribués annuellement à son personnel. Mais les ouvriers, auxquels il fit part de ses intentions, demandèrent que le partage eût lieu chaque mois. Toutes les raisons données pour démontrer l'impossibilité d'accepter une telle exigence demeurèrent sans effet. Poussés par quelques-uns, les ouvriers ne voulurent rien entendre, et, en présence de cette prétention, le projet dut être ajourné.

Plus tard, la participation trouva ses véritables promoteurs dans la personne de M. Alfred de Courcy, administrateur de la *Compagnie d'assurances générales*, et de M. Charles Robert, directeur de la Compagnie d'assurances *l'Union* (incendie), deux hommes dévoués à la cause sociale et qui n'ont cessé de proclamer, par la parole et par le livre, la nécessité d'améliorer, au moyen de l'épargne et de l'instruction, le sort des classes laborieuses. Dans ce que j'appellerai sa prédication, M. de Courcy s'est attaché surtout à préconiser l'emploi de la part de bénéfices attribuée au personnel à la formation d'un patrimoine transmissible aux héritiers, par opposition au vieux système des pensions viagères, qui s'éteignent ou sont réduites au décès du titulaire. C'est dans cet esprit qu'ont été conçus par lui les statuts de la Caisse de Prévoyance des employés de la *Compagnie d'assurances générales*, créée en 1850. Quant à M. Charles Robert, tous ceux que le sujet intéresse ont lu ses ouvrages, notamment *la Suppression des grèves par l'association aux bénéfices* (1870), et *le Partage des fruits du travail* (1873), où l'auteur a recueilli tous les faits connus à cette époque relativement à la participation, et formulé les règles principales qui doivent servir de guide dans la mise en pratique de ce système. Ces écrits ont puissamment contribué à élucider et à vulgariser la question.

L'active propagande de M. de Courcy et de M. Charles Robert, dont les noms resteront attachés à la diffusion de la participation dans notre pays, détermina un mouvement très prononcé d'opinion, à la faveur duquel on vit bientôt se multiplier les applications ; et l'on compte aujourd'hui en France 75 à 80 chefs d'industrie (1) qui associent leur personnel aux bénéfices. C'est peu, dira-t-on. Moi, Messieurs, je trouve que c'est beaucoup qu'il se soit trouvé autant de patrons assez clairvoyants, assez libres de préjugés pour entreprendre résolument de concilier par ce moyen le capital avec le travail, malgré la difficulté de trouver le meilleur mode de partage, malgré la résistance des intéressés et les objections de certains économistes ; car on n'a pas épargné à la nouvelle théorie, au nom de la science, les dédains et les anathèmes, la qualifiant tantôt de « vertueuse chimère », tantôt d'« odieux égoïsme » (2).

Les résultats de ces expériences étaient restés épars et peu connus jusqu'en 1878. A cette époque, une Société (3) composée de chefs d'établissements et de directeurs de compagnies qui ont mis en pratique la participation

---

(1) Dans son ouvrage intitulé *Patrons et Ouvriers de Paris* (1880), M. Fougerousse en mentionne 51 ; M. Charles Robert, dans sa déposition devant la commission extraparlementaire d'enquête sur les associations ouvrières (1883), indique le chiffre de 75 à 80, que nous reproduisons.

(2) Voir la *Revue des Deux Mondes* du 15 février 1884, le *Journal des Économistes* de mai 1884.

(3) *Société pour faciliter l'étude pratique des diverses méthodes de participation du personnel dans les bénéfices de l'entreprise.* Siège de la Société, rue Bergère, 20, Paris.

aux bénéfices, s'est formée dans le but de rechercher et de faire connaître les différentes applications de ce système dans l'industrie. Recueillant tous les documents relatifs à la question : statuts, rapports, actes officiels, statistiques, ouvrages plus ou moins étendus, et les publiant dans un *Bulletin* (1), cette réunion est devenue un centre d'informations où sont venus puiser la plupart des patrons qui ont fondé depuis la participation.

Parmi les documents insérés dans ce *Bulletin* figurent, ai-je dit, des actes officiels. Les pouvoirs publics, en effet, n'ont pas tardé à s'emparer à leur tour de l'idée de la participation.

A la Chambre des députés, M. Laroche-Joubert présentait, le 15 mai 1879, une proposition de loi ayant pour objet « de pousser au développement du système coopératif, c'est-à-dire à l'association de l'intelligence, du capital et du travail, par la participation imposée aux adjudicataires lors de la confection des cahiers des charges des travaux à exécuter pour le compte de l'État, des départements et des communes. » — En 1882, un groupe de députés, composé de MM. Ballue, Laisant, Lagrange et Jules Roche, saisissait l'Assemblée d'un projet analogue, en restreignant l'obligation de la participation aux exploitations permanentes concédées par les administrations gouvernementales, départementales ou municipales. Ces propositions n'ont pas encore été discutées; mais dans tous les débats parlementaires où la question de la participation a pu se produire incidemment, les Chambres ont marqué un vif intérêt pour ce système de rémunération du travail (2).

Dans sa séance du 23 décembre 1881, le Conseil municipal de Paris fut saisi par M. Mesureur, l'un de ses membres, d'une proposition ainsi conçue : « L'administration est invitée, lors de la revision de la série des prix, à étudier les moyens de nature à permettre à la Ville de Paris d'imposer aux adjudicataires de ses travaux l'obligation d'employer le mode de la participation aux bénéfices pour le paiement de leurs ouvriers... »

Cette proposition trouva auprès de M. Alphand, qui s'était déjà montré

---

(1) *Bulletin de la participation aux bénéfices*, paraissant depuis 1879. Parmi les documents importants publiés dans ce Bulletin, il faut citer la traduction, faite par M. Albert Trombert, secrétaire de la Société, de l'ouvrage du docteur Victor Bohmert, directeur du Bureau royal de statistique de Saxe et professeur d'économie politique au *Polytechnicum* de Dresde, intitulé *la Participation dans les bénéfices. Études sur la rémunération du travail et les bénéfices du patron*, Leipzig, 1878. C'est une vaste enquête internationale, où l'auteur rend compte des expériences acquises par cent vingt applications pratiques dans différents pays et pour différentes branches d'industrie.

(2) *Sénat*. Discussion sur le projet de loi des Syndicats professionnels (Séances des 17 et 28 janvier, 21 et 22 février 1884).

Chambre des députés. Discussion du budget du Ministère des Travaux publics (Séance du 9 juillet 1880). — Discussion du projet de loi de MM. Martin Nadaud, Villain et plusieurs de leurs collègues, au sujet de la durée des heures de travail dans l'industrie (Séances des 21, 22 et 30 mars 1881). — Discussion de l'interpellation de M. Langlois sur le programme économique du Gouvernement (Séances des 24, 25, 28 et 31 janvier et 2 février 1884). — Discussion de l'interpellation de M. G. Périn relative à la répartition des fournitures militaires (Séance du 29 février 1884). — Discussion de l'interpellation de M. Giard sur les mesures que le Gouvernement compte prendre en présence de la grève des mineurs d'Anzin (Séance du 6 mars 1884).

partisan du système de la participation, un accueil très favorable ; et par un arrêté en date du 27 janvier 1882, M. Floquet, préfet de la Seine, sur la proposition de l'éminent directeur des travaux de la Ville de Paris, instituait une commission administrative en vue d'étudier la question. La commission devait, en outre, rechercher le moyen de faciliter aux associations ouvrières leur admission aux adjudications des travaux de la Ville, et examiner les conditions d'établissement d'une bourse du travail. Après avoir entendu de nombreuses dépositions de patrons, de chambres syndicales, d'associations coopératives, cette commission a élaboré un projet de modification du cahier des charges générales des travaux de la Ville, dans lequel il serait stipulé qu'une remise de rabais sera accordée à l'entrepreneur qui aura pris l'engagement d'attribuer à son personnel une part dans les bénéfices. Ce projet n'est pas encore venu en discussion devant le Conseil municipal.

Je terminerai cette nomenclature des actes des pouvoirs publics concernant la participation, en relatant le plus important de tous peut-être, par le retentissement qu'il a eu dans le monde industriel et par l'influence qu'il est appelé à exercer sur la diffusion des idées qui nous occupent. Je veux parler de l'enquête ouverte en vertu de l'arrêté du Ministre de l'Intérieur, M. Waldeck-Rousseau, en date du 20 mars 1883. Cet arrêté a institué une commission de vingt-quatre membres, composée de fonctionnaires de tous ordres, en vue de rechercher :

1° Le moyen de faciliter aux associations ouvrières leur admission aux adjudications et soumissions des travaux de l'État;

2° D'étudier dans quelles mesures il serait possible d'obtenir des entrepreneurs la participation de leurs ouvriers dans les bénéfices de leurs entreprises.

C'était le programme de M. Floquet et de M. Alphand, étendu aux travaux de l'État. Bien que l'arrêté fît mention de la participation aux bénéfices, on pouvait pressentir que l'enquête porterait principalement sur les Sociétés coopératives. Eh bien, Messieurs, les choses se sont passées tout autrement. Je ne crains pas de dire que les dépositions faites sur la participation par les trente et un patrons convoqués par la commission ont été de beaucoup les plus importantes et les mieux accueillies ; en sorte que la conférence, qui était partie pour la coopération, est arrivée finalement..... à la participation.

II

M. Besselièvre, l'année dernière, vous a présenté un type très intéressant de participation. Je vous demande la permission de vous en décrire un autre qui diffère de celui de l'usine de Maromme par certains côtés essentiels ; c'est le type adopté dans l'Imprimerie et la Librairie centrales des Chemins de fer.

L'établissement prélève chaque année sur les bénéfices une somme qui est attribuée au personnel. En 1872, quand nous avons décidé cette mesure, ne voulant pas nous lier par un engagement absolu, nous avons inscrit dans les statuts que ce prélèvement serait de 15 0/0 pour l'exercice courant, réservant ainsi au Conseil d'administration la faculté de modifier ce chiffre chaque année suivant les circonstances. Mais, en fait, il n'a jamais été changé, et il y a lieu de penser qu'il sera toujours maintenu dans l'avenir.

La répartition a lieu entre les intéressés, au prorata des sommes qu'ils ont touchées dans l'année, soit comme appointement, soit comme salaire fixe, sans qu'il soit tenu compte des gratifications ni des autres allocations variables. Chacun profite du résultat que peut donner l'intelligence des chefs et des créations avantageuses qu'ils peuvent entreprendre.

Il faut trois années de présence pour avoir droit à la participation. Mais tout ouvrier ou employé sortant d'une maison quelconque, dans laquelle la participation est établie, est accueilli comme participant, après un simple stage de trois mois.

Le droit d'admission n'est pas absolu ; il est soumis à une demande qui doit être faite au chef de la maison et à l'approbation d'un comité de surveillance. Il n'y a, d'ailleurs, pas d'exemple qu'une demande ait été rejetée. Pour donner plus de garantie au participant, il a été établi que le patron seul pourrait le congédier ou le suspendre.

De la somme attribuée annuellement à chaque intéressé il est fait trois parts ; la première est payée comptant. La deuxième, qui lui est définitivement acquise, reste déposée dans la caisse de la maison, pour former son fonds de prévoyance ; s'il sort de l'établissement, elle est employée à lui constituer une rente sous des formes prévues par le règlement, mais généralement en un livret de caisse de retraite à capital réservé ; quant à la troisième part, elle est également portée au crédit de son compte, mais ne lui appartient qu'à l'âge de soixante ans ou après vingt années de présence. Lorsqu'un participant quitte la maison ou vient à décéder avant d'avoir accompli cette condition d'âge ou d'ancienneté, sa troisième part est dévolue aux autres, en proportion du temps de service de chacun. Le participant touche seulement le revenu de la deuxième et de la troisième part ; le capital revient à la famille, à moins d'infirmités constatées ou de besoin immédiat dont un comité de surveillance est juge. Quand le participant n'a ni femme, ni enfants, ni ascendants, ce capital peut être affecté à lui constituer une rente viagère à capital aliéné. Ces deux parts produisent intérêt à 4 0/0. Un livret est remis à chaque participant, qui peut ainsi, à toute époque, connaître la situation de son compte.

En remettant chaque année au personnel intéressé un tiers de sa part, nous avons voulu lui faire apprécier, par des avantages immédiats, l'utilité de la participation; car la perspective lointaine de l'avenir le laisserait indifférent. — L'attribution définitive du deuxième tiers, dont le participant peut toucher les arrérages s'il vient à quitter la maison, a pour but de concilier, autant que possible, les intérêts de l'ouvrier avec le besoin d'indépendance qui le porte souvent à changer d'atelier. D'un autre côté, les avantages résultant de la troisième part et acquis seulement à l'âge de soixante ans ou après vingt années de service, constituent une prime accordée à la stabilité et à la persévérance. Enfin, en statuant que l'intéressé aurait droit seulement aux arrérages des sommes portées à son compte et que le capital, inaliénable durant sa vie, serait remis à ses héritiers, le règlement a voulu pourvoir aux plus pressants besoins de la famille, privée, par la mort, de son soutien et de ses ressources. Nous nous sommes ralliés ainsi, pour tous les cas où il existe un conjoint ou des héritiers directs, au système de la constitution du patrimoine préconisé par M. A. de Courcy, au lieu de la rente viagère.

En ce qui concerne le chiffre des bénéfices, les amortissements, les sommes à passer par profits et pertes, les participants n'ont aucun droit au contrôle: ils sont tenus de s'en rapporter aux décisions du Conseil d'administration. L'examen des comptes fait par le commissaire, l'approbation de l'assemblée des actionnaires sont pour eux des garanties. Les choses se passaient de même lorsque la maison était sous le régime de la commandite, avant d'être constituée en société anonyme.

Tous les trois mois, le comité consultatif et de surveillance se réunit pour examiner les différents cas qui se présentent dans l'application du règlement de la participation. Ce comité confère en même temps, avec le chef de la Maison, des économies à réaliser, des questions d'apprentissage, de la santé des enfants, des mesures à prendre pour prévenir les accidents aux machines; en un mot, de tout ce qui touche à l'intérêt de l'établissement et au bien-être du personnel.

L'établissement occupe environ 1,200 personnes, dont un tiers à peu près sont membres de la participation. Le taux de la répartition a été jusqu'ici, en moyenne, de 7 1/2 pour 100 par an des appointements ou des salaires.

Le total des prélèvements faits sur les bénéfices du 1er janvier 1872 au 31 décembre 1883 s'élève à la somme de 719,589 fr. 90, dont un tiers, formant la première part, a été distribué comptant, ainsi que je l'ai dit plus haut. La moitié des participants, à peu près, emploient la part qu'ils reçoivent chaque année à des versements à la caisse des retraites de l'État ou en primes d'assurances sur la vie. Le comité, sur leur demande, peut les autoriser à donner la même destination à leur deuxième part. Les épargnes volontaires faites ainsi par le personnel s'élèvent à 12,000 ou 13,000 francs par an.

Grâce à la mise en réserve de la deuxième et de la troisième part, bien des ouvriers malades ou infirmes ont pu trouver des ressources inespérées ; des enfants et des veuves ont touché un petit capital qui s'est élevé souvent à 4,000 ou 5,000 francs.

Quant aux résultats obtenus par la Maison, ils sont satisfaisants : l'ouvrier apporte plus de soin au travail ; il est plus attentif à éviter le *coulage*, cette plaie des manufactures ; la participation l'attache à l'atelier. En 1878, une grève a eu lieu dans la typographie ; 62 ouvriers ont quitté nos ateliers ; parmi eux il se trouvait un seul participant. Je crois que dans cette circonstance la participation a exercé une heureuse influence. Rien de tout cela, Messieurs, ne peut s'exprimer par des chiffres ; mais l'administration de l'établissement éprouve une satisfaction de sentiment et d'intérêt à la fois en pensant qu'après de longs services, elle ne se trouve pas dans l'alternative d'avoir à allouer des secours à l'aide d'un capital que l'on n'aurait pas préparé, ou de voir des travailleurs terminer leur carrière dans la misère. Aussi, en fondant la participation, l'Imprimerie centrale des Chemins de fer a-t-elle adopté cette devise que les faits n'ont pas démentie : LA MAISON POUR CHACUN, TOUS POUR LA MAISON.

III

En vous exposant le mode de participation aux bénéfices en vigueur à l'Imprimerie Chaix, je n'ai en aucune façon, Messieurs, la prétention de le montrer comme un modèle qu'il faille suivre de préférence. Je n'ai voulu vous décrire qu'une variété de genre. Ce système s'appliquerait-il à une industrie différente de la nôtre? conviendrait-il même à un autre établissement typographique? Je n'ai garde de l'affirmer. Je me borne à déclarer qu'il nous a réussi. On ne saurait, en effet, formuler à cet égard aucune règle absolue. Suivant les circonstances de temps, de pays, de milieu, la participation peut s'exercer sous les formes les plus diverses et également favorables. — Je crois cependant qu'il y a un certain nombre de principes essentiels dont l'examen s'impose à quiconque veut établir une pareille institution, et sur lesquels il faut préalablement délibérer afin de se former une opinion bien arrêtée. En ma qualité de vice-président de la Société pour l'étude de la participation dont je vous parlais tout à l'heure, j'ai vu passer sous mes yeux un grand nombre de statuts et de règlements, et j'ai dégagé de cette lecture quelques points caractéristiques que je vous demande la permission de vous indiquer sommairement (1).

(1) Ces divers points sont résumés dans un tableau annexé à la présente communication.

Et d'abord, en créant la participation aux bénéfices, le patron déclarera-t-il qu'il entend faire une libéralité ou proclamer un droit?

La différence est importante: dans le premier cas, le chef de l'établissement conserve son entière liberté dans la gestion de l'entreprise et la fixation des bénéfices; il ne concède aux participants aucun droit de contrôle des comptes. C'est le principe qui se trouve inscrit dans la plupart des statuts, et je ne connais pas d'exemple que les intéressés l'aient jamais contesté. Dans le second cas, à défaut de stipulation contraire, on autorise au moins tacitement les participants ou leurs délégués à s'immiscer dans les règlements. MM. Billon et Isaac, la Société anonyme de tannerie de Coulommiers ont admis cette ingérence comme conséquence de leur mode de partage, qui comporte la participation aux pertes.

En second lieu, la participation doit-elle être une forme du salaire? La négative ne paraît pas douteuse: le patron qui paierait son personnel au-dessous du taux résultant de l'offre et de la demande, sauf à combler la différence en fin d'année au moyen d'une part de bénéfices, ne ferait que substituer le profit éventuel au salaire fixe, et loin de stimuler l'activité de ses ouvriers, il provoquerait parmi eux le mécontentement et l'inquiétude. Je crois donc qu'il est essentiel de déclarer que la participation est *un supplément de salaire*.

Faut-il considérer les participants comme de véritables associés et leur fait subir les pertes s'il s'en produit? Les établissements qui ont stipulé la participation aux pertes forment la minorité; ils la pratiquent en général en prélevant chaque année sur les bénéfices, avant tout partage, une somme destinée à alimenter un fonds de réserve où l'on puisera dans les années malheureuses. Ainsi procèdent la maison Leclaire, MM. Billon et Isaac, M. Lenoir, M. Deberny.

En ce qui concerne le *quantum*, le tant pour cent des bénéfices à prélever au profit du personnel, le fixera-t-on irrévocablement par une disposition statutaire? On peut citer parmi les établissements qui ont pris un pareil engagement: la fabrique de produits chimiques de Thann; la maison Leclaire; la papeterie coopérative d'Angoulême; le familistère de Guise, fondé par M. Godin. — Dans la plupart des cas, le *quantum* est déterminé officiellement *d'avance*, mais pour un exercice seulement; le patron ne se lie que pour une année; il reste libre de modifier le tant pour cent l'année suivante en le déclarant d'avance, bien entendu, ou de le maintenir par tacite réconduction. — Quelques chefs d'industrie ne promettent rien de déterminé; ils distribuent en fin d'année une somme qu'ils fixent à leur gré et sans indiquer aucun rapport entre le prélèvement et les bénéfices. C'est le système de la Compagnie d'assurances l'*Abeille*, du *Bon Marché*, de M. Besselièvre, de MM. Caillard, de M. le marquis de Vogüé, de M. Piat. Il a l'incontestable avantage de tenir secrets les résultats des opérations de l'établissement; mais peut-être n'offre-t-il pas un stimulant suffisant au personnel, faute de lui montrer dans quelle proportion sa part s'accroîtra avec les bénéfices qu'il contribue à réaliser par son travail.

Dans certaines maisons, notamment dans la librairie de M. Georges Masson, le sympathique trésorier de notre Association, et dans l'imprimerie Mame, le *quantum* est calculé, non pas sur le chiffre des bénéfices, mais sur le chiffre des affaires. Le patron peut ainsi ne rien dévoiler de ses profits et obtenir cependant le stimulant au travail, qui est l'un des principaux objectifs de la participation.

Mais quel devra être ce *quantum* fixé ou non d'avance? On ne saurait évidemment formuler même un conseil à cet égard. La part que l'on peut donner est essentiellement variable suivant la nature des industries, l'importance des bénéfices que l'on obtient, le nombre des participants, etc. La Société des Dépôts et Comptes courants, la Compagnie du canal de Suez distribuent à leur personnel 2°/₀ de leurs bénéfices; — les Compagnies d'assurance l'*Urbaine*, la *France*, 4°/₀; — l'imprimerie Godchaux, la *Compagnie d'assurances générales*, l'*Union*, 5°/₀; — la Compagnie du touage de la haute Seine, M. Kestner, 10°/₀; — M. Gounouilhou, imprimeur à Bordeaux, l'imprimerie Chaix, 15°/₀; — M. Lenoir, entrepreneur de peinture, M. Gaiffe, fabricant d'instruments de précision, M. Moutier, entrepreneur de serrurerie, 25°/₀; — MM. Billon et Isaac, fabricants de boites à musique, 50 °/₀; — la maison Leclaire, 75°/₀. — Il appartient à chacun de considérer ce qu'il peut accorder; l'essentiel est que la part individuelle ne soit pas trop modique, autrement le sacrifice serait en pure perte. A ce point de vue, le nombre des participants joue nécessairement un rôle important: tel *quantum* faible en apparence, dans une entreprise où le personnel est restreint, donne une part beaucoup plus élevée qu'un coefficient plus fort appliqué à une grande quantité d'ouvriers.

Pour former une barrière à l'accroissement démesuré du nombre des intéressés, la plupart des établissements imposent un stage dont la durée est plus ou moins longue suivant l'importance du personnel qu'ils occupent.

Au sujet du mode de répartition, plusieurs questions se posent: Prendra-t-on pour base unique *les salaires*, en distribuant la somme prélevée au marc le franc, comme dans les maisons Leclaire, Billon et Isaac, Godchaux, Gasté, Buttner-Thierry, Bord, les compagnies d'*Assurances générales*, l'*Union*, l'*Urbaine*, le familistère de Guise, etc.?

Fera-t-on une part *aux salaires* et une autre à l'*ancienneté*? C'est ainsi que procèdent la compagnie la *France*, l'imprimerie Chaix, M. de Berny, M. Gaiffe, M. Gounouilhou, etc.

M. Schuchardt, imprimeur à Genève, n'envisage pas les salaires ; il fait sa répartition d'après le nombre des années de service.

D'autres, comme M. Lenoir et M. Fauquet d'Oissel, fixent à leur gré la part de chacun, suivant son mérite et l'importance de ses fonctions.

Le choix à faire entre les différentes manières de distribuer la part de bénéfices a une très grande importance. Les uns, comme M. Lenoir, la *Nationale*, la papeterie coopérative d'Angoulême, M. Bord, M. Gaiffe, M. Caillette, M. Abadie, remettent intégralement à chaque intéressé la somme qui lui revient, en lui laissant la liberté d'en disposer à sa convenance. — D'autres, et de ce nombre sont la *Compagnie d'assurances générales*, la maison Gasté, l'*Urbaine*, la *France*, l'*Abeille*, M. Fourdinois, le *Bon Marché*, M. Roland Gosselin, M. Caillard, MM. Verne et Cⁱᵉ, M. de Vogüé, M. Hanappier, la Compagnie de Fives-Lille, ne distribuent rien en espèces, et pratiquent d'une façon absolue l'épargne obligatoire.

D'après un système mixte, suivi notamment par la maison Leclaire, MM. Billon et Isaac, M. Masson, M. Mame, l'imprimerie Chaix, M. Godchaux, la compagnie l'*Union*, MM. Goffinon et Barbas, M. Besselièvre, M. Fauquet, MM. Schœffer, Lalance et Cⁱᵉ, M. Buttner-Thierry, M. Piat, une part plus ou moins forte est payée chaque année en espèces ; le surplus est mis en réserve pour l'avenir.

M. de Courcy préconise chaleureusement la seconde manière, qui consiste à ne rien distribuer. Certes, ce serait l'idéal, et par ce moyen l'épargne deviendrait bien plus importante. Mais je crois qu'il faut distinguer. S'il n'a affaire qu'à des employés, qui comprennent mieux les avantages de l'économie accumulée, qui sont naturellement plus stables, soit en raison de leur éducation, soit par suite des difficultés qu'ils éprouvent à se placer quand ils changent de maison, le patron peut, sans compromettre les résultats de l'institution, réserver intégralement la somme répartie. Mais l'ouvrier, qui, en général, ne considère pas l'avenir, ne croirait pas à la participation si, chaque année, il n'en touchait au moins quelque profit.

De plus, l'ouvrier aime à se sentir indépendant ; il veut pouvoir changer d'atelier selon sa fantaisie, étant à peu près sûr de trouver ailleurs du travail. Il se persuaderait qu'en lui gardant sa part sous prétexte d'épargne, on veut l'enchaîner à l'établissement ; au lieu d'apprécier les bienfaits de la participation, il ne la regarderait qu'avec méfiance. Je crois donc qu'il faut se résigner à lui remettre chaque année une certaine somme comptant, en lui conseillant de ne pas la dépenser et en lui facilitant, comme nous l'avons fait chez nous, les moyens de la placer.

C'est également pour tenir compte de cette disposition de l'ouvrier à l'instabilité qu'un certain nombre de patrons remettent à celui qui sort de leur établissement tout ou partie de la somme réservée. Dans d'autres maisons, la déchéance est totale en cas de départ et accroit l'avoir des autres.

A la question de la réserve, il s'en rattache une autre qui n'a pu jusqu'ici recevoir de solution: la plupart des patrons conservent dans leur caisse le montant des retenues et en portent l'intérêt au compte des participants. Mais ces sommes courent ainsi des risques commerciaux auxquels il importerait de les soustraire. A cet effet, il a été demandé au gouvernement d'instituer à la Caisse des Dépôts et Consignations un service spécial qui tiendrait en dépôt l'épargne des participants jusqu'au moment où la liquidation en serait effectuée suivant le règlement de chaque maison. Tout fait espérer que cette utile création ne tardera pas à être autorisée.

Un point capital et très controversé est celui de la destination à donner aux sommes provenant de la répartition. A cet égard, deux systèmes sont en présence: les uns recommandent le compte individuel de chaque intéressé et la formation d'un patrimoine transmissible à ses héritiers; les autres, beaucoup moins nombreux, préfèrent assurer des rentes viagères dont le montant est fixé d'avance par les statuts ou reste éventuel suivant les ressources de la caisse commune. Sans méconnaître le mérite des arguments invoqués en faveur des pensions viagères, je crois que la constitution d'un patrimoine attribue à la participation aux bénéfices une bien plus haute portée sociale: favoriser le mariage, fortifier la famille en donnant au travailleur la pensée consolante qu'il ne laissera pas, en mourant, les siens dans le dénûment, n'est-ce pas le but le plus noble et le plus élevé que nous puissions nous proposer en instituant la participation?

Je termine, Messieurs, cette trop longue communication. Si je me suis laissé entraîner par mes sympathies pour la participation, vous m'excuserez en raison du puissant intérêt d'actualité que la question présente. De toute part, en effet, on entrevoit qu'il peut y avoir par ce moyen quelque chose à faire en faveur des classes laborieuses. Si l'admission des employés et des ouvriers au partage des bénéfices n'est pas une panacée universelle, si elle ne peut donner à tous la poule au pot du Béarnais, elle est cependant de nature à soulager bien des misères, à apaiser bien des ressentiments. A ce titre, un tel sujet d'étude est digne de vous être présenté. Notre œuvre n'aura pas été vaine si nous pouvons laisser à nos héritiers, sur ce terrain, moins de questions à débattre et plus d'éléments durables de concorde et de paix (1).

(1) Cette communication a donné lieu à une discussion. — Voir *Proc.-verb.*, p. 263.

PARTICIPATION AUX BÉNÉFICES

TABLEAU SYNOPTIQUE

DES

PRINCIPAUX SYSTÈMES

ADOPTÉS

BASES DE RÉPARTITION — EMPLOI DES BÉNÉFICES ATTRIBUÉS AU PERSONNEL

N°	Date	NOMS DES ÉTABLISSEMENTS
1	1842	LECLAIRE (MM.), Entrepr. de peinture, 11, rue Saint-Georges, à Paris.
2	1843	LAROCHE-JOUBERT et Cie (Papeterie coopérative d'Angoulême) (2)
3	1844	ORLÉANS (Cie du Chemin de fer d')
4	1846	DEBERNY et Cie, fondeur de caractères, 52, rue Férou, à Paris.
5	1848	PAUL DUPONT (imprimeur alsacien-lorrain), 41, rue Jean-Jacques-Rousseau, à Paris.
6	1850	ASSURANCES GÉNÉRALES (Cie d'), 87, rue Richelieu, à Paris.
7	1854	L'UNION (Cie d'Assurances), 18, rue du Hanovre, à Paris.
8	1855	LA NATIONALE (Cie d'Assurances), 16, rue du Quatre-Septembre, à Paris.
9	1856	LA FRANCE (Cie d'Assurances), 14, rue de Grammont, à Paris.
10	1865	BORD, Fabricant de pianos, 88, rue des Poissonniers, à Paris.
11	1866	CANAL DE SUEZ (Cie du)
12	1867	DURGÉ et Fils, à Confectionnaires...
13	1870	LEROUX, Entreprise de peinture, 14 et 16, rue du Four-Saint-Germain, à Paris.
14	1870	SCHONCKARDT (Ch.), imprimeur à Genève.
15	1871	ROLAND-GOSSELIN, Agent de change, 69, rue Richelieu, à Paris.
16	1871	VERNES et Cie, Banquiers, 29, rue Taitbout, à Paris.
17	1871	BILLON et ISAAC, fabricants de bijoux... à Saint-Jean près Caluire (Ain).
18	1871	ABADIE et Cie, fabricant de papier, à Thuir.
19	1872	CHAIX (Imprimerie et Librairie centrales des Chemins de fer), 20, rue Bergère, à Paris.
20	1872	GASTÉ, Imprimeur lithographes, ... Faubourg-Saint-Denis, à Paris.
21	1872	GODCHAUX et Cie, imprimeurs-éditeurs, 23, rue de la Banque, à Paris.
22	1873	GOFFINON et BARBAS, fourgonneur de fourrure, Cimbrerie, Line, faubourg de Strasbourg, à Paris.
23	1873	MANAPPRIX, argenté au vase, à Bobbins...
24	1873	L'AIGLE (Cie d'Assurances)
25	1873	LE SOLEIL (Cie d'Assurances)
26	1873	TOUAGE de la HAUTE SEINE (Cie du), 16, quai Conti, à Paris.
27	1873	KESTNER (Anc. Maison Ch.) Fab. de Produits chimiques de Thann...
28	1873	FOURDRINIER, fabricant d'ameublements, rue Amelot, à Paris.
29	1874	MASSON, Éditeur, 120, boulevard Saint-Germain, à Paris.
30	1874	MAME (Alf.) et Fils, imprimeurs-éditeurs, à Tours.
31	1874	SCHAEFFER, LALANCE et Cie, Mulhouse, Thalion, Imprimerie et dépôts à Pierrefitte (Vosges).
32	1875	L'URBAINE (Cie d'Assurances)
33	1875	FILATURE d'OISSEL (Soc. anonyme), à Oissel (Seine-Inférieure)
34	1876	L'ABEILLE (Cie d'Assurances), 64, rue Taitbout, à Paris.
35	1876	Veuve BOUGLEAUX et Cie, Rognon de Son Mondé, Rue de Sèvres, à Paris.
36	1877	GODIN, Familistère de Guise (Aisne)
37	1877	DEMACHY Fils, fabricant d'hameaux, à Marennes et Denils (Seine-Inférieure).
38	1878	BUTTNER-THIERRY, imprimeur-lithographe...
39	1880	CAILLARD Frères, Constructeurs-mécaniciens, 63, quai d'Orléans, au Havre.
40	1880	GAIFFE, fabricant d'instruments de précision et d'électricité médicale, 40, rue Saint-André-des-Arts, à Paris.
41	1880	DÉPÔTS et COMPTES COURANTS (Soc. de) Place de l'Opéra, à Paris.
42	1880	CHATEAU-MONTROSE (Domaine de) - (Anne-Dolphe (Méthoc).
43	1880	VAN BARLEN, Société anonyme de la Fabrique Néerlandaise de toiles et d'étoiles à Eindel (Hollande).
44	1881	CAILLETTE, Entrepr. de Maçonnerie, 181, rue de Berry, à Paris.
45	1881	PIAT, Fonderie de fer..., à la rue Saint-Marc-Popincourt, Paris.
46	1881	MOUTIER, Serrurier, à Saint-Germain-en-Laye.
47	1883	USINES de MAZIÈRES (Soc. Anon. des), la marquise de VOGÜÉ.
48	1883	FIVES-LILLE (Cie de)
49	1884	GOUBENHEIM, Imprimeur, 8, rue de Sèvres, à Bordeaux.

NOTA. — Les chiffres placés entre parenthèses renvoient aux notes complémentaires imprimées au verso du présent tableau.

NOTES COMPLÉMENTAIRES

1. — Le capital de la Maison **Leclaire** est de 400,000 francs, dont 200,000 francs appartiennent aux deux gérants et 200,000 francs à la Caisse de prévoyance, c'est-à-dire à l'ensemble du personnel. — 25 0/0 des bénéfices sont attribués aux gérants, 25 0/0 à la Caisse de prévoyance et 50 0/0 aux ouvriers. — La Caisse de prévoyance fournit aux retraités des pensions de 1,200 francs.

2. — A la **Papeterie coopérative d'Angoulême**, la participation est faite sur les bases suivantes : 1° *Les employés supérieurs des services généraux* : 10 0/0 des bénéfices généraux; — 2° *Les deux groupes d'exploitation des usines produisant le papier* : 10 0/0 aux salaires, 10 0/0 aux chefs de service, 5 0/0 aux employés supérieurs des services généraux ; — 3° *Les trois groupes d'entreprises de façonnage, papier à lettres, enveloppes, deuils, cartonnages, registres, réglure, etc.* : 20 0/0 aux salaires, 10 0/0 aux chefs de service, 10 0/0 aux employés supérieurs des services généraux ; — 4° *Les emballages* : 35 0/0 aux salaires, 25 0/0 aux chefs de service ; — 5° *La Maison de vente et de dépôt de Paris* : 10 0/0 aux salaires, 30 0/0 à la direction et aux employés, 10 0/0 aux employés supérieurs des services généraux.

A la Papeterie coopérative d'Angoulême, les ouvriers deviennent commanditaires par leurs dépôts volontaires (plus du tiers de la propriété a passé ainsi entre les mains du personnel).

3. — A la **Compagnie d'Orléans**, la participation du personnel aux bénéfices est organisée comme suit : Quand les bénéfices distribués atteignent la somme de 20 millions, il est distribué aux employés 15 0/0 du surplus, jusqu'à concurrence de 29 millions ; — au-dessus de 29 millions, les chiffres se répartissent ainsi : 10 0/0 jusqu'à 32 millions ; 5 0/0 pour le surplus.

La part de chaque employé est placée à la Caisse des retraites pour la vieillesse, en son nom, jusqu'à 10 0/0 de son traitement ; le surplus lui est versé en espèces jusqu'à concurrence de 7 0/0, et, s'il y a encore un surplus, il est placé en son nom à la Caisse d'épargne.

Toutefois, par suite de l'augmentation du nombre des participants, les parts ne sont plus suffisantes pour fournir des versements en espèces, et la compagnie doit même compléter jusqu'à 10 0/0 les versements à faire à la Caisse des retraites. — La Compagnie remet, en outre, en espèces, à la fin des exercices, un vingt-quatrième de traitement aux employés dont les appointements sont inférieurs à 3,000 francs.

4. — Dans la Maison **Deberny et Cie**, la répartition des bénéfices se fait, chaque année, proportionnellement entre le montant des salaires et la valeur du capital. Ce sont les parts de bénéfices attribuées au travail et au capital. La part attribuée au travail est versée dans une caisse commune, dite Caisse de l'atelier, alimentée en outre par une retenue sur les salaires et par les intérêts des fonds placés. Cette caisse sert des pensions viagères, fait des prêts aux participants et leur fournit des secours.

L'ouvrier qui quitte la Maison perd tout ou partie de sa quote-part, selon son ancienneté.

La Caisse de l'atelier participe aux pertes.

5. — Les 10 0/0 prélevés chaque année sur les bénéfices de l'**Imprimerie Dupont** sont versés à la Caisse de retraites et sont affectés à servir, en rentes sur l'État, des pensions viagères de 200 francs à 24 anciens ouvriers.

7. — Sur cette part, la **Compagnie d'assurances l'Union** prélève la moitié d'une prime d'assurances destinée à procurer à l'employé, après 30 ans de service ou à 60 ans d'âge, une rente de 1,000 francs. Le reste (1/5 ou 1 0/0 des bénéfices de la Compagnie) constitue la dotation d'un fonds de retraites pour les employés qui, par suite de maladie ou de vieillesse, seraient obligés d'interrompre leurs travaux.

8. — Indépendamment de la part de bénéfices (2 1/2 0/0) attribuée au personnel et payée comptant, la **Compagnie d'assurances la Nationale** porte au compte de chaque employé, annuellement, une somme égale au dixième de ses appointements. Cette allocation porte intérêt à 4 0/0 et est remise à l'intéressé au moment de sa retraite.

10. — Aux termes du règlement de la Maison **Bord**, les bénéfices sont répartis au marc le franc entre M. Bord, dans la proportion des intérêts de son capital, et les ouvriers, d'après le montant du travail qu'ils ont effectué. — Toutefois, suivant la déposition qu'il a faite le 9 juin 1883 devant la Commission d'enquête extraparlementaire des associations ouvrières et de la participation, M. Bord donne actuellement tout le bénéfice au personnel et ne conserve que l'intérêt de son capital (5 0/0).

11. — La participation aux bénéfices a pour but, à la **Compagnie du Canal de Suez**, de faire face au service des retraites ; mais lorsque le produit de 2 0/0 est plus que suffisant pour assurer le minimum des retraites, il est fait sur l'ensemble de ce produit un prélèvement de 10 0/0 pour constituer un fonds de réserve destiné à pourvoir aux insuffisances et aux secours votés en faveur d'employés malheureux ou de leur famille ; — puis, s'il y a un excédent, il est réparti entre les retraités jusqu'à concurrence de la moitié du traitement moyen des trois dernières années ; — enfin, si, après tous ces prélèvements, il reste encore un excédent, on le répartit entre tous les employés classés et en fonctions, au prorata de leurs appointements.

12. — Chez M. **Dorgé**, tout ouvrier ou employé peut être associé aux chances et aux risques de l'entreprise. L'apport de chaque associé comprend : 1° son salaire; — 2° une somme de mille francs en argent qu'il peut verser par acomptes annuels de 100 francs. (L'associé a la faculté d'augmenter son apport jusqu'à concurrence de 5,000 francs). — Le salaire est considéré comme capital, et c'est sur le chiffre de ce salaire, augmenté des sommes versées, qu'est calculée la part de chaque associé dans les bénéfices ou les pertes.

13. — Dans la **Maison Lenoir**, le quart du fonds de réserve est à l'actif des participants.

14. — Tout employé qui quitte la Maison **Schuchardt** après avoir prévenu 15 jours à l'avance, reçoit à son départ la somme portée à son actif; mais la part de l'employé congédié pour cause de mauvaise conduite est répartie également entre ses collègues.

19. — Dans l'**Imprimerie Chaix**, les sommes qui proviennent des déchéances survenues par suite de départ ou de décès, sont portées aux comptes des participants restants, au *prorata* des sommes qui y sont déjà respectivement inscrites. Ces sommes sont d'autant plus élevées que les participants sont plus anciens. La Maison Chaix peut donc être inscrite au nombre des établissements qui tiennent compte de l'ancienneté des services dans la répartition des bénéfices prélevés au profit de leur personnel.

22. — Dans la Maison **Goffinon et Barbas**, les sommes provenant des déchéances sont réparties entre tous les participants restants au prorata des sommes inscrites à leur compte individuel, ce qui constitue une prime à la stabilité et par conséquent à l'ancienneté.

23. — Le participant congédié par M. **Hanappier** perd tous ses droits. Le participant démissionnaire ne peut exiger son capital (qui dès lors ne porte plus d'intérêt) qu'au bout de 20 ans, à partir de son admission.

27. — Dans la **Fabrique de Produits chimiques de Thann**, le participant touche en espèces la totalité de ses parts au bout de trois ans.

28. — Chez M. **Fourdinois**, la main-d'œuvre reçoit un intérêt égal à la moitié du dividende.

29. — Dans la **Librairie Masson**, la somme à répartir est calculée sur le montant net des ventes effectuées par la Maison au cours de chaque exercice, à raison de 3 francs par mille, jusqu'à concurrence d'un million, et de 5 francs par mille pour toutes les sommes dépassant un million.

30. — La participation pour les employés de la Librairie et pour les employés et ouvriers de l'Imprimerie de MM. **Mame et Fils**, est de 3 francs par mille sur le montant des ventes ; — pour les employés et ouvriers de la Reliure, elle est de 25 francs par mille sur le chiffre de production de l'atelier.

33. — Chaque année, après la répartition, les participants de la **Filature d'Oissel** ont le droit de toucher 1/3 de ce qui leur est attribué ; au bout de 10 ans ils peuvent en recevoir la moitié ; au bout de 20 ans ou à 50 ans d'âge, ils disposent du tout.

34. — A la Compagnie d'assurances l'**Abeille**, les participants peuvent disposer du quart des sommes portées à leurs comptes après cinq ans de service ; de la moitié après 10 ans de service ; de la totalité après vingt ans de service.

36. — Au **Familistère de Guise**, 50 0/0 des bénéfices sont attribués au capital et au travail. La part du travail est représentée par le total des appointements et des salaires touchés pendant l'exercice, et la part du capital par le total des intérêts des apports et des épargnes. — Les 50 0/0 sont répartis au marc le franc entre les deux éléments producteurs.

Le personnel se subdivise en *associés*, *sociétaires*, *participants* et *auxiliaires*. Les *associés* ont cinq ans de présence et sont possesseurs d'une part du fonds social ; — les *sociétaires* ont trois ans de présence (ils peuvent ne pas posséder de part du fonds social); — les *participants* ont un an de présence au moins ; — le surplus du personnel constitue les *auxiliaires*.

Dans la répartition proportionnelle de la part des bénéfices afférente au travail, l'*associé* intervient à raison de deux fois la valeur, le *sociétaire* à raison de deux fois et demie la valeur, et le *participant* à raison de la somme exacte de leurs salaires ou appointements. — La part revenant au travail des auxiliaires est versée à l'ASSURANCE DES PENSIONS, qui sert des pensions aux anciens ouvriers et employés devenus impropres au travail. Chaque membre de l'association possède un titre sur lequel on inscrit chaque année la part de ses bénéfices.

La moitié de la participation aux bénéfices des services de consommation est distribuée en espèces, au prorata des achats inscrits sur les carnets ; l'autre moitié est confondue avec les bénéfices des services de production.

Les intérêts des sommes acquises par la participation sont payés en espèces.

38. — Le personnel de l'Imprimerie **Buttner-Thierry** reçoit 1 0/0 du produit net des ventes, plus une gratification supplémentaire dont le patron fixe l'importance d'après ses bénéfices.

Les ouvriers peuvent, s'ils le veulent, joindre le tiers qui leur revient en espèces aux deux autres tiers réservés. Dans ce cas, le patron ajoute 5 0/0 pour encourager l'épargne.

La part de bénéfice réservée est déposée pour chaque ouvrier à la Compagnie d'assurances l'UNION, à intérêts composés, pour être payée à la femme et aux enfants du participant à son décès, ou au participant lui-même, après 20 ans de service dans la Maison ou à 60 ans d'âge.

40. — M. **Gaiffe** attribue au personnel de son établissement 25 0/0 des bénéfices de la fabrique d'instruments de précision et 35 0/0 des bénéfices de l'usine de nickelure.

43. — Dans la fabrique de M. **Van Marken** fonctionnent 4 systèmes : 1° un mode particulier de primes ou de gratifications ; — 2° la participation aux bénéfices affectée à une caisse de retraites ; — 3° un système d'épargnes au moyen de prélèvements sur les primes de production ; — 4° la faculté, pour certains ouvriers, d'acquérir des coupons d'actions de l'Établissement.

Le participant qui quitte volontairement l'Établissement, ou qui en est congédié après moins de deux ans de service, est déchu du droit à la pension ; — s'il quitte après plus de deux ans, il reçoit, à sa sortie, un titre lui donnant droit, pour ses années de service, à une pension commençant à sa soixantième année d'âge.

46. — Chez M. **Moutier** toute répartition inférieure à 100 francs est versée intégralement au compte de retraite. Au-dessus de 100 francs jusqu'à 200 francs, la différence est remise à l'intéressé. Toute répartition supérieure à 200 francs est divisée en deux parts, dont l'une reste à la disposition du participant et dont l'autre est versée au compte de retraites.

48. — 8 0/0 du résultat net réalisé par chacun des ateliers de la **Compagnie de Fives-Lille** sont attribués au personnel, plus le reliquat disponible sur une somme égale à 2 0/0 du même résultat net, après prélèvement des frais du service médical, des secours, etc.

49. — M. **Gounouilhou** attribue 2/3 de l'intérêt de participation aux rédacteurs, employés, ouvriers et ouvrières ayant deux années de présence (les parts sont versées à la caisse des retraites); le troisième tiers revient aux participants ayant 7 années de présence (les parts sont remises en espèces).

M. Th. DUCROCQ

Professeur à la Faculté de droit de Paris, Doyen honoraire, Correspondant de l'Institut.

L'ARTICLE 14 DU DÉCRET DU 23 PRAIRIAL DE L'AN XII SUR LES SÉPULTURES CONSIDÉRÉ AU POINT DE VUE ÉCONOMIQUE ET SOCIAL

— *Séance du 5 septembre 1884* —

L'article 14 du décret du 23 prairial de l'an XII sur les sépultures est ainsi conçu : « Toute personne pourra être enterrée sur sa propriété, pourvu que ladite propriété soit hors et à la distance prescrite de l'enceinte des villes et bourgs. »

Une jurisprudence constante de la cour de cassation décide, avec raison, que l'exercice du droit consacré par ce texte est subordonné à l'autorisation de l'autorité municipale, en vertu de l'article 16 du même décret, portant que « les lieux de sépulture, soit qu'ils appartiennent aux communes, soit qu'ils appartiennent aux particuliers, seront soumis à l'autorité, police et surveillance des administrations municipales. »

Malgré cette réserve, l'inhumation en propriété privée a pris, dans certaines régions, un grand développement. On croit généralement que l'article 14 du décret de l'an XII ne consacre qu'une rare exception, sans importance pratique. Telle peut, en effet, avoir été la pensée du législateur. L'inhumation au cimetière communal est la règle, et il paraît ne devoir y être dérogé que dans des circonstances exceptionnelles.

Mais les faits sont en contradiction absolue, sur certains points du territoire, avec cette manière de voir. Dans la plupart des centres protestants de l'ouest de la France, de la Loire aux Pyrénées, les cimetières de famille sont très nombreux. Il existe des communes où l'inhumation en propriété privée, au lieu d'être l'exception, est devenue la règle, la pratique générale des populations protestantes, qui se tiennent systématiquement éloignées du cimetière communal. Ce fait se produit moins dans les villes que dans les campagnes.

Il existe notamment, avec les plus vastes proportions, dans l'arrondissement de Melle (Deux-Sèvres), et dans les parties de l'arrondissement de Niort (cantons de Saint-Maixent) et de l'arrondissement de Poitiers (communes de Saint-Sauvant et de Rouillé), qui lui confinent à l'est et à l'ouest. Il se trouve là, groupée autour de la forêt domaniale de l'Hermitain, qui semble l'avoir protégée contre les persécutions du passé, une nombreuse population protestante, laborieuse et riche, s'étendant le long de la ligne du chemin de fer de l'État, depuis Lusignan jusqu'à Niort.

Dans cette région, on voit partout des tombes, dans les champs, sur le bord des chemins, dans les jardins, dans les vergers, près des maisons. Parfois ces sépultures sont isolées ; parfois elles forment des cimetières de famille. Parfois ils sont entourés d'un mur de clôture ; souvent il n'y a qu'une ou plusieurs pierres tombales ; ou même un ou plusieurs tertres, sur lesquels l'herbe pousse en liberté. Ce sont comme les degrés de la richesse et des distinctions sociales qui se révèlent dans la mort, loin des cimetières communaux, abandonnés par ces populations, depuis comme avant la loi du 15 novembre 1881 abolitive de l'article 15 du décret de l'an XII. Quiconque possède quelques ares de terrain préfère s'y faire enterrer, lui et les siens. La pression de l'opinion dominante est si forte, que souvent en Poitou les distances légales ne sont pas respectées et que l'autorisation municipale est rarement demandée.

L'application très étendue de l'article 14 du décret de l'an XII n'est pas exclusivement propre au Poitou. Elle est commune, à des degrés divers, dans les campagnes, aux centres protestants importants des deux Charentes, de la Dordogne, de la Gironde, du Lot-et-Garonne, du Tarn-et-Garonne et de l'Ariège. Elle se rencontre même parfois, bien que plus rarement, dans des villes, comme à Tonneins (Lot-et-Garonne), qui compte une population de 8,000 âmes et un très grand nombre de cimetières de familles protestantes.

L'origine de cet usage n'est pas douteuse. Elle vient des sépultures au désert, aux temps de persécution, avec cette différence que celles du XIXᵉ siècle n'ont plus à se cacher, bien que nous ayons vu certains cimetières privés, qui paraissent dater de la révocation de l'édit de Nantes, où reposent toutes les générations de la même famille, et qui semblent se dissimuler encore au milieu des bois, des haies et des genêts.

Mais nos lois d'égalité et de liberté ont fait disparaître les causes historiques. Il ne peut y avoir de cause actuelle justifiant ces pratiques que dans l'insuffisance des lieux de sépulture, insuffisance à laquelle il appartient aux administrations municipales, et même au législateur, de pourvoir.

Nous avons traité ailleurs les questions juridiques que ces usages soulèvent ; nous voulons seulement nous demander ici si, malgré l'extension abusive qu'il a pu recevoir, il y a lieu de toucher à l'article 14 du décret de l'an XII. C'est ce fait, peu connu, de l'application très étendue et presque générale, faite de cet article dans certaines parties de la France, qui provoque notre examen des avantages et des inconvénients que ce texte présente au point de vue économique et social.

Tout d'abord, il est évident que les distances fixées par la loi doivent être respectées, et qu'il est du devoir de l'Administration, dans un intérêt supérieur de salubrité et de sécurité, d'y tenir la main. Il est certain aussi que la nécessité de l'autorisation municipale, pour la sauvegarde des mêmes intérêts, doit être maintenue, et que l'autorité judiciaire lui doit les sanctions légales. Entre les mains d'administrations municipales éclairées et vigilantes, ces règles peuvent concilier l'application, même étendue, de l'article 14, avec l'intérêt social de la salubrité publique. Le danger est d'ailleurs moins grand dans les campagnes que dans les villes. Il est manifeste cependant qu'il existe là une question grave dont la solution peut dépendre à la fois des circonstances et de la sagesse des administrations.

A un autre point de vue, en s'éloignant du cimetière communal, ces populations pensent mieux protéger leurs tombeaux. Elles se trompent souvent. Au milieu des champs, les murs des cimetières de familles s'écroulent et ne sont pas toujours relevés par les héritiers. Lorsqu'il n'y a pas de murs, malgré le respect qui environne d'ordinaire ces sépultures, la charrue passe plus vite sur ces tertres, sur ces tombes, qu'elle ne l'eût fait dans le cimetière communal. Parfois, d'ailleurs, l'on ne voit pas seulement des cyprès placés près de ces sépultures, mais des arbres de rapport ou des cultures peu conciliables avec le respect du tombeau. Le plus souvent, dans la région que nous avons prise pour exemple, l'usage se concilie avec le respect dû à la mémoire des morts ; mais nous avons vu exceptionnellement autour de quelques tombes des cultures maraîchères qui ne présentent pas ce caractère, et, en fait, ce respect y est plus exposé à quelque atteinte que dans le cimetière communal.

A un troisième point de vue, qui est encore d'ordre moral, ces sépultures partout répandues mêlent nécessairement un certain nombre d'entre elles aux occupations bruyantes ou gaies de la vie quotidienne. Beaucoup d'entre elles répondent cependant à l'idée du champ de repos ; d'autres y répondent moins.

Au point de vue exclusivement économique, les inconvénients de l'application extensive de l'article 14 sont divers et réels. En multipliant à l'infini les lieux de sépulture, elle frappe de stérilité un plus grand nombre d'emplacements. Il est, en effet, de règle, du moins dans la région du Poitou que nous avons désignée, que jamais, quel que soit le temps écoulé, une nouvelle dépouille soit mise dans la place d'une autre. En outre, et surtout, cette présence des tombeaux immobilise de nombreuses pièces de terre. Enfin, elle donne lieu à des conventions et à des difficultés fréquentes.

Malgré les tombes placées dans les champs et les vergers, et qui en empêchent parfois la vente pendant une génération, des aliénations finissent par se produire. Tantôt l'emplacement occupé par les sépultures est excepté de la vente, et alors ces parcelles infinitésimales, environnées de terrains appartenant à d'autres propriétaires, se trouvent à l'état d'enclave ; elles donnent lieu aux difficultés qu'engendre une servitude de passage à pied, quelquefois stipulée expressément, réduite à l'usage du cimetière de famille, qui ne peut plus être agrandi, et parfois seulement à l'accès d'une tombe.

Tantôt le lieu de sépulture est compris dans la vente du champ, du verger, de la maison ; mais souvent alors une clause du contrat impose à l'acquéreur l'obligation de conserver les tombeaux. Il est facile de comprendre que cette présence des sépultures et que cette clause de conservation, qui constitue l'acquéreur gardien des tombes d'une autre famille, ont pour conséquence inévitable une dépréciation de la propriété. Cette dépréciation est moins grande dans ces contrées, où il est entré dans les habitudes, dans les mœurs des habitants, de voir partout des tombeaux ; moindre qu'elle ne le serait ailleurs, elle n'en existe pas moins.

Ces clauses affectent des formes diverses, que les notaires varient au gré des parties. Parfois l'acte porte que le terrain est vendu « avec interdiction de cultiver jamais la partie contenant les sépultures. » Parfois il est bien établi dans l'acte que le terrain est vendu « en entier », mais « avec interdiction de cultiver le terrain affecté à la sépulture ni d'y laisser pacager les bêtes pendant soixante ans ». Souvent ce délai est moindre. Dans nombre de ces clauses, le cimetière de famille est désigné de la manière suivante : « un terrain à usage de sépulture ». Dans les ventes, c'est un point de discussion ordinaire entre les parties contractantes.

Ce ne sont pas seulement les actes de vente qui contiennent des clauses de ce genre, ce sont aussi les actes de partage, les donations et les testaments.

Il arrive fréquemment dans ces régions que les testateurs laissent des dispositions portant qu'ils veulent être enterrés dans leur champ, leur verger, leur jardin ; et, bien que subordonnées au point de vue de leur exécution à la nécessité de l'autorisation municipale, ces volontés sont exécutées. Cette exécution, en créant sans cesse de nouveaux lieux de sépulture en propriété privée, frappe les pièces de terre où l'inhumation est effectuée des inconvénients, soit d'immobilisation, soit de moins-value, conséquences inévitables de toute mesure conciliable avec le respect des tombeaux.

Un arrêt inédit de la cour de Poitiers du 7 décembre 1863 (Hérault c. Boyer et héritiers Cottencin), statuant, il est vrai, dans une espèce provenant d'une région dans laquelle l'inhumation en propriété privée est exceptionnelle, a prononcé la résiliation de la vente d'un domaine important, fondée sur ce motif que le vendeur n'avait pas fait connaître à l'acheteur l'existence d'une sépulture « placée dans le jardin d'agrément de l'habitation », d'après la volonté expressément formulée par le défunt et que le vendeur était tenu de maintenir. L'arrêt porte qu'«on ne peut douter que B. n'eût jamais traité avec H. s'il eût pu croire qu'on voulût le rendre gardien de la sépulture de C.; qu'il ne s'agit pas ici d'une terreur superstitieuse, qu'il s'agit, au contraire, d'un sentiment respectable conforme à la fois à la loi et aux convenances sociales, et qui ne permet ni d'attenter à la sépulture des morts par des usages profanes, ni de se livrer sans contrainte auprès d'une tombe aux distractions ordinaires de la vie ; que le défaut de déclaration lors de la vente d'une charge aussi grave et qui fait si certainement présumer que l'acquéreur n'aurait pas acheté s'il en eût été instruit, justifie, aux termes des articles 1626 et 1635 C. C., la résiliation demandée. »

. Ainsi, les inconvénients au point de vue économique de l'application étendue de l'article 14 du décret de l'an XII, immobilisation de la propriété, sa dépréciation, des difficultés et des procès, ne sont pas douteux.

Nous pensons cependant que sous la réserve du maintien et de l'exercice effectif des droits de l'Administration, il y a lieu de conserver cet article dans notre législation sur les sépultures.

Quatre motifs principaux nous déterminent à conclure dans ce sens. C'est qu'en effet cet article 14, malgré les inconvénients trop réels au point de vue économique que nous avons signalés, se rattache aux principes fondamentaux de la science économique, le droit de propriété et le principe de liberté.

Mais tout d'abord il convient d'invoquer, pour la défense de cet article 14 du décret de l'an XII, la justice qui est due aux populations chez lesquelles il est le plus appliqué. Si la raison condamne l'abus qui peut être fait d'une disposition rationnelle, il ne faut pas, malgré ses inconvénients, perdre de vue que les erreurs de l'ancienne politique furent la raison première de ces pratiques, antérieures et postérieures à la révocation de l'édit de Nantes, et encore si vivaces dans certaines parties de la France au temps où nous vivons. Sans doute, ce passé douloureux est à jamais disparu. La liberté des cultes et des croyances individuelles, l'égalité des citoyens devant la loi, la sécularisation de l'état des personnes et des champs de repos, donnent à tous les garanties les plus complètes.

La loi du 15 novembre 1881, en étendant à toutes les communes de France la règle suivie dans les nécropoles de Paris et de quelques grandes villes, a donné le signal du retour de toutes les familles au cimetière communal. Celles-ci ont beaucoup à oublier dans le passé ; comme à tous les Français, le patriotisme leur commande l'oubli, et depuis près d'un siècle, aux approches du centenaire de 1789, le temps en est venu. Néanmoins, il convient, en un sujet qui touche à ce qu'il y a de plus sacré dans la conscience humaine, d'user des plus grands ménagements et de ne pas brusquer des traditions si profondément enracinées.

Les autres motifs qui militent en faveur de l'article 14 du décret de l'an XII n'ont plus rien d'historique, de contingent, ni de spécial, quant aux régions et aux personnes. Ils dérivent des principes mêmes de l'économie politique et du devoir social de pourvoir aux sépultures.

Le droit de propriété joue un rôle important dans cette application étendue de l'article 14. L'amour, le légitime orgueil de la propriété, acquise et fécondée par leur travail, et dans laquelle elles veulent reposer, occupe une grande place dans les déterminations de ces laborieuses populations rurales.

Pour tous, d'ailleurs, l'article 14 consacre une conséquence, assez imprévue peut-être, mais très réelle, du droit de propriété. « Toute personne, dit-il, pourra être enterrée sur sa propriété... » C'est un hommage rendu au droit de propriété. A ce titre, ce texte ne saurait nous déplaire, du moment que cet apanage du droit de propriété ne constitue pas une prérogative absolue, mais limitée par le droit de police et d'autorité conféré aux administrations municipales sur tous les lieux de sépulture publics ou privés.

En troisième lieu, ce droit, même restreint par les exigences de la salubrité et de la sûreté publiques, nous apparaît comme une manifestation du principe de liberté. Loin de plier tous les citoyens sous le joug d'une règle uniforme, notre législation sur les sépultures, par cette disposition, respecte les préférences, le sentiment personnel des familles et des individus, en un mot leur liberté. Il s'agit donc là d'une autre base fondamentale de la science économique, et il importe, malgré les inconvénients et même les abus de l'article 14, que cette application du principe de liberté soit maintenue dans nos lois administratives. Elle peut, d'ailleurs, être un germe fécond pour le développement, même en cette matière, de libertés nouvelles. Le principe qui domine tout ce grave sujet, aussi bien au point de vue des lois existantes que des lois à faire, n'est-il pas qu'il convient d'assurer la liberté des familles et des individus, en tout ce qui n'est pas contraire au respect dû à la mémoire des morts et à la sécurité des vivants?

Une quatrième considération milite encore dans le sens du maintien de l'article 14 du décret de l'an XII. C'est qu'il trouve sa place dans la question plus vaste de l'insuffisance des lieux de sépulture. Cette insuffisance est manifeste en ce qui concerne les nécropoles de certaines grandes villes. Mais ce n'est pas seulement dans les capitales que les agglomérations s'augmentent, que les cimetières, même ceux qui datent du commencement du XIXᵉ siècle, ne sont plus aux distances légales, et que leurs terres saturées ne peuvent plus donner asile à de nouvelles générations. Dans les campagnes, les cimetières communaux sont souvent exigus. Sans doute, la loi municipale charge les administrations communales d'y pourvoir. Mais les difficultés financières ou autres refroidissent le zèle, retardent les solutions. L'inhumation en propriété privée peut être un palliatif à l'insuffisance des lieux de sépulture, en même temps qu'elle est une conséquence du droit de propriété et l'une des applications dont le principe de liberté est susceptible en matière funéraire.

Il en existe d'autres, qu'il appartient au législateur de consacrer. Au moment où les pouvoirs publics sont saisis en France et à l'étranger des graves questions que soulève cette insuffisance des nécropoles des plus vastes cités, nous avons pensé qu'il pouvait être utile d'appeler l'attention sur des faits peu connus et sur un texte législatif qui, malgré de réels inconvénients, que l'Administration peut atténuer dans la pratique, contient un principe de liberté susceptible de développements utiles dans cette question même de l'insuffisance des lieux de sépulture (1).

M. Vicente de ROMERO

Président de la Société économique de Gracia, Député au Parlement espagnol.

HABITATIONS POUR OUVRIERS. — FORMATION DE PETITS CAPITAUX

—*Séance du 6 septembre 1884*—

COMMENT LES OUVRIERS PEUVENT ÊTRE PROPRIÉTAIRES DE LEURS MAISONS.

I

Parmi les problèmes économiques dont la solution est recherchée avec le plus de soin aujourd'hui, figure au premier rang, sans contredit, celui de procurer aux classes ouvrières des habitations agréables et hygiéniques : on va même plus loin, puisqu'on s'efforce de rendre les ouvriers propriétaires de leurs maisons, au moyen d'un sacrifice qui ne soit pas au-dessus de leurs modestes fortunes.

Il serait inutile en ce moment de faire l'éloge de tant de personnes bien connues qui ont travaillé, chacune dans sa sphère, à la résolution d'un problème si ardu, apportant toutes des matériaux de grande valeur, tantôt

(1) Cette communication a donné lieu à un discours. — Voir *Proc.-verb.*, p. 264.

au point de vue théorique, en faisant comprendre l'immense avantage qu'il y a pour l'ordre physique, moral et social de savoir comment vivent, de nos jours, la plupart des hommes voués au travail manuel, tantôt dans le champ des solutions pratiques, où tant et de si bonnes choses ont déjà été réalisées dans plusieurs contrées, notamment en France. Mais, sans vouloir critiquer ceux dont les études persévérantes et courageuses ont été consacrées à la recherche de la formule qui nous occupe, il est certain que tout ce qui s'est fait jusqu'à ce jour est basé sur l'obligation constante imposée aux travailleurs, pendant une période plus ou moins longue, de payer des sommes au pouvoir du très petit nombre, et que, pour cette raison, on pourrait appeler justement l'aristocratie ouvrière.

La plupart des ouvriers né gagnent que le strict nécessaire; ils vivent, sans qu'il leur reste un superflu quelconque ; aussi les systèmes en vogue aujourd'hui ne procurent la propriété des habitations qu'à un nombre limité d'individualités. C'est déjà digne d'éloges et bien méritoire ; mais ces divers systèmes ne pourront jamais mettre la propriété à portée de la multitude, ce qui est cependant, en y regardant bien, le véritable problème à résoudre. En effet, convertir un ou plusieurs ouvriers en propriétaires de leurs demeures, au moyen d'économies possibles pour le petit nombre, impossibles pour tous, c'est un résultat satisfaisant qu'il faut renouveler ; mais ce n'est point résoudre un problème social.

La résolution complète du problème implique nécessairement une formule qui réunisse les conditions suivantes :

1° Le but à atteindre doit dépendre de la plus petite économie possible pour être accessible à tous les hommes vivant du travail manuel, depuis ceux qui gagnent plus jusqu'à ceux qui gagnent moins ;

2° Le fait d'un ouvrier devenant propriétaire de son habitation doit pouvoir se renouveler promptement et indéfiniment, afin que les multitudes en bénéficient le plus tôt possible.

C'est sous ce double point de vue que j'ai considéré le problème depuis plusieurs années, et que j'ai consacré tous mes soins à en découvrir la formule.

L'ai-je trouvée ? Ai-je su rencontrer le moyen de résoudre un problème social aussi compliqué, sans faire appel à des théories dangereuses et non acceptées par la science, ou sans recourir à des solutions révolutionnaires? Il ne saurait m'appartenir de me prononcer moi-même, bien que je possède pleine conscience de l'élévation de mon idée au point de vue théorique, bien que je sois assuré de son indéniable réalisation pratique, bien que, en un mot, je travaille à en opérer la réalisation aux yeux de tous !

Quels ont été mes moyens d'action ? En quoi consiste mon mode de procéder ?

Le voici :

II

Partout et toujours le capital, l'intelligence et le travail aspirent à une légitime rémunération. Qu'on place le capital dans un état de complète sécurité pour qu'il puisse gagner d'une manière honorable, et il ne tardera pas à affluer, dès que la nature de l'affaire lui sera connue, à la recherche du bénéfice le plus grand.

Je communiquai mon idée à des capitalistes qui, par leur intelligence et leurs études, étaient capables de juger de l'importance que je lui attribuais moi-même, et aussitôt je rencontrai les fonds nécessaires pour commencer à la mettre à exécution, en même temps que je trouvai des hommes décidés à travailler au bien-être des classes laborieuses.

Il ne manqua donc ni argent ni volontés pleines d'énergie disposées à la lutte et au triomphe de tous les obstacles possibles.

Nous formâmes une société anonyme par actions de cinq cents francs. On passa l'acte de société, en se conformant aux prescriptions légales en vigueur de la législation espagnole ; nous publiâmes, comme il est ordonné, les statuts et les règlements dans la *Gazette de Madrid* et dans le *Bulletin officiel de la province de Barcelone*, et, après avoir fait face à ses premières dépenses, la société fut en mesure de commencer ses opérations.

Tel fut le moyen mis à ma disposition. Mais il est incontestable que le résultat eût été identique avec une société collective ou en commandite ; le plan peut être réalisé soit par un particulier, soit par une société : le principal est d'avoir des fonds disponibles pour opérer. Si les fonds appartiennent à plusieurs, ils se partageront les bénéfices ; s'ils sont la propriété d'un petit nombre d'hommes ou même d'un seul, il est clair que tout gain sera pour lui. Le caractère de société anonyme ne s'impose qu'à partir du moment où il s'agit de trouver des actionnaires coparticipants, parce qu'alors cette forme est nécessaire pour l'émission des actions.

Je ne m'occupe ici que du moyen de constituer le capital primitif, qui est le véritable fonds social, et j'ajoute que les affaires de ce genre ne sont pas l'apanage de gens privilégiés, mais qu'au contraire tout le monde peut former une société et se proposer de construire des maisons pour ouvriers dans les conditions qui vont être exposées ci-après.

Possédant le fonds social, nous fîmes l'acquisition de différents lots de terrains situés dans des localités diverses, en donnant toujours la préférence aux centres industriels, et n'achetant jamais de grandes étendues de terrain. En effet, je n'aime point les faubourgs ouvriers, où ils vivent relégués comme des parias et d'où naissent souvent des dangers que je suis très désireux d'éviter ; en outre, dans ces faubourgs, la propriété urbaine n'a pas à compter sur de grandes plus-values, puisqu'on n'y construit pas des maisons de valeur.

Nous choisîmes donc nos terrains là où ils se trouvèrent à bon marché, près des centres de population et des établissements industriels où les ouvriers travaillent, là surtout où la propriété est susceptible d'augmenter de valeur de jour en jour.

Mis déjà en possession d'un terrain propre à bâtir, nous fîmes choix d'un plan de maison pour ouvriers, nous arrêtant au suivant, qui comprend une salle à manger, un salon avec alcôve, une chambre à deux lits, une chambre à un lit, une cuisine et un cabinet. Il faut joindre à cette nomenclature le puits, qui est commun à deux maisons, une terrasse, un lavoir et deux bandes de jardin, occupant, le tout, une superficie d'ensemble de 140 mètres carrés. Il nous parut que cette disposition permettait largement de vivre à l'aise à une famille ouvrière composée de cinq personnes.

Nous arrêtâmes un type de groupement de quatre maisons, entourées de jardins, de manière à ce que chaque maison pût jouir du jardin sur deux de ses côtés. C'est ainsi qu'entre chaque groupe existent deux jardins et une petite promenade, disposition permettant d'avoir des maisons bien éclairées et ventilées. Tout est calculé sur un prix total de revient de 3,000 francs pour chaque maison, ce qui porte le groupe à 12,000 francs.

Il fut ouvert un concours pour savoir s'il était possible d'obtenir des conditions plus avantageuses, et un délai de quatre mois fut accordé pour la construction d'un groupe, à peine d'une amende pour l'entrepreneur contractant pour chaque jour de retard dans la remise des clefs. Le contrat stipulait, en outre, qu'il ne serait employé que des matériaux de première qualité, et que le prix ne serait payé qu'après la visite des constructions par deux architectes, nommés par nous, et devant déclarer dans un rapport que le travail était acceptable et conforme au devis.

Les maisons furent construites dans le délai fixé.

Le capital déboursé par la Société attendait sa légitime rémunération.

III

Jusqu'ici l'affaire dont je m'occupe n'offre pas la moindre nouveauté. Ce qui était nouveau, c'était d'avoir créé, en constituant la Société par actions de 500 francs chacune, une autre série d'actions appelées coparticipantes, d'une valeur de 50 francs, émises à 10 francs l'une.

En disant cela, il demeure entendu que l'action prise à 10 francs représente un capital de 50 francs, et, afin de pouvoir en opérer le remboursement à l'actionnaire, j'ai choisi le système de l'amortissement par voie de tirages au sort, échelonnés de trois en trois mois. Par ce système, les 2,000 actions de coparticipation dont se compose la série seront mathématiquement amorties et remboursées en 51 ans, en prenant pour base l'intérêt dont il va être question.

Ainsi que je viens de le dire, une série comprend 2,000 actions de coparticipation à 10 francs l'une, et chaque série trouve son complément en elle-même, puisqu'il n'existe aucune relation entre les diverses séries. Il en résulte que le nombre des séries est illimité.

Chaque série emporte comme prime, donation ou vente pour le prix livré, l'une des quatre maisons d'un groupe dont il vient d'être parlé, et la maison appartient en toute propriété au possesseur de l'action dont le numéro sort le premier de l'urne au moment du premier amortissement trimestriel des actions.

Nous avons déjà une maison livrée et un ouvrier qui en est le maître.

Les autres titres, à rembourser d'après le tableau d'amortissement, le sont par 50 francs en espèces en faveur de numéros semblables sortant de l'urne.

Il est procédé au tirage devant un notaire et en présence du conseil d'administration de la Société ; chaque tirage est annoncé au préalable dans la *Gazette de Madrid*, le *Bulletin officiel de la province de Barcelone*; et dans d'autres journaux de la capitale et du district électoral de Gracia : c'est un acte public !

Il importe de le faire remarquer, en insistant d'une façon toute spéciale : d'après mon projet, l'amortissement des actions coparticipantes ne commence que lorsque les 2,000 numéros de la série sont entièrement placés, à raison de 10 francs pour chacun (prix d'émission). S'il manquait un seul numéro, il ne serait pas donné cours à l'amortissement. Quand les 20,000 francs d'une série sont entrés dans la caisse sociale, alors, mais seulement alors, commence l'amortissement des titres.

Rien de plus facile que d'établir le cadre d'amortissement pour une série, dans un nombre d'années déterminé, si l'on veut bien s'en rapporter aux données ci-après exposées.

Le premier amortissement trimestriel d'une série étant achevé et la première maison ayant été adjugée, on ouvre la souscription aux actions d'une autre série.

L'ouvrier, resté propriétaire de la maison, l'est devenu pour avoir pris une action qui lui a coûté 10 francs, somme que toute famille ouvrière, même la plus nécessiteuse, peut économiser avec plus ou moins de travail.

Mais on m'objectera : « La chose est certaine, par ce système, un ouvrier deviendra toujours propriétaire d'une maison ; mais les autres ? »

A cela, je réponds que les autres, pour le moment, n'auront pas de maison, parce qu'il est matériellement impossible qu'au même instant tous les numéros d'une série gagnent une maison de 3,000 francs, avec un billet ou action d'une valeur de 10 francs ; et cependant, quoiqu'ils ne la possèdent pas encore, on leur a procuré un numéro qui peut la leur donner d'un moment à l'autre.

La démonstration en deviendra plus saisissable au moyen d'un exemple. Un travailleur consacre 10 francs à l'achat d'une action ; arrive le jour de l'amortissement de la série : la fortune le favorise-t-elle (car l'un ou l'autre doit être favorisé) et son numéro est-il le premier à sortir alors de l'urne, il est déjà propriétaire, la maison est à lui. N'a-t-il pas eu cette chance, mais son numéro sera tôt ou tard, à partir de ce moment, remboursé à 50 francs. Supposons qu'en les recevant, au lieu de les dépenser, il les emploie à l'achat de nouvelles actions coparticipantes de la série en cours d'émission, avec 50 francs il aura cinq autres actions, et par conséquent il disposera de cinq nouvelles probabilités de devenir propriétaire d'une maison.

Il ne gagne pas la maison qui échoit à un autre travailleur, ce qui, pour mon raisonnement, est chose indifférente ; mais il recevra, et cela en toute certitude, une somme de 250 francs à l'amortissement de ses actions, à raison de 50 francs chacune. Supposons encore qu'au lieu de dépenser son argent, il en fasse l'emploi que j'ai marqué tout à l'heure : il possédera alors vingt-cinq actions et, par suite, vingt-cinq probabilités de gagner une maison. Cependant, si le sort lui est contraire cette fois encore, il est absolument sûr de toucher une somme de 1.250 francs dans un délai plus ou moins éloigné. En suivant cette progression, on se convaincra que, tandis que certains travailleurs deviennent propriétaires de leurs habitations, les autres se forment un petit capital uniquement dû aux 10 francs qu'ils déboursèrent un jour et aux intérêts qu'ils ont produits depuis, et cela sans cesser non seulement de posséder, mais en les voyant augmenter, de jour en jour, des probabilités de devenir propriétaires d'une maison et d'un petit capital.

Le meilleur moyen de propager mon système réside tout entier dans ce fait que je viens d'expliquer, à savoir qu'un ouvrier est devenu propriétaire d'une maison, au vu et au su de tout le monde, moyennant la modique somme de 10 francs. Cela poussera à la souscription des séries qui, pouvant être renouvelées indéfiniment, permettront chaque année à un plus grand nombre d'ouvriers de devenir propriétaires ; il se formera aussi autant de petits capitalistes dans la personne de ceux que le sort n'aura point favorisés, et la progression se poursuit de telle manière qu'avec de la constance, ils parviendront à se former un capital respectable pour eux-mêmes ou pour leurs enfants.

Quant à ceux qui dépensent l'argent, que gagnent-ils ?..... Je ne veux pas m'en occuper. Ils méritent bien de ne jamais posséder de maison ni d'avoir un petit capital.

IV

L'avantage de mon système consiste en ce que les bénéfices de la Société vont en augmentant au fur et à mesure de l'émission des séries, tandis que l'augmentation des séries a pour résultat d'accroître le nombre des ouvriers devenus maîtres de leurs maisons au prix de 10 francs, ainsi que celui de ceux qui peuvent se constituer un capital qui va s'arrondissant en leur faveur, tout en les laissant participer à un plus grand nombre de probabilités de devenir un jour propriétaires de leurs habitations.

Je vais démontrer comment la Société peut faire des bénéfices, et il me suffit pour cela de rappeler deux faits fondamentaux déjà consignés :

1° La Société, avec l'argent de ses actionnaires, achète du terrain et y construit un groupe de quatre maisons pour une somme de 12,000 francs, à raison de 3,000 francs l'une ; la construction d'un groupe dure quatre mois ;

2° Durant la construction du groupe, on ouvre la souscription de la série dont la prime consiste en une donation ou vente de l'une des maisons construites, et il n'est procédé à l'amortissement des 2,000 actions de coparticipation qu'autant que le prix en a été payé intégralement. Dès que l'amortissement d'une série a commencé, on ouvre la souscription d'une autre série n'ayant rien de commun avec les précédentes.

C'est ainsi que la Société aura reçu 20,000 francs en espèces pour les 2,000 actions, à 10 francs l'une, au moment de l'amortissement.

Sur ces 20,000 francs, la Société prélève tout d'abord 3,000 francs, qu'elle verse dans sa caisse pour y remplacer le montant (de pareille somme) de l'achat du terrain et des frais de construction de la maison qu'elle va donner.

Après avoir touché cette somme, elle déduit en second lieu 1,000 francs, qui représentent son bénéfice net dans l'opération.

Elle prélève en outre une autre somme de 1,000 francs, destinée au paiement de la commission due à ses agents, pour avoir placé ou vendu les titres de la série ; cette commission est calculée sur le pied de 5 0/0.

Prélèvements faits, il lui reste encore 15,000 francs.

Si l'on veut bien considérer que, sur chaque maison, la Société fait un bénéfice de 1,000 francs, et qu'en opérant avec prudence elle ne doit construire qu'au fur et à mesure de la demande des actions, on comprendra parfaitement qu'elle puisse donner les groupes construits l'année même de la construction. Il en résulte qu'après s'être remboursé les 12,000 francs, montant du groupe, la Société a gagné une somme de 4,000 francs, soit 33 1/3 p. 0/0 du capital déboursé dans un espace de temps plus ou moins long.

Il va sans dire qu'elle est tenue de faire face à tous les frais occasionnés par l'émission des actions, à tous les droits à payer à l'Etat au moment de l'émission, impressions de titres, timbre, etc., etc. Mais il est facile de comprendre qu'il lui reste un bénéfice assuré relativement considérable.

Quand la Société aura touché tous les fonds dont elle avait fait l'avance, rien ne peut l'empêcher de recommencer l'opération ; et l'on voit tout de suite que, sans avoir besoin de grands capitaux, elle peut faire d'excellents bénéfices et trouver ainsi sa rémunération légitime, assurée d'en faire elle-même le recouvrement avant de commencer l'amortissement.

Je n'ai rien à dire de celui qui, moyennant une action qui lui coûta 10 francs, est devenu propriétaire d'une maison de 3,000 francs. Il me semble qu'il ne saurait prétendre à la propriété de cette maison pour un prix inférieur.

Voyons maintenant ce que gagnent les autres actionnaires coparticipants avec leurs actions de 50 francs émises à 10 francs.

Avant de commencer l'amortissement de la série, quand la Société a prélevé, sur les 20,000 francs, 3,000 francs pour terrain et construction, 1,000 francs à titre de bénéfice net et 1,000 francs pour le placement de ses titres, il lui reste encore en possession une somme de 15,000 francs.

Supposons qu'elle ne donne pas à cette somme le même emploi qu'elle a donné à l'argent reçu de ses associés, c'est-à-dire acheter des terrains, construire des maisons et émettre des séries, pour obtenir le taux d'intérêt qui sert de base à l'opération, un minimum annuel de 6 0/0, intérêt qui, nous l'avons vu, est certainement plus élevé après le placement de la série. Elle peut placer son argent, par l'intermédiaire d'un agent de change royal, en prêts sur valeurs fiduciaires de la Bourse ; ces prêts se font toujours moyennant un intérêt de 6 0/0 par an, et les titres, représentant la somme prêtée, donnent 25 0/0 de garantie d'après la cote du jour de la liquidation.

L'opération se fait généralement pour trois mois, et l'intérêt est payé sur-le-champ pour la même époque, à raison de 6 0/0 par an. Si les valeurs subissent une baisse, le preneur doit une garantie ; si celle-ci n'est pas fournie, on vend les valeurs : le prêteur se rembourse intégralement, recommence l'opération avec une autre personne, et rend le restant du produit de la vente opérée par l'agent de change, déduction faite des frais occasionnés.

Par ce système, si la Société ne possède pas en espèces dans sa caisse les 15,000 francs formant le solde de la série, elle a quelque chose qui vaut davantage, un quart de plus de la valeur primitive.

Voici comment elle procède à l'amortissement, quand elle a encaissé son intérêt, chaque trimestre, à raison de 6 0/0 l'an :

F. 15,000, à 6 0/0, donnent un intérêt annuel de 900 francs.

Moitié pour l'amortissement, soit. . . . .   **450 fr.**
Moitié pour l'augmentation du capital, ci. . .   .450 »

900 fr. total égal.

Combien de titres peut-elle rembourser ?

$50 \times 9 = 450$. Elle peut donc amortir neuf titres.

La Société ne doit plus rien ; elle a remboursé neuf actionnaires coparticipants, et elle a élevé son capital de la moitié restante de l'intérêt, car, au lieu de 15,000 francs, elle possède 15,450 francs.

L'année suivante, elle commencera avec 15,450 francs, et en opérant comme précédemment, on verra qu'elle peut amortir neuf autres titres et qu'il lui restera un capital de 15,927 francs pour l'opération de la troisième année.

En continuant la progression, on se convaincra que l'amortissement de tous les titres aura lieu en 51 ans, en prenant pour base l'intérêt de 6 0/0 par an. C'est mathématique.

Ainsi, tout le monde gagne, les actionnaires de la Société, celui qui est propriétaire de la maison et ceux des actionnaires coparticipants qui, ayant déboursé 10 francs pour une action, en ont reçu cinquante à titre de remboursement.

Le résultat du calcul forme le tableau d'amortissement d'une série.

V

J'essaierai de répondre brièvement aux principales objections faites contre ce système.

On dit : « Tout le monde pouvant acheter des actions, votre système ne favorise pas uniquement les ouvriers, mais seulement l'heureux possesseur du numéro gagnant la maison. »

Il n'est pas probable que des personnes aisées soient très désireuses d'avoir une maison d'ouvriers. Mais il n'en est pas moins certain que le plus grand nombre de billets se plaçant parmi eux, ils disposent de la plus grande somme de probabilités pour gagner la maison.

Il est impossible d'empêcher le public de prendre part aux souscriptions des séries et d'acheter des actions de coparticipation. C'est assez faire pour le bien social que la Société réalise de se mettre à la portée des classes laborieuses : le reste est l'œuvre du sort.

En outre, le but de la Société n'est pas seulement de rendre les ouvriers propriétaires, mais encore de former de petits capitaux à ceux qui ne le sont pas.

Et il est évident que mon système obtient ces deux résultats.

Autre objection. — Comment placer les actions de coparticipation ?

Par le moyen d'agents qui touchent 5 0/0 de commission. Ces agents rayonnent en différents points, et la construction n'étant pas limitée à une seule localité, mais, au contraire, se faisant simultanément sur divers centres manufacturiers, le gagnant peut choisir la maison qui est le plus à sa convenance dans les différentes localités; et tout le monde sait ainsi qu'il existe un moyen de devenir propriétaire d'une maison pour une somme de 10 francs. Il ne faut pas d'autre propagande, là où la maison a été gagnée, pour arriver au placement rapide des actions de la série.

Quelques-uns disent que ceci est une loterie. Rien de plus étranger à la loterie. Dans une loterie, il y a très peu de gagnants ou un seul, et on les paie avec l'argent des autres, ceux qui ne sont pas favorisés perdent entièrement le montant de leurs billets. Dans notre Société, tous les actionnaires sont égaux, et tous, dans un délai plus ou moins reculé, recevront une égale somme. Cette somme est formée et payée au moyen d'une combinaison d'intérêts qui s'accumulent en se joignant au capital. Le sort seul intervient pour déterminer ceux qui seront remboursés d'abord et ceux qui ne le seront qu'ensuite. Nous sommes dans le même cas que les obligations d'un chemin de fer ou d'un emprunt. Ici comme là on attend les produits pour amortir les titres ; ici comme là c'est le sort qui désigne les numéros sortants ; ici comme là il peut y avoir souvent une grande différence entre le prix d'émission et la valeur de remboursement. Nous fixons notre cadre d'amortissement dès notre constitution, et il est publié officiellement dans la *Gazette* et dans le *Bulletin de la Province*, en même temps que nos statuts.

Encore est-ce moins loterie en ce qui concerne la maison.

C'est la Société qui fait donation d'une maison, et dans aucun pays les donations ne sont interdites, même les donations conditionnelles comme celle-ci, puisqu'elle est faite en faveur seulement du possesseur du premier numéro sortant de l'urne au moment du premier amortissement. On ne veut pas que la maison appartienne au possesseur du numéro? On lui en fera cadeau, dès qu'on connaîtra son nom et ses prénoms. Personne ne peut empêcher qu'entre la Société et un particulier il y ait un contrat de donation et encore moins un contrat de vente d'une maison pour 10 francs, valeur déjà reçue, et la Société renonçant à l'avance à intenter toute action en lésion.

Et comment faire là où l'argent ne produit pas 6 0/0 ?

Modifier le cadre d'amortissement d'après l'intérêt produit par l'argent dans le pays. Connaissant la manière de procéder, ce détail est insignifiant.

Telle est mon idée. Je crois que la propagande ne peut qu'en être très profitable aux classes laborieuses, et c'est ainsi qu'elle est réalisée par la Société immobilière de capitalisation et d'amortissement dont le siège social est à Barcelone, Rambla de Santa Monica, n° 2, principal, et de laquelle j'ai l'honneur d'être président. Cette Société a commencé ses opérations pratiques dans le district électoral de Gracia, que je représente au Parlement espagnol (1).

M. P. MILLET

Maître répétiteur au Lycée Saint-Louis.

LA STÉNOGRAPHIE. — SERVICES QU'ELLE EST APPELÉE A RENDRE DANS LES CLASSES SUPÉRIEURES DES LYCÉES ET DANS LES COURS DES FACULTÉS

— Séance du 5 septembre 1884 —

On a fait bien des tentatives pour régénérer l'enseignement secondaire et pour empêcher la ruine des études classiques : toutes les réformes tentées jusqu'ici ont plus ou moins échoué, il en sera toujours ainsi tant que l'application des programmes nouveaux sera surveillée par ceux-là mêmes qui leur sont hostiles. Cependant, un fait se dégage nettement de toutes les discussions qui ont précédé les dernières élections au Conseil supérieur de l'instruction publique : on demande à l'élève une somme de travail qu'il ne peut fournir, les programmes sont rédigés pour les forts, ils ne tiennent pas compte des intelligences moyennes.

Après avoir admis que nos collégiens sont déjà écrasés de travail, je vais paraître inconséquent en venant proposer d'introduire une étude nouvelle, celle de la sténographie, dans les lycées, les collèges et les écoles primaires supérieures ; un examen approfondi de la question va nous montrer qu'il n'en est rien et que c'est un excellent instrument de travail qu'il faut mettre entre les mains de nos jeunes gens.

Dans toutes les parties de l'enseignement, les leçons orales tiennent une place prépondérante, les livres ne sont guère que des aide-mémoire ; les bons élèves travaillent toujours de préférence avec leurs notes plus ou moins complètes, afin de mieux s'assimiler l'esprit du cours de leur professeur ; qu'il s'agisse de l'histoire, des mathématiques ou de la philosophie, chacun d'eux étudie dans ses cahiers et ne puise dans les ouvrages classiques que des développements complémentaires. Il faut voir quelle peine se donnent nos collégiens pour résumer à la hâte la leçon exposée par le professeur : une rédaction faite à l'étude, à tête reposée, prendrait trop de temps, il n'en resterait plus assez pour traiter les exercices ou

(1) Cette communication a donné lieu à une discussion. — Voir *Proc.-verb.*, p. 267.

préparer les leçons. Un bon élève ne se servant que de ses notes, il a donc
intérêt à les prendre aussi complètes que possible et l'on comprend quels
avantages il retirerait de l'emploi de la sténographie, six fois plus rapide
que l'écriture ordinaire.

Cette vérité n'est pas admise par tout le monde ; dans certaines écoles,
à l'École centrale, par exemple, on exige que les élèves prennent de
bonnes notes pendant les cours et, par une véritable contradiction,
reposant sur une erreur que je vais réfuter à l'instant, l'on proscrit absolument l'écriture sténographique.

Voici les objections que l'on a formulées contre l'introduction de la sténographie dans les écoles :

La première, la plus sérieuse, est soulevée par ceux qui prétendent que
les élèves ne doivent jamais pouvoir écrire mot à mot ce que dit le professeur : cela les dispenserait de tout effort intellectuel pendant la leçon,
il vaut mieux les obliger à ne prendre qu'un résumé de ce qu'ils entendent,
c'est un premier travail dont il ne faut pas les dispenser. L'usage de la
sténographie devient alors inutile, dangereux même, car l'élève le plus
paresseux pourrait reproduire textuellement la parole du maître.

Mais tel n'est pas cependant l'avis de tout le monde, beaucoup de personnes admettent, au contraire, que l'élève doit pouvoir écrire textuellement certaines parties du cours, car ce sont ces parties qu'il omet à
regret qui caractérisent la leçon orale. Personnellement, je suis persuadé
qu'un cours professé dans les conditions énoncées plus haut, ne profite
qu'aux élèves qui joignent à une facile conception une grande rapidité de
main, au détriment de tous leurs camarades moins favorisés : ceux-ci
sont obligés de recourir à chaque instant aux cahiers de leurs condis-
ciples pour y puiser ce qui devrait se trouver dans les leurs.

D'ailleurs, en admettant que le professeur doive aller vite, très vite, et
que l'élève soit tenu de ne prendre qu'un résumé de sa leçon, devons-
nous proscrire la sténographie? Certainement non, un jeune homme
intelligent ne s'avise jamais d'écrire des choses qui ne doivent pas lui
servir lorsqu'il repasse son cours ; l'usage de la sténographie, diminuant de
beaucoup la besogne matérielle, lui laisse plus de temps pour réfléchir
sur ce qu'il doit conserver dans son résumé, c'est alors qu'il fait un
premier travail intellectuel sérieux pendant la classe. J'ai eu sous les yeux
une leçon de mathématiques prise à la Sorbonne, leçon qui n'était pas
exempte de certaines difficultés : j'ai dû admirer avec quelle concision,
avec quelle fidélité l'étudiant, à l'aide de la sténographie, avait conservé
l'exposition du professeur ; les définitions énoncées très vite, les raisonnements serrés, un peu obscurs à l'audition, tout était rédigé avec précision, l'élève avait conservé intact l'ordre adopté par le maître ; la leçon,
traduite en écriture ordinaire, aurait pu être imprimée immédiatement

presque sans modifications. Et, en effet, à l'École polytechnique, à l'École centrale, à la Sorbonne, on fait autographier les leçons rédigées par les élèves : ce travail serait beaucoup simplifié s'ils pouvaient prendre des notes sténographiques.

La deuxième objection n'est pas plus sérieuse que la première : introduire l'enseignement de la sténographie dans nos établissements publics, ce serait imposer une tâche supplémentaire à des enfants qui sont déjà surchargés de travail. Ce raisonnement ressemble à celui d'une personne qui se refuserait à voyager en chemins de fer, sous prétexte qu'il faut perdre quelques minutes pour prendre son billet et monter en voiture. Nous ne demandons pas de faire des cours de sténographie depuis la neuvième jusqu'à la philosophie; nous sommes plus modestes, nous pensons qu'il suffirait d'y consacrer deux heures par semaine, pendant une seule année; l'expérience l'a prouvé depuis longtemps. Un sténographe à la Chambre des députés fait, dans ces conditions, un cours facultatif de sténographie dans plusieurs lycées de Paris, il obtient de très bons résultats : tous les élèves travailleurs peuvent, à la fin de la première année, écrire 13 ou 14 lignes du *Journal officiel* par minute ; la moyenne des discours prononcés à la tribune donnant 16 lignes, ils sont alors très près de pouvoir reproduire la parole d'un orateur.

La question d'argent ne saurait être un argument sérieux ; en admettant qu'un professeur fasse deux heures de cours par semaine dans un établissement, son traitement, de ce chef, ne dépasserait pas 500 francs ; si nous comptons 200 établissements de plein exercice, nous arrivons au chiffre de 100,000 francs, qui n'a rien d'excessif dans un budget de 80,000,000 de francs.

A quel âge convient-il de donner l'enseignement de la sténographie? On le peut sans inconvénient à 12 ans, mais à 13 ou 14 ans, les élèves ayant une connaissance plus complète de la langue, les progrès sont plus rapides ; c'est le moment où le besoin s'en fait plus vivement sentir, et d'après les hommes compétents, il est inutile de s'adresser aux enfants plus jeunes. Les classes qui semblent destinées à recevoir cet enseignement sont la seconde, pour l'enseignement classique; la deuxième année de l'enseignement spécial et la première année de l'enseignement primaire supérieur.

J'aborderai enfin deux questions importantes : le recrutement des professeurs et le choix d'une méthode.

Le recrutement de personnel ne présenterait guère de difficultés qu'au début ; on pourrait tout d'abord organiser l'enseignement de la sténographie dans les facultés : parmi les étudiants devenus professeurs, il s'en trouverait toujours un certain nombre qui se chargeraient volontiers d'un cours de sténographie rétribué ; peu à peu, cette science faisant des progrès, on arriverait à créer, dans certaines villes, des chaires spéciales, dont les titulaires exerceraient alternativement dans les divers établissements d'instruction publique. Un cours de sténographie ouvert à la Sorbonne, obligatoire pour tous les élèves de première année, constituerait une véritable pépinière de professeurs sténographes ; ces jeunes gens, répandus en province après l'achèvement de leurs études, formeraient d'excellents cadres pour l'organisation définitive de cet enseignement.

Le choix d'une méthode est plus embarrassant, chaque inventeur tenant la sienne pour la meilleure. Cependant, depuis vingt ans que l'on essaie de vulgariser la sténographie, deux systèmes seulement ont obtenu quelque notoriété : le système Duployé et le système Prévost-Delaunay.

Les frères Duployé ont fait tant de bruit et de réclame autour de leur méthode, que tout le monde en a plus ou moins entendu parler, mais on cherche en vain les praticiens qu'ils ont formés.

Le système de MM. Prévost-Delaunay, plus modeste à ses débuts, jouit aujourd'hui d'une supériorité marquée : sur 44 sténographes, nommés au concours, répartis dans les deux Chambres, 27 le pratiquent, sauf de légères modifications personnelles ; 2 seulement appartiennent à la méthode Duployé.

Si une commission composée d'hommes compétents, se basant sur les résultats acquis et sur un examen approfondi des divers systèmes connus de sténographie, devait en choisir un pour l'introduire dans les programmes officiels, celui de MM. Prévost-Delaunay aurait certainement la préférence. Les journaux sténographiques étrangers le regardent comme l'un des meilleurs de l'Europe ; le principe des incompatibilités, qui en forme pour ainsi dire la syntaxe, est considéré comme un chef-d'œuvre ; tous ceux qui le pratiquent peuvent se relire mutuellement, même dans les cas de rapidité extrême de la parole.

L'an dernier, au moment du vote du budget de l'instruction publique, M. Anatole de la Forge demandait au Ministre d'organiser l'enseignement de la sténographie ; M. Fallières a promis d'étudier la question, et nous espérons qu'il la résoudra dans le sens de l'affirmative ; nous estimons qu'il rendra ainsi un service signalé à l'éducation générale (1).

(1) Cette communication a donné lieu à une discussion. — Voir *Proc.-verb.*, p. 278.

M. le Docteur DALLY

Professeur à l'École d'anthropologie, à Paris.

DU BACCALAURÉAT ÈS SCIENCES ET DU BACCALAURÉAT DE L'ENSEIGNEMENT SECONDAIRE

— *Séance du 5 septembre 1884* —

Le programme du baccalauréat ès sciences représente à mes yeux un excellent certificat d'études. Mais encore, eu égard à l'âge, 16 ans, est-il trop développé. On en trouve la preuve dans les proportions des reçus : juillet-août de 1883, 1329 candidats se sont présentés, 838 ont été éliminés à l'épreuve écrite, 35 à l'épreuve orale, soit 34 0/0 définitivement reçus, proportion inférieure à celle du baccalauréat ès lettres. N'est-il pas évident qu'en présence de ces chiffres on peut affirmer que l'examen est surchargé ou l'élève trop jeune ? La part du hasard dans ces 34 0/0 de réceptions est considérable à cause de l'étendue même du programme, mais elle est certainement moindre qu'au baccalauréat ès lettres, où les questions de pure fantaisie dominent l'examen et par conséquent les jugements.

En 1882, un décret a créé le baccalauréat de « l'enseignement secondaire spécial ». On a cru donner satisfaction aux personnes qui réclament dans l'enseignement l'exclusion des langues mortes, c'est là un excès comme un autre. Mais on n'a pas échappé à un programme gigantesque : la séduction du titre de bachelier n'a pu attirer, on l'a vu par les chiffres donnés par M. Boissier et cités plus haut, qu'un petit nombre d'élèves de l'enseignement secondaire, créé en 1865, et l'examen de bachelier de cette catégorie n'a compté qu'une vingtaine de candidats. Je dis un programme *gigantesque;* les épreuves comprennent, en effet, quatre compositions écrites: en mathématiques et en physique de la force du baccalauréat ès sciences ; plus une composition sur les sciences naturelles ; une composition sur les sujets de littérature, de morale ou d'histoire ; l'histoire sommaire de toutes les littératures (le vieux français); un thème et une explication de langue vivante, toutes les sciences théoriques, cosmographie, géologie, chimie, mécanique, physique et leurs applications, chimie industrielle, manipulations, les diverses espèces de dessin, la géographie, l'histoire tout entière, la comptabilité ; la législation et l'économie politique, l'impôt et le budget, la morale, l'histoire de l'art, tout enfin, tout ce qu'on peut savoir.

Le programme de l'enseignement spécial est aussi minutieux qu'étendu;

j'en donnerai un exemple : Ce même élève de 15 ans à qui vous avez enseigné tout ce que je viens d'indiquer et nombre d'autres choses s'il y en a, vous lui demandez de pouvoir dire quelque chose de sensé sur les deux paragraphes suivants :

« Adaptation des formes générales du corps et des membres au genre de vie des diverses espèces.

» L'espèce. Les races et les variétés. Hérédité des formes organiques et des instincts. Idée de la sélection naturelle. Sélection artificielle. Principes de l'élevage appliqués aux animaux de travail, aux animaux de boucherie, aux animaux de basse-cour. »

Je suppose que personne ne contestera le caractère ultra-encyclopédique de cet examen. Il est beaucoup plus étendu que les deux autres baccalauréats, n'ayant d'ailleurs en moins que les langues mortes dont on demande toutefois la grammaire, l'histoire et les étymologies. On comprend que peu de personnes ne se soient présentées pour affronter pareil monstre. Mais ce que l'on comprend moins, c'est que ce programme soit l'œuvre de 25 hommes éminents, célèbres, membres de l'Institut ou en voie de l'être, professeurs à tous les degrés ou l'ayant été, sénateurs, députés, ou bien ministres, directeurs de ceci ou de cela qui ont consacré vingt-cinq séances à renforcer l'enseignement secondaire qu'ils ont osé appeler spécial, par ironie sans aucun doute, car il n'est guère possible d'imaginer un enseignement plus général que celui-là (1). D'ailleurs en quoi pourrait-il bien être *spécial?* — On voit que, n'ayant su comment qualifier cette œuvre composite, on l'a désignée d'un nom que l'on croyait sans signification ; malheureusement pour cette conception le mot *spécial* signifie quelque chose et il n'est pas ici à sa place.

Je n'insisterai pas pour cette espèce de satisfaction donnée à ceux qui demandaient que l'on pût être bachelier sans avoir pàli sur Cicéron et Démosthène. On a voulu démocratiser, sans doute, le baccalauréat, titre d'ancien régime ; mais on s'y est singulièrement pris en accablant ceux qui n'ont aucune vocation pour les langues mortes sous le faix de toutes les sciences théoriques et appliquées, tout en maintenant la grande supériorité mentale des élus du concours général — ce qui est une opinion des plus contestables. Le baccalauréat de l'enseignement secondaire spécial n'est pas né viable. D'ailleurs la complication de notre système d'enseignement et de nos diplômes devient formidable. Il faut chercher un remède à cet état de choses qui, n'ayant plus de point de vue unitaire, nous conduirait à l'anarchie pédagogique (2).

(1) Voyez *Plan d'études et programmes de l'enseignement secondaire spécial dans les lycées et collèges* prescrits par arrêté du 28 juillet 1882. Delalain frères.
(2) Cette communication a été suivie d'une discussion. — Voir *Proc.-verb.*, p. 276.

M. Joseph VINOT

Directeur du *Journal du Ciel*.

DE L'ENSEIGNEMENT DE L'ASTRONOMIE DANS LES ÉCOLES PRIMAIRES
ÉTUDE ÉLÉMENTAIRE DES MOUVEMENTS DES PLANÈTES

— *Séance du 6 septembre 1884* —

M. Joseph VINOT présente à la section de Pédagogie une feuille lithographiée dite : Système planétaire du *Journal du Ciel*.

Sur cette feuille sont tracées les orbites des planètes autour du Soleil, et ces orbites sont divisées en degrés numérotés.

Le premier enfant venu n'a qu'à marquer, avec des épingles, la place de chaque planète au degré qu'on lui indiquera, pour suivre, de jour en jour, la marche des astres autour du Soleil, comme on suit, sur une carte, la marche des armées en guerre.

Le maître n'aura qu'à prendre, pour les planètes, leurs longitudes héliocentriques dans les recueils spéciaux ; pour la Terre, les différences à 360° des longitudes géocentriques du Soleil, et pour la Lune, les degrés intermédiaires calculés d'après les suivants :

Zéro à la nouvelle Lune, 90 au premier quartier, 180 à la pleine Lune, 270 au dernier quartier.

Le *Journal du Ciel* donne, du reste, tous ces degrés calculés d'avance pour chaque jour.

Il suffit même que l'on ait placé une fois sur la feuille les épingles pour un jour donné : la feuille disant combien de temps en moyenne met chaque astre pour se déplacer de un degré, l'élève pourra suivre indéfiniment leurs marches.

Au moyen d'une courte explication, l'auteur fait voir comment les enfants peuvent très simplement répondre aux questions suivantes : Dans quelle constellation se voit tel ou tel astre un jour donné? Quelles sont les planètes et constellations visibles le soir? Au milieu de la nuit? Le matin? Quelles sont celles qui sont noyées dans les rayons du Soleil? Quels sont les jours de conjonction de la Lune avec les diverses planètes? Les jours de conjonctions des différentes planètes entre elles?

Il fait voir de même que les phénomènes de station, rétrogradation, précession, sont saisis, *de visu*, par les élèves, avec la plus grande facilité, et qu'il en est de même des conjonctions supérieures et inférieures, oppositions et quadratures.

La feuille en question pouvant, si l'on en imprime un grand nombre, se vendre quatre centimes, on voit qu'un instituteur, dans sa classe, peut donner cet enseignement à tous les enfants qui savent lire. Il est clair que ces enfants acquerront rapidement, surtout si l'on veut leur faire vérifier sur le Ciel, le soir, les choses dites en classe, les premières notions, non pas de cosmographie, mais bien d'astronomie.

En raison des dimensions du papier et pour ne pas compliquer ce commencement d'étude, on a négligé les ellipticités des orbites et les distances relatives exactes des planètes au Soleil. On s'est contenté d'atteindre une exactitude suffisante dans les réponses aux questions que nous venons d'indiquer. Une petite brochure, le *Guide de l'amateur d'astronomie*, fournit aux instituteurs le moyen d'arriver, avec un léger travail, à quelque chose de plus parfait, donnant les aphélies et périhélies en plus des autres indications devenues plus exactes encore.

Quant aux questions de positions exactes des planètes au milieu des étoiles, des diverses inclinaisons des orbites, des distances apparentes entre les astres aux instants de leurs conjonctions, ce sera l'objet d'une communication ultérieure.

M. Charles BERDELLÉ

Délégué cantonal de l'Instruction publique, à Rioz (Haute-Saône).

SUR UNE NOUVELLE MANIÈRE DE FAIRE LA MULTIPLICATION

— Séance du 6 septembre 1884 —

Dans un écrit très intéressant, M. Chasles nous apprend que les anciens se servaient pour calculer de tables divisées en colonnes verticales portant en tête des initiales signifiant unités, dizaines, centaines, mille, myriades, et qu'ils opéraient en y manœuvrant des jetons dont la valeur était variable selon les colonnes où ils se trouvaient placés par la suite des opérations.

C'est cette table à calculer, ou Abacus, qui, suivant M. Chasles, doit porter le nom de table de Pythagore, à l'exclusion de notre tableau de multiplication, auquel on donne vulgairement ce nom.

C'est en lisant la brochure de M. Chasles que j'ai été amené, fondant les deux espèces de tableaux en un seul, à trouver une nouvelle manière de faire la multiplication ; peu pratique, à la vérité, mais très intéressante au point de vue théorique et surtout pédagogique. Pour cette manière d'opérer, il faut avoir du papier rayé, comme l'ancien abacus, par des lignes verticales, mais quadrillé en même temps par des lignes à 45 degrés dans deux sens différents, de manière à former des carrés obliques, divisés chacun en deux triangles égaux par les lignes verticales.

Supposons maintenant que nous ayons à multiplier l'un par l'autre les deux nombres 405,8 et 59,63 ; j'écris l'un des nombres, un chiffre par carré, dans une série de carrés, montant de gauche à droite ; l'autre de même dans une série de carrés descendant dans le même sens. On écrit les produits partiels (voir fig. 54), comme dans la table de multiplication, à

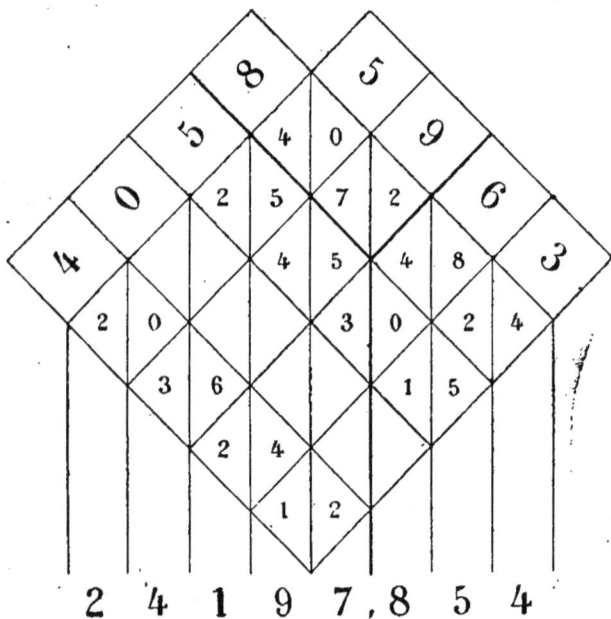

Fig. 54.

la rencontre des séries de carrés où se trouvent les chiffres facteurs ; mais chacun de ces produits partiels, on l'écrit, à peu près comme dans les bâtons de Neper, le chiffre des dizaines à gauche, celui des unités à droite de la barre verticale qui divise le carré en deux cases triangulaires. On n'a plus qu'à faire l'addition finale, comme on la ferait pour une multiplication ordinaire.

Cette méthode a sur la méthode vulgaire l'avantage de permettre de découvrir facilement le gîte d'une erreur qu'on commettrait ; mais c'est son seul avantage pour le calculateur pratique, qui continuera à préférer la méthode vulgaire.

Mais, si notre méthode est peu pratique, elle a de nombreux avantages

théoriques et pédagogiques. D'abord, elle conserve et présente à nos yeux
les nombreuses opérations partielles dont une multiplication se compose.
Le nombre de décimales à séparer à la droite du produit est indiqué d'une
façon mécanique par des lignes sous forme d'Y. On peut montrer *à la vue*
que la division est l'inverse de la multiplication, aussi bien par les
opérations partielles qu'elle exige que par sa nature. Pour cela, on n'a qu'à
opérer comme ci-contre (voir fig. 55, preuve de fig. 54).

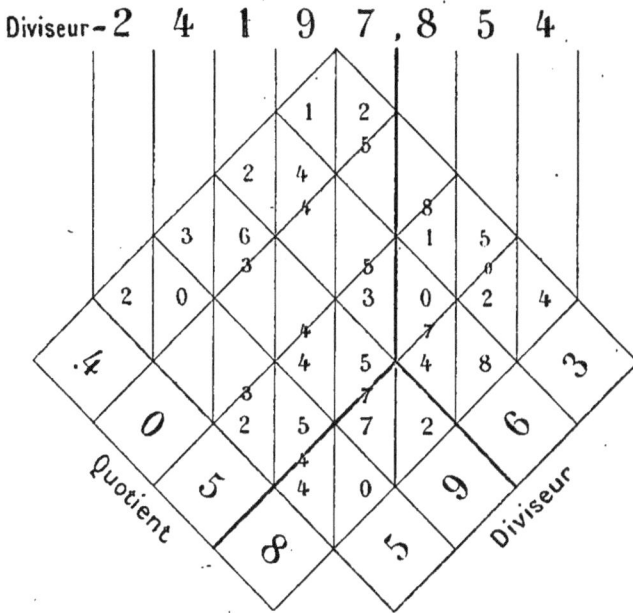

Fig. 55.

Avec notre système, on peut abréger beaucoup la multiplication d'un

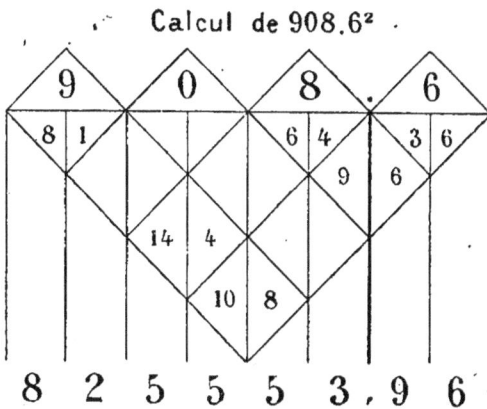

Fig 56.

nombre par lui-même, ou la formation de son carré (voir fig. 56). Pour l'extraction de la racine carrée, on renverse l'opération de la même manière qu'on a renversé ci-dessus la multiplication pour faire une division.

Pour la multiplication abrégée, la disposition de l'opération reste la même que pour la multiplication ordinaire, et la théorie en gagne beaucoup en facilité. Si donc les avantages pratiques de notre méthode sont petits, elle en présente de grands aux maîtres qui doivent faire comprendre la théorie, le mécanisme du calcul. Nous n'avons pas voulu entrer dans des détails de démonstration, que les maîtres qui adopteront notre manière de voir sauront trouver mieux que nous, chacun pour les besoins de son enseignement particulier (1).

M. BONNARD

A Paris.

NOTATION MUSICALE PAR TRAITS SUR LE CLAVIER

— Séance du 6 septembre 1884 —

Les notes sont représentées par des lignes ou traits ; leur hauteur, par la position des traits sur l'image du clavier ; leur durée relative, par la longueur relative des traits. (Planche XII.)

I

HAUTEUR DES NOTES

Le papier à écrire représente un clavier à touches prolongées. Seulement, au lieu de touches noires, il y a des touches blanches.

Le clavier de papier a l'étendue de l'instrument pour lequel on écrit.

Faites un trait en long sur une bande blanche, vous écrivez la note correspondante. Le trait en long marque toujours une touche à frapper.

Une barre ou deux, coupant la bande de la tonique, marque un ton majeur ou mineur. — Le *fa dièse, sol bémol* barré, avec un point sur le *fa*, marquera *fa dièse;* sur le *sol, sol bémol*. A chaque modulation ou changement de ton, nouvelle barre.

II

DURÉE DES NOTES. — INTENSITÉ

Un trait à côté d'un autre marque une note simultanée ; au-dessous, une note suivante.

(1) Cette communication a été suivie d'une discussion. — Voir *Proc.-verb.*, p. 279.

Lisez, en effet, de haut en bas, plutôt que de gauche à droite : le papier sera dans le sens du clavier.

Le trait est plus ou moins long, suivant la durée relative des notes. Un trait désignant une *ronde*, un trait moitié plus court figure une *blanche*.

L'absence de trait sur une certaine étendue marque un silence.

L'œil mesure les longueurs par les dimensions transversales du papier. La ligne violette sépare les mesures ; la grosse ligne bistre, les temps ; la petite, les fractions de temps.

Pour chaque main, un trait d'union fin, transversal, unit les commencements des notes simultanées ;

et la fin d'une note au commencement de la suivante,

ou, s'il y a silence, à la bande de la suivante,

Ainsi, les notes sont groupées pour chaque main et l'on voit mieux leur durée respective.

Deux notes, en partie simultanées, étant un peu éloignées l'une de l'autre, marquons à quel moment de l'une commence l'autre :

Par un trait d'union incomplet, si elles sont pour la même main ;

Sinon, par une barre sur le côté.

Des notes très brèves étant accompagnées de notes plus longues, on peut marquer d'une barre à quelle note brève commence une note longue.

Une touche étant frappée deux fois, marquez le point de séparation des deux notes avec une barre en travers :

ou sur le côté.

Quant au mouvement (1) ou durée absolue des notes, aux pianissimo forte..., aux degrés d'intensité selon les accents métrique, rythmique, pathétique (2), ma notation n'exclut pas les signes usités, mais elle se prêterait, si l'on voulait, à une représentation mathématique.

III

QUELQUES-UNS DES RÉSULTATS

Lecture. — Cette notation supprime les clefs, l'armure, les lignes supplémentaires de la portée, les signes des silences, les rondes, blanches, noires, croches, etc., réduisant tout à une convention unique : rendre la durée d'une note par la longueur d'un trait sur le clavier ; aidant les yeux pour que l'attention se porte vers l'oreille, la voix, les doigts.

On reconnaît d'abord une phrase qui revient à la même hauteur ou avec transposition : la mémoire supplée les yeux.

(1) Que la plus petite division en travers représente une durée absolue pour tous les morceaux, elle devient la mesure sensible du mouvement, si les lignes marquant les mesures et les temps se rapprochent ou s'écartent les unes des autres selon le mouvement.
(2) L'intensité d'une note peut être figurée par la largeur du trait ou par un graphique spécial.

Transposition. — *Exercices pour tous les tons.* — Pour transposer, par exemple, un demi-ton plus haut, il suffit d'avancer tous les traits d'une touche à droite. Le premier venu peut le faire de suite sans étude ni exercice préalable. Une personne exercée pourrait sans doute opérer de tête ce déplacement.

On peut tracer sur transparent les exercices pour tous les tons, gammes (1), accords, arpèges, etc. On a sous un petit format une grande quantité d'exercices. 288 gammes pour toute l'étendue du clavier sont à l'aise sur une feuille de papier de 27 centimètres sur 21 (2). Un tableau de si petite dimension rend une théorie plus saisissable (3).

Solfège. — *Chant.* — Les distances qui figurent deux intervalles musicaux sont sensiblement proportionnelles à ces intervalles. *Mi-fa* est représenté comme moitié plus petit que *do-ré*. L'œil guide la voix. Dans la notation usuelle, l'intervalle à franchir par la voix est figuré parfois comme égal à un intervalle double. L'œil trompe la voix.

Les intervalles du mode majeur étant tracés sur transparent, l'enfant voit qu'ils restent les mêmes quel que soit le ton.

Il serait bon de noter des airs sur transparents à divisions transversales. En plaçant comme il faut le transparent sur le clavier de papier, chaque voix pourrait chanter l'air et souvent dans plusieurs tons.

Expression musicale. — L'expression dépend du rythme, de la mesure, de la tonalité, lesquels sont soigneusement représentés par ma notation.

La hauteur et la durée relative des notes sont exactement figurées.

La mesure, les temps, exprimés par des barres, sont figurés par des longueurs.

Ainsi sont en relief les éléments rythmique et métrique de l'expression.

Si l'on voulait, ma notation donnerait mieux encore.

Harmonie. — Une basse chiffrée, étant écrite sur un transparent à divisions transversales, on peut faire d'un coup des réalisations générales ou pour tous les tons.

Cela rendrait saisissable même à un enfant l'idée de la réalisation. Puis, il y a une économie de temps.

Contrepoint. — Notez ainsi sur transparent une phrase à imiter.

Si vous poussez le transparent à droite ou à gauche, vous avez l'imitation régulière par mouvement semblable. Si vous lisez de bas en haut, vous avez l'imitation régulière et rétrograde par mouvement semblable.

Retournez le recto du transparent contre le clavier de papier, vous

(1) Voir *Exercices et Tableaux de musique :* Modèles généraux, 1re série, les gammes. 1884 (Brandus).
(2) Voir les *Gammes sur transparent.* 1884 (Brandus).
(3) Voir aussi la planche XV de mes *Exercices,* 1re série.

avez : de haut en bas, l'imitation régulière par mouvement contraire ;
de bas en haut, l'imitation régulière et rétrograde par mouvement contraire.

Notez ainsi un thème d'imitation inverse contraire, le transparent
retourné, vous avez : de haut en bas, l'imitation inverse contraire, sauf
parfois une légère différence ; de bas en haut, une imitation inverse contraire et rétrograde.

— Si vous avez écrit sur mon papier sans transparent, mettez en bas
le haut du papier, vous avez, sauf parfois à transposer, de bas en haut :

1° L'imitation régulière par mouvement contraire ;

2° L'imitation inverse contraire, sauf parfois une légère différence ;

De haut en bas :

1° L'imitation régulière et rétrograde par mouvement contraire ;

2° Une imitation inverse contraire et rétrograde (1).

Enfin, ma notation rend plus clairs une foule de tableaux utiles pour
étudier l'*instrumentation* (2), les sons musicaux dans leurs rapports
numériques ; l'*histoire de la musique*, les *notations* musicales, y compris la
notation ordinaire (3).

M. l'Abbé PIERFITTE

Curé d'Ainvelle, par Isches (Vosges), Délégué de la Société d'Archéologie lorraine.

L'ACTE DE NAISSANCE DE L'INSTRUCTION PRIMAIRE EN LORRAINE

— *Séance du 8 septembre 1884* —

MESSIEURS,

Vous m'avez vu applaudir aux spirituelles communications de M. le
docteur Delthil et saluer les gloires du Blaisois : je ne viens donc point les
discuter, mais il en est une que je voudrais partager au nom de mon pays.

(1) Le mode inverse est employé en même temps que le mode majeur ou mineur, dans l'imitation
régulière, directe ou rétrograde par mouvement contraire.
  Mieux vaudrait, ce semble, qu'il fût employé, soit après, comme dans l'imitation inverse contraire,
soit avant.
  Une mélodie pourrait être précédée ou suivie de la mélodie inverse. Celle-ci pourrait avoir un autre
accompagnement dans le même ton ou dans un autre. (Voir, sur ce point, fort important, je crois,
Bonnard : *Notation musicale à l'aide de traits sur le clavier*, 1885.)
  Mon papier, facilitant ces sortes d'imitations, pourrait les rendre fréquentes.
  (2) Voir, entre autres : *Tonalité des instruments en général*, 1884 (Brandus). — *Tonalité des
instruments. Comparaison des gammes chromatiques d'instruments ou tons divers*, 1884.
  (3) Cette communication a été suivie d'une discussion. — Voir *Proc.-verb.*, p. 280.

Messieurs, je représente ici la patrie lorraine (1), et c'est pour elle que je réclame l'honneur d'être toujours aux avant-postes dans les luttes patriotiques. Elles sont de deux sortes aujourd'hui : les unes se préparent dans les casernes ; les autres, dans les écoles. Lesquelles les plus glorieuses, je n'ai pas à le rechercher. Je sais pourtant que Napoléon disait le Lorrain le premier soldat du monde, et je m'en rapporte à lui. On prétend que ce soldat fut vaincu par le maître d'école d'outre-Rhin ; Messieurs, je pourrais peut-être attaquer la thèse ; je préfère me demander d'où est sorti le maître d'école, qui en a conçu l'idée, exécuté le moule.

Oh ! je sais bien qu'il y a toujours eu des écoles et des maîtres, mais abandonnés à l'initiative individuelle et locale. À quelle époque ont-ils formé une corporation dont les membres devaient fournir des garanties de savoir ? Qui le premier formula un code scolaire complet, avec son matériel, ses programmes, son personnel, ses méthodes, son fonctionnement régulier et presque définitif ? En d'autres termes, qui fut le Denis Papin de l'instruction primaire ?

M. le docteur Delthil nous parlait hier d'un Blaisois qui aurait travaillé à cette œuvre. Messieurs, j'applaudis aux efforts de ce Français ; mais puisque l'école est devenue un champ d'honneur où se forgent les victoires de l'avenir, je demande la permission de dire que ce Français put apporter comme d'autres une pierre à l'édifice, dont l'architecte fut un Vosgien.

Dès 1597, Pierre Fourrier créait à Mattaincourt (2) une école normale de filles et leur donnait un *règlement provisionnel* que l'expérience devait mûrir et transformer en ces *Constitutions* d'où puisèrent à pleines mains tous les éducateurs de la jeunesse, depuis le fondateur des *Frères des écoles* jusqu'aux législateurs actuels. Ces *Constitutions*, ébauchées en 1597, remaniées plusieurs fois, rédigées définitivement de 1625 à 1630, imprimées en 1649, inspirèrent toutes les législations scolaires subséquentes, et provoquèrent en Lorraine une germination d'écoles, un mouvement intellectuel qui se manifeste par la progression rapide des signatures de femmes dans les actes des XVIIe et XVIIIe siècles. C'est donc bien l'acte de naissance de l'instruction *publique* dans notre pays. Messieurs, si vous pensez qu'il

(1) M. l'abbé Pierfitte, curé d'Ainvelle (Vosges), était délégué au Congrès par la Société d'Archéologie lorraine.

(2) Pierre Fourrier naquit à Mirecourt (Vosges) en 1565 et fit ses études à l'Université de Pont-à-Mousson, sous les Pères Jésuites, revint à Mirecourt, donna des leçons quelque temps, puis embrassa la vie religieuse chez les chanoines réguliers, devint curé de Mattaincourt (près de Mirecourt) en 1597. Son premier souci fut l'instruction de la jeunesse, qu'il avait trouvée dans un état lamentable, les filles surtout. Pour elles, il fallait non seulement créer des écoles, mais des institutrices. Le curé se mit à l'œuvre et fonda un ordre religieux pour l'instruction *gratuite* des filles de la campagne. Alix Le Clerc fut sa collaboratrice dans cette fondation, qui fut approuvée à Rome en 1628. Pierre Fourrier voulut aussi établir des religieux pour l'instruction *gratuite* des petits garçons ; mais il ne fut pas approuvé. Ils étaient moins négligés que les filles, la chose semblait donc moins urgente et resta à l'étude. Ce devait être la gloire d'un autre. « Le bon père », comme le nommait le peuple, fut appelé plus tard dans les conseils de Charles IV et sauva l'indépendance de son pays. De là, haine de Richelieu ; et le pauvre curé mourut en exil à Gray (Franche-Comté) le 8 décembre 1640.

puisse intéresser la section de Pédagogie, je vais le parcourir rapidement devant vous.

Pierre Fourrier commence par diviser l'enseignement en supérieur, secondaire et primaire. En conséquence, il fonde des écoles normales pour former les institutrices, des pensionnats pour la bourgeoisie, des écoles primaires pour le peuple. Mais cela nous mènerait trop loin ; j'analyserai seulement le troisième livre des *Vrayes Constitutions des Religieuses de la Congrégation de Nostre-Dame.*

Le premier chapitre est consacré au bâtiment, car il veut des « escholes expressément basties et préparées pour les petites filles, » et trace un plan qui ne serait pas désavoué de nos jours. L'ameublement scolaire aussi se trouve réglé dans tous ses détails : il n'est pas complet, mais il est loin de l'état rudimentaire qu'on se représente généralement, puisqu'on y trouve jusqu'au *boulier-compteur* (chap. xiv) (1).

Puis il passe au *personnel enseignant.* Sachant par expérience que pour instruire l'enfant il faut des qualités personnelles et des aptitudes spéciales, qui seront toujours le lot du petit nombre, il veut un personnel trié sur le volet, longuement préparé, muni d'un brevet de capacité et même d'une espèce de *certificat d'aptitude* (chap. ii). Il va plus loin. La routine et le laisser aller se glissent partout ; pour les prévenir, il imagine les inspections (ibid.), caractérise magistralement le rôle de l'inspecteur, prescrit jusqu'à la forme de l'inspection, recommande à la Sœur chargée de cet office d'interroger peu et de regarder beaucoup faire la classe sous ses yeux ; enfin, demande qu'un rapport hebdomadaire soit fait à l'autorité supérieure (chap. xvi).

Après les maîtresses, les *élèves* (chap. iii). Les conditions d'admissibilité sont fixées minutieusement. Je me contenterai de les énumérer, et vous verrez que c'est complet. L'âge *maximum* et *minimum* ont été un peu modifiés depuis pour des raisons faciles à saisir ; mais tout le reste est encore en vigueur. Notons, entre autres, l'obligation de consulter le *vœu des parents* sur la nature de l'éducation à donner, l'apparition du *registre matricule* où doit être inscrit l'âge de l'enfant, son nom, celui des parents, date de l'entrée à l'école, etc. (ibid.) ; enfin les premiers essais de cours d'adultes, où les filles pauvres étaient reçues jusqu'à vingt-cinq ans (*Lettres*, tome VI, 202) (2).

Mais il faut courir et négliger les détails : je le regrette, Messieurs, car ce n'est pas le côté le moins étonnant de ces *Constitutions*, qu'on dirait écrites d'hier. Voici le chapitre de la *tenue* de la classe : heure de l'entrée

(1) J'ai sous les yeux l'édition de 1640, qui est fort rare ; mais la réimpression de 1694 (chez Laurent, à Toul) reproduit fidèlement le même texte, avec l'orthographe ; la pagination seule est changée ; je citerai donc les chapitres et non les pages des passages lus à la séance du 8 septembre.
(2) *Lettres du B. P. Fourrier*, 6 vol. in-4°, autographiées par le P. Rogie, chez l'auteur (Verdun, rue de la Belle-Vierge, 2).

et de la sortie (chap. IV), répartition des élèves en trois divisions et sous-maîtresses avec subdivisions ne devant pas dépasser vingt enfants (ibid.), bancs d'honneur et de punition, compositions; silence réglementaire, défense absolue pour le public et les Sœurs étrangères de pénétrer dans la salle, tout y est, et si la discipline a fait un pas depuis, ce n'est pas en avant. Les élèves doivent s'en revenir « deux à deux », sous l'œil des maîtresses.

Quant au *programme* des études, je ne vous le donnerai pas comme intégral, et cependant vous allez voir qu'il accuse déjà un niveau scolaire avouable. Lecture, écriture, arithmétique, morale, civilité (chap. V). On y trouve même le chant (*Lettres*, III, p. 405), la couture, la dentelle et le crochet (chap. V).

Messieurs, je crains d'abuser de votre indulgence, mais il est un chapitre capital que je me reprocherais d'oublier, celui des *méthodes*. Il suffirait lui seul à ranger le curé de Mattaincourt au nombre des maîtres de la *pédagogie* et à vous expliquer pourquoi je parle ici. Avant lui, Messieurs, on ne connaissait guère que l'enseignement individuel, donné successivement à chaque élève, ce qui occasionnait fatalement l'absence d'émulation, des lenteurs et des pertes de temps; Pierre Fourrier y remédie par l'enseignement simultané (chap. XI). Pour cela, il faut que toutes les élèves aient le même texte sous les yeux; comment l'obtenir? Deux moyens se présentent : le tableau et l'unité de livre classique; le saint fondateur les prescrit l'un et l'autre (ibid.). Puis il pose le principe de l'enseignement mutuel, faisant venir les élèves, deux à deux, près de la maîtresse pour lire séparément. « Les fautes de toutes deux seront marquées, et si l'une ou l'autre en laisse échapper quelqu'une à sa compagne sans la reprendre, ce sera une faute pour elle (ibid.). » Ces trois méthodes se mélangeaient dans des proportions qui ont pu varier depuis, mais formeront toujours la base de la pédagogie.

Après cette révolution dans l'art d'apprendre à lire, il aborde les autres matières.

Pour l'*écriture*, il a tout un chapitre (chap. XII) où les maîtresses sont invitées d'abord à surveiller la manière dont les élèves prennent leur plume et tiennent leur cahier. Puis vient la pédagogie proprement dite : deux méthodes, pour les petites, écrire une ligne en tête de chaque page; pour les grandes, avoir des modèles tout préparés.

L'*orthographe* lui fournit un champ plus vaste et non moins fécond. Il veut les préceptes comme base, puis les dictées, qu'on doit bien choisir, et les analyses, qu'il appelle lectures expliquées (chap. XIII). Rien ne lui échappe, ni les règles de la prononciation, pleines de sens et de finesse, ni la latitude qu'on doit laisser dans l'orthographe des noms propres, ni même la construction de la « période », ni enfin les narrations et devoirs de style. Ajouterai-je, Messieurs, qu'il introduit même quelques notions sur la tenue des livres, mais toujours dans la limite du possible ? (Ibid.) Et ce n'est pas le côté le moins étonnant de cet homme prodigieux d'être *complet* et d'éviter l'*utopie* dans un champ qui offre tant de mirages et où il allait en pionnier.

L'*arithmétique* est sans contredit le côté faible de son programme : des exercices sur les quatre opérations et sur les règles de trois, c'est peu ; mais il s'agissait d'écoles de filles. On ne les fréquentait guère qu'en hiver, et un autre programme n'eût pas été rempli. Du reste, il avait des pensionnats pour compléter les études. Il prescrit le *boulier-compteur* (les *jects*) pour les petites, et la plume ou le tableau noir pour les grandes (chap. xiv). Le tableau est tout aujourd'hui ; alors, Messieurs, il n'était rien, et ce n'est pas une mince gloire d'avoir deviné son rôle trois siècles à l'avance. Disons que Pierre Fourrier n'a pas seulement trouvé le tableau, mais toutes ses applications, le faisant servir même à l'enseignement de la morale. Il veut qu'on suspende aux murs des tableaux où seront inscrits en grosses lettres les principaux adages de la sagesse et les devoirs de l'enfant (chap. ix et xvii, n° 15).

Une innovation non moins heureuse et qui révèle autant, Messieurs, le grand citoyen qu'un éducateur hors pair, ce fut l'introduction à l'école de la leçon de couture. Il savait, le bon curé, que la femme doit passer sa vie l'aiguille à la main. Aussi les ouvrages manuels trouvent-ils dans son programme le rang qu'ils ont encore, une grande place, mais secondaire. Je ne le suivrai pas dans les règles qu'il donne, et pourtant elles n'ont pas vieilli (chap. xv). Mais je dois constater que l'industrie de la dentelle et du crochet, qui fut une fortune pour Mirecourt et une partie de la Lorraine, date de Pierre Fourrier.

Du chapitre sur les leçons de maintien (chap. x), je ne relèverai qu'une chose, l'existence des traités de civilité en 1600 ; et de celui des punitions, la défense absolue pour la maîtresse de recourir aux peines corporelles sans la décision de la commission scolaire (chap. xvi). J'ai dit *commission scolaire*, c'est encore une création du curé de Mattaincourt (voir le chap. iii, n° 5).

J'en passe, et des meilleurs, mais je vois un chapitre qui veut au moins une mention, c'est le xviii\e, qui dresse un *tableau de l'emploi du temps*. Il est distribué en demi-heures, avec la désignation précise du travail de chaque subdivision par demi-heure.

Messieurs, pour compléter cet aperçu, j'indiquerai simplement ce que Pierre Fourrier pensait sur les grandes questions de la gratuité et de la neutralité scolaire ; car il n'avait pas inspecté toute sa vie des centaines d'écoles et dirigé une foule d'institutrices sans rencontrer une à une toutes les questions qui touchent à l'instruction.

D'abord, il veut la *gratuité* absolue. Le 16 août 1627, il écrit à Rome pour obtenir l'approbation de ses *Constitutions*, et la raison qu'il apporte de fonder un nouvel ordre, c'est que personne « n'a encore songé à instruire gratuitement les petites filles. » (*Lettres*, III, 101.) C'est donc le père de l'enseignement gratuit.

Il discute ensuite la question de la laïcité. Naturellement, il est pour les *congréganistes ;* mais, avec la largeur de vue qui le caractérise, il veut aussi des laïques pour entretenir l'émulation. (*Lettres*, III, 198.)

C'était la première fois, ce me semble, que ces matières étaient traitées *ex professo*. Voilà pourquoi je les signale en passant. Finissons par une citation. Le 26 février 1624, il écrivait à ses Sœurs de Metz : « Vous avez beaucoup d'escholières.... Si quelque fille de la religion prétendue réformée se trouvoit parmi les autres, traitez-la doucement et charitablement. Ne permettez pas que les autres la molestent et lui fassent quelque reproche ou fascherie. Ne la sollicitez pas ouvertement à quitter son erreur et ne lui parlez pas directement contre sa religion. » *(Lettres* II, 80.)

Vous voyez qu'aucune question ne lui avait échappé. Je pourrais continuer la revue de son œuvre, mais j'ai déjà dépassé les bornes d'une communication. Encore un mot, et j'ai fini.

Je ne prétends point que Fourrier ait tout créé, mais je dis qu'il a tout réglé, soufflant sur le chaos et faisant la lumière, gardant beaucoup du passé peut-être, mais filtrant, purifiant, passant tout au creuset de l'expérience. Plus d'une idée lui vint de ses Sœurs, et encore que de fois il leur en avait d'abord suggéré la pensée pour leur en attribuer ensuite tout le mérite !

Le terrain ainsi préparé et l'œuvre commencée, le saint fondateur s'efface. La gloire devait être pour un autre. Pendant trois siècles, l'histoire fut dupe de cette modestie ; peut-être trouverez-vous, comme moi, que ce sont trois siècles de trop ?

M. ROCACHÉ

Maire du XI⁸ arrondissement, à Paris.

DE L'ENSEIGNEMENT DE LA PRÉVOYANCE PAR LES CAISSES D'ÉPARGNE SCOLAIRES

— Séance du 10 septembre 1884 —

Ceux qui vivent au milieu des classes laborieuses, qui étudient les moyens d'améliorer leur situation, sont généralement frappés du défaut absolu, qui existe chez elles, de cette vertu si nécessaire, la prévoyance.

Les ouvriers savent gagner l'argent, ils ne savent pas le conserver, ce qui fait dire avec raison qu'il est plus difficile de conserver que d'acquérir.

C'est afin de leur faire apprécier la puissance, l'utilité de l'économie, qu'on a fondé les Caisses d'épargne scolaires.

Répandre partout l'esprit d'ordre et de prévoyance, tel a été le but poursuivi.

Le centime est le commencement du million et celui qui met de côté un petit pécule en suit avec sollicitude le développement, forme et mûrit des projets d'avenir et s'éloigne des cabarets, où tant d'argent est gaspillé au détriment de la santé, de la famille, de la société elle-même, qui s'afflige de voir tant de débauches, suivies presque toujours de tant de délits et de crimes.

La réalisation de ces idées nous a donné des résultats si encourageants, que nous avons cru intéressant de les communiquer au Congrès.

Les conseils donnés par les instituteurs aux enfants dans de petits entretiens familiers ont préparé et procuré ces résultats : on les obtiendra partout où le maître voudra bien se donner la peine d'agir par la persuasion et de comprendre qu'il n'est pas seulement chargé de l'instruction, mais aussi et surtout de l'éducation des enfants du peuple.

ANNÉE SCOLAIRE 1882-1883.

La Caisse d'épargne scolaire a été organisée le 22 janvier 1883 par la Délégation cantonale et la Caisse des écoles.

Les résultats obtenus par cette nouvelle création ont dépassé toutes les espérances, ainsi qu'on va le voir par l'exposé suivant :

Sur une population scolaire de 12,600 enfants, nous avions, à la fin de l'année scolaire, après six mois de fonctionnement, 5,100 épargnants, c'est-à-dire 40 pour 100, ayant versé en tout à la Caisse d'épargne une somme de 35,474 francs, soit 6 fr. 95 en moyenne par enfant.

La modicité de ce dernier chiffre indique que c'était bien là l'épargne personnelle de l'enfant.

Des résultats aussi heureux nous ont donné l'idée de comparer notre Caisse d'épargne à celles qui existent en France depuis 1877.

En moins de dix années, 20,000 Caisses d'épargne ont été fondées, ayant pour clients 400,000 écoliers, qui ont versé chacun une somme moyenne de 23,50.

En cinq mois, les élèves des Écoles communales du XIᵉ arrondissement ont pris 4,713 livrets, ce qui représente 1/85 des livrets pris dans *toute la France, pendant une période de près de dix ans.* Et ce n'était là qu'un commencement.

ANNÉE SCOLAIRE 1883-1884.

Le criterium du succès de l'œuvre réside, selon nous, non dans le chiffre des sommes épargnées, mais dans l'accroissement du nombre des épargnants. Le nombre de ces derniers, qui était en 1883 de 40 pour 100, s'est élevé au 1ᵉʳ août 1884 au chiffre de 7,454, soit pour une population de 12,800 écoliers, à 58 pour 100.

Pendant l'année scolaire 1883-1884, 49,867 francs ont été versés à la Caisse d'épargne, ce qui représente un versement moyen de 6 fr. 69 par enfant. C'est bien là, encore, l'épargne personnelle de l'enfant.

Si nous récapitulons maintenant les résultats obtenus depuis la création de la Caisse d'épargne scolaire, c'est-à-dire en quinze mois de fonctionnement réel, nous voyons qu'il a été pris en tout 7,454 livrets et versé 85,341 francs en 36,867 dépôts. La moyenne des dépôts pour chaque livret a été de 4.94 fois (1), le versement moyen par enfant épargnant de 11 fr. 44 et l'économie journalière réalisée dans l'arrondissement de 189 fr. 65.

Par suite de la crise industrielle qui a sévi en 1884, les versements opérés dans le cours de cette dernière année ont été moins considérables que ceux de l'année 1883, mais ils ont été plus nombreux ; le nombre des épargnants s'est accru de 18 pour 100, et comme nous n'avions d'autre but que de faire pénétrer des idées d'économie et de prévoyance dans l'esprit du plus grand nombre possible d'enfants, nous sommes autorisé à conclure que l'œuvre de la Caisse d'épargne scolaire a déjà gagné beaucoup de terrain et qu'elle est appelée à rendre les plus grands services à la population laborieuse (2).

(1) C'est-à-dire que, *en moyenne,* chaque livret est venu verser à la Caisse d'épargne de Paris 4.94 fois.

(2) Cette communication a été suivie d'une discussion. — Voir *Proc.-verb.,* p. 283.

M. LIMOUSIN

Pharmacien, à Paris.

MOYEN RAPIDE DE DÉTERMINER LA QUALITÉ DES EAUX POTABLES

— Séance du 5 septembre 1884 —

M. Limousin expose un procédé qu'il trouve commode et rapide pour déterminer facilement le degré hydrotimétrique des eaux potables, ainsi que la proportion de matières organiques qu'elles peuvent contenir.

Ce moyen consiste essentiellement à substituer au procédé hydrotimétrique ordinaire, qui nécessite un attirail compliqué et dispendieux, un simple compte-gouttes exactement titré, c'est-à-dire donnant, comme l'a depuis longtemps établi M. Lebaigue, des gouttes de 5 centigrammes avec l'eau distillée, quand la section du tube d'écoulement mesure exactement à son orifice 3 millimètres de diamètre.

Avec un instrument de ce genre, on obtient pour chaque goutte d'eau 1/2 dixième de centimètre cube, ce qui constitue une approximation bien plus exacte que celle que peut fournir une burette graduée au 10ᵉ de centimètre cube.

Il est, en effet, bien plus commode de compter une goutte que de suivre avec l'œil, sur l'échelle d'une burette, si bien graduée qu'on puisse la supposer, le point d'arrêt du liquide, car les divisions sont toujours forcément très rapprochées les unes des autres.

Pour obtenir avec cet instrument le degré hydrotimétrique d'une eau quelconque, M. Limousin en verse dans un tube à essai 8 centimètres cubes, puis il ajoute goutte à goutte une solution alcoolique de savon préparée suivant la formule de MM. Boutron et Boudet, mais après avoir pris soin de lui donner un degré alcoolique suffisant pour que 2 centimètres cubes et 4 dixièmes correspondent rigoureusement à 115 gouttes pour un compte-gouttes gradué à 2 centimètres cubes.

Ces 115 gouttes correspondent exactement aux 23 divisions de la burette décime de Boutron et Boudet, qui sont nécessaires pour saturer les 25 centigrammes de chlorure de calcium contenus dans un litre de la liqueur d'épreuve.

Or, comme l'a fait observer M. Warmé, qui appelait déjà l'attention sur cette méthode en 1876, 115 divisé par 23 donnant 5, il en résulte que 5 gouttes correspondent à une division de la burette Boutron et Boudet.

Cinq gouttes égalant une division de la burette quand on opère sur 40 centimètres cubes, on aura le même rapport entre une goutte et le cinquième de 40 centimètres cubes, *soit une goutte pour 8 centimètres cubes.*

En résumé, dans le procédé hydrotimétrique ordinaire on opère sur 40 centimètres cubes, et dans le procédé par le compte-gouttes on opère seulement sur 8 centimètres cubes, ce qui fait que chaque goutte correspond à une division de la burette graduée. On obtient ainsi autant de degrés hydrotimétriques qu'on a employé de gouttes pour obtenir la persistance de la mousse, en défalquant, bien entendu, la dernière goutte qui est nécessaire pour que la mousse se maintienne à la partie supérieure du liquide, quand tout le sel calcaire a été saturé.

M. Limousin fait l'expérience, devant la Section, avec de l'eau de la Loire, qui lui a été remise par un de ses collègues, M. Delugin, et cette eau, puisée au moment où le fleuve était au plus bas de son niveau, a donné 10 degrés hydrotimétriques (quatre jours après, à la suite d'une crue qui a élevé de $1^m,50$ son niveau en quelques heures, cette même eau ne possédait plus que 7 degrés).

Pour la détermination de la proportion des matières organiques contenues dans l'eau, M. Limousin procède de la façon suivante :

Il prépare une solution titrée avec :

— Permanganate de potasse cristallisé très pur. . . . . . $0^{gr},50^c$
Eau distillée ou eau de source très pure . . . . $1000^{gr}.$

de telle sorte qu'une goutte de cette liqueur corresponde exactement à un milligramme de matières organiques pour un litre, en opérant sur 5 centimètres cubes d'eau en expérience.

Voici comment on opère : on met dans un tube gradué à 5 centimètres cubes la quantité d'eau nécessaire pour affleurer au point de graduation.

On acidule légèrement cette eau avec une parcelle de bisulfate de potasse ou une trace d'acide sulfurique, et on la porte à une température de 80 à 90° en plongeant le tube dans de l'eau en ébullition.

On introduit alors dans cette eau la solution de permanganate, avec le compte-gouttes, jusqu'à ce qu'on obtienne la persistance de la coloration rose.

Le nombre de gouttes donne en milligrammes la quantité de matières organiques contenues dans un litre de cette même eau : 10 gouttes indiqueront 10 milligrammes ; 50 gouttes, 50 milligrammes ; 100 gouttes, 100 milligrammes, etc.

Pour les eaux très chargées de matières organiques, on peut négliger, surtout si elles ne sont pas alcalines, de les acidifier et même de les chauffer.

M. Limousin explique, en terminant, que ce procédé n'est qu'une application du compte-gouttes à l'analyse chimique par les liqueurs titrées, moyen déjà mis en pratique, depuis longtemps, par le Dr Duhomme, qui l'a adapté à la recherche et au dosage du sucre des urines des diabétiques, en employant comme réactif la liqueur cupro-sodique de Fehling.

Cette méthode a le grand avantage d'être précise, commode et économique ; c'est pour ce motif que M. Limousin la soumet à la section d'Hygiène ; car, en ce moment où la question de la pureté des eaux est à l'ordre du jour, elle met tout le monde à même de déterminer facilement et rapidement les deux choses qu'il importe surtout de connaître, leur degré hydrotimétrique et la proportion de matières organiques qu'elles peuvent renfermer.

M. le Docteur BOUCHEREAU

Médecin de l'Asile Sainte-Anne, à Paris.

DE L'ASSISTANCE DES ENFANTS ARRIÉRÉS

— Séance du 5 septembre 1884 —

Les institutions consacrées aux enfants abandonnés, malades ou arriérés, se sont beaucoup développées en France durant les quinze dernières années ; les Chambres françaises ont donné l'impulsion en votant des lois nouvelles, destinées à protéger l'enfance ; le département de la Seine s'est fait remarquer entre tous par l'importance des sacrifices qu'il s'impose, chaque année, à l'égard des enfants malheureux ou infirmes : les fondations anciennes qu'il possédait ont été améliorées ; des œuvres nouvelles ont été créées ; l'initiative privée a prêté un concours puissant aux pouvoirs publics.

C'est en France, vers 1820, que Félix Voisin eut l'idée d'assurer un régime pédagogique approprié à l'intelligence des enfants arriérés. M. Belhomme, vers 1828, fit un essai dans le même sens. Puis Séguin, plus tard, et M. Delasiauve, à Bicêtre, ont fondé une école qui a donné des résultats excellents et attiré l'attention des académies. Leurs idées se sont propagées en Angleterre, en Amérique ; mais leur œuvre a été délaissée dans le pays où elle avait pris naissance, jusqu'au moment où M. Bourneville a reconstitué la section de Bicêtre pour les garçons idiots et arriérés : pavillons, personnel, système pédagogique, tout a été renouvelé, transformé, perfectionné dans cet établissement ; la section de la Salpêtrière, pour les jeunes filles, n'a pas encore reçu les améliorations que son état actuel rend nécessaires à bref délai. En dehors de ces deux maisons, il n'existe presque rien ; et, dans les autres départements, les enfants idiots des deux sexes sont presque toujours confondus avec les adultes ou laissés errants au milieu des campagnes, à moins que leurs tendances perverses et dangereuses ne rendent leur séquestration obligatoire. Or, il faut prendre l'enfant arriéré très jeune, si l'on veut tenter de développer les rares facultés que son intelligence débile possède en germe ; mais comme les départements, déjà obérés par des charges multiples, hésiteraient à entreprendre des constructions nouvelles, il y aurait lieu, comme M. Bourneville le conseille, d'autoriser plusieurs départements à unir leurs efforts dans le but de créer des asiles à frais communs pour les jeunes enfants idiots ; ou bien encore, suivant l'avis de M. Lunier, l'État devrait prendre à sa charge toute la dépense, qui a un caractère d'intérêt général. L'un ou l'autre de ces deux systèmes devrait être adopté ; autrement, on s'exposerait à ne rien faire. Si l'on veut fonder des maisons spéciales destinées aux enfants idiots, il faudrait utiliser l'expérience acquise dans la création des asiles d'aliénés.

A Bicêtre, comme les jeunes pensionnaires appartiennent en général à des familles d'ouvriers parisiens, on a surtout cherché à développer les aptitudes héréditaires spéciales, qui peuvent subsister encore chez quelques enfants, quoique dans des limites très restreintes, leur intelligence étant très bornée. Dans cette maison, les ateliers ont été organisés et sont dirigés plus particulièrement dans le but de former des serruriers, des menuisiers, des cordonniers, ou d'autres corps d'états analogues qui forment l'élément le plus habituel de la population parisienne. En province, on devra surtout s'efforcer de former des agriculteurs, en y ajoutant des ateliers nécessaires pour la réparation des instruments agricoles. Le but principal à poursuivre consiste à mettre le plus rapidement possible les enfants en situation de gagner leur existence quotidienne ; et l'on y parviendra, si l'on commence leur éducation dès le premier âge, et si l'on apprécie très exactement les germes de dispositions natives qui sont susceptibles d'être développées.

Le personnel chargé de donner des soins aux enfants et de commencer leur éducation doit être composé de femmes en majorité, surtout durant les premières années : des personnes très compétentes sont convaincues de la supériorité de la femme pour cette mission, et, jusqu'à ce que les enfants aient atteint l'âge de vingt ans, l'élément masculin devrait entrer dans les asiles d'idiots en proportion très restreinte. On pourrait même dire que là serait la condition principale du succès de ces établissements. Après vingt ans, les enfants qui sont demeurés rebelles à toute éducation

deviennent incapables d'acquérir désormais des notions utiles, et il y
aurait indication à les placer au milieu des adultes, à moins d'un arrêt
complet du développement physique : le maintien de ces derniers dans les
établissements d'enfants arriérés est justifié.

Souvent la débilité mentale n'existe pas seule chez les enfants arriérés :
elle est accompagnée de lésions du système osseux, musculaire ou nerveux,
qui donnent lieu à des infirmités multiples ; ces infirmités peuvent être
traitées avec avantage durant les premières années de la vie ; mais l'hôpital
et la thérapeutique ordinaire ne fournissent pas les seules ressources que
le médecin possède. Quelques établissements thermaux, fréquentés par la
classe riche, durant deux à trois mois de l'année, pourraient être mis à la
disposition des enfants infirmes, arriérés, pendant les autres saisons de
l'année. En effet, à condition de bien choisir les localités, la température
de l'hiver lui-même ne rend pas leur séjour impossible ; or, par suite
de certaines habitudes anciennes, on voit un capital important devenu
improductif, au grand préjudice de l'intérêt du plus grand nombre ; il y
aurait lieu de mettre à la disposition de nombreux enfants arriérés et
infirmes des sources thermales abondantes appartenant à l'État. Il suffirait de demander l'occupation temporaire d'un certain nombre de lits
dans les hospices situés à proximité des thermes ; puis, une fois que
l'expérience aurait justifié cet essai, des baraquements seraient élevés à
peu de frais, formant des hôpitaux temporaires, mais une partie du personnel, chargé de l'éducation des enfants, les accompagnerait durant leur
séjour aux stations thermales, de manière à ne pas interrompre leurs
études. Cela serait indispensable.

Il y a lieu d'expérimenter cette mesure, destinée à donner des résultats
féconds. Elle serait aussi utile que les voyages scolaires qui se pratiquent chaque année pour les enfants les plus laborieux. Nos militaires
blessés ou infirmes passent d'une station estivale à une station hivernale
avec leur personnel médical et tous les agents divers proposés à leurs
soins. Le traitement dans les hôpitaux des grandes villes, plus onéreux,
ne donne pas toujours des résultats aussi avantageux, à condition que
l'on choisisse bien les cas. Notre proposition n'a pas pour but de substituer
un régime à un autre, mais seulement de faire profiter une classe intéressante d'enfants infirmes de certaines stations thermales à l'époque où
les gens riches cessent de les fréquenter (1).

(1) Cette communication a été suivie d'une discussion. — Voir *Proc.-verb.*, p. 285.

M. le Docteur H. HENROT

Professeur à l'École de médecine de Reims.

DE L'ASSAINISSEMENT DES SALLES D'HOPITAL PAR LES PULVÉRISATIONS PHÉNIQUÉES

— Séance du 8 septembre 1884 —

Depuis longtemps on se préoccupe, à juste titre, de la désinfection des salles d'hôpital ; dans les constructions neuves, les architectes s'ingénient à trouver des moyens efficaces et non dangereux de ventilation ; dans les salles anciennes, le plus souvent mal agencées, dans celles surtout qui sont encombrées et où des typhiques, des phtisiques, des catarrheux, des malades atteints de fièvres éruptives se trouvent jour et nuit en contact, les moyens de désinfection, non irritants et d'un usage facile, ne sauraient être négligés.

Les désinfectants, après avoir été très en honneur lors des remarquables découvertes de Pasteur et de Lister, semblent un peu tomber en discrédit depuis que l'on a trouvé des microbes spéciaux pour chaque maladie, et depuis surtout que des expériences de laboratoire sont venues démontrer la force de résistance de ces micro-organismes. Avant cependant que l'on ait trouvé l'agent chimique capable de détruire certainement tel ou tel microbe, ce serait, selon nous, une faute de renoncer en médecine à l'usage des désinfectants et des antiseptiques, qui ont donné en chirurgie de remarquables résultats ; du reste, dans une salle où se trouvent réunis les malades atteints des maladies contagieuses les plus variées (à Reims, les varioleux seuls sont isolés), il serait difficile d'associer dans un même mélange toutes les substances capables de détruire avec certitude le bacille de la tuberculose, le microbe de la fièvre typhoïde, et le globule de pus du catarrhe, sans exercer d'action fâcheuse sur l'organisme.

Parce que nous ne sommes pas certains de détruire à l'aide des procédés que nous connaissons ces agents de contagion des maladies, ce n'est pas une raison pour ne pas employer ceux qui, sans exercer aucune action défavorable sur la santé des malades, les placent dans un milieu qui mette obstacle à leur reproduction et arrête leur pullulation. Des intéressantes communications de MM. Corradu et Vallin au congrès de la Haye, il semble évident qu'il y a danger à laisser séjourner des malades dans une salle qui renferme huit ou dix tuberculeux, comme le fait s'est passé dans une de mes salles à l'Hôtel-Dieu l'hiver dernier. C'est pour remédier, dans la mesure du possible, à ces graves inconvénients que nous avons cherché à donner à l'air des salles des qualités moins nocives; pour cela, nous faisons promener tous les matins dans la salle un gros pulvérisateur. Nous avons essayé nombre de liquides : solutions de sulfate de cuivre, de sublimé, d'acide salicylique, de résorcine, d'acide borique, d'acide phénique ; le sulfate de cuivre est trop irritant, le sublimé peut être dangereux, l'acide salicylique et la résorcine semblent peu énergiques, l'acide borique dépose une fine poussière sur tous les objets. Nous préférons la solution suivante, qui est parfaitement supportée par les malades, quelle que soit leur maladie : acide phénique, 10 grammes ; glycérine, 20 grammes; eau distillée de sauge, de lavande ou de romarin, 10 grammes ; eau, 1.000 grammes.

Si l'air n'est pas absolument neutralisé par ces pulvérisations, au moins il n'impressionne plus l'odorat d'une façon désagréable ; il est aussi à supposer qu'un grand nombre de germes infectieux sont détruits.

En pratiquant ces pulvérisations, dont le coût ne dépasse pas cinq centimes par malade, nous purifions l'atmosphère et nous agissons à la fois d'une façon heureuse sur les maladies des voies respiratoires, dont le traitement par la méthode des inhalations est beaucoup trop négligé; nous en avons souvent obtenu d'excellents résultats. Ce double résultat étant obtenu sans amener la moindre gêne aux malades atteints de toute autre affection, nous pensons qu'il y a lieu de recommander cette pratique (1).

M. le Docteur DESHAYES

De Rouen.

CONSIDÉRATIONS SUR LA MORTALITÉ DES ENFANTS DU PREMIER AGE DANS LA VILLE DE ROUEN, NOTAMMENT PENDANT L'ÉTÉ

— Séance du 10 septembre 1884 —

La statistique nous apprend que le département de la Seine-Inférieure, et notamment nos deux grandes villes, Rouen et le Havre, ont le triste privilège d'occuper un des rangs les plus élevés sur les tables de la mortalité générale du pays.

Alors que certaines villes d'Europe ont vu cette mortalité s'abaisser, grâce, il faut bien le dire, à l'application mieux comprise des lois de

(1) Cette communication a été suivie d'une discussion. — Voir *Proc.-verb.*, p. 288.

l'hygiène ; alors que Genève, Londres et Bruxelles n'offrent plus une mortalité que de 16, 21 et 24 pour 1,000, nous en sommes encore à Rouen et au Havre au chiffre minimum de 33.

Est-ce à dire que nous restons dans notre département complètement réfractaires au progrès ; que nos habitations, nos rues, nos fosses d'aisances, nos écoles n'aient point été, depuis quelques années surtout, de la part d'une municipalité intelligente et dévouée à l'intérêt public, l'objet de réformes sérieuses ? Nullement. Pourquoi donc, à Rouen, pour ne citer que le chef-lieu du département, la mortalité reste-t-elle si élevée ?

C'est que les causes en sont multiples ; c'est que l'état sanitaire d'une grande cité, vieille de deux mille ans, ne se modifie pas, ne se transforme pas d'une année à une autre.

Nous aurions donc mauvaise grâce, nous serions coupables, chacun dans la mesure de nos responsabilités, de ne pas voir ce qui est.

On meurt beaucoup à Rouen, telle est la vérité.

On peut y mourir moins ; il est des maladies évitables, contagieuses qu'on peut combattre et diminuer tout au moins, voilà ce qu'il faut dire.

A un autre point de vue, au point de vue patriotique, et ce n'est pas en France que le patriotisme fait défaut, ne sommes-nous pas forcés de reconnaître que la France est inférieure aux autres grandes nations, à l'Amérique, à l'Angleterre et à la Prusse, sur le terrain de la repopulation?

Car enfin, s'il est permis de mettre en doute les statistiques locales, il est une autre vérité que personne ne conteste, c'est la lenteur de l'accroissement de la France : le doublement de la population en France a besoin de 198 ans pour se faire, alors que celui de la Russie s'opère en 56 ans.

Ne nions donc pas l'évidence, et cherchons ensemble les moyens de nous relever.

Or, en tête des causes qui déterminent notre état d'infériorité aux autres nations, il faut placer la mortalité considérable des enfants du premier âge.

La loi Roussel, depuis 1874, en a sauvé beaucoup ; mais combien encore reste-t-il à faire sur ce terrain ! et c'est sur quoi je désire maintenant appeler votre attention.

L'été exceptionnellement chaud que nous venons de subir a été la cause évidente d'une mortalité vraiment effrayante chez les enfants du premier âge à Rouen.

En juillet et en août principalement, le thermomètre s'est élevé, dans certains jours, à l'ombre, à 33°, et, au soleil, à 45°.

Aussi avons-nous eu un très grand nombre de cholérines chez les enfants. Il est de toute évidence que les enfants résistent moins bien aux grandes chaleurs qu'au froid.

Pourquoi?

Les habitants des pays chauds savent combien sont dangereux les refroidissements, ceux surtout qui portent sur l'abdomen, d'où l'usage d'appliquer sur le ventre des flanelles et des lainages. Or, ici, je ne crois pas qu'on puisse attribuer au refroidissement les diarrhées cholériformes. Chacun de nous connaît l'influence de l'âge sur la puissance de résistance au froid.

W. Edwards a montré que de tout jeunes animaux pouvaient, sans mourir, être refroidis jusqu'à 17°, 14° et 13°.

Il en est tout autrement de la chaleur, et s'il est vrai que la chaleur favorise les manifestations de la vie, une chaleur extrême est contraire au rouage de l'organisme de l'enfant. W. Edwards a posé la règle suivante :

« Si l'on abaisse la température du corps de deux individus de même espèce d'un égal nombre de degrés, le plus jeune en souffrira le moins, et sa santé se rétablira plus parfaitement. »

L'expérience nous a montré que le contraire a lieu pour la chaleur, dans nos climats tout au moins, et que plus l'enfant est jeune, moins il offre de résistance.

Il est bon de ne pas confondre ici le refroidissement, si dangereux pour le nouveau-né, avec la résistance au froid.

Ces faits sont, du reste, acquis depuis longtemps à la science.

Quelle que soit, dit Gavarret (CHALEUR ANIMALE, *Dictionnaire encyclopédique des sciences médicales*), l'énergie de la résistance de l'homme à l'échauffement dans les milieux à température élevée, son économie est profondément troublée par cette lutte, ses fonctions sont altérées ; il y aurait danger réel à le maintenir trop longtemps dans des conditions semblables.

Tout démontre que son organisation lui fournit bien plus de ressources, pour se défendre longtemps et avec succès contre des températures extérieures très basses, que pour supporter l'influence d'une atmosphère dont la température dépasse d'un grand nombre de degrés celle de son propre corps.

Or, qu'avons-nous vu en clientèle par ces températures surélevées ?

Un grand nombre d'enfants, non seulement du premier âge, mais aussi de quatre, cinq et six ans, déprimés par la chaleur. Plusieurs d'entre eux présentaient, la nuit surtout, des phénomènes anormaux et de caractère inquiétant :

Les uns, agités, ont le pouls fréquent, sans élévation du thermomètre ; on les croirait tout d'abord sous l'imminence de convulsions et d'un état méningitique ; et le médecin, non habitué à observer ce genre de symptômes, est tenté d'avoir recours aux antispasmodiques, au bromure de potassium, etc.

Ce n'est pas non plus de l'asphyxie, mais un état nerveux particulier.

Vient-on cependant à ouvrir une fenêtre, à renouveler l'air de la chambre, et aussitôt le calme de se rétablir.

Un grand bain de courte durée, le matin au réveil, rétablira l'équilibre. Voilà pour la classe aisée.

Mais qu'adviendra-t-il de l'enfant de la classe ouvrière et surtout indigente ?

Faut-il redire ici ce que tant de fois déjà ont démontré les sociétés protectrices de l'enfance, l'Académie de médecine et tous les hygiénistes, à savoir : que le séjour confiné des grandes villes, les logements insalubres, l'encombrement des habitants, la mauvaise qualité du lait, sont les causes principales de l'athrepsie des enfants des villes, de même que l'athrepsie est la porte ouverte à tous les maux et surtout à la cholérine ?

Il n'y a pas quinze jours que je signalais au Bureau municipal d'hygiène de Rouen une habitation de la rue Saint-Julien, au n° 109, qui donne asile à trente-cinq ménages. Chaque ménage a plusieurs enfants. La maison, qui a coûté 11,000 francs au propriétaire, lui fournit un revenu de 5,600 francs. La cour n'est jamais lavée. Dire l'état de saleté et de puanteur de cette cour est indescriptible. Aussi tous les enfants de cette maison ont-ils payé leur tribut à la cholérine.

Déjà, en 1876, j'écrivais sur la dépopulation les lignes suivantes :

« Que le lait de la mère, qui est de beaucoup préférable, soit remplacé par du bon lait de vache naturel, non frelaté ; que les mères de famille et les nourrices perdent cette néfaste habitude qui, pour elles toutes, est la règle, et qui consiste à nourrir les nouveau-nés, tantôt par de l'eau de gomme, du gruau, de l'orge ou des panades, tantôt, au contraire, par des soupes trop épaisses et indigestes ; qu'une hygiène bien entendue, la propreté, l'aération viennent en aide, et une nouvelle génération grandira plus nombreuse et plus valide. »

En ce qui me concerne, je me suis efforcé de répandre ces données dans les classes ouvrières, et je voudrais voir partout les commissions d'hygiène organiser périodiquement, dans les centres manufacturiers surtout, des causeries, lectures ou conférences sur ce sujet.

Pourquoi ne pas faire pour les enfants ce que les sociétés agricoles font pour les animaux et pour les engrais chimiques ?

Que le pharmacien, que la sage-femme, que l'instituteur apprennent donc un peu d'hygiène, ce dont ils ignorent le premier mot.

On a reproché au biberon en caoutchouc, à la tetine, mal nettoyée, d'occasionner la cholérine. Je n'en crois rien. Assurément le sein de vos belles paysannes du Blésois vaudra toujours mieux que la tetine.

Mais, en vérité, là n'est pas le danger. Les vraies causes, ce sont celles que j'ai citées plus haut.

Il est encore cependant une autre plaie de notre organisation sociale sur laquelle je veux également attirer votre attention, et qui résulte, pour l'enfant du pauvre, du manque de soins médicaux, ou tout au contraire d'une médication intempestive. En vain multiplie-t-on bureaux de bienfaisance et dispensaires : la femme de l'ouvrier préfère l'officine.

Ce que j'écrivais en 1876 est resté vrai en 1884.

Dès la plus légère indisposition, l'enfant est conduit à l'officine des pharmaciens, lesquels s'empressent de faire supprimer le lait et de le remplacer par une série de potions et de breuvages toujours inutiles, souvent dangereux. Alors aussi les purgatifs entrent en jeu, calomel et autres, jusqu'à ce que épuisement complet s'en suive, et que, prévoyant une mort prochaine et inévitable, la mère ou la nourrice s'adresse enfin au médecin, dans la crainte que celui-ci ne refuse un certificat de décès.

Qu'on le sache bien, cette médication des enfants en bas âge, non seulement par les pharmaciens diplômés, mais encore par leurs élèves et leurs aides, est des plus pernicieuses et devient une cause puissante de mortalité.

J'en dirai autant des sages-femmes, et tant qu'une loi sévère et très rigoureusement appliquée ne viendra pas mettre un frein à ces abus, les enfants mourront par milliers. Je passe sous silence les rebouteurs et les sorciers : ceux-ci au moins se contentent le plus souvent de prières et d'attouchements.

Pour ma part, je déplore amèrement cette ingérence des pharmaciens, sachant par expérience combien est difficile et délicate la direction médicale des nouveau-nés.

En résumé, cette mortalité, cause principale de la dépopulation, tient surtout à l'hygiène mal comprise, mal dirigée des nouveau-nés.

Un mot encore sur la constatation des décès, et je termine.

A Rouen, comme probablement ailleurs, les certificats de décès sont délivrés par le médecin traitant. Rien de plus simple lorsqu'il s'agit d'une famille riche ou bourgeoise. La mort étant survenue, ou bien le médecin va réellement à domicile constater le décès, ou, assez souvent, quelques heures après avoir annoncé une fin imminente, il délivre à son cabinet le certificat de décès, sur l'attestation d'un des parents, voisins ou domestiques du mort. Dans cette dernière hypothèse, en affirmant que le décès est constant, il commet bien une légère infraction à la loi, laquelle est formelle et réclame la constatation *de visu et tactu ;* mais on peut dire que, en pareille circonstance, les intérêts de la société ne se trouvent jamais compromis. Les rigoristes, à la vérité, et on ne saurait trop l'être en pareille matière, pourraient arguer de cas non douteux de mort apparente, d'inhumations précipitées, etc. Mais de pareils cas sont peu croyables à notre époque.

Il n'en est plus de même lorsqu'il s'agit de la classe pauvre, des indigents inscrits ou non inscrits au bureau de bienfaisance.

S'il s'agit des indigents proprement dits, des familles réellement inscrites, les irrégularités commencent ; mais, quoique fatales, elles sont, disons-le vite, encore très rares. En effet, le plus souvent l'enfant malade a passé par la consultation. Il a reçu la ou les visites du médecin et de la sœur, et, s'il succombe, le décès est régulièrement constaté.

Mais à côté des indigents inscrits, il est toute une classe de pauvres non inscrits, non enregistrés, n'ayant aucun droit officiel aux secours gratuits. Les dispensaires, me dira-t-on, les hôpitaux leur sont ouverts. C'est vrai ; mais la mère de famille, chargée d'enfants, se déplace difficilement, l'hospice est loin, elle n'aime point y aller.

Qu'advient-il si l'enfant meurt ?

Pour obtenir un certificat de décès, elle ne peut s'adresser au médecin consultant de l'hospice ou du dispensaire, ni au médecin du bureau de bienfaisance, déjà trop chargé.

Au médecin du quartier ? C'est ce qui a lieu ordinairement. Mais celui-ci, qui n'a point visité l'enfant malade, peut refuser ses services. Ne serait-il pas plus simple, en pareil cas, que la famille pût s'adresser au commissaire de police du quartier, lequel délivrerait un bon de visite, ce qui a lieu, par exemple, à Rouen et à Paris pour les visites de nuit ?

Il faut bien avouer que sous tous ces rapports l'organisation de la médecine publique en France est par trop primitive.

D'autre part, n'est-il pas barbare, je vous le demande, de voir que des familles chargées d'enfants et n'ayant le plus souvent qu'une ou deux pièces étroites, se trouvent, par le fait du décès d'un des leurs, obligées de manger, coucher et dormir avec leur mort ? C'est assez et déjà trop que d'avoir à constater leur promiscuité en bonne santé.

Pourquoi les villes importantes, comme Rouen, le Havre et Blois, pour ne citer que celles-là, ne créeraient-elles pas un ou plusieurs obitoires (maisons mortuaires), où les familles pauvres, gratuitement ou moyennant une légère rétribution, auraient la faculté de venir déposer leurs morts jusqu'au moment de l'inhumation ? Ce que l'humanité indique, ne croyez-vous pas que l'hygiène ne le réclame point plus encore ?

Vienne une épidémie de choléra, de variole, de scarlatine ou de diphthérie ; qu'il s'agisse, en un mot, d'une maladie contagieuse, et voilà toute une maison menacée.

Avec l'obitoire, rien de semblable ; car on aura soin de l'approprier, c'est-à-dire de le désinfecter *intus et extra*.

Objectera-t-on que ce sont encore des créations nouvelles, des dépenses imprévues ?

Nous répondrons par cette belle maxime de notre savant collègue le Dr Rochard :

« Pour les sociétés, le gaspillage de la vie humaine est le plus ruineux de tous.

» Toute dépense faite au nom de l'hygiène est une économie. »

Nous formulerons donc les vœux suivants, que nous serions heureux de voir adopter par le Congrès :

1° Que la falsifisation ou l'adultération du lait soit sévèrement réprimée ;

2° Que défense absolue soit faite aux pharmaciens de délivrer un médicament actif, sans ordonnance du médecin, sous peine d'amende ;

3° Que tous les décès soient régulièrement constatés à domicile, et, en cas d'indigence, sur un bon du commissaire ;

4° Enfin qu'il soit créé dans les grandes villes un ou plusieurs obitoires.

M. le Docteur G. DROUINEAU

Chirurgien en chef des Hospices civils, à la Rochelle.

DE L'HYGIÈNE DES OUVRIERS DANS LES PROFESSIONS A POUSSIÈRES

— Séance du 8 septembre 1884 —

Je désire appeler l'attention des membres du Congrès, et surtout de ceux qui sont obligés de résoudre les questions d'hygiène publique, sur un point qui présente encore de nombreuses difficultés pratiques en hygiène professionnelle : je veux parler des moyens de protection de l'ouvrier dans les professions à poussières.

Cette question n'est pas nouvelle pour ceux qui ont eu à s'occuper d'hygiène publique, mais elle présente un vif intérêt et mérite d'être signalée à l'attention de tous. Elle peut être envisagée de différentes manières : 1° au point de vue de la législation sanitaire ; 2° au point de vue de l'ouvrier ; 3° au point de vue de l'industriel. C'est l'ordre que nous suivrons dans cette étude.

1° *Législation sanitaire.* — Nous savons tous que notre législation sanitaire est absolument incomplète en matière de protection pour l'ouvrier. Les décrets de 1810, 1815, 1866 n'ont eu en vue que les établissements industriels, et les prescriptions générales qui ont été formulées et qui ont servi de base aux divers conseils d'hygiène pour les établissements classés à autoriser n'ont jamais eu pour objet l'ouvrier lui-même. MM. Du Mesnil et Napias, dans leur rapport au Congrès de 1878, à Paris, ont, du reste, fait ressortir cette insuffisance de la loi qui sert de base à notre organisation sanitaire actuelle. C'est donc là un fait certain, et on peut en trouver une éclatante confirmation en consultant les avis formulés par les conseils d'hygiène ; on y verra que dans les cas rares où ils osent s'occuper de l'ouvrier lui-même ils apportent dans leurs avis une circonspection très grande.

On a fait cependant un pas, et la loi sur la protection du travail des enfants dans les manufactures n'y a pas été étrangère, de même que la responsabilité civile en matière d'accidents, du patron vis-à-vis de l'ouvrier ; ce pas a consisté surtout à sauvegarder l'ouvrier des accidents en recouvrant d'abris les parties des machines extérieures où il était facile de s'attraper par mégarde ou pendant le travail.

Cette protection sommaire de l'ouvrier a été obtenue presque partout et elle est consentie très volontiers par l'industriel.

En dehors de cette loi, rien ou à peu près ; nous sommes donc autorisé à affirmer que la lacune est ici complète et qu'elle ne peut être comblée que par une nouvelle législation qui mentionnera, dans un article spécial, que dans les professions à poussières les établissements ne seront autorisés qu'à la condition que les industriels emploient tel ou tel moyen de protection pour sauvegarder, autant que possible, la salubrité de l'atelier, les conseils d'hygiène demeurant juges de la valeur des moyens employés ou à employer.

Voilà donc un point acquis et un desideratum à obtenir. Mais en attendant, car les réformes sanitaires, pour être très nettement formulées et déjà bien établies, n'en sont pas moins longues à se faire dans les temps présents, il importe de chercher comment on pourrait parer aux inconvénients qui résultent de l'état actuel des choses.

L'étude des maladies professionnelles, celle surtout des maladies à poussières, « nosoconioses », conduiront de plus en plus à la nécessité d'une prévoyance trop longtemps méconnue et rendront obligatoire l'emploi des moyens capables d'empêcher l'influence nocive des poussières dans l'intérieur de l'atelier. Ces moyens sont constamment étudiés par l'hygiéniste, et, disons-le hautement à la gloire de l'industrie, c'est dans l'application faite dans certains ateliers, intelligemment et humainement dirigés, que nous allons puiser nos informations et nos leçons expérimentales. Nous connaissons déjà des ventilateurs puissants, des moyens efficaces de protection que nous avons vu mettre en œuvre dans différentes usines ou fabriques. Il y aura donc, dans l'avenir, à chercher à perfectionner ces procédés et à les rendre obligatoires dans toutes les industries à poussières.

Mais il y a des professions à poussières qui s'exercent non dans l'intérieur de l'atelier, mais à l'air libre. Pour celles-là, il n'y a pas de moyens de ventilation applicables, et l'ouvrier reste soumis à toutes les influences des poussières, soit par l'absorption pulmonaire, soit par le contact avec la peau. Parmi ces professions, je puis citer celles à charbon, à minerai, à ciment, etc.... La législation, qui, dans une certaine mesure, pourra arriver à protéger dans l'avenir l'ouvrier des filatures, par exemple, ne saurait plus là avoir quelque influence, car aucun Conseil d'hygiène ne saurait trouver un moyen d'empêcher ces poussières de se produire et d'incommoder l'ouvrier. La production de la poussière est là inhérente à l'industrie elle-même, et vouloir empêcher qu'elle se fasse c'est supprimer l'industrie. La législation sanitaire ne pourra donc pas agir directement dans ces professions pour protéger l'ouvrier ; mais on peut y arriver indirectement peut-être, car il faut chercher à atténuer la condition fâcheuse dans laquelle se trouve ici le travailleur, et sa situation morale et physique dans ces pénibles professions doit inspirer à tous le plus vif intérêt.

2° *L'ouvrier.* — Dans l'exercice de ma profession, dans mes nombreuses visites dans les fabriques d'agglomérés, dans les industries métallurgiques, j'ai toujours été péniblement impressionné, au moment de la débauchée, de ce cortège d'hommes noircis de la tête aux pieds, les vêtements ainsi que la peau, portant au bras le panier vide des provisions du jour et regagnant le logis. Puis, j'en ai revu, sortis de l'atelier, harassés de fatigue et de besoin, ayant hâte de prendre de la nourriture, s'asseoir à la table du logis dans cet état horrible de saleté qui, pour l'ouvrier, n'est pas dégradant peut-être, puisqu'il est l'emblème du travail. Après un repos nécessaire, le lendemain, à l'heure d'embaucher, un lavage sommaire enlève mal ce que le frottement contre des draps, déjà bien souillés, a laissé, et peu à peu la peau conserve une teinte particulière et s'imprègne d'une façon indélébile de poussière et de crasse. De là à certaines maladies spéciales bien connues, il n'y a, comme chacun le sait, qu'un pas. Eh bien, la situation normale de ces logis d'ouvriers où l'homme revient tout noir de charbon et de poussière, c'est la saleté ; la ménagère, si vaillante et si ordonnée qu'elle soit, renonce à fournir à son mari des linges blancs et des draps propres. On s'habitue peu à peu à cette vue, les enfants comme les parents, et c'est bientôt la règle de la maison. Est-il possible, en effet, de demander à un ouvrier de changer souvent de manière de vivre et d'apporter dans son existence laborieuse des soins minutieux de propreté comme dans d'autres professions ?

Voit-on ce que pourraient coûter par jour les bains nécessaires à un pareil ménage et le blanchiment des linges, et croit-on qu'un ouvrier avec son modeste salaire pourrait suffire à pareille dépense ? Il n'y faut pas songer, et laisser l'ouvrier se dégager seul de cette fâcheuse condition hygiénique, c'est le laisser dans la saleté et dans la dégradation morale qu'elle entraîne. On peut invoquer que dans certaines villes il existe des bains à bon mar-

ché dont l'ouvrier peut user ; d'abord ils sont rares, en France, ces bains
à bon marché, et puis, si bon marché qu'on les suppose, c'est, à se répéter chaque jour, une dépense et beaucoup ne la pourraient supporter .
Puis il faut, comme condition nécessaire, aller chercher le bain ; autre
inconvénient pratique. Il est donc difficile, je dis même impossible, que
l'ouvrier trouve, soit chez lui, soit dans les conditions ordinaires de sa vie
le moyen de corriger les influences fâcheuses que son travail fait naître
pour lui et pour sa famille. Eh bien, cela est-il juste et est-ce vraiment
nécessaire ? Voilà ce qu'il faut examiner.

3° *L'industriel.* — C'est en examinant la question au point de vue de
l'industriel que nous pourrons la résoudre. Que demande un industriel ?
C'est d'avoir des bras pour exercer son industrie, cela en échange d'un
salaire déterminé.

L'ouvrier, lui, donne à l'industriel, son temps et son travail pour ce
salaire ; mais tous deux entendent bien que ni l'un ni l'autre ne porteront
nuisance à leur outillage personnel. L'outillage de l'industriel, ce sont ses
machines, le travail rapidement fait, le bon emploi du temps et des
forces ; celui de l'ouvrier, c'est la santé, la vigueur corporelle. L'intérêt
commun de l'un et de l'autre, c'est que cet outillage conserve ses qualités
de résistance nécessaire. Or, l'industriel surveille le sien, il l'entretient et
le corrige ; quand l'outillage matériel s'use, il le change ; quand l'outillage
humain lui semble défectueux, il le remplace.

Mais l'ouvrier, quand il s'est usé à ce labeur industriel, quand il s'est
peu à peu altéré matériellement, il n'a d'autres ressources que lui-même
et l'industriel ne lui vient pas en aide. Laissons de côté la question philanthropique que ce sujet peut soulever, laissons les caisses de prévoyance,
les sociétés de secours, les assurances, etc.... je prends la question plus
étroitement et je dis ceci : l'ouvrier arrive en tenue de travail à son chantier propre, vaillant et en bonne santé ; il donne son travail à l'industriel
en échange d'un salaire ; mais le soir, après avoir, pour ce salaire, accompli son labeur et fait sa tâche, il rentre chez lui diminué, parce que ce
labeur lui demande aussitôt, pour le remettre en état de le reprendre de
là même manière, c'est-à-dire pour entretenir journellement son outillage
à lui, une dépense véritable et forte. Il serait spécieux de dire que c'est
là une considération étrangère à l'industrie, que l'industriel n'a pas à se
préoccuper de cette déchéance progressive dont il semble être le fait, ou
de cette dépense journalière qu'il occasionne, car les associations ouvrières
prouvent qu'il y a entre les intérêts du patron et des ouvriers des liens
étroits, et en fait, nous voyons autour des grandes industries naître les
cités ouvrières, les sociétés coopératives de consommation et de secours,
et tout cela sous l'initiative intelligente et salutaire des patrons. Donc,
si dans la grande industrie cette relation morale se traduit par des faits,

si cette solidarité si estimable existe, pourquoi n'en serait-il pas de même dans la petite? C'est ainsi qu'à mon avis, je crois pouvoir dire qu'il est juste que le patron s'émeuve de la situation qu'il crée à l'ouvrier qu'il gage et de l'influence qu'exerce sur lui et sur les siens l'industrie à laquelle il l'emploie. Je pense même qu'il faut aller plus loin et y voir plus qu'une question d'équité, mais aussi de nécessité, quoique l'une soit la conséquence de l'autre. Il est nécessaire que l'outillage humain soit conservé avec autant de soin que l'outillage mécanique; le défaut de bras est un obstacle industriel, il y a donc intérêt, au bas comme au haut de l'échelle du travail, à ménager cette chose utile : l'homme. Or, l'industriel peut beaucoup et à peu de frais, pour cette conservation, et c'est à lui que nous devons demander la solution de la question.

Il faudrait idéalement que l'ouvrier sortît du travail comme il y est entré. Voyez le bureaucrate, qui ne peut gâter que des vêtements : il a des habits de rechange et des manchettes tutélaires. L'ouvrier pourrait avoir des vêtements de rechange s'il avait à sa disposition un petit abri, sûr, pour les déposer ; en outre, s'il trouvait à la fin de son travail un lieu qui pût lui servir à se laver rapidement de la tête aux pieds, il rentrerait bien volontiers dans sa maison propre et joyeux. C'est là ce qu'il faut réaliser. Or, nous savons que les bains-douches, expérimentés dans l'armée, peuvent donner des résultats excellents et économiques. Il n'y a pas d'industrie, si petite soit-elle, une simple grue à vapeur qui ne puisse fournir soit une quantité d'eau chaude, soit de la vapeur qui, condensée, donnerait une eau suffisamment chaude. L'industrie a donc, d'une manière générale et économiquement, le moyen de pourvoir partout à des procédés faciles de nettoyage. Il y aurait à utiliser ces sources bienfaisantes, pour le bien-être de l'ouvrier. Pratiquement, il faudrait faire une distinction entre les industries fixes, ou usines ayant des constructions plus ou moins étendues, et celles où le travail s'exerce sans abri fixe, comme les quais de déchargement. Je voudrais que, dans ces derniers cas, il y eût de petites installations faites pour les ouvriers et comportant quelques bains-douches et un casier-vestiaire fermé.

L'installation des bains y serait aussi sommaire que possible et pourrait ressembler à celle mise en pratique dans certaines casernes, je crois. Un seau laisse couler lentement une certaine quantité d'eau et suffit à laver tout le corps. L'ouvrier, muni de ses effets de rechange, irait, à la débauchée, chercher son seau d'eau chaude, se déshabillerait, se nettoierait, reprendrait ses effets du matin et rentrerait chez lui dispos. Cinq à dix minutes suffiraient pour le tout. La dépense se résume en une dépense d'installation bien peu coûteuse ; car celle de l'eau ne saurait compter.

Pour l'industrie fixe, et il faut prendre pour type, si l'on veut, les usines d'agglomérés, où l'installation se réduit à peu de chose, il serait facile de faire le petit réduit dont je parle, attenant à la construction en bois qui recouvre les machines et d'y installer les douches avec seau ou avec un réservoir, système plus complet et moins rudimentaire ; ce serait l'affaire de l'industriel.

Le point essentiel, et c'est par là que je termine cette étude, serait de rendre cette prescription obligatoire. Pour l'industrie fixe, il y aurait, si la législation sanitaire nous faisait un devoir de veiller à l'ouvrier aussi bien qu'à l'industrie, à rendre cette installation obligatoire pour toute industrie à poussières et de la prescrire au moment de l'autorisation, car tous appartiennent aux établissements classés. Il faut arriver à ce résultat, car compter sur la persuasion est illusoire ; je me souviens avoir fait, dans un rapport pour un établissement de ce genre, appel à un industriel généreux et philanthropique, et conseillé pareille installation ; mais je n'oserais affirmer que l'industriel ait eu connaissance du rapport ; on lui a, suivant la formule administrative, notifié son arrêté d'autorisation, dans lequel mes recommandations ne purent trouver place. Il en sera probablement de même ailleurs. Je ne crois donc pas compter sur ce moyen, car dût-on faire seulement appel à la bonne volonté des industriels, ils auraient toujours à invoquer des raisons qui leur permettraient de se dispenser d'une petite aggravation de dépenses ou d'un léger supplément de peine. Ce qu'il faut, c'est l'obligation légale et la prescription formulée impérativement. Pour les autres, c'est par l'intermédiaire des chambres de commerce ou des municipalités qu'il faudrait agir ; il faudrait pouvoir émettre des vœux à ce sujet et réclamer l'installation, soit aux frais des chambres de commerce et des armateurs, soit aux frais des municipalités, d'abris-douches à l'usage des ouvriers et réglementer leur emploi suivant les cas, en en confiant la police à un agent quelconque. Ce ne sont pas là des choses d'une réalisation bien difficile et de nature à effrayer les initiatives les moins hardies.

Ce que l'on obtiendrait en échange serait certainement considérable et montrerait vite combien il faut peu pour améliorer quelquefois le sort de l'ouvrier. Ce que l'on dit de phrases magnifiques, ce que l'on rêve de chimères à ce sujet est considérable, mais ce que l'on fait pratiquement est peu. Je propose ce moyen qui, dans son application, est facile et qui cependant, dans ses résultats, aura l'immense avantage, dans toutes les industries à poussières, de préserver l'ouvrier dans son travail quotidien des influences fâcheuses des poussières sur la peau du visage, des mains, etc., qui lui permettra, en outre, d'économiser sur son salaire la dépense de cet entretien qu'il serait obligé de faire chez lui, s'il voulait appliquer pour lui et les siens les règles les plus élémentaires de l'hygiène privée ; règles que nous cherchons à faire pénétrer partout. La propreté dans la maison redeviendrait la règle là où était la saleté et avec elle le contente-

ment moral que l'homme éprouve après une journée de labeur, quand il
rentre dans un milieu aimé où se placent à ses côtés les êtres qu'il affectionne. C'est là de l'hygiène sociale bien entendue et qui mérite aussi
d'éveiller l'attention des philanthropes et des administrateurs.

M. le Docteur E. MAUREL

Médecin de 1re classe de la Marine à Cherbourg.

DU RÉGIME ALIMENTAIRE DANS LES PAYS CHAUDS

— *Séance du 10 septembre 1884* —

Quelques mots d'historique, tout en me permettant de faire voir par
quelles phases a passé cette question, auront de plus l'avantage de bien
préciser le point sur lequel je veux spécialement appeler votre attention.

Mon intention n'est pas, en effet, d'entrer dans le détail de la ration et
de discuter un à un la valeur des divers éléments exotiques. Je veux seulement, embrassant cette question de l'alimentation dans son ensemble,
me demander si la ration des troupes de terre et de mer et le régime alimentaire généralement suivi par les Européens en ce moment, est bien
réellement celui qui leur convient le mieux, et s'il n'y aurait pas lieu de
modifier largement l'alimentation, selon que ces troupes, par exemple,
vivent dans nos pays tempérés ou dans les pays chauds.

Pour bien préciser la question, je la poserai ainsi : Le régime alimentaire dans les pays chauds doit-il être surtout végétal ou surtout animal ?
Je dis surtout, parce que, en effet, il est bien entendu que le doute ne
saurait porter que sur une question de proportion et que l'on ne saurait
admettre que le régime soit ou bien exclusivement végétal ou bien exclusivement animal. Mais, étant donné que tout régime doit être mixte, quelle
proportion faut-il donner à ces deux sortes d'aliments ?

Voyons tout d'abord quelles ont été sur ce point d'hygiène les opinions
de nos devanciers.

Les auteurs français qui écrivirent dans la seconde moitié du siècle
dernier, tels que Campot et Bayon, se montrèrent franchement partisans
du régime végétal. Cette opinion, du reste, n'était qu'un reflet des idées
du temps. On commençait à voir de l'inflammation, de la congestion, de
la pléthore un peu partout ; et, sous l'influence de ces idées, il était naturel

d'appliquer les émollients, les adoucissants, les calmants, etc., dont le régime végétal était le complément forcé et l'auxiliaire indispensable.

Aussi, il est peu d'auteurs de cette époque qui, plus ou moins, n'aient sacrifié à ces idées. Mais, de tous, ce fut Poissonnier-Desperrières qui les poussa le plus loin. Pendant de longues années, il fut le partisan résolu du régime végétal et, malgré les vives résistances qu'il rencontra parfois, la haute situation qu'il occupait imposa ses idées à plusieurs générations.

Ce furent celles du commencement de ce siècle. Bientôt, du reste, Broussais vint leur apporter tout l'appui de son talent. La doctrine physiologique, exposée, défendue, on pourrait dire prêchée avec un talent indéniable et une grande force de conviction, se répandit d'autant plus facilement dans nos colonies qu'elle y trouvait un terrain tout préparé. Les tisanes adoucissantes, les émollients, les purgatifs doux complétaient tout traitement antiphlogistique. Ce fut le triomphe de la saignée, de la guimauve et de la raquette.

Cependant, dès la fin du siècle, des protestations s'étaient élevées contre cette doctrine, et nous voyons un enseigne de vaisseau, de La Coudraye, combattre Poissonnier. Peu à peu même un courant en sens inverse se produisit, au moins dans la population européenne, et quand l'école physiologique tomba, ce fut sans hésitation et tout aussi aveuglément qu'on vit cette population se lancer dans la voie nouvelle. Le danger ne fut plus l'inflammation, mais l'anémie. On la vit partout. Mais, comme je l'ai dit, c'est surtout dans la population européenne, celle qui mettait son amour-propre à copier la métropole, que cette transformation s'opéra. Une scission se fit. Tandis que les Européens et les créoles blancs s'inspiraient des doctrines de la métropole et répudiaient les antiphlogistiques, pour considérer le fer et le quinquina comme les remèdes à tous les maux, la population coloniale proprement dite, routinière par goût et par nature, restait fidèle à ses anciennes pratiques.

Cette divergence se manifesta non seulement dans la pratique de la médecine, mais surtout dans l'hygiène et, entre autres, par le genre d'alimentation. Dominés par la crainte de l'anémie, la voyant partout, expliquant tout par elle, les métropolitains vivant dans les colonies n'eurent dès lors qu'une préoccupation : la prévenir et la combattre par une alimentation fortement animalisée et par le fer et le quinquina.

L'autre, au contraire, laissant toujours à l'inflammation son rôle prépondérant, la considérant toujours comme son ennemie, resta fidèle à sa nourriture végétale, peu échauffante, et manifesta pour les toniques, surtout pour la quinine, un véritable éloignement, dont on a encore quelque peine à triompher aujourd'hui.

C'est ainsi que dans toutes nos colonies, et on peut dire maintenant dans tous les pays chauds, se sont constitués deux régimes qui se partagent la population : le *régime créole* et le *régime européen*.

Voyons rapidement quelle est la composition de chacun d'eux.

Eau. — A quelques exceptions près, l'eau que boivent les divers groupes de population est la même. Une seule différence existe, c'est que la population pauvre, qui suit surtout l'alimentation créole, la boit pure, tandis que l'autre la mélange au vin. Quant à l'origine de ces eaux, dans presque toutes nos colonies on boit de préférence l'eau de pluie recueillie dans des citernes ou des jarres, ou même parfois dans de simples mares. Enfin, quelques populations utilisent l'eau de sources ou celle des cours d'eau. L'eau bue par les deux groupes de population, dont je compare le régime alimentaire, étant la même, je ne m'y arrêterais pas davantage si par sa pauvreté extrême en matières salines cette eau ne se prêtait à des considérations d'hygiène importantes. Une eau, on le sait, en effet, pour être potable, doit contenir une certaine quantité de sels, dont la moyenne a été fixée entre 0^{gr} 25 et 0^{gr} 50 par litre, les sels de chaux étant de tous les plus importants.

Or, si nous étudions ce qui se passe dans les pays chauds, nous serons frappés de ce fait, que la chaux dans un grand nombre de cas manque presque complètement. Il est évident d'abord qu'elle manque dans toutes les eaux de pluie. Mais, de plus, soit dans les analyses que j'ai faites ou fait faire, soit dans celles qui existaient déjà, j'ai été frappé de constater combien sont nombreuses les eaux de sources ou de rivières qui, sous ce rapport, sont absolument comparables aux eaux de pluie.

J'en cite un certain nombre comme exemples :

Guyane.

Eau de Rorota, alimentant toute la ville de Cayenne.

Silice	0.006
Peroxyde de fer	0.004
Sulfate de chaux	0.004
Magnésie	néant
Matières non dosées et pertes. . .	0.052
Résidu total.	0.066

Eau de Baduel, alimentant autrefois la même population, considérée dans le pays comme ferrugineuse et partant utile dans l'anémie.

Silice	0.005
Carbonate de fer.	0.008
Sulfate de chaux	0.010
Matières non dosées et pertes. . .	0.016
Résidu total.	0.039

Eau du Maroni, ne contient que 0 gr. 05 de résidu par litre.

Eau de l'Orapu : résidu total, 0,036.

Eau du Counana :

Silice	0.010
Peroxyde de fer	0.014
Chaux.	néant
Magnésie	0.004
Acide sulfurique	0.008
Matières non dosées et pertes. . .	0.004
Résidu total.	0.040

Guadeloupe.

LA POINTE-A-PITRE.

Eau de la conduite (analyse hydrotimétrique).	0.060
Eau de jarre (analyse hydrotimétrique).	0.060

Eau de citerne (analyse hydrotimétrique. 0.077

BASSE-TERRE.

Rivière aux Herbes (analyse hydro-
timétrique) 0.104
Rivière de Malanga (analyse hydro-
timétrique). 0.129
Dehaye { Rivière 0.099
Source de la Brigade. . 0.035
Bouillante. Rivière 0.081
Pointe-Noire. Rivière 0.068
Goyave. Rivière de la Goyave . . . 0.087

Rivière { chlorure de sodium 0.090 }
des { carbonate de chaux 0.040 } 0.150
Pères-Blancs { sulfate de chaux. . 0.020 }

Source du camp Jacob.

Chlorure de sodium . . . 0.034)
— de calcium . . . 0.008 |
Sulfate de chaux. . . . 0.006 | 0.063
Résidu terreux. Carbonate |
de soude avec traces de |
silice . . . . : . 0.015)

Rivière Noire.

Chlorure de sodium . . . 0.338)
— de calcium. . . . 0.370 | 0.800
Sulfate de chaux. . . . . 0.082 |
Résidu insoluble. . . . . 0.010)

Source Godefroy.

Sulfate de chaux. . . . . 0.045)
Chlorure de calcium . . . 0.015 |
— de sodium . . . 0.042 | 0.240
Carbonate de chaux . . . 0.133)

Rivière. Canal Roche.

Chlorure de sodium . . . 0.124)
Sulfate de chaux. . . . . 0.086 | 0.405
Chlorure de calcium . . . 0.145 |
Résidus . . . . 0.050)

Canal Pelletier.

Chlorure de sodium . . . 0.234)
— de calcium . . . 0.310 | 0.630
Sulfate de chaux. . . . . 0.086 |
Matières végétales . . . . traces)

Gabon.

Eau du Como, prise à Ningui-Ningui.

Silice. . . . . 0.008)
Sulfate de chaux. . . . . 0.008 |
Fer. . . . . 0.006 | 0.038
Sulfate de magnésie . . . 0.002 |
Matières non dosées et pertes 0.014)

Source du Charpentage.

Silice . . . . 0.003)
Fer. . . . . 0.005 |
Sulfate de chaux. . . . . 0.02 8 | 0.043
— de magnésie . . . 0.004 |
Matières non dosées . . . 0.003)

Eau du puits de Libreville.

Silice . . . . 0.006)
Fer. . . . . 0.004 |
Sulfate de chaux. . . . . 0.032 | 0.054
Matières non dosées et pertes 0.012)

C'est là, je crois, un fait qui méritait d'être signalé. Si, en effet, pour la population vivant à l'européenne, cette absence de la chaux peut à la rigueur être compensée par celle qui se trouve soit dans le vin, soit dans la viande, il n'en est pas de même pour la population qui suit l'alimentation créole, et cela d'autant plus, nous allons le voir, que les légumes dont elle fait sa nourriture habituelle n'en contiennent également que fort peu. J'ai déjà, du reste, appelé l'attention sur cette pauvreté des eaux en matières calcaires dans un travail fait sur l'hydrologie de la Guyane ; et, en même temps, je signalais quelques-unes de ces conséquences, telles que le retard de l'ossification chez le fœtus, celui de la formation du cal dans les fractures et la fréquence de la carie dentaire, surtout dans la population créole. Je pense donc que ce ne serait pas sans avantage que l'on suppléerait artificiellement à cette absence de chaux qui, on le sait, est un véritable aliment. Le moyen qui me paraît le plus pratique serait de réunir le phosphate de chaux au pain lui-même au moment de sa fabrication.

Déjà, du reste, ce besoin de la chaux semble avoir été compris par certains peuples de l'Orient qui, ayant une nourriture presque exclusivement végétale, trouvent cette chaux dans le *bétel*, dont elle constitue, on le sait, un des principaux ingrédients.

RÉGIME EUROPÉEN. — Les Européens vivant dans les pays chauds se divisent naturellement en deux groupes : les rationnaires et ceux qui ne le sont pas.

Les rationnaires comprennent, outre les troupes à terre et les marins, plusieurs autres personnels, tels que les condamnés et les représentants de certaines administrations civiles. Ils sont proportionnellement d'autant plus nombreux que l'occupation de la colonie est plus récente.

Mais, dans les anciennes colonies, et ce sont les plus nombreuses, le nombre de rationnaires est relativement peu considérable, si on le compare à la population civile qui, attirée par le commerce et l'industrie, y vit soit momentanément ou bien s'y est fixée d'une manière définitive.

A ces deux groupes de population il faut en joindre un troisième, généralement plus nombreux, qui se recrute dans la population indigène et qui, par amour du luxe surtout, renonce à ses habitudes et adopte les nôtres. Mais ces deux derniers groupes, on le sait, n'en font réellement qu'un : l'un et l'autre vivent librement et restent maîtres du choix de leurs aliments.

Je ne puis mieux donner une idée du régime alimentaire des premiers groupes qu'en reproduisant ici le règlement sur la ration des troupes de terre et celle des marins pour la France, celle des autres puissances étant du reste à peu près identique.

RATION DE CAMPAGNE

Pain frais.	750 grammes	tous les jours.
Ou biscuit.	550	
Vin de campagne.	46 centilitres	tous les jours.
Conserves de bœuf.	200 grammes	
Lard salé	225	un des trois tous les jours, sauf le vendredi.
Viande fraîche.	300	
Fromage.	80 grammes	pour le vendredi. — Le fromage et les sardines sont donnés séparément et toujours accompagnés d'une certaine quantité de légumes.
Sardines à l'huile	70	
Légumes secs	120	

A ces aliments, il faut ajouter d'une manière constante :

Café	20 grammes.
Sucre.	25
Eau-de-vie	6 centilitres.

et, de temps à autre, pour un ou deux repas par semaine, de la chou-
croute, 20 grammes; de la graisse de Normandie, 12 grammes.

Ce régime, comprenant donc 6 jours de viande par semaine, donne un
total de 94 kilogrammes par homme et par an et 272 kilogrammes de
pain.

Quant à la population civile, si on ne peut avec autant de précision
donner la composition de son alimentation, je pense qu'il suffira de savoir
qu'elle s'attache surtout à avoir une nourriture fortement azotée, et que
la viande de bœuf est celle qui le plus souvent fait la base de ses repas.
On peut donc admettre que son régime est au moins aussi riche que celui
des rationnaires.

Quant au régime créole ou indigène, il varie, bien entendu, beaucoup
dans l'immense étendue des pays que j'embrasse dans cette étude, mais
cependant présente toujours ce caractère capital de voir la viande perdre
de son importance au détriment des végétaux soit secs, soit verts, qui
occupent la première place. L'Africain vit surtout de manioc, de millet, de
maïs, de dattes. Les populations de l'Inde et de l'Extrême-Orient se nourrissent de riz. La population du Pacifique demande en grande partie son
alimentation aux cocotiers. Les populations indigènes d'Amérique la
demandent au manioc et au maïs. Enfin, toute la zone tropicale utilise le
fruit savoureux de la banane et de ses nombreuses variétés.

Joignez dans chaque pays des fruits de natures diverses, quelques
autres légumes dont les uns sont très répandus, tandis que d'autres sont
limités à des zones moins étendues, et l'on aura la nourriture des habitants
de la vaste zone dont je m'occupe. Quant à la viande, sauf pour quelques
contrées, elle est d'un usage des plus restreints, et chez quelques populations, même d'un emploi si rare, qu'elle n'entre dans l'alimentation que
comme une véritable exception.

Il suffira, pour se faire une idée de cette différence dans la quantité de
viande dépensée, de jeter les yeux sur les chiffres suivants, que j'ai
recueillis dans deux de nos colonies, dans lesquelles cependant l'exemple
constant de l'existence métropolitaine rend forcément l'usage de la viande
plus fréquent.

Voici les chiffres pour la Guadeloupe et la Guyane.

La Guadeloupe a une population de 140,000 habitants environ. Or,
pendant les années 1878, 1879 et 1880, il a été introduit une moyenne de
4,300,000 kilogrammes de farine, ayant donné environ 5,000,000 de kilogrammes de pain. Si nous admettons que la quantité de pain dépensée
soit 270 kilogrammes environ par an, nous verrons que 18,000 habitants
seulement usent du pain dans leur alimentation; c'est-à-dire que la quantité de farine introduite servirait tout au plus à nourrir le septième des
habitants. Le calcul pourrait être fait autrement. On peut se demander la

quantité de pain qui reviendrait à chaque habitant s'il était distribué à chacun d'eux. Cette quantité ne dépasserait pas 35 kilogrammes au lieu de 272. Il faut donc admettre que les six septièmes de la population trouvent soit dans le manioc, soit dans les autres racines l'alimentation qu'ils ne demandent pas au froment.

La proportion du vin dépensé est encore moindre. La moyenne introduite pendant ces trois mêmes années a été de 2,283,000 litres. Or, en fixant à 180 litres la quantité dépensée par an et par homme, comme pour les rationnaires, on arrive à établir que cette quantité ne pourrait suffire qu'à 13,000 habitants.

Enfin, là où la différence se fait le plus sentir, c'est à propos de la quantité de viande consommée. On peut estimer à 15 le nombre de bœufs abattus tous les jours, ce qui nous donne un total de 5,475 par an, et en estimant à 200 kilogrammes la viande fournie par chacun d'eux, à 1,095,000 kilogrammes. Or, cette quantité ne suffirait pas à alimenter 12,000 rationnaires. Le calcul fait autrement est encore plus saisissant. Quinze bœufs, je l'ai dit, sont abattus tous les jours, ce qui nous donne, à 200 kilogrammes par bœuf, 3,000 kilogrammes de viande à distribuer à 140,000 habitants! soit environ 20 grammes pour chacun d'eux!

On peut voir par ce calcul combien le régime du créole de la Guadeloupe, en général, est peu animalisé; et, cependant, je le répète, cette colonie est une de celles dans lesquelles l'existence se rapproche le plus de celle de la métropole.

L'examen de ce qui se passe à la Guyane va nous conduire aux mêmes résultats.

On peut estimer à 20,000 environ la population vivant soit à Cayenne, soit dans ses centres importants, le Maroni, Mana, etc.; or, la quantité de farine importée pendant les quatre années 1873, 1874, 1875 et 1876 a été en moyenne de 1,575,553 kilogrammes par an, et celle du vin, pendant les mêmes années, 1,830,287. En admettant, comme précédemment, que la ration de pain est de 750 grammes et celle du vin de 50 centilitres, on en déduit facilement que ces quantités auraient suffi à 8,000 rationnaires pour le pain et à 10,000 tout au plus pour le vin. Si de ces nombres nous retranchons 3,000 rations de pain et 1,500 de vin revenant aux troupes, aux hôpitaux et au personnel de la transportation, dont l'alimentation est assurée par l'État, il nous reste 5,000 rations de pain et 8,500 rations de vin à répartir dans le reste de la population.

Quant à la viande, sa consommation est encore inférieure à celle du pain, beaucoup de personnes faisant usage de ce dernier sans user de la viande.

ALIMENTS	QUANTITÉ RÉGLEMENTAIRE par jour et par rationnaire.	QUANTITÉ REVENANT	
		à la Guadeloupe.	à la Guyane.
Pain.	750 grammes.	95 grammes.	29 grammes.
Vin	46 centilitres.	16 centilitres.	25 centilitres.
Viande	300 grammes.	20 grammes.	»

On le voit donc, même dans ces colonies, dans lesquelles l'existence se rapproche le plus de celle de l'Europe, la partie de la population qui suit le régime européen constitue encore l'exception. Elle use, il est vrai, de poissons frais et salés, et parfois de lard, mais c'est surtout au régime végétal qu'elle demande son alimentation. Or, comme nous allons le voir, ces végétaux eux-mêmes sont beaucoup moins riches en matières azotées que le froment, de sorte que l'alimentation créole est doublement inférieure à la nôtre sous le rapport de la quantité d'azote, d'abord parce qu'elle n'use pas de viande et ensuite parce que les végétaux qui remplacent le pain en contiennent moins que lui.

Parmi ces végétaux, je me contenterai de citer le maïs, le riz, etc., dont la composition est bien connue. Mais j'ai pensé qu'il ne serait pas sans intérêt de fournir l'analyse de quelques autres moins connues, analyses qui ont été faites à ma demande par un de mes amis, M. Béleurgez, pharmacien à la Basse-Terre.

Manioc.

Fécule. . . . . 22.40 p. 0/0
Matières azotées 9.65
Cendres. 5.25

Ces cendres analysées ont donné :

Chaux. . . . . 1.75 p. 0/0
Magnésie 1.20
Soude. 0.05
Potasse 42.50

Igname.

Matières azotées. . . . . 2.65 p. 0/0
Amidon 16.25
Substances diverses, graines, etc. 1.80
Sels. 1.30
Eau. 78.00

_____
100.00

Analyse des cendres, 6.40 p. 0/0.
Chaux. . . . . 2.10 p. 100
Magnésie 0.90
Soude. . . . . traces
Potasse 39.05
Oxyde de fer 1.25

Acide sulfurique. 3.15
Acide carbonique. 14.35
Acide phosphorique . . . 13.20
Chlorure 1.90
Silice. 15.00
Matières charbonneuses. . . 8.90

L'analyse de la farine de l'igname a donné :
Fécule. . . . . 12.20 p. 0/0
Matières azotées 4.45

Madère (arum sagittifolium).

Analyse de la farine :
Fécule. . . . . 6.50 p. 0/0
Matières azotées 2.15
Analyse des cendres, 6.50 p. 0/0.
Chaux. . . . . 3.10 p. 0/0
Magnésie. 1.75
Soude. 0.00
Potasse 9.20

Malanga.

Fécule. . . . . 16.90 p. 0/0
Matières azotées 5.80

Cendres, 4.95 p. 0/0.

Chaux.	3.05 p. 0/0
Magnésie	0.075
Soude.	0.00
Potasse	34.90

Couscousse.

Fécule.	16.00 p. 0/0
Matières azotées	5.55
Cendres, chaux.	1.30 p. 0/0
Magnésie	0.20
Soude.	traces
Potasse	19.25

Banane.

Banane verte.	Glucose	2.850
	Fécule.	8.000
Mucilage et matière astringente précipitant en noir par le sulfate de fer.		62.545
Carbonate de potasse et chlorure de potassium		7.225
Pulpe séchée.		19.424
		100.000

Banane jaune.	Glucose.	9.22
	Fécule	5.114
	Pulpe et mucilage	85.666
		100.000

Mangue.

Glucose et lévulose.	4.221
Fécule.	1.811
Résine, gomme, malate de potasse et de chaux	2.271
Eau et pulpe.	91.697
	100.000

Sapotille.

Glucose et lévulose.	6.862
Matières, gommes, résines . . .	2.109
Matières, acide de chaux	1.421
Eau, sels de chaux, de potasse et pulpe.	89.608
	100.000

Telle est la composition des deux régimes que je vais opposer l'un à l'autre et qui sont suivis par ces deux groupes de population.

Je l'ai dit en commençant tout d'abord, les Européens qui abordèrent les terres intertropicales pour les coloniser, adoptèrent en grande partie le régime des indigènes, et ils ont ainsi vécu pendant plusieurs siècles. Puis, sous l'influence des doctrines médicales modernes, ils l'ont abandonné pour adopter un régime plus azoté, transportant ainsi dans leur nouvelle patrie les habitudes des pays tempérés.

Or, de ces deux régimes, quel est le meilleur dans les pays chauds? Quel est celui qui garantira le mieux la santé des fonctionnaires appelés à y passer quelques années? Quel est celui qui permettra le mieux à celui qui s'y fixe définitivement de résister au climat et d'y constituer une famille?

L'Européen, appelé par le service ou ses affaires à venir dans les pays chauds, doit-il user largement d'un régime animalisé ou n'en faire qu'un usage très médiocre, s'adressant de préférence aux végétaux?

Et d'abord, quel est le véritable danger de tout Européen abordant les pays chauds?

Il y rencontre, c'est vrai, deux grandes endémo-épidémies qui semblent s'être partagé l'immense zone intertropicale : le choléra dans l'océan Indien et la fièvre jaune dans l'Atlantique. Mais remarquons que le choléra, si sévère pour nous en Europe, nous épargne d'une manière presque complète dans son foyer d'origine, et n'a jamais constitué un obstacle sérieux à l'établissement de notre race, même sur les rives des fleuves où il sévit avec le plus de rigueur. Il en est bien autrement de la fièvre jaune : partout où elle étend ses ravages, c'est la population européenne qui lui paye le plus large tribut. Or, il est digne de remarque que cette population est celle dont la nourriture est le plus animalisée ; que parmi cette population ce sont toujours ceux qui ont le sang le plus riche qui sont le plus atteints ; que les créoles blancs qui, par l'habitation dans les pays chauds, ont acquis une certaine immunité, la perdent en venant en France reprendre la richesse de leur sang ; qu'enfin, parmi les noirs atteints, ce sont surtout ceux qui partagent notre régime qui le sont.

Il me semble donc qu'il doit y avoir sous ce rapport un certain avantage à abandonner, dès l'arrivée, le régime européen pour prendre celui plus débilitant du créole.

Parmi les endémies, nous voyons figurer surtout l'anémie, le paludisme, la dysenterie et les affections de foie. Or, quelles sont parmi ces affections les plus à redouter ?

L'anémie à des degrés divers est évidemment l'ennemi auquel on échappe le plus rarement. Il n'y a pas d'Européen qui évite ses coups d'une manière complète et c'est cette menace constante, qui est très réelle, qui a fait adopter l'hygiène actuellement suivie. Mais ses coups sont-ils si redoutables qu'il faille tout sacrifier pour les éviter ? Leurs résultats sont-ils si prompts qu'elle menace rapidement l'existence ? Ce n'est pas ce que j'ai vu. Si l'on excepte quelques cas bien rares, l'anémie essentielle s'établit lentement, graduellement. Sa marche peut être suivie, surveillée pas à pas. Même à la Guyane, une des colonies où elle exerce son influence avec le plus d'activité, je pense que les organismes qui ne peuvent pas supporter deux ou trois ans de séjour, c'est-à-dire achever une campagne, sont rares. On ne saurait donc considérer l'anémie comme bien dangereuse, et cela d'autant plus que quelques mois de séjour en France suffisent toujours pour en triompher.

Le paludisme est de toutes les endémies celle sur laquelle le régime a le moins d'influence. Il atteint les forts comme les faibles. A la Guyane comme à la Guadeloupe, j'ai vu les gendarmes, qui constituaient le personnel le plus vigoureux, et un de ceux dont le régime laisse le moins à désirer, être victimes au même titre que les militaires, les condamnés et les immigrants, qui tous vivaient dans des conditions de bien-être tout à fait différentes. Son étude ne nous fournit donc aucune indication.

Enfin, les dernières affections endémiques dont il me reste à m'occuper sont les affections intestinales et les affections bilieuses, qui, par les nombreux liens qu'elles ont ensemble, peuvent être comprises dans le même groupe.

Or, de toutes les affections endémiques, ce sont certainement celles qui

sont le plus à redouter. Leur danger, en effet, se traduit non seulement
par la mortalité sur place et le nombre de jours d'invalidation, mais
surtout, et c'est ce qui constitue le propre de ces affections, par leurs conséquences qui se font sentir de nombreuses années encore après avoir
quitté les pays chauds et même le service.

Que de rechutes pour les dysentériques ! que de morts chez eux, quatre
et cinq ans après que les malades ont été rendus à la vie civile ! Il en est
de même pour les affections du foie. Peu d'hommes meurent d'abcès du
foie, d'hépatite aiguë. Mais combien ne trouvent-ils pas dans les pays
chauds le germe des hépatites chroniques, des cirrhoses, qui de nombreuses années après constitueront des affections incurables !

Aussi, je n'hésite pas à admettre que de toutes les endémies c'est celle
qui occasionne le plus de décès et celle qui éprouve le plus la population
européenne.

Or, quelle est l'influence du régime sur ces deux groupes d'affections ?
Il ne peut s'agir ici évidemment que d'une moyenne. Mais, ainsi envisagée,
la réponse à cette question ne saurait être douteuse. Et d'abord, les
affections intestinales, diarrhées et dysenterie sont incontestablement plus
fréquentes et plus graves chez l'Européen que chez les indigènes. Certes,
les créoles ne leur échappent pas ; mais quand on a pratiqué quelque
temps dans les pays chauds, on s'aperçoit combien le degré de fréquence
est différent. J'accorde que l'influence du régime n'est pas la seule ; mais
je suis aussi convaincu qu'une alimentation riche surchargeant les organes
déjectifs d'une manière notable, compte pour une large part dans ce
résultat.

Il en est de même des affections bilieuses. On peut dire qu'elles sont
presque l'apanage exclusif de l'Européen ou de la population qui l'imite.
J'ai présente à l'esprit une série de faits qui le démontrent clairement. Les
affections bilieuses sont rares chez les gens de couleur vivant dans les
villages éloignés, c'est-à-dire ceux dans lesquels l'alimentation créole
domine. Elles le sont beaucoup moins dans les deux villes de la Basse-
Terre et de la Pointe-à-Pitre, villes dans lesquelles une partie de la population vit à l'européenne.

Veut-on des faits ? Je citerai les suivants :

Le nommé X..., créole de couleur claire, vit jusqu'à 21 ans dans une
commune des environs et suit le régime créole. Mais, en 1882, ayant été
nommé garde de police, il voit sa situation s'améliorer et croit devoir se
mettre au régime européen. Six mois après, il est atteint de congestion du
foie.

Homme de la Pointe. — Le nommé X..., créole de couleur foncée, suit
jusqu'à 35 ans le régime créole sans jamais subir la moindre atteinte du
côté du foie. Mais, en ce moment, sa femme étant devenue enceinte, il

changea le régime de la maison. La viande devint l'alimentation ordinaire.
Aussi, quelques mois s'étaient à peine écoulés, qu'il fut atteint de
congestion du foie des plus prononcées, affection qui l'obligea à entrer à
l'hôpital.

Enfin, pour donner plus de précision aux faits qui précèdent, j'ai
entrepris les expériences suivantes. J'ai soumis des lapins à une alimentation fortement azotée, tandis que, comparativement, d'autres étaient
nourris avec de l'herbe seulement. Ces expériences, qui ont duré 16 mois
environ, ont compris deux séries : la première de deux lapins, et l'autre
de quatre.

La première expérience, commencée en juin 1881, s'est terminée en
avril 1882. La substance azotée employée a été le fromage. La seconde
expérience, commencée en avril 1882, s'est terminée en octobre de la
même année. Sur quatre lapins, deux ont été nourris avec de l'herbe et
deux avec du fromage.

Le résultat de ces expériences est résumé dans le tableau suivant :

1re expérience (de juin 1881 à avril 1882. — 10 mois).

N^{os} D'ORDRE DES ANIMAUX.	POIDS TOTAL		À LA FIN DE L'EXPÉRIENCE	
	au début	à la fin	Poids du foie.	Rapport du poids du foie au poids total.
	de l'expérience.			
Lapin n° 1 (régime végétal) . .	650 grammes.	1.210 grammes.	37	32.70
Lapin n° 2 (régime du fromage)	580 —	1.780 —	86	20.69

2e expérience (de la fin d'avril à la fin d'octobre. — 6 mois).

Lapin n° 3 } régime végétal . .	620 grammes.	1.160 grammes.	33	35.15
Lapin n° 4 }		1.880 —	44	42.72
Lapin n° 5 } régime du fromage	467 —	1.365 —	48	28.44
Lapin n° 6 }	565 —	1.370 —	45	30.44

Comme on peut le voir par ces tableaux, le résultat de ces expériences
a été constant. Le foie a toujours augmenté de volume d'une manière sensible sous l'influence du régime azoté. Il suffit, pour s'en convaincre, de
comparer les différents rapports consignés dans la dernière colonne. Le
foie est toujours proportionnellement beaucoup moindre quand l'animal a
suivi le régime végétal. Les moyennes font ressortir ce fait d'une manière
bien évidente. Tandis, en effet, que pour les trois animaux s'étant nourris
avec de l'herbe, le rapport entre le poids du foie et celui de l'animal au
moment de la mort a été de 36.85, ce même rapport pour les animaux
s'étant nourris avec le fromage n'est que 26.52.

Ainsi donc, d'une part : 1° si nous envisageons les faits dans leur ensemble et que nous accordions quelque importance à la longue expérience des peuples, nous verrons que pendant que ceux des pays froids et tempérés ont toujours marqué leur préférence pour une alimentation azotée, ceux des pays chauds, au contraire, ont préféré le régime végétal ; 2° si, de là, nous passons à l'étude de la pathologie des pays chauds, nous verrons que parmi les affections les plus à craindre, la fièvre jaune, les affections bilieuses et intestinales trouvent une cause adjuvante puissante dans un sang riche, et partant dans une nourriture fortement animalisée ; 3° que si l'anémie peut facilement être la conséquence de ce régime peu azoté, cette affection est rarement grave et disparaît facilement dès les premiers mois qui suivent le retour ; 4° enfin, si nous nous adressons à l'expérimentation, nous voyons les affections du foie être étroitement liées à une alimentation trop azotée.

Mais ce n'est pas tout. Je me suis livré pendant mon séjour dans les colonies à une série de recherches pour connaître l'influence du régime sur la longévité et j'ai pu me convaincre par une foule d'exemples que toujours les personnes qui ont vieilli dans les colonies se sont fait remarquer par une sobriété telle, qu'elle touchait au ridicule. J'ai voulu, du reste, me soumettre moi-même à l'expérience. Dès mon arrivée à la Guyane, je me suis astreint à ne pas manger de viande, et dans mes deux ans j'en ai pris trois fois environ. Or, pendant ces deux ans, je n'ai été forcé de suspendre mon service qu'une fois, la veille de mon départ, et pendant ces deux ans, j'ai toujours eu un service des plus actifs ; je satisfaisais aux exigences de la clientèle et j'ai poursuivi des études longues et pénibles.

Conduit à la Guadeloupe trois ans après mon retour de la Guyane, j'ai renouvelé l'expérience et avec le même résultat. Je n'ai perdu ni santé, ni énergie ; faiblement anémié à mon retour, quelques mois ont suffi pour me remettre.

Les conclusions suivantes me paraissent donc s'imposer :

1° Le régime alimentaire doit varier avec les climats ;

2° Il doit être d'autant moins riche que ce climat est plus doux et que, par conséquent, les dépenses de l'organisme sont moins considérables ;

3° Dans les pays chauds, qu'il s'agisse de la population indigène ou de la population européenne qui va s'y fixer, il ne faut employer qu'un régime peu azoté ;

4° Pour ceux dont le temps de séjour doit dépasser deux ou trois ans, il me paraît bon de suivre de temps en temps un régime plus azoté que d'ordinaire ;

5° Je pense qu'il serait très utile que le régime des rationnaires fût modifié dans le sens que je viens d'indiquer ;

6° Qu'il serait bon que l'État, mieux informé, usât de son influence pour faire pénétrer ces idées dans les populations civiles, dont la santé est indispensable au succès des affaires et à la prospérité des colonies.

M. CAPGRAND-MOTHES

Président honoraire de la Chambre syndicale des pharmaciens de 1ʳᵉ classe de la Seine.

L'ASSAINISSEMENT ET LE DRAINAGE DES MAISONS ET DES VILLES

Le temps est proche où une solution interviendra au sujet du drainage des résidus domestiques ; aussi l'attention se trouve vivement sollicitée par toutes les questions qui touchent à l'hygiène. Tout le monde est d'accord pour mettre, dans le plus bref délai, l'habitation et la voie publique à l'abri des émanations délétères ; et on a préconisé, dans ce but, nombre de systèmes pris à nos voisins.

Le siphon hydraulique en forme de S étant la base du drainage anglais, il convient de rechercher s'il est possible de l'acclimater à Paris, de voir si la quantité d'eau dont nous disposerons, après d'onéreux sacrifices, atténuera les nombreux inconvénients signalés par les hygiénistes dans l'emploi de cet appareil, et si enfin les conditions géographiques de notre capitale, privée du puissant concours de la marée, nous permettront de copier servilement nos voisins.

Dès aujourd'hui nous pouvons constater que les hygiénistes anglais sont divisés eux-mêmes sur la question de leur drainage ; et bon nombre d'esprits — et des meilleurs — déplorent les résultats imparfaits auxquels sont voués leurs types, à savoir : l'obstruction du passage des liquides par les corps lourds et solides ; l'évaporation de la couche d'eau protectrice ; l'influence des gelées et les nombreux cas de siphonnage et de projections pulvérisées.

Pour atténuer ces inconvénients graves, inhérents à la nature même du siphon, on a multiplié les tampons de visite, les chambres de chasse, et, en dernière analyse, on en est arrivé à employer l'eau en quantité considérable agissant par grandes masses. Quand on songe qu'à Londres le nettoyage d'un siphon de water-closet exige chaque fois quinze litres d'eau, on se demande, s'il est possible, dans notre grande cité, même en décuplant la quantité mise actuellement à la disposition du public, même en négligeant les services de la voirie qui en demanderont de jour en jour, avec le pavage en bois, une quantité de plus en plus grande, s'il est possible, disons-nous, d'adopter, à bref délai, un pareil système.

Nous croyons qu'il en est du siphon comme du séparateur de 1852, de malheureuse mémoire ; qu'il est loin de mériter tous les éloges. Il ne nous paraît pas impossible qu'on ne puisse trouver en France des systèmes plus simples, moins coûteux et surtout n'exigeant pas, pour leur bon fonctionnement, un pareil gaspillage de cette eau qui nous coûte si cher et que nous devons ménager.

La solution rationnelle, résumée dans le diagramme ci-annexé que nous soumettons à la méditation des hommes compétents et des édiles des grandes villes a déjà subi le contrôle de l'expérience ; si elle n'est connuc de la masse du public que par son petit côté, immédiatement applicable aux water-closets, elle est au contraire très appréciée d'un grand nombre d'architectes, d'ingénieurs civils et militaires, qui ont compris que la source du mal n'est pas uniquement dans le cabinet d'aisances, dont l'entretien journalier plus ou moins rigoureux peut, dans une certaine mesure, atténuer les inconvénients d'une installation défectueuse. Pour eux, la formation des gaz viciés est dans la fosse ou dans les égouts et dans les tuyaux de descente : c'est là où les appareils obturateurs à contrepoids prennent le mal à son origine.

Dans leur fabrication on s'est toujours inspiré de ce principe ; aussi ce système consiste dans l'obturation complète, automatique et hydraulique de toute ouverture ayant accès dans les habitations, cette obturation étant connexe d'une autre à la naissance du branchement d'égout et d'une autre encore au bas de chaque tuyau de chute, le tout enfin combiné avec une ventilation automatique de ces diverses conduites.

Les divers organes de ce système ne diffèrent entre eux que par leurs dimensions et leur forme extérieure appropriée à l'usage spécial qui leur convient ; ils reposent tous sur le même principe :

Une soupape en fonte émaillée, d'une forme spéciale, roulant sur des coussinets en cristal o (fig. 57), pour éviter la rouille, et venant s'appliquer sur l'ouverture à fermer qu'elle bouche hermétiquement par l'intermédiaire d'une jarretière en caoutchouc et d'une couronne hydraulique.

La forme et les courbures de cette soupape sont les résultats de nombreuses années d'études et d'expériences. Elle ne bascule que quand une certaine quantité de liquide est réunie dans sa concavité ; il s'établit ainsi une colonne d'eau formant garniture hydraulique qui varie depuis quelques centimètres dans les appareils pour water-closets jusqu'à plusieurs décimètres dans les grands appareils disconnecteurs.

La plus grande partie de cette eau étant emmagasinée dans le talon, tandis que les matières lourdes restent sur le milieu de *ab* (fig. 57), lorsque la soupape bascule, ces dernières sont violemment balayées par toute la réserve d'eau s'écoulant presque verticalement. La soupape se trouve ainsi complètement lavée, et, dès qu'elle a repris sa position, l'excès d'eau vient se réunir en couronne dans la partie concave. Dans le siphon,

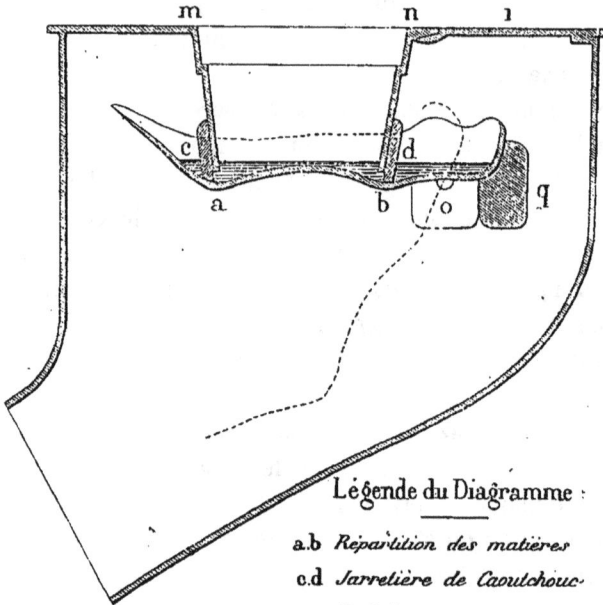

Légende du Diagramme :

a.b   *Répartition des matières*
c.d   *Jarretière de Caoutchouc*
m.n   *Emboiture*
q   *Contrepoids*
1   *Plaque de visite*
o   *Coussinet de Cristal*

Fig. 57.

au contraire, il faut de dix à quinze litres d'eau, agissant avec chasse, pour faire franchir aux mêmes matières la double courbure en $\mathcal{S}$; et encore, ceux qui ont visité l'exposition internationale d'hygiène de Londres ont pu remarquer dans les diverses installations que, malgré ce gaspillage, le résultat n'était pas toujours atteint.

Dans l'obturateur à contrepoids, outre la couronne hydraulique, l'étanchéité est complétée par une jarretière en caoutchouc *cd* (voir la figure pour l'ensemble de la fermeture), qui assure de plus un fonctionnement sans bruit. On imagine aisément la force d'adhérence de la soupape et l'étanchéité qui en résulte quand on multiplie le contrepoids *q* par son bras de levier.

En *mn* (voir figure) viennent s'emboîter : ou une cuvette à effet d'eau pour cabinet d'aisances, ou un tuyau de pierre d'évier d'une cuvette ménagère, d'une descente pluviale, ou une chute générale de water-closets. La plaque vissée I sert à la visite ou au changement de la soupape, opération qui peut être faite par le premier venu.

Conformément aux principes d'hygiène et aux arrêtés préfectoraux, on fait usage, dans ces installations, de trois types de tuyaux de descente, tous en fonte à joints mattés en plomb et glissant librement dans les plafonds pour permettre la dilatation. Le plus grand diamètre est réservé aux water-closets, et des diamètres plus faibles pour les eaux pluviales et les eaux ménagères. Ces trois tuyaux sont terminés à la base par des appareils disconnecteurs et coiffés au sommet d'un ventilateur automatique.

Dans ces conditions, qu'une soupape de water-closet vienne à s'ouvrir sous l'influence de l'eau d'un réservoir ou des matières à évacuer, il y aura naturellement déplacement de la tranche de l'air du tuyau dans le sens du ventilateur qui fait appel; et, pendant ce temps, la soupape, revenue instantanément en place, reste fermée en raison de la distance qui la sépare du disconnecteur; il n'y aura donc pas appel d'air du drain général.

Le drain général des caves reçoit les eaux de la cour par l'intermédiaire de l'appareil — égout des maisons — qui se déverse dans le branchement de l'égout, muni lui-même d'un appareil qui intercepte les émanations de cet égout. Le regard d'égout placé au-dessus, sur la voie publique, est obturé par un autre appareil dit « égout des villes ».

Le drainage des résidus domestiques est ainsi complet au moyen d'appareils simples, peu sujets à dérangement, faciles à visiter et à réparer, s'il y a lieu, et demandant pour leur bon fonctionnement une quantité d'eau bien moindre que le siphon.

C'est ainsi que se trouve drainée la canalisation souterraine des abattoirs de la Villette, d'Aubervilliers, de la caserne de Courbevoie, de la ville de Poissy, d'un nombre considérable de grands établissements industriels et de plus de soixante villes de France. Si ces grands centres de production de matières infectieuses se trouvent bien de ces applications et offrent les meilleures conditions hygiéniques, pourquoi ne réaliserait-on pas ces avantages ailleurs? A Paris, on se borne le plus souvent à placer ces appareils sanitaires dans les water-closets; il serait néanmoins aussi nécessaire d'obturer les tuyaux de chute eux-mêmes et de les ventiler.

Il importe de connaître, sous toutes ses applications, un semblable système qui satisfait à toutes les exigences le plus simplement possible et sans troubler l'économie générale de nos installations urbaines; c'est pour une aussi utile divulgation que l'Association pour l'avancement des sciences sera d'un concours précieux, en portant ainsi à la connaissance des hygiénistes les excellents résultats déjà obtenus.

M. LOTTIN

Juge de paix, à Selles-sur-Cher.

L'INDUSTRIE DES SILEX PYROMAQUES

— Séance du 11 septembre 1884 —

Messieurs,

Je vais avoir l'honneur de vous entretenir d'une industrie toute locale, qui eut autrefois de longs jours de prospérité et qui, aujourd'hui, est devenue bien modeste, en attendant qu'elle ait disparu complètement : c'est celle des silex pyromaques.

A la rive sud de notre département, dans la bande irrégulière comprise entre la rivière du Cher et le département de l'Indre, se dresse une série de collines appartenant à la formation de la craie et dont la hauteur ne dépasse pas, en général, une trentaine de mètres. C'est de leurs flancs que sortait jadis le silex qui alimentait les armes à feu de presque toutes les armées du monde civilisé, silex dont le centre de fabrication était la commune de Meusnes.

Aujourd'hui les pierres à fusil, relativement en petite quantité, qu'on livre encore au commerce, se fabriquent bien encore à Meusnes, mais elles ne sortent plus du sein de ces coteaux, non pas que les terrains exploitables soient épuisés, mais parce que tout ce qui se trouvait à portée a été extrait et qu'on serait obligé maintenant de pousser le travail à des profondeurs où l'on serait arrêté par des nappes d'eau infranchissables ; c'est un peu plus au midi, dans l'Indre, que les ouvriers de Meusnes vont tirer du sol un silex de qualité inférieure à celui de leur localité ; quelques-uns encore vont le ramasser dans les ravins de certaines communes du Loir-et-Cher, où il se trouve à fleur de terre : Couffy, Saint-Aignan, Mareuil et Pouillé.

Ce n'est pas sans étonnement que l'étranger, qui pour la première fois vient dans ce pays, remarque, autour des maisons des villages qui s'adonnent spécialement à l'industrie des silex, des monticules de fragments qui atteignent et dépassent même les toits et qui rappellent les tumulus par leur forme et leur volume. Ces amas, en présence desquels l'esprit se reporte involontairement aux époques mystérieuses de l'âge de pierre, sont les débris accumulés, depuis de longues années, du travail de plusieurs générations.

Sous le règne de Henri IV le silex remplaça, dans l'arquebuse à rouet, un mélange d'antimoine et de fer dont les étincelles servaient à enflammer la poudre ; plus tard, vers 1630, fut inventé le mécanisme qui a été employé jusqu'à nos jours, et au moyen duquel le silex, fixé à un chien, venait frapper sur une platine mobile qui, en se déplaçant, découvrait le bassinet et permettait l'inflammation. Enfin, le fusil fut introduit officiellement dans l'armée française par ordonnance royale du 6 février 1670. Vers cette époque, rapporte la tradition du pays, des Saintongeois passant au lieu appelé Bellébat, situé à moitié chemin de Meusnes à Saint-Aignan, remarquèrent sur le sol des cailloux épars, et, frappés de leur abondance et de leur beauté, s'y arrêtèrent afin de faire de ces pierres l'objet d'une spéculation avantageuse. Voulant s'attribuer le monopole lucratif de la fabrication des pierres à feu, ils allaient au loin ramasser les cailloux et les débitaient pendant la nuit, soit qu'ils connussent à l'avance, soit qu'ils eussent découvert à force d'essais la manière de les travailler.Les habitants, de leur côté, s'efforcèrent de pénétrer le secret de ces étrangers ; ils y parvinrent et bientôt l'exploitation s'étendit au voisinage, si bien que le silex s'étant épuisé à Bellébat, l'industrie changea de siège et en 1740 fut transférée à Meusnes, où elle prit toute son extension et où, malgré sa décadence actuelle, elle subsiste encore.

Il n'entre pas dans le plan de ma communication de signaler les indices extérieurs auxquels s'attachent les ouvriers de cette industrie, qu'on appellent des *Caillouteurs*, pour rechercher les gisements du silex. Il serait également en dehors de mon sujet de décrire les différentes couches qu'on traverse pour l'atteindre ; je me bornerai donc à résumer en quelques lignes le travail d'exploitation et de fabrication, décrit d'ailleurs autrefois par Dolomieu.

Les ouvriers nomment indifféremment *crot*, *trou* ou *carrière* le lieu d'où ils tirent leur silex. L'emplacement étant choisi, deux caillouteurs se mettent à l'ouvrage : l'un, muni d'un pic, trace une enceinte rectangulaire de 1 mètre de long sur 50 centimètres de large et 15 à 18 centimètres de profondeur, puis se retire ; l'autre, avec une pelle, lance les décombres au loin et les y amoncelle de manière à former un talus abritant les ouvriers des vents, de l'écoulement des eaux et de l'éboulement des terres. Ils continuent à travailler ainsi alternativement, ne pouvant se mouvoir ensemble dans un espace aussi restreint jusqu'à ce que le puits vertical ainsi creusé, qu'ils appellent *incision*, ait atteint 10 pieds (3^m,33). Ils ont soin d'y ménager sur les côtés longs de petits enfoncements destinés à recevoir les pieds et les coudes pour pouvoir descendre et monter.

Au fond de ce premier puits ils ouvrent vers l'ouest, pour se préserver de la pluie, plus fréquente de ce côté que de tout autre, une niche cintrée d'environ 2 pieds (66 centimètres) de hauteur sur une pareille profon-

deur. A l'aplomb de cette sorte de voûte ils s'enfoncent verticalement
à 10 autres pieds de profondeur par une seconde incision, et ainsi de suite
jusqu'à ce qu'ils aient atteint le gisement, chacune des incisions s'éloignant
ainsi de 66 centimètres de celle qui la précède et laissant à sa jonction
avec celle-ci un repos de 35 centimètres ; de sorte que pour arriver au fond
de la carrière on ne s'éloigne que très peu de la verticale.

Ces repos ainsi ménagés de 10 en 10 pieds constituent un des grands
avantages de ce mode de procéder ; ils permettent aux cailouteurs de
lancer à la pelle ou à bout de bras du bas de chaque incision sur le palier
qui la précède les silex et déblais, et de les faire ainsi parvenir au sol
sans avoir besoin de recourir à des moyens mécaniques.

Arrivés au banc, les deux ouvriers s'en associent deux ou trois autres
par la participation de ceux-ci dans les frais faits jusque-là ; ils percent
alors dans toutes les directions des galeries qui ont, comme l'ouverture,
85 centimètres de hauteur sur 50 de largeur. Placés à genoux ou à plat
ventre, à la file les uns des autres dans ces galeries, éclairés chacun par
une chandelle, ils tirent avec leur pic le silex des terres dans lesquelles
il est engagé, le font glisser sous leur ventre et entre leurs jambes et
l'envoient ainsi de l'un à l'autre jusqu'à la *chambrée*.

Ce qu'ils appellent de ce nom est une excavation circulaire de 3 à
4 mètres de diamètre sur 1 mètre à 1^m,50 de hauteur, située à peu près
au centre du terrain exploité, où viennent s'embrancher toutes les galeries
et qui sert de dépôt aux déblais de la carrière, ainsi que de lieu de réunion
aux ouvriers pour prendre du repos.

Les cailouteurs ne peuvent, bien entendu, effectuer un pareil travail,
dans les boyaux longs et tortueux où ils sont ainsi enfouis, sans se reposer
fréquemment. Au bout de deux à trois heures en été, de quatre ou cinq
en hiver, ils sont forcés, sous peine d'asphyxie, d'arrêter leur besogne,
l'air ambiant étant vicié par leur respiration et par la combustion des
chandelles.

La fouille terminée, ils se placent sur les repos de chaque incision, s'envoient de l'un à l'autre les silex et les débris des premières galeries et
comblent les vides qu'ils font avec les terres les plus éloignées, ce qui leur
évite de les amener au dehors. Cela fait, ils lotissent et se partagent au
sort les silex qu'ils ont obtenus.

Tel est le mode d'extraction qui, s'il présente l'avantage d'être économique et de n'exiger que de faibles moyens, offre l'inconvénient d'exposer les travailleurs à des dangers dont le plus sérieux est la tentation,
à laquelle ils ne savent pas toujours résister, d'arracher les rognons de
silex engagés dans les piliers laissés de distance en distance comme
supports, imprudence qui a souvent pour résultat d'amener des éboulements.

Une fois en possession de ce silex qu'ils se sont procuré au prix de tant de périls et de fatigues, les caillouteurs se livrent à un nouveau travail qui, pour être moins effrayant que le premier, n'est pas moins dangereux. Après avoir laissé sécher les blocs à l'air de manière à leur faire perdre une partie de leur eau de carrière, ils les débitent et les façonnent en pierres à feu.

Je n'entrerai pas ici dans les détails de cette fabrication, d'ailleurs simple, dont l'outillage est primitif et dont le facteur le plus important est l'habileté de l'ouvrier. Je dois cependant noter les deux opérations qui la constituent :

La *fente* est celle, fort délicate, par laquelle l'ouvrier, au moyen d'un marteau à deux têtes, et d'un autre à deux pointes, emmanchés court, tire des rognons du silex les copeaux qui seront tout à l'heure soumis à la *taille*. Nous retrouvons là, entre les mains du caillouteur, des nucléus dont la forme rappelle ceux du Grand-Pressigny et qu'avec une dextérité extrême il façonne de la même manière, sans aucun doute, que le faisaient nos ancêtres des temps préhistoriques.

La *taille* se pratique à l'aide d'un marteau d'acier en forme de champignon, appelé *roulette,* avec lequel on frappe à petits coups les copeaux appuyés en porte-à-faux sur un ciseau, aussi en acier, fixé verticalement sur le bord d'une sorte de table appelée atelier. .

La taille peut être et est, en effet, pratiquée aussi bien par les femmes et par les enfants, même en bas âge, que par les hommes ; c'est pourquoi ceux-ci se livrent presque exclusivement à l'extraction et à la fente des pierres, laissant aux autres membres de la famille le soin de les tailler.

On peut estimer à une moyenne de quinze cents, qui peut s'élever à deux mille par jour, la quantité de pierres de toute qualité que peut confectionner un ménage composé du père, de la mère et d'un enfant. Ces pierres, qui, suivant leur forme, leur grosseur et leur façon, reçoivent des noms différents, sont payées de 0 fr. 75 à 4 fr. 50 le mille, prix qui n'a pour ainsi dire pas varié depuis cent ans peut-être, et qui, s'il n'a rien de bien rémunérateur aujourd'hui, était jadis, eu égard aux conditions économiques qui alors étaient tout autres, une source de richesse relative pour les caillouteurs.

Le local où se fait ce travail est la chambre unique du caillouteur, chambre basse, malsaine, mal éclairée, mal aérée, et dans laquelle il fait sa cuisine, mange et couche ainsi que toute sa famille. On conçoit dès lors qu'une fabrication journalière aussi considérable doit, dans de pareilles conditions, entraîner des troubles graves dans la santé. Sans parler des contusions et des éboulements qui peuvent survenir pendant l'extraction, ni des affections des yeux causées pendant la taille, soit par les éclats de silex qui y jaillissent, soit par la fixité avec laquelle le regard se tend sur le copeau brillant, il est une maladie spéciale aux caillouteurs et qui, à cause de cela, a dans le pays, sous le nom de *cailloute* ou *caillote*, une réputation sinistre. Cette maladie, toujours mortelle, est tout simplement une des formes de la phtisie tuberculeuse.

Un ancien médecin de la localité, mort en 1832, le Dr Bourgouin père, chercheur infatigable et esprit encyclopédique, mais ignoré par suite de l'obscurité volontaire dans laquelle il se renfermait, a étudié d'une manière spéciale, dans ses causes et ses effets, la maladie dont je parle. Il a fait de cette étude le sujet d'un travail resté manuscrit et inédit, dont je suis possesseur, et duquel j'ai tiré en partie cette communication.

D'après cet auteur, les causes déterminantes de la phtisie pour les ouvriers du silex sont les suivantes :

1° La corruption de l'air, dans les carrières, causée par la respiration d'un nombre d'hommes hors de proportion avec l'espace qu'ils occupent, et aussi par la combustion de leurs chandelles.

2° L'absence de lumière, pendant le même travail, provoquant l'étiolement et l'atonie.

3° L'humidité et le froid qui règnent dans les carrières.

4° La position inclinée des caillouteurs dans la carrière et à l'atelier.

5° Enfin, l'absorption de la poussière qui se dégage du silex quand on le travaille.

La naissance et la marche de la maladie, qui commence à se développer vers la quatrième ou la cinquième année de l'exercice non interrompu du métier de caillouteur, et la résignation « poussée jusqu'à une sorte de quiétisme » des victimes, qui connaissent par l'expérience de leurs proches la fin cruelle et prématurée qui les attend, sont décrites par M. Bourgouin dans des termes saisissants ; puis il montre par le résultat des autopsies qu'il a pratiquées la nature des ravages que cette maladie exerce sur l'organisme ; mais ce qu'il fait ressortir surtout, c'est l'influence funeste de l'industrie des silex sur les enfants nés des parents qui s'y livrent, pauvres créatures qui, ayant puisé la vie à une source empoisonnée, sont moissonnées par la mort dès les premières années et même dès les premières semaines de leur existence.

M. Bourgouin a dressé une statistique comparative de la mortalité dans la commune de Meusnes pendant deux périodes de trente ans chacune :

La première, de 1680 à 1709, s'arrête avant l'époque où l'industrie des silex s'est implantée dans cette localité.

La seconde, de 1761 à 1790, embrasse un laps de temps pendant lequel une grande partie de la commune, 150 familles au moins, se livrait à ce travail.

J'ai complété cette étude en faisant entrer en comparaison une nouvelle période trentenaire, de 1853 à 1882, au cours de laquelle l'industrie du silex n'a été que ce qu'elle est aujourd'hui, c'est-à-dire n'a guère occupé qu'une vingtaine de ménages.

Pendant la première période, la vie moyenne a été de 24 ans 3 mois 13 jours.

Dans la seconde, elle est descendue à 19 ans 2 mois 4 jours.

Dans la troisième elle remonte à 36 ans et 2 mois.

Ce dernier chiffre, qui atteint celui de la moyenne générale en France, m'a fort surpris. Tout en m'attendant, en effet, à un relèvement, je ne pouvais croire que les causes, si proches encore de nous, du dépérissement de cette malheureuse population, ne se fissent encore sentir d'une manière très appréciable. Un pareil résultat, qui n'eût sans doute pas été le même pour une population urbaine, ne montre-t-il pas combien sont puissants les ressorts de la nature et combien la race humaine, placée dans ses conditions normales, c'est-à-dire hors des agglomérations des villes, si malsaines à tant de points de vue, regagne vite le niveau que lui avait fait perdre une mauvaise application de ses facultés.

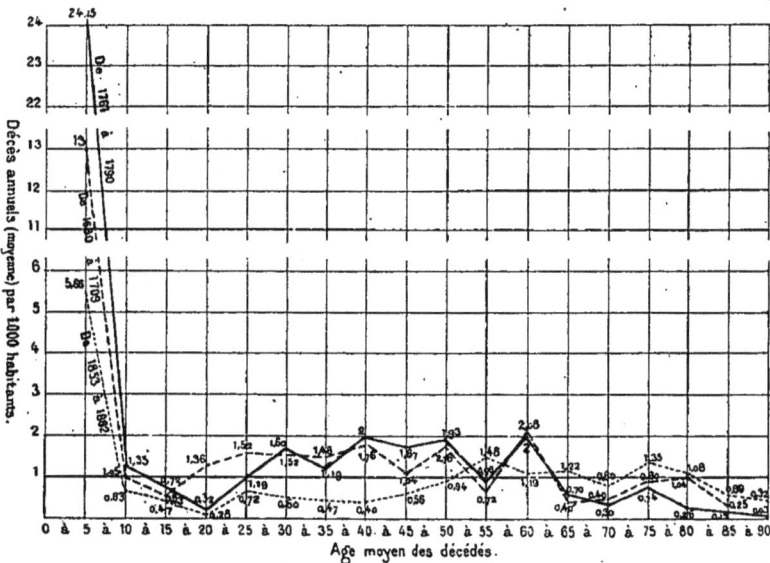

Fig. 58. — Tableau graphique comparatif de la mortalité annuelle par 1,000 habitants et par âges gradués de 5 ans en 5 ans de la population de Meusnes (Loir-et-Cher) pendant les trois périodes de 1680 à 1709; de 1761 à 1790 et de 1853 à 1882.

J'ai dressé, pendant les mêmes périodes, le tableau graphique de la mortalité, par âges échelonnés de 5 en 5 ans, par 1,000 habitants. La comparaison des trois lignes correspondant aux trois époques nous donne, surtout en ce qui concerne la première enfance, un résultat tristement significatif.

Alors que de 1680 à 1709 la mortalité des enfants au-dessous de cinq ans est de 13 pour 1,000 habitants, de 1761 à 1790 elle s'élève au chiffre effrayant de 24,15, presque le double ; au contraire, dans la troisième période elle s'abaisse, de 1853 à 1882, à 5,66.

Permettez-moi, Messieurs, d'insister sur ce chiffre de 24,15 représentant la mortalité annuelle des enfants au-dessous de cinq ans pendant la phase industrielle ; en supposant que la même mortalité sévisse sur la population parisienne, on aurait à Paris 50,000 décès par an d'enfants de moins de 5 ans, c'est-à-dire près de 150 par jour, et cela d'une manière normale et sans épidémie.

Quant aux âges suivants, il me suffira, pour peindre ce qu'étaient les habitants de Meusnes, de reproduire textuellement cette note que je trouve dans le travail de M. Bourgouin et qui est datée de 1825 : « *M. le curé m'a assuré n'avoir encore fait qu'un ou deux mariages en présence des pères et mères des époux, et cela parce qu'ils étaient morts prématurément .*»

Les faits, d'accord avec les chiffres, établissent donc d'une manière certaine que la fabrication du silex, en dehors même de son but, était au premier chef inhumaine et meurtrière. J'ajouterai, ce que les chiffres ne peuvent enseigner, que cette industrie, comme il arrive malheureusement pour beaucoup d'autres, en s'établissant dans le pays, en avait dépravé les mœurs. Le cultivateur ou le vigneron, en devenant ouvrier du caillou, perdait aussitôt une des qualités les plus précieuses du paysan français, une de celles qui contribuent le plus à la vitalité de notre nation : l'amour de l'épargne. Gagnant des prix élevés et se sachant condamné à une fin prochaine, le caillouteur se hâtait de jouir et, dépensant follement en excès de toute sorte le fruit de son travail, il ne pensait même pas à en employer une faible partie pour assurer à sa famille la sécurité du lendemain, ni même pour lui procurer un accroissement actuel de bien-être.

Donc, au point de vue spécial de la population dont je m'occupe, malgré les gains que cette industrie lui procurait, on ne peut qu'applaudir à sa disparition presque complète.

Messieurs, le rôle du silex dans l'humanité est maintenant bien effacé, mais je ne puis m'empêcher de constater en passant combien il a été considérable et quelle influence il a eue à plusieurs reprises sur son développement. J'ai déjà fait allusion à nos ancêtres des temps géologiques. Pour eux le silex était tout, arme et outil. Il servait à l'homme à défendre contre les grands animaux son existence précaire et lui permettait de la soutenir en faisant sa proie des bêtes plus faibles. Grâce à lui, il dépeçait les viandes, préparait les peaux pour ses vêtements, coupait le bois, creusait ses habitations dans le rocher, et s'en servait encore, sans doute, pour une infinité d'autres usages que nous ne pouvons soupçonner.

Puis, dans des temps moins lointains, le silex de taillé devient poli et sous cette forme les hommes sont tellement frappés des services qu'ils en reçoivent, que l'instrument de silex par excellence, la hache, devient l'objet de leur culte.

Remplacé par le bronze, ensuite par le fer, il ne tarde pas à être oublié, quand après une longue éclipse il reparaît, mais cette fois avec une destination unique : la destruction. Par son adaptation aux armes à feu, il donne à la guerre une impulsion nouvelle; c'est lui qui jonche de morts les champs de bataille des règnes de Louis XIV et de Louis XV, qui affranchit l'Amérique du joug de l'Angleterre, fait triompher la liberté avec les soldats de la République et sème la terreur dans l'Europe sur les pas de Napoléon Ier.

Aujourd'hui les fusils modernes, malheureusement de plus en plus perfectionnés, ont fait abandonner le silex; on est amené dès lors à se demander, et c'est par là que je terminerai, ce que deviennent les pierres à feu que fabriquent les vingt familles de Meusnes encore occupées à ce travail. Personne ne le sait, si ce n'est les trafiquants auxquels les caillouteurs vendent leurs produits, et l'on est, à ce sujet, réduit aux conjectures. Tout porte à croire cependant que ces pierres sont expédiées dans les régions peu accessibles de l'ancien et du nouveau continent, là où les communications avec les fabriques européennes sont rares et difficiles et où, par conséquent, le fusil à pierre rend plus de services aux populations pour la chasse et pour la guerre que des fusils plus parfaits dont elles ne pourraient se procurer les munitions.

Verrons-nous se continuer encore longtemps ces faibles restes de l'industrie d'autrefois ? Le progrès est aujourd'hui si rapide, que très certainement le fusil à pierre ne tardera pas à être rejeté d'une manière complète, même par les peuplades sauvages ; alors les caillouteurs, redevenus cultivateurs et vignerons, abandonneront définitivement le travail du silex et laisseront leurs procédés tomber dans l'oubli. Que ceux d'entre vous, Messieurs, anthropologistes ou économistes, qui s'intéressent à cette fabrication, se hâtent donc d'aller visiter nos hameaux de Porcheriou, du Musa, du Bois-Pontois, de la Colardière et de Chamberlain, s'ils veulent voir encore à l'œuvre le caillouteur et sa famille fabriquant la pierre à fusil; dans quelques années, sans doute, ils ne l'y trouveraient plus (1).

(1) Cette communication a donné lieu à une discussion. — Voir *Proc.-verb.*, p. 291.

M. le Docteur G. DROUINEAU

Chirurgien en chef des Hospices civils, à la Rochelle.

ÉTABLISSEMENTS INSALUBRES. — DES AUTORISATIONS TEMPORAIRES

— Séance du 11 septembre 1884 —

Les autorisations temporaires en matière d'établissements classés semblent être définitivement jugées, en ce sens que le ministre du commerce a fait connaître son avis sur ce point en réponse à une demande faite par le Conseil d'hygiène de la Gironde, il y a quelques années. M. le ministre s'est prononcé contre les autorisations temporaires, malgré les raisons invoquées par le Conseil d'hygiène. Il semblerait donc superflu de revenir sur ce sujet, n'ayant pas à discuter ici les décisions prises en haut lieu ; mais il nous semble cependant qu'en ce moment où l'organisation probable, disons même prochaine, de la médecine publique est possible, les questions de législation sanitaire, les points délicats ou contestés de cette législation sont utiles à revoir, afin de préparer pour l'avenir une législation moins imparfaite que celle qui nous régit actuellement.

Dans les questions d'établissements classés, le principe qui règle l'industrie est que l'autorisation est donnée à l'industrie elle-même et non à l'industriel, que cette autorisation est cessible avec l'industrie et que c'est une propriété qui peut se perpétuer, se céder avec l'usine ou bien le lieu où s'exerce l'industrie. C'est là le principe accepté par le ministre, c'est celui consacré par la jurisprudence des tribunaux, c'est enfin celui qu'on m'a opposé dans la presse quand je cherchais, il y a déjà plusieurs années, à examiner les conditions de l'autorisation dans les cas de cession d'industrie. Ce principe est favorable à l'industrie, lui assure une durée et une stabilité incontestables ; au point de vue économique on le défendra donc avec énergie, cela n'est pas douteux, et en fait c'est en se plaçant sur ce terrain qu'on l'a toujours défendu.

Il convient d'examiner s'il est également favorable aux intérêts de l'hygiène publique. Et d'abord, je dirai même, comme question préjudicielle, est-il bien permis de faire d'une autorisation une propriété inhérente à une industrie insalubre et classée, et de faire que cette autorisation ne soit pas sujette à des obligations toutes spéciales ? Cela n'est guère possible, et, en effet, les autorisations, quelles qu'elles soient, ne peuvent empêcher le recours des tiers, c'est-à-dire des voisins, et toujours le droit de l'administration, qui peut aller jusqu'à la fermeture des établissements. Donc cette propriété est en tous les cas d'une nature toute particulière, en rien comparable à une autre, et il est bon de le bien établir.

L'hygiène ne saurait oublier ses droits vis-à-vis des établissements classés, et c'est pour sauvegarder la santé publique que sont consultés les Conseils d'hygiène avant toute autorisation. Cet intérêt est trop important pour qu'on puisse songer à l'amoindrir d'aucune manière.

Or, qui a conduit à demander soit que les autorisations ne soient pas cessibles, soit qu'elles aient une durée limitée? c'est l'expérience même des établissements classés et des outrages qui s'y commettent peu à peu contre la salubrité publique. En effet, dans nos habitudes actuelles et avec les armes légales que nous avons en main, nous voyons une industrie se fonder et réclamer l'autorisation ; la procédure régulièrement faite, les enquêtes, l'examen des lieux, les prescriptions et les avis des Conseils d'hygiène, tout cela se termine par une autorisation administrative en vertu de laquelle l'industrie peut fonctionner et fonctionne. Mais à quel moment cette autorisation commence-t-elle à être valable? Est-ce par hasard quand le Conseil d'hygiène a constaté que ces prescriptions étaient exécutées? Mais depuis que j'appartiens à un Conseil d'hygiène je n'ai jamais eu à remplir semblable mission, et je ne crois pas que cela se pratique quelque part. Est-il même nécessaire de rappeler que les autorisations émanent seulement de l'autorité préfectorale, qui n'a pas pour obligation de se soumettre entièrement aux avis de Conseils qui ne sont absolument que consultatifs? Donc ne serait-ce pas soumettre l'autorité à un véritable contrôle que de ne rendre l'autorisation valable qu'après visite du Conseil?

Est-ce l'administration qui veille à l'exécution de ce qu'elle a prescrit? Ici les agents dont elle peut disposer, gendarmes ou gardes champêtres, sont d'une incompétence notoire, et il est évident qu'ils ne sont jamais chargés de cette mission.

Donc, en fait, dès qu'un industriel est muni de son autorisation, son industrie s'installe et se met à fonctionner sans que personne ait été appelé à constater si cette installation, dans les grandes lignes prescrites par l'autorité ou dans des détails non prévus, était de nature à porter dommage à la salubrité.

Si rien ne vient entraver les choses, l'industrie continue sans qu'aucune intervention se produise. S'il survient des plaintes, et cela n'est pas rare, alors les constatations faites par les Conseils amènent souvent des révélations étonnantes et mettent en éveil l'administration, à laquelle on apprend que telle industrie qui devait exécuter telle et telle prescription n'a rien fait de tout cela, et c'est souvent après bien des années d'exercice que se font pareilles découvertes. C'est alors que l'administration, usant de son droit, selon le temps et les circonstances, prescrit de nouvelles mesures et menace de fermeture si l'industriel ne s'y soumet. Voilà à peu près ce qui se passe constamment en matière d'établissements classés.

L'autorisation est valable du jour où le papier est remis entre les mains de l'industriel sans contrôle ultérieur. Mais, plus tard, cet industriel, exécutant mal les prescriptions, ou les modifiant, cède son établissement ; on l'agrandit, le perfectionne, ou, au contraire, on le laisse dans des conditions médiocres ou mauvaises, sans qu'on sache ce qu'il en advient au point de vue de la santé publique. Or, est-ce là pour l'hygiène publique une garantie ? Je ne crois pas qu'il soit téméraire d'affirmer qu'il n'en est rien ; que l'industrie, sauvegardée par le principe de l'autorisation donnée à l'industrie elle-même, est simplement dégagée des entraves que l'hygiène pouvait lui susciter, sans que rien puisse beaucoup la gêner dans son exercice. C'est là la vérité que l'expérience a rendue plus éclatante de jour en jour, et qu'il serait trop aisé de faire apparaître par mille exemples pris dans les annales des Conseils d'hygiène. C'est pour remédier à cette situation que certains Conseils ont demandé la création d'inspecteurs de la salubrité et que d'autres ont songé aux autorisations temporaires. Les inspecteurs de la salubrité ont l'immense avantage de permettre en tous temps et en tous lieux de faire savoir ce qui peut, dans les établissements classés et même en dehors, offenser la santé publique ; mais ces utiles fonctionnaires n'existent en France que dans trois ou quatre départements, où, de leur propre autorité, des conseils généraux ont eu assez d'initiative pour les créer, sans qu'aucune prescription légale les y eût obligés, et assez d'argent pour les indemniser. C'est là une exception que la prochaine législation fera disparaître certainement. Mais leur existence suffirait-elle à sauvegarder l'hygiène publique et leur mission ne sera-t-elle pas plus efficace encore avec les autorisations faites en dehors de l'industrie ? C'est ce qu'il faut voir.

Les autorisations étant données non à l'industrie, mais à l'industriel, il y aurait deux manières possibles de les lui accorder, soit pour une durée indéterminée : autorisation personnelle ; soit pour une durée déterminée : autorisation temporaire.

Dans ces conditions, qu'adviendrait-il ? Un établissement se crée, l'autorisation est accordée à l'industriel (autorisation personnelle) ; les choses eussent-elles au point de vue hygiénique le même sort qu'à présent ; à son décès et au moment où la cession de son industrie se ferait, il faudrait renouveler l'autorisation et cette demande nécessiterait une intervention des Conseils d'hygiène, qui sauraient au moins si depuis le jour de l'autorisation quelque chose est venu modifier l'état de l'industrie au point de vue de la santé publique ; dans les cas favorables, rien ne viendrait entraver l'obtention de l'autorisation redemandée ; dans les cas contraires, l'autorité, prévenue, solliciterait des réformes utiles avant d'accorder cette autorisation. Avec les autorisations temporaires, même fonctionnement, même contrôle à l'expiration de la durée de l'autorisation.

. C'est là où le rôle d'un inspecteur de la salubrité serait utile, car la seule inspection d'un homme compétent permettrait de n'apporter aucun entrave dans l'exercice de l'industrie et les renouvellements d'autorisation seraient aussi faciles à obtenir, grâce à lui, que des prolongations de baux ou de fermages. Et, en effet, il faut considérer que les Conseils d'hygiène limitant les autorisations à un certain nombre d'années, avaient ainsi pour but de s'assurer un contrôle efficace et réellement indispensable pour certaines industries. C'est ce qui fait que, suivant les cas, les dangers possibles, les autorisations variaient de cinq à dix et quinze ans. Ces industries sont-elles plus menacées que les autres ? Nullement, et cette variation de durée est livrée à l'appréciation des Conseils qui, suivant les chances d'insalubrité ou les mauvaises conditions d'installation d'une industrie, peuvent réduire ou augmenter la durée de l'autorisation. Quant au renouvellement des autorisations, rien ne serait aussi facile que d'en régler l'obtention par une simple demande et une visite de l'inspecteur de la salubrité ou des Conseils d'hygiène.

. Dire qu'une semblable interprétation de la loi menace l'industrie me semble exagéré, car, en fait, ne voit-on pas tous les jours les villes, les particuliers faire des baux dans des conditions aléatoires et avec un imprévu réel ? Mais l'industrie classée n'est-elle pas toujours soumise à la surveillance administrative ? Ne peut-elle pas être fermée si les contraventions aux prescriptions faites sont constatées, ou s'il y a une interruption de six mois d'exercice ? Ce qui donne donc à l'industrie classée ce caractère spécial d'une propriété soumise à quelque aléa, c'est moins la nature de l'autorisation que celle de l'industrie elle-même.

L'autorisation personnelle ou temporaire n'en changerait pas davantage le caractère, cela est vrai ; mais assurerait surtout le contrôle fréquent et sérieux des établissements et principalement aux époques de cession par décès ou par vente, moments où les transformations sont pour ainsi dire de règle dans tous les établissements de ce genre.

Un inconvénient sérieux des autorisations données à l'industrie et qui peut être aisément constaté, c'est celui qui résulte du déplacement des groupes habités suivant les modifications des centres urbains eux-mêmes. Un établissement autorisé est établi dans des conditions déterminées, parce qu'il est, au moment de sa création, isolé de toute habitation ; mais vingt ans plus tard, c'est un chemin de fer, un canal, un port, que sais-je ? quelque grand travail qui vient modifier cette situation ; des habitations naissent là où il n'y avait que des champs, et une industrie pour laquelle on n'avait réclamé que des installations sommaires se trouve alors un voisinage gênant et dangereux. Cette industrie autorisée et qui s'était soumise aux prescriptions qui lui avaient été faites demeure-t-elle à l'abri de toute attaque, ne peut-elle être éloignée? Je fais cette interrogation parce que, pour moi, elle résout la question en cause. L'administration répondra qu'elle est toujours armée et que dans pareilles circonstances elle peut, dans l'intérêt de la salubrité publique, si les conditions, non de l'industrie, mais du voisinage, ont changé, prescrire toutes les mesures qu'elle croira utiles et même supprimer l'établissement. Si cela est vrai, alors je réponds : En quoi votre autorisation donnée à l'industrie la protège-t-elle plus qu'une autorisation temporaire, puisqu'il n'appartient pas à l'industrie, mais aux conditions mêmes du voisinage, d'en augmenter ou d'en diminuer la valeur et la sécurité ?

Ou bien l'administration répondra que l'autorisation assure à l'industrie son libre exercice, même quand sciemment des habitations sont venues peu à peu se grouper autour d'elle, et alors je dis : L'hygiène publique ne protège plus personne puisque, en pareil cas, un intérêt personnel domine un intérêt public et général.

La question mérite donc, on le voit, un examen attentif, et quoiqu'elle soit en apparence jugée en ce moment par la réponse ministérielle, elle n'est pas jugée assez définitivement pour ne pas être reprise et soumise à une nouvelle étude.

Pour moi, c'est encore une des questions qu'il faudra mûrement examiner en reprenant dans l'organisation sanitaire de notre pays les différentes lois ou décrets qui constituent notre léger bagage sanitaire. Il n'est point inutile de bien faire connaître ces points délicats et de les signaler à l'attention de ceux qui seront bientôt appelés à s'occuper de cette grande et sérieuse question de l'organisation de la médecine publique, que tous les hygiénistes réclament depuis longtemps, que le congrès de la Haye, il y a huit jours, demandait à nouveau, et dont le parlement français a compris toute l'importance en renvoyant à une commission spéciale la proposition Liouville, et dont nous verrons, espérons-le, la solution prochaine (1).

(1) Cette communication a été suivie d'une discussion. — Voir *Proc.-verb.*, p. 292.

M. ROCACHE

Maire du XIe arrondissement, à Paris.

RÉSULTATS DE L'APPLICATION DE LA LOI DU 28 MARS 1882
AU POINT DE VUE DE L'HYGIÈNE, A PARIS

— Séance du 11 septembre 1884 —

Je n'ai, en aucune façon, l'intention d'examiner devant la section d'Hygiène la portée politique ou sociale de la loi du 28 mars 1882, qui astreint les parents, tuteurs, etc., à envoyer dans les écoles les enfants de six à treize ans.

Je ne veux m'occuper ici que de ses conséquences au point de vue de l'hygiène.

En fait, cette loi, dite de l'Enseignement obligatoire, a placé les enfants sous la surveillance immédiate des municipalités pendant un certain temps : je dirai, en passant, que je trouve ce temps trop court ; on a fait, selon moi, trop de concessions à des idées émises avec plus de bruit que de réflexion ; et je ne puis me dispenser de dire, pour obéir à ma conscience, que je trouve dignes d'approbation et d'encouragement tous les moyens que les municipalités s'efforcent de trouver pour retenir le plus longtemps possible les enfants des travailleurs sous l'aile tutélaire des instituteurs et des institutrices : l'enseignement manuel, l'enseignement ménager, celui de la comptabilité, de la couture, par exemple; l'entrée prématurée dans les ateliers, où, en réalité, pour des causes que j'examinerai plus tard, l'apprentissage n'existe plus, étant un des dangers les plus graves auxquels soient exposés les jeunes gens et surtout les jeunes filles des grandes-villes.

Cette loi n'a pas amené de changement notable, immédiat et apparent dans l'état matériel des enfants des communes rurales, en dehors de l'obligation de fréquenter les écoles.

Dans les grands centres, au contraire, dans les grandes villes en général, elle a été un véritable événement dans la vie d'une bonne partie de la population infantile.

Tous ces enfants, qui les uns couraient les rues en guenilles du matin au soir, dont les autres passaient leur vie dans les logements sans air et sans lumière des familles pauvres, ont tous été recensés et envoyés d'office dans les écoles.

Les commissions scolaires, les administrateurs des bureaux de bienfaisance, les fonctionnaires de la police municipale, se prêtant un mutuel concours pour le bien, ont recherché avec soin les réfractaires, et l'on peut dire qu'à présent fort peu d'enfants échappent à l'application de la loi.

Dans ce qui va suivre, je parlerai de Paris, et bien que mes observations n'aient porté que sur un arrondissement, comme c'est le plus important (il compte une population d'environ 220,000 habitants, dont 24,000 enfants recensés fréquentent les écoles, et 17 ou 18,000 les écoles de la ville), que sa population représente l'état moyen de celle du Paris laborieux, il y a lieu de croire qu'elles seraient confirmées par l'examen des autres parties de la ville.

Tout naturellement, ce sont des écoles communales qui ont reçu la plupart des enfants recensés ou réfractaires, et c'est de celles-ci spécialement que nous allons parler.

A Paris, disons-nous, ces enfants ont été obligés de se rendre dans les écoles de la ville, qui sont toutes suffisamment spacieuses, éclairées, aérées.

Ils ont été immédiatement soumis à une discipline paternelle, mais vigilante, ayant pour conséquences favorables à l'hygiène :

Le repas du milieu du jour, à la même heure tous les jours ; repas chaud, salubre, d'un prix abordable pour tous ;

L'obligation de se présenter et de se tenir propre, tout au moins quant aux mains et au visage ;

Celle de se soumettre à l'examen des médecins-inspecteurs, autant pour ce qui touche à l'hygiène de la bouche qu'à celle de la chevelure ;

L'alternance régulière du travail intellectuel, manuel, des récréations, avec les exercices de gymnastique.

Il est résulté de toutes ces circonstances ceci : c'est que, dès le deuxième semestre qui a suivi la mise en vigueur de la loi, les médecins ont signalé une amélioration notable de la santé chez leur jeune clientèle. Nous entendons parler ici des médecins du bureau de bienfaisance aussi bien que de ceux qui sont chargés de l'inspection des écoles.

L'habitude de la propreté, qui est le premier élément de la dignité et du respect de soi-même, s'est développée ; et, disons-le en passant, de même que, lorsque nous avons enseigné la *prévoyance* aux enfants par les caisses d'épargne scolaires, nous avons vu les parents devenir eux-mêmes épargnants, par l'exemple, de même nous espérons voir les prescriptions élémentaires de l'hygiène, enseignées dans nos écoles, *pénétrer* par les enfants dans la famille.

La coupe des cheveux ne guérit certes pas les affections ou les invasions parasitaires les plus répandues, mais elle aide à les découvrir et à les prévenir, ce qui vaut mieux.

Aussi exerce-t-on dans les écoles de l'arrondissement dont il s'agit une surveillance rigoureuse sur la chevelure des enfants.

Les garçons, sauf des exceptions laissées à l'appréciation des médecins inspecteurs, ont tous les cheveux courts, et pour les jeunes filles, s'il n'est pas dans nos mœurs de leur tenir les cheveux coupés, ordre est donné d'émonder sans pitié toute chevelure suspecte.

L'organisation d'un service dentaire pour opérations ou soins est en voie d'organisation, de même qu'un établissement de bains par ablutions, qui, projeté dans les sous-sols éclairés et aérés d'une grande école, pourra recevoir les enfants de toutes les écoles de l'arrondissement.

En attendant, toutes ont été dotées de cantines économiquement administrées, qui non seulement ont fourni des aliments, mais même, en été, une boisson hygiénique dont la formule a été donnée par le service médical des écoles.

Près de 1,300,000 déjeuners chauds (viande et légumes) ont été fournis au prix de 10 centimes ; 75,000 ont été donnés gratuitement aux enfants nécessiteux.

La Caisse des cantines a encore supporté les frais auxquels ont donné lieu les mesures préventives prescrites par la prudence, au moment de menace d'épidémie cholérique ; les enfants qui apportaient des fruits dans leurs paniers se les ont vu confisquer et ont reçu en échange une portion gratuite de la cantine.

Tout cela n'a coûté à la Ville que 36,000 francs environ, pendant l'année scolaire 1883-1884, pour une population scolaire d'au moins 17,000 enfants ; car elle n'a eu à supporter que la dépense des bons gratuits et la différence entre le prix de revient de la portion et son prix de vente, soit $0^f,025$ à $0^f,030$ (3 centimes) par portion.

D'après ce qui précède, il est facile de voir que cette loi a été, dans le XIe arrondissement, un véritable bienfait pour les enfants, au point de vue de la santé. Elle les a soustraits aux dangers de la rue et des mauvaises fréquentations, et au séjour familial, au moins pendant la plus grande partie de la journée.

En revanche, elle les a placés dans des établissements où les prescriptions sanitaires sont observées autant que le comporte l'état actuel de l'application des principes de l'hygiène dans notre pays.

Elle leur impose les prescriptions de cette hygiène pour leur corps, elle leur a procuré en outre une meilleure alimentation, grâce aux institutions de bienfaisance, patronnées par la Caisse des Écoles, qui distribuent aux enfants, en échange d'un effort méritoire, des vêtements, des chaussures, des aliments gratuits.

Ainsi donc l'école fournit aux enfants, en dehors de l'enseignement proprement dit, des locaux plus salubres ; elle les astreint à la propreté, elle améliore leur alimentation, et, si l'on y tient la main, elle peut aider puissamment, dans les villes comme dans les campagnes, à la diffusion des préceptes d'hygiène, d'où dépend la vigueur des jeunes générations et certainement, dans une certaine mesure, l'avenir de la patrie.

Aussi croyons-nous que, partout, les regards des hommes qui aiment leur pays doivent se tourner vers les écoles.

De toutes parts on constate que la natalité diminue ; raison de plus pour veiller sur la santé des enfants qui ont heureusement franchi la crise de la première enfance (1).

M. le Docteur DELTHIL

De Nogent-sur-Marne.

PROPHYLAXIE DE CERTAINES AFFECTIONS PARASITAIRES PAR LA SATURATION DE L'ÉCONOMIE AU MOYEN DES CARBURES NON TOXIQUES, EN PARTICULIER PAR L'ESSENCE DE TÉRÉBENTHINE OU SES HOMOLOGUES ET LES GOUDRONS DE GAZ

— Séance du 11 septembre 1884 —

Pour la plupart des auteurs, dans certaines affections parasitaires, le choléra en particulier, le danger réside principalement dans les intestins, où, disent-ils, « *l'on ne peut atteindre les micro-organismes par les fumigations en usage* », et, jetant ainsi le doute dans l'esprit du public, on voudrait rejeter de la thérapeutique, sans rien mettre à la place, tout procédé de fumigations, soit prophylactique, soit curatif, que, pour moi, je tiens comme héroïque, et je vais essayer de le démontrer.

Permettez-moi tout d'abord, Messieurs, d'attirer votre attention sur ce point en vous rappelant les résultats prophylactiques et curatifs que j'ai obtenus précisément par des fumigations d'essence de térébenthine et de goudron de gaz dans des cas où il s'agissait d'une maladie également parasitaire : *la diphthérie*.

Si j'avais encore besoin de démontrer l'action parasiticide des fumi-

---

(1) Dans l'intervalle entre la communication et la publication de ce travail, une observation importante est venue confirmer celles qui en avaient fait l'objet.

Le choléra s'est déclaré dans l'arrondissement au commencement de novembre 1884, et a sévi avec une intensité relative : le quartier Sainte-Marguerite, qui en fait partie, a été le plus gravement atteint de Paris.

Non seulement il n'y a pas eu un seul cas dans la population des écoles de la Ville, mais encore jamais l'état sanitaire de la population infantile, officiellement constaté, n'a été meilleur.

Cette communication a donné lieu à une discussion. — Voir *Proc.-verb.*, p. 293.

gations empyreumatiques et de prouver leurs propriétés neutralisantes des fermentations, il me suffirait de vous rappeler les fumigations industrielles pour la conservation de certains produits alimentaires, de tous les procédés antiseptiques incontestablement le meilleur. Comme peu de questions intéressent à un tel degré l'hygiène publique et privée, l'administrateur et le médecin, permettez-moi de vous citer, malgré leur vulgarité, deux exemples qui confirment l'arrêt des fermentations par les propriétés destructives des carbures sur les micro-organismes.

Est-il une matière organique plus putrescible que le hareng? Et, cependant, les fumigations en assurent la conservation pendant un temps indéterminé.

Le jambon fumé ne se conserve-t-il pas lui aussi d'une année à l'autre, imprégné qu'il est dans toute sa masse charnue par les carbures?

Certes, on peut incriminer les fumigations qui produisent des gaz toxiques, telles que celles de cinabre, d'acide sulfureux et nitreux, de sublimé corrosif, etc., voire même celles d'acide phénique qui, abaissant la température, doivent être proscrites chez les cholériques, dont l'algidité est un des plus graves symptômes, mais c'est aller trop loin que de les proscrire d'une façon générale.

En effet, les fumigations d'essence de térébenthine et de goudron de gaz que j'ai proposées contre la diphthérie, ont été expérimentées depuis sept mois tant par nombre de mes confrères que par moi, sans qu'aucun fait d'intoxication ni même de suffocation se soit produit chez nos malades. La contagion elle-même ne s'est développée que deux fois et d'une façon bénigne, et cependant près de deux cents personnes ont été en contact avec ces diphthéritiques ; n'est-ce point |là une démonstration sans précédent de la prophylaxie de ces carbures?

Ceci réfute donc formellement sur ce point l'opinion nouvellement admise.

Pour prouver encore la valeur zyméticide de la térébenthine, je rappellerai ses effets contre les fermentations, car elle détruit avec une grande puissance les organismes qui vivent dans un milieu aqueux ; puis je citerai son action contre les vers intestinaux. Durande l'avait employée avec succès dans ce qu'on appelait alors la péritonite puerpérale avant même que cette affection, désignée aujourd'hui sous le nom de septicémie puerpérale, fût reconnue comme parasitaire ; on peut même s'étonner que ce moyen parasiticide si héroïque ait été abandonné après des expériences empiriques, il est vrai, mais si concluantes.

On a encore prescrit avec raison cette essence à cause de ses propriétés parasiticides dans la fièvre typhoïde, puis dans les gastralgies, pour diminuer la trop grande vitalité des ferments lactiques et butyriques.

Permettez-moi, dans le même ordre d'idées, de vous signaler en passant les résultats que j'ai obtenus par des évaporations de térébenthine au bain-marie et des inhalations d'éther goudronné sur des malades atteints d'affections chroniques de la vessie avec fermentation ammoniacale décelant la présence de micro-organismes dans cette cavité.

Sous l'influence de ce traitement, j'ai vu céder les accidents et l'urine perdre sa fétidité, alors que des lavages directs, au moyen d'une solution d'acide borique, semblaient ne plus avoir d'efficacité.

Poursuivant les mêmes recherches sur l'action des carbures dans l'organisme, je lis dans M. le professeur Bouchardat :

« Parmi les essences qui sont prescrites comme parasiticides, je citerai surtout l'essence de térébenthine ; c'est un remède inoffensif qui pourra rendre de grands services quand les effets parasiticides qu'on peut en obtenir seront mieux étudiés. »

Et parlant d'un homologue, il dit :

« L'essence de cajeput a été fort employée lors de la première invasion du choléra en Europe et, depuis lors, peut-être trop négligée. Prescrite sous forme de perles qu'on donnerait à doses progressives, elle pourra contribuer à réchauffer le malade et agir comme parasiticide. »

J'ajouterai, pour démontrer les propriétés antifermentescibles de cette essence, qu'elle a été employée avec succès pour assurer la conservation des pièces anatomiques, qu'elle est utilisée avec avantage pour les pansements antiseptiques et qu'elle est appelée, ainsi que mes expériences me permettent de l'espérer, à jouer un rôle important dans la thérapeutique de la tuberculose.

La térébenthine est essentiellement assimilable, comme le démontre l'odeur de violette qu'elle transmet à l'urine des peintres, et je signalerai, à l'appui de ce fait, cette observation de ma pratique personnelle : sous l'influence des fumigations de cette essence, l'urine de mes diphthériques et des personnes qui les entourent prend également avec rapidité cette odeur caractéristique, démontrant ainsi qu'elle traverse toute l'économie avant d'en être soustraite par le filtre naturel, les reins, et qu'elle joue son rôle de parasiticide dans tout l'organisme en enrayant les fermentations nocives ; ce qui répond, je crois, à cette autre affirmation, *qu'il est impossible d'atteindre le microbe dans les intestins.*

L'essence de térébenthine est encore douée d'énergiques propriétés d'excrétion pour éliminer les virus sécrétés.

Il est à remarquer également que le charbon de la combustion entraîné dans l'économie, doit encore y jouer son rôle antiseptique désinfectant et absorbant, et que cette combustion du mélange de goudron de gaz et d'essence de térébenthine élevant rapidement et d'une façon très sensible la température de la pièce, contribue par suite à réchauffer le malade et à favoriser l'absorption, tout en diminuant les chances de contagion par le fait de la dessiccation de l'atmosphère ambiant.

Le Dr Màreau cite des observations extrêmement curieuses, dont voici l'analyse :

Sous l'influence de l'essence de térébenthine administrée à des lapins, il a toujours vu l'urée éliminée augmenter considérablement, tandis que la température s'élevait.

Le Dr Romelaëre reproduit à son tour les mêmes expériences et vient en confirmer les résultats.

N'est-il donc point rationnel d'employer cet agent thérapeutique, puisque les premiers effets du choléra, par exemple, sont l'anurie et l'algidité?

C'est en m'appuyant sur la doctrine des fermentations de Cagniard-Latour et de M. Bouchardat que je me crois autorisé à penser que ces carbures peuvent être le parasiticide de certains bacilles et conséquemment le contre-poison chimique du choléra dans son action sur le sang, auquel il enlève son sérum et qu'il coagule. D'illustres savants, Magendie et Delpech, avaient, il y a plus de quarante ans, fait prévoir des recherches dans ce sens.

Le traitement que je propose est surtout prophylactique; il modifie l'état de l'organisme et place l'individu dans des conditions excellentes pour lutter contre l'introduction et l'existence dans l'économie des organismes toxiques ; il a encore cet avantage d'être d'une grande simplicité, à la portée de tous et absolument inoffensif.

Étant donné le rôle des carbures contre les ferments de premier et de second ordre, je ne doute pas que le bacille, cantonné d'abord dans l'abdomen, ne soit promptement atteint par ces agents thérapeutiques introduits à profusion dans l'organisme : fumigations, frictions, lavements, injections sous-cutanées, inhalations, évaporations au bain-marie, etc.

Je conclus en disant :

Tout organisme vivant saturé de carbures doit être par ce fait réfractaire aux fermentations en diminuant les chances d'introduction de leurs agents moteurs, les micro-organismes.

M. Théophile HABERT

De Troyes.

DÉCOUVERTES FAITES DANS LES TRAVAUX D'ART POUR L'ACHÈVEMENT DU CANAL DE LA HAUTE-SEINE, SECTION DE BAR-SUR-SEINE, A FOUCHÈRES [1]

— Séance du 5 septembre 1884 —

Les terrassements pratiqués de 1878 à 1882 pour la construction des ponts et écluses et pour l'achèvement du canal de la Haute-Seine ont mis à découvert divers objets mobiliers, dont la plupart ont été déposés par mes soins au Musée de Troyes et dont quelques-uns sont dans ma collection.

Période paléolithique quaternaire.

Sous ce titre, je comprends les découvertes faites sur le territoire des communes de Bourguignons, Virey-sous-Bar et Fouchères.

C'est dans le premier dépôt *d'alluvion quaternaire,* composé d'une *terre blanche-jaunâtre, graveleuse,* que ces découvertes ont été faites. Elles consistent en une grande quantité de silex taillés de la période paléolithique quaternaire, et en des fragments de grands vases en *terre noirâtre, peu cuite, fabriqués à la main,* dont quelques-uns sont encore recouverts de cette terre.

De mêmes silex existent à la surface du sol, sur le sommet des montagnes limitrophes, notamment dans la plaine de Foolz.

Périodes celtique et gallo-romaine.

Bourguignons *(premier village de l'ancienne province de Bourgogne).*
Il y a été découvert les objets ci-après de l'époque gallo-romaine :

1º Une meule de moulin à bras en granit gris et les débris d'une seconde de même matière ; 2º une arme ou couteau à douille, en fer, lame à un seul tranchant, se terminant en pointe arrondie.

Foolz (hameau de Bourguignons), *nom celtique.* On y a trouvé, à proximité d'une contrée portant le nom de *la Motte,* du mobilier de l'époque celtique, période *néolithique robenhausienne.*

---

[1] Cette communication a été faite également à la 11ᵉ section, le 8 septembre. — Voir aux *Procès-verbaux,* p. 205.

1° Deux fragments d'ossements de cerf dont les parties saillantes laissent
des traces d'usure, signe évident de leur emploi comme armes ou comme
outils ; 2° un fragment de bois de cerf presque à l'état calcaire percé de
part en part dans le sens transversal pour y adapter un manche, percé aussi
d'un bout, dans le sens de la longueur, pour y placer une hache ou pointe
quelconque en silex ; 3° un autre fragment de corne de cerf, dans le même
état, qui a dû être employé comme arme pointue. La partie principale, qui
porte des coupures en hachures transversalement, faites avec un couteau en
silex, a peut-être été emmanchée. L'autre partie, la pointe, a été brisée.

Tous ces objets ont été trouvés : les meules en granit et l'arme en fer,
entre le chemin n° 23 et le chemin du Rez, à 1m,50 ou 2 mètres de profondeur, dans le gravier d'alluvion ; et les ossements et bois de cerf, au
fond de l'écluse, à 4 mètres environ de profondeur sous le sol, avant les
remblais actuels, dans une terre d'argile noire recouverte d'une légère
couche de terre argileuse.

VIREY-SOUS-BAR.

Virey, nom d'origine celtique, *vi* pour *vic*, qui, dans cette langue,
signifie *bourg*, *village*, et *rey*, qui, selon nous, veut dire *ru*, *rivière*.

La situation de ce village, à l'embouchure de la *Sarce*, petite rivière
d'un courant rapide et d'une eau très claire, et la nature des découvertes
ci-après, viennent d'ailleurs à l'appui de cette présomption.

Tout me porte à croire qu'il existait à Virey-sous-Bar, comme à presque
tous les affluents de la Seine, Troyes compris, des habitations lacustres de
la *période néolithique robenhausienne ;* aussi a-t-on trouvé, au-dessous du
niveau des eaux de la Sarce, au milieu des premiers dépôts d'alluvion, les
objets qui suivent :

I. Deux planches en bois de chêne (dosses) ayant 1m,60 de longueur, 0m,40 de
largeur et 0m,12 d'épaisseur à la partie centrale, paraissant avoir été employées
dans une construction lacustre. Les trous de ces planches étaient pratiqués au
moyen de hachures irrégulières ; ils se trouvaient au milieu de leur largeur et
près de leurs extrémités. Elles en portaient chacune deux, à égales distances,
ayant 25 centimètres carrés.

Je n'ai pu, malgré plusieurs démarches, recueillir ces deux objets laissés à
l'abandon par les employés des ponts et chaussées (1).

II. Les objets suivants en silex taillé, de la *période paléolithique :* 1° un couteau, cassé, mais complet, d'une forme particulière et fort gracieuse, manche
et lame ; 2° un *nucleus ;* 3° une *pointe de javelot ;* 4° et divers autres instruments.

III. MORGIEN. Une magnifique *épée gauloise*, en bronze, mesurant 685 millimètres de longueur, poignée comprise, et pesant 585 grammes.

La lame pistilliforme est avec filets simples ; l'âme de la poignée est plate à
rebords latéraux, avec 11 trous de rivets, 6 sur la garde et 5 sur la partie longitudinale.

(1) Cette découverte, ainsi que d'autres, m'a été signalée par M. Broché, conducteur des ponts
et chaussées à Bar-sur-Seine, directeur des travaux.

Cette arme, d'une facture solide et d'une forme élégante, a une grande analogie avec celle du Musée de Saint-Germain portant le n° 2045 et qui figure au Musée préhistorique de MM. Gabriel et Adrien de Mortillet, n° 718. Et elle est un nouveau spécimen de l'habileté, du bon goût et du savoir-faire du peuple gaulois.

IV. LARNAUDIEN. Un *casse-tête* en bronze, à cinq rangs irréguliers de pointes saillantes de 12 à 15 millimètres, ayant 0m,15 de longueur et pesant 406 gr., que je crois devoir reporter à l'époque *larnaudienne*. Le manche, qui était en fer, manque ; il pénétrait dans toute la longueur du bronze, qui a dû être fondu dessus.

Cet objet, que j'ai sauvé des mains d'un terrassier, a figuré à l'exposition du *métal* (1881) au Palais de l'Industrie. N° 3519 de ma coll.

V. Une fibule en argent oxydé, d'une époque peut-être postérieure au larnaudien, mais dont les ornements en creux, à dents, réguliers, rappellent ceux des bronzes et des poteries de cette époque.

VI. GALLO-ROMAIN. Un petit pot en terre jaunâtre de forme sphéroïdale, sans anse et sans col, à large ouverture bordée d'un léger bourrelet. Sur l'épaulement figure une moulure formant collerette. Il est décoré en roux de lignes verticales inégales et irrégulières ; et, à partir d'un double filet en creux vers la base, cette décoration est faite de lignes jetées en arc. Hauteur, 120 millimètres ; plus grand diamètre, 120 millimètres.

VII. Une petite coupe en terre rougeâtre à bordure renversée.

VIII. Un vase, espèce de *péliké*, en terre blanchâtre, avec traces d'une couverte brune, disparue, de forme sphéroïdale, avec deux anses ; ouverture légèrement évasée. Hauteur, 205 millimètres ; plus grand diamètre, 185 millimètres.

IX. Un petit monument en pierre de forme carrée, ayant 0m,17 sur chaque face et 0m,16 de hauteur. L'intérieur, qui est creux, mesure à sa partie supérieure 130 millimètres et à sa partie inférieure 65 millimètres.

Ce meuble repose sur quatre pieds dégagés portant un X en creux. Chaque face est percée de trois baies à plein cintre, très évasées, au-dessous desquelles sont tracées sur le champ deux gorges horizontales en biseau, et au-dessus une frise simple. Les angles coupés sont ornés de palmettes faites en creux sur un plan réservé.

La pierre, à gros grains, paraît sortir du dernier banc des carrières du Tonnerrois.

Cet objet, ainsi que sa forme semble l'indiquer, a dû servir de pied ou support d'amphore (fig. 59).

Les n°s I à V, inclusivement, ont été trouvés dans la traverse de Virey-sous-Bar, au-dessous des graviers d'alluvion ; le n° IV, en juin 1879, par Favet, terrassier, en face l'église, à 3m,50 de profondeur, dans une couche de gravier pur. Les n°s VI, VII et IX, également dans la traverse de ce village, dans une terre blanche sableuse, sur le gravier, à 2m,50 de profondeur. Le n° VIII, à l'endroit appelé l'île Maillot, dans le tournant du pont du canal, à 1m,50 d'alluvion.

FOUCHÈRES. — *Époques gauloise et gallo-romaine.*

Ce village est situé tout au commencement de cette vaste plaine partant des derniers coteaux jurassiques de Virey-sous-Bar, et s'étendant vers le

nord du département de l'Aube, ayant au midi et à l'ouest les forêts de
Foolz, de Chaource et de Rumilly-les-Vaudes, communiquant à la forêt
d'Othe ; et, vers le levant, la forêt du Der et le groupe d'Orient jusqu'à
Montierender.

Le sol, plat et commode, donnait un autre genre de vie à ses habitants
robenhausiens, et les principales défenses, sur les rivières et sur les fleuves,
étaient établies aux abords des *gués;* c'est-à-dire aux seuls lieux où les
communications étaient possibles.

Fig. 59.

Comme en beaucoup d'endroits, Fouchères avait alors son gué sur la
Seine ; et, à cause de sa situation entre les groupes de forêts importantes,
ce passage fut fort fréquenté et témoin de sanglants combats, dont il nous
a été donné de recueillir quelques épaves.

Les découvertes qui vont être rapportées établissent un fait important,
le détournement complet et brusque du cours de la Seine ; fait où le
hasard, comme bien souvent, y a été pour quelque chose. En effet, c'est
exactement à l'endroit où ce gué existait qu'a été construit le pont
tournant du canal qui traverse la *rue d'En-haut* (chemin d'intérêt commun
n° 26, de Lantages à Fouchères).

Dans les fondations des piles de ce pont, les terrassiers mirent à jour, à
4 mètres de profondeur, 1 mètre au-dessous du niveau des eaux de la
Seine, *un rochis en pierres du pays placées sur champ formant un pavage
régulier, soutenu par quatre voûtes en châtaignier de 5 à 6 mètres de longueur, liées entre elles par des enroches* (1) ; c'est-à-dire *un gué pavé,*

(1) Expression dont s'est servi M. Broché.

puisqu'alors la Seine passait en cet endroit (voir le plan de Fouchères, fig. 61 au point A).

Après le déplacement de la rivière, le gué a été reporté, par l'allongement de la *rue d'Enhaut*, à 100 mètres environ au levant, à la lettre G du plan, en amont du pont (1).

A cette même profondeur gisaient, renversées en tout sens, diverses pièces de bois de charpente, nature de châtaignier, dont la plupart avaient de 5 à 6 mètres de longueur, et de 0^m,30 à 0^m,40 sur 20 d'équarrissage.

Ces bois provenaient probablement de la forêt du Der, d'où ils avaient été amenés par la voie de Marolles au *port de Courtenot* (2) pour y être mis à flot. Certains endroits de la surface de ces bois étaient creusés par le passage de graviers poussés par les eaux, ce qui indiquait que le cours d'eau dura longtemps encore après leur submersion.

Pour des raisons que je donnerai plus loin, le pavage de ce gué, que j'attribue aux Romains, doit être reporté vers les premiers moments de leur invasion.

Période néolithique. — Robenhausien.

D'autres découvertes, les plus intéressantes de toutes, faites au même endroit, prouvent l'existence du gué de Fouchères avant l'occupation romaine :

A 1 mètre au-dessous du pavage de ce gué, à 5 mètres environ au-dessous de la surface du sol, dans les fondations de l'angle méridional du pont tournant, les terrassiers découvrirent les objets ci-après, dont je crois devoir faire remonter la date à la période *néolithique robenhausienne. Première lacustre.*

1° Un bâton à deux mains, en cœur de chêne, ayant 1^m,33 de longueur, de forme naturelle toute primitive et pesant, au moment de son dépôt au Musée de Troyes, 968 grammes (fig. 60).

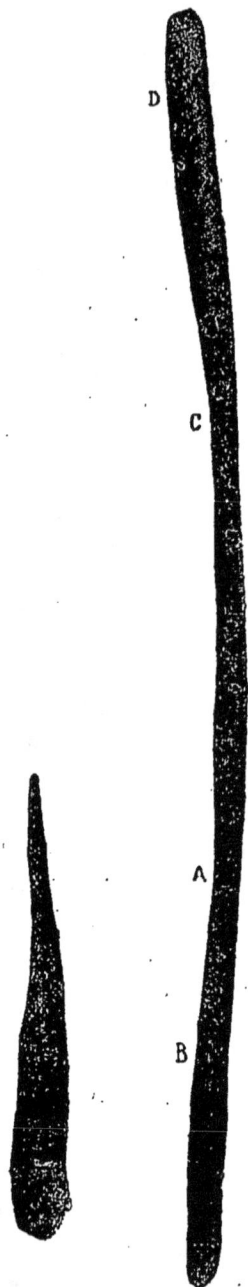

Fig. 60.

---

(1) Ce pont, qui existe encore, était le plus important de la région au xvie siècle ; il se compose de sept arches, dont une marinière.

(2) *Le Port*, nom d'une contrée du finage de Courtenot, près de la Seine, à 2 kilomètres en amont de Fouchères.

2° Une autre arme en même bois, mesurant 472 millimètres de longueur, grosse et arrondie d'un bout, se terminant en pointe allongée de l'autre, et pesant 304 gr. 50 (fig. 60).

3° Deux parties d'une troisième arme en bois, affilée à tranchant courbe d'un bout, dans un état de détérioration presque complète.

4° Deux molaires humaines, l'une d'un adulte, l'autre d'un enfant, et divers ossements sans consistance appartenant à des squelettes humains.

5° et 6° Plusieurs ossements de cheval et de chien.

7° Une partie de petite tasse en terre de couleur rougeâtre ferrugineuse, de forme évasée. Cette pièce, très peu cuite, a été fabriquée à la main, sans le secours d'aucun agent; sa base est ornée circulairement de pincements successifs faits sur la pâte molle avec l'extrémité de petits doigts (femme ou enfant). Elle est recouverte à l'intérieur d'un dépôt calcaire compact et solide de 1 ou 2 millimètres d'épaisseur; un pareil dépôt, qui existait à l'extérieur, s'est détaché par la dessiccation du vase.

8° Une petite boule en terre de même nature, percée d'un trou à son centre, ressemblant à une perle et ayant dû faire partie d'un collier celtique.

9° Plusieurs fragments de poterie de l'époque lacustre, un tout petit morceau de charbon de terre, des débris de bois de petite dimension, presque pourris, des parties d'ardoise et d'écaille; une parcelle de chaux très blanche, très fine et très pure, légère, portant des empreintes de chêne fendu.

La plus grande analogie existe entre la plupart des objets dont la description précède et ceux découverts au *Bourget*, qui figurent au Musée de Saint-Germain-en-Laye, salle n° 1, notamment la poterie, qui est de même nature de terre argileuse que celle du Bourget. (*Poterie lacustre du Bourget.*)

Les armes en bois. — Leur description et leur usage.

Les armes en bois (fig. 60) sont les seules connues en leur genre jusqu'à ce jour; elles sont dans un état parfait de conservation, sinon une cassure accidentelle à l'arme pointue, faite lors de la découverte.

Le bois, par son long séjour dans l'eau, s'est bruni; et l'on sent au toucher, malgré les légères aspérités de la *maille*, que ces armes, grattées avec le racloir en silex, ont été souvent maniées. Les extrémités sont arrondies, et nulle part il n'existe de trace de coupure faite par un instrument quelconque.

La conformation du bâton à deux mains est telle, qu'en le tenant on en comprend facilement le maniement.

A la partie inférieure B, à 0m,24 du petit bout, se trouve la place de la main droite dans une légère diminution, apparente cependant, — 93 millimètres de circonférence; — et en A, à 0m,41, où existe aussi une diminution — 85 millimètres de circonférence, — celle de la main gauche;

pour les grands mouvements d'attaque ou de défense, le moulinet et les coups à portée.

En tenant cette arme horizontalement à la hauteur de la ceinture et en reportant la main gauche au point C, où l'on aperçoit plus visiblement encore une diminution — 86 millimètres de circonférence — on est armé pour les coups de bout. Les mains ainsi placées, le combattant, en étendant les bras et en donnant à son arme la position horizontale au-dessus de sa tête, en avant, ou une position oblique de droite et de gauche, peut parer tous les coups. La partie la plus grosse de l'arme, à 1ᵐ,20 de sa longueur, porte 140 millimètres de circonférence.

J'ajoute que cette arme a été choisie de préférence à cause de sa cour-bure, qui n'est point accidentelle, comme on pourrait le croire. La courbe donne un poids plus grand, facilite l'élan et offre un avantage pour le combat. Telles sont, d'ailleurs, les armes et les casse-tête en bois d'if — Palafitte sous la tourbe de Robenhausen, canton de Zurich (Suisse); première lacustre — citées par M. G. et A. de Mortillet, nᵒˢ 496 et 497 du Musée préhistorique (1). Celles de Fouchères sont plus primitives encore.

La seconde arme est bien curieuse aussi.

Le bout arrondi, presque comme une boule, s'applique solidement dans la main; et ainsi, le combattant peut fondre sur son ennemi comme avec un poignard. Il m'est cependant difficile de dire de quelle façon cette arme était maniée. On peut supposer encore qu'elle était pourvue d'une lanière et que, lancée avec adresse, elle pouvait être aussitôt retirée.

Ces armes étaient probablement aussi employées à la chasse des bêtes fauves, dont les Celtes étaient si grands partisans.

Ainsi que je l'ai dit, tous ces objets ont été découverts dans une terre *jaunâtre graveleuse du premier dépôt*; et j'ajoute que les armes en bois qui avaient probablement accompagné le corps inanimé d'un guerrier *combattant au gué*, s'y trouvaient au fond de gorges formées par les roches calcaires. Les angles arrondis de ces roches dénonçaient un long et constant passage de gravier poussé par un cours d'eau rapide (2).

Pointe de flèche en silex. — Une élégante pointe de flèche en silex jaune foncé a été trouvée sur le territoire de Fouchères, à la surface du sol. Elle est de forme triangulaire, à pédoncule et à barbelures; elle mesure 36 millimètres sur 25. Le silex me paraît étranger au département de l'Aube; il a beaucoup d'analogie avec celui de Preuilly (Indre-et-Loire). Nᵒ 3520 de ma collection.

———————

(1) Paris, Reinwald, lib.-édit., 15, rue des Saints-Pères, 1881.
(2) Je dois ces derniers renseignements à l'obligeance de M. Beauvalet, surveillant des travaux, dans le bureau duquel j'ai vu, pour la première fois, les armes en bois.

Dans le creusement pratiqué pour la recherche du sable fin employé à la construction du pont du canal sur le chemin de Rumilly à Fouchères, à la lettre M du plan, à peu près au centre de la dérivation, j'ai pu examiner avec attention la coupe du terrain d'alluvion, dont les dépôts sont fort intéressants.

Le trou ouvert n'avait pas moins de 8 à 10 mètres carrés et 3 à 4 mètres de profondeur. La terre végétale avait 0m,30 d'épaisseur, le surplus était un gravier pur. A 1m,50 au-dessous de la surface du sol, on voyait une bande jaune-rouille, épaisse de 0m,10, allant en se dégradant au-dessous de sa base, produite par le séjour d'une eau dormante ferrugineuse amenée, des terrains supérieurs, à la suite d'un gros orage. Puis se suivaient, super-posées correctement et dans un grand ensemble, des couches de gravier formées tantôt de grèves fines mélangées de sable, reposant à plat en lits uniformes ; tantôt de plus fortes grèves placées en tout sens, comme ayant été poussées avec violence dans une grande crue d'eau ; puis d'autres couches se succédant avec de nouvelles variétés d'assises.

J'ai ramassé au milieu de ces graviers, à des étages différents, plusieurs fragments de poterie lacustre à l'état de galets.

Il y avait un grand attrait à voir et à étudier les phénomènes de la nature dans la diversité des assises de ces simples graviers de sable.

ENROCHEMENT. — Grâce aux observations judicieuses de M. Broché, j'ai pu remarquer un enrochement à sec, en pierres du pays, solidement établi, contrée de la Varie, aux lettres E, E, E du plan (fig. 61), travail qui devait empêcher l'envahissement des eaux de la Seine de ce côté ; car déjà la rivière y avait produit un creusement de plus de 3 mètres.

Évidemment cet enrochement, dont les pierres ont été peu à peu extraites par les propriétaires, avait été construit dans le but de préserver des habi-tations, des industries et peut-être une ville importante à l'époque gallo-romaine, ainsi que peuvent le faire croire les découvertes dont il va être parlé.

Cours de la Seine à l'entrée du village de Fouchères.

Après les alluvions de la période quaternaire, la Seine avait pris son cours naturel dans le large espace occupé par les graviers de la vallée. A l'entrée de Fouchères, elle se dirigeait (fig. 61) vers le couchant, en inclinant d'abord légèrement à gauche, à la lettre A, où était *le gué* dont j'ai parlé, puis en inclinant davantage vers la contrée du *bas des Ouches,* en se rapprochant de la voie romaine H, H ; elle suivait le pointillé C, C, C, en formant le circuit tourmenté que l'on voit, se dirigeait vers le nord, puis vers le levant, au lieu dit *la Vieille-Seine,* jusqu'au cours actuel I, I, I, aux lettres C, D.

Plusieurs siècles après, au commencement de l'occupation romaine, si l'on en prend comme témoins les substructions de cette époque, qui vont être relatées, la Seine se déplaça dans une partie de son circuit, *au bas des Ouches*, et suivit le second pointillé D, D, D. Elle touchait presque alors la voie romaine, au point B, puis coulait en ligne à peu près droite (à cause de l'enrochement, sans doute), au lieu dit *la Varie*, retournait vers le nord et rejoignait le premier lit C, C, C, à l'endroit coupé par le canal actuel, enveloppant ainsi circulairement un espace d'un diamètre de 800 à 1,000 mètres qui comprenait la moitié du village.

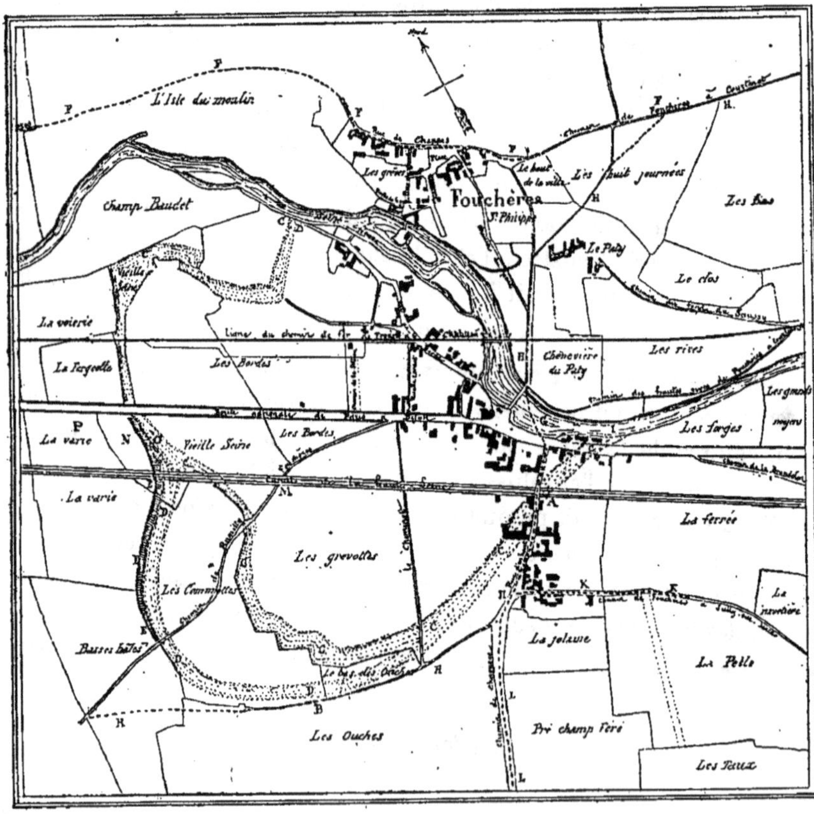

Fig. 61.

Voies romaines. — Ces voies sont figurées au plan de Fouchères par des lignes pointées. Celle de Troyes à Langres, indiquée par M. Darbois de Jubainville (1), est au couchant du village, sur la rive gauche de la Seine ; je l'ai constatée et vérifiée moi-même à la lettre B, lieu dit *les Ouches*.

Sans fixer exactement son passage sur la Seine, M. Darbois la lui fait

(1) *Répertoire archéologique du département de l'Aube.*

traverser de gauche à droite, à un endroit qu'il ne détermine pas, mais qu'il pressent (1). Cet endroit, nous pensons l'avoir découvert, c'est *le gué* de Fouchères, à la lettre A du plan.

Cette voie suivait approximativement la ligne tracée par la lettre H, H, H du même plan.

M. Th. Boutiot, dans son *Histoire de la Champagne méridionale* (2), porte cette voie sur la rive droite de la Seine à partir de Saint-Julien ; c'est celle du plan qui est accompagnée de la lettre F, F, F.

Mais deux ou même trois autres voies devaient aboutir à Fouchères, à cause du gué qui se trouvait être le premier passage établi sur la Seine à sa sortie du vallon resserré des montagnes jurassiques.

La première, K, K, devait quitter *aux Ouches* la voie H, traverser la contrée appelée *la Ferrée*, nom significatif, pour aller à peu de distance prendre la vallée de la Sarce, suivre cette vallée, et, en passant par *Arelia*, Arelles, *Vitre*, Avirey-Luigey, *Balneolum*, Bagneux, *Bellum videre*, Beauvoir, aller aboutir à *Vertilium*, Vertaut.

La seconde, L, L, devait quitter également *aux Ouches* la voie H, et se diriger vers *Caducia*, Chaource.

Enfin une troisième, qui n'est pas figurée, serait partie de Fouchères vers Marolles, Villy-en-Trodes, Briel, etc. En ce dernier cas, je me trouve d'accord, en partie, avec M. Lucien Coutant. (Voir sa carte de l'arrondissement de Bar-sur-Seine.)

Découvertes gallo-romaines.

La *Varie*, champ Vitry ; la *Vieille-Seine*, champ Vidier. En 1866 et depuis, le sieur Nicolas Vitry, de Fouchères, découvrit, en pratiquant des fouilles dans sa propriété, lieu dit la *Varie*, section C, n° 5 du cadastre, — lettre P du plan, — diverses substructions : une cave et quatre puits renfermant une grande quantité de débris de tuiles, de poteries, meules de granit, scories, etc., datant des premiers siècles de l'occupation romaine : 1° deux petits chevaux (jouets d'enfants) accolés l'un à l'autre, en terre blanche, semblables à ceux trouvés à Toulon (Allier), et décrits par M. Ed. Tudot ; 2° des fragments de poterie rouge lustrée, dont quelques-uns avec sujets en relief ; 3° un peigne en fer, objets qui sont actuellement au Musée de Troyes ; 4° une grande quantité de débris de poterie de tous genres et de toutes couleurs, plusieurs dépendant de vases à dépressions, en terre ferrugineuse, très mince, très cuite et à brillants reflets métalliques de tons très variés ; 5° une portion de bois de cerf, —

(1) *Recherches sur le lieu de la bataille d'Attila*, par M. Peigné-Delacourt, Paris, Claye, 1860.
(2) Dufey-Robert, 1870, t. Ier, carte.

ún fragment de vase en verre, — une tuile dite grand courant ; une partie de meule en granit rosé. Ces derniers objets sont aujourd'hui dans ma collection. Deux paires de forces en fer.

La même année, 1866, le sieur Vidier-Boulaigre, propriétaire d'un champ voisin de celui du sieur Vitry, au lieu dit la *Vieille-Seine*, section C, n° 122 du cadastre, — lettre N du plan, — mit à découvert une cave et un puits, et trouva également un grand nombre de débris de poteries et de tuiles, un vase en verre brisé et plusieurs bandes de fer qu'il jeta dans l'excavation sans en avoir discerné l'usage. Un vase en poterie brune avec dépressions, trouvé par Vidier, donné par M. Henriot, est au Musée de Troyes ; mais la plus grande partie des fragments de poteries provenant de cette fouille a été recueillie par M. Broché, notamment un fond d'assiette en terre rouge à reflet brillant, portant cette marque : OF SARRVT, — le R et le V sont liés — (*officina sarruti*), de l'atelier du potier SARRUTUS. Cette pièce fait aujourd'hui partie de ma collection.

J'ai visité les propriétés Vitry et Vidier et celles au nord et à l'ouest avec l'intention d'y pratiquer des fouilles. J'y ai remarqué, à la surface du sol, divers débris, contrées de la *Vieille-Seine*, de la *Varie*, du *Crot Thomas* et de l'*Homme-Mort*, qui paraissent m'assurer que ces recherches ne resteront pas infructueuses.

J'ai également examiné les derniers vestiges de la voie romaine H,H,H, contrée des *Ouches*, que le soc de la charrue envahit tous les jours, et j'y ai vu plusieurs petites pierres d'encaissement et ramassé un fragment de brique, *fort cuite*, qu'un laboureur cupide avait enlevé la veille avec sa charrue.

Toutes ces découvertes confirment évidemment l'existence d'un établissement romain dans les divers endroits qui viennent d'être rappelés ; et ce travail préservatif, cet enrochement ainsi que la déviation du cours de la Seine, ces deux grandes opérations ne le justifient-elles pas ?

CONCLUSIONS. Il résulte des différentes découvertes qui viennent d'être constatées, faites sur le territoire des communes de *Bourguignons*, *Virey-sous-Bar* et *Fouchères*, ainsi que des dénominations de certaines contrées que l'espace restreint qui m'est réparti n'a pu me permettre de rappeler ici :

1° Qu'à la période *paléolithique*, ce territoire était habité, et que des *palafittes* de l'époque *robenhausienne* y ont été construites, au moins à Virey-sous-Bar, à l'affluent de la Sarce, et peut-être à Foolz, hameau de Bourguignons ;

2° Que la voie romaine suivant le cours de la Seine, à sa droite, à Bourguignons, Virey-sous-Bar et Courtenot, a, très probablement, traversé cette rivière à Fouchères, sur le gué existant alors à l'endroit de la *rue d'En-haut* traversée par le canal ;

3° Enfin, que la déviation de la Seine, à Fouchères, à une époque remontant au premier siècle de notre ère, ainsi que la construction de l'enrochement au lieu dit la *Varie*, et les découvertes gallo-romaines faites par MM. Vitry et Vidier, finage de Fouchères, indiquent d'une façon évidente qu'au-delà de cet ancien cours, au nord et au couchant, dans une étendue qui ne peut être déterminée, il existait à l'époque gallo-romaine une villa ou des établissements importants ;

Qu'en conséquence, il y a un véritable intérêt archéologique à pratiquer des recherches en ces endroits, placés entre la voie romaine H, H, H et le cours actuel de la Seine.

M. de ROCHAS

Commandant du Génie, à Blois.

LES BUTTES ET LA TÉLÉGRAPHIE OPTIQUE DANS L'ANTIQUITÉ

— *Séance du 5 septembre 1884* —

M. de Rochas a été chargé par la Société des Sciences et Lettres de Loir-et-Cher de fouiller la butte des Capucins, qui domine la ville de Blois. Ces fouilles ont permis de constater que la butte ne recouvrait point un dolmen, ainsi qu'on le supposait généralement ; mais, comme son antiquité est incontestable, il y a lieu de penser qu'elle a servi à des signaux, hypothèse confirmée, du reste, par l'existence d'une série de buttes analogues dans les vallées de la Loire et du Loir ainsi que dans la Beauce et la Sologne.

Dans une brochure publiée il y a 25 ans, M. le Dr Chauveau a indiqué quelles sont les buttes encore existantes et montré comment elles se reliaient entre elles à l'aide d'autres buttes aujourd'hui disparues, mais dont il est resté des traces dans les noms des *lieux-dits* ou *climats*. Ces buttes se trouvaient généralement à 12 ou 15 kilomètres les unes des autres, et la carte reproduite dans la planche XI, fait sauter aux yeux la disposition des lignes télégraphiques qu'elles constituaient. Les points rouges pleins désignent les buttes existantes et les cercles rouges marquent l'emplacement présumé des buttes disparues ; un mémoire spécial, qui sera inséré dans le bulletin de la Société des Sciences, Lettres et Arts du Loir-et-Cher, donnera en détail la discussion relative à ces emplacements.

M. de Rochas expose ensuite ce que l'on connaît de la télégraphie optique dans l'antiquité, à l'aide de citations empruntées à Eschyle, Ænéas, Polybe, Tite-Live, Végèce et l'Anonyme de Byzance. Il montre que les Romains transmettaient des dépêches, lettre par lettre, soit au moyen de torches, soit à l'aide de pièces de bois mobiles comme dans le système Chappe.

Il serait à désirer que des recherches analogues à celles du Dr Chauveau fussent entreprises dans les régions voisines afin qu'on pût prolonger de tous côtés le fragment de réseau reconstitué dans le département de Loir-et-Cher. L'auteur fait observer qu'on employait souvent dans le Midi, au lieu de buttes en terre, des tours en maçonnerie, dont beaucoup subsistent encore sous le nom d'*Atalayas* en Espagne et de Φρούρια en Grèce.

M. Louis MARTELLIÈRE

Conservateur du Muséé de Vendôme.

ÉTUDE SUR LE CLOCHER DE LA TRINITÉ DE VENDOME

— Séance du 5 septembre 1884 —

I

Après les invasions normandes, qui avaient couvert de ruines le sol de notre pays ; après les désordres qui avaient accompagné la décomposition de l'empire de Charlemagne ; après les terreurs de l'an 1000, le xıe siècle ouvrit une ère de rénovation qui semble une première lueur du génie national de la France. Cette résurrection, cette renaissance, devrait-on dire plutôt, se produisit à la fois dans toutes les branches de l'activité humaine ; mais sa plus puissante manifestation se montre certainement dans l'architecture, surtout dans l'architecture religieuse, et nulle part son énergie réparatrice n'éclate avec plus d'intensité.

Le Vendômois ne resta point étranger à ce grand mouvement. En effet, les comtes de Vendôme, à peu près indépendants à la fin de la dynastie carlovingienne, étaient devenus de puissants seigneurs, grâce à la faveur des premiers Capétiens, et les exploits de Geoffroy-Martel avaient singulièrement accru leur prestige. Leur pouvoir fort et respecté pouvait assurer à leurs vastes domaines un sécurité trop rare alors et préserver leurs vassaux des misères de ces temps troublés. La fondation du fameux monastère de la Trinité ne contribua pas moins à la fortune du pays. Sa rapide construction, achevée en moins de huit années, témoignait déjà chez le fondateur de ressources immenses. Le développement extraordinaire que l'abbaye *Cardinale* des Bénédictins de Vendôme, pourvue de dotations considérables et de privilèges de toute sorte, acquit en peu de temps sous la direction d'abbés fermes et éclairés, rejaillit sur la ville en richesse et en renommée. Aussi, dès les premières années du xiie siècle, Vendôme était-il parvenu au point culminant de sa prospérité.

Le monument qui fait l'objet de ce travail fut élevé vers cette époque et en représente l'un des plus glorieux efforts.

Des premiers, il a été jugé digne d'être classé comme monument historique, à un moment où cet honneur n'était pas prodigué comme aujourd'hui. Sa grandeur sans exagération, sa simplicité sans mesquinerie en font un spécimen très remarquable d'un art déjà indépendant, quoique non entièrement affranchi des anciennes traditions. Il a été élevé d'un seul jet, sous l'influence d'une volonté et d'une inspiration uniques ; l'artiste qui l'a conçu l'a fait bâtir lui-même sans interruption ni repentir. Ce n'est pas à dire que toutes les difficultés aient été résolues avec la sûreté des âges suivants, mais ces tâtonnements mêmes contiennent plus d'un enseignement. Le soin apporté à la construction du clocher de Vendôme l'a aussi préservé de ces remaniements nécessités par une exécution négligée et entrepris sous l'influence du faux goût régnant. Il est digne à tous ces titres d'une étude qui peut présenter quelque intérêt.

II

L'édifice s'élève à 10 mètres en avant et à droite de l'église paroissiale de la Trinité. C'est une puissante tour de 13 mètres de côté à sa base, qui passe de la forme carrée à la forme octogonale pour se terminer par une flèche en pierre surmontée d'une croix ; dans sa partie rectangulaire, il a 33 mètres de hauteur ; celle de la flèche est sensiblement égale, et le

LOUIS MARTELLIÈRE. — LE CLOCHER DE LA TRINITÉ DE VENDOME 667

tambour à huit pans qui les relie mesure environ 13 mètres : ce qui, en ajoutant quelques fractions que nous avons cru devoir négliger, donne une élévation totale de 80 mètres (240 pieds, disaient nos pères), du niveau du sol à la base de croix ; il est bâti en belles pierres de taille soigneusement appareillées.

Une salle éclairée par six petites fenêtres occupe le rez-de-chaussée. Elle est couverte par une voûte en arc de cloître formant une calotte octogonale à pans inégaux. Les quatre grands côtés correspondent aux faces du carré et les quatre petits sont portés par des trompillons placés sur les angles. Débarrassée aujourd'hui de planchers et de cloisons qui l'ont encombrée longtemps, cette salle présente un aspect vraiment monumental. Jamais pourtant, comme l'ont prétendu certains archéologues, elle n'a servi de chapelle ; encore moins de baptistère, lequel n'aurait eu aucune raison d'être dans un couvent. Elle ne fut à l'origine qu'un magnifique vestibule où se trouvait l'entrée des étages supérieurs. Plus tard seulement, lorsque la ferveur religieuse se refroidit et que la discipline commença à se relâcher, on l'utilisa pour divers services accessoires que nous y trouvons installés dès le xvie siècle.

On n'y entrait autrefois que par la porte ouverte dans le mur du midi ; la forme étrange de cette baie tient à ce que sa partie inférieure a été élargie pour donner passage à la grosse cloche. Celle qui sert aujourd'hui au service journalier du clocher et qui donne accès sur le parvis, vers l'est, a été percée après coup dans un massif de maçonnerie dont l'épaisseur à cet endroit dépasse 4 mètres, à cause du voisinage de la tourelle contenant l'escalier. Le même motif explique pourquoi la salle n'a pas de fenêtres de ce côté.

Près de cette porte communiquant avec le dehors, se trouve intérieurement l'entrée de l'escalier. Il est du genre de ceux qu'on nomme *vis Saint-Gilles à noyau plein*. La voûte n'est pas appareillée, mais seulement construite en blocage ; les marches en pierre dure ne sont engagées ni dans les murs latéraux ni dans le noyau ; elles reposent simplement sur la maçonnerie de la voûte. La tourelle, à l'extérieur, possède une corniche bizarrement décorée de têtes et de fleurons.

Passons maintenant à l'étage supérieur, qui réclame toute notre attention.

La voûte à huit pans qui le sépare de la salle basse est construite en gros moellons tendres et assez sommairement extradossée. Deux grands arcs de décharge, concentriques à la voûte et se coupant à angle droit à son sommet, sont établis sur le milieu des grands côtés de l'octogone et viennent reposer sur les murs latéraux. Ils supportent un pilier carré, renforcé de quatre colonnes engagées. Ce pilier central sert lui-même de point d'appui à quatre arcades en ogive qui rayonnent autour de lui et viennent retomber, d'autre part, sur des pilastres engagés dans les murs de la tour. Ce système d'arcs était destiné, conjointement avec une forte corniche en retraite soutenue par des arcatures qui règnent tout autour de cet étage, à porter la charpente du beffroi et en répartir le poids sur les murs latéraux.

Pour empêcher les arcs croisés sur la grande voûte de se relever sous la charge du pilier central, on les a contrebutés par des arcs-boutants qui aboutissent sur les piliers engagés dans les murs. Ils ont été chargés en outre de petits murs ayant pour but de relier entre elles ces diverses parties et raidir tout le système. Viollet-le-Duc a très bien fait ressortir l'adresse de cette disposition. Il a clairement expliqué comment ces deux étages d'arcs, séparés par une pile, répartissent les pressions de manière à les neutraliser et possèdent une élasticité égale à leur résistance (1). Cependant les dessins de l'éminent architecte présentent quelques inexactitudes de détail qu'il nous semble oiseux de relever; l'auteur laisse aussi dans l'ombre certains points secondaires. Pourquoi, par exemple, les colonnes engagées autour du pilier central ont-elles leurs bases, d'ailleurs parfaitement reconnaissables, noyées dans la maçonnerie? Il semble que lorsque les cloches sont devenues plus fortes, le poids du beffroi par conséquent plus considérable, le pilier ait souffert de l'ébranlement causé par les sonneries à grande volée. On aurait été obligé de le maintenir en surélevant autour de lui les petits murs élevés sur les grands arcs croisés et de l'étrésillonner par de nouveaux arcs de décharge compris dans l'intérieur de ces murs mêmes. Pourquoi aussi l'un de ces murs est-il de 40 centimètres moins élevé que les autres, et pourquoi le mode de construction en est-il différent? La bâtisse est pourtant bien homogène et toute du même temps.

Tout cet ensemble constitue, quoi qu'il en soit, une disposition originale et dont nous ne connaissons pas d'autre exemple. Toute la construction est fort soignée et parfaitement entendue. Elle prouve chez le constructeur une préoccupation nouvelle alors, celle de reporter les points d'appui du beffroi le plus près possible de la base des murs latéraux et de réduire ceux-ci, dans leur partie supérieure, au rôle d'enveloppe indépendante.

Au point de vue artistique, cette partie du clocher n'est pas moins curieuse. Les colonnes engagées qui reçoivent la retombée des arcades en ogive, aussi bien le long des murs qu'autour du pilier central, sont ornées de chapiteaux d'un beau travail. Leur style indique des réminiscences encore vivaces de l'art antique ; certaines bases ont presque la pureté de profil des bases romaines. Tous les chapiteaux sont variés; la sculpture en est habile et bien traitée. Ils figurent ordinairement des palmettes assez

---

(1) Viollet-le-Duc, *Dictionnaire raisonné de l'architecture française*, tome III, article CLOCHER, page 251 et suiv.

semblables aux feuilles du chapiteau corinthien ; çà et là apparaissent des entrelacs et des oiseaux fantastiques.

Ils étaient autrefois revêtus de peintures ; les tracés rouges et vertes en étaient parfaitement visibles il y a quelques années, mais elles ont aujourd'hui presque entièrement disparu. Les colonnes, les piliers, la surface entière des murs paraissent avoir été couverts d'un enduit rougeâtre encore apparent.

L'escalier, après un premier arrêt sur l'extrados de la grande voûte, débouche au niveau des petits murs qui entourent le pilier central. D'après la pratique générale de cette époque, on ne montait au beffroi que par une échelle.

Il y avait autrefois dans le clocher de la Trinité quatre cloches célèbres qui sonnaient le *Carillon de Vendôme*, un des plus vieux airs populaires de France. Trois ont été brisées à la Révolution, une seule a survécu, la plus grosse, qu'on appelait le *Bourdon* et qui est fort belle. Elle mesure 2^m,10 de diamètre et 1^m,62 de hauteur intérieure ; une inscription circulaire en quatre lignes nous apprend qu'elle fut refondue en 1700, pendant que Philippe de Vendôme était abbé de la Trinité, par Jean Aubert de Lisieux ; qu'elle pèse onze mille livres et qu'elle remplace celle due à la libéralité d'Antoine de Crevant, dont elle porte le nom. Onze médaillons variés se succèdent sur le vase, que décorent en outre d'élégantes guirlandes de feuillage.

A la hauteur des cloches s'ouvrent sur chaque face de la tour deux grandes baies (sauf du côté de l'escalier, où il n'y en a qu'une), pour permettre au son de s'échapper librement. Un simple plancher sépare le beffroi de l'étage supérieur, sorte de grande lanterne, de tambour de 8^m,50 de largeur intérieure, au-dessus duquel s'élève la flèche. Malgré sa hauteur fort grande relativement à sa base, celle-ci n'a que 50 centimètres d'épaisseur à sa partie inférieure et 30 seulement au sommet ; mais cette légèreté ne nuit en rien à sa solidité, grâce aux soins pris pour la préserver de tout ébranlement. Elle est renforcée à sa naissance par une série de petites arcatures aveugles, qui servent en même temps à ménager la transition entre le tambour et la pyramide, qui en réalité ne forment qu'un seul étage vide du haut en bas.

L'aspect extérieur du monument est bien en rapport avec ses dispositions intérieures. Le rez-de-chaussée, correspondant à la salle basse, est d'une architecture sévère et séparé par un bandeau de l'étage du beffroi, dont l'ordonnance prend plus de richesse. Deux parties constituent cette dernière : une arcature aveugle, masquant la place occupée par le système d'arcs, et au-dessus, un espace plus ouvert et plus orné, indiquant bien le beffroi proprement dit. Les larges fenêtres en sont entourées de voussures profondes ; leurs archivoltes aux nombreuses moulures ornementées sont supportées par des colonnes engagées qui descendent jusqu'au bandeau du rez-de-chaussée, ainsi que les contreforts d'angle, et donnent de l'unité à cet ensemble. A la base de ces colonnes et contreforts sont des sculptures assez détériorées, où l'on a cru voir des léopards, mais qui représentent des lions, animaux que le moyen âge plaçait souvent à la base des colonnes comme symbole de la force.

Une corniche décorée de masques à la langue pendante, séparés par de petites arcatures, répond au plancher qui sépare le beffroi de la flèche. Celle-ci ne commence pas brusquement ; le tambour qui lui sert de soubassement est flanqué de quatre clochetons ou pinacles, qui reposent sur les triangles restés libres aux angles du carré inférieur. Ils assurent la stabilité de la masse en même temps qu'ils servent de transition entre l'octogone et le carré. Ils sont portés sur des colonnettes qui, en plan, forment un demi-cercle. Ils sont terminés par des toits coniques tous diversement revêtus d'imbrications, de nervures, etc. Les faces de l'octogone qui correspondent aux côtés du carré sont percées de quatre grandes lucarnes surmontées de gâbles aigus. Enfin, une rangée d'arcatures décore le haut du tambour et prépare la naissance de la flèche ; au-dessus règne une corniche à modillons sculptés. De là, enfin, part la pyramide, décorée sur ses angles et sur le milieu de ses faces de nervures saillantes et fleuronnées.

Il est à remarquer que les archivoltes des clochetons et celles des arcatures au-dessous de la flèche sont en plein cintre, tandis que toutes les autres baies sont surmontées d'arcs en tiers-point plus ou moins accentués. Bien que par ses dispositions le clocher appartienne à un art nouveau et indépendant, ses formes ne sont pas encore dégagées des traditions de l'ancienne école et le monument conserve un aspect franchement roman. M. de Pétigny a très bien caractérisé cette magnifique construction en termes que nous ne pouvons mieux faire que de reproduire. « Les proportions de l'édifice sont admirables ; sa légèreté et son élégance égalent sa grandeur et sa solidité. Il passe successivement, et par gradations, de la forme la plus massive à la plus élancée, mais l'art a si habilement ménagé les transitions, que tout semble avoir été coulé d'un seul jet et que l'œil distingue à peine, dans l'harmonie de l'ensemble, la diversité des détails (1). »

Nous n'hésitons pas à emprunter encore à Viollet-le-Duc quelques lignes écrites à propos du clocher vieux de la cathédrale de Chartres, mais qui s'appliquent aussi justement à celui de Vendôme : « Il n'est pas besoin de faire ressortir la beauté et la grandeur de cette composition, dans laquelle l'architecte a fait preuve d'une rare sobriété, où tous les effets

---

(1) De Pétigny, *Histoire archéologique du Vendômois,* p. 175.

sont obtenus, non par des ornements, mais par la juste et savante proportion des diverses parties (1). »

III

A quelle époque fut bàti le clocher de la Trinité? Nous avons déjà laissé
entrevoir notre réponse à cette question: la construction peut en être
rapportée avec certitude à la première moitié et même au premier quart
du xiie siècle. Il n'existe, à notre connaissance, aucun document qui puisse
servir à fixer une date plus précise. Mais si le clocher n'a pas d'histoire
écrite, ses vieux murs parlent pour lui. A défaut de textes, nous invoque-
rons la preuve archéologique.

Toutes les histoires de Vendôme répètent les unes après les autres
que le clocher date de la construction primitive de l'abbaye, commencée
en 1032 et achevée en 1040. C'est là vieillir le monument de près de cent
ans. La comparaison avec les parties encore subsistantes, contemporaines
de la fondation du monastère, c'est-à-dire les parties inférieures du transept de l'église, quelques fenêtres des greniers, dits *du Chapitre*, et la
chapelle primitive qui servit ensuite de sacristie aux Bénédictins et que le
Génie militaire a transformée en ateliers et en cantines, cette comparaison,
disons-nous, ne permet pas d'assimiler le style du clocher à celui de ces
restes d'ailleurs fort dénaturés, lesquels appartiennent à l'école romane du
xie siècle, tant par leur forme que par leur ornementation.

Viollet-le-Duc, en étudiant l'édifice même en dehors de toute préoccupation des traditions locales, lui a restitué son âge véritable, guidé par le
seul examen du style et de la construction. L'analyse si judicieuse qu'il a
faite du clocher de la Trinité de Vendôme (2), à laquelle nous renvoyons
nos lecteurs, nous dispense de reprendre au point de vue architectonique
une question déjà résolue. Qu'on nous permette seulement d'ajouter
quelques observations.

Si nous rattachons notre clocher à cette période de transition qui caractérise les premières années du xiie siècle, ce n'est pas parce que l'ogive y
fait déjà une timide apparition, car la présence de l'arc en tiers-point est
constatée sur bien des points dès le xie, et l'ogive fut cent ans romane,
comme on l'a très bien dit. C'est bien plutôt à cause de l'effort déjà visible
chez le constructeur pour s'affranchir des procédés traditionnels, substituer le raisonnement à la routine et remplacer les lourdes bâtisses par des
combinaisons résistantes et légères. Ce commencement d'émancipation,
ce tâtonnement d'un art nouveau, voilà ce qui constitue l'originalité, la
particularité essentiellement intéressante du clocher de Vendôme. Or,

---

(1) Viollet-le-Duc, *Dict. rais. de l'arch. franç.*, tome III, p. 362.
(2) Viollet-le-Duc, loc. cit., p. 351 et suiv.

cette tendance rénovatrice qui devait produire bientôt de si prodigieux résultats, ne se manifeste nulle part avant le xiiᵉ siècle.

Les dispositions intérieures du beffroi indiquent d'ailleurs la préoccupation évidente d'avoir à porter des cloches déjà lourdes et à combattre les effets désastreux de ces cloches mises en branle; ce programme ne pouvait être tracé à l'architecte qu'au xiiᵉ siècle, où seulement les cloches devinrent relativement importantes et commencèrent à être sonnées à grande volée. En dehors du besoin de loger les cloches, l'érection d'un clocher devient bientôt une affaire d'amour-propre. Chaque évêque, chaque abbé veut avoir sa tour plus riche, plus élevée que celle de la ville rivale ou du monastère voisin. Aucun effort n'est trop pénible, aucun sacrifice trop coûteux lorsqu'il s'agit de faire admirer au loin la puissance et la richesse de la cité ou de l'abbaye. Le désir d'imiter le donjon militaire, signe de la puissance féodale au moyen âge, ne semble pas moins manifeste. Investis des mêmes droits que les seigneurs laïques, les évêques et les abbés voulurent avoir, comme ceux-ci, une représentation visible de leur pouvoir temporel, et le clocher fut parfois une sorte de donjon religieux. Tel nous paraît être le cas précisément à Vendôme, où l'antagonisme entre l'autorité religieuse et le pouvoir temporel dura plusieurs siècles et dont l'histoire est remplie par les luttes des abbés et des comtes.

Pour oser entreprendre une construction comme le clocher de la Trinité, pour pouvoir le conduire jusqu'au bout sans interruption, il fallait des richesses considérables; cette tentative dénote aussi un esprit doué d'un vif sentiment de la grandeur. Tout cela se trouvait réuni à la célèbre abbaye bénédictine au commencement du xiiᵉ siècle.

Elle avait alors à sa tête l'abbé Geoffroy (1093-1132). « Cet illustre abbé, l'un des plus grands hommes de son temps, gouverna sa communauté pendant près de quarante ans, et la rendit plus puissante et plus riche qu'elle ne l'avait jamais été. Son administration fut pour ce grand monastère le point culminant après lequel toutes les choses humaines commencent à décroître. Par sa gestion ferme et habile, il sut trouver, dans les vastes possessions de l'abbaye, des ressources inépuisables. On vit sous sa direction les revenus d'un couvent de Vendôme égaler ceux des souverains et suppléer à l'indigence de l'Église romaine appauvrie (1). »

Cet infatigable administrateur, qui passa une partie de sa vie à cheval pour sauvegarder les droits et les intérêts de sa communauté, qui entreprit au moins six fois le voyage de Rome (2) pour défendre la papauté menacée et en obtenir de nouveaux privilèges pour sa chère abbaye; qui se vantait de

(1) De Pétigny, *Hist. arch. du Vendômois*, p. 251.
(2) « Duodecies transalpinavi, » dit-il lui-même. Il faut se représenter ce que le voyage de Rome offrait alors de fatigues et de dangers pour bien comprendre l'énergie de cette expression et excuser Geoffroy d'écrire encore au moment de partir : « Bajulare quidem crucem Christus jubet, non quærere sepulturam. »

ne relever que de Dieu dans le ciel et du Saint-Père sur la terre, et se qualifiait d'*alodiarius beati Petri*, était bien l'homme qu'il fallait pour concevoir cette œuvre grandiose et la mener à bonne fin. Toujours soucieux de tout ce qui pouvait affirmer l'indépendance de son monastère, il eut certes à cœur d'élever, plus haut que le sommet de la tour seigneuriale, la croix qui surmontait sa tour abbatiale.

Le clocher de la Trinité, d'ailleurs, fut toujours un édifice isolé ; l'examen du monument lui-même et la disposition des lieux le démontrent surabondamment sans qu'on puisse tenir aucun compte d'une tradition locale d'après laquelle on aurait rencontré, à une époque inconnue, les substructions d'une autre tour de même importance et symétriquement placée relativement à l'axe de l'église. Un ancien plan conservé aux Archives nationales nous apprend que l'entrée de cette partie du couvent réservée aux seuls religieux, autrement dit les *lieux réguliers*, séparait autrefois l'église du clocher.

La portion du quartier de cavalerie, qui dépare le parvis et s'appuie sur l'angle sud-ouest du clocher, est une adjonction toute moderne qu'il serait extrêmement désirable de voir disparaître. Nous faisons des vœux bien sincères pour que l'entier dégagement du clocher puisse être obtenu de l'autorité militaire et pour que l'édifice jeté par l'abbé Geoffroy comme un défi à la face des comtes, reparaisse dans son orgueilleux isolement.

IV

Il serait encore intéressant de savoir quel fut l'architecte du clocher. Son nom mériterait de figurer sur la glorieuse liste des Robert de Luzarche, des Pierre de Montereau, des Libergier, etc. Mais à Vendôme, le modeste constructeur a négligé de signer son chef-d'œuvre. Nous trouvons pourtant une précieuse indication dans le recueil des lettres de l'abbé Geoffroy, publié par le Père Sirmond. Il y est plusieurs fois question d'un religieux de la Trinité, nommé Jean, habile maçon ou architecte. Geoffroy avait consenti à le prêter à l'évêque du Mans, Hildebert, à l'occasion de travaux que celui-ci faisait exécuter dans son église et pour un temps limité d'avance. Une fois le délai expiré, Geoffroy réclame son religieux, que l'évêque ne se hâte pas de renvoyer. Réclamations nouvelles et plus énergiques de l'abbé, qui va même jusqu'à se plaindre près du pape Pascal II des procédés d'Hildebert (1). Alors Jean, qui paraît doué d'un caractère assez indépendant (2), part pour Jérusalem, et, à son retour, revient près

---

(1). « Ipso (Hildebertus) quemdam monachum nostrum fugitivum..... nobis reclamantibus, ob utilitatem artis suæ, secum detinet. » (*Lettres de Geoffroy*, lib. I, ep. III, ad Paschalem pap.)

(2) « Johannem cœmentarium monachum quidem, sed non habentem cœmentum caritatis..... » (Ibid., lib. III, ep. XXX.)

de l'évêque du Mans au lieu de rentrer à l'abbaye de Vendôme, si bien que Geoffroy se vit dans la nécessité de le frapper d'excommunication. Hildebert se décide enfin à renvoyer le pauvre artiste; on aime à penser qu'il implora pour lui l'indulgence du supérieur offensé, et que l'esprit clairvoyant de Geoffroy, sans pardonner tout à fait au moine réfractaire, sut utiliser le talent de l'architecte en lui imposant pour pénitence la construction du clocher.

Il ressort nettement de cet épisode qu'il y avait à l'abbaye de la Trinité de Vendôme, au temps où elle était gouvernée par Geoffroy, un moine architecte dont la réputation était assez répandue pour que l'évêque du Mans, qui faisait alors travailler à la nef de la cathédrale, l'attirât près de lui, *ob utilitatem artis suæ*, et cherchât à l'y retenir en dépit des réclamations les plus légitimes. N'est-il pas tout à fait vraisemblable de croire que c'est à ce personnage que nous devons notre clocher? Les hommes assez bien doués pour bâtir un pareil monument sont rares de tout temps, et une seule époque en fournit rarement deux exemples à la fois. L'insistance même que mit Geoffroy à redemander son religieux donne une certaine valeur à cette hypothèse, que corroborent d'ailleurs les considérations émises plus haut.

Le moine Jean, ou, si l'on veut, l'architecte anonyme du clocher de Vendôme, fut en tout cas un artiste d'un grand mérite, qui unissait à la sûreté du goût la hardiesse de l'inspiration. La grandeur de l'œuvre, si simple en apparence sous son harmonieuse unité, est obtenue avec une sobriété de moyens qui révèle un sentiment exquis des proportions et une connaissance parfaite de l'art de bâtir.

Le talent de l'architecte semble d'ailleurs être de tradition chez les religieux de la Trinité; sans parler du Vendômois Vulgrin, que Geoffroy-Martel fit élire évêque du Mans après l'avoir placé à la tête de son monastère de Saint-Serge en Anjou, *quia bonus esset ædificator nimis*. Les constructions de l'abbaye primitive furent érigées par l'abbé Renaud, profès de Marmoutiers et natif de Vendôme, que Geoffroy-Martel avait fait venir d'Angers pour le mettre à la tête de sa nouvelle fondation. A la fin du XVe siècle, la façade de l'église actuelle, magnifique spécimen de l'art ogival de cette époque, fut édifiée sur les plans et sous la direction du bénédictin D. Jarnay.

V

Il nous reste, pour finir, à dire quelques mots de la restauration dont le clocher de la Trinité vient d'être l'objet.

Malgré le défaut d'entretien, malgré les outrages du temps et ceux souvent plus funestes infligés par la main des hommes, il supportait vaillamment ses sept siècles d'existence, quand au mois de mai 1818 un orage terrible éclata sur Vendôme. La foudre frappa la pointe de la flèche, en renversa près de 10 mètres et endommagea gravement plusieurs autres parties. Quoique les dégâts fussent considérables, les travaux de réparation ne commencèrent qu'un an plus tard et furent exécutés d'une façon si défectueuse, que dès 1855 la pointe de la flèche menaçait ruine de nouveau. Quelques travaux de consolidation, jugés alors indispensables, n'empêchèrent pas qu'en 1867, on se préoccupât encore de la dégradation où étaient tombées certaines parties de l'édifice; M. Mimey, architecte des monuments historiques, fut chargé, en 1869, d'une restauration qui, retardée par les événements de 1870, ne commença qu'en 1872. Trois ans après, tous les travaux extérieurs nécessaires pour empêcher l'infiltration des eaux dans les maçonneries étaient terminés; on avait dû refaire entièrement, par exemple, la grande corniche à la base de la flèche. A l'intérieur, une opération importante avait été l'enlèvement des lourdes charpentes de l'ancien beffroi et sa réfection totale d'après l'ingénieux système de l'abbé Éguillon. Après quelques interruptions, les travaux furent repris par M. Bœswilwald; ils eurent pour objet principal la restauration de la flèche. L'échafaudage élevé pour cette opération était à lui seul une œuvre remarquable par l'heureux agencement de ses diverses pièces, où la hardiesse n'excluait pas la solidité.

Profitons de l'occasion pour affirmer que la hauteur totale du clocher, pas plus aujourd'hui qu'après la catastrophe de 1818, n'a subi aucune diminution, et que la flèche, quoi qu'en dise un bruit populaire dont quelques livres sérieux se sont fait l'écho, se trouve absolument dans les mêmes conditions qu'autrefois.

Ce que nous admirons surtout dans cette restauration, qui fait grand honneur au savoir et au goût des architectes, c'est la sobriété avec laquelle ils l'ont conduite. Ils se sont strictement bornés à remplacer les parties dont l'état de ruine ou de dégradation exigeait impérieusement la réfection sans toucher à celles qui, bien qu'imparfaitement conservées, pouvaient demeurer en place sans compromettre la solidité générale. L'ensemble du monument a conservé ainsi (et nous n'en citerons pour exemple que le curieux étage au-dessous des cloches), son caractère d'ancienneté vénérable et de parfaite authenticité. C'est là un point qu'on a oublié souvent dans nombre de fastueuses restaurations qui ne sont en réalité que de coûteuses fantaisies architecturales.

Nous regrettons pourtant l'ancien beffroi, bien qu'il ne datât que du xvie siècle. Il était cité comme un chef-d'œuvre de charpenterie, et il eût été intéressant d'en garder au moins un dessin. Malgré son poids considérable, nous pensons qu'il eût été possible de le conserver à peu de frais et sans danger pour le clocher, qui l'avait porté sans efforts pendant de longs siècles.

Le nouveau beffroi possède, au point de vue théorique, une incontestable supériorité, mais il semble mesquin et tronqué dans le grandiose vaisseau où il est placé ; son installation économique jure avec l'ampleur, on peut même dire le luxe de son enveloppe. Parfait dans nos faibles clochers modernes, il est dépaysé dans le clocher de la Trinité ; c'est un anachronisme ; pis même, c'est une faute de goût.

Dût-on nous accuser de patriotisme de clocher, nous aimions le vieux beffroi, intimement lié au souvenir du *carillon de Vendôme*. Bien qu'une seule des quatre cloches qu'il portait ait échappé à la destruction, nous nous figurions volontiers entendre à travers ses vieilles charpentes un dernier écho de la célèbre sonnerie :

Orléans, Beaugency,
Notre-Dame de Cléry,
Vendôme ! Vendôme !

M. le Baron L. de MARICOURT,

À Vendôme (Loir-et-Cher).

STATIONS ET ATELIERS DE L'AGE DE PIERRE DANS LE VENDOMOIS

— *Séance du 6 septembre 1884* —

Ce n'est pas sans émotion que j'aborde le sujet, déjà maintes fois traité, des ateliers et stations de l'âge de pierre dans le Vendômois, surtout en songeant aux noms illustres dans la science qui ont signé quelques-uns de ces travaux.

Mais sous un titre un peu prétentieux, et auquel je ne crois même plus (je vais dire pourquoi), c'est un simple *état de lieux* du mobilier préhistorique de notre pays que j'ai l'intention de dresser sommairement.

En tête, citons quelques-uns de ses explorateurs : M. l'abbé Bourgeois, marquis de Vibraye, M. l'abbé Delaunay, Frère Narcisse, instituteur à Huisseau ; marquis de Nadaillac ; M. Launay, marquis de Rochambeau, M. Nouël, M. Bouchet, M. L. Martellière, M. de Bodard, MM. de Meckenheim, M. Bruneau, instituteur à Saint-Amand, etc., enfin l'auteur de ces lignes, qui ne prétend à d'autre science que celle qu'il a ramassée depuis quinze ans sur le sol, avec plusieurs milliers de silex taillés.

Il y a une dizaine d'années j'ai publié, dans toute la ferveur du néophytisme, une étude sur la *station* de Pouline; j'établissais, avec une science d'observation dont j'étais assez fier, je l'avoue, que cette station, parfaitement limitée par les talus de la butte, était divisée en deux parties séparées par un menhir *Tabou*, et habitées simultanément par deux familles distinctes. Depuis, il m'a fallu déporter, avec un soupir, mes deux familles et mon tabou au pays lointain des rêves de jeunesse; ma belle station, si nettement limitée, si soigneusement étudiée, les y a rejoints, quand j'ai reconnu qu'elle dépassait les talus de la butte et s'étendait, sans interruption, jusqu'à Chicheray, Nourray, Tourailles, Chapelle-Vendômoise, Fossé, peut-être jusqu'à Blois!... En tous cas l'ai-je suivie pendant au moins six lieues!...

De même pour les ateliers. J'avais présenté au Congrès archéologique de France, en 1872, un travail sur quatre ateliers de fabrication de haches : les Diorières, le Breuil, la Guizonnière, Lisle. J'ai reconnu depuis que la Guizonnière et le Breuil n'étaient que deux points pris sur le vaste chantier d'une industrie s'exerçant sur la rive gauche du Loir, de Chicheray à Fréteval, peut-être bien au delà. L'atelier de Lisle couvre une grande étendue de la rive droite, et se relie peut-être à celui des Diorières, par toute la vallée de Busloup. Nous voilà bien éloignés des limites exactement définies il y a douze ans!

On peut dire que des silex taillés se trouvent, dans notre pays, plus ou moins abondants, à peu près *partout* où on en cherche.

Dans les terrains stériles, impropres à la végétation forestière, qui devaient former des clairières dans la vaste forêt vierge; autour des fontaines; au sommet des buttes, d'accès plus ou moins difficile, dominant les environs, on peut être sûr de trouver, plus abondants qu'ailleurs, des vestiges de l'industrie primitive; c'est là ce qu'on pourrait appeler des stations, car il est à croire que les populations primitives s'étaient agglomérées et avaient construit leurs huttes en ces endroits privilégiés. Cette supposition est confirmée par le grand nombre de débris de poterie, indice de la vie domestique, accumulés en quelques points où la culture n'a pu les détruire, comme sur la butte de Pouline.

Je crois qu'on a fabriqué des outils de pierre à peu près partout. Les ateliers ne seraient ni mieux délimités ni mieux définis que les stations.

Les grosses pièces, les haches, par exemple, se taillaient, naturellement, en plus grand nombre là où les pierres favorables étaient plus abondantes, comme aux Diorières et sur les deux rives du Loir, aux environs de Pezou. Cependant, j'ai trouvé bien des ébauches absolument semblables à celles qui abondent en ces points, fort loin de ces gisements, notamment dans le Perche et, aux alentours, des éclats provenant de leur fabrication.

Quant aux petits outils d'un usage journalier, ils se faisaient à domicile, car partout où les silex taillés abondent, ils gisent entre les déchets de leur taille, souvent d'une nature toute différente des silex du pays.

.Lorsqu'un homme avait besoin d'une hache, il allait probablement chercher une pierre favorable là où il savait devoir la trouver, aux Diorières, au Breuil ou au bord du Loir, et la taillait sur place, y laissant les éclats et les ébauches manquées qui, peu à peu, s'y sont accumulés. Si, chemin faisant, il trouvait ailleurs la pierre désirée, il n'allait pas plus loin, et, pour ne pas se charger inutilement, il s'asseyait, prenait une autre pierre comme marteau, et, séance tenante, ébauchait son outil, qu'il rejetait si quelque coup malheureux gâtait son ouvrage. De là, le grand nombre de haches ébauchées défectueuses, et de grands éclats trouvés isolément à peu près partout.

Lorsque nos indigènes, dans leurs excursions de pêche, de chasse ou de guerre, rencontraient quelque pierre pas trop lourde dont la nature ou la forme leur paraissait propre à la fabrication de grattoirs, de lames ou de pointes, ils la mettaient, sans doute, dans leur poche, pour la façonner à loisir chez eux.

Que cette poche n'étonne pas trop chez des sauvages probablement très sommairement vêtus.

Les peuples, nos plus proches voisins, qui ont eu le bon goût de conserver un costume national et primitif ne comportant guère de poches, ne se privent pas pour cela de ce récipient universel.

Les Écossais des Highlands portent une poche sur le ventre, les Arabes pendent à leur flanc le vaste cabas, très orné, de nos grand'mères.

Certain soir, en revenant d'une lointaine excursion dans le Chemorra et au Medrassen, je m'arrêtai au bord de la belle fontaine d'Aïn-m'lila. En quelques instants j'y recueillis plusieurs poignées d'excellents petits silex noirs délicatement taillés. Mais comment les emporter? Ma gibecière, mes poches, les fontes de ma selle regorgeaient déjà de mille objets disparates. Mon ami Mohamed-Ben-Larbi, qui s'était fort intéressé à mes recherches et avait appris en quelques minutes à distinguer le silex taillé de celui qui ne l'était pas, écarta sans mot dire les pans de son burnous et me montra la vaste ouverture d'un superbe cabas filigrané d'argent; mes cailloux disparurent dans le gouffre, et nous repartîmes au galop entre les rochers, les fondrières et les broussailles, déjà noyés dans l'ombre.

Au cheval, au burnous et aux cris du chacal près, n'est-ce pas le genre de voyage qu'ont fait, avant d'être taillés, la plupart de nos silex?

Néanmoins, il est certaines régions de notre pays où les silex taillés sont beaucoup plus abondants qu'en d'autres, des contrées où on a fabriqué des haches en très grand nombre, et nous allons passer rapidement en revue ces points intéressants de notre arrondissement, en suivant de notre mieux l'ordre chronologique probable des lointaines industries dont ils offrent les traces indélébiles.

Moins heureux que nos voisins du Blésois, nous n'avons à discuter sur aucun gisement de silex tertiaires.

Passant à une période plus certaine, nous trouvons quelques haches quaternaires, *extrêmement rares*, mais bien caractérisées, dans le diluvium de Vendôme, plus quelques belles pièces incontestables : lames, grattoirs, pointe du type du Moustier. Enfin des petits objets présentant toutes les traces du travail intentionnel : formes répétées, retouches très nettes, bulbes de percussion, s'y rencontrent avec une abondance aussi exagérée que suspecte. On peut grossièrement évaluer le nombre de ces *instruments*, dont un grand nombre de dimensions microscopiques, à 30 ou 40 pour cent des milliards de silex qui constituent la puissante assise du diluvium. Est-ce l'œuvre de l'homme ou des eaux torrentueuses qui les ont déposés là après mille chocs? Le travail intentionnel y est infiniment plus évident qu'aux silex de Thenay, et, rangés et étiquetés avec soin, ils font bonne figure dans les collections.

Les haches quaternaires ne sont pas très rares à la surface du sol dans notre arrondissement. J'en ai trouvé d'isolées à Villerable, Chicheray, Saint-Anne, les Diorières, Saint-Amand, le plateau de Bel-Air, Saint-Avit. J'en connais de Saint-Jean-Froidmantel, Huisseau, Villiers, le Gault, Espéreuse, etc.

Les périodes *moustiérienne*, *solutréenne* et *magdalénienne* (il faut bien employer une fois ces horribles expressions, au moins pour montrer qu'on les connaît) n'ont laissé, que je sache, aucune trace dans notre Vendômois; on n'y trouve même pas, sur le terrain, ces pointes caractéristiques du Moustier, communes à Pontlevoy. Du reste, une preuve négative n'en est pas une; ce qu'on n'a pas encore trouvé aujourd'hui peut, demain, être ramassé avec abondance.

C'est dans les grottes que les reliques de ces périodes aux noms barbares ont été recueillies en bien des pays, de France et d'ailleurs. Les grottes et abris sous roche ne manquent pas sur les bords du Loir; mais toutes celles qui sont apparentes ont servi récemment, et beaucoup servent encore d'habitation, ce qui a naturellement nécessité leur remaniement et entraîné la disparition des restes de leurs premiers occupants.

Cependant M. l'abbé Bourgeois crut trouver en 1872 quelques traces de ces habitants primitifs dans les grottes de la montagne même de Vendôme, et M. le marquis de Rochambeau a trouvé deux haches polies dans un abri sous roche de son beau parc. Personne, d'ailleurs, ne s'est occupé de chercher les grottes primitives des bords du Loir, cachées par les éboulements, et il y aurait, probablement, d'intéressantes recherches à faire de ce côté.

La période de la pierre polie a laissé d'incontestables restes en presque tous les points du Vendômois ; mais la région la plus riche et la plus explorée jusqu'à présent est celle du petit bassin de la Brisse et ses environs.

Dans les premiers temps, c'était avec une musette de fantassin que j'allais explorer les alentours de Pouline, et je l'ai parfois remplie ! Mais cette riche mine a été tant exploitée, qu'elle commence à s'épuiser, après avoir fourni, depuis dix ans, des centaines de haches polies en silex, en quartzite, en jadéite, en fibrolithe ; plusieurs de ces admirables haches non polies, aux deux extrémités pareilles, ovales, épaisses, qui semblent taillées avec une fine gouge, et que je n'ai jamais vues que là ; des pointes de flèches de toutes formes, véritables joyaux primitifs ; des longs poignards en silex du Grand-Pressigny ; des amulettes, sortes de baguettes quadrangulaires avec un trou de suspension ; des fragments de grands anneaux plats en schiste ; des débris de poterie, etc. Il y a, parmi toutes ces richesses, quelques lacunes surprenantes. Jamais on n'a trouvé de marteau-hache, avec trou pour le manche. M. Bruneau, de Saint-Amand, a possédé un fragment qui pourrait provenir d'un de ces instruments, mais c'est douteux.

En revanche, on a trouvé à Crucheray le magnifique et problématique outil troué qui orne le Musée de Vendôme, et a été l'objet d'une discussion assez longue dans le bulletin de notre Société archéologique.

Jamais on n'a trouvé, que je sache, de ces instruments en os que la culture, il est vrai, détruit assez promptement, mais encore communs en quelques stations à ciel ouvert, comme le camp Barbet, dans l'Oise. Jamais non plus, en dehors des dolmens, tous violés, où j'ai recueilli quelques os, des dents et des fragments de poterie, on n'a trouvé aucune trace des sépultures de ces nombreuses populations. L'avenir réserve sans doute, là encore, quelque belle découverte analogue à celles de Coizard, en Champagne.

Chose curieuse, dans toute cette région, le silex fait à peu près complètement défaut ; si l'on en trouve à fleur de sol, on peut être à peu près sûr qu'il est taillé.

La richesse exceptionnelle du canton de Saint-Amand en restes néolithiques paraît s'étendre dans une grande partie du canton de Selommes, qui, bien moins exploré, a fourni de belles et nombreuses haches polies.

Le bassin même du Loir est plus pauvre, mais en approchant de Saint-Firmin, Lignières, Fréteval, sur la rive gauche, Lisle et Pezou, sur la rive droite, on trouve de profondes ravines creusées par les eaux. Là ont été mis à découvert des bancs de silex gris, volumineux et faciles à tailler, qui ont été utilisés par les populations primitives, surtout pour la fabrication des haches. En certains endroits, comme le bois du Breuil, les débris de cette industrie, éclats, marteaux, ébauches manquées, forment de véritables amoncellements. Le même travail s'est effectué aux Diorières, entre Chauvigny et la Ville-aux-Clercs.

Je ne connais pas, sur la rive droite du Loir, dans le Perche, de contrée où les silex taillés soient aussi abondants que dans la Beauce vendômoise. J'ai, d'ailleurs, été seul jusqu'à présent à m'occuper de ces objets dans cette vaste région, et mes environs immédiats, dans la commune de Saint-Avit, ont suffi à récompenser amplement mes recherches.

Les beaux polissoirs de Saint-Avit, d'Oigny et surtout de Droué, prouvent qu'une population nombreuse et industrieuse a peuplé le pays du Perche à l'âge de la pierre polie.

Terminons en ajoutant que l'âge du bronze est très peu représenté, jusqu'à présent, dans le Vendômois. Une lame de poignard, que le Musée possède, a été trouvée par M. l'abbé Bourgeois à Naveil. M. Chanteau a ramassé lui-même une hache à ailerons dans un champ, près de Mondoubleau; une petite trouvaille de quelques haches, sur lesquelles je n'ai pu obtenir de détails, a eu lieu autrefois à Nourray; enfin j'ai eu la bonne fortune, bien rare, de recueillir séparément, aux environs du Gault, deux haches en *cuivre pur*, de la forme des haches de pierre.

En résumé, le Vendômois n'a malheureusement encore été le théâtre d'aucune de ces découvertes qui font étape dans la marche de notre jeune science vers l'extrême antiquité; mais de modestes et nombreuses trouvailles viennent chaque jour prouver que notre pays fut un des foyers les plus actifs de l'antique industrie de la pierre. Les chercheurs se multiplient, mais le champ est assez fertile et assez vaste pour assurer pendant longtemps encore ample récolte aux zèles anciens, nouveaux et futurs; heureux le collectionneur qui trouvera, quelque jour, les sépultures de la Brisse et les grottes à silex du Loir!

M. Ernest BOUCHARD

Avocat, Vice-Président de la Société d'Émulation de l'Allier, à Moulins.

UNE NOUVELLE PUBLICATION SUR NÉRIS

— *Séance du 8 septembre 1884* —

A l'époque gallo-romaine, le pays connu depuis sous le nom de Bourbonnais, aujourd'hui le département de l'Allier, a dû être assez peuplé et
jouir d'une certaine civilisation, ainsi que le démontrent les nombreux,
curieux et importants débris antiques trouvés çà et là sur son sol. Le Musée
départemental et les collections de MM. Esmonnot et Bertrand renferment
la plus grande partie de ces objets. Les volumes du *Bulletin de la Société
d'Émulation* relatent toutes ces découvertes et en font l'historique pour
ainsi dire jour par jour. Dès 1856, M. Esmonnot produisait, sur les fouilles
de Toulon-sur-Allier, un rapport suivi de cinq planches. En 1860, M. Tudot
faisait paraître, à Paris, chez Rollin, un ouvrage intitulé : *Collection de
figurines en argile, avec les noms des céramistes qui les ont exécutées.* De
nombreux bois et soixante-quinze planches lithographiées illustrent le texte.
Quatre ans plus tard, M. Bertrand imprimait son *Exploration archéologique
de la rive droite de l'Allier.* Vers 1876, M. Esmonnot publiait, à un petit
nombre d'exemplaires, le catalogue, orné de photographies, de sa collection céramique. En ce moment, la Société d'Émulation met la dernière
main au catalogue illustré du Musée départemental. Ces nouveaux documents, ajoutés à ceux plus anciens émanés d'auteurs dont nous allons
bientôt rappeler les noms, forment presque un tout qui ne peut manquer
de tenter la plume de l'historien désireux d'évoquer ces lointains souvenirs
dans un travail d'ensemble faisant revivre, à plus de quinze siècles de distance, cette antique civilisation si avantageusement remplacée par tous les
progrès que le Christianisme a apportés au monde.

La terre de notre France recèle presque partout des vestiges des temps
écoulés : ruines plus ou moins importantes de monuments publics et de
constructions particulières, fûts de colonnes, chapiteaux, mosaïques, bronzes,
médailles, vases, etc. Chez nous, à toutes ces choses, vient s'adjoindre une
mine d'un nouveau genre et que l'on peut presque dire unique, surtout si
l'on considère le grand nombre de produits exhumés. Il s'agit de ces petites
statuettes en terre blanche représentant soit des divinités destinées aux
laraires ou aux tombeaux, soit des personnages à l'habillement et à la

coiffure variés ou même dès caricatures. Quel grand nombre d'animaux et
d'oiseaux servant d'offrandes et de jouets d'enfants! Au champ Lary, commune de Toulon, à Vichy, à Toury, commune de saint Pourçain-sur-Brestre,
cette industrie céramique a été prise comme sur le vif, grâce à la découverte de fours ayant servi à la cuisson de tous ces petits objets de l'art
gallo-romain. Quoi de plus curieux que ces moules employés à leur fabrication et ces signatures d'artistes? L'historien, l'archéologue, le voyageur
même feront bien, en passant à Moulins, d'aller visiter ces curiosités
instructives à plus d'un titre. Seulement, nous sommes obligé d'avouer
que, depuis quelques mois, nous ne sommes plus seuls possesseurs de ces
raretés. Voulant éviter une dispersion qui, tôt ou tard, se serait forcément
produite, M. Esmonnot a cédé à l'État son importante collection de statuettes, qui orne maintenant l'une des salles du Musée de Saint-Germain.

Tout le monde sait que nous possédons les stations thermales de Néris,
Vichy et Bourbon-l'Archambault. Si, de nos jours, ces thermes jouissent
d'une réputation bien méritée, que dire de leur état de prospérité à
l'époque romaine? Des pays les plus lointains ces eaux chaudes attiraient
les malades et étaient par conséquent une source de prospérité pour cette
partie de la Gaule centrale qui, avec les siècles, devint notre Bourbonnais.
Les restes de leurs splendeurs découverts à différentes époques et les récits
des historiens attestent et proclament hautement leur brillant passé de luxe
et de confort. Citons tout d'abord l'*Ancien Bourbonnais* imprimé chez
Desrosiers en 1833 et l'*Histoire du Bourbonnais et des Bourbons qui l'ont
possédé*, par de Coiffier-Demoret, 1824 ; sur Vichy, les publications de
MM. Beaulieu et Chauvet. Au xviie siècle, le docteur Aubery, notre compatriote, s'occupait des bains de Bourbon-l'Archambault ainsi que de ceux de
Bourbon-Lancy. Bien des auteurs ont parlé de Néris. Qu'il nous suffise de
citer : Caylus, les docteurs Barailon, Boirot-Desserviers, de Laurès et
M. Brugière de Lamotte.

A son tour, M. Esmonnot, architecte de l'établissement depuis 1838,
lisait, en 1877, à la Sorbonne, un mémoire ayant pour titre : *Documents sur
les monuments antiques de Néris*, dont M. Léon Rénier, se faisant l'interprète
de l'assemblée, se plut à proclamer l'intérêt. M. Chabouillet, secrétaire
de la section d'Archéologie, terminait ainsi son compte rendu : « Le succès
obtenu à la Sorbonne par M. Esmonnot l'obligera à écrire une monographie de Néris dans l'antiquité, avec des descriptions plus détaillées de ses
édifices et des monuments divers qu'on y a trouvés, ainsi que des fac-simile
non seulement de toutes les inscriptions, mais aussi des moindres tuiles
et même des tessons inscrits. Il n'y en a pas dont on ne puisse espérer
quelque jour des lumières pour l'histoire. » C'est pour répondre à ce
désir que M. Esmonnot, ancien président de la Société d'Émulation de l'Allier, complète le travail réclamé de lui par les juges les plus compétents

et que ses nombreuses occupations l'avaient empêché jusque-là de terminer.

Néris, dont le nom figure sur la table Théodosienne ou de Peutinger, n'est plus aujourd'hui qu'un bourg traversé par la route de Clermont à Bourges, occupant le versant est d'un coteau et le fond d'une vallée étroite descendant à la rivière du Cher.

Adossé à l'extrémité de ce coteau, se rattachant à l'enceinte ou rempart de la cité, s'élevait le théâtre (ou l'amphithéàtre), orné d'une galerie supérieure avec colonnes et chapiteaux, ayant la forme d'un arc de 168 mètres de circuit en dehors, percé de quatre portes ou vomitoria et accompagné de dix tours carrées ou puits placés à égale distance les uns des autres, destinés problablement, selon M. Esmonnot, à recevoir les poids servant à tendre le velum qui couvrait l'édifice. Au milieu de la façade, longue de 68 mètres, s'ouvrait la porte principale. L'épaisseur du monument, y compris les gradins sur arcades, était d'environ 14 mètres. L'arène mesurait 54 mètres dans sa plus grande largeur sur 68 mètres dans sa plus grande longueur.

A l'opposé, c'est-à-dire à l'ouest des ruines du théâtre, au fond de la vallée et sur un monticule isolé, s'étendait un camp (castra stativa), d'environ 500 mètres de pourtour, défendu d'un côté par un ravin profond et de l'autre par une levée en terre palissadée. Là avait séjourné la légion VIII Augusta. Tout à côté et probablement à son usage, de vastes piscines couvertes et découvertes avec portiques.

Au centre, des thermes somptueux dont les fondations ont été découvertes en 1819 lors des fouilles entreprises pour l'érection du nouvel établissement par l'ingénieur Lejeune. La pièce principale offrait la disposition et tous les détails de la construction d'une étuve (calidarium). Les murs et gradins étaient revêtus de marbre. La façade ouest était décorée d'un portique. Les magnifiques chapiteaux trouvés, après tant de siècles, dans un parfait état de conservation, provenaient aussi du même établissement.

Près de là, il ne faut pas passer sous silence la découverte de la base d'un édifice entièrement couverte de sculptures, édifice que M. Esmonnot croit être un château d'eau.

Sur un des points les plus élevés du versant sud-est, le château d'eau ou réservoir de distribution des eaux froides amenées à Néris par deux aqueducs : l'un, connu sous le nom des Combes, venant de la commune de Villebret, près du bois des Fontaines, d'une longueur de 10 kilomètres, non compris les artères qui y aboutissaient ; l'autre, celui des Viviers, prenant naissance dans le Puy-de-Dôme, au-delà de Montaigut, à une distance d'environ 35 kilomètres.

En 1867, au lieu dit *le Péchin*, à côté du réservoir recevant les eaux des aqueducs, on a trouvé les fondations d'un temple paraissant être un de ceux formés par une enceinte de colonnes à jour, sans cella. Au commencement du siècle, quelques statues en bronze de grande dimension, Diane, l'Abondance, etc., avaient été exhumées et avaient sans doute servi d'idoles ou d'ornements à cet édifice religieux qui devait dominer tous les monuments d'alentour ou à d'autres temples protégeant aussi l'antique cité.

A droite et à gauche de la vallée, s'élevaient des palais et de nombreuses villas. Les restes antiques les plus considérables ont été découverts aux petits Kars, en face du camp, sur une étendue de plus de 100 mètres. Avec la villa du lieu dit *la Croix Coq*, nous citerons encore une autre habitation d'une grande richesse mise au jour près des Villattes, sur le chemin de Commentry au Chebernes.

La voie romaine passant à Néris dominait le versant est du coteau dont nous avons déjà parlé. Ajoutons que la colonne milliaire d'Alichamp, donnant, en lieues gauloises, la distance de ce point à notre cité thermale, porte à croire que ce chemin se dirigeait de Bourges à Clermont.

Des inscriptions ou fractions d'inscriptions ont aussi été découvertes. L'une d'elles est surtout intéressante par la désignation probable du nom de la divinité de Néris : *Deo Nerio*. Une autre indique que les fontaines et aqueducs ont été construits ou décorés par le duumvir Lucius Julius et par un autre personnage dont le nom n'est pas suffisamment conservé. Celle découverte au Péchin, en 1776, est complète (fig. 62).

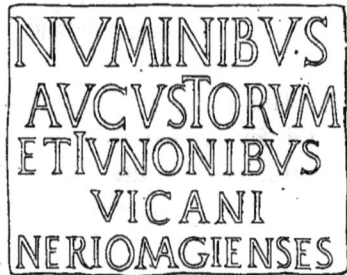

Fig. 62.

On a recueilli à Néris un grand nombre de médailles romaines dont les types les plus anciens sont d'Auguste et les plus récents de Valens. Les plus nombreux sont ceux des Antonins, de Trajan, de Néron et des Constantins. Ceux de Tétricus sont les plus rares. Quelques types d'impératrices, Faustine, Julie et Lucile, ont aussi été trouvés.

D'après les docteurs Baraillon et Boirot-Desserviers, aux statues de bronze déjà citées, nous devons ajouter, avec de grands vases ornés, un fragment de faune recueilli, comme elles, au commencement du siècle. A une époque plus récente, d'assez nombreuses statuettes représentant Minerve, Mercure, un esclave nègre, etc., ont été mises au jour, ainsi qu'un certain nombre de vases moins importants, des fragments bien conservés et de nombreux ustensiles servant à divers usages.

Quant aux vases en terre cuite, la variété en est considérable comme forme, ornementation et couleur. On a aussi rencontré, dans les fouilles, de petites statuettes en terre blanche : Vénus Anadyomène, des déesses mères connues sous le nom de Latone ou Junon Lucine, portant un ou deux enfants, plusieurs types de Mercure, des animaux, des fruits, etc., et de petits objets en os et en ivoire.

La plus grande partie de ces trouvailles, ainsi qu'un soubassement décoré de bas-reliefs, des chapiteaux, des fûts de colonnes, inscriptions, tuiles, conduits, etc., acquis par l'État, ornent les galeries de l'établissement thermal et forment un musée des plus intéressants.

Mis depuis longtemps par l'auteur au courant de ses travaux, j'ai cru pouvoir intéresser les archéologues du Congrès de l'Association française pour l'avancement des sciences en leur annonçant cette nouvelle étude sur Néris, dont la première n'était, pour ainsi dire, que le sommaire et qui sera accompagnée de plus de vingt planches de monuments, cartes, plans et détails de la plus rigoureuse exactitude.

M. Théophile HABERT

De Troyes.

FOUILLES DE L'ANCIENNE VILLA BLANUM, COMMUNE D'AUXON (AUBE). 1883

— *Séance du 8 septembre 1884* —

Le nom de *Blaine*, *Blanum*, par corruption de *Balneum*, donné à l'une des contrées du territoire d'Auxon (Aube), et à la fontaine qui y prend sa source, tire son origine des diverses substructions de salles de bains, de l'époque gallo-romaine, qui y ont été découvertes.

Quoique aucun doute ne puisse être admis sur l'existence d'une villa romaine importante en cet endroit, villa qui, comme toute autre, devait être pourvue de bains, rien ne justifie le nom de *Blanum* ou *Balneum*, qui lui a été donné par la tradition.

Le véritable nom de cette station romaine restera sans doute encore longtemps ignoré.

La source, ou plutôt les sources, de la fontaine de Blaine, sourdissaient alors sur le territoire d'*Eaux* et de *Puiseaux*, à près de 3 kilomètres en amont de celles actuelles, au pied de la forêt d'Othe, à une altitude de plus de 20 mètres au-dessus de ces dernières ; ce qui explique la présence de bains établis au nord-ouest, lieudit *la Planche au Curé*, endroit plus élevé que la contrée de Blaine (1).

Le mobilier et les pièces de monnaie trouvés dans ces contrées reportent l'origine de la villa romaine aux premiers siècles de l'occupation.

Par suite de la distraction de la commune d'Auxon des hameaux d'Eaux, Puiseaux, les Bordes et Chenemillot, l'espace occupé par la villa *Blanum*, puisque nous lui donnons ce nom, se trouve divisé en deux parties, l'une sur l'ancien chef-lieu, l'autre sur la nouvelle commune. La route nationale n° 77, de Nevers à Sedan, construite sur l'emplacement de l'ancienne voie romaine d'Autun à Boulogne-sur-Mer, dite *d'Agrippa*, forme la ligne séparative de ces deux communes.

Mes fouilles. — Le 4 mai, je sondai sur le bord extérieur du fossé de la route, dans la contrée de Blaine, dite *les Clos aux Bretons*, section E, n° 117 du cadastre; presque en face, au levant, de la borne kilométrique (8 k.), à 2 mètres de l'arbre planté sur la route. Je fis creuser le terrain sur 2 mètres de longueur et 0^m,60 de largeur. Arrivé à 1^m,25 de profondeur, mon terrassier, Moslard, rencontra le sol naturel, qui est de craie.

Dans une terre rougeâtre, de marne légère, plusieurs fois remuée, au milieu de cendres, de charbon, de silex calciné par le feu et de terre brûlée, il avait mis à jour une grande quantité de débris de poteries de diverses époques, même antérieures à l'occupation romaine; plusieurs grands clous en fer, des ossements que je n'ai pu classer; les fragments d'une fibule en bronze très oxydé; et, comme partout sur ce territoire, des scories de fer et même de la fonte de fer (2).

Je sondai obliquement vers le midi dans le fond de cette tranchée et ma sonde pénétra de 1^m,50 sans atteindre le solide; mais je ne pus continuer mes recherches sur la propriété, qui se trouvait être emblavée.

Je parcourus ensuite toute la contrée de Blaine, et j'y ramassai à la surface du sol plusieurs fragments de silex taillés de la période *paléolithique quaternaire*, des débris granitiques, des scories de fer et plus de cent fragments de poteries de toutes sortes.

Un sondage vers la première source de Blaine, près le chemin de Villeneuve-au-Chemin, ne révéla rien.

Je visitai l'emplacement de deux puits découverts en 1869, dans les fossés de la côte de Blaine, lors des travaux pour la rectification de la route, et je trouvai dans celui du côté nord, en en faisant piocher la surface pour en reconnaître l'endroit, une charnière en os tourné et percé. Ce puits, qui n'a pas été fouillé à fond, contient une grande

(1) Les habitants d'*Eaux-Puiseaux*, noms significatifs, étaient depuis longtemps privés d'eau, quand, il y a quelques années, ils firent des recherches et découvrirent les anciennes sources dont ils jouissent aujourd'hui.
(2) La voie romaine qu'occupe la route a été construite de scories de fer provenant des fonderies de la forêt d'Othe, et de silex.

quantité de cendres et du charbon, mêlés à peu de terre; c'est probablement un puits funéraire. L'autre est en face, un peu au levant; il était comblé par des silex qui ont été retirés en grande partie par le cantonnier Raguenet.

Je fis creuser au-dessus du premier puits, au bord du talus, contrée de *la Planche au Curé*, un fossé peu profond et d'une petite étendue : il y fut découvert 75 fragments de poteries de toute sorte dans une terre mélangée de cendres et de charbon.

Notre passage à travers cette contrée nous révéla à la surface du sol quelques gros silex et autres matériaux de substructions, soulevés par le soc de la charrue.

J'ai pu y ramasser une petite hache en silex de la période paléolithique; et un silex dont la forme naturelle est identiquement celle d'une hache polie, que je conserve comme objet de curiosité.

Je parcourus ensuite la partie méridionale de la contrée dite *les clos aux Bretons*, près du chemin des Pinelles, et je vis à 15 mètres de ce chemin, dans un champ de Mme veuve Cosson, des taupinières composées de cendres presque pures, et dans lesquelles ma sonde pénétra de plus d'un mètre.

C'est dans cet endroit, n°s 1119 et 1120, section E du cadastre, que mes fouilles du 13 septembre me révélèrent l'existence d'un *cimetière à ustion*.

En effet, sous 0^m,25 de terre végétale, dans une tranchée de 4 mètres de longueur et 1 mètre de profondeur, mon terrassier mit à découvert un amas de cendres noires, larges, légères, sans mélange (sinon quelques mottes de terre cuite rougeâtre), luisantes par places, comme des paillettes de fer tombées de la forge. Ces cendres, séchées à l'air, devenaient grises.

Au-dessous de la terre végétale, vers le centre de ce gisement, Moslard avait d'abord rencontré plusieurs gros silex qui me firent croire à l'existence d'un puits; mais, ces pierres enlevées, il ne trouva que quelques ossements humains calcinés, puis les cendres. J'ai conservé ces ossements et un spécimen de ces cendres.

Ces opérations m'ont donné plusieurs fragments de poterie, notamment quelques-uns en terre brune et grise très cuite, ressemblant à du grès, d'autres en terre jaunâtre avec couverte rougeâtre tendre du potier MEDILVS (1). Un débris de terre cuite provenant probablement d'un réchaud, et de la poterie rouge à couverte de même couleur, luisante, dont deux fragments portent des noms de potiers; le premier LICN, abréviation de LICINVS, et le second QVARTM (quarti manu), de la main de QVARTVS.

(1) Je signale ce nom parce que je trouve MEDILIO (D barré) sur un fragment d'assiette; et avec abréviation : MIILVS, en graphite, sur le débris d'un vase tout particulier de mêmes terres que celui de Blaine, découvert à Troyes.

Toutes les époques ont laissé des témoins sur le territoire de la commune d'Auxon et sur celle d'Eaux-Puiseaux :

L'époque *celtique* se révèle par la présence de nombreuses haches en silex de la période paléolithique et néolithique, dont je possède plusieurs spécimens ; et par des armes et instruments en bronze de la période morgienne.

Une pointe de lame, en bronze, trouvée dans la contrée de Blaine par M. Geoffroy fils, fait également partie de ma collection.

La période *gallo-romaine* se rencontre surabondamment dans des substructions et du mobilier de divers genres, des monnaies, etc., etc.

La période *mérovingienne* est signalée par la découverte de scramasaxes dans les travaux de rectification de la route ; et par celle d'un pot en terre blanchâtre de forme sphéroïdale, portant comme ornements quatre fois répétés, sur la panse, de simples lignes de couleur brun-roux, en diagonales : hauteur, 195 millimètres ; diamètre à la panse, 215 millimètres ; à l'ouverture, 142 ; et à la base, 125 ; nº 1603 de ma collection.

Ce vase et plusieurs autres brisés dans la fouille et dont il faut regretter la perte (1) a été trouvé en 1873, au centre du village, dans l'emplacement de l'ancien cimetière près de l'église, lors du nivellement du terrain, à 3 mètres de profondeur ; c'est-à-dire au-dessous des fosses d'inhumations pratiquées dans ce cimetière depuis plusieurs siècles.

Si l'espace qui m'est réparti le permettait, j'ajouterais à cet endroit, d'abord les découvertes antérieures qui m'ont été rapportées par les ouvriers qui les ont faites ; puis les divers noms de contrées rappelant toutes les périodes citées plus haut.

Il y a, en conséquence, un intérêt majeur, pour l'archéologie, à faire pratiquer des fouilles sérieuses sur le territoire des communes d'Auxon et d'Eaux-Puiseaux.

M. Théophile HABERT

De Troyes.

DÉCOUVERTE D'UN CIMETIÈRE GALLO-ROMAIN, A JESSAINT (AUBE)

— Séance du 8 septembre 1884 —

Au commencement de l'année 1882, les terrassiers occupés à la construction du chemin de fer de Jessaint à Éclaron, découvrirent, dans les

(1) La multiplicité de ces vases aurait permis d'en préciser plus exactement la date.

graviers d'un *diluvium* ancien, à l'altitude de 15 mètres environ au-dessus du niveau de la rivière l'*Aube*, qui coule à 400 ou 500 mètres au nord-est, au lieu dit *le Vigneu*, territoire de Jessaint, soixante à quatre-vingts sépul-tures. Les fosses, par groupes de dix à douze, étaient placées bout à bout, sur deux rangs (1).

La tranchée où fut faite cette découverte traverse un large plateau légè-rement incliné vers le nord-est et coupe, à l'endroit même du cimetière, la propriété de M. Jean-Baptiste Baudouin, [comprise sous les n°ˢ 956 à 1005 du plan cadastral, section A, dite du Boulet.

Prévenu de ce fait, je me rendis immédiatement à Jessaint, où j'ai pu, en la même journée, récolter une certaine quantité de vases en terre et en verre provenant de cette nécropole; des bracelets et une poche en bronze ; et deux pièces de monnaie, de même métal, l'une trop oxydée pour être lue, l'autre de l'empereur *Cesar Trajanus Hadrianus* (76 de J.-C.); deux briquets en silex, dont l'un, le plus gros, est la partie supérieure d'une pointe de javelot de l'industrie paléolithique quaternaire, dont on aperçoit très bien le bulbe de percussion.

Je pris le plus vif intérêt à la mise au jour de cet antique cimetière et me promis de donner de l'extension à cette découverte par des fouilles personnelles.

Aussi, le 5 septembre suivant, j'étais sur les lieux, accompagné de M. Nicolas Massey, de Saint-Loup de Buffigny, praticien consommé, et de M. Jules Paynot, notre savant et zélé photographe, aussi modeste qu'adroit, comme aide.

Après avoir donné un coup d'œil général sur le terrain, instruit comme je l'étais sur le mode de sépulture, je fis des recherches à proximité des fosses coupées par le talus, dont les traces étaient apparentes par la pré-sence de cendres ou d'ossements.

En moins de quinze minutes, la sonde de M. Massey atteignit la pre-mière fosse ; et, comme là où il y en avait une on devait en rencontrer plusieurs, j'opérai moi-même pendant que mes deux aides la creusaient.

J'en découvris bientôt deux autres, puis deux nouvelles ; cela portait à cinq le nombre des sépultures à fouiller. Nous avions atteint le deuxième rang d'un groupe dont la première partie avait été enlevée par le creuse-ment de la ligne de chemin de fer ; notre diagnostic avait été justifié.

Nous étions établis au côté nord-est de la ligne, au sommet de la tran-chée (2), à 1ᵐ,50 du talus.

Fouilles. — La première fosse fouillée occupait le centre des cinq sépul-tures ; elle se trouvait à 25ᵐ,25 de la quatrième borne de limite entre le

_____

(1) Renseignements fournis par Milley, de Jessaint, chef d'équipe aux terrassements.
(2) Vers le centre de l'emplacement qu'occupaient les sépultures découvertes dans la tranchée, emplacement d'une étendue de 80 à 100 mètres de longueur sur toute la largeur de cette tranchée.

chemin de fer et les riverains, à partir du chemin de Jessaint à Vauchon-villiers.

Les fosses mesuraient 2 mètres environ de longueur, 0ᵐ,50 à 0ᵐ,60 de largeur, et 1 mètre à 1ᵐ,50 de profondeur. La distance entre chacune n'excédait pas 0ᵐ,30.

Elles étaient établies dans la direction du sud-ouest au nord-est et tombaient, ainsi, perpendiculairement sur la ligne du chemin de fer.

Le plus souvent, du moins en cette fouille, les squelettes avaient les pieds au couchant ; mais comme nous étions sur le rang à l'aspect du levant, et qu'il est probable que les squelettes avaient été placés pieds à pieds, je ne puis affirmer qu'il en fût de même pour ceux inhumés du côté du couchant ; ce fait sera constaté dans les fouilles ultérieures.

Presque toutes les fosses contenaient des cendres et du charbon ; et nous avons pu remarquer que plus la quantité de charbon et de cendres était considérable, plus les sépultures étaient riches en mobilier. Évidemment le rite de cette population voulait qu'il fût brûlé, près de la fosse ouverte (pour certaines classes ?), des bois, odoriférants peut-être ? dont la cendre et le charbon étaient répandus par couches légères lors du comblement de la fosse, alternativement avec la grève. Cette cérémonie devait être pratiquée pour l'inhumation de personnes riches, jeunes et aimées.

Il existait dans toutes les fosses, à environ 0ᵐ,50 du fond, cinq ou six pierres moyennes, placées à distance, sur toute la surface de la fosse ; une plus grosse pierre se trouvait toujours posée sous le crâne du squelette.

Le sol est composé, à la surface, d'une terre végétale marneuse, rouge, grasse, tenace, qui se trouve quelquefois en filets profonds, de 0ᵐ,15 à 0ᵐ,20 d'épaisseur. Cette terre est souvent mélangée de gros gravier, et la sonde la pénètre difficilement (1), ce qui nous obligeait de faire de petites tranchées pour opérer le sondage. C'est pour cette raison que le deuxième jour je fus obligé de prendre Milley et un second terrassier pour faire des tranchées. Mais, malgré un travail de plus de 40 mètres creusés au nord, à 15 ou 20 mètres de nos fouilles et sur la même ligne, nous n'aboutîmes à aucun résultat.

J'ai conservé les crânes provenant de ces fouilles.

Première sépulture. — La tête était au levant et les bras croisés sur l'abdomen. Elle contenait, aux pieds du squelette : une petite terrine en terre rouge portant sur sa bordure, comme toutes celles de sa dimension dont il sera parlé ci-après, deux filets en creux et des dentelures faites à la molette (fig. 63). Diamètre, 148 millimètres ; hauteur, 68 millimètres. Un petit vase à libation en terre grise, ouverture évasée, ventru à la partie inférieure, por-

Fig. 63.

(1) M. Massey, qui depuis quarante-sept ans se livrait à ce genre de travail, nous affirma n'avoir jamais rencontré un terrain présentant autant de difficultés.

tant des traces d'un foyer ardent. Hauteur, 137 millimètres ; plus grand diamètre, 117 millimètres.

Deuxième sépulture. — La tête au levant, les bras croisés sur la poitrine et les mains rapprochées des épaules.

Elle contenait : près des épaules, un bracelet en bronze, ouvert, orné de lignes diagonales en creux ; un bracelet en jayet, fermé. Une bague en argent ornée d'un chaton ; un tout petit objet en bronze qui paraît avoir été soudé sur ce chaton ; trois anneaux simples et unis, en bronze. Et entre les fémurs : une petite bouteille en verre de couleur verdâtre irisé, de forme sphéroïdale, à long col avec ouverture peu évasée, à lèvres larges et plates. Hauteur, 117 millimètres ; plus grand diamètre, 90 millimètres. Un vase à boire (fig. 64) en verre, hauteur : 75 millimètres ; diamètre : 85 millimètres. Une terrine en terre rouge, semblable à celle de la première sépulture, renfermant encore le gravier mélangé de cendres et de charbon. Diamètre, 158 millimètres ; hauteur, 65 millimètres.

Fig. 64.

Le crâne paraît être celui d'une jeune femme.

Troisième sépulture. — La tête au levant, les bras croisés sur l'abdomen. Elle contenait, aux pieds, une assiette ou terrine, semblable aux précédentes, ayant des adhérences calcaires dans le dessous ; un vase à boire en terre jaune-foncé peu cuite, avec couverte jaunâtre tendre ; la forme est lourde ; et un petit bronze gallo-romain très oxydé.

Quatrième sépulture. — La tête au couchant, les bras croisés sur l'abdomen. Il a été trouvé, près de la tête, trois bracelets en bronze, plats et ouverts, lourds, d'un mauvais métal, tous ornés de décors gravés en creux ; plusieurs fragments d'un barillet en verre fin très irisé, portant des traces de lettres ou ornements gravés ; les cassures indiquent que cet objet a été brisé au moment de l'inhumation ; plusieurs fragments d'un verre cassé dans la fouille, portant de fortes gouttes saillantes par groupes. Hauteur, 77 millimètres. Une terrine en poterie rouge comme les précédentes, brisée au moment de l'inhumation ; une autre petite terrine dans laquelle était un os de poulet ; un petit pot en terre rouge de forme ovoïdale, à large col, avec anse. Hauteur, 135 millimètres ; diamètre, 113 millimètres ; et une petite pointe de lance en fer très oxydée.

Cinquième sépulture. — La tête au levant et les bras croisés sur l'abdomen. Squelette de grande dimension presque entièrement conservé. Près de lui ni vase ni bronze ; quatre grands et quatre petits clous ; ceux-ci, provenant de ses chaussures sans doute, gisaient à ses pieds ; sépulture du pauvre : tel était son modeste bagage.

Contrairement aux autres sépultures, dans lesquelles il se trouvait plus ou moins de charbon et de cendres, ici un gravier pur recouvrait le squelette.

Tous ces sujets avaient été inhumés sans cercueils et il ne restait aucune trace de ligatures, clous ou autres objets indiquant un linceul quelconque. Les pierres apposées exactement sous la tête de chaque squelette sont une preuve évidente de l'absence de cercueil.

Si l'on consulte le mobilier recueilli dans les sépultures et si l'on exa-

mine le mode employé, dans les inhumations, il faut faire remonter la
nécropole découverte à Jessaint à la première période de l'occupation
romaine, avant l'ère chrétienne ; et la présence, dans les fosses, de vases
et autres objets constatés, ainsi que le rite suivi ; l'absence presque complète de toute arme, démontrent que ce cimetière appartenait à une population paisible (1).

Les vases en terre. — Je crois pouvoir dire que les vases en terre sortent
de poteries établies dans la région. On juge à leur forme mâle, à leur
galbe puissant et hardi, que les potiers qui les ont produits étaient des
gens habiles, sinon des artistes. Certains vases pourraient même être des
modèles, s'ils ne péchaient par leurs assises étroites et mal équilibrées et
par leurs anses, maigres, trop courtes et mal attachées.

Trois pièces provenant des sépultures de la tranchée sont bien caractéristiques et méritent d'être citées. Viennent ensuite la terrine (fig. 63) et
le vase à boire (fig. 65) de mes fouilles. Les deux premières sont décorées
de feuilles de *lotus* en barbotine ; la troisième, de deux filets blancs à
l'épaulement et d'une moulure en creux au centre de la panse.

Fig. 65.   Fig. 66.

Le vase à boire (fig. 66) est en terre rouge-jaunâtre peu cuite ; sa couverte,
de même couleur, est peu adhérente. Il est à piédouche avec bourrelet
ventru, turbiné à la partie supérieure, et porte un retrait d'un centimètre
avant le bord formé d'un boudin en saillie. Hauteur, 122 millimètres ;
plus grand diamètre, 97 millimètres ; ouverture, 68 millimètres. L'autre
pièce est une bouteille en terre de couleur gris-jaunâtre (argile du gault?)
dont la couverte noire a presque complètement disparu. Cette pièce, d'une
facture élégante, d'une forme sphéroïdale avec col-entonnoir, porte sur sa
panse, entre deux doubles légers filets, des feuilles de *lotus* en barbotine.
Elle est remarquable par sa légèreté et par la façon dont elle a été fabriquée. La terre est si peu cuite, que des gerçures produites par la dessiccation lui donnent l'apparence de cuir desséché. Hauteur, 162 millimètres ;
ouverture, 52 millimètres ; plus grand diamètre, 112 millimètres.

(1) Nous avons appris de Milley que dans les sépultures de la tranchée il n'avait été recueilli
qu'une épée en fer, tellement oxydée, qu'elle fut rejetée aux remblais.

Le beau vase (fig. 67), espèce de *péliké* de forme sphéroïdale, un peu aplatie à la partie supérieure et turbinée vers sa base, est en terre de couleur rouge-tuile fine et bien cuite, avec une couverte grise très légère. L'exécution est franche et les anses plates sont solidement attachées. Hauteur, 245 millimètres; plus grand diamètre, 195 millimètres. Les deux dernières pièces (fig. 63 et 65) offrent, par leur galbe puissant, le caractère particulier de la poterie locale.

Mais la principale pièce en céramique a échappé à nos observations et semble avoir disparu à nos études archéologiques. C'est une magnifique amphore pouvant contenir cinq ou six litres. Retenue par les ingénieurs des chemins de fer, je ne pus, malgré mes recherches jusqu'auprès de l'ingénieur en chef, en retrouver la trace.

Fig. 67.

En résumé, la variété des objets découverts dans le cimetière galloromain de Jessaint est de nature à attirer l'attention et à appeler la convoitise des archéologues.

D'autre part, quelques dénominations de contrées du territoire de ce village, l'existence d'un gué sur l'Aube, rappellent le préhistorique et les époques postérieures que nos successeurs pourront étudier après nous.

M. Ch. BOSTEAUX

Maire de Cernay-lès-Reims.

LES AGGLOMÉRATIONS GAULOISES DANS LES ENVIRONS DE REIMS ET LEUR SYSTÈME DE DÉFENSE

— *Séance du 8 septembre 1884* —

A l'époque gauloise marnéenne, toute la partie de plaine à l'est de l'arrondissement de Reims a été très peuplée. Au congrès de l'Association française, de Reims, en 1880, j'avais signalé les nombreux foyers gaulois existant sur le territoire de Cernay-lès-Reims ; les nouvelles études que j'ai faites sur les territoires des communes de Reims, Cernay-lès-Reims, Witry-les-Reims, Pomacle, Berru, Beine, Nogent-l'Abbesse et Puisieulx, m'ont fait découvrir l'existence, à cette époque, d'une agglomération compacte occupant tous les versants des collines dont les sommets étaient garantis par des fossés ou retranchements en terre ; sur certains points ces retranchements ont même été occupés à l'époque romaine.

Le moyen de défense chez les Gaulois de la Marne serait très curieux à étudier ; un pays de plaine comme la Marne était une contrée facile à envahir, aussi les Gaulois sont-ils venus s'y établir de cette manière, et une fois maîtres du sol, ils s'y sont fortifiés pour éviter que d'autres peuplades envahissantes ne vinssent les en chasser à leur tour.

L'emplacement de la ville de Reims a toujours été le centre et le point de jonction de plusieurs grandes routes. Quatre d'entre elles partaient d'un même point et se dirigeaient en éventail vers la frontière de l'est, en formant un triangle qui embrassait toute la Germanie et la Belgique. La première, vers le sud-est, mettait en communication les Rémois avec les Catalauniens et les Germains ; la deuxième, appelée la voie de Beine, allait directement de Reims à la trouée de Grandpré chez les Trévires ; la troisième était la grande voie de Reims à Trèves, et la quatrième la grande voie de Reims en Belgique par Château-Porcien.

Toutes les plaines de la Champagne ne sont composées que de collines crayeuses dont presque tous les sommets ont été défendus par des retranchements ; les plateaux de ces collines renfermaient presque toujours le cimetière de la tribu dont les foyers étaient agglomérés sur les pentes ; les vallons étaient cultivés, et de nombreux troupeaux y paissaient.

La question de ces agglomérations gauloises mérite une étude spéciale pour chaque territoire, ces études pourront fournir par la suite des données pour établir l'origine de nos villes et villages ; j'ai remarqué dans bien des endroits que de simples foyers gaulois ont précédé des villas romaines.

AGGLOMÉRATIONS GAULOISES ET LEURS RETRANCHEMENTS FORTIFIÉS.

Territoire à l'est de la ville de Reims.

Ce territoire possède de nombreux foyers gaulois au lieu dit *les Coutures, les Gougeons ;* tout près de là était un fossé gaulois qui traversait le lieu dit *la Chapelle Saint-Nicolas ;* ce fossé avait 3 mètres de largeur sur 2 mètres de profondeur ; il permettait de surveiller le chemin de Beine. (Voir fig. 68, n° 1.)

Au lieu dit *les Grèves,* colline qui domine deux versants, se trouve une quantité de foyers gaulois. Ce point était aussi défendu par des retranche-

ments en forme de quadrilatère ; les fossés avaient 4 mètres de largeur
sur 2 mètres de profondeur. Cette position permettait de surveiller le pas-

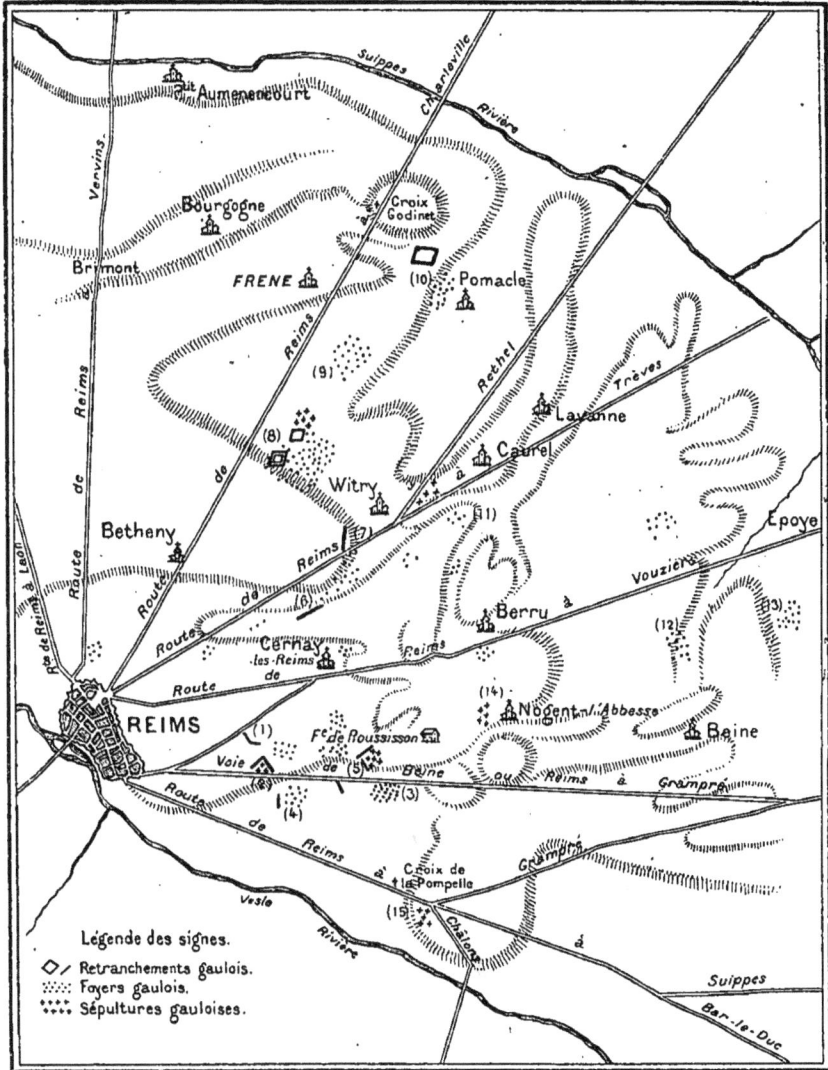

Fig. 68.

sage de la voie dite de Beine (ou Reims à Grandpré). Dans l'intérieur de
cette enceinte, j'ai fouillé plusieurs tombes gauloises. (Voir n° 2.)

TERRITOIRE DE CERNAY-LÈS-REIMS.

Ainsi que je l'ai déjà signalé, ce territoire possède de nombreux foyers
gaulois accompagnés de retranchements en terre. Au lieu dit *les Varennes*,
il y avait des fossés et des tertres (voir n° 3). Le lieu dit *les Terres Saint-*

Pierre avait aussi des foyers et un fossé (voir n° 4). Au lieu dit *les Charmes,* il y avait un fossé au sommet de la colline située entre les deux chemins de Beine et ce fossé était relié à celui des *Barmonts* par un couloir suffisamment large pour laisser passer une personne; cette position était un centre d'observation important. (Voir n° 5.)

Les foyers gaulois des *Monnaies* et des *Didris* avaient aussi leurs retranchements aux sommets des *Plantels* et du *Mont de Pressoir;* on dominait de là toute la plaine de Cernay à Reims vers le sud et l'ancienne voie de Reims à Trèves au nord. (Voir n° 6.)

TERRITOIRE DE VITRY-LÈS-REIMS.

Des foyers gaulois existent sur tous les points de son territoire, ainsi que des retranchements; les foyers du lieu dit *la Pelle à four* avaient un retranchement qui partait de l'ancienne route de Reims à Trèves et se dirigeait vers le nord en traversant les lieux dits *le Cahut, la Hauzelle* jusqu'au chemin des Pouilly; ce retranchement avait une longueur d'un demi-kilomètre, il commandait le passage d'une artère principale. (Voir fig. 68, n° 7 et fig. 69.)

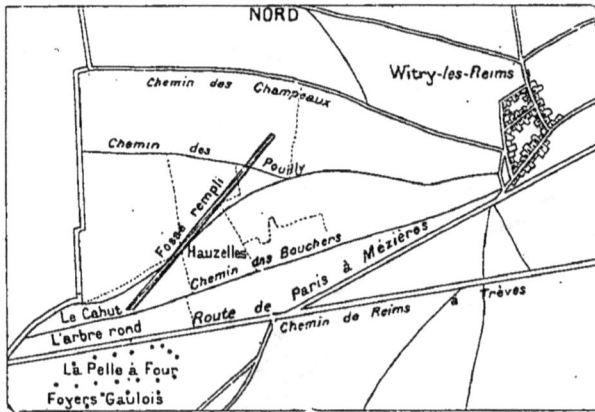

Fig. 69.

Une autre agglomération importante existait aux lieux dits *la Riste* et *les Crayères;* des retranchements importants dénotent facilement que ce sommet avait pour but l'observation et la défense d'un passage dans la plaine limitée au sud par la route de Reims à Trèves, et au nord par celle de Reims au pays des Belges par Château-Porcien. (Voir fig. 68, n° 8 et fig. 70.)

Ces retranchements ont été occupés aussi à l'époque romaine comme point stratégique; dans une de ces enceintes nous avons fouillé quatorze tombes de cette époque, mais elles avaient été violées.

Plus loin, aux lieux dits *les Puisy, les Nœuds* et la *Voie de Fresne*, était encore une agglomération de quelques centaines de foyers gaulois ; le

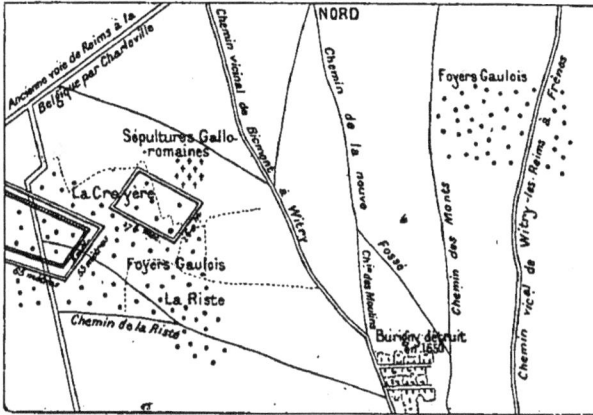

Fig. 70.

cimetière de ces villages ne nous est pas encore connu, sur cette partie du territoire de Witry-lès-Reims. (Voir fig. 68, n° 9.)

Tout près de ce bourg, vers le sud, on a trouvé, en faisant des fouilles pour bâtir, un cimetière gaulois, d'où l'on a extrait des objets qui sont au Musée de Saint-Germain ; ce cimetière recevait les morts des habitations disséminées entre les villages de Witry et Berru.

TERRITOIRE DE POMACLE.

Le territoire de Pomacle possède aussi au lieu dit *Montève* de nombreux foyers gaulois, et un retranchement au lieu dit *le Bout*, vers Berru. (Voir le n° 10.)

Ce retranchement a aussi servi de point d'observation à l'époque romaine.

TERRITOIRE DE BERRU.

Ce territoire possède aussi beaucoup de foyers gaulois, mais ils ne sont pas groupés comme à Cernay et à Witry ; c'est au lieu dit *le Terrage* qu'a été trouvée la tombe à char dont le mobilier a été décrit par M. A. de Barthelémy. (Voir fig. 68, n° 11.)

TERRITOIRE DE BEINE.

A Beine les foyers gaulois sont assez nombreux au lieu dit le *Mont Isiot*. Cette colline est couverte de plantations de sapins et une terre noire remplit l'excavation des foyers (n° 12). Un autre endroit de ce territoire possède encore une agglomération de foyers gaulois, c'est le lieu dit *le cimetière Jean Laude;* à cet endroit, sur le bord de la route de Beine à Époye, nous avons trouvé avec M. Goyon et M. Benoit, de Beine, une sépulture gallo-romaine. (Voir fig. 68, n° 13.)

TERRITOIRE DE NOGENT-L'ABBESSE.

Sur le territoire de cette commune, les foyers gaulois sont disséminés dans la plaine; des parures gauloises ont été trouvées en plusieurs endroits sur les hauteurs qui dominent à l'ouest le village. (Voir fig. 68, n° 14.)

TERRITOIRE DE PUISIEULX.

A Puisieulx, plusieurs cimetières gaulois ont été mis à découvert; le principal est celui de la *Pompelle;* sur le sommet de cette colline on élève en ce moment une redoute faisant partie des travaux de défense de la place de Reims. Les Gaulois avaient déjà reconnu l'importance de ce point stratégique et quatre grandes voies venaient y aboutir. (Voir fig. 68, n° 15.)

M. l'Abbé BOUREILLE

Curé des Montils (Loir-et-Cher).

LES MONTILS AU MOYEN AGE

— Séance du 10 septembre 1884 --

J'espère bientôt publier un travail complet sur les Montils et prouver que cette localité tient une place très honorable dans l'histoire du comté de Blois, pendant la période du moyen âge.

Pour me conformer aux décisions du conseil d'administration, je détache de cette monographie ce qui a trait aux questions d'archéologie.

Le nom des Montils. — Le nom des Montils a donné lieu à quelque confusion au point de vue géographique.

Il est souvent question dans l'histoire, surtout depuis le règne de Louis XI, de *Montils-les-Tours.*

Mes recherches me permettent d'établir d'une manière certaine que *Montils-les-Tours* et *Montils-les-Blois* ne peuvent être considérés comme un seul point topographique, mais qu'ils forment bien deux localités distinctes.

Nos Montils doivent leur illustration aux comtes de Blois, surtout aux

princes de la Maison de Châtillon ; et même pendant la période de gloire
de Plessis-les-Tours, 1460-1589, Montils-les-Blois ne perdirent pas entièrement les faveurs de la Cour.

Antiquité des Montils. — D'après André Félibien, le lieu des Montils
était fort ancien ; M. de La Saussaye pense qu'ils ont remplacé *Terrouenne
Tarpenna*, localité gauloise, située à quelque distance vers l'ouest et appelée les *Vieux-Montils*. Ce nom de Terrouenne s'est conservé dans un petit
fief qui a fait place au château moderne des Montils.

Ce n'est qu'à partir du commencement du XIIᵉ siècle que les Montils apparaissent dans l'histoire et acquièrent une certaine importance, comme
place de guerre, dans les longs démêlés des Maisons de Champagne et
d'Anjou.

Le paysage d'alentour est très agréable.

Les Montils sont élevés sur le penchant d'une colline qui fait face au
midi, au fond de laquelle coule le Beuvron ; leur situation donne en aspect
une riche et verdoyante vallée et tout un horizon de vignobles, de grands
bois et de cultures diverses.

Mais au milieu des guerres continuelles de la féodalité, pour jouir de
quelque repos et se livrer avec sécurité aux jouissances de la campagne,
il fallait se mettre à l'abri des surprises et des attaques armées. Voilà
pourquoi nous voyons en 1108 Thibault IV, comte de Blois, inquiété par
des voisins belliqueux, fortifier sa résidence des Montils ; dès lors, ce fut
une petite place qui pouvait tenir longtemps contre l'ennemi, à une époque où l'artillerie n'était point encore connue.

Le Château. — Bernier, qui écrivait son histoire de Blois vers 1680, à
l'époque où le château des Montils fut démoli, nous apprend que c'était un
bâtiment tout simple, sans grande étendue ; cependant il devait avoir une
certaine importance, puisqu'il est prouvé que les comtes et comtesses de
Blois, ainsi que plusieurs rois et reines, y ont séjourné.

Nous n'avons pas pu trouver assez de documents précis pour reconstituer
cette Maison royale ; voici quelques renseignements qui présentent sur ce
point quelque intérêt :

En 1363, Martin d'Alès, sergent du comte de Blois, donne quittance de
10 francs d'or « *pour tourner et convertir en la fortification et réparation
du chastel des Montils* ».

Valentine de Milan, 1396-1408, s'étant retirée « au fond de ses châteaux
de Blois et des Montils, pour y pleurer son mari traitreusement occis », fit
exécuter quelques augmentations au château.

En 1429, Jehan Victor, « capitaine du chastel des Montils », reçoit du
maître des forêts du bois « tant pour son chauffage, comme pour édifier
audit chastel des Montils. »

Enfin, en 1465, Marie de Clèves, veuve de Charles d'Orléans, comtesse douairière de Blois et mère de Louis XII, ordonne qu'il soit « fait et édifié, au chastel des Montils, quatre chambres à cheminées garnies de croisées, huisseries et retraits qui serviront à icelles quatre chambres. » La dépense était estimée 100 écus d'or.

Le château des Montils fut une des places de défense que la féodalité érigea sur notre sol blésois. Le sommet escarpé d'une colline dont le Beuvron baigne le pied convenait à cette destination stratégique.

Touchard-Lafosse fixe ainsi la position des quatre forteresses qui gardaient le comté de Blois:

Bury (peut-être) au nord;

Chaumont à l'ouest;

Montfrault-Chambord à l'est;

Les Montils au sud.

De cette antique demeure, il ne reste plus présentement qu'une grosse tour, quelques débris de murs d'enceinte, des fortifications extérieures et une porte monumentale qui annonçait dignement le manoir du seigneur du pays.

Portes. — Il y avait deux portes pour entrer aux Montils; l'une, *la porte Blésoise*, située au nord-ouest, sur la route de Blois; il n'en reste plus de vestige apparent; cependant des fouilles pratiquées en 1880, pour la construction d'une maison, permettent d'en préciser la situation.

L'autre porte était assurément la plus importante; on l'appelait simplement : « La porte des Montils »; c'était la véritable entrée du château et de l'enceinte fortifiée; elle avait un garde qui recevait, en 1382, cinq livres tournois pour ses gages « de portier de Monseigneur le comte de Blois au chastel des Montils ».

Cette porte constitue, avec la Tour, le plus intéressant souvenir des siècles passés.

A sa base, la porte a 4 mètres d'un côté et 4ᵐ,50 de l'autre; du sol au-dessous de la clé de voûte elle mesure 6ᵐ,60; le parement de l'arcature donnant vers le château est parfaitement conservé, tandis que du côté qui regarde l'église il n'existe plus que jusqu'à la naissance du cintre.

Murs d'enceinte. — Quant aux murs d'enceinte, il en reste encore assez de pans, encadrés dans les maisons du bourg, pour reconstituer facilement tout l'ensemble des fortifications extérieures.

Tour. — Mais ce qui distingue les Montils de toutes les localités qui les environnent, c'est assurément sa vieille Tour ronde; elle fut bâtie au xııᵉ siècle par Thibault IV; démantelée par le Prince Noir pendant la guerre avec les Anglais, elle fut restaurée au xıvᵉ siècle par Guy de Châtillon; voici la description qu'en fait M. de La Saussaye :

« Les murailles, épaisses de 3ᵐ,80, perdent 0ᵐ,80 en atteignant la hauteur du premier étage. Construites en *emplecton*, à la manière des anciens, elles ont un revêtement en pierre de moyen échantillon; le centre de la Tour est occupé par un puits ayant son orifice au premier étage et formant en quelque sorte la colonne où s'épanouit la voûte du rez-de-chaussée.

» Le premier étage est éclairé par deux fenêtres étroites en plein cintre. Cet étage et le rez-de-chaussée possèdent, en outre, chacun un soupirail, lucarnes singulières qui vont chercher la lumière presque au sommet du donjon, par une ouverture étroite qui s'élargit jusqu'à la base.

» La porte d'entrée de la Tour, remplacée aujourd'hui par une large brèche, était à la hauteur du premier étage. On y arrivait sans doute par un pont-levis jeté entre la Tour et un massif de maçonnerie qui subsiste encore.

» Une autre entrée mystérieuse est le souterrain voûté que l'on a rencontré lorsque s'est faite la tranchée de la nouvelle route de Blois à Montrichard en 1864. Ce chemin, couvert, utilisé maintenant comme cave, est de hauteur d'homme et peut à peine livrer passage à deux personnes de front.

» A ses deux étages le vieux donjon n'offre pas de meurtrières; le sommet, maintenant démantelé, avait probablement, pour servir aux armes de jet, une couronne de créneaux et d'embrasures, comme on en pratiquait souvent dans les fortifications. »

Notre vieille Tour a environ 15 mètres de diamètre; considérablement réduite dans sa hauteur, elle ne s'élève plus guère qu'à 17 mètres au-dessus du sol.

Quant au puits qui se trouve au milieu de la Tour, voici ce qu'en dit M. de La Vallière :

« Dans la vieille et lourde forteresse, on admire une voûte annulaire en forme de pavillon de trompe au rez-de-chaussée. Elle avait pour but de faire partir du premier étage le puits central de 60 mètres de profondeur, nécessaire à la garnison assiégée. »

Cette même disposition se retrouve au donjon de Marchenoir.

Malgré ses mutilations successives, la Tour des Montils est une des belles ruines que nous ayons de l'époque de la féodalité: Le vieux géant de pierre domine fièrement la contrée environnante comme pour rappeler aux passants la grandeur sévère du moyen âge. C'est aussi le point culminant d'un paysage remarquable où les aspérités d'un côté à pic, les eaux du Beuvron, le pont jeté sur cette rivière et le moulin de Rouillon forment un harmonieux ensemble.

Ancienne Église. — De l'ancienne église des Montils, qui a fait place en 1874 à un nouveau temple, de style roman, on n'a pu conserver qu'une porte placée au milieu du latéral nord. C'est un beau spécimen du XIIe siècle, qui rappelle évidemment la même époque que la porte du château des Montils.

Il reste encore une pierre tombale qui mesure 0^m,70 de longueur sur 0^m,53 de largeur; elle contient l'épitaphe gravée en lettres gothiques de *Arnol de Visque, écuyer tranchant de la duchesse d'Orléans et capitaine des Montils,* mort en 1479.

Hôtel-Dieu. — La princesse Alix de Bretagne, comtesse de Blois, avait fondé, à la fin du xiiie siècle, en 1286, aux Montils, un Hôtel-Dieu qui fonctionna régulièrement avec une administration spéciale jusqu'en 1697; on l'appelait la *Maison-Dieu, l'Aumônerie* des Montils. Il subsiste encore, de cet établissement charitable, quelques vieux bâtiments, sans aucun mérite au point de vue archéologique. Cependant on a conservé, encadrés dans un mur, les meneaux d'une grande fenêtre de la chapelle de cet hôpital; et en face de l'entrée, dans une niche pratiquée au-dessus du rez-de-chaussée d'une maison donnant sur la rue, il y a une petite statue de saint Jean-Baptiste, patron de la chapelle.

Cette statue, qui n'est pas un chef-d'œuvre, a 0^m,75 de hauteur; elle a survécu à la démolition de la chapelle et aux fureurs de la Révolution.

Hermitage. — Sur la rive droite du Beuvron, entre Seur et les Montils, à 1,200 mètres de ce dernier bourg, se trouve le lieu de l'Hermitage; c'était déjà au xiiie siècle un manoir de quelque importance; la porte, en plein cintre, est très bien conservée avec ses meurtrières; les murs de l'enceinte extérieure sont encore visibles de trois côtés, à la hauteur de 0^m,75 à 1^m,25; il n'y a pas longtemps que l'on a fait entièrement disparaître les bases de deux bastions qui défendaient obliquement l'entrée.

Le principal corps de logis existe encore avec ses portes et ses fenêtres en plein cintre.

Un amas de pierres, entre la rivière et la maison, indique l'emplacement à peu près certain d'un moulin dont les religieux de Saint-Laumer achetaient la moitié en 1339.

Ce qui reste des constructions primitives montre bien que les religieux qui habitaient l'Hermitage n'étaient pas très nombreux.

La chapelle de l'Hermitage existe encore, mais dans un état de délabrement complet.

Les trois fenêtres en plein cintre ont été murées, et le sommet de la porte a été restauré par une fermeture carrée en 1707. La voûte en maçonnerie, haute de 9 mètres, a cela de particulier qu'elle est construite en forme de pain de sucre aplati sur quatre faces, sans aucune apparence de charpente; on peut la considérer comme une petite réduction de la voûte de l'église Saint-Ours à Loches.

La Garenne. — A l'ouest des Montils, à 2 kilomètres du bourg, on voit encore un charmant petit castel qui offre à l'archéologue un assez beau spécimen du style de la Renaissance : c'est *la Garenne*.

La principale porte d'entrée du grand corps de logis présente à la clef de voûte un motif très délicatement sculpté, ainsi que deux chapiteaux qui sont plaqués sur la pierre du mur, et encadre deux délicieuses figurines.

Les fenêtres du premier étage, sur la façade du midi, ont seules conservé leurs meneaux. Au-dessus de la porte, on remarque un très bel écusson; c'étaient sans doute les armes du seigneur dont nous n'avons pu découvrir le nom. On les retrouve de chaque côté du pinacle qui surmonte la porte de la chapelle. Ce petit sanctuaire nous présente les plus gracieux ornements du xvɪᵉ siècle qui décorent la porte, le pinacle haut de 2 mètres et la piscine intérieure. Il est regrettable que l'on n'ait pas compris la chapelle dans la restauration de 1874.

Château moderne. — Nous possédons aux Montils un souvenir très intéressant de l'hôtel d'Alluye, à Blois : ce sont les colonnes qui soutenaient la galerie neuve. Ces colonnes, dont le fût a 2ᵐ,50 de hauteur, sont resplendissantes de blancheur et du plus beau marbre d'Italie; la sculpture des chapiteaux est admirable; deux reproduisent, au milieu des arabesques, les armes de Florimond Robertet et de sa femme Michelle Gaillart.

Ces colonnes, au nombre de 10, ornent actuellement le rez-de-chaussée de la façade méridionale du château moderne; elles y ont été apportées en 1812, au moment où le propriétaire de la maison de Robertet, M. Honoré-François-Lambert de Rosay, démolissait la galerie neuve et reconstruisait son habitation des Montils.

Souvenirs des princes et princesses au château des Montils. — Vers 1810, on a trouvé dans le sable, près des Vieux-Montils, un vase en argent, portant les armes de Valentine de Milan, qui se plaisait fort aux Montils, où elle recevait, comme à Blois, les hommes renommés par la délicatesse de leur esprit.

Nous avons déjà vu que Marie de Clèves avait fait agrandir le château des Montils; en 1472, elle donne 110 livres à Pierre André, huissier de salle et peintre, pour « une grosse table d'autel de la Nativité Notre-Dame, peinte d'or et d'argent, mise en la chapelle du chastel des Montils. »

Prieuré des Montils. — Dans les bulles des Souverains Pontifes, données en faveur des religieux de Notre-Dame de Blois, il est fait mention de l'église des Montils : « *Ecclesiam de Montiis* », et il est déclaré qu'elle sera desservie par les chanoines réguliers de Bourgmoyen. Telles sont les bulles d'Eugène IV, en 1144, d'Anastase IV, en 1154, et d'Alexandre III, en 1165.

Le premier prieur dont nous ayons trouvé le nom remonte à l'année 1198, et jusqu'en 1789 nous en avons compté 29. Plusieurs ne sont morts que dans un âge très avancé, après avoir fourni une longue carrière.

Voilà le résumé de mon travail sur les Montils au point de vue archéologique; j'ai pensé qu'il était bon de recueillir, de coordonner tous les souvenirs qui peuvent intéresser l'histoire locale; c'est une petite pierre que je suis heureux d'offrir pour le monument de nos annales nationales.

M. MIEUSEMENT

Photographe attaché au Ministère de l'Instruction publique et des Beaux-Arts, à Blois.

L'ART ARCHITECTURAL DANS LE BLÉSOIS PENDANT LA PÉRIODE ROMANE

— Séance du 10 septembre 1884 —

Avant de faire une modeste communication relative à l'art architectural au XIIe siècle dans le Loir-et-Cher, permettez-moi, Messieurs, d'adresser mes remerciements à l'Association française pour l'avancement des sciences, qui, pour la première fois, a fondé à Blois une sous-section archéologique. Nous faisons des vœux pour qu'elle maintienne à son programme cette nouvelle décision, car, plus que jamais, le sentiment artistique tend à pénétrer dans les masses ; du reste, ainsi que l'a dit si éloquemment M. Bouquet de la Grye, dans son discours d'ouverture, le but de la Société est de vulgariser les sciences par tous les moyens possibles, et nous espérons qu'il en sera de même pour les arts.

Autrefois, certains privilégiés seulement s'occupaient d'archéologie, les sociétés n'étaient composées que de favorisés de la science ou autre ; aujourd'hui chacun veut approfondir l'histoire de son pays et de ses monuments, de tous côtés se forment de nouvelles associations ayant pour but de développer le sentiment artistique et d'arriver à la connaissance de l'histoire de l'art national.

Je ne vous en citerai qu'une, celle des « Excursions artistiques de Loir-et-Cher », fondée il y a quelques années ; sa devise est celle-ci : *Apprendre pour enseigner.*

La liste des édifices qu'elle a visités est déjà longue et susceptible de pouvoir en indiquer le classement, afin de travailler avec méthode, ce qui est le point principal pour tout enseignement. C'est de ces édifices du XIIe siècle que j'ai le désir de vous entretenir.

Les archéologues font commencer la période romane vers la fin du Xe siècle et la terminent à la fin du XIIe. Peu d'édifices furent élevés dans la première moitié de cette période, c'est-à-dire durant le XIe siècle ; au contraire, dans sa deuxième moitié, il s'en construisit un si grand nombre, que, malgré les démolitions et les changements de toutes sortes qui ont eu lieu depuis ces temps éloignés, il en reste encore de nombreux spécimens et, pour n'en citer que quelques-uns, nous nommerons la célèbre abbaye de Cluny, en Bourgogne ; celle de Moissac, dans le Midi ; de Jumièges, sur les bords de la Seine ; et tant d'autres.

45*

Nous savons tous que ces édifices ont été élevés sous la direction d'associations religieuses dont la plus importante était celle de Cluny. On doit à cette dernière l'art bourguignon, qui est regardé comme la plus grande école de l'époque romane, sans doute à cause des monuments antiques qui étaient encore en grand nombre au XIIe siècle dans cette contrée.

L'influence de ces édifices se fait sentir dans plusieurs constructions, entre autres dans la magnifique cathédrale d'Autun. L'architecture romane, quoique appareillée à peu près de la même façon partout, a cependant son caractère particulier dans chaque province, probablement à cause des différents ordres religieux établis dans chacune d'elles, peut-être aussi à cause des matériaux employés ou encore des documents que possédait chaque association. Il a donc été possible de faire un classement des diverses écoles d'art de la période romane. Un savant architecte, le regretté Viollet-le-Duc, auquel nous devons la restauration de nos plus beaux édifices, s'est livré à ce classement.

D'après lui, les monuments de notre contrée appartiendraient à l'école angevine. Les limites de cette école passent, au nord : du Mans à Mayenne et à Fougères, elles suivent le cours de la Vilaine, remontent la Loire, traversent ce fleuve vers Nantes, comprennent Chemillé, Saumur, passent à Tours, englobent Blois pour remonter à l'est de Neung jusqu'à Nogent-le-Rotrou. Puis elles s'étendent, à l'est, jusqu'à Chartres, Châteaudun, Beaugency ; au sud, elles longent le bord de la Loire en s'éloignant vers Chollet. A l'ouest, elles vont jusqu'en Bretagne, et au nord se confondent entre Avranches, Alençon et Mortagne.

Le caractère de cette école est sobre, mais d'une grande pureté ; les imitations ne sont pas grossières comme dans certaines parties des écoles voisines ; ses ornements sont généralement empruntés à la flore, et il n'est pas douteux que ces tendances à abandonner les compositions fantaisistes des autres écoles n'aient largement contribué au développement de la belle période de transition. Les édifices pouvant se rattacher à cette école sont, entre autres : le chœur et les transepts de l'église de Saint-Laumer de Blois, dont les beaux chapiteaux aux feuillages si variés rappellent bien en effet ceux de la nef de la cathédrale du Mans ; l'église de Saint-Aignan, un des édifices du Loir-et-Cher les plus complets et les plus curieux de cette époque. La crypte de cette église est antérieure d'un demi-siècle au reste de l'édifice. Les chapiteaux en sont grossièrement sculptés, tandis que ceux de la nef, composés de feuillage et d'oiseaux, sont d'une parfaite exécution.

Cet édifice mériterait une longue description qui prendrait à elle seule plus d'espace et de temps que cette communication n'en comporte.

Un autre spécimen de l'art roman, malheureusement incomplet, puisque la nef en est entièrement détruite, se trouve à Villefranche-sur-Cher. Il ne reste de cette église qu'une travée de la nef, les transepts et le chœur. Les chapiteaux des gros piliers du transept sont finement sculptés et ornementés de feuilles de fougères.

Dans le transept sud, les chapiteaux d'angle sont surmontés de tailloirs délicatement ciselés ; néanmoins ces ornements semblent n'être pas aussi bien à l'échelle que dans les édifices ci-dessus nommés.

Le chœur de Nanteuil, près Montrichard, est un édifice parfaitement appareillé. Les chapiteaux du sanctuaire sont à grande échelle et largement traités ; ils présentent des animaux fantastiques, mais enroulés dans des feuillages. Le fût des colonnes repose sur des socles moulurés ayant une griffe à chaque angle, ornement très rare dans nos contrées.

D'autres monuments se rattachent à cette école angevine ; mais ils offrent moins d'intérêt et nous ne pouvons les citer tous.

Il semblerait, en étudiant certains monuments, que l'influence d'une autre école ait pénétré dans notre département. En effet, à l'extrémité de ce dernier se trouve l'abbaye d'Aiguevives, dont on admire encore le portail principal, les transepts, le chœur et un magnifique clocher.

La sculpture de cet édifice présente un caractère particulier : celle du portail surtout est traitée avec une finesse qui semblerait imiter l'orfèvrerie. Les chapiteaux, composés de feuilles superposées, sont couronnés par de larges tailloirs couverts de tiges enroulées et d'ornements plus ou moins imaginaires, et toute cette belle sculpture est exécutée avec le plus grand art dans une pierre très dure et fort bien appareillée.

On peut sentir dans ces belles compositions une grande influence de l'école de l'Ile-de-France.

Cet édifice n'est pas le seul de notre département pouvant se rattacher à l'école du domaine royal : le splendide clocher de la Trinité de Vendôme, sur lequel l'honorable M. Martellière a fait une si remarquable communication, en est un autre exemple.

Du reste, voici comment s'exprime le savant Viollet-le-Duc dans son *Dictionnaire raisonné de l'architecture*, à l'article CLOCHER :

« Pendant la première moitié du xiiᵉ siècle, avant l'érection du vieux clocher de la cathédrale de Chartres, on construisit un immense clocher dépendant de l'église abbatiale de la Trinité de Vendôme. Au point de vue de la construction et sous le rapport du style, ce clocher doit être examiné en détail. Il subit l'influence de deux styles, du style roman ancien né dans la province occidentale et du style qui se développait sur les bords de l'Oise et de la Seine dès le commencement du xiᵉ siècle. »

Nous possédons encore des constructions fort curieuses au point de vue architectural, mais qui n'offrent aucun caractère particulier qui puisse les rattacher à une école quelconque, quoique appartenant cependant à l'époque romane (Monthou et autres).

Je n'ai pu vous présenter qu'à grands traits cette période romane qui, durant plus de deux siècles, vit s'élever sur notre territoire un nombre considérable d'édifices monastiques et religieux.

Le peuple n'y participait que pour le gros œuvre, la direction tout entière en était confiée aux associations religieuses, qui en avaient fait un monopole.

Vers la fin du XIIe siècle se formèrent, dans l'Ile-de-France, des associations laïques qui abandonnèrent tout à coup les traditions de cette école : ce n'est plus à l'étranger qu'ils vont chercher leurs documents, ces nouvelles corporations artistiques puisent dans la flore les mille variétés que leur offre la nature. C'est à elle que nous devons nos grandes cathédrales gothiques. Tout en rendant hommage à cette belle époque romane, disons avec un savant archéologue : Si l'architecture romane fut l'art sacerdotal, l'école gothique créa l'art national.

M. Ludovic GUIGNARD

Vice-Président de la Société d'Histoire naturelle de Loir-et-Cher, à Sans-Souci, Chouzy (Loir-et-Cher).

ORIGINES DU BOURG DE CHOUZY AU POINT DE VUE CELTIQUE, GALLO-ROMAIN, ET FRANC

Séance du 8 septembre 1884 —

Un des bourgs les plus intéressants au point de vue archéologique est sans contredit celui de Chouzy, ancienne petite ville située à dix kilomètres, sur la rive gauche de la Loire, faisant autrefois partie du Blésois beauceron, dépendant aujourd'hui du canton d'Herbault, dont elle est distante de près de quatre lieues.

A quelle époque faire remonter la fondation première de ce petit centre ? La réponse est des plus difficiles, et le noyau primitif dut exister dès une haute antiquité, si nous nous basons sur les monnaies et les différents objets, tant armes que poteries, trouvés sur son territoire.

Sans parler des nombreuses routes anciennes disparues et que la culture a recouvertes depuis de longues années, signalons, entre autres : la voie dite du Chemin du Rançon (Rençon, Rasson), descendant, d'une part, sur la Loire, le long des Vernous (ver Naos, monument des chefs), dans la direction de la Motte-Maindrai (man draw, homme du chêne), vieille tombelle occupée ensuite par un fort gaulois qui servit dans les guerres des premières races, des comtes de Blois et des Anglais. Ce chemin traversait la Loire à l'acacia de la Chevrette (1) et remontait du côté de Villesavoir (villa saw ver, villa du chef de la forêt), sur un camp gallo-romain signalé par nous, il y a bientôt deux ans (numéro du 15 avril 1883, *Journal du Loir-et-Cher*).

Citons encore la route romaine qui traversait un gué au moulin de Schéry et se dirigeait sur la forêt de Blois, en passant par la Quenaudière. Le chemin venant du camp traverse aujourd'hui sous terre les vignes et reparaît près du bois du Péri, qu'il longe en descendant vers le gué.

D'autres routes encore montraient leurs embranchements presque de nos jours le long du vieux fleuve. Une chaussée se voyait, il y a environ cinquante ans, à peu près en face de la Gaillardière (2). Elle allait dans la direction d'un pont de bois aujourd'hui disparu, mais dont on aperçoit parfois les bases en pierre dans les temps de sécheresse. Une autre voie est encore visible, à un kilomètre du bourg, dans la même direction. Elle donnait, d'une part, sur la forêt, par les Argençons ; de l'autre, sur Candé, par la Loire qu'elle traverse en biaisant. Sa largeur est de cinq mètres, l'empierrement est formé de têtes de chats bloquées dans un ciment des plus durs et parées sur les côtés par des pierres de taille à quarres travaillées. On la voit sous l'eau à une petite profondeur ; elle s'étend ainsi sur une longueur d'environ cinquante pas, endroit où l'empierrement paraît cesser. La levée l'a coupée en un lieu couvert de nombreuses substructions s'étendant sur soixante mètres de distance, d'après ce que nous avons pu juger, car il est interdit de fouiller en cet endroit, et le peu de fois que nous nous sommes adressés, mes amis ou moi, à l'Administration, nous avons rencontré des conditions tellement draconiennes, que nous avons dû renoncer à étudier le domaine de l'État, bien que nous connaissions sur ses propriétés une quantité énorme de gisements préhistoriques intéressants. D'autres chemins dont les noms sont bien caractéristiques existent encore sur le territoire de la commune. Chemins des Croules, des Sarrasins, du Pont-du-Diable, à travers un vallon encaissé, du Buisson couché, vieille voie gauloise avec ses pentes abruptes de dix mètres de haut ; de la Quenaudière, dans une situation identique ; de la passée à la Reine, tous indiquent que Chouzy dut être dans un temps lointain un centre important habité. Il nous fallait des preuves plus concluantes ; nous les avons cherchées dans l'étude des terrains.

Sans parler de nombreux débris de tuiles gallo-romaines et de meules (molæ manuariæ) que vous retrouvez sur tous les points du territoire,

---

(1) Les paysans de nos contrées nomment ainsi une digue, une voie pierrée dans l'intérieur du lit d'une rivière ou du thalweg d'un fleuve.

(2) Hameau à deux kilomètres de Chouzy et tirant sur Blois, le long de la Loire.

nous avons ramassé quelques haches de l'âge de la pierre polie, dont deux éclatées par le feu, et de nombreux couteaux ou pointes de flèches en silex ; malheureusement ces diverses pièces, saûf une hache trouvée *in situ*, dans le prieuré de Chouzy, furent ramassées sur le sol de la plaine.

L'exploration qui fournit les meilleurs matériaux historiques fut celle des fouilles faites dans le bourg pour les constructions de maisons et celle de deux nécropoles que j'eus le bonheur de retrouver sur le territoire de la commune.

Aux Vernous (1), je ramassai plus de cent morceaux de poterie en terre sigillée avec dessins en relief, des fragments de poterie bleutée avec intérieur blanc, des tessons portant des entrelacs, des dents de scies, des piquetages, des branchages en relief de barbotine, des lettres qui ne laissent aucun doute sur le dessous planté en vignes. Au Cimetière, le long du Pont-du-Diable, nous mîmes à jour des restes de construction gallo-romaine avec une singulière assise de trois mètres en tous sens, bloc de plusieurs mètres d'épaisseur en pierre, dont nous fîmes sauter le dessus dallé en tuiles, jusqu'à une profondeur de deux mètres, sans pouvoir mettre à nu le dessous. Là, je trouvais plusieurs pièces de monnaie de Tétricus, des fragments de terre sigillée, des fragments de vases francs, des tuiles à rebords avec marques en ovale tracées dans l'intérieur, des éclats de verre, etc. Le long du hameau du Tertre, je mis au jour une tombe avec scramasaxe de fer long de 25 centimètres. Dans la plaine, à la Fourmillière, nous trouvâmes des fragments de guttus rouge, de patères en terre brune enduite de charbon dans un caveau qui fut malheureusement ouvert sans que je fusse là. Enfin, au poirier de Ver et aux champs Besons. nous relevâmes, dans les débris de constructions gallo-romaines, des fragments de poterie étrusque et un curieux échantillon de bronze admirablement patiné.

Le bourg lui-même fournit son contingent. Deux scramasaxes furent déterrés dans la fouille de la maison Granger ; des fragments d'urnes à incinération, dans le clos de M. Rondin-Chignard, des fours et des dallages anciens chez Marie Jouan, à un mètre sous terre. Tout indique une vaste ville détruite par les cataclysmes et les guerres qui ensanglantèrent les premiers temps de notre histoire nationale. Je ne parle pas des médailles de Constantin trouvées à la Canche, des monnaies romaines de New Bury, d'un pot rempli de monnaies mérovingiennes découvert aux Vernous par le nommé Persil, ni d'une trouvaille identique, à la Petite-Guiche, il y a près de cinquante ans, par le nommé Martin. Le petit nombre de pages dont je puis disposer ne me permet pas de m'étendre davantage sur ce sujet.

(1) Cimetière de Villesavoir.

Voici la liste des climats et lieuxdits où nous avons pu découvrir des gisements anciens :

PRÉHISTORIQUE.

Deux haches en silex à Villesavoir, région du Thuilay. Nombreux silex et couteaux travaillés.

Une hache éclatée par le feu, dans la Champaigne, près des Argençons (silex taillés peu abondants).

Une hache au prieuré, *in situ* (deux mètres de profondeur, terre quaternaire silex blond gris à taches blanches, forme allongée), peu de silex taillés.

Deux haches trouvées à la Guiche, une en diorite, l'autre en silex blond, toutes deux polies. Quelques silex taillés.

Plusieurs autres haches ont été trouvées en divers endroits de la commune, mais les paysans qui les possèdent n'ont pas voulu s'en dessaisir, leur attribuant un grand prix. Ils connaissent ces pierres sous le nom de pierres de foudre.

CELTIQUE, GALLO-ROMAIN, FRANC, ETC.

L'Alleu : tuiles à rebord, meules en trachyte, granite, au-dessus de l'ancien fief monacal, le long du bois du Vaslet; souterrain curieux rebouché en face l'Alleu.

La Butte de Carthage : tuiles à rebords, débris de vases noirs en terre noire, à gros grains blancs, excessivement dure à briser. Cassure brillante.

Le Bourg : maison Granger, à deux mètres de profondeur, deux scramasaxes, trente squelettes environ reposant sur le lit de l'ancien cours d'eau.

Clos Bolacre, fragments en terre sigillée.

Chez M. Lucien Bouté : sarcophages en pierre tendre à deux pieds de profondeur.

Cave de M. Schillemans, avec arc roman à chapiteaux délicatement sculptés, deux mètres sous terre.

Cave de la Fontaine des Roches, cintre ogival répété cinq ou six fois, de dix mètres en dix mètres, sous terre, jusqu'à un endroit bouché depuis trente ans environ. Ce souterrain paraît remonter vers la plaine d'après les piliers. Chez Marie Jouan, dallages anciens, fours, constructions, etc., à deux et trois pieds sous terre.

Le champ du Cimetière : deux cents morceaux en terre sigillée, cinq cents en poterie bleutée et noire, tuiles à rebords avec marques, débris de construction en exploration (champ Honoré Cochereau).

La Carte : tuiles à rebords, débris de construction, puits.

La Champaigne : au-dessus des Madeleines, tuiles à rebords, débris de constructions.

Champs Besons : débris de construction, tuiles à rebords, poteries.

Le Feuillard : tuiles à rebords et souterrain bouché.

La Gaillardière : tuiles à rebords.

La Fourmillière : débris de constructions, caveaux en tuiles et en pierres sèches, où furent trouvés des fragments des guttus, de patères, des clefs anciennes.

La Guiche : caveau avec statue de la Vierge (peut-être une déesse mère ?), deux haches en pierre polie et silex taillés.

Le Grabuchet : débris peu visibles d'un fort bâti par les Anglais (légende populaire).

Les Mâladries : tuiles à rebords.

Le pré Chantôme : des deux côtés de la route substructions, tuiles à rebords, fragments de poterie.

Le Pressoir-Berry : poterie en terre sigillée, patère presque entière dans la vigne de M. de Brisoult, constructions souterraines, chemin ancien, débris de poterie, tuiles à rebords.

Le Prieuré : hache polie en silex blond gris à taches blanchâtres, fragments de poterie en terre sigillée dans le potager.

Le Poirier de Ver : débris de construction chez Gaillard-Marcellot, tuiles à rebords, fragments de poterie, braye curieuse.

La Musse-Avoine : puits, tuiles à rebords.

Le moulin de Schéry, le long de la route actuelle, côté droit en allant à la brise : tuiles romaines, débris de poterie.

La Raie : vieux château (légende populaire), puits, vieux remparts arables, fragments de poterie rouge, bleutée, à piquetages, à lustre brillant noir, etc.

Le Tertre : sépulture avec poteries brisées, scramasaxe, charbons.

Le Thuilay : vieux château (légende populaire), puits rebouché, tronçon de route à deux pieds sous terre, tuiles à rebords, fragments de poterie rouge dite samienne, de poterie bleutée, noire, à piquetages réguliers noircis sur les bords ou avec peinture brune.

Les Vernous : j'y ai recueilli près de douze cents morceaux de poterie, dont cent en terre sigillée dite samienne avec dessins en reliefs, une vingtaine de tessons de poterie bleutée ou noire avec branchages, légende, dessins, entrelacs, piquetage, etc. ; fours à crémation, substruction, pot plein de monnaies mérovingiennes, quelques-unes observées ou trouvées par les gens du pays, ainsi que par quelques étrangers.

Pâtis du Marchais : cadavres avec armes.

Le Veau : sarcophages en pierre près de la Croix, niches troglodytiques détruites par la maison Durand.

La Vauderne : tuiles à rebords, fragments de poterie.

Le Rançon (Rasson) : camp dit des Anglais avec mesures romaines et fragments de tuiles à rebords, de poterie.

Sans-Souci : monnaies du moyen âge, de la Renaissance, vieux poids, fragments de poterie en terre rouge fine, boucles de ceinturons, fragments de fioles de verre, de poteries.

Voilà l'ensemble des climats exploités jusqu'à ce jour. Nous n'avons pas la prétention d'avoir donné un catalogue complet des lieux jadis habités ; nous espérons traiter la question dans un ouvrage que nous comptons prochainement faire paraître.

M. l'Abbé HARDEL

Curé de Vineuil, près Blois (Loir-et-Cher).

VINEUIL-LÈS-BLOIS AUX ÉPOQUES CELTIQUE ET GALLO-ROMAINE ET PENDANT LE MOYEN AGE

— *Séance du 11 septembre 1884* —

Le modeste bourg de Vineuil, du latin « Vinolium », pays du vin, est très ancien.

Sa situation sur les bords du Cosson, entre la forêt de Russy et la Loire, dans l'ancienne banlieue de Blois, en a fait ce site charmant nommé par Touchard-Lafosse « l'Eldorado de Blois ».

Pour conserver à ce mémoire son cachet purement archéologique, nous classerons les faits ou objets relatifs à cette intéressante localité sous les trois paragraphes suivants: période celtique et époque gallo-romaine; au moyen âge, Vineuil et les abbayes ; et Vineuil et les comtes de Blois.

I. ÉPOQUE CELTIQUE ET GALLO-ROMAINE

Vineuil existait certainement à l'époque celtique : l'étymologie du nom de plusieurs de ses hameaux le prouve suffisamment. Par exemple, Léry, de « Lar », et « Larricium », pâturages communs ; — Nanteuil, de « Nant », qui, en gaélique, signifie source, eau courante, et qui est aussi le synonyme de « Vallis », suivi du suffixe gaulois « el », en latin « *Ellus, Elius* »; de Nantel ou Nantelius on a fait, au moyen âge, Nantolius, Nantolium, Nanteuil. (Cf. Gaidoz, *Revue celtique*.)

Il existe, en effet, au hameau de ce nom, situé dans la charmante vallée du Cosson (col, sonn, rivière aux roseaux), une très belle source dont le miroir se trouve aujourd'hui sous les ruines d'une maison dite l' « ancien prieuré de Saint-Blaise ».

Primitivement, à n'en pas douter, ce lieu dut être l'objet du culte public que les Gaulois avaient coutume de rendre aux sources et aux déesses protectrices des fontaines, appelées déesses-mères; d'ailleurs, dans la forêt voisine on a trouvé une statuette représentant ce type si connu dans nos musées archéologiques.

Plus tard, cette fontaine porta le titre de Saint-Blaise et de nombreux pèlerins y vinrent demander fréquemment la guérison du goitre et des maux de gorge.

Un curieux livre d'heures du xv⁰ siècle, possédé par la bibliothèque de Blois, confirme cette ancienne croyance et le culte de saint Blaise dans notre contrée; car à la fin du manuscrit on trouve une oraison à saint Blaise « contre l'esquinancie et la passion du col, de la gorge et de la nuque ».

L'étymologie n'est pas la seule preuve de l'existence de Vineuil et Nanteuil comme agglomération d'habitants à l'époque celtique; car près de Nanteuil, dans un climat voisin de la rive gauche du Cosson, nommé Pierres-Besses, de «*Bessa*» ou « Baissa », mot de basse latinité, qui signifie lieu bas et marécageux, il existait encore au commencement du siècle trois pierres levées ou menhirs de 3 mètres d'élévation au-dessus du sol et de presque 2 mètres d'implantation (*e*, fig. 71).

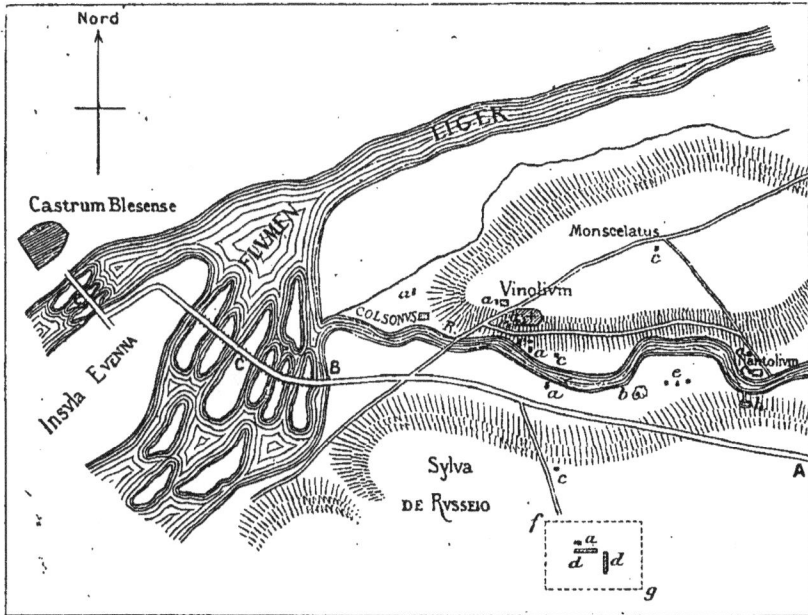

Fig. 71. — Vineuil jusqu'au x⁰ siècle.

AB. Voie romaine, Pavés de Vineuil. — C. Ponts châtrés (*vulgò* Chartrains): *a*. Lieux où furent trouvés des débris de constructions gallo-romaines. — *b*. Grottes celtiques.— *c*. Lieux où furent trouvées des monnaies romaines. — *d*. Substructions gallo-romaines. — *e*. Menhirs. — *fg*. Enceinte de l'ancien camp romain dans la Forêt de Russy (partie explorée). — *h*. Fontaine de Nanteuil.

Deux furent arrachées à grand'peine et détruites; mais il en reste une, la moins élevée; car elle n'a que 1 mètre à 1ᵐ,30 de hauteur, et sa base semble être plus profondément enterrée dans le sol, qui, à cet endroit, n'est composé que de sable et de terre, tandis qu'en face, sur la rive droite, se dresse le hameau des Roches, où la pierre émerge en maints endroits.

Ces trois pierres levées étaient distantes l'une de l'autre d'environ 2 mètres et à peu près en ligne droite.

Comme les monuments de ce genre, ce menhir est dans la localité l'objet de traditions fabuleuses et l'œuvre de l'être colossal Gargantua.

La proximité de la source de Nanteuil et des Pierres-Besses, abritées au nord par la rive droite, très escarpée, du Cosson, au lieu de Roches, nous autorise à admettre que ces lieux durent être très fréquentés, soit pour les cérémonies religieuses, soit pour les réunions importantes dans lesquelles les Gaulois tenaient conseil sur les intérêts de leur nation.

D'ailleurs, depuis les Grotteaux jusqu'à Vineuil les retraites souterraines creusées dans le sol sont autant d'attestations de la présence des hommes dans ces parages à cette époque reculée.

Mais la plus remarquable de ces grottes est celle qui se trouve sous les caveaux de l'église actuelle de Vineuil (fig. 72).

C'est une galerie circulaire, communiquant avec deux autres plus petites et dont l'issue devait donner sur la rive droite de la rivière.

On y pénètre actuellement par une cave particulière pratiquée sous le péristyle de l'église. A droite de la grande galerie, qui a près de 32 mètres, on rencontre plusieurs autres excavations semi-circulaires, dans l'une desquelles, après de longues heures de recherches, on a trouvé d'incalculables débris de vases gallo-romains destinés à l'usage domestique, mêlés à quelques ossements humains.

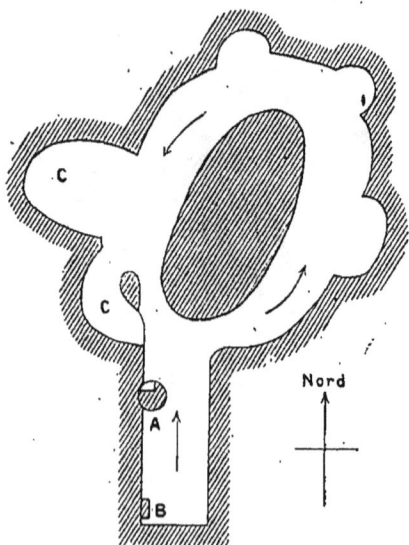

Fig. 72.

Comme dans tous les travaux de ce genre, soit à Suèvres, soit à Montlivault, les voûtes de cette grotte sont soutenues par d'énormes piliers, ménagés, à cet effet, dans le sol marneux.

Cette retraite souterraine recevait l'air d'un puits recouvert aujourd'hui par des dalles énormes et en partie par un cercueil en pierre d'origine mérovingienne.

Ces monuments sont assurément antérieurs à la conquête des Gaules par les Romains; aussi les vainqueurs, tant pour leur sécurité que pour leur utilité stratégique, firent-ils passer la voie romaine de Blois à Bourges sur les bords du Cosson, du moins dans la partie où se trouvent encore ces grottes celtiques, par l'endroit qui porte encore le nom de *Pavés de Vineuil* (via strata).

Inutile de parler de ce travail romain dont l'histoire n'est plus à faire, mais dont l'exécution a nécessairement attiré de nombreux ouvriers, pris, comme toujours, parmi les Gaulois, qui, sous la conduite des ingénieurs et officiers romains, accomplissaient leur pénible tâche de vaincus.

Au moment où les légions impériales passèrent l'hiver sur les bords de la Loire de Gien à Tours, notre territoire de Vineuil posséda un de ces retranchements militaires; car le nom en est encore porté par un climat voisin de la forêt de Russy appelé « Camp ».

Ne serait-ce point là le *Fines Carnutum*, où les Druides de la Gaule entière se rassemblaient chaque année en conseil national à l'extrémité du pays chartrain ? Car les Romains, jaloux d'éteindre la nationalité des vaincus, pouvaient en ce lieu plus facilement obtenir ce résultat et empêcher par leur présence la communication des Carnutes avec les habitants du Berry, et ces congrès nationaux qui, chez nos ancêtres, avaient pour but d'entretenir la haine contre les vainqueurs.

La présence des troupes romaines, dans notre contrée, modifia peu à peu les mœurs des habitants ainsi que leurs usages.

De tous les côtés, dans le vieux Vineuil, les tuiles à rebords révèlent l'existence d'une localité gallo-romaine : les monnaies de Tibère, Claude, Néron, Caligula, Trajan, Antonin et Faustine, soit en argent, soit en bronze, qu'on y retrouve, en sont aussi une preuve indiscutable.

Mais le point le plus intéressant est celui de la « Butte des Charmes », dont le vrai nom topographique est « le Camp », où se trouvent de nombreuses ruines romaines.

Dans ce climat de la forêt de Russy, situé à 2 kilomètres au sud de Vineuil, sur un plateau qui a près de 100 mètres d'altitude, les recherches que nous pûmes faire sur une étendue d'un are environ nous découvrirent 50 mètres de murs de clôture en petit appareil, et quelques tessons de vases romains; d'autres, d'un grain plus fin et d'une forme plus élégante que ceux trouvés à Chouzy et à Courbanton, attestent la richesse et l'opulence de leurs propriétaires.

Les nombreux fragments de tuiles et d'imbrex qui sont entassés en ce lieu nous font croire que nous sommes en présence des restes d'une habitation, peut-être même d'une agglomération d'habitations. D'ailleurs, la légende populaire établirait l'existence d'une grande réunion d'hommes en ce lieu.

Les ruines de la Butte des Charmes portent avec elles des traces de feu; on y trouve des pierres noircies, de la terre à maçonnerie, cuite et rougie.

Ce qui ne manque point d'un certain intérêt pour l'archéologie, c'est la découverte d'un grand nombre de tuiles à rebords accusant différentes modifications dans l'art, et qui nous permettent de descendre graduellement de la première origine romaine de ces constructions à la période de destruction par les Sarrasins au vᵉ siècle et par les Normands au ixᵉ.

En effet, à la tuile romaine primitive se trouvent réunies ici des tuiles gallo-romaines, n'ayant qu'un tiers de l'épaisseur des premières.

D'ailleurs, la fabrication des dernières offre une différence assez caractéristique : 1° le rebord n'est plus rond et proéminent comme dans les plus anciennes, mais aplati et coudé par le pouce du tuilier ; 2° la matière et le degré de cuisson ne sont plus les mêmes ; car ces tuiles sont jaunes ou noires, tandis que les premières sont rouges, malgré le temps et les traces de l'incendie.

L'étude du gouffre voisin et du sol environnant, appelé « Sablonnières », donnerait peut-être des renseignements plus concluants sur cette localité où les Sarrasins et les Normands semèrent tant de ruines.

II. VINEUIL ET LES ABBAYES

Clovis, vainqueur des Sarrasins, délivra Blois et ses environs de leurs hordes barbares et sanguinaires.

Suivant l'usage apporté par les Romains, le roi partagea le territoire à ses lieutenants et capitaines d'armes : c'est ainsi qu'il donna Vineuil comme terre allodiale aux parents de saint Aigulphe.

L'illustre Blésois, probablement né à Vineuil, et plus communément connu sous le nom de saint Ayou, donna sa terre de Vineuil à l'abbaye de Fleury-sur-Loire, à son entrée dans le célèbre monastère, en 630.

Dom Chazal, dans son histoire de l'abbaye de Fleury, au chapitre spécial consacré à saint Aigulphe, après avoir donné la notice succincte d'Adrewald, historien de notre saint, au ixᵉ siècle, fait une courte digression sur le cérémonial de la réception d'un novice d'après le chapitre viiiᵉ de la Règle de Saint-Benoît, et poursuit ainsi son récit :

« Si le novice avait quelque bien, il le donnait aux pauvres ou en faisait donation solennelle au monastère dans les formes prescrites par le droit, sans rien se réserver à lui-même. »

« C'est à cette dernière clause que s'arrêta Aigulphe ; car le lieu nommé Vineuil, près Blois, sur les bords de la Loire, fut concédé au monastère par ce moine. »

« Istud posterum exequitur Aigulphus, si vera sunt, quæ ex traditione majorum accepi, scilicet locum Vinolium dictum propè Blesim citrà Ligerim cœnobio ab isto Aigulpho concessum. » (Cf. Hist. Cœn. Floriac. Bibl. d'Orléans, Mss 270.)

Le « si vera sunt » de dom Chazal a éveillé la sagacité des historiens et archéologues ses successeurs ; car, au Congrès de Tours, en 1838, Marchand, dans son mémoire sur l'abbaye de Saint-Benoît, un peu critiqué parce qu'il n'avait pas consulté dom Jaudot, fait mention de la donation de la terre de Vineuil à l'abbaye par saint Aigulphe ; et, en 1865, l'abbé Rocher, après avoir consulté le cartulaire de l'abbaye, nous affirme qu'à son entrée au monastère, saint Aigulphe avait donné sa terre de Vineuil, près Blois.

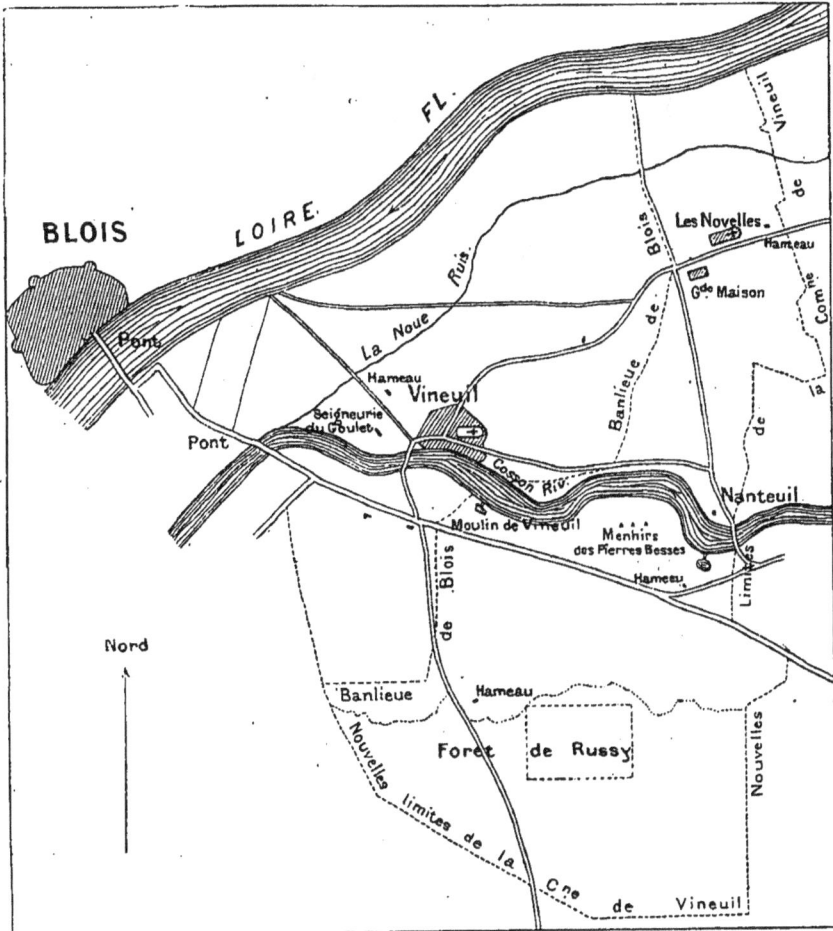

Fig. 73.

Quoi qu'il en soit de l'origine de cette possession, elle dépendait incontestablement de Fleury-sur-Loire au ixe siècle, puisque sous Charles le Chauve, en 850, les revenus de Vineuil furent affectés aux moines de Saint-Benoît.

Sous le pontificat de Léon VII, cette possession était déjà regardée comme très ancienne ; car, en énumérant les biens et en confirmant les privilèges de ce monastère en 938, Léon VII dit de ces biens, au nombre desquels figure Vineuil : « Villas, quas in opus fratrum per testamenti auctoritatem *ab antiquis...* esse decretas. »

C'est aux religieux de ce même monastère que l'on doit attribuer l'érection de la première église de Vineuil, dont l'église actuelle renferme quelques restes, sous l'ancien clocher, qui nous attestent qu'elle devait s'ouvrir sur le terrain communal, portant encore aujourd'hui le nom de « Saint-Benoît ».

Vers la fin du XIIᵉ siècle ou au commencement du XIIIᵉ, cette première église fut remplacée par un édifice dont il ne reste plus que la voûte du clocher ; là voûte de l'ancienne entrée donnant sur le Saint-Benoît et en face de l'autre côté une travée de la basse nef portant encore comme clef de voûte la main bénissante reconnue pour être le contre-sceau de l'abbaye de Fleury, sous l'abbé Gauzelin, au XIᵉ siècle.

Les nervures de cette travée, ainsi que celles de la chapelle voisine, parfaitement conservées, accusent une œuvre du XIIIᵉ siècle. Le reste de l'église actuelle subit des modifications au XVIᵉ siècle et on y remarque les nervures brisées ou perdues des travées de l'ancien édifice.

L'abside, de la fin du XVᵉ siècle, répond par son élévation à l'ensemble de cette église, dont les trois nefs sont voûtées en ogives.

La libre possession de l'église de Vineuil par le monastère de Fleury lui fut contestée par l'abbaye naissante de Pontlevoy ; car, dans la première moitié du XIIᵉ siècle, sur la demande de Foucher, alors abbé de Pontlevoy, le pape Luce II, par une charte, confirme l'abbaye fondée en 1075 et lui reconnaît la possession de l'église de Vineuil.

De là survint ce différend dont parle le *Gallia Christiana* entre l'abbaye de Fleury et celle de Pontlevoy, et auquel fait allusion la charte de l'archidiacre de Blois extraite du trésor de Saint-Benoît.

Cette charte du XIIIᵉ siècle reconnaît l'abbaye de Fleury propriétaire de l'église de Vineuil, et à la même époque le *Gallia Christiana* parle de la paix conclue entre les deux abbayes, en 1252, par une charte de l'abbé de Pontlevoy : « Pepigit anno 1252 cum abbate Floriacensi super litigiosis apud Vinolium. »

Plus tard, par une charte de 1305, l'abbé de Saint-Benoît, dont les droits sur Vineuil avaient été si clairement reconnus et attestés au siècle précédent, donne au chambrier de l'abbaye le patronage sur l'église de Vineuil, titre que ce dignitaire conserva jusqu'à la fin du XVIᵉ siècle, époque à laquelle furent cédés aux laïques la seigneurie de Vineuil et les droits seigneuriaux, dont y jouissait le chambrier de Saint-Benoît.

III. VINEUIL ET LES COMTES DE BLOIS

Au moyen âge Vineuil était annexé à la ville de Blois par le réseau de sa banlieue, encore limitée, en 1519, de la manière suivante :

« Du côté de Saint-Gervais, elle passe à travers la cour de la métairie de Villemesle et vient trancher entre les deux meules des deux moulins de Vineuil. »

« Du côté des Noelles, elle est à une ruelle en bas, appelée le carrefour de la Place, jusqu'à la « Grande Maison », le tout tirant à travers la rivière au puits des Brais (paroisse de la Chaussée). » (Cf. Fourré. Coutumes de Blois.)

Par cette annexion de Vineuil à la ville et au château de Blois, les habitants de cette paroisse bénéficièrent fréquemment de la munificence des comtes de Blois pour leurs sujets.

Vineuil jouit encore aujourd'hui d'un bienfait insigne du comte de Blois Thibault V et d'Alix, son épouse, qui, par testament de 1191, fit à cette paroisse l'abandon des prairies des Parcs et des Mottes, à la condition que les habitants de Vineuil feraient dire, à perpétuité, « un service solennel pour le repos de son âme et de celle de ses pères ».

Le service religieux à la mémoire du comte Thibault fut scrupuleusement célébré depuis lors jusqu'en 1789.

Au siècle suivant, Louis, comte de Blois, affranchit ses serfs de la ville et de la banlieue, mais conserva son droit de lever des troupes dans son comté.

Cependant, le comte de Blois, qui avait le droit de faire publier le ban et l'arrière-ban à Vineuil, d'après une lettre patente de Philippe le Hardi, n'avait point, d'après ce même acte, la garde et juridiction sur Vineuil ; car, à cause de leur dépendance immédiate de l'abbaye de Saint-Benoît, Vineuil et son prieuré étaient sous la garde immédiate du roi ; c'est ainsi que Philippe le Hardi, en 1275, en réfère au bailli d'Orléans contre le comte de Blois.

Le même souverain, en 1290, approuve une charte d'exemption rédigée en faveur des gens de *Vineuilt* par Jehanne de Chastillon en 1288, à l'occasion des dommages occasionnés par « les bestes sauvages de la forest ».

A l'occasion de la récente restauration du pont de Vineuil, une monnaie de Charles le Téméraire, trouvée dans une pile de l'ancien pont, nous donne la date approximative de (1467-1477) d'une restauration de ce pont sous Louis d'Orléans, comte de Blois, plus tard Louis XII.

D'après certains documents, le premier pont en pierres, construit au gué de Vineuil, aurait remplacé une passerelle en bois vers 1335, sous Louis Ier de Châtillon.

La période orageuse de 1562 à 1568, pendant laquelle les Huguenots ravagèrent Blois et ses environs, laissa des marques de son passage à Vineuil ; ce que semble indiquer la restauration de l'église de Vineuil vers la fin du XVIe siècle, et surtout un monument lapidaire assez mutilé qui, malgré son texte incomplet, nous donne la date de la restauration d'un édifice religieux à la date de 1576, sous Henri III (fig. 74).

Cette pierre commémorative joint au nom du souverain celui des échevins en charge, savoir : Jacques Rousseau, sieur du Perriou, Pierre Morin, Loys Chycoineau, Pierre Doré, François Bouscheron.

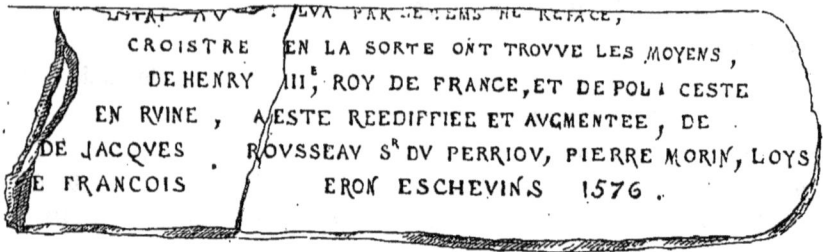

```
...TAT  AU ...    /LVA  PAR  LE TEMS  HL  REFACE,
  CROISTRE    EN LA SORTE ONT TROVVE LES MOYENS,
  DE HENRY   III, ROY DE FRANCE, ET DE POLI CESTE
  EN RVINE,   A/ESTE REEDIFFIEE ET AVGMENTEE, DE
DE JACQVES   R/OVSSEAV SR DV PERRIOV, PIERRE MORIN, LOYS
E FRANCOIS        ERON ESCHEVINS  1576.
```

Fig. 74.

La date de cette restauration de 1576, si rapprochée de celle de la consécration de la chapelle des Nouelles (Noëls), nouveau Vineuil, sous le titre de Notre-Dame de Bon-Réconfort, par Mgr Le Maignen, évêque de Digne, en 1577, permet de croire que cette inscription commémorative devait appartenir à l'ancienne chapelle des Noëls, qui cessa de servir au culte depuis 1793.

Vineuil, ainsi qu'on vient de le voir, est rempli de souvenirs anciens et mérite tout l'intérêt des archéologues. Sa fontaine antique, ses grottes celtiques, son menhir, groupés sur les bords du Cosson, nous rappellent les temps anciens. La voie romaine, les Pavés de Vineuil, les ponts du Camp, dits ponts Chastrés (è castris), le camp dans la Forêt de Russy, rappellent la période romaine et nous donnent la conviction qu'une étude plus étendue sur la Forêt permettrait d'établir absolument le *Fines Carnutum*.

M. H. de La VALLIÈRE

A Blois.

LES GALERIES SOUTERRAINES DES CARNUTES DANS LA GAULE CENTRALE

— Séance du 11 septembre 1884 —

Les Carnutes furent l'un de ces peuples audacieux et tenaces qui résistèrent le plus vigoureusement, le plus longtemps au conquérant romain. César ne put les abattre que par l'extermination impitoyable et régulière du peuple déterminé qui avait osé prendre, à Genabum, l'offensive terrible et sanglante contre les Romains, jusque-là toujours vainqueurs, beaucoup plus par la ruse et l'intrigue que par le courage personnel. Ces Carnutes, dont le nom, suivant les étymologistes, rappelle la pierre (cairn), occupaient exactement le centre géographique et le centre religieux de la Gaule d'alors; outre leur valeur reconnue, cela leur donnait une très grande importance, car les Druides avaient encore sur les Gaulois une influence prépondérante, et l'on sait que leur grand collège, la Rome du druidisme, était à Chartres, ou à Lèves, tout auprès.

César ne se contenta pas d'abattre ces peuples par les armes ; après les avoir vaincus et ruinés, il chercha surtout, pour consolider ses victoires, à dénaturer les institutions qui faisaient la force de résistance de la nation ; institutions politiques et religieuses. On poursuivit les Druides et leurs partisans, et l'on donna aux Carnutes un tyran dans la personne de Tasget, l'ami des Romains. Pour colorer ces changements politiques anti-nationaux, César prétendit n'avoir fait que rétablir une autorité légitime exercée autrefois par les aïeux de Tasget.

Le nouveau souverain ne régnait pas depuis trois ans, qu'il fut tué par ses ennemis, conjurés avec une grande quantité de Gaulois de la cité des Carnutes. Au milieu de toutes ces guerres civiles, de ces envahissements perpétuels, quoi d'étonnant que les Carnutes aient songé à se faire des retraites souterraines, ou bien plutôt à perfectionner, à augmenter, en les fortifiant, *les galeries* (remarquons la saveur celtique du préfixe de ce mot) creusées par leurs pères, ou peut-être même par un peuple qui les avait précédés sur le sol de la Beauce, car, faute de preuves, la question est encore à l'étude. Nous espérons que la grande publicité que lui donnera l'Association française pour l'avancement des sciences portera les esprits judicieux à pénétrer, par des recherches et des vues d'ensemble, ce problème historique autant qu'anthropologique, si intéressant pour nos antiques origines.

Dans plusieurs parties de la France on a trouvé des souterrains de refuge qui, la plupart du temps, prenaient leur orifice dans des coteaux plus ou moins à pic ; tels sont, autour de nous, ceux de Trôo, de Montoire, Lavardin, le Breuil, Saint-André, Vendôme, Blois, Suèvres, Vineuil, Saint-Lubin-en-Vergonnois, Orchaise, Montrichard, *principalement Bourré*, et toute la côte nord du Cher, qui forment pour ainsi dire la ceinture sud-ouest de la *civitas Carnutorum*.

Mais si l'on a de tout temps connu et remarqué ces souterrains dans les coteaux (sans peut-être les étudier suffisamment), on ignore généralement comment les Carnutes peuplant la vaste plaine de la Beauce pouvaient se cacher aussi vite que les populations des coteaux et se soustraire rapidement avec leurs familles, leurs bestiaux et leurs maigres provisions, à un envahisseur subit et inattendu, ou bien à un impitoyable vainqueur et persécuteur, comme le fut César pour les Carnutes nos pères.

Nous avons été assez heureux pour pénétrer dans un assez grand nombre de leurs souterrains et nous allons essayer d'expliquer leur conformation comme leurs usages multiples.

En 1879, on démolissait l'église de Maves pour la reconstruire ; les ouvriers trouvèrent sous le sol de l'église et du village des souterrains très contournés ayant diverses directions. Ils ramassèrent dans ces galeries des monnaies romaines, de Néron principalement. Nous fûmes appelé et reconnûmes que ces souterrains étaient creusés à 4^m,50 ou 5 mètres de profondeur dans le tuf marneux de la Beauce, qui se soutient facilement sans étais ; qu'ils avaient à peu près uniformément 1^m,35 de hauteur, 0^m,80 de largeur ; dans d'autres souterrains, la largeur varie de 0^m,80 à 1^m,50, et qu'ils présentaient presque toujours, à certains endroits, des contournements intentionnels sur eux-mêmes, dont nous allons bientôt parler.

Nous y vîmes des traces de feu et de la suie au plafond ; les cornes des bestiaux enfermés avaient laissé leurs marques sur les parois de ces couloirs étroits, qui débouchaient, au bout de quelques mètres, dans de vraies chambres rondes de 2 à 3 mètres de diamètre, où la preuve de la présence des bêtes bovines et ovines était très exactement accusée.

Ces souterrains traversaient le sol sous les fondations de l'église, tournaient sous la place du village, passaient enfin les maisons qui l'entourent et par une assez longue pente inclinée allaient s'ouvrir secrètement dans les champs voisins, où leur orifice, bouché sous le sol arable par une large pierre, était depuis longtemps inconnu aux populations actuelles, quoique de très vieilles et très vagues traditions prétendissent qu'il y avait des souterrains débouchant autrefois dans tel ou tel champ, près du bourg de Maves, et même se prolongeant dans la direction de l'amas d'eau appelé le *lac* ou l'*étang* de Pontijou (1), amas d'eau (en gaulois, *masava*) qui a donné son vieux nom à la commune de Masves, fort ancienne, comme l'on voit. Non loin de là, dans la commune de la Bosse, on avait trouvé, en 1864, de pareils souterrains dans le puits d'un ancien château fort, appelé la Grande-Bosse, détruit il y a plus de cent ans.

Depuis cette époque, nous vîmes beaucoup de ces mêmes souterrains à Balâtre, à Suèvres, à Mer, à Blois, dans le Vendômois, à Morville, près Pithiviers, etc.

Dans cette dernière localité, en examinant le puits situé devant l'entrée de l'église, on trouve, à 6 mètres de profondeur, une étroite ouverture fermée d'une porte (depuis 1870); elle donne accès à une série de chambres et de couloirs creusés dans le calcaire de Beauce et qui ont été fort utiles lors de la dernière invasion. Dans la même commune, à la ferme de Barberouville, on a trouvé de pareils souterrains à plusieurs reprises ; enfin, il résulte de renseignements nombreux et concordants que dans toute la Beauce il existe, sous les villages les plus anciens, de semblables souterrains de refuge, aboutissant presque toujours à un puits, qui est devenu le puits central des villages actuels.

Ces puits, creusés par les Gaulois ou les peuples qui les avaient précédés, étaient nécessaires aux souterrains de refuge pour un grand nombre de raisons : donner l'eau, renouveler l'air, faire évacuer la fumée, servir peut-être de drainage aux eaux d'infiltration lors des fontes de neiges ; nous ajouterons : entendre, sans être vu, les pas et les cris de l'ennemi approchant, sortir et rentrer facilement la nuit, sans danger bien grand ; enfin, permettre à celui qui avait bouché sur le sol les orifices de ces refuges invisibles, de rentrer, sans traces apparentes, dans le labyrinthe de ces curieux souterrains, forts inaccessibles pour les ennemis de nos tenaces Carnutes de la plaine beauceronne.

A Balâtre, village important du nord de la commune de Suèvres, un cultivateur rentrait, en août 1860, une charretée de gerbes. Tout à coup, le terrain s'affaisse et un gouffre s'entr'ouvre sous la voiture. M. l'abbé Morin, curé de la paroisse, ferme et patient érudit, qui vient d'écrire toute l'histoire de la ville gauloise de Suèvres, et en a fait une restitution magistrale, M. Morin, aussitôt prévenu, s'occupe d'abord du sauvetage, puis ensuite, armé de bougies, pénètre dans de longs et tortueux souterrains auxquels il trouve trois issues, en pentes rapides, dans des sens tout opposés, puis il arrive à une sorte de carrefour d'où partent quatre corridors de 1ᵐ,50 de largeur, conduisant à 14 salles, carrées, ou circulaires, ou demi-circulaires, plus ou moins spacieuses. Elles sont reliées entre

(1) Pons Jovis (?).

elles par d'étroits passages en zigzag, aussi compliqués qu'un labyrinthe. La fumée, qui a noirci le tuf en certains endroits, indique encore l'emplacement de la chandelle gauloise, éclairant les pauvres réfugiés en ces obscures galeries.

Au centre, non loin du puits profond de Balâtre, qui, selon M. Morin, date de la même époque reculée, on trouve une petite chambre en forme de niche, avec banc taillé dans le tuf et servant de siège. On venait ici respirer et *faire le guet*.

Outre le puits, trois soupiraux donnaient aussi l'air et un peu de lumière. La couche épaisse de suie que l'on voit encore à l'un de ses soupiraux, atteste une longue habitation dans ces sombres demeures à une époque sans doute bien antérieure à l'arrivée des Romains en Gaule.

« Ce qui nous semble surtout curieux, dit M. l'abbé Morin, c'est, dans chaque galerie, un système de défense qui mériterait d'être étudié. Aux trois issues, au bas même des rampes, couvertes par une longue rangée de grosses pierres plates à l'entrée de la grotte, de larges rainures sont taillées dans le tuf, toutes prêtes à recevoir des madriers de bois formant barricade.

» Dans l'épaisseur des murs et des cloisons de tuf et de calcaire marneux, on remarque de distance en distance des trous en forme de gueule de four, à 1m,30 au-dessus du sol, propre à surveiller les avenues, à faire le guet avec les yeux et les oreilles et à clouer un ennemi contre la muraille opposée, au moyen d'un épieu ou de toute autre arme, lorsqu'il se préparait à passer d'une galerie dans une autre faisant crochet avec la première. Ailleurs, on ne peut passer d'un corridor dans l'autre qu'au moyen d'une étroite ouverture au ras du sol de ces souterrains. L'ennemi devait ramper pour aller plus loin, mais lorsque sa tête apparaissait au-delà du trou, ou mieux du couloir horizontal, le Gaulois ou le troglodyte, caché de côté, invisible, lui écrasait la tête ou l'égorgeait. Manquait-il son coup, il disparaissait par une galerie secrète et pouvait recommencer trente pas plus loin.

» Ce qui fait la singularité des grottes de Balâtre, c'est qu'elles ont été fouies et creusées dans les entrailles de la terre, au milieu d'une plaine unie, sans aucun accident de terrain, dans un tuf tendre et friable, mais assez consistant toutefois pour s'être maintenu presque partout, *depuis 3.000 ans peut-être*, sans éboulements ! Si bien que l'empreinte des outils (pierres, silex et fer) est encore visible sur les parements de la voûte et des murs. »

Nous concluons de ces curieuses investigations que les souterrains de refuge des Gaulois étaient creusés sur beaucoup de points du territoire et peut-être dès l'antiquité la plus reculée. Il nous semble que chez les Carnutes ils ont dû servir principalement pendant ce terrible hiver où César, impitoyable, fit traquer de village en village, de forêts en forêts et de cachettes en cachettes les malheureux Carnutes, coupables d'avoir rêvé et voulu la liberté de la Gaule et la chute de la tyrannie romaine du proconsul en détruisant Genabum, pour commencer la guerre contre l'envahisseur odieux.

Les Carnutes ne peuvent-ils pas être comptés parmi les principaux de ces Gaulois dont César dit au livre VII, *De bello gallico*, qu' « ils sont très habiles dans le percement des souterrains, et qu'il n'y a pas de travaux de ce genre qui ne soient connus et usités chez eux ».

Tacite (*Germ.*, 16) nous dit : « Solent et subterraneos specus aperire... si quando hostis advenit aperta populantur; abdita autem et de fossa, aut ignorantur aut eo ipso fallunt, quod quærenda sunt (1). »

Les souterrains si remarquablement agencés des Gaulois servirent sans doute de refuge bien des fois après les persécutions du cruel et inexorable César ! Ses successeurs ne voulurent-ils pas anéantir toute puissance et toute indépendance sacerdotale et guerrière, toute résistance à l'énervement politique calculé des supériorités de la Gaule, opéré par l'envahissement continu des bains, des thermes, des théâtres, des cirques et des mollesses de tout genre que leur apportait la scandaleuse civilisation romaine, en échange de leurs richesses, de leur valeureuse vigueur et de leur indépendance ? Qui ne se rappelle l'épisode d'Éponine et de Sabinus, dont l'estampe populaire décore souvent encore nos auberges et nos cabarets de la Beauce ?

Les labyrinthes carnutes ont dû servir aussi lors des invasions de la Gaule par les barbares pendant les guerres mérovingiennes, les incursions des Normands, les guerres de Thibault le Tricheur, celles de Foulques-Nerra, et enfin, pendant les cruelles guerres des Anglais, et même, sur certains points, pendant la Fronde; car, à Maves, on a trouvé, sous l'église, des pièces de Henri IV, Louis XIII et Louis XIV.

Chose singulière, la connaissance exacte des souterrains s'était perdue en Beauce, mais des légendes anciennes, fort vagues, prétendaient que chaque village était *miné*. Souvent l'eau de la mare d'une ferme s'était écoulée en peu d'heures, le jus du fumier, ce puissant producteur, si négligé précisément en Beauce, disparaissait tout à coup dans des profondeurs inconnues, *sans que l'on en recherchât la cause;* on se contentait de corroyer les fonds avec de l'argile, on n'en parlait plus et bientôt on l'oubliait.

Si le même accident arrivait dans un autre village, la chose se passait de même *isolément*, sans que jusqu'ici l'on en ait fait l'objet de recher-

(1) Voir le *Cours d'antiquités monumentales* de M. de Caumont, tome Ier, pages 468, 191, 193. — Voir aussi l'*Ethnologie gauloise* de M. de Bellaguet, page 412 de la 3e partie, édition 1868.

ches générales et *sans rattacher les unes aux autres ces découvertes fortuites!*

On le voit, si la Suisse a, depuis trente ans, retrouvé ses cités lacustres, que la science fouille et met au jour avec si grand profit pour l'archéologie et l'anthropologie, nous aussi, Carnutes et Beaucerons, nous avons nos refuges, nos forteresses et nos cités souterraines presque inconnues jusqu'ici, pour lesquelles aucun *travail de recherches et d'ensemble n'a encore été entrepris.* Souhaitons que les savantes sociétés archéologiques qui se partagent l'étude de l'ancien territoire carnute, s'entendent entre elles pour observer et décrire avec ensemble et uniformité tous les souterrains déjà connus et ceux que l'avenir fera découvrir. C'est la plus ancienne histoire de notre territoire et de notre race qui sortira des puits et des souterrains de la Beauce, ainsi que des cavernes du flanc de nos coteaux.

On ne se figure pas, sans avoir vu beaucoup de souterrains semblables, quelle est l'étendue et en même temps la variété du curieux et habile système de défense qui faisait de ces grottes de véritables forteresses invisibles, et on peut ajouter presque inaccessibles à l'ennemi. Pendant les grandes invasions des barbares, combien de fois leurs hordes ont-elles dû passer, comme un torrent, sur la Beauce, sans rencontrer d'habitants, les croyant en fuite de l'autre côté de la Loire!

Mais aussi combien de fois, lorsque l'ennemi eut traversé ce beau fleuve, la grande artère, ou mieux la moelle épinière de la Gaule, les familles, les tribus et les peuplades celtiques ou gallo-romaines se retrouvèrent-elles saines et sauves derrière leurs persécuteurs entraînés vers le midi, et sans retour pour eux possible dans les pays qu'ils avaient dévastés et saccagés!

Il nous reste à montrer, par une figure, qui n'est pas le plan spécial de l'une des grottes que nous avons parcourues, *mais qui réunit les éléments divers des souterrains par nous étudiés, et ceux de défense que nous avons constatés,* il nous reste, disons-nous, à fixer, par les yeux, dans l'esprit, ce très curieux système d'habitation momentanée, de cachette et de défense intime, terrible pour qui voulait forcer les souterrains refuges des Carnutes nos fiers aïeux.

Nous figurons dans notre croquis une série de souterrains à 5 mètres au-dessous du sol du plateau, communiquant avec celui-ci : 1° par deux ou trois entrées secrètes SS de 15 à 16 mètres de longueur, en rampes rapides, couvertes vers l'entrée supérieure en pierres plates. Ces rampes ont toujours environ 0^m,90 de largeur et 1^m,30 de hauteur, et l'entrée sur le plateau est cachée, soit par des broussailles, soit par de la terre mise, comme à l'ordinaire, sur une dernière pierre plate, que l'on peut culbuter de l'intérieur, pour se livrer un passage et sortir en faisant ébouler la terre dans l'excavation ; 2° par un puits T, dont la nécessité et l'usage sont indiqués par la légende de la figure 75.

La principale entrée de tout le système de galeries est souvent dans un coteau, comme à Suèvres.

Nous l'avons marquée en O ; elle servait d'habitation au troglodyte ; fraîche pendant l'été, chaude ou mieux tiède pendant l'hiver. Aujourd'hui le vigneron met son vin à l'entrée, ses légumes pendant l'hiver au fond de l'antique caverne.

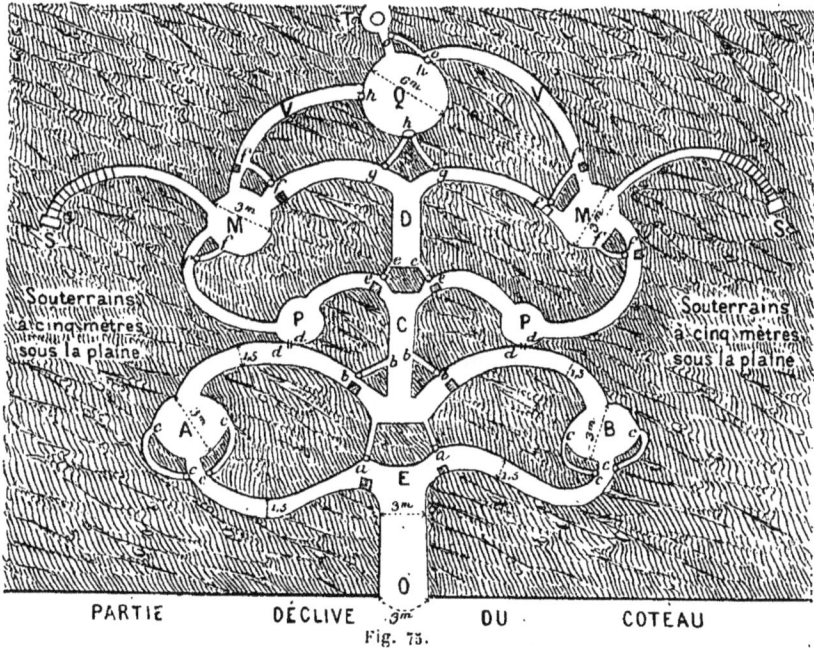

PARTIE   DÉCLIVE   DU   COTEAU

Fig. 75.

Lorsque l'étranger pénétrait par l'orifice O, il se butait, au bout de 20 à 25 mètres, contre le pilier central E et ne pouvait que prendre le couloir vers A, ou celui vers B, mais en (a), des deux côtés le passage rétréci par un contrefort le jetait pour ainsi dire sous les coups de l'habitant souterrain, caché dans les boyaux (ii), derrière un mur ou cloison de tuf, percée à 1m.30 de hauteur ; il apercevait l'étranger, sans être vu lui-même, par une ouverture en forme de gueule de four, ménagée exprès, en (aa), pour atteindre, avec des lances ou des épieux, l'ennemi cherchant à forcer la demeure ou la cachette du troglodyte. S'il avait évité les coups de l'invisible propriétaire de ces galeries, l'envahisseur rencontrait le même accueil en (cc), avant de parvenir aux chambres A et B; puis en (dd) on lui meurtrissait, ou fauchait les jambes à 0m,15 au-dessus de la terre, sans qu'il se pût douter de cette subite traîtrise.

Enfin en (bb) une nouvelle attaque à la tête se produisait, avant qu'il parvînt dans la galerie C, au point (ii), juste derrière le pilier plein E.

Pour faire si peu de chemin, l'envahisseur avait couru la chance d'être frappé trois fois à la tête en (*a*, *c*, *b*) et fauché par les pieds en (*d*). S'il avait échappé à toutes ces embûches, il lui fallait recommencer une aussi dangereuse odyssée pour aller de C en P, puis en M, et subir encore d'invisibles attaques à sa tête en (*e*) (*f*) et à ses jambes en (*d* et *g*), sans parler des surprises en (SM).

Si l'ennemi avait eu la chance extraordinaire d'échapper à ces meurtrières embûches, invisiblement tendues, dans des endroits où ne pouvait passer qu'un seul homme à la fois, il n'avait encore pu ni voir ni saisir le troglodyte qui, repoussé en M, avait gagné la salle Q, soit en rampant tout le long du couloir abaissé (*gh*), soit par les galeries (MVO*h*, MV*h*), se terminant de part et d'autre en (*h*) par un trou au niveau du sol de la galerie, en forme de gueule de four, comme en (*dd*).

Sauf en venant du puits, on ne pouvait pénétrer dans la salle Q qu'en rampant aux trois points (*hhh*) et homme par homme, que l'on assommait dès qu'ils paraissaient. Nous avons supposé l'ennemi entrant par le coteau O ; mais s'il n'y a pas de coteau, si le refuge fortifié se trouve entièrement sous la plaine, l'orifice O deviendra forcément la troisième sortie S (on en trouve presque toujours trois dans la Beauce). Et les mêmes faits se reproduiront si l'envahisseur découvre l'une des trois sorties SSS.

Supposons qu'il ait vu de la fumée, entendu le cri des animaux par l'orifice du puits T. Il se fait descendre jusqu'au niveau de la galerie qu'il a remarquée d'en haut. Il est seul et suspendu ; avant qu'il ait pu prendre pied, deux ou trois coups de lance ont dû le frapper et un coup d'épieu le renverser, le culbuter au fond du puits. Ce que voyant, ses amis, ses camarades hésiteront à le suivre et à descendre en un endroit si dangereux et si perfide.

Cependant, s'il a pu prendre pied, ce courageux envahisseur, il trouvera en (*oo*) un ennemi qui fera contre sa tête la même attaque expliquée par nous aux points (*a*, *b*, *c*, *e*, *f*).

Les troglodytes qui garnissaient la chambre Q l'ont quittée en rampant aux orifices (*hhh*) ; ils sont dans les corridors de l'autre côté du trou *h* ou bien en (*gg*), attendant ici l'envahisseur. Celui-ci rampe à son tour, et dès qu'il paraît, soit en (*hh*) dans les corridors vers MM, soit en (*gg*), il est assommé, sans qu'on lui laisse même le temps de se relever.

La même opération se renouvellera cent fois s'il y a cent envahisseurs. D'ailleurs, les premiers cadavres serviraient de rempart contre le reste des assaillants.

Si nous nous sommes bien expliqué, le lecteur aura saisi facilement le système de défense souterraine de nos aïeux :

1° Dérober à l'envahisseur la présence et le nombre des guerriers réfugiés dans les souterrains, le forcer ainsi à agir contre l'inconnu, et par là augmenter la crainte et la terreur chez lui ;

2° Le contraindre à passer *seul, isolé,* souvent *rampant,* dans les endroits dangereux où d'invisibles ennemis lui tendent de mortelles embuscades.

Nous terminons cette exposition de nos recherches en faisant remarquer que nous n'avons pas parlé des nombreuses trouvailles archéologiques qu'on ne manquerait pas de faire dans les vastes souterrains encore inconnus de la Beauce, si l'on se mettait *à les rechercher et à fouiller méthodiquement.* C'est ce que nous souhaitons vivement pour notre vieille histoire nationale.

P.-S. — Nous avons visité dernièrement la curieuse fontaine d'Orchaise ; elle est surmontée vers la droite d'une antique caverne à 7 mètres environ au-dessus du niveau de la Cisse. On y remarque le passage, pendant de longs siècles peut-être, des eaux qui coulent maintenant plus bas, par l'orifice actuel de la fontaine, gigantesque fissure dans le roc à pic du coteau. Le sol de la caverne supérieure est corrodé, rongé par les eaux qui depuis se sont ouvert l'autre passage. Mais ce qui nous y a surtout frappé, c'est le système de défense, lequel y subsiste bien apparent, comme dans les souterrains décrits plus haut. Non seulement on y retrouve les mêmes ouvertures en gueules de four à 1ᵐ,33 de hauteur au-dessus du sol, mais encore d'autres trous dans lesquels entraient des poutres destinées à appuyer de fortes barrières.

Serait-il permis de croire que des prêtres de la divinité de la fontaine (soit pendant l'occupation des Gaulois, soit parmi les peuples antiques et encore inconnus qui les ont précédés sur notre sol), établis gardiens du culte de cette fontaine ou de la divinité qui l'épanchait, se sont habitués dans le caveau supérieur, en détournant eux-mêmes le cours des eaux, et qu'ils s'y sont fortifiés contre des envahisseurs attendus ou simplement prévus ?

M. Gervais LAUNAY

Président de la Société archéologique, scientifique et littéraire du Vendômois.

ÉTUDE SUR LES LIEUX FORTIFIÉS DU VENDOMOIS

—Séance du 11 septembre 1884—

LES POINTS FORTIFIÉS DANS LE VENDOMOIS

Le nombre des points fortifiés dans le Vendômois est considérable, si nous comprenons les vieux châteaux, les villes, bourgs, forts, campements, sans compter plusieurs maisons.

En établissant la nomenclature de ces points différents, il est nécessaire de les classer suivant leur importance et leur ancienneté.

Nous plaçons en première ligne les vieux châteaux ayant encore conservé assez de vestiges pour faire apprécier ce qu'ils ont dû être primitivement et quel rôle ils ont joué dans le passé. C'est tout naturellement indiquer Fréteval, Lavardin, Vendôme, Montoire, Mondoubleau, Coulommiers, dont les donjons encore debout continuent, depuis tant de siècles, à braver les injures du temps.

A la suite de ces vieux châteaux, viennent se ranger les villes fortifiées de Vendôme, Mondoubleau, Fréteval, Morée, Savigny, Trôo, les Roches-l'Évêque.

Nous les ferons suivre des anciens forts ou forteresses du moyen âge, tels que le fort du *Rouilly*, avec son donjon, ses souterrains et sa double enceinte de fossés. Un autre fort dans le parc du château de *Rougemont*, pris et incendié en même temps que le précédent par Henri V, roi d'Angleterre, en 1421. Celui du *Gué-du-Loir* (commune de Mazangé), creusé en plein rocher ; le *Fort-Girard*, à la Ville-aux-Clercs ; le *Grand-Fontenailles*, à Nourray ; la *Jousselinière*, commune de Saint-Ouen. Deux anciennes forteresses à *Droué*, avec leurs enceintes circulaires de fossés et des traces de ponts-levis.

Sur une colline abrupte, à Saint-Claude-Froidmentel, on trouve les restes d'une tour carrée reliée à un donjon garni autrefois de machicoulis ; le château de la *Mezière* à Lunay, et le *Châtelier*, commune de Savigny.

Viennent ensuite les anciens manoirs fortifiés, tels que le *Grand-Bouchet*, commune de Boursay, en plein Perche ; *Alleray*, commune de Choue, avec sa double enceinte de douves ; la *Thierraye*, commune de Saint-Avit ; les *Radrets*, commune de Sargé, où l'on remarque de rares fortifications, bâties à la hâte à l'époque des guerres de la Ligue, dans le voisinage de Baillou, conservant encore quelques tours de son enceinte muraillée ; le vieux fort de *Bouffry*, cité en 1133 sous le nom de *Castrum Bofferiæ* ; le primitif manoir de *Meslay*, entouré par les eaux du Loir ; *Beauregard*, commune de Lunay, avec douves larges et profondes.

Mentionnons les anciennes abbayes, commanderies et prieurés fortifiés, en commençant par la célèbre abbaye des Bénédictins de Vendôme, qui, sous Guillaume Duplessis, vingt-cinquième abbé, reçut, en 1357, l'ordre de faire enclore le monastère de bonnes murailles, avec tours, barrières, etc.

L'importante abbaye de l'*Étoile*, de l'ordre des Prémontrés, commune d'Authon, fondée en 1130 dans un étroit vallon.

Celle de *Saint-Georges-du-Bois*, commune de Saint-Martin, fondée au vɪᵉ siècle par le roi Childebert et sa femme Ultrogothe. Plusieurs fois détruite, elle fut relevée par Geoffroy-Martel, et conserve encore une partie de la chapelle de cette époque.

· Enfin, l'abbaye de la *Virginité*, commune des Roches, fondée en 1220, dans un vallon sauvage, pour des religieuses Bernardines de l'ordre de *Cîteaux*.

Nous passons de là aux commanderies, en citant d'abord celle d'*Arville*, canton de Mondoubleau, devenue, après la suppression des Templiers, commanderie de l'ordre de Malte, avec son bâtiment monumental encore debout, son église du xii⁰ siècle et les restes de ses murs d'enceinte et de fossés.

Artins, canton de Montoire, primitivement prieuré des Templiers, devenu commanderie de l'ordre de Malte. Construction élevée à l'appui du coteau auquel venait aboutir son mur d'enceinte; la chapelle avait naguère encore tous ses murs tapissés de fresques intéressantes, dont le dessin est reproduit dans la première édition de l'*Histoire archéologique du Vendômois*, par M. de Pétigny (1).

Le Temple, canton de Mondoubleau, a pris son nom d'une ancienne commanderie des Templiers, qui, comme les précédentes, fit partie de l'ordre de Malte. L'ancien bâtiment est converti en presbytère.

Nous arrivons aux prieurés, dont le plus important, celui de *Villedieu*, canton de Montoire, dépendant de l'abbaye de la Trinité de Vendôme, est devenu une véritable forteresse, par suite des fortifications élevées de 1379 à 1385.

Le prieuré de *Courtozé*, commune d'Azé, fondé dans le xi⁰ siècle, et bâti à l'appui du coteau formant le diamètre d'une enceinte demi-circulaire d'épaisses murailles. Porte d'entrée de l'époque, assez bien conservée.

L'important prieuré de *Lancé*, du xi⁰ siècle, fondé par les religieux de Marmoutiers, et dont le bâtiment principal est encore debout, avec ses restes de murs d'enceinte et de fossés en dehors. Vestiges d'un bâtiment qui a gardé le nom de *la Citadelle*.

Le prieuré de *Pezou* date des commencements de l'abbaye de la Trinité de Vendôme, dont il dépendait. Bâti sur les bords du Loir, et renfermant d'importantes constructions fermées par des murailles et des fossés demi-circulaires, avec pont-levis du côté du bourg.

Citons encore les prieurés fortifiés de *la Hubaudière*, en pleine forêt de Prunay; de *Coulommiers*, de *Pray*, dépendant de Marmoutiers; de *Villemardy*, de *Saint-Nicolas-des-Fouteaux (Sancti Nicolai de Fortellis)*, commune de Bouffry, avec sa vaste enceinte de murailles et de tours, plongeant dans un ruisseau.

_____

(1) De cette commanderie dépendait celle de Villavard, conservant encore des restes importants, avec une enceinte d'épaisses murailles.

Signalons, en plein Perche, contrée couverte de bois, plusieurs sortes de campements, entourés de fossés profonds avec vestiges de constructions à l'intérieur.

Ces campements ont conservé, dans le pays, le nom de *forts*, surtout celui de Beauchêne, canton de Mondoubleau, situé dans le bourg même. Il mériterait à lui seul une étude particulière avec son donjon rectangulaire, sa chemise de murailles et son puits comblé.

Nous y avons remarqué les traces d'une seconde enceinte de fossés.

Jusqu'ici nous n'avons présenté qu'une nomenclature assez sèche des différents points fortifiés du Vendômois, qui ne demandent pas de longs détails, et sur lesquels nous ne comptons pas revenir. Nous allons maintenant entrer dans la description plus circonstanciée des villes et des vieux châteaux fortifiés, dont nous n'avons fait qu'indiquer les noms, en commençant par Vendôme, dont un croquis ci-joint fera mieux comprendre l'ensemble.

FORTIFICATIONS DE LA VILLE ET DU CHATEAU DE VENDOME

A l'époque où la reine Blanche de Castille, régente du royaume, conduisit, en 1227, son fils Louis IX au château de Vendôme, celui-ci était seul entouré de murailles. Les événements, devenant de plus en plus menaçants, firent sentir la nécessité de fortifier la ville. Ce fut en 1230 que le comte Jean IV fit commencer le travail, et seulement en 1346 que le comte Bouchard fit achever le mur d'enceinte de la ville, complété en 1357 par celui de l'abbaye dont nous avons parlé plus haut.

La ville proprement dite, comprise entre le bras principal du Loir au sud et les arrière-fossés au nord, présente une forme demi-circulaire irrégulière, dont le diamètre serait le bras principal du Loir. La superficie, d'environ 19 hectares, est traversée du sud au nord par deux grandes voies, auxquelles viennent aboutir toutes les autres rues qui la composent (fig. 77).

Le premier essai de fortifications partait du point 1, où s'élève une arche d'un aspect monumental, donnant passage à un cours d'eau, traversant la ville de l'est à l'ouest, en se bifurquant au milieu. De ce point 1, le mur, flanqué de deux tours, décrivait une courbe, protégée par un fossé, pour aller rejoindre une des portes de ville dite *Chartraine*, dont nous donnons ci-contre un croquis, avec son pont aujourd'hui bien transformé, et

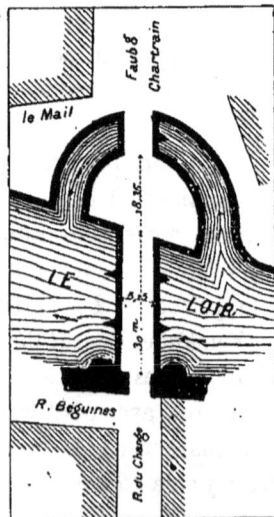

Fig. 76. — Ancien pont Chastrain.

qui autrefois avait toute sa raison d'être, au point de vue du facile écoulement des eaux (fig. 76).

Quatre portes donnaient entrée dans la ville, deux au nord et deux

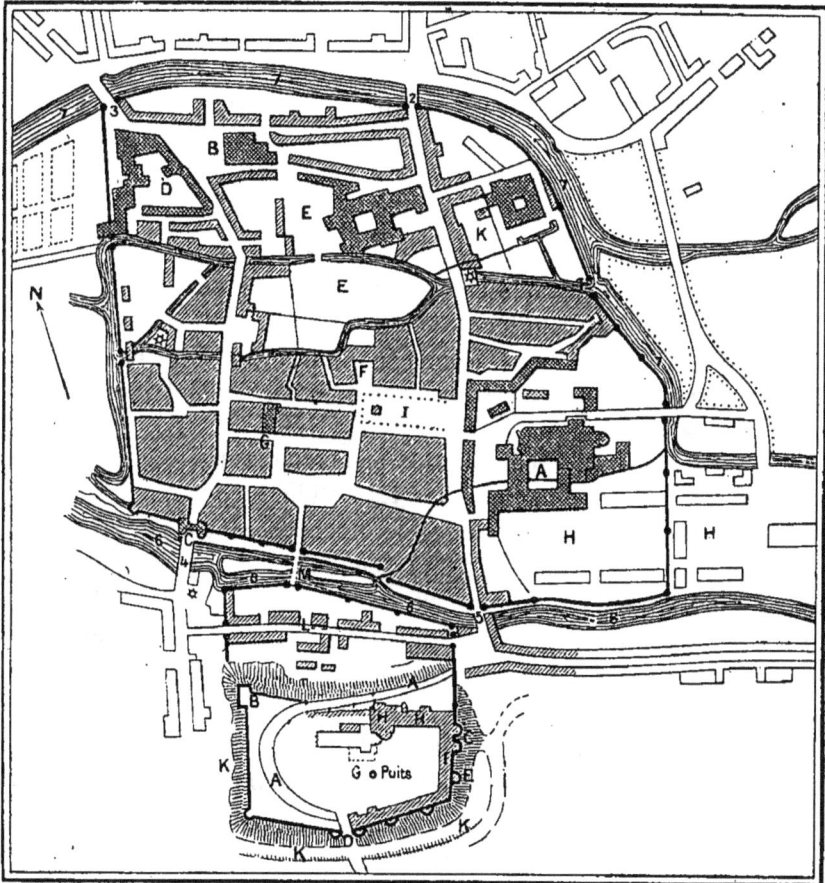

Fig. 77. — Fortifications de la Ville et du Château de Vendôme.

LÉGENDE DE LA VILLE

A, église de la Trinité. — B, église de la Madeleine. — C, hôtel de ville. — D, hospice. — E, lycée. — F.F', sous-préfecture et musée, bibliothèque. — G, tribunal. — H, caserne de cavalerie. — I, place Saint-Martin. — K, couvent du Calvaire. — 1, point de départ des fortifications. — 2, porte Chartraine et pont. — 3, porte Saint-Michel et pont. — 4, porte Saint-Georges et pont. — 5, porte Saint-Bié et pont. — 6.6.6. le bras principal du Loir. — 7.7.7, fossés de la Ville.

LÉGENDE DU CHATEAU

A, rampe du château. B. la Capitainerie. — C, porte de l'Est. — D, porte de Beaune. — E, tour de Poitiers. — F, église du Château. — G, puits. — H, bâtiment d'habitation. — I, bâtiment de César. — K, fossés du Château. — L. rue Ferme. — M, pont de communication entre le Château et la Ville.

au midi. La porte Chartraine se reliait à la porte *Saint-Michel*, au nord, par une muraille dont une portion subsiste encore, à quelques mètres de cette dernière. La muraille à ce point tournait subitement presque à angle droit, pour suivre une ligne très régulière (comme il est facile de le voir sur le plan), interrompue par deux arches en ogive, défendues par des tours, et donnant passage aux bras venant de l'intérieur de la ville.

Cette muraille, encore apparente sur plusieurs points, allait aboutir à une tour dite de *signal*, élevée sur le bras principal du Loir, au sud. Une longueur de murs de quelques mètres séparait cette tour de la porte principale, dite de *Saint-Georges*, transformée en hôtel de ville par *Marie de Luxembourg* à la fin du xv⁰ siècle et qui demanderait à elle seule une description particulière.

De la porte Saint-Georges, et en longeant toujours la rivière, la muraille, garnie de tours, aboutissait à la quatrième porte, dite de *Saint-Bié*, avec interruption au milieu, formée par une ouverture avec tous ses accessoires de défense. Cette porte servait autrefois d'entrée dans la ville aux habitants du château, au moyen d'un pont en bois, tombé de vétusté vers le milieu du siècle dernier.

Une courte distance (40 mètres environ) séparait la porte *Saint-Bié* de la tour dite du *Guet*, où se terminaient les fortifications proprement dites de la ville, et où commençaient celles de l'abbaye, construites postérieurement, pour aller, sur une longueur d'environ 500 mètres, aboutir au point de départ des murailles de la cité.

Nous ferons observer ici qu'une différence dans le mode de construction des tours existait entre celles de la ville, toujours rondes, et celles de l'abbaye, de forme rectangulaire.

La longueur du périmètre total des fortifications était de 1,800 mètres environ, à savoir 1,300 pour la ville et 500 pour l'abbaye. L'épaisseur des murs était de 1ᵐ,30, la hauteur de 6 mètres ; ils étaient terminés par un chemin de ronde et un parapet crénelé.

Trois des portes de la ville, construites sur le même plan, consistaient en un pavillon entre deux tours, avec porte en ogive pour les voitures et une autre pour les piétons, précédées d'un pont-levis.

La porte *Saint-Georges*, seule, comme principale entrée de la ville, avait un aspect monumental.

Quelques tours encore debout ont aussi un cachet particulier.

FORTIFICATIONS DU CHATEAU DE VENDOME ET SA DESCRIPTION

Nous avons dit, en décrivant les fortifications de la ville de Vendôme, qu'au xiii⁰ siècle le château seul en était pourvu, et encore assez imparfaites.

Nous allons essayer de faire une description du château lui-même et de son enceinte fortifiée, complètement indépendante de celle de la ville.

Il est difficile aujourd'hui d'assigner une date certaine à la première construction du château de Vendôme, qui a dû subir de nombreuses transformations depuis son établissement primitif, que quelques historiens font remonter à une époque très éloignée.

Sans nous arrêter à contrôler ces différentes assertions, nous allons nous borner à étudier le château au point de vue de sa construction et de ses principales dispositions, tant intérieures qu'extérieures ; en cherchant à tirer des ruines encore debout tout ce qui peut nous éclairer sur ses différentes transformations, nous passerons sous silence les faits historiques qui se sont accomplis dans cette ancienne forteresse.

Le vieux château de Vendôme est situé sur un plateau de 120 mètres environ d'altitude, au sud de la ville, dont il est séparé par le bras principal du Loir. Sa forme est celle d'un quadrilatère irrégulier, dont le côté, autrefois habitable au nord, est tourné vers la ville, qu'il domine.

Sa longueur de l'est à l'ouest est de 160 mètres sur 104 mètres environ de profondeur, ce qui constitue une superficie de 1^h,70 *intra muros*.

Les dimensions et la forme de la forteresse ont dû, dès le principe, être à peu près celles que nous voyons aujourd'hui, et qui étaient indiquées par la nature même du terrain ; mais il y a loin de là à présenter l'aspect de ces constructions importantes et de ces fortifications qui sont venues l'entourer plus tard.

La rampe qui conduit aujourd'hui à la plate-forme du château, à 118 mètres environ d'altitude, n'existait pas avant le XVIIe siècle. La primitive entrée était à l'est, et plus tard au sud, par la porte dite de *Beauce*. Nous reviendrons plus loin sur ces deux entrées.

Un double fossé, large et profond, contourne l'enceinte muraillée à l'est et au sud. Une coupure dans le coteau la termine brusquement à l'ouest.

De hautes et épaisses murailles, flanquées de tours, défendaient le château sur ses trois côtés. Au nord, regardant la ville, il avait une première défense naturelle dans la rivière du Loir, coulant parallèlement à peu de distance de sa base.

Une des constructions les plus anciennes s'élevait au nord-ouest sur un rocher à pic, sorte de forteresse, très bien placée pour défendre à la fois deux routes importantes au nord et à l'ouest. Son nom de la *Capitainerie* indique la demeure du commandant du château (1).

De ce point, une épaisse muraille, écroulée en 1754, a été remplacée par une autre à quelques mètres en dedans de l'enceinte, la faisant, comme la primitive, aboutir à une tourelle au sud-ouest, d'où elle se

---

(1) En 1751, une partie de ces bâtiments s'écroula, et le rocher qui les supportait ayant éprouvé plusieurs éboulements, on les démolit presque en entier.

dirige sur la ligne du sud, en suivant la déclivité du terrain, très rapide sur ce parcours.

La partie triangulaire, comprise entre la rampe et les murs de l'ouest et du sud, était consacrée au verger du château.

Dans la portion au sud, s'étendant de la tourelle à la porte de Beauce, la muraille mesure jusqu'à 4 mètres d'épaisseur, par suite d'un contre-mur accolé à l'ancien, formant ainsi un double chemin de ronde étagé.

On ne peut attribuer cette sur-épaisseur qu'à l'idée de protéger plus efficacement le point le plus accessible du château, malgré la hauteur peut-être trop élevée de ses murailles.

Quatre demi-tours, sur cette ligne du sud, étaient juxtaposées au mur primitif. Entre la première et la seconde, on ouvrit, dans le xviie siècle, la porte de Beauce, conduisant au hameau du Temple, pour diminuer sans doute le long détour qu'on était obligé de faire pour gagner la porte primitive de l'est.

La première de ces quatre tours, menaçant ruine, fut démolie au commencement du siècle.

A partir de la porte de Beauce, le terrain devenu subitement plus élevé, par suite de l'énorme quantité de terres provenant des larges et profonds fossés qui bordent l'enceinte sur ce point, on construisit les trois tours suivantes, non plus sur le rocher, mais bien sur un remblai peu consolidé, qui nécessita l'emploi de radiers en charpente, dont on retrouve les vides dans les fondations. La communication avec ces tours avait lieu par les chemins de ronde.

On arrivait ainsi à l'angle sud-est, où la muraille fait un angle obtus assez sensible, pour aller rejoindre, à quelques mètres, la tour de *Poitiers*, dite improprement le donjon, dont elle n'a aucun des caractères.

Ce nom de tour de Poitiers lui vient, selon les uns, de l'emprisonnement qu'eut à subir pendant trois ans Guillaume IV, comte de Poitiers; selon d'autres, ce nom lui aurait été donné par Geoffroy-Martel lui-même, en l'honneur de sa femme Agnès de Poitiers.

Cette tour demi-circulaire, du xie siècle, offre à l'intérieur et à sa base un massif de maçonnerie de 7 à 8 mètres de hauteur avant d'arriver au premier étage, que l'on ne peut atteindre aujourd'hui qu'à l'aide d'une longue échelle, et par une ouverture moderne faite dans la circonférence.

Au-dessus de ce bloc énorme de maçonnerie, on rencontre trois étages qui primitivement devaient avoir la forme demi-circulaire de la tour. Vers le xve siècle, ils devinrent rectangulaires au premier et au deuxième, moyennant l'addition sur trois faces d'une épaisseur de mur, dans laquelle on ménagea des réduits ou cachots de 1m,80 de longueur sur 0m,65 de largeur et 1m,50 de hauteur, ayant chacun une porte de communinication avec la salle rectangulaire. Dans ces cachots existait le conduit d'une cuvette débouchant à l'extérieur.

Ces deux étages, privés de lumière, ne pouvaient communiquer entre eux que par une trappe dans le plancher qui les séparait.

Le troisième étage est occupé par une grande et belle salle, voûtée en anse de panier, et renfermant dans la partie arrondie de la tour une vaste cheminée du xvᵉ siècle, entre deux fenêtres aux profondes embrasures.

Un escalier dans l'épaisseur du mur conduisait du deuxième au troisième étage, et de ce dernier dans une guérite ouvrant sur la plate-forme, d'où l'on embrasse un vaste panorama sur la ville et la campagne environnante.

A quelques mètres de la tour de Poitiers, un sentier vous amène à la primitive entrée du château, pratiquée entre deux tours beaucoup moins importantes que la précédente.

La porte ouvrant sur une plate-forme est aujourd'hui murée.

On se rend difficilement compte comment de ce point on pouvait arriver dans la cour du château, dont le sol est à 7 à 8 mètres en contrebas ; mais, sans compter l'énorme bâtiment à trois étages que César fit élever le long de cette muraille au couchant, il est à croire que de notables changements eurent lieu sur ce point, notamment la suppression de cette porte de l'est et son remplacement par la porte de Beauce, au sud.

Nous arrivons au quatrième côté de l'enceinte du château, faisant face à la ville, et conservant encore des restes importants des anciennes habitations, tels que la tour dite des *Oubliettes*, avec son intérieur voûté, sa fenêtre aux profondes embrasures, et au milieu de la pièce une ouverture carrée d'environ 0ᵐ,50, donnant entrée dans un caveau souterrain qui a fait donner le nom d'Oubliettes à la tour elle-même. A quelques mètres, la tour de l'Éperon, élégante construction du xvᵉ siècle, aux trois étages encore apparents, et séparée d'un énorme bâtiment rectangulaire, avec de nombreuses distributions intérieures.

Des terrasses séparaient ces bâtiments, et présentaient une agréable vue sur la ville.

On trouve encore dans l'intérieur du jardin actuel des fondations qui devaient être celles de vastes et nombreux bâtiments disparus, tels que la salle des gardes, etc.

A peu près au milieu de la longueur de la cour, s'élevait une importante église du xiᵉ siècle, construite par Geoffroy-Martel, et renfermant autrefois les tombeaux des comtes et ducs de Vendôme, pillés et détruits en 1793 par un bataillon de Paris de passage à Vendôme.

A cette église, portant le titre de *Collégiale Saint-Georges*, était adossée une autre construction au sud, servant d'église paroissiale au faubourg Saint-Lubin. César la fit démolir, lorsqu'il dut élever son grand bâtiment au fond de la cour.

Un puits très profond existe encore au milieu de cette cour.

La *Baille* extérieure, au nord du château, comprenait la *rue Ferme*, munie de portes aux deux extrémités ; un mur fortifié descendant du château jusqu'au Loir, que bordait une muraille flanquée de tours, fermait l'enceinte de la baille. Vers le milieu de cette muraille, on voit encore une porte en ogive, qui donnait accès à un pont en bois, servant autrefois de communication entre le château et la ville, et par lequel les troupes de Henri IV, lors du siège de 1589, pénétrèrent dans Vendôme.

SOUTERRAINS DU CHATEAU

Pour clore cette description déjà trop longue ; il nous reste à parler des souterrains creusés dans le rocher, et communiquant autrefois avec l'intérieur du château, sans entrée apparente du côté de la ville.

Ces souterrains, que le hasard seul a fait découvrir au commencement du siècle, sont des plus intéressants à visiter.

En creusant une cave, débouchant dans une cour du faubourg Saint-Lubin ; on arriva à l'entrée d'une galerie, et à 50 mètres environ de distance, on découvrit une source abondante, renfermée dans un bassin de 4 mètres de diamètre, entouré d'un rocher de forme arrondie, avec voûte en calotte au-dessus.

Cette fontaine, d'un mètre environ de profondeur, contient une eau très limpide, se tenant toujours au même niveau, mais dont il est très difficile de découvrir la source, ainsi que le point où les eaux vont se rendre, bien qu'on ait supposé longtemps qu'elles alimentaient la fontaine Saint-Georges, à l'extrémité du pont de l'Hôtel-de-Ville, dont le niveau est plus élevé que celui du bassin intérieur.

Plusieurs galeries creusées dans le rocher viennent aboutir à cette fontaine, et devaient, en se prolongeant par une pente uniforme, arriver dans la cour du château.

On a perdu depuis longtemps la trace du point où elles débouchaient, par suite de l'éboulement des terres à leur jonction avec le rocher.

Ce qui est certain, c'est que les habitants du château pouvaient, en cas de siège, venir s'approvisionner d'eau à cette fontaine.

La montagne sur laquelle le château est construit est percée de galeries souterraines, se ramifiant dans toutes les directions.

ANCIEN CHATEAU DE COULOMMIERS, CANTON DE SELOMMES

A titre d'ancienneté, et non d'importance, nous classerons ici le vieux château de Coulommiers, qui a dû succéder au primitif donjon en bois, dont il occupe aujourd'hui la place.

Il est impossible, en effet, de se figurer rien de plus simple que cette construction, se composant d'un unique donjon circulaire de 9 mètres de diamètre intérieur, avec murs d'environ 3 mètres d'épaisseur à la base. Un peu plus d'un tiers de ce donjon subsiste encore, ainsi qu'une partie de la muraille ou *chemise* l'entourant à 8 mètres de distance.

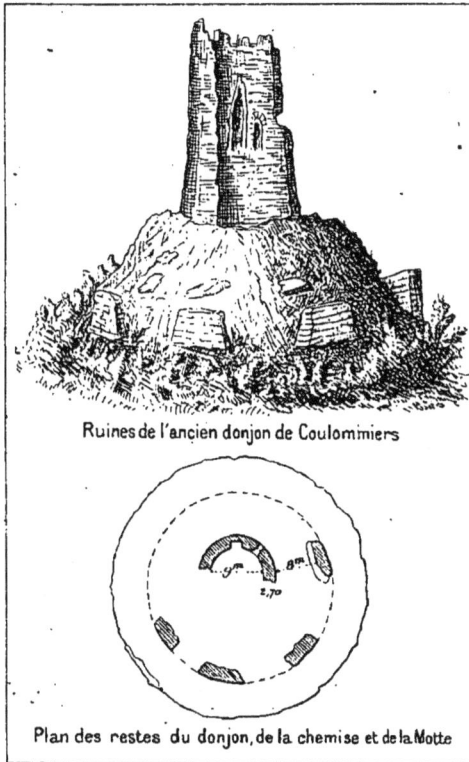

Ruines de l'ancien donjon de Coulommiers

Plan des restes du donjon, de la chemise et de la Motte

Fig. 78. — Ancien château de Coulommiers, canton de Selommes.

Les trois étages, encore très visibles, étaient séparés par des planchers en bois. Le second a conservé sa cheminée à hotte conique, et il a pour fenêtre une véritable meurtrière.

Le troisième est terminé par une galerie crénelée.

Il est probable que l'escalier de communication entre les étages devait se trouver dans l'épaisseur des murs, aujourd'hui démolis, ou à l'extérieur, au moyen d'un escalier en bois aboutissant au deuxième étage, et pouvant être retiré à volonté, comme cela se pratiquait à cette époque.

Ce donjon est construit sur une motte irrégulièrement circulaire, d'environ 66 mètres de diamètre et d'une superficie de 29 ares à peu près à la base. Le terrain qui la compose est le même que celui qui l'environne au nord, avec lequel elle est de niveau.

Ce terrain va en s'abaissant au sud, point le plus bas et par conséquent le plus accessible de la forteresse, où commence une assez large chaussée, bordée de chaque côté de vastes étangs desséchés récemment. Des restes importants de maçonnerie sur cette chaussée indiquant encore des travaux de défense en avant du château.

Nous n'avons pas trouvé de grands renseignements historiques sur Coulommiers et sa vieille forteresse. Nous savons que les seigneurs de Beaugency possédaient autrefois cette paroisse, et qu'à la fin du XIe siècle, Étienne, comte de Blois, et Adèle, sa femme, vinrent séjourner dans le donjon.

Cette commune de Coulommiers mériterait une monographie particulière, où viendraient figurer un ancien prieuré fortifié, une église, digne de l'attention des archéologues, des restes de constructions gallo-romaines traversées par une voie antique, etc.

ANCIEN CHATEAU DE FRÉTEVAL, CANTON DE MORÉE

Nous sommes ici en présence de l'une des plus anciennes et plus importantes forteresses féodales de nos contrées, et dont les ruines, encore très apparentes et respectées par le temps, permettent de juger parfaitement de son étendue, de ses dispositions intérieures et du mode de construction adopté à cette époque reculée du moyen âge.

Légende

A. Principale porte d'entrée.
BBB. Grands fossés du Château.
CCC. Première Enceinte.
DDD. Deuxième Enceinte.
EEE. Troisième Enceinte.
F. Donjon et Puits.
G. Place d'Armes.
H. Chapelle.
I. Martrin de Rocheux

Restes du Donjon de Fréteval

Ce vieux château du xᵉ au xɪᵉ siècle, situé sur le sommet d'un coteau de 45 mètres environ de hauteur, a conservé, au moins en partie, ses trois enceintes successives, couronnées par un donjon circulaire, dont la moitié environ reste encore debout, avec ses cheminées à hottes arrondies, son puits à l'intérieur et ses ouvertures aux profondes embrasures et véritables meurtrières au dehors.

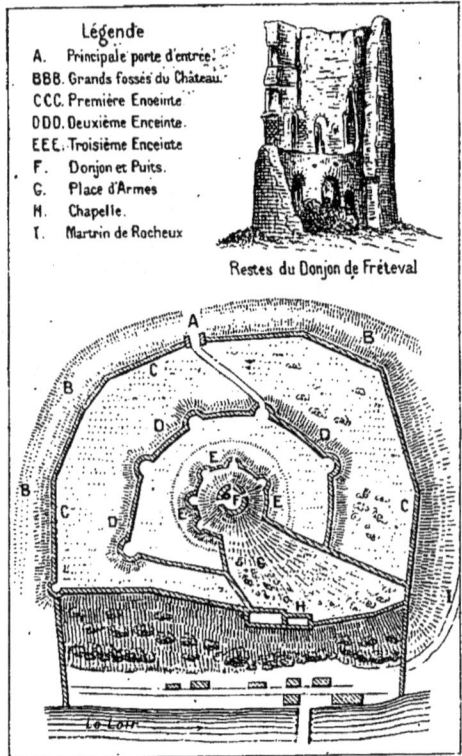

Fig. 79. — Plan du château de Fréteval.

Une première enceinte, de forme polygonale irrégulière, conserve encore quelques pans de murailles, autrefois flanqués de tours aux angles, et des vestiges de la principale porte d'entrée au sud-est en A.

La deuxième enceinte DDD, à 50 mètres de la première, est précédée d'un fossé longeant la muraille garnie de cinq tours demi-circulaires aux angles, dont trois subsistent encore.

A 30 mètres de distance, s'élève la troisième enceinte polygonale EEE, avec ses cinq tours formant la *chemise* du donjon, élevé au milieu sur un point culminant.

Ce donjon, malheureusement mutilé, mesurait 11 mètres de diamètre dans œuvre, avec une épaisseur de murs de 3 mètres à la base, et une hauteur de 18 mètres, divisée en quatre étages, dont le dernier est terminé par une galerie crénelée, d'où l'œil embrasse un très vaste horizon en suivant le cours du Loir depuis Vendôme jusqu'à Châteaudun.

A la hauteur du premier étage, côté de la plaine, on voit encore les traces d'un balcon extérieur, servant, à l'aide d'un escalier mobile en bois, à faire communiquer le dehors avec l'intérieur du donjon.

Sur le bord de l'enceinte regardant la petite ville de Fréteval, on remarque encore les traces de bâtiments assez étendus, et les restes d'une chapelle du XIVe siècle, sous le vocable de saint Firmin.

Entre ces bâtiments et le donjon s'étend un assez vaste espace libre servant autrefois de place d'armes. Des souterrains voûtés s'ouvraient de ce côté, et se prolongeaient assez loin sous le château.

D'énormes fossés, au sud et à l'est, de 32 mètres de large, bordent encore la première enceinte, suffisamment défendue à l'ouest par une large et très profonde coupure dans le coteau, et au nord par la pente presque à pic de la montagne avec le Loir à ses pieds.

Les murailles de la première enceinte descendaient le long de cette pente escarpée jusqu'à des tours bâties sur les bords de la rivière.

La superficie du château *intra muros* est de 2[h],40. Les fossés extérieurs ont à peu près la même contenance.

FRÉTEVAL

Sur la rive droite du Loir s'étend la petite ville de Fréteval, qui est venue s'abriter sous son vieux château, en continuant ses fortifications, interrompues seulement par la rivière.

Elle a conservé une partie de son mur d'enceinte, flanqué, dans sa forme rectangulaire, de nombreuses tours, et environné de fossés profonds remplis d'eau.

On voit encore les restes des deux portes d'entrée, à l'est et à l'ouest.

Agrandissement au XIIe siècle de l'enceinte primitive, ce qui porte actuellement sa superficie à 5[h],75.

(En raison du voisinage de Fréteval avec Morée, environ 2 kilomètres, nous allons immédiatement parler des fortifications de cette petite ville.)

MORÉE, CHEF-LIEU DE CANTON

La petite ville de Morée, au commencement du siècle, avait encore son enceinte quadrangulaire de murailles et de fossés, avec tours aux angles et aux portes d'entrée, dont il reste quelques vestiges.

En dehors de cette enceinte s'élèvent, sur le coteau, de nombreux restes de l'ancien et très important prieuré dit de Francheville, *Franca villa*, de la fin du XIe siècle, et dépendant de l'abbaye de Marmoutiers.

Ce prieuré et l'église de *Notre-Dame-des-Hautes-Forêts*, située dans son périmètre, étaient entourés de murailles et de fossés, traversés par deux ponts en pierre.

Des souterrains voûtés règnent encore sous les bâtiments remaniés du prieuré.

Une voie antique du Mans à Orléans traversait le Loir à un point où les traces des piles d'un pont ont longtemps subsisté.

ANCIENNE FORTERESSE DANS LA COMMUNE DU ROUILLIS, AUJOURD'HUI RÉUNIE
A CELLE D'ESPÉREUSE, POUR FORMER ENSEMBLE LA COMMUNE DU RAHARD,
CANTON DE MORÉE.

A 120 mètres au nord-est de l'église F, et à égale distance à peu près de l'antique voie du Mans à Orléans, dont il a été parlé dans l'article précédent, on trouve une enceinte pentagonale irrégulièrement arrondie de 6 à 7 hectares environ, divisée elle-même en trois enceintes de dimensions différentes, entourées de fossés larges et profonds.

La première, au midi, d'une contenance de 5 hectares, est partagée en deux par un chemin traversant autrefois le fossé sur un pont-levis.

De cette première enceinte on passait sur un pont dans la deuxième C,
dite le *Clos-du-Puits*, d'une conte-nance de 50 ares, non compris les fossés. On y rencontre des traces de fondations et l'orifice d'un puits construit en briques.

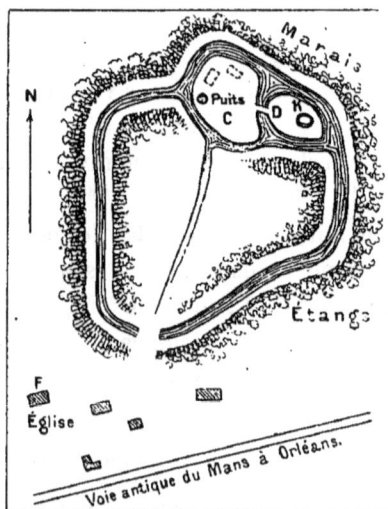

Fig. 80.

Venait ensuite un troisième pont, dont une culée existe dans le talus du Clos-du-Puits. Le fossé à traverser mesure 15 à 20 mètres de largeur.

On arrivait ainsi dans la troisième et dernière enceinte D, composée d'une motte elliptique de 55 mètres de long sur 36 à 40 de large, élevée de 4 mètres environ au-dessus du niveau de l'eau des fossés.

Sur cette motte, recouverte il y a quelques années de chênes touffus, s'élevaient, à une certaine hauteur, les restes d'un donjon K, de forme circulaire à l'extérieur et octogonale à l'intérieur, mesurant 4^m,50 de diamètre dans œuvre, avec une épaisseur de murs de 2^m,30.

En démolissant cette vieille tour, le propriétaire, antiarchéologue, a trouvé l'ouverture d'un puits tangent aux parois intérieures.

Cette même démolition a mis à jour, dans le voisinage du donjon, une construction souterraine (fig. 81), dont on ne soupçonnait pas l'existence, et dont le fond se trouve à peu près de niveau avec l'eau des fossés. On y pénétrait par un escalier en pierre, ayant sa première marche A venant affleurer le sol de la motte.

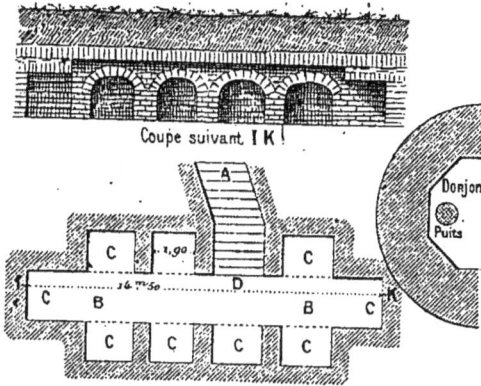

Coupe suivant I K

Fig. 81.

La descente, assez rapide, forme une ligne brisée de 4^m,30 de long sur 1^m,90 de large, aboutissant à un couloir ou corridor BB, de 14^m,50 de longueur sur 2 mètres de largeur et 2^m,30 de hauteur, voûté en plein cintre.

A droite et à gauche et aux deux extrémités, s'ouvraient dix cellules ou enfoncements CCC, de 1^m,60 de profondeur sur 1^m,90 de largeur et 1^m,60 de hauteur, fermées en plein cintre et bâties en pierres appareillées.

L'un de ces dix enfoncements est occupé par l'escalier, qui ne paraît pas avoir été surmonté d'un bâtiment, ce qui rendait l'entrée de ce souterrain plus facile à dissimuler.

Quel a pu être l'emploi d'une semblable construction souterraine, qui, selon nous, ne peut être attribuée qu'à des magasins d'approvisionnements pour la garnison, et pouvant être facilement défendus par leur position et le voisinage du donjon?

La deuxième enceinte, dite le *Clos-du-Puits*, renfermait aussi des vestiges de constructions qui en faisaient une dépendance directe de la troisième, avec laquelle elle composait la forteresse proprement dite, étant, l'une et l'autre, placées de manière à se prêter un mutuel appui.

La première enceinte, d'une étendue beaucoup plus grande que les deux autres, formait probablement la place d'armes du château, qui, en somme, présente une certaine analogie avec les différents campements que nous avons déjà signalés dans le Perche, dont le Rouillis forme l'entrée.

Ce que nous avons remarqué de commun à toutes ces enceintes, c'est l'absence de murailles élevées au bord des fossés. Les terres rejetées en dedans formaient déjà une sorte de rempart, garni probablement de palissades en bois, qui n'ont laissé aucune trace.

La forteresse qui nous occupe était, en outre, défendue au nord et à l'est par des marais et un vaste étang.

Le Rouillis, indépendamment de sa forteresse, qui remonte déjà très loin dans le passé, offre encore des traces d'une antiquité plus reculée.

Nous signalerons d'abord le passage d'une voie gallo-romaine du Mans à Orléans, à une courte distance de sa vieille église et de sa forteresse, et le dire des laboureurs du pays, qui constate que, dans un champ dit la *Pièce-aux-Bœufs*, ils rencontrent journellement une longueur indéfinie d'épaisses fondations, suivant différentes directions et s'étendant sur plusieurs arpents.

Les chroniques du temps nous ont transmis en quelques mots le récit d'un siège qu'aurait eu à supporter le château du *Rouillis* au commencement du xv⁰ siècle (1).

Le fort du *Rouillis* parvint-il à se relever de cet assaut, et le voit-on figurer de nouveau dans les luttes que notre pays vendômois eut plus tard à soutenir ? L'histoire est restée muette sur ce point.

Nous n'avons pourtant pas voulu laisser tomber dans l'oubli une localité importante, n'ayant même pas conservé son nom aujourd'hui, et une forteresse féodale dont la tradition a consacré le souvenir.

LE CHATEAU DE MONTOIRE

Le vieux château du x⁰ au xi⁰ siècle, remanié à différentes époques, est bâti sur le rocher à pic faisant face à la ville, avec un ravin profond à l'ouest et larges fossés au sud et à l'est. Son plan rectangulaire irrégulier contient environ 45 ares de superficie.

On y voit encore les vestiges de deux enceintes.

Du côté de la ville, une épaisse muraille appuyée au rocher et mesurant 75 mètres de longueur, est terminée aux deux extrémités par une énorme tour, à laquelle venaient aboutir des murs renfermant la baille

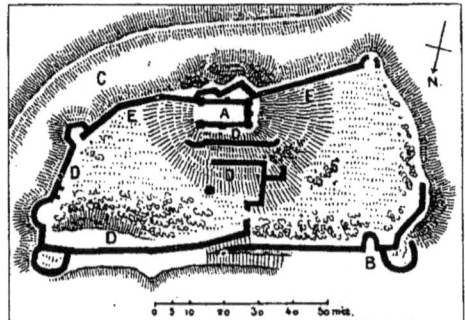

Fig. 82. — Plan du château de Montoire.

A. Donjon ; B. Puits sous le château ; CC. Grands fossés ; D.D.D.D. Enceintes primitives ; E.E.E. Enceintes postérieures aux autres.

extérieure du château, avec une vieille église devenue plus tard paroissiale.

(1) Extrait de la Geste des nobles, publiée, en 1421, par M. Vallet de Viriville, chap. 183.
« Si se mit sus en celui an le régent et à puissance tint les champs : après cette victoire et à puissance adricant par le païs de Vendômois, Dunois, le Perche et le Chartrain prinst d'assaut le *Rouillis*, qui fut de Bourguignons garni et là furent tôuz occis et la place mise en feu. »

La première enceinte conserve des restes de constructions assez difficiles
à déterminer.

La seconde voit encore son vieux donjon rectangulaire en partie debout,
mesurant 10m,40 sur 8m,50, avec contreforts peu saillants aux angles
et au milieu de chacune des faces. Celle qui regarde la ville a conservé une petite fenêtre carrée divisée en deux par une colonnette à chapiteau formant meneau.

La construction des murs, de 1m,40 d'épaisseur, est en moëllons noyés
dans le mortier, avec revêtement en pierres appareillées.

Au xive siècle eut lieu la reconstruction des murs d'enceinte du midi
avec tours polygonales, murailles à redents, couronnées par des machicoulis et descendant à l'ouest jusqu'au fond du ravin. En B, sous une
arcade voûtée du château, on voit une belle et abondante fontaine, dont
les eaux ont été amenées récemment sur la grande place de la ville.

SAVIGNY

La petite ville de Savigny était aussi défendue par une ceinture de
murailles, flanquées de distance en distance de tours, dont une partie subsiste encore.

La contenance *intra muros* était de 6h,32n,31c.

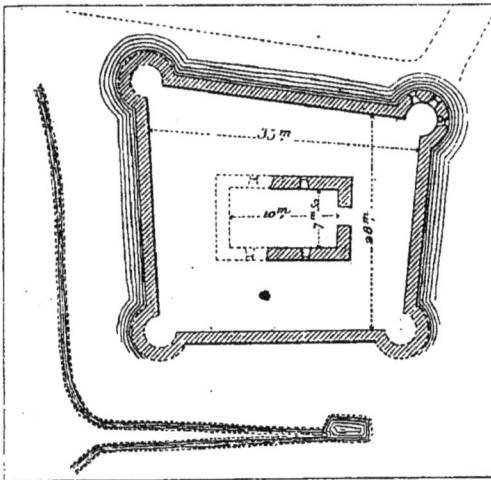

Sa forme rectangulaire, assez irrégulière, renfermait, à
son extrémité sud-ouest, une
vieille forteresse du xie siècle
avec son enceinte à part, mesurant 35 mètres de long sur
28 mètres de large, et munie
de tours aux quatre angles,
où venaient aboutir les murs
de la ville.

Au milieu s'élèvent les restes d'un donjon rectangulaire
de 10 mètres de long sur 7m,50
de large, ceint de murs de

Fig. 83. — Forteresse et enceinte de murailles, à Savigny. 1m,70 d'épaisseur, indiquant
au moins trois étages, éclairés par d'étroites fenêtres en plein cintre.

Dans l'épaisseur des murs, on voit des vides de 0m,30 sur 0m,25,
remplis autrefois par des poutrelles destinées à prévenir l'écartement et
les lézardes des murs.

La tour d'angle au sud-est, assez bien conservée et percée de trois meurtrières étroites, mesure 2m,50 de diamètre intérieur. Elle plonge dans les

fossés larges et profonds qui entourent la forteresse. On remarque encore une belle fontaine à quelques mètres au sud.

ANCIEN CHATEAU DE MONDOUBLEAU

Le château de Mondoubleau, de la fin du x⁰ siècle ou du commencement du xi⁰, est bâti sur une éminence dominant la vallée au nord et entouré sur les trois autres côtés de fossés larges et profonds.

Il se compose de deux enceintes : la première, mesurant 140 mètres sur 112, est fermée de hautes murailles, flanquées de tours et percées de trois portes d'entrée C, B, D. Elle renfermait le château proprement dit et la basse ville.

La seconde enceinte GGG, à l'angle sud-ouest et dans l'intérieur de la première, mesure en moyenne 65 mètres sur 56. Elle était défendue au sud et à l'ouest par les murailles de la première enceinte, et à l'est et au nord par celles qui séparent le château de la basse ville.

Le mur de l'est était défendu par cinq tours, dont deux sont encore debout avec porte d'entrée au milieu, et les traces de la herse

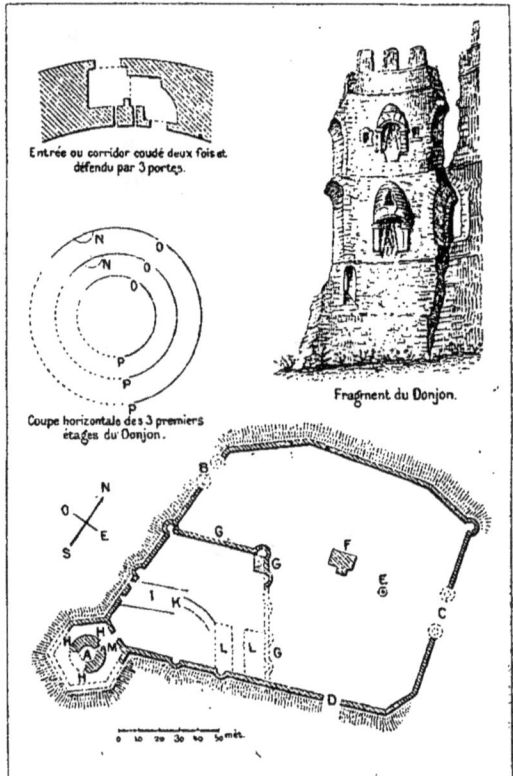

Fig. 84. — Plan du vieux château de Mondoubleau.

du pont-levis et d'un large fossé en avant. A l'intérieur, en I, existait une chapelle de Sainte-Marie, du xi⁰ siècle, appuyée au rempart de l'ouest, surmontant une crypte, et l'entrée K d'un souterrain se dirigeant vers le midi. Démolition en 1238 de la chapelle, transférée à *Guériteau*, et d'autres bâtiments L, L, servant autrefois d'habitation à des chanoines.

Nous voici arrivés à la partie la plus importante de cette ancienne forteresse, celle de la troisième enceinte au sud-ouest, composée d'une muraille hexagonale, percée d'une porte de communication avec l'intérieur du château, et contenant au milieu, à 5 mètres de distance, le colossal donjon HHH.

Ce donjon cylindrique, construit pour durer éternellement, était encore debout et intact au commencement du siècle. Des extractions de marne, pratiquées dans l'intérieur du mamelon qui le supporte, ont déterminé une première inclinaison sur sa base, et en 1812 l'écroulement de la moitié de sa circonférence, séparée en deux par une vaste lézarde, qui produisit en 1873 l'éboulement du fragment qui penchait le plus.

Ce gigantesque monument, que nous avons pu voir presque entier, mesurait 30 mètres de hauteur, 7 mètres de diamètre intérieur, avec une épaisseur de murs de 4 mètres à la base.

Il renfermait quatre étages, séparés par d'épais planchers en bois. Le rez-de-chaussée, en partie au-dessous du sol, recevait la lumière par d'étroites ouvertures, et devait servir de magasins.

Le premier étage, de 6 mètres de hauteur, était percé de trois fenêtres. L'une d'elles, de 5 mètres d'élévation sur 1m,30 de largeur à l'intérieur, renfermait un escalier de six marches, conduisant du plancher à l'ouverture extérieure, de 0m,60 de largeur.

L'entrée du donjon, placée à cet étage et figurée sur le plan, était défendue par une sorte de corridor, coudé deux fois dans l'épaisseur du mur et fermé par trois portes.

On y arrivait de l'extérieur par un escalier mobile en bois ou par une échelle.

Entre les fenêtres, le fragment de tour encore debout conserve une vaste cheminée à hotte conique très saillante.

On trouve la même disposition au second étage, avec un enfoncement carré de chaque côté de la cheminée.

Le dernier étage présente, à une certaine hauteur, une retraite très sensible formant mur de ronde. De petites ouvertures rectangulaires, pratiquées pour la défense, couronnaient le pourtour du donjon.

Les escaliers de communication entre les différents étages, et dont on n'a pas trouvé trace, devaient se trouver dans l'épaisseur des murs de ce fragment du donjon écroulé en 1812.

Il en est de même d'un puits existant dans le sous-sol, au centre de la tour. Son cylindre s'élevait jusqu'au niveau du sol du premier étage.

Ce donjon, l'un des plus complets élevés à cette époque, était construit en moellons noyés dans le mortier, avec revêtement intérieur et extérieur d'un appareil régulier en pierres de roussard, formant plusieurs retraites successives.

Au troisième étage a aussi disparu une sorte d'égout, saillant de plusieurs pieds en dehors, et supporté par des consoles.

Dans la première enceinte ou basse ville, s'élève encore une vieille maison F flanquée d'une tour à pans coupés, renfermant un escalier à demi ruiné. On remarque les vastes cheminées des différents étages.

Ce vieil édifice passe pour avoir été la demeure du gouverneur. Un puits E, qui l'avoisine, a dû être creusé pour les besoins de la garnison.

La partie haute de la nouvelle ville, bâtie sur le sommet du coteau, était défendue autrefois au midi par un fossé comblé depuis longtemps. Elle n'a jamais eu pour toutes défenses que quelques barrières, et il ne reste de ses anciennes portes que celle appelée la *porte Vendômoise*.

LES ROCHES-L'ÉVÊQUE

Le bourg des Roches-l'Évêque, autrefois petite ville, est une localité fort ancienne, dont il est question dès le XIᵉ siècle, et possédé alors par un seigneur du nom de Hardouin des Roches.

Philippe-Auguste s'en empara sans résistance en 1189.

Ce bourg, de 4 à 500 mètres de long sur 60 à 80 de large, très resserré entre le Loir et un rocher élevé presque à pic, présente un aspect des plus pittoresques dû aux nombreuses habitations percées dans le coteau.

L'unique rue, bordée de maisons, était la route principale du bas Vendômois dans le haut Vendômois, le Blaisois et le pays chartrain. Il offrait alors, dans le moyen âge, un passage des plus fréquentés, et par conséquent difficile à garder et à défendre.

Les habitants des Roches, ayant beaucoup à souffrir des gens de guerre et autres qui les rançonnaient et les pillaient, demandèrent au duc de Vendômé, Antoine de Bourbon, l'autorisation de se clore de murs et fortifications.

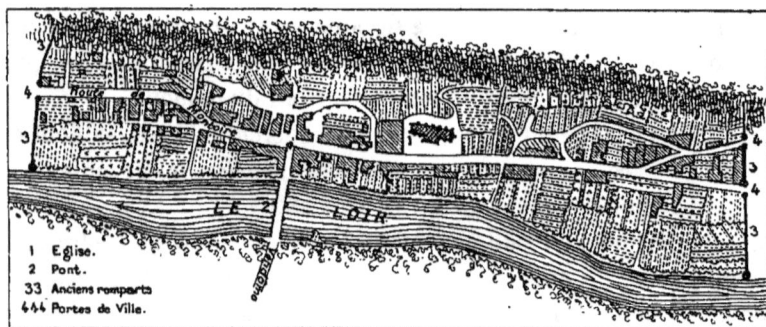

Fig. 85. — Les Roches-l'Évêque, canton de Montoire.

Les archives de la commune renferment deux pièces importantes, l'une d'Antoine de Bourbon, duc de Vendôme, de 1540, et l'autre de François Iᵉʳ (1545), autorisant « les bourgeois, manants et habitants lés Roches-» l'Évêque à faire redifier, remparer et fortifier de tours, murailles, portes » et fossés et autrement ladite ville des Roches-l'Évêque. »

On construisit alors, aux deux extrémités nord-est et sud-ouest, des

remparts partant du rocher et allant aboutir à une tour élevée sur le bord
du Loir.

Deux portes s'ouvraient au nord-est, dont l'une, peu éloignée du rocher,
est encore assez bien conservée.

L'autre, au sud-ouest, et la principale, laisse voir la naissance de la
voûte du porche et une partie de l'ancien corps de garde.

Une entrée avec pont-levis s'ouvrait sur un pont en pierre traversant le
Loir.

A quelques mètres de son enceinte, on remarque encore les restes de
l'ancien château du Boydan, partie en dehors et partie dans le rocher, dans
lequel sont creusées plusieurs pièces éclairées sur la vallée. Mur d'enceinte
très épais en avant du coteau.

TRÔO

Ce bourg, autrefois qualifié de ville et situé sur la rive droite du Loir,
s'élève en amphithéâtre sur le versant sud du coteau, formant en cet
endroit une sorte de mamelon détaché d'une grande hauteur, et couronné

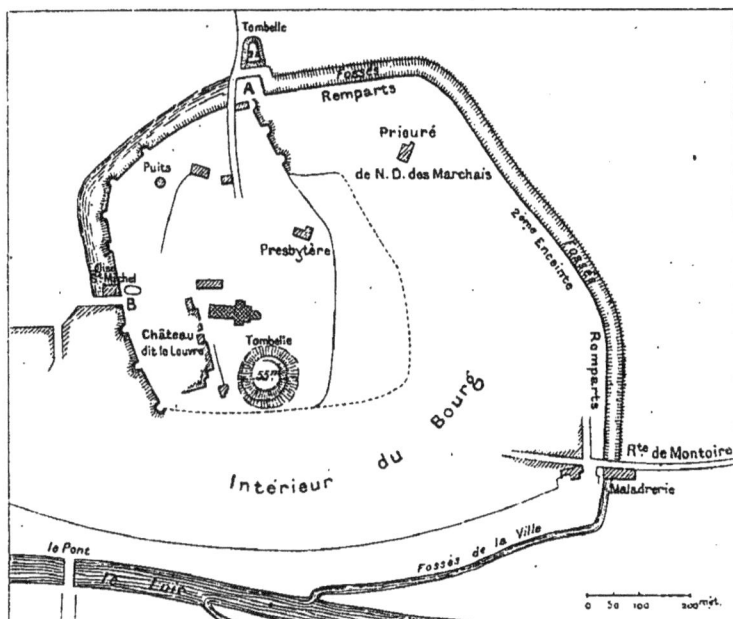

Fig. 86. — Fortifications de l'ancienne ville de Trôo.

à son point culminant par l'église paroissiale, du XIIᵉ siècle, surmontée
autrefois d'une flèche en pierre, détruite le 25 mars 1737 par le feu du
ciel.

La position de ce bourg, unique dans nos contrées, a dû, dans les temps
les plus reculés, être très recherchée ; c'est ce qui explique la quantité de

monuments qui y sont accumulés, et que le temps, aidé de la main des hommes, a en partie détruits.

Les primitives habitations ont dû être creusées dans le rocher, qui en renferme encore un très grand nombre à différents étages, s'étendant à des profondeurs considérables et dans toutes les directions. Plusieurs de ces galeries souterraines renferment d'abondantes fontaines.

Un volume suffirait à peine pour décrire cette intéressante localité sous tous ses aspects; mais ne voulant pas sortir du cadre que nous avons adopté, nous allons nous borner à passer en revue la partie des fortifications, sans pourtant négliger les points les plus saillants.

Trôo renferme deux enceintes fortifiées, bâties à différentes époques. La première, qui occupe le sommet du plateau, date probablement du XIᵉ siècle. Il reste à peu près la moitié de cette enceinte, flanquée de distance en distance de tours circulaires saillantes, et des fragments des portes du nord et de l'ouest A. B.

Celle-ci, dite de Saint-Michel, a conservé un de ses jambages, construit en pierres du pays, alternant avec la pierre de roussard.

Cette primitive enceinte de murailles bordées de fossés larges et profonds s'étendait à l'est, au nord et à l'ouest, le rocher escarpé au midi pouvant parfaitement tenir lieu de muraille défensive. Sa superficie pouvait être évaluée à 7 hectares environ.

Elle renfermait l'église collégiale de Saint-Martin, plusieurs chapelles et les ruines d'un vieux château dit le *Louvre*, bâti en 1124 par Foulques le Jeune, pour servir de citadelle, en même temps qu'il fit réparer les murs de l'enceinte.

On y voit encore au nord-nord-ouest de l'église, et non loin des remparts, un puits placé sur le point culminant du coteau ; sa profondeur est d'environ 45 mètres et son diamètre de 2 mètres. Des refuges sont pratiqués à certaines distances.

Entre l'époque du XIIᵉ siècle et la fin du XIVᵉ, la ville s'étant étendue à l'est autour de l'important prieuré de *Notre-Dame-des-Marchais*, dépendant de Marmoutiers, on sentit le besoin de préserver ce nouveau centre d'habitations, exposé aux déprédations de ces bandes armées qui pillaient tout dans le Vendômois. On éleva alors une seconde enceinte de murailles, bordée de larges fossés partant de la porte du nord, et venant aboutir, en suivant toutes les sinuosités de la côte, à la rivière du Loir, sur une longueur d'environ un kilomètre.

On ne trouve pas trace de la muraille qui, du côté de l'est, devait défendre l'entrée de Trôo.

Il nous reste maintenant à décrire deux monuments qui, pour n'être pas construits en pierres, ne doivent pas moins piquer la curiosité des archéologues. Ce sont deux tombelles en terre placées dans la direction du

nord au sud, l'une en dehors de la porte septentrionale, l'autre sur la
pente méridionale en dedans de la primitive enceinte.

Toutes les deux sont de forme elliptique en plan de l'est à l'ouest, et de
forme conique en élévation. La dernière mesure 55 mètres dans le sens du
plus grand diamètre, et 48 mètres dans le sens du plus petit. Sa hauteur
est de 14 mètres. La superficie du sol qu'elle couvre est d'environ 25 ares.

On a pratiqué sur ses flancs un sentier en spirale qui, par une pente
douce, vous conduit au sommet sur une plate-forme plantée, d'où l'œil
embrasse, sur la riche vallée du Loir, un vaste panorama de cinq à six
lieues d'étendue depuis le château de Lavardin, à l'est, jusqu'à la Chartre,
à l'ouest.

L'autre tombelle, au nord et en dehors de l'enceinte, mesure 26 mètres
sur 21 et 8 mètres de hauteur. Dans le pays, elle prend le nom de *Marcadet*
ou *Marcadat*, général anglais tué en cet endroit, en faisant le siège de
Trôo.

Le temps et l'espace nous manquent pour dire ici quelle a dû être, à
notre avis, la destination de ces *tombelles* ou *buttes*, qui exigeraient un
trop long développement.

DESCRIPTION DU CHATEAU FORT DE LAVARDIN

Le coteau qui relie Montoire à Lavardin se trouve interrompu, dans
cette localité, par un ravin profond, qui lui donne l'aspect d'un promontoire s'abaissant en pointe presque au niveau de la vallée. C'est à l'extrémité est de ce coteau qu'est bâti l'ancien château fort de Lavardin, dont la
construction primitive remonte au xe siècle, avec de nombreux remaniements aux xiie, xive et xve siècles.

L'espace qu'il occupe sur cette pente assez rapide est de 190 mètres de
long sur 90 mètres en moyenne de large.

Cet espace, dont la forme est celle d'une hache en silex, était entouré
de deux murailles successives assez rapprochées l'une de l'autre, formant
une double enceinte au château, et dont les traces apparaissent encore sur
plusieurs points.

La première, au sud, prend naissance au fond d'un ravin où coule un
ruisseau. Elle remontait la pente, et, contournant le château à l'ouest,
elle allait descendre la même pente au nord-ouest, du côté de la vallée du
Loir.

La deuxième enceinte, inégalement éloignée de la première, était flanquée
de demi-tours accolées à la muraille, et dont plusieurs sont encore debout,
notamment du côté du ravin, où se trouve en A la principale entrée du
château, composée d'une courtine reliant deux tours couronnées par des
machicoulis.

Cette porte d'entrée conserve encore aujourd'hui un aspect imposant avec sa baie en ogive, sa niche au-dessus, ses rainures pour les poutrelles du pont-levis s'abaissant sur une pile élevée au milieu du ravin. Sa construction en pierres échantillonnées semble défier les injures du temps.

Dans l'intérieur de cette seconde enceinte, renfermant trois paliers successifs, on en rencontre une troisième établissant une séparation entre le premier palier et le second.

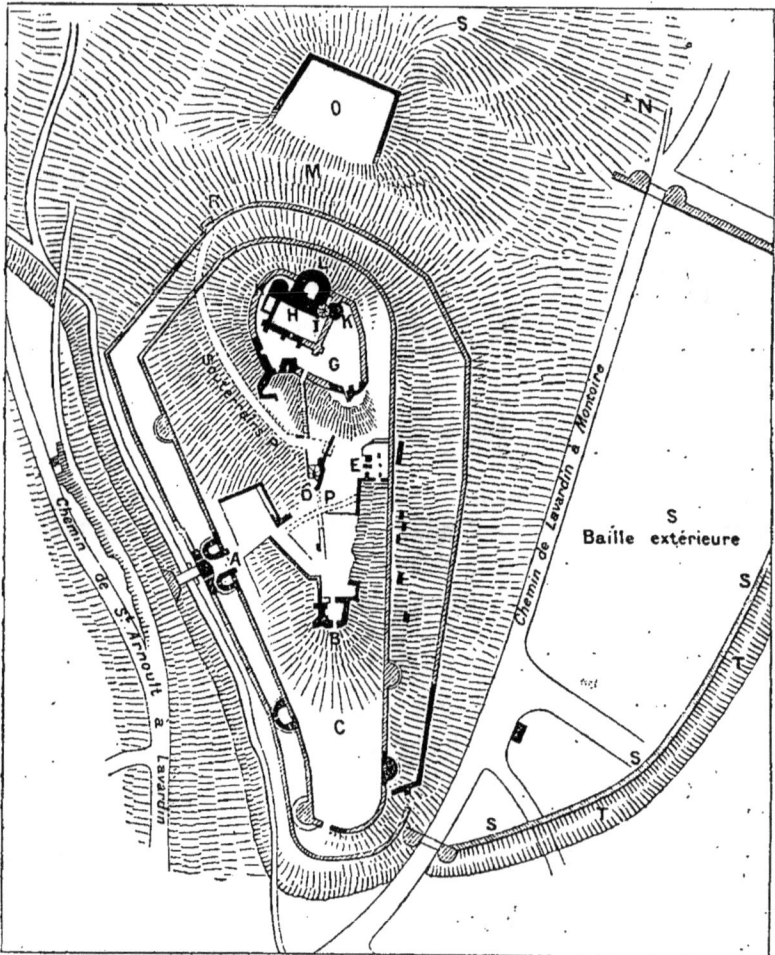

Fig. 87. — Plan du château de Lavardin, canton de Montoire, d'après M. Salies.

Sur le premier, c'est d'abord la tour ronde B, à l'est, avec son petit bâtiment carré y attenant, et dominant une sorte de baille intérieure C.

C'est à partir de cette tour B que commence la série des bâtiments d'habitation s'échelonnant jusqu'au donjon.

Sur le second palier, entre autres, on trouve, au centre de ces habitations, un escalier monumental D tournant et irrégulier, avec ses marches de 2 à 3 mètres de longueur, ses arcs doubleaux saillants, ses voûtes à nervures se réunissant à d'élégants pendentifs, et ses niches destinées à recevoir des lampes.

Cette construction est un type très curieux de l'architecture du xvᵉ siècle.

Au pied de l'escalier se trouve l'entrée d'un corridor tournant, conduisant à une salle souterraine voûtée, dont les nervures à biseau viennent retomber sur un pilier isolé à huit pans. Cette salle est éclairée par un soupirail au niveau des terres.

A quelques mètres à droite de l'escalier, sur le mur de la deuxième enceinte, s'élève un bâtiment E de 11 mètres de long sur 6 à 7 mètres de large, avec voûtes à nervures, reposant sur des piliers carrés espacés de 2 mètres en 2 mètres.

Une fenêtre, des restes de peinture sur les murs et la disposition elle-même de ce bâtiment, porteraient à croire qu'il était consacré à la chapelle.

Entre le pont-levis A et l'escalier D on rencontre plusieurs restes de constructions dont il est difficile de fixer la destination.

A partir de ce point jusqu'à la chemise du donjon en G, la distance est de 20 mètres, et la différence de hauteur entre le deuxième palier et le troisième est de 14 mètres. Il devait exister là un système d'escalier, propre à faire franchir cette distance et cette différence de niveau assez sensible.

Deux fragments de la troisième enceinte G, remaniés aux xivᵉ et xvᵉ siècles, subsistent encore. De forme quadrangulaire irrégulière, et d'une contenance de 4 ares environ, elle renfermait le bâtiment capital du château, le donjon rectangulaire H, de 14 mètres sur 7 mètres dans œuvre, avec contreforts extérieurs aux angles et au milieu de chaque face.

Cette partie, la plus importante du château, est celle qui a subi le plus de transformations.

Elle renferme encore quatre étages. Le rez-de-chaussée, presque enterré sous les décombres, présente le long des murs des indices de projets de voûtes.

Le premier étage, primitivement de 8 mètres de hauteur, ne mesure plus maintenant que 5ᵐ,25. Il a conservé sa grande cheminée avec écusson ; dans le mur de l'est et au sud, une gracieuse fenêtre à meneau et à trèfles. C'était la salle du seigneur.

Le deuxième étage, disposé comme le premier, avec une cheminée dans le mur de l'ouest, est divisé, dans le sens de la longueur, en trois travées de voûtes d'arête, à nervures élégantes.

Le troisième étage porte, comme le rez-de-chaussée le long des murs, des naissances d'arceaux indiquant des projets de voûtes. Des corbeaux placés plus haut démontrent la substitution d'un plancher à la voûte.

Deux cheminées à l'ouest et au midi font supposer la division de cette salle en deux.

Au-dessus se trouve le mur de ronde, garni de machicoulis, du xvᵉ siècle. De ce point le plus élevé du château (70 mètres environ au-dessus de la vallée), et auquel on parvient à l'aide d'échelles extérieures et intérieures, on jouit d'un magnifique panorama.

Au xiiᵉ siècle, on ajouta aux angles de la façade ouest deux tours circulaires KK et une autre L, d'un diamètre plus grand, occupant tout l'espace vide entre les deux autres KK, afin de mettre ce côté, le plus accessible, en état de résister à l'attaque du dehors.

Des espèces de cabinets, pris à tort pour des oubliettes, existent aux différents étages de là tour K du sud-ouest.

Entre celle du nord-ouest et le donjon, on pratiqua, au xivᵉ siècle, un escalier I, de forme octogonale, mesurant 3ᵐ,30 de diamètre, à voûtes d'arête à nervures, reposant d'un côté sur les colonnettes placées dans chaque angle des huit pans et de l'autre sur le noyau du milieu. Rien de plus gracieux que cette construction.

Le mur nord du donjon, ainsi qu'une moitié de celui de l'est, n'existent plus. Il est présumable que l'entrée primitive devait se trouver au premier étage, dans la partie démolie, et qu'on y parvenait au moyen d'un escalier mobile en bois.

Le donjon, par sa position sur le point culminant du coteau, devenait plus difficile à défendre; aussi trouve-t-on, de ce côté, un fossé M large de 30 mètres sur 12 à 15 mètres de profondeur, défendu à l'ouest par un ouvrage avancé O, construit en maçonnerie et ouvert à la gorge.

De nombreux souterrains PP, partant du deuxième palier, se dirigeaient de différents côtés. L'un d'eux communiquait au dehors par une poterne R dans le fossé à l'ouest.

En dehors des enceintes du château, entre le Loir au nord et le pied du coteau, s'étendait la baille extérieure S, entourée aussi de murailles SSS et de fossés larges et profonds TT.

Elle renfermait à l'intérieur un ancien prieuré du xiᵉ siècle, sous le vocable de saint Gildéric, devenu depuis prieuré de Saint-Martin, dépendant de l'abbaye de Marmoutiers.

Combien il serait désirable que ce qui reste debout de cet important monument du moyen âge pût être conservé longtemps encore, pour satisfaire la curiosité des très nombreux archéologues et autres qui viennent le visiter tous les jours!

Devons-nous l'espérer en le voyant classé comme monument historique?

LE CAMP DE CÉSAR A SOUGÉ, CANTON DE SAVIGNY

En faisant l'énumération des lieux fortifiés du Vendômois, nous aurions dû placer en première ligne celui qui nous présentait la date la plus ancienne ; mais le lecteur voudra bien nous excuser, si nous avons été forcé de le lui offrir pour terminer cette trop longue série.

A 500 mètres à l'ouest du bourg de Sougé, sur le coteau exposé au midi,. on rencontre des traces encore très apparentes d'un camp gallo-romain connu dans le pays sous le nom de *camp de César*, et décrit par *Caylus* dans son livre sur les antiquités romaines, tome IV, page 177, et accompagné d'un plan très incomplet.

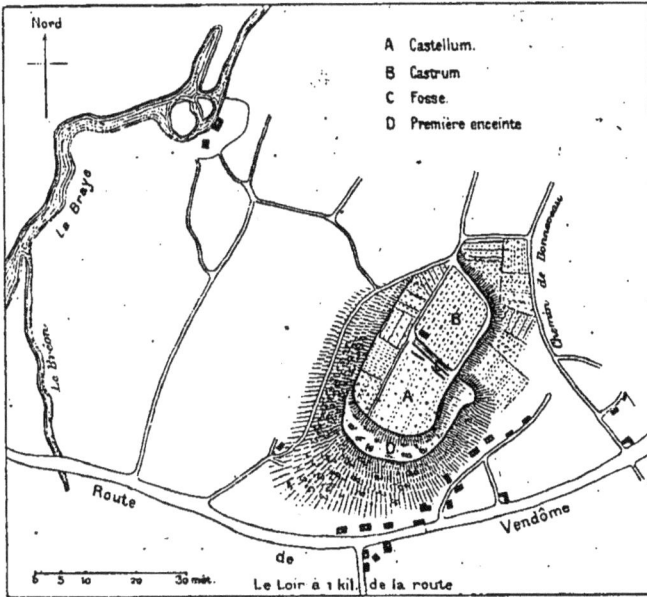

Fig. 88. — Le camp de César à Sougé.

La position de ce camp, relevée géométriquement par nous, était des mieux choisies. Établi sur une sorte de promontoire de 50 mètres de hauteur au-dessus de la vallée du Loir au sud, ayant celle de la Braye à l'ouest et une profonde et large coupure dans le coteau à l'est, il ne pouvait communiquer avec la plaine que par le nord.

L'enceinte, de 300 mètres environ de longueur sur 100 mètres de largeur, se divisait en deux parties renfermant le *castellum* A au midi et le *castrum* B au nord, séparés par un fossé existant encore sur une longueur de 80 mètres environ, avec une largeur de 10 mètres et une profondeur de 5 mètres.

Les terres relevées sur le bord de ce fossé et en dedans du castellum forment un rempart très élevé, interrompu au milieu par une ouverture de 10 mètres de large, qui devait être défendue par un pont-levis.

L'extrémité sud du castellum forme un demi-cercle avec un escarpement au-dessous, aujourd'hui planté en vignes.

Au nord du fossé dont il vient d'être question, se trouve le castrum B, de forme rectangulaire, mesurant 150 mètres de longueur, se dirigeant vers le nord-est, et terminé par un fossé avec escarpement en terre mêlée de pierres, défendant les approches de l'enceinte du côté de la plaine, seul point par lequel elle pût être abordée.

A l'ouest, un retranchement suit la crête du plateau, taillé presque à pic, comme il se présente du côté du midi.

Il est facile de se figurer que ce camp, par sa position et par ses importants travaux de défense, devait être à l'abri d'un coup de main.

Ce camp, pouvant contenir 2,000 à 3,000 hommes, était placé de manière à défendre deux routes déjà très fréquentées à cette époque.

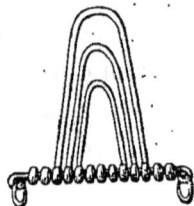

Fig. 89.— Sougé,— mors de bride trouvé au camp de César.

On a trouvé dans les déblais un ornement militaire en argent, *mors de bride* figure 89, et, non loin de l'enceinte, un vase rem- petites médailles en bronze de Tetricus et de Victorinus.

M. Germain BAPST

Administrateur du Musée des arts décoratifs, à Paris.

FOUILLES ARCHÉOLOGIQUES DANS LA GRANDE CHAINE DU CAUCASE (1)

— Séance du 11 septembre 1884 —

Grâce à l'accueil du gouvernement russe, j'ai pu exécuter quelques fouilles dans la grande chaîne du Caucase, notamment dans le Daghestan occidental (district de Dido), dans la Touchétie, dans la Kewfsourie, dans le Pscharwel, pays qui, en dehors des Russes, n'avaient pas encore été parcourus par des Européens.

(1) Ce travail a été publié *in extenso* dans la *Revue des arts décoratifs*. 1885.

Parmi les fouilles, la plus importante consiste en une trouvaille de petites figures humaines en bronze.

En quittant la dernière province du Daghestan occidental, le Dido, on passe, pour se diriger à travers la Touchétie, sur la grande chaîne d'Andi, par un village nommé Retlo ; c'est le dernier avant d'arriver en Touchétie.

Tout autour du village, vers le sud, des pics en demi-cercle s'élèvent à 3,500 mètres, formant un vaste amphithéâtre. Au centre, il en est un qui domine tout le panorama et dont la cime est un rocher blanchâtre.

Le naïb (1) de Quitiro, qui nous accompagnait, nous le désignant du doigt, nous dit que nous trouverions là « des quantités de petits hommes en bronze ».

Nous nous dirigeâmes alors avec nos bagages sur la cime indiquée ; nous mîmes à peu près quatre heures pour monter du village jusqu'à une espèce de contrefort, au-delà duquel nos chevaux ne pouvaient plus monter.

Une partie des Noukers établirent le camp, tandis que l'autre partie, armée de pelles et de pioches, monta avec nous les escarpements du rocher. Nous arrivâmes enfin au sommet, qui présentait un léger mamelon de terre végétale au-dessus d'une masse de roches blanchâtres, semblable à l'albâtre et dont la superficie pouvait bien avoir 4 mètres de diamètre à son point culminant.

Le naïb nous expliqua qu'un des bergers du village, ayant amené son troupeau dans les environs, s'était aperçu, en remuant la terre, de l'existence de ces petites figures de bronze.

Il en aurait aussitôt prévenu le starchina du village ; ce détail était ensuite parvenu par voie hiérarchique à la connaissance du général Komaroff ; ce dernier l'avait alors chargé, lui naïb de Quirito, de faire des fouilles en cet endroit et de lui en faire parvenir le résultat.

Le naïb avait déjà trouvé, nous dit-il, plus de deux cents petites figures que le général possédait actuellement ; il était convaincu que nous en retrouverions encore.

Aux premiers coups de pioche des Noukers, nous trouvâmes quelques-unes de ces figures, et au bout de deux heures de fouilles, comme la nuit commençait à tomber, nous abandonnâmes le mamelon pour retourner au bivouac, qui était établi un peu au dessous.

Nous avions trente-trois petites figures qui, à l'exception d'une seule, à laquelle il est impossible de reconnaître une signification quelconque, représentent toutes des hommes avec les bras appuyés sur le ventre où avec les mains écartées, les pouces enfoncés dans les oreilles (seul le n° 90 est dans une position différente).

_____

(1) Sous-préfet militaire musulman.

L'une de ces figures (fig. 91) peut se rapporter au type le plus parfait de ce genre de statuettes; la forme humaine y a encore quelque côté de vraisemblance et l'on peut suivre la progression de la décadence qui nous amène enfin à cet assemblage de lignes géométriques qui ne ressemble plus à rien (n°⁵ 92 ou 93).

Nous aurons l'occasion de revoir deux autres figures du même genre et avec la même pose que le n° 90, mais plus caractéristiques, que nous avons trouvées un peu plus tard dans la Kewfsourie; nous expliquerons alors les rapports et les dissemblances de ces deux genres de figures.

Fig. 90.

Fig. 91.

A côté des petites statuettes, nous trouvâmes une épingle de bronze terminée par trois branches tressées et couronnées à leur extrémité par un bouton (voir fig. 94). Une autre semblable a été trouvée au Kasbeck par M. Von Beïer; elle est au Musée de Tiflis (cette dernière toutefois est brisée).

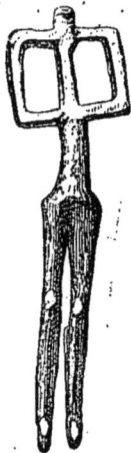

Les figures que nous avons trouvées sur le pic de Retlo semblaient avoir été jetées indifféremment sur le sol; malgré le soin avec lequel nous remarquions la place de chacun de ces objets, nous n'avons pu rien découvrir indiquant une position commune occupée par chacune de ces statuettes.

L'une de ces petites figures (n° 95) est terminée par une espèce de base percée d'un clou, qui permet de supposer qu'elle était destinée à être fixée sur un autre

Fig. 92.

Fig. 93.

objet. Une autre, le n° 96, nous a plus vivement frappés que les autres parce qu'elle présente un détail intéressant.

Le personnage qu'elle représente porte d'une façon très visible une cein-

Fig. 94.

ture et un baudrier marqués. Ce baudrier et cette ceinture sont même fort larges. Toutes les populations de races différentes du Caucase ont actuellement, et depuis un temps que nous ne saurions définir, abandonné leurs costumes nationaux pour prendre celui des Tcherkesses, qui est devenu par ce fait le costume national du Caucase ; or, on sait que le Tcherkesse porté, en effet, une ceinture supportant le kandjar et un baudrier supportant le sabre, mais le tout est formé d'une courroie des plus étroites, qui ne peut avoir rapport au détail de costume indiqué sur la statuette en question.

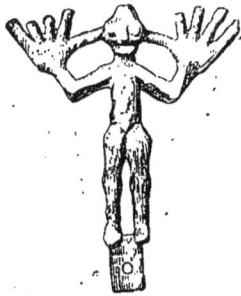

Par conséquent, ce fait, à notre avis, n'est intéressant que comme constatation ; il ne peut amener à une induction parce que l'existence des objets qu'il indique et la façon de les porter sont presque universelles.

Il serait désirable de pouvoir rapporter les deux positions que nous

Fig. 95.

Fig. 96.

retrouvons sur ces figures à une pratique ou à une habitude quelconque d'une des populations qui habitent ou qui ont habité le Daghestan.

Les deux positions des mains sur le ventre ou de chaque côté de la tête paraissent avoir une certaine analogie, car dans une des figures, le n° 97, elles sont confondues et n'en forment pour ainsi dire qu'une.

Il est inutile d'insister sur les détails érotiques de ces bronzes, ces détails sont visibles au premier abord.

En premier lieu on est tenté de rechercher si nos musées contiennent quelques pièces se rapprochant du genre de ces bronzes. Malgré le grand nombre de statues archaïques qu'ils possèdent, je n'en ai jamais vu qui pussent ressembler, même d'une façon éloignée, à celles-ci. En admettant même que l'on ait déjà trouvé des similaires de ces figures, il n'y aurait pas lieu d'en conclure que les deux peuples auteurs de ces objets aient ensemble des points de corrélation.

La grossièreté du dessin a pu seule les rapprocher ; chaque peuplade barbare a donné à ces figures la même difformité et a interprété la nature humaine avec la même

Fig. 97.

insuffisance, sans qu'il existe pour cela entre elles le moindre rapport ; l'ignorance et par conséquent la grossièreté de leurs productions sont leurs seuls points communs.

Pour notre part, nous croirions nous hasarder en tirant une conclusion quelconque de l'existence de ces différentes statuettes. Notre seul rôle est de les présenter au public, en attendant que de nouvelles découvertes viennent donner un intérêt d'un genre tout à fait différent à ces fouilles exécutées dans un pays aussi peu fréquenté.

TABLE ANALYTIQUE

Dans cette table les nombres qui sont placés après l'astérisque * se rapportent aux pages de la 2e partie.

TABLE DES MATIÈRES

SECONDE PARTIE

NOTES ET MÉMOIRES

TABLES

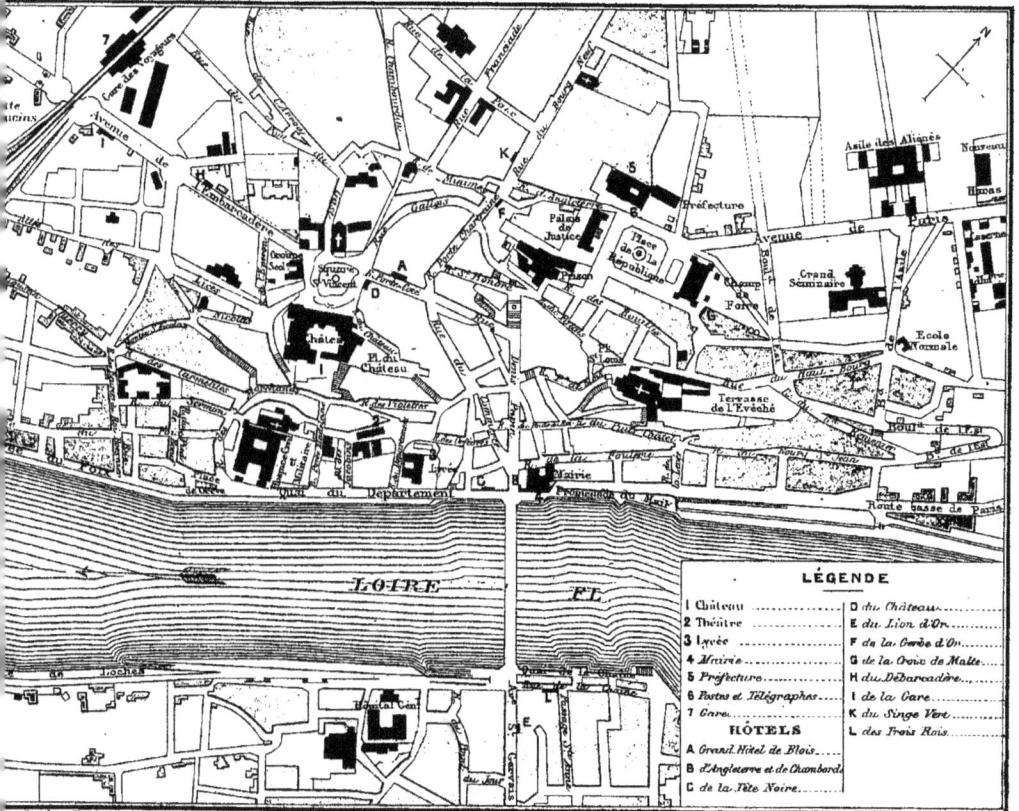

LÉGENDE

1 Château	D du Château
2 Théâtre	E du Lion d'Or
3 Lycée	F de la Gerbe d'Or
4 Mairie	G de la Croix de Malte
5 Préfecture	H du Débarcadère
6 Postes et Télégraphes	I de la Gare
7 Gare	K du Singe Vert
	L des Trois Rois

HÔTELS

A Grand Hôtel de Blois
B d'Angleterre et de Chambord
C de la Tête Noire

PLAN DE BLOIS

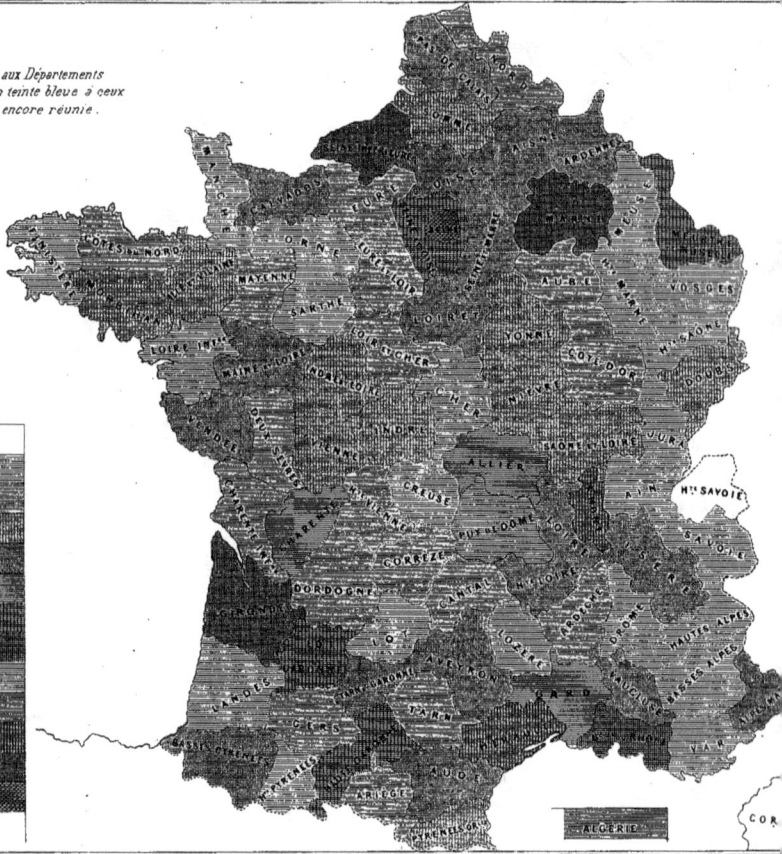

La teinte rouge correspond aux Départements
où un Congrès a eu lieu et la teinte bleue à ceux
où l'Association ne s'est pas encore réunie .

0	
1 à 3	
4 à 6	
7 à 9	
10 à 19	
20 à 29	
30 à 39	
40 à 49	
50 à 99	
100 à 149	
150 à 199	
200 à 299	
1068	

G. MASSON & C. M. GARIEL ___ HISTOIRE DE L'ASSOCIATION FRANÇAISE PAR L'AVANCEMENT DES SCIENCES
AU POINT DE VUE DE LA STATISTIQUE

ES CONVENTIONNELS.

ÉPOQUE DE LA PIERRE

Tumulus
Dolmen
Polissoir
Menhir
Cromlech
Atelier de l'âge de pierre
Station d'instruments de pierre
Monnaies gauloises
Sépultures

ÉPOQUE DU BRONZE.

Haches et objets en bronze

ÉPOQUE ROMAINE.

Ruines de Villas ou autres établissements
Débris épars sur le sol
Sépultures
Camp
Ruines de Théâtre
Dépôts de Monnaies
Poteries
Inscriptions
Armes
Voie romaine reconnue
Voie romaine probable

ÉPOQUE FRANÇAISE

Sépultures mérovingiennes
Objets en bronze mérovingiens
Motte féodale
Bâtiment civil roman
Manoir ou Château féodal
Porte et Tours d'enceinte de château ou de ville
Maison renaissance ou simple fief
Chapelle du XI° siècle (☐ ruinée)
Église du XII° siècle (⛪ ruinée)
Église du XV° ou XVI° siècle commencé au XV°
Prieuré (⛪ ruiné)
Monastère ou Abbaye
Dépôt de Monnaies
Champ de bataille　Combat

Limite du Vendômois ancien
Limite du Vendômois moderne

La Bazoche-Gouet
La Chapelle-Guillaume
Montmirail　Arrou
Melleray
Le Plessis-Dorin　Le Gault　Forêt de Montmirail
St Avit　Châteaudun
VIBRAYE　COURTALAIN
Arville　Le Poislay
La Fontenelle　Les G.Bois
Souday　St Agil　Droué　Boisgasson
Berfay　Valennes　Choue　Montigny
La Chapelle-Vicomtesse　CLOYES
Baillou　St Mars-du-Cœur　Villebout
Rahay　Romilly-sur-Aigre
Conflans　Romilly　Charray
Beauchêne　Brévainville
ST CALAIS　Marolles　Le Temple
La Ville-aux-Clercs　Moisy
St Gervais-de-Vic　Épuisay　Danzé
Le Rouilli　Ruelson　Écoman
La Chapelle-Huon　Penn　La Bosse
Fortan　Beauvilliers
OUZOUER
Montoire　Ternay
La Chapelle-Gauguin　Lunay　VENDÔME　Rocé　Faye-la-Château　Épiais
Lavardin　St Gemmes
Ponce　Baigneaux
St Jacques　Villiers　Rhodon　Conan
Tréhet　Lavardin　Villeromain　Villemardé
Villedieu　Montoire　Sasnières　Champigny-en-Beauce
Les Essarts　Ternay　St Arnoult　Naveil　Villetrancœur
Les Pins　Montgauger　Prunay　Lancé　Tourelle
St AMAND　La Chapelle-Vendômoise
Les Hermites　Prunay
Monthodon　Autbon　St Gourgon　Landes-St Lubin
Villeporcher　Gombergean　Lancôme　Bois de Marolles
La Ferrière
Neuville　St Cyr-du-Gault　Fraysse
Le Boulay　NABBAUT
St Étienne-des-Guérets
CHÂTEAU-RENAULT　St Nicolas-des-Motets

Échelle en Kilomètres.
0 1 2 3 4 5 6 7 8 9 10

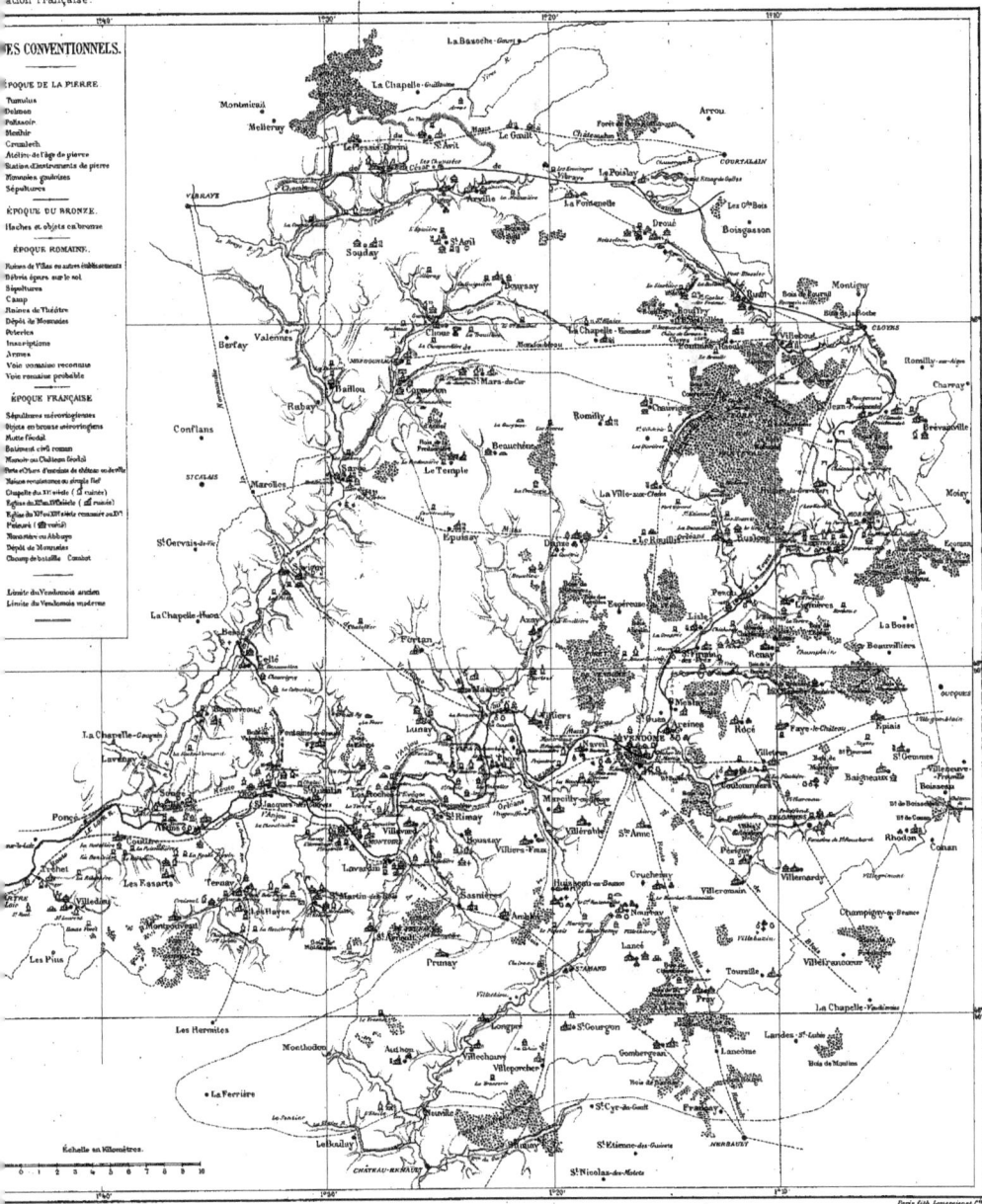

E. Moreau J.3.　Paris.　　　　　　　　　　　　　　　Paris Lith. Lemercier et C.

M. LE MARQUIS DE ROCHAMBEAU — COUP D'ŒIL A VOL D'OISEAU SUR LE VENDÔMOIS ARCHÉOLOGIQUE.

1		0	1	2	3	4	5	6	7	8	9

ED. LUCAS — LE CALCUL ET LES MACHINES À CALCULER.

GÉOLOGIE DU NIVERNAIS

Failles délimitatives de la partie occidentale
du Morvan

LÉGENDE

ÉTAGES
- Tertiaires ou Parisien.
- Bathonien
- Bajocien
- Toarcien
- Liasien
- Sinémurien
- Saliférien
- Permo-Carbonifère

TERRAINS AZOÏQUES
- Gneiss
- Quartzites
- Granit et Porphyre

Les parties non teintées à l'Est du Morvan
sont recouvertes par des terrains pliocènes.
Un trait plein indique les failles.

Echelle de $\frac{1}{200\,000}$

1 2 3 4 5 6 7 8 9 10 Kilomètres

NORD

Méridien

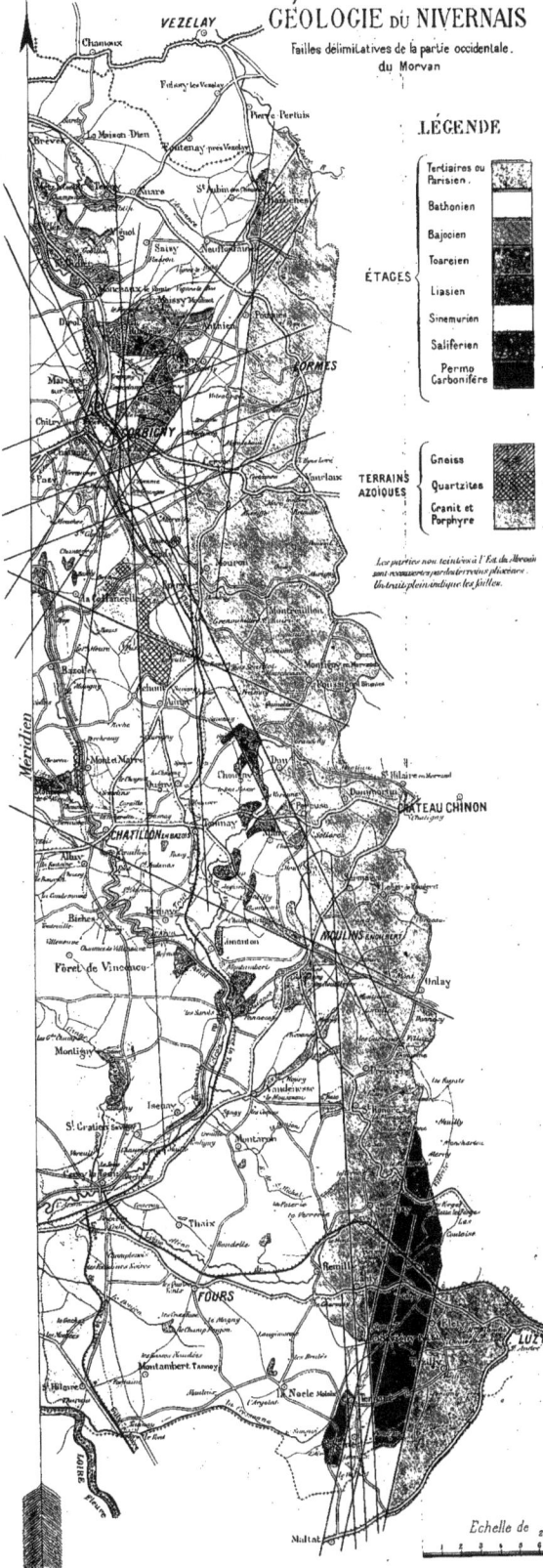

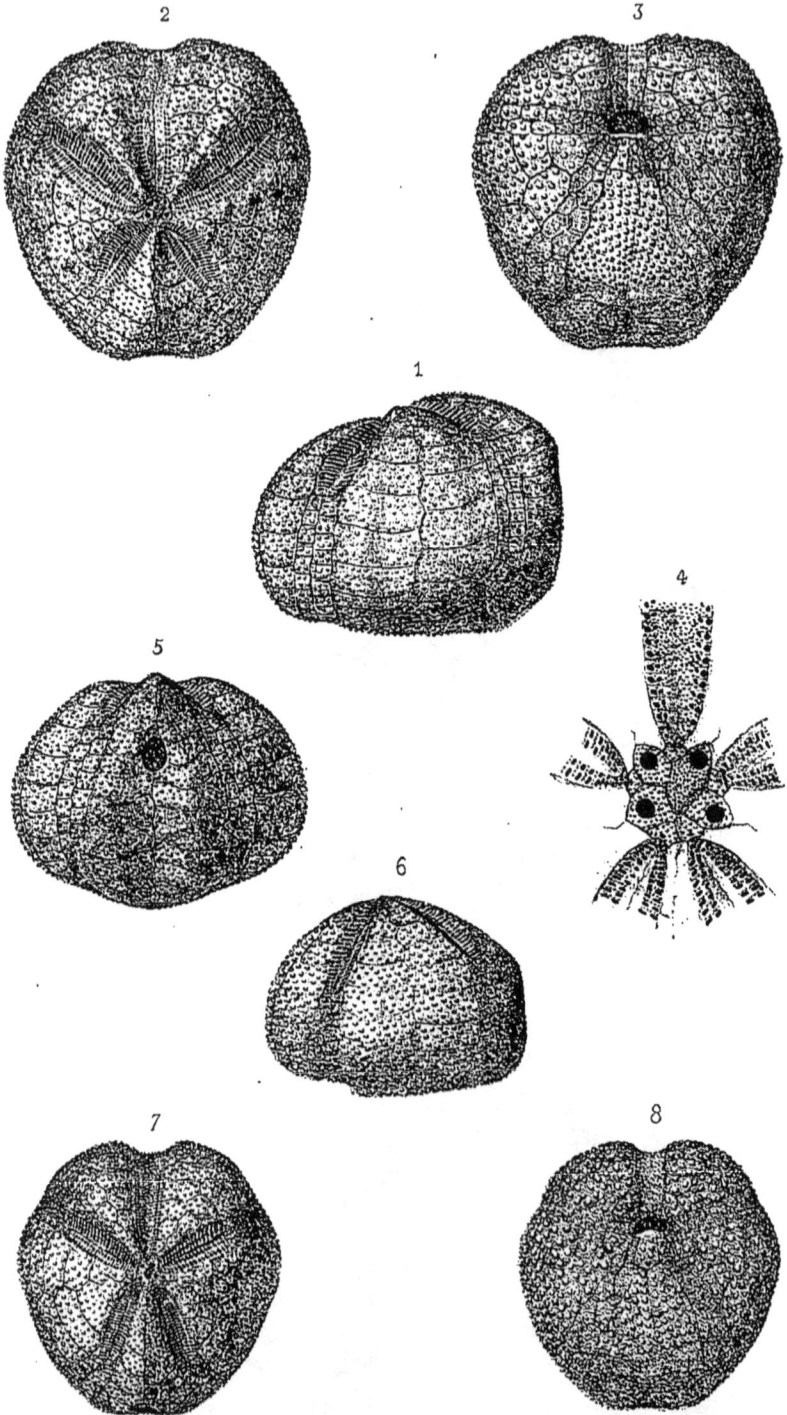

Humbert lith.　　　　　　Imp. Becquet fr. Paris.

M. V. GAUTHIER. _ RECHERCHES SUR LE GENRE MICRASTER
EN ALGÉRIE.

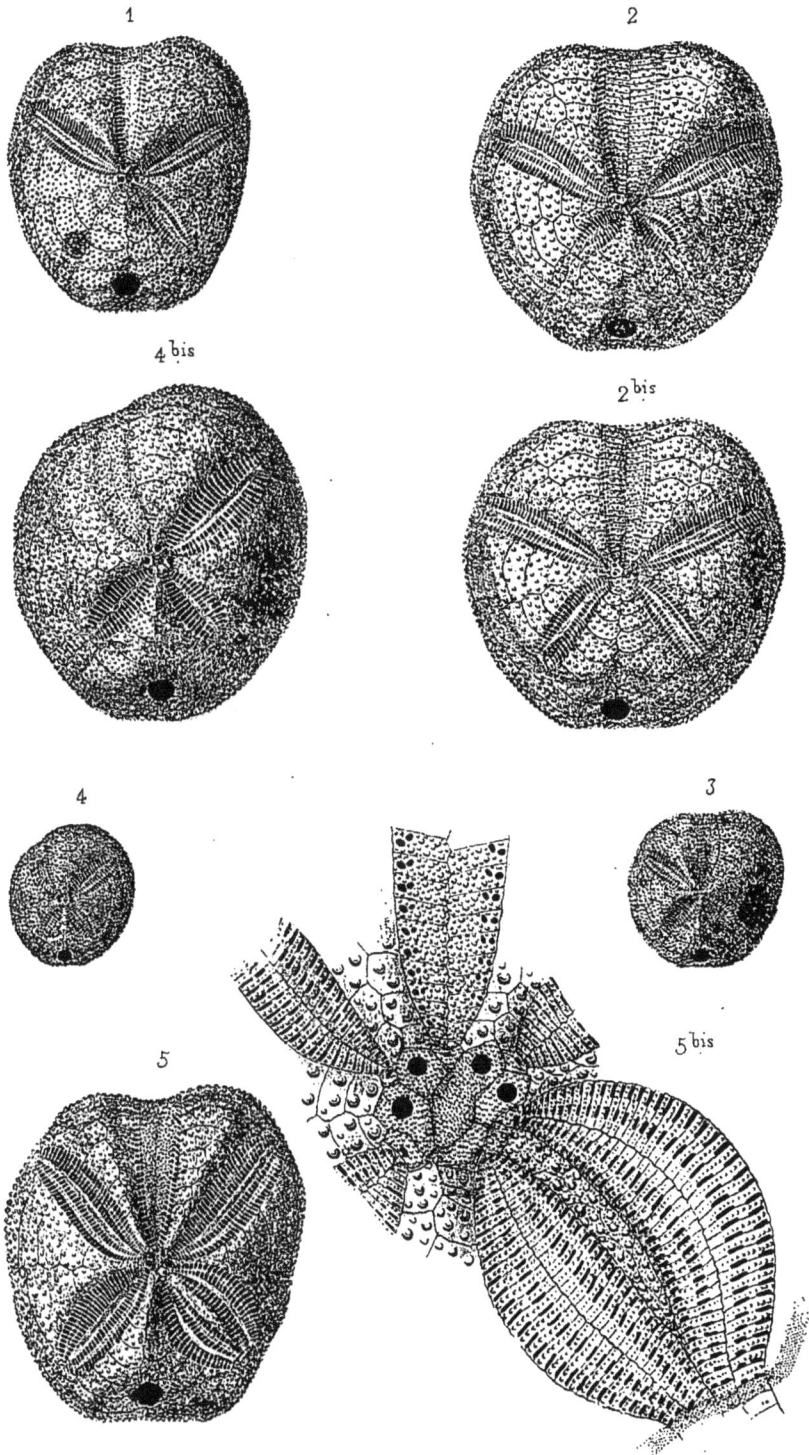

M. V. GAUTHIER. — SUR QUELQUES ÉCHINIDES MONSTRUEUX,
APPARTENANT AU GENRE HÉMIASTER.

L. Quélet del.

L. QUÉLET — QUELQUES ESPÈCES CRITIQUES OU NOUVELLES DE LA FLORE MYCOLOGIQUE DE LA FRANCE.

Imp. H. Tancur, Paris

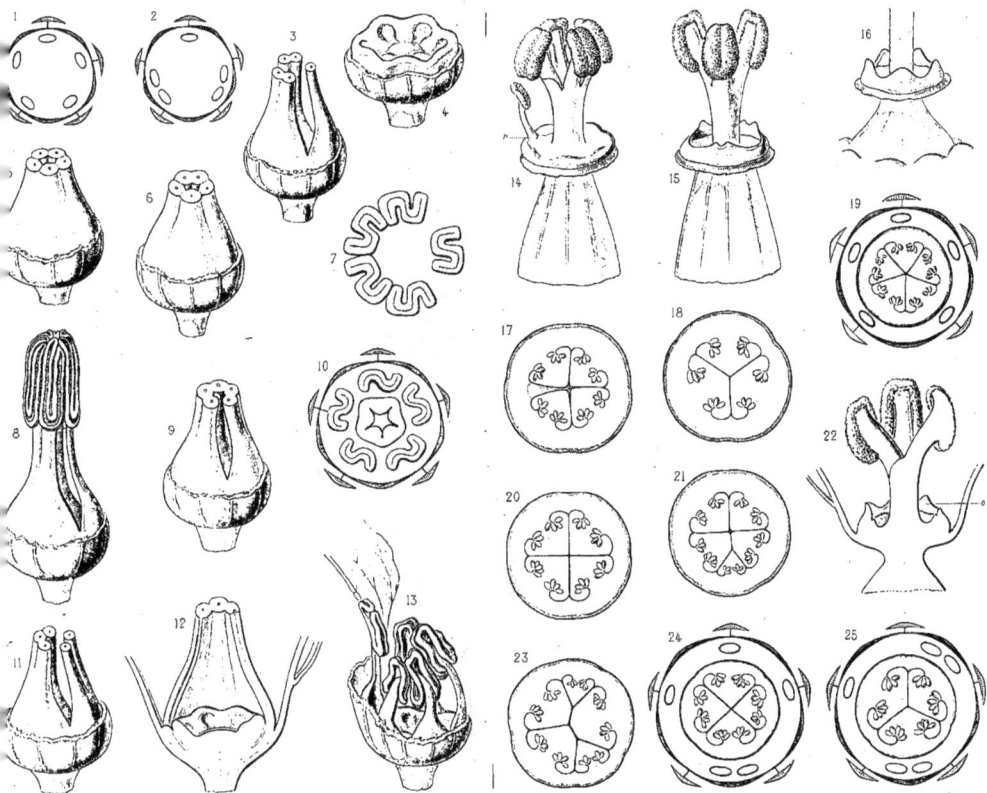

Faquet del.

Picart sc

G. DUTAILLY — DES CAUSES QUI DÉTERMINENT L'IRRÉGULARITÉ DE L'ANDROCÉE — TYPE DES CUCURBITACÉES

Auctor et Bonnet del.   Imp. Becquet fr. Paris.   Arnoul lith.

BURSERA DELPECHIANA.

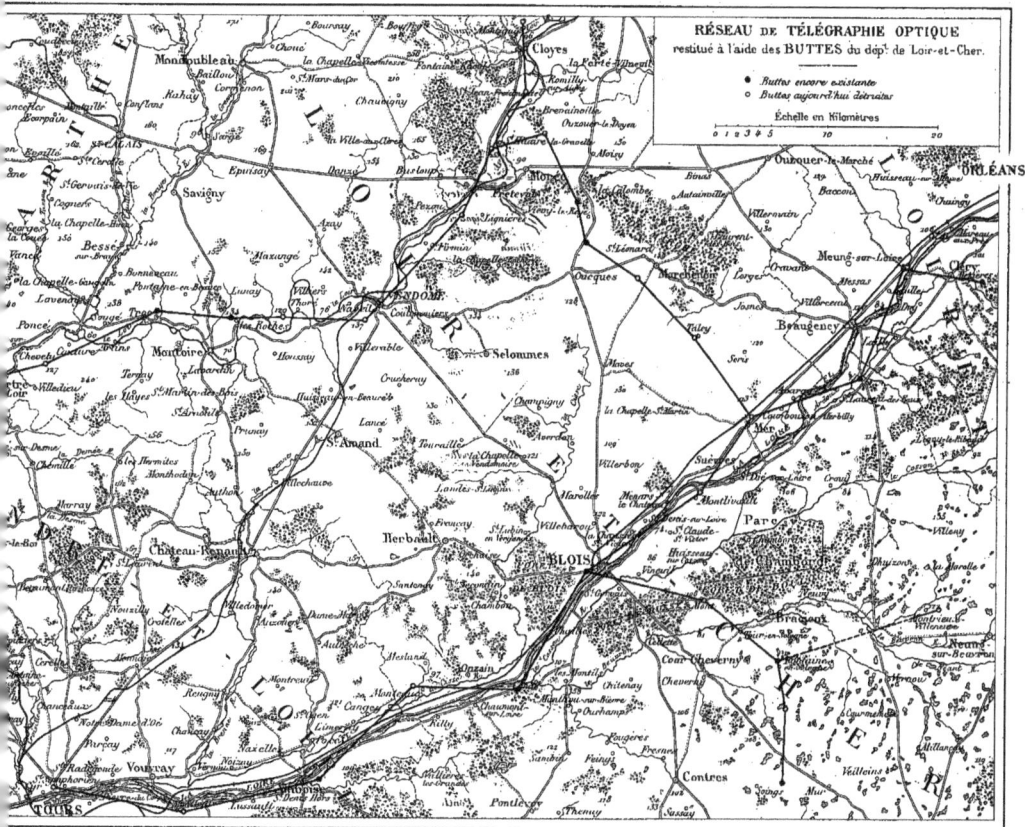

RÉSEAU DE TÉLÉGRAPHIE OPTIQUE
restitué à l'aide des BUTTES du dépt de Loir-et-Cher.

● Buttes encore existante
○ Buttes aujourd'hui détruites

Échelle en Kilomètres

DE ROCHAS ___ LES BUTTES ET LA TÉLÉGRAPHIE OPTIQUE DANS L'ANTIQUITÉ.

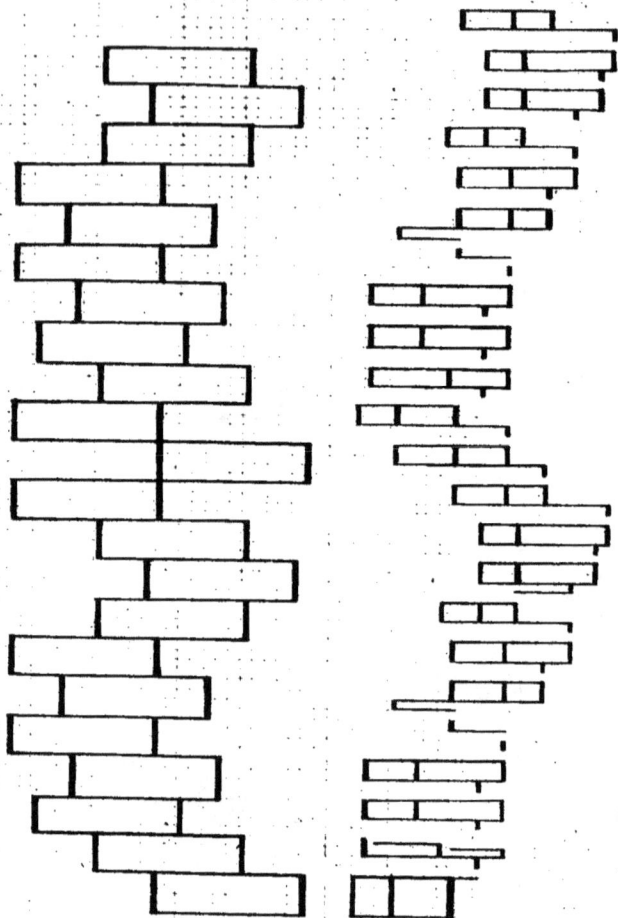

M.BONNARD — NOTATION MUSICALE PAR TRAITS SUR LE CLAVIER

SPÉCIMEN

DERNIÈRE PENSÉE DE WEBER

Premières Mesures